# BKI OBJEKTDATEN



# Kosten abgerechneter Bauwerke

## A7
## Altbau

**BKI OBJEKTDATEN:**
**A7 ALTBAU**
**Aktuelle Baukosten und Planungshilfen im Bild**
**für Gebäude und Bauelemente**
**Erweiterungen, Umbauten, Modernisierungen, Instandsetzungen**

BKI Baukosteninformationszentrum (Hrsg.)
Stuttgart: BKI, 2011

**Mitarbeit:**
Michael Blank
Sabine Egenberger
Walter Lackmann
Arnold Nehm
Steffen Pokel
Klaus-Peter Ruland
Hannes Spielbauer
Jeannette Wähner

**Fachliche Begleitung:**
Beirat Baukosteninformationszentrum
Prof. Ulrich Elwert
Peter Esch
Wolfgang Fehrs
Wolfgang Haack
Klaus Hecker
Prof. Dr. Wolfdietrich Kalusche
Hans-Ulrich Ruf
Prof. Walter Weiss

**Layout, Satz:**
Hans-Peter Freund
Thomas Fütterer


Bahnhofstraße 1, 70372 Stuttgart
Telefon: (0711) 95 48 54-0
Telefax: (0711) 95 48 54-54
info@bki.de
www.bki.de

Titelabbildungen:
Einfamilienhaus, Modernisierung (6100-770); Arch.: Bruno Maurer, Uttenweiler
Einfamilienhaus, Büro, Modernisierung (6100-780); Arch.: W. Helmle, Ellwangen
Strandbad, Restaurant, Modernisierung (5300-009); Arch.: Werkgruppe Freiburg, Freiburg

# Vorwort

Die Planung der Baukosten ist ein wesentlicher Bestandteil der Architektenleistung und nicht weniger wichtig als räumliche, gestalterische oder konstruktive Planungen. Besonders den Kostenermittlungen in den verschiedenen Planungsphasen kommt dabei eine besondere Bedeutung zu. Auf ihnen beruhen weitergehende Leistungen, wie Kostenvergleiche, Kostenkontrolle und Kostensteuerung.

Kostenermittlungen sind meist nur so gut wie die angewendeten Daten und Methoden. Das Baukosteninformationszentrum BKI wurde 1996 von den Architektenkammern aller Bundesländer gegründet, um aktuelle Daten bereitzustellen und zielführende Methoden zu entwickeln und zu vermitteln.

Wertvolle Erfahrungswerte liegen in Form von abgerechneten Bauleistungen oder Kostenfeststellungen in den Architekturbüros vor. Oft fehlt die Zeit diese qualifiziert zu dokumentieren, um sie für Folgeprojekte zu nutzen oder für andere Architekten nutzbar zu machen. Diese Dienstleistung erbringt BKI und unterstützt damit sowohl die Datenlieferanten als auch die Nutzer der BKI Datenbank.

Die Fachbuchreihe „BKI OBJEKTDATEN" wird kontinuierlich erweitert, um die neu erhobenen Objekte der BKI-Baukostendatenbank zu veröffentlichen. Die mit jedem weiteren Band wachsende Sammlung von Vergleichsobjekten leistet wertvolle Dienste bei Kostenermittlungen und trägt zu mehr Kostensicherheit bei allen am Bau Beteiligten bei. Die Reihe „BKI OBJEKTDATEN" mit den objektbezogenen Kostenkennwerten und die Reihe „BKI BAUKOSTEN" mit statistisch ermittelten Kostenkennwerten sind aufeinander abgestimmt und ergänzen sich zu einem Expertensystem der Kostenplanung.

Das vorliegende Fachbuch ist der siebte Band der Fachbuchreihe „BKI OBJEKTDATEN Altbau". Er enthält die zur Datenbank neu hinzugekommenen 43 Objekte gegliedert in Erweiterung, Umbau, Modernisierung und Instandsetzung. In der gesamten Altbaureihe stehen nun 352 Objekte zur Verfügung. Alle Objekte sind auch Bestandteil der Software „BKI Kostenplaner".

Der Dank des BKI gilt allen Architektinnen und Architekten, die Daten und Unterlagen zur Verfügung stellen. Sie profitieren von der Dokumentationsarbeit durch BKI und unterstützen nebenbei den eigenen Berufsstand. Sie erhalten fundierte und anschauliche Dokumentationen, die sich zur Kostenermittlung von Folgeobjekten und zu Akquisitionszwecken hervorragend eignen.

Zur Pflege der Baukostendatenbank sucht BKI weitere Objekte aus allen Bundesländern. Bewerbungsbögen zur Projektdokumentation nach BKI-Richtlinien für Hochbauprojekte und Freianlagen werden im Internet unter www.bki.de/projektveroeffentlichung zur Verfügung gestellt. BKI berät gerne über alle Möglichkeiten realisierte Projekte zu veröffentlichen und über die angebotene Vergütung.

Hannes Spielbauer
Klaus-Peter Ruland
Baukosteninformationszentrum
Deutscher Architektenkammern GmbH
Stuttgart, im Januar 2011

| Inhalt | Seite |
|---|---|

## Benutzerhinweise



## Kosten abgerechneter Objekte

# Einführung

In der Fachbuchreihe „BKI OBJEKTDATEN" werden für Kostenermittlungszwecke und Wirtschaftlichkeitsvergleiche realisierte und vollständig abgerechnete Bauwerke aus allen Bundesländern veröffentlicht. Jährlich erscheinen mehrere Bände mit den im Laufe eines Jahres neu erhobenen Objekten der BKI-Baukostendatenbank. Innerhalb dieser Reihe werden die einzelnen Bände je nach Baumaßnahme unterschieden in Neubau, Altbau und Freianlagen.

Die Kostenkennwerte der Objekte dienen dazu, die Kosten von Bauprojekten im Vergleich mit den Kosten bereits realisierter Objekte zu ermitteln bzw. Kostenermittlungen mit büroeigenen Daten oder den Daten Dritter zu überprüfen, solange Kostenanschläge auf der Grundlage von Ausschreibungsergebnissen noch nicht vorliegen.

Dieser Vergleich wird erleichtert durch die eingesetzte „Normierung der Kostenkennwerte auf Bundesniveau". Durch Übernahme der BKI Regionalfaktoren in die Datenbank ist es möglich die Objekte hinsichtlich des Bauortes zu bewerten. BKI rechnet so, als ob das Objekt nicht am Bauort, sondern in einer mit dem Bundesdurchschnitt identischen Region gebaut worden wäre. Diese regionale Normierung vereinfacht die Bewertung der Kostenkennwerte für den Anwender erheblich.

Unterstützt werden Kostenermittlungen nach DIN 276 in den frühen, für die Kostenentwicklung eines Projektes aber entscheidenden Planungsphasen. Dabei finden für überschlägige Kostenermittlungen z.B. das Aufstellen eines Kostenrahmens oder für Plausibilitätsprüfungen die groben Kostenkennwerte im Teil „Kosten abgerechneter Objekte" dieses Buches Anwendung. Für differenziertere Kostenermittlungen auf der Ebene der Bauelemente bieten sich die Kosteninformationen im Teil „Kosten abgerechneter Bauelemente" dieses Buches an. Darüber hinaus enthält das Buch Planungskennwerte, die Wirtschaftlichkeitsprüfungen anhand von Flächenvergleichen ermöglichen. Die BKI-Baukostendatenbank selbst umfasst einen wesentlich größeren Bestand an Altbau- und Neubau-Objekten. Den aktuellen Stand aller verfügbaren Objektdokumentationen erhalten Sie über das EDV-Programm „BKI KOSTENplaner".

# Benutzerhinweise

## 1. Definitionen

**Kostenkennwerte** sind Werte, die das Verhältnis von Kosten bestimmter Kostengruppen nach DIN 276: 2008-12 zu bestimmten Bezugseinheiten nach DIN 277-3: 2005-04 darstellen.

**Planungskennwerte** im Sinne dieser Veröffentlichung sind Werte, die das Verhältnis bestimmter Flächen und Rauminhalte zur Nutzfläche (NF) und Brutto-Grundfläche (BGF) darstellen, angegeben als Prozentsätze oder als Faktoren.

**HOAI § 3 Begriffsbestimmungen (Auszug)**
Im Sinne dieser Verordnung gelten folgende Begriffsbestimmungen:

1. **Objekte** sind Gebäude, sonstige Bauwerke, Anlagen, Freianlagen und raumbildende Ausbauten.
2. **Neubauten** und Neuanlagen sind neu zu errichtende oder neu herzustellende Objekte.
3. **Wiederaufbauten** sind die Wiederherstellung zerstörter Objekte auf vorhandenen Bau- oder Anlageteilen. Sie gelten als Neubauten, sofern eine neue Planung erforderlich ist.
4. **Erweiterungsbauten** sind Ergänzungen eines vorhandenen Objekts, zum Beispiel durch Aufstockung oder Anbau.
5. **Umbauten** sind Umgestaltungen eines vorhandenen Objekts mit wesentlichen Eingriffen in Konstruktion und Bestand.
6. **Modernisierungen** sind bauliche Maßnahmen zur nachhaltigen Erhöhung des Gebrauchswertes eines Objekts, soweit sie nicht unter die Nummern 4, 5 oder 10 fallen, jedoch einschließlich der durch diese Maßnahmen verursachten Instandsetzungen.
10. **Instandsetzungen** sind Maßnahmen zur Wiederherstellung des zum bestimmungsmäßigen Gebrauch geeigneten Zustandes (Soll-Zustandes) eines Objekts, soweit sie nicht unter Nummer 3 fallen oder durch Maßnahmen nach Nummer 6 verursacht sind.
11. **Instandhaltungen** sind Maßnahmen zur Erhaltung des Soll-Zustandes eines Objekts.
12. **Freianlagen** sind planerisch gestaltete Freiflächen und Freiräume sowie entsprechend gestaltete Anlagen in Verbindung mit Bauwerken oder in Bauwerken.

## 2. Kostenstand und Umsatzsteuer

Kostenstand aller Kennwerte ist das 3.Quartal 2010. Alle Kostendaten enthalten die Umsatzsteuer. Maßgeblich für die Fortschreibung ist der Baupreisindex für Wohnungsbau insgesamt, inkl. Umsatzsteuer des Statistischen Bundesamtes. Den vierteljährlich erscheinenden aktuellen Index können Sie im Internet beim Statistischen Bundesamt oder unter www.bki.de/baupreisindex abrufen.

Die Umrechnung von Kostendaten dieses Buches wird durch ein Beispiel erläutert:
Ein Kostenkennwert von 500 €/m² BGF mit dem Kostenstand 3.Quartal 2010 soll auf den Kostenstand 3.Quartal 2002 umgerechnet werden. Verwendet wird die Indexreihe mit dem Basisjahr 2005=100.

Index 3.Quartal 2010 (2005=100) = 114,2
Index 3.Quartal 2002 (2005=100) = 97,8

$$\frac{500\ €/m^2\ \text{BGF} \times 97{,}8}{114{,}2} = 428\ €/m^2\ \text{BGF}$$

## 3. Blatt-Typ Objektübersicht: Kostenkennwerte

Die jeder Objektdokumentation vorangestellten Kostenkennwerte €/m³ BRI, €/m² BGF und €/m² NF beziehen sich auf die Kosten des Bauwerks (DIN 276: Summe Kostengruppe 300+400).

## 4. Datengrundlage

Grundlage der Tabellen sind die uns zur Verfügung gestellten Unterlagen von abgerechneten Bauwerken. Die Daten wurden mit größtmöglicher Sorgfalt daraus erhoben. Die vorliegenden Kosten- und Planungskennwerte dienen als Orientierungswerte für Projekte vergleichbarer Art. Sie sind dem Verwendungszweck entsprechend anzupassen unter Berücksichtigung der projektspezifisch unterschiedlichen Kosteneinflussgrößen. Für die Richtigkeit der im Rahmen einer Kostenermittlung eingesetzten Werte kann der Herausgeber keine Haftung übernehmen.

**5. Kosteneinflüsse**
Kosteneinflussgrößen sind beim Bauen im Bestand – Altbau – von besonderer Bedeutung, da umwelt-, standort-, nutzer- und besonders herstellungs- sowie objektbedingte Faktoren eine erhebliche Relevanz aufweisen. Aus diesen Gründen ist eine genaue Anpassung der Kosten- und Planungskennwerte an die projektspezifisch unterschiedlichen Kosteneinflussgrößen erforderlich. (s. dazu BKI Handbuch Kostenplanung im Hochbau Stgt. 2008)

Die in der Reihe „BKI Baukosten" angebotenen Kostenkennwerte sind dafür nur bedingt geeignet, da sie Mittelwerte, gebildet auf der Grundlage verschiedener Objekte, darstellen. Das vorliegende Buch „BKI Objektdaten Altbau" bietet hingegen die Möglichkeit, einen Kostenwert durch eine Analyse der entsprechenden Eigenschaften des Objektes genau zu bewerten. Eine projektspezifische Anpassung bzw. die Auswahl eines Kostenkennwertes ist damit besser möglich.

**6. Normierung der Daten**
Grundlage der BKI Regionalfaktoren, die auch der Normierung der Baukosten der dokumentierten Objekte auf Bundesniveau zu Grunde liegen, sind Daten aus der amtlichen Bautätigkeitsstatistik der statistischen Landesämter. Zu allen deutschen Land- und Stadtkreisen sind Angaben aus der Bautätigkeitsstatistik der statistischen Landesämter zum Bauvolumen ($m^3$ BRI) und Angaben zu den veranschlagten Baukosten (in €) erhältlich. Diese Informationen stammen aus statistischen Meldebogen, die mit jedem Bauantrag vom Antragsteller abzugeben sind. Während die Angaben zum Brutto-Rauminhalt als sehr verlässlich eingestuft werden können, da in diesem Bereich kaum Änderungen während der Bauzeit zu erwarten sind, müssen die Angaben zu den Baukosten als Prognosen eingestuft werden. Schließlich stehen die Baukosten beim Einreichen des Bauantrages noch nicht fest. Es ist jedoch davon auszugehen, dass durch die Vielzahl der Datensätze und gleiche Vorgehensweise bei der Baukostennennung brauchbare Durchschnittswerte entstehen. Zusätzlich wurden von BKI Verfahren entwickelt, um die Daten prüfen und Plausibilitätsprüfungen unterziehen zu können. Aus den Kosten und Mengenabgaben lassen sich durchschnittliche Herstellungskosten von Bauwerken pro Brutto-Rauminhalt und Land- oder Stadtkreis berechnen. Diese Berechnungen hat BKI durchgeführt und aus den Ergebnissen einen bundesdeutschen Mittelwert gebildet. Anhand des Mittelwertes lassen sich die einzelnen Land- und Stadtkreise prozentual einordnen. (Diese Prozentwerte wurden die Grundlage der BKI Deutschlandkarte mit „Regionalfaktoren für Deutschland und Europa"). Anhand dieser Daten lässt sich jedes Objekt der BKI Datenbank normieren, d.h. so berechnen, als ob es nicht an seinem speziellen Bauort gebaut worden wäre, sondern an einem Bauort der bezüglich seines Regionalfaktors genau dem Bundesdurchschnitt entspricht. Für den Anwender bedeutet die regionale Normierung der Daten auf einen Bundesdurchschnitt, dass einzelne Kostenkennwerte oder das Ergebnis einer Kostenermittlung mit dem Regionalfaktor des Standorts des geplanten Objekts zu multiplizieren ist. Die landkreisbezogenen Regionalfaktoren finden sich im Anhang des Buches.

**7. Urheberrechte**
Alle Entwürfe, Zeichnungen und Fotos der uns zur Verfügung gestellten Objekte sind urheberrechtlich geschützt. Die Urheberrechte liegen bei den jeweiligen Büros bzw. Personen.

## Fotopräsentation der Objekte

**1300-138** Bürogebäude Seite 34
Modernisierungen
modus.architekten Dipl.-Ing. Holger Kalla
Potsdam

**1300-148** Bürogebäude Seite 48
Erweiterungen
Architektur Seidel
Mühldorf/Inn

**1300-150** Verwaltungsgebäude, Kellertrocknung Seite 60
Instandsetzungen
TSSB architekten.ingenieure . Berlin
Berlin

**1300-151** Rathaus Seite 72
Modernisierungen
Fritz Heintel Dipl.-Ing. (FH) Freier Architekt
Höfen / Enz

**1300-152** Wohn- und Geschäftshaus Seite 88
Erweiterungen
Udo Richter Dipl.-Ing. Freier Architekt
Heilbronn

**1300-161** Bürogebäude Seite 100
Erweiterungen
Hempel:Architekten
Wismar

**4100-075** Schulzentrum Seite 106
Erweiterungen
KLE-Architekten Dipl.-Ing. Freie Architekten BDA
Kirchheim u. Teck

**4100-107** Grundschule Seite 120
Erweiterungen
Marcus Patrias Architekten BDA
Dortmund

**4100-108** Grundschule Seite 130
Erweiterungen
Marcus Patrias Architekten BDA
Dortmund

**4300-010** Förderschule, Vereinsräume Seite 140
Modernisierungen

**4400-122** Kindergarten (1 Gruppe) Seite 150
Erweiterungen
Architekturbüro Peterburs
Langenhagen

**5100-044** Sporthalle Seite 158
Modernisierungen
Bauplanungsbüro Dipl.-Ing. Udo Barth
Flöha

**5100-046** Sporthalle Seite 174
Modernisierungen
⌂ gold diplomingenieure architekten
Hochheim

**5100-048** Gymnastikraum Grundschule Seite 186
Erweiterungen
⌂ modus.architekten Dipl.-Ing. Holger Kalla
Potsdam

**5300-009** Strandbad, Restaurant Seite 198
Modernisierungen
⌂ Werkgruppe Freiburg Architekten
Freiburg

**6100-482** Mehrfamilienhaus (3WE) Seite 210
Erweiterungen
⌂ springerchrobok architekten
Berlin

**6100-496** Mehrfamilienhaus (31WE) Seite 220
Modernisierungen
⌂ Architekten- und Ingenieurgruppe
Erfurt & Partner GmbH, Erfurt

**6100-652** Mehrfamilienhaus (9WE) Seite 230
Erweiterungen
⌂ Planungsbüro Dipl.-Ing. (FH) Hanns Peter Benl
Neuötting

**6100-658** Mehrfamilienhaus (60WE) Seite 242
Modernisierungen
⌂ Planungsbüro Dipl.-Ing. (FH) Hanns Peter Benl
Neuötting

**6100-668** Einfamilienhaus mit ELW Seite 254
Umbauten
⌂ Architekturbüro Dipl.-Ing. Gaby Sutter
Freiburg

**6100-681** Mehrfamilienhaus (6WE) Seite 260
Modernisierungen
⌂ Werkgruppe Freiburg Architekten
Freiburg

**6100-685** Einfamilienhaus Seit e 274
Erweiterungen
⌂ Jan Cousin Dipl.-Ing. Ökotektur + Baubiologie
Hamburg

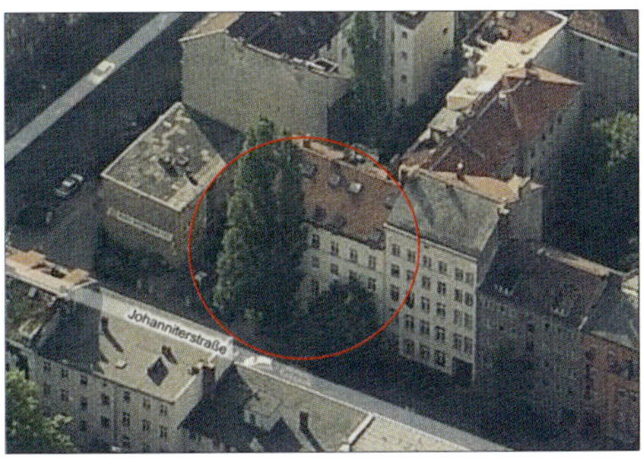


**6100-686** Mehrfamilienhaus, Kellertrocknung Seite 280
Instandsetzungen
⌂ TSSB architekten.ingenieure . Berlin
Berlin

**6100-694** Zweifamilienhaus Seite 292
Erweiterungen
⌂ Dipl.-Ing. Hanns Peter Benl edp ingenieure
München

**6100-695** Mehrfamilienhaus, Kellertrocknung Seite 304
Instandsetzungen
TSSB architekten.ingenieure . Berlin
Berlin

**6100-708** Einfamilienhaus Seite 314
Erweiterungen
Planungsbüro Dipl.-Ing. (FH) Hanns Peter Benl
Neuötting

**6100-713** Doppelhaushälfte Seite 326
Modernisierungen
Planungsbüro Dipl.-Ing. (FH) Hanns Peter Benl
Neuötting

**6100-717** Mehrfamilienhaus (4WE) Seite 338
Umbauten
Architekt Dipl.-Ing. Peter Schuster
Ludwigsburg

**6100-725** Mehrfamilienhaus (12WE) Seite 350
Modernisierungen
TSSB architekten.ingenieure . Berlin
Berlin

**6100-726** Mehrfamilienhaus (3WE) Seite 362
Umbauten
Architekturbüro Geiger
Berlin

**6100-729** Mehrfamilienhaus (3WE) Seite 374
Modernisierungen
Architekturbüro Mesch-Fehrle
Aichtal-Grötzingen

**6100-731** Einfamilienhaus Seite 386
Erweiterungen
Architekturbüro Mesch-Fehrle
Aichtal-Grötzingen

**6100-740** Einfamilienhaus Seite 398
Modernisierungen
Jan Cousin Dipl.-Ing. Ökotektur + Baubiologie
Hamburg

**6100-752** Mehrfamilienhaus (19WE) Seite 412
Modernisierungen
Dipl.-Ing. Jürgen Metelmann
Bempflingen

**6100-753** Mehrfamilienhaus (19WE) Seite 424
Modernisierungen
Dipl.-Ing. Jürgen Metelmann
Bempflingen

**6100-770** Einfamilienhaus Seite 436
Modernisierungen
Bruno Maurer
Uttenweiler

**6100-780** Einfamilienhaus, Büro Seite 448
Modernisierungen
Architekturbüro, Freier Architekt BDA
Wolfgang Helmle, Ellwangen

**6100-785** Zweifamilienhaus Seite 460
Erweiterungen
Dipl.-Ing. Hans Peter Benl edp ingenieure
München

**6100-790** Einfamilienhaus Seite 472
Modernisierungen
Architektin Dipl.-Ing. Renate E. Lendner
Nieder-Olm

**6100-793** Einfamilienhaus Seite 482
Modernisierungen
Architekturbüro Gudrun Langmack
Erftstadt

**7200-072** Geschäftshaus, Wohnen (13WE) Seite 494
Modernisierungen
Büder + Menzel Architekten BDA
Köln

**7300-063** Betriebs- und Werkstattgebäude Seite 506
Umbauten
güldenzopf rohrberg architektur & design
Hamburg

**9100-060** Stadtbibliothek Seite 512
Modernisierungen

Architekturbüro LIEBER ÖKOLOGISCH Dipl.-Ing. (FH)
Nicole Lieber, Diez

# Erläuterungen

(1)

6100-681
Mehrfamilienhaus
(6WE)

Modernisierung

(2)

**1.132 €/m² WFL**

**Architekt:**
Werkgruppe Freiburg
Architekten
Friedrichring 16-18
79098 Freiburg

**Bauherr:**
Stadtbau Rottweil
Hohlgrabengasse 5
78628 Rottweil

**Objektübersicht**

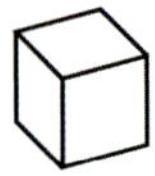

**240 €/m³ BRI**

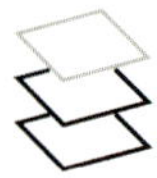

**681 €/m² BGF**

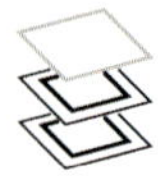

**931 €/m² NF**

| | |
|---|---|
| Kennwerte | bis 3.Ebene DIN 276 |
| Bauzeit | 43 Wochen |
| Bauende | 2008 |
| Standard | Durchschnitt |
| Land | Baden-Württemberg |
| Kreis | Rottweil |
| m³ BRI | 2.060 |
| m² BGF | 726 |
| m² NF | 531 |

vorher

(3)

nachher



Kostenstand: 3.Quartal 2010, inkl. MwSt., Bundesdurchschnitt

**Erläuterungen nebenstehender Tabellen und Abbildungen**

Alle Kostenkennwerte enthalten die Mehrwertsteuer. Kostenstand 3.Quartal 2010.
Kosten und Kostenkennwerte umgerechnet auf den Bundesdurchschnitt.

**Objektübersicht**

①
Bezeichnung des Objekts mit BKI-Objektnummer und -bezeichnung.

②
Kostenkennwerte für Bauwerkskosten (Kostengruppe 300+400 nach DIN 276) bezogen auf:

- BRI : Brutto-Rauminhalt (DIN 277)
- BGF : Brutto-Grundfläche (DIN 277)
- NF : Nutzfläche (DIN 277)
- WFL : Wohnfläche (oder andere Nutzeinheiten, z.B. Arbeitsplätze)

③
Abbildungen des Objekts.

## Planungskennwerte für Flächen und Rauminhalte nach DIN 277

6100-681
Mehrfamilienhaus
(6WE)

Modernisierung

(1)

| Flächen des Grundstücks | Menge, Einheit | % an FBG |
|---|---|---|
| BF Bebaute Fläche | 167,56 m² | 13,4 |
| UBF Unbebaute Fläche | 1.079,94 m² | 86,6 |
| FBG Fläche des Baugrundstücks | 1.247,50 m² | 100,0 |

(2)

| Grundflächen des Bauwerks | Menge, Einheit | % an NF | % an BGF |
|---|---|---|---|
| NF Nutzfläche | 530,76 m² | 100,0 | 73,1 |
| TF Technische Funktionsfläche | 16,45 m² | 3,1 | 2,3 |
| VF Verkehrsfläche | 44,41 m² | 8,4 | 6,1 |
| NGF Netto-Grundfläche | 591,62 m² | 111,5 | 81,5 |
| KGF Konstruktions-Grundfläche | 134,27 m² | 25,3 | 18,5 |
| BGF Brutto-Grundfläche | 725,89 m² | 136,8 | 100,0 |

(3)

| Brutto-Rauminhalt des Bauwerks | Menge, Einheit | BRI/NF (m) | BRI/BGF (m) |
|---|---|---|---|
| BRI Brutto-Rauminhalt | 2.059,83 m³ | 3,88 | 2,84 |

(4)

| Lufttechnisch behandelte Flächen | Menge, Einheit | % an NF | % an BGF |
|---|---|---|---|
| Entlüftete Fläche | – m² | – | – |
| Be- und entlüftete Fläche | – m² | – | – |
| Teilklimatisierte Fläche | – m² | – | – |
| Klimatisierte Fläche | – m² | – | – |

(5)

| KG Kostengruppen (2.Ebene) | Menge, Einheit | Menge/NF | Menge/BGF |
|---|---|---|---|
| 310 Baugrube | 32,51 m³ BGI | < 0,1 | < 0,1 |
| 320 Gründung | 9,71 m² GRF | < 0,1 | < 0,1 |
| 330 Außenwände | 596,38 m² AWF | 1,12 | 0,82 |
| 340 Innenwände | 687,57 m² IWF | 1,30 | 0,95 |
| 350 Decken | 370,76 m² DEF | 0,70 | 0,51 |
| 360 Dächer | 186,79 m² DAF | 0,35 | 0,26 |

## Kostenkennwerte für die Kostengruppen der 1.Ebene DIN 276

(6)

| KG Kostengruppen (1.Ebene) | Einheit | Kosten € | €/Einheit | €/m² BGF | €/m³ BRI | % 300+400 |
|---|---|---|---|---|---|---|
| 100 Grundstück | m² FBG | – | – | – | – | – |
| 200 Herrichten und Erschließen | m² FBG | 6.360 | 5,10 | 8,76 | 3,09 | 1,3 |
| 300 Bauwerk - Baukonstruktionen | m² BGF | 382.875 | 527,46 | 527,46 | 185,88 | 77,5 |
| 400 Bauwerk - Technische Anlagen | m² BGF | 111.381 | 153,44 | 153,44 | 54,07 | 22,5 |
| **Bauwerk 300+400** | **m² BGF** | **494.256** | **680,90** | **680,90** | **239,95** | **100,0** |
| 500 Außenanlagen | m² AUF | 24.849 | 23,01 | 34,23 | 12,06 | 5,0 |
| 600 Ausstattung und Kunstwerke | m² BGF | – | – | – | – | – |
| 700 Baunebenkosten | m² BGF | – | – | – | – | – |



Kostenstand: 3.Quartal 2010, inkl. MwSt., Bundesdurchschnitt

**Erläuterungen nebenstehender Planungskennwerte- und Baukostentabellen**

Alle Kostenkennwerte enthalten die Mehrwertsteuer. Kostenstand 3.Quartal 2010.
Kosten und Kostenkennwerte umgerechnet auf den Bundesdurchschnitt.

## Planungskennwerte für Flächen und Rauminhalte DIN 277

In Ergänzung der Kostenkennwerttabellen werden für jedes Objekt Planungskennwerte angegeben, die zur Überprüfung der Vergleichbarkeit des Objektes mit der geplanten Baumaßnahme dienen.
Ein Planungskennwert im Sinne dieser Veröffentlichung ist ein Wert, der das Verhältnis bestimmter Flächen und Rauminhalte zur Nutzfläche (NF) und Brutto-Grundfläche (BGF) darstellt, angegeben als Prozentwert oder als Faktor (Mengenverhältnis).

①
Bebaute und unbebaute Flächen des Grundstücks sowie deren Verhältnis in Prozent zur Fläche des Baugrundstücks (FBG).

②
Grundflächen im Verhältnis zur Nutzfläche (NF = 100%) und Brutto-Grundfläche (BGF = 100%) in Prozent.

③
Verhältnis von Brutto-Rauminhalt (BRI) zur Nutzfläche (NF) und Brutto-Grundfläche (BGF), (BRI / BGF = mittlere Geschosshöhe), angegeben als Faktor (in Meter).

④
Verhältnis von lufttechnisch behandelten Flächen (nach BKI) Nutzfläche (NF) und Brutto-Grundfläche (BGF) in Prozent.

⑤
Verhältnis der Mengen dieser Kostengruppen nach DIN 276 („Grobelemente") zur Nutzfläche (NF) und Brutto-Grundfläche (BGF), angegeben als Faktor. Wenn aus der Grundlagenermittlung die Nutz- oder Brutto-Grundfläche für ein Projekt bekannt ist, ein Vorentwurf als Grundlage für Mengenermittlungen aber noch nicht vorliegt, so können mit diesen Faktoren die Grobelementmengen überschlägig ermittelt werden.

## Kostenkennwerte für die Kostengruppen der 1.Ebene DIN 276

⑥
Kostenübersicht, Kostenkennwerte in €/Einheit, €/m$^2$ BGF und €/m$^3$ BRI für die Kostengruppen der 1.Ebene DIN 276. Anteil der jeweiligen Kostengruppe in Prozent an den Bauwerkskosten (Spalte: % 300+400). Die Bezugseinheiten der Kostenkennwerte entsprechen der DIN 277-3: 2005-04: Mengen und Bezugseinheiten.

6100-681
Mehrfamilienhaus
(6WE)

Modernisierung

(1)

(2)

**Kostenkennwerte für Leistungsbereiche nach StLB (Kosten des Bauwerks nach DIN 276)**

| LB | Leistungsbereiche | Kosten € | €/m² BGF | €/m³ BRI | % 300+400 |
|---|---|---|---|---|---|
| 000 | Sicherheits-, Baustelleneinrichtungen inkl. 001 | 27.887 | 38,40 | 13,50 | 5,6 |
| | Herstellen | 27.887 | 38,40 | 13,50 | 5,6 |
| 002 | Erdarbeiten | 2.821 | 3,90 | 1,40 | 0,6 |
| | Herstellen | 2.821 | 3,90 | 1,40 | 0,6 |
| 006 | Spezialtiefbauarbeiten inkl. 005 | – | – | – | – |
| 009 | Abwasserkanalarbeiten inkl. 011 | 1.399 | 1,90 | 0,68 | 0,3 |
| | Herstellen | 1.399 | 1,90 | 0,68 | 0,3 |
| 010 | Dränarbeiten | – | – | – | – |
| 012 | Mauerarbeiten | 7.892 | 10,90 | 3,80 | 1,6 |
| | Herstellen | 7.892 | 10,90 | 3,80 | 1,6 |
| 013 | Betonarbeiten | 42.087 | 58,00 | 20,40 | 8,5 |
| | Herstellen | 42.087 | 58,00 | 20,40 | 8,5 |
| 014 | Natursteinarbeiten, Betonwerksteinarbeiten | 2.005 | 2,80 | 0,97 | 0,4 |
| | Herstellen | 2.005 | 2,80 | 0,97 | 0,4 |
| 016 | Zimmer- und Holzbauarbeiten | 12.379 | 17,10 | 6,00 | 2,5 |
| | Herstellen | 12.379 | 17,10 | 6,00 | 2,5 |
| 017 | Stahlbauarbeiten | 20.887 | 28,80 | 10,10 | 4,2 |
| | Herstellen | 20.887 | 28,80 | 10,10 | 4,2 |
| 018 | Abdichtungsarbeiten gegen Wasser | – | – | – | – |
| 020 | Dachdeckungsarbeiten | – | – | – | – |
| 021 | Dachabdichtungsarbeiten | 15.262 | 21,00 | 7,40 | 3,1 |
| | Herstellen | 15.262 | 21,00 | 7,40 | 3,1 |
| 022 | Klempnerarbeiten | 3.631 | 5,00 | 1,80 | 0,7 |
| | Herstellen | 3.631 | 5,00 | 1,80 | 0,7 |
| | **Rohbau** | **136.251** | **187,70** | **66,10** | **27,6** |
| | Herstellen | 136.251 | 187,70 | 66,10 | 27,6 |
| 023 | Putz- und Stuckarbeiten, Wärmedämmsysteme | 86.242 | 118,80 | 41,90 | 17,4 |
| | Wiederherstellen | 20.343 | 28,00 | 9,90 | 4,1 |
| | Herstellen | 65.899 | 90,80 | 32,00 | 13,3 |
| 024 | Fliesen- und Plattenarbeiten | 14.732 | 20,30 | 7,20 | 3,0 |
| | Herstellen | 14.732 | 20,30 | 7,20 | 3,0 |
| 025 | Estricharbeiten | – | – | – | – |
| 026 | Fenster, Außentüren inkl. 029, 032 | 31.028 | 42,70 | 15,10 | 6,3 |
| | Herstellen | 31.028 | 42,70 | 15,10 | 6,3 |
| 027 | Tischlerarbeiten | 15.012 | 20,70 | 7,30 | 3,0 |
| | Herstellen | 15.012 | 20,70 | 7,30 | 3,0 |
| 028 | Parkettarbeiten, Holzpflasterarbeiten | – | – | – | – |
| 030 | Rollladenarbeiten | 16.744 | 23,10 | 8,10 | 3,4 |
| | Herstellen | 16.744 | 23,10 | 8,10 | 3,4 |
| 031 | Metallbauarbeiten inkl. 035 | 3.004 | 4,10 | 1,50 | 0,6 |
| | Herstellen | 3.004 | 4,10 | 1,50 | 0,6 |
| 034 | Maler- und Lackiererarbeiten inkl. 037 | 3.325 | 4,60 | 1,60 | 0,7 |
| | Wiederherstellen | 951 | 1,30 | 0,46 | 0,2 |
| | Herstellen | 10.389 | 14,30 | 5,00 | 2,1 |
| 036 | Bodenbelagsarbeiten | 11.141 | 15,30 | 5,40 | 2,3 |
| | Herstellen | 11.141 | 15,30 | 5,40 | 2,3 |
| 038 | Vorgehängte hinterlüftete Fassaden | – | – | – | – |
| 039 | Trockenbauarbeiten | 30.365 | 41,80 | 14,70 | 6,1 |
| | Herstellen | 30.365 | 41,80 | 14,70 | 6,1 |



Kostenstand: 3.Quartal 2010, inkl. MwSt., Bundesdurchschnitt

### Erläuterung nebenstehender Baukostentabelle

Alle Kostenkennwerte enthalten die Mehrwertsteuer. Kostenstand: 3.Quartal 2010.
Kosten und Kostenkennwerte umgerechnet auf den Bundesdurchschnitt.

### Kostenkennwerte für Leistungsbereiche nach StLB

①
LB-Nummer nach Standardleistungsbuch (StLB).
Bezeichnung des Leistungsbereichs (zum Teil abgekürzt).

Kostenkennwerte für Bauwerkskosten (Kostengruppe 300+400 nach DIN 276) je Leistungsbereich in €/m² Brutto-Grundfläche (BGF nach DIN 277).
Anteil der jeweiligen Leistungsbereiche in Prozent an den Bauwerkskosten (100%).

②
Kostenkennwerte und Prozentanteile für „Leistungsbereichspakete" als Zusammenfassung bestimmter Leistungsbereiche. Leistungsbereiche mit relativ geringem Kostenanteil wurden in Einzelfällen mit anderen Leistungsbereichen zusammengefasst.
Beispiel:
LB 000 Baustelleneinrichtung zusammengefasst mit
LB 001 Gerüstarbeiten (Angabe: inkl. 001).

**Kostenkennwerte für die Kostengruppen 300 und 400 der 3.Ebene DIN 276 (Übersicht)**

(1) (2)

| KG | Kostengruppe | Menge Einheit | Kosten € | €/Einheit | €/m² BGF |
|---|---|---|---|---|---|
| 350 | **Decken** | | | | |
| 351 | **Deckenkonstruktionen** | | | | |
| | 1300-138 Bürogebäude | | | | |
| | • Herstellen (Kosten: 100,0%) | 4,00 m² | 361 | **90,29** | 0,16 |
| | Schließen, Deckendurchbrüche (16St) | | | | |
| | 1300-151 Rathaus | | | | |
| | • Abbrechen (Kosten: 16,0%) | 146,12 m² | 5.902 | **40,39** | 3,13 |
| | Abbruch von Deckengebälk, Oberlage aus Bretterschalung, d=20-25mm, Lehm- und Spreufüllungen (114m²), Holztreppen, Stufen, Geländer, Podeste (5St); Entsorgung, Deponiegebühren | | | | |
| | • Wiederherstellen (Kosten: 11,7%) | 33,84 m² | 4.333 | **128,05** | 2,30 |
| | Holz-Trittstufen und Setzstufen, Podeste, schleifen, neu versiegeln (18m²), Treppenwangen reinigen, Risse verspachteln, Lasuranstrich (5m²), Eichentreppe abstrahlen (11m²) | | | | |
| | • Herstellen (Kosten: 72,3%) | 39,66 m² | 26.755 | **674,62** | 14,21 |
| | Holzbalkendecke, d=24cm (29m²), Stahlwangentreppen aus Flachstahl, einläufig, gerade mit Podesten, Laufbreite 1,25m, Holz-Fertigstufen (11m²) | | | | |
| | 1300-152 Wohn- und Geschäftshaus | | | | |
| | • Abbrechen (Kosten: 2,9%) | 14,64 m² | 746 | **50,94** | 1,91 |
| | Abbruch von Stb-Decke (10m²), Holztreppe; Entsorgung, Deponiegebühren | | | | |
| | • Herstellen (Kosten: 97,1%) | 20,46 m² | 24.648 | **1.204,69** | 63,12 |
| | Stahl-Zweiholmtreppe mit Holzstufen, 17 Stufen (1St), Einviertel-Podest-Holztreppe, Zweiholmtreppe, aufgesattelte Stufen, 17+4 Stufen, Eiche endlackiert (1St), Unterzug, 20/24cm (12m), Holzbalkendecke, Bretter (12m²) | | | | |
| | 4100-075 Schulzentrum | | | | |
| | • Abbrechen (Kosten: 4,0%) | 16,14 m² | 2.425 | **150,23** | 2,84 |
| | Abbruch von einer Stb-Treppe, Podest, Treppengeländer, Entsorgung, Deponiegebühren (16m²) | | | | |
| | • Herstellen (Kosten: 96,0%) | 450,16 m² | 58.427 | **129,79** | 68,33 |
| | Stb-Decken C30/37, d=25cm, Schalung, Bewehrung (427m²), Stb-Decken C20/25, d=22cm (15m²), Stb-Fertigteiltreppe Stufenoberkante Sichtbeton, zwei gerade Treppenläufe mit Zwischenpodest, 2x10Stg (9m²) | | | | |
| | • 4100-107 Grundschule | 246,18 m² | 30.419 | **123,56** | 56,42 |
| | Stb-Decken C25/30, d=27cm, Schalung, Bewehrung (6t) (235m²), Fertigteiltreppen, 18 Steigungen 16/29cm, 4 Steigungen 16,5/29cm | | | | |



Kostenstand: 3.Quartal 2010, inkl. MwSt., Bundesdurchschnitt

Einleitung | Objekte | 3. Ebene | Anhang

**Erläuterung nebenstehender Baukostentabelle**

Alle Kostenkennwerte enthalten die Mehrwertsteuer. Kostenstand: 3.Quartal 2010.
Kosten und Kostenkennwerte umgerechnet auf den Bundesdurchschnitt.

**Kostenkennwerte für Kostengruppen der 3.Ebene DIN 276**

①
Codierung und Bezeichnung zur Kostengruppe entsprechend der 3.Ebene nach DIN 276

②
Beschreibung der abgerechneten Leistungen ergänzt um Menge, Einheit, Kosten, Kostenkennwert bezogen auf die Kostengruppeneinheit oder alternativ bezogen auf die m² BGF. Die Leistungen werden, sofern die Arbeiten angefallen sind, nach Abbrechen, Wiederherstellen und Herstellen unterschieden. Wurde eine solche Unterscheidung nicht dokumentiert, dann sind alle Leistungen unter der Überschrift „Abbrechen, Wiederherstellen, Herstellen" zusammengefasst. Die Bedeutung der unterschiedlichen Leistungen an der Kostengruppe verdeutlicht der in Klammern gesetzte prozentuale Kostenanteil.
Bei den Mengen handelt es sich um ausgeführte Mengen.
Die zwischen zwei Leerzeilen aufgeführten und jeweils mit einem Punkt (•) markierten Leistungen stellen ein Beispiel einer Altbaumaßnahme zu dieser Kostengruppe dar. Die Beispiele stammen aus Objekten, die im Teil 1 dokumentiert sind.
Der entsprechende Querverweis ist in der ersten Zeile zu jedem Beispiel angegeben.

## Gliederung in Leistungsbereiche nach STLB-Bau (Oktober 2007)

**Als Beispiel für eine ausführungsorientierte Ergänzung der Kostengliederung werden im Folgenden die Leistungsbereiche des Standardleistungsbuches für das Bauwesen in einer Übersicht dargestellt.**

000 Sicherheits- und Baustelleneinrichtung
001 Gerüstarbeiten
002 Erdarbeiten
003 Landschaftsbauarbeiten
004 Landschaftsbauarbeiten, Pflanzen
005 Brunnenbauarbeiten und Aufschlussbohrungen
006 Spezialtiefbauarbeiten
007 Untertagebauarbeiten
008 Wasserhaltungsarbeiten
009 Abwasserkanalarbeiten
010 Dränarbeiten
011 Abscheideranlagen, Kleinkläranlagen
012 Mauerarbeiten
013 Betonarbeiten
014 Natur-, Betonwerksteinarbeiten
016 Zimmer- und Holzbauarbeiten
017 Stahlbauarbeiten
018 Abdichtungsarbeiten, Bauwerkstrockenlegung
020 Dachdeckungsarbeiten
021 Dachabdichtungsarbeiten
022 Klempnerarbeiten
023 Putz- und Stuckarbeiten, Wärmedämmsysteme
024 Fliesen- und Plattenarbeiten
025 Estricharbeiten
026 Fenster, Außentüren
027 Tischlerarbeiten
028 Parkettarbeiten, Holzpflasterarbeiten
029 Beschlagarbeiten
030 Rollladenarbeiten
031 Metallbauarbeiten
032 Verglasungsarbeiten
033 Baureinigungsarbeiten
034 Maler- und Lackierarbeiten, Beschichtungen
035 Korrosionsschutzarbeiten an Stahlbauten
036 Bodenbelagsarbeiten
037 Tapezierarbeiten
038 Vorgehängte hinterlüftete Fassaden
039 Trockenbauarbeiten
040 Wärmeerzeuger und zentrale Einrichtungen
041 Heizflächen, Rohrleitungen, Armaturen
042 Gas- und Wasserinstallation
- Leitungen und Armaturen
043 Druckrohrleitungen für Gas, Wasser und Abwasser
044 Abwasserinstallationsarbeiten
- Leitung, Abläufe
045 Gas-, Wasser- und Abwasserinstallationsarbeiten
- Einrichtungsgegenstände, Sanitärausstattungen
046 Gas-, Wasser- und Abwasserinstallationsarbeiten
- Betriebseinrichtungen -
047 Dämmarbeiten an betriebstechnischen Anlagen
049 Feuerlöschanlagen, Feuerlöschgeräte
050 Blitzschutz- und Erdungsanlagen, Überspannungsschutz
051 Bauleistungen für Kabelanlagen
052 Mittelspannungsanlagen
053 Niederspannungsanlagen, Kabel, Verlegesysteme
054 Niederspannungsanlagen, Verteilersysteme, Einbaugeräte
055 Ersatzstromversorgungsanlagen
056 Batterien
057 Gebäudesystemtechnik
058 Leuchten und Lampen
059 Sicherheitsbeleuchtungsanlagen
060 Elektroakustische Anlagen, Sprech-, Personenrufanlagen
061 Kommunikationsnetze
062 Kommunikationsanlagen
063 Gefahrenmeldeanlagen
064 Zutrittskontroll-, Zeiterfassungssysteme
067 zentrale Leittechnik
069 Aufzüge
070 Gebäudeautomation
075 Raumlufttechnische Anlagen
078 Kälteanlagen
080 Straßen, Wege, Plätze
081 Betonerhaltungsarbeiten
082 Bekämpfender Holzschutz
083 Sanierungsarbeiten an schadstoffhaltigen Bauteilen
084 Abbruch- und Rückbauarbeiten
085 Rohrvortrieb
087 Abfallentsorgung, Verwertung und Beseitigung
090 Baulogistik
096 Bauarbeiten an Bahnübergängen
097 Bauarbeiten an Gleisen und Weichen
098 Winterbau-Schutzmaßnahmen

## Abkürzungsverzeichnis

| Abkürzung | Bezeichnung |
|---|---|
| AA | Ausführungsarten (BKI) mit zweistelliger BKI-Identnummer, Untergliederung der Ausführungsklassen |
| AK | Ausführungsklassen (BKI), Untergliederung der 3.Ebene DIN 276 |
| AUF | Außenanlagenfläche |
| AWF | Außenwandfläche |
| BGF | Brutto-Grundfläche |
| BGI | Baugrubeninhalt |
| bis | oberer Grenzwert des Streubereichs um einen Mittelwert |
| BK | Bodenklasse (nach VOB Teil C, DIN 18300) |
| BRI | Brutto-Rauminhalt |
| BRI/BGF (m) | Verhältnis von Brutto-Rauminhalt zu Brutto-Grundfläche angegeben in Meter |
| BRI/NF (m) | Verhältnis von Brutto-Rauminhalt zur Nutzfläche angegeben in Meter |
| DAF | Dachfläche |
| DEF | Deckenfläche |
| DIN 276-1 | Kosten im Hochbau (Dezember 2008) |
| DIN 277 | Grundflächen und Rauminhalte von Bauwerken im Hochbau |
| FBG | Fläche des Baugrundstücks |
| TF | Technische Funktionsfläche |
| Fläche/BGF (%) | Anteil der angegebenen Fläche zur Brutto-Grundfläche in Prozent |
| Fläche/NF (%) | Anteil der angegebenen Fläche zur Nutzfläche in Prozent |
| GRF | Gründungsfläche |
| inkl. | einschließlich |
| IWF | Innenwandfläche |
| KG | Kostengruppe |
| KG an 300 | Kostenanteil der jeweiligen Kostengruppe in % an der Kostengruppe 300 Bauwerk-Baukonstruktionen |
| KG an 400 | Kostenanteil der jeweiligen Kostengruppe in % an der Kostengruppe 400 Bauwerk-Technische Anlagen |
| KGF | Konstruktions-Grundfläche |
| LB | Leistungsbereich |
| LB an AA | Kostenanteil des Leistungsbereichs in % an der Ausführungsart |
| Menge/BGF | Menge der genannten Kostengruppen-Bezugsgröße bezogen auf die Menge der Brutto-Grundfläche |
| Menge/NF | Menge der genannten Kostengruppen-Bezugsgröße bezogen auf die Menge der Nutzfläche |
| NF | Nutzfläche |
| NGF | Netto-Grundfläche |
| Obj.-Nr. | Nummer des Objekts in der BKI-Baukostendatenbank |
| StLB | Standardleistungsbuch |
| VF | Verkehrsfläche |
| von | unterer Grenzwert des Streubereichs um einen Mittelwert |
| | |
| Ø | Mittelwert |
| 300+400 | Zusammenfassung der Kostengruppen Bauwerk-Baukonstruktionen und Bauwerk-Technische Anlagen |
| % an 300+400 | Kostenanteil der jeweiligen Kostengruppe an den Kosten des Bauwerks |
| % an 300 | Kostenanteil der jeweiligen Kostengruppe an der Kostengruppe Bauwerk-Baukonstruktion |
| % an 400 | Kostenanteil der jeweiligen Kostengruppe an der Kostengruppe Bauwerk-Technische Anlagen |

# Kosten abgerechneter Objekte

# Bürogebäude

1

## Objektübersicht

Modernisierung

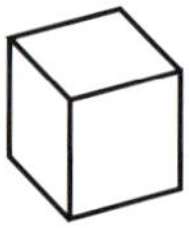

136 €/m³ BRI

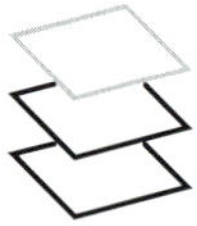

325 €/m² BGF

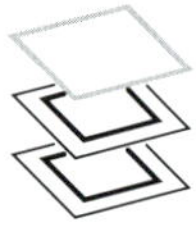

465 €/m² NF

| | |
|---|---|
| Kennwerte | bis 3.Ebene DIN 276 |
| Bauzeit | 25 Wochen |
| Bauende | 2007 |
| Standard | Durchschnitt |
| Land | Nordrhein-Westfalen |
| Kreis | Düsseldorf |
| $m^3$ BRI | 5.442 |
| $m^2$ BGF | 2.268 |
| $m^2$ NF | 1.587 |

**Architekt:**
modus.architekten
Dipl.-Ing. Holger Kalla
Große Weinmeisterstr. 3A
14469 Potsdam

und
Orsoyer Str. 1
40474 Düsseldorf

Modernisierung

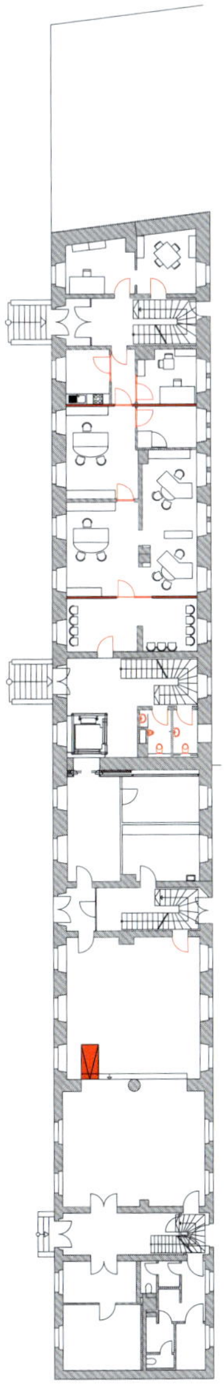

Erdgeschoss

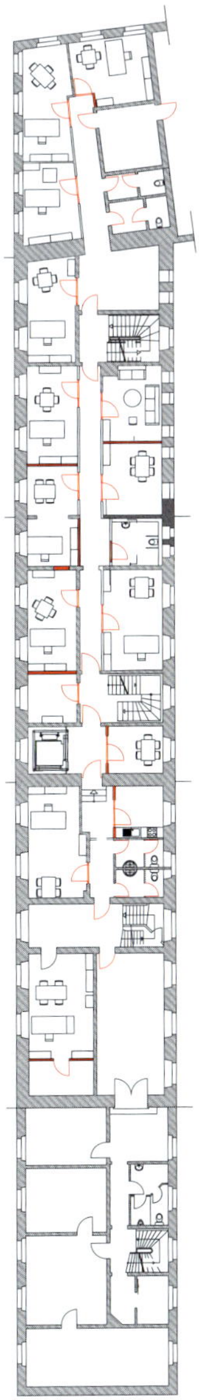

1. Obergeschoss

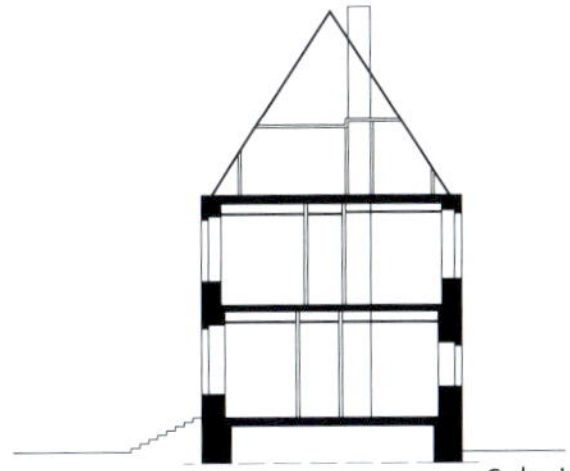

Schnitt A-A

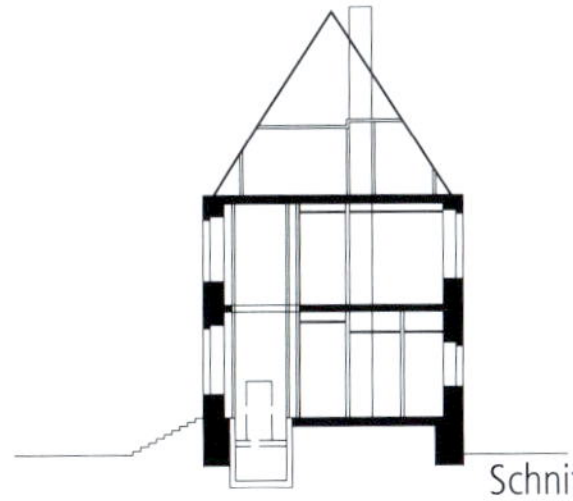

Schnitt B-B

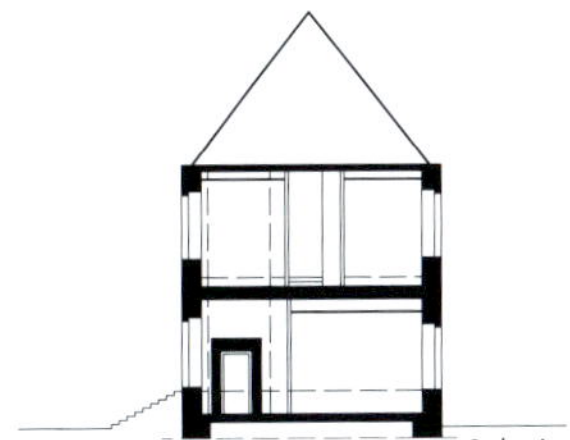

Schnitt C-C

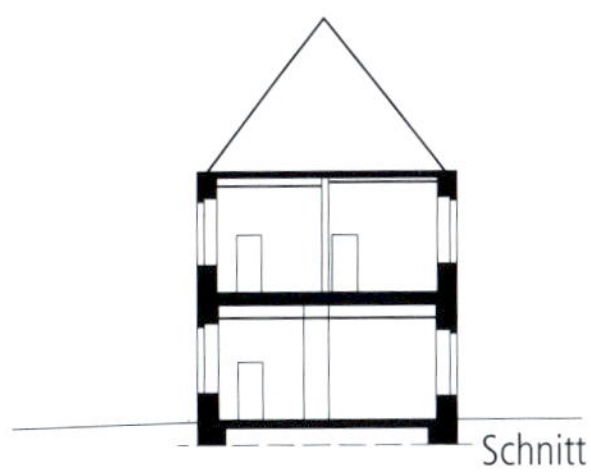

Schnitt D-D

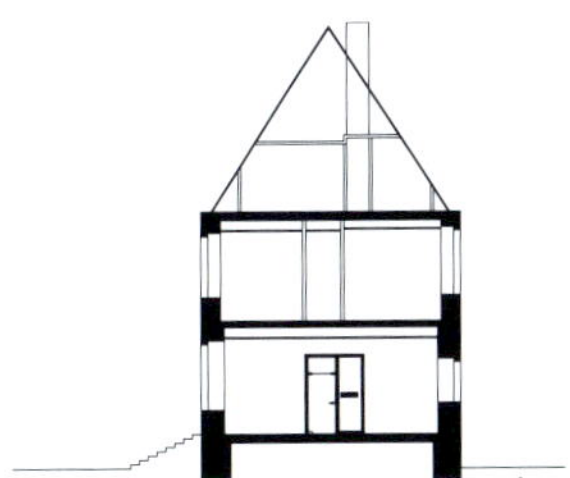

Schnitt G-G

# Objektbeschreibung

## Nutzung

**1 Erdgeschoss**
Büroräume, Besprechungszimmer, Sanitärräume

**1 Obergeschoss**
Büroräume, Teeküche, Sozialraum, Sanitärräume

**1 Dachgeschoss**
Lagerflächen

## Grundstück

Bauraum: Freier Bauraum
Neigung: Ebenes Gelände

## Markt

Hauptvergabezeit: 1.Quartal 2007
Baubeginn: 1.Quartal 2007
Bauende: 3.Quartal 2007
Konjunkturelle Gesamtlage: Durchschnitt
Regionaler Baumarkt: über Durchschnitt

## Baubestand

Baujahr: 1834
Bauzustand: schlecht
Aufwand: hoch
Grundrissänderungen: einige
Tragwerkseingriffe: wenige
Nutzungsänderung: ja
Nutzung während der Bauzeit: nein

## Baukonstruktion

**Abbrechen:** Abschlagen von Putz, Entfernen von Tapeten * Abbruch einer Sonnenschutzanlage, Vertikallamellen, Führungsschienen, Vorhänge, Unterkonstruktion; Abbruch von Mauerwerkswänden, Holztüren, Wandfliesen; abgehängten GK-Decken; Einbauschränken; Entsorgung, Deponiegebühren
**Wiederherstellen:** Fensterbänke, Eingangstüren, Setzstufen, Treppenwangen, Treppenuntersichten, Geländer, Handläufe, reinigen, Anstriche entfernen, Schad- und Ausbruchstellen spachteln, mit Holzschutzgrund grundieren, Zwischen- und Schlussbeschichtung; Fachwerkkonstruktion, umgebaut, Teile abgebrochen und mit neuen Teilen ergänzt * Beiputzarbeiten Wandflächen, Stundenlohnarbeiten
**Herstellen:** Teppichboden, Linoleum, Sauberlaufbelag, Bodenfliesen, RWA-Anlagen an Fenstern, Vertikaljalousien, GK-Montagewände, Gasbetonmauerwerk, Stahlstütze, Holztüren, Stahltüren, Rohrrahmentüren, Stahlschiebetor, Drehtürantriebe, Putz, Wandfliesen, Raufasertapete, Anstrich, GK-Verkleidung, WC-Trennwände; abgehängte GK-Decke, GK-Verkleidung, Anstrich, Dachflächenfenster

## Technische Anlagen

**Abbrechen:** Abbruch von Schmutzwasserleitung, Kalt - und Warmwasserleitungen, Hauswasserstation, Waschbecken, WC-Becken; Heizungsrohren, Konvektoren, Stahlradiatoren, Gussradiatoren; Schalter, Steckdosen, Mantelleitungen, Zählerhauptverteilung, Kunststoffkanäle, Langfeldleuchten, Rasterleuchten, Opalgasleuchten, Pendelleuchten; Entsorgung, Deponiegebühren
**Wiederherstellen:** Spülen der einzelnen Bestandsheizkörper, Demontage und Wiedermontage der Heizkörper
**Herstellen:** Abwasserleitungen, Kalt- und Warmwasserleitungen, WC-Becken, Waschtische, Warmwasserbereiter, Montageelemente, Heizungsleitungen, Dämmung, Flachheizkörper, Thermostate, Einzelraumentlüftung, Elektroinstallation, Beleuchtung, Sicherheitsbeleuchtung, Telefonkabel, Gegensprechanlage, Rufanlage, Brandmeldeanlage, Personen-Glasaufzug

## Planungskennwerte für Flächen und Rauminhalte nach DIN 277

| Flächen des Grundstücks | Menge, Einheit | % an FBG |
|---|---|---|
| BF Bebaute Fläche | – m² | – |
| UBF Unbebaute Fläche | – m² | – |
| FBG Fläche des Baugrundstücks | – m² | – |

| Grundflächen des Bauwerks | Menge, Einheit | % an NF | % an BGF |
|---|---|---|---|
| NF Nutzfläche | 1.587,10 m² | 100,0 | 70,0 |
| TF Technische Funktionsfläche | 16,86 m² | 1,1 | 0,7 |
| VF Verkehrsfläche | 251,51 m² | 15,9 | 11,1 |
| NGF Netto-Grundfläche | 1.855,47 m² | 116,9 | 81,8 |
| KGF Konstruktions-Grundfläche | 412,20 m² | 26,0 | 18,2 |
| BGF Brutto-Grundfläche | 2.267,67 m² | 142,9 | 100,0 |

| Brutto-Rauminhalt des Bauwerks | Menge, Einheit | BRI/NF (m) | BRI/BGF (m) |
|---|---|---|---|
| BRI Brutto-Rauminhalt | 5.442,41 m³ | 3,43 | 2,40 |

| Lufttechnisch behandelte Flächen | Menge, Einheit | % an NF | % an BGF |
|---|---|---|---|
| Entlüftete Fläche | – m² | – | – |
| Be- und entlüftete Fläche | – m² | – | – |
| Teilklimatisierte Fläche | – m² | – | – |
| Klimatisierte Fläche | – m² | – | – |

| KG Kostengruppen (2.Ebene) | Menge, Einheit | Menge/NF | Menge/BGF |
|---|---|---|---|
| 310 Baugrube | – m³ BGI | – | – |
| 320 Gründung | 153,14 m² GRF | 0,10 | < 0,1 |
| 330 Außenwände | 470,94 m² AWF | 0,30 | 0,21 |
| 340 Innenwände | 3.763,86 m² IWF | 2,37 | 1,66 |
| 350 Decken | 759,22 m² DEF | 0,48 | 0,33 |
| 360 Dächer | 3,19 m² DAF | – | – |

## Kostenkennwerte für die Kostengruppen der 1.Ebene DIN 276

| KG Kostengruppen (1.Ebene) | Einheit | Kosten € | €/Einheit | €/m² BGF | €/m³ BRI | % 300+400 |
|---|---|---|---|---|---|---|
| 100 Grundstück | m² FBG | – | – | – | – | – |
| 200 Herrichten und Erschließen | m² FBG | – | – | – | – | – |
| 300 Bauwerk - Baukonstruktionen | m² BGF | 425.081 | 187,45 | 187,45 | 78,11 | 57,6 |
| 400 Bauwerk - Technische Anlagen | m² BGF | 312.911 | 137,99 | 137,99 | 57,49 | 42,4 |
| **Bauwerk 300+400** | **m² BGF** | **737.992** | **325,44** | **325,44** | **135,60** | **100,0** |
| 500 Außenanlagen | m² AUF | – | – | – | – | – |
| 600 Ausstattung und Kunstwerke | m² BGF | 4.044 | 1,78 | 1,78 | 0,74 | 0,5 |
| 700 Baunebenkosten | m² BGF | – | – | – | – | – |

Modernisierung

## Kostenkennwerte für die Kostengruppen der 1.Ebene DIN 276

| KG | Kostengruppe | Menge Einheit | Kosten € | €/Einheit | % |
|---|---|---|---|---|---|
| **3+4** | **Bauwerk** | | | | **100,0** |
| 300 | **Bauwerk - Baukonstruktionen** | 2.267,67 m² BGF | 425.081 | **187,45** | 57,6 |
| | • Abbrechen (Kosten: 7,4%) | | 31.460 | | |
| | Abschlagen von Putz, Entfernen von Tapeten * Abbruch einer Sonnenschutzanlage, Vertikallamellen, Führungsschienen, Vorhänge, Unterkonstruktion; Abbruch von Mauerwerkswänden, Holztüren, Wandfliesen; abgehängten GK-Decken; Einbauschränken; Entsorgung, Deponiegebühren | | | | |
| | • Wiederherstellen (Kosten: 6,5%) | | 27.602 | | |
| | Fensterbänke, Eingangstüren, Setzstufen, Treppenwangen, Treppenuntersichten, Geländer, Handläufe, reinigen, Anstriche entfernen, Schad- und Ausbruchstellen spachteln, mit Holzschutzgrund grundieren, Zwischen- und Schlussbeschichtung; Fachwerkkonstruktion, umgebaut, Teile abgebrochen und mit neuen Teilen ergänzt * Beiputzarbeiten Wandflächen, Stundenlohnarbeiten | | | | |
| | • Herstellen (Kosten: 86,1%) | | 366.019 | | |
| | Teppichboden, Linoleum, Sauberlaufbelag, Bodenfliesen, RWA-Anlagen an Fenstern, Vertikaljalousien, GK-Montagewände, Gasbetonmauerwerk, Stahlstütze, Holztüren, Stahltüren, Rohrrahmentüren, Stahlschiebetor, Drehtürantriebe, Putz, Wandfliesen, Raufasertapete, Anstrich, GK-Verkleidung, WC-Trennwände; abgehängte GK-Decke, GK-Verkleidung, Anstrich, Dachflächenfenster | | | | |
| 400 | **Bauwerk - Technische Anlagen** | 2.267,67 m² BGF | 312.911 | **137,99** | 42,4 |
| | • Abbrechen (Kosten: 2,6%) | | 8.001 | | |
| | Abbruch von Schmutzwasserleitung, Kalt - und Warmwasserleitungen, Hauswasserstation, Waschbecken, WC-Becken; Heizungsrohren, Konvektoren, Stahlradiatoren, Gussradiatoren; Schalter, Steckdosen, Mantelleitungen, Zählerhauptverteilung, Kunststoffkanäle, Langfeldleuchten, Rasterleuchten, Opalgasleuchten, Pendelleuchten; Entsorgung, Deponiegebühren | | | | |
| | • Wiederherstellen (Kosten: 0,7%) | | 2.202 | | |
| | Spülen der einzelnen Bestandsheizkörper, Demontage und Wiedermontage der Heizkörper | | | | |
| | • Herstellen (Kosten: 96,7%) | | 302.708 | | |
| | Abwasserleitungen, Kalt- und Warmasserleitungen, WC-Becken, Waschtische, Warmwasserbereiter, Montageelemente, Heizungsleitungen, Dämmung, Flachheizkörper, Thermostate, Einzelraumentlüftung, Elektroinstallation, Beleuchtung, Sicherheitsbeleuchtung, Telefonkabel, Gegensprechanlage, Rufanlage, Brandmeldeanlage, Personen-Glasaufzug | | | | |
| 600 | **Ausstattung und Kunstwerke** | 2.267,67 m² BGF | 4.044 | **1,78** | 0,5 |
| | • Herstellen (Kosten: 100,0%) | | 4.044 | | |
| | Papierrollenhalter, Toilettenbürstengarnituren, Kristallspiegel, Kippspiegel, Stützgriffe, Baby-Wickel-Stadion, Sandstrahlfolien | | | | |

## Kostenkennwerte für die Kostengruppen 300 und 400 der 2.Ebene DIN 276

| KG | Kostengruppe | Menge Einheit | Kosten € | €/Einheit | % |
|---|---|---|---|---|---|
| **300** | **Bauwerk - Baukonstruktionen** | | | | **100,0** |
| 320 | **Gründung** | 153,14 $m^2$ | 13.032 | **85,10** | 3,1 |
| | • Abbrechen (Kosten: 1,9%) | | 243 | | |
| | Abbruch von Teppichböden, Linoleum mit Unterbau aus Spanplatten, Entsorgung, Deponiegebühren (14$m^2$) | | | | |
| | • Herstellen (Kosten: 98,1%) | | 12.789 | | |
| | Estrich, grundieren, spachteln, Teppichboden (111$m^2$), Linoleum (33$m^2$), Sockelleisten (75m), Sauberlaufbelag (3$m^2$), Bodenfliesen, 10/10cm, R 10, Abdichtung (7$m^2$) | | | | |
| 330 | **Außenwände** | 470,94 $m^2$ | 23.501 | **49,90** | 5,5 |
| | • Abbrechen (Kosten: 4,2%) | | 987 | | |
| | Abschlagen von Putz (5$m^2$), Entfernen von Tapeten (186$m^2$) * Abbruch einer Sonnenschutzanlage, Vertikallamellen, Führungsschienen, Vorhänge, Unterkonstruktion in abgehängter Decke (141$m^2$); Entsorgung, Deponiegebühren | | | | |
| | • Wiederherstellen (Kosten: 5,7%) | | 1.345 | | |
| | Fensterbänke (14$m^2$), Eingangstüren, profiliert (22$m^2$), reinigen, Anstriche entfernen, Schad- und Ausbruchstellen spachteln, mit Holzschutzgrund grundieren, Zwischen- und Schlussbeschichtung | | | | |
| | • Herstellen (Kosten: 90,1%) | | 21.169 | | |
| | RWA-Anlage für Fassadenfenster, Zentrale, Fensterantrieb, Rauchmelder (100$m^2$), Schließanlage * Innenputz (13$m^2$), Schlitze schließen, beiputzen (24$m^2$), Handspachtel (57$m^2$), Fliesen, 10/10cm (20$m^2$), Raufasertapete (184$m^2$), Anstrich (371$m^2$) * Vertikaljalousien (78$m^2$) | | | | |
| 340 | **Innenwände** | 3.763,86 $m^2$ | 283.257 | **75,26** | 66,6 |
| | • Abbrechen (Kosten: 7,8%) | | 22.224 | | |
| | Abbruch von Mauerwerkswänden, d=20-30cm, Lehmfüllungen (7$m^2$) * d=10-20cm (121$m^2$), in Teilflächen bis 2$m^2$ (83$m^2$), Trennwände, Alu-Rahmen, Holz- und Glasfüllungen (131$m^2$) * Holztüren, Umfassungszargen (79$m^2$) * Abschlagen von Putz (20$m^2$), Entfernen von Tapeten (1.677$m^2$), Abbruch von Wandfliesen (145$m^2$, Holz-Schrammborde (70$m^2$); Entsorgung, Deponiegebühren | | | | |
| | • Wiederherstellen (Kosten: 8,2%) | | 23.173 | | |
| | Fachwerkkonstruktion, umgebaut, Teile abgebrochen und mit neuen Teilen ergänzt (35$m^2$) * Beiputzarbeiten Wandflächen, Stundenlohnarbeiten (129h) | | | | |
| | • Herstellen (Kosten: 84,0%) | | 237.860 | | |
| | Wandöffnungen schließen (19$m^2$) * GK-Montagewände (258$m^2$), Gasbetonmauerwerk, d=10cm (10$m^2$) * Stahlstütze (1St) * Holztüren (110$m^2$), Feuerschutztüren T30, RS (4$m^2$), Rohrrahmentüren (18$m^2$), Stahlschiebetor T90 (3$m^2$), elektrische Drehtürantriebe (4St) * Putz (133$m^2$), beiputzen (221$m^2$), GK- Verkleidung (415$m^2$), Handspachtel (510$m^2$), Wandfliesen (99$m^2$), Raufasertapete, Anstrich (1.660$m^2$), Anstrich (1.389$m^2$) * WC-Trennwände (12$m^2$) | | | | |

| KG | Kostengruppe | Menge Einheit | Kosten € | €/Einheit | % |
|---|---|---|---|---|---|
| 350 | **Decken** | 759,22 m² | 79.833 | **105,15** | 18,8 |
| | • Abbrechen (Kosten: 9,7%) | | 7.740 | | |
| | Abbruch von Teppichböden, Linoleum, Treppenfliesen (461m²), Holzsockelleisten (407m) * abgehängten GK-Decken ohne Unterkonstruktion (223m²); Entsorgung, Deponiegebühren | | | | |
| | • Wiederherstellen (Kosten: 3,9%) | | 3.085 | | |
| | Setzstufen (93m), Treppenwangen (70m), Treppenuntersichten (34m²), Geländer, Handläufe reinigen (23m), Anstriche entfernen, Schad- und Ausbruchstellen spachteln, mit Holzschutzgrund grundieren, Zwischen- und Schlussbeschichtung (93m), Spanplatten, Rückstände mit Schleifmaschine entfernen (119m²), Spanplatten entfernen durch neue ersetzen (6m²) | | | | |
| | • Herstellen (Kosten: 86,4%) | | 69.009 | | |
| | Schließen, Deckendurchbrüche (16St) * Estrich, grundieren, spachteln, Teppichboden (370m²), Linoleumbelag (118m²), Stufen (40m²), Stufenkanten, Edelstahl (107m), Sockelleisten (226m), Anstrich (75m), Basaltlava Platten (15m²), Bodenfliesen (20m²) * abgehängte GK-Decken (299m²), GK-Verkleidung (8m²), Grundierung, Spachtelung, Anstrich (428m²) | | | | |
| 360 | **Dächer** | 3,19 m² | 5.683 | **1.780,27** | 1,3 |
| | • Herstellen (Kosten: 100,0%) | | 5.683 | | |
| | Dachflächenfenster 1,14/1,40m (2St), RWA-Anlagen, Zentrale, Fensterantriebe, Rauchmelder (2St) | | | | |
| 370 | **Baukonstruktive Einbauten** | 2.267,67 m² BGF | 3.266 | **1,44** | 0,8 |
| | • Abbrechen (Kosten: 8,1%) | | 265 | | |
| | Abbruch von Einbauschränken, Treppen, Podeste, Tische, Beschilderung, Spiegel, Entsorgung, Deponiegebühren (14m³) | | | | |
| | • Herstellen (Kosten: 91,9%) | | 3.001 | | |
| | Tresor, mit glattem Türblatt verkleidet | | | | |
| 390 | **Sonstige Baukonstruktionen** | 2.267,67 m² BGF | 16.510 | **7,28** | 3,9 |
| | • Herstellen (Kosten: 100,0%) | | 16.510 | | |
| | Baustelleneinrichtungen, vorhalten, räumen (12St), Autokran (4St), Bauzaun, Draht (46m), Spanplatten (20m), Baustellen-WC (1St) * Arbeits- und Schutzgerüste (6St) * Abfangung, Holzbalken (1St) * Entsorgung, Bauschutt (8m³) * Schutzabdeckung (627m²), Baureinigung (194m²), Fensterreinigung (33m²) * Bereichsabschottungen, Seekieferplatten (76m²), vorhalten (10Wo), Rückbau (76m²) | | | | |
| **400** | **Bauwerk - Technische Anlagen** | | | | **100,0** |
| 410 | **Abwasser-, Wasser-, Gasanlagen** | 2.267,67 m² BGF | 16.884 | **7,45** | 5,4 |
| | • Abbrechen (Kosten: 5,3%) | | 900 | | |
| | Abbruch von Schmutzwasserleitung DN 50-100 (27m) * Kalt - und Warmwasserleitungen DN 12 bis 40 (45m), Hauswasserstation (1St), Waschbecken, WC-Becken, Tragständer (41St); Entsorgung, Deponiegebühren | | | | |
| | • Herstellen (Kosten: 94,7%) | | 15.985 | | |
| | SML-Rohre (21m), Formteile (24St), HT-Rohre (18m), Formteile (71St), Anschlüsse (8St) * Kalt- und Warmasserleitungen, Rohrdämmung (181m), Ventile (12St), WC-Becken (6St), Waschtische (7St), Warmwasserbereiter (2St) * Montageelemente (14St) | | | | |

| KG | Kostengruppe | Menge Einheit | Kosten € | €/Einheit | % |
|---|---|---|---|---|---|
| 420 | **Wärmeversorgungsanlagen** | 2.267,67 m² BGF | 35.526 | **15,67** | 11,4 |
| | • Abbrechen (Kosten: 6,0%) | | 2.127 | | |
| | Abbruch von Heizungsrohren DN 12-40 (101m) * Konvektoren (19St), Stahlradiatoren (12St), Gussradiatoren (7St); Entsorgung, Deponiegebühren | | | | |
| | • Wiederherstellen (Kosten: 6,2%) | | 2.202 | | |
| | Spülen der einzelnen Bestandsheizkörper (11St), Demontage und Wiedermontage der Heizkörper (21St) | | | | |
| | • Herstellen (Kosten: 87,8%) | | 31.197 | | |
| | Heizungsanlage, Außerbetriebnahme, Entleerung, Inbetriebnahme, Befüllung, Einregulierung * Heizungsleitungen (291m), Anstrich, Heizungsrohre (57m) * Flachheizkörper (36St), Thermostate (48St) | | | | |
| 430 | **Lufttechnische Anlagen** | 2.267,67 m² BGF | 1.447 | **0,64** | 0,5 |
| | • Herstellen (Kosten: 100,0%) | | 1.447 | | |
| | Einzelraumlüfter (4St), Wickelfalzrohre (3m), Formteile (8St), Aluflex Rohr (5m) | | | | |
| 440 | **Starkstromanlagen** | 2.267,67 m² BGF | 104.042 | **45,88** | 33,2 |
| | • Abbrechen (Kosten: 4,8%) | | 4.974 | | |
| | Abbruch von Schalter, Steckdosen (105St), Mantelleitungen (558m), Zählerhauptverteilung (1St), Kunststoffkanäle (407m) * Langfeldleuchten 1x58W (2St), Rasterleuchten (12St), Opalgasleuchten 100W (18St), Pendelleuchten (74St); Entsorgung, Deponiegebühren | | | | |
| | • Herstellen (Kosten: 95,2%) | | 99.068 | | |
| | Zählerschränke (2St), Unterverteilungen (2St), Sicherungen, FI-Schutzschalter, Kabelkanäle (534m), Kabelabschottungen (29St), Mantelleitungen, (5.217m), Schalter (42St), Steckdosen (341St), Geräteanschlussdosen (11St), Bewegungsmelder (19St) * Deckenleuchten (51St), Downlights (25St), Lichtbandhängeleuchten (42St), Schiffsarmaturen (6St), Sicherheitsbeleuchtung (1St), Einzelbatterieleuchten (14St) * Potenzialausgleichschienen (2St), Mantelleitungen (148m) | | | | |
| 450 | **Fernmelde-, informationstechn. Anlagen** | 2.267,67 m² BGF | 38.197 | **16,84** | 12,2 |
| | • Herstellen (Kosten: 100,0%) | | 38.197 | | |
| | Telefonkabel (3.244m) * Mantelleitungen, J-H(ST)H (1.220m), Gegensprechanlage (1St), Sprechstellen (5St), Rufanlage, Behinderten WC (1St) * Brandmeldezentrale, Feuerwehr-Informations-und Bediensystem (1St), Schlüsseldepot, Telefon (1St), Feuerwehrlaufkarten (18St), Mehrsensormelder (48St), Blitzleuchten (18St), Freischaltelement (1St), Handfeuermelder (1St), Brandmeldekabel (680m) | | | | |
| 460 | **Förderanlagen** | 2.267,67 m² BGF | 84.412 | **37,22** | 27,0 |
| | • Herstellen (Kosten: 100,0%) | | 84.412 | | |
| | Personen-Glasaufzug (1St), Kontakt-Überwachung, Fenster (1St) | | | | |
| 490 | **Sonstige Technische Anlagen (TA)** | 2.267,67 m² BGF | 32.402 | **14,29** | 10,4 |
| | • Herstellen (Kosten: 100,0%) | | 32.402 | | |
| | Baustelleneinrichtung * Arbeits- und Schutzgerüste für Fahrstuhleinbau | | | | |

Modernisierung

| KG | Kostengruppe | Menge Einheit | Kosten € | €/Einheit | % |
|---|---|---|---|---|---|
| **600** | **Ausstattung und Kunstwerke** | | | | **100,0** |
| 610 | **Ausstattung** | 2.267,67 m² BGF | 4.044 | **1,78** | 100,0 |
| | • Herstellen (Kosten: 100,0%)<br>Papierrollenhalter (6St), Toilettenbürstengarnituren (7St), Kristallspiegel (6St), Kippspiegel (1St), Stützgriffe (4St), Baby-Wickel-Stadion (1St), Sandstrahlfolien (14St) | | 4.044 | | |

## Kostenkennwerte für die Kostengruppe 300 der 3.Ebene DIN 276 (Übersicht)

| KG | Kostengruppe | Menge Einh. | €/Einheit | Kosten € | % 300+400 |
|---|---|---|---|---|---|
| 311 | Baugrubenherstellung | – | – | – | – |
| 312 | Baugrubenumschließung | – | – | – | – |
| 313 | Wasserhaltung | – | – | – | – |
| 319 | Baugrube, sonstiges | – | – | – | – |
| **310** | **Baugrube** | **–** | **–** | **–** | **–** |
| 321 | Baugrundverbesserung | – | – | – | – |
| 322 | Flachgründungen | – | – | – | – |
| 323 | Tiefgründungen | – | – | – | – |
| 324 | Unterböden und Bodenplatten | – | – | – | – |
| 325 | Beläge auf Boden- und Fundamentplatten | 153,000 m² | 85,10 | 13.031,98 | 1,8 |
| 326 | Bauwerksabdichtungen | – | – | – | – |
| 327 | Dränagen | – | – | – | – |
| 329 | Gründung, sonstiges | – | – | – | – |
| **320** | **Gründung** | **153,000 m²** | **85,10** | **13.031,98** | **1,8** |
| 331 | Tragende Außenwände | – | – | – | – |
| 332 | Nichttragende Außenwände | – | – | – | – |
| 333 | Tragende Außenstützen | – | – | – | – |
| 334 | Außentüren, -fenster | 122,000 m² | 43,18 | 5.247,17 | 0,7 |
| 335 | Außenwandbekleidungen außen | – | – | – | – |
| 336 | Außenwandbekleidungen innen | 371,000 m² | 22,16 | 8.221,59 | 1,1 |
| 337 | Elementierte Außenwände | – | – | – | – |
| 338 | Sonnenschutz | 78,000 m² | 127,96 | 10.031,87 | 1,4 |
| 339 | Außenwände, sonstiges | – | – | – | – |
| **330** | **Außenwände** | **471,000 m²** | **49,90** | **23.500,63** | **3,2** |
| 341 | Tragende Innenwände | 19,000 m² | 538,88 | 10.427,40 | 1,4 |
| 342 | Nichttragende Innenwände | 288,000 m² | 136,49 | 39.337,47 | 5,3 |
| 343 | Tragende Innenstützen | 3,000 m | 329,78 | 824,46 | 0,1 |
| 344 | Innentüren, -fenster | 135,000 m² | 894,47 | 120.346,98 | 16,3 |
| 345 | Innenwandbekleidungen | 3.357,000 m² | 32,27 | 108.334,50 | 14,7 |
| 346 | Elementierte Innenwände | 12,000 m² | 332,17 | 3.986,07 | 0,5 |
| 349 | Innenwände, sonstiges | – | – | – | – |
| **340** | **Innenwände** | **3.764,000 m²** | **75,26** | **283.256,89** | **38,4** |
| 351 | Deckenkonstruktionen | 4,000 m² | 90,29 | 361,16 | < 0,1 |
| 352 | Deckenbeläge | 564,000 m² | 79,77 | 44.979,39 | 6,1 |
| 353 | Deckenbekleidungen | 428,000 m² | 78,38 | 33.531,54 | 4,5 |
| 359 | Decken, sonstiges | 759,000 m² DEF | 1,27 | 961,31 | 0,1 |
| **350** | **Decken** | **759,000 m²** | **105,15** | **79.833,40** | **10,8** |
| 361 | Dachkonstruktionen | – | – | – | – |
| 362 | Dachfenster, Dachöffnungen | 3,000 m² | 1.780,27 | 5.682,62 | 0,8 |
| 363 | Dachbeläge | – | – | – | – |
| 364 | Dachbekleidungen | – | – | – | – |
| 369 | Dächer, sonstiges | – | – | – | – |
| **360** | **Dächer** | **3,000 m²** | **1.780,27** | **5.682,62** | **0,8** |
| **370** | **Baukonstruktive Einbauten** | **2.268,000 m² BGF** | **1,44** | **3.265,96** | **0,4** |
| **390** | **Sonst. Maßnahmen für Baukonstruktionen** | **2.268,000 m² BGF** | **7,28** | **16.509,56** | **2,2** |
| **300** | **Bauwerk - Baukonstruktionen** | **2.268,000 m² BGF** | **187,45** | **425.081,04** | **57,6** |

## Kostenkennwerte für die Kostengruppe 400 der 3.Ebene DIN 276 (Übersicht)

| KG | Kostengruppe | Menge Einh. | €/Einheit | Kosten € | % 300+400 |
|---|---|---|---|---|---|
| 411 | Abwasseranlagen | 2.268,000 m² BGF | 1,17 | 2.653,12 | 0,4 |
| 412 | Wasseranlagen | 2.268,000 m² BGF | 5,14 | 11.650,51 | 1,6 |
| 413 | Gasanlagen (wenn zu Kochzwecken) | – | – | – | – |
| 414 | Feuerlöschanlagen | – | – | – | – |
| 419 | Abwasser-, Wasser- und Gasanlagen, sonstiges | 2.268,000 m² BGF | 1,14 | 2.580,87 | 0,3 |
| **410** | **Abwasser-, Wasser-, Gasanlagen** | **2.268,000 m² BGF** | **7,45** | **16.884,50** | **2,3** |
| 421 | Wärmeerzeugungsanlagen | 2.268,000 m² BGF | 0,12 | 272,52 | < 0,1 |
| 422 | Wärmeverteilnetze | 2.268,000 m² BGF | 8,62 | 19.545,75 | 2,6 |
| 423 | Raumheizflächen | 2.268,000 m² BGF | 6,93 | 15.708,22 | 2,1 |
| 429 | Wärmeversorgungsanlagen, sonstiges | – | – | – | – |
| **420** | **Wärmeversorgungsanlagen** | **2.268,000 m² BGF** | **15,67** | **35.526,49** | **4,8** |
| 431 | Lüftungsanlagen (LA) | 2.268,000 m² BGF | 0,64 | 1.447,20 | 0,2 |
| 432 | Teilklimaanlagen (TKA) | – | – | – | – |
| 433 | Klimaanlagen (KLA) | – | – | – | – |
| 434 | Prozeßlufttechnische Anlagen (PLA) | – | – | – | – |
| 435 | Kälteanlagen (KA) | – | – | – | – |
| 439 | Lufttechnische Anlagen, sonstiges | – | – | – | – |
| **430** | **Lufttechnische Anlagen** | **2.268,000 m² BGF** | **0,64** | **1.447,20** | **0,2** |
| 441 | Hoch- und Mittelspannungsanlagen | – | – | – | – |
| 442 | Eigenstromversorgungsanlagen | – | – | – | – |
| 443 | Niederspannungsschaltanlagen | – | – | – | – |
| 444 | Niederspannungsinstallationsanlagen | 2.268,000 m² BGF | 36,00 | 81.634,10 | 11,1 |
| 445 | Beleuchtungsanlagen | 2.268,000 m² BGF | 9,68 | 21.953,32 | 3,0 |
| 446 | Blitzschutz- und Erdungsanlagen | 2.268,000 m² BGF | 0,20 | 454,75 | 0,1 |
| 449 | Starkstromanlagen, sonstiges | – | – | – | – |
| **440** | **Starkstromanlagen** | **2.268,000 m² BGF** | **45,88** | **104.042,18** | **14,1** |
| 451 | Telekommunikationsanlagen | 2.268,000 m² BGF | 2,41 | 5.457,06 | 0,7 |
| 452 | Such- und Signalanlagen | 2.268,000 m² BGF | 2,24 | 5.079,34 | 0,7 |
| 453 | Zeitdienstanlagen | – | – | – | – |
| 454 | Elektroakustische Anlagen | – | – | – | – |
| 455 | Fernseh- und Antennenanlagen | – | – | – | – |
| 456 | Gefahrenmelde- und Alarmanlagen | 2.268,000 m² BGF | 12,20 | 27.660,71 | 3,7 |
| 457 | Übertragungsnetze | – | – | – | – |
| 459 | Fernmelde- und informationstechn. Anlagen, sonstiges | – | – | – | – |
| **450** | **Fernmelde- und informationstechn. Anlagen** | **2.268,000 m² BGF** | **16,84** | **38.197,12** | **5,2** |
| 461 | Aufzugsanlagen | 2.268,000 m² BGF | 37,22 | 84.411,62 | 11,4 |
| 462 | Fahrtreppen, Fahrsteige | – | – | – | – |
| 463 | Befahranlagen | – | – | – | – |
| 464 | Transportanlagen | – | – | – | – |
| 465 | Krananlagen | – | – | – | – |
| 469 | Förderanlagen, sonstiges | – | – | – | – |
| **460** | **Förderanlagen** | **2.268,000 m² BGF** | **37,22** | **84.411,62** | **11,4** |
| **470** | **Nutzungsspezifische Anlagen** | **–** | **–** | **–** | **–** |
| **480** | **Gebäudeautomation** | **–** | **–** | **–** | **–** |
| **490** | **Sonst. Maßnahmen für technische Anlagen** | **2.268,000 m² BGF** | **14,29** | **32.402,13** | **4,4** |
| **400** | **Bauwerk - Technische Anlagen** | **2.268,000 m² BGF** | **137,99** | **312.911,20** | **42,4** |

## Kostenkennwerte für Leistungsbereiche nach StLB (Kosten des Bauwerks nach DIN 276)

| LB | Leistungsbereiche | Kosten € | €/m² BGF | €/m³ BRI | % 300+400 |
|---|---|---|---|---|---|
| 000 | Sicherheits-, Baustelleneinrichtungen inkl. 001 | 43.210 | 19,10 | 7,90 | 5,9 |
| | Herstellen | 43.210 | 19,10 | 7,90 | 5,9 |
| 002 | Erdarbeiten | – | – | – | – |
| 006 | Spezialtiefbauarbeiten inkl. 005 | 69 | < 0,1 | < 0,1 | – |
| | Herstellen | 69 | < 0,1 | < 0,1 | – |
| 009 | Abwasserkanalarbeiten inkl. 011 | – | – | – | – |
| 010 | Dränarbeiten | – | – | – | – |
| 012 | Mauerarbeiten | 11.467 | 5,10 | 2,10 | 1,6 |
| | Herstellen | 11.467 | 5,10 | 2,10 | 1,6 |
| 013 | Betonarbeiten | – | – | – | – |
| 014 | Natursteinarbeiten, Betonwerksteinarbeiten | 2.445 | 1,10 | 0,45 | 0,3 |
| | Herstellen | 2.445 | 1,10 | 0,45 | 0,3 |
| 016 | Zimmer- und Holzbauarbeiten | – | – | – | – |
| 017 | Stahlbauarbeiten | 5.041 | 2,20 | 0,93 | 0,7 |
| | Herstellen | 5.041 | 2,20 | 0,93 | 0,7 |
| 018 | Abdichtungsarbeiten gegen Wasser | – | – | – | – |
| 020 | Dachdeckungsarbeiten | 5.683 | 2,50 | 1,00 | 0,8 |
| | Herstellen | 5.683 | 2,50 | 1,00 | 0,8 |
| 021 | Dachabdichtungsarbeiten | – | – | – | – |
| 022 | Klempnerarbeiten | – | – | – | – |
| | **Rohbau** | **67.915** | **29,90** | **12,50** | **9,2** |
| | Herstellen | 67.915 | 29,90 | 12,50 | 9,2 |
| 023 | Putz- und Stuckarbeiten, Wärmedämmsysteme | 26.250 | 11,60 | 4,80 | 3,6 |
| | Herstellen | 26.250 | 11,60 | 4,80 | 3,6 |
| 024 | Fliesen- und Plattenarbeiten | 14.349 | 6,30 | 2,60 | 1,9 |
| | Herstellen | 14.349 | 6,30 | 2,60 | 1,9 |
| 025 | Estricharbeiten | – | – | – | – |
| 026 | Fenster, Außentüren inkl. 029, 032 | 21.825 | 9,60 | 4,00 | 3,0 |
| | Herstellen | 21.825 | 9,60 | 4,00 | 3,0 |
| 027 | Tischlerarbeiten | 78.412 | 34,60 | 14,40 | 10,6 |
| | Wiederherstellen | 6.061 | 2,70 | 1,10 | 0,8 |
| | Herstellen | 72.351 | 31,90 | 13,30 | 9,8 |
| 028 | Parkettarbeiten, Holzpflasterarbeiten | – | – | – | – |
| 030 | Rollladenarbeiten | 9.838 | 4,30 | 1,80 | 1,3 |
| | Herstellen | 9.838 | 4,30 | 1,80 | 1,3 |
| 031 | Metallbauarbeiten inkl. 035 | 33.239 | 14,70 | 6,10 | 4,5 |
| | Herstellen | 33.239 | 14,70 | 6,10 | 4,5 |
| 034 | Maler- und Lackiererarbeiten inkl. 037 | 34.134 | 15,10 | 6,30 | 4,6 |
| | Wiederherstellen | 4.110 | 1,80 | 0,76 | 0,6 |
| | Herstellen | 30.024 | 13,20 | 5,50 | 4,1 |
| 036 | Bodenbelagsarbeiten | 45.919 | 20,20 | 8,40 | 6,2 |
| | Wiederherstellen | 319 | 0,14 | < 0,1 | – |
| | Herstellen | 45.600 | 20,10 | 8,40 | 6,2 |
| 038 | Vorgehängte hinterlüftete Fassaden | – | – | – | – |
| 039 | Trockenbauarbeiten | 96.592 | 42,60 | 17,70 | 13,1 |
| | Wiederherstellen | 17.112 | 7,50 | 3,10 | 2,3 |
| | Herstellen | 79.480 | 35,00 | 14,60 | 10,8 |

| LB | Leistungsbereiche | Kosten € | €/m² BGF | €/m³ BRI | % 300+400 |
|---|---|---|---|---|---|
| | **Ausbau** | **360.558** | **159,00** | **66,20** | **48,9** |
| | Wiederherstellen | 27.602 | 12,20 | 5,10 | 3,7 |
| | Herstellen | 332.956 | 146,80 | 61,20 | 45,1 |
| 040 | Wärmeerzeuger, zentr. Einrichtungen inkl. 041 | 25.865 | 11,40 | 4,80 | 3,5 |
| | Abbrechen | 2.127 | 0,94 | 0,39 | 0,3 |
| | Wiederherstellen | 2.202 | 0,97 | 0,40 | 0,3 |
| | Herstellen | 21.536 | 9,50 | 4,00 | 2,9 |
| 042 | Gas- und Wasserinstallationsarbeiten inkl. 043 | 6.587 | 2,90 | 1,20 | 0,9 |
| | Abbrechen | 124 | < 0,1 | < 0,1 | – |
| | Herstellen | 6.464 | 2,90 | 1,20 | 0,9 |
| 044 | Abwasserinstallationsarbeiten - Leitungen | 2.403 | 1,10 | 0,44 | 0,3 |
| | Herstellen | 2.403 | 1,10 | 0,44 | 0,3 |
| 045 | Gas-, Wasser-Einrichtungsgegenstände inkl. 046 | 6.616 | 2,90 | 1,20 | 0,9 |
| | Herstellen | 6.616 | 2,90 | 1,20 | 0,9 |
| 047 | Dämmarbeiten an betriebstechnischen Anlagen | 810 | 0,36 | 0,15 | 0,1 |
| | Herstellen | 810 | 0,36 | 0,15 | 0,1 |
| 049 | Feuerlöschanlagen, Feuerlöschgeräte | – | – | – | – |
| 050 | Blitzschutz- und Erdungsanlagen | 455 | 0,20 | < 0,1 | 0,1 |
| | Herstellen | 455 | 0,20 | < 0,1 | 0,1 |
| 052 | Mittelspannungsanlagen | – | – | – | – |
| 053 | Niederspannungsanlagen inkl. 054 | 81.938 | 36,10 | 15,10 | 11,1 |
| | Abbrechen | 117 | < 0,1 | < 0,1 | – |
| | Herstellen | 81.821 | 36,10 | 15,00 | 11,1 |
| 055 | Ersatzstromversorgungsanlagen | – | – | – | – |
| 057 | Gebäudesystemtechnik | – | – | – | – |
| 058 | Leuchten und Lampen, inkl. 059 | 21.349 | 9,40 | 3,90 | 2,9 |
| | Herstellen | 21.349 | 9,40 | 3,90 | 2,9 |
| 060 | Elektroakustische Anlagen | 2.118 | 0,93 | 0,39 | 0,3 |
| | Herstellen | 2.118 | 0,93 | 0,39 | 0,3 |
| 061 | Kommunikationsnetze | 5.457 | 2,40 | 1,00 | 0,7 |
| | Herstellen | 5.457 | 2,40 | 1,00 | 0,7 |
| 063 | Gefahrenmeldeanlagen | 26.065 | 11,50 | 4,80 | 3,5 |
| | Herstellen | 26.065 | 11,50 | 4,80 | 3,5 |
| 069 | Aufzüge | 84.412 | 37,20 | 15,50 | 11,4 |
| | Herstellen | 84.412 | 37,20 | 15,50 | 11,4 |
| 070 | Gebäudeautomation | – | – | – | – |
| 075 | Raumlufttechnische Anlagen | 7.667 | 3,40 | 1,40 | 1,0 |
| | Herstellen | 7.667 | 3,40 | 1,40 | 1,0 |
| | **Gebäudetechnik** | **271.743** | **119,80** | **49,90** | **36,8** |
| | Abbrechen | 2.368 | 1,00 | 0,44 | 0,3 |
| | Wiederherstellen | 2.202 | 0,97 | 0,40 | 0,3 |
| | Herstellen | 267.173 | 117,80 | 49,10 | 36,2 |
| 084 | Abbrucharbeiten | 37.093 | 16,40 | 6,80 | 5,0 |
| | Abbrechen | 37.093 | 16,40 | 6,80 | 5,0 |
| | Sonstige Leistungsbereiche inkl. 008, 033, 051 | **683** | **0,30** | **0,13** | **0,1** |
| | Herstellen | 683 | 0,30 | 0,13 | 0,1 |

1300-148
Bürogebäude

## Objektübersicht

Erweiterung

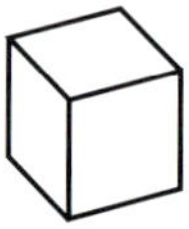

484 €/m³ BRI

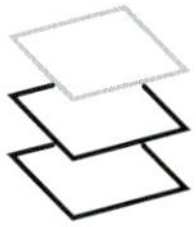

1.751 €/m² BGF

2.473 €/m² NF

| | |
|---|---|
| Kennwerte | bis 3.Ebene DIN 276 |
| Bauzeit | 13 Wochen |
| Bauende | 2007 |
| Standard | Durchschnitt |
| Land | Bayern |
| Kreis | Mühldorf a. Inn |
| m³ BRI | 556 |
| m² BGF | 154 |
| m² NF | 109 |

**Architekt:**
Architektur Seidel
Münchner Strasse 77
84453 Mühldorf/Inn

Erweiterung

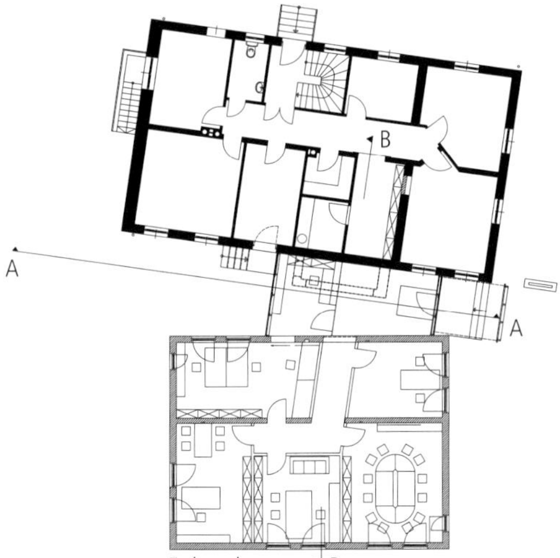


Erdgeschoss B

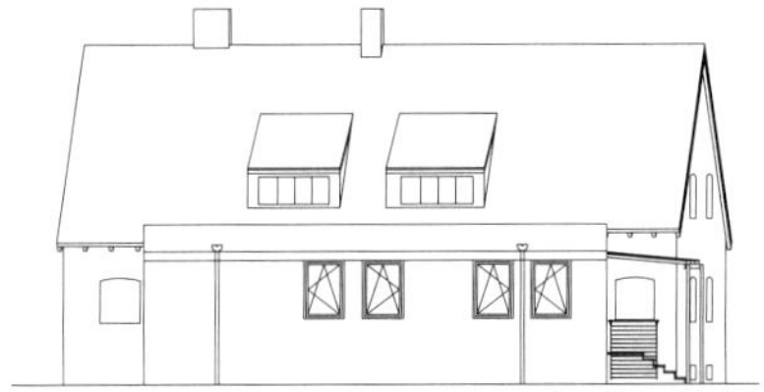

Ansicht Süd

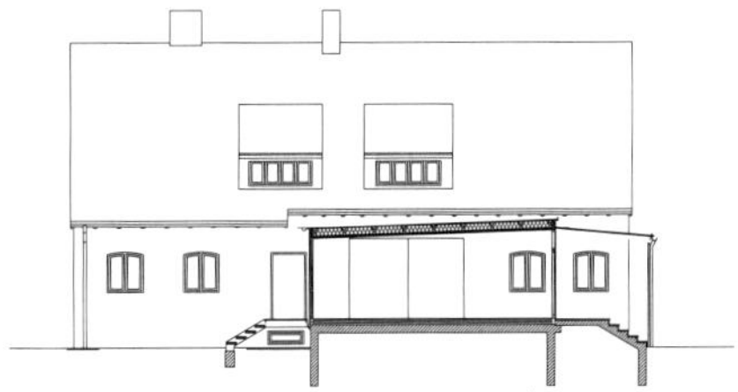

Schnitt A-A

Ansicht Ost

Ansicht West

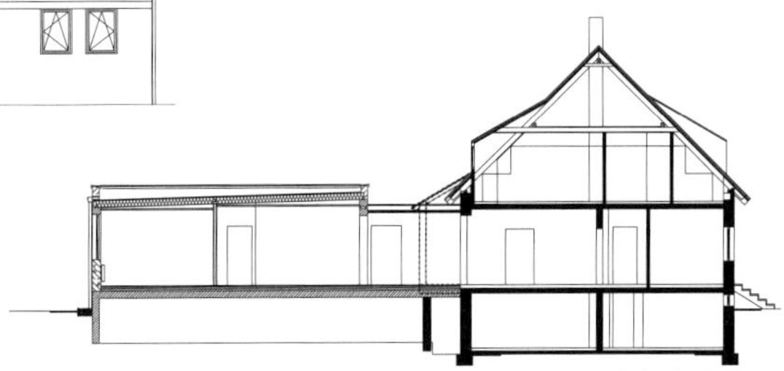

Schnitt B-B

## Objektbeschreibung

### Nutzung

**1 Erdgeschoss**
Büroräume, Besprechungszimmer, Empfang, Teeküche, Lagerraum

### Nutzeinheiten

Beschäftigte: 6

### Grundstück

Bauraum: Beengter Bauraum
Neigung: Ebenes Gelände
Bodenklasse: BK 1 bis BK 3

### Markt

Hauptvergabezeit: 1.Quartal 2007
Baubeginn: 1.Quartal 2007
Bauende: 2.Quartal 2007
Konjunkturelle Gesamtlage: Durchschnitt
Regionaler Baumarkt: Durchschnitt

### Baubestand

Bauzustand: mittel
Aufwand: mittel
Grundrissänderungen: wenige
Tragwerkseingriffe: wenige
Nutzungsänderung: nein
Nutzung während der Bauzeit: ja

### Baukonstruktion

**Abbrechen:** Abbruch von Stb-Fundamenten, Stb-Bodenplatte, Teppichböden; Vollziegelmauerwerk, Holzfenster, Außenputz, Stb-Außentreppe; Sparren, Dachschalung, Zwischensparrendämmung, Dachrinne, Schneefang; Entsorgung, Deponiegebühren
**Herstellen:** Stb-Fundamente, Stb-Bodenplatte, Abdichtung, Dämmung, Trockenestrich, Teppich, PVC; Porenbeton-Mauerwerk, Holzfenster, Außenputz, Anstrich, Innenputz, Anstrich, Alu/Glas-Fassade, Stb-Treppe, Stahltreppe; Porenbeton-Mauerwerk, GK-Wände, Glastüren, Innenputz, Anstrich, Glastrennwand; Flachdach, Holzbalkenlage, Schalung, Glasdachkonstruktion, Foliendach, Dachentwässerung, Zwischensparrendämmung, GK-Decke, Anstrich

### Technische Anlagen

**Herstellen:** Abwasserleitungen, Sickerschacht, Fallrohre; Anschluss an bestehende Heizungsanlage, Heizungsleitungen, Heizkörper; Multisplit Klimageräte, Raumklimageräte; Elektroinstallation, Unterflurinstallation, Beleuchtung, Blitzschutz; Server, Telefon- und Computernetz, Gong

## Planungskennwerte für Flächen und Rauminhalte nach DIN 277

| Flächen des Grundstücks | | Menge, Einheit | % an FBG |
|---|---|---|---|
| BF | Bebaute Fläche | 325,70 m² | 47,6 |
| UBF | Unbebaute Fläche | 358,07 m² | 52,4 |
| FBG | Fläche des Baugrundstücks | 683,77 m² | 100,0 |

| Grundflächen des Bauwerks | | Menge, Einheit | % an NF | % an BGF |
|---|---|---|---|---|
| NF | Nutzfläche | 108,73 m² | 100,0 | 70,8 |
| TF | Technische Funktionsfläche | – m² | – | – |
| VF | Verkehrsfläche | 25,58 m² | 23,5 | 16,7 |
| NGF | Netto-Grundfläche | 134,31 m² | 123,5 | 87,4 |
| KGF | Konstruktions-Grundfläche | 19,29 m² | 17,7 | 12,6 |
| BGF | Brutto-Grundfläche | 153,60 m² | 141,3 | 100,0 |

| Brutto-Rauminhalt des Bauwerks | | Menge, Einheit | BRI/NF (m) | BRI/BGF (m) |
|---|---|---|---|---|
| BRI | Brutto-Rauminhalt | 556,13 m³ | 5,11 | 3,62 |

| Lufttechnisch behandelte Flächen | Menge, Einheit | % an NF | % an BGF |
|---|---|---|---|
| Entlüftete Fläche | – m² | – | – |
| Be- und entlüftete Fläche | – m² | – | – |
| Teilklimatisierte Fläche | – m² | – | – |
| Klimatisierte Fläche | – m² | – | – |

| KG | Kostengruppen (2.Ebene) | Menge, Einheit | Menge/NF | Menge/BGF |
|---|---|---|---|---|
| 310 | Baugrube | 234,83 m³ BGI | 2,16 | 1,53 |
| 320 | Gründung | 154,44 m² GRF | 1,42 | 1,01 |
| 330 | Außenwände | 177,34 m² AWF | 1,63 | 1,15 |
| 340 | Innenwände | 174,16 m² IWF | 1,60 | 1,13 |
| 350 | Decken | – m² DEF | – | – |
| 360 | Dächer | 153,60 m² DAF | 1,41 | 1,00 |

## Kostenkennwerte für die Kostengruppen der 1.Ebene DIN 276

| KG | Kostengruppen (1.Ebene) | Einheit | Kosten € | €/Einheit | €/m² BGF | €/m³ BRI | % 300+400 |
|---|---|---|---|---|---|---|---|
| 100 | Grundstück | m² FBG | – | – | – | – | – |
| 200 | Herrichten und Erschließen | m² FBG | – | – | – | – | – |
| 300 | Bauwerk - Baukonstruktionen | m² BGF | 208.312 | 1.356,20 | 1.356,20 | 374,57 | 77,5 |
| 400 | Bauwerk - Technische Anlagen | m² BGF | 60.591 | 394,48 | 394,48 | 108,95 | 22,5 |
| | **Bauwerk 300+400** | **m² BGF** | **268.904** | **1.750,67** | **1.750,67** | **483,53** | **100,0** |
| 500 | Außenanlagen | m² AUF | 3.728 | 10,41 | 24,27 | 6,70 | 1,4 |
| 600 | Ausstattung und Kunstwerke | m² BGF | – | – | – | – | – |
| 700 | Baunebenkosten | m² BGF | – | – | – | – | – |

Erweiterung

## Kostenkennwerte für die Kostengruppen der 1.Ebene DIN 276

| KG | Kostengruppe | Menge Einheit | Kosten € | €/Einheit | % |
|---|---|---|---|---|---|
| 3+4 | **Bauwerk** | | | | **100,0** |
| 300 | **Bauwerk - Baukonstruktionen** | 153,60 m² BGF | 208.312 | **1.356,20** | 77,5 |
| | • Abbrechen (Kosten: 3,7%) | | 7.703 | | |
| | Abbruch von Stb-Fundamenten, Stb-Bodenplatte, Teppichböden; Vollziegelmauerwerk, Holzfenster, Außenputz, Stb-Außentreppe; Sparren, Dachschalung, Zwischensparrendämmung, Dachrinne, Schneefang; Entsorgung, Deponiegebühren | | | | |
| | • Herstellen (Kosten: 96,3%) | | 200.610 | | |
| | Stb-Fundamente, Stb-Bodenplatte, Abdichtung, Dämmung, Trockenestrich, Teppich, PVC; Porenbeton-Mauerwerk, Holzfenster, Außenputz, Anstrich, Innenputz, Anstrich, Alu/Glas-Fassade, Stb-Treppe, Stahltreppe; Porenbeton-Mauerwerk, GK-Wände, Glastüren, Innenputz, Anstrich, Glastrennwand; Flachdach, Holzbalkenlage, Schalung, Glasdachkonstruktion, Foliendach, Dachentwässerung, Zwischensparrendämmung, GK-Decke, Anstrich | | | | |
| 400 | **Bauwerk - Technische Anlagen** | 153,60 m² BGF | 60.591 | **394,48** | 22,5 |
| | • Herstellen (Kosten: 100,0%) | | 60.591 | | |
| | Abwasserleitungen, Sickerschacht, Fallrohre; Anschluss an bestehende Heizungsanlage, Heizungsleitungen, Heizkörper; Multisplit Klimageräte, Raumklimageräte; Elektroinstallation, Unterflurinstallation, Beleuchtung, Blitzschutz; Server, Telefon- und Computernetz, Gong | | | | |
| 500 | **Außenanlagen** | 358,07 m² AUF | 3.728 | **10,41** | 1,4 |
| | • Abbrechen (Kosten: 28,8%) | | 1.073 | | |
| | Abbruch von Beton-Verbundpflastersteinen, Beton-Einfasssteine | | | | |
| | • Herstellen (Kosten: 71,2%) | | 2.655 | | |
| | Oberboden abschieben; Granitbelag Zugangsweg | | | | |

## Kostenkennwerte für die Kostengruppen 300 und 400 der 2.Ebene DIN 276

| KG | Kostengruppe | Menge Einheit | Kosten € | €/Einheit | % |
|---|---|---|---|---|---|
| **300** | **Bauwerk - Baukonstruktionen** | | | | **100,0** |
| 310 | **Baugrube** | 234,83 $m^3$ | 9.871 | **42,03** | 4,7 |
| | • Herstellen (Kosten: 100,0%) | | 9.871 | | |
| | Baugrubenaushub, Abfuhr (235$m^3$), Arbeitsräume mit Frostschutzkies auffüllen (251$m^3$) | | | | |
| 320 | **Gründung** | 154,44 $m^2$ | 49.353 | **319,56** | 23,7 |
| | • Abbrechen (Kosten: 7,6%) | | 3.743 | | |
| | Abbruch von Stb-Fundamenten, b=30cm (8$m^3$) * Stb-Bodenplatte, d=18cm mit Aufbau, d=13cm (6$m^2$) * Teppichböden, Kleberrückstände auf darunterliegenden Parkett entfernen (20$m^2$), Sockelleisten (15m); Entsorgung, Deponiegebühren | | | | |
| | • Herstellen (Kosten: 92,4%) | | 45.610 | | |
| | Stb-Streifenfundament C25/30, zweiseitig geschalt (20$m^3$) * Stb-Bodenplatte C20/25, d=25cm (154$m^2$) * Schweißbahn, Dämmung, d=3x50mm, Trockenschüttung, Trittschalldämmung, Trockenestrich, d=23mm (136$m^2$), Teppichboden (150$m^2$), PVC-Bodenbelag (5$m^2$), Sauberlaufmatte (3$m^2$), Vorhandenes Parkett aufspachteln (16$m^2$) * Sauberkeitsschicht, d=5cm (154$m^2$) | | | | |
| 330 | **Außenwände** | 177,34 $m^2$ | 70.987 | **400,30** | 34,1 |
| | • Abbrechen (Kosten: 4,6%) | | 3.264 | | |
| | Abbruch von Vollziegelmauerwerk, d=35-60cm, Fensterbrüstungen (23$m^2$) * Holzfenster, Fensterbänke (5$m^2$) * Putz, d=2,5-3,5cm (14$m^2$) * Stb-Außentreppe, 4 Steigungen, b=1m; Entsorgung, Deponiegebühren | | | | |
| | • Herstellen (Kosten: 95,4%) | | 67.723 | | |
| | Porenbeton-Mauerwerk, d=30-36,5cm (129$m^2$), Ringanker (45m) * Holzfenster, Wärmeschutzglas, Sonnenschutz im Scheibenzwischenraum (20$m^2$), Fensterbänke (14m) * Silikonharzreibeputz (138$m^2$), Sockelputz (32$m^2$), Spachtel-Gewebe-Beschichtung, Anstrich (170$m^2$) * Innenwandputz, Anstrich (88$m^2$) * Aluminium-Glas-Fassaden, Sonnenschutzverglasung (17$m^2$) * Stb-Eingangstreppe, Granitsteinbelag (6$m^2$), Stahltreppe mit Geländer (1$m^2$) | | | | |
| 340 | **Innenwände** | 174,16 $m^2$ | 31.375 | **180,14** | 15,1 |
| | • Herstellen (Kosten: 100,0%) | | 31.375 | | |
| | Porenbeton-Mauerwerk, d=24cm (60$m^2$), Ringanker (11m), Stahlträger HEB 100, l=2,00m (3St) * GK-Metallständerwände, d=12,5cm (89$m^2$) * Ganzglastürblatt, ESG d=10mm, Stahlzargen lackiert (11$m^2$), Ganzglas-Schiebetür, ESG d=10mm (2$m^2$) * Innenwandputz, Anstrich (143$m^2$), Anstrich (167$m^2$), Latexanstrich (24$m^2$) * Glastrennwand mit Drehtüre, ESG, d=10mm (9$m^2$) | | | | |

Erweiterung

| KG | Kostengruppe | Menge Einheit | Kosten € | €/Einheit | % |
|---|---|---|---|---|---|
| 360 | **Dächer** | 153,60 m² | 39.505 | **257,20** | 19,0 |
| | • Abbrechen (Kosten: 1,8%) | | 696 | | |
| | Abbruch von Sparren, Dachschalung, Zwischensparrendämmung, d=120mm, Dachrinne, Schneefang; Entsorgung, Deponiegebühren (20m²) * Titanzinkabdeckung (1m²) | | | | |
| | • Herstellen (Kosten: 98,2%) | | 38.809 | | |
| | Leicht geneigtes Flachdach, Holzbalkenlage, Dachschalung (144m²), Glasdach, VSG, Stahlunterkonstruktion (8m²) * Lichtkuppel (1St) * Flachdachabdichtung (156m²), Trennlage, Gefälledämmung, Foliendach (144m²), Attikaabdeckung (46m), Rinneneinlaufkessel (2St), Dachrinne (17m) * Zwischensparrendämmung, d=240mm, Dampfsperre (140m²), abgehängte GKF-Decken, Dämmauflage, Anstrich (135m²) * Schneestopper, Schneefanggitter | | | | |
| 390 | **Sonstige Baukonstruktionen** | 153,60 m² BGF | 7.222 | **47,02** | 3,5 |
| | • Herstellen (Kosten: 100,0%) | | 7.222 | | |
| | Baustelleneinrichtung, Baustrom, Bauzaun (67m), WC-Container, Schnurgerüst * Fassadengerüst (186m²) * Staubschutzwand (10m²), Fassadenöffnung mit Folie schließen, Folienabdeckung von Fenster, Fassaden, Bodenbelägen | | | | |
| **400** | **Bauwerk - Technische Anlagen** | | | | **100,0** |
| 410 | **Abwasser-, Wasser-, Gasanlagen** | 153,60 m² BGF | 6.332 | **41,23** | 10,5 |
| | • Herstellen (Kosten: 100,0%) | | 6.332 | | |
| | Rohrgrabenaushub (17m³), KG-Grundleitungen, DN100, Formstücke (134m), Sickerschacht, DN1.500 (1St), Gussstandrohre (4St), Fallrohre DN100 (12m), HT-Leitungen DN50, Dämmung (12m) * Kaltwasserleitungen mit Dämmung | | | | |
| 420 | **Wärmeversorgungsanlagen** | 153,60 m² BGF | 11.884 | **77,37** | 19,6 |
| | • Herstellen (Kosten: 100,0%) | | 11.884 | | |
| | Anschluss an vorhandenen Kessel, Pumpenaufbau, Vertiefung der Bodenplatte * Kupfer-Heizungsrohre, Formstücke, Dämmung (110m), Stahlrohre DN22 (24m) * Flachheizkörper, Fühlerelemente (12St), Kunststoffrosetten (24St) | | | | |
| 430 | **Lufttechnische Anlagen** | 153,60 m² BGF | 14.204 | **92,47** | 23,4 |
| | • Herstellen (Kosten: 100,0%) | | 14.204 | | |
| | Multisplit-Klimageräte, Kompressor, Außengeräte (2St), Raumklimageräte innen (6St), Splitleitungen (180m), Kondensatleitungen (18m), Kälte-Verdampfungsleitungen (160m), Minilüfter (2St) | | | | |
| 440 | **Starkstromanlagen** | 153,60 m² BGF | 22.442 | **146,11** | 37,0 |
| | • Herstellen (Kosten: 100,0%) | | 22.442 | | |
| | Unterverteilungen (2St), Sicherungen (31St), FI-Schalter (1St), Mantelleitungen (563m), Steckdosen (92St), Schalter (23St), Leerrohre (376m), Unterflurkanäle (40m) * Hängeleuchten (11St), Wandleuchten (7St), Strahler (4St), Aufbauleuchten (4St), Außenleuchte (1St), Bodenstrahler (1St) * Fundamenterder (52m), Mantelleitungen (60m), Erdungsbandschellen (3St) | | | | |
| 450 | **Fernmelde-, informationstechn. Anlagen** | 153,60 m² BGF | 5.729 | **37,30** | 9,5 |
| | • Herstellen (Kosten: 100,0%) | | 5.729 | | |
| | Telefonsteckdosen (10St), Fernmeldeleitungen (568m) * Gong (1St), Klingelleitungen (4m) * Serverschrank (1St), Computeranschlussdosen (46St), Computerkabel (900m), Patchpanel für Computerleitungen und Telefonleitungen (6St) | | | | |

| KG | Kostengruppe | Menge Einheit | Kosten € | €/Einheit | % |
|---|---|---|---|---|---|
| **500** | **Außenanlagen** | | | | **100,0** |
| 510 | **Geländeflächen** | 358,07 m² | 587 | **1,64** | 15,8 |
| | • Herstellen (Kosten: 100,0%) | | 587 | | |
| | Oberboden abschieben, d=10cm, Abfuhr (256m³) | | | | |
| 520 | **Befestigte Flächen** | 12,00 m² | 3.141 | **261,73** | 84,2 |
| | • Abbrechen (Kosten: 34,2%) | | 1.073 | | |
| | Abbruch von Beton-Verbundpflastersteinen (75m²), Beton-Einfasssteine (21m) | | | | |
| | • Herstellen (Kosten: 65,8%) | | 2.068 | | |
| | Granitbelag Zugangsweg im Mörtelbett verlegt (12m²) | | | | |

## Kostenkennwerte für die Kostengruppe 300 der 3.Ebene DIN 276 (Übersicht)

| KG | Kostengruppe | Menge Einh. | €/Einheit | Kosten € | % 300+400 |
|---|---|---|---|---|---|
| 311 | Baugrubenherstellung | 235,000 m³ | 42,03 | 9.870,64 | 3,7 |
| 312 | Baugrubenumschließung | – | – | – | – |
| 313 | Wasserhaltung | – | – | – | – |
| 319 | Baugrube, sonstiges | – | – | – | – |
| **310** | **Baugrube** | **235,000 m³** | **42,03** | **9.870,64** | **3,7** |
| 321 | Baugrundverbesserung | – | – | – | – |
| 322 | Flachgründungen | 154,000 m² | 107,48 | 16.598,56 | 6,2 |
| 323 | Tiefgründungen | – | – | – | – |
| 324 | Unterböden und Bodenplatten | 154,000 m² | 84,61 | 13.067,15 | 4,9 |
| 325 | Beläge auf Boden- und Fundamentplatten | 157,000 m² | 117,26 | 18.444,99 | 6,9 |
| 326 | Bauwerksabdichtungen | 154,000 m² GRF | 8,04 | 1.242,10 | 0,5 |
| 327 | Dränagen | – | – | – | – |
| 329 | Gründung, sonstiges | – | – | – | – |
| **320** | **Gründung** | **154,000 m²** | **319,56** | **49.352,81** | **18,4** |
| 331 | Tragende Außenwände | 140,000 m² | 130,52 | 18.303,81 | 6,8 |
| 332 | Nichttragende Außenwände | – | – | – | – |
| 333 | Tragende Außenstützen | – | – | – | – |
| 334 | Außentüren, -fenster | 20,000 m² | 780,01 | 15.553,50 | 5,8 |
| 335 | Außenwandbekleidungen außen | 171,000 m² | 75,08 | 12.812,53 | 4,8 |
| 336 | Außenwandbekleidungen innen | 88,000 m² | 30,12 | 2.636,93 | 1,0 |
| 337 | Elementierte Außenwände | 17,000 m² | 862,69 | 14.803,79 | 5,5 |
| 338 | Sonnenschutz | – | – | – | – |
| 339 | Außenwände, sonstiges | 177,000 m² AWF | 38,78 | 6.876,51 | 2,6 |
| **330** | **Außenwände** | **177,000 m²** | **400,30** | **70.987,05** | **26,4** |
| 341 | Tragende Innenwände | 63,000 m² | 134,01 | 8.377,62 | 3,1 |
| 342 | Nichttragende Innenwände | 89,000 m² | 67,65 | 6.025,48 | 2,2 |
| 343 | Tragende Innenstützen | – | – | – | – |
| 344 | Innentüren, -fenster | 14,000 m² | 592,47 | 8.152,34 | 3,0 |
| 345 | Innenwandbekleidungen | 334,000 m² | 16,98 | 5.679,85 | 2,1 |
| 346 | Elementierte Innenwände | 9,000 m² | 355,80 | 3.139,23 | 1,2 |
| 349 | Innenwände, sonstiges | – | – | – | – |
| **340** | **Innenwände** | **174,000 m²** | **180,14** | **31.374,53** | **11,7** |
| 351 | Deckenkonstruktionen | – | – | – | – |
| 352 | Deckenbeläge | – | – | – | – |
| 353 | Deckenbekleidungen | – | – | – | – |
| 359 | Decken, sonstiges | – | – | – | – |
| **350** | **Decken** | **–** | **–** | **–** | **–** |
| 361 | Dachkonstruktionen | 152,000 m² | 82,98 | 12.581,90 | 4,7 |
| 362 | Dachfenster, Dachöffnungen | 1,000 m² | 1.809,97 | 1.158,38 | 0,4 |
| 363 | Dachbeläge | 158,000 m² | 95,43 | 15.070,90 | 5,6 |
| 364 | Dachbekleidungen | 135,000 m² | 76,30 | 10.290,61 | 3,8 |
| 369 | Dächer, sonstiges | 154,000 m² DAF | 2,63 | 403,62 | 0,2 |
| **360** | **Dächer** | **154,000 m²** | **257,20** | **39.505,41** | **14,7** |
| **370** | **Baukonstruktive Einbauten** | **–** | **–** | **–** | **–** |
| **390** | **Sonst. Maßnahmen für Baukonstruktionen** | **154,000 m² BGF** | **47,02** | **7.221,66** | **2,7** |
| **300** | **Bauwerk - Baukonstruktionen** | **154,000 m² BGF** | **1.356,20** | **208.312,10** | **77,5** |

## Kostenkennwerte für die Kostengruppe 400 der 3.Ebene DIN 276 (Übersicht)

| KG | Kostengruppe | Menge Einh. | €/Einheit | Kosten € | % 300+400 |
|---|---|---|---|---|---|
| 411 | Abwasseranlagen | 154,000 m² BGF | 38,03 | 5.840,66 | 2,2 |
| 412 | Wasseranlagen | 154,000 m² BGF | 3,20 | 491,49 | 0,2 |
| 413 | Gasanlagen (wenn zu Kochzwecken) | – | – | – | – |
| 414 | Feuerlöschanlagen | – | – | – | – |
| 419 | Abwasser-, Wasser- und Gasanlagen, sonstiges | – | – | – | – |
| **410** | **Abwasser-, Wasser-, Gasanlagen** | **154,000 m² BGF** | **41,23** | **6.332,16** | **2,4** |
| 421 | Wärmeerzeugungsanlagen | 154,000 m² BGF | 21,39 | 3.285,99 | 1,2 |
| 422 | Wärmeverteilnetze | 154,000 m² BGF | 28,31 | 4.348,12 | 1,6 |
| 423 | Raumheizflächen | 154,000 m² BGF | 27,67 | 4.249,92 | 1,6 |
| 429 | Wärmeversorgungsanlagen, sonstiges | – | – | – | – |
| **420** | **Wärmeversorgungsanlagen** | **154,000 m² BGF** | **77,37** | **11.884,04** | **4,4** |
| 431 | Lüftungsanlagen (LA) | 154,000 m² BGF | 92,47 | 14.203,50 | 5,3 |
| 432 | Teilklimaanlagen (TKA) | – | – | – | – |
| 433 | Klimaanlagen (KLA) | – | – | – | – |
| 434 | Prozeßlufttechnische Anlagen (PLA) | – | – | – | – |
| 435 | Kälteanlagen (KA) | – | – | – | – |
| 439 | Lufttechnische Anlagen, sonstiges | – | – | – | – |
| **430** | **Lufttechnische Anlagen** | **154,000 m² BGF** | **92,47** | **14.203,50** | **5,3** |
| 441 | Hoch- und Mittelspannungsanlagen | – | – | – | – |
| 442 | Eigenstromversorgungsanlagen | – | – | – | – |
| 443 | Niederspannungsschaltanlagen | – | – | – | – |
| 444 | Niederspannungsinstallationsanlagen | 154,000 m² BGF | 85,18 | 13.083,95 | 4,9 |
| 445 | Beleuchtungsanlagen | 154,000 m² BGF | 57,51 | 8.833,10 | 3,3 |
| 446 | Blitzschutz- und Erdungsanlagen | 154,000 m² BGF | 3,42 | 525,43 | 0,2 |
| 449 | Starkstromanlagen, sonstiges | – | – | – | – |
| **440** | **Starkstromanlagen** | **154,000 m² BGF** | **146,11** | **22.442,48** | **8,3** |
| 451 | Telekommunikationsanlagen | 154,000 m² BGF | 4,57 | 702,63 | 0,3 |
| 452 | Such- und Signalanlagen | 154,000 m² BGF | 3,95 | 607,28 | 0,2 |
| 453 | Zeitdienstanlagen | – | – | – | – |
| 454 | Elektroakustische Anlagen | – | – | – | – |
| 455 | Fernseh- und Antennenanlagen | – | – | – | – |
| 456 | Gefahrenmelde- und Alarmanlagen | – | – | – | – |
| 457 | Übertragungsnetze | 154,000 m² BGF | 28,77 | 4.419,36 | 1,6 |
| 459 | Fernmelde- und informationstechn. Anlagen, sonstiges | – | – | – | – |
| **450** | **Fernmelde- und informationstechn. Anlagen** | **154,000 m² BGF** | **37,30** | **5.729,28** | **2,1** |
| 461 | Aufzugsanlagen | – | – | – | – |
| 462 | Fahrtreppen, Fahrsteige | – | – | – | – |
| 463 | Befahranlagen | – | – | – | – |
| 464 | Transportanlagen | – | – | – | – |
| 465 | Krananlagen | – | – | – | – |
| 469 | Förderanlagen, sonstiges | – | – | – | – |
| **460** | **Förderanlagen** | **–** | **–** | **–** | **–** |
| **470** | **Nutzungsspezifische Anlagen** | **–** | **–** | **–** | **–** |
| **480** | **Gebäudeautomation** | **–** | **–** | **–** | **–** |
| **490** | **Sonst. Maßnahmen für technische Anlagen** | **–** | **–** | **–** | **–** |
| **400** | **Bauwerk - Technische Anlagen** | **154,000 m² BGF** | **394,48** | **60.591,46** | **22,5** |





Kostenstand: 3.Quartal 2010, inkl. MwSt., Bundesdurchschnitt

## Kostenkennwerte für Leistungsbereiche nach StLB (Kosten des Bauwerks nach DIN 276)

| LB | Leistungsbereiche | Kosten € | €/m² BGF | €/m³ BRI | % 300+400 |
|---|---|---|---|---|---|
| 000 | Sicherheits-, Baustelleneinrichtungen inkl. 001 | 6.282 | 40,90 | 11,30 | 2,3 |
| | Herstellen | 6.282 | 40,90 | 11,30 | 2,3 |
| 002 | Erdarbeiten | 13.918 | 90,60 | 25,00 | 5,2 |
| | Herstellen | 13.918 | 90,60 | 25,00 | 5,2 |
| 006 | Spezialtiefbauarbeiten inkl. 005 | – | – | – | – |
| 009 | Abwasserkanalarbeiten inkl. 011 | 3.291 | 21,40 | 5,90 | 1,2 |
| | Herstellen | 3.291 | 21,40 | 5,90 | 1,2 |
| 010 | Dränarbeiten | – | – | – | – |
| 012 | Mauerarbeiten | 23.890 | 155,50 | 43,00 | 8,9 |
| | Herstellen | 23.890 | 155,50 | 43,00 | 8,9 |
| 013 | Betonarbeiten | 26.364 | 171,60 | 47,40 | 9,8 |
| | Herstellen | 26.364 | 171,60 | 47,40 | 9,8 |
| 014 | Natursteinarbeiten, Betonwerksteinarbeiten | 2.955 | 19,20 | 5,30 | 1,1 |
| | Herstellen | 2.955 | 19,20 | 5,30 | 1,1 |
| 016 | Zimmer- und Holzbauarbeiten | 8.179 | 53,20 | 14,70 | 3,0 |
| | Herstellen | 8.179 | 53,20 | 14,70 | 3,0 |
| 017 | Stahlbauarbeiten | 766 | 5,00 | 1,40 | 0,3 |
| | Herstellen | 766 | 5,00 | 1,40 | 0,3 |
| 018 | Abdichtungsarbeiten gegen Wasser | 1.789 | 11,60 | 3,20 | 0,7 |
| | Herstellen | 1.789 | 11,60 | 3,20 | 0,7 |
| 020 | Dachdeckungsarbeiten | – | – | – | – |
| 021 | Dachabdichtungsarbeiten | 4.290 | 27,90 | 7,70 | 1,6 |
| | Herstellen | 4.290 | 27,90 | 7,70 | 1,6 |
| 022 | Klempnerarbeiten | 11.760 | 76,60 | 21,10 | 4,4 |
| | Herstellen | 11.760 | 76,60 | 21,10 | 4,4 |
| | **Rohbau** | **103.484** | **673,70** | **186,10** | **38,5** |
| | Herstellen | 103.484 | 673,70 | 186,10 | 38,5 |
| 023 | Putz- und Stuckarbeiten, Wärmedämmsysteme | 13.537 | 88,10 | 24,30 | 5,0 |
| | Herstellen | 13.538 | 88,10 | 24,30 | 5,0 |
| 024 | Fliesen- und Plattenarbeiten | – | – | – | – |
| 025 | Estricharbeiten | 9.152 | 59,60 | 16,50 | 3,4 |
| | Herstellen | 9.152 | 59,60 | 16,50 | 3,4 |
| 026 | Fenster, Außentüren inkl. 029, 032 | 33.800 | 220,00 | 60,80 | 12,6 |
| | Herstellen | 33.800 | 220,00 | 60,80 | 12,6 |
| 027 | Tischlerarbeiten | 103 | 0,67 | 0,18 | – |
| | Herstellen | 103 | 0,67 | 0,18 | – |
| 028 | Parkettarbeiten, Holzpflasterarbeiten | 200 | 1,30 | 0,36 | 0,1 |
| | Herstellen | 200 | 1,30 | 0,36 | 0,1 |
| 030 | Rollladenarbeiten | 5.898 | 38,40 | 10,60 | 2,2 |
| | Herstellen | 5.898 | 38,40 | 10,60 | 2,2 |
| 031 | Metallbauarbeiten inkl. 035 | 7.549 | 49,10 | 13,60 | 2,8 |
| | Herstellen | 7.549 | 49,10 | 13,60 | 2,8 |
| 034 | Maler- und Lackiererarbeiten inkl. 037 | 8.709 | 56,70 | 15,70 | 3,2 |
| | Herstellen | 8.709 | 56,70 | 15,70 | 3,2 |
| 036 | Bodenbelagsarbeiten | 6.814 | 44,40 | 12,30 | 2,5 |
| | Herstellen | 6.814 | 44,40 | 12,30 | 2,5 |
| 038 | Vorgehängte hinterlüftete Fassaden | – | – | – | – |

| LB | Leistungsbereiche | Kosten € | €/m² BGF | €/m³ BRI | % 300+400 |
|---|---|---|---|---|---|
| 039 | Trockenbauarbeiten | 15.083 | 98,20 | 27,10 | 5,6 |
| | Herstellen | 15.083 | 98,20 | 27,10 | 5,6 |
| | **Ausbau** | **100.845** | **656,50** | **181,30** | **37,5** |
| | Herstellen | 100.845 | 656,50 | 181,30 | 37,5 |
| 040 | Wärmeerzeuger, zentr. Einrichtungen inkl. 041 | 11.049 | 71,90 | 19,90 | 4,1 |
| | Herstellen | 11.049 | 71,90 | 19,90 | 4,1 |
| 042 | Gas- und Wasserinstallationsarbeiten inkl. 043 | 657 | 4,30 | 1,20 | 0,2 |
| | Herstellen | 657 | 4,30 | 1,20 | 0,2 |
| 044 | Abwasserinstallationsarbeiten - Leitungen | 2.184 | 14,20 | 3,90 | 0,8 |
| | Herstellen | 2.184 | 14,20 | 3,90 | 0,8 |
| 045 | Gas-, Wasser-Einrichtungsgegenstände inkl. 046 | – | – | – | – |
| 047 | Dämmarbeiten an betriebstechnischen Anlagen | 709 | 4,60 | 1,30 | 0,3 |
| | Herstellen | 709 | 4,60 | 1,30 | 0,3 |
| 049 | Feuerlöschanlagen, Feuerlöschgeräte | – | – | – | – |
| 050 | Blitzschutz- und Erdungsanlagen | 525 | 3,40 | 0,94 | 0,2 |
| | Herstellen | 525 | 3,40 | 0,94 | 0,2 |
| 052 | Mittelspannungsanlagen | – | – | – | – |
| 053 | Niederspannungsanlagen inkl. 054 | 12.982 | 84,50 | 23,30 | 4,8 |
| | Herstellen | 12.982 | 84,50 | 23,30 | 4,8 |
| 055 | Ersatzstromversorgungsanlagen | – | – | – | – |
| 057 | Gebäudesystemtechnik | – | – | – | – |
| 058 | Leuchten und Lampen, inkl. 059 | 8.833 | 57,50 | 15,90 | 3,3 |
| | Herstellen | 8.833 | 57,50 | 15,90 | 3,3 |
| 060 | Elektroakustische Anlagen | 607 | 4,00 | 1,10 | 0,2 |
| | Herstellen | 607 | 4,00 | 1,10 | 0,2 |
| 061 | Kommunikationsnetze | 5.122 | 33,30 | 9,20 | 1,9 |
| | Herstellen | 5.122 | 33,30 | 9,20 | 1,9 |
| 063 | Gefahrenmeldeanlagen | – | – | – | – |
| 069 | Aufzüge | – | – | – | – |
| 070 | Gebäudeautomation | – | – | – | – |
| 075 | Raumlufttechnische Anlagen | 14.204 | 92,50 | 25,50 | 5,3 |
| | Herstellen | 14.204 | 92,50 | 25,50 | 5,3 |
| | **Gebäudetechnik** | **56.872** | **370,30** | **102,30** | **21,1** |
| | Herstellen | 56.872 | 370,30 | 102,30 | 21,1 |
| 084 | Abbrucharbeiten | 7.703 | 50,10 | 13,90 | 2,9 |
| | Abbrechen | 7.703 | 50,10 | 13,90 | 2,9 |
| | Sonstige Leistungsbereiche inkl. 008, 033, 051 | – | – | – | – |

1300-150
Verwaltungsgebäude, Kellertrocknung

Instandsetzung

## Objektübersicht

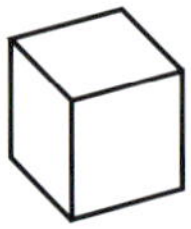

**140 €/m³ BRI**

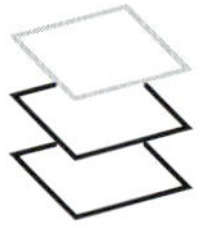

**467 €/m² BGF**

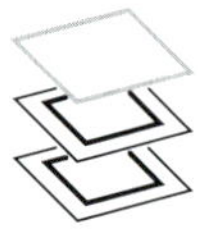

**732 €/m² NF**

| | |
|---|---|
| Kennwerte | bis 3.Ebene DIN 276 |
| Bauzeit | 17 Wochen |
| Bauende | 2007 |
| Standard | Durchschnitt |
| Land | Berlin |
| Kreis | Berlin |
| m³ BRI | 1.198 |
| m² BGF | 360 |
| m² NF | 230 |

**Architekt:**
TSSB
architekten.ingenieure . Berlin
Oranienburger Str. 37
10117 Berlin

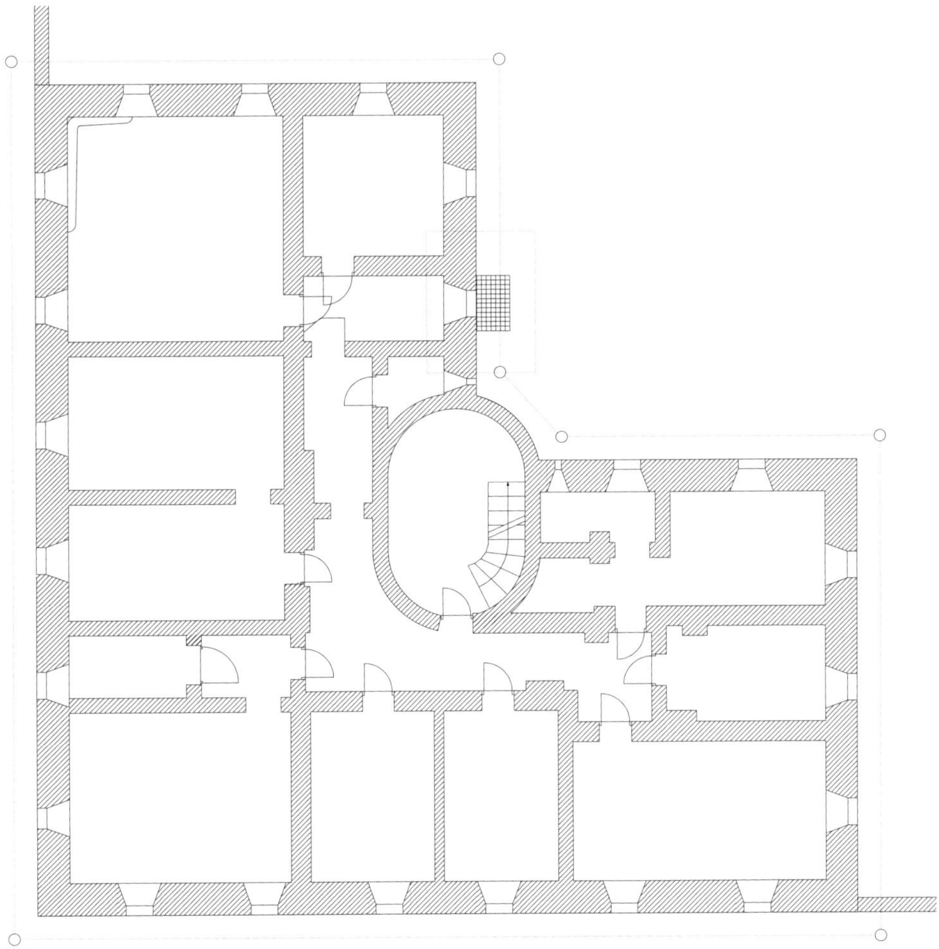

Untergeschoss

Einleitung
Objekte
3. Ebene
Anhang

## Objektbeschreibung

### Nutzung

**1 Untergeschoss**
Archiv

**1 Erdgeschoss**
Büroräume

**1 Obergeschoss**
Büroräume

### Nutzeinheiten

Beschäftigte: 30

### Grundstück

Bauraum: Freier Bauraum
Neigung: Geneigtes Gelände
Bodenklasse: BK 1 bis BK 3

### Markt

Hauptvergabezeit: 2.Quartal 2007
Baubeginn: 3.Quartal 2007
Bauende: 4.Quartal 2007
Konjunkturelle Gesamtlage: Durchschnitt
Regionaler Baumarkt: über Durchschnitt

### Baubestand

Baujahr: 1905
Bauzustand: gut
Aufwand: niedrig
Grundrissänderungen: wenige
Tragwerkseingriffe: keine
Nutzungsänderung: nein
Nutzung während der Bauzeit: ja

### Baukonstruktion

**Abbrechen:** Abbruch von Bodenplatte, unbewehrt, Ziegelmauerwerk, in Kleinflächen, Abschlagen von durchfeuchteten Innenputz; Entsorgung, Deponiegebühren
**Wiederherstellen:** Wände reinigen mit Schmidt-Niederdruck-Strahltechnik, Entsorgung, Deponiegebühren, lose Teile abbrechen, Schadstellen ausbessern, Ausgleichsputz, Bitumendickbeschichtung, Polystyrol-Dränplatten, Horizontalsperre in Wänden gegen kapillar aufsteigende Feuchtigkeit im Paraffininjektionsverfahren, Ziegelmauerwerk reinigen, Fugen auskratzen, Sanierputz für Mauerwerk mit hoher Salzbelastung
**Herstellen:** Baugrubenaushub, Außenmauerwerk, freilegen, mit Verbau und Gewindespreizen, hinterfüllen; Streifenfundament, Bodenplatte, Kiesfilterschicht, Dränageleitungen, Kontrollschächte; Lichtschacht als Notausstieg, Grundierung, Silikatanstrich; Innenputz, Anstrich; Deckenuntergrund reinigen, Anstrich; Baustelleneinrichtung

### Technische Anlagen

**Herstellen:** Bodenablauf

## Planungskennwerte für Flächen und Rauminhalte nach DIN 277

| Flächen des Grundstücks | | Menge, Einheit | % an FBG |
|---|---|---|---|
| BF | Bebaute Fläche | – m² | – |
| UBF | Unbebaute Fläche | – m² | – |
| FBG | Fläche des Baugrundstücks | – m² | – |

| Grundflächen des Bauwerks | | Menge, Einheit | % an NF | % an BGF |
|---|---|---|---|---|
| NF | Nutzfläche | 229,68 m² | 100,0 | 63,8 |
| TF | Technische Funktionsfläche | 7,56 m² | 3,3 | 2,1 |
| VF | Verkehrsfläche | 59,00 m² | 25,7 | 16,4 |
| NGF | Netto-Grundfläche | 296,24 m² | 129,0 | 82,3 |
| KGF | Konstruktions-Grundfläche | 63,76 m² | 27,8 | 17,7 |
| BGF | Brutto-Grundfläche | 360,00 m² | 156,7 | 100,0 |

| Brutto-Rauminhalt des Bauwerks | | Menge, Einheit | BRI/NF (m) | BRI/BGF (m) |
|---|---|---|---|---|
| BRI | Brutto-Rauminhalt | 1.198,00 m³ | 5,22 | 3,33 |

| Lufttechnisch behandelte Flächen | Menge, Einheit | % an NF | % an BGF |
|---|---|---|---|
| Entlüftete Fläche | – m² | – | – |
| Be- und entlüftete Fläche | – m² | – | – |
| Teilklimatisierte Fläche | – m² | – | – |
| Klimatisierte Fläche | – m² | – | – |

| KG | Kostengruppen (2.Ebene) | Menge, Einheit | Menge/NF | Menge/BGF |
|---|---|---|---|---|
| 310 | Baugrube | 207,00 m³ BGI | 0,90 | 0,58 |
| 320 | Gründung | 360,00 m² GRF | 1,57 | 1,00 |
| 330 | Außenwände | 341,85 m² AWF | 1,49 | 0,95 |
| 340 | Innenwände | 290,53 m² IWF | 1,26 | 0,81 |
| 350 | Decken | 232,00 m² DEF | 1,01 | 0,64 |
| 360 | Dächer | – m² DAF | – | – |

## Kostenkennwerte für die Kostengruppen der 1.Ebene DIN 276

| KG | Kostengruppen (1.Ebene) | Einheit | Kosten € | €/Einheit | €/m² BGF | €/m³ BRI | % 300+400 |
|---|---|---|---|---|---|---|---|
| 100 | Grundstück | m² FBG | – | – | – | – | – |
| 200 | Herrichten und Erschließen | m² FBG | – | – | – | – | – |
| 300 | Bauwerk - Baukonstruktionen | m² BGF | 167.792 | 466,09 | 466,09 | 140,06 | 99,8 |
| 400 | Bauwerk - Technische Anlagen | m² BGF | 330 | 0,92 | 0,92 | 0,28 | 0,2 |
| | **Bauwerk 300+400** | **m² BGF** | **168.121** | **467,00** | **467,00** | **140,33** | **100,0** |
| 500 | Außenanlagen | m² AUF | 6.359 | 65,55 | 17,66 | 5,31 | 3,8 |
| 600 | Ausstattung und Kunstwerke | m² BGF | – | – | – | – | – |
| 700 | Baunebenkosten | m² BGF | – | – | – | – | – |

## Kostenkennwerte für die Kostengruppen der 1.Ebene DIN 276

| KG | Kostengruppe | Menge Einheit | Kosten € | €/Einheit | % |
|---|---|---|---|---|---|
| **3+4** | **Bauwerk** | | | | **100,0** |
| 300 | **Bauwerk - Baukonstruktionen** | 360,00 m² BGF | 167.792 | **466,09** | 99,8 |
| | • Abbrechen (Kosten: 3,4%) | | 5.725 | | |
| | Abbruch von Bodenplatte, unbewehrt, Ziegelmauerwerk, in Kleinflächen, Abschlagen von durchfeuchteten Innenputz; Entsorgung, Deponiegebühren | | | | |
| | • Wiederherstellen (Kosten: 78,1%) | | 131.069 | | |
| | Wände reinigen mit Schmidt-Niederdruck-Strahltechnik, Entsorgung, Deponiegebühren, lose Teile abbrechen, Schadstellen ausbessern, Ausgleichsputz, Bitumendickbeschichtung, Polystyrol-Dränplatten, Horizontalsperre in Wänden gegen kapillar aufsteigende Feuchtigkeit im Paraffininjektionsverfahren, Ziegelmauerwerk reinigen, Fugen auskratzen, Sanierputz für Mauerwerk mit hoher Salzbelastung | | | | |
| | • Herstellen (Kosten: 18,5%) | | 30.998 | | |
| | Baugrubenaushub, Außenmauerwerk, freilegen, mit Verbau und Gewindespreizen, hinterfüllen; Streifenfundament, Bodenplatte, Kiesfilterschicht, Dränageleitungen, Kontrollschächte; Lichtschacht als Notausstieg, Grundierung, Silikatanstrich; Innenputz, Anstrich; Deckenuntergrund reinigen, Anstrich; Baustelleneinrichtung | | | | |
| 400 | **Bauwerk - Technische Anlagen** | 360,00 m² BGF | 330 | **0,92** | 0,2 |
| | • Herstellen (Kosten: 100,0%) | | 330 | | |
| | Bodenablauf | | | | |
| 500 | **Außenanlagen** | 97,00 m² AUF | 6.359 | **65,55** | 3,8 |
| | • Wiederherstellen (Kosten: 51,2%) | | 3.254 | | |
| | Granit- Mosaikpflastersteine, aufnehmen, lagern, wieder im Sandbett verlegen, Betoneinfasssteine | | | | |
| | • Herstellen (Kosten: 48,8%) | | 3.105 | | |
| | Sickerschächte | | | | |

## Kostenkennwerte für die Kostengruppen 300 und 400 der 2.Ebene DIN 276

| KG | Kostengruppe | Menge Einheit | Kosten € | €/Einheit | % |
|---|---|---|---|---|---|
| **300** | **Bauwerk - Baukonstruktionen** | | | | **100,0** |
| 310 | **Baugrube** | 207,00 $m^3$ | 9.500 | **45,89** | 5,7 |
| | • Herstellen (Kosten: 100,0%) | | 9.500 | | |
| | Außenmauerwerk, freilegen, hinterfüllen (189$m^3$), Baugrubenaushub, BK 3-5 (18$m^3$) | | | | |
| 320 | **Gründung** | 360,00 $m^2$ | 4.409 | **12,25** | 2,6 |
| | • Abbrechen (Kosten: 4,8%) | | 214 | | |
| | Abbruch von Bodenplatte, d=15cm, unbewehrt, Entsorgung, Deponiegebühren (3$m^2$) | | | | |
| | • Herstellen (Kosten: 95,2%) | | 4.196 | | |
| | Streifenfundament, unbewehrt (1$m^3$) * Bodenplatte, d=15cm, Gefällebeton (2$m^2$) * Kiesfilterschicht, d=5cm, 16/32, PE-Folie (4$m^2$) * Dränageleitungen (87m), Kiesumhüllung 0-32 (18$m^3$), Kontrollschächte (7St) | | | | |
| 330 | **Außenwände** | 341,85 $m^2$ | 92.220 | **269,77** | 55,0 |
| | • Abbrechen (Kosten: 3,4%) | | 3.136 | | |
| | Abbruch von Ziegelmauerwerk, d=25cm, in Kleinflächen (3$m^2$) * Abschlagen von durchfeuchteten Innenputz, d=30mm, Entsorgung, Deponiegebühren (342$m^2$) | | | | |
| | • Wiederherstellen (Kosten: 94,9%) | | 87.551 | | |
| | Wände reinigen, lose Teile abbrechen, Schadstellen ausbessern, Ausgleichsputz, d=15mm, Bitumendickbeschichtung, Polystyrol-Dränplatten, d=50mm (166$m^2$), Horizontalsperre in Wänden gegen kapillar aufsteigende Feuchtigkeit im Paraffininjektionsverfahren, Bohrlöcher, d=25mm, Heizstäbe setzen (77m), Wände reinigen mit Schmidt-Niederdruck-Strahltechnik, Entsorgung, Deponiegebühren (135$m^2$) * Ziegelmauerwerk reinigen, Fugen auskratzen, Sanierputz für Mauerwerk mit hoher Salzbelastung, d=20-30cm, Kantenprofile (342$m^2$) * Pflanzenschutzgitter, h=1,25m, abschrauben, lagern, wieder montieren (18St) | | | | |
| | • Herstellen (Kosten: 1,7%) | | 1.533 | | |
| | Betonwand, unbewehrt, d=25cm, Lichtschacht als Notausstieg (4$m^2$) * Grundierung, Silikatanstrich (342$m^2$) | | | | |
| 340 | **Innenwände** | 290,53 $m^2$ | 58.011 | **199,67** | 34,6 |
| | • Abbrechen (Kosten: 4,1%) | | 2.375 | | |
| | Abschlagen von durchfeuchteten Innenputz, Entsorgung, Deponiegebühren (291$m^2$) | | | | |
| | • Wiederherstellen (Kosten: 75,0%) | | 43.519 | | |
| | Ziegelmauerwerk reinigen, Fugen auskratzen, Sanierputz für Mauerwerk mit hoher Salzbelastung, d=20-30cm, Kantenprofile (291$m^2$) | | | | |
| | • Herstellen (Kosten: 20,9%) | | 12.117 | | |
| | Kalkputz, d=30mm, Grundierung, Silikatanstrich (291$m^2$) | | | | |
| 350 | **Decken** | 232,00 $m^2$ | 1.236 | **5,33** | 0,7 |
| | • Herstellen (Kosten: 100,0%) | | 1.236 | | |
| | Untergrund reinigen, Grundierung, Silikatanstrich (232$m^2$) | | | | |
| 390 | **Sonstige Baukonstruktionen** | 360,00 $m^2$ BGF | 2.415 | **6,71** | 1,4 |
| | • Herstellen (Kosten: 100,0%) | | 2.415 | | |
| | Baustelleneinrichtungen (2St) | | | | |

Instandsetzung

| KG | Kostengruppe | Menge Einheit | Kosten € | €/Einheit | % |
|---|---|---|---|---|---|
| **400** | **Bauwerk - Technische Anlagen** | | | | **100,0** |
| 410 | **Abwasser-, Wasser-, Gasanlagen** | 360,00 m² BGF | 330 | **0,92** | 100,0 |
| | • Herstellen (Kosten: 100,0%) | | 330 | | |
| | Bodenablauf (1St) | | | | |
| **500** | **Außenanlagen** | | | | **100,0** |
| 520 | **Befestigte Flächen** | 97,00 | 3.254 | **33,56** | 51,2 |
| | • Wiederherstellen (Kosten: 100,0%) | | 3.254 | | |
| | Granit- Mosaikpflastersteine, aufnehmen, lagern, wieder im Sandbett verlegen (97m²), Betoneinfasssteine (90m) | | | | |
| 540 | **Technische Anlagen in Außenanlagen** | 97,00 m² AUF | 3.105 | **32,01** | 48,8 |
| | • Herstellen (Kosten: 100,0%) | | 3.105 | | |
| | Sickerschächte (2St) | | | | |

## Kostenkennwerte für die Kostengruppe 300 der 3.Ebene DIN 276 (Übersicht)

| KG | Kostengruppe | Menge Einh. | €/Einheit | Kosten € | % 300+400 |
|---|---|---|---|---|---|
| 311 | Baugrubenherstellung | 207,000 m3 | 45,89 | 9.499,59 | 5,7 |
| 312 | Baugrubenumschließung | – | – | – | – |
| 313 | Wasserhaltung | – | – | – | – |
| 319 | Baugrube, sonstiges | – | – | – | – |
| **310** | **Baugrube** | **207,000 m3** | **45,89** | **9.499,59** | **5,7** |
| 321 | Baugrundverbesserung | – | – | – | – |
| 322 | Flachgründungen | 2,000 m2 | 74,63 | 119,41 | 0,1 |
| 323 | Tiefgründungen | – | – | – | – |
| 324 | Unterböden und Bodenplatten | 2,000 m2 | 140,31 | 280,61 | 0,2 |
| 325 | Beläge auf Boden- und Fundamentplatten | – | – | – | – |
| 326 | Bauwerksabdichtungen | 360,000 m2 GRF | 0,19 | 68,64 | < 0,1 |
| 327 | Dränagen | 360,000 m2 GRF | 10,95 | 3.940,79 | 2,3 |
| 329 | Gründung, sonstiges | – | – | – | – |
| **320** | **Gründung** | **360,000 m2** | **12,25** | **4.409,46** | **2,6** |
| 331 | Tragende Außenwände | – m2 | – | 342,32 | 0,2 |
| 332 | Nichttragende Außenwände | 4,000 m2 | 50,88 | 183,18 | 0,1 |
| 333 | Tragende Außenstützen | – | – | – | – |
| 334 | Außentüren, -fenster | – | – | – | – |
| 335 | Außenwandbekleidungen außen | 301,000 m2 | 121,44 | 36.552,46 | 21,7 |
| 336 | Außenwandbekleidungen innen | 342,000 m2 | 158,91 | 54.324,15 | 32,3 |
| 337 | Elementierte Außenwände | – | – | – | – |
| 338 | Sonnenschutz | – | – | – | – |
| 339 | Außenwände, sonstiges | 342,000 m2 AWF | 2,39 | 818,23 | 0,5 |
| **330** | **Außenwände** | **342,000 m2** | **269,77** | **92.220,34** | **54,9** |
| 341 | Tragende Innenwände | – | – | – | – |
| 342 | Nichttragende Innenwände | – | – | – | – |
| 343 | Tragende Innenstützen | – | – | – | – |
| 344 | Innentüren, -fenster | – | – | – | – |
| 345 | Innenwandbekleidungen | 291,000 m2 | 199,67 | 58.010,56 | 34,5 |
| 346 | Elementierte Innenwände | – | – | – | – |
| 349 | Innenwände, sonstiges | – | – | – | – |
| **340** | **Innenwände** | **291,000 m2** | **199,67** | **58.010,56** | **34,5** |
| 351 | Deckenkonstruktionen | – | – | – | – |
| 352 | Deckenbeläge | – | – | – | – |
| 353 | Deckenbekleidungen | 232,000 m2 | 5,33 | 1.236,32 | 0,7 |
| 359 | Decken, sonstiges | – | – | – | – |
| **350** | **Decken** | **232,000 m2** | **5,33** | **1.236,32** | **0,7** |
| 361 | Dachkonstruktionen | – | – | – | – |
| 362 | Dachfenster, Dachöffnungen | – | – | – | – |
| 363 | Dachbeläge | – | – | – | – |
| 364 | Dachbekleidungen | – | – | – | – |
| 369 | Dächer, sonstiges | – | – | – | – |
| **360** | **Dächer** | **–** | **–** | **–** | **–** |
| **370** | **Baukonstruktive Einbauten** | **–** | **–** | **–** | **–** |
| **390** | **Sonst. Maßnahmen für Baukonstruktionen** | **360,000 m2 BGF** | **6,71** | **2.415,34** | **1,4** |
| **300** | **Bauwerk - Baukonstruktionen** | **360,000 m2 BGF** | **466,09** | **167.791,61** | **99,8** |

## Kostenkennwerte für die Kostengruppe 400 der 3.Ebene DIN 276 (Übersicht)

| KG | Kostengruppe | Menge Einh. | €/Einheit | Kosten € | % 300+400 |
|---|---|---|---|---|---|
| 411 | Abwasseranlagen | 360,000 m² BGF | 0,92 | 329,70 | 0,2 |
| 412 | Wasseranlagen | – | – | – | – |
| 413 | Gasanlagen (wenn zu Kochzwecken) | – | – | – | – |
| 414 | Feuerlöschanlagen | – | – | – | – |
| 419 | Abwasser-, Wasser- und Gasanlagen, sonstiges | – | – | – | – |
| **410** | **Abwasser-, Wasser-, Gasanlagen** | **360,000 m² BGF** | **0,92** | **329,70** | **0,2** |
| 421 | Wärmeerzeugungsanlagen | – | – | – | – |
| 422 | Wärmeverteilnetze | – | – | – | – |
| 423 | Raumheizflächen | – | – | – | – |
| 429 | Wärmeversorgungsanlagen, sonstiges | – | – | – | – |
| **420** | **Wärmeversorgungsanlagen** | **–** | **–** | **–** | **–** |
| 431 | Lüftungsanlagen (LA) | – | – | – | – |
| 432 | Teilklimaanlagen (TKA) | – | – | – | – |
| 433 | Klimaanlagen (KLA) | – | – | – | – |
| 434 | Prozeßlufttechnische Anlagen (PLA) | – | – | – | – |
| 435 | Kälteanlagen (KA) | – | – | – | – |
| 439 | Lufttechnische Anlagen, sonstiges | – | – | – | – |
| **430** | **Lufttechnische Anlagen** | **–** | **–** | **–** | **–** |
| 441 | Hoch- und Mittelspannungsanlagen | – | – | – | – |
| 442 | Eigenstromversorgungsanlagen | – | – | – | – |
| 443 | Niederspannungsschaltanlagen | – | – | – | – |
| 444 | Niederspannungsinstallationsanlagen | – | – | – | – |
| 445 | Beleuchtungsanlagen | – | – | – | – |
| 446 | Blitzschutz- und Erdungsanlagen | – | – | – | – |
| 449 | Starkstromanlagen, sonstiges | – | – | – | – |
| **440** | **Starkstromanlagen** | **–** | **–** | **–** | **–** |
| 451 | Telekommunikationsanlagen | – | – | – | – |
| 452 | Such- und Signalanlagen | – | – | – | – |
| 453 | Zeitdienstanlagen | – | – | – | – |
| 454 | Elektroakustische Anlagen | – | – | – | – |
| 455 | Fernseh- und Antennenanlagen | – | – | – | – |
| 456 | Gefahrenmelde- und Alarmanlagen | – | – | – | – |
| 457 | Übertragungsnetze | – | – | – | – |
| 459 | Fernmelde- und informationstechn. Anlagen, sonstiges | – | – | – | – |
| **450** | **Fernmelde- und informationstechn. Anlagen** | **–** | **–** | **–** | **–** |
| 461 | Aufzugsanlagen | – | – | – | – |
| 462 | Fahrtreppen, Fahrsteige | – | – | – | – |
| 463 | Befahranlagen | – | – | – | – |
| 464 | Transportanlagen | – | – | – | – |
| 465 | Krananlagen | – | – | – | – |
| 469 | Förderanlagen, sonstiges | – | – | – | – |
| **460** | **Förderanlagen** | **–** | **–** | **–** | **–** |
| **470** | **Nutzungsspezifische Anlagen** | **–** | **–** | **–** | **–** |
| **480** | **Gebäudeautomation** | **–** | **–** | **–** | **–** |
| **490** | **Sonst. Maßnahmen für technische Anlagen** | **–** | **–** | **–** | **–** |
| **400** | **Bauwerk - Technische Anlagen** | **360,000 m² BGF** | **0,92** | **329,70** | **0,2** |

## Kostenkennwerte für Leistungsbereiche nach StLB (Kosten des Bauwerks nach DIN 276)

| LB | Leistungsbereiche | Kosten € | €/m² BGF | €/m³ BRI | % 300+400 |
|---|---|---|---|---|---|
| 000 | Sicherheits-, Baustelleneinrichtungen inkl. 001 | 2.415 | 6,70 | 2,00 | 1,4 |
| | Herstellen | 2.415 | 6,70 | 2,00 | 1,4 |
| 002 | Erdarbeiten | 9.500 | 26,40 | 7,90 | 5,7 |
| | Herstellen | 9.500 | 26,40 | 7,90 | 5,7 |
| 006 | Spezialtiefbauarbeiten inkl. 005 | – | – | – | – |
| 009 | Abwasserkanalarbeiten inkl. 011 | – | – | – | – |
| 010 | Dränarbeiten | 6.207 | 17,20 | 5,20 | 3,7 |
| | Wiederherstellen | 2.266 | 6,30 | 1,90 | 1,3 |
| | Herstellen | 3.941 | 10,90 | 3,30 | 2,3 |
| 012 | Mauerarbeiten | 818 | 2,30 | 0,68 | 0,5 |
| | Wiederherstellen | 818 | 2,30 | 0,68 | 0,5 |
| 013 | Betonarbeiten | 652 | 1,80 | 0,54 | 0,4 |
| | Abbrechen | 214 | 0,59 | 0,18 | 0,1 |
| | Herstellen | 438 | 1,20 | 0,37 | 0,3 |
| 014 | Natursteinarbeiten, Betonwerksteinarbeiten | – | – | – | – |
| 016 | Zimmer- und Holzbauarbeiten | – | – | – | – |
| 017 | Stahlbauarbeiten | – | – | – | – |
| 018 | Abdichtungsarbeiten gegen Wasser | 20.451 | 56,80 | 17,10 | 12,2 |
| | Wiederherstellen | 20.451 | 56,80 | 17,10 | 12,2 |
| 020 | Dachdeckungsarbeiten | – | – | – | – |
| 021 | Dachabdichtungsarbeiten | – | – | – | – |
| 022 | Klempnerarbeiten | – | – | – | – |
| | **Rohbau** | **40.044** | **111,20** | **33,40** | **23,8** |
| | Abbrechen | 214 | 0,59 | 0,18 | 0,1 |
| | Wiederherstellen | 23.536 | 65,40 | 19,60 | 14,0 |
| | Herstellen | 16.294 | 45,30 | 13,60 | 9,7 |
| 023 | Putz- und Stuckarbeiten, Wärmedämmsysteme | 92.043 | 255,70 | 76,80 | 54,7 |
| | Wiederherstellen | 81.007 | 225,00 | 67,60 | 48,2 |
| | Herstellen | 11.036 | 30,70 | 9,20 | 6,6 |
| 024 | Fliesen- und Plattenarbeiten | – | – | – | – |
| 025 | Estricharbeiten | – | – | – | – |
| 026 | Fenster, Außentüren inkl. 029, 032 | – | – | – | – |
| 027 | Tischlerarbeiten | – | – | – | – |
| 028 | Parkettarbeiten, Holzpflasterarbeiten | – | – | – | – |
| 030 | Rollladenarbeiten | – | – | – | – |
| 031 | Metallbauarbeiten inkl. 035 | – | – | – | – |
| 034 | Maler- und Lackiererarbeiten inkl. 037 | 3.668 | 10,20 | 3,10 | 2,2 |
| | Herstellen | 3.668 | 10,20 | 3,10 | 2,2 |
| 036 | Bodenbelagsarbeiten | – | – | – | – |
| 038 | Vorgehängte hinterlüftete Fassaden | – | – | – | – |
| 039 | Trockenbauarbeiten | – | – | – | – |
| | **Ausbau** | **95.711** | **265,90** | **79,90** | **56,9** |
| | Wiederherstellen | 81.007 | 225,00 | 67,60 | 48,2 |
| | Herstellen | 14.704 | 40,80 | 12,30 | 8,7 |
| 040 | Wärmeerzeuger, zentr. Einrichtungen inkl. 041 | – | – | – | – |
| 042 | Gas- und Wasserinstallationsarbeiten inkl. 043 | – | – | – | – |
| 044 | Abwasserinstallationsarbeiten - Leitungen | 330 | 0,92 | 0,28 | 0,2 |
| | Herstellen | 330 | 0,92 | 0,28 | 0,2 |

| LB | Leistungsbereiche | Kosten € | €/m² BGF | €/m³ BRI | % 300+400 |
|---|---|---|---|---|---|
| 045 | Gas-, Wasser-Einrichtungsgegenstände inkl. 046 | – | – | – | – |
| 047 | Dämmarbeiten an betriebstechnischen Anlagen | – | – | – | – |
| 049 | Feuerlöschanlagen, Feuerlöschgeräte | – | – | – | – |
| 050 | Blitzschutz- und Erdungsanlagen | – | – | – | – |
| 052 | Mittelspannungsanlagen | – | – | – | – |
| 053 | Niederspannungsanlagen inkl. 054 | – | – | – | – |
| 055 | Ersatzstromversorgungsanlagen | – | – | – | – |
| 057 | Gebäudesystemtechnik | – | – | – | – |
| 058 | Leuchten und Lampen, inkl. 059 | – | – | – | – |
| 060 | Elektroakustische Anlagen | – | – | – | – |
| 061 | Kommunikationsnetze | – | – | – | – |
| 063 | Gefahrenmeldeanlagen | – | – | – | – |
| 069 | Aufzüge | – | – | – | – |
| 070 | Gebäudeautomation | – | – | – | – |
| 075 | Raumlufttechnische Anlagen | – | – | – | – |
| | **Gebäudetechnik** | **330** | **0,92** | **0,28** | **0,2** |
| | Herstellen | 330 | 0,92 | 0,28 | 0,2 |
| 084 | Abbrucharbeiten | 5.511 | 15,30 | 4,60 | 3,3 |
| | Abbrechen | 5.511 | 15,30 | 4,60 | 3,3 |
| | Sonstige Leistungsbereiche inkl. 008, 033, 051 | **26.526** | **73,70** | **22,10** | **15,8** |
| | Wiederherstellen | 26.526 | 73,70 | 22,10 | 15,8 |

1300-151
Rathaus

## Objektübersicht

Modernisierung

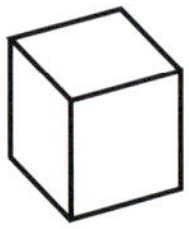

**306 €/m³ BRI**

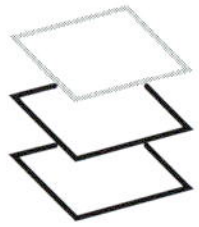

**806 €/m² BGF**

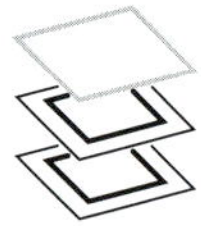

**1.319 €/m² NF**

| | |
|---|---|
| Kennwerte | bis 3.Ebene DIN 276 |
| Bauzeit | 60 Wochen |
| Bauende | 2007 |
| Standard | Durchschnitt |
| Land | Baden-Württemberg |
| Kreis | Calw |
| m³ BRI | 4.956 |
| m² BGF | 1.883 |
| m² NF | 1.151 |

**Architekt:**
Fritz Heintel
Dipl.-Ing. (FH)
Freier Architekt
Carl-Commerell-Str. 17
75339 Höfen an der Enz

vorher

nachher

Modernisierung

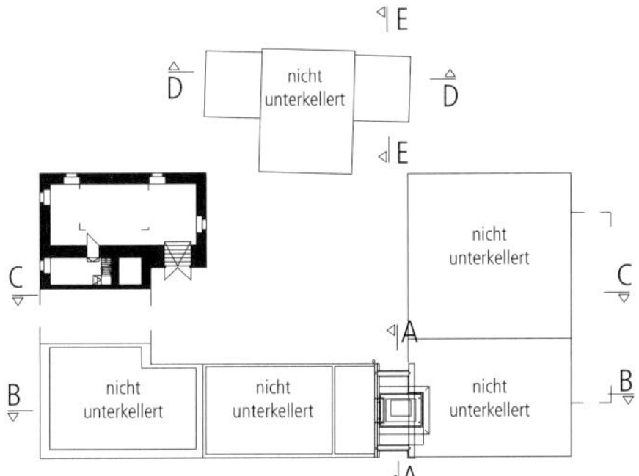


Untergeschoss

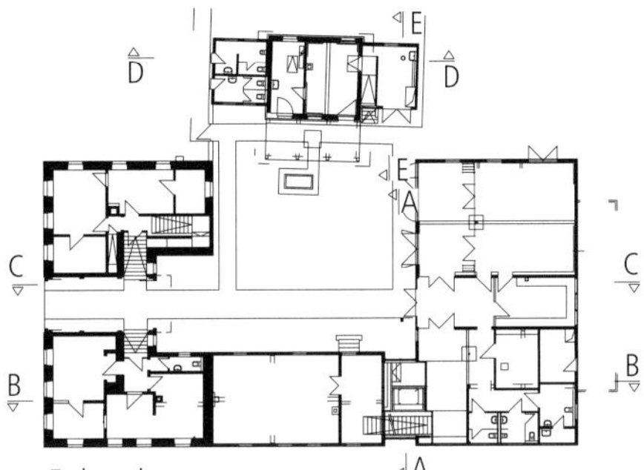


Erdgeschoss

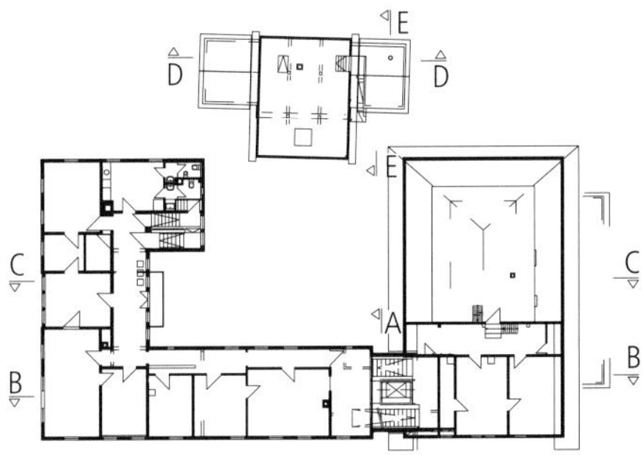


1. Obergeschoss

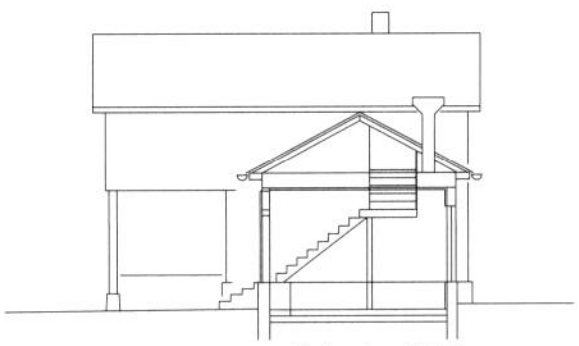

Schnitt E-E

Schnitt D-D

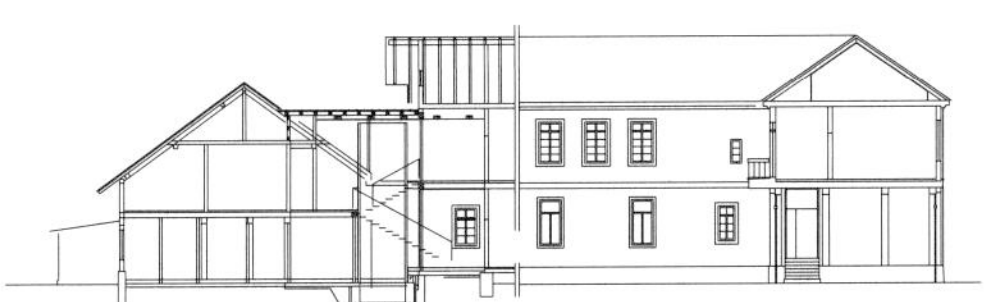

Schnitt B-B

Schnitt A-A

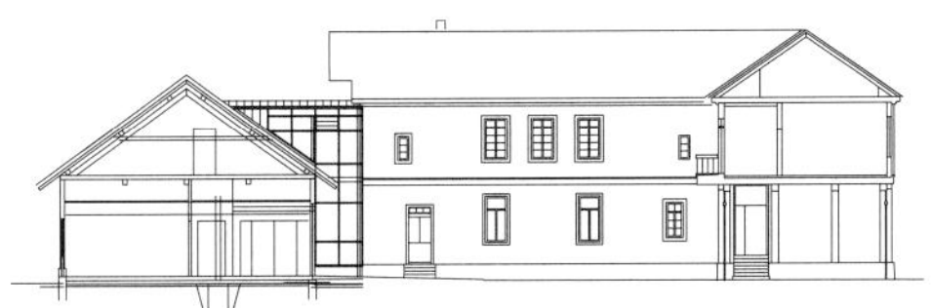

Schnitt C-C

Ansicht Ost

## Objektbeschreibung

### Nutzung

**1 Untergeschoss**
Vorhandener Gewölbekeller, Heiz- und Wasserverteilung, andere Nutzung wegen Überflutungsgefahr nicht möglich.

**1 Erdgeschoss**
Kursaal mit Küche, Ratsaal, öffentliche WC-Räume, Postamt, Archivräume, Touristikraum, Bücherei

**1 Obergeschoss**
Büroräume, Archiv -und Lagerräume

**Besonderer Kosteneinfluss Nutzung:**
Das Gebäude steht unter Denkmalschutz, teilweise schlechter baulicher Zustand, teileweise Gebäudeteile ohne Ausbau.

### Grundstück

Bauraum: Beengter Bauraum
Neigung: Ebenes Gelände
Bodenklasse: BK 3 bis BK 4

### Markt

Hauptvergabezeit: 3.Quartal 2006
Baubeginn: 3.Quartal 2006
Bauende: 4.Quartal 2007
Konjunkturelle Gesamtlage: Durchschnitt
Regionaler Baumarkt: unter Durchschnitt

### Baubestand

Baujahr: ca. 1840
Bauzustand: schlecht
Aufwand: hoch
Grundrissänderungen: umfangreiche
Tragwerkseingriffe: einige
Nutzungsänderung: nein
Nutzung während der Bauzeit: nein

### Baukonstruktion

**Abbrechen:** Abbruch von Stb-Bodenplatte, Sandsteinbodenplatten, Fußbodenschalung, PVC-Beläge, Parkett, Holzbretterboden, Teppichboden; Holzfachwerkwand ausleeren, Holztoren, Holzfenster, Außenputz, Holzfachwerkwänden, Holzbekleidungen, Holztüren, Tapeten, Putz; Deckengebälk, Bretterschalung, Holztreppen, Holzbretterboden; Schleppgauben, Dachfenster, Biberschwanzdoppeldeckung; Entsorgung, Deponiegebühren
**Wiederherstellen:** Kopfsteinpflasterbeläge, Sandsteinplatten, Betonverbundpflastersteine im Gebäude, ausbauen, lagern, Parkett schleifen, Holzabdeckungen abschleifen, lakkieren, Unterböden aus Einzelriemenbrettern verschrauben; Fachwerkkonstruktion freilegen, Fehlstellen ausgleichen, Holz teilweise erneuern, historische Eichenholzfenster reinigen, Anstrich, neue Holzvorfenster an der Rauminnenseite, Holzbekleidungen abschleifen; Holztüren, überprüfen, nachjustieren, Fehlerstellen ausbessern, Anstrich, Holztüren streichen, Putz reinigen; Holz-Trittstufen und Setzstufen, Podeste, schleifen, neu versiegeln, Stuckränder, teilweise abbrechen und neu modellieren; Einbau von Balken- und Pfettenverstärkungen, Verbindungen aus Holz und Stahl in der Dachkonstruktion
**Herstellen:** Baugrubenaushub; Stb-Bodenplatte, Estrich, Fliesen, Parkett, Kautschuk; Holztüren, Stahl/Glas-Holz/Glastüren, Fassadenputz, Zinkverkleidung, Anstrich, Innendämmung, Putz, Tapeten, Fliesen, Pfosten-Riegel-Fassaden, Stahl-, Holz/Glaselemente, Sonnenschutz; Stahl/Glas-Aufzugsschacht, GK-Wände, Stahlstützen, Türen, Holz, Stahl, Putz, Fliesen, Tapeten, Anstrich; Holzbalkendecke, Stahltreppe, Verlegeplatten, Parkett, Fliesen, GK-Decken, Anstrich; Holzdachkonstruktion, Schalung, Biberschwanzziegel, Dachrinnen, GK-Decken, Anstrich

### Technische Anlagen

**Abbrechen:** Abbruch von Regenfallrohren, Befestigungen; gemauerten Schornstein; Elektroleitungen; Entsorgung, Deponiegebühren
**Wiederherstellen:** Anstrich von Regenfallrohren, verzinktes Blech; Anstrich von Röhrenheizkörper, Anbindeleitungen; Außenlampen, reinigen, vorlackieren, Anstrich mit Eisenglimmerfarbe
**Herstellen:** Grundleitungen im Gebäude, Abwasserleitungen, Kalt- und Warmwasserleitungen, Sanitärobjekte; Pelletkessel, Pufferspeicher, Fernwärmeübergabestation, Heizungsrohre, Heizkörper, Fußbodenheizung; Elektroinstallation; Antennenanlage; behindertengerechter Aufzug; Kücheneinrichtung

## Planungskennwerte für Flächen und Rauminhalte nach DIN 277

| Flächen des Grundstücks | Menge, Einheit | % an FBG |
|---|---|---|
| BF Bebaute Fläche | 608,97 m² | 5,7 |
| UBF Unbebaute Fläche | 9.996,03 m² | 94,3 |
| FBG Fläche des Baugrundstücks | 10.605,00 m² | 100,0 |

| Grundflächen des Bauwerks | Menge, Einheit | % an NF | % an BGF |
|---|---|---|---|
| NF Nutzfläche | 1.150,54 m² | 100,0 | 61,1 |
| TF Technische Funktionsfläche | 34,62 m² | 3,0 | 1,8 |
| VF Verkehrsfläche | 171,48 m² | 14,9 | 9,1 |
| NGF Netto-Grundfläche | 1.356,64 m² | 117,9 | 72,1 |
| KGF Konstruktions-Grundfläche | 526,15 m² | 45,7 | 28,0 |
| BGF Brutto-Grundfläche | 1.882,79 m² | 163,6 | 100,0 |

| Brutto-Rauminhalt des Bauwerks | Menge, Einheit | BRI/NF (m) | BRI/BGF (m) |
|---|---|---|---|
| BRI Brutto-Rauminhalt | 4.955,65 m³ | 4,31 | 2,63 |

| Lufttechnisch behandelte Flächen | Menge, Einheit | % an NF | % an BGF |
|---|---|---|---|
| Entlüftete Fläche | – m² | – | – |
| Be- und entlüftete Fläche | – m² | – | – |
| Teilklimatisierte Fläche | – m² | – | – |
| Klimatisierte Fläche | – m² | – | – |

| KG | Kostengruppen (2.Ebene) | Menge, Einheit | Menge/NF | Menge/BGF |
|---|---|---|---|---|
| 310 | Baugrube | 43,50 m³ BGI | < 0,1 | < 0,1 |
| 320 | Gründung | 608,97 m² GRF | 0,53 | 0,32 |
| 330 | Außenwände | 869,65 m² AWF | 0,76 | 0,46 |
| 340 | Innenwände | 878,84 m² IWF | 0,76 | 0,47 |
| 350 | Decken | 276,13 m² DEF | 0,24 | 0,15 |
| 360 | Dächer | 364,88 m² DAF | 0,32 | 0,19 |

## Kostenkennwerte für die Kostengruppen der 1.Ebene DIN 276

| KG | Kostengruppen (1.Ebene) | Einheit | Kosten € | €/Einheit | €/m² BGF | €/m³ BRI | % 300+400 |
|---|---|---|---|---|---|---|---|
| 100 | Grundstück | m² FBG | – | – | – | – | – |
| 200 | Herrichten und Erschließen | m² FBG | – | – | – | – | – |
| 300 | Bauwerk - Baukonstruktionen | m² BGF | 1.130.330 | 600,35 | 600,35 | 228,09 | 74,5 |
| 400 | Bauwerk - Technische Anlagen | m² BGF | 387.616 | 205,87 | 205,87 | 78,22 | 25,5 |
| | **Bauwerk 300+400** | **m² BGF** | **1.517.946** | **806,22** | **806,22** | **306,31** | **100,0** |
| 500 | Außenanlagen | m² AUF | 117.940 | 43,41 | 62,64 | 23,80 | 7,8 |
| 600 | Ausstattung und Kunstwerke | m² BGF | – | – | – | – | – |
| 700 | Baunebenkosten | m² BGF | – | – | – | – | – |

## Kostenkennwerte für die Kostengruppen der 1.Ebene DIN 276

Modernisierung

| KG | Kostengruppe | Menge Einheit | Kosten € | €/Einheit | % |
|---|---|---|---|---|---|
| **3+4** | **Bauwerk** | | | | **100,0** |
| 300 | **Bauwerk - Baukonstruktionen** | 1.882,79 $m^2$ BGF | 1.130.330 | **600,35** | 74,5 |
| | • Abbrechen (Kosten: 8,9%) | | 100.114 | | |
| | Abbruch von Stb-Bodenplatte, Sandsteinbodenplatten, Fußbodenschalung, PVC-Beläge, Parkett, Holzbretterboden, Teppichboden; Holzfachwerkwand ausleeren, Holztoren, Holzfenster, Außenputz, Holzfachwerkwänden, Holzbekleidungen, Holztüren, Tapeten, Putz; Deckengebälk, Bretterschalung, Holztreppen, Holzbretterboden; Schleppgauben, Dachfenster, Biberschwanzdoppeldeckung; Entsorgung, Deponiegebühren | | | | |
| | • Wiederherstellen (Kosten: 12,5%) | | 141.170 | | |
| | Kopfsteinpflasterbeläge, Sandsteinplatten, Betonverbundpflastersteine im Gebäude, ausbauen, lagern, Parkett schleifen, Holzabdeckungen abschleifen, lackieren, Unterböden aus Einzelriemenbrettern verschrauben; Fachwerkkonstruktion freilegen, Fehlstellen ausgleichen, Holz teilweise erneuern, historische Eichenholzfenster reinigen, Anstrich, neue Holzvorfenster an der Rauminnenseite, Holzbekleidungen abschleifen; Holztüren, überprüfen, nachjustieren, Fehlerstellen ausbessern, Anstrich, Holztüren streichen, Putz reinigen; Holz-Trittstufen und Setzstufen, Podeste, schleifen, neu versiegeln, Stuckränder, teilweise abbrechen und neu modellieren; Einbau von Balken- und Pfettenverstärkungen, Verbindungen aus Holz und Stahl in der Dachkonstruktion | | | | |
| | • Herstellen (Kosten: 78,7%) | | 889.047 | | |
| | Baugrubenaushub; Stb-Bodenplatte, Estrich, Fliesen, Parkett, Kautschuk; Holztüren, Stahl/Glas-Holz/Glastüren, Fassadenputz, Zinkverkleidung, Anstrich, Innendämmung, Putz, Tapeten, Fliesen, Pfosten-Riegel-Fassaden, Stahl-, Holz/Glaselemente, Sonnenschutz; Stahl/Glas-Aufzugsschacht, GK-Wände, Stahlstützen, Türen, Holz, Stahl, Putz, Fliesen, Tapeten, Anstrich; Holzbalkendecke, Stahltreppe, Verlegeplatten, Parkett, Fliesen, GK-Decken, Anstrich; Holzdachkonstruktion, Schalung, Biberschwanzziegel, Dachrinnen, GK-Decken, Anstrich | | | | |
| 400 | **Bauwerk - Technische Anlagen** | 1.882,79 $m^2$ BGF | 387.616 | **205,87** | 25,5 |
| | • Abbrechen (Kosten: 1,0%) | | 3.792 | | |
| | Abbruch von Regenfallrohren, Befestigungen; gemauerten Schornstein; Elektroleitungen; Entsorgung, Deponiegebühren | | | | |
| | • Wiederherstellen (Kosten: 0,1%) | | 415 | | |
| | Anstrich von Regenfallrohren, verzinktes Blech; Anstrich von Röhrenheizkörper, Anbindeleitungen; Außenlampen, reinigen, vorlackieren, Anstrich mit Eisenglimmerfarbe | | | | |
| | • Herstellen (Kosten: 98,9%) | | 383.409 | | |
| | Grundleitungen im Gebäude, Abwasserleitungen, Kalt- und Warmwasserleitungen, Sanitärobjekte; Pelletkessel, Pufferspeicher, Fernwärmeübergabestation, Heizungsrohre, Heizkörper, Fußbodenheizung; Elektroinstallation; Antennenanlage; behindertengerechter Aufzug; Kücheneinrichtung | | | | |

| KG | Kostengruppe | Menge Einheit | Kosten € | €/Einheit | % |
|---|---|---|---|---|---|
| 500 | **Außenanlagen** | 2.717,00 m² AUF | 117.940 | **43,41** | 7,8 |
| | • Abbrechen (Kosten: 4,6%) | | 5.440 | | |
| | Abbruch von bituminöse Befestigungen, teerhaltigem Straßenbelag, Rasenkantensteinen; Beton-Schachtabdeckungen; Betonfundamenten von Spielgeräten, Brunnentrog aus Sandstein; Entsorgung, Deponiegebühren | | | | |
| | • Wiederherstellen (Kosten: 20,0%) | | 23.545 | | |
| | Gehwegplatten ausbauen, lagern, säubern, wieder verlegen, Kopfsteinpflaster, Sandsteinplatten, ausbauen, zur Wiederverwendung auf dem Gemeindebauhof lagern, Entfernung 500m; Holzlattenzaun, Pfosten, Tor, abbauen, lagern, wieder aufbauen, Sandsteinmauer, abrechen in Handarbeit, lagern, kennzeichnen, wieder aufbauen; Sandsteintreppen, ausbauen, reinigen, neu verlegen, Sandsteinimprägnierung; Entwässerungsrinne ausbauen, lagern | | | | |
| | • Herstellen (Kosten: 75,4%) | | 88.956 | | |
| | Aushub, Unterbau, Pflasterflächen, Splittauflage, Sandsteinbelag, Betonwerksteinbelag, Traufstreifen; Holzlattenzaun mit Tor; Rohrgräben, Entwässerungsleitungen, Schächte, Abläufe, Rinnen, Wasserzuleitung, Leitungsgräben, Verfüllungen; Fahnenmasten, Bänke, Fahrradständer; Rasen | | | | |

Modernisierung

## Kostenkennwerte für die Kostengruppen 300 und 400 der 2.Ebene DIN 276

| KG | Kostengruppe | Menge Einheit | Kosten € | €/Einheit | % |
|---|---|---|---|---|---|
| **300** | **Bauwerk - Baukonstruktionen** | | | | **100,0** |
| 310 | **Baugrube** | 43,50 m³ | 6.215 | **142,87** | 0,5 |
| | • Herstellen (Kosten: 100,0%) | | 6.215 | | |
| | Baugrubenaushub BK 3-5 (38m³), Aushub im Gebäude BK 6 (5m³), Abtransport (44m³), Baugrubenverfüllung (17m³) * Tauchpumpe mit Abwasserschlauch (80h) | | | | |
| 320 | **Gründung** | 608,97 m² | 94.057 | **154,45** | 8,3 |
| | • Abbrechen (Kosten: 13,3%) | | 12.530 | | |
| | Abbruch von Stb-Bodenplatte, d=15-18cm, bewehrt (131m²), Sandsteinbodenplatten (21m²) * Fußbodenschalung, d=25-30mm, Rahmenkonstruktion, Mineralwolldämmung, PVC-Beläge (98m²), Eicheparkettboden (228m²), Holzbretterboden, Massivbretter, d=30mm, genagelt.(130m²), Balkenfelder in Fußboden ausleeren, d=15cm, Gips, Steinreste, Strohmatten (26m³), Teppichboden (54m²); Entsorgung, Deponiegebühren | | | | |
| | • Wiederherstellen (Kosten: 5,3%) | | 4.997 | | |
| | Kopfsteinpflasterbeläge, Sandsteinplatten, Betonverbundpflastersteine im Gebäude, ausbauen, lagern (220m²), Parkett schleifen, Löcher ausgleichen, versiegeln (17m²), Holzabdeckungen abschleifen, Fehlstellen spachteln, lackieren (26m²), Unterböden aus Einzelriemenbrettern, d=20-24mm, verschrauben (86m²) | | | | |
| | • Herstellen (Kosten: 81,4%) | | 76.531 | | |
| | Stb-Einzelfundament (1m³) * Stb-Bodenplatte, WU-Beton, d=16-30cm (239m²) * Bitumenbahnen (230m²), Heizestrich, Fliesen (182m²), Dämmung, Estrich, Fliesen (40m²), Blindschalung, Dämmung, Unterboden, Parkett (55m²), Fliesen auf Fliesen (15m²), Dämmung, Trockenestrich, Fliesen (6m²), Unterspannbahn, Dämmung, Holzspanplatten, Kautschukboden (91m²), Fliesen (20m²) * Kiesfilter (39m³), Trennlage (223m²), Perimeterdämmung (24m²) | | | | |

| KG | Kostengruppe | Menge Einheit | Kosten € | €/Einheit | % |
|---|---|---|---|---|---|
| 330 | **Außenwände** | 869,65 $m^2$ | 324.453 | **373,09** | 28,7 |
| | • Abbrechen (Kosten: 7,0%) | | 22.638 | | |
| | Abbruch von einem Sandsteinsockel, d=25-40cm (31$m^2$), Holzfachwerkwand ausleeren, Putz (175$m^2$) * Holztoren (36$m^2$), Holzfenster, Fensterbänke, Verblechungen (38$m^2$) * Holzsockelverkleidungen (54m), Außenputz, d=25-40mm, 3-4 Lagen (218$m^2$), Brettschalung, Unterkonstruktion (75$m^2$) * Holzsockelverkleidungen (54m), Putz, d=25-40mm (218$m^2$), Brettschalung, Unterkonstruktion (75$m^2$) * Fensterläden, Befestigungen (22$m^2$); Entsorgung, Deponiegebühren | | | | |
| | • Wiederherstellen (Kosten: 17,7%) | | 57.301 | | |
| | Fachwerkkonstruktion freilegen, Fehlstellen ausgleichen, Holz teilweise erneuern (54$m^2$), Sandsteinsockel reinigen, teilweise wieder aufmauern (60$m^2$) * historische Eichenholzfenster reinigen, Anstrich, neue Holzvorfenster an der Rauminnenseite (89$m^2$), historisches Holztor, abschleifen, Anstrich (31$m^2$), Holzbekleidungen abschleifen, Anstrich (40$m^2$), Fensterbalkone, reinigen, Anstrich (89$m^2$) * lose Putzteile der Fachwerkfelder entfernen, neu verputzen (228$m^2$), Putzflächen reinigen, Neuanstrich (132$m^2$), Natursteinsockel, reinigen, Imprägnierung (39$m^2$) * Putz reinigen, Anstrich (160$m^2$), Buntsandsteinmauerwerk reinigen (44$m^2$), Holzbekleidungen abschleifen, lackieren (116$m^2$), Naturstein reinigen (49$m^2$) * Metallbalkongeländer, reinigen, Anstrich mit Eisenglimmerfarbe (14$m^2$) | | | | |
| | • Herstellen (Kosten: 75,4%) | | 244.513 | | |
| | Stb-Wände, WU-Beton (9$m^2$), Türöffnung (12m), Holzfachwerkwand (8$m^2$) * Holztüren (96$m^2$), Stahl/Glas- und Holz/Glas Türen, Verglasungen (21$m^2$) * Fassadenputz (296$m^2$), Anstrich (243$m^2$), Sandwichplatte (9$m^2$), Zinkverkleidung (3$m^2$), Perimeterdämmung (23$m^2$) * Innenwanddämmung, Putz, eingefärbt (146$m^2$), Innenwanddämmung (35$m^2$), Fliesen (53$m^2$), Beschichtung (8$m^2$), Tapeten, Anstrich (234$m^2$), Trockenputz (34$m^2$), Verkleidung (23$m^2$) * Pfosten-Riegel-Fassade (22$m^2$), Stahl/Glaselemente (22$m^2$), Holz/Glaselemente (13$m^2$) * Rollos (23$m^2$), Plissees (53$m^2$) * Handläufe | | | | |
| 340 | **Innenwände** | 878,84 $m^2$ | 239.920 | **273,00** | 21,2 |
| | • Abbrechen (Kosten: 12,9%) | | 30.861 | | |
| | Abbruch von Holzfachwerkwänden, d=14-18cm, ausgemauert (77$m^2$), Steinsockel, d=30-40cm (1$m^2$) * Holzfachwerkwänden, d=12cm, Holzbekleidungen (338$m^2$), Abmauerungen, d=11,5cm (55$m^2$) * Holztüren (106$m^2$) * Holzbekleidungen, Unterkonstruktion (82$m^2$), Entfernen von Tapeten (977$m^2$), Leimfarbe abwaschen (20$m^2$), Abschlagen von Putz (215$m^2$), Wandfliesen (9$m^2$); Entsorgung, Deponiegebühren | | | | |
| | • Wiederherstellen (Kosten: 4,7%) | | 11.329 | | |
| | Holztüren ausbauen, kürzen, wiedereinbauen (36$m^2$), Holztüren, Beschläge überprüfen, Bänder nachstellen, nachjustieren, Schließfunktion überprüfen, Fehlerstellen ausbessern, verkitten, Anstrich (46$m^2$), Holztüren streichen (76$m^2$) * Putz reinigen (849$m^2$), Holzfachwerk, abschleifen, lackieren (8$m^2$) * Holzhandläufe abschleifen, 3x lasieren (9m) | | | | |
| | • Herstellen (Kosten: 82,4%) | | 197.730 | | |
| | Aufzugsschacht, Stahlkonstruktion verglast (68$m^2$) * GK-Ständerwände (188$m^2$), GK-Vorsatzschalen (33$m^2$), Vormauerungen (49$m^2$) * Stahlstützen (51m) * Holztüren (43$m^2$), Stahltüren (17$m^2$), Windfang (14$m^2$), Brandschutztüren- und Verglasungen (9$m^2$) * Putz (238$m^2$), Fliesen (112$m^2$), Tapeten (1.201$m^2$), Anstrich (1.944$m^2$), Trockenputz (209$m^2$), GK-Bekleidung (98$m^2$), Bearbeitung Pelletraum (psch) * WC-Trennwände (23$m^2$), Schamwand | | | | |

| KG | Kostengruppe | Menge Einheit | Kosten € | €/Einheit | % |
|---|---|---|---|---|---|
| 350 | **Decken** | 276,13 m² | 211.290 | **765,18** | 18,7 |
| | • Abbrechen (Kosten: 6,8%) | | 14.453 | | |
| | Abbruch von Deckengebälk, Oberlage aus Bretterschalung, d=20-25mm, Lehm- und Spreufüllungen (114m²), Holztreppen, Stufen, Geländer, Podeste (5St) * Estrich, Fliesen (52m²), PVC-Beläge (129m²), Holzbretterboden (302m²) * Entfernen von Tapeten (102m²), Altanstriche (42m²); Entsorgung, Deponiegebühren | | | | |
| | • Wiederherstellen (Kosten: 2,9%) | | 6.200 | | |
| | Holz-Trittstufen und Setzstufen, Podeste, schleifen, neu versiegeln (18m²), Treppenwangen reinigen, Risse verspachteln, Lasuranstrich (5m²), Eichentreppe abstrahlen (11m²) * Deckenputz, trocken, reinigen (149m²), Stuckränder, beschädigte Stellen, teilweise abbrechen und neu modellieren (132m), Deckenputz mit Dampfstrahlgerät reinigen (45m²) * Holz-Treppengeländer, alte Anstriche entfernen, Neuanstrich (9m) | | | | |
| | • Herstellen (Kosten: 90,2%) | | 190.637 | | |
| | Holzbalkendecke (29m²), Stahlwangentreppen (11m²) * Dämmung zwischen Deckenbalken, Unterboden (101m²), Schalung, Dämmung, Unterboden, Trittschalldämmung (35m²), Holzspanverlegeplatten, Parkett (255m²), Beläge (38m²), Trockenestrich, Fliesen (6m²), Dachboden, Schalung, Dämmung, d=120mm (59m²), Dämmung in Holzbalkendecke, Spanplatten (162m²), Dämmung, d=120mm (126m²) * GK-Decken (319m²), F 30-90 Verkleidungen (149m²), Akustikdecke (58m²), Dämmung zwischen Deckenbalken (177m²), Anstrich (572m²), Putz (18m²) * Scherentreppe, Geländer | | | | |
| 360 | **Dächer** | 364,88 m² | 153.060 | **419,48** | 13,5 |
| | • Abbrechen (Kosten: 5,2%) | | 8.026 | | |
| | Abbruch von Schleppgauben, Holzkonstruktion (8m²) * Metalldachfenstern (2m²), Holzdachfenstern (1m²) * Biberschwanzdoppeldeckung, Dachlattung (360m²), Trauf- und Ortgangschalungen (70m²), Holzschindeln (60m²), Dachrinnen, Einlaufbleche (57m) * GK-Decken, Rohrmatten, Latten (16m²), Ausriegelungen, Putz, d=12-14cm (3m²); Entsorgung, Deponiegebühren | | | | |
| | • Wiederherstellen (Kosten: 40,1%) | | 61.343 | | |
| | Einbau von Balken- und Pfettenverstärkungen, Verbindungen aus Holz und Stahl, Bohren von Löchern in Stahlstützen (40St), Schrauben (2.274St), Schwerlastdübel (64St), Stundenlohnarbeit (962h) * Dachschalung, Gebälk abschleifen, lose Anstrichteile entfernen, Neuanstrich (20m²) | | | | |
| | • Herstellen (Kosten: 54,7%) | | 83.691 | | |
| | Pultdach, Holzpfetten und Träger, Dachschalung, d=28mm (40m²), Walmdach, Dachschalung, DWD-Platte, d=16mm, auf vorhandene Sparren (255m²), Trauf- und Ortgangschalung, d=16mm (70m²) * Unterdach, Lattung, Biberschwanzdoppeldeckung (325m²), OSB-Platten, d=25mm, Unterdach, Trennlage, Zink-Doppelstehfalzdeckung (45m²), Zink-Dachrinnen (59m) * Pultdach, Vollsparrendämmung, d=200mm, Dampfsperre, GK-Decke, Anstrich (35m²), Anstrich, Dachgesims (112m²) * Schneefangvorrichtungen (56m), Stand,- Trittroste (4St) | | | | |
| 370 | **Baukonstruktive Einbauten** | 1.882,79 m² BGF | 5.345 | **2,84** | 0,5 |
| | • Herstellen (Kosten: 100,0%) | | 5.345 | | |
| | Einbauschrank Ratssaal, 255x250x74cm (1St), Wickeltisch (1St), Wandgarderoben (4St), Wandschirmbehälter (6St) | | | | |

| KG | Kostengruppe | Menge Einheit | Kosten € | €/Einheit | % |
|---|---|---|---|---|---|
| 390 | **Sonstige Baukonstruktionen** | 1.882,79 m² BGF | 95.991 | **50,98** | 8,5 |
| | • Abbrechen (Kosten: 12,1%) | | 11.606 | | |
| | Abbruch von Gebäudeteilen, Überdachung, Holzgebälk, Sparrenlage, Schalung, Bitumendeckung, Holzpfosten; Abbrucharbeiten mit Kompressor (101h), Entsorgung, Deponiegebühren | | | | |
| | • Herstellen (Kosten: 87,9%) | | 84.385 | | |
| | Baustellenzufahrt (279m²), Baustelleneinrichtung, Bauzaun (105m) * Fassadengerüst (1.038m²), freistehendes Gerüst (39m²), Innengerüst (39m²) * Unterfangungen Fundamente (7m³), Kanthölzer (368m), Stahlstützen (25St) für Abstützungsarbeiten * belasteten Unterbau entsorgen (36m²), Schuttentsorgung, Container (7St) * Wetterschutz Dachflächen (373m²), Baureinigung, Flächen gegen Verschmutzung sichern (486m²), Zulagen Gerüst, Schützen Dachfläche (2.104m²) * Bautreppenbeläge | | | | |
| **400** | **Bauwerk - Technische Anlagen** | | | | **100,0** |
| 410 | **Abwasser-, Wasser-, Gasanlagen** | 1.882,79 m² BGF | 46.611 | **24,76** | 12,0 |
| | • Abbrechen (Kosten: 0,1%) | | 28 | | |
| | Abbruch von Regenfallrohren, Befestigungen, Elektroleitungen (10m) | | | | |
| | • Wiederherstellen (Kosten: 0,1%) | | 48 | | |
| | Anstrich von Regenfallrohren, verzinktes Blech (3m) | | | | |
| | • Herstellen (Kosten: 99,8%) | | 46.535 | | |
| | Rohrgrabenaushub im Gebäude (8m³), Schachtaushub im Gebäude (5m³), PVC-Grundleitungen DN100-125, Formteile, im Gebäude (100m), Regenfallrohre DN80-100 (34m), PE-Standrohre (14St), HT-Abwasserleitungen * Kalt- und Warmwasserleitungen, Sanitärobjekte | | | | |
| 420 | **Wärmeversorgungsanlagen** | 1.882,79 m² BGF | 151.155 | **80,28** | 39,0 |
| | • Abbrechen (Kosten: 2,4%) | | 3.634 | | |
| | Abbruch von einem gemauerten Schornstein, 50x50cm, Entsorgung, Deponiegebühren (13m³) | | | | |
| | • Wiederherstellen (Kosten: 0,2%) | | 297 | | |
| | Anstrich von Röhrenheizkörper, Anbindeleitungen (13m²) | | | | |
| | • Herstellen (Kosten: 97,4%) | | 147.223 | | |
| | Pelletkessel 140kW, Pufferspeicher, Fernwärmeleitungen (150m), Fernwärmeübergabestation * Heizungsrohre, Rohrdämmungen, Umwälzpumpen, Heizkreisverteiler * Heizkörper, Fußbodenheizung | | | | |
| 440 | **Starkstromanlagen** | 1.882,79 m² BGF | 123.171 | **65,42** | 31,8 |
| | • Abbrechen (Kosten: 0,1%) | | 130 | | |
| | Abbruch von Elektroleitungen | | | | |
| | • Wiederherstellen (Kosten: 0,1%) | | 70 | | |
| | Außenlampen, reinigen, vorlackieren, Anstrich mit Eisenglimmerfarbe (2St) | | | | |
| | • Herstellen (Kosten: 99,8%) | | 122.971 | | |
| | Zählerschrank, Unterverteilungen, Sicherungen, FI-Schutzschalter, Mantelleitungen NYM, Schalter, Taster, Steckdosen * Blitzschutzanlage, Fundamenterder (105m), Anschlussfahnen (4St) | | | | |
| 450 | **Fernmelde-, informationstechn. Anlagen** | 1.882,79 m² BGF | 2.615 | **1,39** | 0,7 |
| | • Herstellen (Kosten: 100,0%) | | 2.615 | | |
| | Antennenleitungen, Antennensteckdosen | | | | |

| KG | Kostengruppe | Menge Einheit | Kosten € | €/Einheit | % |
|---|---|---|---|---|---|
| 460 | **Förderanlagen** | 1.882,79 m² BGF | 36.491 | **19,38** | 9,4 |
| | • Herstellen (Kosten: 100,0%) | | 36.491 | | |
| | Personenaufzug, 630kg, h=4,5m, Seilaufzug ohne Maschinenraum, 4 Haltestellen, 4 Zugänge, zweiseitiger Durchlader, behindertengerechter Ausführung | | | | |
| 470 | **Nutzungsspezifische Anlagen** | 1.882,79 m² BGF | 27.574 | **14,65** | 7,1 |
| | • Herstellen (Kosten: 100,0%) | | 27.574 | | |
| | Küche Kursaal, Profispülmaschine, Spülmaschine, Herd mit Backofen, Mikrowelle, Fritteuse, Bräter, Kühlschrank, Spüle, Gefrierschrank, Ober- und Unterschränke, Küche Personal, Spülmaschine, Herd mit Backofen, Mikrowelle, Kühlschrank, Spüle, Ober- und Unterschränke | | | | |
| **500** | **Außenanlagen** | | | | **100,0** |
| 520 | **Befestigte Flächen** | 366,55 m² | 36.047 | **98,34** | 30,6 |
| | • Abbrechen (Kosten: 12,7%) | | 4.571 | | |
| | Abbruch von bituminöse Befestigungen (70m²), bituminöse Befestigung schneiden, Tiefe 15-20cm (101m) * teerhaltigem Straßenbelag (16t) * Betonpflasterbelägen (2m²), Beton- und Rasenkantensteinen (30m); Entsorgung, Deponiegebühren | | | | |
| | • Wiederherstellen (Kosten: 11,5%) | | 4.142 | | |
| | Gehwegplatten ausbauen, lagern, säubern, wieder verlegen (91m²) * Kopfsteinpflaster (260m²), Sandsteinplatten (19m²), ausbauen, zur Wiederverwendung auf dem Gemeindebauhof lagern, Entfernung 500m | | | | |
| | • Herstellen (Kosten: 75,8%) | | 27.333 | | |
| | Innenhof, Aushub, Entsorgung (36m³), Planum, Schottertragschicht (359m²), Antik-Pflaster (163m²), Kopfsteinpflaster, bauseits (122m²), Splittauflage (32m²), Sandsteinplatten, bauseits (40m²), Betonwerksteinplatten (6m²) * Grundmauerschutz, Noppenbahn, Kies-Traufstreifen (7m²) | | | | |
| 530 | **Baukonstruktionen in Außenanlagen** | 2.717,00 m² AUF | 21.224 | **7,81** | 18,0 |
| | • Wiederherstellen (Kosten: 90,5%) | | 19.216 | | |
| | Holzlattenzaun, Pfosten, Tor, abbauen, lagern, wieder aufbauen (18m²), Sandsteinmauer, d=25cm, abrechen in Handarbeit, lagern, kennzeichnen, wieder aufbauen (9m²) * Sandsteintreppen, d=3cm, sanieren, Stufen (19St), ausbauen, reinigen, neu verlegen (10m²), Treppenprofile unterseitig anbringen, dauerelastische Verfugung, Sandsteinimprägnierung | | | | |
| | • Herstellen (Kosten: 9,5%) | | 2.008 | | |
| | Holz-Lattenzaun, h=1m, mit Stahlpfosten (20m), Zweiflügeliges Tor, b=3m, h=1m, Stahlrahmen mit senkrechten Latten (1St) | | | | |

| KG | Kostengruppe | Menge Einheit | Kosten € | €/Einheit | % |
|---|---|---|---|---|---|
| 540 | **Technische Anlagen in Außenanlagen** | 2.717,00 m² AUF | 55.534 | **20,44** | 47,1 |
| | • Abbrechen (Kosten: 0,2%) | | 118 | | |
| | Ausbau von Beton-Schachtabdeckungen mit Umrandungen, Entsorgung, Deponiegebühren (3St) | | | | |
| | • Wiederherstellen (Kosten: 0,3%) | | 187 | | |
| | Entwässerungsrinne ausbauen, zur Wiederverwendung auf dem Gemeindebauhof lagern, Entfernung 500m (12m) | | | | |
| | • Herstellen (Kosten: 99,5%) | | 55.229 | | |
| | Grabenaushub (157m³), Verfüllungen (71m³), Grundleitungen (237m), Fertigschacht, Fäkalien-Rückstaupumpanlage (1St), Kontrollschacht (1St), Strasseneinläufe (4St), Rinnen (13m), Abwasserkanalanschlüsse (4St) * PE-Leitung, Wasseranschluss (106m) * Kabelgraben Aushub (5m³), Sandbett (1m³), Kabel auslegen (24m) * Leitungsgraben (75m³), Stufengraben (72m³), Suchschlitze (9St), Füllmaterial, Sand (136m³), Grabenverfüllung, Mineralbeton (94m³), Kabelwarnband (213m), PVC- Schutzrohr (12m) | | | | |
| 550 | **Einbauten in Außenanlagen** | 2.717,00 m² AUF | 4.577 | **1,68** | 3,9 |
| | • Abbrechen (Kosten: 16,4%) | | 750 | | |
| | Abbruch von Betonfundamenten von Spielgeräten (2m³), Brunnentrog aus Sandstein, 2,30x0,90x0,60m (1St); Entsorgung, Deponiegebühren | | | | |
| | • Herstellen (Kosten: 83,6%) | | 3.827 | | |
| | Fahnenmasten, h=7m (4St), Sitzbänke (2St), Fahrradständer, 4 Stellplätze (1St) | | | | |
| 570 | **Pflanz- und Saatflächen** | 44,00 m² | 559 | **12,70** | 0,5 |
| | • Herstellen (Kosten: 100,0%) | | 559 | | |
| | Oberboden aufnehmen, fördern, einbauen, fräsen (44m²), Oberboden liefern (13m³) * Feinplanum, Rasen ansäen (44m²) | | | | |

## Kostenkennwerte für die Kostengruppe 300 der 3.Ebene DIN 276 (Übersicht)

Modernisierung

| KG | Kostengruppe | Menge Einh. | €/Einheit | Kosten € | % 300+400 |
|---|---|---|---|---|---|
| 311 | Baugrubenherstellung | 44,000 m³ | 89,37 | 3.887,74 | 0,3 |
| 312 | Baugrubenumschließung | – | – | – | – |
| 313 | Wasserhaltung | 609,000 m² GRF | 3,82 | 2.327,55 | 0,2 |
| 319 | Baugrube, sonstiges | – | – | – | – |
| **310** | **Baugrube** | **44,000 m³** | **142,87** | **6.215,29** | **0,4** |
| 321 | Baugrundverbesserung | – | – | – | – |
| 322 | Flachgründungen | 1,000 m² | 150,02 | 204,03 | < 0,1 |
| 323 | Tiefgründungen | – | – | – | – |
| 324 | Unterböden und Bodenplatten | 239,000 m² | 86,98 | 20.745,36 | 1,4 |
| 325 | Beläge auf Boden- und Fundamentplatten | 398,000 m² | 166,78 | 66.332,83 | 4,4 |
| 326 | Bauwerksabdichtungen | 609,000 m² GRF | 11,13 | 6.775,12 | 0,4 |
| 327 | Dränagen | – | – | – | – |
| 329 | Gründung, sonstiges | – | – | – | – |
| **320** | **Gründung** | **609,000 m²** | **154,45** | **94.057,34** | **6,2** |
| 331 | Tragende Außenwände | 133,000 m² | 229,39 | 30.484,31 | 2,0 |
| 332 | Nichttragende Außenwände | – | – | – | – |
| 333 | Tragende Außenstützen | – | – | – | – |
| 334 | Außentüren, -fenster | 279,000 m² | 486,07 | 135.812,41 | 8,9 |
| 335 | Außenwandbekleidungen außen | 986,000 m² | 41,79 | 41.207,26 | 2,7 |
| 336 | Außenwandbekleidungen innen | 794,000 m² | 72,80 | 57.777,37 | 3,8 |
| 337 | Elementierte Außenwände | 77,000 m² | 594,35 | 45.474,02 | 3,0 |
| 338 | Sonnenschutz | 101,000 m² | 125,86 | 12.719,39 | 0,8 |
| 339 | Außenwände, sonstiges | 870,000 m² AWF | 1,12 | 977,77 | 0,1 |
| **330** | **Außenwände** | **870,000 m²** | **373,09** | **324.452,51** | **21,4** |
| 341 | Tragende Innenwände | 69,000 m² | 476,46 | 33.047,35 | 2,2 |
| 342 | Nichttragende Innenwände | 272,000 m² | 171,28 | 46.563,43 | 3,1 |
| 343 | Tragende Innenstützen | 51,000 m | 175,50 | 8.915,49 | 0,6 |
| 344 | Innentüren, -fenster | 86,000 m² | 782,39 | 67.387,61 | 4,4 |
| 345 | Innenwandbekleidungen | 2.757,000 m² | 29,03 | 80.029,43 | 5,3 |
| 346 | Elementierte Innenwände | 24,000 m² | 161,03 | 3.803,44 | 0,3 |
| 349 | Innenwände, sonstiges | – | – | – | – |
| **340** | **Innenwände** | **879,000 m²** | **273,00** | **239.919,72** | **15,8** |
| 351 | Deckenkonstruktionen | 74,000 m² | 502,04 | 36.989,97 | 2,4 |
| 352 | Deckenbeläge | 674,000 m² | 130,77 | 88.170,06 | 5,8 |
| 353 | Deckenbekleidungen | 571,000 m² | 128,36 | 73.257,46 | 4,8 |
| 359 | Decken, sonstiges | 276,000 m² DEF | 46,62 | 12.872,18 | 0,8 |
| **350** | **Decken** | **276,000 m²** | **765,18** | **211.289,67** | **13,9** |
| 361 | Dachkonstruktionen | 739,000 m² | 117,67 | 86.945,19 | 5,7 |
| 362 | Dachfenster, Dachöffnungen | – m² | – | 213,07 | < 0,1 |
| 363 | Dachbeläge | 370,000 m² | 148,85 | 55.074,58 | 3,6 |
| 364 | Dachbekleidungen | 147,000 m² | 41,28 | 6.073,31 | 0,4 |
| 369 | Dächer, sonstiges | 365,000 m² DAF | 13,03 | 4.753,80 | 0,3 |
| **360** | **Dächer** | **365,000 m²** | **419,48** | **153.059,95** | **10,1** |
| **370** | **Baukonstruktive Einbauten** | **1.883,000 m² BGF** | **2,84** | **5.344,52** | **0,4** |
| **390** | **Sonst. Maßnahmen für Baukonstruktionen** | **1.883,000 m² BGF** | **50,98** | **95.991,22** | **6,3** |
| **300** | **Bauwerk - Baukonstruktionen** | **1.883,000 m² BGF** | **600,35** | **1.130.330,20** | **74,5** |

## Kostenkennwerte für die Kostengruppe 400 der 3.Ebene DIN 276 (Übersicht)

| KG | Kostengruppe | Menge Einh. | €/Einheit | Kosten € | % 300+400 |
|---|---|---|---|---|---|
| 411 | Abwasseranlagen | 1.883,000 m² BGF | 12,45 | 23.439,91 | 1,5 |
| 412 | Wasseranlagen | 1.883,000 m² BGF | 12,31 | 23.171,21 | 1,5 |
| 413 | Gasanlagen (wenn zu Kochzwecken) | – | – | – | – |
| 414 | Feuerlöschanlagen | – | – | – | – |
| 419 | Abwasser-, Wasser- und Gasanlagen, sonstiges | – | – | – | – |
| **410** | **Abwasser-, Wasser-, Gasanlagen** | **1.883,000 m² BGF** | **24,76** | **46.611,12** | **3,1** |
| 421 | Wärmeerzeugungsanlagen | 1.883,000 m² BGF | 15,64 | 29.454,24 | 1,9 |
| 422 | Wärmeverteilnetze | 1.883,000 m² BGF | 18,77 | 35.335,28 | 2,3 |
| 423 | Raumheizflächen | 1.883,000 m² BGF | 43,94 | 82.730,70 | 5,5 |
| 429 | Wärmeversorgungsanlagen, sonstiges | 1.883,000 m² BGF | 1,93 | 3.634,35 | 0,2 |
| **420** | **Wärmeversorgungsanlagen** | **1.883,000 m² BGF** | **80,28** | **151.154,59** | **10,0** |
| 431 | Lüftungsanlagen (LA) | – | – | – | – |
| 432 | Teilklimaanlagen (TKA) | – | – | – | – |
| 433 | Klimaanlagen (KLA) | – | – | – | – |
| 434 | Prozeßlufttechnische Anlagen (PLA) | – | – | – | – |
| 435 | Kälteanlagen (KA) | – | – | – | – |
| 439 | Lufttechnische Anlagen, sonstiges | – | – | – | – |
| **430** | **Lufttechnische Anlagen** | **–** | **–** | **–** | **–** |
| 441 | Hoch- und Mittelspannungsanlagen | – | – | – | – |
| 442 | Eigenstromversorgungsanlagen | – | – | – | – |
| 443 | Niederspannungsschaltanlagen | – | – | – | – |
| 444 | Niederspannungsinstallationsanlagen | 1.883,000 m² BGF | 62,77 | 118.189,25 | 7,8 |
| 445 | Beleuchtungsanlagen | 1.883,000 m² BGF | < 0,1 | 69,79 | < 0,1 |
| 446 | Blitzschutz- und Erdungsanlagen | 1.883,000 m² BGF | 2,61 | 4.912,11 | 0,3 |
| 449 | Starkstromanlagen, sonstiges | – | – | – | – |
| **440** | **Starkstromanlagen** | **1.883,000 m² BGF** | **65,42** | **123.171,15** | **8,1** |
| 451 | Telekommunikationsanlagen | – | – | – | – |
| 452 | Such- und Signalanlagen | – | – | – | – |
| 453 | Zeitdienstanlagen | – | – | – | – |
| 454 | Elektroakustische Anlagen | – | – | – | – |
| 455 | Fernseh- und Antennenanlagen | 1.883,000 m² BGF | 1,39 | 2.615,36 | 0,2 |
| 456 | Gefahrenmelde- und Alarmanlagen | – | – | – | – |
| 457 | Übertragungsnetze | – | – | – | – |
| 459 | Fernmelde- und informationstechn. Anlagen, sonstiges | – | – | – | – |
| **450** | **Fernmelde- und informationstechn. Anlagen** | **1.883,000 m² BGF** | **1,39** | **2.615,36** | **0,2** |
| 461 | Aufzugsanlagen | 1.883,000 m² BGF | 19,38 | 36.490,53 | 2,4 |
| 462 | Fahrtreppen, Fahrsteige | – | – | – | – |
| 463 | Befahranlagen | – | – | – | – |
| 464 | Transportanlagen | – | – | – | – |
| 465 | Krananlagen | – | – | – | – |
| 469 | Förderanlagen, sonstiges | – | – | – | – |
| **460** | **Förderanlagen** | **1.883,000 m² BGF** | **19,38** | **36.490,53** | **2,4** |
| **470** | **Nutzungsspezifische Anlagen** | **1.883,000 m² BGF** | **14,65** | **27.573,55** | **1,8** |
| **480** | **Gebäudeautomation** | **–** | **–** | **–** | **–** |
| **490** | **Sonst. Maßnahmen für technische Anlagen** | **–** | **–** | **–** | **–** |
| **400** | **Bauwerk - Technische Anlagen** | **1.883,000 m² BGF** | **205,87** | **387.616,29** | **25,5** |

## Kostenkennwerte für Leistungsbereiche nach StLB (Kosten des Bauwerks nach DIN 276)

| LB | Leistungsbereiche | Kosten € | €/m² BGF | €/m³ BRI | % 300+400 |
|---|---|---|---|---|---|
| 000 | Sicherheits-, Baustelleneinrichtungen inkl. 001 | 53.283 | 28,30 | 10,80 | 3,5 |
| | Herstellen | 53.283 | 28,30 | 10,80 | 3,5 |
| 002 | Erdarbeiten | 13.611 | 7,20 | 2,70 | 0,9 |
| | Herstellen | 13.611 | 7,20 | 2,70 | 0,9 |
| 006 | Spezialtiefbauarbeiten inkl. 005 | – | – | – | – |
| 009 | Abwasserkanalarbeiten inkl. 011 | 3.555 | 1,90 | 0,72 | 0,2 |
| | Herstellen | 3.555 | 1,90 | 0,72 | 0,2 |
| 010 | Dränarbeiten | – | – | – | – |
| 012 | Mauerarbeiten | 6.441 | 3,40 | 1,30 | 0,4 |
| | Herstellen | 6.441 | 3,40 | 1,30 | 0,4 |
| 013 | Betonarbeiten | 32.156 | 17,10 | 6,50 | 2,1 |
| | Herstellen | 32.156 | 17,10 | 6,50 | 2,1 |
| 014 | Natursteinarbeiten, Betonwerksteinarbeiten | 19.728 | 10,50 | 4,00 | 1,3 |
| | Wiederherstellen | 12.689 | 6,70 | 2,60 | 0,8 |
| | Herstellen | 7.038 | 3,70 | 1,40 | 0,5 |
| 016 | Zimmer- und Holzbauarbeiten | 134.573 | 71,50 | 27,20 | 8,9 |
| | Wiederherstellen | 68.190 | 36,20 | 13,80 | 4,5 |
| | Herstellen | 66.383 | 35,30 | 13,40 | 4,4 |
| 017 | Stahlbauarbeiten | – | – | – | – |
| 018 | Abdichtungsarbeiten gegen Wasser | 1.277 | 0,68 | 0,26 | 0,1 |
| | Herstellen | 1.277 | 0,68 | 0,26 | 0,1 |
| 020 | Dachdeckungsarbeiten | 34.565 | 18,40 | 7,00 | 2,3 |
| | Herstellen | 34.565 | 18,40 | 7,00 | 2,3 |
| 021 | Dachabdichtungsarbeiten | – | – | – | – |
| 022 | Klempnerarbeiten | 15.479 | 8,20 | 3,10 | 1,0 |
| | Herstellen | 15.479 | 8,20 | 3,10 | 1,0 |
| | **Rohbau** | **314.667** | **167,10** | **63,50** | **20,7** |
| | Wiederherstellen | 80.879 | 43,00 | 16,30 | 5,3 |
| | Herstellen | 233.787 | 124,20 | 47,20 | 15,4 |
| 023 | Putz- und Stuckarbeiten, Wärmedämmsysteme | 79.389 | 42,20 | 16,00 | 5,2 |
| | Wiederherstellen | 6.036 | 3,20 | 1,20 | 0,4 |
| | Herstellen | 73.353 | 39,00 | 14,80 | 4,8 |
| 024 | Fliesen- und Plattenarbeiten | 27.898 | 14,80 | 5,60 | 1,8 |
| | Herstellen | 27.898 | 14,80 | 5,60 | 1,8 |
| 025 | Estricharbeiten | 25.496 | 13,50 | 5,10 | 1,7 |
| | Herstellen | 25.496 | 13,50 | 5,10 | 1,7 |
| 026 | Fenster, Außentüren inkl. 029, 032 | 141.602 | 75,20 | 28,60 | 9,3 |
| | Wiederherstellen | 6.674 | 3,50 | 1,30 | 0,4 |
| | Herstellen | 134.927 | 71,70 | 27,20 | 8,9 |
| 027 | Tischlerarbeiten | 95.494 | 50,70 | 19,30 | 6,3 |
| | Wiederherstellen | 11.217 | 6,00 | 2,30 | 0,7 |
| | Herstellen | 84.277 | 44,80 | 17,00 | 5,6 |
| 028 | Parkettarbeiten, Holzpflasterarbeiten | 65.328 | 34,70 | 13,20 | 4,3 |
| | Wiederherstellen | 514 | 0,27 | 0,10 | – |
| | Herstellen | 64.814 | 34,40 | 13,10 | 4,3 |
| 030 | Rollladenarbeiten | 12.955 | 6,90 | 2,60 | 0,9 |
| | Wiederherstellen | 3.115 | 1,70 | 0,63 | 0,2 |
| | Herstellen | 9.840 | 5,20 | 2,00 | 0,6 |

| LB | Leistungsbereiche | Kosten € | €/m² BGF | €/m³ BRI | % 300+400 |
|---|---|---|---|---|---|
| 031 | Metallbauarbeiten inkl. 035 | 42.511 | 22,60 | 8,60 | 2,8 |
| | Herstellen | 42.511 | 22,60 | 8,60 | 2,8 |
| 034 | Maler- und Lackiererarbeiten inkl. 037 | 84.411 | 44,80 | 17,00 | 5,6 |
| | Wiederherstellen | 30.351 | 16,10 | 6,10 | 2,0 |
| | Herstellen | 54.060 | 28,70 | 10,90 | 3,6 |
| 036 | Bodenbelagsarbeiten | 15.640 | 8,30 | 3,20 | 1,0 |
| | Wiederherstellen | 961 | 0,51 | 0,19 | 0,1 |
| | Herstellen | 14.679 | 7,80 | 3,00 | 1,0 |
| 038 | Vorgehängte hinterlüftete Fassaden | – | – | – | – |
| 039 | Trockenbauarbeiten | 112.126 | 59,60 | 22,60 | 7,4 |
| | Herstellen | 112.127 | 59,60 | 22,60 | 7,4 |
| | **Ausbau** | **702.850** | **373,30** | **141,80** | **46,3** |
| | Wiederherstellen | 58.868 | 31,30 | 11,90 | 3,9 |
| | Herstellen | 643.982 | 342,00 | 129,90 | 42,4 |
| 040 | Wärmeerzeuger, zentr. Einrichtungen inkl. 041 | 138.387 | 73,50 | 27,90 | 9,1 |
| | Herstellen | 138.387 | 73,50 | 27,90 | 9,1 |
| 042 | Gas- und Wasserinstallationsarbeiten inkl. 043 | 23.136 | 12,30 | 4,70 | 1,5 |
| | Herstellen | 23.136 | 12,30 | 4,70 | 1,5 |
| 044 | Abwasserinstallationsarbeiten - Leitungen | 17.014 | 9,00 | 3,40 | 1,1 |
| | Herstellen | 17.014 | 9,00 | 3,40 | 1,1 |
| 045 | Gas-, Wasser-Einrichtungsgegenstände inkl. 046 | – | – | – | – |
| 047 | Dämmarbeiten an betriebstechnischen Anlagen | 8.836 | 4,70 | 1,80 | 0,6 |
| | Herstellen | 8.836 | 4,70 | 1,80 | 0,6 |
| 049 | Feuerlöschanlagen, Feuerlöschgeräte | – | – | – | – |
| 050 | Blitzschutz- und Erdungsanlagen | 4.912 | 2,60 | 0,99 | 0,3 |
| | Herstellen | 4.912 | 2,60 | 0,99 | 0,3 |
| 052 | Mittelspannungsanlagen | – | – | – | – |
| 053 | Niederspannungsanlagen inkl. 054 | 118.059 | 62,70 | 23,80 | 7,8 |
| | Herstellen | 118.059 | 62,70 | 23,80 | 7,8 |
| 055 | Ersatzstromversorgungsanlagen | – | – | – | – |
| 057 | Gebäudesystemtechnik | – | – | – | – |
| 058 | Leuchten und Lampen, inkl. 059 | – | – | – | – |
| 060 | Elektroakustische Anlagen | – | – | – | – |
| 061 | Kommunikationsnetze | 2.615 | 1,40 | 0,53 | 0,2 |
| | Herstellen | 2.615 | 1,40 | 0,53 | 0,2 |
| 063 | Gefahrenmeldeanlagen | 3.316 | 1,80 | 0,67 | 0,2 |
| | Herstellen | 3.316 | 1,80 | 0,67 | 0,2 |
| 069 | Aufzüge | 64.226 | 34,10 | 13,00 | 4,2 |
| | Herstellen | 64.226 | 34,10 | 13,00 | 4,2 |
| 070 | Gebäudeautomation | – | – | – | – |
| 075 | Raumlufttechnische Anlagen | – | – | – | – |
| | **Gebäudetechnik** | **380.501** | **202,10** | **76,80** | **25,1** |
| | Herstellen | 380.501 | 202,10 | 76,80 | 25,1 |
| 084 | Abbrucharbeiten | 103.906 | 55,20 | 21,00 | 6,8 |
| | Abbrechen | 103.906 | 55,20 | 21,00 | 6,8 |
| | Sonstige Leistungsbereiche inkl. 008, 033, 051 | **16.022** | **8,50** | **3,20** | **1,1** |
| | Wiederherstellen | 1.837 | 0,98 | 0,37 | 0,1 |
| | Herstellen | 14.186 | 7,50 | 2,90 | 0,9 |

1300-152
Wohn- und
Geschäftshaus

## Objektübersicht

Erweiterung

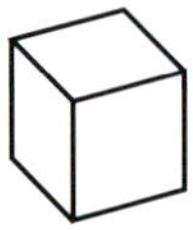

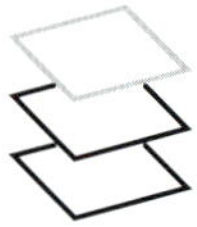

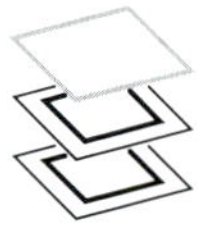

**2.996 €/m² WFL** | **541 €/m³ BRI** | **1.325 €/m² BGF** | **1.686 €/m² NF**

| | |
|---|---|
| Kennwerte | bis 3.Ebene DIN 276 |
| Bauzeit | 39 Wochen |
| Bauende | 2007 |
| Standard | über Durchschnitt |
| Land | Bayern |
| Kreis | Augsburg |
| m³ BRI | 956 |
| m² BGF | 391 |
| m² NF | 307 |

**Architekt:**
Udo Richter
Dipl.-Ing. Freier Architekt
Neckargartacher Str. 94
74080 Heilbronn

Bestand

nach Umbau

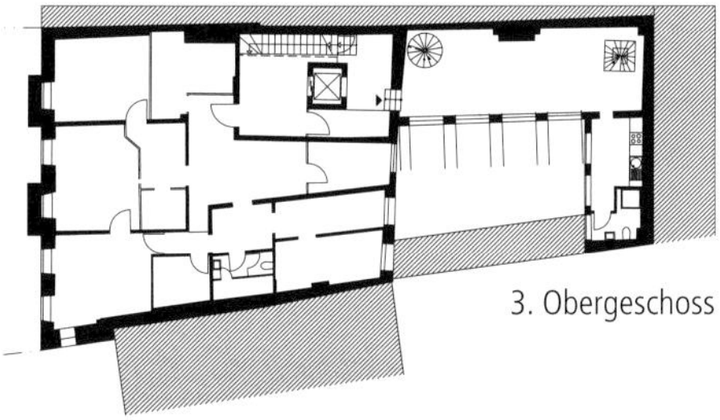

3. Obergeschoss

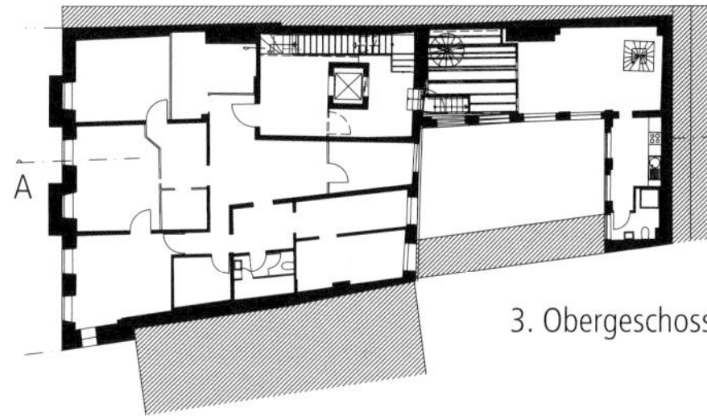


3. Obergeschoss

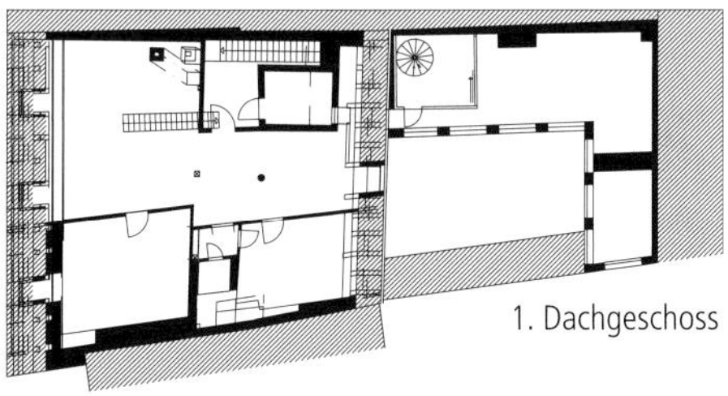

1. Dachgeschoss

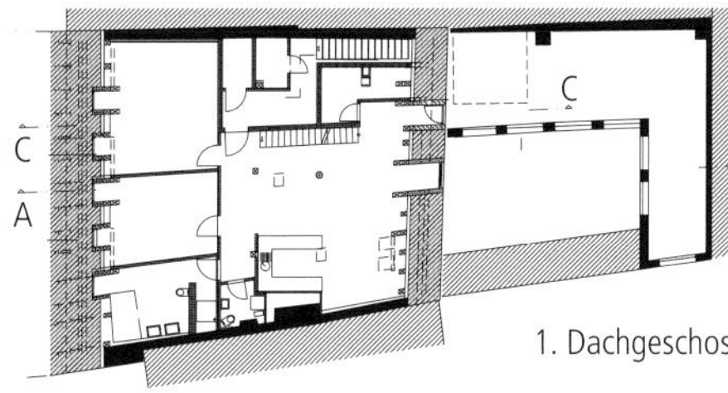


1. Dachgeschoss

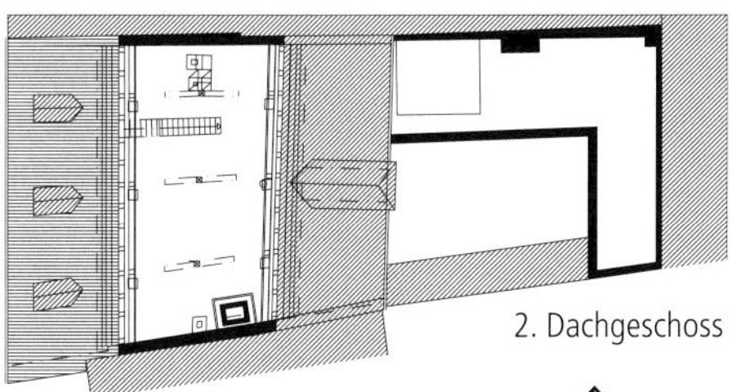

2. Dachgeschoss

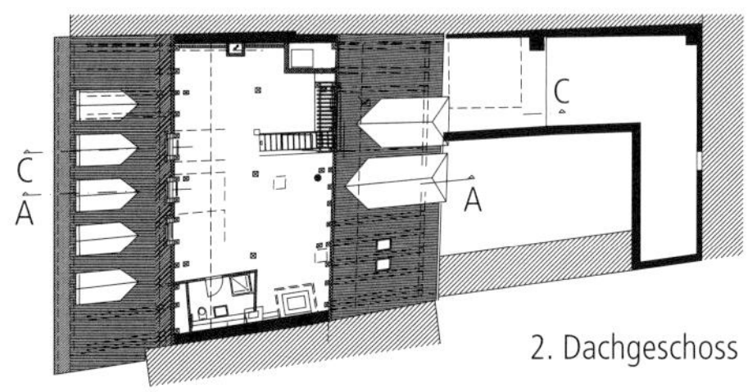


2. Dachgeschoss

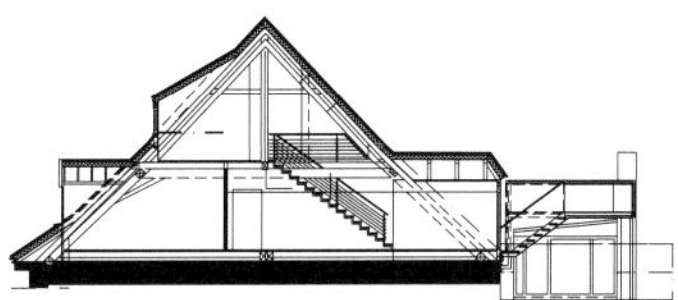

Schnitt C-C

Schnitt

Schnitt A-A

## Objektbeschreibung

### Nutzung

**1 Untergeschoss**
Kellerräume

**1 Erdgeschoss**
Geschäfte

**3 Obergeschosse**
Büroräume, Praxis, Wohnung 2.OG und 3.OG

**2 Dachgeschosse**
Wohnungen

**Besonderer Kosteneinfluss Nutzung:**
Das Dach steht unter Denkmalschutz.

### Nutzeinheiten

Wohnfläche: 173m$^2$

### Grundstück

Bauraum: Baulücke
Neigung: Ebenes Gelände
Bodenklasse: BK 3

**Besonderer Kosteneinfluss Grundstück:**
Das Gebäude steht in einer Fußgängerzone.

### Markt

Hauptvergabezeit: 2.Quartal 2006
Baubeginn: 3.Quartal 2006
Bauende: 2.Quartal 2007
Konjunkturelle Gesamtlage: Durchschnitt
Regionaler Baumarkt: über Durchschnitt

### Baubestand

Baujahr: 16.JH
Bauzustand: mittel
Aufwand: hoch
Grundrissänderungen: umfangreiche
Tragwerkseingriffe: einige
Nutzungsänderung: ja
Nutzung während der Bauzeit: ja

### Baukonstruktion

**Abbrechen:** Abbruch von Stahlbalkongeländerelementen, Holzsichtschutzwänden; Mauerwerk* Holzständerwänden mit Nut- und Federverkleidung, Dämmung, Holztüren, Stahltüren, Holzverkleidungen, Heraklithplatten; Stb-Decke, Holztreppe, Bodenbelägen, Holzdielenboden; Dachziegel, Lattungen, Blechverwahrungen, Dachrinnen; Entsorgung, Deponiegebühren
**Wiederherstellen:** Holzfenster reinigen, lose Farbschichten entfernen, Fehlstellen spachteln, Grund-, Zwischen-, Schlussanstrich; Holztreppengeländer, reinigen, Untergrundschäden, ausbessern, lackieren; Sparren ausbessern, freigelegtes altes Holzwerk, abwaschen, Nägel entfernen, Mörtel- und Putzreste, abbürsten, Stahlverbindungsteile abwaschen, Anstrich
**Herstellen:** Giebel aufmauern, Holzfenster, Putz, Anstrich, Tapete, Anstrich, Putz, Geländer, Stahltreppe; GK-Ständerwände, GK-Vorsatzschalen, Holztüren, Tapete, Anstrich, Putz, Fliesen, Systemwände; Stahltreppe, Holztreppe, Unterboden, OSB-Platten, Fertigparkett, Fliesen, Teppich, Laminat, Anstrich, GK-Decken, Geländer; Denkmalgeschützer Holzdachstuhl, Sparren auffüttern, neue Gauben, Holzfenster, Dachflächenfenster, RWA, Schalung, Dämmung, Biberschwanzziegel, Stehfalzdeckung Kupfer, Dämmung, Abdichtung, Platten, Regenrinnen, Anstrich, GK-Decke

### Technische Anlagen

**Abbrechen:** Abbruch von einer Duschzelle; Heizungsrohren, Heizkörper, gemauerten Kamin; Mantelleitungen, Schalter, Steckdosen, Zählerkasten; Entsorgung, Deponiegebühren
**Herstellen:** Druckerhöhungsanlage, Abwasserleitungen, Warm- und Kaltwasserleitungen, Sanitärobjekte; Heizungsrohre, Heizkörper; Einzelraumlüfter; Elektroinstallation, Beleuchtungskörper; Fernmeldeleitungen, Türsprechanlage erweitern, Antennenkabel, RWA-Anlage; Personenaufzug

## Planungskennwerte für Flächen und Rauminhalte nach DIN 277

| Flächen des Grundstücks | | Menge, Einheit | % an FBG |
|---|---|---|---|
| BF | Bebaute Fläche | – m² | – |
| UBF | Unbebaute Fläche | – m² | – |
| FBG | Fläche des Baugrundstücks | – m² | – |

| Grundflächen des Bauwerks | | Menge, Einheit | % an NF | % an BGF |
|---|---|---|---|---|
| NF | Nutzfläche | 306,94 m² | 100,0 | 78,6 |
| TF | Technische Funktionsfläche | 2,32 m² | 0,8 | 0,6 |
| VF | Verkehrsfläche | 27,29 m² | 8,9 | 7,0 |
| NGF | Netto-Grundfläche | 336,55 m² | 109,7 | 86,2 |
| KGF | Konstruktions-Grundfläche | 53,97 m² | 17,6 | 13,8 |
| BGF | Brutto-Grundfläche | 390,52 m² | 127,2 | 100,0 |

| Brutto-Rauminhalt des Bauwerks | | Menge, Einheit | BRI/NF (m) | BRI/BGF (m) |
|---|---|---|---|---|
| BRI | Brutto-Rauminhalt | 956,20 m³ | 3,12 | 2,45 |

| Lufttechnisch behandelte Flächen | Menge, Einheit | % an NF | % an BGF |
|---|---|---|---|
| Entlüftete Fläche | – m² | – | – |
| Be- und entlüftete Fläche | – m² | – | – |
| Teilklimatisierte Fläche | – m² | – | – |
| Klimatisierte Fläche | – m² | – | – |

| KG | Kostengruppen (2.Ebene) | Menge, Einheit | Menge/NF | Menge/BGF |
|---|---|---|---|---|
| 310 | Baugrube | – m³ BGI | – | – |
| 320 | Gründung | – m² GRF | – | – |
| 330 | Außenwände | 560,04 m² AWF | 1,82 | 1,43 |
| 340 | Innenwände | 312,98 m² IWF | 1,02 | 0,80 |
| 350 | Decken | 328,52 m² DEF | 1,07 | 0,84 |
| 360 | Dächer | 394,96 m² DAF | 1,29 | 1,01 |

## Kostenkennwerte für die Kostengruppen der 1.Ebene DIN 276

| KG | Kostengruppen (1.Ebene) | Einheit | Kosten € | €/Einheit | €/m² BGF | €/m³ BRI | % 300+400 |
|---|---|---|---|---|---|---|---|
| 100 | Grundstück | m² FBG | – | – | – | – | – |
| 200 | Herrichten und Erschließen | m² FBG | – | – | – | – | – |
| 300 | Bauwerk - Baukonstruktionen | m² BGF | 394.649 | 1.010,57 | 1.010,57 | 412,73 | 76,2 |
| 400 | Bauwerk - Technische Anlagen | m² BGF | 122.961 | 314,86 | 314,86 | 128,59 | 23,8 |
| | **Bauwerk 300+400** | **m² BGF** | **517.610** | **1.325,44** | **1.325,44** | **541,32** | **100,0** |
| 500 | Außenanlagen | m² AUF | – | – | – | – | – |
| 600 | Ausstattung und Kunstwerke | m² BGF | – | – | – | – | – |
| 700 | Baunebenkosten | m² BGF | – | – | – | – | – |

Erweiterung

## Kostenkennwerte für die Kostengruppen der 1.Ebene DIN 276

| KG | Kostengruppe | Menge Einheit | Kosten € | €/Einheit | % |
|---|---|---|---|---|---|
| 3+4 | **Bauwerk** | | | | **100,0** |
| 300 | **Bauwerk - Baukonstruktionen** | 390,52 m² BGF | 394.649 | **1.010,57** | 76,2 |
| | • Abbrechen (Kosten: 6,4%) | | 25.322 | | |
| | Abbruch von Stahlbalkongeländerelementen, Holzsichtschutzwänden; Mauerwerk* Holzständerwänden mit Nut- und Federverkleidung, Dämmung, Holztüren, Stahltüren, Holzverkleidungen, Heraklithplatten; Stb-Decke, Holztreppe, Bodenbelägen, Holzdielenboden; Dachziegel, Lattungen, Blechverwahrungen, Dachrinnen; Entsorgung, Deponiegebühren | | | | |
| | • Wiederherstellen (Kosten: 1,4%) | | 5.344 | | |
| | Holzfenster reinigen, lose Farbschichten entfernen, Fehlstellen spachteln, Grund-, Zwischen-, Schlussanstrich; Holztreppengeländer, reinigen, Untergrundschäden, ausbessern, lackieren; Sparren ausbessern, freigelegtes altes Holzwerk, abwaschen, Nägel entfernen, Mörtel- und Putzreste, abbürsten, Stahlverbindungsteile abwaschen, Anstrich | | | | |
| | • Herstellen (Kosten: 92,2%) | | 363.983 | | |
| | Giebel aufmauern, Holzfenster, Putz, Anstrich, Tapete, Anstrich, Putz, Geländer, Stahltreppe; GK-Ständerwände, GK-Vorsatzschalen, Holztüren, Tapete, Anstrich, Putz, Fliesen, Systemwände; Stahltreppe, Holztreppe, Unterboden, OSB-Platten, Fertigparkett, Fliesen, Teppich, Laminat, Anstrich, GK-Decken, Geländer; Denkmalgeschützer Holzdachstuhl, Sparren auffüttern, neue Gauben, Holzfenster, Dachflächenfenster, RWA, Schalung, Dämmung, Biberschwanzziegel, Stehfalzdeckung Kupfer, Dämmung, Abdichtung, Platten, Regenrinnen, Anstrich, GK-Decke | | | | |
| 400 | **Bauwerk - Technische Anlagen** | 390,52 m² BGF | 122.961 | **314,86** | 23,8 |
| | • Abbrechen (Kosten: 2,0%) | | 2.409 | | |
| | Abbruch von einer Duschzelle; Heizungsrohren, Heizkörper, gemauerten Kamin; Mantelleitungen, Schalter, Steckdosen, Zählerkasten; Entsorgung, Deponiegebühren | | | | |
| | • Herstellen (Kosten: 98,0%) | | 120.552 | | |
| | Druckerhöhungsanlage, Abwasserleitungen, Warm- und Kaltwasserleitungen, Sanitärobjekte; Heizungsrohre, Heizkörper; Einzelraumlüfter; Elektroinstallation, Beleuchtungskörper; Fernmeldeleitungen, Türsprechanlage erweitern, Antennenkabel, RWA-Anlage; Personenaufzug | | | | |





Kostenstand: 3.Quartal 2010, inkl. MwSt., Bundesdurchschnitt

## Kostenkennwerte für die Kostengruppen 300 und 400 der 2.Ebene DIN 276

| KG | Kostengruppe | Menge Einheit | Kosten € | €/Einheit | % |
|---|---|---|---|---|---|
| **300** | **Bauwerk - Baukonstruktionen** | | | | **100,0** |
| 330 | **Außenwände** | 560,04 m² | 50.606 | **90,36** | 12,8 |
| | • Abbrechen (Kosten: 3,7%)<br>Abbruch von Stahlbalkongeländerelementen (13m²), Holzsichtschutzwänden (9m²); Entsorgung, Deponiegebühren | | 1.851 | | |
| | • Wiederherstellen (Kosten: 4,3%)<br>Holzfenster reinigen, lose Farbschichten entfernen, Fehlstellen spachteln, Grund-, Zwischen-, Schlussanstrich (44m²) | | 2.191 | | |
| | • Herstellen (Kosten: 92,0%)<br>Deckenumlaufziegel (7m²), Giebel aufmauern, HLz-Mauerwerk, d=11,5-17,5cm (6m²) * Holzfenster, Isolierverglasung, Fenstersims (30m²) * Reinigung Außenwände, Streichfüller (517m²), Putz, Anstrich (78m²), Fassadenanstrich (405m²) * Tapete, Anstrich (130m²), Giebelwände abgleichen, verputzen (48m²), Latexanstrich Treppenhaus (100m²) * Stahlbalkongeländer (8St), Stahl-Außentreppe, gerade(1St) | | 46.564 | | |
| 340 | **Innenwände** | 312,98 m² | 60.112 | **192,06** | 15,2 |
| | • Abbrechen (Kosten: 5,5%)<br>Abbruch von Mauerwerk, d=24cm * Holzständerwänden mit Nut- und Federverkleidung, Dämmung (72m²) * Holztüren (6m²), Stahltüren (4m²) * Holzverkleidungen (52m²), Heraklithplatten (25m²); Entsorgung, Deponiegebühren | | 3.277 | | |
| | • Herstellen (Kosten: 94,5%)<br>Metallständerwände, d=10-20,5cm, GK-Bekleidung (185m²), GK-Installationswand, d=22cm (6m²), GK-Vorsatzschalen (45m²), GK-Installationsschacht (7m²) * Holzinnentüren (12m²), Wohnungseingangstüre (2m²), Tür T30 (2m²) * Tapete, Anstrich (175m²), Wandfliesen (33m²), Putz ergänzen (48m²), Anstrich (495m²), Anstrich, Treppenhaus Bestand (310m²) * Systemkellerwände, h=1,80m (23m) * Holzhandlauf (2m) | | 56.835 | | |
| 350 | **Decken** | 328,52 m² | 85.647 | **260,71** | 21,7 |
| | • Abbrechen (Kosten: 8,6%)<br>Abbruch von Stb-Decke (10m²), Holztreppe * Bodenbelägen (263m²), Holzdielenboden (164m²), Sockelleisten (37m), Perlitschüttungen (22m²) * Holzverkleidungen, Dämmmaterial (36m²), Heraklithplatten (8m²); Entsorgung, Deponiegebühren | | 7.358 | | |
| | • Wiederherstellen (Kosten: 0,2%)<br>Holztreppengeländer, reinigen, Untergrundschäden, ausbessern, lackieren (2m²) | | 144 | | |
| | • Herstellen (Kosten: 91,2%)<br>Stahl-Zweiholmtreppe, Holzstufen (1St), Einviertel-Podest-Holztreppe (1St), Unterzug (12m), Holzbalkendecke, Bretter (12m²) * Unterkonstruktion Boden, BSH-Binder (118m), Kanthölzer 10/14cm (60m), OSB-Platten (249m²), Fertigparkett (190m²), Bodenfliesen (21m²), Nadelvlies (22m²), Laminat, 2.+3.OG (72m²) * GK-Decken (15m²), Anstrich (65m²), Anstrich im Bestand (130m²) * Stahlgeländer (9m), Stahlsäule (1St) | | 78.145 | | |

| KG | Kostengruppe | Menge Einheit | Kosten € | €/Einheit | % |
|---|---|---|---|---|---|
| 360 | **Dächer** | 394,96 m2 | 165.321 | **418,58** | 41,9 |
| | • Abbrechen (Kosten: 6,8%)<br>Abbruch von Dachziegel, Lattungen, Blechverwahrungen, Dachrinnen (352m2) * Holzverkleidungen, Dämmmaterial (32m2); Entsorgung, Deponiegebühren | | 11.163 | | |
| | • Wiederherstellen (Kosten: 1,8%)<br>Sparren ausbessern, freigelegtes altes Holzwerk, abwaschen, Nägel entfernen, Mörtel- und Putzreste, abbürsten, Stahlverbindungsteile abwaschen, Anstrich (338m2) | | 3.009 | | |
| | • Herstellen (Kosten: 91,4%)<br>Bauholz Gauben (224m), Sparren auffüttern (286m), Pfette (12m), Treppenloch zubetonieren (2m2) * Rundbogen-Holzfenster (4m2), Holz-Fenstertüre (1m2), Dachflächenfenster, Rollladen (2m2), Dachflächenfenster, RWA-Anlage (1m2) * Dachschalung, sichtbar, Aufsparrendämmung, Biberschwanzdoppeldeckung (363m2), Stehfalzdeckung, Kupfer (78m2), Dämmung, Abdichtung, Platten (60m2), Regenrinnen (28m) * Anstrich (343m2), GK-Decke (20m2) * Geländer (10m), Schneefanggitter (24m) | | 151.148 | | |
| 390 | **Sonstige Baukonstruktionen** | 390,52 m2 BGF | 32.962 | **84,40** | 8,4 |
| | • Abbrechen (Kosten: 5,1%)<br>Abbruch von Holzschränken, Entrümpeln von Holzschränke, Asbestplatten (3St), Asbestblumenkästen (3St), Holzkisten, Wandschrank mit Schreibtisch; Entsorgung, Deponiegebühren | | 1.672 | | |
| | • Herstellen (Kosten: 94,9%)<br>Baugüteraufzug (1St), Baustelleneinrichtung, Toilette, Bauzaun, Beleuchtung, Straßenbeschilderung, Baustromzählerkasten (1St), Bauschuttabfuhr * Fassadengerüst (410m2), Gerüstbekleidung (310m2), Dachfanggerüst (23m), Arbeits-, und Schutzgerüst, Innenhof * Witterungsschutz Dach, Plane (318m2), Reinigen Wohneinheit DG, Baustufen, Schutzverpackung Treppe | | 31.290 | | |
| **400** | **Bauwerk - Technische Anlagen** | | | | **100,0** |
| 410 | **Abwasser-, Wasser-, Gasanlagen** | 390,52 m2 BGF | 28.707 | **73,51** | 23,3 |
| | • Abbrechen (Kosten: 0,6%)<br>Ausbauen einer Duschzelle, Entsorgung, Deponiegebühren | | 174 | | |
| | • Herstellen (Kosten: 99,4%)<br>Abwasserleitungen * Druckerhöhungsanlage, Kalt- und Warmwasserleitungen, Durchlauferhitzer (1St), Wasserzähler (1St), Waschbecken (4St), Badewanne (1St), Duschwanne Stahl (1St), Duschwanne, Acryl (1St), Bidet (1St), WC, wandhängend (3St), Spiegel (3St), Papierhalter (3St), Seifenhalter (4St), Handtuchhalter (2St) | | 28.534 | | |
| 420 | **Wärmeversorgungsanlagen** | 390,52 m2 BGF | 12.183 | **31,20** | 9,9 |
| | • Abbrechen (Kosten: 14,4%)<br>Abbruch von Heizungsrohren (18m) * Heizkörper * gemauerten Kamin (4m3); Entsorgung, Deponiegebühren | | 1.754 | | |
| | • Herstellen (Kosten: 85,6%)<br>Erweiterung der Heizungsanlage; Heizungsrohre, Wärmemengenzähler * Heizkörper (14St), Handtuchtrockner mit Elektropatrone (1St) * bestehender Kamin, Anstrich (10m2) | | 10.428 | | |
| 430 | **Lufttechnische Anlagen** | 390,52 m2 BGF | 1.929 | **4,94** | 1,6 |
| | • Herstellen (Kosten: 100,0%)<br>Einzelraumlüfter (3St), Lüftungsrohre 80-100mm (30m), Brandschutzdeckenschotts (2St) | | 1.929 | | |

| KG | Kostengruppe | Menge Einheit | Kosten € | €/Einheit | % |
|---|---|---|---|---|---|
| 440 | **Starkstromanlagen** | 390,52 $m^2$ BGF | 25.457 | **65,19** | 20,7 |
| | • Abbrechen (Kosten: 1,9%)<br>Abbruch von Mantelleitungen, Schalter, Steckdosen, Zählerkasten, Entsorgung, Deponiegebühren | | 481 | | |
| | • Herstellen (Kosten: 98,1%)<br>Zählerschrank, Unterverteilung, Sicherungen (2St), FI-Schutzschalter (4St), Mantelleitungen (536m), Steckdosen (76St), Schalter (31St), Bewegungsmelder (1St), Treppenlichtzeitschalter (1St), Elektroinstallation in Kellerräumen (psch) * Bodeneinbaustrahler (1St), Aufbau-Downlight (10St), Deckenleuchten (7St), Wandleuchten (4St), Sensorleuchten (3St) | | 24.976 | | |
| 450 | **Fernmelde-, informationstechn. Anlagen** | 390,52 $m^2$ BGF | 6.445 | **16,50** | 5,2 |
| | • Herstellen (Kosten: 100,0%)<br>Fernmeldeleitungen (103m), TAE-Steckdosen (4St) * Erweiterung bestehende Haussprechanlage um eine Klingel- und Türsprechanlage (1St) * Koaxialkabel (124m), Antennensteckdosen (5St), Antennenkabel Dachterrasse (psch) * RWA-Anlage für Dachfenster anschließen (1St), Leitungen (93m) | | 6.445 | | |
| 460 | **Förderanlagen** | 390,52 $m^2$ BGF | 48.241 | **123,53** | 39,2 |
| | • Herstellen (Kosten: 100,0%)<br>Maschinenraumloser Personenaufzug, h=16m, 4 Haltestellen (1St) | | 48.241 | | |

## Kostenkennwerte für die Kostengruppe 300 der 3.Ebene DIN 276 (Übersicht)

| KG | Kostengruppe | Menge Einh. | €/Einheit | Kosten € | % 300+400 |
|---|---|---|---|---|---|
| 311 | Baugrubenherstellung | – | – | – | – |
| 312 | Baugrubenumschließung | – | – | – | – |
| 313 | Wasserhaltung | – | – | – | – |
| 319 | Baugrube, sonstiges | – | – | – | – |
| **310** | **Baugrube** | **–** | **–** | **–** | **–** |
| 321 | Baugrundverbesserung | – | – | – | – |
| 322 | Flachgründungen | – | – | – | – |
| 323 | Tiefgründungen | – | – | – | – |
| 324 | Unterböden und Bodenplatten | – | – | – | – |
| 325 | Beläge auf Boden- und Fundamentplatten | – | – | – | – |
| 326 | Bauwerksabdichtungen | – | – | – | – |
| 327 | Dränagen | – | – | – | – |
| 329 | Gründung, sonstiges | – | – | – | – |
| **320** | **Gründung** | **–** | **–** | **–** | **–** |
| 331 | Tragende Außenwände | 9,000 m² | 236,67 | 2.201,10 | 0,4 |
| 332 | Nichttragende Außenwände | – | – | – | – |
| 333 | Tragende Außenstützen | – | – | – | – |
| 334 | Außentüren, -fenster | 73,000 m² | 253,26 | 18.554,19 | 3,6 |
| 335 | Außenwandbekleidungen außen | 795,000 m² | 19,39 | 15.405,24 | 3,0 |
| 336 | Außenwandbekleidungen innen | 278,000 m² | 21,98 | 6.103,04 | 1,2 |
| 337 | Elementierte Außenwände | – | – | – | – |
| 338 | Sonnenschutz | – | – | – | – |
| 339 | Außenwände, sonstiges | 560,000 m² AWF | 14,90 | 8.342,82 | 1,6 |
| **330** | **Außenwände** | **560,000 m²** | **90,36** | **50.606,40** | **9,8** |
| 341 | Tragende Innenwände | 21,00 m² | 36,00 | 739,66 | 0,1 |
| 342 | Nichttragende Innenwände | 256,000 m² | 115,50 | 29.541,30 | 5,7 |
| 343 | Tragende Innenstützen | – | – | – | – |
| 344 | Innentüren, -fenster | 16,000 m² | 241,99 | 3.828,27 | 0,7 |
| 345 | Innenwandbekleidungen | 1.038,000 m² | 22,46 | 23.316,60 | 4,5 |
| 346 | Elementierte Innenwände | 41,000 m² | 50,05 | 2.072,21 | 0,4 |
| 349 | Innenwände, sonstiges | – | – | – | – |
| **340** | **Innenwände** | **313,000 m²** | **192,06** | **60.112,25** | **11,6** |
| 351 | Deckenkonstruktionen | 20,000 m² | 1.241,14 | 25.393,81 | 4,9 |
| 352 | Deckenbeläge | 329,000 m² | 158,30 | 52.004,94 | 10,0 |
| 353 | Deckenbekleidungen | 195,000 m² | 20,09 | 3.906,98 | 0,8 |
| 359 | Decken, sonstiges | 329,000 m² DEF | 13,22 | 4.341,47 | 0,8 |
| **350** | **Decken** | **329,000 m²** | **260,71** | **85.647,21** | **16,5** |
| 361 | Dachkonstruktionen | 384,000 m² | 45,77 | 17.589,77 | 3,4 |
| 362 | Dachfenster, Dachöffnungen | 11,000 m² | 2.057,86 | 21.936,78 | 4,2 |
| 363 | Dachbeläge | 429,000 m² | 263,27 | 112.988,87 | 21,8 |
| 364 | Dachbekleidungen | 363,000 m² | 20,34 | 7.387,47 | 1,4 |
| 369 | Dächer, sonstiges | 395,000 m² DAF | 13,72 | 5.418,37 | 1,0 |
| **360** | **Dächer** | **395,000 m²** | **418,58** | **165.321,26** | **31,9** |
| **370** | **Baukonstruktive Einbauten** | **–** | **–** | **–** | **–** |
| **390** | **Sonst. Maßnahmen für Baukonstruktionen** | **391,000 m² BGF** | **84,40** | **32.961,55** | **6,4** |
| **300** | **Bauwerk - Baukonstruktionen** | **391,000 m² BGF** | **1.010,57** | **394.648,66** | **76,2** |

## Kostenkennwerte für die Kostengruppe 400 der 3.Ebene DIN 276 (Übersicht)

| KG | Kostengruppe | Menge Einh. | €/Einheit | Kosten € | % 300+400 |
|---|---|---|---|---|---|
| 411 | Abwasseranlagen | 391,000 m² BGF | 7,24 | 2.828,08 | 0,5 |
| 412 | Wasseranlagen | 391,000 m² BGF | 66,27 | 25.878,99 | 5,0 |
| 413 | Gasanlagen (wenn zu Kochzwecken) | – | – | – | – |
| 414 | Feuerlöschanlagen | – | – | – | – |
| 419 | Abwasser-, Wasser- und Gasanlagen, sonstiges | – | – | – | – |
| **410** | **Abwasser-, Wasser-, Gasanlagen** | **391,000 m² BGF** | **73,51** | **28.707,07** | **5,5** |
| 421 | Wärmeerzeugungsanlagen | – | – | – | – |
| 422 | Wärmeverteilnetze | 391,000 m² BGF | 11,82 | 4.614,90 | 0,9 |
| 423 | Raumheizflächen | 391,000 m² BGF | 17,17 | 6.704,26 | 1,3 |
| 429 | Wärmeversorgungsanlagen, sonstiges | 391,000 m² BGF | 2,21 | 863,71 | 0,2 |
| **420** | **Wärmeversorgungsanlagen** | **391,000 m² BGF** | **31,20** | **12.182,87** | **2,4** |
| 431 | Lüftungsanlagen (LA) | 391,000 m² BGF | 4,94 | 1.928,76 | 0,4 |
| 432 | Teilklimaanlagen (TKA) | – | – | – | – |
| 433 | Klimaanlagen (KLA) | – | – | – | – |
| 434 | Prozeßlufttechnische Anlagen (PLA) | – | – | – | – |
| 435 | Kälteanlagen (KA) | – | – | – | – |
| 439 | Lufttechnische Anlagen, sonstiges | – | – | – | – |
| **430** | **Lufttechnische Anlagen** | **391,000 m² BGF** | **4,94** | **1.928,76** | **0,4** |
| 441 | Hoch- und Mittelspannungsanlagen | – | – | – | – |
| 442 | Eigenstromversorgungsanlagen | – | – | – | – |
| 443 | Niederspannungsschaltanlagen | – | – | – | – |
| 444 | Niederspannungsinstallationsanlagen | 391,000 m² BGF | 60,00 | 23.431,98 | 4,5 |
| 445 | Beleuchtungsanlagen | 391,000 m² BGF | 4,96 | 1.935,90 | 0,4 |
| 446 | Blitzschutz- und Erdungsanlagen | 391,000 m² BGF | 0,23 | 88,88 | < 0,1 |
| 449 | Starkstromanlagen, sonstiges | – | – | – | – |
| **440** | **Starkstromanlagen** | **391,000 m² BGF** | **65,19** | **25.456,77** | **4,9** |
| 451 | Telekommunikationsanlagen | 391,000 m² BGF | 1,12 | 437,04 | 0,1 |
| 452 | Such- und Signalanlagen | 391,000 m² BGF | 4,67 | 1.824,30 | 0,4 |
| 453 | Zeitdienstanlagen | – | – | – | – |
| 454 | Elektroakustische Anlagen | – | – | – | – |
| 455 | Fernseh- und Antennenanlagen | 391,000 m² BGF | 2,76 | 1.078,14 | 0,2 |
| 456 | Gefahrenmelde- und Alarmanlagen | 391,000 m² BGF | 7,95 | 3.105,10 | 0,6 |
| 457 | Übertragungsnetze | – | – | – | – |
| 459 | Fernmelde- und informationstechn. Anlagen, sonstiges | – | – | – | – |
| **450** | **Fernmelde- und informationstechn. Anlagen** | **391,000 m² BGF** | **16,50** | **6.444,56** | **1,2** |
| 461 | Aufzugsanlagen | 391,000 m² BGF | 123,53 | 48.240,92 | 9,3 |
| 462 | Fahrtreppen, Fahrsteige | – | – | – | – |
| 463 | Befahranlagen | – | – | – | – |
| 464 | Transportanlagen | – | – | – | – |
| 465 | Krananlagen | – | – | – | – |
| 469 | Förderanlagen, sonstiges | – | – | – | – |
| **460** | **Förderanlagen** | **391,000 m² BGF** | **123,53** | **48.240,92** | **9,3** |
| **470** | **Nutzungsspezifische Anlagen** | **–** | **–** | **–** | **–** |
| **480** | **Gebäudeautomation** | **–** | **–** | **–** | **–** |
| **490** | **Sonst. Maßnahmen für technische Anlagen** | **–** | **–** | **–** | **–** |
| **400** | **Bauwerk - Technische Anlagen** | **391,000 m² BGF** | **314,86** | **122.960,96** | **23,8** |

## Kostenkennwerte für Leistungsbereiche nach StLB (Kosten des Bauwerks nach DIN 276)

| LB | Leistungsbereiche | Kosten € | €/m² BGF | €/m³ BRI | % 300+400 |
|---|---|---|---|---|---|
| 000 | Sicherheits-, Baustelleneinrichtungen inkl. 001 | 26.951 | 69,00 | 28,20 | 5,2 |
| | Herstellen | 26.951 | 69,00 | 28,20 | 5,2 |
| 002 | Erdarbeiten | – | – | – | – |
| 006 | Spezialtiefbauarbeiten inkl. 005 | – | – | – | – |
| 009 | Abwasserkanalarbeiten inkl. 011 | – | – | – | – |
| 010 | Dränarbeiten | – | – | – | – |
| 012 | Mauerarbeiten | 3.166 | 8,10 | 3,30 | 0,6 |
| | Herstellen | 3.166 | 8,10 | 3,30 | 0,6 |
| 013 | Betonarbeiten | 341 | 0,87 | 0,36 | 0,1 |
| | Herstellen | 341 | 0,87 | 0,36 | 0,1 |
| 014 | Natursteinarbeiten, Betonwerksteinarbeiten | – | – | – | – |
| 016 | Zimmer- und Holzbauarbeiten | 85.000 | 217,70 | 88,90 | 16,4 |
| | Wiederherstellen | 740 | 1,90 | 0,77 | 0,1 |
| | Herstellen | 84.259 | 215,80 | 88,10 | 16,3 |
| 017 | Stahlbauarbeiten | – | – | – | – |
| 018 | Abdichtungsarbeiten gegen Wasser | – | – | – | – |
| 020 | Dachdeckungsarbeiten | 29.369 | 75,20 | 30,70 | 5,7 |
| | Herstellen | 29.369 | 75,20 | 30,70 | 5,7 |
| 021 | Dachabdichtungsarbeiten | 26.565 | 68,00 | 27,80 | 5,1 |
| | Herstellen | 26.565 | 68,00 | 27,80 | 5,1 |
| 022 | Klempnerarbeiten | 19.202 | 49,20 | 20,10 | 3,7 |
| | Herstellen | 19.202 | 49,20 | 20,10 | 3,7 |
| | **Rohbau** | **190.594** | **488,10** | **199,30** | **36,8** |
| | Wiederherstellen | 740 | 1,90 | 0,77 | 0,1 |
| | Herstellen | 189.853 | 486,20 | 198,50 | 36,7 |
| 023 | Putz- und Stuckarbeiten, Wärmedämmsysteme | 8.830 | 22,60 | 9,20 | 1,7 |
| | Herstellen | 8.830 | 22,60 | 9,20 | 1,7 |
| 024 | Fliesen- und Plattenarbeiten | 5.643 | 14,50 | 5,90 | 1,1 |
| | Herstellen | 5.643 | 14,50 | 5,90 | 1,1 |
| 025 | Estricharbeiten | 20 | < 0,1 | < 0,1 | – |
| | Herstellen | 20 | < 0,1 | < 0,1 | – |
| 026 | Fenster, Außentüren inkl. 029, 032 | 26.879 | 68,80 | 28,10 | 5,2 |
| | Herstellen | 26.879 | 68,80 | 28,10 | 5,2 |
| 027 | Tischlerarbeiten | 16.067 | 41,10 | 16,80 | 3,1 |
| | Herstellen | 16.067 | 41,10 | 16,80 | 3,1 |
| 028 | Parkettarbeiten, Holzpflasterarbeiten | 16.592 | 42,50 | 17,40 | 3,2 |
| | Herstellen | 16.592 | 42,50 | 17,40 | 3,2 |
| 030 | Rollladenarbeiten | 3.149 | 8,10 | 3,30 | 0,6 |
| | Herstellen | 3.149 | 8,10 | 3,30 | 0,6 |
| 031 | Metallbauarbeiten inkl. 035 | 19.219 | 49,20 | 20,10 | 3,7 |
| | Herstellen | 19.219 | 49,20 | 20,10 | 3,7 |
| 034 | Maler- und Lackiererarbeiten inkl. 037 | 45.823 | 117,30 | 47,90 | 8,9 |
| | Wiederherstellen | 4.604 | 11,80 | 4,80 | 0,9 |
| | Herstellen | 41.219 | 105,50 | 43,10 | 8,0 |
| 036 | Bodenbelagsarbeiten | 4.720 | 12,10 | 4,90 | 0,9 |
| | Herstellen | 4.720 | 12,10 | 4,90 | 0,9 |
| 038 | Vorgehängte hinterlüftete Fassaden | – | – | – | – |

| LB | Leistungsbereiche | Kosten € | €/m² BGF | €/m³ BRI | % 300+400 |
|---|---|---|---|---|---|
| 039 | Trockenbauarbeiten | 30.326 | 77,70 | 31,70 | 5,9 |
| | Herstellen | 30.326 | 77,70 | 31,70 | 5,9 |
| | **Ausbau** | **177.268** | **453,90** | **185,40** | **34,2** |
| | Wiederherstellen | 4.604 | 11,80 | 4,80 | 0,9 |
| | Herstellen | 172.664 | 442,10 | 180,60 | 33,4 |
| 040 | Wärmeerzeuger, zentr. Einrichtungen inkl. 041 | 10.337 | 26,50 | 10,80 | 2,0 |
| | Herstellen | 10.337 | 26,50 | 10,80 | 2,0 |
| 042 | Gas- und Wasserinstallationsarbeiten inkl. 043 | 20.916 | 53,60 | 21,90 | 4,0 |
| | Herstellen | 20.916 | 53,60 | 21,90 | 4,0 |
| 044 | Abwasserinstallationsarbeiten - Leitungen | 84 | 0,22 | < 0,1 | – |
| | Herstellen | 84 | 0,22 | < 0,1 | – |
| 045 | Gas-, Wasser-Einrichtungsgegenstände inkl. 046 | 7.515 | 19,20 | 7,90 | 1,5 |
| | Herstellen | 7.515 | 19,20 | 7,90 | 1,5 |
| 047 | Dämmarbeiten an betriebstechnischen Anlagen | 103 | 0,26 | 0,11 | – |
| | Herstellen | 103 | 0,26 | 0,11 | – |
| 049 | Feuerlöschanlagen, Feuerlöschgeräte | – | – | – | – |
| 050 | Blitzschutz- und Erdungsanlagen | 89 | 0,23 | < 0,1 | – |
| | Herstellen | 89 | 0,23 | < 0,1 | – |
| 052 | Mittelspannungsanlagen | – | – | – | – |
| 053 | Niederspannungsanlagen inkl. 054 | 24.906 | 63,80 | 26,00 | 4,8 |
| | Herstellen | 24.906 | 63,80 | 26,00 | 4,8 |
| 055 | Ersatzstromversorgungsanlagen | – | – | – | – |
| 057 | Gebäudesystemtechnik | – | – | – | – |
| 058 | Leuchten und Lampen, inkl. 059 | 1.936 | 5,00 | 2,00 | 0,4 |
| | Herstellen | 1.936 | 5,00 | 2,00 | 0,4 |
| 060 | Elektroakustische Anlagen | – | – | – | – |
| 061 | Kommunikationsnetze | 1.508 | 3,90 | 1,60 | 0,3 |
| | Herstellen | 1.508 | 3,90 | 1,60 | 0,3 |
| 063 | Gefahrenmeldeanlagen | 3.401 | 8,70 | 3,60 | 0,7 |
| | Herstellen | 3.401 | 8,70 | 3,60 | 0,7 |
| 069 | Aufzüge | 48.241 | 123,50 | 50,50 | 9,3 |
| | Herstellen | 48.241 | 123,50 | 50,50 | 9,3 |
| 070 | Gebäudeautomation | – | – | – | – |
| 075 | Raumlufttechnische Anlagen | 1.805 | 4,60 | 1,90 | 0,3 |
| | Herstellen | 1.805 | 4,60 | 1,90 | 0,3 |
| | **Gebäudetechnik** | **120.841** | **309,40** | **126,40** | **23,3** |
| | Herstellen | 120.840 | 309,40 | 126,40 | 23,3 |
| 084 | Abbrucharbeiten | 27.730 | 71,00 | 29,00 | 5,4 |
| | Abbrechen | 27.730 | 71,00 | 29,00 | 5,4 |
| | Sonstige Leistungsbereiche inkl. 008, 033, 051 | **1.177** | **3,00** | **1,20** | **0,2** |
| | Herstellen | 1.177 | 3,00 | 1,20 | 0,2 |

1300-161
Bürogebäude

## Objektübersicht

Erweiterung

**46.798 €/ArbPl**

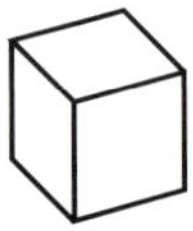

**418 €/m³ BRI**

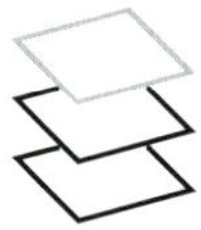

**1.254 €/m² BGF**

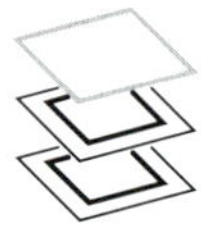

**1.551 €/m² NF**

| | |
|---|---|
| Kennwerte | bis 1.Ebene DIN 276 |
| Bauzeit | 34 Wochen |
| Bauende | 2009 |
| Standard | unter Durchschnitt |
| Land | Mecklenburg-Vorpommern |
| Kreis | Nordwestmecklenburg |
| m³ BRI | 224 |
| m² BGF | 75 |
| m² NF | 60 |

**Architekt:**
Hempel:Architekten
Scheuerstr. 3
23966 Wismar

**Bauherr:**
Rudolf Volk
23923 Schönberg

Kostenstand: 3.Quartal 2010, inkl. MwSt., Bundesdurchschnitt

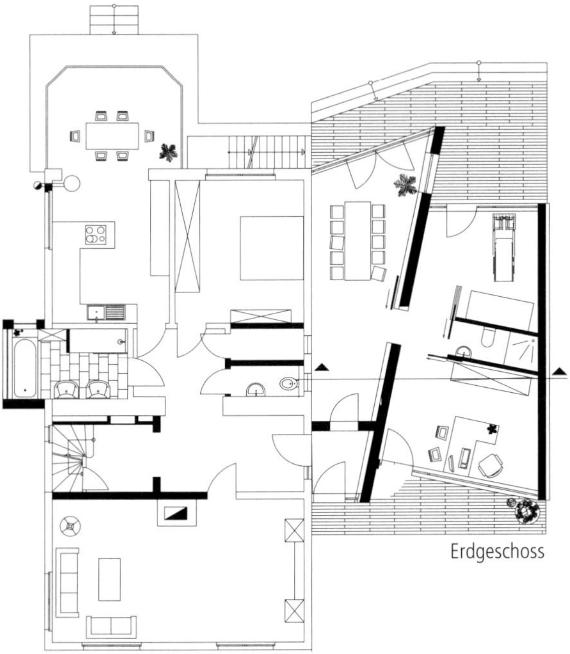

Erdgeschoss

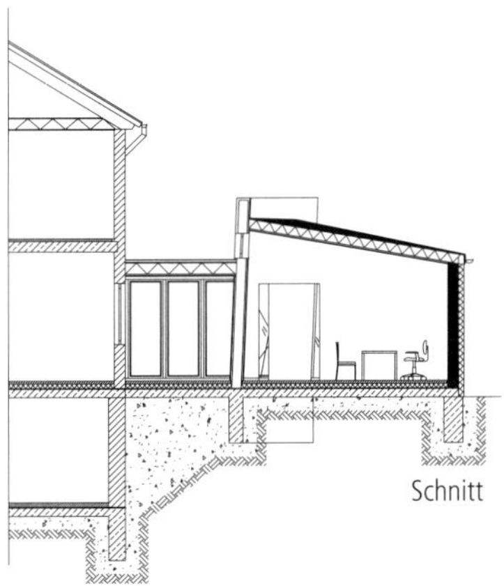

Schnitt

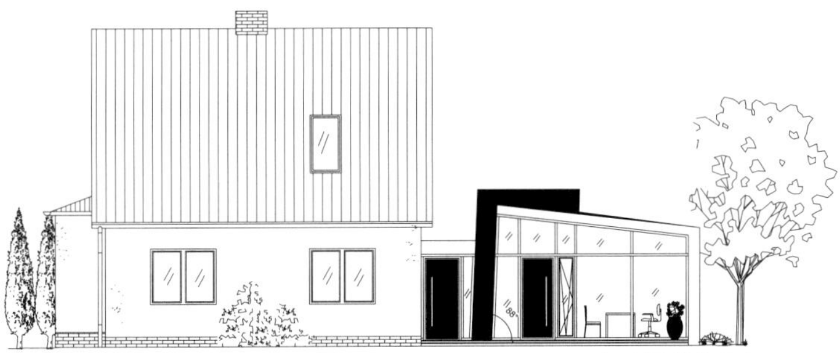

Ansicht Süd- Ost

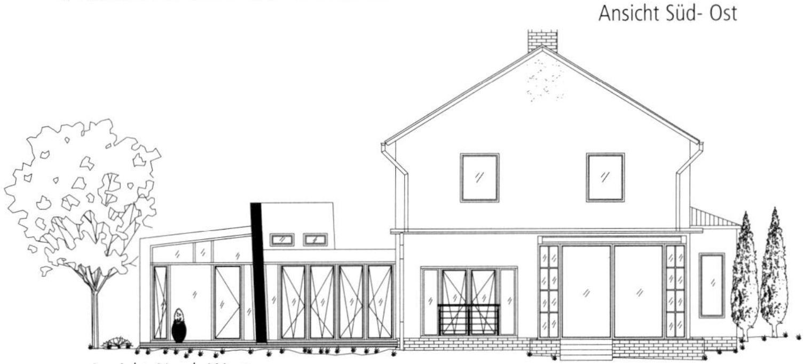

Ansicht Nord- West

## Objektbeschreibung

### Nutzung

**1 Erdgeschoss**
Büro- und Konferenznutzung

**Besonderer Kosteneinfluss Nutzung:**
Anbau an Bestandsgebäude

### Nutzeinheiten

Arbeitsplätze: 2

### Grundstück

Bauraum: Freier Bauraum
Neigung: Ebenes Gelände
Bodenklasse: BK 4

### Markt

Hauptvergabezeit: 3.Quartal 2008
Baubeginn: 3.Quartal 2008
Bauende: 2.Quartal 2009
Konjunkturelle Gesamtlage: unter Durchschnitt
Regionaler Baumarkt: Durchschnitt

### Baubestand

Bauzustand: mittel
Aufwand: mittel
Grundrissänderungen: wenige
Tragwerkseingriffe: keine
Nutzungsänderung: nein
Nutzung während der Bauzeit: nein

### Baukonstruktion

Stb-Streifenfundamente, Perimeterdämmung, Stb-Bodenplatte, Dämmung, Estrich, Parkett, Fliesen; Mischbauweise: Holzrahmenbau/Massivbau, Mineralwolledämmung, Außenbekleidung Faserzementplatten, Putz, Innenbekleidung, Trockenputz, Putz, Aluminium-Fassade, Dreifachverglasung; Innenwände Mauerwerk, Putz, Fliesen, Holzschiebetüren; Gefälledämmung, Flüssig-Dachbelag, Oberlichter, Dachentwässerung

### Technische Anlagen

Gebäudeentwässerung, Kalt- und Warmwasserleitungen, Sanitärobjekte, dezentrale Warmwasserversorgung; Fußbodenheizung; mechanische Entlüftung Sanitärbereich; Elektroinstallation, Sprechanlage, Telefonanlage, Aufbau- und Einbauleuchten, Anschluss an Bestandsbau, Lichtsteuerung

## Planungskennwerte für Flächen und Rauminhalte nach DIN 277

| Flächen des Grundstücks | Menge, Einheit | % an FBG |
|---|---|---|
| BF Bebaute Fläche | – $m^2$ | – |
| UBF Unbebaute Fläche | – $m^2$ | – |
| FBG Fläche des Baugrundstücks | 911,13 $m^2$ | 100,0 |

| Grundflächen des Bauwerks | Menge, Einheit | % an NF | % an BGF |
|---|---|---|---|
| NF Nutzfläche | 60,34 $m^2$ | 100,0 | 80,9 |
| TF Technische Funktionsfläche | – $m^2$ | – | – |
| VF Verkehrsfläche | – $m^2$ | – | – |
| NGF Netto-Grundfläche | 60,34 $m^2$ | 100,0 | 80,9 |
| KGF Konstruktions-Grundfläche | 14,27 $m^2$ | 23,7 | 19,1 |
| BGF Brutto-Grundfläche | 74,61 $m^2$ | 123,7 | 100,0 |

| Brutto-Rauminhalt des Bauwerks | Menge, Einheit | BRI/NF (m) | BRI/BGF (m) |
|---|---|---|---|
| BRI Brutto-Rauminhalt | 223,83 $m^3$ | 3,71 | 3,00 |

| Lufttechnisch behandelte Flächen | Menge, Einheit | % an NF | % an BGF |
|---|---|---|---|
| Entlüftete Fläche | – $m^2$ | – | – |
| Be- und entlüftete Fläche | – $m^2$ | – | – |
| Teilklimatisierte Fläche | – $m^2$ | – | – |
| Klimatisierte Fläche | – $m^2$ | – | – |

| KG Kostengruppen (2.Ebene) | Menge, Einheit | Menge/NF | Menge/BGF |
|---|---|---|---|
| 310 Baugrube | – $m^3$ BGI | – | – |
| 320 Gründung | – $m^2$ GRF | – | – |
| 330 Außenwände | – $m^2$ AWF | – | – |
| 340 Innenwände | – $m^2$ IWF | – | – |
| 350 Decken | – $m^2$ DEF | – | – |
| 360 Dächer | – $m^2$ DAF | – | – |

## Kostenkennwerte für die Kostengruppen der 1.Ebene DIN 276

| KG Kostengruppen (1.Ebene) | Einheit | Kosten € | €/Einheit | €/$m^2$ BGF | €/$m^3$ BRI | % 300+400 |
|---|---|---|---|---|---|---|
| 100 Grundstück | $m^2$ FBG | – | – | – | – | – |
| 200 Herrichten und Erschließen | $m^2$ FBG | – | – | – | – | – |
| 300 Bauwerk - Baukonstruktionen | $m^2$ BGF | 86.457 | 1.158,79 | 1.158,79 | 386,26 | 92,4 |
| 400 Bauwerk - Technische Anlagen | $m^2$ BGF | 7.138 | 95,67 | 95,67 | 31,89 | 7,6 |
| **Bauwerk 300+400** | **$m^2$ BGF** | **93.595** | **1.254,46** | **1.254,46** | **418,15** | **100,0** |
| 500 Außenanlagen | $m^2$ AUF | – | – | – | – | – |
| 600 Ausstattung und Kunstwerke | $m^2$ BGF | – | – | – | – | – |
| 700 Baunebenkosten | $m^2$ BGF | – | – | – | – | – |

## Kostenkennwerte für die Kostengruppen der 1.Ebene DIN 276

Erweiterung

| KG | Kostengruppe | Menge Einheit | Kosten € | €/Einheit | % |
|---|---|---|---|---|---|
| **3+4** | **Bauwerk** | | | | **100,0** |
| 300 | **Bauwerk - Baukonstruktionen**<br>Stb-Streifenfundamente, Perimeterdämmung, Stb-Bodenplatte, Dämmung, Estrich, Parkett, Fliesen; Mischbauweise: Holzrahmenbau/Massivbau, Mineralwolledämmung, Außenbekleidung Faserzementplatten, Putz, Innenbekleidung, Trockenputz, Putz, Aluminium-Fassade, Dreifachverglasung; Innenwände Mauerwerk, Putz, Fliesen, Holzschiebetüren; Gefälledämmung, Flüssig-Dachbelag, Oberlichter, Dachentwässerung | 74,61 m² BGF | 86.457 | **1.158,79** | 92,4 |
| 400 | **Bauwerk - Technische Anlagen**<br>Gebäudeentwässerung, Kalt- und Warmwasserleitungen, Sanitärobjekte, dezentrale Warmwasserversorgung; Fußbodenheizung; mechanische Entlüftung Sanitärbereich; Elektroinstallation, Sprechanlage, Telefonanlage, Aufbau- und Einbauleuchten, Anschluss an Bestandsbau, Lichtsteuerung | 74,61 m² BGF | 7.138 | **95,67** | 7,6 |

# Schulen

4

- 4100 Allgemeinbildende Schulen
  4200 Berufliche Schulen
- 4300 Sonderschulen
- 4400 Kindertagesstätten
  4500 Weiterbildungseinrichtungen

## Objektübersicht

Erweiterung

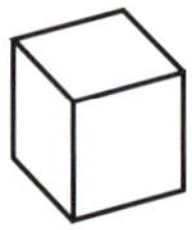

473 €/m³ BRI

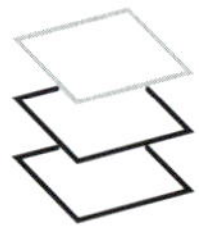

1.545 €/m² BGF

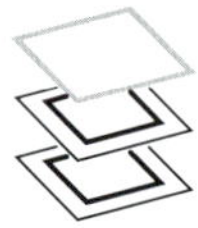

2.561 €/m² NF

| | |
|---|---|
| Kennwerte | bis 3.Ebene DIN 276 |
| Bauzeit | 52 Wochen |
| Bauende | 2007 |
| Standard | Durchschnitt |
| Land | Baden-Württemberg |
| Kreis | Esslingen a.N. |
| $m^3$ BRI | 2.795 |
| $m^2$ BGF | 855 |
| $m^2$ NF | 516 |

**Architekt:**
KLE-Architekten
Dipl.-Ing. Freie Architekten
BDA
Jesinger Str. 19
73230 Kirchheim u. Teck

**Bauherr:**
Gemeinde Lenningen
Marktplatz 1
73252 Lenningen

Erweiterung



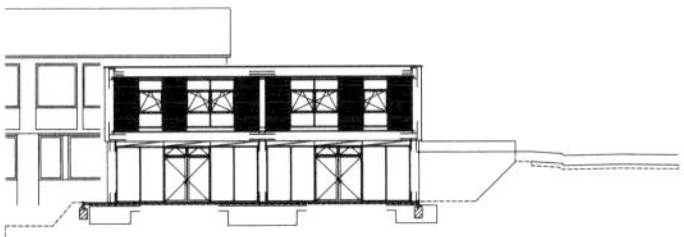

Ansicht Süd

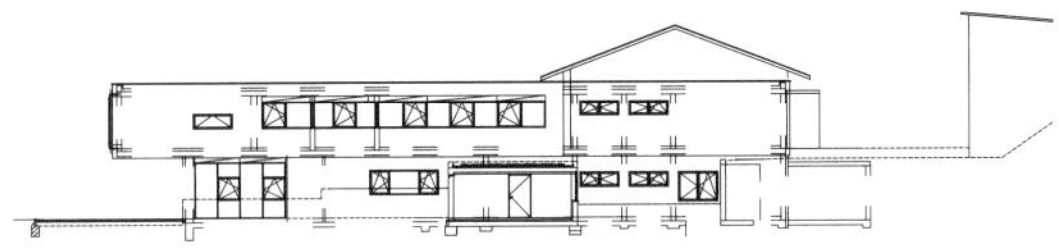

Ansicht Ost

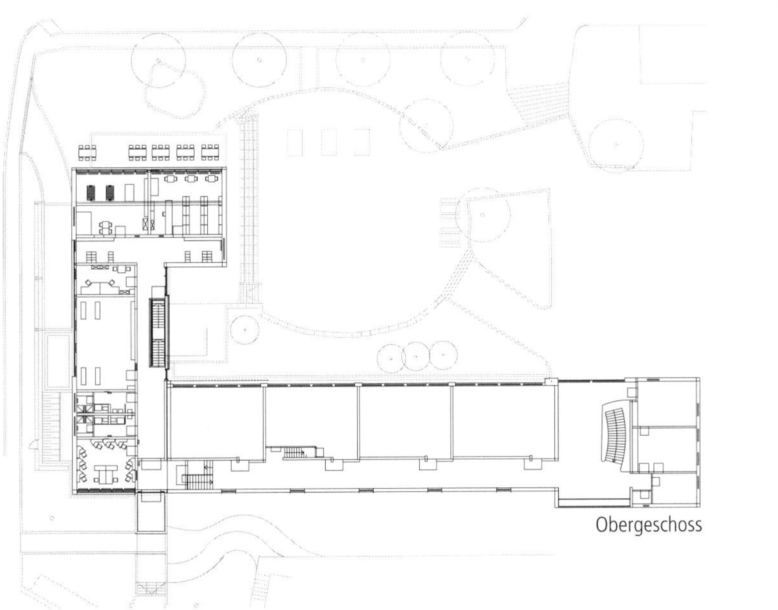

Obergeschoss

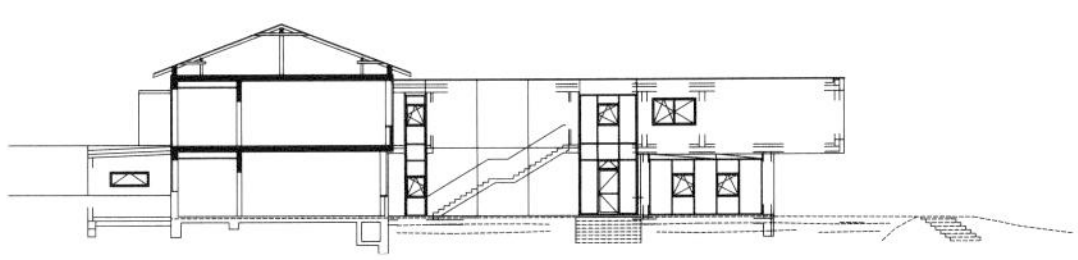

Ansicht West

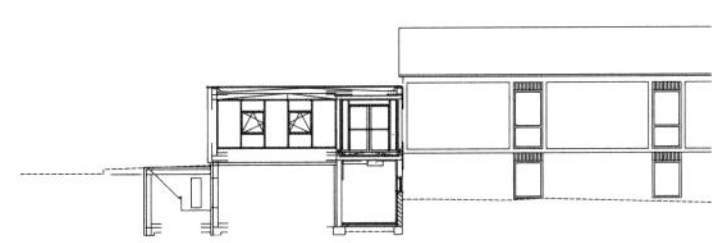

Ansicht Nord

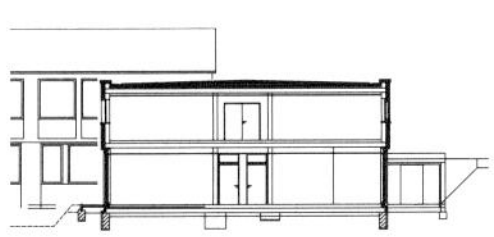

Querschnitt

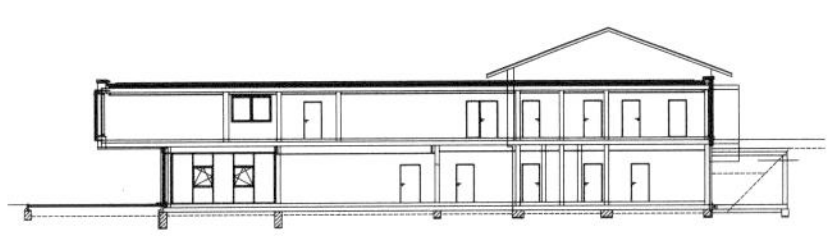

Längsschnitt

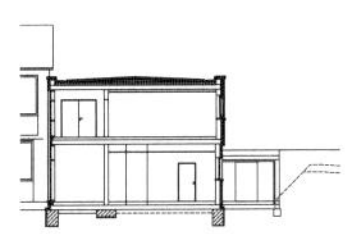

Querschnitt 2

# Objektbeschreibung

## Nutzung

**1 Erdgeschoss**
Kochküche, Vorratsraum, Mensa, Aufenthaltsraum, Sanitärräume, Behinderten-WC, Technikraum

**1 Obergeschoss**
Internetraum, Fitnessraum, Büroraum, Spielraum, Leseraum (Bibliothek), Garderobe

## Grundstück

Bauraum: Freier Bauraum
Neigung: Geneigtes Gelände
Bodenklasse: BK 3 bis BK 5

## Markt

Hauptvergabezeit: 3.Quartal 2006
Baubeginn: 3.Quartal 2006
Bauende: 3.Quartal 2007
Konjunkturelle Gesamtlage: Durchschnitt
Regionaler Baumarkt: unter Durchschnitt

## Baubestand

Baujahr: 1958
Bauzustand: mittel
Aufwand: mittel
Grundrissänderungen: wenige
Tragwerkseingriffe: keine
Nutzungsänderung: nein
Nutzung während der Bauzeit: nein

## Baukonstruktion

**Abbrechen:** Abbruch von einem Fenster; einer Stb-Treppe, Podest, Treppengeländer, Deckenbekleidungen; Entsorgung, Deponiegebühren
**Herstellen:** Baugrubenaushub; Stb-Fundamente, Stb-Bodenplatte, Abdichtung, Estrich, Linoleum, Fliesen; Stb-Wände, Alu-Fenster, WDVS, Sichtbeton-Fassadenplatten, Innendämmung, Putz, Anstrich, Fliesen, Pfosten-Riegel-Fassade, Raffstore, Schiebeläden; Stb-Wände, KS-Wände, GK-Wände, Holztüren, Glas-Alu-Türen, Putz, Anstrich, Fliesen, Alu-Glas-Trennwand; Stb-Decke, Stb-Treppe, Estrich, Fliesen, Linoleum, Sportboden, GK-Decken; Stb-Flachdach, Dämmung, Dachdichtung, Dachbegrünung, Entwässerung, GK-Decken

## Technische Anlagen

**Abbrechen:** Abbruch von Zählerschränken Mantelleitungen, Unterverteilung, Entsorgung, Deponiegebühren
**Herstellen:** Gebäudeentwässerung, Kalt-und Warmwasserleitungen, Abscheider, Sanitärobjekte; Erweiterung Heizungsanlage, Heizrohre, Heizkörper; Zu/Abluftgerät, Luftkanäle; Elektroinstallation, Leuchten, Blitzschutzanlage; Lautsprecheranlage, Antennenanlage, Brandschutzanlage, EDV-Anlage; Gebäudeautomation

## Planungskennwerte für Flächen und Rauminhalte nach DIN 277

| Flächen des Grundstücks | | Menge, Einheit | % an FBG |
|---|---|---|---|
| BF | Bebaute Fläche | 428,39 m² | 28,8 |
| UBF | Unbebaute Fläche | 1.058,34 m² | 71,2 |
| FBG | Fläche des Baugrundstücks | 1.486,73 m² | 100,0 |

| Grundflächen des Bauwerks | | Menge, Einheit | % an NF | % an BGF |
|---|---|---|---|---|
| NF | Nutzfläche | 515,82 m² | 100,0 | 60,3 |
| TF | Technische Funktionsfläche | 10,97 m² | 2,1 | 1,3 |
| VF | Verkehrsfläche | 158,44 m² | 30,7 | 18,5 |
| NGF | Netto-Grundfläche | 685,23 m² | 132,8 | 80,1 |
| KGF | Konstruktions-Grundfläche | 169,82 m² | 32,9 | 19,9 |
| BGF | Brutto-Grundfläche | 855,05 m² | 165,8 | 100,0 |

| Brutto-Rauminhalt des Bauwerks | | Menge, Einheit | BRI/NF (m) | BRI/BGF (m) |
|---|---|---|---|---|
| BRI | Brutto-Rauminhalt | 2.795,22 m³ | 5,42 | 3,27 |

| Lufttechnisch behandelte Flächen | Menge, Einheit | % an NF | % an BGF |
|---|---|---|---|
| Entlüftete Fläche | – m² | – | – |
| Be- und entlüftete Fläche | – m² | – | – |
| Teilklimatisierte Fläche | – m² | – | – |
| Klimatisierte Fläche | – m² | – | – |

| KG | Kostengruppen (2.Ebene) | Menge, Einheit | Menge/NF | Menge/BGF |
|---|---|---|---|---|
| 310 | Baugrube | 662,91 m³ BGI | 1,29 | 0,78 |
| 320 | Gründung | 428,39 m² GRF | 0,83 | 0,50 |
| 330 | Außenwände | 470,25 m² AWF | 0,91 | 0,55 |
| 340 | Innenwände | 661,56 m² IWF | 1,28 | 0,77 |
| 350 | Decken | 450,16 m² DEF | 0,87 | 0,53 |
| 360 | Dächer | 451,25 m² DAF | 0,87 | 0,53 |

## Kostenkennwerte für die Kostengruppen der 1.Ebene DIN 276

| KG | Kostengruppen (1.Ebene) | Einheit | Kosten € | €/Einheit | €/m² BGF | €/m³ BRI | % 300+400 |
|---|---|---|---|---|---|---|---|
| 100 | Grundstück | m² FBG | – | – | – | – | – |
| 200 | Herrichten und Erschließen | m² FBG | 8.937 | 6,01 | 10,45 | 3,20 | 0,7 |
| 300 | Bauwerk - Baukonstruktionen | m² BGF | 901.841 | 1.054,72 | 1.054,72 | 322,64 | 68,3 |
| 400 | Bauwerk - Technische Anlagen | m² BGF | 419.172 | 490,23 | 490,23 | 149,96 | 31,7 |
| | **Bauwerk 300+400** | **m² BGF** | **1.321.013** | **1.544,95** | **1.544,95** | **472,60** | **100,0** |
| 500 | Außenanlagen | m² AUF | 126.534 | 119,56 | 147,98 | 45,27 | 9,6 |
| 600 | Ausstattung und Kunstwerke | m² BGF | 6.003 | 7,02 | 7,02 | 2,15 | 0,5 |
| 700 | Baunebenkosten | m² BGF | – | – | – | – | – |

Erweiterung

## Kostenkennwerte für die Kostengruppen der 1.Ebene DIN 276

| KG | Kostengruppe | Menge Einheit | Kosten € | €/Einheit | % |
|---|---|---|---|---|---|
| 200 | **Herrichten und Erschließen** | 1.486,73 m2 FBG | 8.937 | **6,01** | 0,7 |
| | • Herstellen (Kosten: 100,0%) | | 8.937 | | |
| | Arbeiten am Straßenkanal | | | | |
| **3+4** | **Bauwerk** | | | | **100,0** |
| 300 | **Bauwerk - Baukonstruktionen** | 855,05 m2 BGF | 901.841 | **1.054,72** | 68,3 |
| | • Abbrechen (Kosten: 0,4%) | | 3.737 | | |
| | Abbruch von einem Fenster; einer Stb-Treppe, Podest, Treppengeländer, Deckenbekleidungen; Entsorgung, Deponiegebühren | | | | |
| | • Herstellen (Kosten: 99,6%) | | 898.104 | | |
| | Baugrubenaushub; Stb-Fundamente, Stb-Bodenplatte, Abdichtung, Estrich, Linoleum, Fliesen; Stb-Wände, Alu-Fenster, WDVS, Sichtbeton-Fassadenplatten, Innendämmung, Putz, Anstrich, Fliesen, Pfosten-Riegel-Fassade, Raffstore, Schiebeläden; Stb-Wände, KS-Wände, GK-Wände, Holztüren, Glas-Alu-Türen, Putz, Anstrich, Fliesen, Alu-Glas-Trennwand; Stb-Decke, Stb-Treppe, Estrich, Fliesen, Linoleum, Sportboden, GK-Decken; Stb-Flachdach, Dämmung, Dachdichtung, Dachbegrünung, Entwässerung, GK-Decken | | | | |
| 400 | **Bauwerk - Technische Anlagen** | 855,05 m2 BGF | 419.172 | **490,23** | 31,7 |
| | • Abbrechen (Kosten: 0,4%) | | 1.774 | | |
| | Abbruch von Zählerschränken Mantelleitungen, Unterverteilung, Entsorgung, Deponiegebühren | | | | |
| | • Herstellen (Kosten: 99,6%) | | 417.398 | | |
| | Gebäudeentwässerung, Kalt-und Warmwasserleitungen, Abscheider, Sanitärobjekte; Erweiterung Heizungsanlage, Heizrohre, Heizkörper; Zu/Abluftgerät, Luftkanäle; Elektroinstallation, Leuchten, Blitzschutzanlage; Lautsprecheranlage, Antennenanlage, Brandschutzanlage, EDV-Anlage; Gebäudeautomation | | | | |
| 500 | **Außenanlagen** | 1.058,33 m2 AUF | 126.534 | **119,56** | 9,6 |
| | • Abbrechen (Kosten: 4,2%) | | 5.370 | | |
| | Abbruch von Betonpflastersteinen, Randsteinen, Pflastersteine, Naturstein, Betonplatten, Asphaltbelägen; Natursteinblockstufen, Geländer; Entsorgung, Deponiegebühren | | | | |
| | • Herstellen (Kosten: 95,8%) | | 121.164 | | |
| | Oberboden abtragen, entsorgen, liefern, einbauen; Filter, Tragschicht, Betonplatten, Betonpflaster, Asphaltbeton; L-Steine, Blockstufentribüne, Geländer; Rohrgrabenaushub, Grundleitungen, Rigolen, Rinnen, Pollerleuchten; Bodenbearbeitung, Bodenverbesserung, Bepflanzung, Rasen | | | | |
| 600 | **Ausstattung und Kunstwerke** | 855,05 m2 BGF | 6.003 | **7,02** | 0,5 |
| | • Herstellen (Kosten: 100,0%) | | 6.003 | | |
| | Schrank unter der Treppe, Platte unter der Treppe, Edelstahlhaken, Plexiglas-Fluchtwegschilder | | | | |

## Kostenkennwerte für die Kostengruppen 300 und 400 der 2.Ebene DIN 276

| KG | Kostengruppe | Menge Einheit | Kosten € | €/Einheit | % |
|---|---|---|---|---|---|
| **200** | **Herrichten und Erschließen** | | | | **100,0** |
| 220 | **Öffentliche Erschließung** | 1.486,73 m² FBG | 8.937 | **6,01** | 100,0 |
| | • Herstellen (Kosten: 100,0%) | | 8.937 | | |
| | Stundenlohnarbeiten am Straßenkanal | | | | |
| **300** | **Bauwerk - Baukonstruktionen** | | | | **100,0** |
| 310 | **Baugrube** | 662,91 m³ | 19.428 | **29,31** | 2,2 |
| | • Herstellen (Kosten: 100,0%) | | 19.428 | | |
| | Baugrubenaushub, BK 3-5 (663m³), Baugrubenaushub, Abfuhr (90m³), Aushub wiedereinfüllen (60m³), Hinterfüllungen (206t) | | | | |
| 320 | **Gründung** | 428,39 m² | 140.268 | **327,43** | 15,6 |
| | • Herstellen (Kosten: 100,0%) | | 140.268 | | |
| | Ausgleichsbeton C8/10 (102m³) * Fundamentaushub (324m³), Stb-Fundamente C30/37, Schalung (82m³), Sauberkeitsschicht (125m²) * Stb-Bodenplatte C30/37, d=25cm (428m²) * Abdichtungen, Dämmung, Bitumenanstrich, Zementestrich, d=65mm (330m²), Bodenfliesen (119m²), Linoleum (211m²) * Planum (428m²), Kiesfilterschicht (303m²) * Dränageleitungen (66m) | | | | |
| 330 | **Außenwände** | 470,25 m² | 273.370 | **581,33** | 30,3 |
| | • Abbrechen (Kosten: 0,2%) | | 631 | | |
| | Abbruch von einem Fenster, Entsorgung, Deponiegebühren (20m²) | | | | |
| | • Herstellen (Kosten: 99,8%) | | 272.739 | | |
| | Stb-Wände C20/25, d=25cm (252m²) * Stb-Attika (120m) * Alu-Fenster (21m²), Alu-Glas-Türen (9m²) * Abdichtung, Dämmung (131m²), WDVS, d=140-220mm, Kratzputz, Anstrich (309m²), Fertigteil-Fassadenplatten (54m²), Anstrich (30m²), Putzträgerplatte (29m²) * Innendämmung, Wärmedämmverbundsystem, d=80-120mm, Putz (104m²), Anstrich (290m²), Putz (213m²), Wandfliesen (48m²), Mineralfaserplatten (46m²) * Alu-Pfosten-Riegel-Fassade (153m²) * Alu-Raffstore (102m²), Schiebeläden (12St) | | | | |
| 340 | **Innenwände** | 661,56 m² | 181.162 | **273,84** | 20,1 |
| | • Herstellen (Kosten: 100,0%) | | 181.162 | | |
| | Stb-Innenwände C20/25, d=25cm, (342m²), Stb-Innenwände C30/37, d=30cm (55m²), KS-Mauerwerk, d=17,5-24cm (123m²), Sichtbetonschalung (56m²) * Metallständerwände (53m²), F90-Verkleidung (4m²) * Alu/Glas-Türelemente T30 (9m²), Schallschutztüren (21m²), Vollspantüren (17m²), Türen T30 (6m²), Festverglasungen (4m²) * Putz (691m²), Wandfliesen (161m²), Anstrich (879m²) * Alu/Glas Flurtrennwandelement (23m²) * Handlauf (7m) | | | | |

Erweiterung

| KG | Kostengruppe | Menge Einheit | Kosten € | €/Einheit | % |
|---|---|---|---|---|---|
| 350 | **Decken** | 450,16 m² | 133.154 | **295,80** | 14,8 |
| | • Abbrechen (Kosten: 2,2%) | | 2.957 | | |
| | Abbruch von einer Stb-Treppe, Podest, Treppengeländer (16m²) * Abbruch von Deckenbekleidungen 14m²), Entsorgung, Deponiegebühren | | | | |
| | • Herstellen (Kosten: 97,8%) | | 130.197 | | |
| | Stb-Decken C30/37, d=25cm (427m²), Stb-Decken C20/25, d=22cm (15m²), Stb-Fertigteil Treppenlauf (9m²) * Zementestrich, d=65mm (346m²), Linoleum (270m²), Bodenfliesen (28m²), flächenelastischer Sportboden, d=27mm, Linoleum (54m²) * abgehängte Akustikdecke, d=15-25mm (194m²), Akustikdämmung außen, d=100mm (55m²), F90 Decke (43m²), GK-Decken (54m²) * Stahltreppengeländer (7m), Melaminplatten | | | | |
| 360 | **Dächer** | 451,25 m² | 121.076 | **268,31** | 13,4 |
| | • Herstellen (Kosten: 100,0%) | | 121.076 | | |
| | Stb-Flachdach C30/37, d=25cm (449m²) * Acrylglaskuppeln, RWA (2St) * Voranstrich, Dampfsperre, Dämmung, Dachabdichtung, Dränschicht, Filtervlies, Vegetations-Tragschicht, Sedumsprossen, Kiesrandstreifen (384m²), Dachgullys (11St), Attikaabdeckung, Titanzink (102m), Dämmung, Mineraltragschicht, Betonplattenbelag (15m²) * Abgehängte Akustikdecke, d=15mm (275m²), abgehängte GK-Decke (40m²), Mineralfaserplatten, d=50mm (32m²) * Flachdach-Absturzsicherungen (14St) | | | | |
| 390 | **Sonstige Baukonstruktionen** | 855,05 m² BGF | 33.382 | **39,04** | 3,7 |
| | • Abbrechen (Kosten: 0,4%) | | 150 | | |
| | • Herstellen (Kosten: 99,6%) | | 33.233 | | |
| | Baustelleneinrichtung, Schnurgerüst, Bauwasser- und stromanschluss, Baustellen-WC, Bauschild, Bauzaun, h=2m (213m²) * Stahlrohr-Fassadengerüst (615m²) * Raum-Kondenstrockner (228Tage), Ventilatoren zur Luftumwälzung (72Tage), Reinigen von Fliesen (183m²), Linoleum (420m²), Geländer (9m²), Sichtbetontreppe (1St), Wandfliesen (146m²), Glasflächen (226m²), Boden mit Folie abdecken (78m²) | | | | |
| **400** | **Bauwerk - Technische Anlagen** | | | | **100,0** |
| 410 | **Abwasser-, Wasser-, Gasanlagen** | 855,05 m² BGF | 136.668 | **159,84** | 32,6 |
| | • Herstellen (Kosten: 100,0%) | | 136.668 | | |
| | KG-Leitungen (164m), Grundleitungen (164m), Hebeanlage, Fettabscheider (1St), Stärkeabscheider (1St), Rohre (49m), Bodenabläufe (8St), Notüberläufe (11St) * Verbundrohre (357m), Speicher-Wassererwärmer (1St), WC (8St), Urinale (3St), Waschtische (6St), Duschen (4St), Ausgussbecken (1St), Handtuchspender, Papierhalter, Bürstengarnitur (6St), Kristallspiegel (5St), Kippspiegel (1St), Stützklappgriff (1St) * Vorwandinstallationsblöcke (88m²) | | | | |
| 420 | **Wärmeversorgungsanlagen** | 855,05 m² BGF | 73.605 | **86,08** | 17,6 |
| | • Herstellen (Kosten: 100,0%) | | 73.605 | | |
| | Erweiterung der bestehenden Heizungsanlage, Umwälzpumpen (7St), Ausdehnungsgefäß (1St), Absperrklappen (26St), Ventile (9St), Verteiler (1St), * Kupferheizungsrohre (663m), Stahl-Rohrleitungen (235), Rohrdämmungen * Heizkörper, Mehrsäuler (35St), Strahlungsschirme (23m), Thermostate (35St) * Steinzeug-Vortriebrohre, Verbindung Bestand zu neuer Technikzentrale, Unterquerung mit Durchschlaggerät, DN100 (28m), Hausanschluss | | | | |

| KG | Kostengruppe | Menge Einheit | Kosten € | €/Einheit | % |
|---|---|---|---|---|---|
| 430 | **Lufttechnische Anlagen** | 855,05 m² BGF | 29.978 | **35,06** | 7,2 |
| | • Herstellen (Kosten: 100,0%) | | 29.978 | | |
| | Dachkompaktgerät, Zuluft/Abluft (1St), Radial-Dachventilator (1St), Kanalventilator (1St), Wasser-Lufterhitzer (1St), Luftfilter (1St), Kleinraumventilatoren (7St), Rechteckkanal (93m²), Rundrohre DN160-315 (30m), Flexibles Rundrohr DN100-200 (31m), Rohrschalldämpfer (13St), Kanalschalldämpfer (5St), Brandschutzbekleidung (13m²), Kompaktgitter (12St) | | | | |
| 440 | **Starkstromanlagen** | 855,05 m² BGF | 103.742 | **121,33** | 24,7 |
| | • Abbrechen (Kosten: 1,7%) | | 1.774 | | |
| | Abbruch von Zählerschränken Mantelleitungen, Unterverteilung, Entsorgung, Deponiegebühren | | | | |
| | • Herstellen (Kosten: 98,3%) | | 101.968 | | |
| | Zählerschrank, Unterverteiler (2St), Sicherungen (124St), FI-Schutzschalter (2St), Lasttrennschalter (14St), Lastschalter (12St), Mantelleitungen (4.609m), Kabelrinnen (187m), Kunststoffkanäle und Rohre (302), Schalter, Taster (76St), Steckdosen (135St), Drehstromzähler, Überspannungsschutz * BUS-Überwachung (1St), Sicherheitsbeleuchtung (8St), Leuchten (155St) * Fundamenterder (158m), Potenzialausgleich (2St), Mantelleitungen (274m), Rundstahl 10mm (188m) | | | | |
| 450 | **Fernmelde-, informationstechn. Anlagen** | 855,05 m² BGF | 28.136 | **32,91** | 6,7 |
| | • Herstellen (Kosten: 100,0%) | | 28.136 | | |
| | Deckenlautsprecher (22St), Rufananlage Behinderten-WC (1St), Leitungen J-Y(St)4-20x2x0,8 (960m) * Antennensteckdosen (8St), Koaxialkabel (480m) * Brandmeldezentrale (1St), Akku 12V (2St), Sensormelder (27St), Handmelder (2St), Brandmeldeleitungen (500m), Einsatzdateikarten (10St) * LAN-Schrank (1St), LWL-Verteilfeld (6St), EDV-Leitungen (1.091m), Glasfaserkabel (364m), Patchpanel (6St) | | | | |
| 470 | **Nutzungsspezifische Anlagen** | 855,05 m² BGF | 1.949 | **2,28** | 0,5 |
| | • Herstellen (Kosten: 100,0%) | | 1.949 | | |
| | Gerätesockel für Küchengeräte aus KS-Steinen (1m³) | | | | |
| 480 | **Gebäudeautomation** | 855,05 m² BGF | 45.093 | **52,74** | 10,8 |
| | • Herstellen (Kosten: 100,0%) | | 45.093 | | |
| | DDC-Automationsstation (1St), Leitungen (2.170m), Regelventile (5St), Messwertgeber (20St), Elektrischer Klappenstellantrieb (2St), Projektbearbeitung, Inbetriebnahme * Schaltschränke (2St), Netzgeräte, Bus-Anschluss, Sicherungen, Schaltgeräte, Regelgeräte, Relais, Überspannungsschutz, Motorsteuerung, Transformator | | | | |
| **500** | **Außenanlagen** | | | | **100,0** |
| 510 | **Geländeflächen** | 631,95 m² | 9.386 | **14,85** | 7,4 |
| | • Herstellen (Kosten: 100,0%) | | 9.386 | | |
| | Oberboden abtragen, Abfuhr (104m³), Oberboden abtragen, lagern, wieder einbauen (62m²), Oberboden liefern, einbauen, d=20-30cm (519m²), Erdbewegungen (53m³) | | | | |

Erweiterung

| KG | Kostengruppe | Menge Einheit | Kosten € | €/Einheit | % |
|---|---|---|---|---|---|
| 520 | **Befestigte Flächen** | 426,39 m² | 36.542 | **85,70** | 28,9 |
| | • Abbrechen (Kosten: 12,8%) | | 4.674 | | |
| | Abbruch von Betonpflastersteinen (17m²), Randsteinen, Pflastersteine, Naturstein (73m), Betonplatten (12m²) * Asphaltbelägen, Unterbau (289m²), Einfassungen, Naturstein (17m), Schnittkanten an der Asphaltdecke (44m); Entsorgung, Deponiegebühren | | | | |
| | • Herstellen (Kosten: 87,2%) | | 31.868 | | |
| | Kiesfilter, Mineraltragschicht, d=20cm, Splittbett, Betonpflaster, 20/20/8cm (25m²), Betonrabattensteine (4m) * Kiesfilter, Schotterschicht bis 70cm, Mineraltragschicht, d=20cm, Betonpflaster in Splittbett (58m²) * Kiesfilter, Mineraltragschicht, d=20cm, Splittbett (260m²), Betonpflaster (120m²), Betonplattenbelag (140m²), Bitumentragschicht, Asphaltbetondecke (67m²) * Traufstreifen (18m²) | | | | |
| 530 | **Baukonstruktionen in Außenanlagen** | 1.058,33 m² AUF | 39.665 | **37,48** | 31,3 |
| | • Abbrechen (Kosten: 1,8%) | | 696 | | |
| | Abbruch von Natursteinblockstufen, Geländer, Unterbau, Entsorgung, Deponiegebühren (41m²) | | | | |
| | • Herstellen (Kosten: 98,2%) | | 38.969 | | |
| | L-Steine, h=55-155cm (28m²), Grundmauerschutz Sauberkeitsschicht (31m²) * Beton-Blockstufen, 100/36/16cm, in Mineralbeton versetzt (126St), Beton-Treppenwangen (2St), Absturzgeländer, Handlauf, d=42mm (16m), Stahl-Außengeländer (7m), Stahlhandlauf, Rundrohr, feuerverzinkt (4St) | | | | |
| 540 | **Technische Anlagen in Außenanlagen** | 1.058,33 m² AUF | 27.740 | **26,21** | 21,9 |
| | • Herstellen (Kosten: 100,0%) | | 27.740 | | |
| | Rohrgrabenaushub (38m³), Rohrgrabenverfüllung (33m³), KG-Leitungen DN100, Formteile (52m), Rigolenversickerung, Speichervolumen (22m³), Entspannungsrinnen (33m), Entwässerungssrinnen (15m), Bodenabläufe (3St) * Pollerleuchten (5St), Mantelleitungen (261m), Kabeltrasse, Stundenlohnarbeiten | | | | |
| 570 | **Pflanz- und Saatflächen** | 631,95 m² | 12.786 | **20,23** | 10,1 |
| | • Herstellen (Kosten: 100,0%) | | 12.786 | | |
| | Rohplanie, Vegetationsschicht, d=20cm, lockern und fräsen (632m²) * Bodenverbesserung, Waldhumus, d=2-3cm (632m²) * Efeu (400St), Liguster (100St), Böschungsmyrte (50St), Lorbeerkirsche (15St), Brautspiere (40St), Bodendecker (50St), Eibe (1St), Buchshecke (5m) * Feinplanie, Raseneinsaat (467m²), Mähkante, Betonpflastersteine (55m) | | | | |
| 590 | **Sonstige Außenanlagen** | 1.058,33 m² AUF | 416 | **0,39** | 0,3 |
| | • Herstellen (Kosten: 100,0%) | | 416 | | |
| | Baustelleneinrichtung, Grünschnitt entsorgen (1t) | | | | |
| **600** | **Ausstattung und Kunstwerke** | | | | **100,0** |
| 610 | **Ausstattung** | 855,05 m² BGF | 6.003 | **7,02** | 100,0 |
| | • Herstellen (Kosten: 100,0%) | | 6.003 | | |
| | Schrank unter der Treppe, Melamin-Schichtstoffplatten, drei Türen (1St), Melamin-Schichtstoffplatte unter der Treppe (1St), Edelstahlhaken (4St) * Plexiglastafeln für Fluchtwege (2St) | | | | |

## Kostenkennwerte für die Kostengruppe 300 der 3.Ebene DIN 276 (Übersicht)

| KG | Kostengruppe | Menge Einh. | €/Einheit | Kosten € | % 300+400 |
|---|---|---|---|---|---|
| 311 | Baugrubenherstellung | 663,000 m³ | 29,31 | 19.428,33 | 1,5 |
| 312 | Baugrubenumschließung | – | – | – | – |
| 313 | Wasserhaltung | – | – | – | – |
| 319 | Baugrube, sonstiges | – | – | – | – |
| **310** | **Baugrube** | **663,000 m³** | **29,31** | **19.428,33** | **1,5** |
| 321 | Baugrundverbesserung | 428,000 m² GRF | 18,30 | 7.841,57 | 0,6 |
| 322 | Flachgründungen | 428,000 m² | 101,40 | 43.437,44 | 3,3 |
| 323 | Tiefgründungen | – | – | – | – |
| 324 | Unterböden und Bodenplatten | 428,000 m² | 67,76 | 29.027,33 | 2,2 |
| 325 | Beläge auf Boden- und Fundamentplatten | 333,000 m² | 159,59 | 53.212,96 | 4,0 |
| 326 | Bauwerksabdichtungen | 428,000 m² GRF | 8,49 | 3.635,52 | 0,3 |
| 327 | Dränagen | 428,000 m² GRF | 7,27 | 3.113,45 | 0,2 |
| 329 | Gründung, sonstiges | – | – | – | – |
| **320** | **Gründung** | **428,000 m²** | **327,43** | **140.268,27** | **10,6** |
| 331 | Tragende Außenwände | 252,000 m² | 183,31 | 46.194,84 | 3,5 |
| 332 | Nichttragende Außenwände | 36,000 m² | 99,84 | 3.594,23 | 0,3 |
| 333 | Tragende Außenstützen | 3,000 m | 124,92 | 424,73 | < 0,1 |
| 334 | Außentüren, -fenster | 30,000 m² | 985,82 | 29.130,84 | 2,2 |
| 335 | Außenwandbekleidungen außen | 523,000 m² | 110,94 | 58.012,38 | 4,4 |
| 336 | Außenwandbekleidungen innen | 489,000 m² | 37,68 | 18.436,79 | 1,4 |
| 337 | Elementierte Außenwände | 153,000 m² | 575,15 | 87.825,03 | 6,6 |
| 338 | Sonnenschutz | 144,000 m² | 207,22 | 29.751,19 | 2,3 |
| 339 | Außenwände, sonstiges | – | – | – | – |
| **330** | **Außenwände** | **470,000 m²** | **581,33** | **273.370,05** | **20,7** |
| 341 | Tragende Innenwände | 520,000 m² | 126,92 | 66.056,17 | 5,0 |
| 342 | Nichttragende Innenwände | 58,000 m² | 102,68 | 5.947,04 | 0,5 |
| 343 | Tragende Innenstützen | – | – | – | – |
| 344 | Innentüren, -fenster | 60,000 m² | 784,48 | 47.143,29 | 3,6 |
| 345 | Innenwandbekleidungen | 1.040,000 m² | 37,43 | 38.918,80 | 2,9 |
| 346 | Elementierte Innenwände | 23,000 m² | 897,85 | 20.731,24 | 1,6 |
| 349 | Innenwände, sonstiges | – | – | – | – |
| **340** | **Innenwände** | **662,000 m²** | **273,84** | **181.162,38** | **13,7** |
| 351 | Deckenkonstruktionen | 450,000 m² | 135,18 | 60.851,64 | 4,6 |
| 352 | Deckenbeläge | 351,000 m² | 103,22 | 36.198,04 | 2,7 |
| 353 | Deckenbekleidungen | 347,000 m² | 68,33 | 23.707,55 | 1,8 |
| 359 | Decken, sonstiges | 450,000 m² DEF | 27,54 | 12.396,89 | 0,9 |
| **350** | **Decken** | **450,000 m²** | **295,80** | **133.154,11** | **10,1** |
| 361 | Dachkonstruktionen | 449,000 m² | 104,15 | 46.791,76 | 3,5 |
| 362 | Dachfenster, Dachöffnungen | 2,000 m² | 2.012,89 | 3.973,45 | 0,3 |
| 363 | Dachbeläge | 463,000 m² | 128,12 | 59.369,83 | 4,5 |
| 364 | Dachbekleidungen | 347,000 m² | 24,83 | 8.616,76 | 0,7 |
| 369 | Dächer, sonstiges | 451,000 m² DAF | 5,15 | 2.324,02 | 0,2 |
| **360** | **Dächer** | **451,000 m²** | **268,31** | **121.075,81** | **9,2** |
| **370** | **Baukonstruktive Einbauten** | **–** | **–** | **–** | **–** |
| **390** | **Sonst. Maßnahmen für Baukonstruktionen** | **855,000 m² BGF** | **39,04** | **33.382,31** | **2,5** |
| **300** | **Bauwerk - Baukonstruktionen** | **855,000 m² BGF** | **1.054,72** | **901.841,26** | **68,3** |

## Kostenkennwerte für die Kostengruppe 400 der 3.Ebene DIN 276 (Übersicht)

Erweiterung

| KG | Kostengruppe | Menge Einh. | €/Einheit | Kosten € | % 300+400 |
|---|---|---|---|---|---|
| 411 | Abwasseranlagen | 855,000 m² BGF | 97,53 | 83.390,07 | 6,3 |
| 412 | Wasseranlagen | 855,000 m² BGF | 48,27 | 41.272,54 | 3,1 |
| 413 | Gasanlagen (wenn zu Kochzwecken) | – | – | – | – |
| 414 | Feuerlöschanlagen | – | – | – | – |
| 419 | Abwasser-, Wasser- und Gasanlagen, sonstiges | 855,000 m² BGF | 14,04 | 12.005,76 | 0,9 |
| **410** | **Abwasser-, Wasser-, Gasanlagen** | **855,000 m² BGF** | **159,84** | **136.668,38** | **10,3** |
| 421 | Wärmeerzeugungsanlagen | 855,000 m² BGF | 14,07 | 12.026,41 | 0,9 |
| 422 | Wärmeverteilnetze | 855,000 m² BGF | 44,47 | 38.020,51 | 2,9 |
| 423 | Raumheizflächen | 855,000 m² BGF | 23,31 | 19.932,08 | 1,5 |
| 429 | Wärmeversorgungsanlagen, sonstiges | 855,000 m² BGF | 4,24 | 3.626,12 | 0,3 |
| **420** | **Wärmeversorgungsanlagen** | **855,000 m² BGF** | **86,08** | **73.605,13** | **5,6** |
| 431 | Lüftungsanlagen (LA) | 855,000 m² BGF | 35,06 | 29.977,89 | 2,3 |
| 432 | Teilklimaanlagen (TKA) | – | – | – | – |
| 433 | Klimaanlagen (KLA) | – | – | – | – |
| 434 | Prozeßlufttechnische Anlagen (PLA) | – | – | – | – |
| 435 | Kälteanlagen (KA) | – | – | – | – |
| 439 | Lufttechnische Anlagen, sonstiges | – | – | – | – |
| **430** | **Lufttechnische Anlagen** | **855,000 m² BGF** | **35,06** | **29.977,89** | **2,3** |
| 441 | Hoch- und Mittelspannungsanlagen | – | – | – | – |
| 442 | Eigenstromversorgungsanlagen | – | – | – | – |
| 443 | Niederspannungsschaltanlagen | – | – | – | – |
| 444 | Niederspannungsinstallationsanlagen | 855,000 m² BGF | 76,27 | 65.218,35 | 4,9 |
| 445 | Beleuchtungsanlagen | 855,000 m² BGF | 39,86 | 34.082,68 | 2,6 |
| 446 | Blitzschutz- und Erdungsanlagen | 855,000 m² BGF | 5,19 | 4.440,64 | 0,3 |
| 449 | Starkstromanlagen, sonstiges | – | – | – | – |
| **440** | **Starkstromanlagen** | **855,000 m² BGF** | **121,33** | **103.741,67** | **7,9** |
| 451 | Telekommunikationsanlagen | – | – | – | – |
| 452 | Such- und Signalanlagen | – | – | – | – |
| 453 | Zeitdienstanlagen | – | – | – | – |
| 454 | Elektroakustische Anlagen | 855,000 m² BGF | 4,11 | 3.517,37 | 0,3 |
| 455 | Fernseh- und Antennenanlagen | 855,000 m² BGF | 1,19 | 1.015,42 | 0,1 |
| 456 | Gefahrenmelde- und Alarmanlagen | 855,000 m² BGF | 13,53 | 11.567,65 | 0,9 |
| 457 | Übertragungsnetze | 855,000 m² BGF | 14,08 | 12.035,88 | 0,9 |
| 459 | Fernmelde- und informationstechn. Anlagen, sonstiges | – | – | – | – |
| **450** | **Fernmelde- und informationstechn. Anlagen** | **855,000 m² BGF** | **32,91** | **28.136,32** | **2,1** |
| 461 | Aufzugsanlagen | – | – | – | – |
| 462 | Fahrtreppen, Fahrsteige | – | – | – | – |
| 463 | Befahranlagen | – | – | – | – |
| 464 | Transportanlagen | – | – | – | – |
| 465 | Krananlagen | – | – | – | – |
| 469 | Förderanlagen, sonstiges | – | – | – | – |
| **460** | **Förderanlagen** | **–** | **–** | **–** | **–** |
| **470** | **Nutzungsspezifische Anlagen** | **855,000 m² BGF** | **2,28** | **1.949,36** | **0,1** |
| **480** | **Gebäudeautomation** | **855,000 m² BGF** | **52,74** | **45.093,09** | **3,4** |
| **490** | **Sonst. Maßnahmen für technische Anlagen** | **–** | **–** | **–** | **–** |
| **400** | **Bauwerk - Technische Anlagen** | **855,000 m² BGF** | **490,23** | **419.171,82** | **31,7** |

## Kostenkennwerte für Leistungsbereiche nach StLB (Kosten des Bauwerks nach DIN 276)

| LB | Leistungsbereiche | Kosten € | €/m² BGF | €/m³ BRI | % 300+400 |
|---|---|---|---|---|---|
| 000 | Sicherheits-, Baustelleneinrichtungen inkl. 001 | 24.405 | 28,50 | 8,70 | 1,8 |
| | Herstellen | 24.405 | 28,50 | 8,70 | 1,8 |
| 002 | Erdarbeiten | 41.377 | 48,40 | 14,80 | 3,1 |
| | Herstellen | 41.377 | 48,40 | 14,80 | 3,1 |
| 006 | Spezialtiefbauarbeiten inkl. 005 | – | – | – | – |
| 009 | Abwasserkanalarbeiten inkl. 011 | 34.258 | 40,10 | 12,30 | 2,6 |
| | Herstellen | 34.258 | 40,10 | 12,30 | 2,6 |
| 010 | Dränarbeiten | 3.337 | 3,90 | 1,20 | 0,3 |
| | Herstellen | 3.337 | 3,90 | 1,20 | 0,3 |
| 012 | Mauerarbeiten | 14.222 | 16,60 | 5,10 | 1,1 |
| | Herstellen | 14.222 | 16,60 | 5,10 | 1,1 |
| 013 | Betonarbeiten | 293.887 | 343,70 | 105,10 | 22,2 |
| | Herstellen | 293.887 | 343,70 | 105,10 | 22,2 |
| 014 | Natursteinarbeiten, Betonwerksteinarbeiten | – | – | – | – |
| 016 | Zimmer- und Holzbauarbeiten | – | – | – | – |
| 017 | Stahlbauarbeiten | – | – | – | – |
| 018 | Abdichtungsarbeiten gegen Wasser | 2.480 | 2,90 | 0,89 | 0,2 |
| | Herstellen | 2.480 | 2,90 | 0,89 | 0,2 |
| 020 | Dachdeckungsarbeiten | – | – | – | – |
| 021 | Dachabdichtungsarbeiten | 47.068 | 55,00 | 16,80 | 3,6 |
| | Herstellen | 47.068 | 55,00 | 16,80 | 3,6 |
| 022 | Klempnerarbeiten | 10.092 | 11,80 | 3,60 | 0,8 |
| | Herstellen | 10.092 | 11,80 | 3,60 | 0,8 |
| | **Rohbau** | **471.126** | **551,00** | **168,50** | **35,7** |
| | Herstellen | 471.126 | 551,00 | 168,50 | 35,7 |
| 023 | Putz- und Stuckarbeiten, Wärmedämmsysteme | 86.603 | 101,30 | 31,00 | 6,6 |
| | Herstellen | 86.603 | 101,30 | 31,00 | 6,6 |
| 024 | Fliesen- und Plattenarbeiten | 30.883 | 36,10 | 11,00 | 2,3 |
| | Herstellen | 30.883 | 36,10 | 11,00 | 2,3 |
| 025 | Estricharbeiten | 48.355 | 56,60 | 17,30 | 3,7 |
| | Herstellen | 48.355 | 56,60 | 17,30 | 3,7 |
| 026 | Fenster, Außentüren inkl. 029, 032 | 147.934 | 173,00 | 52,90 | 11,2 |
| | Herstellen | 147.934 | 173,00 | 52,90 | 11,2 |
| 027 | Tischlerarbeiten | 38.882 | 45,50 | 13,90 | 2,9 |
| | Herstellen | 38.882 | 45,50 | 13,90 | 2,9 |
| 028 | Parkettarbeiten, Holzpflasterarbeiten | – | – | – | – |
| 030 | Rollladenarbeiten | 30.055 | 35,20 | 10,80 | 2,3 |
| | Herstellen | 30.055 | 35,20 | 10,80 | 2,3 |
| 031 | Metallbauarbeiten inkl. 035 | 10.246 | 12,00 | 3,70 | 0,8 |
| | Herstellen | 10.246 | 12,00 | 3,70 | 0,8 |
| 034 | Maler- und Lackiererarbeiten inkl. 037 | 11.098 | 13,00 | 4,00 | 0,8 |
| | Herstellen | 11.098 | 13,00 | 4,00 | 0,8 |
| 036 | Bodenbelagsarbeiten | 27.533 | 32,20 | 9,90 | 2,1 |
| | Herstellen | 27.533 | 32,20 | 9,90 | 2,1 |
| 038 | Vorgehängte hinterlüftete Fassaden | – | – | – | – |
| 039 | Trockenbauarbeiten | 33.059 | 38,70 | 11,80 | 2,5 |
| | Herstellen | 33.060 | 38,70 | 11,80 | 2,5 |
| | **Ausbau** | **464.650** | **543,40** | **166,20** | **35,2** |
| | Herstellen | 464.650 | 543,40 | 166,20 | 35,2 |

| LB | Leistungsbereiche | Kosten € | €/m² BGF | €/m³ BRI | % 300+400 |
|---|---|---|---|---|---|
| 040 | Wärmeerzeuger, zentr. Einrichtungen inkl. 041 | 59.344 | 69,40 | 21,20 | 4,5 |
| | Herstellen | 59.344 | 69,40 | 21,20 | 4,5 |
| 042 | Gas- und Wasserinstallationsarbeiten inkl. 043 | 30.669 | 35,90 | 11,00 | 2,3 |
| | Herstellen | 30.669 | 35,90 | 11,00 | 2,3 |
| 044 | Abwasserinstallationsarbeiten - Leitungen | 40.982 | 47,90 | 14,70 | 3,1 |
| | Herstellen | 40.982 | 47,90 | 14,70 | 3,1 |
| 045 | Gas-, Wasser-Einrichtungsgegenstände inkl. 046 | 18.625 | 21,80 | 6,70 | 1,4 |
| | Herstellen | 18.625 | 21,80 | 6,70 | 1,4 |
| 047 | Dämmarbeiten an betriebstechnischen Anlagen | 13.305 | 15,60 | 4,80 | 1,0 |
| | Herstellen | 13.305 | 15,60 | 4,80 | 1,0 |
| 049 | Feuerlöschanlagen, Feuerlöschgeräte | – | – | – | – |
| 050 | Blitzschutz- und Erdungsanlagen | 4.441 | 5,20 | 1,60 | 0,3 |
| | Herstellen | 4.441 | 5,20 | 1,60 | 0,3 |
| 052 | Mittelspannungsanlagen | – | – | – | – |
| 053 | Niederspannungsanlagen inkl. 054 | 64.541 | 75,50 | 23,10 | 4,9 |
| | Herstellen | 64.541 | 75,50 | 23,10 | 4,9 |
| 055 | Ersatzstromversorgungsanlagen | – | – | – | – |
| 057 | Gebäudesystemtechnik | 39.104 | 45,70 | 14,00 | 3,0 |
| | Herstellen | 39.104 | 45,70 | 14,00 | 3,0 |
| 058 | Leuchten und Lampen, inkl. 059 | 34.083 | 39,90 | 12,20 | 2,6 |
| | Herstellen | 34.083 | 39,90 | 12,20 | 2,6 |
| 060 | Elektroakustische Anlagen | 3.517 | 4,10 | 1,30 | 0,3 |
| | Herstellen | 3.517 | 4,10 | 1,30 | 0,3 |
| 061 | Kommunikationsnetze | 13.051 | 15,30 | 4,70 | 1,0 |
| | Herstellen | 13.051 | 15,30 | 4,70 | 1,0 |
| 063 | Gefahrenmeldeanlagen | 10.628 | 12,40 | 3,80 | 0,8 |
| | Herstellen | 10.628 | 12,40 | 3,80 | 0,8 |
| 069 | Aufzüge | – | – | – | – |
| 070 | Gebäudeautomation | 5.989 | 7,00 | 2,10 | 0,5 |
| | Herstellen | 5.989 | 7,00 | 2,10 | 0,5 |
| 075 | Raumlufttechnische Anlagen | 29.978 | 35,10 | 10,70 | 2,3 |
| | Herstellen | 29.978 | 35,10 | 10,70 | 2,3 |
| | **Gebäudetechnik** | **368.257** | **430,70** | **131,70** | **27,9** |
| | Herstellen | 368.257 | 430,70 | 131,70 | 27,9 |
| 084 | Abbrucharbeiten | 5.511 | 6,40 | 2,00 | 0,4 |
| | Abbrechen | 5.511 | 6,40 | 2,00 | 0,4 |
| | Sonstige Leistungsbereiche inkl. 008, 033, 051 | **11.468** | **13,40** | **4,10** | **0,9** |
| | Herstellen | 11.468 | 13,40 | 4,10 | 0,9 |

**Objektübersicht**

Erweiterung

**7.623 €/Schüler**

**Architekt:**
Marcus Patrias
Architekten BDA
Arndtstr. 39
44135 Dortmund

**Bauherr:**
Städtische Immobilien-
wirtschaft der
Stadt Dortmund
Königswall 14
44122 Dortmund

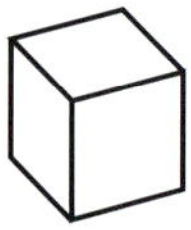

**493 €/m³ BRI**

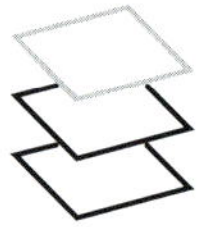

**1.697 €/m² BGF**

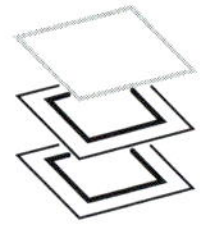

**2.859 €/m² NF**

| | |
|---|---|
| Kennwerte | bis 3.Ebene DIN 276 |
| Bauzeit | 47 Wochen |
| Bauende | 2007 |
| Standard | Durchschnitt |
| Land | Nordrhein-Westfalen |
| Kreis | Dortmund |
| m³ BRI | 1.854 |
| m² BGF | 539 |
| m² NF | 320 |

Fotografin: Angela Raab, Dortmund

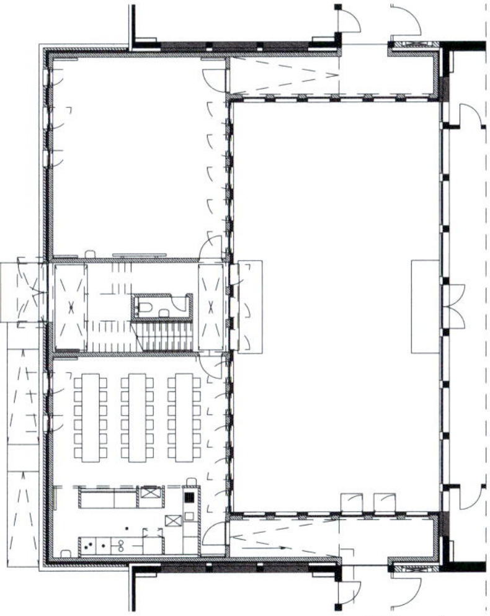

Erdgeschoss

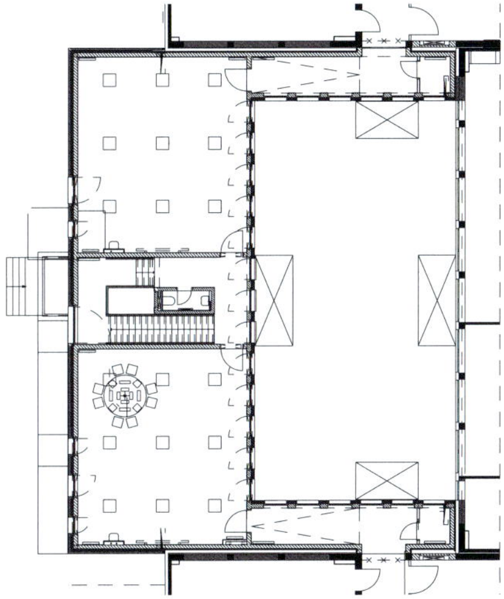

Obergeschoss

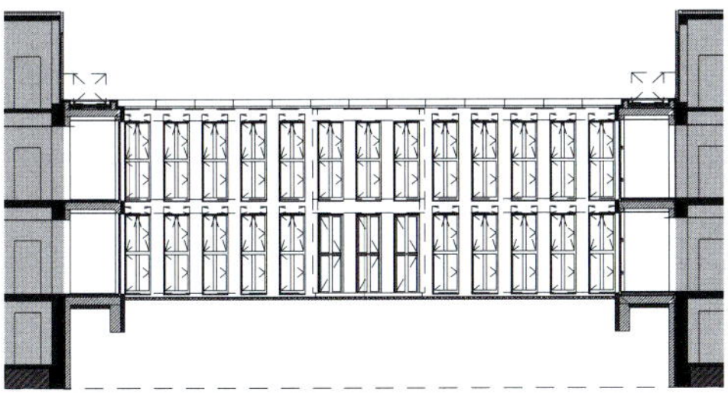

Ansicht Süd

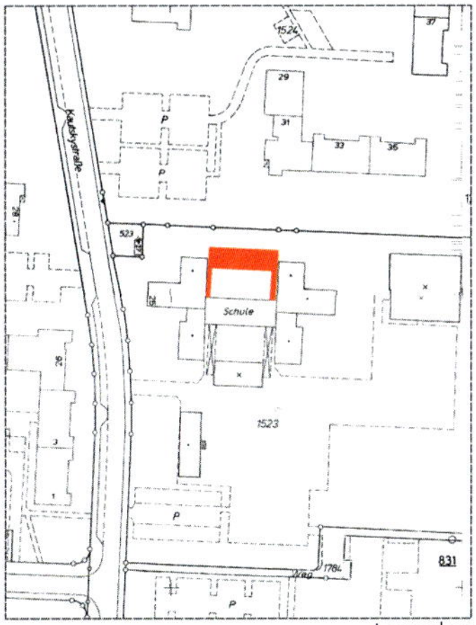


Lageplan

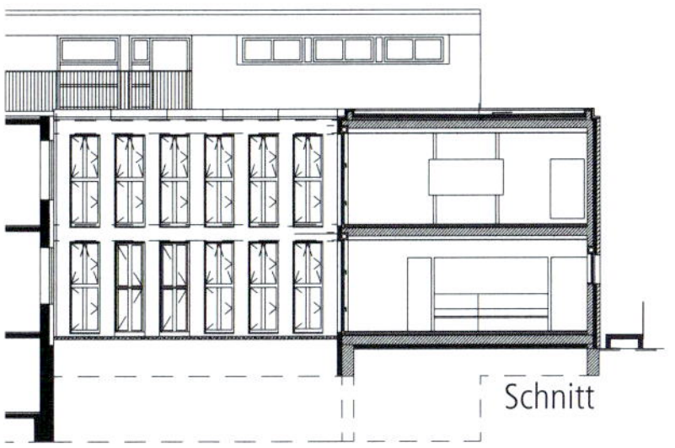

Schnitt

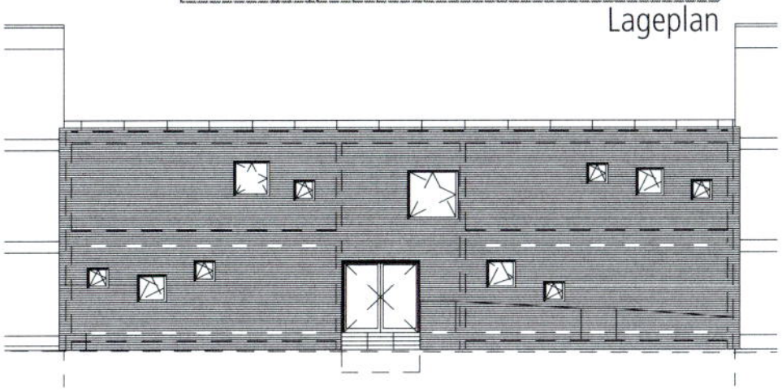

Ansicht Nord

## Objektbeschreibung

### Nutzung

**1 Erdgeschoss**
Ganztagesbereich

**1 Obergeschoss**
Ganztagesbereich mit Mensa

### Nutzeinheiten

Schüler: 120

### Grundstück

Bauraum: Beengter Bauraum
Neigung: Ebenes Gelände

### Markt

Hauptvergabezeit: 2.Quartal 2006
Baubeginn: 4.Quartal 2006
Bauende: 3.Quartal 2007
Konjunkturelle Gesamtlage: Durchschnitt
Regionaler Baumarkt: Durchschnitt

### Baubestand

Baujahr: 1965
Bauzustand: schlecht
Aufwand: hoch
Grundrissänderungen: umfangreiche
Tragwerkseingriffe: einige
Nutzungsänderung: nein
Nutzung während der Bauzeit: ja

### Baukonstruktion

Stb-Fundamente, Stb-Bodenplatte, Estrich, Dämmung, PVC-Bodenbeläge, Betonwerkstein, Fliesen, Unterfangungen, Dränage, Mauerwerkswände, Stb-Stützen, Alu-Fenster, Alu-Türen, Verblendmauerwerk, Dämmung, WDVS, Innenputz, Wandfliesen, Anstrich, Aufsatzrollladen, Motorantriebe, Stb-Wände, Metallständerwände, Kunststoff-Innentüren, Feuerschutztüren, Stb-Decken, Fertigteiltreppen, Akustikdecken, Gefälledämmung, Dachabdichtung

### Technische Anlagen

Grundleitungen, Abwasserleitungen; Kalt- und Warmwasserleitungen, WC-Becken, Waschbecken; Erweiterung der Heizungsanlage, Rohrleitungen, Umwälzpumpe, Radiatoren; Elektroinstallation, Blitzschutzanlage

## Planungskennwerte für Flächen und Rauminhalte nach DIN 277

| Flächen des Grundstücks | Menge, Einheit | % an FBG |
|---|---|---|
| BF Bebaute Fläche | 2.115,00 m² | 4,3 |
| UBF Unbebaute Fläche | 47.182,00 m² | 95,7 |
| FBG Fläche des Baugrundstücks | 49.297,00 m² | 100,0 |

| Grundflächen des Bauwerks | Menge, Einheit | % an NF | % an BGF |
|---|---|---|---|
| NF Nutzfläche | 320,00 m² | 100,0 | 59,4 |
| TF Technische Funktionsfläche | 1,20 m² | 0,4 | 0,2 |
| VF Verkehrsfläche | 92,00 m² | 28,8 | 17,1 |
| NGF Netto-Grundfläche | 413,20 m² | 129,1 | 76,6 |
| KGF Konstruktions-Grundfläche | 125,98 m² | 39,4 | 23,4 |
| BGF Brutto-Grundfläche | 539,18 m² | 168,5 | 100,0 |

| Brutto-Rauminhalt des Bauwerks | Menge, Einheit | BRI/NF (m) | BRI/BGF (m) |
|---|---|---|---|
| BRI Brutto-Rauminhalt | 1.854,00 m³ | 5,79 | 3,44 |

| Lufttechnisch behandelte Flächen | Menge, Einheit | % an NF | % an BGF |
|---|---|---|---|
| Entlüftete Fläche | – m² | – | – |
| Be- und entlüftete Fläche | – m² | – | – |
| Teilklimatisierte Fläche | – m² | – | – |
| Klimatisierte Fläche | – m² | – | – |

| KG | Kostengruppen (2.Ebene) | Menge, Einheit | Menge/NF | Menge/BGF |
|---|---|---|---|---|
| 310 | Baugrube | – m³ BGI | – | – |
| 320 | Gründung | 293,00 m² GRF | 0,92 | 0,54 |
| 330 | Außenwände | 664,12 m² AWF | 2,08 | 1,23 |
| 340 | Innenwände | 343,52 m² IWF | 1,07 | 0,64 |
| 350 | Decken | 246,18 m² DEF | 0,77 | 0,46 |
| 360 | Dächer | 254,00 m² DAF | 0,79 | 0,47 |

## Kostenkennwerte für die Kostengruppen der 1.Ebene DIN 276

| KG | Kostengruppen (1.Ebene) | Einheit | Kosten € | €/Einheit | €/m² BGF | €/m³ BRI | % 300+400 |
|---|---|---|---|---|---|---|---|
| 100 | Grundstück | m² FBG | – | – | – | – | – |
| 200 | Herrichten und Erschließen | m² FBG | – | – | – | – | – |
| 300 | Bauwerk - Baukonstruktionen | m² BGF | 806.901 | 1.496,53 | 1.496,53 | 435,22 | 88,2 |
| 400 | Bauwerk - Technische Anlagen | m² BGF | 107.903 | 200,12 | 200,12 | 58,20 | 11,8 |
| | **Bauwerk 300+400** | **m² BGF** | **914.805** | **1.696,66** | **1.696,66** | **493,42** | **100,0** |
| 500 | Außenanlagen | m² AUF | 18.768 | 0,40 | 34,81 | 10,12 | 2,1 |
| 600 | Ausstattung und Kunstwerke | m² BGF | – | – | – | – | – |
| 700 | Baunebenkosten | m² BGF | – | – | – | – | – |

Erweiterung

## Kostenkennwerte für die Kostengruppen der 1.Ebene DIN 276

| KG | Kostengruppe | Menge Einheit | Kosten € | €/Einheit | % |
|---|---|---|---|---|---|
| **3+4** | **Bauwerk** | | | | **100,0** |
| 300 | **Bauwerk - Baukonstruktionen** | 539,18 m² BGF | 806.901 | **1.496,53** | 88,2 |
| | Stb-Fundamente, Stb-Bodenplatte, Estrich, Dämmung, PVC-Bodenbeläge, Betonwerkstein, Fliesen, Unterfangungen, Dränage, Mauerwerkswände, Stb-Stützen, Alu-Fenster, Alu-Türen, Verblendmauerwerk, Dämmung, WDVS, Innenputz, Wandfliesen, Anstrich, Aufsatzrollladen, Motorantriebe, Stb-Wände, Metallständerwände, Kunststoff-Innentüren, Feuerschutztüren, Stb-Decken, Fertigteiltreppen, Akustikdecken, Gefälledämmung, Dachabdichtung | | | | |
| 400 | **Bauwerk - Technische Anlagen** | 539,18 m² BGF | 107.903 | **200,12** | 11,8 |
| | Grundleitungen, Abwasserleitungen; Kalt- und Warmwasserleitungen, WC-Becken, Waschbecken; Erweiterung der Heizungsanlage, Rohrleitungen, Umwälzpumpe, Radiatoren; Elektroinstallation, Blitzschutzanlage | | | | |
| 500 | **Außenanlagen** | 47.182,00 m² AUF | 18.768 | **0,40** | 2,1 |
| | Stb-Fertigteil, Außentreppe, Rampe, Geländer | | | | |

## Kostenkennwerte für die Kostengruppen 300 und 400 der 2.Ebene DIN 276



| KG | Kostengruppe | Menge Einheit | Kosten € | €/Einheit | % |
|---|---|---|---|---|---|
| **300** | **Bauwerk - Baukonstruktionen** | | | | **100,0** |
| 310 | **Baugrube** | – | 5.182 | – | 0,6 |
| | Wasserhaltung, Pumpanlage (1St), betreiben, vorhalten (12Wo) | | | | |
| 320 | **Gründung** | 293,00 m² | 119.275 | **407,08** | 14,8 |
| | Beton-Auffüllungen C12/15 unter Fundamenten (95m³) * Stb-Streifenfundamente C25/30 (85m³) * Stb-Bodenplatte C25/30, d=30cm (293m³) * Zementestrich, d=70mm, Dämmung, d= 60mm (151m²), Trennlage, Abdichtung (270m²), PVC-Bodenbeläge (128m²), Betonwerkstein, Dämmung, d=40mm (63m²), Sauberlaufbeläge (11m²), Bodenfliesen (23m²) * Sauberkeitsschicht 12/15 (18m³) (270m²) * Dränageleitungen (160m)) | | | | |
| 330 | **Außenwände** | 664,12 m² | 366.434 | **551,76** | 45,4 |
| | KS-Mauerwerk, d= 20cm (420m²), Trennfugenplatten (330m²) * Porenbeton, d=24cm (92m²) * Stb-Stützen C25/30, 20/35cm (243m) * Alu-Fenster (179m²), Alu-Türen (43m²), Betonwerkstein-Fensterbänke (6St) * Verblendmauerwerk, Dämmung, d=120mm, Voranstrich, Abdichtung (177m²), WDVS, WLG 040, Putz, Anstrich (195m²), Laibungen (364m), Perimeterdämmung, WLG 035, d=100mm (296m²) * Innenputz (265m²), Wandfliesen (18m²), Anstrich (285m²) * Aufsatzrollladen (82m²), Motorantriebe (30St) * Vordach (2m²) | | | | |
| 340 | **Innenwände** | 343,52 m² | 83.594 | **243,35** | 10,4 |
| | KS-Mauerwerk, d=20cm (110m²), Stb-Wände C25/30, d=15cm (90m²), Schalung (281m²), Bewehrung (6t) * Metallständerwände, d=15,5cm (14m²), F90 (23m²), Vorsatzschalen (56m²), KS-Mauerwerk, d=11,5cm (28m²)) * Kunststoff-Innentüren, Stahlzargen, Glasausschnitte (23m²), Brandschutztüren T30 (9m²) * Innenputz (610m²), Wandfliesen (59m²), Anstrich (680m²) | | | | |
| 350 | **Decken** | 246,18 m² | 76.195 | **309,51** | 9,4 |
| | Stb-Decken C25/30, d=27cm (235m²), Fertigteiltreppen * Zementestrich, d=70mm, Dämmung, d=40mm, PVC-Bodenbeläge (151m²), Betonwerkstein, (56m²), Treppenbeläge, Tritt- und Setzstufen (32m), Bodenfliesen (2m²) * Akustikdecken, gelocht, Anstrich (197m²) * Anstrich, Treppengeländer (7m), Handlauf (11m) | | | | |
| 360 | **Dächer** | 254,00 m² | 91.426 | **359,95** | 11,3 |
| | Stb-Flachdach C25/30, d=25cm, Schalung, Bewehrung (6t) (254m²) * Bitumenvoranstrich, Dampfsperrbahn, Gefälledämmplatten, d=200mm, Dachabdichtung, 2-lagig (208m²), Attikaabdeckungen (104m) * Akustikdecke, gelocht, Anstrich (209m²) * Flachdach-Absturzsicherungen (8St) | | | | |
| 390 | **Sonstige Baukonstruktionen** | 539,18 m² BGF | 64.795 | **120,17** | 8,0 |
| | Baustelleneinrichtung, Baustrom- und Wasseranschluss Verteiler (2St), Beleuchtung (1St), Sanitärcontainer (1St), Bürocontainer (1St), Baustraße (100m²), Bauzaun (60m), Absturzsicherung (46m), Bauschild (1St), Bauschuttcontainer (6St) * Fassadengerüst, Verkleidung (560m²), Dachdeckerfanggerüst (90m), Innengerüst (1St) * Abfangung C12/15 (29m³), Schalung (100m²) * Abbruch von Stb-Überzüge (2m³) | | | | |

Erweiterung

| KG | Kostengruppe | Menge Einheit | Kosten € | €/Einheit | % |
|---|---|---|---|---|---|
| **400** | **Bauwerk - Technische Anlagen** | | | | **100,0** |
| 410 | **Abwasser-, Wasser-, Gasanlagen**<br>Grundleitungen, Steinzeug DN100-150, Sandbett (157m), Formstücke (33St), Kontrollschächte DN1.000 (6St)<br>Abwasserleitungen, Regenfallrohre, Titanzink (39m) * Kalt- und Warmwasserleitungen, Rohrdämmung, WC-Becken (2St), Waschbecken (6St | 539,18 m² BGF | 32.144 | **59,62** | 29,8 |
| 420 | **Wärmeversorgungsanlagen**<br>Erweiterung der Heizungsanlage; Rohrleitungen, Formstücke, Rohrdämmung (384m), Ventile (19St), Umwälzpumpe (1St), Ausdehnungsgefäß (1St), Brandabschottung (30m) * Radiatoren, Thermostatköpfe, Rücklaufverschraubungen (20St) | 539,18 m² BGF | 29.126 | **54,02** | 27,0 |
| 440 | **Starkstromanlagen**<br>Unterverteilungen, Sicherungen, Mantelleitungen, Kabelabschottungen, Schalter, Steckdosen * Fundamenterder (120m), Anschlussfahnen (10St), Erdbandschellen, Mantelleitung; Blitzschutzanlage | 539,18 m² BGF | 46.633 | **86,49** | 43,2 |
| **500** | **Außenanlagen** | | | | **100,0** |
| 530 | **Baukonstruktionen in Außenanlagen**<br>Stb-Fertigteil, Außentreppe, Rampe (1St), Geländer (16m) | 47.182,00 m² AUF | 18.768 | **0,40** | 100,0 |

## Kostenkennwerte für die Kostengruppe 300 der 3.Ebene DIN 276 (Übersicht)

| KG | Kostengruppe | Menge Einh. | €/Einheit | Kosten € | % 300+400 |
|---|---|---|---|---|---|
| 311 | Baugrubenherstellung | – | – | – | – |
| 312 | Baugrubenumschließung | – | – | – | – |
| 313 | Wasserhaltung | 293,000 m² GRF | 17,69 | 5.181,77 | 0,6 |
| 319 | Baugrube, sonstiges | – | – | – | – |
| **310** | **Baugrube** | **– m³** | **–** | **5.181,77** | **0,6** |
| 321 | Baugrundverbesserung | 293,000 m² GRF | 36,70 | 10.753,89 | 1,2 |
| 322 | Flachgründungen | 293,000 m² | 117,61 | 34.459,22 | 3,8 |
| 323 | Tiefgründungen | – | – | – | – |
| 324 | Unterböden und Bodenplatten | 293,000 m² | 106,40 | 31.174,79 | 3,4 |
| 325 | Beläge auf Boden- und Fundamentplatten | 202,000 m² | 174,55 | 35.284,92 | 3,9 |
| 326 | Bauwerksabdichtungen | 293,000 m² GRF | 8,62 | 2.526,44 | 0,3 |
| 327 | Dränagen | 293,000 m² GRF | 17,32 | 5.075,72 | 0,6 |
| 329 | Gründung, sonstiges | – | – | – | – |
| **320** | **Gründung** | **293,000 m²** | **407,08** | **119.274,97** | **13,0** |
| 331 | Tragende Außenwände | 420,000 m² | 78,43 | 32.941,65 | 3,6 |
| 332 | Nichttragende Außenwände | 92,000 m² | 71,31 | 6.537,23 | 0,7 |
| 333 | Tragende Außenstützen | 243,000 m | 78,35 | 19.029,06 | 2,1 |
| 334 | Außentüren, -fenster | 222,000 m² | 763,15 | 169.512,07 | 18,5 |
| 335 | Außenwandbekleidungen außen | 465,000 m² | 225,69 | 105.004,48 | 11,5 |
| 336 | Außenwandbekleidungen innen | 265,000 m² | 43,04 | 11.406,59 | 1,2 |
| 337 | Elementierte Außenwände | – | – | – | – |
| 338 | Sonnenschutz | 82,000 m² | 239,65 | 19.619,59 | 2,1 |
| 339 | Außenwände, sonstiges | 664,000 m² AWF | 3,59 | 2.382,94 | 0,3 |
| **330** | **Außenwände** | **664,000 m²** | **551,76** | **366.433,59** | **40,1** |
| 341 | Tragende Innenwände | 190,000 m² | 176,23 | 33.482,91 | 3,7 |
| 342 | Nichttragende Innenwände | 121,000 m² | 79,42 | 9.644,53 | 1,1 |
| 343 | Tragende Innenstützen | – | – | – | – |
| 344 | Innentüren, -fenster | 32,000 m² | 576,65 | 18.497,78 | 2,0 |
| 345 | Innenwandbekleidungen | 610,000 m² | 36,02 | 21.969,25 | 2,4 |
| 346 | Elementierte Innenwände | – | – | – | – |
| 349 | Innenwände, sonstiges | – | – | – | – |
| **340** | **Innenwände** | **344,000 m²** | **243,35** | **83.594,47** | **9,1** |
| 351 | Deckenkonstruktionen | 246,000 m² | 123,56 | 30.419,13 | 3,3 |
| 352 | Deckenbeläge | 219,000 m² | 97,43 | 21.311,84 | 2,3 |
| 353 | Deckenbekleidungen | 197,000 m² | 82,09 | 16.148,02 | 1,8 |
| 359 | Decken, sonstiges | 246,000 m² DEF | 33,78 | 8.316,08 | 0,9 |
| **350** | **Decken** | **246,000 m²** | **309,51** | **76.195,07** | **8,3** |
| 361 | Dachkonstruktionen | 254,000 m² | 99,50 | 25.271,77 | 2,8 |
| 362 | Dachfenster, Dachöffnungen | – | – | – | – |
| 363 | Dachbeläge | 208,000 m² | 231,80 | 48.191,55 | 5,3 |
| 364 | Dachbekleidungen | 209,000 m² | 80,25 | 16.736,05 | 1,8 |
| 369 | Dächer, sonstiges | 254,000 m² DAF | 4,83 | 1.227,06 | 0,1 |
| **360** | **Dächer** | **254,000 m²** | **359,95** | **91.426,42** | **10,0** |
| **370** | **Baukonstruktive Einbauten** | **–** | **–** | **–** | **–** |
| **390** | **Sonst. Maßnahmen für Baukonstruktionen** | **539,000 m² BGF** | **120,17** | **64.795,06** | **7,1** |
| **300** | **Bauwerk - Baukonstruktionen** | **539,000 m² BGF** | **1.496,53** | **806.901,35** | **88,2** |

## Kostenkennwerte für die Kostengruppe 400 der 3.Ebene DIN 276 (Übersicht)

| KG | Kostengruppe | Menge Einh. | €/Einheit | Kosten € | % 300+400 |
|---|---|---|---|---|---|
| 411 | Abwasseranlagen | 539,000 m² BGF | 40,98 | 22.093,49 | 2,4 |
| 412 | Wasseranlagen | 539,000 m² BGF | 18,64 | 10.050,14 | 1,1 |
| 413 | Gasanlagen (wenn zu Kochzwecken) | – | – | – | – |
| 414 | Feuerlöschanlagen | – | – | – | – |
| 419 | Abwasser-, Wasser- und Gasanlagen, sonstiges | – | – | – | – |
| **410** | **Abwasser-, Wasser-, Gasanlagen** | **539,000 m² BGF** | **59,62** | **32.143,63** | **3,5** |
| 421 | Wärmeerzeugungsanlagen | – | – | – | – |
| 422 | Wärmeverteilnetze | 539,000 m² BGF | 30,73 | 16.566,88 | 1,8 |
| 423 | Raumheizflächen | 539,000 m² BGF | 23,29 | 12.559,57 | 1,4 |
| 429 | Wärmeversorgungsanlagen, sonstiges | – | – | – | – |
| **420** | **Wärmeversorgungsanlagen** | **539,000 m² BGF** | **54,02** | **29.126,46** | **3,2** |
| 431 | Lüftungsanlagen (LA) | – | – | – | – |
| 432 | Teilklimaanlagen (TKA) | – | – | – | – |
| 433 | Klimaanlagen (KLA) | – | – | – | – |
| 434 | Prozeßlufttechnische Anlagen (PLA) | – | – | – | – |
| 435 | Kälteanlagen (KA) | – | – | – | – |
| 439 | Lufttechnische Anlagen, sonstiges | – | – | – | – |
| **430** | **Lufttechnische Anlagen** | **–** | **–** | **–** | **–** |
| 441 | Hoch- und Mittelspannungsanlagen | – | – | – | – |
| 442 | Eigenstromversorgungsanlagen | – | – | – | – |
| 443 | Niederspannungsschaltanlagen | – | – | – | – |
| 444 | Niederspannungsinstallationsanlagen | 539,000 m² BGF | 71,51 | 38.557,87 | 4,2 |
| 445 | Beleuchtungsanlagen | – | – | – | – |
| 446 | Blitzschutz- und Erdungsanlagen | 539,000 m² BGF | 14,98 | 8.075,30 | 0,9 |
| 449 | Starkstromanlagen, sonstiges | – | – | – | – |
| **440** | **Starkstromanlagen** | **539,000 m² BGF** | **86,49** | **46.633,16** | **5,1** |
| 451 | Telekommunikationsanlagen | – | – | – | – |
| 452 | Such- und Signalanlagen | – | – | – | – |
| 453 | Zeitdienstanlagen | – | – | – | – |
| 454 | Elektroakustische Anlagen | – | – | – | – |
| 455 | Fernseh- und Antennenanlagen | – | – | – | – |
| 456 | Gefahrenmelde- und Alarmanlagen | – | – | – | – |
| 457 | Übertragungsnetze | – | – | – | – |
| 459 | Fernmelde- und informationstechn. Anlagen, sonstiges | – | – | – | – |
| **450** | **Fernmelde- und informationstechn. Anlagen** | **–** | **–** | **–** | **–** |
| 461 | Aufzugsanlagen | – | – | – | – |
| 462 | Fahrtreppen, Fahrsteige | – | – | – | – |
| 463 | Befahranlagen | – | – | – | – |
| 464 | Transportanlagen | – | – | – | – |
| 465 | Krananlagen | – | – | – | – |
| 469 | Förderanlagen, sonstiges | – | – | – | – |
| **460** | **Förderanlagen** | **–** | **–** | **–** | **–** |
| **470** | **Nutzungsspezifische Anlagen** | **–** | **–** | **–** | **–** |
| **480** | **Gebäudeautomation** | **–** | **–** | **–** | **–** |
| **490** | **Sonst. Maßnahmen für technische Anlagen** | **–** | **–** | **–** | **–** |
| **400** | **Bauwerk - Technische Anlagen** | **539,000 m² BGF** | **200,12** | **107.903,25** | **11,8** |

## Kostenkennwerte für Leistungsbereiche nach StLB (Kosten des Bauwerks nach DIN 276)

| LB | Leistungsbereich | Kosten € | €/m² BGF | €/m³ BRI | % 300+400 |
|---|---|---|---|---|---|
| 000 | Sicherheits-, Baustelleneinrichtungen inkl. 001 | 64.042 | 118,80 | 34,50 | 7,0 |
| 002 | Erdarbeiten | – | – | – | – |
| 006 | Spezialtiefbauarbeiten inkl. 005 | – | – | – | – |
| 009 | Abwasserkanalarbeiten inkl. 011 | 16.263 | 30,20 | 8,80 | 1,8 |
| 010 | Dränarbeiten | 5.076 | 9,40 | 2,70 | 0,6 |
| 012 | Mauerarbeiten | 107.707 | 199,80 | 58,10 | 11,8 |
| 013 | Betonarbeiten | 182.076 | 337,70 | 98,20 | 19,9 |
| 014 | Natursteinarbeiten, Betonwerksteinarbeiten | 20.495 | 38,00 | 11,10 | 2,2 |
| 016 | Zimmer- und Holzbauarbeiten | – | – | – | – |
| 017 | Stahlbauarbeiten | – | – | – | – |
| 018 | Abdichtungsarbeiten gegen Wasser | 24.490 | 45,40 | 13,20 | 2,7 |
| 020 | Dachdeckungsarbeiten | – | – | – | – |
| 021 | Dachabdichtungsarbeiten | 37.015 | 68,70 | 20,00 | 4,0 |
| 022 | Klempnerarbeiten | 13.303 | 24,70 | 7,20 | 1,5 |
| | **Rohbau** | **470.467** | **872,60** | **253,80** | **51,4** |
| 023 | Putz- und Stuckarbeiten, Wärmedämmsysteme | 53.977 | 100,10 | 29,10 | 5,9 |
| 024 | Fliesen- und Plattenarbeiten | 7.057 | 13,10 | 3,80 | 0,8 |
| 025 | Estricharbeiten | 7.669 | 14,20 | 4,10 | 0,8 |
| 026 | Fenster, Außentüren inkl. 029, 032 | 170.873 | 316,90 | 92,20 | 18,7 |
| 027 | Tischlerarbeiten | 13.655 | 25,30 | 7,40 | 1,5 |
| 028 | Parkettarbeiten, Holzpflasterarbeiten | – | – | – | – |
| 030 | Rollladenarbeiten | 19.620 | 36,40 | 10,60 | 2,1 |
| 031 | Metallbauarbeiten inkl. 035 | 10.693 | 19,80 | 5,80 | 1,2 |
| 034 | Maler- und Lackiererarbeiten inkl. 037 | 10.215 | 18,90 | 5,50 | 1,1 |
| 036 | Bodenbelagsarbeiten | 12.450 | 23,10 | 6,70 | 1,4 |
| 038 | Vorgehängte hinterlüftete Fassaden | – | – | – | – |
| 039 | Trockenbauarbeiten | 40.720 | 75,50 | 22,00 | 4,5 |
| | **Ausbau** | **346.929** | **643,40** | **187,10** | **37,9** |
| 040 | Wärmeerzeuger, zentr. Einrichtungen inkl. 041 | 25.230 | 46,80 | 13,60 | 2,8 |
| 042 | Gas- und Wasserinstallationsarbeiten inkl. 043 | 3.420 | 6,30 | 1,80 | 0,4 |
| 044 | Abwasserinstallationsarbeiten - Leitungen | 4.603 | 8,50 | 2,50 | 0,5 |
| 045 | Gas-, Wasser-Einrichtungsgegenstände inkl. 046 | 5.327 | 9,90 | 2,90 | 0,6 |
| 047 | Dämmarbeiten an betriebstechnischen Anlagen | 7.806 | 14,50 | 4,20 | 0,9 |
| 049 | Feuerlöschanlagen, Feuerlöschgeräte | – | – | – | – |
| 050 | Blitzschutz- und Erdungsanlagen | 8.075 | 15,00 | 4,40 | 0,9 |
| 052 | Mittelspannungsanlagen | – | – | – | – |
| 053 | Niederspannungsanlagen inkl. 054 | 36.236 | 67,20 | 19,50 | 4,0 |
| 055 | Ersatzstromversorgungsanlagen | – | – | – | – |
| 057 | Gebäudesystemtechnik | – | – | – | – |
| 058 | Leuchten und Lampen, inkl. 059 | – | – | – | – |
| 060 | Elektroakustische Anlagen | – | – | – | – |
| 061 | Kommunikationsnetze | – | – | – | – |
| 063 | Gefahrenmeldeanlagen | – | – | – | – |
| 069 | Aufzüge | – | – | – | – |
| 070 | Gebäudeautomation | – | – | – | – |
| 075 | Raumlufttechnische Anlagen | – | – | – | – |
| | **Gebäudetechnik** | **90.698** | **168,20** | **48,90** | **9,9** |
| | Sonstige Leistungsbereiche inkl. 008, 033, 051 | **6.710** | **12,40** | **3,60** | **0,7** |

4100-108
Grundschule

## Objektübersicht

Erweiterung

**6.280 €/Schüler**

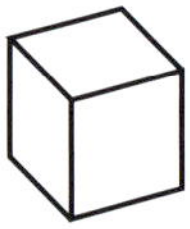

**440 €/m³ BRI**

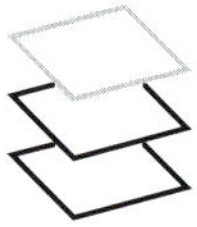

**1.602 €/m² BGF**

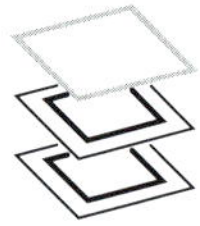

**2.644 €/m² NF**

| | |
|---|---|
| Kennwerte | bis 3.Ebene DIN 276 |
| Bauzeit | 47 Wochen |
| Bauende | 2007 |
| Standard | Durchschnitt |
| Land | Nordrhein-Westfalen |
| Kreis | Dortmund |
| m³ BRI | 1.713 |
| m² BGF | 471 |
| m² NF | 285 |

**Architekt:**
Marcus Patrias
Architekten BDA
Arndtstr. 39
44135 Dortmund

**Bauherr:**
Städtische Immobilien-
wirtschaft der
Stadt Dortmund
Königswall 14
44122 Dortmund

Fotografin: Angela Raab, Dortmund

Erweiterung



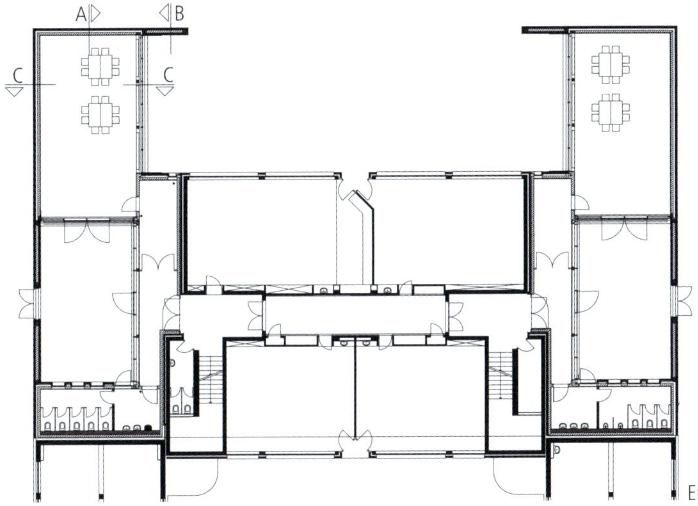


Erdgeschoss

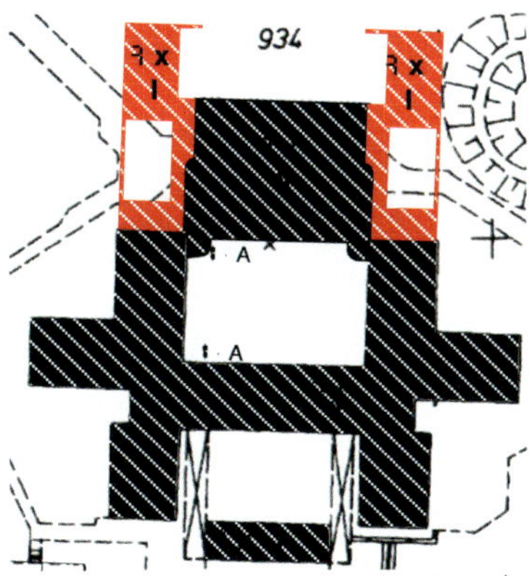


Lageplan

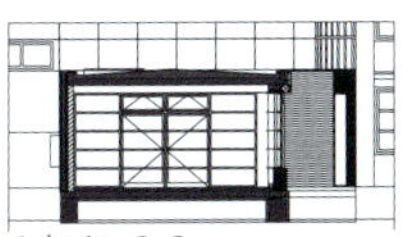

Schnitt C-C

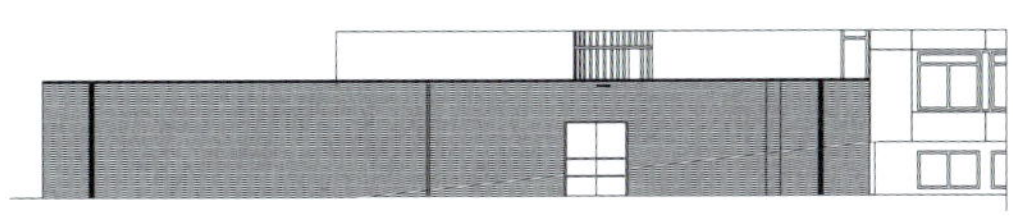

Ansicht West

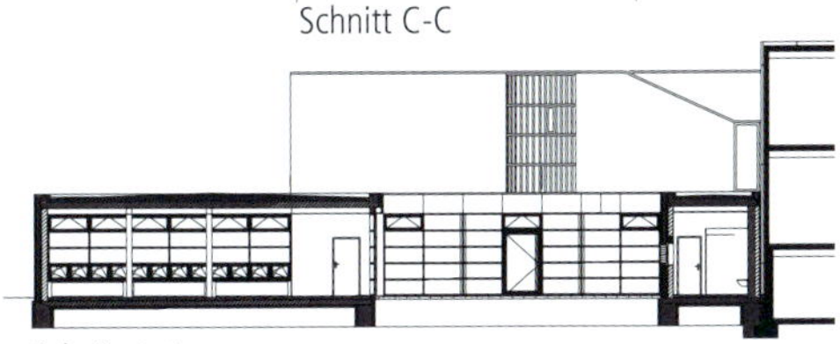

Schnitt A-A

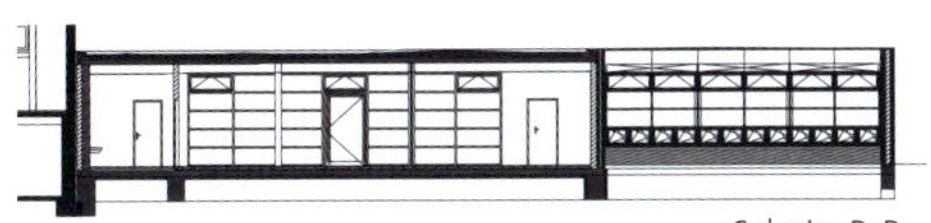

Schnitt B-B

# Objektbeschreibung

## Nutzung

**1 Erdgeschoss**
Ganztagesbereich mit Mensa

## Nutzeinheiten

Schüler: 120

## Grundstück

Bauraum: Beengter Bauraum
Neigung: Ebenes Gelände
Bodenklasse: BK 3

## Markt

Hauptvergabezeit: 2.Quartal 2006
Baubeginn: 4.Quartal 2006
Bauende: 3.Quartal 2007
Konjunkturelle Gesamtlage: Durchschnitt
Regionaler Baumarkt: Durchschnitt

## Baubestand

Baujahr: 1969
Bauzustand: schlecht
Aufwand: hoch
Grundrissänderungen: umfangreiche
Tragwerkseingriffe: einige
Nutzungsänderung: nein
Nutzung während der Bauzeit: ja

## Baukonstruktion

Baugrubenaushub, Stb-Streifenfundamente, Stb-Bodenplatte, Estrich, PVC-Bodenbeläge, Betonwerkstein, Mauerwerkswände, Stb-Stützen, Alu-Außentüren, Stahltüren, Alu-Fenster, Verblendmauerwerk, Putz, Wandfliesen, Anstrich, Pfosten-Riegel-Konstruktion, Alu-Rollläden, GK-Vorsatzschalen, Kunststoff-Innentüren, Stb-Flachdach, bekiest, Gefälledämmung, Abdichtung, Alu-Attikaabdeckung, GK-Decken, Anstrich

## Technische Anlagen

Grundleitungen, Abwasserleitungen, Kalt- und Wasserleitungen, WC-Becken, Waschbecken; Erweiterung der Heizungsanlage, Gewinderohre, Kupferrohre, Umwälzpumpe, Radiatoren, Elektroinstallation, Blitzschutzanlage; Gebäudeautomation

## Planungskennwerte für Flächen und Rauminhalte nach DIN 277

| Flächen des Grundstücks | | Menge, Einheit | % an FBG |
|---|---|---|---|
| BF | Bebaute Fläche | 2.679,00 m² | 27,2 |
| UBF | Unbebaute Fläche | 7.164,00 m² | 72,8 |
| FBG | Fläche des Baugrundstücks | 9.843,00 m² | 100,0 |

| Grundflächen des Bauwerks | | Menge, Einheit | % an NF | % an BGF |
|---|---|---|---|---|
| NF | Nutzfläche | 285,00 m² | 100,0 | 60,6 |
| TF | Technische Funktionsfläche | 1,20 m² | 0,4 | 0,3 |
| VF | Verkehrsfläche | 66,00 m² | 23,2 | 14,0 |
| NGF | Netto-Grundfläche | 352,20 m² | 123,6 | 74,9 |
| KGF | Konstruktions-Grundfläche | 118,34 m² | 41,5 | 25,2 |
| BGF | Brutto-Grundfläche | 470,54 m² | 165,1 | 100,0 |

| Brutto-Rauminhalt des Bauwerks | | Menge, Einheit | BRI/NF (m) | BRI/BGF (m) |
|---|---|---|---|---|
| BRI | Brutto-Rauminhalt | 1.713,08 m³ | 6,01 | 3,64 |

| Lufttechnisch behandelte Flächen | Menge, Einheit | % an NF | % an BGF |
|---|---|---|---|
| Entlüftete Fläche | – m² | – | – |
| Be- und entlüftete Fläche | – m² | – | – |
| Teilklimatisierte Fläche | – m² | – | – |
| Klimatisierte Fläche | – m² | – | – |

| KG | Kostengruppen (2.Ebene) | Menge, Einheit | Menge/NF | Menge/BGF |
|---|---|---|---|---|
| 310 | Baugrube | 462,35 m³ BGI | 1,62 | 0,98 |
| 320 | Gründung | 296,54 m² GRF | 1,04 | 0,63 |
| 330 | Außenwände | 658,89 m² AWF | 2,31 | 1,40 |
| 340 | Innenwände | 142,12 m² IWF | 0,50 | 0,30 |
| 350 | Decken | – m² DEF | – | – |
| 360 | Dächer | 276,22 m² DAF | 0,97 | 0,59 |

## Kostenkennwerte für die Kostengruppen der 1.Ebene DIN 276

| KG | Kostengruppen (1.Ebene) | Einheit | Kosten € | €/Einheit | €/m² BGF | €/m³ BRI | % 300+400 |
|---|---|---|---|---|---|---|---|
| 100 | Grundstück | m² FBG | – | – | – | – | – |
| 200 | Herrichten und Erschließen | m² FBG | 564 | < 0,1 | 1,20 | 0,33 | 0,1 |
| 300 | Bauwerk - Baukonstruktionen | m² BGF | 631.011 | 1.341,04 | 1.341,04 | 368,35 | 83,7 |
| 400 | Bauwerk - Technische Anlagen | m² BGF | 122.647 | 260,65 | 260,65 | 71,59 | 16,3 |
| | **Bauwerk 300+400** | **m² BGF** | **753.658** | **1.601,69** | **1.601,69** | **439,94** | **100,0** |
| 500 | Außenanlagen | m² AUF | – | – | – | – | – |
| 600 | Ausstattung und Kunstwerke | m² BGF | – | – | – | – | – |
| 700 | Baunebenkosten | m² BGF | – | – | – | – | – |

Erweiterung

## Kostenkennwerte für die Kostengruppen der 1.Ebene DIN 276

| KG | Kostengruppe | Menge Einheit | Kosten € | €/Einheit | % |
|---|---|---|---|---|---|
| 200 | **Herrichten und Erschließen**<br>Abbruch von Rasenkantensteine, Entsorgung; Roden von Sträucher, Baumwurzeln | 9.843,00 m² FBG | 564 | **< 0,1** | 0,1 |
| **3+4** | **Bauwerk** | | | | **100,0** |
| 300 | **Bauwerk - Baukonstruktionen**<br>Baugrubenaushub, Stb-Streifenfundamente, Stb-Bodenplatte, Estrich, PVC-Bodenbeläge, Betonwerkstein, Mauerwerkswände, Stb-Stützen, Alu-Außentüren, Stahltüren, Alu-Fenster, Verblendmauerwerk, Putz, Wandfliesen, Anstrich, Pfosten-Riegel-Konstruktion, Alu-Rollläden, GK-Vorsatzschalen, Kunststoff-Innentüren, Stb-Flachdach, bekiest, Gefälledämmung, Abdichtung, Alu-Attikaabdeckung, GK-Decken, Anstrich | 470,54 m² BGF | 631.011 | **1.341,04** | 83,7 |
| 400 | **Bauwerk - Technische Anlagen**<br>Grundleitungen, Abwasserleitungen, Kalt- und Wasserleitungen, WC-Becken, Waschbecken; Erweiterung der heizungsanlage, Gewinderohre, Kupferrohre, Umwälzpumpe, Radiatoren, Elektroinstallation, Blitzschutzanlage; Gebäudeautomation | 470,54 m² BGF | 122.647 | **260,65** | 16,3 |

## Kostenkennwerte für die Kostengruppen 300 und 400 der 2.Ebene DIN 276

| KG | Kostengruppe | Menge Einheit | Kosten € | €/Einheit | % |
|---|---|---|---|---|---|
| **200** | **Herrichten und Erschließen** | | | | **100,0** |
| 210 | **Herrichten**<br>Abbruch von Rasenkantensteine, Entsorgung (9m) * Roden von Sträucher (465m²), Baumwurzeln (2St) | 9.843,00 m² FBG | 564 | **< 0,1** | 100,0 |
| **300** | **Bauwerk - Baukonstruktionen** | | | | **100,0** |
| 310 | **Baugrube**<br>Baugrubenaushub BK 3-5, lösen, laden, Abtransport (399m³), lagern, später, Arbeitsräume, verfüllen (63m³), Füllmaterial liefern (84m³) | 462,35 m³ | 15.352 | **33,21** | 2,4 |
| 320 | **Gründung**<br>Baugrundverbesserung, Hartsteinschotter 0/45mm, d=30-40cm (341m²) * Stb-Streifenfundamente C25/30 (94m³) * Stb-Bodenplatte C25/30, d=20cm (297m²) * Bitumenschweißbahnen, Dämmung, d=40mm, Zementestrich, d=75mm (191m²), Betonwerkstein (63m²), Sauberlaufbelag (4m²), Bodenfliesen (60m²), PVC-Bodenbeläge (206m²) * Planum, PE-Folie, Sauberkeitsschicht C12/15, d=5cm (205m²), Perimeterdämmung, d=80mm (282m²) * Dränageleitungen DN100 (137m) | 296,54 m² | 105.538 | **355,90** | 16,7 |
| 330 | **Außenwände**<br>KS-Mauerwerk, d=17,5cm (439m²), Stb-Unter- und Überzüge (12m²), Trennfugendämmplatten 2x30mm (227m²) * Stb-Stützen C25/30-XC1 (81m) * Alu-Türen (19m²), Stahltüren (12m²), Alu-Fenster (6m²) * Verblendmauerwerk (453m²), Kerndämmung, d=120mm (203m²), Abdichtung, Perimeterdämmung, d=80mm (115m²) * Innenputz, Wandfliesen (46m²), Anstrich (340m²) * Alu, Pfosten-Riegel-Konstruktion (140m²), Blechverkleidung (43m²) * Alu-Rollladenanlagen (4St) | 658,89 m² | 279.287 | **423,88** | 44,3 |
| 340 | **Innenwände**<br>KS-Mauerwerk, KS 12/1,8/IIa, d=11,5cm (20m²), Vorsatzschalen, einseitig, doppelt beplankt (122m²) * Innentüren, Kunststoff (12m²), Brandschutztür T30-RS (2m²) * Innenputz (62m²), Wandfliesen (93m²), Anstrich (62m²) | 142,12 m² | 21.635 | **152,23** | 3,4 |
| 360 | **Dächer**<br>Stb-Flachdach C25/30 XC2, d=20cm (276m²), Stb-Unterzüge * Bitumenschweißbahnen, Gefälledämmung, Dampfsperre, Bitumenvoranstrich (278m²), Kiesschicht, d=5cm (147m²) Attikaabdeckung, Aluminium (289m), Dacheinläufe (10St) * GK-Decken (364m²), Akustikdecke (26m²), GK-Verkleidungen (29m²), Anstrich (227m²) * Absturzsicherungen (8St) | 276,22 m² | 149.407 | **540,90** | 23,7 |
| 390 | **Sonstige Baukonstruktionen**<br>Baustelleneinrichtung, Baustrrom, Baustromverteiler, Bauwasseranschluss, Sanitärcontainer, Baustrasse (333m²), Bauzaun (308m²), Bauschild (1St), Firmenschilder (6St), Bauschuttentsorgung (14m³) * Fassadengerüst (840m²), Auslegerkonsolen (335m), Dachdeckerfanggerüst (114m), Vorhaltung, Gerüste (7Wo) * Beton-Auffüllung C12/15 (85m²) * Schutzabdeckungen, Fenster (524m²), Bodenbeläge (429m²) | 470,54 m² BGF | 59.793 | **127,07** | 9,5 |

| KG | Kostengruppe | Menge Einheit | Kosten € | €/Einheit | % |
|---|---|---|---|---|---|
| **400** | **Bauwerk - Technische Anlagen** | | | | **100,0** |
| 410 | **Abwasser-, Wasser-, Gasanlagen**<br>Rohrgrabenaushub (29m³), Steinzeugrohre DN100 (44m), PVC-Rohre DN100 (84m), DN125 (55m), Formstücke (74St), Kontrollschächte DN1.000 (4St), Abwasserleitungen, Regenfallrohre (42m) * Kalt- und Warmwasserleitungen, Rohrdämmung, WC-Becken (10St), Waschbecken (6St) | 470,54 m² BGF | 48.665 | **103,42** | 39,7 |
| 420 | **Wärmeversorgungsanlagen**<br>Erweiterung der Heizungsanlage; Gewinderohre, Rohrdämmung (299m), Formstücke (90St), Kupferrohre, Rohrdämmung (66m), Formstücke (44St), Umwälzpumpe (1St), Ausdehnungsgefäß (1St), Ventile (12St), Brandschutzschotte (20St) * Radiatoren, Thermostate, Rücklaufverschraubungen (14St) * Revisionsunterlagen | 470,54 m² BGF | 24.636 | **52,36** | 20,1 |
| 440 | **Starkstromanlagen**<br>Unterverteilungen, Sicherungen, Mantelleitungen, Schalter, Steckdosen * Fundamenterder (200m), Anschlussfahnen (8St), Erdbandschellen, Mantelleitungen; Blitzschutzanlage | 470,54 m² BGF | 42.684 | **90,71** | 34,8 |
| 480 | **Gebäudeautomation**<br>DDC-Module (2St), Motorventil (1St), Temperaturfühler (3St), Mantelleitungen (140m), Leitungen 2x2x0,8 (190m), Kunststoffrohre (138m) | 470,54 m² BGF | 6.663 | **14,16** | 5,4 |

## Kostenkennwerte für die Kostengruppe 300 der 3.Ebene DIN 276 (Übersicht)

| KG | Kostengruppe | Menge Einh. | €/Einheit | Kosten € | % 300+400 |
|---|---|---|---|---|---|
| 311 | Baugrubenherstellung | 462,000 $m^3$ | 33,21 | 15.352,42 | 2,0 |
| 312 | Baugrubenumschließung | – | – | – | – |
| 313 | Wasserhaltung | – | – | – | – |
| 319 | Baugrube, sonstiges | – | – | – | – |
| **310** | **Baugrube** | **462,000 $m^3$** | **33,21** | **15.352,42** | **2,0** |
| 321 | Baugrundverbesserung | 297,000 $m^2$ GRF | 20,70 | 6.138,07 | 0,8 |
| 322 | Flachgründungen | 297,000 $m^2$ | 124,93 | 37.046,90 | 4,9 |
| 323 | Tiefgründungen | – | – | – | – |
| 324 | Unterböden und Bodenplatten | 297,000 $m^2$ | 46,19 | 13.696,56 | 1,8 |
| 325 | Beläge auf Boden- und Fundamentplatten | 257,000 $m^2$ | 144,93 | 37.317,65 | 5,0 |
| 326 | Bauwerksabdichtungen | 297,000 $m^2$ GRF | 25,09 | 7.440,90 | 1,0 |
| 327 | Dränagen | 297,000 $m^2$ GRF | 13,14 | 3.897,65 | 0,5 |
| 329 | Gründung, sonstiges | – | – | – | – |
| **320** | **Gründung** | **297,000 $m^2$** | **355,90** | **105.537,73** | **14,0** |
| 331 | Tragende Außenwände | 439,000 $m^2$ | 94,90 | 41.652,75 | 5,5 |
| 332 | Nichttragende Außenwände | – | – | – | – |
| 333 | Tragende Außenstützen | 81,000 m | 107,70 | 8.707,92 | 1,2 |
| 334 | Außentüren, -fenster | 37,000 $m^2$ | 781,58 | 28.935,67 | 3,8 |
| 335 | Außenwandbekleidungen außen | 453,000 $m^2$ | 169,44 | 76.739,37 | 10,2 |
| 336 | Außenwandbekleidungen innen | 423,000 $m^2$ | 28,62 | 12.106,34 | 1,6 |
| 337 | Elementierte Außenwände | 183,000 $m^2$ | 555,42 | 101.620,20 | 13,5 |
| 338 | Sonnenschutz | 79,000 $m^2$ | 120,57 | 9.524,53 | 1,3 |
| 339 | Außenwände, sonstiges | – | – | – | – |
| **330** | **Außenwände** | **659,000 $m^2$** | **423,88** | **279.286,78** | **37,1** |
| 341 | Tragende Innenwände | – | – | – | – |
| 342 | Nichttragende Innenwände | 142,000 $m^2$ | 51,62 | 7.335,50 | 1,0 |
| 343 | Tragende Innenstützen | – | – | – | – |
| 344 | Innentüren, -fenster | 14,000 $m^2$ | 511,52 | 7.254,88 | 1,0 |
| 345 | Innenwandbekleidungen | 165,000 $m^2$ | 42,76 | 7.044,39 | 0,9 |
| 346 | Elementierte Innenwände | – | – | – | – |
| 349 | Innenwände, sonstiges | – | – | – | – |
| **340** | **Innenwände** | **142,000 $m^2$** | **152,23** | **21.634,77** | **2,9** |
| 351 | Deckenkonstruktionen | – | – | – | – |
| 352 | Deckenbeläge | – | – | – | – |
| 353 | Deckenbekleidungen | – | – | – | – |
| 359 | Decken, sonstiges | – | – | – | – |
| **350** | **Decken** | **–** | **–** | **–** | **–** |
| 361 | Dachkonstruktionen | 276,000 $m^2$ | 146,23 | 40.390,75 | 5,4 |
| 362 | Dachfenster, Dachöffnungen | – | – | – | – |
| 363 | Dachbeläge | 278,000 $m^2$ | 274,01 | 76.037,43 | 10,1 |
| 364 | Dachbekleidungen | 361,000 $m^2$ | 86,73 | 31.298,67 | 4,2 |
| 369 | Dächer, sonstiges | 276,000 $m^2$ DAF | 6,08 | 1.679,73 | 0,2 |
| **360** | **Dächer** | **276,000 $m^2$** | **540,90** | **149.406,59** | **19,8** |
| **370** | **Baukonstruktive Einbauten** | **–** | **–** | **–** | **–** |
| **390** | **Sonst. Maßnahmen für Baukonstruktionen** | **471,000 $m^2$ BGF** | **127,07** | **59.792,74** | **7,9** |
| **300** | **Bauwerk - Baukonstruktionen** | **471,000 $m^2$ BGF** | **1.341,04** | **631.011,02** | **83,7** |

## Kostenkennwerte für die Kostengruppe 400 der 3.Ebene DIN 276 (Übersicht)

| KG | Kostengruppe | Menge Einh. | €/Einheit | Kosten € | % 300+400 |
|---|---|---|---|---|---|
| 411 | Abwasseranlagen | 471,000 m² BGF | 45,50 | 21.407,57 | 2,8 |
| 412 | Wasseranlagen | 471,000 m² BGF | 57,93 | 27.257,04 | 3,6 |
| 413 | Gasanlagen (wenn zu Kochzwecken) | – | – | – | – |
| 414 | Feuerlöschanlagen | – | – | – | – |
| 419 | Abwasser-, Wasser- und Gasanlagen, sonstiges | – | – | – | – |
| **410** | **Abwasser-, Wasser-, Gasanlagen** | **471,000 m² BGF** | **103,42** | **48.664,59** | **6,5** |
| 421 | Wärmeerzeugungsanlagen | – | – | – | – |
| 422 | Wärmeverteilnetze | 471,000 m² BGF | 30,99 | 14.584,26 | 1,9 |
| 423 | Raumheizflächen | 471,000 m² BGF | 21,36 | 10.052,11 | 1,3 |
| 429 | Wärmeversorgungsanlagen, sonstiges | – | – | – | – |
| **420** | **Wärmeversorgungsanlagen** | **471,000 m² BGF** | **52,36** | **24.636,36** | **3,3** |
| 431 | Lüftungsanlagen (LA) | – | – | – | – |
| 432 | Teilklimaanlagen (TKA) | – | – | – | – |
| 433 | Klimaanlagen (KLA) | – | – | – | – |
| 434 | Prozeßlufttechnische Anlagen (PLA) | – | – | – | – |
| 435 | Kälteanlagen (KA) | – | – | – | – |
| 439 | Lufttechnische Anlagen, sonstiges | – | – | – | – |
| **430** | **Lufttechnische Anlagen** | **–** | **–** | **–** | **–** |
| 441 | Hoch- und Mittelspannungsanlagen | – | – | – | – |
| 442 | Eigenstromversorgungsanlagen | – | – | – | – |
| 443 | Niederspannungsschaltanlagen | – | – | – | – |
| 444 | Niederspannungsinstallationsanlagen | 471,000 m² BGF | 72,49 | 34.108,83 | 4,5 |
| 445 | Beleuchtungsanlagen | – | – | – | – |
| 446 | Blitzschutz- und Erdungsanlagen | 471,000 m² BGF | 18,22 | 8.574,67 | 1,1 |
| 449 | Starkstromanlagen, sonstiges | – | – | – | – |
| **440** | **Starkstromanlagen** | **471,000 m² BGF** | **90,71** | **42.683,50** | **5,7** |
| 451 | Telekommunikationsanlagen | – | – | – | – |
| 452 | Such- und Signalanlagen | – | – | – | – |
| 453 | Zeitdienstanlagen | – | – | – | – |
| 454 | Elektroakustische Anlagen | – | – | – | – |
| 455 | Fernseh- und Antennenanlagen | – | – | – | – |
| 456 | Gefahrenmelde- und Alarmanlagen | – | – | – | – |
| 457 | Übertragungsnetze | – | – | – | – |
| 459 | Fernmelde- und informationstechn. Anlagen, sonstiges | – | – | – | – |
| **450** | **Fernmelde- und informationstechn. Anlagen** | **–** | **–** | **–** | **–** |
| 461 | Aufzugsanlagen | – | – | – | – |
| 462 | Fahrtreppen, Fahrsteige | – | – | – | – |
| 463 | Befahranlagen | – | – | – | – |
| 464 | Transportanlagen | – | – | – | – |
| 465 | Krananlagen | – | – | – | – |
| 469 | Förderanlagen, sonstiges | – | – | – | – |
| **460** | **Förderanlagen** | **–** | **–** | **–** | **–** |
| **470** | **Nutzungsspezifische Anlagen** | **–** | **–** | **–** | **–** |
| **480** | **Gebäudeautomation** | **471,000 m² BGF** | **14,16** | **6.662,88** | **0,9** |
| **490** | **Sonst. Maßnahmen für technische Anlagen** | **–** | **–** | **–** | **–** |
| **400** | **Bauwerk - Technische Anlagen** | **471,000 m² BGF** | **260,65** | **122.647,34** | **16,3** |

## Kostenkennwerte für Leistungsbereiche nach StLB (Kosten des Bauwerks nach DIN 276)

| LB | Leistungsbereich | Kosten € | €/m² BGF | €/m³ BRI | % 300+400 |
|---|---|---|---|---|---|
| 000 | Sicherheits-, Baustelleneinrichtungen inkl. 001 | 48.897 | 103,90 | 28,50 | 6,5 |
| 002 | Erdarbeiten | 20.142 | 42,80 | 11,80 | 2,7 |
| 006 | Spezialtiefbauarbeiten inkl. 005 | – | – | – | – |
| 009 | Abwasserkanalarbeiten inkl. 011 | 8.769 | 18,60 | 5,10 | 1,2 |
| 010 | Dränarbeiten | 3.898 | 8,30 | 2,30 | 0,5 |
| 012 | Mauerarbeiten | 118.796 | 252,50 | 69,30 | 15,8 |
| 013 | Betonarbeiten | 112.495 | 239,10 | 65,70 | 14,9 |
| 014 | Natursteinarbeiten, Betonwerksteinarbeiten | 11.181 | 23,80 | 6,50 | 1,5 |
| 016 | Zimmer- und Holzbauarbeiten | – | – | – | – |
| 017 | Stahlbauarbeiten | – | – | – | – |
| 018 | Abdichtungsarbeiten gegen Wasser | 18.299 | 38,90 | 10,70 | 2,4 |
| 020 | Dachdeckungsarbeiten | – | – | – | – |
| 021 | Dachabdichtungsarbeiten | 43.977 | 93,50 | 25,70 | 5,8 |
| 022 | Klempnerarbeiten | 34.794 | 73,90 | 20,30 | 4,6 |
| | **Rohbau** | **421.249** | **895,20** | **245,90** | **55,9** |
| 023 | Putz- und Stuckarbeiten, Wärmedämmsysteme | 5.535 | 11,80 | 3,20 | 0,7 |
| 024 | Fliesen- und Plattenarbeiten | 16.811 | 35,70 | 9,80 | 2,2 |
| 025 | Estricharbeiten | 4.234 | 9,00 | 2,50 | 0,6 |
| 026 | Fenster, Außentüren inkl. 029, 032 | 120.514 | 256,10 | 70,30 | 16,0 |
| 027 | Tischlerarbeiten | – | – | – | – |
| 028 | Parkettarbeiten, Holzpflasterarbeiten | – | – | – | – |
| 030 | Rollladenarbeiten | 9.525 | 20,20 | 5,60 | 1,3 |
| 031 | Metallbauarbeiten inkl. 035 | 12.079 | 25,70 | 7,10 | 1,6 |
| 034 | Maler- und Lackiererarbeiten inkl. 037 | 4.565 | 9,70 | 2,70 | 0,6 |
| 036 | Bodenbelagsarbeiten | 6.708 | 14,30 | 3,90 | 0,9 |
| 038 | Vorgehängte hinterlüftete Fassaden | – | – | – | – |
| 039 | Trockenbauarbeiten | 41.188 | 87,50 | 24,00 | 5,5 |
| | **Ausbau** | **221.158** | **470,00** | **129,10** | **29,3** |
| 040 | Wärmeerzeuger, zentr. Einrichtungen inkl. 041 | 20.273 | 43,10 | 11,80 | 2,7 |
| 042 | Gas- und Wasserinstallationsarbeiten inkl. 043 | 9.858 | 21,00 | 5,80 | 1,3 |
| 044 | Abwasserinstallationsarbeiten - Leitungen | 9.258 | 19,70 | 5,40 | 1,2 |
| 045 | Gas-, Wasser-Einrichtungsgegenstände inkl. 046 | 13.831 | 29,40 | 8,10 | 1,8 |
| 047 | Dämmarbeiten an betriebstechnischen Anlagen | 8.685 | 18,50 | 5,10 | 1,2 |
| 049 | Feuerlöschanlagen, Feuerlöschgeräte | – | – | – | – |
| 050 | Blitzschutz- und Erdungsanlagen | 8.575 | 18,20 | 5,00 | 1,1 |
| 052 | Mittelspannungsanlagen | – | – | – | – |
| 053 | Niederspannungsanlagen inkl. 054 | 34.109 | 72,50 | 19,90 | 4,5 |
| 055 | Ersatzstromversorgungsanlagen | – | – | – | – |
| 057 | Gebäudesystemtechnik | – | – | – | – |
| 058 | Leuchten und Lampen, inkl. 059 | – | – | – | – |
| 060 | Elektroakustische Anlagen | – | – | – | – |
| 061 | Kommunikationsnetze | – | – | – | – |
| 063 | Gefahrenmeldeanlagen | – | – | – | – |
| 069 | Aufzüge | – | – | – | – |
| 070 | Gebäudeautomation | 6.663 | 14,20 | 3,90 | 0,9 |
| 075 | Raumlufttechnische Anlagen | – | – | – | – |
| | **Gebäudetechnik** | **111.251** | **236,40** | **64,90** | **14,8** |
| | Sonstige Leistungsbereiche inkl. 008, 033, 051 | – | – | – | – |

4300-010
Förderschule
Vereinsräume

## Objektübersicht

Modernisierung

**5.090 €/Schüler**

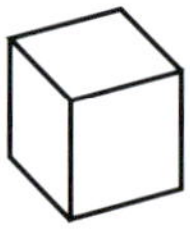

**54 €/m³ BRI**

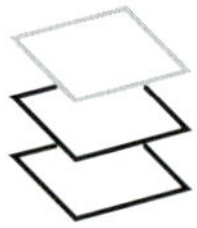

**201 €/m² BGF**

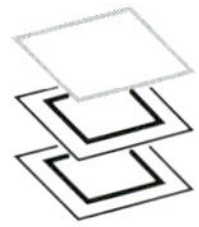

**256 €/m² NF**

| | |
|---|---|
| Kennwerte | bis 3.Ebene DIN 276 |
| Bauzeit | 17 Wochen |
| Bauende | 2007 |
| Standard | Durchschnitt |
| Land | Baden-Württemberg |
| Kreis | Heilbronn |
| m³ BRI | 2.991 |
| m² BGF | 810 |
| m² NF | 637 |

**Bauherr:**
Gemeinde Ilsfeld
Rathausstr. 8
74360 Ilsfeld

vorher

nachher

Erdgeschoss

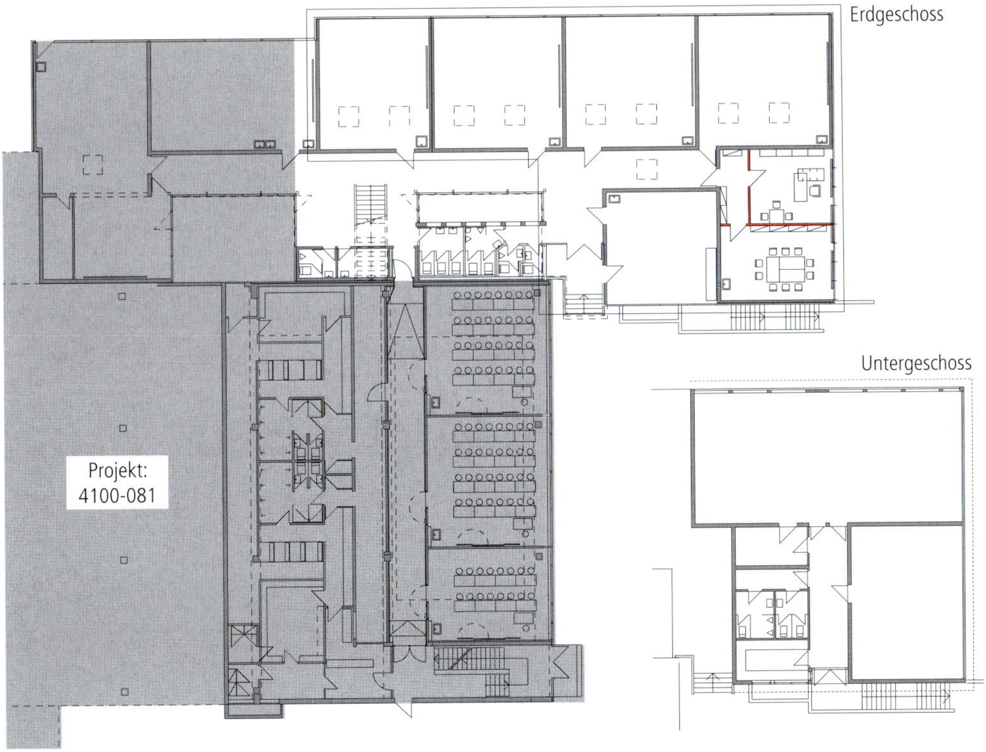


Untergeschoss

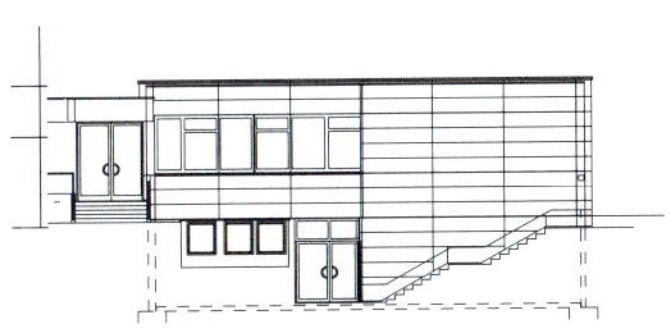

Ansicht Süd

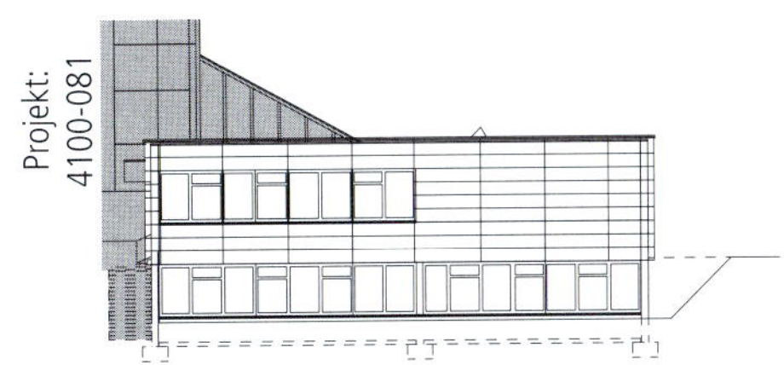


Ansicht Ost

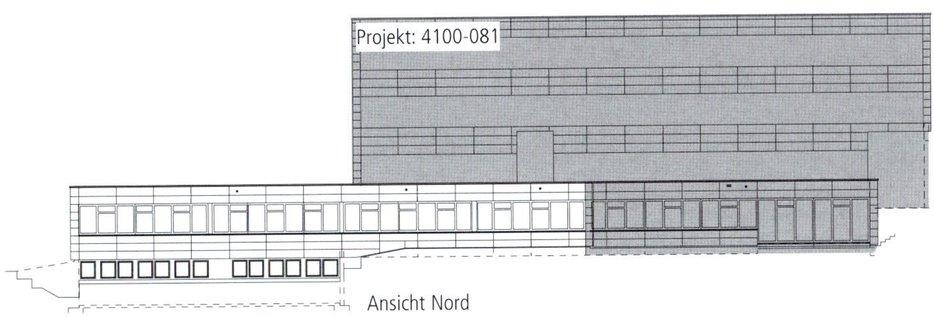


Ansicht Nord

## Objektbeschreibung

### Nutzung

**1 Untergeschoss**
Vereinsheim; 2 Gruppenräume, Teeküche, WC's

**1 Erdgeschoss**
Förderschule; 4 Klassenzimmer, 1 Gruppenraum, 1 Lehrerzimmer, 1 Rektorat, WC's

### Nutzeinheiten

Klassen: 4
Schüler: 32

### Grundstück

Bauraum: Freier Bauraum
Neigung: Ebenes Gelände

### Markt

Hauptvergabezeit: 2.Quartal 2007
Baubeginn: 3.Quartal 2007
Bauende: 4.Quartal 2007
Konjunkturelle Gesamtlage: Durchschnitt
Regionaler Baumarkt: unter Durchschnitt

### Baubestand

Baujahr: 1966
Bauzustand: mittel
Aufwand: mittel
Grundrissänderungen: einige
Tragwerkseingriffe: wenige
Nutzungsänderung: nein
Nutzung während der Bauzeit: nein

### Baukonstruktion

**Abbrechen:** Abbruch von Fenstern, Fensteraußenbänken, Holzbekleidungen der Fensterbrüstung; Holzunterkonstruktion und Dämmschicht der Bestandsdeckenpaneele; Entsorgung, Deponiegebühren
**Wiederherstellen:** Ausbau, Reinigung und Zwischenlagern der Bestandsdeckenpaneele
**Herstellen:** Alu-Fensterelemente, Alu-Außensimse, Innenfensterbänke, Birke, Brüstungsbekleidung als Trockenputz, Faserzementplatten, Sturz- und Brüstungsbekleidung aus Holz, Unterkonstruktion, Alu-Lamellenraffstore mit Motorantrieb; Metallständerwände, Schallschutztüren, Faserzementplatten; Abgehängte GK-Decke, Austausch Holzdecke

### Technische Anlagen

**Abbrechen:** Abbruch des Kunststoff-Brüstungskanals, Entsorgung, Deponiegebühren
**Herstellen:** Elektroinstallation, Zählerschrank, Sicherungen, FI-Schutzschalter, Schalter, Steckdosen, Mantelleitungen, Leuchten, Tafelstrahler; Fernmeldeleitungen, Deckenlautsprecher, Brandmeldekabel, EDV-Verkabelung

## Planungskennwerte für Flächen und Rauminhalte nach DIN 277

| Flächen des Grundstücks | | Menge, Einheit | % an FBG |
|---|---|---|---|
| BF | Bebaute Fläche | – m² | – |
| UBF | Unbebaute Fläche | – m² | – |
| FBG | Fläche des Baugrundstücks | – m² | – |

| Grundflächen des Bauwerks | | Menge, Einheit | % an NF | % an BGF |
|---|---|---|---|---|
| NF | Nutzfläche | 636,90 m² | 100,0 | 78,6 |
| TF | Technische Funktionsfläche | – m² | – | – |
| VF | Verkehrsfläche | 98,50 m² | 15,5 | 12,2 |
| NGF | Netto-Grundfläche | 735,40 m² | 115,5 | 90,8 |
| KGF | Konstruktions-Grundfläche | 74,60 m² | 11,7 | 9,2 |
| BGF | Brutto-Grundfläche | 810,00 m² | 127,2 | 100,0 |

| Brutto-Rauminhalt des Bauwerks | | Menge, Einheit | BRI/NF (m) | BRI/BGF (m) |
|---|---|---|---|---|
| BRI | Brutto-Rauminhalt | 2.991,00 m³ | 4,70 | 3,69 |

| Lufttechnisch behandelte Flächen | Menge, Einheit | % an NF | % an BGF |
|---|---|---|---|
| Entlüftete Fläche | – m² | – | – |
| Be- und entlüftete Fläche | – m² | – | – |
| Teilklimatisierte Fläche | – m² | – | – |
| Klimatisierte Fläche | – m² | – | – |

| KG | Kostengruppen (2.Ebene) | Menge, Einheit | Menge/NF | Menge/BGF |
|---|---|---|---|---|
| 310 | Baugrube | – m³ BGI | – | – |
| 320 | Gründung | – m² GRF | – | – |
| 330 | Außenwände | 188,45 m² AWF | 0,30 | 0,23 |
| 340 | Innenwände | 37,68 m² IWF | < 0,1 | < 0,1 |
| 350 | Decken | – m² DEF | – | – |
| 360 | Dächer | 170,08 m² DAF | 0,27 | 0,21 |

## Kostenkennwerte für die Kostengruppen der 1.Ebene DIN 276

| KG | Kostengruppen (1.Ebene) | Einheit | Kosten € | €/Einheit | €/m² BGF | €/m³ BRI | % 300+400 |
|---|---|---|---|---|---|---|---|
| 100 | Grundstück | m² FBG | – | – | – | – | – |
| 200 | Herrichten und Erschließen | m² FBG | – | – | – | – | – |
| 300 | Bauwerk - Baukonstruktionen | m² BGF | 121.155 | 149,57 | 149,57 | 40,51 | 74,4 |
| 400 | Bauwerk - Technische Anlagen | m² BGF | 41.717 | 51,50 | 51,50 | 13,95 | 25,6 |
| | **Bauwerk 300+400** | **m² BGF** | **162.872** | **201,08** | **201,08** | **54,45** | **100,0** |
| 500 | Außenanlagen | m² AUF | – | – | – | – | – |
| 600 | Ausstattung und Kunstwerke | m² BGF | – | – | – | – | – |
| 700 | Baunebenkosten | m² BGF | – | – | – | – | – |

Modernisierung

## Kostenkennwerte für die Kostengruppen der 1.Ebene DIN 276

| KG | Kostengruppe | Menge Einheit | Kosten € | €/Einheit | % |
|---|---|---|---|---|---|
| **3+4** | **Bauwerk** | | | | **100,0** |
| 300 | **Bauwerk - Baukonstruktionen** | 810,00 m² BGF | 121.155 | **149,57** | 74,4 |
| | • Abbrechen (Kosten: 6,6%)<br>Abbruch von Fenstern, Fensteraußenbänken, Holzbekleidungen der Fensterbrüstung; Holzunterkonstruktion und Dämmschicht der Bestandsdeckenpaneele; Entsorgung, Deponiegebühren | | 7.938 | | |
| | • Wiederherstellen (Kosten: 0,8%)<br>Ausbau, Reinigung und Zwischenlagern der Bestandsdeckenpaneele | | 910 | | |
| | • Herstellen (Kosten: 92,7%)<br>Alu-Fensterelemente, Alu-Außensimse, Innenfensterbänke, Birke, Brüstungsbekleidung als Trockenputz, Faserzementplatten, Sturz- und Brüstungsbekleidung aus Holz, Unterkonstruktion, Alu-Lamellenraffstore mit Motorantrieb; Metallständerwände, Schallschutztüren, Faserzementplatten; Abgehängte GK-Decke, Austausch Holzdecke | | 112.307 | | |
| 400 | **Bauwerk - Technische Anlagen** | 810,00 m² BGF | 41.717 | **51,50** | 25,6 |
| | • Abbrechen (Kosten: 0,6%)<br>Abbruch des Kunststoff-Brüstungskanals, Entsorgung, Deponiegebühren | | 230 | | |
| | • Herstellen (Kosten: 99,4%)<br>Elektroinstallation, Zählerschrank, Sicherungen, FI-Schutzschalter, Schalter, Steckdosen, Mantelleitungen, Leuchten, Tafelstrahler; Fernmeldeleitungen, Deckenlautsprecher, Brandmeldekabel, EDV-Verkabelung | | 41.487 | | |

## Kostenkennwerte für die Kostengruppen 300 und 400 der 2.Ebene DIN 276

| KG | Kostengruppe | Menge Einheit | Kosten € | €/Einheit | % |
|---|---|---|---|---|---|
| **300** | **Bauwerk - Baukonstruktionen** | | | | **100,0** |
| 330 | **Außenwände** | 188,45 m² | 95.755 | **508,13** | 79,0 |
| | • Abbrechen (Kosten: 6,0%) | | 5.739 | | |
| | Abbruch von Fenstern, Fensteraußenbänken (153m²) * Abbruch von Holzbekleidungen der Fensterbrüstung (36m²); Entsorgung, Deponiegebühren | | | | |
| | • Herstellen (Kosten: 94,0%) | | 90.016 | | |
| | Alu-Fensterelemente, Alu-Außensimse (153m²), Innenfensterbänke, Multiplex-Mehrschichtplatten, Birke (79m) * Brüstungsbekleidung als Trockenputz (19m²), Faserzementplatten (9m²), Sturz- und Brüstungsbekleidung aus Holz mit Unterkonstruktion (7m²) * Alu-Lamellenraffstore, Motorantrieb (33m²) | | | | |
| 340 | **Innenwände** | 37,68 m² | 5.613 | **148,95** | 4,6 |
| | • Herstellen (Kosten: 100,0%) | | 5.613 | | |
| | Metallständerwände, d=12,5cm (38m²) * Schallschutztüren mit unverdeckter Massivholzkante, 2-seitig, Eiche, Stahlzargen (4m²) * Faserzementplatten (47m²) | | | | |
| 360 | **Dächer** | 170,08 m² | 16.402 | **96,44** | 13,5 |
| | • Abbrechen (Kosten: 13,4%) | | 2.199 | | |
| | Abbruch Holzunterkonstruktion und Dämmschicht der Bestandsdeckenpaneele (69m²); Entsorgung, Deponiegebühren | | | | |
| | • Wiederherstellen (Kosten: 5,6%) | | 910 | | |
| | Ausbau, Reinigung und Zwischenlagern der Holzdeckenpaneele (69m²) | | | | |
| | • Herstellen (Kosten: 81,0%) | | 13.293 | | |
| | Abgehängte GK-Decke, d=12,5mm (67m²), Randspachtelungen der Lochplatten (57m), Austausch von Deckenpaneelen, Unterkonstruktion (34m²) | | | | |
| 390 | **Sonstige Baukonstruktionen** | 810,00 m² BGF | 3.385 | **4,18** | 2,8 |
| | • Herstellen (Kosten: 100,0%) | | 3.385 | | |
| | Baustelleneinrichtung, Beleuchtung * Standgerüst als Fassadengerüst (344m²) | | | | |
| **400** | **Bauwerk - Technische Anlagen** | | | | **100,0** |
| 440 | **Starkstromanlagen** | 810,00 m² BGF | 36.506 | **45,07** | 87,5 |
| | • Abbrechen (Kosten: 0,6%) | | 230 | | |
| | Abbruch des Kunststoff-Brüstungskanals, Entsorgung, Deponiegebühren (6m) | | | | |
| | • Herstellen (Kosten: 99,4%) | | 36.276 | | |
| | Zählerschrank, Sicherungen (64St), FI-Schutzschalter (3St), Hauptschalter (1St), Schalter (26St) Steckdosen (54St), Brüstungskanal (81m), Kernbohrung, Brandabschottungen (16St), PVC-Kanal (3m), Steuerleitungen (51m), Mantelleitungen (2.319m) * Anbauleuchten (69St), Einbaudownlights (2St), Mini-Konstanter (18St), Tafelstrahler (8St), Leuchtmittel für Piktogramme (4St), Präsenzmelder, Tageslichtsteuerung | | | | |
| 450 | **Fernmelde-, informationstechn. Anlagen** | 810,00 m² BGF | 5.211 | **6,43** | 12,5 |
| | • Herstellen (Kosten: 100,0%) | | 5.211 | | |
| | Fernmeldeleitungen (975m) * Deckenlautsprecher (7St) * Brandmeldekabel (190m) * Wandverteiler, Datenkabel (950m), Steckdosen RJ45 (15St), CU-Verbindungsstrecken (30St) | | | | |

## Kostenkennwerte für die Kostengruppe 300 der 3.Ebene DIN 276 (Übersicht)

| KG | Kostengruppe | Menge Einh. | €/Einheit | Kosten € | % 300+400 |
|---|---|---|---|---|---|
| 311 | Baugrubenherstellung | – | – | – | – |
| 312 | Baugrubenumschließung | – | – | – | – |
| 313 | Wasserhaltung | – | – | – | – |
| 319 | Baugrube, sonstiges | – | – | – | – |
| **310** | **Baugrube** | **–** | **–** | **–** | **–** |
| 321 | Baugrundverbesserung | – | – | – | – |
| 322 | Flachgründungen | – | – | – | – |
| 323 | Tiefgründungen | – | – | – | – |
| 324 | Unterböden und Bodenplatten | – | – | – | – |
| 325 | Beläge auf Boden- und Fundamentplatten | – | – | – | – |
| 326 | Bauwerksabdichtungen | – | – | – | – |
| 327 | Dränagen | – | – | – | – |
| 329 | Gründung, sonstiges | – | – | – | – |
| **320** | **Gründung** | **–** | **–** | **–** | **–** |
| 331 | Tragende Außenwände | – | – | – | – |
| 332 | Nichttragende Außenwände | – | – | – | – |
| 333 | Tragende Außenstützen | – | – | – | – |
| 334 | Außentüren, -fenster | 153,000 m$^2$ | 540,47 | 82.583,06 | 50,7 |
| 335 | Außenwandbekleidungen außen | – | – | – | – |
| 336 | Außenwandbekleidungen innen | 36,000 m$^2$ | 136,13 | 4.852,84 | 3,0 |
| 337 | Elementierte Außenwände | – | – | – | – |
| 338 | Sonnenschutz | 33,000 m$^2$ | 252,72 | 8.319,47 | 5,1 |
| 339 | Außenwände, sonstiges | – | – | – | – |
| **330** | **Außenwände** | **188,000 m$^2$** | **508,13** | **95.755,36** | **58,8** |
| 341 | Tragende Innenwände | – | – | – | – |
| 342 | Nichttragende Innenwände | 38,000 m$^2$ | 57,95 | 2.183,63 | 1,3 |
| 343 | Tragende Innenstützen | – | – | – | – |
| 344 | Innentüren, -fenster | 4,000 m$^2$ | 600,79 | 2.585,19 | 1,6 |
| 345 | Innenwandbekleidungen | 47,000 m$^2$ | 17,90 | 843,78 | 0,5 |
| 346 | Elementierte Innenwände | – | – | – | – |
| 349 | Innenwände, sonstiges | – | – | – | – |
| **340** | **Innenwände** | **38,000 m$^2$** | **148,95** | **5.612,60** | **3,4** |
| 351 | Deckenkonstruktionen | – | – | – | – |
| 352 | Deckenbeläge | – | – | – | – |
| 353 | Deckenbekleidungen | – | – | – | – |
| 359 | Decken, sonstiges | – | – | – | – |
| **350** | **Decken** | **–** | **–** | **–** | **–** |
| 361 | Dachkonstruktionen | – | – | – | – |
| 362 | Dachfenster, Dachöffnungen | – | – | – | – |
| 363 | Dachbeläge | – | – | – | – |
| 364 | Dachbekleidungen | 170,000 m$^2$ | 96,44 | 16.401,77 | 10,1 |
| 369 | Dächer, sonstiges | – | – | – | – |
| **360** | **Dächer** | **170,000 m$^2$** | **96,44** | **16.401,77** | **10,1** |
| **370** | **Baukonstruktive Einbauten** | **–** | **–** | **–** | **–** |
| **390** | **Sonst. Maßnahmen für Baukonstruktionen** | **810,000 m$^2$ BGF** | **4,18** | **3.385,13** | **2,1** |
| **300** | **Bauwerk - Baukonstruktionen** | **810,000 m$^2$ BGF** | **149,57** | **121.154,86** | **74,4** |

## Kostenkennwerte für die Kostengruppe 400 der 3.Ebene DIN 276 (Übersicht)

| KG | Kostengruppe | Menge Einh. | €/Einheit | Kosten € | % 300+400 |
|---|---|---|---|---|---|
| 411 | Abwasseranlagen | – | – | – | – |
| 412 | Wasseranlagen | – | – | – | – |
| 413 | Gasanlagen (wenn zu Kochzwecken) | – | – | – | – |
| 414 | Feuerlöschanlagen | – | – | – | – |
| 419 | Abwasser-, Wasser- und Gasanlagen, sonstiges | – | – | – | – |
| **410** | **Abwasser-, Wasser-, Gasanlagen** | **–** | **–** | **–** | **–** |
| 421 | Wärmeerzeugungsanlagen | – | – | – | – |
| 422 | Wärmeverteilnetze | – | – | – | – |
| 423 | Raumheizflächen | – | – | – | – |
| 429 | Wärmeversorgungsanlagen, sonstiges | – | – | – | – |
| **420** | **Wärmeversorgungsanlagen** | **–** | **–** | **–** | **–** |
| 431 | Lüftungsanlagen (LA) | – | – | – | – |
| 432 | Teilklimaanlagen (TKA) | – | – | – | – |
| 433 | Klimaanlagen (KLA) | – | – | – | – |
| 434 | Prozeßlufttechnische Anlagen (PLA) | – | – | – | – |
| 435 | Kälteanlagen (KA) | – | – | – | – |
| 439 | Lufttechnische Anlagen, sonstiges | – | – | – | – |
| **430** | **Lufttechnische Anlagen** | **–** | **–** | **–** | **–** |
| 441 | Hoch- und Mittelspannungsanlagen | – | – | – | – |
| 442 | Eigenstromversorgungsanlagen | – | – | – | – |
| 443 | Niederspannungsschaltanlagen | – | – | – | – |
| 444 | Niederspannungsinstallationsanlagen | 810,000 m² BGF | 22,04 | 17.854,30 | 11,0 |
| 445 | Beleuchtungsanlagen | 810,000 m² BGF | 23,03 | 18.651,78 | 11,5 |
| 446 | Blitzschutz- und Erdungsanlagen | – | – | – | – |
| 449 | Starkstromanlagen, sonstiges | – | – | – | – |
| **440** | **Starkstromanlagen** | **810,000 m² BGF** | **45,07** | **36.506,07** | **22,4** |
| 451 | Telekommunikationsanlagen | 810,000 m² BGF | 1,87 | 1.512,23 | 0,9 |
| 452 | Such- und Signalanlagen | – | – | – | – |
| 453 | Zeitdienstanlagen | – | – | – | – |
| 454 | Elektroakustische Anlagen | 810,000 m² BGF | 0,31 | 249,09 | 0,2 |
| 455 | Fernseh- und Antennenanlagen | – | – | – | – |
| 456 | Gefahrenmelde- und Alarmanlagen | 810,000 m² BGF | 0,89 | 717,70 | 0,4 |
| 457 | Übertragungsnetze | 810,000 m² BGF | 3,37 | 2.732,17 | 1,7 |
| 459 | Fernmelde- und informationstechn. Anlagen, sonstiges | – | – | – | – |
| **450** | **Fernmelde- und informationstechn. Anlagen** | **810,000 m² BGF** | **6,43** | **5.211,19** | **3,2** |
| 461 | Aufzugsanlagen | – | – | – | – |
| 462 | Fahrtreppen, Fahrsteige | – | – | – | – |
| 463 | Befahranlagen | – | – | – | – |
| 464 | Transportanlagen | – | – | – | – |
| 465 | Krananlagen | – | – | – | – |
| 469 | Förderanlagen, sonstiges | – | – | – | – |
| **460** | **Förderanlagen** | **–** | **–** | **–** | **–** |
| **470** | **Nutzungsspezifische Anlagen** | **–** | **–** | **–** | **–** |
| **480** | **Gebäudeautomation** | **–** | **–** | **–** | **–** |
| **490** | **Sonst. Maßnahmen für technische Anlagen** | **–** | **–** | **–** | **–** |
| **400** | **Bauwerk - Technische Anlagen** | **810,000 m² BGF** | **51,50** | **41.717,27** | **25,6** |

## Kostenkennwerte für Leistungsbereiche nach StLB (Kosten des Bauwerks nach DIN 276)

| LB | Leistungsbereiche | Kosten € | €/m² BGF | €/m³ BRI | % 300+400 |
|---|---|---|---|---|---|
| 000 | Sicherheits-, Baustelleneinrichtungen inkl. 001 | 3.385 | 4,20 | 1,10 | 2,1 |
| | Herstellen | 3.385 | 4,20 | 1,10 | 2,1 |
| 002 | Erdarbeiten | – | – | – | – |
| 006 | Spezialtiefbauarbeiten inkl. 005 | – | – | – | – |
| 009 | Abwasserkanalarbeiten inkl. 011 | – | – | – | – |
| 010 | Dränarbeiten | – | – | – | – |
| 012 | Mauerarbeiten | – | – | – | – |
| 013 | Betonarbeiten | – | – | – | – |
| 014 | Natursteinarbeiten, Betonwerksteinarbeiten | – | – | – | – |
| 016 | Zimmer- und Holzbauarbeiten | – | – | – | – |
| 017 | Stahlbauarbeiten | – | – | – | – |
| 018 | Abdichtungsarbeiten gegen Wasser | – | – | – | – |
| 020 | Dachdeckungsarbeiten | – | – | – | – |
| 021 | Dachabdichtungsarbeiten | – | – | – | – |
| 022 | Klempnerarbeiten | 1.653 | 2,00 | 0,55 | 1,0 |
| | Herstellen | 1.653 | 2,00 | 0,55 | 1,0 |
| | **Rohbau** | **5.038** | **6,20** | **1,70** | **3,1** |
| | Herstellen | 5.038 | 6,20 | 1,70 | 3,1 |
| 023 | Putz- und Stuckarbeiten, Wärmedämmsysteme | – | – | – | – |
| 024 | Fliesen- und Plattenarbeiten | – | – | – | – |
| 025 | Estricharbeiten | – | – | – | – |
| 026 | Fenster, Außentüren inkl. 029, 032 | 70.861 | 87,50 | 23,70 | 43,5 |
| | Herstellen | 70.861 | 87,50 | 23,70 | 43,5 |
| 027 | Tischlerarbeiten | 18.910 | 23,30 | 6,30 | 11,6 |
| | Wiederherstellen | 910 | 1,10 | 0,30 | 0,6 |
| | Herstellen | 18.000 | 22,20 | 6,00 | 11,1 |
| 028 | Parkettarbeiten, Holzpflasterarbeiten | – | – | – | – |
| 030 | Rollladenarbeiten | 4.802 | 5,90 | 1,60 | 2,9 |
| | Herstellen | 4.802 | 5,90 | 1,60 | 2,9 |
| 031 | Metallbauarbeiten inkl. 035 | – | – | – | – |
| 034 | Maler- und Lackiererarbeiten inkl. 037 | – | – | – | – |
| 036 | Bodenbelagsarbeiten | – | – | – | – |
| 038 | Vorgehängte hinterlüftete Fassaden | – | – | – | – |
| 039 | Trockenbauarbeiten | 8.628 | 10,70 | 2,90 | 5,3 |
| | Herstellen | 8.628 | 10,70 | 2,90 | 5,3 |
| | **Ausbau** | **103.201** | **127,40** | **34,50** | **63,4** |
| | Wiederherstellen | 910 | 1,10 | 0,30 | 0,6 |
| | Herstellen | 102.290 | 126,30 | 34,20 | 62,8 |
| 040 | Wärmeerzeuger, zentr. Einrichtungen inkl. 041 | – | – | – | – |
| 042 | Gas- und Wasserinstallationsarbeiten inkl. 043 | – | – | – | – |
| 044 | Abwasserinstallationsarbeiten - Leitungen | – | – | – | – |
| 045 | Gas-, Wasser-Einrichtungsgegenstände inkl. 046 | – | – | – | – |
| 047 | Dämmarbeiten an betriebstechnischen Anlagen | – | – | – | – |
| 049 | Feuerlöschanlagen, Feuerlöschgeräte | – | – | – | – |
| 050 | Blitzschutz- und Erdungsanlagen | – | – | – | – |
| 052 | Mittelspannungsanlagen | – | – | – | – |
| 053 | Niederspannungsanlagen inkl. 054 | 20.297 | 25,10 | 6,80 | 12,5 |
| | Herstellen | 20.297 | 25,10 | 6,80 | 12,5 |

| LB | Leistungsbereiche | Kosten € | €/m² BGF | €/m³ BRI | % 300+400 |
|---|---|---|---|---|---|
| 055 | Ersatzstromversorgungsanlagen | – | – | – | – |
| 057 | Gebäudesystemtechnik | – | – | – | – |
| 058 | Leuchten und Lampen, inkl. 059 | 18.953 | 23,40 | 6,30 | 11,6 |
| | Herstellen | 18.953 | 23,40 | 6,30 | 11,6 |
| 060 | Elektroakustische Anlagen | 249 | 0,31 | < 0,1 | 0,2 |
| | Herstellen | 249 | 0,31 | < 0,1 | 0,2 |
| 061 | Kommunikationsnetze | 4.244 | 5,20 | 1,40 | 2,6 |
| | Herstellen | 4.244 | 5,20 | 1,40 | 2,6 |
| 063 | Gefahrenmeldeanlagen | – | – | – | – |
| 069 | Aufzüge | – | – | – | – |
| 070 | Gebäudeautomation | – | – | – | – |
| 075 | Raumlufttechnische Anlagen | – | – | – | – |
| | **Gebäudetechnik** | **43.743** | **54,00** | **14,60** | **26,9** |
| | Herstellen | 43.743 | 54,00 | 14,60 | 26,9 |
| 084 | Abbrucharbeiten | 10.890 | 13,40 | 3,60 | 6,7 |
| | Abbrechen | 8.168 | 10,10 | 2,70 | 5,0 |
| | Herstellen | 2.722 | 3,40 | 0,91 | 1,7 |
| | Sonstige Leistungsbereiche inkl. 008, 033, 051 | – | – | – | – |

4400-122
Kindergarten
(1 Gruppe)

## Objektübersicht

Erweiterung

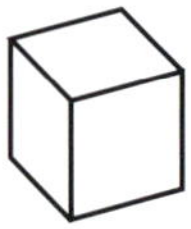

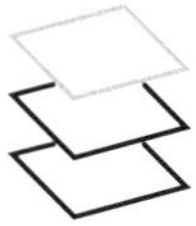

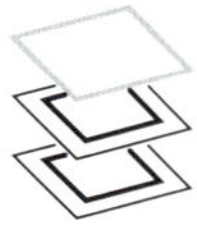

| | |
|---|---|
| Kennwerte | bis 1.Ebene DIN 276 |
| Bauzeit | 39 Wochen |
| Bauende | 2009 |
| Standard | über Durchschnitt |
| Land | Niedersachsen |
| Kreis | Hannover |
| $m^3$ BRI | 555 |
| $m^2$ BGF | 189 |
| $m^2$ NF | 164 |

**253.086 €/Gruppen**

**456 €/$m^3$ BRI**

**1.342 €/$m^2$ BGF**

**1.543 €/$m^2$ NF**

**Architekt:**
Architekturbüro Peterburs
Fuhrenkamp 23
30851 Langenhagen

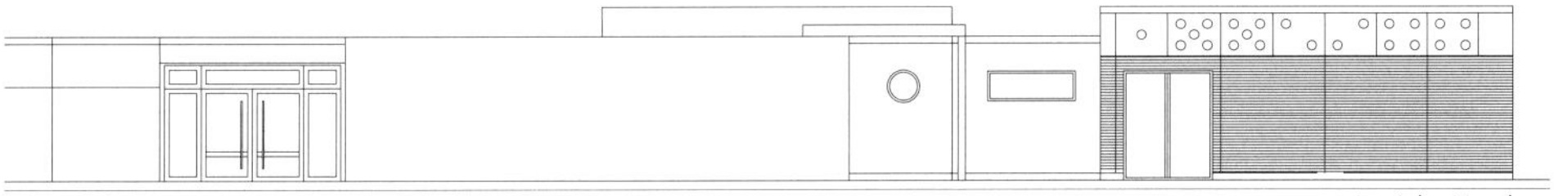

Bestand Ansicht Nord

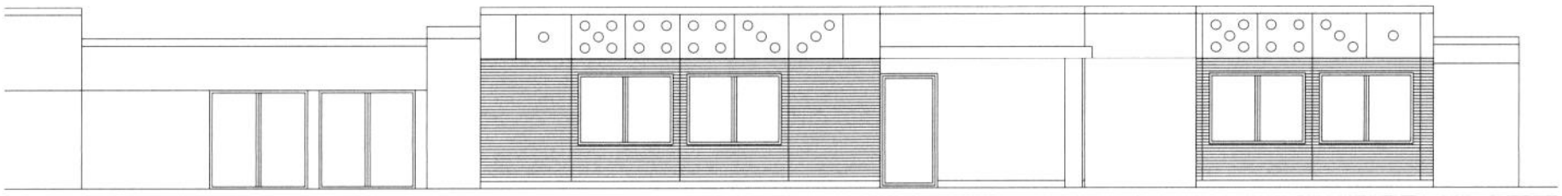

Bestand Ansicht West

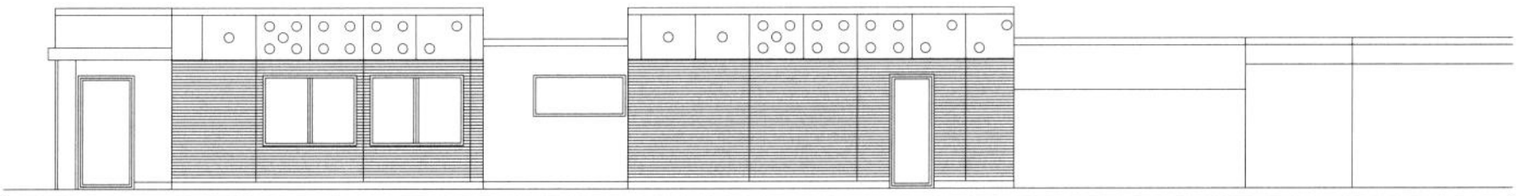

Ansicht Süd Bestand

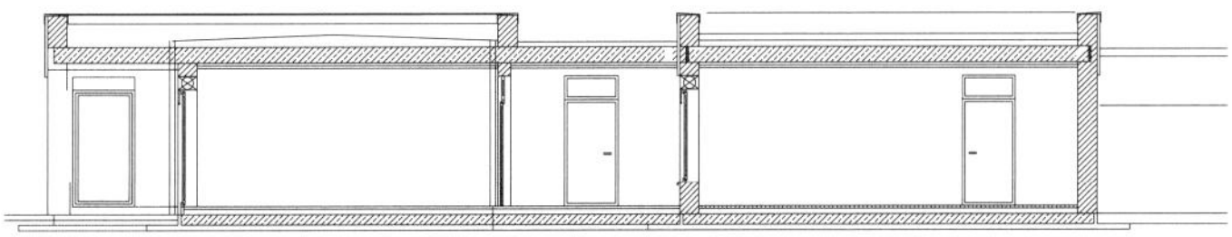

Schnitt

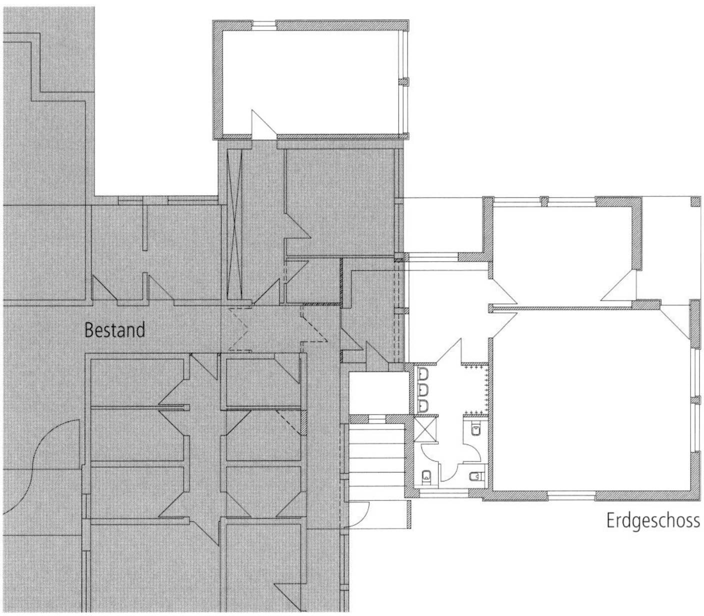


Erdgeschoss

# Objektbeschreibung

## Nutzung

**1 Erdgeschoss**
Erweiterung Gruppenraum, 2 Therapieräume, Bad, Spielflur

## Nutzeinheiten

Gruppen: 1
Kinder: 20

## Grundstück

Bauraum: Freier Bauraum
Neigung: Ebenes Gelände
Bodenklasse: BK 1

## Markt

Hauptvergabezeit: 3.Quartal 2008
Baubeginn: 3.Quartal 2008
Bauende: 2.Quartal 2009
Konjunkturelle Gesamtlage: unter Durchschnitt
Regionaler Baumarkt: unter Durchschnitt

## Baubestand

Bauzustand: mittel
Aufwand: mittel
Grundrissänderungen: wenige
Tragwerkseingriffe: keine
Nutzungsänderung: nein
Nutzung während der Bauzeit: nein

## Baukonstruktion

Mutterbodenabtrag; Wärmedämmung, Stb-Bodenplatte, Estrich, textiler Belag, Linoleum, Fliesen; Porenbeton-Mauerwerk, Kunststofffenster, Rollläden, Bekleidung Faserzement, Putz, Fliesen; Porenbeton-Mauerwerk, GK-Ständerwände, Putz, Fliesen; Stb-Fertigteildecke, abgehängte GK-Lochdecke, Anstrich, Gefälledämmung, Abdichtung, Dachentwässerung

## Technische Anlagen

Gebäudeentwässerung, Sanitärinstallation, Sanitärobjekte; Elektroinstallation

## Planungskennwerte für Flächen und Rauminhalte nach DIN 277

| Flächen des Grundstücks | | Menge, Einheit | % an FBG |
|---|---|---|---|
| BF | Bebaute Fläche | 171,00 m² | 2,6 |
| UBF | Unbebaute Fläche | – m² | – |
| FBG | Fläche des Baugrundstücks | 6.550,00 m² | 100,0 |

| Grundflächen des Bauwerks | | Menge, Einheit | % an NF | % an BGF |
|---|---|---|---|---|
| NF | Nutzfläche | 164,00 m² | 100,0 | 87,0 |
| TF | Technische Funktionsfläche | – m² | – | – |
| VF | Verkehrsfläche | – m² | – | – |
| NGF | Netto-Grundfläche | 164,00 m² | 100,0 | 87,0 |
| KGF | Konstruktions-Grundfläche | 24,56 m² | 15,0 | 13,0 |
| BGF | Brutto-Grundfläche | 188,56 m² | 115,0 | 100,0 |

| Brutto-Rauminhalt des Bauwerks | | Menge, Einheit | BRI/NF (m) | BRI/BGF (m) |
|---|---|---|---|---|
| BRI | Brutto-Rauminhalt | 555,00 m³ | 3,38 | 2,94 |

| Lufttechnisch behandelte Flächen | Menge, Einheit | % an NF | % an BGF |
|---|---|---|---|
| Entlüftete Fläche | – m² | – | – |
| Be- und entlüftete Fläche | – m² | – | – |
| Teilklimatisierte Fläche | – m² | – | – |
| Klimatisierte Fläche | – m² | – | – |

| KG | Kostengruppen (2.Ebene) | Menge, Einheit | Menge/NF | Menge/BGF |
|---|---|---|---|---|
| 310 | Baugrube | – m³ BGI | – | – |
| 320 | Gründung | – m² GRF | – | – |
| 330 | Außenwände | – m² AWF | – | – |
| 340 | Innenwände | – m² IWF | – | – |
| 350 | Decken | – m² DEF | – | – |
| 360 | Dächer | – m² DAF | – | – |

## Kostenkennwerte für die Kostengruppen der 1.Ebene DIN 276

| KG | Kostengruppen (1.Ebene) | Einheit | Kosten € | €/Einheit | €/m² BGF | €/m³ BRI | % 300+400 |
|---|---|---|---|---|---|---|---|
| 100 | Grundstück | m² FBG | – | – | – | – | – |
| 200 | Herrichten und Erschließen | m² FBG | – | – | – | – | – |
| 300 | Bauwerk - Baukonstruktionen | m² BGF | 226.237 | 1.199,81 | 1.199,81 | 407,63 | 89,4 |
| 400 | Bauwerk - Technische Anlagen | m² BGF | 26.849 | 142,39 | 142,39 | 48,38 | 10,6 |
| | **Bauwerk 300+400** | **m² BGF** | **253.086** | **1.342,20** | **1.342,20** | **456,01** | **100,0** |
| 500 | Außenanlagen | m² AUF | 8.807 | – | 46,71 | 15,87 | 3,5 |
| 600 | Ausstattung und Kunstwerke | m² BGF | – | – | – | – | – |
| 700 | Baunebenkosten | m² BGF | 38.401 | 203,66 | 203,66 | 69,19 | 15,2 |

Erweiterung

## Kostenkennwerte für die Kostengruppen der 1.Ebene DIN 276

| KG | Kostengruppe | Menge Einheit | Kosten € | €/Einheit | % |
|---|---|---|---|---|---|
| **3+4** | **Bauwerk** | | | | **100,0** |
| 300 | **Bauwerk - Baukonstruktionen**<br>Mutterbodenabtrag; Wärmedämmung, Stb-Bodenplatte, Estrich, textiler Belag, Linoleum, Fliesen; Porenbeton-Mauerwerk, Kunststofffenster, Rollläden, Bekleidung Faserzement, Putz, Fliesen; Porenbeton-Mauerwerk, GK-Ständerwände, Putz, Fliesen; Stb-Fertigteildecke, abgehängte GK-Lochdecke, Anstrich, Gefälledämmung, Abdichtung, Dachentwässerung | 188,56 m² BGF | 226.237 | **1.199,81** | 89,4 |
| 400 | **Bauwerk - Technische Anlagen**<br>Gebäudeentwässerung, Sanitärinstallation, Sanitärobjekte; Elektroinstallation | 188,56 m² BGF | 26.849 | **142,39** | 10,6 |
| 500 | **Außenanlagen**<br>Geländemodellierung, Plattenbeläge, Rabattensteine, Raseneinsaat, Pflanzungen | – AUF | 8.807 | – | 3,5 |
| 700 | **Baunebenkosten**<br>Honorare Architekt und Fachplaner | 188,56 m² BGF | 38.401 | **203,66** | 15,2 |

## Kostenkennwerte für Leistungsbereiche nach StLB (Kosten des Bauwerks nach DIN 276)

| LB | Leistungsbereich | Kosten € | €/m² BGF | €/m³ BRI | % 300+400 |
|---|---|---|---|---|---|
| 000 | Sicherheits-, Baustelleneinrichtungen inkl. 001 | 2.082 | 11,00 | 3,80 | 0,8 |
| 002 | Erdarbeiten | 14.879 | 78,90 | 26,80 | 5,9 |
| 006 | Spezialtiefbauarbeiten inkl. 005 | – | – | – | – |
| 009 | Abwasserkanalarbeiten inkl. 011 | – | – | – | – |
| 010 | Dränarbeiten | – | – | – | – |
| 012 | Mauerarbeiten | 45.525 | 241,40 | 82,00 | 18,0 |
| 013 | Betonarbeiten | 19.673 | 104,30 | 35,40 | 7,8 |
| 014 | Natursteinarbeiten, Betonwerksteinarbeiten | – | – | – | – |
| 016 | Zimmer- und Holzbauarbeiten | 1.756 | 9,30 | 3,20 | 0,7 |
| 017 | Stahlbauarbeiten | – | – | – | – |
| 018 | Abdichtungsarbeiten gegen Wasser | – | – | – | – |
| 020 | Dachdeckungsarbeiten | 30.022 | 159,20 | 54,10 | 11,9 |
| 021 | Dachabdichtungsarbeiten | – | – | – | – |
| 022 | Klempnerarbeiten | – | – | – | – |
| | **Rohbau** | **113.937** | **604,30** | **205,30** | **45,0** |
| 023 | Putz- und Stuckarbeiten, Wärmedämmsysteme | 26.083 | 138,30 | 47,00 | 10,3 |
| 024 | Fliesen- und Plattenarbeiten | 3.492 | 18,50 | 6,30 | 1,4 |
| 025 | Estricharbeiten | 3.276 | 17,40 | 5,90 | 1,3 |
| 026 | Fenster, Außentüren inkl. 029, 032 | 23.498 | 124,60 | 42,30 | 9,3 |
| 027 | Tischlerarbeiten | 3.903 | 20,70 | 7,00 | 1,5 |
| 028 | Parkettarbeiten, Holzpflasterarbeiten | – | – | – | – |
| 030 | Rollladenarbeiten | – | – | – | – |
| 031 | Metallbauarbeiten inkl. 035 | – | – | – | – |
| 034 | Maler- und Lackiererarbeiten inkl. 037 | 7.902 | 41,90 | 14,20 | 3,1 |
| 036 | Bodenbelagsarbeiten | 10.895 | 57,80 | 19,60 | 4,3 |
| 038 | Vorgehängte hinterlüftete Fassaden | 8.424 | 44,70 | 15,20 | 3,3 |
| 039 | Trockenbauarbeiten | 14.306 | 75,90 | 25,80 | 5,7 |
| | **Ausbau** | **101.779** | **539,80** | **183,40** | **40,2** |
| 040 | Wärmeerzeuger, zentr. Einrichtungen inkl. 041 | – | – | – | – |
| 042 | Gas- und Wasserinstallationsarbeiten inkl. 043 | 15.253 | 80,90 | 27,50 | 6,0 |
| 044 | Abwasserinstallationsarbeiten - Leitungen | – | – | – | – |
| 045 | Gas-, Wasser-Einrichtungsgegenstände inkl. 046 | – | – | – | – |
| 047 | Dämmarbeiten an betriebstechnischen Anlagen | – | – | – | – |
| 049 | Feuerlöschanlagen, Feuerlöschgeräte | – | – | – | – |
| 050 | Blitzschutz- und Erdungsanlagen | – | – | – | – |
| 052 | Mittelspannungsanlagen | – | – | – | – |
| 053 | Niederspannungsanlagen inkl. 054 | 8.472 | 44,90 | 15,30 | 3,3 |
| 055 | Ersatzstromversorgungsanlagen | – | – | – | – |
| 057 | Gebäudesystemtechnik | – | – | – | – |
| 058 | Leuchten und Lampen, inkl. 059 | 3.124 | 16,60 | 5,60 | 1,2 |
| 060 | Elektroakustische Anlagen | – | – | – | – |
| 061 | Kommunikationsnetze | – | – | – | – |
| 063 | Gefahrenmeldeanlagen | – | – | – | – |
| 069 | Aufzüge | – | – | – | – |
| 070 | Gebäudeautomation | – | – | – | – |
| 075 | Raumlufttechnische Anlagen | – | – | – | – |
| | **Gebäudetechnik** | **26.849** | **142,40** | **48,40** | **10,6** |
| | Sonstige Leistungsbereiche inkl. 008, 033, 051 | **10.520** | **55,80** | **19,00** | **4,2** |

# Sportbauten

5

5100-044
Sporthalle

# Objektübersicht

Modernisierung

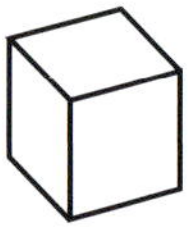

225 €/m³ BRI

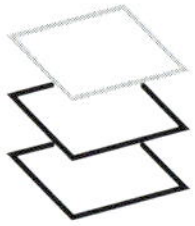

1.342 €/m² BGF

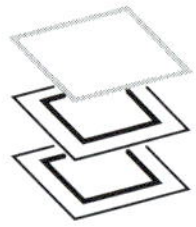

1.763 €/m² NF

| | |
|---|---|
| Kennwerte | bis 3.Ebene DIN 276 |
| Bauzeit | 47 Wochen |
| Bauende | 2007 |
| Standard | Durchschnitt |
| Land | Sachsen |
| Kreis | Flöha |
| $m^3$ BRI | 7.840 |
| $m^2$ BGF | 1.315 |
| $m^2$ NF | 1.001 |

**Architekt:**
Bauplanungsbüro
Dipl.-Ing. Udo Barth
Zur Baumwolle 17
09557 Flöha

vorher

nachher

Ansicht Ost

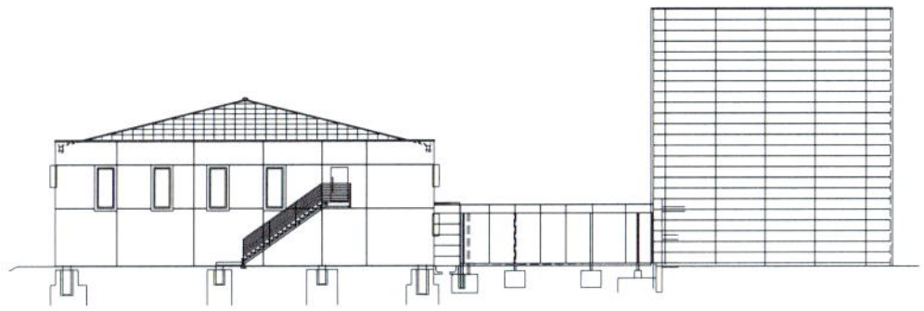
Ansicht Süd

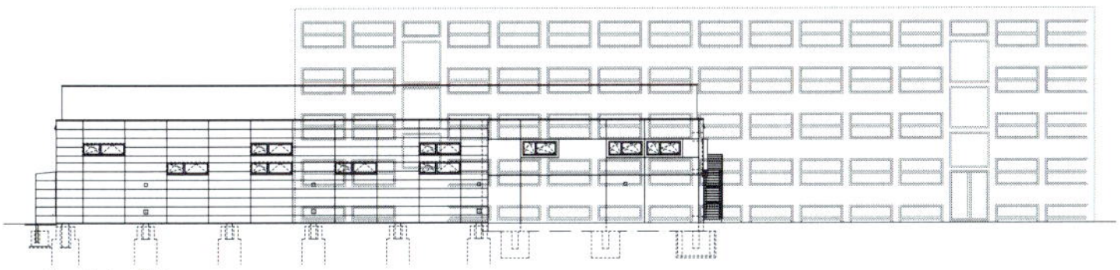
Ansicht West

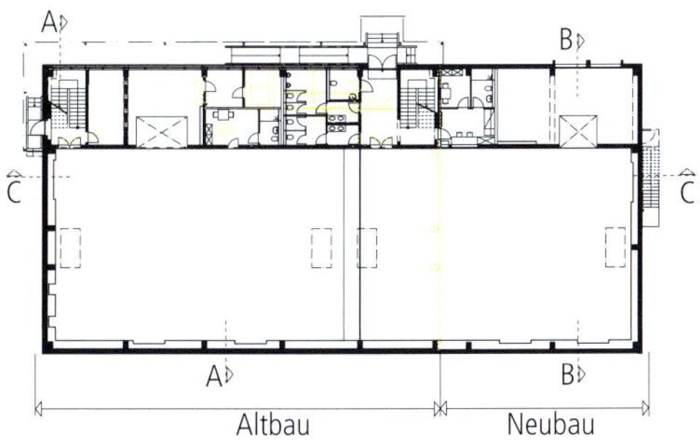

Erdgeschoss

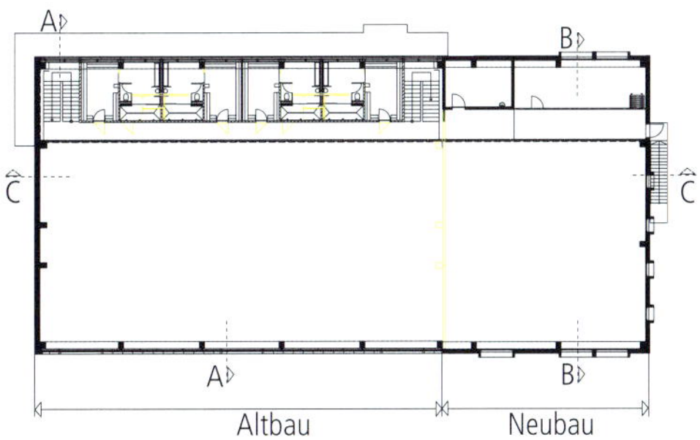

Obergeschoss

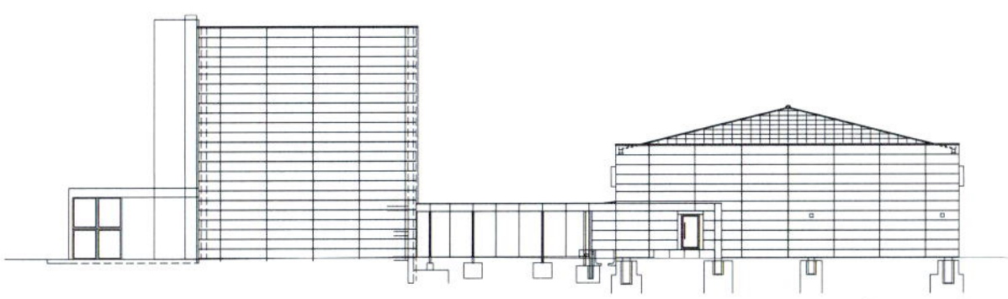
Ansicht Nord

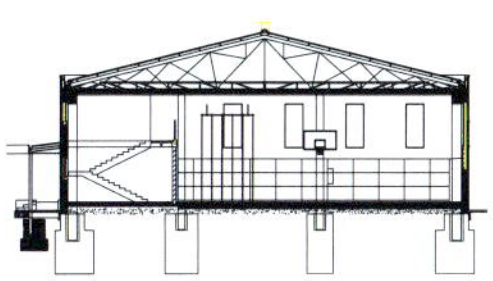
Schnitt A-A

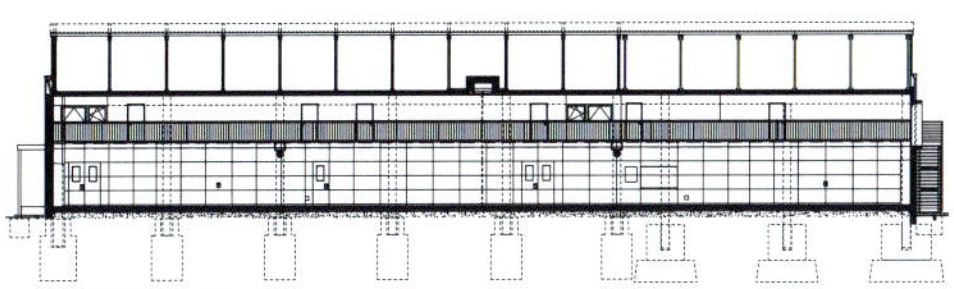
Schnitt C-C

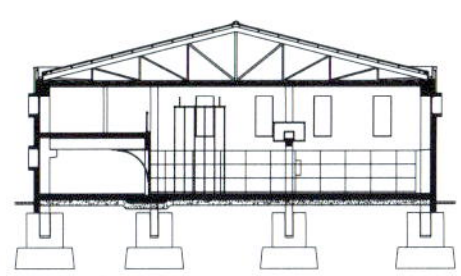
Schnitt B-B

# Objektbeschreibung

## Nutzung

**1 Erdgeschoss**
Sporthalle, Eingang, Geräteräume, Sanitäranlagen

**1 Obergeschoss**
Sozialtrakt, Umkleideräume, Sanitäranlagen, Mehrzwecksportraum, Lüfterraum

## Grundstück

Bauraum: Freier Bauraum
Neigung: Ebenes Gelände

## Markt

Hauptvergabezeit: 2.Quartal 2006
Baubeginn: 2.Quartal 2006
Bauende: 2.Quartal 2007
Konjunkturelle Gesamtlage: Durchschnitt
Regionaler Baumarkt: Durchschnitt

## Baubestand

Baujahr: 1981
Bauzustand: schlecht
Aufwand: hoch
Grundrissänderungen: einige
Tragwerkseingriffe: wenige
Nutzungsänderung: nein
Nutzung während der Bauzeit: nein

## Baukonstruktion

**Abbrechen:** Abbruch von Stb-Fundamente, Massivfußboden belegt mit Zementestrich, Fliesen, Betonwerksteinplatten Bitumenbahnen, Sportboden, hohlliegende Betonfußböden, Estrich; Außenmauerwerk, Stb-Stützen, Stahlstützen, Holz-Eingangstür, Stahlfensterrahmen, Kunstschiefer, Holzverschalung, Stb-Eingangspodest; Stb-Wänden, Innenmauerwerk, Wandfliesen, Putz; Holzpfetten, Bitumenbahnen, Dachrandeinfassungen, Dachrinnen, Faserzementplatten, Titanzinkabdeckungen, Schiefereindeckungen; Entsorgung, Deponiegebühren
**Wiederherstellen:** Betonaufbrüche mit C16/20 schließen, glatt abziehen; Freilegen der korrodierten Bewehrung, Strahlen, Untergrundvorbereitung, Spritzbeton im Trockenspritzverfahren; Ausbauen der Alueingangstüren, lagern, wieder einbauen; Treppengeländer umbauen, Geländerrahmen ausbauen, kürzen, wieder einbauen
**Herstellen:** Köcherfundamente, Stb-Bodenplatte, Sportboden, Estrich, Linoleum, Fliesen; Stb-Stützen, Stahlkonstruktion, Kunststofffenster, Faserzementtafeln, Holzprallwand, Anstrich, Fliesen, Stb-Fassadenplatten, Ganzglaselemente; Mauerwerk, Metallständerwände, Holztüren, Stb-Fertigteilwände, Trennwand, Trennvorhang; Stb-Fertigteilträger, Stb-Decke, Linoleum, Fliesen, GK-Decken; Holzdachkonstruktion, Faserzement-Wellplatten, Dachentwässerung, Akustikdecke

## Technische Anlagen

**Abbrechen:** Abbruch von Bodeneinläufen, Fallrohre, Standrohre, Kaltwasserleitungen; Blitzableiter; Entsorgung, Deponiegebühren
**Herstellen:** Gebäudeentwässerung, Kalt- und Warmwasserleitungen, Sanitärobjekte; Anbindung an Fernwärmeanlage, Heizungsrohre, Heizkörper, Fußbodenheizung, Verteiler; Zu-Abluftgerät, Rotationswärmetauscher, Lüftungskanäle; Elektroinstallation, Beleuchtungskörper, erweitern Blitzschutzanlage; Telefonleitungen, Uhren, Pausenklingel, Elektroakustische Anlage, erweitern der Brandmeldezentrale, EDV-Anlage; MSR-Anlage

## Planungskennwerte für Flächen und Rauminhalte nach DIN 277

| Flächen des Grundstücks | | Menge, Einheit | % an FBG |
|---|---|---|---|
| BF | Bebaute Fläche | 955,93 m² | 41,2 |
| UBF | Unbebaute Fläche | 1.363,00 m² | 58,8 |
| FBG | Fläche des Baugrundstücks | 2.318,93 m² | 100,0 |

| Grundflächen des Bauwerks | | Menge, Einheit | % an NF | % an BGF |
|---|---|---|---|---|
| NF | Nutzfläche | 1.000,89 m² | 100,0 | 76,1 |
| TF | Technische Funktionsfläche | 25,41 m² | 2,5 | 1,9 |
| VF | Verkehrsfläche | 130,01 m² | 13,0 | 9,9 |
| NGF | Netto-Grundfläche | 1.156,31 m² | 115,5 | 87,9 |
| KGF | Konstruktions-Grundfläche | 158,69 m² | 15,9 | 12,1 |
| BGF | Brutto-Grundfläche | 1.315,00 m² | 131,4 | 100,0 |

| Brutto-Rauminhalt des Bauwerks | | Menge, Einheit | BRI/NF (m) | BRI/BGF (m) |
|---|---|---|---|---|
| BRI | Brutto-Rauminhalt | 7.840,00 m³ | 7,83 | 5,96 |

| Lufttechnisch behandelte Flächen | Menge, Einheit | % an NF | % an BGF |
|---|---|---|---|
| Entlüftete Fläche | – m² | – | – |
| Be- und entlüftete Fläche | – m² | – | – |
| Teilklimatisierte Fläche | – m² | – | – |
| Klimatisierte Fläche | – m² | – | – |

| KG | Kostengruppen (2.Ebene) | Menge, Einheit | Menge/NF | Menge/BGF |
|---|---|---|---|---|
| 310 | Baugrube | 641,30 m³ BGI | 0,64 | 0,49 |
| 320 | Gründung | 955,93 m² GRF | 0,96 | 0,73 |
| 330 | Außenwände | 672,59 m² AWF | 0,67 | 0,51 |
| 340 | Innenwände | 1.284,15 m² IWF | 1,28 | 0,98 |
| 350 | Decken | 231,96 m² DEF | 0,23 | 0,18 |
| 360 | Dächer | 432,45 m² DAF | 0,43 | 0,33 |

## Kostenkennwerte für die Kostengruppen der 1.Ebene DIN 276

| KG | Kostengruppen (1.Ebene) | Einheit | Kosten € | €/Einheit | €/m² BGF | €/m³ BRI | % 300+400 |
|---|---|---|---|---|---|---|---|
| 100 | Grundstück | m² FBG | – | – | – | – | – |
| 200 | Herrichten und Erschließen | m² FBG | 788 | 0,34 | 0,60 | 0,10 | < 0,1 |
| 300 | Bauwerk - Baukonstruktionen | m² BGF | 1.418.890 | 1.079,00 | 1.079,00 | 180,98 | 80,4 |
| 400 | Bauwerk - Technische Anlagen | m² BGF | 345.673 | 262,87 | 262,87 | 44,09 | 19,6 |
| | **Bauwerk 300+400** | **m² BGF** | **1.764.563** | **1.341,87** | **1.341,87** | **225,07** | **100,0** |
| 500 | Außenanlagen | m² AUF | 45.294 | 33,23 | 34,44 | 5,78 | 2,6 |
| 600 | Ausstattung und Kunstwerke | m² BGF | 26.783 | 20,37 | 20,37 | 3,42 | 1,5 |
| 700 | Baunebenkosten | m² BGF | – | – | – | – | – |

## Kostenkennwerte für die Kostengruppen der 1.Ebene DIN 276

| KG | Kostengruppe | Menge Einheit | Kosten € | €/Einheit | % |
|---|---|---|---|---|---|
| 200 | **Herrichten und Erschließen** | 2.318,93 m² FBG | 788 | **0,34** | < 0,1 |
| | • Herstellen (Kosten: 100,0%)<br>Baugelände abräumen | | 788 | | |
| **3+4** | **Bauwerk** | | | | **100,0** |
| 300 | **Bauwerk - Baukonstruktionen** | 1.315,00 m² BGF | 1.418.890 | **1.079,00** | 80,4 |
| | • Abbrechen (Kosten: 4,5%)<br>Abbruch von Stb-Fundamente, Massivfußboden belegt mit Zementestrich, Fliesen, Betonwerksteinplatten Bitumenbahnen, Sportboden, hohlliegende Betonfußböden, Estrich; Außenmauerwerk, Stb-Stützen, Stahlstützen, Holz-Eingangstür, Stahlfensterrahmen, Kunstschiefer, Holzverschalung, Stb-Eingangspodest; Stb-Wänden, Innenmauerwerk, Wandfliesen, Putz; Holzpfetten, Bitumenbahnen, Dachrandeinfassungen, Dachrinnen, Faserzementplatten, Titanzinkabdeckungen, Schiefereindeckungen; Entsorgung, Deponiegebühren | | 63.235 | | |
| | • Wiederherstellen (Kosten: 1,1%)<br>Betonaufbrüche mit C16/20 schließen, glatt abziehen; Freilegen der korrodierten Bewehrung, Strahlen, Untergrundvorbereitung, Spritzbeton im Trockenspritzverfahren; Ausbauen der Alueingangstüren, lagern, wieder einbauen; Treppengeländer umbauen, Geländerrahmen ausbauen, kürzen, wieder einbauen | | 15.407 | | |
| | • Herstellen (Kosten: 94,5%)<br>Köcherfundamente, Stb-Bodenplatte, Sportboden, Estrich, Linoleum, Fliesen; Stb-Stützen, Stahlkonstruktion, Kunststofffenster, Faserzementtafeln, Holzprallwand, Anstrich, Fliesen, Stb-Fassadenplatten, Ganzglaselemente; Mauerwerk, Metallständerwände, Holztüren, Stb-Fertigteilwände, Trennwand, Trennvorhang; Stb-Fertigteilträger, Stb-Decke, Linoleum, Fliesen, GK-Decken; Holzdachkonstruktion, Faserzement-Wellplatten, Dachentwässerung, Akustikdecke | | 1.340.248 | | |
| 400 | **Bauwerk - Technische Anlagen** | 1.315,00 m² BGF | 345.673 | **262,87** | 19,6 |
| | • Abbrechen (Kosten: 0,2%)<br>Abbruch von Bodeneinläufen, Fallrohre, Standrohre, Kaltwasserleitungen; Blitzableiter; Entsorgung, Deponiegebühren | | 657 | | |
| | • Herstellen (Kosten: 99,8%)<br>Gebäudeentwässerung, Kalt- und Warmwasserleitungen, Sanitärobjekte; Anbindung an Fernwärmeanlage, Heizungsrohre, Heizkörper, Fußbodenheizung, Verteiler; Zu-Abluftgerät, Rotationswärmetauscher, Lüftungskanäle; Elektroinstallation, Beleuchtungskörper, erweitern Blitzschutzanlage; Telefonleitungen, Uhren, Pausenklingel, Elektroakustische Anlage, erweitern der Brandmeldezentrale, EDV-Anlage; MSR-Anlage | | 345.015 | | |

| KG | Kostengruppe | Menge Einheit | Kosten € | €/Einheit | % |
|---|---|---|---|---|---|
| 500 | **Außenanlagen** | 1.363,00 m² AUF | 45.294 | **33,23** | 2,6 |
| | • Abbrechen (Kosten: 7,2%) | | 3.254 | | |
| | Abbruch von Betonwerksteinplattenbelägen, Betonsteinpflaster, Unterbau, Beton-Einfassstein, Betonbettung, Randeinfassung der Baumscheiben; Straßen- und Hofabläufe, Schlammeimer, Roste, Heizleitung, Stb-Heizkanal; Roden von Strauchgehölze mit Wurzelstock; Entsorgung, Deponiegebühren | | | | |
| | • Wiederherstellen (Kosten: 30,1%) | | 13.652 | | |
| | Betonsteinpflaster, ausbauen, lagern, unbrauchbares Material entsorgen, wieder einbauen, Unterbau, lösen, laden, lagern, wieder einbauen; Schächte sanieren, vorhandene Schachtsohle aus Estrich abbrechen, Zementestrich, neue Gerinne, neue Anbindungen, ungenutzte Schachteinläufe ausbauen, verschließen; Bäume und Strauchgehölze, herausnehmen, einschlagen, Wiedereinpflanzung | | | | |
| | • Herstellen (Kosten: 62,7%) | | 28.388 | | |
| | Oberbodenabtrag, Oberbodenauftrag, Bodenabtrag, Bodenauftrag; Frostschutzschicht, Rollkiesstreifen; Grundleitungen, Schachtanschlüsse | | | | |
| 600 | **Ausstattung und Kunstwerke** | 1.315,00 m² BGF | 26.783 | **20,37** | 1,5 |
| | • Herstellen (Kosten: 100,0%) | | 26.783 | | |
| | Garderobenschränke, Umkleidebänke, Geräteschränke, Ballschränke, Sportgeräteschrank, Zweiertische mit Ablage, Stapelstühle, Ständertafel, Transport-, Aufbewahrungswagen, Wettkampf-Schwebebalken, Transportroller, Schutzmatte Sprossenwand, Niedersprungmatten, Mini-Basketballanlage, Handballtore, Badmintonanlage, Volleyballanlage, Leitsystem | | | | |

Modernisierung

## Kostenkennwerte für die Kostengruppen 300 und 400 der 2.Ebene DIN 276

| KG | Kostengruppe | Menge Einheit | Kosten € | €/Einheit | % |
|---|---|---|---|---|---|
| **200** | **Herrichten und Erschließen** | | | | **100,0** |
| 210 | **Herrichten** | 2.318,93 m² FBG | 788 | **0,34** | 100,0 |
| | • Herstellen (Kosten: 100,0%) | | 788 | | |
| | Baugelände abräumen (393m²) | | | | |
| **300** | **Bauwerk - Baukonstruktionen** | | | | **100,0** |
| 310 | **Baugrube** | 641,30 m³ | 53.634 | **83,63** | 3,8 |
| | • Herstellen (Kosten: 100,0%) | | 53.634 | | |
| | Baugrubenaushub BK 3-5, Abfuhr (642m³), Hinterfüllungen Fundamente, Mineralgemisch, Liefermaterial (534m³) * zwei Tauchpumpen, Förderleistung bis 20l/s (96h) | | | | |
| 320 | **Gründung** | 955,93 m² | 259.486 | **271,45** | 18,3 |
| | • Abbrechen (Kosten: 10,0%) | | 25.922 | | |
| | Abbruch von Stb-Fundamente (13m³) * Stb-Bodenplatte, d=25cm (9m²), Schnitte im Diamantschneideverfahren (15m) * Massivfußboden belegt mit Zementestrich, Fliesen, Betonwerksteinplatten, d bis 15cm (147m²), Bitumenbahnen (90m²), Sportboden (465m²), hohlliegende Betonfußböden (235m²), Estrich (464m²); Entsorgung, Deponiegebühren | | | | |
| | • Wiederherstellen (Kosten: 3,4%) | | 8.918 | | |
| | Betonaufbrüche mit C16/20 schließen, glatt abziehen (235m²), Pflasterbeläge, ausbauen, lagern, reinigen, einbauen (17m²) | | | | |
| | • Herstellen (Kosten: 86,6%) | | 224.646 | | |
| | Köcherfundamente (17St), Füllbeton (124m³), Stützwinkelfundamente (36St), Fundamentbetonplatte (28m²) * Stb-Bodenplatte, d=20cm (376m²) * Ausgleichsestrich (465m²), Dämmung, Hartfaserplatten, Sportboden, Linoleum (828m²), Estrich (128m²), Fliesen (76m²), Pflaster (44m²) * Kiesfilterschicht, Sauberkeitsschicht (334m²), Frostschutz, d=25cm (60m²), Sauberkeitsschicht, d=5cm (29m²) * Dränleitungen (49m) | | | | |

| KG | Kostengruppe | Menge Einheit | Kosten € | €/Einheit | % |
|---|---|---|---|---|---|
| 330 | **Außenwände** | 672,59 m² | 476.314 | **708,18** | 33,6 |
| | • Abbrechen (Kosten: 2,4%) | | 11.489 | | |
| | Abbruch von Porenbetonmauerwerk, d=19-22cm (143m²), Gasbetonmauerwerk, d=20cm (6m²) * Stb-Stützen, 40x50cm (18m), Stahlstützen (9m) * Holz-Eingangstür (4m²), Stahlfensterrahmen (99m) * Kunstschiefer, Unterkonstruktion (92m²), Holzverschalung, Unterkonstruktion (53m²) * Stahlrohrgeländer, Handlauf (18m²), Stb-Eingangspodest, abgestuft (13m³); Entsorgung, Deponiegebühren | | | | |
| | • Wiederherstellen (Kosten: 1,1%) | | 5.245 | | |
| | Freilegen der korrodierten Bewehrung, Strahlen, Untergrundvorbereitung, Ausbildung einer verlorenen Schalung, Spritzbeton im Trockenspritzverfahren (22m) * Ausbauen der Alueingangstüren, lagern, wieder einbauen (22m²) * Schimmel-, Moos- und Algenbelag entfernen, reinigen, mit wässriger Mikrobiozid-Lösung durchwaschen (52m²) | | | | |
| | • Herstellen (Kosten: 96,5%) | | 459.581 | | |
| | KS-Mauerwerk, d=19-26cm (41m²), Stb-Tragbalken (22m) * Holzrahmenkonstruktion (21m²), KS-Mauerwerk (9m²) * Stb-Fertigteilstützen (8St), Stahlkonstruktion (28m) * Kunststofffenster (121m²) * Faserzement-Fassadentafeln (609m²), WDVS-Sockel (29m²), Faserzementplatten (38m²) * Holzprallwand (230m²), Isolierfarbe (194m²), Anstrich (103m²), Putz, Fliesen (19m²) * Fassadenplatten, d=32cm (389m²), Anstrich (134m²), Ganzglaselemente (59m²) * Rollläden (14St) * Stahltreppe (1St) | | | | |
| 340 | **Innenwände** | 1.284,15 m² | 210.458 | **163,89** | 14,8 |
| | • Abbrechen (Kosten: 6,8%) | | 14.236 | | |
| | Abbruch von Stb-Wänden, d=19cm für Tür-und Sturzöffnungen (27m²), Stb-Wand, d=19cm (18m²) * Mauerwerk, d=11,5cm (129m²) * Wandfliesen (13m²), Abschlagen von Wandputz (335m²); Entsorgung, Deponiegebühren | | | | |
| | • Wiederherstellen (Kosten: 0,4%) | | 747 | | |
| | PVC-Handlaufprofil anpassen, b=4cm, ausbauen, erneuern (22m) | | | | |
| | • Herstellen (Kosten: 92,9%) | | 195.475 | | |
| | KS-Mauerwerk, d=17,5-19cm (30m²) * GK-Metallständerwände, d=10-22cm (97m²), KS-Mauerwerk, d=11,5cm (19m²) * Stahlstützen (2St) * Holzinnentüren (32m²), Oberlichter (2m²) * Holzprallwand (150m²), Putz (474m²), Wandfliesen (162m²), Spachtelung (503m²), Anstrich (967m²) * Stb-Fertigteil-Innenwandelemente (109m²), Verfahrbare, schalldämmende Trennwand, d=100mm (26m²), Trennvorhang Halle, Antriebsmotor (90m²), Sanitärtrennwände (44m²) * Handläufe (18m) | | | | |
| 350 | **Decken** | 231,96 m² | 96.460 | **415,85** | 6,8 |
| | • Abbrechen (Kosten: 5,3%) | | 5.109 | | |
| | Abbruch von Bodenfliesen mit Mörtelbett (57m²), Massivfußboden belegt mit Zementestrich, Fliesen, Betonwerksteinplatten, d bis 15cm (147m²), Bitumenbahnen (90m²); Entsorgung, Deponiegebühren | | | | |
| | • Wiederherstellen (Kosten: 0,5%) | | 498 | | |
| | Treppengeländer umbauen, Geländerrahmen ausbauen, kürzen, wieder einbauen (3m²), Treppengeländer reinigen, Lackfarbenanstrich (21m) | | | | |
| | • Herstellen (Kosten: 94,2%) | | 90.853 | | |
| | Stb-Fertigteil-Tragbalken C35/45, d=32/56cm (53m), Stb-Fertigteil-Riegel (31m), Stb-Fertigteil-Deckenträger (11m), Stb-Filigrandecken (94m²), räumlicher Gitterträger (1t), Stb-Fertigteil-Platten, Podeste (9m²), Trägerpaar HEA 140 (5m) * Ausgleichsestrich, bis d=65mm (141m²), Estrich, d=40-55mm (228m²), Linoleum, d=2,5mm (127m²), Bodenfliesen (49m²), Verbundestrich, d=55mm (15m²) * Spachtelung, Anstrich (103m²), Anstrich (155m²), GK-Decken (72m²) * Stahlgeländer (40m²) | | | | |

| KG | Kostengruppe | Menge Einheit | Kosten € | €/Einheit | % |
|---|---|---|---|---|---|
| 360 | **Dächer** | 432,45 m² | 218.294 | **504,79** | 15,4 |
| | • Abbrechen (Kosten: 2,6%) | | 5.693 | | |
| | Abbruch von Holzpfetten (50m²) * Bitumenbahnen (22m²), Dachrandeinfassungen (28m), Welleternit-Platten (19m²), Dachrinnen (62m), Anschlussbleche (89m), Faserzementplatten (188m²), Titanzinkabdeckungen (22m), Schiefereindeckungen (33m²); Entsorgung, Deponiegebühren | | | | |
| | • Herstellen (Kosten: 97,4%) | | 212.602 | | |
| | Satteldach, Nagelplattenbinder, zweifach (6St), Pfetten (370m), Stahl-Dachträger (44m) * Unterspannbahn (341m²), Faserzement-Wellplatten (511m²), Attikaabdeckung (92m), Ortgangverblechung (67m), Hängerinnen (63m), Kastenrinnen (93m), Dachrinnenheizband (272m), Schnellabläufe (8St) * Akustikdecke (860m²), GK-Decken (90m²), GK-Verkofferung (46m²), Mineralfasermatten, PE-Folie (1.034m²), Holz-Laufgänge (31m²), * Vordach, Stahl, Faserzement-Wellplatten (61m²), Schneefang (93m) | | | | |
| 370 | **Baukonstruktive Einbauten** | 1.315,00 m² BGF | 50.355 | **38,29** | 3,5 |
| | • Herstellen (Kosten: 100,0%) | | 50.355 | | |
| | Sportanzeigesystem, DECT Funkübertragungsstrecke (1St), Doppelfeld-Sprossenwand (4St), Kletterstangenanlage (2St), Rollleitern (2St), Basketballanlagen (4St), Reckstangen (2St), Ballfangnetz/Anprallschutznetze (103m²), Sportspiegel (5m²), Spielfeldmarkierungen (1.409m), Gerätehülsen (52St), Wandtafel, magnetisch (1St) | | | | |
| 390 | **Sonstige Baukonstruktionen** | 1.315,00 m² BGF | 53.888 | **40,98** | 3,8 |
| | • Abbrechen (Kosten: 1,5%) | | 785 | | |
| | Abfangkonstruktion, Deckensicherung während Abbrucharbeiten Zwischenwand, mit Jochen und Gitterträgern (2St) | | | | |
| | • Herstellen (Kosten: 98,5%) | | 53.103 | | |
| | Baustelleneinrichtung, Baustraße (362m²), Bauzaun (161m), Bautafel * Fassadengerüst (753m²), Montagegerüst (475m²), Dachdeckerfangnetz (810m²), Dachfanggerüst, Arbeitsgerüst fahrbar * Abdecken des Sportbodens, Hartfaserplatten (816m²), Abkleben von Fußbodenflächen (776m²), Wandflächen abkleben (170m²), Schutzabdeckung Geländer (91m), Bauteile mit Folie schützen (307m²) | | | | |
| **400** | **Bauwerk - Technische Anlagen** | | | | **100,0** |
| 410 | **Abwasser-, Wasser-, Gasanlagen** | 1.315,00 m² BGF | 100.099 | **76,12** | 29,0 |
| | • Abbrechen (Kosten: 0,6%) | | 561 | | |
| | Abbruch von Bodeneinläufen (12St), Fallrohre (28m), Standrohre (4St) * Kaltwasserleitungen, Absperrarmaturen (50m); Entsorgung, Deponiegebühren | | | | |
| | • Herstellen (Kosten: 99,4%) | | 99.537 | | |
| | HT-Rohre DN50-100 (54m), SML-Rohre (89m), Stahlrohre (72m), Deckenabläufe (5St), Schlitzrinnen (4St), Bodeneinläufe (4St), Zink-Ablaufrohr DN80 (7m), Standrohre (5St) * Kalt- und Warmwasserleitungen, Edelstahl, DN15-42mm (417m), PE-X-Rohre (112m), Sanitärobjekte * Vorwandinstallationsblöcke (24St) | | | | |
| 420 | **Wärmeversorgungsanlagen** | 1.315,00 m² BGF | 77.350 | **58,82** | 22,4 |
| | • Herstellen (Kosten: 100,0%) | | 77.350 | | |
| | Erweiterung Fernwärmeanlage, Mikroprozessor-Regelsystem mit Kommunikationsmöglichkeit (1St), Bediengerät (1St), Kessel-Anbindesysteme (3St), Umwälzpumpen (5St) * Kupfer-Heizungsrohre (640m), PE-X-Rohre (28m) * Fußbodenheizung (725m²), Heizkörper (28St) | | | | |

| KG | Kostengruppe | Menge Einheit | Kosten € | €/Einheit | % |
|---|---|---|---|---|---|
| 430 | **Lufttechnische Anlagen** | 1.315,00 m² BGF | 57.548 | **43,76** | 16,6 |
| | • Herstellen (Kosten: 100,0%) | | 57.548 | | |
| | Zu-Abluftgerät, Rotationswärmetauscher, Automatik, 1.200-3.700m³/h (1St), Kanal-Heizregister für Pumpenwarmwasser 17kW (1St), Motorklappen (2St), Luftfilter (3St), Rohrventilatoren (3St), Warmwasser-Heizregister (3St), Luftleitungen Rundrohr, DN100-500 (264m), Luftleitungen Rechteckkanal (15m²), Rohrschalldämpfer (9St), Volumenstromregelklappen (16St), Brandthermostat (1St), Steuerung | | | | |
| 440 | **Starkstromanlagen** | 1.315,00 m² BGF | 67.387 | **51,25** | 19,5 |
| | • Abbrechen (Kosten: 0,1%) | | 96 | | |
| | Abbruch von Blitzableiter, Entsorgung, Deponiegebühren (129m) | | | | |
| | • Herstellen (Kosten: 99,9%) | | 67.292 | | |
| | Hauptverteilung (1St), Unterverteiler (2St), Energiesäule (1St), Mantelleitungen (3.480m), Sicherheitskabel, PVC-Kanäle, Kabelkanal, Flexkabel, Präsenzmelder (15St), Bewegungsmelder (9St), Sicherungen (106St), FI-Schutzschalter (6St), Lastschalter (5St), Schütz (12St), Steckdosen (64St), Schalter (11St) * Beleuchtungskörper, Sicherheitsbeleuchtung, Außenbeleuchtung * Erdungs- und Blitzschutzanlage, Anbindung an bestehende Anlage | | | | |
| 450 | **Fernmelde-, informationstechn. Anlagen** | 1.315,00 m² BGF | 26.807 | **20,39** | 7,8 |
| | • Herstellen (Kosten: 100,0%) | | 26.807 | | |
| | Telefonleitungen (148m) * Innenraum-Wanduhren (2St) * Elektroakustische Anlage, Deckenlautsprecher, Anbaulautsprecher, Audio/Signal/Verteilersystem, Universalrack, Leistungsendstufe, Gongmodul, Tischsprechstelle, Schnurlosmikrophone, Leitungen, Hupe, Pausenklingel * Erweiterung der Brandmeldezentrale, Rauchmelder, Feuermelder, Lüftungskanalmelder, Brandmeldekabel, Behinderten WC Rufset * EDV-Anlage | | | | |
| 480 | **Gebäudeautomation** | 1.315,00 m² BGF | 16.481 | **12,53** | 4,8 |
| | • Herstellen (Kosten: 100,0%) | | 16.481 | | |
| | Spannungsversorgung EIB (2St), Logikbausteine (6St), Universalbaustein (1St), Schaltaktore (16St), Jalousieaktor (18St), Baustein Lichtsteuerung (1St), Präsenzmelder EIB (20St), Trennrelais (30St), Bus-Ankoppler (6St), PC-Schnittstelle (1St), EIB-Busleitungen (488m) | | | | |
| **500** | **Außenanlagen** | | | | **100,0** |
| 510 | **Geländeflächen** | 1.363,00 m² | 7.091 | **5,20** | 15,7 |
| | • Herstellen (Kosten: 100,0%) | | 7.091 | | |
| | Oberboden abtragen, d=30cm, zwischenlagern (158m²), Oberboden auftragen, d=15cm (1.028m²) * Boden lösen, d=50cm, fördern, wiedereinbauen (261m³) | | | | |
| 520 | **Befestigte Flächen** | 299,99 m² | 22.796 | **75,99** | 50,3 |
| | • Abbrechen (Kosten: 10,6%) | | 2.425 | | |
| | Abbruch von Betonwerksteinplattenbelägen (66m²), Betonsteinpflaster, Unterbau (72m) Beton-Einfassstein, Betonbettung (121m), Randeinfassung der Baumscheiben (30m); Entsorgung, Deponiegebühren | | | | |
| | • Wiederherstellen (Kosten: 51,7%) | | 11.789 | | |
| | Betonsteinpflaster, ausbauen, lagern, unbrauchbares Material entsorgen (655m²), wieder einbauen (196m²), Unterbau, d=30cm lösen, laden, lagern (574m²), wieder einbauen (236m²) | | | | |
| | • Herstellen (Kosten: 37,6%) | | 8.582 | | |
| | Untergrund verdichten, Frostschutzschicht (300m²), Betonbordsteine (30m) * Rollkiesstreifen, b=35cm, Rasenkantenstein (101m) | | | | |

Modernisierung

| KG | Kostengruppe | Menge Einheit | Kosten € | €/Einheit | % |
|---|---|---|---|---|---|
| 540 | **Technische Anlagen in Außenanlagen** | 1.363,00 m² AUF | 14.871 | **10,91** | 32,8 |
| | • Abbrechen (Kosten: 4,9%) | | 732 | | |
| | Abbruch von Straßen- und Hofabläufe, Schlammeimer, Rost (2St) * Heizleitung, Stb-Heizkanal (3m); Entsorgung, Deponiegebühren | | | | |
| | • Wiederherstellen (Kosten: 9,6%) | | 1.424 | | |
| | Schächte sanieren, vorhandene Schachtsohle aus Estrich abbrechen, Zementestrich ZE 20, neue Gerinne, neue Anbindungen, ungenutzte Schachteinläufe ausbauen, verschließen (3St) | | | | |
| | • Herstellen (Kosten: 85,5%) | | 12.715 | | |
| | Rohrgrabenaushub, Verfüllung (63m³), Steinzeugrohre DN100-150 (108m), Schachtanbindungen an bestehende Schächte herstellen (9St), TV-Untersuchung (105m) * Bestehender Heizkanal, Öffnung mit Betonsteinen schließen, Bitumenabdichtung, Dämmplatten, Verfüllung (3m²) | | | | |
| 570 | **Pflanz- und Saatflächen** | – | 536 | – | 1,2 |
| | • Abbrechen (Kosten: 18,1%) | | 97 | | |
| | Roden von Strauchgehölze, h bis 1,50m mit Wurzelstock (13St), Entsorgung | | | | |
| | • Wiederherstellen (Kosten: 81,9%) | | 439 | | |
| | Bäume h bis 4,50m und Strauchgehölze, h=1,5m (7St), herausnehmen, einschlagen, Wiedereinpflanzung, h bis 4,50m (4St) | | | | |
| **600** | **Ausstattung und Kunstwerke** | | | | **100,0** |
| 610 | **Ausstattung** | 1.315,00 m² BGF | 26.783 | **20,37** | 100,0 |
| | • Herstellen (Kosten: 100,0%) | | 26.783 | | |
| | Garderobenschränke (7St), Umkleidebänke (30m), Geräteschränke (8St), Zweiertische (3St), Stühle (8St), Ständertafel (2St) * Schwebebalken (1St), Schutzmatte Sprossenwand (4St), Niedersprungmatten (2St), Transport-, Aufbewahrungswagen (2St), Mini-Basketballanlage (1St), Handballtore (4St), Badmintonanlage (2St), Volleyballanlage (2St) * Leitsystem (17St) | | | | |

## Kostenkennwerte für die Kostengruppe 300 der 3.Ebene DIN 276 (Übersicht)

| KG | Kostengruppe | Menge Einh. | €/Einheit | Kosten € | % 300+400 |
|---|---|---|---|---|---|
| 311 | Baugrubenherstellung | 641,000 m³ | 82,86 | 53.137,20 | 3,0 |
| 312 | Baugrubenumschließung | – | – | – | – |
| 313 | Wasserhaltung | 956,000 m² GRF | 0,52 | 496,93 | < 0,1 |
| 319 | Baugrube, sonstiges | – | – | – | – |
| **310** | **Baugrube** | **641,000 m³** | **83,63** | **53.634,13** | **3,0** |
| 321 | Baugrundverbesserung | 956,000 m² GRF | 1,39 | 1.324,32 | 0,1 |
| 322 | Flachgründungen | 404,000 m² | 134,68 | 54.431,98 | 3,1 |
| 323 | Tiefgründungen | – | – | – | – |
| 324 | Unterböden und Bodenplatten | 381,000 m² | 62,30 | 23.731,15 | 1,3 |
| 325 | Beläge auf Boden- und Fundamentplatten | 956,000 m² | 166,89 | 159.536,07 | 9,0 |
| 326 | Bauwerksabdichtungen | 956,000 m² GRF | 18,94 | 18.105,90 | 1,0 |
| 327 | Dränagen | 956,000 m² GRF | 2,47 | 2.356,63 | 0,1 |
| 329 | Gründung, sonstiges | – | – | – | – |
| **320** | **Gründung** | **956,000 m²** | **271,45** | **259.486,05** | **14,7** |
| 331 | Tragende Außenwände | 50,000 m² | 466,21 | 23.237,53 | 1,3 |
| 332 | Nichttragende Außenwände | 30,000 m² | 181,08 | 5.390,61 | 0,3 |
| 333 | Tragende Außenstützen | 89,000 m | 224,10 | 19.986,50 | 1,1 |
| 334 | Außentüren, -fenster | 145,000 m² | 643,11 | 92.968,45 | 5,3 |
| 335 | Außenwandbekleidungen außen | 706,000 m² | 213,98 | 151.079,10 | 8,6 |
| 336 | Außenwandbekleidungen innen | 545,000 m² | 116,08 | 63.288,62 | 3,6 |
| 337 | Elementierte Außenwände | 448,000 m² | 221,53 | 99.223,14 | 5,6 |
| 338 | Sonnenschutz | 40,000 m² | 331,92 | 13.120,62 | 0,7 |
| 339 | Außenwände, sonstiges | 673,000 m² AWF | 11,92 | 8.019,93 | 0,5 |
| **330** | **Außenwände** | **673,000 m²** | **708,18** | **476.314,49** | **27,0** |
| 341 | Tragende Innenwände | 30,000 m² | 409,83 | 12.262,21 | 0,7 |
| 342 | Nichttragende Innenwände | 116,000 m² | 114,53 | 13.322,78 | 0,8 |
| 343 | Tragende Innenstützen | 5,000 m | 360,04 | 1.949,27 | 0,1 |
| 344 | Innentüren, -fenster | 34,000 m² | 439,89 | 15.022,26 | 0,9 |
| 345 | Innenwandbekleidungen | 1.284,000 m² | 67,64 | 86.860,40 | 4,9 |
| 346 | Elementierte Innenwände | 271,000 m² | 289,95 | 78.581,71 | 4,5 |
| 349 | Innenwände, sonstiges | – | – | – | – |
| **340** | **Innenwände** | **1.284,000 m²** | **163,89** | **210.457,85** | **11,9** |
| 351 | Deckenkonstruktionen | 123,000 m² | 393,44 | 48.434,76 | 2,7 |
| 352 | Deckenbeläge | 232,000 m² | 119,94 | 27.820,68 | 1,6 |
| 353 | Deckenbekleidungen | 258,000 m² | 25,46 | 6.562,53 | 0,4 |
| 359 | Decken, sonstiges | 232,000 m² DEF | 58,81 | 13.641,56 | 0,8 |
| **350** | **Decken** | **232,000 m²** | **415,85** | **96.459,53** | **5,5** |
| 361 | Dachkonstruktionen | 432,000 m² | 53,48 | 23.108,37 | 1,3 |
| 362 | Dachfenster, Dachöffnungen | < 0,01 m² | 1.356,43 | 440,84 | < 0,1 |
| 363 | Dachbeläge | 533,000 m² | 141,33 | 75.362,28 | 4,3 |
| 364 | Dachbekleidungen | 1.008,000 m² | 85,13 | 85.842,43 | 4,9 |
| 369 | Dächer, sonstiges | 432,000 m² DAF | 77,56 | 33.540,53 | 1,9 |
| **360** | **Dächer** | **432,000 m²** | **504,79** | **218.294,45** | **12,4** |
| **370** | **Baukonstruktive Einbauten** | **1.315,000 m² BGF** | **38,29** | **50.355,25** | **2,9** |
| **390** | **Sonst. Maßnahmen für Baukonstruktionen** | **1.315,000 m² BGF** | **40,98** | **53.888,15** | **3,1** |
| **300** | **Bauwerk - Baukonstruktionen** | **1.315,000 m² BGF** | **1.079,00** | **1.418.889,90** | **80,4** |

## Kostenkennwerte für die Kostengruppe 400 der 3.Ebene DIN 276 (Übersicht)

| KG | Kostengruppe | Menge Einh. | €/Einheit | Kosten € | % 300+400 |
|---|---|---|---|---|---|
| 411 | Abwasseranlagen | 1.315,000 m² BGF | 13,46 | 17.693,52 | 1,0 |
| 412 | Wasseranlagen | 1.315,000 m² BGF | 58,15 | 76.472,80 | 4,3 |
| 413 | Gasanlagen (wenn zu Kochzwecken) | – | – | – | – |
| 414 | Feuerlöschanlagen | – | – | – | – |
| 419 | Abwasser-, Wasser- und Gasanlagen, sonstiges | 1.315,000 m² BGF | 4,51 | 5.932,32 | 0,3 |
| **410** | **Abwasser-, Wasser-, Gasanlagen** | **1.315,000 m² BGF** | **76,12** | **100.098,63** | **5,7** |
| 421 | Wärmeerzeugungsanlagen | 1.315,000 m² BGF | 6,73 | 8.851,10 | 0,5 |
| 422 | Wärmeverteilnetze | 1.315,000 m² BGF | 19,53 | 25.677,84 | 1,5 |
| 423 | Raumheizflächen | 1.315,000 m² BGF | 32,56 | 42.820,59 | 2,4 |
| 429 | Wärmeversorgungsanlagen, sonstiges | – | – | – | – |
| **420** | **Wärmeversorgungsanlagen** | **1.315,000 m² BGF** | **58,82** | **77.349,52** | **4,4** |
| 431 | Lüftungsanlagen (LA) | 1.315,000 m² BGF | 43,76 | 57.548,38 | 3,3 |
| 432 | Teilklimaanlagen (TKA) | – | – | – | – |
| 433 | Klimaanlagen (KLA) | – | – | – | – |
| 434 | Prozeßlufttechnische Anlagen (PLA) | – | – | – | – |
| 435 | Kälteanlagen (KA) | – | – | – | – |
| 439 | Lufttechnische Anlagen, sonstiges | – | – | – | – |
| **430** | **Lufttechnische Anlagen** | **1.315,000 m² BGF** | **43,76** | **57.548,38** | **3,3** |
| 441 | Hoch- und Mittelspannungsanlagen | – | – | – | – |
| 442 | Eigenstromversorgungsanlagen | – | – | – | – |
| 443 | Niederspannungsschaltanlagen | – | – | – | – |
| 444 | Niederspannungsinstallationsanlagen | 1.315,000 m² BGF | 21,63 | 28.440,26 | 1,6 |
| 445 | Beleuchtungsanlagen | 1.315,000 m² BGF | 25,18 | 33.117,97 | 1,9 |
| 446 | Blitzschutz- und Erdungsanlagen | 1.315,000 m² BGF | 4,43 | 5.829,15 | 0,3 |
| 449 | Starkstromanlagen, sonstiges | – | – | – | – |
| **440** | **Starkstromanlagen** | **1.315,000 m² BGF** | **51,25** | **67.387,38** | **3,8** |
| 451 | Telekommunikationsanlagen | 1.315,000 m² BGF | 0,14 | 186,67 | < 0,1 |
| 452 | Such- und Signalanlagen | – | – | – | – |
| 453 | Zeitdienstanlagen | 1.315,000 m² BGF | 0,75 | 984,09 | 0,1 |
| 454 | Elektroakustische Anlagen | 1.315,000 m² BGF | 6,17 | 8.114,01 | 0,5 |
| 455 | Fernseh- und Antennenanlagen | – | – | – | – |
| 456 | Gefahrenmelde- und Alarmanlagen | 1.315,000 m² BGF | 11,85 | 15.581,59 | 0,9 |
| 457 | Übertragungsnetze | 1.315,000 m² BGF | 1,48 | 1.941,12 | 0,1 |
| 459 | Fernmelde- und informationstechn. Anlagen, sonstiges | – | – | – | – |
| **450** | **Fernmelde- und informationstechn. Anlagen** | **1.315,000 m² BGF** | **20,39** | **26.807,50** | **1,5** |
| 461 | Aufzugsanlagen | – | – | – | – |
| 462 | Fahrtreppen, Fahrsteige | – | – | – | – |
| 463 | Befahranlagen | – | – | – | – |
| 464 | Transportanlagen | – | – | – | – |
| 465 | Krananlagen | – | – | – | – |
| 469 | Förderanlagen, sonstiges | – | – | – | – |
| **460** | **Förderanlagen** | **–** | **–** | **–** | **–** |
| **470** | **Nutzungsspezifische Anlagen** | **–** | **–** | **–** | **–** |
| **480** | **Gebäudeautomation** | **1.315,000 m² BGF** | **12,53** | **16.481,35** | **0,9** |
| **490** | **Sonst. Maßnahmen für technische Anlagen** | **–** | **–** | **–** | **–** |
| **400** | **Bauwerk - Technische Anlagen** | **1.315,000 m² BGF** | **262,87** | **345.672,76** | **19,6** |

## Kostenkennwerte für Leistungsbereiche nach StLB (Kosten des Bauwerks nach DIN 276)

| LB | Leistungsbereiche | Kosten € | €/m² BGF | €/m³ BRI | % 300+400 |
|---|---|---|---|---|---|
| 000 | Sicherheits-, Baustelleneinrichtungen inkl. 001 | 45.477 | 34,60 | 5,80 | 2,6 |
| | Herstellen | 45.477 | 34,60 | 5,80 | 2,6 |
| 002 | Erdarbeiten | 81.693 | 62,10 | 10,40 | 4,6 |
| | Herstellen | 81.693 | 62,10 | 10,40 | 4,6 |
| 006 | Spezialtiefbauarbeiten inkl. 005 | – | – | – | – |
| 009 | Abwasserkanalarbeiten inkl. 011 | – | – | – | – |
| 010 | Dränarbeiten | 2.357 | 1,80 | 0,30 | 0,1 |
| | Herstellen | 2.357 | 1,80 | 0,30 | 0,1 |
| 012 | Mauerarbeiten | 11.017 | 8,40 | 1,40 | 0,6 |
| | Herstellen | 11.017 | 8,40 | 1,40 | 0,6 |
| 013 | Betonarbeiten | 256.583 | 195,10 | 32,70 | 14,5 |
| | Wiederherstellen | 8.602 | 6,50 | 1,10 | 0,5 |
| | Herstellen | 247.981 | 188,60 | 31,60 | 14,1 |
| 014 | Natursteinarbeiten, Betonwerksteinarbeiten | 1.476 | 1,10 | 0,19 | 0,1 |
| | Herstellen | 1.476 | 1,10 | 0,19 | 0,1 |
| 016 | Zimmer- und Holzbauarbeiten | 59.237 | 45,00 | 7,60 | 3,4 |
| | Herstellen | 59.237 | 45,00 | 7,60 | 3,4 |
| 017 | Stahlbauarbeiten | 21.273 | 16,20 | 2,70 | 1,2 |
| | Herstellen | 21.273 | 16,20 | 2,70 | 1,2 |
| 018 | Abdichtungsarbeiten gegen Wasser | 11.825 | 9,00 | 1,50 | 0,7 |
| | Herstellen | 11.825 | 9,00 | 1,50 | 0,7 |
| 020 | Dachdeckungsarbeiten | 27.652 | 21,00 | 3,50 | 1,6 |
| | Herstellen | 27.652 | 21,00 | 3,50 | 1,6 |
| 021 | Dachabdichtungsarbeiten | – | – | – | – |
| 022 | Klempnerarbeiten | 32.843 | 25,00 | 4,20 | 1,9 |
| | Herstellen | 32.843 | 25,00 | 4,20 | 1,9 |
| | **Rohbau** | **551.431** | **419,30** | **70,30** | **31,3** |
| | Wiederherstellen | 8.602 | 6,50 | 1,10 | 0,5 |
| | Herstellen | 542.829 | 412,80 | 69,20 | 30,8 |
| 023 | Putz- und Stuckarbeiten, Wärmedämmsysteme | 16.084 | 12,20 | 2,10 | 0,9 |
| | Herstellen | 16.084 | 12,20 | 2,10 | 0,9 |
| 024 | Fliesen- und Plattenarbeiten | 35.219 | 26,80 | 4,50 | 2,0 |
| | Herstellen | 35.219 | 26,80 | 4,50 | 2,0 |
| 025 | Estricharbeiten | 28.084 | 21,40 | 3,60 | 1,6 |
| | Herstellen | 28.084 | 21,40 | 3,60 | 1,6 |
| 026 | Fenster, Außentüren inkl. 029, 032 | 107.826 | 82,00 | 13,80 | 6,1 |
| | Wiederherstellen | 1.161 | 0,88 | 0,15 | 0,1 |
| | Herstellen | 106.665 | 81,10 | 13,60 | 6,0 |
| 027 | Tischlerarbeiten | 175.436 | 133,40 | 22,40 | 9,9 |
| | Herstellen | 175.436 | 133,40 | 22,40 | 9,9 |
| 028 | Parkettarbeiten, Holzpflasterarbeiten | – | – | – | – |
| 030 | Rollladenarbeiten | 13.121 | 10,00 | 1,70 | 0,7 |
| | Herstellen | 13.121 | 10,00 | 1,70 | 0,7 |
| 031 | Metallbauarbeiten inkl. 035 | 49.216 | 37,40 | 6,30 | 2,8 |
| | Wiederherstellen | 842 | 0,64 | 0,11 | – |
| | Herstellen | 48.374 | 36,80 | 6,20 | 2,7 |
| 034 | Maler- und Lackiererarbeiten inkl. 037 | 29.728 | 22,60 | 3,80 | 1,7 |
| | Wiederherstellen | 536 | 0,41 | < 0,1 | – |
| | Herstellen | 29.192 | 22,20 | 3,70 | 1,7 |

Modernisierung

| LB | Leistungsbereiche | Kosten € | €/m² BGF | €/m³ BRI | % 300+400 |
|---|---|---|---|---|---|
| 036 | Bodenbelagsarbeiten | 91.469 | 69,60 | 11,70 | 5,2 |
| | Herstellen | 91.469 | 69,60 | 11,70 | 5,2 |
| 038 | Vorgehängte hinterlüftete Fassaden | 117.973 | 89,70 | 15,00 | 6,7 |
| | Herstellen | 117.973 | 89,70 | 15,00 | 6,7 |
| 039 | Trockenbauarbeiten | 91.252 | 69,40 | 11,60 | 5,2 |
| | Herstellen | 91.252 | 69,40 | 11,60 | 5,2 |
| | **Ausbau** | **755.406** | **574,50** | **96,40** | **42,8** |
| | Wiederherstellen | 2.539 | 1,90 | 0,32 | 0,1 |
| | Herstellen | 752.867 | 572,50 | 96,00 | 42,7 |
| 040 | Wärmeerzeuger, zentr. Einrichtungen inkl. 041 | 75.447 | 57,40 | 9,60 | 4,3 |
| | Herstellen | 75.447 | 57,40 | 9,60 | 4,3 |
| 042 | Gas- und Wasserinstallationsarbeiten inkl. 043 | 18.942 | 14,40 | 2,40 | 1,1 |
| | Herstellen | 18.942 | 14,40 | 2,40 | 1,1 |
| 044 | Abwasserinstallationsarbeiten - Leitungen | 16.844 | 12,80 | 2,10 | 1,0 |
| | Herstellen | 16.844 | 12,80 | 2,10 | 1,0 |
| 045 | Gas-, Wasser-Einrichtungsgegenstände inkl. 046 | 58.743 | 44,70 | 7,50 | 3,3 |
| | Herstellen | 58.743 | 44,70 | 7,50 | 3,3 |
| 047 | Dämmarbeiten an betriebstechnischen Anlagen | 16.579 | 12,60 | 2,10 | 0,9 |
| | Herstellen | 16.579 | 12,60 | 2,10 | 0,9 |
| 049 | Feuerlöschanlagen, Feuerlöschgeräte | – | – | – | – |
| 050 | Blitzschutz- und Erdungsanlagen | 5.733 | 4,40 | 0,73 | 0,3 |
| | Herstellen | 5.733 | 4,40 | 0,73 | 0,3 |
| 052 | Mittelspannungsanlagen | – | – | – | – |
| 053 | Niederspannungsanlagen inkl. 054 | 29.408 | 22,40 | 3,80 | 1,7 |
| | Herstellen | 29.408 | 22,40 | 3,80 | 1,7 |
| 055 | Ersatzstromversorgungsanlagen | – | – | – | – |
| 057 | Gebäudesystemtechnik | 16.376 | 12,50 | 2,10 | 0,9 |
| | Herstellen | 16.376 | 12,50 | 2,10 | 0,9 |
| 058 | Leuchten und Lampen, inkl. 059 | 33.118 | 25,20 | 4,20 | 1,9 |
| | Herstellen | 33.118 | 25,20 | 4,20 | 1,9 |
| 060 | Elektroakustische Anlagen | 8.114 | 6,20 | 1,00 | 0,5 |
| | Herstellen | 8.114 | 6,20 | 1,00 | 0,5 |
| 061 | Kommunikationsnetze | 2.128 | 1,60 | 0,27 | 0,1 |
| | Herstellen | 2.128 | 1,60 | 0,27 | 0,1 |
| 063 | Gefahrenmeldeanlagen | 15.582 | 11,80 | 2,00 | 0,9 |
| | Herstellen | 15.582 | 11,80 | 2,00 | 0,9 |
| 069 | Aufzüge | – | – | – | – |
| 070 | Gebäudeautomation | 1.266 | 0,96 | 0,16 | 0,1 |
| | Herstellen | 1.266 | 0,96 | 0,16 | 0,1 |
| 075 | Raumlufttechnische Anlagen | 50.385 | 38,30 | 6,40 | 2,9 |
| | Herstellen | 50.385 | 38,30 | 6,40 | 2,9 |
| | **Gebäudetechnik** | **348.664** | **265,10** | **44,50** | **19,8** |
| | Herstellen | 348.663 | 265,10 | 44,50 | 19,8 |
| 084 | Abbrucharbeiten | 63.892 | 48,60 | 8,10 | 3,6 |
| | Abbrechen | 63.892 | 48,60 | 8,10 | 3,6 |
| | Sonstige Leistungsbereiche inkl. 008, 033, 051 | **37.538** | **28,50** | **4,80** | **2,1** |
| | Wiederherstellen | 4.266 | 3,20 | 0,54 | 0,2 |
| | Herstellen | 33.272 | 25,30 | 4,20 | 1,9 |

5100-046
Sporthalle

## Objektübersicht

Modernisierung

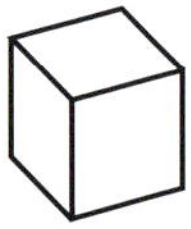

**140 €/m³ BRI**

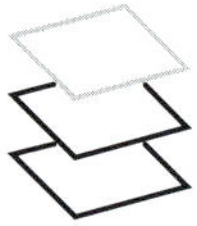

**714 €/m² BGF**

**802 €/m² NF**

| | |
|---|---|
| Kennwerte | bis 3.Ebene DIN 276 |
| Bauzeit | 21 Wochen |
| Bauende | 2007 |
| Standard | Durchschnitt |
| Land | Hessen |
| Kreis | Wiesbaden |
| m³ BRI | 3.030 |
| m² BGF | 595 |
| m² NF | 530 |

**Architekt:**
gold diplomingenieure
architekten
Zum Weidbachtal 7
65239 Hochheim

vorher

nachher

Kostenstand: 3.Quartal 2010, inkl. MwSt., Bundesdurchschnitt

Modernisierung

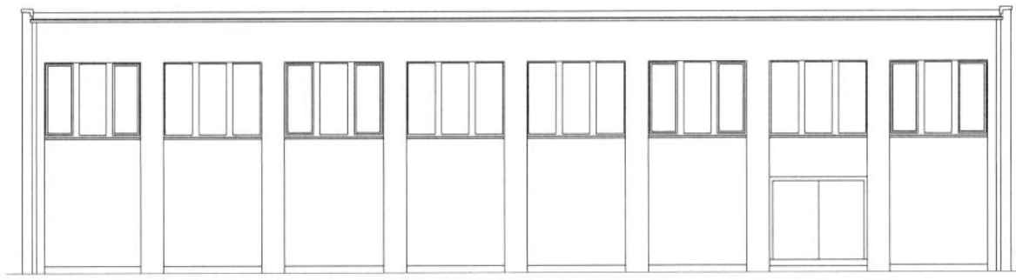

Ansicht Nord

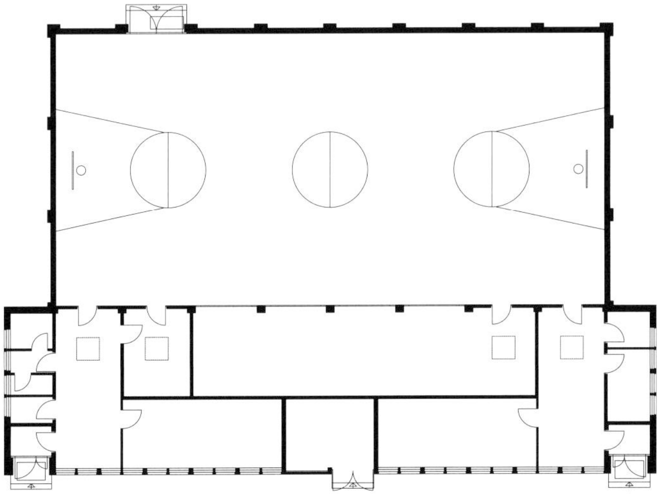

Grundriss

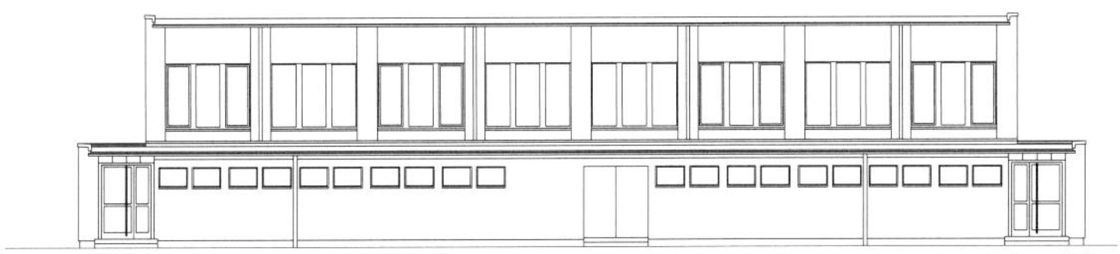

Ansicht Süd

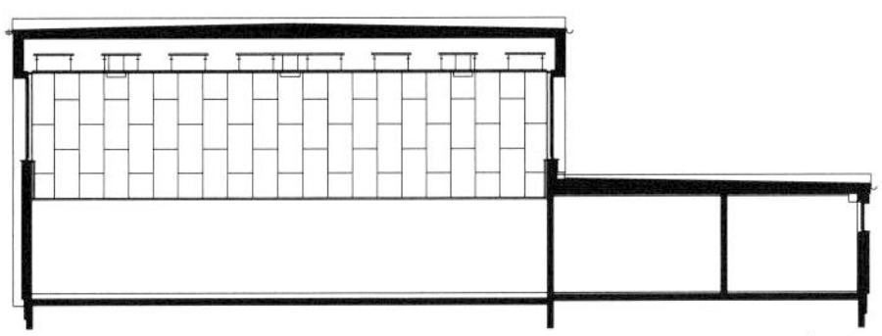

Schnitt

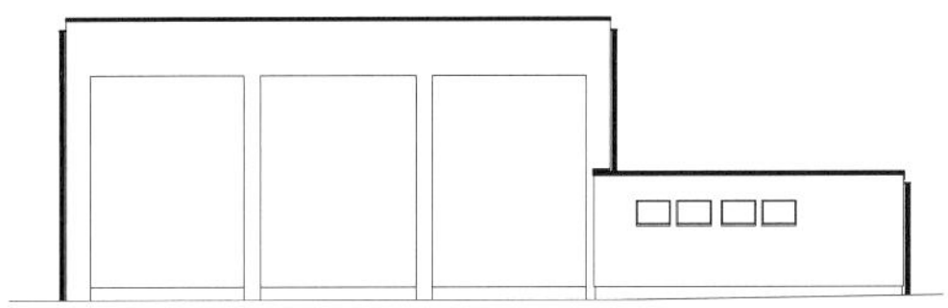

Ansicht West

## Objektbeschreibung

### Nutzung

**1 Erdgeschoss**
Sporthalle, Umkleiden, Sanitärräume

### Grundstück

Bauraum: Freier Bauraum
Neigung: Ebenes Gelände

### Markt

Hauptvergabezeit: 1.Quartal 2007
Baubeginn: 1.Quartal 2007
Bauende: 2.Quartal 2007
Konjunkturelle Gesamtlage: Durchschnitt
Regionaler Baumarkt: Durchschnitt

### Baubestand

Baujahr: 1963
Bauzustand: mittel
Aufwand: mittel
Grundrissänderungen: keine
Tragwerkseingriffe: keine
Nutzungsänderung: nein
Nutzung während der Bauzeit: nein

### Baukonstruktion

**Abbrechen:** Abbruch von Gasbetonmauerwerk, Lüftungsgitter, Fenster, Türen; Lichtkuppeln, Aufsatzkranz, Attikaabdekkungen, Rollkiesschüttung, Wärmedämmung, Dachrandprofile, Holzunterkonstruktion; Entsorgung, Deponiegebühren
**Wiederherstellen:** Stahl-Außentüren, Beschichtung aufrauhen, blätternde Teile entfernen, entsorgen, Roststellen abschleifen, Rostschutzanstrich, Fehlstellen spachteln, Zwischen- und Schlussbeschichtung; Stahl-Umfassungszargen, reinigen, Kunstharz-Beschichtung, Holzinnentüren, neu streichen, Abdeckungen der Gegengewichtskästen an Sporthallentore erneuern, alte Spanplatten entfernen, neue Buche-Multiplex-Platten
**Herstellen:** Sockelleisten, Kunststoff-Fenster, Alu-Rohrrahmentüren, WDVS, Akustik-Wandbekleidung, Prallschutz, Anstrich, Wandfliesen, GK-Vorsatzschalen, Innenputz, Lichtkuppeln, Dampfsperre, Gefälledämmung, Dachabdichtung, Traufe, Attikaabdeckung, Dachentwässerung Rinne, abgehängte Decken, GK-Bekleidungen, Akustik-Decke, Anstrich

### Technische Anlagen

**Abbrechen:** Abbruch von Gasleitungen, Schaltschränke; Leitungen, Schalter, Steckdosen, Unterverteilung, Entsorgung, Deponiegebühren
**Herstellen:** Kalt -und Warmwasserleitungen, Regenfallrohre, Warmwasserspeicher, Gas-Brennwertkessel, Heizungsrohre, Heizkörper, Deckenstrahlplatten, Ballabweishauben, Lüftungsleitungen, Elektroinstallation, Wand- und Deckenleuchten, Blitzschutzanlagen, Hausalarmanlage, Störmeldeanlage, Gasversorgung, MSR-Automationsstadion, GLT-Leitzentrale

## Planungskennwerte für Flächen und Rauminhalte nach DIN 277

| Flächen des Grundstücks | | Menge, Einheit | % an FBG |
|---|---|---|---|
| BF | Bebaute Fläche | – m² | – |
| UBF | Unbebaute Fläche | – m² | – |
| FBG | Fläche des Baugrundstücks | – m² | – |

| Grundflächen des Bauwerks | | Menge, Einheit | % an NF | % an BGF |
|---|---|---|---|---|
| NF | Nutzfläche | 530,00 m² | 100,0 | 89,1 |
| TF | Technische Funktionsfläche | – m² | – | – |
| VF | Verkehrsfläche | 22,40 m² | 4,2 | 3,8 |
| NGF | Netto-Grundfläche | 552,40 m² | 104,2 | 92,8 |
| KGF | Konstruktions-Grundfläche | 42,60 m² | 8,0 | 7,2 |
| BGF | Brutto-Grundfläche | 595,00 m² | 112,3 | 100,0 |

| Brutto-Rauminhalt des Bauwerks | | Menge, Einheit | BRI/NF (m) | BRI/BGF (m) |
|---|---|---|---|---|
| BRI | Brutto-Rauminhalt | 3.030,00 m³ | 5,72 | 5,09 |

| Lufttechnisch behandelte Flächen | Menge, Einheit | % an NF | % an BGF |
|---|---|---|---|
| Entlüftete Fläche | – m² | – | – |
| Be- und entlüftete Fläche | – m² | – | – |
| Teilklimatisierte Fläche | – m² | – | – |
| Klimatisierte Fläche | – m² | – | – |

| KG | Kostengruppen (2.Ebene) | Menge, Einheit | Menge/NF | Menge/BGF |
|---|---|---|---|---|
| 310 | Baugrube | – m³ BGI | – | – |
| 320 | Gründung | 530,00 m² GRF | 1,00 | 0,89 |
| 330 | Außenwände | 713,38 m² AWF | 1,35 | 1,20 |
| 340 | Innenwände | 209,30 m² IWF | 0,39 | 0,35 |
| 350 | Decken | – m² DEF | – | – |
| 360 | Dächer | 650,76 m² DAF | 1,23 | 1,09 |

## Kostenkennwerte für die Kostengruppen der 1.Ebene DIN 276

| KG | Kostengruppen (1.Ebene) | Einheit | Kosten € | €/Einheit | €/m² BGF | €/m³ BRI | % 300+400 |
|---|---|---|---|---|---|---|---|
| 100 | Grundstück | m² FBG | – | – | – | – | – |
| 200 | Herrichten und Erschließen | m² FBG | 8.443 | – | 14,19 | 2,79 | 2,0 |
| 300 | Bauwerk - Baukonstruktionen | m² BGF | 270.436 | 454,51 | 454,51 | 89,25 | 63,7 |
| 400 | Bauwerk - Technische Anlagen | m² BGF | 154.366 | 259,44 | 259,44 | 50,95 | 36,3 |
| | **Bauwerk 300+400** | **m² BGF** | **424.802** | **713,95** | **713,95** | **140,20** | **100,0** |
| 500 | Außenanlagen | m² AUF | 11.680 | – | 19,63 | 3,85 | 2,7 |
| 600 | Ausstattung und Kunstwerke | m² BGF | – | – | – | – | – |
| 700 | Baunebenkosten | m² BGF | – | – | – | – | – |

## Kostenkennwerte für die Kostengruppen der 1.Ebene DIN 276

Modernisierung

| KG | Kostengruppe | Menge Einheit | Kosten € | €/Einheit | % |
|---|---|---|---|---|---|
| 200 | **Herrichten und Erschließen** | – FBG | 8.443 | – | 2,0 |
| | • Abbrechen (Kosten: 1,0%) | | 83 | | |
| | Abbruch von einem Entwässerungskanal, Entsorgung, Deponiegebühren | | | | |
| | • Herstellen (Kosten: 99,0%) | | 8.360 | | |
| | Rohrgrabenaushub, KG-Leitungen, Formstücke, Anschlüsse | | | | |
| **3+4** | **Bauwerk** | | | | **100,0** |
| 300 | **Bauwerk - Baukonstruktionen** | 595,00 m² BGF | 270.436 | **454,51** | 63,7 |
| | • Abbrechen (Kosten: 4,9%) | | 13.350 | | |
| | Abbruch von Gasbetonmauerwerk, Lüftungsgitter, Fenster, Türen; Lichtkuppeln, Aufsatzkranz, Attikaabdeckungen, Rollkiesschüttung, Wärmedämmung, Dachrandprofile, Holzunterkonstruktion; Entsorgung, Deponiegebühren | | | | |
| | • Wiederherstellen (Kosten: 1,6%) | | 4.372 | | |
| | Stahl-Außentüren, Beschichtung aufrauen, blätternde Teile entfernen, entsorgen, Roststellen abschleifen, Rostschutzanstrich, Fehlstellen spachteln, Zwischen- und Schlussbeschichtung; Stahl-Umfassungszargen, reinigen, Kunstharz-Beschichtung, Holzinnentüren, neu streichen, Abdeckungen der Gegengewichtskästen an Sporthallentore erneuern, alte Spanplatten entfernen, neue Buche-Multiplex-Platten | | | | |
| | • Herstellen (Kosten: 93,4%) | | 252.714 | | |
| | Sockelleisten, Kunststoff-Fenster, Alu-Rohrrahmentüren, WDVS, Akustik-Wandbekleidung, Prallschutz, Anstrich, Wandfliesen, GK-Vorsatzschalen, Innenputz, Lichtkuppeln, Dampfsperre, Gefälledämmung, Dachabdichtung, Traufe, Attikaabdeckung, Dachentwässerung Rinne, abgehängte Decken, GK-Bekleidungen, Akustik-Decke, Anstrich | | | | |
| 400 | **Bauwerk - Technische Anlagen** | 595,00 m² BGF | 154.366 | **259,44** | 36,3 |
| | • Abbrechen (Kosten: 0,7%) | | 1.144 | | |
| | Abbruch von Gasleitungen, Schaltschränke; Leitungen, Schalter, Steckdosen, Unterverteilung, Entsorgung, Deponiegebühren | | | | |
| | • Herstellen (Kosten: 99,3%) | | 153.222 | | |
| | Kalt -und Warmwasserleitungen, Regenfallrohre, Warmwasserspeicher, Gas-Brennwertkessel, Heizungsrohre, Heizkörper, Deckenstrahlplatten, Ballabweishauben, Lüftungsleitungen, Elektroinstallation, Wand- und Deckenleuchten, Blitzschutzanlagen, Hausalarmanlage, Störmeldeanlage, Gasversorgung, MSR-Automationsstadion, GLT-Leitzentrale | | | | |
| 500 | **Außenanlagen** | – AUF | 11.680 | – | 2,7 |
| | • Herstellen (Kosten: 100,0%) | | 11.680 | | |
| | Frostschutzschicht, Pflasterarbeiten, Randsteine | | | | |

| KG | Kostengruppe | Menge Einheit | Kosten € | €/Einheit | % |
|---|---|---|---|---|---|
| **200** | **Herrichten und Erschließen** | | | | **100,0** |
| 230 | **Nichtöffentliche Erschließung** | – FBG | 8.443 | – | 100,0 |
| | • Abbrechen (Kosten: 1,0%) | | 83 | | |
| | Abbruch von einem Entwässerungskanal, Entsorgung, Deponiegebühren | | | | |
| | • Herstellen (Kosten: 99,0%) | | 8.360 | | |
| | Rohrgrabenaushub (26m³), KG-Leitungen (33m), Formstücke (97St), Anschlüsse (6St) | | | | |
| **300** | **Bauwerk - Baukonstruktionen** | | | | **100,0** |
| 320 | **Gründung** | 530,00 m² | 4.262 | **8,04** | 1,6 |
| | • Herstellen (Kosten: 100,0%) | | 4.262 | | |
| | Sockelleisten, Massivholz 80x15mm, geschraubt (200m) | | | | |
| 330 | **Außenwände** | 713,38 m² | 128.563 | **180,22** | 47,5 |
| | • Abbrechen (Kosten: 3,7%) | | 4.712 | | |
| | Abbruch von Gasbetonmauerwerk (16m²), Lüftungsgitter, Abdeckungen, Stahlbleche, Befestigungen (5m²) * Fenstern, Aluminiumrahmen, Einfachverglasung, Fensterbänke (112m²), Alu-Fensterbänke (27m), Holztüren, Seitenteile (16m²); Entsorgung, Deponiegebühren | | | | |
| | • Wiederherstellen (Kosten: 0,1%) | | 82 | | |
| | Stahl-Außentüren, Beschichtung aufrauen, blätternde Teile entfernen, entsorgen, Roststellen abschleifen, Rostschutzanstrich, Fehlstellen spachteln, Zwischen -und Schlussbeschichtung (5m²) | | | | |
| | • Herstellen (Kosten: 96,3%) | | 123.769 | | |
| | Gasbeton, Dachrand aufmauern (55m), Sparrenfelder ausmauern (36m), Gewindestäbe (55St) * Kunststofffenster (112m²), Fensterbänke, Alu (36St), Rohrrahmentüren, Alu (17m²) * Betonflächen, prüfen (553m²), Sockel, abdichten (31m²), WDVS, Dämmplatten, EPS d=100mm, WLG 035 (581m²), Schlussbeschichtung, farbig (344m²) * Akustik-Wandbekleidung (135m²), textiler Prallschutz (60m²), Beschichtung (73m²), Fliesen (17m²) * Gitterroste (2St) | | | | |
| 340 | **Innenwände** | 209,30 m² | 8.911 | **42,57** | 3,3 |
| | • Wiederherstellen (Kosten: 48,1%) | | 4.290 | | |
| | Türbeschläge abbauen, reinigen, nach den Malerarbeiten wieder montieren (14St), Stahl-Umfassungszargen, reinigen, Kunstharz-Beschichtung (21St), Holzinnentüren, neu streichen (18St), Abdeckungen der Gegengewichtskästen an Sporthallentore erneuern, alte Spanplatten entfernen, neue Buche-Multiplex-Platten, d=19mm (50m²) | | | | |
| | • Herstellen (Kosten: 51,9%) | | 4.621 | | |
| | Wandöffnungen schließen (7m²), GK-Vorsatzschalen (15m²) * Innenputz, Kleinflächen (6m²), Latex-Beschichtung (73m²), Fliesen (25m²) | | | | |

| KG | Kostengruppe | Menge Einheit | Kosten € | €/Einheit | % |
|---|---|---|---|---|---|
| 360 | **Dächer** | 650,76 $m^2$ | 113.198 | **173,95** | 41,9 |
| | • Abbrechen (Kosten: 7,6%) | | 8.638 | | |
| | Abbruch von Lichtkuppeln, Aufsatzkranz (4$m^2$) * Attikaabdeckungen (24$m^2$), Rollkiesschüttung, d=5cm (620$m^2$), Wärmedämmung, Hartschaumplatten, d=70mm (250$m^2$), Dachrandprofile, Holzunterkonstruktion (54m), mehrlagige Dachabdichtung (30m), Entsorgung, Deponiegebühren | | | | |
| | • Herstellen (Kosten: 92,4%) | | 104.560 | | |
| | Lichtkuppeln, 120/120cm (4St) * Dachfläche reinigen, Voranstrich, Dampfsperre, Gefälledämmung EPS, d=20-270mm, WLG 040, Dachabdichtung (645$m^2$), Bitumenbahnen (370$m^2$), Traufbleche (85m), Attikaabdeckung (38m), Dachrinnen, Laubschutz, Titanzink (85m) * abgehängte Decken, Zwischensparren-Dämmung, d=160mm (235$m^2$), GK-Bekleidungen (255$m^2$), Akustik-Decke (340$m^2$), Dispersionsanstrich (485$m^2$) * Absturzsicherungen (11St) | | | | |
| 370 | **Baukonstruktive Einbauten** | 595,00 $m^2$ BGF | 1.425 | **2,39** | 0,5 |
| | • Herstellen (Kosten: 100,0%) | | 1.425 | | |
| | Montage, vorhandene Schaukelringanlage (1St), vorhandene Klettertauanlage (1St) | | | | |
| 390 | **Sonstige Baukonstruktionen** | 595,00 $m^2$ BGF | 14.077 | **23,66** | 5,2 |
| | • Herstellen (Kosten: 100,0%) | | 14.077 | | |
| | Fassadengerüst (998$m^2$), Dachfanggerüst (147m), Standgerüst, fahrbar (3St) * Baureinigung, Fenster (34St), Türen (19St), Tore (4St), Prallwände (32$m^2$), Fliesen (65$m^2$), Sanitärtrennwände (7$m^2$), Böden (555$m^2$), Sanitärgegenstände (18St), Schutzabdeckungen (278$m^2$), provisorische Abdeckungen (60m) | | | | |
| **400** | **Bauwerk - Technische Anlagen** | | | | **100,0** |
| 410 | **Abwasser-, Wasser-, Gasanlagen** | 595,00 $m^2$ BGF | 7.787 | **13,09** | 5,0 |
| | • Herstellen (Kosten: 100,0%) | | 7.787 | | |
| | Fallrohre, Titanzink (28m), Standrohre (6St) * Kalt- und Warmwasserleitungen, Kupferrohre (81m) Kupferrohr (81m), Brauchwasserpumpen (2St), Warmwasserspeicher (1St) | | | | |
| 420 | **Wärmeversorgungsanlagen** | 595,00 $m^2$ BGF | 75.136 | **126,28** | 48,7 |
| | • Abbrechen (Kosten: 0,3%) | | 216 | | |
| | Abbruch von Gasleitungen, Schaltschränke, Entsorgung, Deponiegebühren | | | | |
| | • Herstellen (Kosten: 99,7%) | | 74.919 | | |
| | Gas-Brennwertkessel, Druckausdehnungsgefäße (2St), Regelung, Elektroarbeiten * Heizungsverteiler, Umwälzpumpen (2St), Heizungsrohre, Formteile (559m) * Heizkörper (13St), Deckenstrahlplatten (12St), Ballabweishauben (144m) * Edelstahl-Abgassystem | | | | |
| 430 | **Lufttechnische Anlagen** | 595,00 $m^2$ BGF | 4.834 | **8,12** | 3,1 |
| | • Herstellen (Kosten: 100,0%) | | 4.834 | | |
| | Radial-Laufrad, Flachdachsockel, Kulissenschalldämpfer, Lüftungsleitungen (39m), Formstücke (51St) | | | | |

| KG | Kostengruppe | Menge Einheit | Kosten € | €/Einheit | % |
|---|---|---|---|---|---|
| 440 | **Starkstromanlagen** | 595,00 m² BGF | 37.622 | **63,23** | 24,4 |
| | • Abbrechen (Kosten: 2,5%) | | 927 | | |
| | Abbruch von Leitungen, Schalter, Steckdosen, Unterverteilung, Entsorgung, Deponiegebühren | | | | |
| | • Herstellen (Kosten: 97,5%) | | 36.695 | | |
| | Unterverteilung, Sicherungen, FI-Schutzschalter, Mantelleitungen NYM, Verlegesysteme, Schalter, Steckdosen * Beleuchtungskörper * Blitzschutzanlage, Erdungen | | | | |
| 450 | **Fernmelde-, informationstechn. Anlagen** | 595,00 m² BGF | 5.239 | **8,80** | 3,4 |
| | • Herstellen (Kosten: 100,0%) | | 5.239 | | |
| | Hausalarmanlage * Störmeldeanlage | | | | |
| 480 | **Gebäudeautomation** | 595,00 m² BGF | 22.094 | **37,13** | 14,3 |
| | • Herstellen (Kosten: 100,0%) | | 22.094 | | |
| | MSR-Automationsstadion, Bedienmodul (1St), GLT-Leitzentrale (1St), Steuerungen (7St), Überwachungsgeräte (9St) * Schaltschränke (3St), Kabel NYM-J (120m), Kabel JY (271m) | | | | |
| 490 | **Sonstige Technische Anlagen (TA)** | 595,00 m² BGF | 1.655 | **2,78** | 1,1 |
| | • Herstellen (Kosten: 100,0%) | | 1.655 | | |
| | Arbeitsgerüst, fahrbar | | | | |
| **500** | **Außenanlagen** | | | | **100,0** |
| 520 | **Befestigte Flächen** | 153,16 m² | 11.517 | **75,20** | 98,6 |
| | • Herstellen (Kosten: 100,0%) | | 11.517 | | |
| | Frostschutzschicht, Pflasterarbeiten, Randsteine (153m²) | | | | |
| 590 | **Sonstige Außenanlagen** | – AUF | 162 | – | 1,4 |
| | • Herstellen (Kosten: 100,0%) | | 162 | | |
| | Baustelleneinrichtung | | | | |

## Kostenkennwerte für die Kostengruppe 300 der 3.Ebene DIN 276 (Übersicht)

| KG | Kostengruppe | Menge Einh. | | €/Einheit | Kosten € | % 300+400 |
|---|---|---|---|---|---|---|
| 311 | Baugrubenherstellung | – | | – | – | – |
| 312 | Baugrubenumschließung | – | | – | – | – |
| 313 | Wasserhaltung | – | | – | – | – |
| 319 | Baugrube, sonstiges | – | | – | – | – |
| **310** | **Baugrube** | **–** | | **–** | **–** | **–** |
| 321 | Baugrundverbesserung | – | | – | – | – |
| 322 | Flachgründungen | – | | – | – | – |
| 323 | Tiefgründungen | – | | – | – | – |
| 324 | Unterböden und Bodenplatten | – | | – | – | – |
| 325 | Beläge auf Boden- und Fundamentplatten | 530,000 m² | | 8,04 | 4.261,84 | 1,0 |
| 326 | Bauwerksabdichtungen | – | | – | – | – |
| 327 | Dränagen | – | | – | – | – |
| 329 | Gründung, sonstiges | – | | – | – | – |
| **320** | **Gründung** | **530,000 m²** | | **8,04** | **4.261,84** | **1,0** |
| 331 | Tragende Außenwände | – | | – | – | – |
| 332 | Nichttragende Außenwände | 23,000 m² | | 247,22 | 5.656,33 | 1,3 |
| 333 | Tragende Außenstützen | – | | – | – | – |
| 334 | Außentüren, -fenster | 133,000 m² | | 449,03 | 59.645,65 | 14,0 |
| 335 | Außenwandbekleidungen außen | 580,000 m² | | 81,22 | 47.142,09 | 11,1 |
| 336 | Außenwandbekleidungen innen | 284,000 m² | | 55,27 | 15.722,61 | 3,7 |
| 337 | Elementierte Außenwände | – | | – | – | – |
| 338 | Sonnenschutz | – | | – | – | – |
| 339 | Außenwände, sonstiges | 713,000 m² | AWF | 0,56 | 396,51 | 0,1 |
| **330** | **Außenwände** | **713,000 m²** | | **180,22** | **128.563,19** | **30,3** |
| 341 | Tragende Innenwände | – | | – | – | – |
| 342 | Nichttragende Innenwände | 22,000 m² | | 94,90 | 2.090,22 | 0,5 |
| 343 | Tragende Innenstützen | – | | – | – | – |
| 344 | Innentüren, -fenster | – m² | | – | 4.289,93 | 1,0 |
| 345 | Innenwandbekleidungen | 104,000 m² | | 24,40 | 2.530,39 | 0,6 |
| 346 | Elementierte Innenwände | – | | – | – | – |
| 349 | Innenwände, sonstiges | – | | – | – | – |
| **340** | **Innenwände** | **209,000 m²** | | **42,57** | **8.910,54** | **2,1** |
| 351 | Deckenkonstruktionen | – | | – | – | – |
| 352 | Deckenbeläge | – | | – | – | – |
| 353 | Deckenbekleidungen | – | | – | – | – |
| 359 | Decken, sonstiges | – | | – | – | – |
| **350** | **Decken** | **–** | | **–** | **–** | **–** |
| 361 | Dachkonstruktionen | – | | – | – | – |
| 362 | Dachfenster, Dachöffnungen | 6,000 m² | | 696,72 | 4.013,11 | 0,9 |
| 363 | Dachbeläge | 645,000 m² | | 79,24 | 51.112,63 | 12,0 |
| 364 | Dachbekleidungen | 595,000 m² | | 95,25 | 56.672,87 | 13,3 |
| 369 | Dächer, sonstiges | 651,000 m² | DAF | 2,15 | 1.399,54 | 0,3 |
| **360** | **Dächer** | **651,000 m²** | | **173,95** | **113.198,17** | **26,6** |
| **370** | **Baukonstruktive Einbauten** | **595,000 m²** | **BGF** | **2,39** | **1.425,02** | **0,3** |
| **390** | **Sonst. Maßnahmen für Baukonstruktionen** | **595,000 m²** | **BGF** | **23,66** | **14.077,44** | **3,3** |
| **300** | **Bauwerk - Baukonstruktionen** | **595,000 m²** | **BGF** | **454,51** | **270.436,20** | **63,7** |

## Kostenkennwerte für die Kostengruppe 400 der 3.Ebene DIN 276 (Übersicht)

| KG | Kostengruppe | Menge Einh. | €/Einheit | Kosten € | % 300+400 |
|---|---|---|---|---|---|
| 411 | Abwasseranlagen | 595,000 m² BGF | 1,86 | 1.104,21 | 0,3 |
| 412 | Wasseranlagen | 595,000 m² BGF | 11,23 | 6.682,55 | 1,6 |
| 413 | Gasanlagen (wenn zu Kochzwecken) | – | – | – | – |
| 414 | Feuerlöschanlagen | – | – | – | – |
| 419 | Abwasser-, Wasser- und Gasanlagen, sonstiges | – | – | – | – |
| **410** | **Abwasser-, Wasser-, Gasanlagen** | **595,000 m² BGF** | **13,09** | **7.786,75** | **1,8** |
| 421 | Wärmeerzeugungsanlagen | 595,000 m² BGF | 37,42 | 22.265,94 | 5,2 |
| 422 | Wärmeverteilnetze | 595,000 m² BGF | 39,97 | 23.785,04 | 5,6 |
| 423 | Raumheizflächen | 595,000 m² BGF | 47,28 | 28.133,36 | 6,6 |
| 429 | Wärmeversorgungsanlagen, sonstiges | 595,000 m² BGF | 1,60 | 951,27 | 0,2 |
| **420** | **Wärmeversorgungsanlagen** | **595,000 m² BGF** | **126,28** | **75.135,61** | **17,7** |
| 431 | Lüftungsanlagen (LA) | 595,000 m² BGF | 8,12 | 4.833,73 | 1,1 |
| 432 | Teilklimaanlagen (TKA) | – | – | – | – |
| 433 | Klimaanlagen (KLA) | – | – | – | – |
| 434 | Prozeßlufttechnische Anlagen (PLA) | – | – | – | – |
| 435 | Kälteanlagen (KA) | – | – | – | – |
| 439 | Lufttechnische Anlagen, sonstiges | – | – | – | – |
| **430** | **Lufttechnische Anlagen** | **595,000 m² BGF** | **8,12** | **4.833,73** | **1,1** |
| 441 | Hoch- und Mittelspannungsanlagen | – | – | – | – |
| 442 | Eigenstromversorgungsanlagen | – | – | – | – |
| 443 | Niederspannungsschaltanlagen | – | – | – | – |
| 444 | Niederspannungsinstallationsanlagen | 595,000 m² BGF | 32,35 | 19.246,53 | 4,5 |
| 445 | Beleuchtungsanlagen | 595,000 m² BGF | 15,12 | 8.994,51 | 2,1 |
| 446 | Blitzschutz- und Erdungsanlagen | 595,000 m² BGF | 15,77 | 9.380,96 | 2,2 |
| 449 | Starkstromanlagen, sonstiges | – | – | – | – |
| **440** | **Starkstromanlagen** | **595,000 m² BGF** | **63,23** | **37.621,99** | **8,9** |
| 451 | Telekommunikationsanlagen | – | – | – | – |
| 452 | Such- und Signalanlagen | – | – | – | – |
| 453 | Zeitdienstanlagen | – | – | – | – |
| 454 | Elektroakustische Anlagen | 595,000 m² BGF | 6,35 | 3.777,05 | 0,9 |
| 455 | Fernseh- und Antennenanlagen | – | – | – | – |
| 456 | Gefahrenmelde- und Alarmanlagen | 595,000 m² BGF | 2,46 | 1.461,66 | 0,3 |
| 457 | Übertragungsnetze | – | – | – | – |
| 459 | Fernmelde- und informationstechn. Anlagen, sonstiges | – | – | – | – |
| **450** | **Fernmelde- und informationstechn. Anlagen** | **595,000 m² BGF** | **8,80** | **5.238,71** | **1,2** |
| 461 | Aufzugsanlagen | – | – | – | – |
| 462 | Fahrtreppen, Fahrsteige | – | – | – | – |
| 463 | Befahranlagen | – | – | – | – |
| 464 | Transportanlagen | – | – | – | – |
| 465 | Krananlagen | – | – | – | – |
| 469 | Förderanlagen, sonstiges | – | – | – | – |
| **460** | **Förderanlagen** | **–** | **–** | **–** | **–** |
| **470** | **Nutzungsspezifische Anlagen** | **–** | **–** | **–** | **–** |
| **480** | **Gebäudeautomation** | **595,000 m² BGF** | **37,13** | **22.094,27** | **5,2** |
| **490** | **Sonst. Maßnahmen für technische Anlagen** | **595,000 m² BGF** | **2,78** | **1.655,07** | **0,4** |
| **400** | **Bauwerk - Technische Anlagen** | **595,000 m² BGF** | **259,44** | **154.366,14** | **36,3** |

## Kostenkennwerte für Leistungsbereiche nach StLB (Kosten des Bauwerks nach DIN 276)

| LB | Leistungsbereiche | Kosten € | €/m² BGF | €/m³ BRI | % 300+400 |
|---|---|---|---|---|---|
| 000 | Sicherheits-, Baustelleneinrichtungen inkl. 001 | 11.470 | 19,30 | 3,80 | 2,7 |
| | Herstellen | 11.470 | 19,30 | 3,80 | 2,7 |
| 002 | Erdarbeiten | – | – | – | – |
| 006 | Spezialtiefbauarbeiten inkl. 005 | – | – | – | – |
| 009 | Abwasserkanalarbeiten inkl. 011 | – | – | – | – |
| 010 | Dränarbeiten | – | – | – | – |
| 012 | Mauerarbeiten | 7.009 | 11,80 | 2,30 | 1,6 |
| | Herstellen | 7.009 | 11,80 | 2,30 | 1,6 |
| 013 | Betonarbeiten | – | – | – | – |
| 014 | Natursteinarbeiten, Betonwerksteinarbeiten | – | – | – | – |
| 016 | Zimmer- und Holzbauarbeiten | – | – | – | – |
| 017 | Stahlbauarbeiten | – | – | – | – |
| 018 | Abdichtungsarbeiten gegen Wasser | – | – | – | – |
| 020 | Dachdeckungsarbeiten | – | – | – | – |
| 021 | Dachabdichtungsarbeiten | 40.795 | 68,60 | 13,50 | 9,6 |
| | Herstellen | 40.795 | 68,60 | 13,50 | 9,6 |
| 022 | Klempnerarbeiten | 9.220 | 15,50 | 3,00 | 2,2 |
| | Herstellen | 9.220 | 15,50 | 3,00 | 2,2 |
| | **Rohbau** | **68.494** | **115,10** | **22,60** | **16,1** |
| | Herstellen | 68.494 | 115,10 | 22,60 | 16,1 |
| 023 | Putz- und Stuckarbeiten, Wärmedämmsysteme | 45.919 | 77,20 | 15,20 | 10,8 |
| | Wiederherstellen | 633 | 1,10 | 0,21 | 0,1 |
| | Herstellen | 45.286 | 76,10 | 14,90 | 10,7 |
| 024 | Fliesen- und Plattenarbeiten | 2.320 | 3,90 | 0,77 | 0,5 |
| | Herstellen | 2.320 | 3,90 | 0,77 | 0,5 |
| 025 | Estricharbeiten | – | – | – | – |
| 026 | Fenster, Außentüren inkl. 029, 032 | 55.113 | 92,60 | 18,20 | 13,0 |
| | Herstellen | 55.113 | 92,60 | 18,20 | 13,0 |
| 027 | Tischlerarbeiten | 9.097 | 15,30 | 3,00 | 2,1 |
| | Wiederherstellen | 563 | 0,95 | 0,19 | 0,1 |
| | Herstellen | 8.535 | 14,30 | 2,80 | 2,0 |
| 028 | Parkettarbeiten, Holzpflasterarbeiten | – | – | – | – |
| 030 | Rollladenarbeiten | – | – | – | – |
| 031 | Metallbauarbeiten inkl. 035 | 397 | 0,67 | 0,13 | 0,1 |
| | Herstellen | 397 | 0,67 | 0,13 | 0,1 |
| 034 | Maler- und Lackiererarbeiten inkl. 037 | 7.989 | 13,40 | 2,60 | 1,9 |
| | Wiederherstellen | 3.177 | 5,30 | 1,00 | 0,7 |
| | Herstellen | 4.812 | 8,10 | 1,60 | 1,1 |
| 036 | Bodenbelagsarbeiten | – | – | – | – |
| 038 | Vorgehängte hinterlüftete Fassaden | – | – | – | – |
| 039 | Trockenbauarbeiten | 65.140 | 109,50 | 21,50 | 15,3 |
| | Herstellen | 65.140 | 109,50 | 21,50 | 15,3 |
| | **Ausbau** | **185.976** | **312,60** | **61,40** | **43,8** |
| | Wiederherstellen | 4.372 | 7,30 | 1,40 | 1,0 |
| | Herstellen | 181.604 | 305,20 | 59,90 | 42,8 |
| 040 | Wärmeerzeuger, zentr. Einrichtungen inkl. 041 | 69.330 | 116,50 | 22,90 | 16,3 |
| | Herstellen | 69.330 | 116,50 | 22,90 | 16,3 |
| 042 | Gas- und Wasserinstallationsarbeiten inkl. 043 | 6.490 | 10,90 | 2,10 | 1,5 |
| | Herstellen | 6.490 | 10,90 | 2,10 | 1,5 |

| LB | Leistungsbereiche | Kosten € | €/m² BGF | €/m³ BRI | % 300+400 |
|---|---|---|---|---|---|
| 044 | Abwasserinstallationsarbeiten - Leitungen | – | – | – | – |
| 045 | Gas-, Wasser-Einrichtungsgegenstände inkl. 046 | 30 | < 0,1 | < 0,1 | – |
| | Herstellen | 30 | < 0,1 | < 0,1 | – |
| 047 | Dämmarbeiten an betriebstechnischen Anlagen | 3.762 | 6,30 | 1,20 | 0,9 |
| | Herstellen | 3.762 | 6,30 | 1,20 | 0,9 |
| 049 | Feuerlöschanlagen, Feuerlöschgeräte | – | – | – | – |
| 050 | Blitzschutz- und Erdungsanlagen | 9.381 | 15,80 | 3,10 | 2,2 |
| | Herstellen | 9.381 | 15,80 | 3,10 | 2,2 |
| 052 | Mittelspannungsanlagen | – | – | – | – |
| 053 | Niederspannungsanlagen inkl. 054 | 20.200 | 33,90 | 6,70 | 4,8 |
| | Herstellen | 20.200 | 33,90 | 6,70 | 4,8 |
| 055 | Ersatzstromversorgungsanlagen | – | – | – | – |
| 057 | Gebäudesystemtechnik | 22.094 | 37,10 | 7,30 | 5,2 |
| | Herstellen | 22.094 | 37,10 | 7,30 | 5,2 |
| 058 | Leuchten und Lampen, inkl. 059 | 8.995 | 15,10 | 3,00 | 2,1 |
| | Herstellen | 8.995 | 15,10 | 3,00 | 2,1 |
| 060 | Elektroakustische Anlagen | 3.777 | 6,30 | 1,20 | 0,9 |
| | Herstellen | 3.777 | 6,30 | 1,20 | 0,9 |
| 061 | Kommunikationsnetze | – | – | – | – |
| 063 | Gefahrenmeldeanlagen | 1.462 | 2,50 | 0,48 | 0,3 |
| | Herstellen | 1.462 | 2,50 | 0,48 | 0,3 |
| 069 | Aufzüge | – | – | – | – |
| 070 | Gebäudeautomation | – | – | – | – |
| 075 | Raumlufttechnische Anlagen | 4.834 | 8,10 | 1,60 | 1,1 |
| | Herstellen | 4.834 | 8,10 | 1,60 | 1,1 |
| | **Gebäudetechnik** | **150.354** | **252,70** | **49,60** | **35,4** |
| | Herstellen | 150.354 | 252,70 | 49,60 | 35,4 |
| 084 | Abbrucharbeiten | 14.493 | 24,40 | 4,80 | 3,4 |
| | Abbrechen | 14.493 | 24,40 | 4,80 | 3,4 |
| | Sonstige Leistungsbereiche inkl. 008, 033, 051 | **5.484** | **9,20** | **1,80** | **1,3** |
| | Herstellen | 5.484 | 9,20 | 1,80 | 1,3 |

5100-048
Gymnastikraum
Grundschule

Erweiterung

**Architekt:**
modus.architekten
Dipl.-Ing. Holger Kalla
Große Weinmeisterstr. 3A
14469 Potsdam

und
Orsoyer Str. 1
40474 Düsseldorf

**Bauherr:**
Stadt Düsseldorf
Amt für Gebäudemanagement
Auf m Hennekamp 45
40255 Düsseldorf

## Objektübersicht

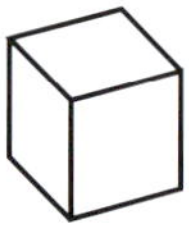

**185 €/m³ BRI**

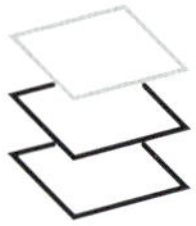

**551 €/m² BGF**

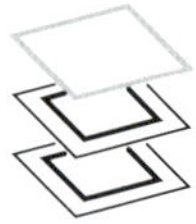

**1.176 €/m² NF**

| | |
|---|---|
| Kennwerte | bis 3.Ebene DIN 276 |
| Bauzeit | 30 Wochen |
| Bauende | 2009 |
| Standard | Durchschnitt |
| Land | Nordrhein-Westfalen |
| Kreis | Düsseldorf |
| m³ BRI | 1.869 |
| m² BGF | 627 |
| m² NF | 294 |

Kostenstand: 3.Quartal 2010, inkl. MwSt., Bundesdurchschnitt

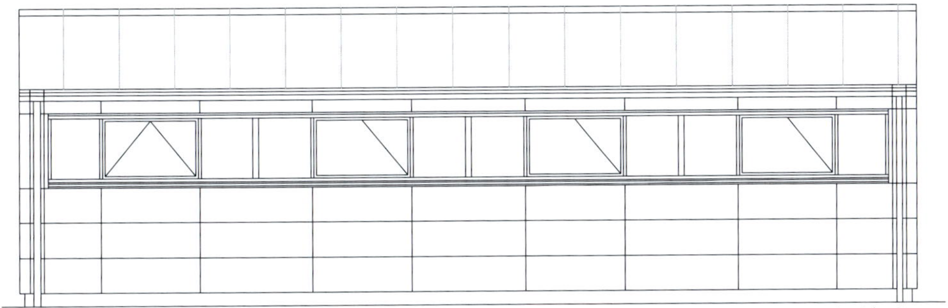

Ansicht Ost

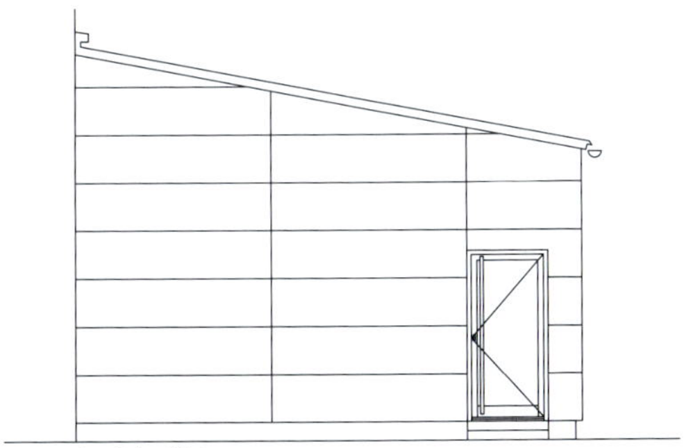

Ansicht Süd

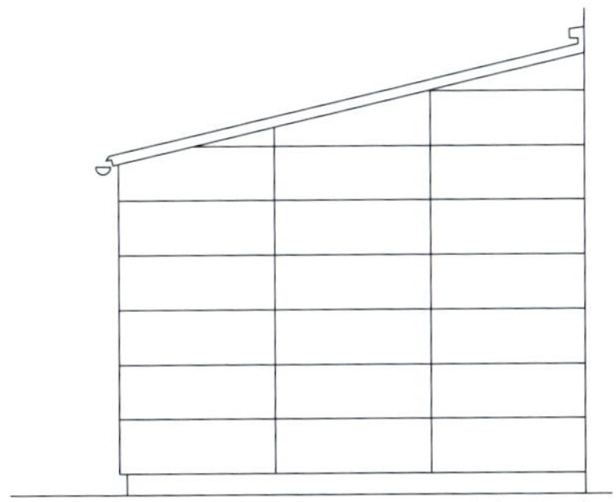

Ansicht Nord

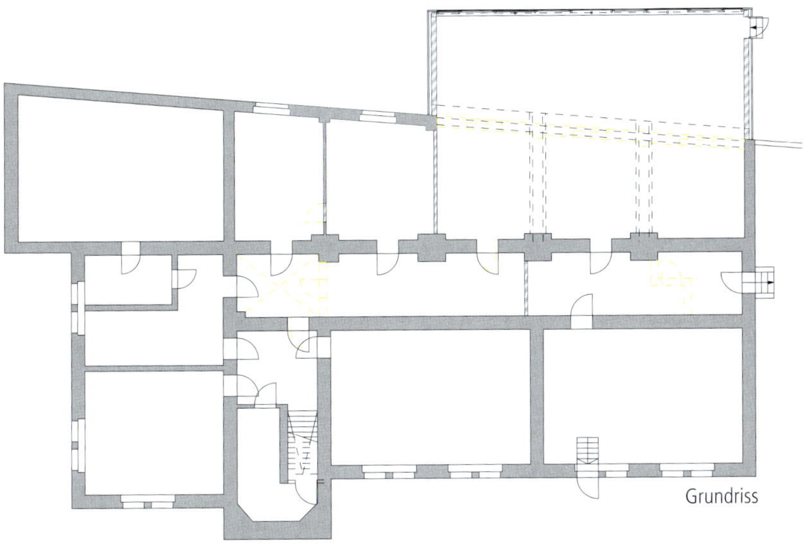

Grundriss



Kostenstand: 3.Quartal 2010, inkl. MwSt., Bundesdurchschnitt

## Objektbeschreibung

### Nutzung

**1 Untergeschoss**
Umkleideräume, Turnraum, Werkstatt Hausmeister, Heizungsraum

**1 Erdgeschoss**
Schulräume

**2 Obergeschosse**
Schulräume

**1 Dachgeschoss**
Schulräume

### Grundstück

Bauraum: Freier Bauraum
Neigung: Ebenes Gelände

### Markt

Hauptvergabezeit: 3.Quartal 2008
Baubeginn: 3.Quartal 2008
Bauende: 1.Quartal 2009
Konjunkturelle Gesamtlage: Durchschnitt
Regionaler Baumarkt: über Durchschnitt

### Baubestand

Baujahr: 1922
Bauzustand: mittel
Aufwand: mittel
Grundrissänderungen: wenige
Tragwerkseingriffe: wenige
Nutzungsänderung: nein
Nutzung während der Bauzeit: ja

### Baukonstruktion

**Abbrechen:** Abbruch von Holzparkett, geklebt, Bodenfliesen; Mauerwerkswänden, Stahltüren, Wandputz; abgehängter Metallpaneeldecke; Entsorgung, Deponiegebühren
**Wiederherstellen:** Estrich prüfen, Fehlstellen ausgleichen, Schüttung, Grundanstrich, Bodenbeschichtung; Ausgleichsputz, Innenwandputz, Untergrundvorbehandlung, Eignung, Trag- sowie Haftfähigkeit prüfen, Zwischen- und Schlussanstrich; Isolieranstrich bei durchschlagenden Stoffen, z. B. Nikotin-, Ruß- oder Wasserflecken, Grundierung, Deckenanstrich
**Herstellen:** Stb-Fundamente, Stb-Bodenplatte, Abdichtung, Holz-Hallensportboden, Bodenfliesen, Dämmung Bodenplatte; KS-Mauerwerk, Stahl-, Stb-Stützen, Faserzement-Fassadenverkleidung, Holzpaneele, Putz, Anstrich, Alu-Pfosten-Riegel-Konstruktion, Raffstore; Stahlträger-Anschluss, KS-Mauerwerk, Öffnungen herstellen, Holzinnentüren, Putz, Anstrich; Stahlträger, Paneeldecke, F90-Verkleidung; Pultdach, Holzkonstruktion, Stehfalzdeckung, Dachrinnen, Dämmung, Paneeldecke

### Technische Anlagen

**Abbrechen:** Abbruch von Heizungsrohren, Rohrschellen, Heizkörpern, Entsorgung, Deponiegebühren
**Herstellen:** Regenfallrohre; Heizungsleitungen, Heizwände, Thermostate; Elektroinstallation erweitern, Beleuchtung; ELA-Anlage erweitern, Präsenzmelder, Hausalarm

## Planungskennwerte für Flächen und Rauminhalte nach DIN 277

| Flächen des Grundstücks | Menge, Einheit | % an FBG |
|---|---|---|
| BF Bebaute Fläche | 688,64 m² | 17,6 |
| UBF Unbebaute Fläche | 3.232,60 m² | 82,4 |
| FBG Fläche des Baugrundstücks | 3.921,00 m² | 100,0 |

| Grundflächen des Bauwerks | Menge, Einheit | % an NF | % an BGF |
|---|---|---|---|
| NF Nutzfläche | 293,93 m² | 100,0 | 46,9 |
| TF Technische Funktionsfläche | 59,94 m² | 20,4 | 9,6 |
| VF Verkehrsfläche | 57,98 m² | 19,7 | 9,2 |
| NGF Netto-Grundfläche | 411,85 m² | 140,1 | 65,7 |
| KGF Konstruktions-Grundfläche | 215,42 m² | 73,3 | 34,3 |
| BGF Brutto-Grundfläche | 627,27 m² | 213,4 | 100,0 |

| Brutto-Rauminhalt des Bauwerks | Menge, Einheit | BRI/NF (m) | BRI/BGF (m) |
|---|---|---|---|
| BRI Brutto-Rauminhalt | 1.869,26 m³ | 6,36 | 2,98 |

| Lufttechnisch behandelte Flächen | Menge, Einheit | % an NF | % an BGF |
|---|---|---|---|
| Entlüftete Fläche | – m² | – | – |
| Be- und entlüftete Fläche | – m² | – | – |
| Teilklimatisierte Fläche | – m² | – | – |
| Klimatisierte Fläche | – m² | – | – |

| KG | Kostengruppen (2.Ebene) | Menge, Einheit | Menge/NF | Menge/BGF |
|---|---|---|---|---|
| 310 | Baugrube | – m³ BGI | – | – |
| 320 | Gründung | 440,96 m² GRF | 1,50 | 0,70 |
| 330 | Außenwände | 99,84 m² AWF | 0,34 | 0,16 |
| 340 | Innenwände | 380,94 m² IWF | 1,30 | 0,61 |
| 350 | Decken | 186,31 m² DEF | 0,63 | 0,30 |
| 360 | Dächer | 92,40 m² DAF | 0,31 | 0,15 |

## Kostenkennwerte für die Kostengruppen der 1.Ebene DIN 276

| KG | Kostengruppen (1.Ebene) | Einheit | Kosten € | €/Einheit | €/m² BGF | €/m³ BRI | % 300+400 |
|---|---|---|---|---|---|---|---|
| 100 | Grundstück | m² FBG | – | – | – | – | – |
| 200 | Herrichten und Erschließen | m² FBG | 1.388 | 0,35 | 2,21 | 0,74 | 0,4 |
| 300 | Bauwerk - Baukonstruktionen | m² BGF | 312.476 | 498,15 | 498,15 | 167,17 | 90,4 |
| 400 | Bauwerk - Technische Anlagen | m² BGF | 33.061 | 52,71 | 52,71 | 17,69 | 9,6 |
| | **Bauwerk 300+400** | **m² BGF** | **345.537** | **550,86** | **550,86** | **184,85** | **100,0** |
| 500 | Außenanlagen | m² AUF | 4.857 | 1,50 | 7,74 | 2,60 | 1,4 |
| 600 | Ausstattung und Kunstwerke | m² BGF | – | – | – | – | – |
| 700 | Baunebenkosten | m² BGF | – | – | – | – | – |

## Kostenkennwerte für die Kostengruppen der 1.Ebene DIN 276

| KG | Kostengruppe | Menge Einheit | Kosten € | €/Einheit | % |
|---|---|---|---|---|---|
| 200 | **Herrichten und Erschließen** | 3.921,00 m² FBG | 1.388 | **0,35** | 0,4 |
| | • Herstellen (Kosten: 100,0%) | | 1.388 | | |
| | Oberboden abtragen | | | | |
| **3+4** | **Bauwerk** | | | | **100,0** |
| 300 | **Bauwerk - Baukonstruktionen** | 627,27 m² BGF | 312.476 | **498,15** | 90,4 |
| | • Abbrechen (Kosten: 5,1%) | | 16.023 | | |
| | Abbruch von Holzparkett, geklebt, Bodenfliesen; Mauerwerkswänden, Stahltüren, Wandputz; abgehängter Metallpaneeldecke; Entsorgung, Deponiegebühren | | | | |
| | • Wiederherstellen (Kosten: 7,2%) | | 22.476 | | |
| | Estrich prüfen, Fehlstellen ausgleichen, Schüttung, Grundanstrich, Bodenbeschichtung; Ausgleichsputz, Innenwandputz, Untergrundvorbehandlung, Eignung, Trag- sowie Haftfähigkeit prüfen, Zwischen- und Schlussanstrich; Isolieranstrich bei durchschlagenden Stoffen, z. B. Nikotin-, Ruß- oder Wasserflecken, Grundierung, Deckenanstrich | | | | |
| | • Herstellen (Kosten: 87,7%) | | 273.977 | | |
| | Stb-Fundamente, Stb-Bodenplatte, Abdichtung, Holz-Hallensportboden, Bodenfliesen, Dämmung Bodenplatte; KS-Mauerwerk, Stahl-, Stb-Stützen, Faserzement-Fassadenverkleidung, Holzpaneele, Putz, Anstrich, Alu-Pfosten-Riegel-Konstruktion, Raffstore; Stahlträger-Anschluss, KS-Mauerwerk, Öffnungen herstellen, Holzinnentüren, Putz, Anstrich; Stahlträger, Paneeldecke, F90-Verkleidung; Pultdach, Holzkonstruktion, Stehfalzdeckung, Dachrinnen, Dämmung, Paneeldecke | | | | |
| 400 | **Bauwerk - Technische Anlagen** | 627,27 m² BGF | 33.061 | **52,71** | 9,6 |
| | • Abbrechen (Kosten: 0,7%) | | 239 | | |
| | Abbruch von Heizungsrohren, Rohrschellen, Heizkörpern, Entsorgung, Deponiegebühren | | | | |
| | • Herstellen (Kosten: 99,3%) | | 32.821 | | |
| | Regenfallrohre; Heizungsleitungen, Heizwände, Thermostate; Elektroinstallation rweitern, Beleuchtung; ELA-Anlage erweitern, Präsenzmelder, Hausalarm | | | | |
| 500 | **Außenanlagen** | 3.232,60 m² AUF | 4.857 | **1,50** | 1,4 |
| | • Herstellen (Kosten: 100,0%) | | 4.857 | | |
| | Magerbetonschicht, als Weg; Rasenkantensteine, Kiesstreifen als Spritzwasserschutz; | | | | |

## Kostenkennwerte für die Kostengruppen 300 und 400 der 2.Ebene DIN 276

| KG | Kostengruppe | Menge Einheit | Kosten € | €/Einheit | % |
|---|---|---|---|---|---|
| **200** | **Herrichten und Erschließen** | | | | **100,0** |
| 210 | **Herrichten** | 3.921,00 m² FBG | 1.388 | **0,35** | 100,0 |
| | • Herstellen (Kosten: 100,0%)<br>Oberboden abtragen, entsorgen (18m³) | | 1.388 | | |
| **300** | **Bauwerk - Baukonstruktionen** | | | | **100,0** |
| 320 | **Gründung** | 440,96 m² | 114.737 | **260,20** | 36,7 |
| | • Abbrechen (Kosten: 3,3%)<br>Abbruch von Holzparkett, geklebt, Übergangsschienen (100m²), Bodenfliesen (28m²); Entsorgung, Deponiegebühren | | 3.823 | | |
| | • Wiederherstellen (Kosten: 14,3%)<br>Estrich prüfen, Fehlstellen ausgleichen (100m²), Schüttung (100m²), Grundanstrich, Bodenbeschichtung (70m²) | | 16.372 | | |
| | • Herstellen (Kosten: 82,4%)<br>Fundamentaushub, Stb-Fundamente (15m³) * Stb-Bodenplatte, d=15cm (172m²) * Abdichtung, zweilagig (186m²), Hallensportboden, Dämmung, Schwingbügel, Massivholz, Mehrschicht-Schiffsbodendielen (155m²), Dämmung, Mörtelbett, Bodenfliesen (25m²) * Sauberkeitsschicht, EPS-Hartschaumplatten, d=120mm, Trennlage (171m²), Füllkies, d=20cm (38m³) | | 94.542 | | |
| 330 | **Außenwände** | 99,84 m² | 79.988 | **801,17** | 25,6 |
| | • Abbrechen (Kosten: 6,6%)<br>Abbruch von Mauerwerkswänden, d=20-40cm (68m²), Mauerwerkspfeiler 0,60x0,50cm (7m); Entsorgung, Deponiegebühren | | 5.314 | | |
| | • Herstellen (Kosten: 93,4%)<br>KS-Mauerwerk, d=24cm (76m²), Stahlträger, HEB 100 (1St) * Stb-Stützen (4St), Stahlstützen (3St) * Türanlage, Glastüre (2m²) * Hinterlüftete Fassadenverkleidung, Mineralfaserdämmung, Faserzement-Fassadentafeln (83m²), Abdichtung (20m²), Perimeterdämmung (44m²) * Putz, Holzwandpaneele, d=20mm (21m²), Putz, Anstrich (66m²) * Fassade, Alu-Pfosten-Riegel-Konstruktion (20m²), RWA-Anlage (4St) * Raffstore (20m²) * Stb-Fertigteiltreppe | | 74.674 | | |
| 340 | **Innenwände** | 380,94 m² | 30.974 | **81,31** | 9,9 |
| | • Abbrechen (Kosten: 7,2%)<br>Abbruch von Mauerwerkswänden, d=24cm, Vorbereitungen für Türeneinbau (28m²) * Stahltüren * Wandputz (27m²), Entsorgung, Deponiegebühren | | 2.230 | | |
| | • Wiederherstellen (Kosten: 17,5%)<br>Spritzbewurf, Ausgleichsputz, Innenwandputz, zweilagig (59m²), Untergrundvorbehandlung, Eignung, Trag- sowie Haftfähigkeit prüfen, Zwischen- und Schlussanstrich (353m²) | | 5.407 | | |
| | • Herstellen (Kosten: 75,3%)<br>Stahlträger mit Unterstopfmörtel kraftschlüssig verschließen, Höhe bis 25mm (51m), KS-Mauerwerk, d=24cm (11m²), Ausmauern Türöffnung (3m²), Auflagertaschen im Bestand herausstemmmen (4St), Herstellen von Öffnungen im Bestand, Wandstärke bis 37cm (5m²) * Holzinnentüren (11m²), T30, RS-Holzinnentüre (2m²), Bodendichtungen, Edelstahl-Drücker * Spritzbewurf, Ausgleichsputz, Innenwandputz, Anstrich (25m²) | | 23.337 | | |

| KG | Kostengruppe | Menge Einheit | Kosten € | €/Einheit | % |
|---|---|---|---|---|---|
| 350 | **Decken** | 186,31 m² | 44.923 | **241,12** | 14,4 |
| | • Abbrechen (Kosten: 10,4%) | | 4.655 | | |
| | Abstemmen von Betonbalken 30/30cm (16m) * Abbruch von abgehängter Metallpaneeldecke, Unterkonstruktion (100m²), Anstriche durch Abbürsten entfernen (70m²); Entsorgung, Deponiegebühren | | | | |
| | • Wiederherstellen (Kosten: 1,6%) | | 698 | | |
| | Isolieranstrich bei durchschlagenden Stoffen, z. B. Nikotin-, Ruß- oder Wasserflecken, Grundierung, Zwischen- und Schlussanstrich (112m²) | | | | |
| | • Herstellen (Kosten: 88,1%) | | 39.570 | | |
| | Stahlträger zur Abfangung Außenwand unter bestehenden Decke einbauen, 2xHEM 180, verbolzt, l=4700mm (3St), 2xHEM 220, verbolzt (2St) * Ballwurfsichere, abgehängte Paneeldecke, verzinktes Stahlblech, pulverbeschichtet, Schallabsorptionsvlies (74m²), Aussparungen ballwurfsichere Leuchten (12St), F90-Verkofferung, Anstrich (19m²), GK-Verkleidung (6m²) | | | | |
| 360 | **Dächer** | 92,40 m² | 36.790 | **398,16** | 11,8 |
| | • Herstellen (Kosten: 100,0%) | | 36.790 | | |
| | Flachgeneigtes Pultdach, KVH-Durchlaufsparren, 10/20cm (182m), Stb-Überzug (15m), Fußschwelle (15m) * Pultdach, Dachschalung, OSB-Platten, d=22mm, Dachabdichtungsbahn, Trennlage, Zink-Doppelstehfalzdeckung (92m²), Dachrinne, Titanzink (15m) * Zwischensparrendämmung, d=160mm, Dampfbremse (76m²), ballwurfsichere, abgehängte Paneeldecke, verzinktes Stahlblech pulverbeschichtet, Schallabsorptionsvlies (83m²), Aussparungen ballwurfsichere Leuchten (12St) | | | | |
| 390 | **Sonstige Baukonstruktionen** | 627,27 m² BGF | 5.064 | **8,07** | 1,6 |
| | • Herstellen (Kosten: 100,0%) | | 5.064 | | |
| | Baustelleneinrichtung, Bautüren (2St) * Stahlrahmengerüst (137m²), Arbeitsgerüste * Abstützen der vorhandenen Deckenplatte im Wandbereich (15m) * Bauschuttcontainer (1St) * Bodenabdeckung aus Hartfaserplatten (153m) | | | | |
| **400** | **Bauwerk - Technische Anlagen** | | | | **100,0** |
| 410 | **Abwasser-, Wasser-, Gasanlagen** | 627,27 m² BGF | 149 | **0,24** | 0,4 |
| | • Herstellen (Kosten: 100,0%) | | 149 | | |
| | Regenfallrohre, Titanzink (6m) | | | | |
| 420 | **Wärmeversorgungsanlagen** | 627,27 m² BGF | 9.866 | **15,73** | 29,8 |
| | • Abbrechen (Kosten: 2,4%) | | 239 | | |
| | Abbruch von Heizungsrohren, Rohrschellen (6m) * Heizkörpern (4St); Entsorgung, Deponiegebühren | | | | |
| | • Herstellen (Kosten: 97,6%) | | 9.627 | | |
| | Kupfer-Heizungsleitungen (61m), Rohrdämmung (45m), Brandschutz, Dämmmanschetten (4St), Anstrich, Stahl-Heizungsleitungen (8m) * Heizwände (4St), Lackierung Heizwände (13m²), Thermostate mit Fernfühler (4St), Thermostate (4St) | | | | |
| 440 | **Starkstromanlagen** | 627,27 m² BGF | 20.788 | **33,14** | 62,9 |
| | • Herstellen (Kosten: 100,0%) | | 20.788 | | |
| | Untererteilung (1St), FI-Schalter (1St), Sicherungen (17St), Wechselstromschutz (1St), Digital-Zeitschaltuhr (1St), Mantelleitungen (716m), Leitungskanäle (29m), Steckdosen (13St), Sicherheitstransformator 24V (2St) * Einbauleuchten (24St), Langfeldleuchten (16St), Nurglasleuchten (2St), Notlicht (6St), Fluchtwegkennzeichenleuchten (2St) | | | | |

| KG | Kostengruppe | Menge Einheit | Kosten € | €/Einheit | % |
|---|---|---|---|---|---|
| 450 | **Fernmelde-, informationstechn. Anlagen** | 627,27 m² BGF | 2.257 | **3,60** | 6,8 |
| | • Herstellen (Kosten: 100,0%) | | 2.257 | | |
| | Wandlautsprecher, Erweiterung bestehende ELA-Anlage (3St), Lautsprecher-Schutzkorb (2St) * Präsenzmelder mit Schutzkorb (6St), Bedientaster Hausalarm (2St), Leitungen | | | | |
| **500** | **Außenanlagen** | | | | **100,0** |
| 520 | **Befestigte Flächen** | 60,90 m² | 4.857 | **79,75** | 100,0 |
| | • Herstellen (Kosten: 100,0%) | | 4.857 | | |
| | Erdaushub, d=10cm, Magerbetonschicht, d=8cm, geglättet (61m²) * Rasenkantensteine mit Betonschulter, Kiesstreifen mit Rollkies, Spritzwasserschutz (28m) | | | | |

Erweiterung

# Kostenkennwerte für die Kostengruppe 300 der 3.Ebene DIN 276 (Übersicht)

| KG | Kostengruppe | Menge Einh. | | €/Einheit | Kosten € | % 300+400 |
|---|---|---|---|---|---|---|
| 311 | Baugrubenherstellung | – | | – | – | – |
| 312 | Baugrubenumschließung | – | | – | – | – |
| 313 | Wasserhaltung | – | | – | – | – |
| 319 | Baugrube, sonstiges | – | | – | – | – |
| **310** | **Baugrube** | **–** | | **–** | **–** | **–** |
| 321 | Baugrundverbesserung | – | | – | – | – |
| 322 | Flachgründungen | 171,000 m² | | 80,78 | 13.818,04 | 4,0 |
| 323 | Tiefgründungen | – | | – | – | – |
| 324 | Unterböden und Bodenplatten | 171,000 m² | | 140,57 | 24.044,02 | 7,0 |
| 325 | Beläge auf Boden- und Fundamentplatten | 450,000 m² | | 139,61 | 62.875,96 | 18,2 |
| 326 | Bauwerksabdichtungen | 441,000 m² | GRF | 31,75 | 13.998,80 | 4,1 |
| 327 | Dränagen | – | | – | – | – |
| 329 | Gründung, sonstiges | – | | – | – | – |
| **320** | **Gründung** | **441,000 m²** | | **260,20** | **114.736,83** | **33,2** |
| 331 | Tragende Außenwände | 78,000 m² | | 207,62 | 16.156,80 | 4,7 |
| 332 | Nichttragende Außenwände | – | | – | – | – |
| 333 | Tragende Außenstützen | 23,000 m | | 223,62 | 5.165,58 | 1,5 |
| 334 | Außentüren, -fenster | 2,000 m² | | 1.334,36 | 2.868,87 | 0,8 |
| 335 | Außenwandbekleidungen außen | 127,000 m² | | 176,40 | 22.400,92 | 6,5 |
| 336 | Außenwandbekleidungen innen | 87,000 m² | | 108,87 | 9.515,15 | 2,8 |
| 337 | Elementierte Außenwände | 20,000 m² | | 987,91 | 19.726,59 | 5,7 |
| 338 | Sonnenschutz | 20,000 m² | | 176,41 | 3.522,46 | 1,0 |
| 339 | Außenwände, sonstiges | 100,000 m² | AWF | 6,33 | 631,66 | 0,2 |
| **330** | **Außenwände** | **100,000 m²** | | **801,17** | **79.988,04** | **23,1** |
| 341 | Tragende Innenwände | 15,000 m² | | 655,58 | 9.912,39 | 2,9 |
| 342 | Nichttragende Innenwände | – | | – | – | – |
| 343 | Tragende Innenstützen | – | | – | – | – |
| 344 | Innentüren, -fenster | 13,000 m² | | 829,12 | 10.695,63 | 3,1 |
| 345 | Innenwandbekleidungen | 378,000 m² | | 27,43 | 10.365,75 | 3,0 |
| 346 | Elementierte Innenwände | – | | – | – | – |
| 349 | Innenwände, sonstiges | – | | – | – | – |
| **340** | **Innenwände** | **381,000 m²** | | **81,31** | **30.973,76** | **9,0** |
| 351 | Deckenkonstruktionen | 74,000 m² | | 404,38 | 29.924,04 | 8,7 |
| 352 | Deckenbeläge | – | | – | – | – |
| 353 | Deckenbekleidungen | 211,000 m² | | 71,22 | 14.999,05 | 4,3 |
| 359 | Decken, sonstiges | – | | – | – | – |
| **350** | **Decken** | **186,000 m²** | | **241,12** | **44.923,07** | **13,0** |
| 361 | Dachkonstruktionen | 92,000 m² | | 96,76 | 8.940,48 | 2,6 |
| 362 | Dachfenster, Dachöffnungen | – | | – | – | – |
| 363 | Dachbeläge | 92,000 m² | | 189,52 | 17.511,68 | 5,1 |
| 364 | Dachbekleidungen | 83,000 m² | | 124,44 | 10.338,11 | 3,0 |
| 369 | Dächer, sonstiges | – | | – | – | – |
| **360** | **Dächer** | **92,000 m²** | | **398,16** | **36.790,27** | **10,6** |
| **370** | **Baukonstruktive Einbauten** | **–** | | **–** | **–** | **–** |
| **390** | **Sonst. Maßnahmen für Baukonstruktionen** | **627,000 m²** | **BGF** | **8,07** | **5.064,01** | **1,5** |
| **300** | **Bauwerk - Baukonstruktionen** | **627,000 m²** | **BGF** | **498,15** | **312.475,99** | **90,4** |

## Kostenkennwerte für die Kostengruppe 400 der 3.Ebene DIN 276 (Übersicht)

| KG | Kostengruppe | Menge Einh. | €/Einheit | Kosten € | % 300+400 |
|---|---|---|---|---|---|
| 411 | Abwasseranlagen | 627,000 m² BGF | 0,24 | 148,75 | < 0,1 |
| 412 | Wasseranlagen | – | – | – | – |
| 413 | Gasanlagen (wenn zu Kochzwecken) | – | – | – | – |
| 414 | Feuerlöschanlagen | – | – | – | – |
| 419 | Abwasser-, Wasser- und Gasanlagen, sonstiges | – | – | – | – |
| **410** | **Abwasser-, Wasser-, Gasanlagen** | **627,000 m² BGF** | **0,24** | **148,75** | **< 0,1** |
| 421 | Wärmeerzeugungsanlagen | – | – | – | – |
| 422 | Wärmeverteilnetze | 627,000 m² BGF | 9,99 | 6.265,74 | 1,8 |
| 423 | Raumheizflächen | 627,000 m² BGF | 5,74 | 3.600,68 | 1,0 |
| 429 | Wärmeversorgungsanlagen, sonstiges | – | – | – | – |
| **420** | **Wärmeversorgungsanlagen** | **627,000 m² BGF** | **15,73** | **9.866,42** | **2,9** |
| 431 | Lüftungsanlagen (LA) | – | – | – | – |
| 432 | Teilklimaanlagen (TKA) | – | – | – | – |
| 433 | Klimaanlagen (KLA) | – | – | – | – |
| 434 | Prozeßlufttechnische Anlagen (PLA) | – | – | – | – |
| 435 | Kälteanlagen (KA) | – | – | – | – |
| 439 | Lufttechnische Anlagen, sonstiges | – | – | – | – |
| **430** | **Lufttechnische Anlagen** | **–** | **–** | **–** | **–** |
| 441 | Hoch- und Mittelspannungsanlagen | – | – | – | – |
| 442 | Eigenstromversorgungsanlagen | – | – | – | – |
| 443 | Niederspannungsschaltanlagen | – | – | – | – |
| 444 | Niederspannungsinstallationsanlagen | 627,000 m² BGF | 10,00 | 6.275,50 | 1,8 |
| 445 | Beleuchtungsanlagen | 627,000 m² BGF | 23,14 | 14.512,62 | 4,2 |
| 446 | Blitzschutz- und Erdungsanlagen | – | – | – | – |
| 449 | Starkstromanlagen, sonstiges | – | – | – | – |
| **440** | **Starkstromanlagen** | **627,000 m² BGF** | **33,14** | **20.788,11** | **6,0** |
| 451 | Telekommunikationsanlagen | – | – | – | – |
| 452 | Such- und Signalanlagen | – | – | – | – |
| 453 | Zeitdienstanlagen | – | – | – | – |
| 454 | Elektroakustische Anlagen | 627,000 m² BGF | 0,50 | 312,21 | 0,1 |
| 455 | Fernseh- und Antennenanlagen | – | – | – | – |
| 456 | Gefahrenmelde- und Alarmanlagen | 627,000 m² BGF | 3,10 | 1.945,08 | 0,6 |
| 457 | Übertragungsnetze | – | – | – | – |
| 459 | Fernmelde- und informationstechn. Anlagen, sonstiges | – | – | – | – |
| **450** | **Fernmelde- und informationstechn. Anlagen** | **627,000 m² BGF** | **3,60** | **2.257,28** | **0,7** |
| 461 | Aufzugsanlagen | – | – | – | – |
| 462 | Fahrtreppen, Fahrsteige | – | – | – | – |
| 463 | Befahranlagen | – | – | – | – |
| 464 | Transportanlagen | – | – | – | – |
| 465 | Krananlagen | – | – | – | – |
| 469 | Förderanlagen, sonstiges | – | – | – | – |
| **460** | **Förderanlagen** | **–** | **–** | **–** | **–** |
| **470** | **Nutzungsspezifische Anlagen** | **–** | **–** | **–** | **–** |
| **480** | **Gebäudeautomation** | **–** | **–** | **–** | **–** |
| **490** | **Sonst. Maßnahmen für technische Anlagen** | **–** | **–** | **–** | **–** |
| **400** | **Bauwerk - Technische Anlagen** | **627,000 m² BGF** | **52,71** | **33.060,56** | **9,6** |

## Kostenkennwerte für Leistungsbereiche nach StLB (Kosten des Bauwerks nach DIN 276)

| LB | Leistungsbereiche | Kosten € | €/m² BGF | €/m³ BRI | % 300+400 |
|---|---|---|---|---|---|
| 000 | Sicherheits-, Baustelleneinrichtungen inkl. 001 | 3.959 | 6,30 | 2,10 | 1,1 |
| | Herstellen | 3.959 | 6,30 | 2,10 | 1,1 |
| 002 | Erdarbeiten | 10.596 | 16,90 | 5,70 | 3,1 |
| | Herstellen | 10.596 | 16,90 | 5,70 | 3,1 |
| 006 | Spezialtiefbauarbeiten inkl. 005 | – | – | – | – |
| 009 | Abwasserkanalarbeiten inkl. 011 | – | – | – | – |
| 010 | Dränarbeiten | – | – | – | – |
| 012 | Mauerarbeiten | 16.478 | 26,30 | 8,80 | 4,8 |
| | Herstellen | 16.478 | 26,30 | 8,80 | 4,8 |
| 013 | Betonarbeiten | 54.335 | 86,60 | 29,10 | 15,7 |
| | Herstellen | 54.335 | 86,60 | 29,10 | 15,7 |
| 014 | Natursteinarbeiten, Betonwerksteinarbeiten | – | – | – | – |
| 016 | Zimmer- und Holzbauarbeiten | 7.450 | 11,90 | 4,00 | 2,2 |
| | Herstellen | 7.450 | 11,90 | 4,00 | 2,2 |
| 017 | Stahlbauarbeiten | 29.242 | 46,60 | 15,60 | 8,5 |
| | Herstellen | 29.242 | 46,60 | 15,60 | 8,5 |
| 018 | Abdichtungsarbeiten gegen Wasser | 4.739 | 7,60 | 2,50 | 1,4 |
| | Herstellen | 4.739 | 7,60 | 2,50 | 1,4 |
| 020 | Dachdeckungsarbeiten | – | – | – | – |
| 021 | Dachabdichtungsarbeiten | – | – | – | – |
| 022 | Klempnerarbeiten | 14.942 | 23,80 | 8,00 | 4,3 |
| | Herstellen | 14.942 | 23,80 | 8,00 | 4,3 |
| | **Rohbau** | **141.741** | **226,00** | **75,80** | **41,0** |
| | Herstellen | 141.741 | 226,00 | 75,80 | 41,0 |
| 023 | Putz- und Stuckarbeiten, Wärmedämmsysteme | 9.815 | 15,60 | 5,30 | 2,8 |
| | Wiederherstellen | 3.491 | 5,60 | 1,90 | 1,0 |
| | Herstellen | 6.324 | 10,10 | 3,40 | 1,8 |
| 024 | Fliesen- und Plattenarbeiten | 4.464 | 7,10 | 2,40 | 1,3 |
| | Herstellen | 4.464 | 7,10 | 2,40 | 1,3 |
| 025 | Estricharbeiten | 15.824 | 25,20 | 8,50 | 4,6 |
| | Wiederherstellen | 15.824 | 25,20 | 8,50 | 4,6 |
| 026 | Fenster, Außentüren inkl. 029, 032 | 21.712 | 34,60 | 11,60 | 6,3 |
| | Herstellen | 21.712 | 34,60 | 11,60 | 6,3 |
| 027 | Tischlerarbeiten | 10.555 | 16,80 | 5,60 | 3,1 |
| | Herstellen | 10.555 | 16,80 | 5,60 | 3,1 |
| 028 | Parkettarbeiten, Holzpflasterarbeiten | – | – | – | – |
| 030 | Rollladenarbeiten | 3.505 | 5,60 | 1,90 | 1,0 |
| | Herstellen | 3.505 | 5,60 | 1,90 | 1,0 |
| 031 | Metallbauarbeiten inkl. 035 | 883 | 1,40 | 0,47 | 0,3 |
| | Herstellen | 883 | 1,40 | 0,47 | 0,3 |
| 034 | Maler- und Lackiererarbeiten inkl. 037 | 9.550 | 15,20 | 5,10 | 2,8 |
| | Wiederherstellen | 3.161 | 5,00 | 1,70 | 0,9 |
| | Herstellen | 6.389 | 10,20 | 3,40 | 1,8 |
| 036 | Bodenbelagsarbeiten | 32.013 | 51,00 | 17,10 | 9,3 |
| | Herstellen | 32.013 | 51,00 | 17,10 | 9,3 |
| 038 | Vorgehängte hinterlüftete Fassaden | 20.524 | 32,70 | 11,00 | 5,9 |
| | Herstellen | 20.524 | 32,70 | 11,00 | 5,9 |
| 039 | Trockenbauarbeiten | 27.013 | 43,10 | 14,50 | 7,8 |
| | Herstellen | 27.013 | 43,10 | 14,50 | 7,8 |

| LB | Leistungsbereiche | Kosten € | €/m² BGF | €/m³ BRI | % 300+400 |
|---|---|---|---|---|---|
| | **Ausbau** | **155.860** | **248,50** | **83,40** | **45,1** |
| | Wiederherstellen | 22.476 | 35,80 | 12,00 | 6,5 |
| | Herstellen | 133.383 | 212,60 | 71,40 | 38,6 |
| 040 | Wärmeerzeuger, zentr. Einrichtungen inkl. 041 | 6.901 | 11,00 | 3,70 | 2,0 |
| | Herstellen | 6.901 | 11,00 | 3,70 | 2,0 |
| 042 | Gas- und Wasserinstallationsarbeiten inkl. 043 | – | – | – | – |
| 044 | Abwasserinstallationsarbeiten - Leitungen | 149 | 0,24 | < 0,1 | – |
| | Herstellen | 149 | 0,24 | < 0,1 | – |
| 045 | Gas-, Wasser-Einrichtungsgegenstände inkl. 046 | – | – | – | – |
| 047 | Dämmarbeiten an betriebstechnischen Anlagen | 1.562 | 2,50 | 0,84 | 0,5 |
| | Herstellen | 1.562 | 2,50 | 0,84 | 0,5 |
| 049 | Feuerlöschanlagen, Feuerlöschgeräte | – | – | – | – |
| 050 | Blitzschutz- und Erdungsanlagen | – | – | – | – |
| 052 | Mittelspannungsanlagen | – | – | – | – |
| 053 | Niederspannungsanlagen inkl. 054 | 6.293 | 10,00 | 3,40 | 1,8 |
| | Herstellen | 6.293 | 10,00 | 3,40 | 1,8 |
| 055 | Ersatzstromversorgungsanlagen | – | – | – | – |
| 057 | Gebäudesystemtechnik | – | – | – | – |
| 058 | Leuchten und Lampen, inkl. 059 | 14.513 | 23,10 | 7,80 | 4,2 |
| | Herstellen | 14.513 | 23,10 | 7,80 | 4,2 |
| 060 | Elektroakustische Anlagen | 312 | 0,50 | 0,17 | 0,1 |
| | Herstellen | 312 | 0,50 | 0,17 | 0,1 |
| 061 | Kommunikationsnetze | – | – | – | – |
| 063 | Gefahrenmeldeanlagen | 1.945 | 3,10 | 1,00 | 0,6 |
| | Herstellen | 1.945 | 3,10 | 1,00 | 0,6 |
| 069 | Aufzüge | – | – | – | – |
| 070 | Gebäudeautomation | – | – | – | – |
| 075 | Raumlufttechnische Anlagen | – | – | – | – |
| | **Gebäudetechnik** | **31.674** | **50,50** | **16,90** | **9,2** |
| | Herstellen | 31.674 | 50,50 | 16,90 | 9,2 |
| 084 | Abbrucharbeiten | 16.262 | 25,90 | 8,70 | 4,7 |
| | Abbrechen | 16.262 | 25,90 | 8,70 | 4,7 |
| | Sonstige Leistungsbereiche inkl. 008, 033, 051 | – | – | – | – |

5300-009
Strandbad,
Restaurant

## Objektübersicht

| | |
|---|---|
| Kennwerte | bis 3.Ebene DIN 276 |
| Bauzeit | 34 Wochen |
| Bauende | 2005 |
| Standard | Durchschnitt |
| Land | Baden-Württemberg |
| Kreis | Freiburg im Breisgau |
| $m^3$ BRI | 820 |
| $m^2$ BGF | 262 |
| $m^2$ NF | 231 |

Modernisierung

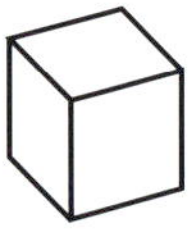

**415 €/$m^3$ BRI**

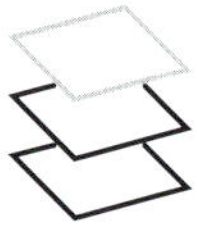

**1.297 €/$m^2$ BGF**

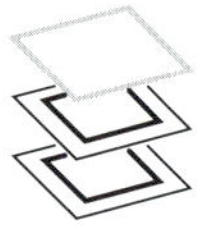

**1.475 €/$m^2$ NF**

**Architekt:**
Werkgruppe Freiburg
Architekten
Friedrichring 16-18
79098 Freiburg

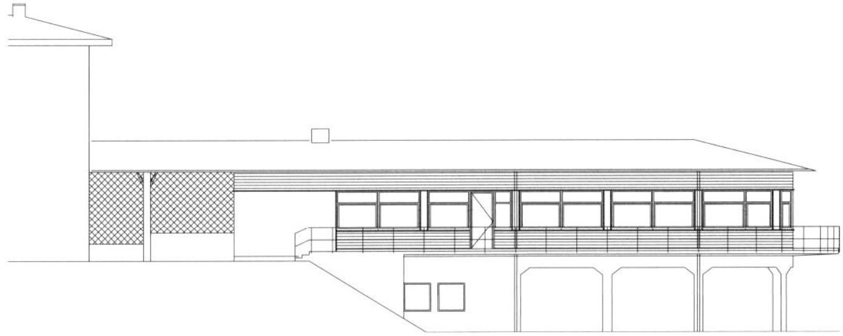

Ansicht Ost

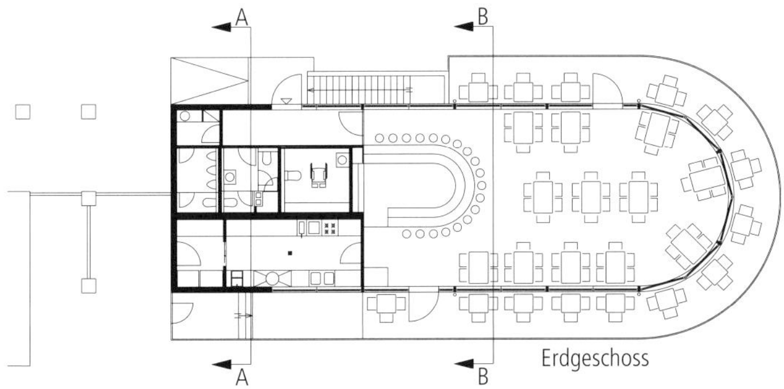


Erdgeschoss

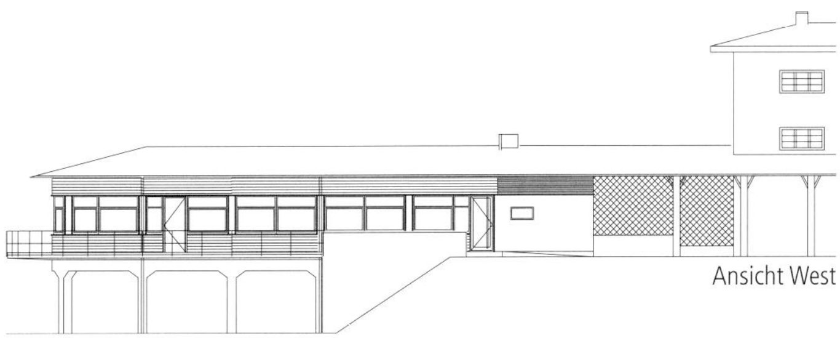

Ansicht West

Schnitt B-B

Ansicht Süd

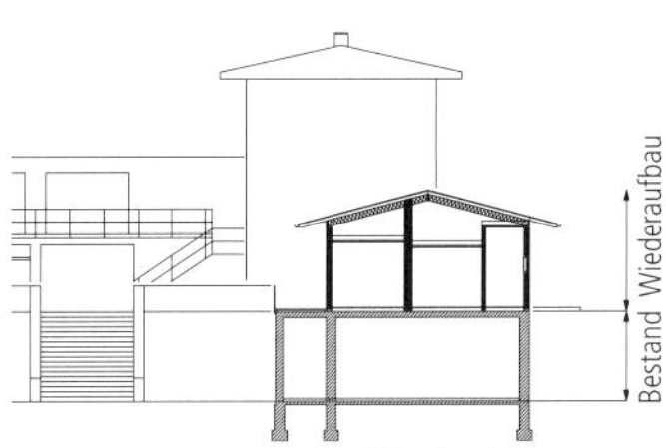


Schnitt A-A

## Objektbeschreibung

### Nutzung

**1 Untergeschoss**
Lagerräume, Unterstellmöglichkeiten, Kiosk

**1 Erdgeschoss**
Gaststätte mit 60 Sitzplätzen, Küche, Sanitärräume, Terrasse

**Besonderer Kosteneinfluss Nutzung:**
Das Restaurant wurde auf einem bestehenden Untergeschoss wieder aufgebaut.

### Grundstück

Bauraum: Freier Bauraum

### Markt

Hauptvergabezeit: 4.Quartal 2004
Baubeginn: 4.Quartal 2004
Bauende: 3.Quartal 2005
Konjunkturelle Gesamtlage: Durchschnitt
Regionaler Baumarkt: Durchschnitt

### Baubestand

Bauzustand: schlecht
Aufwand: hoch
Grundrissänderungen: umfangreiche
Tragwerkseingriffe: einige
Nutzungsänderung: nein
Nutzung während der Bauzeit: nein

### Baukonstruktion

**Herstellen:** Holz-Außenwandkonstruktion, vorelementiert, BSH-Stützen, Eingangstüre, Holzfenster, Zementfaserplatten, Stülpschalung, GK-Verkleidungen, Wandfliesen, Anstrich, GK-Montagewände, Holztüren, Schiebetüren, Stahltüre, Rollputz, WC-Kabinen, Zwischendecke, Wärmedämmung, Estrich, Bodenfliesen, GK-Decken, Rollputz, Satteldach, teilweise halbrund, Aufbau, 3-Schichtplatte, Zwischensparrendämmung, Sichtschalung, Dachabdichtung, Dachrinnen, Einbauschränke

### Technische Anlagen

**Herstellen:** Abwasserleitungen, Regenfallrohre, Kalt- und Warmwasserleitungen, Kalt- und Warmwasserleitungen, Waschbecken, WC-Becken, Urinale; Gasbrennwerttherme, Wärmeverteilnetz, Raumheizflächen; Lüftungsanlage mit Wärmerückgewinnung, Elektroinstallation, Beleuchtungskörper

## Planungskennwerte für Flächen und Rauminhalte nach DIN 277

| Flächen des Grundstücks | | Menge, Einheit | % an FBG |
|---|---|---|---|
| BF | Bebaute Fläche | 183,00 m² | – |
| UBF | Unbebaute Fläche | – m² | – |
| FBG | Fläche des Baugrundstücks | – m² | – |

| Grundflächen des Bauwerks | | Menge, Einheit | % an NF | % an BGF |
|---|---|---|---|---|
| NF | Nutzfläche | 230,60 m² | 100,0 | 87,9 |
| TF | Technische Funktionsfläche | 1,70 m² | 0,7 | 0,7 |
| VF | Verkehrsfläche | 8,90 m² | 3,9 | 3,4 |
| NGF | Netto-Grundfläche | 241,20 m² | 104,6 | 92,0 |
| KGF | Konstruktions-Grundfläche | 21,10 m² | 9,2 | 8,0 |
| BGF | Brutto-Grundfläche | 262,30 m² | 113,8 | 100,0 |

| Brutto-Rauminhalt des Bauwerks | | Menge, Einheit | BRI/NF (m) | BRI/BGF (m) |
|---|---|---|---|---|
| BRI | Brutto-Rauminhalt | 819,54 m³ | 3,55 | 3,12 |

| Lufttechnisch behandelte Flächen | Menge, Einheit | % an NF | % an BGF |
|---|---|---|---|
| Entlüftete Fläche | – m² | – | – |
| Be- und entlüftete Fläche | – m² | – | – |
| Teilklimatisierte Fläche | – m² | – | – |
| Klimatisierte Fläche | – m² | – | – |

| KG | Kostengruppen (2.Ebene) | Menge, Einheit | Menge/NF | Menge/BGF |
|---|---|---|---|---|
| 310 | Baugrube | – m³ BGI | – | – |
| 320 | Gründung | – m² GRF | – | – |
| 330 | Außenwände | 178,08 m² AWF | 0,77 | 0,68 |
| 340 | Innenwände | 106,63 m² IWF | 0,46 | 0,41 |
| 350 | Decken | 171,02 m² DEF | 0,74 | 0,65 |
| 360 | Dächer | 234,54 m² DAF | 1,02 | 0,89 |

## Kostenkennwerte für die Kostengruppen der 1.Ebene DIN 276

| KG | Kostengruppen (1.Ebene) | Einheit | Kosten € | €/Einheit | €/m² BGF | €/m³ BRI | % 300+400 |
|---|---|---|---|---|---|---|---|
| 100 | Grundstück | m² FBG | – | – | – | – | – |
| 200 | Herrichten und Erschließen | m² FBG | – | – | – | – | – |
| 300 | Bauwerk - Baukonstruktionen | m² BGF | 195.031 | 743,54 | 743,54 | 237,98 | 57,3 |
| 400 | Bauwerk - Technische Anlagen | m² BGF | 145.057 | 553,02 | 553,02 | 177,00 | 42,7 |
| | **Bauwerk 300+400** | **m² BGF** | **340.088** | **1.296,56** | **1.296,56** | **414,97** | **100,0** |
| 500 | Außenanlagen | m² AUF | – | – | – | – | – |
| 600 | Ausstattung und Kunstwerke | m² BGF | – | – | – | – | – |
| 700 | Baunebenkosten | m² BGF | – | – | – | – | – |

## Kostenkennwerte für die Kostengruppen der 1.Ebene DIN 276

| KG | Kostengruppe | Menge Einheit | Kosten € | €/Einheit | % |
|---|---|---|---|---|---|
| **3+4** | **Bauwerk** | | | | **100,0** |
| 300 | **Bauwerk - Baukonstruktionen** | 262,30 m² BGF | 195.031 | **743,54** | 62,3 |
| | • Herstellen (Kosten: 100,0%) | | 195.031 | | |
| | Holz-Außenwandkonstruktion, vorelementiert, BSH-Stützen, Eingangstüre, Holzfenster, Zementfaserplatten, Stülpschalung, GK-Verkleidungen, Wandfliesen, Anstrich, GK-Montagewände, Holztüren, Schiebetüren, Stahltüre, Rollputz, WC-Kabinen, Zwischendecke, Wärmedämmung, Estrich, Bodenfliesen, GK-Decken, Rollputz, Satteldach, teilweise halbrund, Aufbau, 3-Schichtplatte, Zwischensparrendämmung, Sichtschalung, Dachabdichtung, Dachrinnen, Einbauschränke | | | | |
| 400 | **Bauwerk - Technische Anlagen** | 262,30 m² BGF | 117.793 | **449,08** | 37,7 |
| | • Herstellen (Kosten: 100,0%) | | 117.793 | | |
| | Abwasserleitungen, Regenfallrohre, Kalt- und Warmwasserleitungen, Kalt- und Warmwasserleitungen, Waschbecken, WC-Becken, Urinale; Gasbrennwerttherme, Wärmeverteilnetz, Raumheizflächen; Lüftungsanlage mit Wärmerückgewinnung, Elektroinstallation, Beleuchtungskörper | | | | |

## Kostenkennwerte für die Kostengruppen 300 und 400 der 2.Ebene DIN 276

| KG | Kostengruppe | Menge Einheit | Kosten € | €/Einheit | % |
|---|---|---|---|---|---|
| **300** | **Bauwerk - Baukonstruktionen** | | | | **100,0** |
| 330 | **Außenwände** | 178,08 m² | 89.728 | **503,86** | 46,0 |
| | • Herstellen (Kosten: 100,0%) | | 89.728 | | |
| | Tragwandkonstruktion KVH-Rahmen, Mineralfaserdämmung, d=200mm, Befestigung an BSH-Stützen (90m²), OSB-Beplankung, innen (74m²) * BSH-Stützen (45m) * Eingangstüre, Holz-Glas, Obentürschließer (3m²), Holzfenster als Vertikalschiebefenster (40m²) * Fassadenbahnen (150m²), Stülpschalung (86m²), Zementfaserplatten (62m²), Verkleidungen * GK-Verkleidungen (98m²), Abdichtungen (22m²), Wandfliesen (15m²), Anstrich (7m²) * Außenwandkonstruktion, vorelementiert (12St), OSB-Beplankung, innen (51m²) | | | | |
| 340 | **Innenwände** | 106,63 m² | 27.670 | **259,49** | 14,2 |
| | • Herstellen (Kosten: 100,0%) | | 27.670 | | |
| | Innenwände, d=15cm, Mineralwolldämmung, d=100mm, Beplankung, OSB-Platten, d=15mm (69m²) * Metallständerwände, d=100-125mm, GK-Beplankungen 2x12,5mm (19m²) * Holztüren (7m²), Schiebetüren (9m²), Brandschutztür T30 (2m²), Feuerschutzklappe T30 (1m²), Durchreiche mit Hebescheibe (1m²) * GK-Verkleidungen (125m²) (12m²), Grundierung, Abdichtung (62m²), Wandfliesen (69m²), Rollputz (97m²), Anstrich (69m²) * WC-Trennwände (11m²) | | | | |
| 350 | **Decken** | 171,02 m² | 26.589 | **155,48** | 13,6 |
| | • Herstellen (Kosten: 100,0%) | | 26.589 | | |
| | Zwischendecke, OSB 25mm, Balkenlage, KVH 6/16cm, Mineralwolle, d=100mm, WLG 040, OSB-Platten, d=12mm (60m²), KVH, 8/18 (102m) * Trockenschüttung, Wärmedämmung, d=50mm, WLG 035 (160m²), Calciumsulfat-Fliesestrich (117m²), Zementestrich (44m²), Abdichtung, Bodenfliesen (44m²) * Dampfsperre, GK-Deckenbekleidungen (165m²), Rollputz (116m²), Latex-Anstrich (22m²) * Einschubtreppen (2St) | | | | |
| 360 | **Dächer** | 234,54 m² | 46.631 | **198,82** | 23,9 |
| | • Herstellen (Kosten: 100,0%) | | 46.631 | | |
| | Holzdachkonstruktion, 3-Schichtplatte, d=19mm, Zwischensparrendämmung, Mineralfaser, d=240mm, WLG 035, Hartfaserplatte, d=8mm (187m²), Vordachsparren, KVH 6/12cm (327m) * Unterspannbahn (192m²), Rauspundschalung (196m²), Dreischichtplatte (42m²), Dachabdichtung, 2-lagig (235m²), Hängedachrinne (56m), Firstentlüftung (20m), Lüftungsgitter (53m) * Gipsfaserplatten (42m²) | | | | |
| 370 | **Baukonstruktive Einbauten** | 262,30 m² BGF | 2.102 | **8,01** | 1,1 |
| | • Herstellen (Kosten: 100,0%) | | 2.102 | | |
| | Schrankfronten, raumhoch (3St), Holzwerkstoffplatte, wasserfest (1St) | | | | |
| 390 | **Sonstige Baukonstruktionen** | 262,30 m² BGF | 2.311 | **8,81** | 1,2 |
| | • Herstellen (Kosten: 100,0%) | | 2.311 | | |
| | Baustelleneinrichtung * Fassadengerüst (195m²), Vorhaltung (4Wo) | | | | |

| KG | Kostengruppe | Menge Einheit | Kosten € | €/Einheit | % |
|---|---|---|---|---|---|
| **400** | **Bauwerk - Technische Anlagen** | | | | **100,0** |
| 410 | **Abwasser-, Wasser-, Gasanlagen** | 262,30 m² BGF | 30.755 | **117,25** | 21,2 |
| | • Herstellen (Kosten: 100,0%) | | 30.755 | | |
| | Abwasserleitungen, Regenfallrohre (22m), Rohrbögen (14St) * Kalt- und Warmwasserleitungen, Waschbecken (3St), WC-Becken (4St), Urinale (3St), Stützgriffe, Rohre lackieren (21m) | | | | |
| 420 | **Wärmeversorgungsanlagen** | 262,30 m² BGF | 23.289 | **88,79** | 16,1 |
| | • Herstellen (Kosten: 100,0%) | | 23.289 | | |
| | Gasbrennwerttherme * Wärmeverteilnetz * Raumheizflächen | | | | |
| 430 | **Lufttechnische Anlagen** | 262,30 m² BGF | 68.049 | **259,43** | 46,9 |
| | • Herstellen (Kosten: 100,0%) | | 68.049 | | |
| | Lüftungsanlage mit Wärmerückgewinnung, Küche, Restaurant | | | | |
| 440 | **Starkstromanlagen** | 262,30 m² BGF | 22.965 | **87,55** | 15,8 |
| | • Herstellen (Kosten: 100,0%) | | 22.965 | | |
| | Unterverteilung, Sicherungen, FI-Schutzschalter, Mantelleitungen, Schalter, Steckdosen * Beleuchtungskörper | | | | |

## Kostenkennwerte für die Kostengruppe 300 der 3.Ebene DIN 276 (Übersicht)

| KG | Kostengruppe | Menge Einh. | €/Einheit | Kosten € | % 300+400 |
|---|---|---|---|---|---|
| 311 | Baugrubenherstellung | – | – | – | – |
| 312 | Baugrubenumschließung | – | – | – | – |
| 313 | Wasserhaltung | – | – | – | – |
| 319 | Baugrube, sonstiges | – | – | – | – |
| **310** | **Baugrube** | **–** | **–** | **–** | **–** |
| 321 | Baugrundverbesserung | – | – | – | – |
| 322 | Flachgründungen | – | – | – | – |
| 323 | Tiefgründungen | – | – | – | – |
| 324 | Unterböden und Bodenplatten | – | – | – | – |
| 325 | Beläge auf Boden- und Fundamentplatten | – | – | – | – |
| 326 | Bauwerksabdichtungen | – | – | – | – |
| 327 | Dränagen | – | – | – | – |
| 329 | Gründung, sonstiges | – | – | – | – |
| **320** | **Gründung** | **–** | **–** | **–** | **–** |
| 331 | Tragende Außenwände | 90,000 m² | 79,72 | 7.202,27 | 2,1 |
| 332 | Nichttragende Außenwände | – | – | – | – |
| 333 | Tragende Außenstützen | 45,000 m | 48,61 | 2.172,72 | 0,6 |
| 334 | Außentüren, -fenster | 43,000 m² | 981,41 | 41.808,22 | 12,3 |
| 335 | Außenwandbekleidungen außen | 190,000 m² | 123,09 | 23.410,96 | 6,9 |
| 336 | Außenwandbekleidungen innen | 84,000 m² | 70,29 | 5.912,51 | 1,7 |
| 337 | Elementierte Außenwände | 51,000 m² | 179,64 | 9.221,13 | 2,7 |
| 338 | Sonnenschutz | – | – | – | – |
| 339 | Außenwände, sonstiges | – | – | – | – |
| **330** | **Außenwände** | **178,000 m²** | **503,86** | **89.727,80** | **26,4** |
| 341 | Tragende Innenwände | 69,000 m² | 67,37 | 4.624,33 | 1,4 |
| 342 | Nichttragende Innenwände | 19,000 m² | 81,85 | 1.516,63 | 0,4 |
| 343 | Tragende Innenstützen | – | – | – | – |
| 344 | Innentüren, -fenster | 19,000 m² | 462,91 | 9.009,58 | 2,6 |
| 345 | Innenwandbekleidungen | 166,000 m² | 55,69 | 9.252,32 | 2,7 |
| 346 | Elementierte Innenwände | 11,000 m² | 299,23 | 3.267,01 | 1,0 |
| 349 | Innenwände, sonstiges | – | – | – | – |
| **340** | **Innenwände** | **107,000 m²** | **259,49** | **27.669,85** | **8,1** |
| 351 | Deckenkonstruktionen | 171,000 m² | 32,42 | 5.544,48 | 1,6 |
| 352 | Deckenbeläge | 160,000 m² | 58,51 | 9.387,20 | 2,8 |
| 353 | Deckenbekleidungen | 165,000 m² | 62,90 | 10.397,20 | 3,1 |
| 359 | Decken, sonstiges | 171,000 m² DEF | 7,37 | 1.260,58 | 0,4 |
| **350** | **Decken** | **171,000 m²** | **155,48** | **26.589,46** | **7,8** |
| 361 | Dachkonstruktionen | 235,000 m² | 98,15 | 23.019,06 | 6,8 |
| 362 | Dachfenster, Dachöffnungen | – | – | – | – |
| 363 | Dachbeläge | 235,000 m² | 96,06 | 22.528,77 | 6,6 |
| 364 | Dachbekleidungen | 42,000 m² | 25,60 | 1.082,98 | 0,3 |
| 369 | Dächer, sonstiges | – | – | – | – |
| **360** | **Dächer** | **235,000 m²** | **198,82** | **46.630,81** | **13,7** |
| **370** | **Baukonstruktive Einbauten** | **262,000 m² BGF** | **8,01** | **2.102,28** | **0,6** |
| **390** | **Sonst. Maßnahmen für Baukonstruktionen** | **262,000 m² BGF** | **8,81** | **2.311,00** | **0,7** |
| **300** | **Bauwerk - Baukonstruktionen** | **262,000 m² BGF** | **743,54** | **195.031,20** | **57,3** |

## Kostenkennwerte für die Kostengruppe 400 der 3.Ebene DIN 276 (Übersicht)

| KG | Kostengruppe | Menge Einh. | €/Einheit | Kosten € | % 300+400 |
|---|---|---|---|---|---|
| 411 | Abwasseranlagen | – | – | – | – |
| 412 | Wasseranlagen | – | – | – | – |
| 413 | Gasanlagen (wenn zu Kochzwecken) | – | – | – | – |
| 414 | Feuerlöschanlagen | – | – | – | – |
| 419 | Abwasser-, Wasser- und Gasanlagen, sonstiges | – | – | – | – |
| **410** | **Abwasser-, Wasser-, Gasanlagen** | **262,000 m² BGF** | **117,25** | **30.754,75** | **9,0** |
| 421 | Wärmeerzeugungsanlagen | – | – | – | – |
| 422 | Wärmeverteilnetze | – | – | – | – |
| 423 | Raumheizflächen | – | – | – | – |
| 429 | Wärmeversorgungsanlagen, sonstiges | – | – | – | – |
| **420** | **Wärmeversorgungsanlagen** | **262,000 m² BGF** | **35,51** | **9.315,46** | **6,8** |
| 431 | Lüftungsanlagen (LA) | – | – | – | – |
| 432 | Teilklimaanlagen (TKA) | – | – | – | – |
| 433 | Klimaanlagen (KLA) | – | – | – | – |
| 434 | Prozeßlufttechnische Anlagen (PLA) | – | – | – | – |
| 435 | Kälteanlagen (KA) | – | – | – | – |
| 439 | Lufttechnische Anlagen, sonstiges | – | – | – | – |
| **430** | **Lufttechnische Anlagen** | **262,000 m² BGF** | **259,43** | **68.048,86** | **20,0** |
| 441 | Hoch- und Mittelspannungsanlagen | – | – | – | – |
| 442 | Eigenstromversorgungsanlagen | – | – | – | – |
| 443 | Niederspannungsschaltanlagen | – | – | – | – |
| 444 | Niederspannungsinstallationsanlagen | – | – | – | – |
| 445 | Beleuchtungsanlagen | – | – | – | – |
| 446 | Blitzschutz- und Erdungsanlagen | – | – | – | – |
| 449 | Starkstromanlagen, sonstiges | – | – | – | – |
| **440** | **Starkstromanlagen** | **262,000 m² BGF** | **87,55** | **22.964,82** | **6,8** |
| 451 | Telekommunikationsanlagen | – | – | – | – |
| 452 | Such- und Signalanlagen | – | – | – | – |
| 453 | Zeitdienstanlagen | – | – | – | – |
| 454 | Elektroakustische Anlagen | – | – | – | – |
| 455 | Fernseh- und Antennenanlagen | – | – | – | – |
| 456 | Gefahrenmelde- und Alarmanlagen | – | – | – | – |
| 457 | Übertragungsnetze | – | – | – | – |
| 459 | Fernmelde- und informationstechn. Anlagen, sonstiges | – | – | – | – |
| **450** | **Fernmelde- und informationstechn. Anlagen** | **–** | **–** | **–** | **–** |
| 461 | Aufzugsanlagen | – | – | – | – |
| 462 | Fahrtreppen, Fahrsteige | – | – | – | – |
| 463 | Befahranlagen | – | – | – | – |
| 464 | Transportanlagen | – | – | – | – |
| 465 | Krananlagen | – | – | – | – |
| 469 | Förderanlagen, sonstiges | – | – | – | – |
| **460** | **Förderanlagen** | **–** | **–** | **–** | **–** |
| **470** | **Nutzungsspezifische Anlagen** | **–** | **–** | **–** | **–** |
| **480** | **Gebäudeautomation** | **–** | **–** | **–** | **–** |
| **490** | **Sonst. Maßnahmen für technische Anlagen** | **–** | **–** | **–** | **–** |
| **400** | **Bauwerk - Technische Anlagen** | **262,000 m² BGF** | **553,02** | **145.057,09** | **42,7** |

## Kostenkennwerte für Leistungsbereiche nach StLB (Kosten des Bauwerks nach DIN 276)

| LB | Leistungsbereiche | Kosten € | €/m² BGF | €/m³ BRI | % 300+400 |
|---|---|---|---|---|---|
| 000 | Sicherheits-, Baustelleneinrichtungen inkl. 001 | 2.311 | 8,80 | 2,80 | 0,7 |
| | Herstellen | 2.311 | 8,80 | 2,80 | 0,7 |
| 002 | Erdarbeiten | – | – | – | – |
| 006 | Spezialtiefbauarbeiten inkl. 005 | – | – | – | – |
| 009 | Abwasserkanalarbeiten inkl. 011 | – | – | – | – |
| 010 | Dränarbeiten | – | – | – | – |
| 012 | Mauerarbeiten | – | – | – | – |
| 013 | Betonarbeiten | – | – | – | – |
| 014 | Natursteinarbeiten, Betonwerksteinarbeiten | – | – | – | – |
| 016 | Zimmer- und Holzbauarbeiten | 91.366 | 348,30 | 111,50 | 26,9 |
| | Herstellen | 91.366 | 348,30 | 111,50 | 26,9 |
| 017 | Stahlbauarbeiten | – | – | – | – |
| 018 | Abdichtungsarbeiten gegen Wasser | – | – | – | – |
| 020 | Dachdeckungsarbeiten | – | – | – | – |
| 021 | Dachabdichtungsarbeiten | 6.391 | 24,40 | 7,80 | 1,9 |
| | Herstellen | 6.391 | 24,40 | 7,80 | 1,9 |
| 022 | Klempnerarbeiten | 4.965 | 18,90 | 6,10 | 1,5 |
| | Herstellen | 4.965 | 18,90 | 6,10 | 1,5 |
| | **Rohbau** | **105.033** | **400,40** | **128,20** | **30,9** |
| | Herstellen | 105.033 | 400,40 | 128,20 | 30,9 |
| 023 | Putz- und Stuckarbeiten, Wärmedämmsysteme | – | – | – | – |
| 024 | Fliesen- und Plattenarbeiten | 10.254 | 39,10 | 12,50 | 3,0 |
| | Herstellen | 10.254 | 39,10 | 12,50 | 3,0 |
| 025 | Estricharbeiten | 4.507 | 17,20 | 5,50 | 1,3 |
| | Herstellen | 4.507 | 17,20 | 5,50 | 1,3 |
| 026 | Fenster, Außentüren inkl. 029, 032 | 40.643 | 154,90 | 49,60 | 12,0 |
| | Herstellen | 40.643 | 154,90 | 49,60 | 12,0 |
| 027 | Tischlerarbeiten | 14.150 | 53,90 | 17,30 | 4,2 |
| | Herstellen | 14.150 | 53,90 | 17,30 | 4,2 |
| 028 | Parkettarbeiten, Holzpflasterarbeiten | – | – | – | – |
| 030 | Rollladenarbeiten | – | – | – | – |
| 031 | Metallbauarbeiten inkl. 035 | – | – | – | – |
| 034 | Maler- und Lackiererarbeiten inkl. 037 | 3.554 | 13,60 | 4,30 | 1,0 |
| | Herstellen | 3.554 | 13,60 | 4,30 | 1,0 |
| 036 | Bodenbelagsarbeiten | – | – | – | – |
| 038 | Vorgehängte hinterlüftete Fassaden | – | – | – | – |
| 039 | Trockenbauarbeiten | 17.532 | 66,80 | 21,40 | 5,2 |
| | Herstellen | 17.532 | 66,80 | 21,40 | 5,2 |
| | **Ausbau** | **90.641** | **345,60** | **110,60** | **26,7** |
| | Herstellen | 90.641 | 345,60 | 110,60 | 26,7 |
| 040 | Wärmeerzeuger, zentr. Einrichtungen inkl. 041 | 23.289 | 88,80 | 28,40 | 6,8 |
| | Herstellen | 23.289 | 88,80 | 28,40 | 6,8 |
| 042 | Gas- und Wasserinstallationsarbeiten inkl. 043 | 16.510 | 62,90 | 20,10 | 4,9 |
| | Herstellen | 16.510 | 62,90 | 20,10 | 4,9 |
| 044 | Abwasserinstallationsarbeiten - Leitungen | 4.649 | 17,70 | 5,70 | 1,4 |
| | Herstellen | 4.649 | 17,70 | 5,70 | 1,4 |
| 045 | Gas-, Wasser-Einrichtungsgegenstände inkl. 046 | 7.463 | 28,50 | 9,10 | 2,2 |
| | Herstellen | 7.763 | 28,50 | 9,10 | 2,2 |

| LB | Leistungsbereiche | Kosten € | €/m² BGF | €/m³ BRI | % 300+400 |
|---|---|---|---|---|---|
| 047 | Dämmarbeiten an betriebstechnischen Anlagen | 1.490 | 5,70 | 1,80 | 0,4 |
| | Herstellen | 1.490 | 5,70 | 1,80 | 0,4 |
| 049 | Feuerlöschanlagen, Feuerlöschgeräte | – | – | – | – |
| 050 | Blitzschutz- und Erdungsanlagen | – | – | – | – |
| 052 | Mittelspannungsanlagen | – | – | – | – |
| 053 | Niederspannungsanlagen inkl. 054 | 22.965 | 87,60 | 28,00 | 6,8 |
| | Herstellen | 22.965 | 87,60 | 28,00 | 6,8 |
| 055 | Ersatzstromversorgungsanlagen | – | – | – | – |
| 057 | Gebäudesystemtechnik | – | – | – | – |
| 058 | Leuchten und Lampen, inkl. 059 | – | – | – | – |
| 060 | Elektroakustische Anlagen | – | – | – | – |
| 061 | Kommunikationsnetze | – | – | – | – |
| 063 | Gefahrenmeldeanlagen | – | – | – | – |
| 069 | Aufzüge | – | – | – | – |
| 070 | Gebäudeautomation | – | – | – | – |
| 075 | Raumlufttechnische Anlagen | 68.049 | 259,40 | 83,00 | 20,0 |
| | Herstellen | 68.049 | 259,40 | 83,00 | 20,0 |
| | **Gebäudetechnik** | **144.414** | **550,60** | **176,20** | **42,5** |
| | Herstellen | 144.414 | 550,60 | 176,20 | 42,5 |
| 084 | Abbrucharbeiten | – | – | – | – |
| | Sonstige Leistungsbereiche inkl. 008, 033, 051 | – | – | – | – |

# Wohnbauten und Gemeinschaftsstätten

6

6100-482
Mehrfamilienhaus
(3WE)

Erweiterung

**1.111 €/m² WFL**

**Architekt:**
springerchrobok
architekten
Engeldamm 34
10179 Berlin

## Objektübersicht

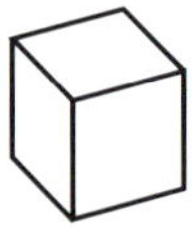

**214 €/m³ BRI**

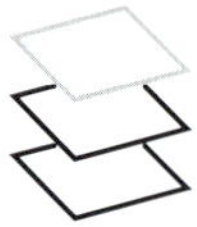

**804 €/m² BGF**

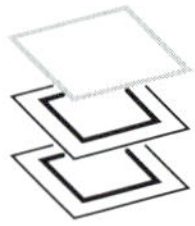

**1.111 €/m² NF**

| | |
|---|---|
| Kennwerte | bis 3.Ebene DIN 276 |
| Bauzeit | 26 Wochen |
| Bauende | 2002 |
| Standard | Durchschnitt |
| Land | Berlin |
| Kreis | Berlin |
| m³ BRI | 750 |
| m² BGF | 200 |
| m² NF | 144 |

Dachgeschoss

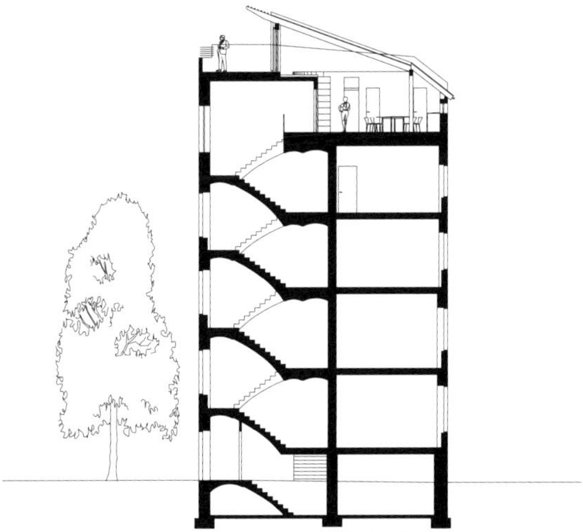

Schnitt Garten

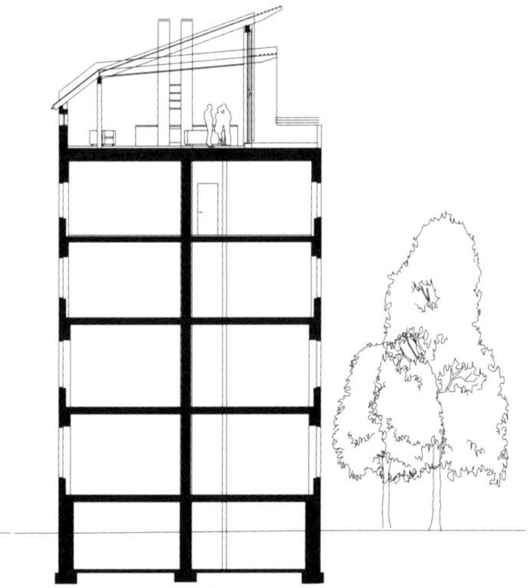

Schnitt Strasse

Ansicht Hof

Ansicht Strasse

6100-482
Mehrfamilienhaus
(3WE)

Erweiterung

## Objektbeschreibung

### Nutzung

**1 Untergeschoss**
Kellerräume

**1 Erdgeschoss**
Eingang, Wohnung

**3 Obergeschosse**
Umbau und Modernisierung 3. OG, Wohnräume, Bad

**1 Dachgeschoss**
Umbau DG: Wohnraum mit Küche, Arbeitszimmer; Speisekammer; WC; Terrasse

### Nutzeinheiten

Wohneinheiten: 1
Wohnfläche: 144m²

### Grundstück

Bauraum: Beengter Bauraum
Neigung: Ebenes Gelände
Bodenklasse: BK 1 bis BK 2

### Markt

Hauptvergabezeit: 2.Quartal 2001
Baubeginn: 3.Quartal 2001
Bauende: 1.Quartal 2002
Konjunkturelle Gesamtlage: unter Durchschnitt
Regionaler Baumarkt: über Durchschnitt

**Besonderer Kosteneinfluss Markt:**
Beschränkte Ausschreibungen, Einzelvergaben mit Nachlassverhandlungen

### Baubestand

Baujahr: 1899
Bauzustand: mittel
Aufwand: mittel
Grundrissänderungen: umfangreiche
Tragwerkseingriffe: einige
Nutzungsänderung: nein
Nutzung während der Bauzeit: ja

### Baukonstruktion

Fundamentverbreiterung; Poroton-Mauerwerk, Stb-Ringbalken, Stahl-Aussteifungsbänder; Kiefer-Holzfenster, Isolierverglasung; Wärmedämmputz, Anstrich, Holzverkleidung-Lärche, Dampfsperre, Unterkonstruktion, GK-Verkleidung innen in Eigenleistung; Fachwerkwände im 3.OG; GK-Wände innen Eigenleistung im DG und 3.OG, Röhrenspantüren, holzfurnierte, weiß, GK-Verkleidung Eigenleistung Eigentümer, gespachtelt, gestrichen, Holzhandläufe; Vollmontagedecke, d=20cm, Stahlträger IPB; Treppenpodest, Ortbeton-Treppenstufen; interne Holztreppe, Estrich, Dämmung; Parkett Eigenleistung; Einbauküche; Baustelleneinrichtung, Kran, Gerüst; Abbruch Dachstuhl, Holzbalkendecke

### Technische Anlagen

Entwässerungsleitungen; Regenfallrohre, Sanitärobjekte mit Installation; Wand - und Deckenheizung als Strahlungsheizung unter GK-Verkleidung; Elektroinstallation für Erweiterung; Kabelanschluss

## Planungskennwerte für Flächen und Rauminhalte nach DIN 277

| Flächen des Grundstücks | Menge, Einheit | % an FBG |
|---|---|---|
| BF Bebaute Fläche | 137,00 m² | 73,7 |
| UBF Unbebaute Fläche | 49,00 m² | 26,3 |
| FBG Fläche des Baugrundstücks | 186,00 m² | 100,0 |

| Grundflächen des Bauwerks | Menge, Einheit | % an NF | % an BGF |
|---|---|---|---|
| NF Nutzfläche | 144,32 m² | 100,0 | 72,3 |
| TF Technische Funktionsfläche | – m² | – | – |
| VF Verkehrsfläche | 6,74 m² | 4,7 | 3,4 |
| NGF Netto-Grundfläche | 151,06 m² | 104,7 | 75,7 |
| KGF Konstruktions-Grundfläche | 48,47 m² | 33,6 | 24,3 |
| BGF Brutto-Grundfläche | 199,53 m² | 138,3 | 100,0 |

| Brutto-Rauminhalt des Bauwerks | Menge, Einheit | BRI/NF (m) | BRI/BGF (m) |
|---|---|---|---|
| BRI Brutto-Rauminhalt | 749,92 m³ | 5,20 | 3,76 |

| Lufttechnisch behandelte Flächen | Menge, Einheit | % an NF | % an BGF |
|---|---|---|---|
| Entlüftete Fläche | – m² | – | – |
| Be- und entlüftete Fläche | – m² | – | – |
| Teilklimatisierte Fläche | – m² | – | – |
| Klimatisierte Fläche | – m² | – | – |

| KG Kostengruppen (2.Ebene) | Menge, Einheit | Menge/NF | Menge/BGF |
|---|---|---|---|
| 310 Baugrube | – m³ BGI | – | – |
| 320 Gründung | 5,40 m² GRF | < 0,1 | < 0,1 |
| 330 Außenwände | 199,00 m² AWF | 1,38 | 1,00 |
| 340 Innenwände | 53,00 m² IWF | 0,37 | 0,27 |
| 350 Decken | 148,00 m² DEF | 1,03 | 0,74 |
| 360 Dächer | 115,00 m² DAF | 0,80 | 0,58 |

## Kostenkennwerte für die Kostengruppen der 1.Ebene DIN 276

| KG Kostengruppen (1.Ebene) | Einheit | Kosten € | €/Einheit | €/m² BGF | €/m³ BRI | % 300+400 |
|---|---|---|---|---|---|---|
| 100 Grundstück | m² FBG | – | – | – | – | – |
| 200 Herrichten und Erschließen | m² FBG | – | – | – | – | – |
| 300 Bauwerk - Baukonstruktionen | m² BGF | 144.208 | 722,74 | 722,74 | 192,30 | 89,9 |
| 400 Bauwerk - Technische Anlagen | m² BGF | 16.154 | 80,96 | 80,96 | 21,54 | 10,1 |
| **Bauwerk 300+400** | **m² BGF** | **160.362** | **803,70** | **803,70** | **213,84** | **100,0** |
| 500 Außenanlagen | m² AUF | – | – | – | – | – |
| 600 Ausstattung und Kunstwerke | m² BGF | – | – | – | – | – |
| 700 Baunebenkosten | m² BGF | 43.362 | 217,32 | 217,32 | 57,82 | 27,0 |

Erweiterung

## Kostenkennwerte für die Kostengruppen der 1.Ebene DIN 276

| KG | Kostengruppe | Menge Einheit | Kosten € | €/Einheit | % |
|---|---|---|---|---|---|
| **3+4** | **Bauwerk** | | | | **100,0** |
| 300 | **Bauwerk - Baukonstruktionen**<br>Fundamentverbreiterung; Poroton-Mauerwerk, Stb-Ringbalken, Stahl-Aussteifungsbänder; Kiefer-Holzfenster, Isolierverglasung; Wärmedämmputz, Anstrich, Holzverkleidung-Lärche, Dampfsperre, Unterkonstruktion, GK-Verkleidung innen in Eigenleistung; Fachwerkwände im 3.OG; GK-Wände innen Eigenleistung im DG und 3.OG, Röhrenspantüren, holzfurnierte, weiß, GK-Verkleidung Eigenleistung Eigentümer, gespachtelt, gestrichen, Holzhandläufe; Vollmontagedecke, d=20cm, Stahlträger IPB; Treppenpodest, Ortbeton-Treppenstufen; interne Holztreppe, Estrich, Dämmung; Parkett Eigenleistung; Einbauküche; Baustelleneinrichtung, Kran, Gerüst; Abbruch Dachstuhl, Holzbalkendecke | 199,53 $m^2$ BGF | 144.208 | **722,74** | 89,9 |
| 400 | **Bauwerk - Technische Anlagen**<br>Entwässerungsleitungen; Regenfallrohre, Sanitärobjekte mit Installation; Wand - und Deckenheizung als Strahlungsheizung unter GK-Verkleidung; Elektroinstallation für Erweiterung; Kabelanschluss | 199,53 $m^2$ BGF | 16.154 | **80,96** | 10,1 |
| 700 | **Baunebenkosten**<br>Honorare Gebäudeplanung Leistungsphasen 1-8, Tragwerksplanung in Leistungsphase 4; Zinsen vor Nutzungsbeginn; Genehmigungen, Prüfstatik, sonstige Baunebenkosten, Kosten für Vervielfältigungen, Porto, Fernsprechgebühren | 199,53 $m^2$ BGF | 43.362 | **217,32** | 27,0 |

## Kostenkennwerte für die Kostengruppen 300 und 400 der 2.Ebene DIN 276

| KG | Kostengruppe | Menge Einheit | Kosten € | €/Einheit | % |
|---|---|---|---|---|---|
| **300** | **Bauwerk - Baukonstruktionen** | | | | **100,0** |
| 320 | **Gründung**<br>Stb-Fundamentverbreiterung, Bewehrung, Schalung (5m²) | 5,40 m² | 1.386 | **256,71** | 1,0 |
| 330 | **Außenwände**<br>Poroton-Mauerwerk d=17,5-52cm; Auflager für Decke (58m), Stb-Ringbalken B25 (l=73m), Aussteifungsbänder aus Stahl * Stb-Stützen B25 24/24cm, Schalung, Bewehrung * Kiefer-Holzfenster, Isolierverglasung (u-Wert=1,1 W/m2K), deckend lackiert, teilweise zweifarbig, Oberlichtöffner mit Elektroantrieb * Wärmedämmaußenputz, Anstrich (99m²); Dichtungsanstrich, Schweißbahn (120m²), Holzverkleidung Lärche, Dampfsperre, Unterkonstruktion * GK-Verkleidung innen als Eigenleistung der Eigentümer, gespachtelt, gestrichen | 199,00 m² | 47.629 | **239,34** | 33,0 |
| 340 | **Innenwände**<br>Fachwerkwände herstellen im 3.OG; GK-Wände innen als Eigenleistung der Eigentümer im DG und 3.OG * Röhrenspantüren, holzfurnierte, weiß endlackiert, Beschläge Messing im DG und 3.OG * GK-Verkleidung als Eigenleistung Eigentümer, gespachtelt, gestrichen * Holzhandläufe | 53,00 m² | 1.989 | **37,53** | 1,4 |
| 350 | **Decken**<br>Vollmontagedecke, d=20cm, Bewehrung, Ringanker, Autokranmontage; Stahlträger IPB (l=12,5m), Rostschutz grundiert; Treppenpodest (4m²) und 10 Treppenstufen aus Ortbeton; interne Holztreppe vom 3.OG ins DG * Estrich, Dämmung, Trennlage; Parkett (85m²) als Eigenleitung der Eigentümer | 148,00 m² | 30.370 | **205,20** | 21,1 |
| 360 | **Dächer**<br>Bauholz liefern, Dachverband richten, Rauspundschalung, Hobeldielen Kiefer, Leimholzbinder, Fusspfetten, Befestigungsmittel * Wechsel herstellen, Lichtkuppel (1St) einbauen * Flachdach 5° (29m²) mit Polymer-Kunststoffbahnen, Dämmung als Eigenleistung der Eigentümer; Flachdach 20° (58m²) mit Polymer-Kunststoffbahnen auf Hartschaumdämmplatten; Steildach 38° (28m²) mit Betondachsteinen, Dämmung als Eigenleistung der Eigentümer | 115,00 m² | 43.228 | **375,90** | 30,0 |
| 370 | **Baukonstruktive Einbauten**<br>Einbauküche in Multiplex- und Tischlerplatte, gebeizt und endlackiert komplett | 199,53 m² BGF | 761 | **3,81** | 0,5 |
| 390 | **Sonstige Baukonstruktionen**<br>Baustelleneinrichtung, Miettoilette, Kran bereitstellen * Rollgerüst, Fassadengerüst mit Bauaufzug, Dachfanggerüst * Abriss und Entsorgung Dachziegel, alter Dachstuhl (160m²), Holzbalkendecke (107m²), Mauerwerk * Folien, Planenschutz um die Baustelle zu schützen | 199,53 m² BGF | 18.845 | **94,45** | 13,1 |
| **400** | **Bauwerk - Technische Anlagen** | | | | **100,0** |
| 410 | **Abwasser-, Wasser-, Gasanlagen**<br>Entwässerungsleitungen; Regenfallrohre * Sanitärobjekte mit Installation | 199,53 m² BGF | 3.649 | **18,29** | 22,6 |

| KG | Kostengruppe | Menge Einheit | Kosten € | €/Einheit | % |
|---|---|---|---|---|---|
| 420 | **Wärmeversorgungsanlagen**<br>Wand - und Deckenheizung als Strahlungsheizung unter GK-Verkleidung | 199,53 m² BGF | 8.709 | **43,65** | 53,9 |
| 440 | **Starkstromanlagen**<br>Erweiterung der Elektroinstallation | 199,53 m² BGF | 3.570 | **17,89** | 22,1 |
| 450 | **Fernmelde-, informationstechn. Anlagen**<br>Kabelanschluss | 199,53 m² BGF | 225 | **1,13** | 1,4 |
| **700** | **Baunebenkosten** | | | | **100,0** |
| 730 | **Architekten- und Ingenieurleistungen**<br>Honorar Gebäudeplanung Leistungsphasen 1-8 * Honorar Tragwerksplanung in Leistungsphase 4 | 199,53 m² BGF | 30.080 | **150,76** | 69,4 |
| 760 | **Finanzierungskosten**<br>Zinsen vor Nutzungsbeginn | 199,53 m² BGF | 4.255 | **21,32** | 9,8 |
| 770 | **Allgemeine Baunebenkosten**<br>Genehmigungen, Prüfstatik, sonstige Baunebenkosten * Kosten für Vervielfältigungen, Porto, Fernsprechgebühren | 199,53 m² BGF | 9.027 | **45,24** | 20,8 |

## Kostenkennwerte für die Kostengruppe 300 der 3.Ebene DIN 276 (Übersicht)

| KG | Kostengruppe | Menge Einh. | | €/Einheit | Kosten € | % 300+400 |
|---|---|---|---|---|---|---|
| 311 | Baugrubenherstellung | – | | – | – | – |
| 312 | Baugrubenumschließung | – | | – | – | – |
| 313 | Wasserhaltung | – | | – | – | – |
| 319 | Baugrube, sonstiges | – | | – | – | – |
| **310** | **Baugrube** | **–** | | **–** | **–** | **–** |
| 321 | Baugrundverbesserung | – | | – | – | – |
| 322 | Flachgründungen | 5,000 m² | | 256,71 | 1.386,23 | 0,9 |
| 323 | Tiefgründungen | – | | – | – | – |
| 324 | Unterböden und Bodenplatten | – | | – | – | – |
| 325 | Beläge auf Boden- und Fundamentplatten | – | | – | – | – |
| 326 | Bauwerksabdichtungen | – | | – | – | – |
| 327 | Dränagen | – | | – | – | – |
| 329 | Gründung, sonstiges | – | | – | – | – |
| **320** | **Gründung** | **5,000 m²** | | **256,71** | **1.386,23** | **0,9** |
| 331 | Tragende Außenwände | 153,000 m² | | 144,38 | 22.089,64 | 13,8 |
| 332 | Nichttragende Außenwände | – | | – | – | – |
| 333 | Tragende Außenstützen | 17,000 m | | 92,93 | 1.533,31 | 1,0 |
| 334 | Außentüren, -fenster | 46,000 m² | | 435,07 | 20.013,10 | 12,5 |
| 335 | Außenwandbekleidungen außen | 247,000 m² | | 14,30 | 3.530,96 | 2,2 |
| 336 | Außenwandbekleidungen innen | 84,000 m² | | 5,52 | 462,07 | 0,3 |
| 337 | Elementierte Außenwände | – | | – | – | – |
| 338 | Sonnenschutz | – | | – | – | – |
| 339 | Außenwände, sonstiges | – | | – | – | – |
| **330** | **Außenwände** | **199,000 m²** | | **239,34** | **47.629,08** | **29,7** |
| 341 | Tragende Innenwände | – | | – | – | – |
| 342 | Nichttragende Innenwände | 45,000 m² | | 21,46 | 972,05 | 0,6 |
| 343 | Tragende Innenstützen | – | | – | – | – |
| 344 | Innentüren, -fenster | 8,000 m² | | 58,55 | 450,81 | 0,3 |
| 345 | Innenwandbekleidungen | 38,000 m² | | 10,22 | 383,18 | 0,2 |
| 346 | Elementierte Innenwände | – | | – | – | – |
| 349 | Innenwände, sonstiges | – | | – | – | – |
| **340** | **Innenwände** | **53,000 m²** | | **37,53** | **1.989,19** | **1,2** |
| 351 | Deckenkonstruktionen | 148,000 m² | | 168,79 | 24.981,01 | 15,6 |
| 352 | Deckenbeläge | 85,000 m² | | 63,62 | 5.388,86 | 3,4 |
| 353 | Deckenbekleidungen | – | | – | – | – |
| 359 | Decken, sonstiges | – | | – | – | – |
| **350** | **Decken** | **148,000 m²** | | **205,20** | **30.369,87** | **18,9** |
| 361 | Dachkonstruktionen | 115,000 m² | | 195,37 | 22.467,19 | 14,0 |
| 362 | Dachfenster, Dachöffnungen | 1,000 m² | | 766,01 | 490,25 | 0,3 |
| 363 | Dachbeläge | 115,000 m² | | 176,27 | 20.270,62 | 12,6 |
| 364 | Dachbekleidungen | – | | – | – | – |
| 369 | Dächer, sonstiges | – | | – | – | – |
| **360** | **Dächer** | **115,000 m²** | | **375,90** | **43.228,07** | **27,0** |
| **370** | **Baukonstruktive Einbauten** | **200,000 m²** | **BGF** | **3,81** | **760,73** | **0,5** |
| **390** | **Sonst. Maßnahmen für Baukonstruktionen** | **200,000 m²** | **BGF** | **94,45** | **18.844,94** | **11,8** |
| **300** | **Bauwerk - Baukonstruktionen** | **200,000 m²** | **BGF** | **722,74** | **144.208,13** | **89,9** |

## Kostenkennwerte für die Kostengruppe 400 der 3.Ebene DIN 276 (Übersicht)

| KG | Kostengruppe | Menge Einh. | €/Einheit | Kosten € | % 300+400 |
|---|---|---|---|---|---|
| 411 | Abwasseranlagen | 200,000 m² BGF | 4,21 | 839,64 | 0,5 |
| 412 | Wasseranlagen | 200,000 m² BGF | 14,08 | 2.809,10 | 1,8 |
| 413 | Gasanlagen (wenn zu Kochzwecken) | – | – | – | – |
| 414 | Feuerlöschanlagen | – | – | – | – |
| 419 | Abwasser-, Wasser- und Gasanlagen, sonstiges | – | – | – | – |
| **410** | **Abwasser-, Wasser-, Gasanlagen** | **200,000 m² BGF** | **18,29** | **3.648,73** | **2,3** |
| 421 | Wärmeerzeugungsanlagen | – | – | – | – |
| 422 | Wärmeverteilnetze | – | – | – | – |
| 423 | Raumheizflächen | 200,000 m² BGF | 43,65 | 8.709,07 | 5,4 |
| 429 | Wärmeversorgungsanlagen, sonstiges | – | – | – | – |
| **420** | **Wärmeversorgungsanlagen** | **200,000 m² BGF** | **43,65** | **8.709,07** | **5,4** |
| 431 | Lüftungsanlagen (LA) | – | – | – | – |
| 432 | Teilklimaanlagen (TKA) | – | – | – | – |
| 433 | Klimaanlagen (KLA) | – | – | – | – |
| 434 | Prozeßlufttechnische Anlagen (PLA) | – | – | – | – |
| 435 | Kälteanlagen (KA) | – | – | – | – |
| 439 | Lufttechnische Anlagen, sonstiges | – | – | – | – |
| **430** | **Lufttechnische Anlagen** | **–** | **–** | **–** | **–** |
| 441 | Hoch- und Mittelspannungsanlagen | – | – | – | – |
| 442 | Eigenstromversorgungsanlagen | – | – | – | – |
| 443 | Niederspannungsschaltanlagen | – | – | – | – |
| 444 | Niederspannungsinstallationsanlagen | 200,000 m² BGF | 17,89 | 3.570,41 | 2,2 |
| 445 | Beleuchtungsanlagen | – | – | – | – |
| 446 | Blitzschutz- und Erdungsanlagen | – | – | – | – |
| 449 | Starkstromanlagen, sonstiges | – | – | – | – |
| **440** | **Starkstromanlagen** | **200,000 m² BGF** | **17,89** | **3.570,41** | **2,2** |
| 451 | Telekommunikationsanlagen | – | – | – | – |
| 452 | Such- und Signalanlagen | – | – | – | – |
| 453 | Zeitdienstanlagen | – | – | – | – |
| 454 | Elektroakustische Anlagen | – | – | – | – |
| 455 | Fernseh- und Antennenanlagen | 200,000 m² BGF | 1,13 | 225,41 | 0,1 |
| 456 | Gefahrenmelde- und Alarmanlagen | – | – | – | – |
| 457 | Übertragungsnetze | – | – | – | – |
| 459 | Fernmelde- und informationstechn. Anlagen, sonstiges | – | – | – | – |
| **450** | **Fernmelde- und informationstechn. Anlagen** | **200,000 m² BGF** | **1,13** | **225,41** | **0,1** |
| 461 | Aufzugsanlagen | – | – | – | – |
| 462 | Fahrtreppen, Fahrsteige | – | – | – | – |
| 463 | Befahranlagen | – | – | – | – |
| 464 | Transportanlagen | – | – | – | – |
| 465 | Krananlagen | – | – | – | – |
| 469 | Förderanlagen, sonstiges | – | – | – | – |
| **460** | **Förderanlagen** | **–** | **–** | **–** | **–** |
| **470** | **Nutzungsspezifische Anlagen** | **–** | **–** | **–** | **–** |
| **480** | **Gebäudeautomation** | **–** | **–** | **–** | **–** |
| **490** | **Sonst. Maßnahmen für technische Anlagen** | **–** | **–** | **–** | **–** |
| **400** | **Bauwerk - Technische Anlagen** | **200,000 m² BGF** | **80,96** | **16.153,61** | **10,1** |

## Kostenkennwerte für Leistungsbereiche nach StLB (Kosten des Bauwerks nach DIN 276)

| LB | Leistungsbereich | Kosten € | €/m² BGF | €/m³ BRI | % 300+400 |
|---|---|---|---|---|---|
| 000 | Sicherheits-, Baustelleneinrichtungen inkl. 001 | 6.435 | 32,30 | 8,60 | 4,0 |
| 002 | Erdarbeiten | – | – | – | – |
| 006 | Spezialtiefbauarbeiten inkl. 005 | – | – | – | – |
| 009 | Abwasserkanalarbeiten inkl. 011 | – | – | – | – |
| 010 | Dränarbeiten | – | – | – | – |
| 012 | Mauerarbeiten | 17.112 | 85,80 | 22,80 | 10,7 |
| 013 | Betonarbeiten | 31.637 | 158,60 | 42,20 | 19,7 |
| 014 | Natursteinarbeiten, Betonwerksteinarbeiten | – | – | – | – |
| 016 | Zimmer- und Holzbauarbeiten | 27.006 | 135,30 | 36,00 | 16,8 |
| 017 | Stahlbauarbeiten | 930 | 4,70 | 1,20 | 0,6 |
| 018 | Abdichtungsarbeiten gegen Wasser | – | – | – | – |
| 020 | Dachdeckungsarbeiten | 14.871 | 74,50 | 19,80 | 9,3 |
| 021 | Dachabdichtungsarbeiten | 5.400 | 27,10 | 7,20 | 3,4 |
| 022 | Klempnerarbeiten | – | – | – | – |
| | **Rohbau** | **103.390** | **518,20** | **137,90** | **64,5** |
| 023 | Putz- und Stuckarbeiten, Wärmedämmsysteme | – | – | – | – |
| 024 | Fliesen- und Plattenarbeiten | – | – | – | – |
| 025 | Estricharbeiten | – | – | – | – |
| 026 | Fenster, Außentüren inkl. 029, 032 | – | – | – | – |
| 027 | Tischlerarbeiten | 20.013 | 100,30 | 26,70 | 12,5 |
| 028 | Parkettarbeiten, Holzpflasterarbeiten | 5.389 | 27,00 | 7,20 | 3,4 |
| 030 | Rollladenarbeiten | – | – | – | – |
| 031 | Metallbauarbeiten inkl. 035 | – | – | – | – |
| 034 | Maler- und Lackiererarbeiten inkl. 037 | – | – | – | – |
| 036 | Bodenbelagsarbeiten | – | – | – | – |
| 038 | Vorgehängte hinterlüftete Fassaden | – | – | – | – |
| 039 | Trockenbauarbeiten | 2.708 | 13,60 | 3,60 | 1,7 |
| | **Ausbau** | **28.110** | **140,90** | **37,50** | **17,5** |
| 040 | Wärmeerzeuger, zentr. Einrichtungen inkl. 041 | 8.709 | 43,60 | 11,60 | 5,4 |
| 042 | Gas- und Wasserinstallationsarbeiten inkl. 043 | 1.124 | 5,60 | 1,50 | 0,7 |
| 044 | Abwasserinstallationsarbeiten - Leitungen | 840 | 4,20 | 1,10 | 0,5 |
| 045 | Gas-, Wasser-Einrichtungsgegenstände inkl. 046 | 1.685 | 8,40 | 2,20 | 1,1 |
| 047 | Dämmarbeiten an betriebstechnischen Anlagen | – | – | – | – |
| 049 | Feuerlöschanlagen, Feuerlöschgeräte | – | – | – | – |
| 050 | Blitzschutz- und Erdungsanlagen | – | – | – | – |
| 052 | Mittelspannungsanlagen | – | – | – | – |
| 053 | Niederspannungsanlagen inkl. 054 | 3.570 | 17,90 | 4,80 | 2,2 |
| 055 | Ersatzstromversorgungsanlagen | – | – | – | – |
| 057 | Gebäudesystemtechnik | – | – | – | – |
| 058 | Leuchten und Lampen, inkl. 059 | – | – | – | – |
| 060 | Elektroakustische Anlagen | – | – | – | – |
| 061 | Kommunikationsnetze | 225 | 1,10 | 0,30 | 0,1 |
| 063 | Gefahrenmeldeanlagen | – | – | – | – |
| 069 | Aufzüge | – | – | – | – |
| 070 | Gebäudeautomation | – | – | – | – |
| 075 | Raumlufttechnische Anlagen | – | – | – | – |
| | **Gebäudetechnik** | **16.154** | **81,00** | **21,50** | **10,1** |
| | Sonstige Leistungsbereiche inkl. 008, 033, 051 | **12.708** | **63,70** | **16,90** | **7,9** |

6100-496
Mehrfamilienhaus
(31WE)

Modernisierung

**974 €/m² WFL**

**Architekt:**
Architekten- und
Ingenieurgruppe
Erfurt & Partner GmbH
Alfred-Hess-Straße 40
99094 Erfurt

**Bauherr:**
Wohnungsbaugesellschaft
Ilmenau/Thür. eG
Krankenhausstr. 1b
98693 Ilmenau

## Objektübersicht

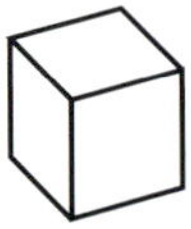

**240 €/m³ BRI**

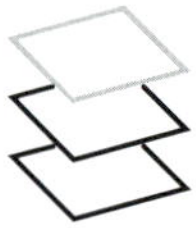

**672 €/m² BGF**

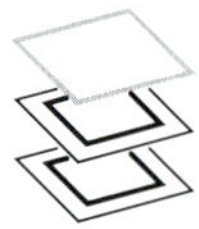

**891 €/m² NF**

| | |
|---|---|
| Kennwerte | bis 3.Ebene DIN 276 |
| Bauzeit | 134 Wochen |
| Bauende | 2003 |
| Standard | Durchschnitt |
| Land | Thüringen |
| Kreis | Ilm-Kreis |
| m³ BRI | 9.646 |
| m² BGF | 3.445 |
| m² NF | 2.598 |

vorher

nachher

Modernisierung

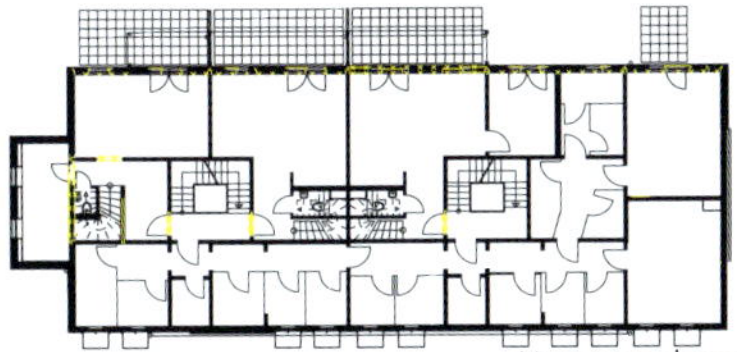
Untergeschoss

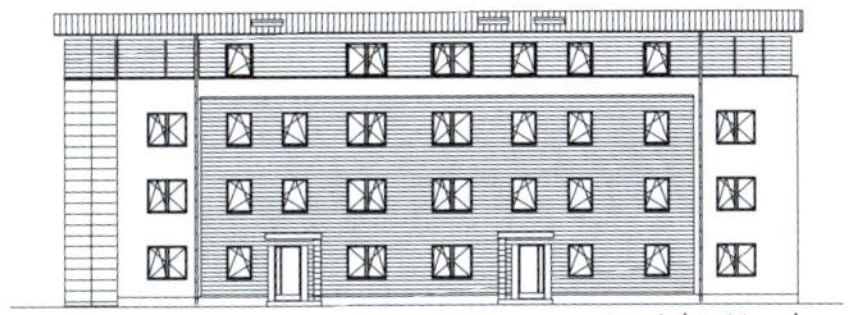
Ansicht Nord

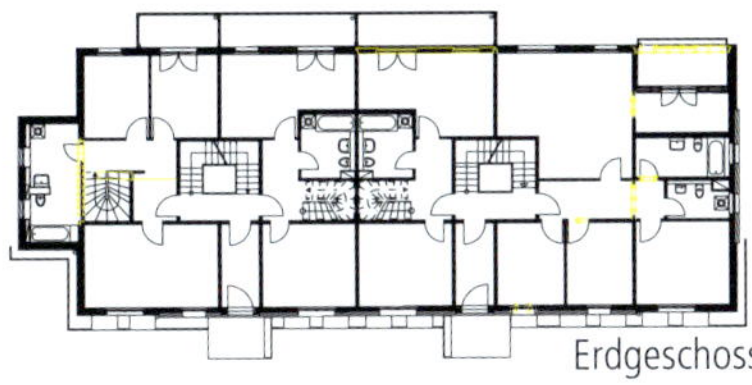
Erdgeschoss

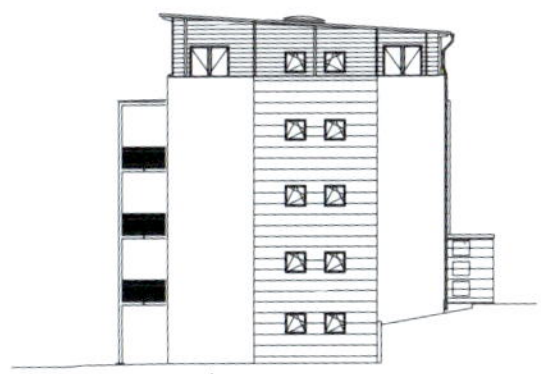
Ansicht Ost

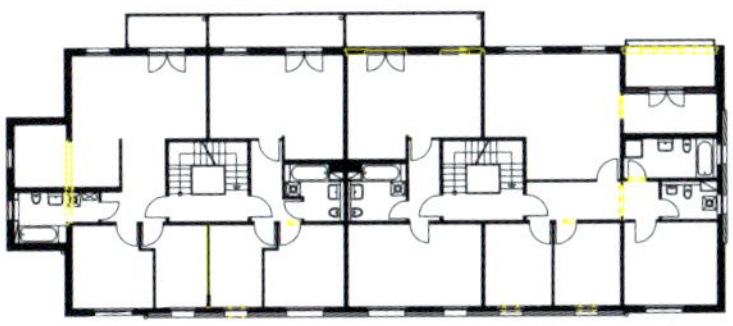
1. Obergeschoss

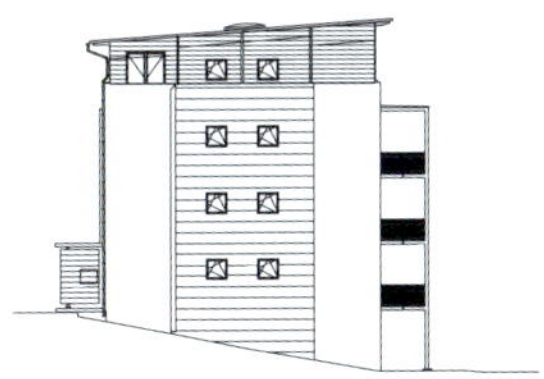
Ansicht West

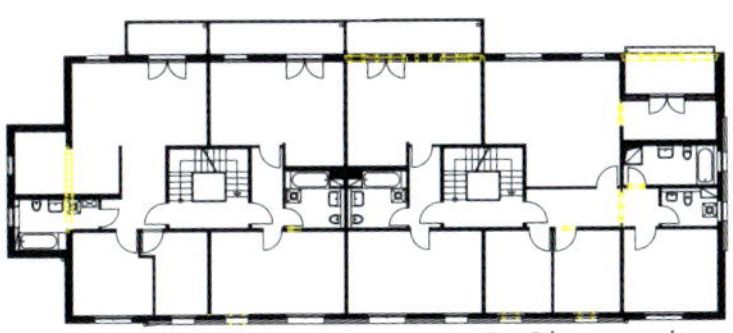
2. Obergeschoss

Ansicht Süd

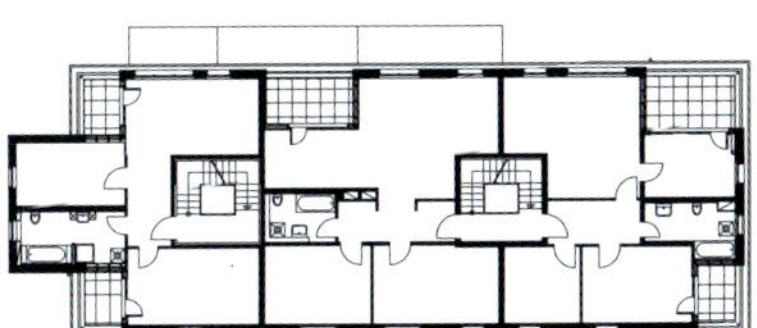
Dachgeschoss

## Objektbeschreibung

### Nutzung

**1 Untergeschoss**
Wohnungen, Nebenräume

**1 Erdgeschoss**
Wohnungen

**2 Obergeschosse**
Wohnungen

**1 Dachgeschoss**
Wohnungen

### Nutzeinheiten

Stellplätze: 45
Wohneinheiten: 31
Wohnfläche: 2378m²

### Grundstück

Bauraum: Freier Bauraum
Neigung: Hanglage
Bodenklasse: BK 1 bis BK 4

### Markt

Hauptvergabezeit: 3.Quartal 2001
Baubeginn: 3.Quartal 2000
Bauende: 1.Quartal 2003
Konjunkturelle Gesamtlage: unter Durchschnitt
Regionaler Baumarkt: Durchschnitt

### Baubestand

Baujahr: 1986
Bauzustand: mittel
Aufwand: mittel
Grundrissänderungen: umfangreiche
Tragwerkseingriffe: einige
Nutzungsänderung: nein
Nutzung während der Bauzeit: nein

### Baukonstruktion

Baugrubenaushub BK 2-4 für Abdichtungsarbeiten; Stb-Fundamente, Abdichtungen am Gebäude, Dränage; Außenwände teilweise neu, KS- und Poroton-Mauerwerk, Kunststofffenster, Wärmedämmverbundsystem; Wohnungstrennwände, Putz, Raufasertapete, Anstrich, Wandfliesen; Estrich, Teppichboden, Laminat, Bodenfliesen; Kellerdeckendämmung, Holzdachkonstruktion, Wärmedämmung, Kunststoffdachbeläge, GK-Bekleidungen, Anstrich

### Technische Anlagen

Gebäudeentwässerung, Kalt- und Warmwasserleitungen, Sanitärobjekte; Fernwärmeübergabestation, Rohrleitungen, Fußbodenheizung, Heizkörper; Einzelraumlüfter; Elektroinstallation, Beleuchtungskörper, Blitzschutzanlage; Telefonleitungen, Klingel- und Gegensprechanlage, Sat-Antennenanlage

## Planungskennwerte für Flächen und Rauminhalte nach DIN 277

| Flächen des Grundstücks | | Menge, Einheit | % an FBG |
|---|---|---|---|
| BF | Bebaute Fläche | 689,00 m² | 12,1 |
| UBF | Unbebaute Fläche | 5.029,00 m² | 88,0 |
| FBG | Fläche des Baugrundstücks | 5.718,00 m² | 100,0 |

| Grundflächen des Bauwerks | | Menge, Einheit | % an NF | % an BGF |
|---|---|---|---|---|
| NF | Nutzfläche | 2.598,09 m² | 100,0 | 75,4 |
| TF | Technische Funktionsfläche | 40,00 m² | 1,5 | 1,2 |
| VF | Verkehrsfläche | 410,00 m² | 15,8 | 11,9 |
| NGF | Netto-Grundfläche | 3.048,09 m² | 117,3 | 88,5 |
| KGF | Konstruktions-Grundfläche | 397,03 m² | 15,3 | 11,5 |
| BGF | Brutto-Grundfläche | 3.445,12 m² | 132,6 | 100,0 |

| Brutto-Rauminhalt des Bauwerks | | Menge, Einheit | BRI/NF (m) | BRI/BGF (m) |
|---|---|---|---|---|
| BRI | Brutto-Rauminhalt | 9.646,00 m³ | 3,71 | 2,80 |

| Lufttechnisch behandelte Flächen | Menge, Einheit | % an NF | % an BGF |
|---|---|---|---|
| Entlüftete Fläche | – m² | – | – |
| Be- und entlüftete Fläche | – m² | – | – |
| Teilklimatisierte Fläche | – m² | – | – |
| Klimatisierte Fläche | – m² | – | – |

| KG | Kostengruppen (2.Ebene) | Menge, Einheit | Menge/NF | Menge/BGF |
|---|---|---|---|---|
| 310 | Baugrube | 600,00 m³ BGI | 0,23 | 0,17 |
| 320 | Gründung | 689,00 m² GRF | 0,27 | 0,20 |
| 330 | Außenwände | 1.848,00 m² AWF | 0,71 | 0,54 |
| 340 | Innenwände | 1.089,00 m² IWF | 0,42 | 0,32 |
| 350 | Decken | 2.300,00 m² DEF | 0,89 | 0,67 |
| 360 | Dächer | 686,00 m² DAF | 0,26 | 0,20 |

## Kostenkennwerte für die Kostengruppen der 1.Ebene DIN 276

| KG | Kostengruppen (1.Ebene) | Einheit | Kosten € | €/Einheit | €/m² BGF | €/m³ BRI | % 300+400 |
|---|---|---|---|---|---|---|---|
| 100 | Grundstück | m² FBG | – | – | – | – | – |
| 200 | Herrichten und Erschließen | m² FBG | 621.193 | 108,64 | 180,31 | 64,40 | 26,8 |
| 300 | Bauwerk - Baukonstruktionen | m² BGF | 1.651.144 | 479,27 | 479,27 | 171,17 | 71,3 |
| 400 | Bauwerk - Technische Anlagen | m² BGF | 664.937 | 193,01 | 193,01 | 68,93 | 28,7 |
| | **Bauwerk 300+400** | **m² BGF** | **2.316.082** | **672,28** | **672,28** | **240,11** | **100,0** |
| 500 | Außenanlagen | m² AUF | 177.075 | 35,21 | 51,40 | 18,36 | 7,6 |
| 600 | Ausstattung und Kunstwerke | m² BGF | – | – | – | – | – |
| 700 | Baunebenkosten | m² BGF | – | – | – | – | – |

## Kostenkennwerte für die Kostengruppen der 1.Ebene DIN 276

| KG | Kostengruppe | Menge Einheit | Kosten € | €/Einheit | % |
|---|---|---|---|---|---|
| 200 | **Herrichten und Erschließen**<br>Bäume schützen, Sicherungsmaßnahmen für Baustellenzufahrt, geordneter Rückbau der Platten, Baumfällungen, Schutträumung auf dem Baugelände; Anschlusskostenbeiträge der Versorgungsunternehmen | 5.718,00 m² FBG | 621.193 | **108,64** | 26,8 |
| **3+4** | **Bauwerk** | | | | **100,0** |
| 300 | **Bauwerk - Baukonstruktionen**<br>Baugrubenaushub BK 2-4 für Abdichtungsarbeiten; Stb-Fundamente, Abdichtungen am Gebäude, Dränage; Außenwände teilweise neu, KS- und Poroton-Mauerwerk, Kunststofffenster, Wärmedämmverbundsystem; Wohnungstrennwände, Putz, Raufasertapete, Anstrich, Wandfliesen; Estrich, Teppichboden, Laminat, Bodenfliesen; Kellerdeckendämmung, Holzdachkonstruktion, Wärmedämmung, Kunststoffdachbeläge, GK-Bekleidungen, Anstrich | 3.445,12 m² BGF | 1.651.144 | **479,27** | 71,3 |
| 400 | **Bauwerk - Technische Anlagen**<br>Gebäudeentwässerung, Kalt- und Warmwasserleitungen, Sanitärobjekte; Fernwärmeübergabestation, Rohrleitungen, Fußbodenheizung, Heizkörper; Einzelraumlüfter; Elektroinstallation, Beleuchtungskörper, Blitzschutzanlage; Telefonleitungen, Klingel- und Gegensprechanlage, Sat-Antennenanlage | 3.445,12 m² BGF | 664.937 | **193,01** | 28,7 |
| 500 | **Außenanlagen**<br>Mutterbodenab- und auftrag, Geländemodelierung; Pflasterung von Wegen mit Kleinpflaster einschließlich Unterbau; Stb-Stützwand mit Metallgeländer, Stahlbetonwinkelstützen mit Natursteinverblendung, Schwerlaststützmauern mit Natursteinverblendung; Rampen im Gehwegbereich; Mieterterrassen im Kellergeschoss; Herstellen einer grundstücksinternen Versorgungstrasse der einzelnen Gebäude; Raseneinsaat; Abbruch des alten Parkplatzbelages aus Betonkleinpflaster | 5.029,00 m² AUF | 177.075 | **35,21** | 7,6 |

## Kostenkennwerte für die Kostengruppen 300 und 400 der 2.Ebene DIN 276

| KG | Kostengruppe | Menge Einheit | Kosten € | €/Einheit | % |
|---|---|---|---|---|---|
| **200** | **Herrichten und Erschließen** | | | | **100,0** |
| 210 | **Herrichten**<br>Bäume schützen, Sicherungsmaßnahmen für Baustellenzufahrt * Abbrucharbeiten, geordneter Rückbau der Platten, Fenster, Bekleidungen, Entsorgung, Deponiegebühren * Baumfällungen, Schutträumung auf dem Baugelände | 5.718,00 m² FBG | 609.696 | **106,63** | 98,1 |
| 220 | **Öffentliche Erschließung**<br>Anschlusskostenbeiträge der Versorgungsunternehmen | 5.718,00 m² FBG | 11.497 | **2,01** | 1,9 |
| **300** | **Bauwerk - Baukonstruktionen** | | | | **100,0** |
| 310 | **Baugrube**<br>Baugrubenaushub BK 2-4 für Abdichtungsarbeiten und Dränage (600m³) | 600,00 m³ | 39.045 | **65,07** | 2,4 |
| 320 | **Gründung**<br>Schicht aus gebrochenem Material Betonrecycling 0/45 (20m²) * Stb-Einzel- und Streifenfundamente aus wasserundurchlässigem Beton B25 (69m²) * Abdichtungen am Gebäude im Bereich der Dränage * Herstellen einer 3-seitigen Dränage (50m), mit Kontroll- und Revisionsschächten | 689,00 m² | 37.305 | **54,14** | 2,3 |
| 330 | **Außenwände**<br>Außenwände teilweise neu, Kalksandstein d=24cm und Poroton-Mauerwerk d=30/36,5cm (200m²) * Kunststofffenster und Fenstertüren (1.200m²) * Wärmedämmverbundsystem (1.848m²) vom Kellergeschoss bis 2. OG und Eternitbekleidung im Dachgeschoss * Anstrich Nebenräume im KG; Wohnräume im KG und EG bis DG Innenputz, Raufasertapete, Anstrich; Bäder Wandfliesen (1.571m²) * Sonnenschutz an Wohnraumerweiterungen (48m²) | 1.848,00 m² | 613.310 | **331,88** | 37,1 |
| 340 | **Innenwände**<br>Wohnungstrennwände, d=24cm KS-R 12/20, Innenwand d=17,5cm KLS 12-1.4 (305m²) * Innentüren 760/885x2010 mit Holzfutter (634m²) * Anstrich im KG, Gipskarton gespachelt, Raufasertapete, Anstrich, Innenputz, Raufasertapete, Anstrich; Wandfliesen in Bädern und Küchen * Holzlattentrennwände (150m²) zwischen den Mieterboxen im Keller, Holzlattentüren | 1.089,00 m² | 239.605 | **220,02** | 14,5 |
| 350 | **Decken**<br>Unterzüge auf Betondecken; vorgestellte Balkone (154m²) * Gussasphalt-, Zementestrich als Heizestrich, Bodenbeläge (2.146m²), Teppich, Laminat, Bodenfliesen in Bädern und Küchen; Terrassen: Abdichtung, Wärmedämmung d=80mm, Belag aus Holzrosten (154m²) * Kellerdeckendämmung als Spritzdämmung d=50mm (800m²), Geschossdecken gespachtelt und tapeziert (1.150m²) * Anstrich Geländer und Handläufe | 2.300,00 m² | 399.125 | **173,53** | 24,2 |
| 360 | **Dächer**<br>Sparrendach mit BSH-Pfetten, Dachschalung teils sichtbar aus BFU d=24mm * Oberlichtkuppel mit Flachdachausstiegsleiter mit Zinkblechverwahrung (6St) * Kunststoffdachbeläge mit Vlies, stranggepresster Aluminium-Dachrandabschluss; mineralische Wärmedämmung, d=180mm zwischen den Sparren * Bekleidung der Dachkonstruktion mit Dampfsperre, Konterlattung und GK-Bekleidungen, gestrichen * Geländer an Dachterrassen (21m), Treppengeländer (54m), Dachausstiegleiter, l=3,5m (2St), Schneefanggitter | 686,00 m² | 238.086 | **347,06** | 14,4 |

| KG | Kostengruppe | Menge Einheit | Kosten € | €/Einheit | % |
|---|---|---|---|---|---|
| 390 | **Sonstige Baukonstruktionen**<br>Bauwasseranschluss, Baustrom, WC, Bauzaun (600m), Bauschild, Beleuchtung; Vorhaltezeit 38 Wochen; Bauzeittüren und provisorischer Verschluss der Baustelle * Fassadengerüst komplett mit Plane, Grundstandzeit 24 Wochen * Unterfangungen und begleitende Maßnahmen * Entsorgung von Recyclingmaterial * Baufeinreinigung | 3.445,12 m² BGF | 84.268 | **24,46** | 5,1 |
| **400** | **Bauwerk - Technische Anlagen** | | | | **100,0** |
| 410 | **Abwasser-, Wasser-, Gasanlagen**<br>Grundleitungen KG-Rohre, Rohrdichtungen für WU-Konstruktionen; Fallstränge SML-Rohr, Fallschacht aus WU-Beton * Kalt- und Warmwasserleitungen, Installtationsmodule und Sanitärgegenstände für 31 WE | 3.445,12 m² BGF | 261.420 | **75,88** | 39,3 |
| 420 | **Wärmeversorgungsanlagen**<br>Fernwärme-Hausanschlussstation für beide Teilgebäude * Heizkreisverteiler, Rohrleitungen * Fußbodenheizung im Kellergeschoss, Plattenheizkörper in den Wohnungen | 3.445,12 m² BGF | 173.301 | **50,30** | 26,1 |
| 430 | **Lufttechnische Anlagen**<br>Entlüftung der innenliegenden Küchen und Bäder | 3.445,12 m² BGF | 18.489 | **5,37** | 2,8 |
| 440 | **Starkstromanlagen**<br>Niederspannungshauptverteiler; Unterverteilungen, Sicherungen, Mantelleitungen, Schalter, Steckdosen * Wandeinbauleuchten (4St) im Außenbereich der Zugänge, Wandleuchten für Terrassen (31St) * Blitzschutzanlage, Ableitungen, Fundamenterder | 3.445,12 m² BGF | 189.852 | **55,11** | 28,6 |
| 450 | **Fernmelde-, informationstechn. Anlagen**<br>Telefonleitungen * Klingel- und Gegensprechanlage * Sat-Antennenanlage, Antennenleitungen, Steckdosen | 3.445,12 m² BGF | 21.875 | **6,35** | 3,3 |
| **500** | **Außenanlagen** | | | | **100,0** |
| 510 | **Geländeflächen**<br>Mutterbodenab- und auftrag, Geländemodelierung | – | 10.464 | **–** | 5,9 |
| 520 | **Befestigte Flächen**<br>Pflasterung von Wegen mit Kleinpflaster einschließlich Unterbau | 90,00 m² | 24.883 | **276,47** | 14,1 |
| 530 | **Baukonstruktionen in Außenanlagen**<br>Stb-Stützwand mit Metallgeländer als Absturzsicherung, Stahlbetonwinkelstützen mit Natursteinverblendung, Schwerlaststützmauern mit Natursteinverblendung * Rampen im Gehwegbereich * Mieterterrassen (6St) im Kellergeschoss aus Terrassenplatten 40/40cm | 5.029,00 m² AUF | 17.011 | **3,38** | 9,6 |
| 540 | **Technische Anlagen in Außenanlagen**<br>Herstellen einer grundstücksinternen Versorgungstrasse der einzelnen Gebäude, komplett mit Fernwärme, Strom, Wasser, Abwasser, Telefon einschließlich Erdaushub und Wiederverfüllung | 5.029,00 m² AUF | 122.237 | **24,31** | 69,0 |
| 570 | **Pflanz- und Saatflächen**<br>Raseneinsaat | 400,00 m² | 405 | **1,01** | 0,2 |
| 590 | **Sonstige Außenanlagen**<br>Abbruch des alten Parkplatzbelages aus Betonkleinpflaster | 5.029,00 m² AUF | 2.075 | **0,41** | 1,2 |

## Kostenkennwerte für die Kostengruppe 300 der 3.Ebene DIN 276 (Übersicht)

| KG | Kostengruppe | Menge Einh. | €/Einheit | Kosten € | % 300+400 |
|---|---|---|---|---|---|
| 311 | Baugrubenherstellung | 600,000 m³ | 65,07 | 39.044,92 | 1,7 |
| 312 | Baugrubenumschließung | – | – | – | – |
| 313 | Wasserhaltung | – | – | – | – |
| 319 | Baugrube, sonstiges | – | – | – | – |
| **310** | **Baugrube** | **600,000 m³** | **65,07** | **39.044,92** | **1,7** |
| 321 | Baugrundverbesserung | 689,000 m² GRF | 0,45 | 310,72 | < 0,1 |
| 322 | Flachgründungen | 689,000 m² | 11,08 | 7.631,82 | 0,3 |
| 323 | Tiefgründungen | – | – | – | – |
| 324 | Unterböden und Bodenplatten | – | – | – | – |
| 325 | Beläge auf Boden- und Fundamentplatten | – | – | – | – |
| 326 | Bauwerksabdichtungen | 689,000 m² GRF | 32,87 | 22.644,94 | 1,0 |
| 327 | Dränagen | 689,000 m² GRF | 9,75 | 6.717,55 | 0,3 |
| 329 | Gründung, sonstiges | – | – | – | – |
| **320** | **Gründung** | **689,000 m²** | **54,14** | **37.305,02** | **1,6** |
| 331 | Tragende Außenwände | 200,000 m² | 614,78 | 122.955,30 | 5,3 |
| 332 | Nichttragende Außenwände | – | – | – | – |
| 333 | Tragende Außenstützen | – | – | – | – |
| 334 | Außentüren, -fenster | 1.200,000 m² | 155,97 | 187.165,02 | 8,1 |
| 335 | Außenwandbekleidungen außen | 1.848,000 m² | 123,53 | 228.280,93 | 9,9 |
| 336 | Außenwandbekleidungen innen | 1.571,000 m² | 44,30 | 69.593,78 | 3,0 |
| 337 | Elementierte Außenwände | – | – | – | – |
| 338 | Sonnenschutz | 48,000 m² | 110,74 | 5.315,38 | 0,2 |
| 339 | Außenwände, sonstiges | – | – | – | – |
| **330** | **Außenwände** | **1.848,000 m²** | **331,88** | **613.310,39** | **26,5** |
| 341 | Tragende Innenwände | 305,000 m² | 158,63 | 48.381,35 | 2,1 |
| 342 | Nichttragende Innenwände | – | – | – | – |
| 343 | Tragende Innenstützen | – | – | – | – |
| 344 | Innentüren, -fenster | 634,000 m² | 131,41 | 83.315,10 | 3,6 |
| 345 | Innenwandbekleidungen | 2.198,000 m² | 44,30 | 97.390,51 | 4,2 |
| 346 | Elementierte Innenwände | 150,000 m² | 70,12 | 10.518,06 | 0,5 |
| 349 | Innenwände, sonstiges | – | – | – | – |
| **340** | **Innenwände** | **1.089,000 m²** | **220,02** | **239.605,02** | **10,3** |
| 351 | Deckenkonstruktionen | 154,000 m² | 908,17 | 139.858,29 | 6,0 |
| 352 | Deckenbeläge | 2.300,000 m² | 96,05 | 220.922,43 | 9,5 |
| 353 | Deckenbekleidungen | 1.950,000 m² | 18,39 | 35.867,19 | 1,5 |
| 359 | Decken, sonstiges | 2.300,000 m² DEF | 1,08 | 2.476,74 | 0,1 |
| **350** | **Decken** | **2.300,000 m²** | **173,53** | **399.124,67** | **17,2** |
| 361 | Dachkonstruktionen | 686,000 m² | 73,67 | 50.536,29 | 2,2 |
| 362 | Dachfenster, Dachöffnungen | 6,000 m² | 714,81 | 4.267,43 | 0,2 |
| 363 | Dachbeläge | 680,000 m² | 95,30 | 64.805,74 | 2,8 |
| 364 | Dachbekleidungen | 640,000 m² | 115,51 | 73.929,39 | 3,2 |
| 369 | Dächer, sonstiges | 686,000 m² DAF | 64,94 | 44.547,64 | 1,9 |
| **360** | **Dächer** | **686,000 m²** | **347,06** | **238.086,49** | **10,3** |
| **370** | **Baukonstruktive Einbauten** | **–** | **–** | **–** | **–** |
| **390** | **Sonst. Maßnahmen für Baukonstruktionen** | **3.445,000 m² BGF** | **24,46** | **84.267,64** | **3,6** |
| **300** | **Bauwerk - Baukonstruktionen** | **3.445,000 m² BGF** | **479,27** | **1.651.144,18** | **71,3** |

## Kostenkennwerte für die Kostengruppe 400 der 3.Ebene DIN 276 (Übersicht)

| KG | Kostengruppe | Menge Einh. | €/Einheit | Kosten € | % 300+400 |
|---|---|---|---|---|---|
| 411 | Abwasseranlagen | – | – | – | – |
| 412 | Wasseranlagen | – | – | – | – |
| 413 | Gasanlagen (wenn zu Kochzwecken) | – | – | – | – |
| 414 | Feuerlöschanlagen | – | – | – | – |
| 419 | Abwasser-, Wasser- und Gasanlagen, sonstiges | – | – | – | – |
| **410** | **Abwasser-, Wasser-, Gasanlagen** | **3.445,000 m² BGF** | **75,88** | **261.420,19** | **11,3** |
| 421 | Wärmeerzeugungsanlagen | – | – | – | – |
| 422 | Wärmeverteilnetze | – | – | – | – |
| 423 | Raumheizflächen | – | – | – | – |
| 429 | Wärmeversorgungsanlagen, sonstiges | – | – | – | – |
| **420** | **Wärmeversorgungsanlagen** | **3.445,000 m² BGF** | **50,30** | **173.301,29** | **7,5** |
| 431 | Lüftungsanlagen (LA) | – | – | – | – |
| 432 | Teilklimaanlagen (TKA) | – | – | – | – |
| 433 | Klimaanlagen (KLA) | – | – | – | – |
| 434 | Prozeßlufttechnische Anlagen (PLA) | – | – | – | – |
| 435 | Kälteanlagen (KA) | – | – | – | – |
| 439 | Lufttechnische Anlagen, sonstiges | – | – | – | – |
| **430** | **Lufttechnische Anlagen** | **3.445,000 m² BGF** | **5,37** | **18.488,66** | **0,8** |
| 441 | Hoch- und Mittelspannungsanlagen | – | – | – | – |
| 442 | Eigenstromversorgungsanlagen | – | – | – | – |
| 443 | Niederspannungsschaltanlagen | – | – | – | – |
| 444 | Niederspannungsinstallationsanlagen | – | – | – | – |
| 445 | Beleuchtungsanlagen | – | – | – | – |
| 446 | Blitzschutz- und Erdungsanlagen | – | – | – | – |
| 449 | Starkstromanlagen, sonstiges | – | – | – | – |
| **440** | **Starkstromanlagen** | **3.445,000 m² BGF** | **55,11** | **189.852,08** | **8,2** |
| 451 | Telekommunikationsanlagen | – | – | – | – |
| 452 | Such- und Signalanlagen | – | – | – | – |
| 453 | Zeitdienstanlagen | – | – | – | – |
| 454 | Elektroakustische Anlagen | – | – | – | – |
| 455 | Fernseh- und Antennenanlagen | – | – | – | – |
| 456 | Gefahrenmelde- und Alarmanlagen | – | – | – | – |
| 457 | Übertragungsnetze | – | – | – | – |
| 459 | Fernmelde- und informationstechn. Anlagen, sonstiges | – | – | – | – |
| **450** | **Fernmelde- und informationstechn. Anlagen** | **3.445,000 m² BGF** | **6,35** | **21.875,19** | **0,9** |
| 461 | Aufzugsanlagen | – | – | – | – |
| 462 | Fahrtreppen, Fahrsteige | – | – | – | – |
| 463 | Befahranlagen | – | – | – | – |
| 464 | Transportanlagen | – | – | – | – |
| 465 | Krananlagen | – | – | – | – |
| 469 | Förderanlagen, sonstiges | – | – | – | – |
| **460** | **Förderanlagen** | **–** | **–** | **–** | **–** |
| **470** | **Nutzungsspezifische Anlagen** | **–** | **–** | **–** | **–** |
| **480** | **Gebäudeautomation** | **–** | **–** | **–** | **–** |
| **490** | **Sonst. Maßnahmen für technische Anlagen** | **–** | **–** | **–** | **–** |
| **400** | **Bauwerk - Technische Anlagen** | **3.445,000 m² BGF** | **193,01** | **664.937,40** | **28,7** |

## Kostenkennwerte für Leistungsbereiche nach StLB (Kosten des Bauwerks nach DIN 276)

| LB | Leistungsbereich | Kosten € | €/m² BGF | €/m³ BRI | % 300+400 |
|---|---|---|---|---|---|
| 000 | Sicherheits-, Baustelleneinrichtungen inkl. 001 | 68.484 | 19,90 | 7,10 | 3,0 |
| 002 | Erdarbeiten | 42.860 | 12,40 | 4,40 | 1,9 |
| 006 | Spezialtiefbauarbeiten inkl. 005 | – | – | – | – |
| 009 | Abwasserkanalarbeiten inkl. 011 | – | – | – | – |
| 010 | Dränarbeiten | 7.514 | 2,20 | 0,78 | 0,3 |
| 012 | Mauerarbeiten | 128.887 | 37,40 | 13,40 | 5,6 |
| 013 | Betonarbeiten | 94.144 | 27,30 | 9,80 | 4,1 |
| 014 | Natursteinarbeiten, Betonwerksteinarbeiten | – | – | – | – |
| 016 | Zimmer- und Holzbauarbeiten | 75.174 | 21,80 | 7,80 | 3,2 |
| 017 | Stahlbauarbeiten | 32.878 | 9,50 | 3,40 | 1,4 |
| 018 | Abdichtungsarbeiten gegen Wasser | 26.200 | 7,60 | 2,70 | 1,1 |
| 020 | Dachdeckungsarbeiten | – | – | – | – |
| 021 | Dachabdichtungsarbeiten | 76.536 | 22,20 | 7,90 | 3,3 |
| 022 | Klempnerarbeiten | 9.012 | 2,60 | 0,93 | 0,4 |
| | **Rohbau** | **561.688** | **163,00** | **58,20** | **24,3** |
| 023 | Putz- und Stuckarbeiten, Wärmedämmsysteme | 153.883 | 44,70 | 16,00 | 6,6 |
| 024 | Fliesen- und Plattenarbeiten | 114.807 | 33,30 | 11,90 | 5,0 |
| 025 | Estricharbeiten | 91.539 | 26,60 | 9,50 | 4,0 |
| 026 | Fenster, Außentüren inkl. 029, 032 | 189.063 | 54,90 | 19,60 | 8,2 |
| 027 | Tischlerarbeiten | 44.917 | 13,00 | 4,70 | 1,9 |
| 028 | Parkettarbeiten, Holzpflasterarbeiten | – | – | – | – |
| 030 | Rollladenarbeiten | 17.053 | 4,90 | 1,80 | 0,7 |
| 031 | Metallbauarbeiten inkl. 035 | 99.992 | 29,00 | 10,40 | 4,3 |
| 034 | Maler- und Lackiererarbeiten inkl. 037 | 76.646 | 22,20 | 7,90 | 3,3 |
| 036 | Bodenbelagsarbeiten | 79.778 | 23,20 | 8,30 | 3,4 |
| 038 | Vorgehängte hinterlüftete Fassaden | 91.539 | 26,60 | 9,50 | 4,0 |
| 039 | Trockenbauarbeiten | 134.487 | 39,00 | 13,90 | 5,8 |
| | **Ausbau** | **1.093.705** | **317,50** | **113,40** | **47,2** |
| 040 | Wärmeerzeuger, zentr. Einrichtungen inkl. 041 | 56.070 | 16,30 | 5,80 | 2,4 |
| 042 | Gas- und Wasserinstallationsarbeiten inkl. 043 | 122.548 | 35,60 | 12,70 | 5,3 |
| 044 | Abwasserinstallationsarbeiten - Leitungen | 88.233 | 25,60 | 9,10 | 3,8 |
| 045 | Gas-, Wasser-Einrichtungsgegenstände inkl. 046 | 98.632 | 28,60 | 10,20 | 4,3 |
| 047 | Dämmarbeiten an betriebstechnischen Anlagen | 21.976 | 6,40 | 2,30 | 0,9 |
| 049 | Feuerlöschanlagen, Feuerlöschgeräte | – | – | – | – |
| 050 | Blitzschutz- und Erdungsanlagen | 14.082 | 4,10 | 1,50 | 0,6 |
| 052 | Mittelspannungsanlagen | – | – | – | – |
| 053 | Niederspannungsanlagen inkl. 054 | 151.122 | 43,90 | 15,70 | 6,5 |
| 055 | Ersatzstromversorgungsanlagen | – | – | – | – |
| 057 | Gebäudesystemtechnik | – | – | – | – |
| 058 | Leuchten und Lampen, inkl. 059 | 14.328 | 4,20 | 1,50 | 0,6 |
| 060 | Elektroakustische Anlagen | – | – | – | – |
| 061 | Kommunikationsnetze | 11.332 | 3,30 | 1,20 | 0,5 |
| 063 | Gefahrenmeldeanlagen | 5.562 | 1,60 | 0,58 | 0,2 |
| 069 | Aufzüge | – | – | – | – |
| 070 | Gebäudeautomation | – | – | – | – |
| 075 | Raumlufttechnische Anlagen | 76.805 | 22,30 | 8,00 | 3,3 |
| | **Gebäudetechnik** | **660.689** | **191,80** | **68,50** | **28,5** |
| | Sonstige Leistungsbereiche inkl. 008, 033, 051 | – | – | – | – |

6100-652
Mehrfamilienhaus
(9WE)

Erweiterung

**1.670 €/m² WFL**

**Architekt:**
Planungsbüro
Dipl.-Ing.(FH)
Hanns Peter Benl
Herzog-Georg-Platz 5
84524 Neuötting

## Objektübersicht

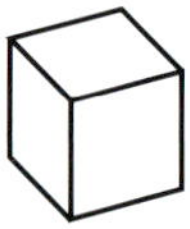

**517 €/m³ BRI**

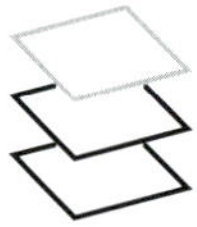

**1.314 €/m² BGF**

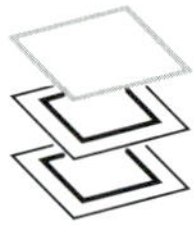

**1.819 €/m² NF**

| | |
|---|---|
| Kennwerte | bis 3.Ebene DIN 276 |
| Bauzeit | 48 Wochen |
| Bauende | 2008 |
| Standard | Durchschnitt |
| Land | Bayern |
| Kreis | München |
| m³ BRI | 755 |
| m² BGF | 297 |
| m² NF | 215 |

vorher

nachher

Ansicht Süd

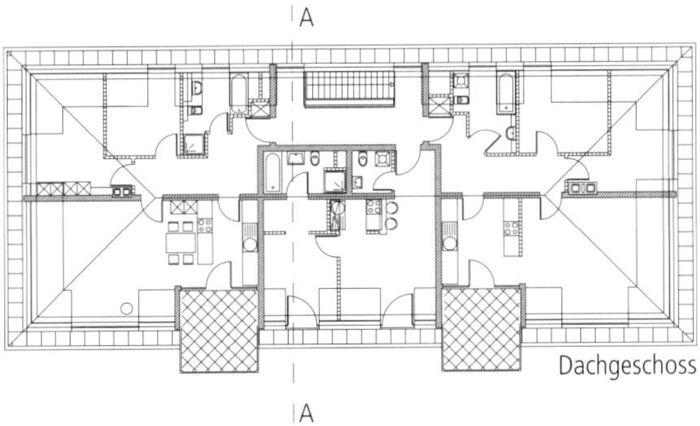


Dachgeschoss

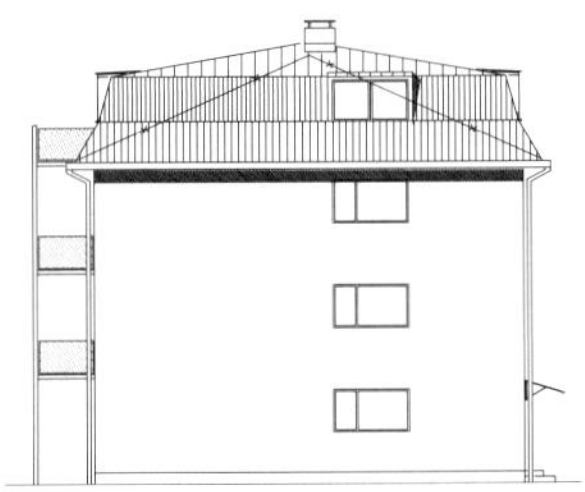

Ansicht West

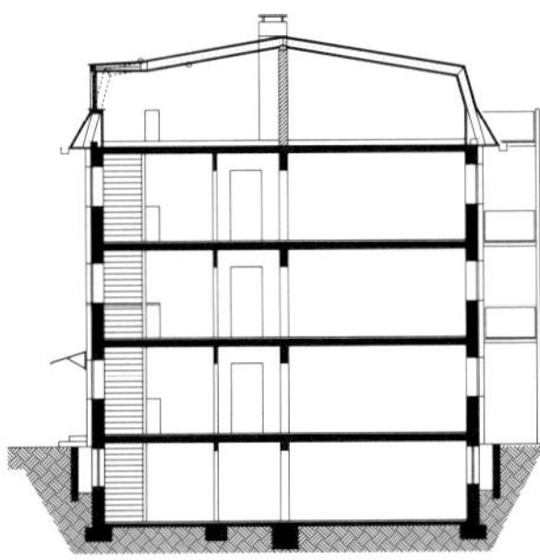

Schnitt A-A

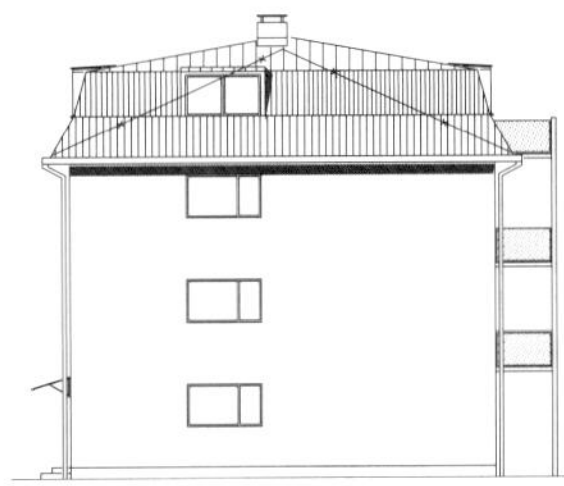

Ansicht Ost

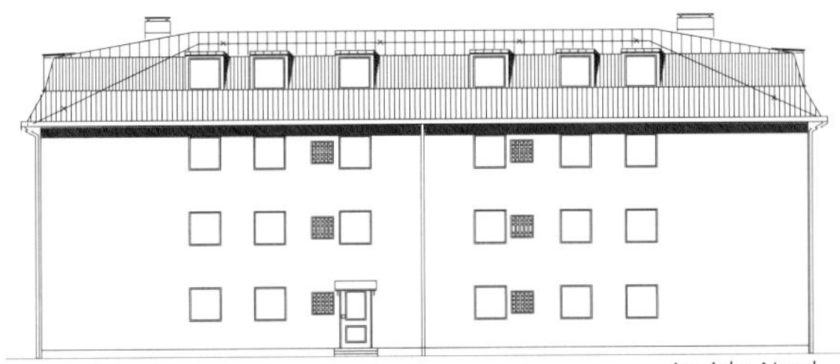

Ansicht Nord

# Objektbeschreibung

## Nutzung

**1 Untergeschoss**
Abstellräume

**1 Erdgeschoss**
2 Wohnungen, Bestand

**1 Obergeschoss**
4 Wohnungen, Bestand

**1 Dachgeschoss**
3 neue Wohnungen

**Besonderer Kosteneinfluss Nutzung:**
Die Flächenangaben der DIN 277 und die Wohnflächenangabe gelten nur für die Dachaufstockung. Die Wohnungen erreichen den KfW60 Standard.

## Nutzeinheiten

Wohneinheiten: 9
Wohnfläche: 234m²

## Grundstück

Bauraum: Beengter Bauraum
Neigung: Ebenes Gelände
Bodenklasse: BK 3 bis BK 4

## Markt

Hauptvergabezeit: 3.Quartal 2007
Baubeginn: 4.Quartal 2007
Bauende: 3.Quartal 2008
Konjunkturelle Gesamtlage: Durchschnitt
Regionaler Baumarkt: über Durchschnitt

## Baubestand

Baujahr: 1965
Bauzustand: mittel
Aufwand: mittel
Grundrissänderungen: wenige
Tragwerkseingriffe: wenige
Nutzungsänderung: ja
Nutzung während der Bauzeit: ja

## Baukonstruktion

**Abbrechen:** Abbruch einer Stb-Decke fürs Treppenloch, Abbruch von Estrich, Dämmung, Trennlage; Holzdachkonstruktion, Dachziegel, Lattung, Dachpappe, Dachrinnen; Entsorgung, Deponiegebühren
**Herstellen:** HLz-Mauerwerk, Kunststofffenster, Rollläden, Balkonanlage, Geländer- und Handläufe; Metallständerwände, Holztüren, Brandschutztüren, Putz, Wandfliesen, Anstrich; Stb-Treppe, Trockenestrich, Parkett, Bodenfliesen; Holzdachkonstruktion, Dachflächenfenster, Dämmung, Alu-Metalldeckung, Dachentwässerung, GK-Bekleidungen, Anstrich

## Technische Anlagen

**Abbrechen:** Abbruch der Elektroinstallation
**Herstellen:** Abwasserleitungen, Sanitärinstallation, Sanitärobjekte; Heizungsrohre, Heizkörper, Fußbodenheizung; Elektroinstallation; Fernmeldeleitungen, TAE-Steckdosen, Klingelleitungen, Sprech- Türöffneranlage, Antennenleitungen, Antennensteckdosen

## Planungskennwerte für Flächen und Rauminhalte nach DIN 277

| Flächen des Grundstücks | Menge, Einheit | % an FBG |
|---|---|---|
| BF Bebaute Fläche | 403,00 m² | 25,3 |
| UBF Unbebaute Fläche | 1.193,00 m² | 74,8 |
| FBG Fläche des Baugrundstücks | 1.596,00 m² | 100,0 |

| Grundflächen des Bauwerks | Menge, Einheit | % an NF | % an BGF |
|---|---|---|---|
| NF Nutzfläche | 214,51 m² | 100,0 | 72,2 |
| TF Technische Funktionsfläche | – m² | – | – |
| VF Verkehrsfläche | 33,33 m² | 15,5 | 11,2 |
| NGF Netto-Grundfläche | 247,84 m² | 115,5 | 83,5 |
| KGF Konstruktions-Grundfläche | 49,16 m² | 22,9 | 16,6 |
| BGF Brutto-Grundfläche | 297,00 m² | 138,5 | 100,0 |

| Brutto-Rauminhalt des Bauwerks | Menge, Einheit | BRI/NF (m) | BRI/BGF (m) |
|---|---|---|---|
| BRI Brutto-Rauminhalt | 755,00 m³ | 3,52 | 2,54 |

| Lufttechnisch behandelte Flächen | Menge, Einheit | % an NF | % an BGF |
|---|---|---|---|
| Entlüftete Fläche | – m² | – | – |
| Be- und entlüftete Fläche | – m² | – | – |
| Teilklimatisierte Fläche | – m² | – | – |
| Klimatisierte Fläche | – m² | – | – |

| KG | Kostengruppen (2.Ebene) | Menge, Einheit | Menge/NF | Menge/BGF |
|---|---|---|---|---|
| 310 | Baugrube | – m³ BGI | – | – |
| 320 | Gründung | – m² GRF | – | – |
| 330 | Außenwände | 94,06 m² AWF | 0,44 | 0,32 |
| 340 | Innenwände | 373,47 m² IWF | 1,74 | 1,26 |
| 350 | Decken | 213,50 m² DEF | 1,00 | 0,72 |
| 360 | Dächer | 488,00 m² DAF | 2,27 | 1,64 |

## Kostenkennwerte für die Kostengruppen der 1.Ebene DIN 276

| KG | Kostengruppen (1.Ebene) | Einheit | Kosten € | €/Einheit | €/m² BGF | €/m³ BRI | % 300+400 |
|---|---|---|---|---|---|---|---|
| 100 | Grundstück | m² FBG | – | – | – | – | – |
| 200 | Herrichten und Erschließen | m² FBG | – | – | – | – | – |
| 300 | Bauwerk - Baukonstruktionen | m² BGF | 310.522 | 1.045,53 | 1.045,53 | 411,29 | 79,6 |
| 400 | Bauwerk - Technische Anlagen | m² BGF | 79.727 | 268,44 | 268,44 | 105,60 | 20,4 |
| | **Bauwerk 300+400** | **m² BGF** | **390.248** | **1.313,97** | **1.313,97** | **516,89** | **100,0** |
| 500 | Außenanlagen | m² AUF | 18.990 | 15,92 | 63,94 | 25,15 | 4,9 |
| 600 | Ausstattung und Kunstwerke | m² BGF | – | – | – | – | – |
| 700 | Baunebenkosten | m² BGF | – | – | – | – | – |

Erweiterung

## Kostenkennwerte für die Kostengruppen der 1.Ebene DIN 276

| KG | Kostengruppe | Menge Einheit | Kosten € | €/Einheit | % |
|---|---|---|---|---|---|
| 3+4 | **Bauwerk** | | | | **100,0** |
| 300 | **Bauwerk - Baukonstruktionen** | 297,00 m² BGF | 310.522 | **1.045,53** | 79,6 |
| | • Abbrechen (Kosten: 5,7%) | | 17.643 | | |
| | Abbruch einer Stb-Decke fürs Treppenloch, Abbruch von Estrich, Dämmung, Trennlage; Holzdachkonstruktion, Dachziegel, Lattung, Dachpappe, Dachrinnen; Entsorgung, Deponiegebühren | | | | |
| | • Herstellen (Kosten: 94,3%) | | 292.879 | | |
| | HLz-Mauerwerk, Kunststofffenster, Rollläden, Balkonanlage, Geländer- und Handläufe; Metallständerwände, Holztüren, Brandschutztüren, Putz, Wandfliesen, Anstrich; Stb-Treppe, Trockenestrich, Parkett, Bodenfliesen; Holzdachkonstruktion, Dachflächenfenster, Dämmung, Alu-Metalldeckung, Dachentwässerung, GK-Bekleidungen, Anstrich | | | | |
| 400 | **Bauwerk - Technische Anlagen** | 297,00 m² BGF | 79.727 | **268,44** | 20,4 |
| | • Abbrechen (Kosten: 0,5%) | | 404 | | |
| | Abbruch der Elektroinstallation | | | | |
| | • Herstellen (Kosten: 99,5%) | | 79.322 | | |
| | Abwasserleitungen, Sanitärinstallation, Sanitärobjekte; Heizungsrohre, Heizkörper, Fußbodenheizung; Elektroinstallation; Fernmeldeleitungen, TAE-Steckdosen, Klingelleitungen, Sprech- Türöffneranlage, Antennenleitungen, Antennensteckdosen | | | | |
| 500 | **Außenanlagen** | 1.193,00 m² AUF | 18.990 | **15,92** | 4,9 |
| | • Herstellen (Kosten: 100,0%) | | 18.990 | | |
| | Pflastersteine im Splittbett, Kiesunterbau vorhanden * Baustelleneinrichtung * Abbruch einer Asphaltdecke, Entsorgung | | | | |

## Kostenkennwerte für die Kostengruppen 300 und 400 der 2.Ebene DIN 276

| KG | Kostengruppe | Menge Einheit | Kosten € | €/Einheit | % |
|---|---|---|---|---|---|
| **300** | **Bauwerk - Baukonstruktionen** | | | | **100,0** |
| 330 | **Außenwände** | 94,06 m² | 49.617 | **527,51** | 16,0 |
| | • Herstellen (Kosten: 100,0%) | | 49.617 | | |
| | HLz-Mauerwerk, d=24cm (53m²) * Kunststofffenster, zweifach Isolierverglasung, u-Wert=1,1W(m²K) (42m²) * Putz, Anstrich (47m²) * Minirollläden, Vorbauelemente, Alu-Führungsschienen (28m²) * Stb-Punktfundamente, Stahlkonstruktion für Balkonanlage, Rahmenkonstruktion 3.260mmx 1.700mm, 3-stockig, Auflageblech, Alu-Riffelblech, d=6mm, Geländer- und Handläufe (58m²) | | | | |
| 340 | **Innenwände** | 373,47 m² | 48.100 | **128,79** | 15,5 |
| | • Herstellen (Kosten: 100,0%) | | 48.100 | | |
| | HLz-Mauerwerk, d=24cm (95m²) * Metallständerwände, GK-Beplankung, 2x12,5mm, Dämmung, d=40mm (246m²), Vorsatzschalen für Installationen (32m²) * Holztüren, Röhrenspaneinlage (22m²), Brandschutztüren, rauchdicht, Obentürschließer, Holzzargen (6m²) * Abdichtungen, Wandfliesen (115m²), Putz, Anstrich (228m²), Anstrich auf GK-Flächen (296m²) | | | | |
| 350 | **Decken** | 213,50 m² | 43.744 | **204,89** | 14,1 |
| | • Abbrechen (Kosten: 14,8%) | | 6.491 | | |
| | Abbruch einer Stb-Decke fürs Treppenloch (7m²) * Abbruch von Estrich, Dämmung, Trennlage (240m²); Entsorgung, Deponiegebühren | | | | |
| | • Herstellen (Kosten: 85,2%) | | 37.253 | | |
| | Stb-Treppe, gerade, 16 Steigungen, Treppenlochabfangung, Stb-Überzüge (12m²) * Bitumenanstrich, Schweißbahn V60 S4, Trittschalldämmung 33/30, Trockenestrich, d=23mm, Holzfaserplatte, d=10mm, Mosaikparkett, Eiche (175m²), Bodenfliesen (27m²), Tritt- und Setzstufen (12m²) * Untergrund ausbessern, Anstrich (254m²) | | | | |
| 360 | **Dächer** | 488,00 m² | 153.077 | **313,68** | 49,3 |
| | • Abbrechen (Kosten: 7,3%) | | 11.152 | | |
| | Abbruch von Holzdachkonstruktion, Dachziegel, Lattung, Dachpappe (386m²) * Dachrinnen (54m); Entsorgung, Deponiegebühren | | | | |
| | • Herstellen (Kosten: 92,7%) | | 141.925 | | |
| | Holzdachkonstruktion, Brettschichtholz, Dachschalung, d=28mm (488m²) * Dachflächenfenster (5St) * Zwischensparrendämmung, d=200mm, WLG 035, Alu-Metalldeckung, kupferfarbig, d=0,7mm (488m²), Dachrinne, Titanzink (91m) * GK-Dachschrägenbekleidung, F30 B, Anstrich (342m²) * Schneefang (10m), Laufroste (24m), Dachleiter, l=3m | | | | |
| 390 | **Sonstige Baukonstruktionen** | 297,00 m² BGF | 15.984 | **53,82** | 5,1 |
| | • Herstellen (Kosten: 100,0%) | | 15.984 | | |
| | Baustelleneinrichtung, Baukran, Baustellentoilette * Fassdengerüst (681m²), Dachdeckerschutzgerüst (76m) * Sicherung des Kamins gegen Umfallen während der Bauphase | | | | |

| KG | Kostengruppe | Menge Einheit | Kosten € | €/Einheit | % |
|---|---|---|---|---|---|
| **400** | **Bauwerk - Technische Anlagen** | | | | **100,0** |
| 410 | **Abwasser-, Wasser-, Gasanlagen** | 297,00 m² BGF | 23.562 | **79,33** | 29,6 |
| | • Herstellen (Kosten: 100,0%) | | 23.562 | | |
| | Regenfallrohre DN100, Alu (54m), HT-Abwasserleitungen, Formstücke (82m) * Kalt- und Warmwasserleitungen, Kupferrohre, Formstücke, Rohrdämmung (135m), Wasserzähler (3St), Waschbecken (3St), WC-Becken (3St), Badewannen (3St), Duschwannen (2St) | | | | |
| 420 | **Wärmeversorgungsanlagen** | 297,00 m² BGF | 26.216 | **88,27** | 32,9 |
| | • Herstellen (Kosten: 100,0%) | | 26.216 | | |
| | Kupferrohre, Formstücke, Rohrdämmung (142m) * Heizkörper (4St), Handtuchheizkörper (3St), Fußbodenheizung * Kaminerhöhung um 0,4m mit Formsteinen, Befestigungen | | | | |
| 440 | **Starkstromanlagen** | 297,00 m² BGF | 26.781 | **90,17** | 33,6 |
| | • Abbrechen (Kosten: 1,5%) | | 404 | | |
| | Abbruch der Elektroinstallation | | | | |
| | • Herstellen (Kosten: 98,5%) | | 26.377 | | |
| | Zählerschrank, Unterverteilungen, Sicherungen, FI-Schutzschalter, Mantelleitungen (785m), Schalter, Taster (56St), Steckdosen (137St) * Erdbandschellen, Mantelleitungen NYM 1x16mm² (124m) | | | | |
| 450 | **Fernmelde-, informationstechn. Anlagen** | 297,00 m² BGF | 3.168 | **10,67** | 4,0 |
| | • Herstellen (Kosten: 100,0%) | | 3.168 | | |
| | Fernmeldeleitungen (223m), TAE-Steckdosen (3St) * Klingelleitungen, Sprech- Türöffneranlage * Antennenleitungen (290m), Antennensteckdosen (8St) | | | | |
| **500** | **Außenanlagen** | | | | **100,0** |
| 520 | **Befestigte Flächen** | 405,00 m² | 18.150 | **44,81** | 95,6 |
| | • Herstellen (Kosten: 100,0%) | | 18.150 | | |
| | Pflastersteine im Splittbett, Kiesunterbau vorhanden (405m²) | | | | |
| 590 | **Sonstige Außenanlagen** | 1.193,00 m² AUF | 840 | **0,70** | 4,4 |
| | • Herstellen (Kosten: 100,0%) | | 840 | | |
| | Baustelleneinrichtung * Abbruch einer Asphaltdecke, Entsorgung (29m²) | | | | |

## Kostenkennwerte für die Kostengruppe 300 der 3.Ebene DIN 276 (Übersicht)

| KG | Kostengruppe | Menge Einh. | €/Einheit | Kosten € | % 300+400 |
|---|---|---|---|---|---|
| 311 | Baugrubenherstellung | – | – | – | – |
| 312 | Baugrubenumschließung | – | – | – | – |
| 313 | Wasserhaltung | – | – | – | – |
| 319 | Baugrube, sonstiges | – | – | – | – |
| **310** | **Baugrube** | **–** | **–** | **–** | **–** |
| 321 | Baugrundverbesserung | – | – | – | – |
| 322 | Flachgründungen | – | – | – | – |
| 323 | Tiefgründungen | – | – | – | – |
| 324 | Unterböden und Bodenplatten | – | – | – | – |
| 325 | Beläge auf Boden- und Fundamentplatten | – | – | – | – |
| 326 | Bauwerksabdichtungen | – | – | – | – |
| 327 | Dränagen | – | – | – | – |
| 329 | Gründung, sonstiges | – | – | – | – |
| **320** | **Gründung** | **–** | **–** | **–** | **–** |
| 331 | Tragende Außenwände | 53,000 m² | 98,30 | 5.160,92 | 1,3 |
| 332 | Nichttragende Außenwände | – | – | – | – |
| 333 | Tragende Außenstützen | – | – | – | – |
| 334 | Außentüren, -fenster | 42,000 m² | 218,95 | 9.099,73 | 2,3 |
| 335 | Außenwandbekleidungen außen | – | – | – | – |
| 336 | Außenwandbekleidungen innen | 47,000 m² | 28,10 | 1.315,00 | 0,3 |
| 337 | Elementierte Außenwände | – | – | – | – |
| 338 | Sonnenschutz | 28,000 m² | 166,79 | 4.693,58 | 1,2 |
| 339 | Außenwände, sonstiges | 94,000 m² AWF | 312,01 | 29.348,11 | 7,5 |
| **330** | **Außenwände** | **94,000 m²** | **527,51** | **49.617,35** | **12,7** |
| 341 | Tragende Innenwände | 95,000 m² | 101,14 | 9.650,51 | 2,5 |
| 342 | Nichttragende Innenwände | 278,000 m² | 55,06 | 15.309,22 | 3,9 |
| 343 | Tragende Innenstützen | – | – | – | – |
| 344 | Innentüren, -fenster | 28,000 m² | 274,71 | 7.707,26 | 2,0 |
| 345 | Innenwandbekleidungen | 364,000 m² | 42,41 | 15.433,38 | 4,0 |
| 346 | Elementierte Innenwände | – | – | – | – |
| 349 | Innenwände, sonstiges | – | – | – | – |
| **340** | **Innenwände** | **373,000 m²** | **128,79** | **48.100,37** | **12,3** |
| 351 | Deckenkonstruktionen | 12,000 m² | 532,33 | 6.121,78 | 1,6 |
| 352 | Deckenbeläge | 214,000 m² | 166,72 | 35.595,17 | 9,1 |
| 353 | Deckenbekleidungen | 254,000 m² | 7,98 | 2.026,64 | 0,5 |
| 359 | Decken, sonstiges | – | – | – | – |
| **350** | **Decken** | **214,000 m²** | **204,89** | **43.743,60** | **11,2** |
| 361 | Dachkonstruktionen | 488,000 m² | 111,15 | 54.240,86 | 13,9 |
| 362 | Dachfenster, Dachöffnungen | 7,000 m² | 665,44 | 4.664,71 | 1,2 |
| 363 | Dachbeläge | 488,000 m² | 149,81 | 73.109,53 | 18,7 |
| 364 | Dachbekleidungen | 342,000 m² | 56,96 | 19.469,33 | 5,0 |
| 369 | Dächer, sonstiges | 488,000 m² DAF | 3,26 | 1.592,21 | 0,4 |
| **360** | **Dächer** | **488,000 m²** | **313,68** | **153.076,63** | **39,2** |
| **370** | **Baukonstruktive Einbauten** | **–** | **–** | **–** | **–** |
| **390** | **Sonst. Maßnahmen für Baukonstruktionen** | **297,000 m² BGF** | **53,82** | **15.983,82** | **4,1** |
| **300** | **Bauwerk - Baukonstruktionen** | **297,000 m² BGF** | **1.045,53** | **310.521,77** | **79,6** |

## Kostenkennwerte für die Kostengruppe 400 der 3.Ebene DIN 276 (Übersicht)

| KG | Kostengruppe | Menge Einh. | €/Einheit | Kosten € | % 300+400 |
|---|---|---|---|---|---|
| 411 | Abwasseranlagen | 297,000 m² BGF | 10,53 | 3.128,81 | 0,8 |
| 412 | Wasseranlagen | 297,000 m² BGF | 68,80 | 20.432,86 | 5,2 |
| 413 | Gasanlagen (wenn zu Kochzwecken) | – | – | – | – |
| 414 | Feuerlöschanlagen | – | – | – | – |
| 419 | Abwasser-, Wasser- und Gasanlagen, sonstiges | – | – | – | – |
| **410** | **Abwasser-, Wasser-, Gasanlagen** | **297,000 m² BGF** | **79,33** | **23.561,66** | **6,0** |
| 421 | Wärmeerzeugungsanlagen | – | – | – | – |
| 422 | Wärmeverteilnetze | 297,000 m² BGF | 39,79 | 11.818,55 | 3,0 |
| 423 | Raumheizflächen | 297,000 m² BGF | 45,58 | 13.537,83 | 3,5 |
| 429 | Wärmeversorgungsanlagen, sonstiges | 297,000 m² BGF | 2,89 | 859,73 | 0,2 |
| **420** | **Wärmeversorgungsanlagen** | **297,000 m² BGF** | **88,27** | **26.216,10** | **6,7** |
| 431 | Lüftungsanlagen (LA) | – | – | – | – |
| 432 | Teilklimaanlagen (TKA) | – | – | – | – |
| 433 | Klimaanlagen (KLA) | – | – | – | – |
| 434 | Prozeßlufttechnische Anlagen (PLA) | – | – | – | – |
| 435 | Kälteanlagen (KA) | – | – | – | – |
| 439 | Lufttechnische Anlagen, sonstiges | – | – | – | – |
| **430** | **Lufttechnische Anlagen** | **–** | **–** | **–** | **–** |
| 441 | Hoch- und Mittelspannungsanlagen | – | – | – | – |
| 442 | Eigenstromversorgungsanlagen | – | – | – | – |
| 443 | Niederspannungsschaltanlagen | – | – | – | – |
| 444 | Niederspannungsinstallationsanlagen | 297,000 m² BGF | 87,41 | 25.959,34 | 6,7 |
| 445 | Beleuchtungsanlagen | – | – | – | – |
| 446 | Blitzschutz- und Erdungsanlagen | 297,000 m² BGF | 2,77 | 821,58 | 0,2 |
| 449 | Starkstromanlagen, sonstiges | – | – | – | – |
| **440** | **Starkstromanlagen** | **297,000 m² BGF** | **90,17** | **26.780,92** | **6,9** |
| 451 | Telekommunikationsanlagen | 297,000 m² BGF | 2,08 | 618,71 | 0,2 |
| 452 | Such- und Signalanlagen | 297,000 m² BGF | 5,64 | 1.673,90 | 0,4 |
| 453 | Zeitdienstanlagen | – | – | – | – |
| 454 | Elektroakustische Anlagen | – | – | – | – |
| 455 | Fernseh- und Antennenanlagen | 297,000 m² BGF | 2,95 | 875,25 | 0,2 |
| 456 | Gefahrenmelde- und Alarmanlagen | – | – | – | – |
| 457 | Übertragungsnetze | – | – | – | – |
| 459 | Fernmelde- und informationstechn. Anlagen, sonstiges | – | – | – | – |
| **450** | **Fernmelde- und informationstechn. Anlagen** | **297,000 m² BGF** | **10,67** | **3.167,86** | **0,8** |
| 461 | Aufzugsanlagen | – | – | – | – |
| 462 | Fahrtreppen, Fahrsteige | – | – | – | – |
| 463 | Befahranlagen | – | – | – | – |
| 464 | Transportanlagen | – | – | – | – |
| 465 | Krananlagen | – | – | – | – |
| 469 | Förderanlagen, sonstiges | – | – | – | – |
| **460** | **Förderanlagen** | **–** | **–** | **–** | **–** |
| **470** | **Nutzungsspezifische Anlagen** | **–** | **–** | **–** | **–** |
| **480** | **Gebäudeautomation** | **–** | **–** | **–** | **–** |
| **490** | **Sonst. Maßnahmen für technische Anlagen** | **–** | **–** | **–** | **–** |
| **400** | **Bauwerk - Technische Anlagen** | **297,000 m² BGF** | **268,44** | **79.726,55** | **20,4** |

## Kostenkennwerte für Leistungsbereiche nach StLB (Kosten des Bauwerks nach DIN 276)

| LB | Leistungsbereiche | Kosten € | €/m² BGF | €/m³ BRI | % 300+400 |
|---|---|---|---|---|---|
| 000 | Sicherheits-, Baustelleneinrichtungen inkl. 001 | 15.050 | 50,70 | 19,90 | 3,9 |
| | Herstellen | 15.050 | 50,70 | 19,90 | 3,9 |
| 002 | Erdarbeiten | – | – | – | – |
| 006 | Spezialtiefbauarbeiten inkl. 005 | – | – | – | – |
| 009 | Abwasserkanalarbeiten inkl. 011 | 424 | 1,40 | 0,56 | 0,1 |
| | Herstellen | 424 | 1,40 | 0,56 | 0,1 |
| 010 | Dränarbeiten | – | – | – | – |
| 012 | Mauerarbeiten | 16.605 | 55,90 | 22,00 | 4,3 |
| | Herstellen | 16.605 | 55,90 | 22,00 | 4,3 |
| 013 | Betonarbeiten | 8.183 | 27,60 | 10,80 | 2,1 |
| | Herstellen | 8.183 | 27,60 | 10,80 | 2,1 |
| 014 | Natursteinarbeiten, Betonwerksteinarbeiten | – | – | – | – |
| 016 | Zimmer- und Holzbauarbeiten | 40.014 | 134,70 | 53,00 | 10,3 |
| | Herstellen | 40.014 | 134,70 | 53,00 | 10,3 |
| 017 | Stahlbauarbeiten | 28.881 | 97,20 | 38,30 | 7,4 |
| | Herstellen | 28.881 | 97,20 | 38,30 | 7,4 |
| 018 | Abdichtungsarbeiten gegen Wasser | – | – | – | – |
| 020 | Dachdeckungsarbeiten | 21.349 | 71,90 | 28,30 | 5,5 |
| | Herstellen | 21.349 | 71,90 | 28,30 | 5,5 |
| 021 | Dachabdichtungsarbeiten | – | – | – | – |
| 022 | Klempnerarbeiten | 58.664 | 197,50 | 77,70 | 15,0 |
| | Herstellen | 58.664 | 197,50 | 77,70 | 15,0 |
| | **Rohbau** | **189.171** | **636,90** | **250,60** | **48,5** |
| | Herstellen | 189.171 | 636,90 | 250,60 | 48,5 |
| 023 | Putz- und Stuckarbeiten, Wärmedämmsysteme | 5.527 | 18,60 | 7,30 | 1,4 |
| | Herstellen | 5.527 | 18,60 | 7,30 | 1,4 |
| 024 | Fliesen- und Plattenarbeiten | 14.056 | 47,30 | 18,60 | 3,6 |
| | Herstellen | 14.056 | 47,30 | 18,60 | 3,6 |
| 025 | Estricharbeiten | – | – | – | – |
| 026 | Fenster, Außentüren inkl. 029, 032 | 10.546 | 35,50 | 14,00 | 2,7 |
| | Herstellen | 10.546 | 35,50 | 14,00 | 2,7 |
| 027 | Tischlerarbeiten | 4.755 | 16,00 | 6,30 | 1,2 |
| | Herstellen | 4.755 | 16,00 | 6,30 | 1,2 |
| 028 | Parkettarbeiten, Holzpflasterarbeiten | 14.947 | 50,30 | 19,80 | 3,8 |
| | Herstellen | 14.947 | 50,30 | 19,80 | 3,8 |
| 030 | Rollladenarbeiten | 3.247 | 10,90 | 4,30 | 0,8 |
| | Herstellen | 3.247 | 10,90 | 4,30 | 0,8 |
| 031 | Metallbauarbeiten inkl. 035 | 2.952 | 9,90 | 3,90 | 0,8 |
| | Herstellen | 2.952 | 9,90 | 3,90 | 0,8 |
| 034 | Maler- und Lackiererarbeiten inkl. 037 | 7.686 | 25,90 | 10,20 | 2,0 |
| | Herstellen | 7.686 | 25,90 | 10,20 | 2,0 |
| 036 | Bodenbelagsarbeiten | – | – | – | – |
| 038 | Vorgehängte hinterlüftete Fassaden | – | – | – | – |
| 039 | Trockenbauarbeiten | 42.266 | 142,30 | 56,00 | 10,8 |
| | Herstellen | 42.266 | 142,30 | 56,00 | 10,8 |
| | **Ausbau** | **105.982** | **356,80** | **140,40** | **27,2** |
| | Herstellen | 105.982 | 356,80 | 140,40 | 27,2 |

| LB | Leistungsbereiche | Kosten € | €/m² BGF | €/m³ BRI | % 300+400 |
|---|---|---|---|---|---|
| 040 | Wärmeerzeuger, zentr. Einrichtungen inkl. 041 | 24.180 | 81,40 | 32,00 | 6,2 |
| | Herstellen | 24.180 | 81,40 | 32,00 | 6,2 |
| 042 | Gas- und Wasserinstallationsarbeiten inkl. 043 | 9.927 | 33,40 | 13,10 | 2,5 |
| | Herstellen | 9.927 | 33,40 | 13,10 | 2,5 |
| 044 | Abwasserinstallationsarbeiten - Leitungen | 1.714 | 5,80 | 2,30 | 0,4 |
| | Herstellen | 1.714 | 5,80 | 2,30 | 0,4 |
| 045 | Gas-, Wasser-Einrichtungsgegenstände inkl. 046 | 10.004 | 33,70 | 13,30 | 2,6 |
| | Herstellen | 10.004 | 33,70 | 13,30 | 2,6 |
| 047 | Dämmarbeiten an betriebstechnischen Anlagen | 1.678 | 5,70 | 2,20 | 0,4 |
| | Herstellen | 1.678 | 5,70 | 2,20 | 0,4 |
| 049 | Feuerlöschanlagen, Feuerlöschgeräte | – | – | – | – |
| 050 | Blitzschutz- und Erdungsanlagen | 822 | 2,80 | 1,10 | 0,2 |
| | Herstellen | 822 | 2,80 | 1,10 | 0,2 |
| 052 | Mittelspannungsanlagen | – | – | – | – |
| 053 | Niederspannungsanlagen inkl. 054 | 25.555 | 86,00 | 33,80 | 6,5 |
| | Herstellen | 25.555 | 86,00 | 33,80 | 6,5 |
| 055 | Ersatzstromversorgungsanlagen | – | – | – | – |
| 057 | Gebäudesystemtechnik | – | – | – | – |
| 058 | Leuchten und Lampen, inkl. 059 | – | – | – | – |
| 060 | Elektroakustische Anlagen | 1.674 | 5,60 | 2,20 | 0,4 |
| | Herstellen | 1.674 | 5,60 | 2,20 | 0,4 |
| 061 | Kommunikationsnetze | 1.494 | 5,00 | 2,00 | 0,4 |
| | Herstellen | 1.494 | 5,00 | 2,00 | 0,4 |
| 063 | Gefahrenmeldeanlagen | – | – | – | – |
| 069 | Aufzüge | – | – | – | – |
| 070 | Gebäudeautomation | – | – | – | – |
| 075 | Raumlufttechnische Anlagen | – | – | – | – |
| | **Gebäudetechnik** | **77.048** | **259,40** | **102,10** | **19,7** |
| | Herstellen | 77.048 | 259,40 | 102,10 | 19,7 |
| 084 | Abbrucharbeiten | 18.047 | 60,80 | 23,90 | 4,6 |
| | Abbrechen | 18.047 | 60,80 | 23,90 | 4,6 |
| | Sonstige Leistungsbereiche inkl. 008, 033, 051 | – | – | – | – |

6100-658
Mehrfamilienhaus
(60WE)

Modernisierung

## Objektübersicht

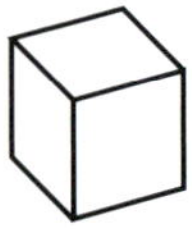

**53 €/m³ BRI**

**155 €/m² BGF**

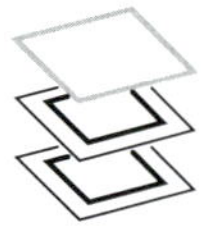

**212 €/m² NF**

| | |
|---|---|
| Kennwerte | bis 3.Ebene DIN 276 |
| Bauzeit | 17 Wochen |
| Bauende | 2006 |
| Standard | Durchschnitt |
| Land | Bayern |
| Kreis | München |
| m³ BRI | 6.157 |
| m² BGF | 2.096 |
| m² NF | 1.526 |

**Architekt:**
Planungsbüro
Dipl.-Ing.(FH)
Hanns Peter Benl
Herzog-Georg-Platz 5
84524 Neuötting

vorher

Modernisierung



nachher

# Objektbeschreibung

## Nutzung

**1 Untergeschoss**
Abstellräume

**1 Erdgeschoss**
Wohnungen

**4 Obergeschosse**
Wohnungen

**1 Dachgeschoss**
Dachboden

## Nutzeinheiten

Wohneinheiten: 60

## Grundstück

Bauraum: Freier Bauraum
Neigung: Ebenes Gelände
Bodenklasse: BK 4

## Markt

Hauptvergabezeit: 3.Quartal 2006
Baubeginn: 3.Quartal 2006
Bauende: 4.Quartal 2006
Konjunkturelle Gesamtlage: Durchschnitt
Regionaler Baumarkt: über Durchschnitt

## Baubestand

Baujahr: 1958
Bauzustand: mittel
Aufwand: mittel
Grundrissänderungen: wenige
Tragwerkseingriffe: wenige
Nutzungsänderung: nein
Nutzung während der Bauzeit: ja

## Baukonstruktion

**Abbrechen:** Abbruch von Fensterbänken, Entsorgung, Deponiegebühren
**Wiederherstellen:** Eingangsüberdachungen abbauen, lagern, wieder montieren; Balkondecken reinigen, streichen; Dachuntersicht reinigen, mit Holzschutzlasur streichen
**Herstellen:** Fensterbänke, Wärmedämmverbundsystem; Speicherdeckendämmung, Kellerdeckendämmung; Flachdachabdichtung

## Technische Anlagen

**Wiederherstellen:** Regenfallrohre demontieren, lagern, Folienregenrohre montieren, später demontieren und Regenfallrohre wieder montieren, Außenwasserhähne, Außenlampen, Sat-Schüsseln demontieren, lagern, später wieder montieren
**Herstellen:** Rohrlaubfänger in Fallrohre einbauen

## Planungskennwerte für Flächen und Rauminhalte nach DIN 277

| Flächen des Grundstücks | | Menge, Einheit | % an FBG |
|---|---|---|---|
| BF | Bebaute Fläche | – m² | – |
| UBF | Unbebaute Fläche | – m² | – |
| FBG | Fläche des Baugrundstücks | – m² | – |

| Grundflächen des Bauwerks | | Menge, Einheit | % an NF | % an BGF |
|---|---|---|---|---|
| NF | Nutzfläche | 1.525,67 m² | 100,0 | 72,8 |
| TF | Technische Funktionsfläche | 19,91 m² | 1,3 | 1,0 |
| VF | Verkehrsfläche | 243,10 m² | 15,9 | 11,6 |
| NGF | Netto-Grundfläche | 1.788,68 m² | 117,2 | 85,4 |
| KGF | Konstruktions-Grundfläche | 307,02 m² | 20,1 | 14,7 |
| BGF | Brutto-Grundfläche | 2.095,70 m² | 137,4 | 100,0 |

| Brutto-Rauminhalt des Bauwerks | | Menge, Einheit | BRI/NF (m) | BRI/BGF (m) |
|---|---|---|---|---|
| BRI | Brutto-Rauminhalt | 6.157,00 m³ | 4,04 | 2,94 |

| Lufttechnisch behandelte Flächen | Menge, Einheit | % an NF | % an BGF |
|---|---|---|---|
| Entlüftete Fläche | – m² | – | – |
| Be- und entlüftete Fläche | – m² | – | – |
| Teilklimatisierte Fläche | – m² | – | – |
| Klimatisierte Fläche | – m² | – | – |

| KG | Kostengruppen (2.Ebene) | Menge, Einheit | Menge/NF | Menge/BGF |
|---|---|---|---|---|
| 310 | Baugrube | – m³ BGI | – | – |
| 320 | Gründung | – m² GRF | – | – |
| 330 | Außenwände | 2.800,66 m² AWF | 1,84 | 1,34 |
| 340 | Innenwände | – m² IWF | – | – |
| 350 | Decken | 1.390,92 m² DEF | 0,91 | 0,66 |
| 360 | Dächer | 63,60 m² DAF | < 0,1 | < 0,1 |

## Kostenkennwerte für die Kostengruppen der 1.Ebene DIN 276

| KG | Kostengruppen (1.Ebene) | Einheit | Kosten € | €/Einheit | €/m² BGF | €/m³ BRI | % 300+400 |
|---|---|---|---|---|---|---|---|
| 100 | Grundstück | m² FBG | – | – | – | – | – |
| 200 | Herrichten und Erschließen | m² FBG | – | – | – | – | – |
| 300 | Bauwerk - Baukonstruktionen | m² BGF | 320.959 | 153,15 | 153,15 | 52,13 | 99,1 |
| 400 | Bauwerk - Technische Anlagen | m² BGF | 2.992 | 1,43 | 1,43 | 0,49 | 0,9 |
| | **Bauwerk 300+400** | **m² BGF** | **323.951** | **154,58** | **154,58** | **52,62** | **100,0** |
| 500 | Außenanlagen | m² AUF | – | – | – | – | – |
| 600 | Ausstattung und Kunstwerke | m² BGF | – | – | – | – | – |
| 700 | Baunebenkosten | m² BGF | – | – | – | – | – |

## Kostenkennwerte für die Kostengruppen der 1.Ebene DIN 276

| KG | Kostengruppe | Menge Einheit | Kosten € | €/Einheit | % |
|---|---|---|---|---|---|
| 3+4 | **Bauwerk** | | | | **100,0** |
| 300 | **Bauwerk - Baukonstruktionen** | 2.095,70 m² BGF | 320.959 | **153,15** | 99,1 |
| | • Abbrechen (Kosten: 0,4%) | | 1.241 | | |
| | Abbruch von Fensterbänken, Entsorgung, Deponiegebühren | | | | |
| | • Wiederherstellen (Kosten: 4,7%) | | 14.965 | | |
| | Eingangsüberdachungen abbauen, lagern, wieder montieren; Balkondecken reinigen, streichen; Dachuntersicht reinigen, mit Holzschutzlasur streichen | | | | |
| | • Herstellen (Kosten: 95,0%) | | 304.754 | | |
| | Fensterbänke, Wärmedämmverbundsystem; Speicherdeckendämmung, Kellerdeckendämmung; Flachdachabdichtung | | | | |
| 400 | **Bauwerk - Technische Anlagen** | 2.095,70 m² BGF | 2.992 | **1,43** | 0,9 |
| | • Wiederherstellen (Kosten: 76,8%) | | 2.299 | | |
| | Regenfallrohre demontieren, lagern, Folienregenrohre montieren, später demontieren und Regenfallrohre wieder montieren, Außenwasserhähne, Außenlampen, Sat-Schüsseln demontieren, lagern, später wieder montieren | | | | |
| | • Herstellen (Kosten: 23,2%) | | 693 | | |
| | Rohrlaubfänger in Fallrohre einbauen | | | | |

## Kostenkennwerte für die Kostengruppen 300 und 400 der 2.Ebene DIN 276

| KG | Kostengruppe | Menge Einheit | Kosten € | €/Einheit | % |
|---|---|---|---|---|---|
| **300** | **Bauwerk - Baukonstruktionen** | | | | **100,0** |
| 330 | **Außenwände** | 2.800,66 m² | 252.144 | **90,03** | 78,6 |
| | • Abbrechen (Kosten: 0,5%) | | 1.241 | | |
| | Abbruch von Fensterbänken, Entsorgung, Deponiegebühren (174m) | | | | |
| | • Wiederherstellen (Kosten: 3,8%) | | 9.500 | | |
| | Eingangsüberdachungen abbauen, lagern, wieder montieren (4St) | | | | |
| | • Herstellen (Kosten: 95,7%) | | 241.403 | | |
| | Neue Fensterbänke (174m) * Wärmedämmverbundsystem, Polystyrol-Hartschaumplatten, d=140mm, WLG 035, gedübelt, mineralische Armierschicht, Glasfasergewebe, Kratzputz, Körnung 2mm, Anstrich (2.690m²), Polystyrol-Hartschaumplatten, d=100mm, WLG 035, mineralische Armierschicht, Glasfasergewebe, Sockelzementputz, Anstrich (111m²) * Lichtschachtabdeckungen erneuern (14St) | | | | |
| 350 | **Decken** | 1.390,92 m² | 38.462 | **27,65** | 12,0 |
| | • Wiederherstellen (Kosten: 6,8%) | | 2.625 | | |
| | Balkondecken reinigen, streichen (221m²) | | | | |
| | • Herstellen (Kosten: 93,2%) | | 35.837 | | |
| | Dachbodendeckendämmung (717m²) * Kellerdeckendämmung, Hartschaumdämmung, beidseitig alukaschiert (452m²) | | | | |
| 360 | **Dächer** | 63,60 m² | 5.258 | **82,68** | 1,6 |
| | • Wiederherstellen (Kosten: 54,0%) | | 2.840 | | |
| | Dachuntersicht reinigen, mit Holzschutzlasur streichen (152m) | | | | |
| | • Herstellen (Kosten: 46,0%) | | 2.418 | | |
| | Flachdachabdichtung, Reinigung Dachfläche, Bitumenvoranstrich, Kunststoffdachbahn, lose verlegt (18m²), Wandanschluss (26m) | | | | |
| 390 | **Sonstige Baukonstruktionen** | 2.095,70 m² BGF | 25.095 | **11,97** | 7,8 |
| | • Herstellen (Kosten: 100,0%) | | 25.095 | | |
| | Baukran, Baustromverteiler, Baustellen-WC * Fassadengerüst (2.043m²), Treppenturm (1St), Dachdeckerschutzgerüst (150m) | | | | |
| **400** | **Bauwerk - Technische Anlagen** | | | | **100,0** |
| 410 | **Abwasser-, Wasser-, Gasanlagen** | 2.095,70 m² BGF | 2.297 | **1,10** | 76,8 |
| | • Wiederherstellen (Kosten: 69,8%) | | 1.604 | | |
| | Regenfallrohre demontieren, lagern, Folienregenrohre montieren, später demontieren und Regenfallrohre wieder montieren (120m) * Außenwasserhähne demontieren, lagern, Leitungen verlängern, später wieder montieren (6St) | | | | |
| | • Herstellen (Kosten: 30,2%) | | 693 | | |
| | Rohrlaubfänger in Fallrohre einbauen (5St) | | | | |
| 440 | **Starkstromanlagen** | 2.095,70 m² BGF | 244 | **0,12** | 8,1 |
| | • Wiederherstellen (Kosten: 100,0%) | | 244 | | |
| | Außenlampen demontieren, lagern, Elektroleitungen verlängern, später wieder montieren (3St) | | | | |

| KG | Kostengruppe | Menge Einheit | Kosten € | €/Einheit | % |
|---|---|---|---|---|---|
| 450 | **Fernmelde-, informationstechn. Anlagen** | 2.095,70 m² BGF | 452 | **0,22** | 15,1 |
| | • Wiederherstellen (Kosten: 100,0%)<br>Sat-Schüsseln demontieren, lagern, später wieder montieren (4St) | | 452 | | |

## Kostenkennwerte für die Kostengruppe 300 der 3.Ebene DIN 276 (Übersicht)

| KG | Kostengruppe | Menge Einh. | €/Einheit | Kosten € | % 300+400 |
|---|---|---|---|---|---|
| 311 | Baugrubenherstellung | – | – | – | – |
| 312 | Baugrubenumschließung | – | – | – | – |
| 313 | Wasserhaltung | – | – | – | – |
| 319 | Baugrube, sonstiges | – | – | – | – |
| **310** | **Baugrube** | **–** | **–** | **–** | **–** |
| 321 | Baugrundverbesserung | – | – | – | – |
| 322 | Flachgründungen | – | – | – | – |
| 323 | Tiefgründungen | – | – | – | – |
| 324 | Unterböden und Bodenplatten | – | – | – | – |
| 325 | Beläge auf Boden- und Fundamentplatten | – | – | – | – |
| 326 | Bauwerksabdichtungen | – | – | – | – |
| 327 | Dränagen | – | – | – | – |
| 329 | Gründung, sonstiges | – | – | – | – |
| **320** | **Gründung** | **–** | **–** | **–** | **–** |
| 331 | Tragende Außenwände | – | – | – | – |
| 332 | Nichttragende Außenwände | – | – | – | – |
| 333 | Tragende Außenstützen | – | – | – | – |
| 334 | Außentüren, -fenster | 81,000 m² | 122,39 | 9.853,26 | 3,0 |
| 335 | Außenwandbekleidungen außen | 2.801,000 m² | 82,70 | 231.605,93 | 71,5 |
| 336 | Außenwandbekleidungen innen | – | – | – | – |
| 337 | Elementierte Außenwände | – | – | – | – |
| 338 | Sonnenschutz | – | – | – | – |
| 339 | Außenwände, sonstiges | 2.801,000 m² AWF | 3,82 | 10.684,97 | 3,3 |
| **330** | **Außenwände** | **2.801,000 m²** | **90,03** | **252.144,16** | **77,8** |
| 341 | Tragende Innenwände | – | – | – | – |
| 342 | Nichttragende Innenwände | – | – | – | – |
| 343 | Tragende Innenstützen | – | – | – | – |
| 344 | Innentüren, -fenster | – | – | – | – |
| 345 | Innenwandbekleidungen | – | – | – | – |
| 346 | Elementierte Innenwände | – | – | – | – |
| 349 | Innenwände, sonstiges | – | – | – | – |
| **340** | **Innenwände** | **–** | **–** | **–** | **–** |
| 351 | Deckenkonstruktionen | – | – | – | – |
| 352 | Deckenbeläge | 717,000 m² | 13,35 | 9.572,21 | 3,0 |
| 353 | Deckenbekleidungen | 674,000 m² | 42,87 | 28.889,75 | 8,9 |
| 359 | Decken, sonstiges | – | – | – | – |
| **350** | **Decken** | **1.391,000 m²** | **27,65** | **38.461,95** | **11,9** |
| 361 | Dachkonstruktionen | – | – | – | – |
| 362 | Dachfenster, Dachöffnungen | – | – | – | – |
| 363 | Dachbeläge | 18,000 m² | 134,34 | 2.418,15 | 0,7 |
| 364 | Dachbekleidungen | 46,000 m² | 62,28 | 2.840,18 | 0,9 |
| 369 | Dächer, sonstiges | – | – | – | – |
| **360** | **Dächer** | **64,000 m²** | **82,68** | **5.258,34** | **1,6** |
| **370** | **Baukonstruktive Einbauten** | **–** | **–** | **–** | **–** |
| **390** | **Sonst. Maßnahmen für Baukonstruktionen** | **2.096,000 m² BGF** | **11,97** | **25.094,76** | **7,7** |
| **300** | **Bauwerk - Baukonstruktionen** | **2.096,000 m² BGF** | **153,15** | **320.959,20** | **99,1** |





Kostenstand: 3.Quartal 2010, inkl. MwSt., Bundesdurchschnitt

## Kostenkennwerte für die Kostengruppe 400 der 3.Ebene DIN 276 (Übersicht)

| KG | Kostengruppe | Menge Einh. | €/Einheit | Kosten € | % 300+400 |
|---|---|---|---|---|---|
| 411 | Abwasseranlagen | 2.096,000 m² BGF | 1,01 | 2.118,51 | 0,7 |
| 412 | Wasseranlagen | 2.096,000 m² BGF | < 0,1 | 178,23 | 0,1 |
| 413 | Gasanlagen (wenn zu Kochzwecken) | – | – | – | – |
| 414 | Feuerlöschanlagen | – | – | – | – |
| 419 | Abwasser-, Wasser- und Gasanlagen, sonstiges | – | – | – | – |
| **410** | **Abwasser-, Wasser-, Gasanlagen** | **2.096,000 m² BGF** | **1,10** | **2.296,74** | **0,7** |
| 421 | Wärmeerzeugungsanlagen | – | – | – | – |
| 422 | Wärmeverteilnetze | – | – | – | – |
| 423 | Raumheizflächen | – | – | – | – |
| 429 | Wärmeversorgungsanlagen, sonstiges | – | – | – | – |
| **420** | **Wärmeversorgungsanlagen** | **–** | **–** | **–** | **–** |
| 431 | Lüftungsanlagen (LA) | – | – | – | – |
| 432 | Teilklimaanlagen (TKA) | – | – | – | – |
| 433 | Klimaanlagen (KLA) | – | – | – | – |
| 434 | Prozeßlufttechnische Anlagen (PLA) | – | – | – | – |
| 435 | Kälteanlagen (KA) | – | – | – | – |
| 439 | Lufttechnische Anlagen, sonstiges | – | – | – | – |
| **430** | **Lufttechnische Anlagen** | **–** | **–** | **–** | **–** |
| 441 | Hoch- und Mittelspannungsanlagen | – | – | – | – |
| 442 | Eigenstromversorgungsanlagen | – | – | – | – |
| 443 | Niederspannungsschaltanlagen | – | – | – | – |
| 444 | Niederspannungsinstallationsanlagen | – | – | – | – |
| 445 | Beleuchtungsanlagen | 2.096,000 m² BGF | 0,12 | 243,57 | 0,1 |
| 446 | Blitzschutz- und Erdungsanlagen | – | – | – | – |
| 449 | Starkstromanlagen, sonstiges | – | – | – | – |
| **440** | **Starkstromanlagen** | **2.096,000 m² BGF** | **0,12** | **243,57** | **0,1** |
| 451 | Telekommunikationsanlagen | – | – | – | – |
| 452 | Such- und Signalanlagen | – | – | – | – |
| 453 | Zeitdienstanlagen | – | – | – | – |
| 454 | Elektroakustische Anlagen | – | – | – | – |
| 455 | Fernseh- und Antennenanlagen | 2.096,000 m² BGF | 0,22 | 451,50 | 0,1 |
| 456 | Gefahrenmelde- und Alarmanlagen | – | – | – | – |
| 457 | Übertragungsnetze | – | – | – | – |
| 459 | Fernmelde- und informationstechn. Anlagen, sonstiges | – | – | – | – |
| **450** | **Fernmelde- und informationstechn. Anlagen** | **2.096,000 m² BGF** | **0,22** | **451,50** | **0,1** |
| 461 | Aufzugsanlagen | – | – | – | – |
| 462 | Fahrtreppen, Fahrsteige | – | – | – | – |
| 463 | Befahranlagen | – | – | – | – |
| 464 | Transportanlagen | – | – | – | – |
| 465 | Krananlagen | – | – | – | – |
| 469 | Förderanlagen, sonstiges | – | – | – | – |
| **460** | **Förderanlagen** | **–** | **–** | **–** | **–** |
| **470** | **Nutzungsspezifische Anlagen** | **–** | **–** | **–** | **–** |
| **480** | **Gebäudeautomation** | **–** | **–** | **–** | **–** |
| **490** | **Sonst. Maßnahmen für technische Anlagen** | **–** | **–** | **–** | **–** |
| **400** | **Bauwerk - Technische Anlagen** | **2.096,000 m² BGF** | **1,43** | **2.991,81** | **0,9** |

## Kostenkennwerte für Leistungsbereiche nach StLB (Kosten des Bauwerks nach DIN 276)

| LB | Leistungsbereiche | Kosten € | €/m² BGF | €/m³ BRI | % 300+400 |
|---|---|---|---|---|---|
| 000 | Sicherheits-, Baustelleneinrichtungen inkl. 001 | 25.095 | 12,00 | 4,10 | 7,7 |
| | Herstellen | 25.095 | 12,00 | 4,10 | 7,7 |
| 002 | Erdarbeiten | 642 | 0,31 | 0,10 | 0,2 |
| | Herstellen | 642 | 0,31 | 0,10 | 0,2 |
| 006 | Spezialtiefbauarbeiten inkl. 005 | – | – | – | – |
| 009 | Abwasserkanalarbeiten inkl. 011 | – | – | – | – |
| 010 | Dränarbeiten | – | – | – | – |
| 012 | Mauerarbeiten | – | – | – | – |
| 013 | Betonarbeiten | – | – | – | – |
| 014 | Natursteinarbeiten, Betonwerksteinarbeiten | – | – | – | – |
| 016 | Zimmer- und Holzbauarbeiten | – | – | – | – |
| 017 | Stahlbauarbeiten | – | – | – | – |
| 018 | Abdichtungsarbeiten gegen Wasser | – | – | – | – |
| 020 | Dachdeckungsarbeiten | – | – | – | – |
| 021 | Dachabdichtungsarbeiten | 2.418 | 1,20 | 0,39 | 0,7 |
| | Herstellen | 2.418 | 1,20 | 0,39 | 0,7 |
| 022 | Klempnerarbeiten | 2.119 | 1,00 | 0,34 | 0,7 |
| | Wiederherstellen | 1.426 | 0,68 | 0,23 | 0,4 |
| | Herstellen | 693 | 0,33 | 0,11 | 0,2 |
| | **Rohbau** | **30.273** | **14,40** | **4,90** | **9,3** |
| | Wiederherstellen | 1.426 | 0,68 | 0,23 | 0,4 |
| | Herstellen | 28.847 | 13,80 | 4,70 | 8,9 |
| 023 | Putz- und Stuckarbeiten, Wärmedämmsysteme | 261.543 | 124,80 | 42,50 | 80,7 |
| | Herstellen | 261.543 | 124,80 | 42,50 | 80,7 |
| 024 | Fliesen- und Plattenarbeiten | – | – | – | – |
| 025 | Estricharbeiten | – | – | – | – |
| 026 | Fenster, Außentüren inkl. 029, 032 | 8.613 | 4,10 | 1,40 | 2,7 |
| | Herstellen | 8.613 | 4,10 | 1,40 | 2,7 |
| 027 | Tischlerarbeiten | – | – | – | – |
| 028 | Parkettarbeiten, Holzpflasterarbeiten | – | – | – | – |
| 030 | Rollladenarbeiten | – | – | – | – |
| 031 | Metallbauarbeiten inkl. 035 | 2.539 | 1,20 | 0,41 | 0,8 |
| | Wiederherstellen | 1.355 | 0,65 | 0,22 | 0,4 |
| | Herstellen | 1.185 | 0,57 | 0,19 | 0,4 |
| 034 | Maler- und Lackiererarbeiten inkl. 037 | 18.870 | 9,00 | 3,10 | 5,8 |
| | Wiederherstellen | 13.610 | 6,50 | 2,20 | 4,2 |
| | Herstellen | 5.259 | 2,50 | 0,85 | 1,6 |
| 036 | Bodenbelagsarbeiten | – | – | – | – |
| 038 | Vorgehängte hinterlüftete Fassaden | – | – | – | – |
| 039 | Trockenbauarbeiten | – | – | – | – |
| | **Ausbau** | **291.564** | **139,10** | **47,40** | **90,0** |
| | Wiederherstellen | 14.965 | 7,10 | 2,40 | 4,6 |
| | Herstellen | 276.599 | 132,00 | 44,90 | 85,4 |
| 040 | Wärmeerzeuger, zentr. Einrichtungen inkl. 041 | – | – | – | – |
| 042 | Gas- und Wasserinstallationsarbeiten inkl. 043 | 178 | < 0,1 | < 0,1 | 0,1 |
| | Wiederherstellen | 178 | < 0,1 | < 0,1 | 0,1 |
| 044 | Abwasserinstallationsarbeiten - Leitungen | – | – | – | – |
| 045 | Gas-, Wasser-Einrichtungsgegenstände inkl. 046 | – | – | – | – |

| LB | Leistungsbereiche | Kosten € | €/m² BGF | €/m³ BRI | % 300+400 |
|---|---|---|---|---|---|
| 047 | Dämmarbeiten an betriebstechnischen Anlagen | – | – | – | – |
| 049 | Feuerlöschanlagen, Feuerlöschgeräte | – | – | – | – |
| 050 | Blitzschutz- und Erdungsanlagen | – | – | – | – |
| 052 | Mittelspannungsanlagen | – | – | – | – |
| 053 | Niederspannungsanlagen inkl. 054 | – | – | – | – |
| 055 | Ersatzstromversorgungsanlagen | – | – | – | – |
| 057 | Gebäudesystemtechnik | – | – | – | – |
| 058 | Leuchten und Lampen, inkl. 059 | 244 | 0,12 | < 0,1 | 0,1 |
| | Wiederherstellen | 244 | 0,12 | < 0,1 | 0,1 |
| 060 | Elektroakustische Anlagen | – | – | – | – |
| 061 | Kommunikationsnetze | 452 | 0,22 | < 0,1 | 0,1 |
| | Wiederherstellen | 452 | 0,22 | < 0,1 | 0,1 |
| 063 | Gefahrenmeldeanlagen | – | – | – | – |
| 069 | Aufzüge | – | – | – | – |
| 070 | Gebäudeautomation | – | – | – | – |
| 075 | Raumlufttechnische Anlagen | – | – | – | – |
| | **Gebäudetechnik** | **873** | **0,42** | **0,14** | **0,3** |
| | Wiederherstellen | 873 | 0,42 | 0,14 | 0,3 |
| 084 | Abbrucharbeiten | 1.241 | 0,59 | 0,20 | 0,4 |
| | Abbrechen | 1.241 | 0,59 | 0,20 | 0,4 |
| | Sonstige Leistungsbereiche inkl. 008, 033, 051 | – | – | – | – |

6100-668
Einfamilienhaus mit Einliegerwohnung

## Objektübersicht

Umbau

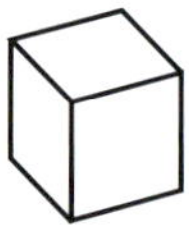

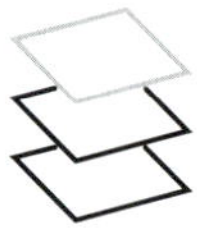

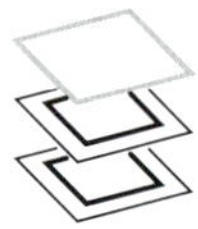

| | |
|---|---|
| Kennwerte | bis 1.Ebene DIN 276 |
| Bauzeit | 21 Wochen |
| Bauende | 2004 |
| Standard | Durchschnitt |
| Land | Baden-Württemberg |
| Kreis | Freiburg im Breisgau |
| $m^3$ BRI | 342 |
| $m^2$ BGF | 139 |
| $m^2$ NF | 104 |

**1.673 €/$m^2$ WFL** **465 €/$m^3$ BRI** **1.145 €/$m^2$ BGF** **1.530 €/$m^2$ NF**

**Architekt:**
Architekturbüro
Dipl.-Ing. Gaby Sutter
Klarastr. 34
79106 Freiburg

vorher

nachher

Einleitung
Objekte
3. Ebene
Anhang

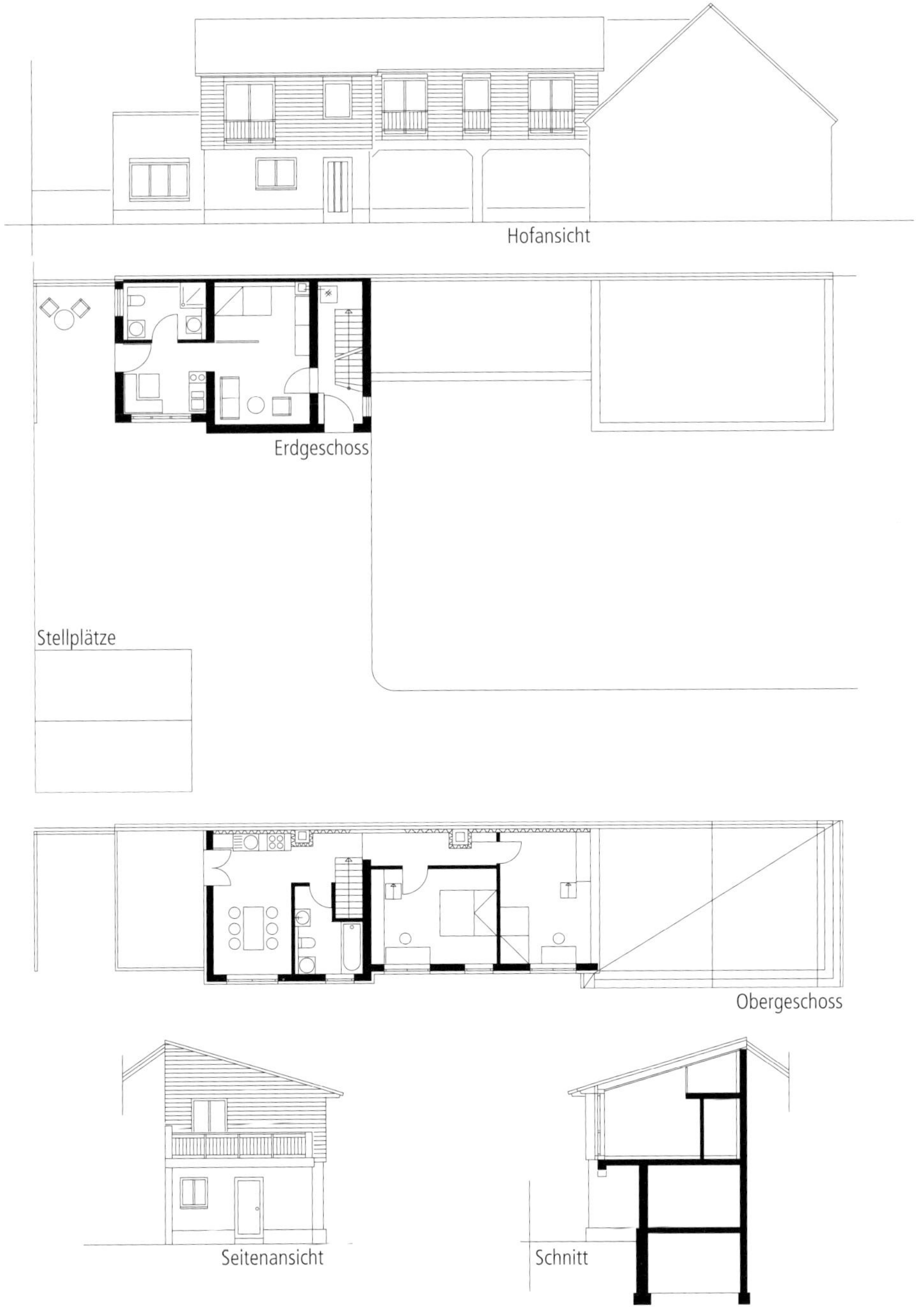

## Objektbeschreibung

### Nutzung

**1 Erdgeschoss**
Senioren-Apartment
(später als Küche und Wohnraum für Wohnung im OG nutzbar)

**1 Obergeschoss**
Wohnung für 1 Erwachsenen und 1 Kind

**Besonderer Kosteneinfluss Nutzung:**
Aufgrund Abweichungen zum bestehenden Bebauungsplan wurde eine Befreiung erforderlich.

### Nutzeinheiten

Wohneinheiten: 2
Wohnfläche: 95m²

### Grundstück

Bauraum: Freier Bauraum
Neigung: Ebenes Gelände
Bodenklasse: BK 3

**Besonderer Kosteneinfluss Grundstück:**
Doppelhaushälfte, Wohnung 2 war während der Bauzeit bewohnt. Hohe Aufwendungen für Lärmschutz und Witterungsschutz erforderlich.

### Markt

Hauptvergabezeit: 2.Quartal 2004
Baubeginn: 2.Quartal 2004
Bauende: 4.Quartal 2004
Konjunkturelle Gesamtlage: Durchschnitt
Regionaler Baumarkt: Durchschnitt

### Baubestand

Bauzustand: mittel
Aufwand: mittel
Grundrissänderungen: wenige
Tragwerkseingriffe: wenige
Nutzungsänderung: nein
Nutzung während der Bauzeit: ja

### Baukonstruktion

Abbruch bestehendes Pultdach mit Gauben. Rohbauarbeiten; Zementestrich, Fliesen; Außenputz, Holzfenster, Rollläden; Trockenestrich, Parkett, Fliesen; Holzdachkonstruktion, Zellulosedämmung, Titanzinkdeckung

### Technische Anlagen

Gebäudeentwässerung, Kalt-und Warmwasserleitungen, Sanitärobjekte; Gas-Brennwertkessel, 16KW, Heizkörper; Elektroinstallation

## Planungskennwerte für Flächen und Rauminhalte nach DIN 277

| Flächen des Grundstücks | Menge, Einheit | % an FBG |
|---|---|---|
| BF Bebaute Fläche | – m² | – |
| UBF Unbebaute Fläche | – m² | – |
| FBG Fläche des Baugrundstücks | 287,00 m² | 100,0 |

| Grundflächen des Bauwerks | Menge, Einheit | % an NF | % an BGF |
|---|---|---|---|
| NF Nutzfläche | 103,92 m² | 100,0 | 74,9 |
| TF Technische Funktionsfläche | 1,00 m² | 1,0 | 0,7 |
| VF Verkehrsfläche | 9,71 m² | 9,3 | 7,0 |
| NGF Netto-Grundfläche | 114,63 m² | 110,3 | 82,6 |
| KGF Konstruktions-Grundfläche | 24,17 m² | 23,3 | 17,4 |
| BGF Brutto-Grundfläche | 138,80 m² | 133,6 | 100,0 |

| Brutto-Rauminhalt des Bauwerks | Menge, Einheit | BRI/NF (m) | BRI/BGF (m) |
|---|---|---|---|
| BRI Brutto-Rauminhalt | 342,00 m³ | 3,29 | 2,46 |

| Lufttechnisch behandelte Flächen | Menge, Einheit | % an NF | % an BGF |
|---|---|---|---|
| Entlüftete Fläche | – m² | – | – |
| Be- und entlüftete Fläche | – m² | – | – |
| Teilklimatisierte Fläche | – m² | – | – |
| Klimatisierte Fläche | – m² | – | – |

| KG Kostengruppen (2.Ebene) | Menge, Einheit | Menge/NF | Menge/BGF |
|---|---|---|---|
| 310 Baugrube | – m³ BGI | – | – |
| 320 Gründung | – m² GRF | – | – |
| 330 Außenwände | – m² AWF | – | – |
| 340 Innenwände | – m² IWF | – | – |
| 350 Decken | – m² DEF | – | – |
| 360 Dächer | – m² DAF | – | – |

## Kostenkennwerte für die Kostengruppen der 1.Ebene DIN 276

| KG Kostengruppen (1.Ebene) | Einheit | Kosten € | €/Einheit | €/m² BGF | €/m³ BRI | % 300+400 |
|---|---|---|---|---|---|---|
| 100 Grundstück | m² FBG | – | – | – | – | – |
| 200 Herrichten und Erschließen | m² FBG | 14.207 | 49,50 | 102,35 | 41,54 | 8,9 |
| 300 Bauwerk - Baukonstruktionen | m² BGF | 118.045 | 850,47 | 850,47 | 345,16 | 74,3 |
| 400 Bauwerk - Technische Anlagen | m² BGF | 40.926 | 294,86 | 294,86 | 119,67 | 25,7 |
| **Bauwerk 300+400** | **m² BGF** | **158.971** | **1.145,33** | **1.145,33** | **464,83** | **100,0** |
| 500 Außenanlagen | m² AUF | – | – | – | – | – |
| 600 Ausstattung und Kunstwerke | m² BGF | – | – | – | – | – |
| 700 Baunebenkosten | m² BGF | 19.890 | 143,30 | 143,30 | 58,16 | 12,5 |

## Kostenkennwerte für die Kostengruppen der 1.Ebene DIN 276

| KG | Kostengruppe | Menge Einheit | Kosten € | €/Einheit | % |
|---|---|---|---|---|---|
| 200 | **Herrichten und Erschließen**<br>Neue Hausanschlüsse, Erdarbeiten für neue Leitungen | 287,00 m² FBG | 14.207 | **49,50** | 8,9 |
| **3+4** | **Bauwerk** | | | | **100,0** |
| 300 | **Bauwerk - Baukonstruktionen**<br>Abbruch bestehendes Pultdach mit Gauben.<br>Rohbauarbeiten; Zementestrich, Fliesen; Außenputz, Holzfenster, Rollläden; Trockenestrich, Parkett, Fliesen; Holzdachkonstruktion, Zellulosedämmung, Titanzinkdeckung | 138,80 m² BGF | 118.045 | **850,47** | 74,3 |
| 400 | **Bauwerk - Technische Anlagen**<br>Gebäudeentwässerung, Kalt-und Warmwasserleitungen, Sanitärobjekte; Gas-Brennwertkessel, 16KW, Heizkörper; Elektroinstallation | 138,80 m² BGF | 40.926 | **294,86** | 25,7 |
| 700 | **Baunebenkosten**<br>Honorare, Gebühren für Befreiung | 138,80 m² BGF | 19.890 | **143,30** | 12,5 |

## Kostenkennwerte für Leistungsbereiche nach StLB (Kosten des Bauwerks nach DIN 276)

| LB | Leistungsbereich | Kosten € | €/m² BGF | €/m³ BRI | % 300+400 |
|---|---|---|---|---|---|
| 000 | Sicherheits-, Baustelleneinrichtungen inkl. 001 | 2.331 | 16,80 | 6,80 | 1,5 |
| 002 | Erdarbeiten | – | – | – | – |
| 006 | Spezialtiefbauarbeiten inkl. 005 | – | – | – | – |
| 009 | Abwasserkanalarbeiten inkl. 011 | 2.504 | 18,00 | 7,30 | 1,6 |
| 010 | Dränarbeiten | – | – | – | – |
| 012 | Mauerarbeiten | 656 | 4,70 | 1,90 | 0,4 |
| 013 | Betonarbeiten | 9.612 | 69,20 | 28,10 | 6,0 |
| 014 | Natursteinarbeiten, Betonwerksteinarbeiten | – | – | – | – |
| 016 | Zimmer- und Holzbauarbeiten | 32.440 | 233,70 | 94,90 | 20,4 |
| 017 | Stahlbauarbeiten | 1.121 | 8,10 | 3,30 | 0,7 |
| 018 | Abdichtungsarbeiten gegen Wasser | – | – | – | – |
| 020 | Dachdeckungsarbeiten | – | – | – | – |
| 021 | Dachabdichtungsarbeiten | 3.214 | 23,20 | 9,40 | 2,0 |
| 022 | Klempnerarbeiten | 9.051 | 65,20 | 26,50 | 5,7 |
| | **Rohbau** | **60.929** | **439,00** | **178,20** | **38,3** |
| 023 | Putz- und Stuckarbeiten, Wärmedämmsysteme | 5.683 | 40,90 | 16,60 | 3,6 |
| 024 | Fliesen- und Plattenarbeiten | 3.410 | 24,60 | 10,00 | 2,1 |
| 025 | Estricharbeiten | 1.265 | 9,10 | 3,70 | 0,8 |
| 026 | Fenster, Außentüren inkl. 029, 032 | 7.526 | 54,20 | 22,00 | 4,7 |
| 027 | Tischlerarbeiten | 2.136 | 15,40 | 6,20 | 1,3 |
| 028 | Parkettarbeiten, Holzpflasterarbeiten | 9.980 | 71,90 | 29,20 | 6,3 |
| 030 | Rollladenarbeiten | 2.478 | 17,90 | 7,20 | 1,6 |
| 031 | Metallbauarbeiten inkl. 035 | 2.267 | 16,30 | 6,60 | 1,4 |
| 034 | Maler- und Lackiererarbeiten inkl. 037 | 1.137 | 8,20 | 3,30 | 0,7 |
| 036 | Bodenbelagsarbeiten | – | – | – | – |
| 038 | Vorgehängte hinterlüftete Fassaden | – | – | – | – |
| 039 | Trockenbauarbeiten | 12.341 | 88,90 | 36,10 | 7,8 |
| | **Ausbau** | **48.221** | **347,40** | **141,00** | **30,3** |
| 040 | Wärmeerzeuger, zentr. Einrichtungen inkl. 041 | 6.210 | 44,70 | 18,20 | 3,9 |
| 042 | Gas- und Wasserinstallationsarbeiten inkl. 043 | 15.595 | 112,40 | 45,60 | 9,8 |
| 044 | Abwasserinstallationsarbeiten - Leitungen | – | – | – | – |
| 045 | Gas-, Wasser-Einrichtungsgegenstände inkl. 046 | 4.546 | 32,80 | 13,30 | 2,9 |
| 047 | Dämmarbeiten an betriebstechnischen Anlagen | – | – | – | – |
| 049 | Feuerlöschanlagen, Feuerlöschgeräte | – | – | – | – |
| 050 | Blitzschutz- und Erdungsanlagen | – | – | – | – |
| 052 | Mittelspannungsanlagen | – | – | – | – |
| 053 | Niederspannungsanlagen inkl. 054 | 12.071 | 87,00 | 35,30 | 7,6 |
| 055 | Ersatzstromversorgungsanlagen | – | – | – | – |
| 057 | Gebäudesystemtechnik | – | – | – | – |
| 058 | Leuchten und Lampen, inkl. 059 | – | – | – | – |
| 060 | Elektroakustische Anlagen | – | – | – | – |
| 061 | Kommunikationsnetze | – | – | – | – |
| 063 | Gefahrenmeldeanlagen | – | – | – | – |
| 069 | Aufzüge | – | – | – | – |
| 070 | Gebäudeautomation | – | – | – | – |
| 075 | Raumlufttechnische Anlagen | – | – | – | – |
| | **Gebäudetechnik** | **38.422** | **276,80** | **112,30** | **24,2** |
| | Sonstige Leistungsbereiche inkl. 008, 033, 051 | **11.398** | **82,10** | **33,30** | **7,2** |

6100-681
Mehrfamilienhaus
(6WE)

Modernisierung

**1.132 €/m² WFL**

**Architekt:**
Werkgruppe Freiburg
Architekten
Friedrichring 16-18
79098 Freiburg

**Bauherr:**
Stadtbau Rottweil
Hohlgrabengasse 5
78628 Rottweil

## Objektübersicht

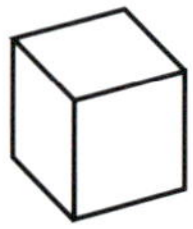

**241 €/m³ BRI**

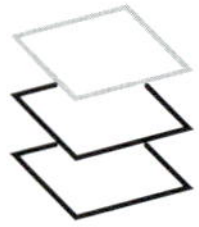

**684 €/m² BGF**

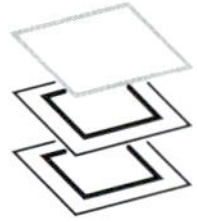

**936 €/m² NF**

| | |
|---|---|
| Kennwerte | bis 3.Ebene DIN 276 |
| Bauzeit | 43 Wochen |
| Bauende | 2008 |
| Standard | Durchschnitt |
| Land | Baden-Württemberg |
| Kreis | Rottweil |
| m³ BRI | 2.060 |
| m² BGF | 726 |
| m² NF | 531 |

vorher

nachher



Kostenstand: 3.Quartal 2010, inkl. MwSt., Bundesdurchschnitt

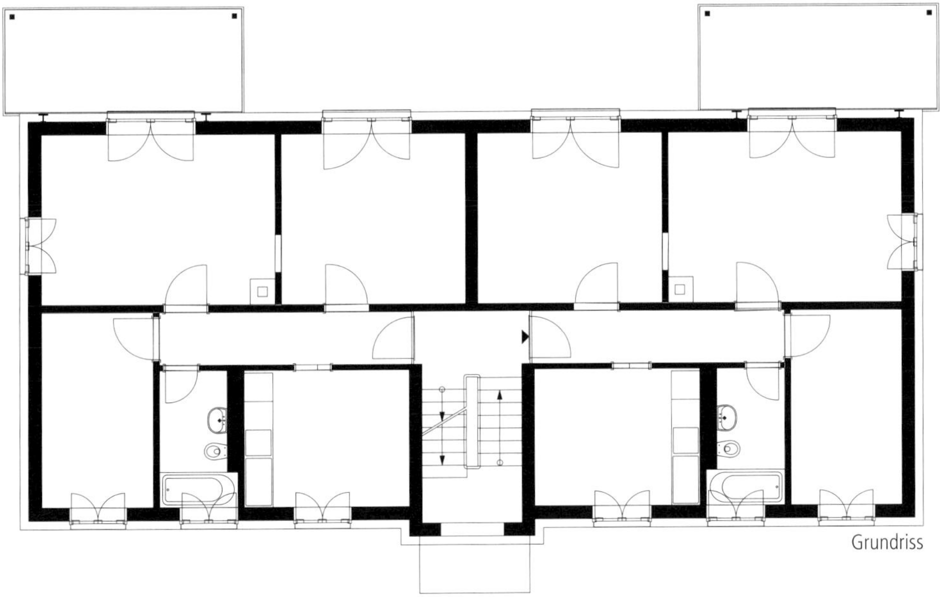

Grundriss

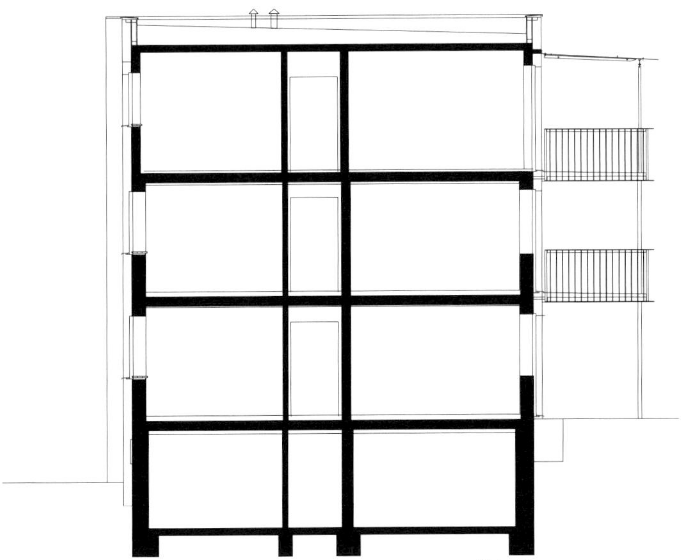

Schnitt

# Objektbeschreibung

## Nutzung

**1 Untergeschoss**
Kellerräume, Haustechnik

**1 Erdgeschoss**
Wohnungen

**1 Obergeschoss**
Wohnungen

**1 Dachgeschoss**
Wohnungen

## Nutzeinheiten

Wohneinheiten: 6
Wohnfläche: 437m$^2$

## Grundstück

Bauraum: Freier Bauraum
Neigung: Geneigtes Gelände
Bodenklasse: BK 3

## Markt

Hauptvergabezeit: 2.Quartal 2007
Baubeginn: 2.Quartal 2007
Bauende: 1.Quartal 2008
Konjunkturelle Gesamtlage: Durchschnitt
Regionaler Baumarkt: Durchschnitt

## Baubestand

Baujahr: 1957
Bauzustand: schlecht
Aufwand: hoch
Grundrissänderungen: wenige
Tragwerkseingriffe: umfangreiche
Nutzungsänderung: nein
Nutzung während der Bauzeit: nein

## Baukonstruktion

**Abbrechen:** Abbruch von Bimssteinmauerwerk, Holzfenster, Fensterbänke, Holzeingangstür, Kellertür, Garagentor, Holzfensterläden, Stb-Vordach, Briefkastenanlage, Stahl-Geländer; Ziegelmauerwerk, Holzlattenverschlägen, Holzständerwände mit Bimssteinausmauerungen. Lehmwickeleinlagen, Holztüren, Wandfliesen; Holzbelägen, Bodenfliesen, Deckenputz; Holzdachkonstruktion, Dachziegel, Dachlattung, Hängedachrinnen, Blechverwahrungen, Bitumenbahnen, Holzschalungen; Entsorgung, Deponiegebühren
**Wiederherstellen:** Altputz prüfen, Haftsperrgrund, Kunstharzputz, Schlitze schließen, Sockelleisten anputzen, Gips-Kalkputz an Laibungen, Altputzflächen spachteln, Renovierungsanstriche
**Herstellen:** Bodenaushub, Hinterfüllung, Stb-Fundamente, Bodenfliesen, Bimsmauerwerk, Quadratrohrstützen, Kunststofffenster, Lüfter, Kunststoffhaustüre, Dämmung, Außenputz, Fassadenanstrich, Innenputz, Wandfliesen, Tapete, Dispersionsanstrich, Schiebeläden, Balkongeländer, Trockenbauwände, Innentüren, Holz, Stahl, Schiebetüren, Balkonplatten, Trockenestrich, Linoleumbelag, GK-Decke, Stb-Fertigteildecke, Dachabdichtung, Dämmung, Attika, Balkonüberdachung, Vordach

## Technische Anlagen

**Abbrechen:** Abbruch von Regenfallrohre; Mauerwerkschornstein, verputz, asbesthaltige Kaminkopfbekleidung; Unterverteilungen, Hauptleitungen; Einzelheizöfen, Durchlauferhitzer, Kaltwasserleitungen, Abflussleitungen, Rohrdämmungen; Entsorgung, Deponiegebühren
**Herstellen:** Grundleitungen, Bodeneinläufe, Regenfallrohr, WC`s, Waschtische, Einbauwannen, Leitungen, Wasserzähler, Hauswasserstation, Umwälzpumpe, Ausdehnungefäß, Dämmung, Installationswände, Gasheizung, Zusatzheizung, Speicher, Wärmetauscher, Heizrohre, Flachheizkörper, Ventilatoren, Wickelfalzrohr, Niederspannungsinstallationsanlage, Leuchten, Telefonanschlüsse, Gegensprechanlage, Kabel-TV, Hausanschluß, Antennenanschlüsse, Gasübergabestation, Gaszähler, WICU-Rohr

## Planungskennwerte für Flächen und Rauminhalte nach DIN 277

| Flächen des Grundstücks | Menge, Einheit | % an FBG |
|---|---|---|
| BF Bebaute Fläche | 167,56 m² | 13,4 |
| UBF Unbebaute Fläche | 1.079,94 m² | 86,6 |
| FBG Fläche des Baugrundstücks | 1.247,50 m² | 100,0 |

| Grundflächen des Bauwerks | Menge, Einheit | % an NF | % an BGF |
|---|---|---|---|
| NF Nutzfläche | 530,76 m² | 100,0 | 73,1 |
| TF Technische Funktionsfläche | 16,45 m² | 3,1 | 2,3 |
| VF Verkehrsfläche | 44,41 m² | 8,4 | 6,1 |
| NGF Netto-Grundfläche | 591,62 m² | 111,5 | 81,5 |
| KGF Konstruktions-Grundfläche | 134,27 m² | 25,3 | 18,5 |
| BGF Brutto-Grundfläche | 725,89 m² | 136,8 | 100,0 |

| Brutto-Rauminhalt des Bauwerks | Menge, Einheit | BRI/NF (m) | BRI/BGF (m) |
|---|---|---|---|
| BRI Brutto-Rauminhalt | 2.059,83 m³ | 3,88 | 2,84 |

| Lufttechnisch behandelte Flächen | Menge, Einheit | % an NF | % an BGF |
|---|---|---|---|
| Entlüftete Fläche | – m² | – | – |
| Be- und entlüftete Fläche | – m² | – | – |
| Teilklimatisierte Fläche | – m² | – | – |
| Klimatisierte Fläche | – m² | – | – |

| KG Kostengruppen (2.Ebene) | Menge, Einheit | Menge/NF | Menge/BGF |
|---|---|---|---|
| 310 Baugrube | 32,51 m³ BGI | < 0,1 | < 0,1 |
| 320 Gründung | 9,71 m² GRF | < 0,1 | < 0,1 |
| 330 Außenwände | 596,38 m² AWF | 1,12 | 0,82 |
| 340 Innenwände | 687,57 m² IWF | 1,30 | 0,95 |
| 350 Decken | 370,76 m² DEF | 0,70 | 0,51 |
| 360 Dächer | 186,79 m² DAF | 0,35 | 0,26 |

## Kostenkennwerte für die Kostengruppen der 1.Ebene DIN 276

| KG Kostengruppen (1.Ebene) | Einheit | Kosten € | €/Einheit | €/m² BGF | €/m³ BRI | % 300+400 |
|---|---|---|---|---|---|---|
| 100 Grundstück | m² FBG | – | – | – | – | – |
| 200 Herrichten und Erschließen | m² FBG | 6.360 | 5,10 | 8,76 | 3,09 | 1,3 |
| 300 Bauwerk - Baukonstruktionen | m² BGF | 384.137 | 529,20 | 529,20 | 186,49 | 77,3 |
| 400 Bauwerk - Technische Anlagen | m² BGF | 112.542 | 155,04 | 155,04 | 54,64 | 22,7 |
| **Bauwerk 300+400** | **m² BGF** | **496.679** | **684,24** | **684,24** | **241,13** | **100,0** |
| 500 Außenanlagen | m² AUF | 24.849 | 23,01 | 34,23 | 12,06 | 5,0 |
| 600 Ausstattung und Kunstwerke | m² BGF | – | – | – | – | – |
| 700 Baunebenkosten | m² BGF | – | – | – | – | – |

## Kostenkennwerte für die Kostengruppen der 1.Ebene DIN 276

| KG | Kostengruppe | Menge Einheit | Kosten € | €/Einheit | % |
|---|---|---|---|---|---|
| 200 | **Herrichten und Erschließen** | 1.247,50 m² FBG | 6.360 | **5,10** | 1,3 |
| | • Abbrechen (Kosten: 4,6%) | | 290 | | |
| | Abbruch einer Betonstützmauer, Entsorgung (4m³) | | | | |
| | • Herstellen (Kosten: 95,4%) | | 6.071 | | |
| | Rohrgrabenaushub, KG-Rohre, DN125, Formstücke, Asphaltdecke, abbrechen, erneuen | | | | |
| **3+4** | **Bauwerk** | | | | **100,0** |
| 300 | **Bauwerk - Baukonstruktionen** | 725,89 m² BGF | 384.137 | **529,20** | 77,3 |
| | • Abbrechen (Kosten: 7,0%) | | 26.621 | | |
| | Abbruch von Bimssteinmauerwerk, Holzfenster, Fensterbänke, Holzeingangstür, Kellertür, Garagentor, Holzfensterläden, Stb-Vordach, Briefkastenanlage, Stahl-Geländer; Ziegelmauerwerk, Holzlattenverschlägen, Holzständerwände mit Bimssteinausmauerungen. Lehmwickeleinlagen, Holztüren, Wandfliesen; Holzbelägen, Bodenfliesen, Deckenputz; Holzdachkonstruktion, Dachziegel, Dachlattung, Hängedachrinnen, Blechverwahrungen, Bitumenbahnen, Holzschalungen; Entsorgung, Deponiegebühren | | | | |
| | • Wiederherstellen (Kosten: 5,6%) | | 21.295 | | |
| | Altputz prüfen, Haftsperrgrund, Kunstharzputz, Schlitze schließen, Sockelleisten anputzen, Gips-Kalkputz an Laibungen, Altputzflächen spachteln, Renovierungsanstriche | | | | |
| | • Herstellen (Kosten: 87,5%) | | 334.959 | | |
| | Bodenaushub, Hinterfüllung, Stb-Fundamente, Bodenfliesen, Bimsmauerwerk, Quadratrohrstützen, Kunststofffenster, Lüfter, Kunststoffhaustüre, Dämmung, Außenputz, Fassadenanstrich, Innenputz, Wandfliesen, Tapete, Dispersionsanstrich, Schiebeläden, Balkongeländer, Trockenbauwände, Innentüren, Holz, Stahl, Schiebetüren, Balkonplatten, Trockenestrich, Linoleumbelag, GK-Decke, Stb-Fertigteildecke, Dachabdichtung, Dämmung, Attika, Balkonüberdachung, Vordach | | | | |
| 400 | **Bauwerk - Technische Anlagen** | 725,89 m² BGF | 112.542 | **155,04** | 22,7 |
| | • Abbrechen (Kosten: 2,7%) | | 3.006 | | |
| | Abbruch von Regenfallrohre; Mauerwerkschornstein, verputz, asbesthaltige Kaminkopfbekleidung; Unterverteilungen, Hauptleitungen; Einzelheizöfen, Durchlauferhitzer, Kaltwasserleitungen, Abflussleitungen, Rohrdämmungen; Entsorgung, Deponiegebühren | | | | |
| | • Herstellen (Kosten: 97,3%) | | 108.375 | | |
| | Grundleitungen, Bodeneinläufe, Regenfallrohr, WC`s, Waschtische, Einbauwannen, Leitungen, Wasserzähler, Hauswasserstation, Umwälzpumpe, Ausdehnungefäß, Dämmung, Installationswände, Gasheizung, Zusatzheizung, Speicher, Wärmetauscher, Heizrohre, Flachheizkörper, Ventilatoren, Wickelfalzrohr, Niederspannungsinstallationsanlage, Leuchten, Telefonanschlüsse, Gegensprechanlage, Kabel-TV, Hausanschluss, Antennenanschlüsse, Gasübergabestation, Gaszähler, WICU-Rohr | | | | |

| KG | Kostengruppe | Menge Einheit | Kosten € | €/Einheit | % |
|---|---|---|---|---|---|
| 500 | **Außenanlagen** | 1.079,94 m² AUF | 24.849 | **23,01** | 5,0 |
| | • Abbrechen (Kosten: 3,9%) | | 970 | | |
| | Abbruch von Asphaltdecke, bituminöser Unterbau, Betonkantensteine; Betonfertigteilstufen in Magerbeton; Entsorgung, Deponiegebühre | | | | |
| | • Herstellen (Kosten: 96,1%) | | 23.880 | | |
| | Planum, Betonplatten, Tragschicht, Betonpflaster, Betonkantensteine, Spritzschutzstreifen, Stb-Mauerscheibe, Treppenfertigteil, Betonblockstufen, Rohrgraben, PVC-Rohr, Hofablauf, Briefkastenanlage, Granitquader, Bodenaushub, BK 3-5, Abfuhr, Oberboden liefern, einbauen, Feinplanum, Hainbuchen, Flieder, Böschungsmyrthe, Lampenputzergras, Rasensaat | | | | |

## Kostenkennwerte für die Kostengruppen 300 und 400 der 2.Ebene DIN 276

| KG | Kostengruppe | Menge Einheit | Kosten € | €/Einheit | % |
|---|---|---|---|---|---|
| **200** | **Herrichten und Erschließen** | | | | **100,0** |
| 210 | **Herrichten** | 1.247,50 m² FBG | 290 | **0,23** | 4,6 |
| | • Abbrechen (Kosten: 100,0%) | | 290 | | |
| | Abbruch einer Betonstützmauer, Entsorgung (4m³) | | | | |
| 230 | **Nichtöffentliche Erschließung** | 1.247,50 m² FBG | 6.071 | **4,87** | 95,4 |
| | • Herstellen (Kosten: 100,0%) | | 6.071 | | |
| | Rohrgrabenaushub (90m³), KG-Rohre, DN125 (78m), Formstücke (48St), Asphaltdecke, aufnehmen, abfahren (5m²), neue Asphaltdecke (5m²) | | | | |
| **300** | **Bauwerk - Baukonstruktionen** | | | | **100,0** |
| 310 | **Baugrube** | 32,51 m³ | 1.370 | **42,13** | 0,4 |
| | • Herstellen (Kosten: 100,0%) | | 1.370 | | |
| | Bodenaushub, Abtransport (29m³), lagern (4m³), Hinterfüllung, Schotter 0,5-32mm (16m³) | | | | |
| 320 | **Gründung** | 9,71 m² | 4.730 | **487,30** | 1,2 |
| | • Abbrechen (Kosten: 7,6%) | | 358 | | |
| | Abbruch einer Stb-Bodenplatte (3m²), Sägeschnitte (14m) | | | | |
| | • Herstellen (Kosten: 92,4%) | | 4.372 | | |
| | Fundamentaushub, Abtransport (25m²), Magerbeton C 8/10 (2m³), Fundamentbeton C 20/25 (10m³) * Bodenflächen, ausbetonieren (4m²) * Bodenfliesen, 33x33cm (15m²), Sockelfliesen (22m) | | | | |
| 330 | **Außenwände** | 596,38 m² | 142.805 | **239,45** | 37,2 |
| | • Abbrechen (Kosten: 3,5%) | | 4.978 | | |
| | Abbruch von Bimssteinmauerwerk, d=24cm (21m²), Fenster-Brüstungen (16m²) * Holzfenster, Fensterbänke (75m²), Holzeingangstür (3m²), Kellertür (2m²), Garagentor (6m²) * Holzfensterläden (53m²), Horizontallamellenstore (1m²) * Stb-Vordach, d=20cm, Blechverwahrung (2m²), Briefkastenanlage, Stahl-Geländer (3m²); Entsorgung, Deponiegebühren | | | | |
| | • Wiederherstellen (Kosten: 4,1%) | | 5.879 | | |
| | Altputz prüfen, Haftsperrgrund, Kunstharzputz (25m²), Schlitze schließen (124m), Sockelleisten anputzen (97m), Gips-Kalkputz an Laibungen (199m), Altputzflächen spachteln (225m²), Renovierungsanstriche (96m²) | | | | |
| | • Herstellen (Kosten: 92,4%) | | 131.948 | | |
| | Bimsmauerwerk, d=24cm (59m²), Ringanker (52m) * Quadratrohrstützen (44m) * Kunststofffenster (73m²), Lüftungseinrichtungen (30St), Fensterbänke (84m), Kellerfenster (5m²), Kunststoff-Haustürelement (3m²) * Dämmplatten, d=180mm, WLG 032, Silikonharzputz, Fassadenanstrich (487m²), Perimeterdämmung, d=180mm, Sockelputz, Anstrich (28m²) * Kalkzementputz (18m²), GK-Laibungen (181m), Wandfliesen (19m²), Raufasertapete, Dispersionsanstrich (335m²) * Schiebeladen, Alu (27m²) * Balkongeländer (43m²) | | | | |

| KG | Kostengruppe | Menge Einheit | Kosten € | €/Einheit | % |
|---|---|---|---|---|---|
| 340 | **Innenwände** | 687,57 m² | 68.873 | **100,17** | 17,9 |
| | • Abbrechen (Kosten: 11,6%) | | 7.970 | | |
| | Abbruch von Ziegelmauerwerk, d=17,5cm * Holzlattenverschlägen, Türen (52m²), Holzständerwände mit Bimssteinausmauerungen, d=12cm (108m²), Lehmwickeleinlagen (123m²) * Holztürrahmen (4St), Holztüren, Zargen (66m²), Lattentüren (8m²) * Wandfliesen, Speisunterbau (84m²); Entsorgung, Deponiegebühren | | | | |
| | • Wiederherstellen (Kosten: 12,7%) | | 8.757 | | |
| | Altputz prüfen, Haftsperrgrund, Kunstharzputz (101m²), Schlitze schließen (249m), Sockelleisten anputzen (195m), Gips-Kalkputz an Laibungen (199m), Altputzflächen spachteln (451m²), Renovierungsanstriche (239m²) | | | | |
| | • Herstellen (Kosten: 75,7%) | | 52.147 | | |
| | Bimsmauerwerk, d=17,5cm (41m²), Ringanker (40m) * Bimsmauerwerk, d=11,5cm (4m²), GK-Montagewand, F30, d=125mm (41m²), d=100mm (27m²) * Wohnungseingangstüren (14m²), Schließanlage, Röhrenspantüren (43m²), Schiebetüren (8m²), Stahltüren (4m²), Kellerabteiltüren (9m²) * Gips-Kalkputz (316m²), Kalkzementputz (72m²), Grundierung (89m²), Abdichtung (20m²), Wandfliesen (89m²), Sockel (44m), Raufasertapete, Anstrich (671m²) * Metalltrennwand (13m²) | | | | |
| 350 | **Decken** | 370,76 m² | 68.917 | **185,88** | 17,9 |
| | • Abbrechen (Kosten: 11,9%) | | 8.045 | | |
| | Abbruch von Schlacke in der Deckenkonstruktion (6m³) * Riehmenholzbelägen (153m²), Bodenfliesen (24m²) * Deckenputz, Schilfrohr, Lattung (348m²) * Ausbau einer Dachbodentreppe, Klappbeschläge, Futterhölzer; Entsorgung, Deponiegebühren | | | | |
| | • Wiederherstellen (Kosten: 9,8%) | | 6.659 | | |
| | Abwaschen der Leimfarbe, EPS-Dämmplatten, d=60mm, WLG 035 (131m²), Renovierungsanstrich (9m²), Schlitze schließen (187m) | | | | |
| | • Herstellen (Kosten: 78,3%) | | 53.082 | | |
| | Balkonplatten, Stb-Fertigteile C 35/45, d=20cm (46m²), Aufkantung, sandstrahlen (4St) * Dielenböden, vorbereiten (365m²), Dampfbremse (127m²), Randstreifen (439m), Trockenestrichelemente (368m²), Haftgrund, spachteln, schleifen, Linoleumbelag (345m²), Sockelleisten (416m), Ausgleichsestrich, Abdichtung, Bodenfliesen (18m²) * abgehängte GK-Decke, Dämmung, d=20mm (84m²), Tapete, Anstrich (211m²) * Anstrich, Treppengeländer (26m) | | | | |
| 360 | **Dächer** | 186,79 m² | 64.238 | **343,91** | 16,7 |
| | • Abbrechen (Kosten: 8,2%) | | 5.270 | | |
| | Abbruch der Holzdachkonstruktion, Schalung (180m²) * Dachziegel, Dachlattung (274m²), Hängedachrinnen (56m), Blechverwahrungen (22m²) * Bitumenbahnen (59m²), Holzwolleplatten (1m²), Holzschalungen (66m²) * Schneefanggitter (3m); Entsorgung, Deponiegebühren | | | | |
| | • Herstellen (Kosten: 91,8%) | | 58.969 | | |
| | Stb-Fertigteilflachdach C 20/25, h=15cm, Bewehrung (158m²), Attika (56m), Balkonüberdachung (29m²), Vordach (4m²) * Bitumen-Schweißbahnen (157m²), Wärmedämmung, d=200mm, Dachabdichtung, Gummigranulatmatte (151m²), Attikaabdeckungen, Titanzink (57m), Wasserspeier (4St), * abgehängte GK-Decke, Mineralwolldämmung, d=20mm, Raufasertapete, Dispersionsanstrich (160m²) * Vordach, VSG-Verglasung (30m²) | | | | |

| KG | Kostengruppe | Menge Einheit | Kosten € | €/Einheit | % |
|---|---|---|---|---|---|
| 390 | **Sonstige Baukonstruktionen** | 725,89 m² BGF | 33.205 | **45,74** | 8,6 |
| | • Herstellen (Kosten: 100,0%) | | 33.205 | | |
| | Baustelleneinrichtung, Bauzaun (100m), Baukran, Bautoilette (50Wo), Bauschild, Bautüre, Schuttabwurfschacht * Fassadengerüst (668m²), Ausleger (217m), Dachfanggerüst (62m), Schutznetz (372m²) * Entsorgung, Bauschutt * Abdecken, Dachfläche (276m²), Folienfenster (98m²), Baureinigung * Notdach, Sparren ergänzen (33m), Schutzüberdachung, Eingang (1St) | | | | |
| **400** | **Bauwerk - Technische Anlagen** | | | | **100,0** |
| 410 | **Abwasser-, Wasser-, Gasanlagen** | 725,89 m² BGF | 28.878 | **39,78** | 25,7 |
| | • Abbrechen (Kosten: 0,2%) | | 56 | | |
| | Abbruch von Regenfallrohre, Titanzink, Befestigungen, Entsorgung, Deponiegebühren (31m) | | | | |
| | • Herstellen (Kosten: 99,8%) | | 28.189 | | |
| | KG-Grundleitungen (7m), Bodeneinläufe (4St), Regenfallrohr, Titanzink (16m), Abflussrohre (62m) * Kalt- und Warmwasserleitungen, Rohrdämmung (282m), Waschtische (6St), Tiefspül-WC (6St), Einbauwannen, Brausearmaturen (6St), Wasserzähler (12St), Hauswasserstation (1St), Zirkulationspumpe (1St) * Installationswände (12St), Einbausets (24St) | | | | |
| 420 | **Wärmeversorgungsanlagen** | 725,89 m² BGF | 54.835 | **75,54** | 48,7 |
| | • Abbrechen (Kosten: 1,9%) | | 1.058 | | |
| | Abbruch von einem Mauerwerkschornstein, verputz, asbesthaltige Kaminkopfbekleidung, Gerüst, Entsorgung, Deponiegebühren | | | | |
| | • Herstellen (Kosten: 98,1%) | | 53.776 | | |
| | Heiz-Kraft-Anlage mit wassergekühltem Verbrennunsmotor, Regelung, Modem zur Bedienung und Fernsteuerung, Heizleistung 12,5kW, Wärmespeicher 750l, Brennwertwärmetauscher (1St), Zusatzheizung 20kW (1St), Warmwasserspeicher (1St) * Metallverbundrohre, Formstücke, vorgedämmt (410m), Rohrdämmung (135m) * Flachheizkörper, Thermostatventile (30St) | | | | |
| 430 | **Lufttechnische Anlagen** | 725,89 m² BGF | 6.885 | **9,49** | 6,1 |
| | • Herstellen (Kosten: 100,0%) | | 6.885 | | |
| | Aufputzventilatoren, variabler Volumenstrom von 30-90m³/h (14St), Wickelfalzrohre DN125, Formstücke, Rohrdämmung (20m), Brandschutzschotte (6St) | | | | |
| 440 | **Starkstromanlagen** | 725,89 m² BGF | 16.645 | **22,93** | 14,8 |
| | • Abbrechen (Kosten: 0,6%) | | 107 | | |
| | Abbruch von Unterverteilungen, Hauptleitungen, Entsorgung, Deponiegebühren (6St) | | | | |
| | • Herstellen (Kosten: 99,4%) | | 16.450 | | |
| | Zählerschrank, Unterverteilungen (6St), Sicherungen (75St), FI-Schutzschalter (6St), Mantelleitungen NYM (489m), Kabelkanäle (42m), Leerrohre (108m), Schalter (50St), Taster (4St), Steckdosen (152St) * Ovalleuchten (11St), Anbauleuchten (4St), Deckenleuchten (3St) * Potenzialausgleichschiene (1St), Erdungen in Bädern, Mantelleitungen NYM 1x6mm² (56m) | | | | |
| 450 | **Fernmelde-, informationstechn. Anlagen** | 725,89 m² BGF | 3.514 | **4,84** | 3,1 |
| | • Herstellen (Kosten: 100,0%) | | 3.514 | | |
| | Telefonleitungen, TAE-Steckdosen (6St) * Gegensprechanlage, Klingeltaster, Haustelefone (6St), Leitungen, 4x2x0,6 (222m) * Antennenleitungen, Antennensteckdosen (18St) | | | | |

| KG | Kostengruppe | Menge Einheit | Kosten € | €/Einheit | % |
|---|---|---|---|---|---|
| 490 | **Sonstige Technische Anlagen (TA)** | 725,89 m² BGF | 1.785 | **2,46** | 1,6 |
| | • Abbrechen (Kosten: 100,0%) | | 1.785 | | |
| | Abbruch von Einzelheizöfen, Durchlauferhitzer, Kaltwasserleitungen, Abflussleitungen, Rohrdämmungen, Entsorgung, Deponiegebühren | | | | |
| **500** | **Außenanlagen** | | | | **100,0** |
| 520 | **Befestigte Flächen** | 124,68 m² | 8.325 | **66,77** | 33,5 |
| | • Abbrechen (Kosten: 7,2%) | | 602 | | |
| | Abbruch von Asphaltdecke, bituminöser Unterbau (20m²) Betonkantensteine (31m); Entsorgung, Deponiegebühren | | | | |
| | • Herstellen (Kosten: 92,8%) | | 7.723 | | |
| | Planum (27m²), Betonplatten, 40/40/4cm (29m²) * Planum (92m²), Tragschicht, d=35cm (28m³), Betonpflaster, 20/20/8cm (95m²), Betonkantensteine (38m) * Spritzschutzstreifen, Kies 0/56, d=20cm (7m²) | | | | |
| 530 | **Baukonstruktionen in Außenanlagen** | 1.079,94 m² AUF | 7.496 | **6,94** | 30,2 |
| | • Abbrechen (Kosten: 4,9%) | | 368 | | |
| | Abbruch von Betonfertigteilstufen in Magerbeton, Entsorgung, Deponiegebühren (6m²) | | | | |
| | • Herstellen (Kosten: 95,1%) | | 7.128 | | |
| | Stb-Mauerscheibe (25m²) * Treppenfertigteil (1St), Betonblockstufen (4St) | | | | |
| 540 | **Technische Anlagen in Außenanlagen** | 1.079,94 m² AUF | 1.003 | **0,93** | 4,0 |
| | • Herstellen (Kosten: 100,0%) | | 1.003 | | |
| | Rohrgraben (4m), PVC-Rohr (4m), Formstücke (4St), Hofablauf (1St) | | | | |
| 550 | **Einbauten in Außenanlagen** | 1.079,94 m² AUF | 1.598 | **1,48** | 6,4 |
| | • Herstellen (Kosten: 100,0%) | | 1.598 | | |
| | Briefkastenanlage (1St), Granitquader (14St) | | | | |
| 570 | **Pflanz- und Saatflächen** | 641,76 m² | 6.428 | **10,02** | 25,9 |
| | • Herstellen (Kosten: 100,0%) | | 6.428 | | |
| | Bodenaushub, BK 3-5, Abfuhr (23m³), Oberboden liefern (21m³), einbauen (41m³) * Feinplanum (642m²) * Hainbuchen (87St), Flieder (10St), Böschungsmyrthe (177St), Lampenputzergras (10St), hacken (72m²) * Rasensaat (570m²), Mähkante, Betonkantensteine (28m) | | | | |

## Kostenkennwerte für die Kostengruppe 300 der 3.Ebene DIN 276 (Übersicht)

| KG | Kostengruppe | Menge Einh. | €/Einheit | Kosten € | % 300+400 |
|---|---|---|---|---|---|
| 311 | Baugrubenherstellung | 33,000 m³ | 42,13 | 1.369,60 | 0,3 |
| 312 | Baugrubenumschließung | – | – | – | – |
| 313 | Wasserhaltung | – | – | – | – |
| 319 | Baugrube, sonstiges | – | – | – | – |
| **310** | **Baugrube** | **33,000 m³** | **42,13** | **1.369,60** | **0,3** |
| 321 | Baugrundverbesserung | – | – | – | – |
| 322 | Flachgründungen | 10,000 m² | 337,38 | 3.274,57 | 0,7 |
| 323 | Tiefgründungen | – | – | – | – |
| 324 | Unterböden und Bodenplatten | 4,000 m² | 128,04 | 549,69 | 0,1 |
| 325 | Beläge auf Boden- und Fundamentplatten | 15,000 m² | 61,60 | 905,46 | 0,2 |
| 326 | Bauwerksabdichtungen | – | – | – | – |
| 327 | Dränagen | – | – | – | – |
| 329 | Gründung, sonstiges | – | – | – | – |
| **320** | **Gründung** | **10,000 m²** | **487,30** | **4.729,72** | **1,0** |
| 331 | Tragende Außenwände | 78,000 m² | 115,45 | 8.985,46 | 1,8 |
| 332 | Nichttragende Außenwände | – | – | – | – |
| 333 | Tragende Außenstützen | 44,000 m | 70,34 | 3.080,71 | 0,6 |
| 334 | Außentüren, -fenster | 82,000 m² | 426,61 | 34.884,26 | 7,0 |
| 335 | Außenwandbekleidungen außen | 515,000 m² | 103,15 | 53.081,19 | 10,7 |
| 336 | Außenwandbekleidungen innen | 355,000 m² | 44,59 | 15.809,89 | 3,2 |
| 337 | Elementierte Außenwände | – | – | – | – |
| 338 | Sonnenschutz | 27,000 m² | 643,30 | 17.535,59 | 3,5 |
| 339 | Außenwände, sonstiges | 596,000 m² AWF | 15,81 | 9.427,40 | 1,9 |
| **330** | **Außenwände** | **596,000 m²** | **239,45** | **142.804,50** | **28,9** |
| 341 | Tragende Innenwände | 43,000 m² | 142,18 | 6.139,23 | 1,2 |
| 342 | Nichttragende Innenwände | 72,000 m² | 163,17 | 11.807,22 | 2,4 |
| 343 | Tragende Innenstützen | – | – | – | – |
| 344 | Innentüren, -fenster | 65,000 m² | 298,89 | 19.478,98 | 3,9 |
| 345 | Innenwandbekleidungen | 1.599,000 m² | 19,24 | 30.760,04 | 6,2 |
| 346 | Elementierte Innenwände | 13,000 m² | 52,48 | 687,95 | 0,1 |
| 349 | Innenwände, sonstiges | – | – | – | – |
| **340** | **Innenwände** | **688,000 m²** | **100,17** | **68.873,42** | **13,9** |
| 351 | Deckenkonstruktionen | 46,000 m² | 422,28 | 19.619,15 | 4,0 |
| 352 | Deckenbeläge | 368,000 m² | 83,00 | 30.574,49 | 6,2 |
| 353 | Deckenbekleidungen | 211,000 m² | 84,83 | 17.911,85 | 3,6 |
| 359 | Decken, sonstiges | 371,000 m² DEF | 2,19 | 811,23 | 0,2 |
| **350** | **Decken** | **371,000 m²** | **185,88** | **68.916,72** | **13,9** |
| 361 | Dachkonstruktionen | 187,000 m² | 145,58 | 27.193,15 | 5,5 |
| 362 | Dachfenster, Dachöffnungen | – | – | – | – |
| 363 | Dachbeläge | 180,000 m² | 143,16 | 25.821,42 | 5,2 |
| 364 | Dachbekleidungen | 160,000 m² | 62,85 | 10.030,27 | 2,0 |
| 369 | Dächer, sonstiges | 187,000 m² DAF | 6,39 | 1.193,50 | 0,2 |
| **360** | **Dächer** | **187,000 m²** | **343,91** | **64.238,34** | **12,9** |
| **370** | **Baukonstruktive Einbauten** | **–** | **–** | **–** | **–** |
| **390** | **Sonst. Maßnahmen für Baukonstruktionen** | **726,000 m² BGF** | **45,74** | **33.205,07** | **6,7** |
| **300** | **Bauwerk - Baukonstruktionen** | **726,000 m² BGF** | **529,20** | **384.137,37** | **77,3** |

## Kostenkennwerte für die Kostengruppe 400 der 3.Ebene DIN 276 (Übersicht)

| KG | Kostengruppe | Menge Einh. | €/Einheit | Kosten € | % 300+400 |
|---|---|---|---|---|---|
| 411 | Abwasseranlagen | 726,000 m² BGF | 7,12 | 5.166,53 | 1,0 |
| 412 | Wasseranlagen | 726,000 m² BGF | 26,69 | 19.375,56 | 3,9 |
| 413 | Gasanlagen (wenn zu Kochzwecken) | – | – | – | – |
| 414 | Feuerlöschanlagen | – | – | – | – |
| 419 | Abwasser-, Wasser- und Gasanlagen, sonstiges | 726,000 m² BGF | 5,97 | 4.336,28 | 0,9 |
| **410** | **Abwasser-, Wasser-, Gasanlagen** | **726,000 m² BGF** | **39,78** | **28.878,37** | **5,8** |
| 421 | Wärmeerzeugungsanlagen | 726,000 m² BGF | 56,65 | 41.124,74 | 8,3 |
| 422 | Wärmeverteilnetze | 726,000 m² BGF | 11,24 | 8.158,82 | 1,6 |
| 423 | Raumheizflächen | 726,000 m² BGF | 6,19 | 4.492,71 | 0,9 |
| 429 | Wärmeversorgungsanlagen, sonstiges | 726,000 m² BGF | 1,46 | 1.058,24 | 0,2 |
| **420** | **Wärmeversorgungsanlagen** | **726,000 m² BGF** | **75,54** | **54.834,51** | **11,0** |
| 431 | Lüftungsanlagen (LA) | 726,000 m² BGF | 9,49 | 6.885,12 | 1,4 |
| 432 | Teilklimaanlagen (TKA) | – | – | – | – |
| 433 | Klimaanlagen (KLA) | – | – | – | – |
| 434 | Prozeßlufttechnische Anlagen (PLA) | – | – | – | – |
| 435 | Kälteanlagen (KA) | – | – | – | – |
| 439 | Lufttechnische Anlagen, sonstiges | – | – | – | – |
| **430** | **Lufttechnische Anlagen** | **726,000 m² BGF** | **9,49** | **6.885,12** | **1,4** |
| 441 | Hoch- und Mittelspannungsanlagen | – | – | – | – |
| 442 | Eigenstromversorgungsanlagen | – | – | – | – |
| 443 | Niederspannungsschaltanlagen | – | – | – | – |
| 444 | Niederspannungsinstallationsanlagen | 726,000 m² BGF | 21,85 | 15.863,41 | 3,2 |
| 445 | Beleuchtungsanlagen | 726,000 m² BGF | 0,78 | 569,08 | 0,1 |
| 446 | Blitzschutz- und Erdungsanlagen | 726,000 m² BGF | 0,29 | 213,00 | < 0,1 |
| 449 | Starkstromanlagen, sonstiges | – | – | – | – |
| **440** | **Starkstromanlagen** | **726,000 m² BGF** | **22,93** | **16.645,50** | **3,4** |
| 451 | Telekommunikationsanlagen | 726,000 m² BGF | 0,49 | 353,40 | 0,1 |
| 452 | Such- und Signalanlagen | 726,000 m² BGF | 1,67 | 1.214,77 | 0,2 |
| 453 | Zeitdienstanlagen | – | – | – | – |
| 454 | Elektroakustische Anlagen | – | – | – | – |
| 455 | Fernseh- und Antennenanlagen | 726,000 m² BGF | 2,68 | 1.945,48 | 0,4 |
| 456 | Gefahrenmelde- und Alarmanlagen | – | – | – | – |
| 457 | Übertragungsnetze | – | – | – | – |
| 459 | Fernmelde- und informationstechn. Anlagen, sonstiges | – | – | – | – |
| **450** | **Fernmelde- und informationstechn. Anlagen** | **726,000 m² BGF** | **4,84** | **3.513,65** | **0,7** |
| 461 | Aufzugsanlagen | – | – | – | – |
| 462 | Fahrtreppen, Fahrsteige | – | – | – | – |
| 463 | Befahranlagen | – | – | – | – |
| 464 | Transportanlagen | – | – | – | – |
| 465 | Krananlagen | | – | – | – |
| 469 | Förderanlagen, sonstiges | – | – | – | – |
| **460** | **Förderanlagen** | **–** | **–** | **–** | **–** |
| **470** | **Nutzungsspezifische Anlagen** | **–** | **–** | **–** | **–** |
| **480** | **Gebäudeautomation** | **–** | **–** | **–** | **–** |
| **490** | **Sonst. Maßnahmen für technische Anlagen** | **726,000 m² BGF** | **2,46** | **1.784,89** | **0,4** |
| **400** | **Bauwerk - Technische Anlagen** | **726,000 m² BGF** | **155,04** | **112.542,03** | **22,7** |

## Kostenkennwerte für Leistungsbereiche nach StLB (Kosten des Bauwerks nach DIN 276)

| LB | Leistungsbereiche | Kosten € | €/m² BGF | €/m³ BRI | % 300+400 |
|---|---|---|---|---|---|
| 000 | Sicherheits-, Baustelleneinrichtungen inkl. 001 | 27.887 | 38,40 | 13,50 | 5,6 |
| | Herstellen | 27.887 | 38,40 | 13,50 | 5,6 |
| 002 | Erdarbeiten | 2.821 | 3,90 | 1,40 | 0,6 |
| | Herstellen | 2.821 | 3,90 | 1,40 | 0,6 |
| 006 | Spezialtiefbauarbeiten inkl. 005 | – | – | – | – |
| 009 | Abwasserkanalarbeiten inkl. 011 | 1.399 | 1,90 | 0,68 | 0,3 |
| | Herstellen | 1.399 | 1,90 | 0,68 | 0,3 |
| 010 | Dränarbeiten | – | – | – | – |
| 012 | Mauerarbeiten | 7.892 | 10,90 | 3,80 | 1,6 |
| | Herstellen | 7.892 | 10,90 | 3,80 | 1,6 |
| 013 | Betonarbeiten | 42.087 | 58,00 | 20,40 | 8,5 |
| | Herstellen | 42.087 | 58,00 | 20,40 | 8,5 |
| 014 | Natursteinarbeiten, Betonwerksteinarbeiten | 2.005 | 2,80 | 0,97 | 0,4 |
| | Herstellen | 2.005 | 2,80 | 0,97 | 0,4 |
| 016 | Zimmer- und Holzbauarbeiten | 12.379 | 17,10 | 6,00 | 2,5 |
| | Herstellen | 12.379 | 17,10 | 6,00 | 2,5 |
| 017 | Stahlbauarbeiten | 20.887 | 28,80 | 10,10 | 4,2 |
| | Herstellen | 20.887 | 28,80 | 10,10 | 4,2 |
| 018 | Abdichtungsarbeiten gegen Wasser | – | – | – | – |
| 020 | Dachdeckungsarbeiten | – | – | – | – |
| 021 | Dachabdichtungsarbeiten | 15.262 | 21,00 | 7,40 | 3,1 |
| | Herstellen | 15.262 | 21,00 | 7,40 | 3,1 |
| 022 | Klempnerarbeiten | 3.631 | 5,00 | 1,80 | 0,7 |
| | Herstellen | 3.631 | 5,00 | 1,80 | 0,7 |
| | **Rohbau** | **136.251** | **187,70** | **66,10** | **27,4** |
| | Herstellen | 136.251 | 187,70 | 66,10 | 27,4 |
| 023 | Putz- und Stuckarbeiten, Wärmedämmsysteme | 86.242 | 118,80 | 41,90 | 17,4 |
| | Wiederherstellen | 20.343 | 28,00 | 9,90 | 4,1 |
| | Herstellen | 65.899 | 90,80 | 32,00 | 13,3 |
| 024 | Fliesen- und Plattenarbeiten | 14.732 | 20,30 | 7,20 | 3,0 |
| | Herstellen | 14.732 | 20,30 | 7,20 | 3,0 |
| 025 | Estricharbeiten | – | – | – | – |
| 026 | Fenster, Außentüren inkl. 029, 032 | 31.028 | 42,70 | 15,10 | 6,2 |
| | Herstellen | 31.028 | 42,70 | 15,10 | 6,2 |
| 027 | Tischlerarbeiten | 15.012 | 20,70 | 7,30 | 3,0 |
| | Herstellen | 15.012 | 20,70 | 7,30 | 3,0 |
| 028 | Parkettarbeiten, Holzpflasterarbeiten | – | – | – | – |
| 030 | Rollladenarbeiten | 16.744 | 23,10 | 8,10 | 3,4 |
| | Herstellen | 16.744 | 23,10 | 8,10 | 3,4 |
| 031 | Metallbauarbeiten inkl. 035 | 3.004 | 4,10 | 1,50 | 0,6 |
| | Herstellen | 3.004 | 4,10 | 1,50 | 0,6 |
| 034 | Maler- und Lackiererarbeiten inkl. 037 | 12.471 | 17,20 | 6,10 | 2,5 |
| | Wiederherstellen | 951 | 1,30 | 0,46 | 0,2 |
| | Herstellen | 11.520 | 15,90 | 5,60 | 2,3 |
| 036 | Bodenbelagsarbeiten | 11.141 | 15,30 | 5,40 | 2,2 |
| | Herstellen | 11.141 | 15,30 | 5,40 | 2,2 |
| 038 | Vorgehängte hinterlüftete Fassaden | – | – | – | – |
| 039 | Trockenbauarbeiten | 30.365 | 41,80 | 14,70 | 6,1 |
| | Herstellen | 30.365 | 41,80 | 14,70 | 6,1 |

| LB | Leistungsbereiche | Kosten € | €/m² BGF | €/m³ BRI | % 300+400 |
|---|---|---|---|---|---|
| | **Ausbau** | **220.738** | **304,10** | **107,20** | **44,0** |
| | Wiederherstellen | 21.295 | 29,30 | 10,30 | 4,3 |
| | Herstellen | 199.444 | 274,80 | 96,80 | 40,2 |
| 040 | Wärmeerzeuger, zentr. Einrichtungen inkl. 041 | 48.271 | 66,50 | 23,40 | 9,8 |
| | Herstellen | 47.833 | 65,90 | 23,20 | 9,7 |
| 042 | Gas- und Wasserinstallationsarbeiten inkl. 043 | 11.228 | 15,50 | 5,50 | 2,3 |
| | Herstellen | 11.228 | 15,50 | 5,50 | 2,3 |
| 044 | Abwasserinstallationsarbeiten - Leitungen | 3.518 | 4,80 | 1,70 | 0,7 |
| | Herstellen | 3.518 | 4,80 | 1,70 | 0,7 |
| 045 | Gas-, Wasser-Einrichtungsgegenstände inkl. 046 | 14.731 | 20,30 | 7,20 | 3,0 |
| | Herstellen | 14.731 | 20,30 | 7,20 | 3,0 |
| 047 | Dämmarbeiten an betriebstechnischen Anlagen | 3.026 | 4,20 | 1,50 | 0,6 |
| | Herstellen | 3.026 | 4,20 | 1,50 | 0,6 |
| 049 | Feuerlöschanlagen, Feuerlöschgeräte | – | – | – | – |
| 050 | Blitzschutz- und Erdungsanlagen | 213 | 0,29 | 0,10 | – |
| | Herstellen | 213 | 0,29 | 0,10 | – |
| 052 | Mittelspannungsanlagen | – | – | – | – |
| 053 | Niederspannungsanlagen inkl. 054 | 16.199 | 22,30 | 7,90 | 3,3 |
| | Herstellen | 16.199 | 22,30 | 7,90 | 3,3 |
| 055 | Ersatzstromversorgungsanlagen | – | – | – | – |
| 057 | Gebäudesystemtechnik | – | – | – | – |
| 058 | Leuchten und Lampen, inkl. 059 | 569 | 0,78 | 0,28 | 0,1 |
| | Herstellen | 569 | 0,78 | 0,28 | 0,1 |
| 060 | Elektroakustische Anlagen | 3.160 | 4,40 | 1,50 | 0,6 |
| | Herstellen | 3.160 | 4,40 | 1,50 | 0,6 |
| 061 | Kommunikationsnetze | 353 | 0,49 | 0,17 | 0,1 |
| | Herstellen | 353 | 0,49 | 0,17 | 0,1 |
| 063 | Gefahrenmeldeanlagen | – | – | – | – |
| 069 | Aufzüge | – | – | – | – |
| 070 | Gebäudeautomation | – | – | – | – |
| 075 | Raumlufttechnische Anlagen | 6.570 | 9,10 | 3,20 | 1,3 |
| | Herstellen | 6.570 | 9,10 | 3,20 | 1,3 |
| | **Gebäudetechnik** | **107.837** | **148,60** | **52,40** | **21,7** |
| | Herstellen | 106.677 | 147,00 | 51,80 | 21,7 |
| 084 | Abbrucharbeiten | 29.627 | 40,80 | 14,40 | 6,0 |
| | Abbrechen | 29.627 | 40,80 | 14,40 | 6,0 |
| | Sonstige Leistungsbereiche inkl. 008, 033, 051 | **2.226** | **3,10** | **1,10** | **0,4** |
| | Herstellen | 2.094 | 2,90 | 1,00 | 0,4 |

6100-685
Einfamilienhaus

## Objektübersicht

Erweiterung

| | |
|---|---|
| Kennwerte | bis 1.Ebene DIN 276 |
| Bauzeit | 21 Wochen |
| Bauende | 2008 |
| Standard | über Durchschnitt |
| Land | Hamburg |
| Kreis | Hansestadt Hamburg |
| $m^3$ BRI | 380 |
| $m^2$ BGF | 128 |
| $m^2$ NF | 90 |

**3.709 €/$m^2$ WFL**

**946 €/$m^3$ BRI**

**2.805 €/$m^2$ BGF**

**3.984 €/$m^2$ NF**

**Architekt:**
Jan Cousin Dipl.-Ing.
Ökotektur + Baubiologie
Richard-Dehmel-Str. 19
22587 Hamburg

Kostenstand: 3.Quartal 2010, inkl. MwSt., Bundesdurchschnitt

Erweiterung

Ansicht Ost

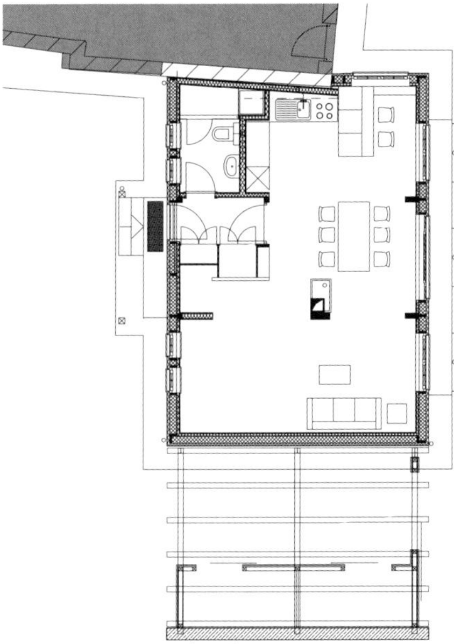

Erdgeschoss

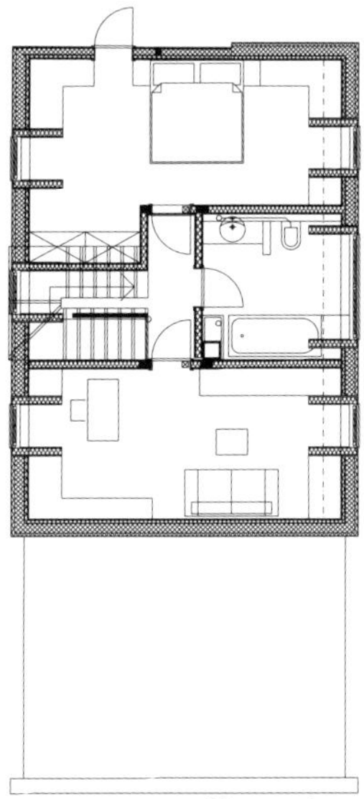

Obergeschoss

Ansicht West

Ansicht Nord

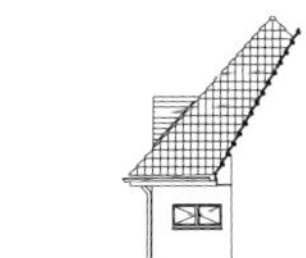

Teilansicht Süd

## Objektbeschreibung

### Nutzung

**1 Erdgeschoss**
Wohnbereich mit Küche, Esszimmer, Du/WC

**1 Obergeschoss**
Schlaf- und Gästezimmer mit Bad

**Besonderer Kosteneinfluss Nutzung:**
Verwendung von ökologisch unbedenklichen Materialien, hochwärmegedämmt.

### Nutzeinheiten

Wohneinheiten: 1
Wohnfläche: 97m²

### Grundstück

Bauraum: Freier Bauraum
Neigung: Ebenes Gelände
Bodenklasse: BK 1

**Besonderer Kosteneinfluss Grundstück:**
Abbruch eines bestehenden Anbaus, Neubau auf bestehendem Fundament.

### Markt

Hauptvergabezeit: 1.Quartal 2008
Baubeginn: 2.Quartal 2008
Bauende: 4.Quartal 2008
Konjunkturelle Gesamtlage: über Durchschnitt
Regionaler Baumarkt: über Durchschnitt

### Baubestand

Bauzustand: mittel
Aufwand: hoch
Grundrissänderungen: wenige
Tragwerkseingriffe: wenige
Nutzungsänderung: nein
Nutzung während der Bauzeit: ja

### Baukonstruktion

Nutzung der Bestandsfundamente, Stb-Fundamente für Carport, Dielenbelag, Fliesen; Holzständerkonstruktion, Wärmedämmung, Putz, mineralischer Anstrich, Holzfenster mit Sprossen, lackiert, Fensterbänke außen Kupfer, innen Holzwerkstoff; GF-Leichtbauwände, Holztüren, Anstrich, Fliesen; Holzbalkendecke, Holzdielen, Fliesen, aufgesattelte Holztreppe; Holzdachkonstruktion, Steildach als Walmdach, farblich gedämpfte Hohlpfannen

### Technische Anlagen

Gebäudeentwässerung, Sanitärinstallation, Sanitärobjekte; Anschluss an bestehende Heizungsanlage, Heizkörper; Elektroinstallation, Einzelraumlüfter mit Wärmerückgewinnung, Sat- und Kabelanschluss, Telefonanschluss

## Planungskennwerte für Flächen und Rauminhalte nach DIN 277

| Flächen des Grundstücks | | Menge, Einheit | % an FBG |
|---|---|---|---|
| BF | Bebaute Fläche | 63,82 m² | 6,2 |
| UBF | Unbebaute Fläche | – m² | – |
| FBG | Fläche des Baugrundstücks | 1.021,98 m² | 100,0 |

| Grundflächen des Bauwerks | | Menge, Einheit | % an NF | % an BGF |
|---|---|---|---|---|
| NF | Nutzfläche | 90,26 m² | 100,0 | 70,4 |
| TF | Technische Funktionsfläche | – m² | – | – |
| VF | Verkehrsfläche | 6,69 m² | 7,4 | 5,2 |
| NGF | Netto-Grundfläche | 96,95 m² | 107,4 | 75,6 |
| KGF | Konstruktions-Grundfläche | 31,25 m² | 34,6 | 24,4 |
| BGF | Brutto-Grundfläche | 128,20 m² | 142,0 | 100,0 |

| Brutto-Rauminhalt des Bauwerks | | Menge, Einheit | BRI/NF (m) | BRI/BGF (m) |
|---|---|---|---|---|
| BRI | Brutto-Rauminhalt | 380,00 m³ | 4,21 | 2,96 |

| Lufttechnisch behandelte Flächen | Menge, Einheit | % an NF | % an BGF |
|---|---|---|---|
| Entlüftete Fläche | – m² | – | – |
| Be- und entlüftete Fläche | – m² | – | – |
| Teilklimatisierte Fläche | – m² | – | – |
| Klimatisierte Fläche | – m² | – | – |

| KG | Kostengruppen (2.Ebene) | Menge, Einheit | Menge/NF | Menge/BGF |
|---|---|---|---|---|
| 310 | Baugrube | – m³ BGI | – | – |
| 320 | Gründung | – m² GRF | – | – |
| 330 | Außenwände | – m² AWF | – | – |
| 340 | Innenwände | – m² IWF | – | – |
| 350 | Decken | – m² DEF | – | – |
| 360 | Dächer | – m² DAF | – | – |

## Kostenkennwerte für die Kostengruppen der 1.Ebene DIN 276

| KG | Kostengruppen (1.Ebene) | Einheit | Kosten € | €/Einheit | €/m² BGF | €/m³ BRI | % 300+400 |
|---|---|---|---|---|---|---|---|
| 100 | Grundstück | m² FBG | – | – | – | – | – |
| 200 | Herrichten und Erschließen | m² FBG | – | – | – | – | – |
| 300 | Bauwerk - Baukonstruktionen | m² BGF | 282.830 | 2.206,16 | 2.206,16 | 744,29 | 78,6 |
| 400 | Bauwerk - Technische Anlagen | m² BGF | 76.792 | 599,00 | 599,00 | 202,09 | 21,4 |
| | **Bauwerk 300+400** | **m² BGF** | **359.622** | **2.805,17** | **2.805,17** | **946,37** | **100,0** |
| 500 | Außenanlagen | m² AUF | 240.302 | – | 1.874,43 | 632,37 | 66,8 |
| 600 | Ausstattung und Kunstwerke | m² BGF | – | – | – | – | – |
| 700 | Baunebenkosten | m² BGF | 209.331 | 1.632,84 | 1.632,84 | 550,87 | 58,2 |

Erweiterung

## Kostenkennwerte für die Kostengruppen der 1.Ebene DIN 276

| KG | Kostengruppe | Menge Einheit | Kosten € | €/Einheit | % |
|---|---|---|---|---|---|
| **3+4** | **Bauwerk** | | | | **100,0** |
| 300 | **Bauwerk - Baukonstruktionen**<br>Nutzung der Bestandsfundamente, Stb-Fundamente für Carport, Dielenbelag, Fliesen; Holzständerkonstruktion, Wärmedämmung, Putz, mineralischer Anstrich, Holzfenster mit Sprossen, lackiert, Fensterbänke außen Kupfer, innen Holzwerkstoff; GF-Leichtbauwände, Holztüren, Anstrich, Fliesen; Holzbalkendecke, Holzdielen, Fliesen, aufgesattelte Holztreppe; Holzdachkonstruktion, Steildach als Walmdach, farblich gedämpfte Hohlpfannen | 128,20 m² BGF | 282.830 | **2.206,16** | 78,6 |
| 400 | **Bauwerk - Technische Anlagen**<br>Gebäudeentwässerung, Sanitärinstallation, Sanitärobjekte; Anschluss an bestehende Heizungsanlage, Heizkörper; Elektroinstallation, Einzelraumlüfter mit Wärmerückgewinnung, Sat- und Kabelanschluss, Telefonanschluss | 128,20 m² BGF | 76.792 | **599,00** | 21,4 |
| 500 | **Außenanlagen**<br>Carport mit einem Stellplatz und zwei Geräteräumen, extensiv begrüntes Flachdach, durchlässiger Pflasterbelag | – AUF | 240.302 | – | 66,8 |
| 700 | **Baunebenkosten**<br>Honorare, Gebühren | 128,20 m² BGF | 209.331 | **1.632,84** | 58,2 |

6100-686
Mehrfamilienhaus
(21WE)
Kellertrocknung

Instandsetzung

## Objektübersicht

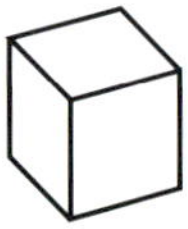

**14 €/m³ BRI**

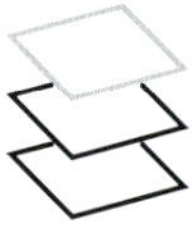

**43 €/m² BGF**

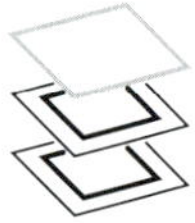

**63 €/m² NF**

| | |
|---|---|
| Kennwerte | bis 3.Ebene DIN 276 |
| Bauzeit | 4 Wochen |
| Bauende | 2008 |
| Standard | Durchschnitt |
| Land | Berlin |
| Kreis | Berlin |
| m³ BRI | 3.546 |
| m² BGF | 1.166 |
| m² NF | 805 |

**Architekt:**
TSSB
architekten.ingenieure . Berlin
Oranienburger Str. 37
10117 Berlin

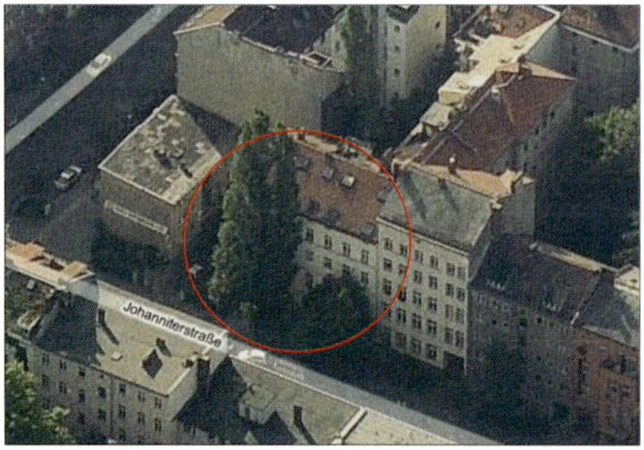

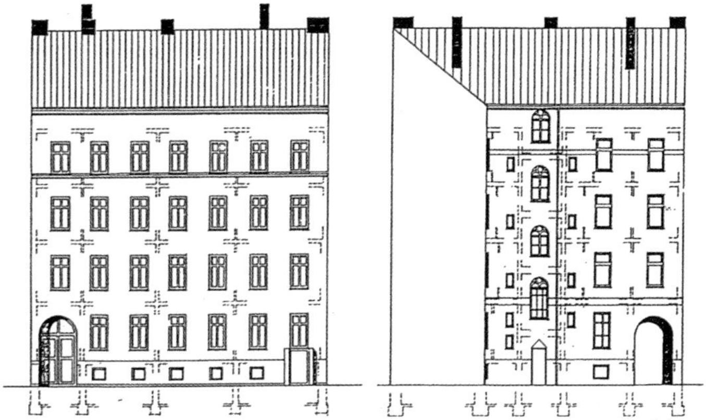

Ansicht

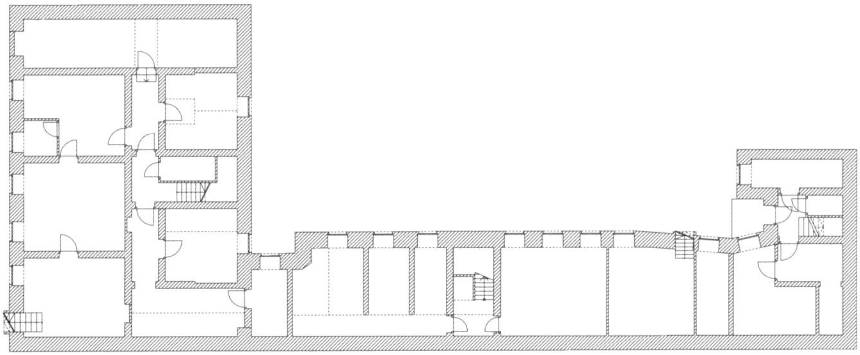

Untergeschoss

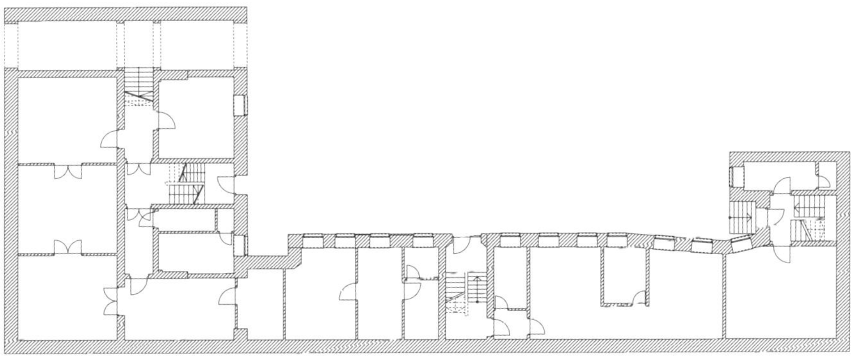

Erdgeschoss

# Objektbeschreibung

## Nutzung

**1 Untergeschoss**
Mieterkeller, extern vermietetes Lager

**1 Erdgeschoss**
Wohnungen

**3 Obergeschosse**
Wohnungen

**Besonderer Kosteneinfluss Nutzung:**
Die Flächenangaben der DIN 277 beziehen sich auf den sanierten Bereich.

## Nutzeinheiten

Wohneinheiten: 21

## Grundstück

Bauraum: Freier Bauraum
Neigung: Ebenes Gelände
Bodenklasse: BK 3 bis BK 4

**Besonderer Kosteneinfluss Grundstück:**
Das Gebäude ist von der Straße frei zugänglich. Für die Arbeiten in Hof müssen die Materialen von Hand transportiert werden.

## Markt

Hauptvergabezeit: 4.Quartal 2008
Baubeginn: 4.Quartal 2008
Bauende: 4.Quartal 2008
Konjunkturelle Gesamtlage: Durchschnitt
Regionaler Baumarkt: über Durchschnitt

## Baubestand

Baujahr: ca. 1900
Bauzustand: mittel
Aufwand: mittel
Grundrissänderungen: wenige
Tragwerkseingriffe: keine
Nutzungsänderung: nein
Nutzung während der Bauzeit: ja

## Baukonstruktion

**Abbrechen:** Abbruch von Sockelputz, Entfernen von Altabdichtungen, GK-Bekleidungen, Metall-Unterkonstruktion, Wandfliesen, Lichtschächte aus Mauerwerk; Entsorgung, Deponiegebühren
**Wiederherstellen:** Einbringen einer horizontalen Abdichtung, Bohrlöcher, thermisch-konvektive Trocknung des Mauerwerks durch Heizpacker, thermisch aktiviertes Paraffin injizieren, Löcher mit Mörtel schließen, Wandstärke bis 77cm, Mauerwerk reinigen, verkieseln, Grundputz, Bitumenbeschichtung, Schutzschicht, zweischaliges Mauerwerk mit Zementmörtel verpressen; Mauerfugen prüfen, schadhafte Stellen auskratzen, reinigen, neu verfugen mit sulfatbeständigen Fugensanierungsmörtel
**Herstellen:** Außenmauerwerk freilegen, lagern, wieder hinterfüllen, Verbau mit Bohlen und Spindelspreizen; Sockelputz für Mauerwerk mit hoher Salzbelastung, Fassadenanstrich, Lichtschächte

## Technische Anlagen

**Wiederherstellen:** Fallrohre, Standrohre abnehmen, lagern, wieder montieren

## Planungskennwerte für Flächen und Rauminhalte nach DIN 277

| Flächen des Grundstücks | | Menge, Einheit | % an FBG |
|---|---|---|---|
| BF | Bebaute Fläche | 233,29 m² | – |
| UBF | Unbebaute Fläche | – m² | – |
| FBG | Fläche des Baugrundstücks | – m² | – |

| Grundflächen des Bauwerks | | Menge, Einheit | % an NF | % an BGF |
|---|---|---|---|---|
| NF | Nutzfläche | 804,84 m² | 100,0 | 69,0 |
| TF | Technische Funktionsfläche | 20,98 m² | 2,6 | 1,8 |
| VF | Verkehrsfläche | 148,60 m² | 18,5 | 12,7 |
| NGF | Netto-Grundfläche | 974,42 m² | 121,1 | 83,5 |
| KGF | Konstruktions-Grundfläche | 192,02 m² | 23,9 | 16,5 |
| BGF | Brutto-Grundfläche | 1.166,44 m² | 144,9 | 100,0 |

| Brutto-Rauminhalt des Bauwerks | | Menge, Einheit | BRI/NF (m) | BRI/BGF (m) |
|---|---|---|---|---|
| BRI | Brutto-Rauminhalt | 3.546,00 m³ | 4,41 | 3,04 |

| Lufttechnisch behandelte Flächen | Menge, Einheit | % an NF | % an BGF |
|---|---|---|---|
| Entlüftete Fläche | – m² | – | – |
| Be- und entlüftete Fläche | – m² | – | – |
| Teilklimatisierte Fläche | – m² | – | – |
| Klimatisierte Fläche | – m² | – | – |

| KG | Kostengruppen (2.Ebene) | Menge, Einheit | Menge/NF | Menge/BGF |
|---|---|---|---|---|
| 310 | Baugrube | 52,15 m³ BGI | < 0,1 | < 0,1 |
| 320 | Gründung | – m² GRF | – | – |
| 330 | Außenwände | 166,60 m² AWF | 0,21 | 0,14 |
| 340 | Innenwände | – m² IWF | – | – |
| 350 | Decken | – m² DEF | – | – |
| 360 | Dächer | – m² DAF | – | – |

## Kostenkennwerte für die Kostengruppen der 1.Ebene DIN 276

| KG | Kostengruppen (1.Ebene) | Einheit | Kosten € | €/Einheit | €/m² BGF | €/m³ BRI | % 300+400 |
|---|---|---|---|---|---|---|---|
| 100 | Grundstück | m² FBG | – | – | – | – | – |
| 200 | Herrichten und Erschließen | m² FBG | – | – | – | – | – |
| 300 | Bauwerk - Baukonstruktionen | m² BGF | 50.524 | 43,31 | 43,31 | 14,25 | 99,8 |
| 400 | Bauwerk - Technische Anlagen | m² BGF | 102 | < 0,1 | < 0,1 | < 0,1 | 0,2 |
| | **Bauwerk 300+400** | **m² BGF** | **50.626** | **43,40** | **43,40** | **14,28** | **100,0** |
| 500 | Außenanlagen | m² AUF | 5.692 | 50,37 | 4,88 | 1,61 | 11,2 |
| 600 | Ausstattung und Kunstwerke | m² BGF | – | – | – | – | – |
| 700 | Baunebenkosten | m² BGF | – | – | – | – | – |

## Kostenkennwerte für die Kostengruppen der 1.Ebene DIN 276

| KG | Kostengruppe | Menge Einheit | Kosten € | €/Einheit | % |
|---|---|---|---|---|---|
| **3+4** | **Bauwerk** | | | | **100,0** |
| 300 | **Bauwerk - Baukonstruktionen** | 1.166,44 m² BGF | 50.524 | **43,31** | 99,8 |
| | • Abbrechen (Kosten: 7,1%)<br>Abbruch von Sockelputz, Entfernen von Altabdichtungen, GK-Bekleidungen, Metall-Unterkonstruktion, Wandfliesen, Lichtschächte aus Mauerwerk; Entsorgung, Deponiegebühren | | 3.586 | | |
| | • Wiederherstellen (Kosten: 70,9%)<br>Einbringen einer horizontalen Abdichtung, Bohrlöcher, thermisch-konvektive Trocknung des Mauerwerks durch Heizpacker, thermisch aktiviertes Paraffin injizieren, Löcher mit Mörtel schließen, Wandstärke bis 77cm, Mauerwerk reinigen, verkieseln, Grundputz, Bitumenbeschichtung, Schutzschicht, zweischaliges Mauerwerk mit Zementmörtel verpressen; Mauerfugen prüfen, schadhafte Stellen auskratzen, reinigen, neu verfugen mit sulfatbeständigen Fugensanierungsmörtel | | 35.813 | | |
| | • Herstellen (Kosten: 22,0%)<br>Außenmauerwerk freilegen, lagern, wieder hinterfüllen, Verbau mit Bohlen und Spindelspreizen; Sockelputz für Mauerwerk mit hoher Salzbelastung, Fassadenanstrich, Lichtschächte | | 11.125 | | |
| 400 | **Bauwerk - Technische Anlagen** | 1.166,44 m² BGF | 102 | **< 0,1** | 0,2 |
| | • Wiederherstellen (Kosten: 100,0%)<br>Fallrohre, Standrohre abnehmen, lagern, wieder montieren | | 102 | | |
| 500 | **Außenanlagen** | 113,00 m² AUF | 5.692 | **50,37** | 11,2 |
| | • Wiederherstellen (Kosten: 100,00%)<br>Rechteckbetonpflastersteine aufnehmen, lagern, wieder verlegen, Sandbettung, Beeteinfassungen abrechen, entsorgen, neue Einfassungen, Gussasphalt; Zaunfeld und Pfosten ausbauen, lagern, wieder einbauen, Betonfundamente, Anstrich; Pflanzen roden, einschlagen, wieder einpflanzen, abgestorbene Planzen entsorgen durch neue ersetzen | | 5.692 | | |

## Kostenkennwerte für die Kostengruppen 300 und 400 der 2.Ebene DIN 276

| KG | Kostengruppe | Menge Einheit | Kosten € | €/Einheit | % |
|---|---|---|---|---|---|
| **300** | **Bauwerk - Baukonstruktionen** | | | | **100,0** |
| 310 | **Baugrube** | 52,15 $m^3$ | 4.436 | **85,07** | 8,8 |
| | • Herstellen (Kosten: 100,0%) | | 4.436 | | |
| | Außenmauerwerk freilegen, lagern, wieder hinterfüllen, Verbau mit Bohlen und Spindelspreizen (52$m^3$) | | | | |
| 330 | **Außenwände** | 166,60 $m^2$ | 43.597 | **261,69** | 86,3 |
| | • Abbrechen (Kosten: 8,2%) | | 3.586 | | |
| | Abbruch von Sockelputz, d=30mm, Trennschnitte an angrenzende Putzflächen (48$m^2$), Entfernen von Altabdichtungen (39$m^2$) * GK-Bekleidungen, 2x15,5mm, Metall-Unterkonstruktion, d=10-20cm (15$m^2$), Wandfliesen (10$m^2$), Lichtschächte aus Mauerwerk (8St); Entsorgung, Deponiegebühren | | | | |
| | • Wiederherstellen (Kosten: 82,1%) | | 35.813 | | |
| | Einbringen einer horizontalen Abdichtung, Bohrlöcher, thermisch-konvektive Trocknung des Mauerwerks durch Heizpacker, thermisch aktiviertes Paraffin injizieren, Löcher mit Mörtel schließen, Wandstärke bis 77cm, Mauerwerk reinigen, Grundputz, Bitumenbeschichtung, Schutzschicht (97$m^2$), zweischaliges Mauerwerk mit Zementmörtel verpressen (23m) * Mauerfugen prüfen, schadhafte Stellen auskratzen, reinigen, neu verfugen mit sulfatbeständigen Fugensanierungsmörtel (75$m^2$) | | | | |
| | • Herstellen (Kosten: 9,6%) | | 4.198 | | |
| | Sockelputz für Mauerwerk mit hoher Salzbelastung (48$m^2$), Fassadenanstrich (70$m^2$) * Lichtschächte, Anpassungen an Fensteröffnungen, Gitterroste (8St) | | | | |
| 390 | **Sonstige Baukonstruktionen** | 1.166,44 $m^2$ BGF | 2.490 | **2,13** | 4,9 |
| | • Herstellen (Kosten: 100,0%) | | 2.490 | | |
| | Baustelleneinrichtung, Bauschuttcontainer, Kippgebühren (3St), mobiler Bauzaun (100$m^2$), Fußgängerbrücken (4St) * Folieabdeckungen für Türen (12$m^2$), Kellerfenster (8St) | | | | |
| **400** | **Bauwerk - Technische Anlagen** | | | | **100,0** |
| 410 | **Abwasser-, Wasser-, Gasanlagen** | 1.166,44 $m^2$ BGF | 102 | **< 0,1** | 100,0 |
| | • Wiederherstellen (Kosten: 100,0%) | | 102 | | |
| | Fallrohre, Standrohre abnehmen, lagern, wieder montieren (4m) | | | | |
| **500** | **Außenanlagen** | | | | **100,0** |
| 520 | **Befestigte Flächen** | 36,00 $m^2$ | 3.671 | **101,96** | 64,5 |
| | • Wiederherstellen (Kosten: 59,6%) | | 3.671 | | |
| | Rechteckbetonpflastersteine aufnehmen, lagern, wieder verlegen, Sandbettung (21$m^2$), Beeteinfassungen abrechen, entsorgen, neue Einfassungen (3m), Gussasphalt, Unterbau (15$m^2$) | | | | |
| 530 | **Baukonstruktionen in Außenanlagen** | 113,00 $m^2$ AUF | 32 | **0,28** | 0,6 |
| | • Wiederherstellen (Kosten: 100,0%) | | 32 | | |
| | Zaunfeld und Pfosten ausbauen, lagern, wieder einbauen, Betonfundamente, Anstrich (2$m^2$) | | | | |

| KG | Kostengruppe | Menge Einheit | Kosten € | €/Einheit | % |
|---|---|---|---|---|---|
| 570 | **Pflanz- und Saatflächen** | 77,00 m² | 1.990 | **25,84** | 35,0 |
| | • Wiederherstellen (Kosten: 100,0%)<br>Pflanzen roden, einschlagen, wieder einpflanzen (57m²), abgestorbene Planzen entsorgen durch neue ersetzen (20m²) | | 1.990 | | |

## Kostenkennwerte für die Kostengruppe 300 der 3.Ebene DIN 276 (Übersicht)

| KG | Kostengruppe | Menge Einh. | €/Einheit | Kosten € | % 300+400 |
|---|---|---|---|---|---|
| 311 | Baugrubenherstellung | 52,000 m³ | 85,07 | 4.436,43 | 8,8 |
| 312 | Baugrubenumschließung | – | – | – | – |
| 313 | Wasserhaltung | – | – | – | – |
| 319 | Baugrube, sonstiges | – | – | – | – |
| **310** | **Baugrube** | **52,000 m³** | **85,07** | **4.436,43** | **8,8** |
| 321 | Baugrundverbesserung | – | – | – | – |
| 322 | Flachgründungen | – | – | – | – |
| 323 | Tiefgründungen | – | – | – | – |
| 324 | Unterböden und Bodenplatten | – | – | – | – |
| 325 | Beläge auf Boden- und Fundamentplatten | – | – | – | – |
| 326 | Bauwerksabdichtungen | – | – | – | – |
| 327 | Dränagen | – | – | – | – |
| 329 | Gründung, sonstiges | – | – | – | – |
| **320** | **Gründung** | **–** | **–** | **–** | **–** |
| 331 | Tragende Außenwände | – | – | – | – |
| 332 | Nichttragende Außenwände | – | – | – | – |
| 333 | Tragende Außenstützen | – | – | – | – |
| 334 | Außentüren, -fenster | – | – | – | – |
| 335 | Außenwandbekleidungen außen | 70,000 m² | 551,56 | 38.609,52 | 76,3 |
| 336 | Außenwandbekleidungen innen | – m² | – | 1.788,75 | 3,5 |
| 337 | Elementierte Außenwände | – | – | – | – |
| 338 | Sonnenschutz | – | – | – | – |
| 339 | Außenwände, sonstiges | 167,000 m² AWF | 19,20 | 3.198,76 | 6,3 |
| **330** | **Außenwände** | **167,000 m²** | **261,69** | **43.597,03** | **86,1** |
| 341 | Tragende Innenwände | – | – | – | – |
| 342 | Nichttragende Innenwände | – | – | – | – |
| 343 | Tragende Innenstützen | – | – | – | – |
| 344 | Innentüren, -fenster | – | – | – | – |
| 345 | Innenwandbekleidungen | – | – | – | – |
| 346 | Elementierte Innenwände | – | – | – | – |
| 349 | Innenwände, sonstiges | – | – | – | – |
| **340** | **Innenwände** | **–** | **–** | **–** | **–** |
| 351 | Deckenkonstruktionen | – | – | – | – |
| 352 | Deckenbeläge | – | – | – | – |
| 353 | Deckenbekleidungen | – | – | – | – |
| 359 | Decken, sonstiges | – | – | – | – |
| **350** | **Decken** | **–** | **–** | **–** | **–** |
| 361 | Dachkonstruktionen | – | – | – | – |
| 362 | Dachfenster, Dachöffnungen | – | – | – | – |
| 363 | Dachbeläge | – | – | – | – |
| 364 | Dachbekleidungen | – | – | – | – |
| 369 | Dächer, sonstiges | – | – | – | – |
| **360** | **Dächer** | **–** | **–** | **–** | **–** |
| **370** | **Baukonstruktive Einbauten** | **–** | **–** | **–** | **–** |
| **390** | **Sonst. Maßnahmen für Baukonstruktionen** | **1.166,000 m² BGF** | **2,13** | **2.490,17** | **4,9** |
| **300** | **Bauwerk - Baukonstruktionen** | **1.166,000 m² BGF** | **43,31** | **50.523,63** | **99,8** |

## Kostenkennwerte für die Kostengruppe 400 der 3.Ebene DIN 276 (Übersicht)

| KG | Kostengruppe | Menge Einh. | €/Einheit | Kosten € | % 300+400 |
|---|---|---|---|---|---|
| 411 | Abwasseranlagen | 1.166,000 m² BGF | < 0,1 | 102,36 | 0,2 |
| 412 | Wasseranlagen | – | – | – | – |
| 413 | Gasanlagen (wenn zu Kochzwecken) | – | – | – | – |
| 414 | Feuerlöschanlagen | – | – | – | – |
| 419 | Abwasser-, Wasser- und Gasanlagen, sonstiges | – | – | – | – |
| **410** | **Abwasser-, Wasser-, Gasanlagen** | **1.166,000 m² BGF** | **< 0,1** | **102,36** | **0,2** |
| 421 | Wärmeerzeugungsanlagen | – | – | – | – |
| 422 | Wärmeverteilnetze | – | – | – | – |
| 423 | Raumheizflächen | – | – | – | – |
| 429 | Wärmeversorgungsanlagen, sonstiges | – | – | – | – |
| **420** | **Wärmeversorgungsanlagen** | **–** | **–** | **–** | **–** |
| 431 | Lüftungsanlagen (LA) | – | – | – | – |
| 432 | Teilklimaanlagen (TKA) | – | – | – | – |
| 433 | Klimaanlagen (KLA) | – | – | – | – |
| 434 | Prozeßlufttechnische Anlagen (PLA) | – | – | – | – |
| 435 | Kälteanlagen (KA) | – | – | – | – |
| 439 | Lufttechnische Anlagen, sonstiges | – | – | – | – |
| **430** | **Lufttechnische Anlagen** | **–** | **–** | **–** | **–** |
| 441 | Hoch- und Mittelspannungsanlagen | – | – | – | – |
| 442 | Eigenstromversorgungsanlagen | – | – | – | – |
| 443 | Niederspannungsschaltanlagen | – | – | – | – |
| 444 | Niederspannungsinstallationsanlagen | – | – | – | – |
| 445 | Beleuchtungsanlagen | – | – | – | – |
| 446 | Blitzschutz- und Erdungsanlagen | – | – | – | – |
| 449 | Starkstromanlagen, sonstiges | – | – | – | – |
| **440** | **Starkstromanlagen** | **–** | **–** | **–** | **–** |
| 451 | Telekommunikationsanlagen | – | – | – | – |
| 452 | Such- und Signalanlagen | – | – | – | – |
| 453 | Zeitdienstanlagen | – | – | – | – |
| 454 | Elektroakustische Anlagen | – | – | – | – |
| 455 | Fernseh- und Antennenanlagen | – | – | – | – |
| 456 | Gefahrenmelde- und Alarmanlagen | – | – | – | – |
| 457 | Übertragungsnetze | – | – | – | – |
| 459 | Fernmelde- und informationstechn. Anlagen, sonstiges | – | – | – | – |
| **450** | **Fernmelde- und informationstechn. Anlagen** | **–** | **–** | **–** | **–** |
| 461 | Aufzugsanlagen | – | – | – | – |
| 462 | Fahrtreppen, Fahrsteige | – | – | – | – |
| 463 | Befahranlagen | – | – | – | – |
| 464 | Transportanlagen | – | – | – | – |
| 465 | Krananlagen | – | – | – | – |
| 469 | Förderanlagen, sonstiges | – | – | – | – |
| **460** | **Förderanlagen** | **–** | **–** | **–** | **–** |
| **470** | **Nutzungsspezifische Anlagen** | **–** | **–** | **–** | **–** |
| **480** | **Gebäudeautomation** | **–** | **–** | **–** | **–** |
| **490** | **Sonst. Maßnahmen für technische Anlagen** | **–** | **–** | **–** | **–** |
| **400** | **Bauwerk - Technische Anlagen** | **1.166,000 m² BGF** | **< 0,1** | **102,36** | **0,2** |

## Kostenkennwerte für Leistungsbereiche nach StLB (Kosten des Bauwerks nach DIN 276)

| LB | Leistungsbereiche | Kosten € | €/m² BGF | €/m³ BRI | % 300+400 |
|---|---|---|---|---|---|
| 000 | Sicherheits-, Baustelleneinrichtungen inkl. 001 | 2.490 | 2,10 | 0,70 | 4,9 |
| | Herstellen | 2.490 | 2,10 | 0,70 | 4,9 |
| 002 | Erdarbeiten | 4.436 | 3,80 | 1,30 | 8,8 |
| | Herstellen | 4.436 | 3,80 | 1,30 | 8,8 |
| 006 | Spezialtiefbauarbeiten inkl. 005 | – | – | – | – |
| 009 | Abwasserkanalarbeiten inkl. 011 | – | – | – | – |
| 010 | Dränarbeiten | – | – | – | – |
| 012 | Mauerarbeiten | 1.927 | 1,70 | 0,54 | 3,8 |
| | Herstellen | 1.927 | 1,70 | 0,54 | 3,8 |
| 013 | Betonarbeiten | – | – | – | – |
| 014 | Natursteinarbeiten, Betonwerksteinarbeiten | – | – | – | – |
| 016 | Zimmer- und Holzbauarbeiten | – | – | – | – |
| 017 | Stahlbauarbeiten | – | – | – | – |
| 018 | Abdichtungsarbeiten gegen Wasser | 6.604 | 5,70 | 1,90 | 13,0 |
| | Wiederherstellen | 6.604 | 5,70 | 1,90 | 13,0 |
| 020 | Dachdeckungsarbeiten | – | – | – | – |
| 021 | Dachabdichtungsarbeiten | – | – | – | – |
| 022 | Klempnerarbeiten | 102 | < 0,1 | < 0,1 | 0,2 |
| | Wiederherstellen | 102 | < 0,1 | < 0,1 | 0,2 |
| | **Rohbau** | **15.560** | **13,30** | **4,40** | **30,7** |
| | Wiederherstellen | 6.706 | 5,70 | 1,90 | 13,2 |
| | Herstellen | 8.854 | 7,60 | 2,50 | 17,5 |
| 023 | Putz- und Stuckarbeiten, Wärmedämmsysteme | 3.983 | 3,40 | 1,10 | 7,9 |
| | Wiederherstellen | 2.668 | 2,30 | 0,75 | 5,3 |
| | Herstellen | 1.315 | 1,10 | 0,37 | 2,6 |
| 024 | Fliesen- und Plattenarbeiten | – | – | – | – |
| 025 | Estricharbeiten | – | – | – | – |
| 026 | Fenster, Außentüren inkl. 029, 032 | – | – | – | – |
| 027 | Tischlerarbeiten | – | – | – | – |
| 028 | Parkettarbeiten, Holzpflasterarbeiten | – | – | – | – |
| 030 | Rollladenarbeiten | – | – | – | – |
| 031 | Metallbauarbeiten inkl. 035 | – | – | – | – |
| 034 | Maler- und Lackiererarbeiten inkl. 037 | 956 | 0,82 | 0,27 | 1,9 |
| | Herstellen | 956 | 0,82 | 0,27 | 1,9 |
| 036 | Bodenbelagsarbeiten | – | – | – | – |
| 038 | Vorgehängte hinterlüftete Fassaden | – | – | – | – |
| 039 | Trockenbauarbeiten | – | – | – | – |
| | **Ausbau** | **4.939** | **4,20** | **1,40** | **9,8** |
| | Wiederherstellen | 2.668 | 2,30 | 0,75 | 5,3 |
| | Herstellen | 2.271 | 1,90 | 0,64 | 4,5 |
| 040 | Wärmeerzeuger, zentr. Einrichtungen inkl. 041 | – | – | – | – |
| 042 | Gas- und Wasserinstallationsarbeiten inkl. 043 | – | – | – | – |
| 044 | Abwasserinstallationsarbeiten - Leitungen | – | – | – | – |
| 045 | Gas-, Wasser-Einrichtungsgegenstände inkl. 046 | – | – | – | – |
| 047 | Dämmarbeiten an betriebstechnischen Anlagen | – | – | – | – |
| 049 | Feuerlöschanlagen, Feuerlöschgeräte | – | – | – | – |
| 050 | Blitzschutz- und Erdungsanlagen | – | – | – | – |
| 052 | Mittelspannungsanlagen | – | – | – | – |

| LB | Leistungsbereiche | Kosten € | €/m² BGF | €/m³ BRI | % 300+400 |
|---|---|---|---|---|---|
| 053 | Niederspannungsanlagen inkl. 054 | – | – | – | – |
| 055 | Ersatzstromversorgungsanlagen | – | – | – | – |
| 057 | Gebäudesystemtechnik | – | – | – | – |
| 058 | Leuchten und Lampen, inkl. 059 | – | – | – | – |
| 060 | Elektroakustische Anlagen | – | – | – | – |
| 061 | Kommunikationsnetze | – | – | – | – |
| 063 | Gefahrenmeldeanlagen | – | – | – | – |
| 069 | Aufzüge | – | – | – | – |
| 070 | Gebäudeautomation | – | – | – | – |
| 075 | Raumlufttechnische Anlagen | – | – | – | – |
| | **Gebäudetechnik** | **–** | **–** | **–** | **–** |
| 084 | Abbrucharbeiten | 3.586 | 3,10 | 1,00 | 7,1 |
| | Abbrechen | 3.586 | 3,10 | 1,00 | 7,1 |
| | Sonstige Leistungsbereiche inkl. 008, 033, 051 | **26.541** | **22,80** | **7,50** | **52,4** |
| | Wiederherstellen | 26.541 | 22,80 | 7,50 | 52,4 |

6100-694
Zweifamilienhaus

## Objektübersicht

Erweiterung

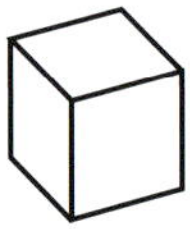
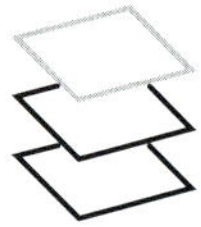
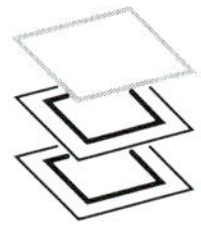

| | |
|---|---|
| Kennwerte | bis 3.Ebene DIN 276 |
| Bauzeit | 34 Wochen |
| Bauende | 2007 |
| Standard | Durchschnitt |
| Land | Bayern |
| Kreis | München |
| $m^3$ BRI | 1.099 |
| $m^2$ BGF | 418 |
| $m^2$ NF | 298 |

**682 €/$m^2$ WFL** **151 €/$m^3$ BRI** **396 €/$m^2$ BGF** **555 €/$m^2$ NF**

**Architekt:**
Dipl.-Ing.(FH)
Hanns Peter Benl
edp ingenieure
Herzog-Georg-Platz 5
84524 Neuötting

vorher

nachher

Fotograf: G. Nixdorf, Burghausen

Fotograf: G. Nixdorf, Burghausen

Fotograf: G. Nixdorf, Burghausen

Erweiterung



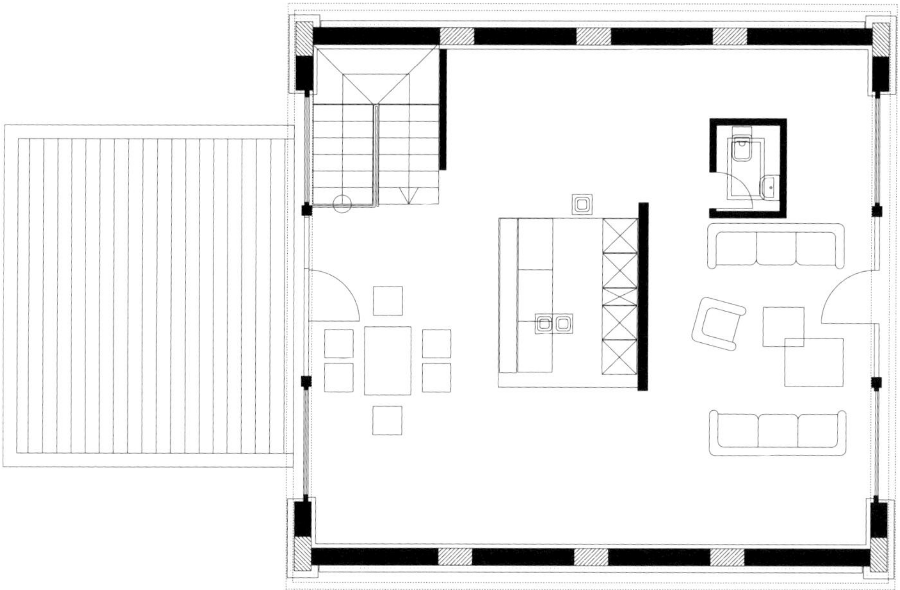

Dachgeschoss

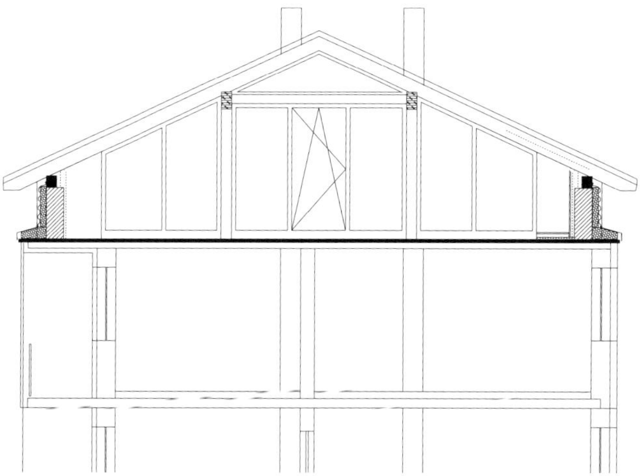

Ansicht

# Objektbeschreibung

## Nutzung

**1 Untergeschoss**
Abstellräume

**1 Erdgeschoss**
Wohnung 1

**1 Obergeschoss**
Wohnung 2

**1 Dachgeschoss**
Wohnung 2

**Besonderer Kosteneinfluss Nutzung:**
Das Zweifamilienhaus wurde erergetisch modernisiert um eine CO 2 Reduzierung zu erreichen.

## Nutzeinheiten

Wohneinheiten: 2
Wohnfläche: 243m$^2$

## Grundstück

Neigung: Ebenes Gelände
Bodenklasse: BK 4

## Markt

Hauptvergabezeit: 1.Quartal 2007
Baubeginn: 2.Quartal 2007
Bauende: 4.Quartal 2007
Konjunkturelle Gesamtlage: Durchschnitt
Regionaler Baumarkt: über Durchschnitt

## Baubestand

Bauzustand: mittel
Aufwand: mittel
Grundrissänderungen: wenige
Tragwerkseingriffe: einige
Nutzungsänderung: nein
Nutzung während der Bauzeit: ja

## Baukonstruktion

**Abbrechen:** Abbruch von Mauerwerk, Holzfenster, Fensterbänke; Betondecke für die Treppe, Kanten schneiden; Entsorgung, Deponiegebühren
**Herstellen:** HLz-Mauerwerk, Stb-Sockel; Holz-Aluminium Fenster, Sonnenschutzglas, Fassadensanierung, Wärmedämmplatten, Armierungsschicht, Oberputz, Anstrich; Stb-Wandscheibe, Wandfliesen, Anstrich; Stb-Treppe, Trockenestrich, Parkett, Bodenfliesen; Kellerdecke dämmen; Holzdachkonstruktion, Dachflächenfenster, Tondachziegel, Dachrinne, Dämmung, GK-Bekleidungen, Anstrich

## Technische Anlagen

**Abbrechen:** Abbruch der Heizungsanlage und Öltank, Kamin, Isolierungen; Entsorgung, Deponiegebühren
**Herstellen:** Regenfallrohre, Abwasserleitungen, Warm- und Kaltwasserleitungen, Sanitärgegenstände; Wärmepumpe, Wasser/Wasser, Pufferspeicher, Erdaushub, Schluckbrunnen, Brunnenpumpe, Kupferrohre, Heizkörper; Einzelraumlüfter; Elektroinstallation

## Planungskennwerte für Flächen und Rauminhalte nach DIN 277

| Flächen des Grundstücks | | Menge, Einheit | % an FBG |
|---|---|---|---|
| BF | Bebaute Fläche | – m² | – |
| UBF | Unbebaute Fläche | – m² | – |
| FBG | Fläche des Baugrundstücks | – m² | – |

| Grundflächen des Bauwerks | | Menge, Einheit | % an NF | % an BGF |
|---|---|---|---|---|
| NF | Nutzfläche | 298,35 m² | 100,0 | 71,4 |
| TF | Technische Funktionsfläche | 4,10 m² | 1,4 | 1,0 |
| VF | Verkehrsfläche | 42,10 m² | 14,1 | 10,1 |
| NGF | Netto-Grundfläche | 344,55 m² | 115,5 | 82,5 |
| KGF | Konstruktions-Grundfläche | 73,31 m² | 24,6 | 17,5 |
| BGF | Brutto-Grundfläche | 417,86 m² | 140,1 | 100,0 |

| Brutto-Rauminhalt des Bauwerks | | Menge, Einheit | BRI/NF (m) | BRI/BGF (m) |
|---|---|---|---|---|
| BRI | Brutto-Rauminhalt | 1.098,98 m³ | 3,68 | 2,63 |

| Lufttechnisch behandelte Flächen | Menge, Einheit | % an NF | % an BGF |
|---|---|---|---|
| Entlüftete Fläche | – m² | – | – |
| Be- und entlüftete Fläche | – m² | – | – |
| Teilklimatisierte Fläche | – m² | – | – |
| Klimatisierte Fläche | – m² | – | – |

| KG | Kostengruppen (2.Ebene) | Menge, Einheit | Menge/NF | Menge/BGF |
|---|---|---|---|---|
| 310 | Baugrube | – m³ BGI | – | – |
| 320 | Gründung | – m² GRF | – | – |
| 330 | Außenwände | 291,35 m² AWF | 0,98 | 0,70 |
| 340 | Innenwände | 21,95 m² IWF | < 0,1 | < 0,1 |
| 350 | Decken | 80,85 m² DEF | 0,27 | 0,19 |
| 360 | Dächer | 140,50 m² DAF | 0,47 | 0,34 |

## Kostenkennwerte für die Kostengruppen der 1.Ebene DIN 276

| KG | Kostengruppen (1.Ebene) | Einheit | Kosten € | €/Einheit | €/m² BGF | €/m³ BRI | % 300+400 |
|---|---|---|---|---|---|---|---|
| 100 | Grundstück | m² FBG | – | – | – | – | – |
| 200 | Herrichten und Erschließen | m² FBG | – | – | – | – | – |
| 300 | Bauwerk - Baukonstruktionen | m² BGF | 119.779 | 286,65 | 286,65 | 108,99 | 72,3 |
| 400 | Bauwerk - Technische Anlagen | m² BGF | 45.900 | 109,85 | 109,85 | 41,77 | 27,7 |
| | **Bauwerk 300+400** | **m² BGF** | **165.679** | **396,49** | **396,49** | **150,76** | **100,0** |
| 500 | Außenanlagen | m² AUF | – | – | – | – | – |
| 600 | Ausstattung und Kunstwerke | m² BGF | – | – | – | – | – |
| 700 | Baunebenkosten | m² BGF | – | – | – | – | – |

## Kostenkennwerte für die Kostengruppen der 1.Ebene DIN 276

Erweiterung

| KG | Kostengruppe | Menge Einheit | Kosten € | €/Einheit | % |
|---|---|---|---|---|---|
| 3+4 | **Bauwerk** | | | | **100,0** |
| 300 | **Bauwerk - Baukonstruktionen** | 417,86 m² BGF | 119.779 | **286,65** | 72,3 |
| | • Abbrechen (Kosten: 4,5%) | | 5.335 | | |
| | Abbruch von Mauerwerk, Holzfenster, Fensterbänke; Betondecke für die Treppe, Kanten schneiden; Entsorgung, Deponiegebühren | | | | |
| | • Herstellen (Kosten: 95,5%) | | 114.444 | | |
| | HLz-Mauerwerk, Stb-Sockel; Holz-Aluminium Fenster, Sonnenschutzglas, Fassadensanierung, Wärmedämmplatten, Armierungsschicht, Oberputz, Anstrich; Stb-Wandscheibe, Wandfliesen, Anstrich; Stb-Treppe, Trockenestrich, Parkett, Bodenfliesen; Kellerdecke dämmen; Holzdachkonstruktion, Dachflächenfenster, Tondachziegel, Dachrinne, Dämmung, GK-Bekleidungen, Anstrich | | | | |
| 400 | **Bauwerk - Technische Anlagen** | 417,86 m² BGF | 45.900 | **109,85** | 27,7 |
| | • Abbrechen (Kosten: 9,6%) | | 4.357 | | |
| | Abbruch der Heizungsanlage und Öltank, Kamin, Isolierungen; Entsorgung, Deponiegebühren | | | | |
| | • Herstellen (Kosten: 90,4%) | | 41.543 | | |
| | Regenfallrohre, Abwasserleitungen, Warm- und Kaltwasserleitungen, Sanitärgegenstände; Wärmepumpe, Wasser/Wasser, Pufferspeicher, Erdaushub, Schluckbrunnen, Brunnenpumpe, Kupferrohre, Heizkörper; Einzelraumlüfter; Elektroinstallation | | | | |

## Kostenkennwerte für die Kostengruppen 300 und 400 der 2.Ebene DIN 276

| KG | Kostengruppe | Menge Einheit | Kosten € | €/Einheit | % |
|---|---|---|---|---|---|
| **300** | **Bauwerk - Baukonstruktionen** | | | | **100,0** |
| 330 | **Außenwände** | 291,35 m² | 55.408 | **190,18** | 46,3 |
| | • Abbrechen (Kosten: 6,3%) | | 3.484 | | |
| | Abbruch von Mauerwerk, d=30cm (47m²) * Holzfenster (45m²), Fensterbänke (23m), Entsorgung, Deponiegebühren | | | | |
| | • Herstellen (Kosten: 93,7%) | | 51.923 | | |
| | HLz-Mauerwerk, d=30cm (21m²), Stb-Sockel C20/25, d=30cm (7m²) (5m²) * Holz-Aluminium Fenster, u-Wert=1,1W/(m²K) (38m²), Sonnenschutzglas (30m²) * Wärmedämmplatten, Polystyrol-Hartschaum, PS 15 SE, d=120mm, WLG 035, geklebt, zusätzliche verdübelt, Armierungsschicht, Oberputz, Kratzstruktur, Silikonharzanstrich (246m²), Eckschutzwinkel (116m), Garagenflächen streichen (45m²) * Absturzgeländer, Einfachverglasung, 2xESG 8mm (2St) | | | | |
| 340 | **Innenwände** | 21,95 m² | 2.804 | **127,72** | 2,3 |
| | • Herstellen (Kosten: 100,0%) | | 2.804 | | |
| | Stb-Wandscheibe, d=17,5cm, Schalung, Bewehrung (5m²) * Mosaik-Wandfliesen (11m²), Anstrich (10m²) | | | | |
| 350 | **Decken** | 80,85 m² | 17.598 | **217,65** | 14,7 |
| | • Abbrechen (Kosten: 10,5%) | | 1.851 | | |
| | Abbruch einer Betondecke für die Treppe, Kanten schneiden, Entsorgung, Deponiegebühren (15m²) | | | | |
| | • Herstellen (Kosten: 89,5%) | | 15.747 | | |
| | Stb-Treppe C20/25, Schalung, Bewehrung, Treppenauflager (9m²) * Trockenestrich, Trittschalldämmung, Fertigparkett, Schiffsboden, Eiche (69m²), Holzsockelleisten (65m), Bodenfliesen (11m²) * Kellerdecke dämmen, Polystyrol-Hartschaum, d=100mm (72m²), Treppenunterseite verputzen (9m²) * Balkongeländer anschleifen, reinigen, Rostschutzgrund, Seidenglanzlack (6m) | | | | |
| 360 | **Dächer** | 140,50 m² | 32.659 | **232,45** | 27,3 |
| | • Herstellen (Kosten: 100,0%) | | 32.659 | | |
| | Holzdachkonstruktion, BSH Holz, Schalung, d=24mm (141m²) * Dachflächenfenster, Alu-Eindeckrahmen (2m²) * Lattung, Tondachziegel (141m²), Edelstahldachrinne (23m) * Mineralwolledämmung, d=200mm, WLG 035, GK-Bekleidungen (102m²), Anstrich | | | | |
| 390 | **Sonstige Baukonstruktionen** | 417,86 m² BGF | 11.311 | **27,07** | 9,4 |
| | • Herstellen (Kosten: 100,0%) | | 11.311 | | |
| | Baustelleneinrichtung, Baukran * Fassadengerüste * Notabdichtungen am Dach, Schweißbahnen mit Gewebeeinlagen (108m²), Schutzfolien | | | | |
| **400** | **Bauwerk - Technische Anlagen** | | | | **100,0** |
| 410 | **Abwasser-, Wasser-, Gasanlagen** | 417,86 m² BGF | 2.948 | **7,06** | 6,4 |
| | • Herstellen (Kosten: 100,0%) | | 2.948 | | |
| | Regenfallrohre, Edelstahl (12m), HT-Abwasserleitungen (12m) * Mehrschichtverbundrohre, 16x2mm, Formstücke, Dämmung (25m), Sanitärgegenstände | | | | |

| KG | Kostengruppe | Menge Einheit | Kosten € | €/Einheit | % |
|---|---|---|---|---|---|
| 420 | **Wärmeversorgungsanlagen** | 417,86 m² BGF | 36.177 | **86,58** | 79,5 |
| | • Abbrechen (Kosten: 12,0%) | | 4.357 | | |
| | Abbruch der Heizungsanlage und Öltank * Kamin, Isolierungen; Entsorgung, Deponiegebühren | | | | |
| | • Herstellen (Kosten: 88,0%) | | 31.820 | | |
| | Wärmepumpe, Wasser/Wasser, Zubehör, Pufferspeicher für Warmwasserbereitung, Erdaushub, Schluckbrunnen, Brunnenpumpe, Nennleistung 0,37kW, geologisches Gutachten * Kupferrohre, 13x22mm, Rohrdämmung (77m) * Heizkörper (6St), Röhrenradiator als Raumteiler (1St) | | | | |
| 430 | **Lufttechnische Anlagen** | 417,86 m² BGF | 582 | **1,39** | 1,3 |
| | • Herstellen (Kosten: 100,0%) | | 582 | | |
| | Einzelraumlüfter (2St), Abluftleitungen | | | | |
| 440 | **Starkstromanlagen** | 417,86 m² BGF | 5.827 | **13,94** | 12,8 |
| | • Herstellen (Kosten: 100,0%) | | 5.827 | | |
| | Elektroinstallation, Sicherungen, Mantelleitungen, Schalter, Steckdosen | | | | |
| 450 | **Fernmelde-, informationstechn. Anlagen** | 417,86 m² BGF | 366 | **0,87** | 0,8 |
| | • Herstellen (Kosten: 100,0%) | | 366 | | |
| | Erweiterung der Türsprechanlage um eine Sprechstelle | | | | |

## Kostenkennwerte für die Kostengruppe 300 der 3.Ebene DIN 276 (Übersicht)

| KG | Kostengruppe | Menge Einh. | | €/Einheit | Kosten € | % 300+400 |
|---|---|---|---|---|---|---|
| 311 | Baugrubenherstellung | – | | – | – | – |
| 312 | Baugrubenumschließung | – | | – | – | – |
| 313 | Wasserhaltung | – | | – | – | – |
| 319 | Baugrube, sonstiges | – | | – | – | – |
| **310** | **Baugrube** | **–** | | **–** | **–** | **–** |
| 321 | Baugrundverbesserung | – | | – | – | – |
| 322 | Flachgründungen | – | | – | – | – |
| 323 | Tiefgründungen | – | | – | – | – |
| 324 | Unterböden und Bodenplatten | – | | – | – | – |
| 325 | Beläge auf Boden- und Fundamentplatten | – | | – | – | – |
| 326 | Bauwerksabdichtungen | – | | – | – | – |
| 327 | Dränagen | – | | – | – | – |
| 329 | Gründung, sonstiges | – | | – | – | – |
| **320** | **Gründung** | **–** | | **–** | **–** | **–** |
| 331 | Tragende Außenwände | 28,000 m² | | 168,10 | 4.639,51 | 2,8 |
| 332 | Nichttragende Außenwände | – | | – | – | – |
| 333 | Tragende Außenstützen | – | | – | – | – |
| 334 | Außentüren, -fenster | 38,000 m² | | 578,65 | 21.751,28 | 13,1 |
| 335 | Außenwandbekleidungen außen | 291,000 m² | | 95,74 | 27.895,02 | 16,8 |
| 336 | Außenwandbekleidungen innen | – | | – | – | – |
| 337 | Elementierte Außenwände | – | | – | – | – |
| 338 | Sonnenschutz | – | | – | – | – |
| 339 | Außenwände, sonstiges | 291,000 m² | AWF | 3,85 | 1.121,69 | 0,7 |
| **330** | **Außenwände** | **291,000 m²** | | **190,18** | **55.407,51** | **33,4** |
| 341 | Tragende Innenwände | 5,000 m² | | 390,17 | 1.974,26 | 1,2 |
| 342 | Nichttragende Innenwände | – | | – | – | – |
| 343 | Tragende Innenstützen | – | | – | – | – |
| 344 | Innentüren, -fenster | – | | – | – | – |
| 345 | Innenwandbekleidungen | 21,000 m² | | 39,58 | 829,30 | 0,5 |
| 346 | Elementierte Innenwände | – | | – | – | – |
| 349 | Innenwände, sonstiges | – | | – | – | – |
| **340** | **Innenwände** | **22,000 m²** | | **127,72** | **2.803,55** | **1,7** |
| 351 | Deckenkonstruktionen | 9,000 m² | | 451,19 | 3.902,83 | 2,4 |
| 352 | Deckenbeläge | 80,000 m² | | 121,12 | 9.689,79 | 5,8 |
| 353 | Deckenbekleidungen | 81,000 m² | | 46,69 | 3.774,71 | 2,3 |
| 359 | Decken, sonstiges | 81,000 m² | DEF | 2,85 | 230,22 | 0,1 |
| **350** | **Decken** | **81,000 m²** | | **217,65** | **17.597,53** | **10,6** |
| 361 | Dachkonstruktionen | 141,000 m² | | 67,27 | 9.451,73 | 5,7 |
| 362 | Dachfenster, Dachöffnungen | 2,000 m² | | 1.122,13 | 2.625,78 | 1,6 |
| 363 | Dachbeläge | 141,000 m² | | 102,64 | 14.421,21 | 8,7 |
| 364 | Dachbekleidungen | 120,000 m² | | 51,33 | 6.160,11 | 3,7 |
| 369 | Dächer, sonstiges | – | | – | – | – |
| **360** | **Dächer** | **141,000 m²** | | **232,45** | **32.658,83** | **19,7** |
| **370** | **Baukonstruktive Einbauten** | **–** | | **–** | **–** | **–** |
| **390** | **Sonst. Maßnahmen für Baukonstruktionen** | **418,000 m²** | **BGF** | **27,07** | **11.311,47** | **6,8** |
| **300** | **Bauwerk - Baukonstruktionen** | **418,000 m²** | **BGF** | **286,65** | **119.778,90** | **72,3** |

## Kostenkennwerte für die Kostengruppe 400 der 3.Ebene DIN 276 (Übersicht)

| KG | Kostengruppe | Menge Einh. | €/Einheit | Kosten € | % 300+400 |
|---|---|---|---|---|---|
| 411 | Abwasseranlagen | 418,000 m² BGF | 1,81 | 754,75 | 0,5 |
| 412 | Wasseranlagen | 418,000 m² BGF | 5,25 | 2.193,58 | 1,3 |
| 413 | Gasanlagen (wenn zu Kochzwecken) | – | – | – | – |
| 414 | Feuerlöschanlagen | – | – | – | – |
| 419 | Abwasser-, Wasser- und Gasanlagen, sonstiges | – | – | – | – |
| **410** | **Abwasser-, Wasser-, Gasanlagen** | **418,000 m² BGF** | **7,06** | **2.948,33** | **1,8** |
| 421 | Wärmeerzeugungsanlagen | 418,000 m² BGF | 61,26 | 25.599,51 | 15,5 |
| 422 | Wärmeverteilnetze | 418,000 m² BGF | 11,13 | 4.652,20 | 2,8 |
| 423 | Raumheizflächen | 418,000 m² BGF | 8,28 | 3.457,96 | 2,1 |
| 429 | Wärmeversorgungsanlagen, sonstiges | 418,000 m² BGF | 5,91 | 2.467,83 | 1,5 |
| **420** | **Wärmeversorgungsanlagen** | **418,000 m² BGF** | **86,58** | **36.177,50** | **21,8** |
| 431 | Lüftungsanlagen (LA) | 418,000 m² BGF | 1,39 | 582,12 | 0,4 |
| 432 | Teilklimaanlagen (TKA) | – | – | – | – |
| 433 | Klimaanlagen (KLA) | – | – | – | – |
| 434 | Prozeßlufttechnische Anlagen (PLA) | – | – | – | – |
| 435 | Kälteanlagen (KA) | – | – | – | – |
| 439 | Lufttechnische Anlagen, sonstiges | – | – | – | – |
| **430** | **Lufttechnische Anlagen** | **418,000 m² BGF** | **1,39** | **582,12** | **0,4** |
| 441 | Hoch- und Mittelspannungsanlagen | – | – | – | – |
| 442 | Eigenstromversorgungsanlagen | – | – | – | – |
| 443 | Niederspannungsschaltanlagen | – | – | – | – |
| 444 | Niederspannungsinstallationsanlagen | 418,000 m² BGF | 13,94 | 5.826,82 | 3,5 |
| 445 | Beleuchtungsanlagen | – | – | – | – |
| 446 | Blitzschutz- und Erdungsanlagen | – | – | – | – |
| 449 | Starkstromanlagen, sonstiges | – | – | – | – |
| **440** | **Starkstromanlagen** | **418,000 m² BGF** | **13,94** | **5.826,82** | **3,5** |
| 451 | Telekommunikationsanlagen | – | – | – | – |
| 452 | Such- und Signalanlagen | 418,000 m² BGF | 0,87 | 365,61 | 0,2 |
| 453 | Zeitdienstanlagen | – | – | – | – |
| 454 | Elektroakustische Anlagen | – | – | – | – |
| 455 | Fernseh- und Antennenanlagen | – | – | – | – |
| 456 | Gefahrenmelde- und Alarmanlagen | – | – | – | – |
| 457 | Übertragungsnetze | – | – | – | – |
| 459 | Fernmelde- und informationstechn. Anlagen, sonstiges | – | – | – | – |
| **450** | **Fernmelde- und informationstechn. Anlagen** | **418,000 m² BGF** | **0,87** | **365,61** | **0,2** |
| 461 | Aufzugsanlagen | – | – | – | – |
| 462 | Fahrtreppen, Fahrsteige | – | – | – | – |
| 463 | Befahranlagen | – | – | – | – |
| 464 | Transportanlagen | – | – | – | – |
| 465 | Krananlagen | – | – | – | – |
| 469 | Förderanlagen, sonstiges | – | – | – | – |
| **460** | **Förderanlagen** | **–** | **–** | **–** | **–** |
| **470** | **Nutzungsspezifische Anlagen** | **–** | **–** | **–** | **–** |
| **480** | **Gebäudeautomation** | **–** | **–** | **–** | **–** |
| **490** | **Sonst. Maßnahmen für technische Anlagen** | **–** | **–** | **–** | **–** |
| **400** | **Bauwerk - Technische Anlagen** | **418,000 m² BGF** | **109,85** | **45.900,37** | **27,7** |

## Kostenkennwerte für Leistungsbereiche nach StLB (Kosten des Bauwerks nach DIN 276)

| LB | Leistungsbereiche | Kosten € | €/m² BGF | €/m³ BRI | % 300+400 |
|---|---|---|---|---|---|
| 000 | Sicherheits-, Baustelleneinrichtungen inkl. 001 | 9.320 | 22,30 | 8,50 | 5,6 |
| | Herstellen | 9.320 | 22,30 | 8,50 | 5,6 |
| 002 | Erdarbeiten | 1.064 | 2,50 | 0,97 | 0,6 |
| | Herstellen | 1.064 | 2,50 | 0,97 | 0,6 |
| 006 | Spezialtiefbauarbeiten inkl. 005 | – | – | – | – |
| 009 | Abwasserkanalarbeiten inkl. 011 | – | – | – | – |
| 010 | Dränarbeiten | – | – | – | – |
| 012 | Mauerarbeiten | 1.555 | 3,70 | 1,40 | 0,9 |
| | Herstellen | 1.555 | 3,70 | 1,40 | 0,9 |
| 013 | Betonarbeiten | 5.378 | 12,90 | 4,90 | 3,2 |
| | Herstellen | 5.378 | 12,90 | 4,90 | 3,2 |
| 014 | Natursteinarbeiten, Betonwerksteinarbeiten | – | – | – | – |
| 016 | Zimmer- und Holzbauarbeiten | 11.443 | 27,40 | 10,40 | 6,9 |
| | Herstellen | 11.443 | 27,40 | 10,40 | 6,9 |
| 017 | Stahlbauarbeiten | – | – | – | – |
| 018 | Abdichtungsarbeiten gegen Wasser | – | – | – | – |
| 020 | Dachdeckungsarbeiten | 10.519 | 25,20 | 9,60 | 6,3 |
| | Herstellen | 10.519 | 25,20 | 9,60 | 6,3 |
| 021 | Dachabdichtungsarbeiten | – | – | – | – |
| 022 | Klempnerarbeiten | 6.974 | 16,70 | 6,30 | 4,2 |
| | Herstellen | 6.974 | 16,70 | 6,30 | 4,2 |
| | **Rohbau** | **46.254** | **110,70** | **42,10** | **27,9** |
| | Herstellen | 46.254 | 110,70 | 42,10 | 27,9 |
| 023 | Putz- und Stuckarbeiten, Wärmedämmsysteme | 31.220 | 74,70 | 28,40 | 18,8 |
| | Herstellen | 31.219 | 74,70 | 28,40 | 18,8 |
| 024 | Fliesen- und Plattenarbeiten | 1.454 | 3,50 | 1,30 | 0,9 |
| | Herstellen | 1.454 | 3,50 | 1,30 | 0,9 |
| 025 | Estricharbeiten | – | – | – | – |
| 026 | Fenster, Außentüren inkl. 029, 032 | 21.430 | 51,30 | 19,50 | 12,9 |
| | Herstellen | 21.430 | 51,30 | 19,50 | 12,9 |
| 027 | Tischlerarbeiten | – | – | – | – |
| 028 | Parkettarbeiten, Holzpflasterarbeiten | 4.893 | 11,70 | 4,50 | 3,0 |
| | Herstellen | 4.893 | 11,70 | 4,50 | 3,0 |
| 030 | Rollladenarbeiten | – | – | – | – |
| 031 | Metallbauarbeiten inkl. 035 | – | – | – | – |
| 034 | Maler- und Lackiererarbeiten inkl. 037 | 1.037 | 2,50 | 0,94 | 0,6 |
| | Herstellen | 1.037 | 2,50 | 0,94 | 0,6 |
| 036 | Bodenbelagsarbeiten | – | – | – | – |
| 038 | Vorgehängte hinterlüftete Fassaden | – | – | – | – |
| 039 | Trockenbauarbeiten | 9.802 | 23,50 | 8,90 | 5,9 |
| | Herstellen | 9.802 | 23,50 | 8,90 | 5,9 |
| | **Ausbau** | **69.835** | **167,10** | **63,50** | **42,2** |
| | Herstellen | 69.835 | 167,10 | 63,50 | 42,2 |
| 040 | Wärmeerzeuger, zentr. Einrichtungen inkl. 041 | 30.391 | 72,70 | 27,70 | 18,3 |
| | Herstellen | 30.391 | 72,70 | 27,70 | 18,3 |
| 042 | Gas- und Wasserinstallationsarbeiten inkl. 043 | 2.194 | 5,20 | 2,00 | 1,3 |
| | Herstellen | 2.194 | 5,20 | 2,00 | 1,3 |
| 044 | Abwasserinstallationsarbeiten - Leitungen | 308 | 0,74 | 0,28 | 0,2 |
| | Herstellen | 308 | 0,74 | 0,28 | 0,2 |

| LB | Leistungsbereiche | Kosten € | €/m² BGF | €/m³ BRI | % 300+400 |
|---|---|---|---|---|---|
| 045 | Gas-, Wasser-Einrichtungsgegenstände inkl. 046 | – | – | – | – |
| 047 | Dämmarbeiten an betriebstechnischen Anlagen | – | – | – | – |
| 049 | Feuerlöschanlagen, Feuerlöschgeräte | – | – | – | – |
| 050 | Blitzschutz- und Erdungsanlagen | – | – | – | – |
| 052 | Mittelspannungsanlagen | – | – | – | – |
| 053 | Niederspannungsanlagen inkl. 054 | 5.827 | 13,90 | 5,30 | 3,5 |
| | Herstellen | 5.827 | 13,90 | 5,30 | 3,5 |
| 055 | Ersatzstromversorgungsanlagen | – | – | – | – |
| 057 | Gebäudesystemtechnik | – | – | – | – |
| 058 | Leuchten und Lampen, inkl. 059 | – | – | – | – |
| 060 | Elektroakustische Anlagen | 366 | 0,87 | 0,33 | 0,2 |
| | Herstellen | 366 | 0,87 | 0,33 | 0,2 |
| 061 | Kommunikationsnetze | – | – | – | – |
| 063 | Gefahrenmeldeanlagen | – | – | – | – |
| 069 | Aufzüge | – | – | – | – |
| 070 | Gebäudeautomation | – | – | – | – |
| 075 | Raumlufttechnische Anlagen | 582 | 1,40 | 0,53 | 0,4 |
| | Herstellen | 582 | 1,40 | 0,53 | 0,4 |
| | **Gebäudetechnik** | **39.667** | **94,90** | **36,10** | **23,9** |
| | Herstellen | 39.667 | 94,90 | 36,10 | 23,9 |
| 084 | Abbrucharbeiten | 9.693 | 23,20 | 8,80 | 5,9 |
| | Abbrechen | 9.693 | 23,20 | 8,80 | 5,9 |
| | Sonstige Leistungsbereiche inkl. 008, 033, 051 | **230** | **0,55** | **0,21** | **0,1** |
| | Herstellen | 230 | 0,55 | 0,21 | 0,1 |

6100-695
Mehrfamilienhaus
(15WE)
Kellertrocknung

Instandsetzung

## Objektübersicht

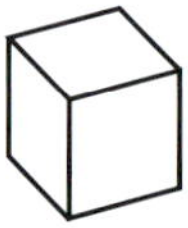

**23 €/m³ BRI**

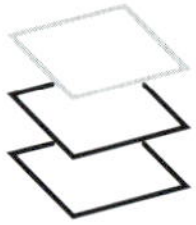

**71 €/m² BGF**

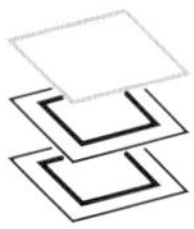

**102 €/m² NF**

| | |
|---|---|
| Kennwerte | bis 3.Ebene DIN 276 |
| Bauzeit | 4 Wochen |
| Bauende | 2008 |
| Standard | Durchschnitt |
| Land | Berlin |
| Kreis | Berlin |
| m³ BRI | 3.192 |
| m² BGF | 1.050 |
| m² NF | 735 |

**Architekt:**
TSSB
architekten.ingenieure . Berlin
Oranienburger Str. 37
10117 Berlin

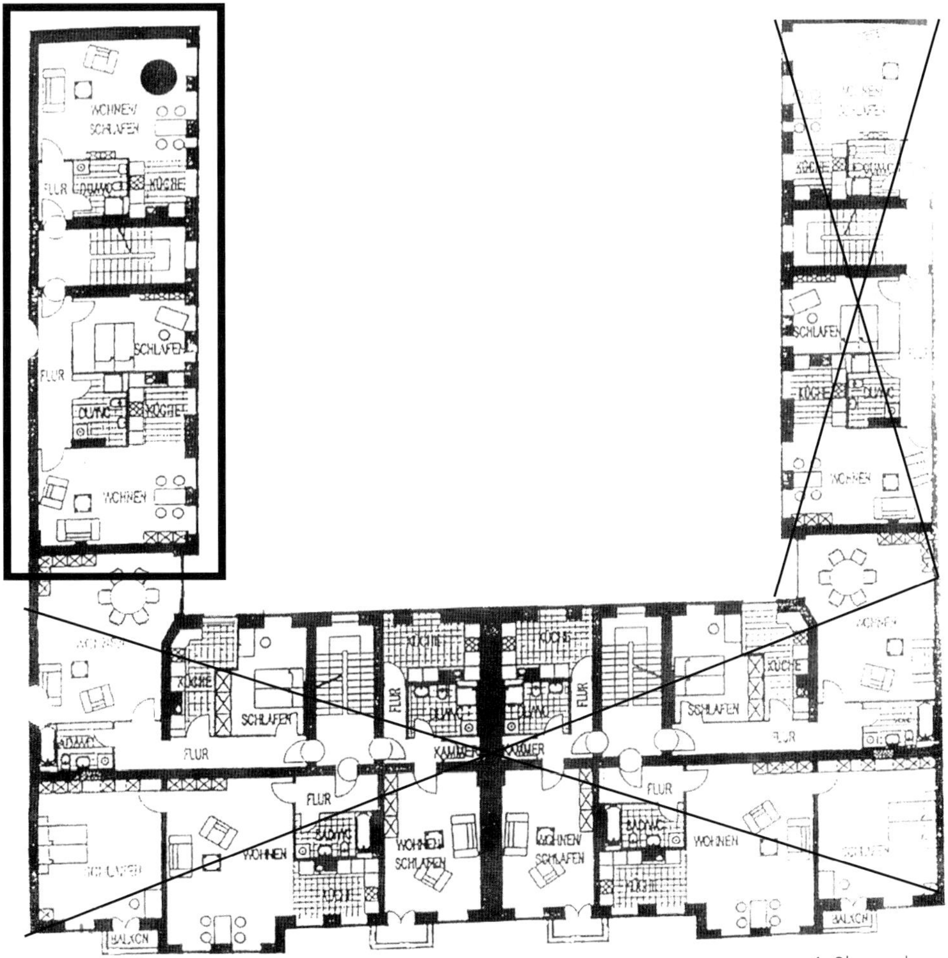


1. Obergeschoss

# Objektbeschreibung

## Nutzung

**Besonderer Kosteneinfluss Nutzung:**
Die Flächenangaben der DIN 277 beziehen sich nur auf den sanierten Flügel.

## Nutzeinheiten

Wohneinheiten: 15

## Grundstück

Bauraum: Freier Bauraum
Neigung: Ebenes Gelände
Bodenklasse: BK 3 bis BK 5

## Markt

Hauptvergabezeit: 3.Quartal 2008
Baubeginn: 4.Quartal 2008
Bauende: 4.Quartal 2008
Konjunkturelle Gesamtlage: Durchschnitt
Regionaler Baumarkt: über Durchschnitt

## Baubestand

Baujahr: ca. 1905
Bauzustand: gut
Aufwand: niedrig
Grundrissänderungen: wenige
Tragwerkseingriffe: keine
Nutzungsänderung: nein
Nutzung während der Bauzeit: ja

## Baukonstruktion

**Abbrechen:** Abschlagen von Außenputz; Abbruch von Kellerlichtschächten, Betonschalen im Innensockelbereich; Entsorgung, Deponiegebühren
**Wiederherstellen:** Instandsetzung von Pumpensumpfen, Entfernen aller Verunreinigungen pflanzlicher und mineralischer Art, Abdeckgitter abnehmen und erneuern, Pumpen ausbauen, Ausbesserung der Betonwandungen, neue Tauchpumpen; Einbringen einer Horizontalsperre im Chrom-Stahlblechverfahren, in Teilbereichen durch Schleierinjektion, Bohrlöcher, Druckinjektion mit Acrylatgel, Löcher schließen, Sanierputz
**Herstellen:** Außenmauerwerk freilegen, Hinterfüllung, Kellerfensterlaibungen ausmauern, Kellerfenster, Ausgleichsputz (Schlemmputz), Abdichtung durch kunststoffmodifizierte Bitumenbeschichtung, Kunststoff-Noppenbahn, Perimeterdämmung, Sickerplatten, Sanierputz, Kellerlichtschächte

## Technische Anlagen

**Herstellen:** Lüftungsöffnungen im Sockelbereich der Schornsteine, Abdeckung der stillgelegten Schornsteine mit Lüftungssteinen

## Planungskennwerte für Flächen und Rauminhalte nach DIN 277

| Flächen des Grundstücks | | Menge, Einheit | % an FBG |
|---|---|---|---|
| BF | Bebaute Fläche | – m² | – |
| UBF | Unbebaute Fläche | – m² | – |
| FBG | Fläche des Baugrundstücks | – m² | – |

| Grundflächen des Bauwerks | | Menge, Einheit | % an NF | % an BGF |
|---|---|---|---|---|
| NF | Nutzfläche | 735,00 m² | 100,0 | 70,0 |
| TF | Technische Funktionsfläche | 25,20 m² | 3,4 | 2,4 |
| VF | Verkehrsfläche | 143,85 m² | 19,6 | 13,7 |
| NGF | Netto-Grundfläche | 904,05 m² | 123,0 | 86,1 |
| KGF | Konstruktions-Grundfläche | 145,95 m² | 19,9 | 13,9 |
| BGF | Brutto-Grundfläche | 1.050,00 m² | 142,9 | 100,0 |

| Brutto-Rauminhalt des Bauwerks | | Menge, Einheit | BRI/NF (m) | BRI/BGF (m) |
|---|---|---|---|---|
| BRI | Brutto-Rauminhalt | 3.192,00 m³ | 4,34 | 3,04 |

| Lufttechnisch behandelte Flächen | Menge, Einheit | % an NF | % an BGF |
|---|---|---|---|
| Entlüftete Fläche | – m² | – | – |
| Be- und entlüftete Fläche | – m² | – | – |
| Teilklimatisierte Fläche | – m² | – | – |
| Klimatisierte Fläche | – m² | – | – |

| KG | Kostengruppen (2.Ebene) | Menge, Einheit | Menge/NF | Menge/BGF |
|---|---|---|---|---|
| 310 | Baugrube | 161,00 m³ BGI | 0,22 | 0,15 |
| 320 | Gründung | 186,00 m² GRF | 0,25 | 0,18 |
| 330 | Außenwände | 184,00 m² AWF | 0,25 | 0,18 |
| 340 | Innenwände | – m² IWF | – | – |
| 350 | Decken | – m² DEF | – | – |
| 360 | Dächer | – m² DAF | – | – |

## Kostenkennwerte für die Kostengruppen der 1.Ebene DIN 276

| KG | Kostengruppen (1.Ebene) | Einheit | Kosten € | €/Einheit | €/m² BGF | €/m³ BRI | % 300+400 |
|---|---|---|---|---|---|---|---|
| 100 | Grundstück | m² FBG | – | – | – | – | – |
| 200 | Herrichten und Erschließen | m² FBG | – | – | – | – | – |
| 300 | Bauwerk - Baukonstruktionen | m² BGF | 69.444 | 66,14 | 66,14 | 21,76 | 92,9 |
| 400 | Bauwerk - Technische Anlagen | m² BGF | 5.342 | 5,09 | 5,09 | 1,67 | 7,1 |
| | **Bauwerk 300+400** | **m² BGF** | **74.785** | **71,22** | **71,22** | **23,43** | **100,0** |
| 500 | Außenanlagen | m² AUF | 1.010 | – | 0,96 | 0,32 | 1,4 |
| 600 | Ausstattung und Kunstwerke | m² BGF | – | – | – | – | – |
| 700 | Baunebenkosten | m² BGF | – | | – | – | – |

## Kostenkennwerte für die Kostengruppen der 1.Ebene DIN 276

| KG | Kostengruppe | Menge Einheit | Kosten € | €/Einheit | % |
|---|---|---|---|---|---|
| **3+4** | **Bauwerk** | | | | **100,0** |
| 300 | **Bauwerk - Baukonstruktionen** | 1.050,00 m² BGF | 69.444 | **66,14** | 92,9 |
| | • Abbrechen (Kosten: 4,5%) | | 3.110 | | |
| | Abschlagen von Außenputz; Abbruch von Kellerlichtschächten, Betonschalen im Innensockelbereich; Entsorgung, Deponiegebühren | | | | |
| | • Wiederherstellen (Kosten: 54,3%) | | 37.674 | | |
| | Instandsetzung von Pumpensumpfen, Entfernen aller Verunreinigungen pflanzlicher und mineralischer Art, Abdeckgitter abnehmen und erneuern, Pumpen ausbauen, Ausbesserung der Betonwandungen, neue Tauchpumpen; Einbringen einer Horizontalsperre im Chrom-Stahlblechverfahren, in Teilbereichen durch Schleierinjektion, Bohrlöcher, Druckinjektion mit Acrylatgel, Löcher schließen, Sanierputz | | | | |
| | • Herstellen (Kosten: 41,3%) | | 28.659 | | |
| | Außenmauerwerk freilegen, Hinterfüllung, Kellerfensterlaibungen ausmauern, Kellerfenster, Ausgleichsputz (Schlemmputz), Abdichtung durch kunststoffmodifizierte Bitumenbeschichtung, Kunststoff-Noppenbahn, Perimeterdämmung, Sickerplatten, Sanierputz, Kellerlichtschächte | | | | |
| 400 | **Bauwerk - Technische Anlagen** | 1.050,00 m² BGF | 5.342 | **5,09** | 7,1 |
| | • Herstellen (Kosten: 100,0%) | | 5.342 | | |
| | Lüftungsöffnungen im Sockelbereich der Schornsteine, Abdeckung der stillgelegten Schornsteine mit Lüftungssteinen | | | | |
| 500 | **Außenanlagen** | – AUF | 1.010 | – | 1,4 |
| | • Herstellen (Kosten: 100,0%) | | 1.010 | | |
| | Betonrandstein, Kiesstreifen | | | | |

## Kostenkennwerte für die Kostengruppen 300 und 400 der 2.Ebene DIN 276

| KG | Kostengruppe | Menge Einheit | Kosten € | €/Einheit | % |
|---|---|---|---|---|---|
| **300** | **Bauwerk - Baukonstruktionen** | | | | **100,0** |
| 310 | **Baugrube** | 161,00 m³ | 12.254 | **76,11** | 17,6 |
| | • Herstellen (Kosten: 100,0%) | | 12.254 | | |
| | Außenmauerwerk freilegen BK 3-5, lagern später wieder hinterfüllen (161m³), es war kein Verbau erforderlich | | | | |
| 320 | **Gründung** | 186,00 m² | 6.665 | **35,84** | 9,6 |
| | • Wiederherstellen (Kosten: 100,0%) | | 6.665 | | |
| | Instandsetzung von Pumpensumpfen, Entfernen aller Verunreinigungen pflanzlicher und mineralischer Art, verrostete Abdeckgitter abnehmen, Pumpen ausbauen, Ausbesserung der Betonwandungen, neue Tauchpumpen (6St) | | | | |
| 330 | **Außenwände** | 184,00 m² | 49.885 | **271,11** | 71,8 |
| | • Abbrechen (Kosten: 6,2%) | | 3.110 | | |
| | Abschlagen von Außenputz, d=25mm (18m²) * Abruch von Kellerlichtschächten (10St), Betonschalen im Innensockelbereich (35m), Entsorgung, Deponiegebühren | | | | |
| | • Wiederherstellen (Kosten: 62,2%) | | 31.009 | | |
| | Einbringen einer Horizontalsperre im Chrom-Stahlblechverfahren, d=1,5mm, Mauerdicke bis 67 cm (27m²), Abdichtungen mit Schleierinjektion, Bohrlöcher, Druckinjektion mit Acrylatgel, Löcher schließen (58m²), Sanierputz (18m²) | | | | |
| | • Herstellen (Kosten: 31,6%) | | 15.766 | | |
| | Kellerfensterlaibungen ausmauern, Stürze (12St), Öffnungen schließen (2St) * Kellerfenster (2St) * Untergrund reinigen, Ausgleichsputz (Schlemmputz), Abdichtung durch kunststoffmodifizierte Bitumenbeschichtung, KBM (81m²), Kunststoff-Noppenbahn, Perimeterdämmung, Sickerplatten (66m²) * Kellerlichtschächte (10St) | | | | |
| 390 | **Sonstige Baukonstruktionen** | 1.050,00 m² BGF | 639 | **0,61** | 0,9 |
| | • Herstellen (Kosten: 100,0%) | | 639 | | |
| | Baustelleneinrichtung | | | | |
| **400** | **Bauwerk - Technische Anlagen** | | | | **100,0** |
| 420 | **Wärmeversorgungsanlagen** | 1.050,00 m² BGF | 5.342 | **5,09** | 100,0 |
| | • Herstellen (Kosten: 100,0%) | | 5.342 | | |
| | Lüftungsöffnungen im Sockelbereich der Schornsteine (34St), Abdeckung der stillgelegten Schornsteine mit Lüftungssteinen (34St) | | | | |
| **500** | **Außenanlagen** | | | | **100,0** |
| 520 | **Befestigte Flächen** | 17,50 m² | 1.010 | **57,73** | 100,0 |
| | • Herstellen (Kosten: 100,0%) | | 1.010 | | |
| | Betonrandstein, Kiesstreifen (35m) | | | | |

## Kostenkennwerte für die Kostengruppe 300 der 3.Ebene DIN 276 (Übersicht)

| KG | Kostengruppe | Menge Einh. | | €/Einheit | Kosten € | % 300+400 |
|---|---|---|---|---|---|---|
| 311 | Baugrubenherstellung | 161,000 m³ | | 76,11 | 12.253,82 | 16,4 |
| 312 | Baugrubenumschließung | – | | – | – | – |
| 313 | Wasserhaltung | – | | – | – | – |
| 319 | Baugrube, sonstiges | – | | – | – | – |
| **310** | **Baugrube** | **161,000 m³** | | **76,11** | **12.253,82** | **16,4** |
| 321 | Baugrundverbesserung | – | | – | – | – |
| 322 | Flachgründungen | – | | – | – | – |
| 323 | Tiefgründungen | – | | – | – | – |
| 324 | Unterböden und Bodenplatten | – | | – | – | – |
| 325 | Beläge auf Boden- und Fundamentplatten | – | | – | – | – |
| 326 | Bauwerksabdichtungen | – | | – | – | – |
| 327 | Dränagen | 186,000 m² | GRF | 35,84 | 6.665,43 | 8,9 |
| 329 | Gründung, sonstiges | – | | – | – | – |
| **320** | **Gründung** | **186,000 m²** | | **35,84** | **6.665,43** | **8,9** |
| 331 | Tragende Außenwände | – | | – | – | – |
| 332 | Nichttragende Außenwände | – m² | | – | 3.988,52 | 5,3 |
| 333 | Tragende Außenstützen | – | | – | – | – |
| 334 | Außentüren, -fenster | 2,000 m² | | 287,63 | 460,21 | 0,6 |
| 335 | Außenwandbekleidungen außen | 81,000 m² | | 501,49 | 40.620,78 | 54,3 |
| 336 | Außenwandbekleidungen innen | – | | – | – | – |
| 337 | Elementierte Außenwände | – | | – | – | – |
| 338 | Sonnenschutz | – | | – | – | – |
| 339 | Außenwände, sonstiges | 184,000 m² | AWF | 26,17 | 4.815,62 | 6,4 |
| **330** | **Außenwände** | **184,000 m²** | | **271,11** | **49.885,13** | **66,7** |
| 341 | Tragende Innenwände | – | | – | – | – |
| 342 | Nichttragende Innenwände | – | | – | – | – |
| 343 | Tragende Innenstützen | – | | – | – | – |
| 344 | Innentüren, -fenster | – | | – | – | – |
| 345 | Innenwandbekleidungen | – | | – | – | – |
| 346 | Elementierte Innenwände | – | | – | – | – |
| 349 | Innenwände, sonstiges | – | | – | – | – |
| **340** | **Innenwände** | **–** | | **–** | **–** | **–** |
| 351 | Deckenkonstruktionen | – | | – | – | – |
| 352 | Deckenbeläge | – | | – | – | – |
| 353 | Deckenbekleidungen | – | | – | – | – |
| 359 | Decken, sonstiges | – | | – | – | – |
| **350** | **Decken** | **–** | | **–** | **–** | **–** |
| 361 | Dachkonstruktionen | – | | – | – | – |
| 362 | Dachfenster, Dachöffnungen | – | | – | – | – |
| 363 | Dachbeläge | – | | – | – | – |
| 364 | Dachbekleidungen | – | | – | – | – |
| 369 | Dächer, sonstiges | – | | – | – | – |
| **360** | **Dächer** | **–** | | **–** | **–** | **–** |
| **370** | **Baukonstruktive Einbauten** | **–** | | **–** | **–** | **–** |
| **390** | **Sonst. Maßnahmen für Baukonstruktionen** | **1.050,000 m²** | **BGF** | **0,61** | **639,18** | **0,9** |
| **300** | **Bauwerk - Baukonstruktionen** | **1.050,000 m²** | **BGF** | **66,14** | **69.443,57** | **92,9** |

## Kostenkennwerte für die Kostengruppe 400 der 3.Ebene DIN 276 (Übersicht)

| KG | Kostengruppe | Menge Einh. | €/Einheit | Kosten € | % 300+400 |
|---|---|---|---|---|---|
| 411 | Abwasseranlagen | – | – | – | – |
| 412 | Wasseranlagen | – | – | – | – |
| 413 | Gasanlagen (wenn zu Kochzwecken) | – | – | – | – |
| 414 | Feuerlöschanlagen | – | – | – | – |
| 419 | Abwasser-, Wasser- und Gasanlagen, sonstiges | – | – | – | – |
| **410** | **Abwasser-, Wasser-, Gasanlagen** | **–** | **–** | **–** | **–** |
| 421 | Wärmeerzeugungsanlagen | – | – | – | – |
| 422 | Wärmeverteilnetze | – | – | – | – |
| 423 | Raumheizflächen | – | – | – | – |
| 429 | Wärmeversorgungsanlagen, sonstiges | 1.050,000 m² BGF | 5,09 | 5.341,81 | 7,1 |
| **420** | **Wärmeversorgungsanlagen** | **1.050,000 m² BGF** | **5,09** | **5.341,81** | **7,1** |
| 431 | Lüftungsanlagen (LA) | – | – | – | – |
| 432 | Teilklimaanlagen (TKA) | – | – | – | – |
| 433 | Klimaanlagen (KLA) | – | – | – | – |
| 434 | Prozeßlufttechnische Anlagen (PLA) | – | – | – | – |
| 435 | Kälteanlagen (KA) | – | – | – | – |
| 439 | Lufttechnische Anlagen, sonstiges | – | – | – | – |
| **430** | **Lufttechnische Anlagen** | **–** | **–** | **–** | **–** |
| 441 | Hoch- und Mittelspannungsanlagen | – | – | – | – |
| 442 | Eigenstromversorgungsanlagen | – | – | – | – |
| 443 | Niederspannungsschaltanlagen | – | – | – | – |
| 444 | Niederspannungsinstallationsanlagen | – | – | – | – |
| 445 | Beleuchtungsanlagen | – | – | – | – |
| 446 | Blitzschutz- und Erdungsanlagen | – | – | – | – |
| 449 | Starkstromanlagen, sonstiges | – | – | – | – |
| **440** | **Starkstromanlagen** | **–** | **–** | **–** | **–** |
| 451 | Telekommunikationsanlagen | – | – | – | – |
| 452 | Such- und Signalanlagen | – | – | – | – |
| 453 | Zeitdienstanlagen | – | – | – | – |
| 454 | Elektroakustische Anlagen | – | – | – | – |
| 455 | Fernseh- und Antennenanlagen | – | – | – | – |
| 456 | Gefahrenmelde- und Alarmanlagen | – | – | – | – |
| 457 | Übertragungsnetze | – | – | – | – |
| 459 | Fernmelde- und informationstechn. Anlagen, sonstiges | – | – | – | – |
| **450** | **Fernmelde- und informationstechn. Anlagen** | **–** | **–** | **–** | **–** |
| 461 | Aufzugsanlagen | – | – | – | – |
| 462 | Fahrtreppen, Fahrsteige | – | – | – | – |
| 463 | Befahranlagen | – | – | – | – |
| 464 | Transportanlagen | – | – | – | – |
| 465 | Krananlagen | – | – | – | – |
| 469 | Förderanlagen, sonstiges | – | – | – | – |
| **460** | **Förderanlagen** | **–** | **–** | **–** | **–** |
| **470** | **Nutzungsspezifische Anlagen** | **–** | **–** | **–** | **–** |
| **480** | **Gebäudeautomation** | **–** | **–** | **–** | **–** |
| **490** | **Sonst. Maßnahmen für technische Anlagen** | **–** | **–** | **–** | **–** |
| **400** | **Bauwerk - Technische Anlagen** | **1.050,000 m² BGF** | **5,09** | **5.341,81** | **7,1** |

## Kostenkennwerte für Leistungsbereiche nach StLB (Kosten des Bauwerks nach DIN 276)

| LB | Leistungsbereiche | Kosten € | €/m² BGF | €/m³ BRI | % 300+400 |
|---|---|---|---|---|---|
| 000 | Sicherheits-, Baustelleneinrichtungen inkl. 001 | 639 | 0,61 | 0,20 | 0,9 |
| | Herstellen | 639 | 0,61 | 0,20 | 0,9 |
| 002 | Erdarbeiten | 12.254 | 11,70 | 3,80 | 16,4 |
| | Herstellen | 12.254 | 11,70 | 3,80 | 16,4 |
| 006 | Spezialtiefbauarbeiten inkl. 005 | – | – | – | – |
| 009 | Abwasserkanalarbeiten inkl. 011 | – | – | – | – |
| 010 | Dränarbeiten | 6.665 | 6,30 | 2,10 | 8,9 |
| | Wiederherstellen | 6.665 | 6,30 | 2,10 | 8,9 |
| 012 | Mauerarbeiten | 16.201 | 15,40 | 5,10 | 21,7 |
| | Herstellen | 16.201 | 15,40 | 5,10 | 21,7 |
| 013 | Betonarbeiten | – | – | – | – |
| 014 | Natursteinarbeiten, Betonwerksteinarbeiten | – | – | – | – |
| 016 | Zimmer- und Holzbauarbeiten | – | – | – | – |
| 017 | Stahlbauarbeiten | – | – | – | – |
| 018 | Abdichtungsarbeiten gegen Wasser | 4.907 | 4,70 | 1,50 | 6,6 |
| | Herstellen | 4.907 | 4,70 | 1,50 | 6,6 |
| 020 | Dachdeckungsarbeiten | – | – | – | – |
| 021 | Dachabdichtungsarbeiten | – | – | – | – |
| 022 | Klempnerarbeiten | – | – | – | – |
| | **Rohbau** | **40.666** | **38,70** | **12,70** | **54,4** |
| | Wiederherstellen | 6.665 | 6,30 | 2,10 | 8,9 |
| | Herstellen | 34.001 | 32,40 | 10,70 | 45,5 |
| 023 | Putz- und Stuckarbeiten, Wärmedämmsysteme | 1.498 | 1,40 | 0,47 | 2,0 |
| | Wiederherstellen | 1.498 | 1,40 | 0,47 | 2,0 |
| 024 | Fliesen- und Plattenarbeiten | – | – | – | – |
| 025 | Estricharbeiten | – | – | – | – |
| 026 | Fenster, Außentüren inkl. 029, 032 | – | – | – | – |
| 027 | Tischlerarbeiten | – | – | – | – |
| 028 | Parkettarbeiten, Holzpflasterarbeiten | – | – | – | – |
| 030 | Rollladenarbeiten | – | – | – | – |
| 031 | Metallbauarbeiten inkl. 035 | – | – | – | – |
| 034 | Maler- und Lackiererarbeiten inkl. 037 | – | – | – | – |
| 036 | Bodenbelagsarbeiten | – | – | – | – |
| 038 | Vorgehängte hinterlüftete Fassaden | – | – | – | – |
| 039 | Trockenbauarbeiten | – | – | – | – |
| | **Ausbau** | **1.498** | **1,40** | **0,47** | **2,0** |
| | Wiederherstellen | 1.498 | 1,40 | 0,47 | 2,0 |
| 040 | Wärmeerzeuger, zentr. Einrichtungen inkl. 041 | – | – | – | – |
| 042 | Gas- und Wasserinstallationsarbeiten inkl. 043 | – | – | – | – |
| 044 | Abwasserinstallationsarbeiten - Leitungen | – | – | – | – |
| 045 | Gas-, Wasser-Einrichtungsgegenstände inkl. 046 | – | – | – | – |
| 047 | Dämmarbeiten an betriebstechnischen Anlagen | – | – | – | – |
| 049 | Feuerlöschanlagen, Feuerlöschgeräte | – | – | – | – |
| 050 | Blitzschutz- und Erdungsanlagen | – | – | – | – |
| 052 | Mittelspannungsanlagen | – | – | – | – |
| 053 | Niederspannungsanlagen inkl. 054 | – | – | – | – |
| 055 | Ersatzstromversorgungsanlagen | – | – | – | – |
| 057 | Gebäudesystemtechnik | – | – | – | – |

| LB | Leistungsbereiche | Kosten € | €/m² BGF | €/m³ BRI | % 300+400 |
|---|---|---|---|---|---|
| 058 | Leuchten und Lampen, inkl. 059 | – | – | – | – |
| 060 | Elektroakustische Anlagen | – | – | – | – |
| 061 | Kommunikationsnetze | – | – | – | – |
| 063 | Gefahrenmeldeanlagen | – | – | – | – |
| 069 | Aufzüge | – | – | – | – |
| 070 | Gebäudeautomation | – | – | – | – |
| 075 | Raumlufttechnische Anlagen | – | – | – | – |
| | **Gebäudetechnik** | **–** | **–** | **–** | **–** |
| 084 | Abbrucharbeiten | 3.110 | 3,00 | 0,97 | 4,2 |
| | Abbrechen | 3.110 | 3,00 | 0,97 | 4,2 |
| | Sonstige Leistungsbereiche inkl. 008, 033, 051 | **29.511** | **28,10** | **9,20** | **39,5** |
| | Wiederherstellen | 29.511 | 28,10 | 9,20 | 39,5 |

6100-708
Einfamilienhaus

## Objektübersicht

Erweiterung

**1.480 €/m² WFL**

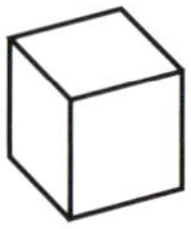

**270 €/m³ BRI**

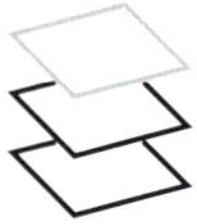

**853 €/m² BGF**

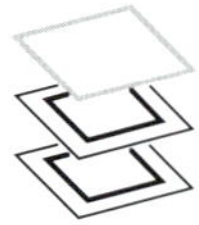

**1.181 €/m² NF**

| | |
|---|---|
| Kennwerte | bis 3.Ebene DIN 276 |
| Bauzeit | 21 Wochen |
| Bauende | 2008 |
| Standard | Durchschnitt |
| Land | Bayern |
| Kreis | München |
| $m^3$ BRI | 1.142 |
| $m^2$ BGF | 362 |
| $m^2$ NF | 261 |

**Architekt:**
Planungsbüro
Dipl.-Ing.(FH)
Hanns Peter Benl
Herzog-Georg-Platz 5
84524 Neuötting

vorher

nachher

Ansicht Süd

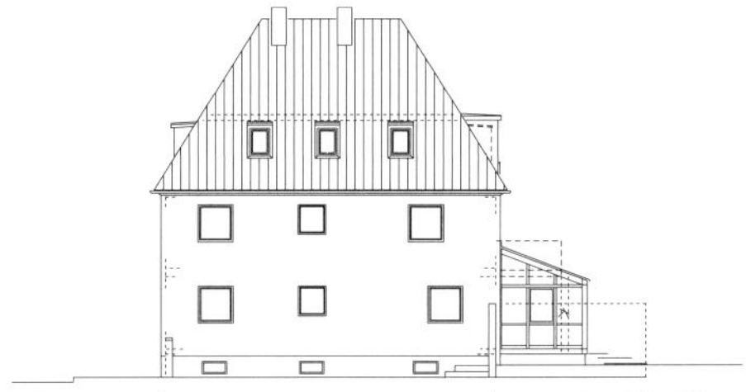

Ansicht West

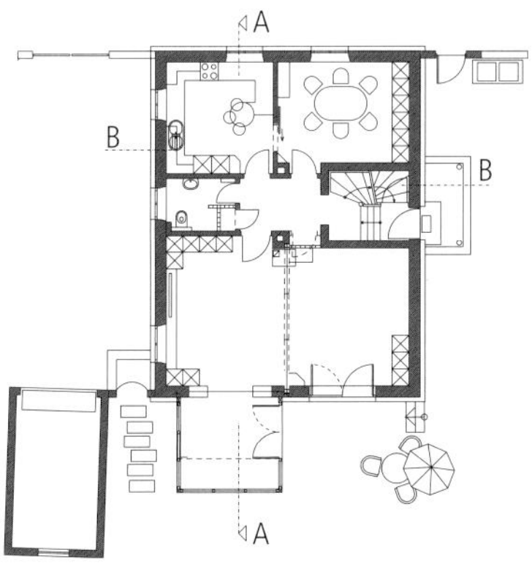

Erdgeschoss

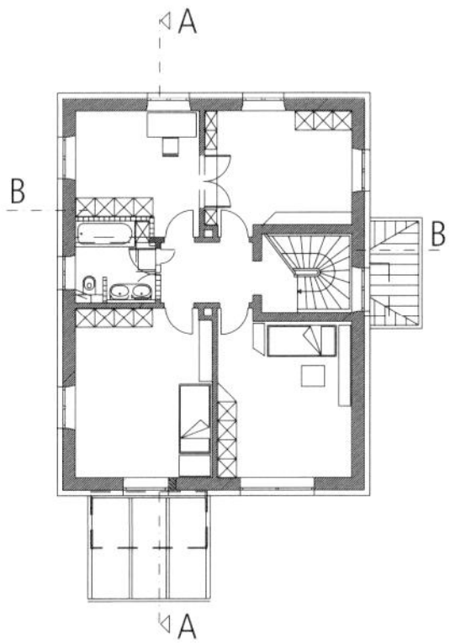

1. Obergeschoss

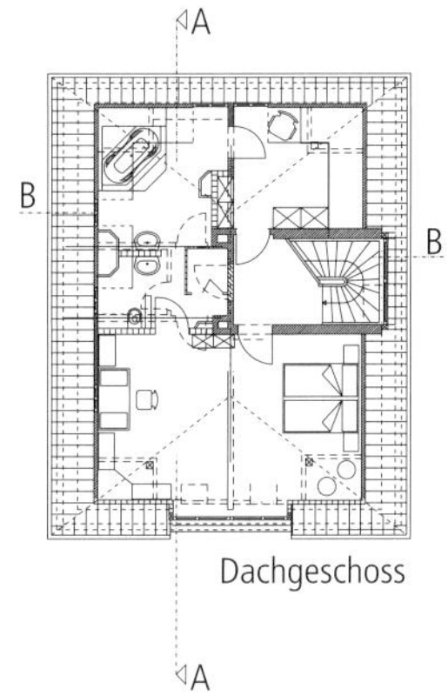

Dachgeschoss

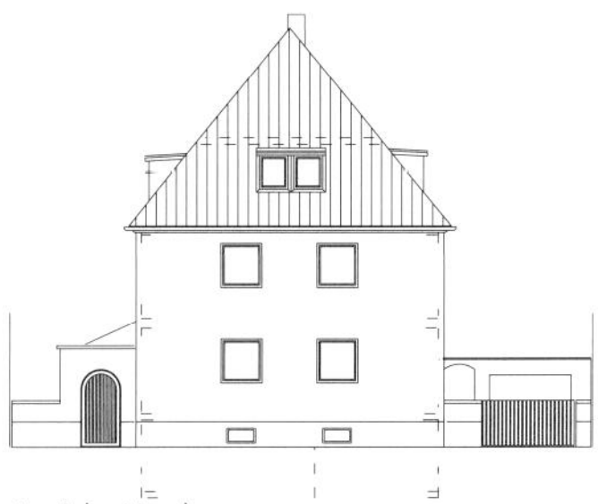

Ansicht Nord

Ansicht Ost

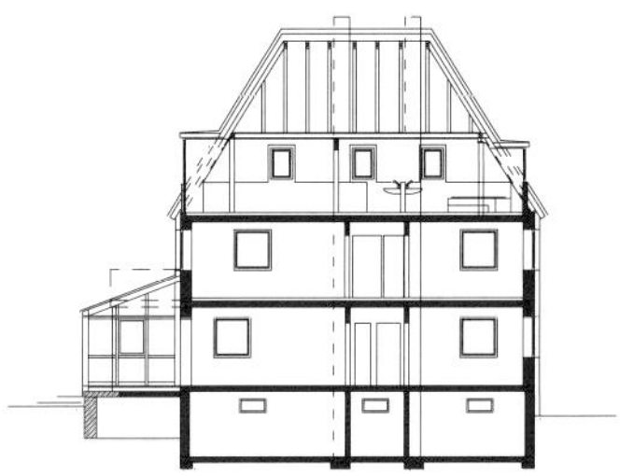

Schnitt A-A

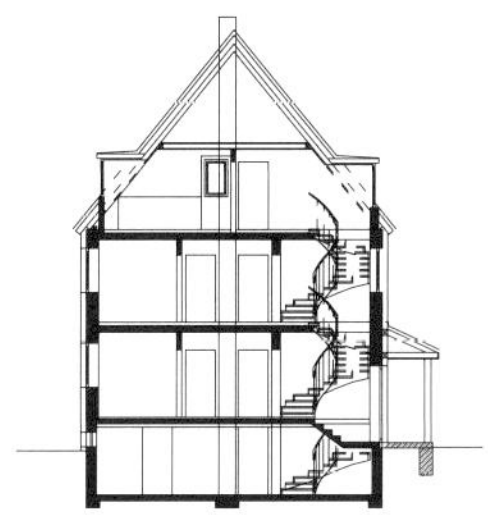

Schnitt B-B

Erweiterung

## Objektbeschreibung

### Nutzung

**1 Untergeschoss**
Abstellräume

**1 Erdgeschoss**
Esszimmer, Wohnzimmer, Küche, WC, Wintergarten

**1 Obergeschoss**
Zwei Kinderzimmer, Arbeitszimmer, Bad

**1 Dachgeschoss**
Elternschlafzimmer, Ankleideraum, Bad

### Nutzeinheiten

Wohneinheiten: 1
Wohnfläche: 209m$^2$

### Grundstück

Bauraum: Freier Bauraum
Neigung: Ebenes Gelände

### Markt

Hauptvergabezeit: 1.Quartal 2008
Baubeginn: 2.Quartal 2008
Bauende: 3.Quartal 2008
Konjunkturelle Gesamtlage: Durchschnitt
Regionaler Baumarkt: über Durchschnitt

### Baubestand

Baujahr: 1952
Bauzustand: mittel
Aufwand: mittel
Grundrissänderungen: umfangreiche
Tragwerkseingriffe: wenige
Nutzungsänderung: nein
Nutzung während der Bauzeit: nein

### Allgemeine Objektinformation

Der Massivbau von 1952 war altersbedingt modernisierungsbedürftig. Er umfasste ehemals zwei Wohnungen und ein nicht ausgebaute Dach, die für eine vierköpfige Familie zu einer Einheit zusammengefasst wurden. Unter dem Dach wurde ein großzügiger Bereich für die Eltern eingebaut.

### Baukonstruktion

Brand- und Schallschutz mussten nicht nachgerüstet werden. Abgebrochen wurden die Terrasse, der Balkon und wenige Wände. Die Statik wurde kaum verändert. Allerdings erhielt das EG einen neuen Unterzug. Im Dachgeschoss kam eine große Gaube hinzu, die Dachgaube über dem Treppenhaus wurde höher gesetzt. Das Haus wurde energetisch saniert und erhielt ein WDVS, eine Dämmung der Kellerdecke sowie neue Fenster.

### Technische Anlagen

Ein Gas-Brennwertkessel erzeugt die benötigte Wärme. Verteilt wird sie über eine Fußbodenheizung und Heizkörper in Bad und Toiletten. Eine Solaranlage ist vorgesehen, der Wärmetauscher dafür wurde schon im Warmwasserspeicher installiert.

### Sonstiges

Die Modernisierung übernahm ein auf Sanierungen spezialisierter Zusammenschluss von selbstständigen Handwerksbetrieben. Bestandsaufnahme, Entwurf-, Genehmigungs- und Tragwerksplanung sowie Energieberatung inkl. EnEV-Nachweis wurden vorab beauftragt. Auf dieser Grundlage wurde kein LV erstellt, sondern ein Pauschalangebot für sämtliche Leistungen abgegeben. Jeder Betrieb sah sich das Objekt an und bot einen Festpreis für seine Teilleistung. Bei der Ausführung trug er das durch den Altbau bedingte Risiko. Da das Gebäude jedoch nicht mehr bewohnt war, konnte es vorab einfach untersucht werden. So wurde etwa der Boden geöffnet. Einzelne Gewerke wie Bodenbeläge, Fliesenleger und Trockenbau vergab der Kunde an günstigere Anbieter, einfache Abbrucharbeiten machte er selbst. Alles in allem verlief die Modernisierung zum Festpreisangebot unkompliziert und ohne Überraschungen.

## Planungskennwerte für Flächen und Rauminhalte nach DIN 277

| Flächen des Grundstücks | | Menge, Einheit | % an FBG |
|---|---|---|---|
| BF | Bebaute Fläche | 108,00 m² | 15,3 |
| UBF | Unbebaute Fläche | 596,00 m² | 84,7 |
| FBG | Fläche des Baugrundstücks | 704,00 m² | 100,0 |

| Grundflächen des Bauwerks | | Menge, Einheit | % an NF | % an BGF |
|---|---|---|---|---|
| NF | Nutzfläche | 261,40 m² | 100,0 | 72,3 |
| TF | Technische Funktionsfläche | 2,00 m² | 0,8 | 0,6 |
| VF | Verkehrsfläche | 30,34 m² | 11,6 | 8,4 |
| NGF | Netto-Grundfläche | 293,74 m² | 112,4 | 81,2 |
| KGF | Konstruktions-Grundfläche | 68,06 m² | 26,0 | 18,8 |
| BGF | Brutto-Grundfläche | 361,80 m² | 138,4 | 100,0 |

| Brutto-Rauminhalt des Bauwerks | | Menge, Einheit | BRI/NF (m) | BRI/BGF (m) |
|---|---|---|---|---|
| BRI | Brutto-Rauminhalt | 1.141,75 m³ | 4,37 | 3,16 |

| Lufttechnisch behandelte Flächen | Menge, Einheit | % an NF | % an BGF |
|---|---|---|---|
| Entlüftete Fläche | – m² | – | – |
| Be- und entlüftete Fläche | – m² | – | – |
| Teilklimatisierte Fläche | – m² | – | – |
| Klimatisierte Fläche | – m² | – | – |

| KG | Kostengruppen (2.Ebene) | Menge, Einheit | Menge/NF | Menge/BGF |
|---|---|---|---|---|
| 310 | Baugrube | 12,00 m³ BGI | < 0,1 | < 0,1 |
| 320 | Gründung | 4,20 m² GRF | < 0,1 | < 0,1 |
| 330 | Außenwände | 67,98 m² AWF | 0,26 | 0,19 |
| 340 | Innenwände | 120,50 m² IWF | 0,46 | 0,33 |
| 350 | Decken | 226,30 m² DEF | 0,87 | 0,63 |
| 360 | Dächer | 163,01 m² DAF | 0,62 | 0,45 |

## Kostenkennwerte für die Kostengruppen der 1.Ebene DIN 276

| KG | Kostengruppen (1.Ebene) | Einheit | Kosten € | €/Einheit | €/m² BGF | €/m³ BRI | % 300+400 |
|---|---|---|---|---|---|---|---|
| 100 | Grundstück | m² FBG | – | – | – | – | – |
| 200 | Herrichten und Erschließen | m² FBG | – | – | – | – | – |
| 300 | Bauwerk - Baukonstruktionen | m² BGF | 244.925 | 676,96 | 676,96 | 214,52 | 79,3 |
| 400 | Bauwerk - Technische Anlagen | m² BGF | 63.812 | 176,37 | 176,37 | 55,89 | 20,7 |
| | **Bauwerk 300+400** | **m² BGF** | **308.737** | **853,34** | **853,34** | **270,41** | **100,0** |
| 500 | Außenanlagen | m² AUF | 918 | 1,54 | 2,54 | 0,80 | 0,3 |
| 600 | Ausstattung und Kunstwerke | m² BGF | – | – | – | – | – |
| 700 | Baunebenkosten | m² BGF | 8.070 | 22,30 | 22,30 | 7,07 | 2,6 |

## Kostenkennwerte für die Kostengruppen der 1.Ebene DIN 276

Erweiterung

| KG | Kostengruppe | Menge Einheit | Kosten € | €/Einheit | % |
|---|---|---|---|---|---|
| **3+4** | **Bauwerk** | | | | **100,0** |
| 300 | **Bauwerk - Baukonstruktionen** | 361,80 m² BGF | 244.925 | **676,96** | 79,3 |
| | • Abbrechen (Kosten: 11,5%) | | 28.228 | | |
| | Abbruch von Terrassenbelägen; Fenster, Fensterbänke, Holzhaustür, Wandfliesen, Entfernen von Tapeten, Styroporplatten unter den Tapeten; Mauerwerk, Holzinnentüren; Balkonplatte, Fliesen, Holzdielen, Holzdecken; Ziegeldeckung, Dachlattung, Verblechung der Dachgauben, Dachrinnen, Vordach, Entsorgung; Deponiegebühren | | | | |
| | • Wiederherstellen (Kosten: 0,7%) | | 1.793 | | |
| | Treppenstufen und Podeste Handlauf, Geländer, schleifen, Lasuranstrich, Seidenglanzlack | | | | |
| | • Herstellen (Kosten: 87,7%) | | 214.904 | | |
| | Bodenplatte ergänzen; Kunststofffenster- und Haustüre, Fensterbänke, Wärmedämmverbundsystem, Spachtelung, Anstrich, Fliesen, Wintergarten, Rollläden; Türöffnungen, GK-Wände, GK-Verkleidungen, Zimmertüren, Spachtel, Anstrich, Fliesen; Stahlträger, Bodenausgleich, Wärmedämmung, Heizestrich, Fliesen, Teppich, Kork, Deckendämmung, GK-Decke, Anstrich; Dachschalung, Gauben, Gaubenfenster, Aufdachdämmung, Ziegel, Stehfalzdeckung, Dachentwässerung, GK-Bekleidungen, Anstrich | | | | |
| 400 | **Bauwerk - Technische Anlagen** | 361,80 m² BGF | 63.812 | **176,37** | 20,7 |
| | • Abbrechen (Kosten: 4,3%) | | 2.744 | | |
| | Abbruch von Fallrohren, Befestigungen, WC-Becken, Waschbecken, Badewanne, Wasserleitungen; Warmwasserboiler, Elektro-Boiler, Gaseinzelöfen; Mantelleitungen, Stegleitungen, Schalter, Steckdosen; Entsorgung, Deponiegebühren | | | | |
| | • Herstellen (Kosten: 95,7%) | | 61.067 | | |
| | Dachentwässerung, Kalt- und Warmwasserleitungen, Sanitärobjekte; Warmwasserspeicher, Wärmetauscher, Fußbodenheizung, Heizkörper; Elektroinstallation, Beleuchtungskörper, Erdung; Fernmeldeleitungen, Türöffner- und Sprechanlage, Antennenanlage, Datenleitungen | | | | |
| 500 | **Außenanlagen** | 596,00 m² AUF | 918 | **1,54** | 0,3 |
| | • Herstellen (Kosten: 100,0%) | | 918 | | |
| | Eingangsmauer verputzen und streichen | | | | |
| 700 | **Baunebenkosten** | 361,80 m² BGF | 8.070 | **22,30** | 2,6 |
| | • Herstellen (Kosten: 100,0%) | | 8.070 | | |
| | Bestands-, Entwurfs- und Genehmigungsplanung, Tragwerksplanung; Energieberatung, Energieausweis; Büromaterial und Kopien | | | | |

## Kostenkennwerte für die Kostengruppen 300 und 400 der 2.Ebene DIN 276

| KG | Kostengruppe | Menge Einheit | Kosten € | €/Einheit | % |
|---|---|---|---|---|---|
| **300** | **Bauwerk - Baukonstruktionen** | | | | **100,0** |
| 310 | **Baugrube** | 12,00 $m^3$ | 346 | **28,86** | 0,1 |
| | • Herstellen (Kosten: 100,0%) | | 346 | | |
| | Erdaushub im Sockelbereich, für Wärmedämmung (23m) | | | | |
| 320 | **Gründung** | 4,20 $m^2$ | 2.868 | **682,97** | 1,2 |
| | • Abbrechen (Kosten: 6,4%) | | 184 | | |
| | Abbruch von Terrassenbelägen, Entsorgung, Deponiegebühren (5$m^2$) | | | | |
| | • Herstellen (Kosten: 93,6%) | | 2.684 | | |
| | Stb-Streifenfundament (3$m^3$) * Terrassenbodenplatte ergänzen, Stb-Bodenplatte, d=20cm (4$m^2$) | | | | |
| 330 | **Außenwände** | 67,98 $m^2$ | 68.694 | **1.010,51** | 28,0 |
| | • Abbrechen (Kosten: 3,4%) | | 2.331 | | |
| | Abbruch von Ziegelmauerstein (3$m^2$) * Fenster, Fensterbänke, Holzhaustür (26$m^2$) * Wandfliesen, Mörtelbett (6$m^2$), Entfernen von Tapeten, Styroporplatten unter den Tapeten (135$m^2$) * Rollladenkästen aufschneiden, Panzer ausbauen, Stundenlohnarbeit (9$m^2$); Entsorgung, Deponiegebühren | | | | |
| | • Herstellen (Kosten: 96,6%) | | 66.363 | | |
| | Stahlträger HEB 220 * Kunststofffenster, Wärmeschutzglas (26$m^2$), Haustüre, Kunststoff (1St), Fensterbänke (34m) * Wärmedämmverbundsystem, PS-Hartschaumplatten, d=140mm, Putz, Fassadenfarbe (239$m^2$) * Wände spachteln, schleifen, Anstrich (135$m^2$), Fliesen (11$m^2$), Putz * Wintergarten, Kunststoffelemente, Hebe-Schiebe-Fenstertüre, Dreh-Kipp-Fenster, Festverglasung, Wärmeschutzglas (1St) * Aufsatzrollos (16St) | | | | |
| 340 | **Innenwände** | 120,50 $m^2$ | 50.407 | **418,32** | 20,6 |
| | • Abbrechen (Kosten: 22,1%) | | 11.115 | | |
| | Abbruch von Mauerwerk, d=24cm, Entsorgung, Deponiegebühren (29$m^2$) * Mauerwerk, d=11,5cm (55$m^2$) * Holztüren (59$m^2$) * Wandfliesen, Mörtelbett (62$m^2$), Entfernen von Tapeten (1.182$m^2$); Entsorgung, Deponiegebühren | | | | |
| | • Herstellen (Kosten: 77,9%) | | 39.292 | | |
| | Stahlträgersturz einbauen (1St), Sturzeinbau, Laibungen verputzen (1St) * Metallständerwände, d=12,5cm, GK-Bekleidungen, 2x12,5mm (61$m^2$), Vorsatzschalen, Abseitenwände, GK-Verkleidungen 2x12,5mm (40$m^2$), Türdurchbrüche herstellen, Ziegelstürze (8$m^2$) * Zimmertüren (15St), Schiebetüre (1St) * Wandfliesen (93$m^2$), Fliesen-Bordüren (73m), Wände spachteln, schleifen, Anstrich (310$m^2$), Putz * Duschtüre (1St) | | | | |

| KG | Kostengruppe | Menge Einheit | Kosten € | €/Einheit | % |
|---|---|---|---|---|---|
| 350 | **Decken** | 226,30 m² | 51.956 | **229,59** | 21,2 |
| | • Abbrechen (Kosten: 17,8%) | | 9.271 | | |
| | Abbruch einer Balkonplatte, zwei Ziegelpfeiler(10m²) * Abbruch von Fliesen, Holzdielen (263m²) * Holzdecken, Nut- und Federbretter (146m²); Entsorgung, Deponiegebühren | | | | |
| | • Wiederherstellen (Kosten: 3,5%) | | 1.793 | | |
| | Treppenstufen und Podeste Handlauf, Geländer, schleifen, Lasuranstrich, Seidenglanzlack (19m²) | | | | |
| | • Herstellen (Kosten: 78,7%) | | 40.891 | | |
| | Stahl-Träger IPE 330 auf zwei Stützen HEB 120 (5m) * Ausgleichen der Decken, Trockenschüttung, d=0-30mm, Abdeckplatte, d=8mm, Trennlage (199m²), EG Wärmedämmung, d=30mm (74m²), Heizestrich, d=55-60mm (199m²), Bodenfliesen (102m²), Teppichboden (13m²), Spachtelung, Korkparkett, d=4mm, ölen (84m²), Podeste Fliesen (7m²) * Kellerdecken-Dämmplatte, d=110mm (80m²), GK-Decke, d=1x12,5mm, spachteln, schleifen, Anstrich (146m²) | | | | |
| 360 | **Dächer** | 163,01 m² | 59.398 | **364,38** | 24,3 |
| | • Abbrechen (Kosten: 9,0%) | | 5.326 | | |
| | Abbruch von Ziegeldeckung, Dachlattung(172m²), Verblechung der Dachgauben (7St), Dachrinnen (43m) * Entfernen von Tapeten, Styroporplatten unter den Tapeten (120m²) * Vordach; Entsorgung, Deponiegebühren | | | | |
| | • Herstellen (Kosten: 91,0%) | | 54.072 | | |
| | Dachschalung, d=24mm (150m²), Dachgauben (2St), Holz-Gaubenseitenwände * Kunststoff- Gaubenfenster (6St), Dachausstiegsfenster (1St), Fenstertüren (6m²), Brüstungsgitter (1St) * Aufdachdämmung, d=120mm, WLZ 028 (189m²), Lattung, Dachziegel (158m²), OSB Platte, d=25mm (31m²), Titanzink-Stehfalzverkleidung, Dachgauben (6St), Regenrinnen (43m) * GK-Dachbekleidung, 2x12,5mm, gespachtelt, Anstrich (120m²), Traufe, Drei-Schichtplatten, Anstrich (43m) * Schneefanggitter | | | | |
| 390 | **Sonstige Baukonstruktionen** | 361,80 m² BGF | 11.255 | **31,11** | 4,6 |
| | • Herstellen (Kosten: 100,0%) | | 11.255 | | |
| | Baustelleneinrichtung, Baukran, WC-Container * Fassadengerüst (250m²), Dachdeckerschutzgerüst (40m) * Tragwand absichern * nicht zu bearbeitende Flächen mit Abdeckfolien abdecken, Bauendreinigung | | | | |
| **400** | **Bauwerk - Technische Anlagen** | | | | **100,0** |
| 410 | **Abwasser-, Wasser-, Gasanlagen** | 361,80 m² BGF | 12.816 | **35,42** | 20,1 |
| | • Abbrechen (Kosten: 11,1%) | | 1.424 | | |
| | Abbruch von Fallrohren, Befestigungen (13m) * WC-Becken, Waschbecken, Badewanne, Wasserleitungen; Entsorgung, Deponiegebühren | | | | |
| | • Herstellen (Kosten: 88,9%) | | 11.393 | | |
| | Regenfallrohre DN100 (21m), Guss-Standrohre DN100 (2St) * Edelstahlrohre (22m), Mehrschichtverbundrohre (65m), Dusche bodeneben (1St), Badewanne 1700x750mm (1St), Badewanne, Sonderform (1St), WC-Becken, WC-Sitze (2St), Waschbecken (2St), Gartenwasseranschlüsse (2St) | | | | |

| KG | Kostengruppe | Menge Einheit | Kosten € | €/Einheit | % |
|---|---|---|---|---|---|
| 420 | **Wärmeversorgungsanlagen** | 361,80 m² BGF | 28.002 | **77,40** | 43,9 |
| | • Abbrechen (Kosten: 1,7%) | | 467 | | |
| | Abbruch von einem Warmwasserboiler 300l * Elektro-Boiler, Gaseinzelöfen * Kamineinfassungen; Entsorgung, Deponiegebühren | | | | |
| | • Herstellen (Kosten: 98,3%) | | 27.534 | | |
| | Gas-Brennwertkessel, Warmwasserspeicher 300l, mit Folienmantel (1St), Wärmetauscher (1St), Pumpen (2St), Erweiterung Mischerbaugruppe (1St) * Kupferrohre, Formstücke, Rohrdämmung (89m), Heizkreisverteiler (3St), Verteilerschrank (2St), Stellantriebe (18St) * Fussbodenheizung, Dämmrolle, PE-Xa-Rohre 17x2mm (202m²), Badheizkörper (2St), Heizkörper (1St) * Kamineinfassungen, Edelstahl (2St) | | | | |
| 440 | **Starkstromanlagen** | 361,80 m² BGF | 19.524 | **53,96** | 30,6 |
| | • Abbrechen (Kosten: 4,4%) | | 853 | | |
| | Abbruch von Mantelleitungen, Stegleitungen, Schalter, Steckdosen, Entsorgung, Deponiegebühren | | | | |
| | • Herstellen (Kosten: 95,6%) | | 18.670 | | |
| | Zählerschrank, Unterverteilung, Sicherungen, Steckdosen (78St), Schalter (31St), PVC-Aderleitungen (820m), EIB-Busleitungen (360m), Mantelleitungen (62m), Installationsrohre (845m), Kabelkanäle (18m) * mobile Einbaustrahler (32St), LED-Treppenbeleuchtung, Stufen (12St) * Mantelleitungen NYM 1x16mm² (22m), Potenzialausgleich | | | | |
| 450 | **Fernmelde-, informationstechn. Anlagen** | 361,80 m² BGF | 3.470 | **9,59** | 5,4 |
| | • Herstellen (Kosten: 100,0%) | | 3.470 | | |
| | Fernmeldeleitungen (195m), TAE-Steckdosen (8St) * Türöffner- und Sprechanlage (1St), Klingelleitungen 4x2x0,8mm (38m) * Koaxialkabel (203m), Antennensteckdosen (8St) * Datendosen RJ 45 (5St), Datenleitungen Cat 6 (112m), Kleinverteiler (1St) | | | | |
| **500** | **Außenanlagen** | | | | **100,0** |
| 530 | **Baukonstruktionen in Außenanlagen** | 596,00 m² AUF | 918 | **1,54** | 100,0 |
| | • Herstellen (Kosten: 100,0%) | | 918 | | |
| | Eingangsmauer, Armierungsgewebe, Putz, Kratzputz 2mm, Silikonharz-Fassadenfarbe (22m²) | | | | |
| **700** | **Baunebenkosten** | | | | **100,0** |
| 730 | **Architekten- und Ingenieurleistungen** | 361,80 m² BGF | 7.243 | **20,02** | 89,8 |
| | • Herstellen (Kosten: 100,0%) | | 7.243 | | |
| | Bestands-, Entwurfs- und Genehmigungsplanung * Tragwerksplanung | | | | |
| 740 | **Gutachten und Beratung** | 361,80 m² BGF | 766 | **2,12** | 9,5 |
| | • Herstellen (Kosten: 100,0%) | | 766 | | |
| | Energieberatung, Energieausweis | | | | |
| 770 | **Allgemeine Baunebenkosten** | 361,80 m² BGF | 61 | **0,17** | 0,8 |
| | • Herstellen (Kosten: 100,0%) | | 61 | | |
| | Büromaterial und Kopien | | | | |

## Kostenkennwerte für die Kostengruppe 300 der 3.Ebene DIN 276 (Übersicht)

| KG | Kostengruppe | Menge Einh. | €/Einheit | Kosten € | % 300+400 |
|---|---|---|---|---|---|
| 311 | Baugrubenherstellung | 12,000 m³ | 28,86 | 346,37 | 0,1 |
| 312 | Baugrubenumschließung | – | – | – | – |
| 313 | Wasserhaltung | – | – | – | – |
| 319 | Baugrube, sonstiges | – | – | – | – |
| **310** | **Baugrube** | **12,000 m³** | **28,86** | **346,37** | **0,1** |
| 321 | Baugrundverbesserung | – | – | – | – |
| 322 | Flachgründungen | 4,000 m² | 187,82 | 788,84 | 0,3 |
| 323 | Tiefgründungen | – | – | – | – |
| 324 | Unterböden und Bodenplatten | 4,000 m² | 451,25 | 1.895,25 | 0,6 |
| 325 | Beläge auf Boden- und Fundamentplatten | – m² | – | 184,40 | 0,1 |
| 326 | Bauwerksabdichtungen | – | – | – | – |
| 327 | Dränagen | – | – | – | – |
| 329 | Gründung, sonstiges | – | – | – | – |
| **320** | **Gründung** | **4,000 m²** | **682,97** | **2.868,48** | **0,9** |
| 331 | Tragende Außenwände | 3,000 m² | 1.000,63 | 2.581,63 | 0,8 |
| 332 | Nichttragende Außenwände | – | – | – | – |
| 333 | Tragende Außenstützen | – | – | – | – |
| 334 | Außentüren, -fenster | 26,000 m² | 398,93 | 10.471,80 | 3,4 |
| 335 | Außenwandbekleidungen außen | 239,000 m² | 114,23 | 27.337,20 | 8,9 |
| 336 | Außenwandbekleidungen innen | 149,000 m² | 31,62 | 4.706,80 | 1,5 |
| 337 | Elementierte Außenwände | 39,000 m² | 419,98 | 16.442,23 | 5,3 |
| 338 | Sonnenschutz | 26,000 m² | 276,35 | 7.154,82 | 2,3 |
| 339 | Außenwände, sonstiges | – | – | – | – |
| **330** | **Außenwände** | **68,000 m²** | **1.010,51** | **68.694,49** | **22,3** |
| 341 | Tragende Innenwände | 5,000 m² | 1.078,78 | 5.695,98 | 1,8 |
| 342 | Nichttragende Innenwände | 115,000 m² | 155,29 | 17.892,32 | 5,8 |
| 343 | Tragende Innenstützen | – | – | – | – |
| 344 | Innentüren, -fenster | 29,000 m² | 229,10 | 6.671,26 | 2,2 |
| 345 | Innenwandbekleidungen | 415,000 m² | 47,17 | 19.575,20 | 6,3 |
| 346 | Elementierte Innenwände | 2,000 m² | 340,89 | 572,70 | 0,2 |
| 349 | Innenwände, sonstiges | – | – | – | – |
| **340** | **Innenwände** | **121,000 m²** | **418,32** | **50.407,47** | **16,3** |
| 351 | Deckenkonstruktionen | 37,000 m² | 195,00 | 7.273,65 | 2,4 |
| 352 | Deckenbeläge | 206,000 m² | 156,18 | 32.214,47 | 10,4 |
| 353 | Deckenbekleidungen | 226,000 m² | 55,11 | 12.467,52 | 4,0 |
| 359 | Decken, sonstiges | – | – | – | – |
| **350** | **Decken** | **226,000 m²** | **229,59** | **51.955,64** | **16,8** |
| 361 | Dachkonstruktionen | 150,000 m² | 40,81 | 6.133,73 | 2,0 |
| 362 | Dachfenster, Dachöffnungen | 13,000 m² | 343,75 | 4.369,10 | 1,4 |
| 363 | Dachbeläge | 189,000 m² | 203,95 | 38.505,36 | 12,5 |
| 364 | Dachbekleidungen | 142,000 m² | 55,71 | 7.882,74 | 2,6 |
| 369 | Dächer, sonstiges | 163,000 m² DAF | 15,38 | 2.507,25 | 0,8 |
| **360** | **Dächer** | **163,000 m²** | **364,38** | **59.398,18** | **19,2** |
| **370** | **Baukonstruktive Einbauten** | **–** | **–** | **–** | **–** |
| **390** | **Sonst. Maßnahmen für Baukonstruktionen** | **362,000 m² BGF** | **31,11** | **11.254,74** | **3,6** |
| **300** | **Bauwerk - Baukonstruktionen** | **362,000 m² BGF** | **676,96** | **244.925,38** | **79,3** |

## Kostenkennwerte für die Kostengruppe 400 der 3.Ebene DIN 276 (Übersicht)

| KG | Kostengruppe | Menge Einh. | €/Einheit | Kosten € | % 300+400 |
|---|---|---|---|---|---|
| 411 | Abwasseranlagen | 362,000 m² BGF | 3,22 | 1.166,48 | 0,4 |
| 412 | Wasseranlagen | 362,000 m² BGF | 32,20 | 11.649,86 | 3,8 |
| 413 | Gasanlagen (wenn zu Kochzwecken) | – | – | – | – |
| 414 | Feuerlöschanlagen | – | – | – | – |
| 419 | Abwasser-, Wasser- und Gasanlagen, sonstiges | – | – | – | – |
| **410** | **Abwasser-, Wasser-, Gasanlagen** | **362,000 m² BGF** | **35,42** | **12.816,34** | **4,2** |
| 421 | Wärmeerzeugungsanlagen | 362,000 m² BGF | 19,81 | 7.165,60 | 2,3 |
| 422 | Wärmeverteilnetze | 362,000 m² BGF | 21,63 | 7.826,46 | 2,5 |
| 423 | Raumheizflächen | 362,000 m² BGF | 30,34 | 10.978,60 | 3,6 |
| 429 | Wärmeversorgungsanlagen, sonstiges | 362,000 m² BGF | 5,61 | 2.030,88 | 0,7 |
| **420** | **Wärmeversorgungsanlagen** | **362,000 m² BGF** | **77,40** | **28.001,54** | **9,1** |
| 431 | Lüftungsanlagen (LA) | – | – | – | – |
| 432 | Teilklimaanlagen (TKA) | – | – | – | – |
| 433 | Klimaanlagen (KLA) | – | – | – | – |
| 434 | Prozeßlufttechnische Anlagen (PLA) | – | – | – | – |
| 435 | Kälteanlagen (KA) | – | – | – | – |
| 439 | Lufttechnische Anlagen, sonstiges | – | – | – | – |
| **430** | **Lufttechnische Anlagen** | **–** | **–** | **–** | **–** |
| 441 | Hoch- und Mittelspannungsanlagen | – | – | – | – |
| 442 | Eigenstromversorgungsanlagen | – | – | – | – |
| 443 | Niederspannungsschaltanlagen | – | – | – | – |
| 444 | Niederspannungsinstallationsanlagen | 362,000 m² BGF | 39,84 | 14.412,61 | 4,7 |
| 445 | Beleuchtungsanlagen | 362,000 m² BGF | 13,71 | 4.958,68 | 1,6 |
| 446 | Blitzschutz- und Erdungsanlagen | 362,000 m² BGF | 0,42 | 152,23 | < 0,1 |
| 449 | Starkstromanlagen, sonstiges | – | – | – | – |
| **440** | **Starkstromanlagen** | **362,000 m² BGF** | **53,96** | **19.523,53** | **6,3** |
| 451 | Telekommunikationsanlagen | 362,000 m² BGF | 1,67 | 605,92 | 0,2 |
| 452 | Such- und Signalanlagen | 362,000 m² BGF | 2,83 | 1.025,08 | 0,3 |
| 453 | Zeitdienstanlagen | – | – | – | – |
| 454 | Elektroakustische Anlagen | – | – | – | – |
| 455 | Fernseh- und Antennenanlagen | 362,000 m² BGF | 1,90 | 686,18 | 0,2 |
| 456 | Gefahrenmelde- und Alarmanlagen | – | – | – | – |
| 457 | Übertragungsnetze | 362,000 m² BGF | 3,19 | 1.152,93 | 0,4 |
| 459 | Fernmelde- und informationstechn. Anlagen, sonstiges | – | – | – | – |
| **450** | **Fernmelde- und informationstechn. Anlagen** | **362,000 m² BGF** | **9,59** | **3.470,10** | **1,1** |
| 461 | Aufzugsanlagen | – | – | – | – |
| 462 | Fahrtreppen, Fahrsteige | – | – | – | – |
| 463 | Befahranlagen | – | – | – | – |
| 464 | Transportanlagen | – | – | – | – |
| 465 | Krananlagen | – | – | – | – |
| 469 | Förderanlagen, sonstiges | – | – | – | – |
| **460** | **Förderanlagen** | **–** | **–** | **–** | **–** |
| **470** | **Nutzungsspezifische Anlagen** | **–** | **–** | **–** | **–** |
| **480** | **Gebäudeautomation** | **–** | **–** | **–** | **–** |
| **490** | **Sonst. Maßnahmen für technische Anlagen** | **–** | **–** | **–** | **–** |
| **400** | **Bauwerk - Technische Anlagen** | **362,000 m² BGF** | **176,37** | **63.811,51** | **20,7** |

## Kostenkennwerte für Leistungsbereiche nach StLB (Kosten des Bauwerks nach DIN 276)

| LB | Leistungsbereiche | Kosten € | €/m² BGF | €/m³ BRI | % 300+400 |
|---|---|---|---|---|---|
| 000 | Sicherheits-, Baustelleneinrichtungen inkl. 001 | 9.475 | 26,20 | 8,30 | 3,1 |
| | Herstellen | 9.475 | 26,20 | 8,30 | 3,1 |
| 002 | Erdarbeiten | 346 | 0,96 | 0,30 | 0,1 |
| | Herstellen | 346 | 0,96 | 0,30 | 0,1 |
| 006 | Spezialtiefbauarbeiten inkl. 005 | – | – | – | – |
| 009 | Abwasserkanalarbeiten inkl. 011 | – | – | – | – |
| 010 | Dränarbeiten | – | – | – | – |
| 012 | Mauerarbeiten | 10.855 | 30,00 | 9,50 | 3,5 |
| | Abbrechen | 426 | 1,20 | 0,37 | 0,1 |
| | Herstellen | 10.429 | 28,80 | 9,10 | 3,4 |
| 013 | Betonarbeiten | 2.684 | 7,40 | 2,40 | 0,9 |
| | Herstellen | 2.684 | 7,40 | 2,40 | 0,9 |
| 014 | Natursteinarbeiten, Betonwerksteinarbeiten | – | – | – | – |
| 016 | Zimmer- und Holzbauarbeiten | 21.572 | 59,60 | 18,90 | 7,0 |
| | Herstellen | 21.572 | 59,60 | 18,90 | 7,0 |
| 017 | Stahlbauarbeiten | 5.892 | 16,30 | 5,20 | 1,9 |
| | Herstellen | 5.892 | 16,30 | 5,20 | 1,9 |
| 018 | Abdichtungsarbeiten gegen Wasser | – | – | – | – |
| 020 | Dachdeckungsarbeiten | 9.862 | 27,30 | 8,60 | 3,2 |
| | Herstellen | 9.862 | 27,30 | 8,60 | 3,2 |
| 021 | Dachabdichtungsarbeiten | – | – | – | – |
| 022 | Klempnerarbeiten | 14.977 | 41,40 | 13,10 | 4,9 |
| | Herstellen | 14.977 | 41,40 | 13,10 | 4,9 |
| | **Rohbau** | **75.662** | **209,10** | **66,30** | **24,5** |
| | Abbrechen | 426 | 1,20 | 0,37 | 0,1 |
| | Herstellen | 75.237 | 208,00 | 65,90 | 24,4 |
| 023 | Putz- und Stuckarbeiten, Wärmedämmsysteme | 32.952 | 91,10 | 28,90 | 10,7 |
| | Herstellen | 32.952 | 91,10 | 28,90 | 10,7 |
| 024 | Fliesen- und Plattenarbeiten | 20.073 | 55,50 | 17,60 | 6,5 |
| | Herstellen | 20.073 | 55,50 | 17,60 | 6,5 |
| 025 | Estricharbeiten | 8.124 | 22,50 | 7,10 | 2,6 |
| | Herstellen | 8.124 | 22,50 | 7,10 | 2,6 |
| 026 | Fenster, Außentüren inkl. 029, 032 | 30.154 | 83,30 | 26,40 | 9,8 |
| | Abbrechen | 420 | 1,20 | 0,37 | 0,1 |
| | Herstellen | 29.734 | 82,20 | 26,00 | 9,6 |
| 027 | Tischlerarbeiten | 5.657 | 15,60 | 5,00 | 1,8 |
| | Herstellen | 5.657 | 15,60 | 5,00 | 1,8 |
| 028 | Parkettarbeiten, Holzpflasterarbeiten | – | – | – | – |
| 030 | Rollladenarbeiten | 6.356 | 17,60 | 5,60 | 2,1 |
| | Herstellen | 6.356 | 17,60 | 5,60 | 2,1 |
| 031 | Metallbauarbeiten inkl. 035 | 768 | 2,10 | 0,67 | 0,2 |
| | Herstellen | 768 | 2,10 | 0,67 | 0,2 |
| 034 | Maler- und Lackiererarbeiten inkl. 037 | 14.562 | 40,20 | 12,80 | 4,7 |
| | Wiederherstellen | 1.793 | 5,00 | 1,60 | 0,6 |
| | Herstellen | 12.769 | 35,30 | 11,20 | 4,1 |
| 036 | Bodenbelagsarbeiten | 8.676 | 24,00 | 7,60 | 2,8 |
| | Herstellen | 8.676 | 24,00 | 7,60 | 2,8 |
| 038 | Vorgehängte hinterlüftete Fassaden | – | – | – | – |

| LB | Leistungsbereiche | Kosten € | €/m² BGF | €/m³ BRI | % 300+400 |
|---|---|---|---|---|---|
| 039 | Trockenbauarbeiten | 16.351 | 45,20 | 14,30 | 5,3 |
| | Herstellen | 16.351 | 45,20 | 14,30 | 5,3 |
| | **Ausbau** | **143.673** | **397,10** | **125,80** | **46,5** |
| | Abbrechen | 420 | 1,20 | 0,37 | 0,1 |
| | Wiederherstellen | 1.793 | 5,00 | 1,60 | 0,6 |
| | Herstellen | 141.460 | 391,00 | 123,90 | 45,8 |
| 040 | Wärmeerzeuger, zentr. Einrichtungen inkl. 041 | 20.518 | 56,70 | 18,00 | 6,6 |
| | Herstellen | 20.518 | 56,70 | 18,00 | 6,6 |
| 042 | Gas- und Wasserinstallationsarbeiten inkl. 043 | 6.559 | 18,10 | 5,70 | 2,1 |
| | Herstellen | 6.559 | 18,10 | 5,70 | 2,1 |
| 044 | Abwasserinstallationsarbeiten - Leitungen | – | – | – | – |
| 045 | Gas-, Wasser-Einrichtungsgegenstände inkl. 046 | 6.154 | 17,00 | 5,40 | 2,0 |
| | Herstellen | 6.154 | 17,00 | 5,40 | 2,0 |
| 047 | Dämmarbeiten an betriebstechnischen Anlagen | 1.986 | 5,50 | 1,70 | 0,6 |
| | Herstellen | 1.986 | 5,50 | 1,70 | 0,6 |
| 049 | Feuerlöschanlagen, Feuerlöschgeräte | – | – | – | – |
| 050 | Blitzschutz- und Erdungsanlagen | 152 | 0,42 | 0,13 | – |
| | Herstellen | 152 | 0,42 | 0,13 | – |
| 052 | Mittelspannungsanlagen | – | – | – | – |
| 053 | Niederspannungsanlagen inkl. 054 | 15.836 | 43,80 | 13,90 | 5,1 |
| | Herstellen | 15.836 | 43,80 | 13,90 | 5,1 |
| 055 | Ersatzstromversorgungsanlagen | – | – | – | – |
| 057 | Gebäudesystemtechnik | – | – | – | – |
| 058 | Leuchten und Lampen, inkl. 059 | 4.959 | 13,70 | 4,30 | 1,6 |
| | Herstellen | 4.959 | 13,70 | 4,30 | 1,6 |
| 060 | Elektroakustische Anlagen | – | – | – | – |
| 061 | Kommunikationsnetze | 2.445 | 6,80 | 2,10 | 0,8 |
| | Herstellen | 2.445 | 6,80 | 2,10 | 0,8 |
| 063 | Gefahrenmeldeanlagen | – | – | – | – |
| 069 | Aufzüge | – | – | – | – |
| 070 | Gebäudeautomation | – | – | – | – |
| 075 | Raumlufttechnische Anlagen | – | – | – | – |
| | **Gebäudetechnik** | **58.609** | **162,00** | **51,30** | **19,0** |
| | Herstellen | 58.609 | 162,00 | 51,30 | 19,0 |
| 084 | Abbrucharbeiten | 30.127 | 83,30 | 26,40 | 9,8 |
| | Abbrechen | 30.127 | 83,30 | 26,40 | 9,8 |
| | Sonstige Leistungsbereiche inkl. 008, 033, 051 | **666** | **1,80** | **0,58** | **0,2** |
| | Herstellen | 666 | 1,80 | 0,58 | 0,2 |

6100-713
Doppelhaushälfte

## Objektübersicht

Modernisierung

**411 €/m² WFL**

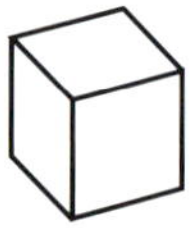

**85 €/m³ BRI**

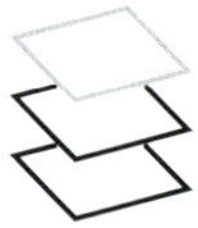

**222 €/m² BGF**

**297 €/m² NF**

| | |
|---|---|
| Kennwerte | bis 3.Ebene DIN 276 |
| Bauzeit | 13 Wochen |
| Bauende | 2007 |
| Standard | Durchschnitt |
| Land | Bayern |
| Kreis | München |
| $m^3$ BRI | 740 |
| $m^2$ BGF | 282 |
| $m^2$ NF | 211 |

**Architekt:**
Planungsbüro
Dipl.-Ing.(FH)
Hanns Peter Benl
Herzog-Georg-Platz 5
84524 Neuötting

vorher

nachher

nachher

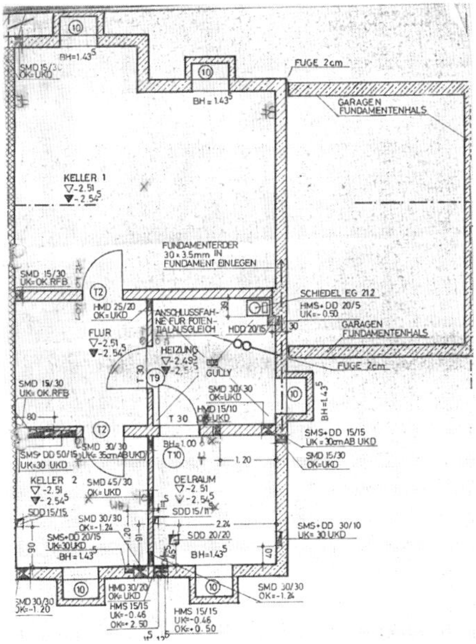


Untergeschoss

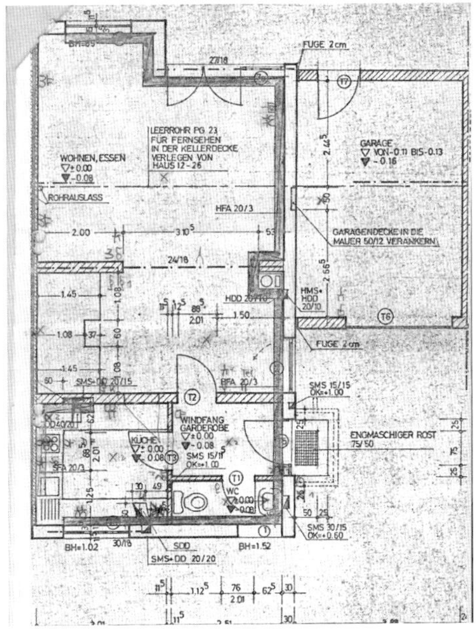


Erdgeschoss

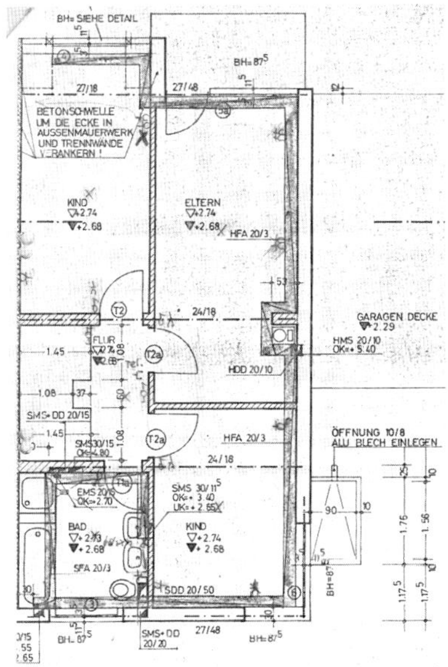


1. Obergeschoss

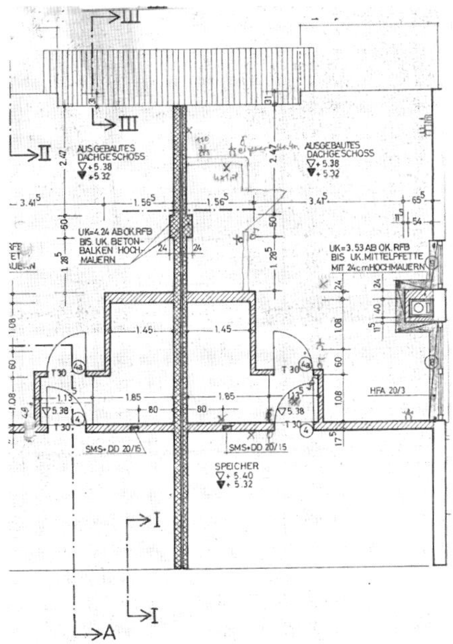


Dachgeschoss

# Objektbeschreibung

## Nutzung

**1 Untergeschoss**
Hobbyraum, Kellerräume, Technikraum

**1 Erdgeschoss**
Wohn-, Essraum, Küche, WC

**1 Obergeschoss**
2 Kinderzimmer, Elternschlafzimmer, Bad

**1 Dachgeschoss**
Studio

**Besonderer Kosteneinfluss Nutzung:**
Die Förderrichtlinien der KFW wurden erfüllt.

## Nutzeinheiten

Wohneinheiten: 1
Wohnfläche: 152m²

## Grundstück

Bauraum: Freier Bauraum
Neigung: Ebenes Gelände

## Markt

Hauptvergabezeit: 3.Quartal 2007
Baubeginn: 3.Quartal 2007
Bauende: 4.Quartal 2007
Konjunkturelle Gesamtlage: Durchschnitt
Regionaler Baumarkt: über Durchschnitt

## Baubestand

Baujahr: 1972
Bauzustand: mittel
Aufwand: mittel
Grundrissänderungen: wenige
Tragwerkseingriffe: wenige
Nutzungsänderung: nein
Nutzung während der Bauzeit: nein

## Baukonstruktion

**Abbrechen:** Abbruch von Mauerwerk; Wandliesen, Putz; Teppichböden; Holzdecke, Wärmedämmung; Trennwänden; Entsorgung, Deponiegebühren, Erstellen von Staubwänden, Fußboden schützen
**Wiederherstellen:** Holzeingangstür streichen, Putzflächen reinigen, kleinere Putzschäden ausgleichen, Silikatanstrich* Heizkörpernischen verputzen, vorhandene Rollladenkästen dämmen, Vorbaurollläden ausbauen, lagern mit neuen Fenster wieder einbauen, Eingangspodest befestigen, Garageneinfahrtsschwelle abbrechen, neu aufbauen, Balkongeländer aus Faserzementplatten, reinigen, Anstrich, Balkongeländer Eisenkonstruktion, anschleifen, Grundierung, Anstrich; Metalltürzargen, anschleifen, lackieren; Eiche-Parkett ergänzen, Holzstufen, abschleifen, versiegeln, Metall-Treppengeländer anschleifen, lackieren
**Herstellen:** Kunststofffenster, Anstrich, Putz, Fliesen, Rollladenpanzer; Ganzglastüren, Innenwanddämmung, Anstrich; Laminat, Dämmung, Spanplatten, Kellerdeckendämmung, Anstrich; Kunststoff-Dachflächenfenster, Verdunklungsrollos, Wärmedämmung, GK-Decken, Anstrich

## Technische Anlagen

**Abbrechen:** Abbruch von Heizkörpern, Entsorgung, Deponiegebühren
**Wiederherstellen:** Heizkörper anschleifen, im Niederdruckverfahren lackieren
**Herstellen:** WC-Sitz, Waschtischbatterie; Heizkörper-Anschlussrohre Heizkörper; Elektroinstallation ergänzt

## Planungskennwerte für Flächen und Rauminhalte nach DIN 277

| Flächen des Grundstücks | | Menge, Einheit | % an FBG |
|---|---|---|---|
| BF | Bebaute Fläche | 91,50 m² | 26,9 |
| UBF | Unbebaute Fläche | 248,50 m² | 73,1 |
| FBG | Fläche des Baugrundstücks | 340,00 m² | 100,0 |

| Grundflächen des Bauwerks | | Menge, Einheit | % an NF | % an BGF |
|---|---|---|---|---|
| NF | Nutzfläche | 211,00 m² | 100,0 | 74,8 |
| TF | Technische Funktionsfläche | 12,00 m² | 5,7 | 4,3 |
| VF | Verkehrsfläche | 13,50 m² | 6,4 | 4,8 |
| NGF | Netto-Grundfläche | 236,50 m² | 112,1 | 83,9 |
| KGF | Konstruktions-Grundfläche | 45,50 m² | 21,6 | 16,1 |
| BGF | Brutto-Grundfläche | 282,00 m² | 133,7 | 100,0 |

| Brutto-Rauminhalt des Bauwerks | | Menge, Einheit | BRI/NF (m) | BRI/BGF (m) |
|---|---|---|---|---|
| BRI | Brutto-Rauminhalt | 740,00 m³ | 3,51 | 2,62 |

| Lufttechnisch behandelte Flächen | Menge, Einheit | % an NF | % an BGF |
|---|---|---|---|
| Entlüftete Fläche | – m² | – | – |
| Be- und entlüftete Fläche | – m² | – | – |
| Teilklimatisierte Fläche | – m² | – | – |
| Klimatisierte Fläche | – m² | – | – |

| KG | Kostengruppen (2.Ebene) | Menge, Einheit | Menge/NF | Menge/BGF |
|---|---|---|---|---|
| 310 | Baugrube | – m³ BGI | – | – |
| 320 | Gründung | – m² GRF | – | – |
| 330 | Außenwände | 195,52 m² AWF | 0,93 | 0,69 |
| 340 | Innenwände | 433,26 m² IWF | 2,05 | 1,54 |
| 350 | Decken | 217,64 m² DEF | 1,03 | 0,77 |
| 360 | Dächer | 80,90 m² DAF | 0,38 | 0,29 |

## Kostenkennwerte für die Kostengruppen der 1.Ebene DIN 276

| KG | Kostengruppen (1.Ebene) | Einheit | Kosten € | €/Einheit | €/m² BGF | €/m³ BRI | % 300+400 |
|---|---|---|---|---|---|---|---|
| 100 | Grundstück | m² FBG | – | – | – | – | – |
| 200 | Herrichten und Erschließen | m² FBG | – | – | – | – | – |
| 300 | Bauwerk - Baukonstruktionen | m² BGF | 57.361 | 203,41 | 203,41 | 77,51 | 91,5 |
| 400 | Bauwerk - Technische Anlagen | m² BGF | 5.297 | 18,78 | 18,78 | 7,16 | 8,5 |
| | **Bauwerk 300+400** | **m² BGF** | **62.658** | **222,19** | **222,19** | **84,67** | **100,0** |
| 500 | Außenanlagen | m² AUF | – | – | – | – | – |
| 600 | Ausstattung und Kunstwerke | m² BGF | – | – | – | – | – |
| 700 | Baunebenkosten | m² BGF | – | – | – | – | – |

Modernisierung

## Kostenkennwerte für die Kostengruppen der 1.Ebene DIN 276

| KG | Kostengruppe | Menge Einheit | Kosten € | €/Einheit | % |
|---|---|---|---|---|---|
| **3+4** | **Bauwerk** | | | | **100,0** |
| 300 | **Bauwerk - Baukonstruktionen** | 282,00 m² BGF | 57.361 | **203,41** | 91,5 |
| | • Abbrechen (Kosten: 14,2%)<br>Abbruch von Mauerwerk; Wandliesen, Putz; Teppichböden; Holzdecke, Wärmedämmung; Trennwänden; Entsorgung, Deponiegebühren, Erstellen von Staubwänden, Fußboden schützen | | 8.162 | | |
| | • Wiederherstellen (Kosten: 13,4%)<br>Holzeingangstür streichen, Putzflächen reinigen, kleinere Putzschäden ausgleichen, Silikatanstrich* Heizkörpernischen verputzen, vorhandene Rollladenkästen dämmen, Vorbaurollläden ausbauen, lagern mit neuen Fenster wieder einbauen, Eingangspodest befestigen, Garageneinfahrtsschwelle abbrechen, neu aufbauen, Balkongeländer aus Faserzementplatten, reinigen, Anstrich, Balkongeländer Eisenkonstruktion, anschleifen, Grundierung, Anstrich; Metalltürzargen, anschleifen, lackieren; Eiche-Parkett ergänzen, Holzstufen, abschleifen, versiegeln, Metall-Treppengeländer anschleifen, lackieren | | 7.695 | | |
| | • Herstellen (Kosten: 72,4%)<br>Kunststofffenster, Anstrich, Putz, Fliesen, Rolladenpanzer; Ganzglastüren, Innenwand-dämmung, Anstrich; Laminat, Dämmung, Spanplatten, Kellerdeckendämmung, Anstrich; Kunststoff-Dachflächenfenster, Verdunklungsrollos, Wärmedämmung, GK-Decken, Anstrich | | 41.503 | | |
| 400 | **Bauwerk - Technische Anlagen** | 282,00 m² BGF | 5.297 | **18,78** | 8,5 |
| | • Abbrechen (Kosten: 3,0%)<br>Abbruch von Heizkörpern, Entsorgung, Deponiegebühren | | 159 | | |
| | • Wiederherstellen (Kosten: 15,7%)<br>Heizkörper anschleifen, im Niederdruckverfahren lackieren | | 830 | | |
| | • Herstellen (Kosten: 81,3%)<br>WC-Sitz, Waschtischbatterie; Heizkörper-Anschlussrohre Heizkörper; Elektroinstallation ergänzt | | 4.307 | | |

| KG | Kostengruppe | Menge Einheit | Kosten € | €/Einheit | % |
|---|---|---|---|---|---|
| **300** | **Bauwerk - Baukonstruktionen** | | | | **100,0** |
| 330 | **Außenwände** | 195,52 $m^2$ | 22.713 | **116,17** | 39,6 |
| | • Abbrechen (Kosten: 2,7%) | | 616 | | |
| | Abbruch von Mauerwerk, d=24cm, Entsorgung, Deponiegebühren (13$m^2$) | | | | |
| | • Wiederherstellen (Kosten: 16,3%) | | 3.704 | | |
| | Holzeingangstür, Anstrich mit Holzschutzlasur, KS-Siegellack (3$m^2$) * Putzflächen reinigen, kleinere Putzschäden ausgleichen, Silikatanstrich (68$m^2$) * Heizkörpernischen verputzen (15$m^2$) * vorhandene Rollladenkästen dämmen, vorhandene Stahlwelle austauschen, Vorbaurollläden ausbauen, lagern mit neuen Fenster wieder einbauen (4St) * Eingangspodest befestigen, Teile erneuern, Garageneinfahrtsschwelle abbrechen, neu aufbauen, Balkongeländer aus Faserzementplatten, reinigen, Fungizidvoranstrich, grundieren, Acrylfarbenanstrich, Balkongeländer Eisenkonstruktion, anschleifen, Grundierung, Acrylfarbenanstrich | | | | |
| | • Herstellen (Kosten: 81,0%) | | 18.392 | | |
| | Kunststofffenster, Ug-Wert=1,1K/m2k (34$m^2$), Alu-Fensterbänke b=15cm (12m), einschließlich verputzen der beschädigten Laibungen * Dispersionsanstrich (119$m^2$), Heizkörperrückwand, alukaschierte Isolierplatten d=5mm (6$m^2$), Wände verputzen, spachteln, schleifen, Dispersionsanstrich (5$m^2$) * Rolladenpanzer PVC-Lamellen (8$m^2$), Rollladenpanzer Alu-Lamellen (6$m^2$), Altbau-Sanierungs-Gurtführungen (4St) | | | | |
| 340 | **Innenwände** | 433,26 $m^2$ | 5.528 | **12,76** | 9,6 |
| | • Abbrechen (Kosten: 1,7%) | | 92 | | |
| | Abschlagen von Wandfliesen, Putz, Entsorgung, Deponiegebühren (6$m^2$) | | | | |
| | • Wiederherstellen (Kosten: 3,4%) | | 190 | | |
| | Metalltürzargen, anschleifen, lackieren (4$m^2$) | | | | |
| | • Herstellen (Kosten: 94,9%) | | 5.246 | | |
| | Ganzglastüren ESG d=8mm, einseitig satiniert (2St), Speichertüre dämmen, Polystyrol-Platten d=30mm (1St) * Dispersionsanstrich (386$m^2$), Kellerwanddämmung Polystyrol-Hartschaum-Sichtplatten, d=60mm, WLG 035, Dispersionsanstrich (20$m^2$), Dämmung Abseitenwand Polystyrol d=60 mm, WLG 035 (9$m^2$), Wände verputzen, spachteln, schleifen, Dispersionsanstrich (15$m^2$), Wandfliesen (5$m^2$) | | | | |
| 350 | **Decken** | 217,64 $m^2$ | 13.800 | **63,41** | 24,1 |
| | • Abbrechen (Kosten: 5,4%) | | 747 | | |
| | Abbruch von Teppichböden, Entsorgung, Deponiegebühren (86$m^2$) | | | | |
| | • Wiederherstellen (Kosten: 27,5%) | | 3.801 | | |
| | Untergrundarbeiten, Eiche-Parkett ergänzen (3$m^2$), Holzstufen mehrfach abschleifen, versiegeln (44St) * Metall-Treppengeländer anschleifen, lackieren | | | | |
| | • Herstellen (Kosten: 67,1%) | | 9.253 | | |
| | Unterboden schleifen, spachteln, Laminatboden verlegen (86$m^2$), Sockelleisten (80m), Speicherboden, Dämmplatten Polystyrol d=2x60mm, WLG 035, Verlege-Spanplatte d=19mm (15$m^2$) * Kellerdeckendämmung PUR/PIR-Hartschaum d=80mm, WLG 024, U-Wert =0,29K/$m^2$k, beidseitig mit Alufolie beschichtet (50$m^2$), Anstrich, Dispersionsfarbe (168$m^2$) | | | | |

| KG | Kostengruppe | Menge Einheit | Kosten € | €/Einheit | % |
|---|---|---|---|---|---|
| 360 | **Dächer** | 80,90 m² | 10.367 | **128,15** | 18,1 |
| | • Abbrechen (Kosten: 30,2%) | | 3.128 | | |
| | Abbruch von einer Holzdecke, Wärmedämmung, Entsorgung, Deponiegebühren (81m²) | | | | |
| | • Herstellen (Kosten: 69,8%) | | 7.240 | | |
| | Kunststoff-Dachflächenfenster, Wärmeschutzverglasung, 55x98cm, mit Außeneindeckarbeiten (2St) * Wärmedämmung Mineralwolle d=140mm, WLG 035, PE-Folie d=0,2mm, Lattung 3/5cm, Wärmedämmung zwischen Lattung, d=35mm, WLG 040, GK-Platten, d=12,5mm, Dispersionsanstrich (60m²), Mittelpfette, GK-Verkleidung (1St) * Verdunklungsrollos Dachflächenfenster (2St) | | | | |
| 390 | **Sonstige Baukonstruktionen** | 282,00 m² BGF | 4.952 | **17,56** | 8,6 |
| | • Abbrechen (Kosten: 72,3%) | | 3.580 | | |
| | Abbruch von Trennwänden, Erstellen von Staubwänden, Fußboden schützen, Entsorgung, Deponiegebühren | | | | |
| | • Herstellen (Kosten: 27,7%) | | 1.373 | | |
| | Arbeits- und Schutzgerüste, Innengerüst (1St) * Endreinigung | | | | |
| **400** | **Bauwerk - Technische Anlagen** | | | | **100,0** |
| 410 | **Abwasser-, Wasser-, Gasanlagen** | 282,00 m² BGF | 212 | **0,75** | 4,0 |
| | • Herstellen (Kosten: 100,0%) | | 212 | | |
| | WC-Sitz (1St), Einhand-Waschtischbatterie (1St) | | | | |
| 420 | **Wärmeversorgungsanlagen** | 282,00 m² BGF | 4.919 | **17,44** | 92,9 |
| | • Abbrechen (Kosten: 3,2%) | | 159 | | |
| | Abbruch von Heizkörpern, Entsorgung, Deponiegebühren | | | | |
| | • Wiederherstellen (Kosten: 16,9%) | | 830 | | |
| | Heizkörper anschleifen, im Niederdruckverfahren lackieren (32m²) | | | | |
| | • Herstellen (Kosten: 79,9%) | | 3.929 | | |
| | Heizungsrohre * Flachheizkörper (3St), Ventilheizkörper (1St) | | | | |
| 440 | **Starkstromanlagen** | 282,00 m² BGF | 166 | **0,59** | 3,1 |
| | • Herstellen (Kosten: 100,0%) | | 166 | | |
| | Steckdosen (1St), Steckdose, ausgebaut, neu gesetzt (1St), Schalter ausgetauscht (1St) | | | | |

## Kostenkennwerte für die Kostengruppe 300 der 3.Ebene DIN 276 (Übersicht)

| KG | Kostengruppe | Menge Einh. | €/Einheit | Kosten € | % 300+400 |
|---|---|---|---|---|---|
| 311 | Baugrubenherstellung | – | – | – | – |
| 312 | Baugrubenumschließung | – | – | – | – |
| 313 | Wasserhaltung | – | – | – | – |
| 319 | Baugrube, sonstiges | – | – | – | – |
| **310** | **Baugrube** | **–** | **–** | **–** | **–** |
| 321 | Baugrundverbesserung | – | – | – | – |
| 322 | Flachgründungen | – | – | – | – |
| 323 | Tiefgründungen | – | – | – | – |
| 324 | Unterböden und Bodenplatten | – | – | – | – |
| 325 | Beläge auf Boden- und Fundamentplatten | – | – | – | – |
| 326 | Bauwerksabdichtungen | – | – | – | – |
| 327 | Dränagen | – | – | – | – |
| 329 | Gründung, sonstiges | – | – | – | – |
| **320** | **Gründung** | **–** | **–** | **–** | **–** |
| 331 | Tragende Außenwände | 13,000 m² | 46,18 | 616,46 | 1,0 |
| 332 | Nichttragende Außenwände | – | – | – | – |
| 333 | Tragende Außenstützen | – | – | – | – |
| 334 | Außentüren, -fenster | 37,000 m² | 440,10 | 16.283,70 | 26,0 |
| 335 | Außenwandbekleidungen außen | 69,000 m² | 18,69 | 1.292,84 | 2,1 |
| 336 | Außenwandbekleidungen innen | 124,000 m² | 10,00 | 1.237,53 | 2,0 |
| 337 | Elementierte Außenwände | – | – | – | – |
| 338 | Sonnenschutz | 13,000 m² | 174,02 | 2.321,48 | 3,7 |
| 339 | Außenwände, sonstiges | 196,000 m² AWF | 4,91 | 960,67 | 1,5 |
| **330** | **Außenwände** | **196,000 m²** | **116,17** | **22.712,68** | **36,2** |
| 341 | Tragende Innenwände | – | – | – | – |
| 342 | Nichttragende Innenwände | – | – | – | – |
| 343 | Tragende Innenstützen | – | – | – | – |
| 344 | Innentüren, -fenster | 4,000 m² | 414,62 | 1.863,71 | 3,0 |
| 345 | Innenwandbekleidungen | 435,000 m² | 8,43 | 3.664,10 | 5,8 |
| 346 | Elementierte Innenwände | – | – | – | – |
| 349 | Innenwände, sonstiges | – | – | – | – |
| **340** | **Innenwände** | **433,000 m²** | **12,76** | **5.527,81** | **8,8** |
| 351 | Deckenkonstruktionen | – | – | – | – |
| 352 | Deckenbeläge | 101,000 m² | 107,11 | 10.818,04 | 17,3 |
| 353 | Deckenbekleidungen | 218,000 m² | 12,78 | 2.780,60 | 4,4 |
| 359 | Decken, sonstiges | 218,000 m² DEF | 0,93 | 201,70 | 0,3 |
| **350** | **Decken** | **218,000 m²** | **63,41** | **13.800,34** | **22,0** |
| 361 | Dachkonstruktionen | – | – | – | – |
| 362 | Dachfenster, Dachöffnungen | 1,000 m² | 2.010,24 | 2.171,06 | 3,5 |
| 363 | Dachbeläge | – | – | – | – |
| 364 | Dachbekleidungen | 81,000 m² | 101,31 | 8.196,30 | 13,1 |
| 369 | Dächer, sonstiges | – | – | – | – |
| **360** | **Dächer** | **81,000 m²** | **128,15** | **10.367,36** | **16,5** |
| **370** | **Baukonstruktive Einbauten** | **–** | **–** | **–** | **–** |
| **390** | **Sonst. Maßnahmen für Baukonstruktionen** | **282,000 m² BGF** | **17,56** | **4.952,49** | **7,9** |
| **300** | **Bauwerk - Baukonstruktionen** | **282,000 m² BGF** | **203,41** | **57.360,69** | **91,5** |

## Kostenkennwerte für die Kostengruppe 400 der 3.Ebene DIN 276 (Übersicht)

| KG | Kostengruppe | Menge Einh. | €/Einheit | Kosten € | % 300+400 |
|---|---|---|---|---|---|
| 411 | Abwasseranlagen | – | – | – | – |
| 412 | Wasseranlagen | 282,000 m² BGF | 0,75 | 211,87 | 0,3 |
| 413 | Gasanlagen (wenn zu Kochzwecken) | – | – | – | – |
| 414 | Feuerlöschanlagen | – | – | – | – |
| 419 | Abwasser-, Wasser- und Gasanlagen, sonstiges | – | – | – | – |
| **410** | **Abwasser-, Wasser-, Gasanlagen** | **282,000 m² BGF** | **0,75** | **211,87** | **0,3** |
| 421 | Wärmeerzeugungsanlagen | – | – | – | – |
| 422 | Wärmeverteilnetze | 282,000 m² BGF | 1,13 | 318,64 | 0,5 |
| 423 | Raumheizflächen | 282,000 m² BGF | 16,31 | 4.600,43 | 7,3 |
| 429 | Wärmeversorgungsanlagen, sonstiges | – | – | – | – |
| **420** | **Wärmeversorgungsanlagen** | **282,000 m² BGF** | **17,44** | **4.919,08** | **7,9** |
| 431 | Lüftungsanlagen (LA) | – | – | – | – |
| 432 | Teilklimaanlagen (TKA) | – | – | – | – |
| 433 | Klimaanlagen (KLA) | – | – | – | – |
| 434 | Prozeßlufttechnische Anlagen (PLA) | – | – | – | – |
| 435 | Kälteanlagen (KA) | – | – | – | – |
| 439 | Lufttechnische Anlagen, sonstiges | – | – | – | – |
| **430** | **Lufttechnische Anlagen** | **–** | **–** | **–** | **–** |
| 441 | Hoch- und Mittelspannungsanlagen | – | – | – | – |
| 442 | Eigenstromversorgungsanlagen | – | – | – | – |
| 443 | Niederspannungsschaltanlagen | – | – | – | – |
| 444 | Niederspannungsinstallationsanlagen | 282,000 m² BGF | 0,59 | 166,10 | 0,3 |
| 445 | Beleuchtungsanlagen | – | – | – | – |
| 446 | Blitzschutz- und Erdungsanlagen | – | – | – | – |
| 449 | Starkstromanlagen, sonstiges | – | – | – | – |
| **440** | **Starkstromanlagen** | **282,000 m² BGF** | **0,59** | **166,10** | **0,3** |
| 451 | Telekommunikationsanlagen | – | – | – | – |
| 452 | Such- und Signalanlagen | – | – | – | – |
| 453 | Zeitdienstanlagen | – | – | – | – |
| 454 | Elektroakustische Anlagen | – | – | – | – |
| 455 | Fernseh- und Antennenanlagen | – | – | – | – |
| 456 | Gefahrenmelde- und Alarmanlagen | – | – | – | – |
| 457 | Übertragungsnetze | – | – | – | – |
| 459 | Fernmelde- und informationstechn. Anlagen, sonstiges | – | – | – | – |
| **450** | **Fernmelde- und informationstechn. Anlagen** | **–** | **–** | **–** | **–** |
| 461 | Aufzugsanlagen | – | – | – | – |
| 462 | Fahrtreppen, Fahrsteige | – | – | – | – |
| 463 | Befahranlagen | – | – | – | – |
| 464 | Transportanlagen | – | – | – | – |
| 465 | Krananlagen | – | – | – | – |
| 469 | Förderanlagen, sonstiges | – | – | – | – |
| **460** | **Förderanlagen** | **–** | **–** | **–** | **–** |
| **470** | **Nutzungsspezifische Anlagen** | **–** | **–** | **–** | **–** |
| **480** | **Gebäudeautomation** | **–** | **–** | **–** | **–** |
| **490** | **Sonst. Maßnahmen für technische Anlagen** | **–** | **–** | **–** | **–** |
| **400** | **Bauwerk - Technische Anlagen** | **282,000 m² BGF** | **18,78** | **5.297,05** | **8,5** |

## Kostenkennwerte für Leistungsbereiche nach StLB (Kosten des Bauwerks nach DIN 276)

| LB | Leistungsbereiche | Kosten € | €/m² BGF | €/m³ BRI | % 300+400 |
|---|---|---|---|---|---|
| 000 | Sicherheits-, Baustelleneinrichtungen inkl. 001 | 1.034 | 3,70 | 1,40 | 1,7 |
| | Herstellen | 1.034 | 3,70 | 1,40 | 1,7 |
| 002 | Erdarbeiten | – | – | – | – |
| 006 | Spezialtiefbauarbeiten inkl. 005 | – | – | – | – |
| 009 | Abwasserkanalarbeiten inkl. 011 | – | – | – | – |
| 010 | Dränarbeiten | – | – | – | – |
| 012 | Mauerarbeiten | – | – | – | – |
| 013 | Betonarbeiten | 197 | 0,70 | 0,27 | 0,3 |
| | Wiederherstellen | 197 | 0,70 | 0,27 | 0,3 |
| 014 | Natursteinarbeiten, Betonwerksteinarbeiten | 197 | 0,70 | 0,27 | 0,3 |
| | Wiederherstellen | 197 | 0,70 | 0,27 | 0,3 |
| 016 | Zimmer- und Holzbauarbeiten | – | – | – | – |
| 017 | Stahlbauarbeiten | – | – | – | – |
| 018 | Abdichtungsarbeiten gegen Wasser | – | – | – | – |
| 020 | Dachdeckungsarbeiten | – | – | – | – |
| 021 | Dachabdichtungsarbeiten | – | – | – | – |
| 022 | Klempnerarbeiten | – | – | – | – |
| | **Rohbau** | **1.427** | **5,10** | **1,90** | **2,3** |
| | Wiederherstellen | 393 | 1,40 | 0,53 | 0,6 |
| | Herstellen | 1.034 | 3,70 | 1,40 | 1,7 |
| 023 | Putz- und Stuckarbeiten, Wärmedämmsysteme | 3.523 | 12,50 | 4,80 | 5,6 |
| | Wiederherstellen | 775 | 2,70 | 1,00 | 1,2 |
| | Herstellen | 2.748 | 9,70 | 3,70 | 4,4 |
| 024 | Fliesen- und Plattenarbeiten | 418 | 1,50 | 0,56 | 0,7 |
| | Herstellen | 418 | 1,50 | 0,56 | 0,7 |
| 025 | Estricharbeiten | – | – | – | – |
| 026 | Fenster, Außentüren inkl. 029, 032 | 17.966 | 63,70 | 24,30 | 28,7 |
| | Herstellen | 17.966 | 63,70 | 24,30 | 28,7 |
| 027 | Tischlerarbeiten | 1.617 | 5,70 | 2,20 | 2,6 |
| | Herstellen | 1.617 | 5,70 | 2,20 | 2,6 |
| 028 | Parkettarbeiten, Holzpflasterarbeiten | 3.599 | 12,80 | 4,90 | 5,7 |
| | Wiederherstellen | 3.599 | 12,80 | 4,90 | 5,7 |
| 030 | Rollladenarbeiten | 2.635 | 9,30 | 3,60 | 4,2 |
| | Wiederherstellen | 1.014 | 3,60 | 1,40 | 1,6 |
| | Herstellen | 1.621 | 5,70 | 2,20 | 2,6 |
| 031 | Metallbauarbeiten inkl. 035 | – | – | – | – |
| 034 | Maler- und Lackiererarbeiten inkl. 037 | 6.689 | 23,70 | 9,00 | 10,7 |
| | Wiederherstellen | 2.745 | 9,70 | 3,70 | 4,4 |
| | Herstellen | 3.944 | 14,00 | 5,30 | 6,3 |
| 036 | Bodenbelagsarbeiten | 5.589 | 19,80 | 7,60 | 8,9 |
| | Herstellen | 5.589 | 19,80 | 7,60 | 8,9 |
| 038 | Vorgehängte hinterlüftete Fassaden | – | – | – | – |
| 039 | Trockenbauarbeiten | 6.226 | 22,10 | 8,40 | 9,9 |
| | Herstellen | 6.226 | 22,10 | 8,40 | 9,9 |
| | **Ausbau** | **48.263** | **171,10** | **65,20** | **77,0** |
| | Wiederherstellen | 8.132 | 28,80 | 11,00 | 13,0 |
| | Herstellen | 40.130 | 142,30 | 54,20 | 64,0 |
| 040 | Wärmeerzeuger, zentr. Einrichtungen inkl. 041 | 3.929 | 13,90 | 5,30 | 6,3 |
| | Herstellen | 3.929 | 13,90 | 5,30 | 6,3 |

| LB | Leistungsbereiche | Kosten € | €/m² BGF | €/m³ BRI | % 300+400 |
|---|---|---|---|---|---|
| 042 | Gas- und Wasserinstallationsarbeiten inkl. 043 | – | – | – | – |
| 044 | Abwasserinstallationsarbeiten - Leitungen | – | – | – | – |
| 045 | Gas-, Wasser-Einrichtungsgegenstände inkl. 046 | 212 | 0,75 | 0,29 | 0,3 |
| | Herstellen | 212 | 0,75 | 0,29 | 0,3 |
| 047 | Dämmarbeiten an betriebstechnischen Anlagen | – | – | – | – |
| 049 | Feuerlöschanlagen, Feuerlöschgeräte | – | – | – | – |
| 050 | Blitzschutz- und Erdungsanlagen | – | – | – | – |
| 052 | Mittelspannungsanlagen | – | – | – | – |
| 053 | Niederspannungsanlagen inkl. 054 | 166 | 0,59 | 0,22 | 0,3 |
| | Herstellen | 166 | 0,59 | 0,22 | 0,3 |
| 055 | Ersatzstromversorgungsanlagen | – | – | – | – |
| 057 | Gebäudesystemtechnik | – | – | – | – |
| 058 | Leuchten und Lampen, inkl. 059 | – | – | – | – |
| 060 | Elektroakustische Anlagen | – | – | – | – |
| 061 | Kommunikationsnetze | – | – | – | – |
| 063 | Gefahrenmeldeanlagen | – | – | – | – |
| 069 | Aufzüge | – | – | – | – |
| 070 | Gebäudeautomation | – | – | – | – |
| 075 | Raumlufttechnische Anlagen | – | – | – | – |
| | **Gebäudetechnik** | **4.307** | **15,30** | **5,80** | **6,9** |
| | Herstellen | 4.307 | 15,30 | 5,80 | 6,9 |
| 084 | Abbrucharbeiten | 8.322 | 29,50 | 11,20 | 13,3 |
| | Abbrechen | 8.322 | 29,50 | 11,20 | 13,3 |
| | Sonstige Leistungsbereiche inkl. 008, 033, 051 | **339** | **1,20** | **0,46** | **0,5** |
| | Herstellen | 339 | 1,20 | 0,46 | 0,5 |

6100-717
Mehrfamilienhaus
(4WE)

## Objektübersicht

Umbau

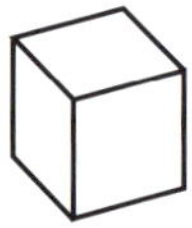
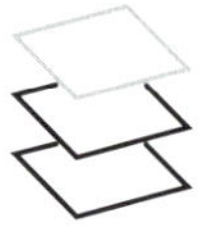
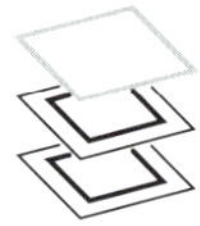

**1.298 €/m² WFL** | **229 €/m³ BRI** | **664 €/m² BGF** | **1.047 €/m² NF**

| | |
|---|---|
| Kennwerte | bis 3.Ebene DIN 276 |
| Bauzeit | 48 Wochen |
| Bauende | 2008 |
| Standard | Durchschnitt |
| Land | Baden-Württemberg |
| Kreis | Ludwigsburg |
| m³ BRI | 2.417 |
| m² BGF | 834 |
| m² NF | 529 |

**Architekt:**
Architekt
Dipl.-Ing. Peter Schuster
Jahnstr. 18/1
74321 Ludwigsburg

vorher

nachher

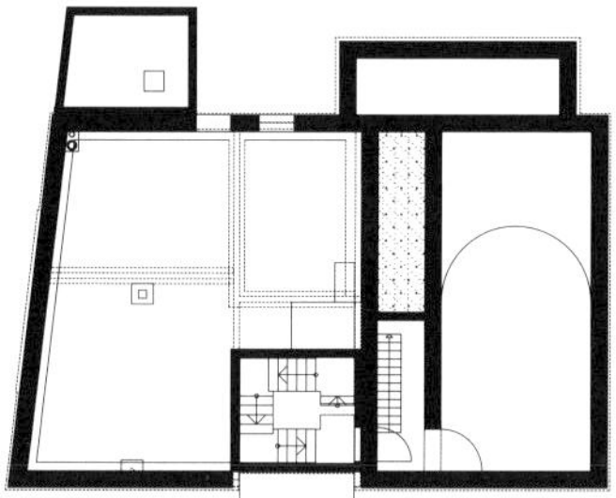
Untergeschoss

Ansicht Ost

Ansicht Nord

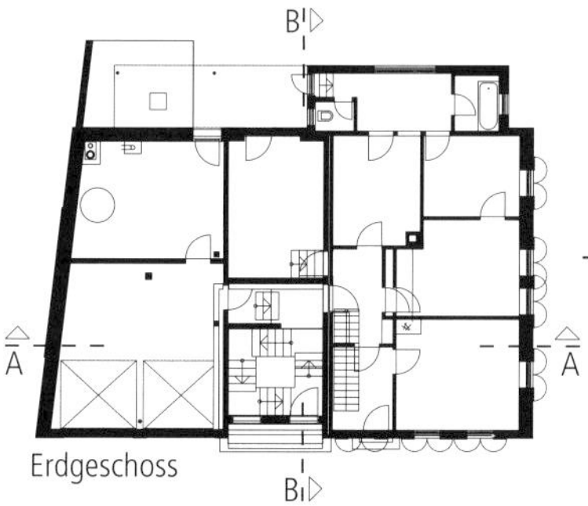

Erdgeschoss

Ansicht Süd

Ansicht West

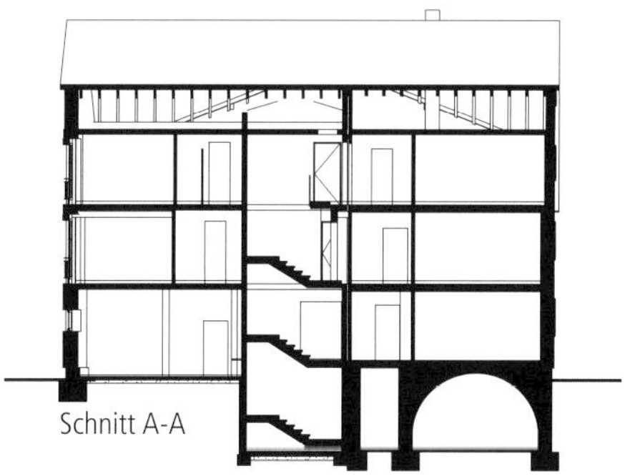
Schnitt A-A

1. Obergeschoss

Dachgeschoss

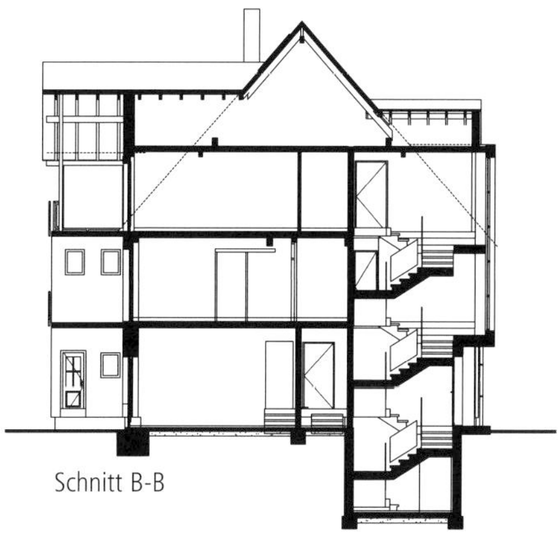
Schnitt B-B

# Objektbeschreibung

## Nutzung

**1 Untergeschoss**
Gewölbekeller, neues Treppenhaus

**1 Erdgeschoss**
Wohnung, Garage, Heizungsraum

**1 Obergeschoss**
Wohnung

**1 Dachgeschoss**
Wohnungen

## Nutzeinheiten

Wohneinheiten: 4
Wohnfläche: 427m²

## Grundstück

Bauraum: Beengter Bauraum
Neigung: Ebenes Gelände
Bodenklasse: BK 2 bis BK 5

## Markt

Hauptvergabezeit: 2.Quartal 2007
Baubeginn: 3.Quartal 2007
Bauende: 2.Quartal 2008
Konjunkturelle Gesamtlage: Durchschnitt
Regionaler Baumarkt: Durchschnitt

## Baubestand

Bauzustand: schlecht
Aufwand: hoch
Grundrissänderungen: umfangreiche
Tragwerkseingriffe: umfangreiche
Nutzungsänderung: ja
Nutzung während der Bauzeit: ja

## Baukonstruktion

**Abbrechen:** Abbruch von Stb-Fundamenten, Stb-Bodenplatte; Ziegelmauerwerk für Öffnungen, Garagentor, Tür; Holzbalkenlage, Lagerhölzer; Holzdachkonstruktion, Dachziegel, Dachlattung; Entsorgung, Deponiegebühren
**Wiederherstellen:** Putzflächen prüfen, Hohlstellen entfernen, Untergrundtoleranzen und Fehlstelle mit Kalkzementmörtel ausgleichen, Holzklappläden überarbeiten; Holzinnentüren ausbauen, lagern, Anstrich, einbauen; Dachziegel abnehmen lagern, teilweise wieder verlegen
**Herstellen:** Baugrubenaushub, Stb-Bodenplatte, Estrich, Anstrich, Platten; HLz, KS-Mauerwerk, Stb-Wände, Stahlstützen, Kunststoffenster, Wärmedämmverbundsystem, Putz, Tapete, Anstrich; HLz, KS-Mauerwerk, Metall-, Holzständerwände, Holzinnentüren, GK-Verkleidungen, Putz, Tapete, Anstrich, Wandfliesen; Stb-Decken, Stb-Treppen, Estrich, Fliesen, Teppich, Granit, Putz, Tapete, Anstrich; Holzdachkonstruktion, Dämmung, Dachziegel, Stehfalzdeckung, Dachentwässerung, GK-Verkleidung, Tapete, Anstrich

## Technische Anlagen

**Abbrechen:** Abbruch von einem gemauerten Backsteinkaminen 50x50cm, h=10m
**Wiederherstellen:** Heizkörper abnehmen, wieder montieren, neue Konsolen und Thermostate
**Herstellen:** Regenspeicher, Entwässerungsrohre, Fallrohre, Kalt- und Warmwasserleitungen ergänzen, Zähler pro Wohneinheit einbauen, Sanitärobjekte; Solar-Gas-Brennwertkessel, Kollektoren, Holzkesselladeset, Heizungsrohre, Heizkörper, Fußbodenheizung, Schornstein; Zähler, Unterverteiler, Elektroinstallation erweitern, Leuchten, Blitzschutzanlage; Fernmeldeleitungen, Türsprechanlage, Antennenkabel, Netzwerkanschluss

## Planungskennwerte für Flächen und Rauminhalte nach DIN 277

| Flächen des Grundstücks | | Menge, Einheit | % an FBG |
|---|---|---|---|
| BF | Bebaute Fläche | – m² | – |
| UBF | Unbebaute Fläche | – m² | – |
| FBG | Fläche des Baugrundstücks | – m² | – |

| Grundflächen des Bauwerks | | Menge, Einheit | % an NF | % an BGF |
|---|---|---|---|---|
| NF | Nutzfläche | 528,64 m² | 100,0 | 63,4 |
| TF | Technische Funktionsfläche | 7,00 m² | 1,3 | 0,8 |
| VF | Verkehrsfläche | 91,25 m² | 17,3 | 10,9 |
| NGF | Netto-Grundfläche | 626,89 m² | 118,6 | 75,2 |
| KGF | Konstruktions-Grundfläche | 207,14 m² | 39,2 | 24,8 |
| BGF | Brutto-Grundfläche | 834,03 m² | 157,8 | 100,0 |

| Brutto-Rauminhalt des Bauwerks | | Menge, Einheit | BRI/NF (m) | BRI/BGF (m) |
|---|---|---|---|---|
| BRI | Brutto-Rauminhalt | 2.416,60 m³ | 4,57 | 2,90 |

| Lufttechnisch behandelte Flächen | Menge, Einheit | % an NF | % an BGF |
|---|---|---|---|
| Entlüftete Fläche | – m² | – | – |
| Be- und entlüftete Fläche | – m² | – | – |
| Teilklimatisierte Fläche | – m² | – | – |
| Klimatisierte Fläche | – m² | – | – |

| KG | Kostengruppen (2.Ebene) | Menge, Einheit | Menge/NF | Menge/BGF |
|---|---|---|---|---|
| 310 | Baugrube | 87,38 m³ BGI | 0,17 | 0,10 |
| 320 | Gründung | 109,93 m² GRF | 0,21 | 0,13 |
| 330 | Außenwände | 617,90 m² AWF | 1,17 | 0,74 |
| 340 | Innenwände | 455,51 m² IWF | 0,86 | 0,55 |
| 350 | Decken | 329,32 m² DEF | 0,62 | 0,39 |
| 360 | Dächer | 431,00 m² DAF | 0,82 | 0,52 |

## Kostenkennwerte für die Kostengruppen der 1.Ebene DIN 276

| KG | Kostengruppen (1.Ebene) | Einheit | Kosten € | €/Einheit | €/m² BGF | €/m³ BRI | % 300+400 |
|---|---|---|---|---|---|---|---|
| 100 | Grundstück | m² FBG | – | – | – | – | – |
| 200 | Herrichten und Erschließen | m² FBG | – | – | – | – | – |
| 300 | Bauwerk - Baukonstruktionen | m² BGF | 435.717 | 522,42 | 522,42 | 180,30 | 78,7 |
| 400 | Bauwerk - Technische Anlagen | m² BGF | 117.823 | 141,27 | 141,27 | 48,76 | 21,3 |
| | **Bauwerk 300+400** | **m² BGF** | **553.540** | **663,69** | **663,69** | **229,06** | **100,0** |
| 500 | Außenanlagen | m² AUF | 4.371 | – | 5,24 | 1,81 | 0,8 |
| 600 | Ausstattung und Kunstwerke | m² BGF | – | – | – | – | – |
| 700 | Baunebenkosten | m² BGF | – | – | – | – | – |

Umbau

## Kostenkennwerte für die Kostengruppen der 1.Ebene DIN 276

| KG | Kostengruppe | Menge Einheit | Kosten € | €/Einheit | % |
|---|---|---|---|---|---|
| **3+4** | **Bauwerk** | | | | **100,0** |
| 300 | **Bauwerk - Baukonstruktionen** | 834,03 m² BGF | 435.717 | **522,42** | 78,7 |
| | • Abbrechen (Kosten: 3,4%) | | 14.964 | | |
| | Abbruch von Stb-Fundamenten, Stb-Bodenplatte; Ziegelmauerwerk für Öffnungen, Garagentor, Tür; Holzbalkenlage, Lagerhölzer; Holzdachkonstruktion, Dachziegel, Dachlattung; Entsorgung, Deponiegebühren | | | | |
| | • Wiederherstellen (Kosten: 1,2%) | | 5.141 | | |
| | Putzflächen prüfen, Hohlstellen entfernen, Untergrundtoleranzen und Fehlstelle mit Kalkzementmörtel ausgleichen, Holzklappläden überarbeiten; Holzinnentüren ausbauen, lagern, Anstrich, einbauen; Dachziegel abnehmen lagern, teilweise wieder verlegen | | | | |
| | • Herstellen (Kosten: 95,4%) | | 415.612 | | |
| | Baugrubenaushub, Stb-Bodenplatte, Estrich, Anstrich, Platten; HLz, KS-Mauerwerk, Stb-Wände, Stahlstützen, Kunststoffenster, Wärmedämmverbundsystem, Putz, Tapete, Anstrich; HLz, KS-Mauerwerk, Metall-, Holzständerwände, Holzinnentüren, GK-Verkleidungen, Putz, Tapete, Anstrich, Wandfliesen; Stb-Decken, Stb-Treppen, Estrich, Fliesen, Teppich, Granit, Putz, Tapete, Anstrich; Holzdachkonstruktion, Dämmung, Dachziegel, Stehfalzdeckung, Dachentwässerung, GK-Verkleidung, Tapete, Anstrich | | | | |
| 400 | **Bauwerk - Technische Anlagen** | 834,03 m² BGF | 117.823 | **141,27** | 21,3 |
| | • Abbrechen (Kosten: 0,1%) | | 174 | | |
| | Abbruch von einem gemauerten Backsteinkaminen 50x50cm, h=10m | | | | |
| | • Wiederherstellen (Kosten: 1,6%) | | 1.846 | | |
| | Heizkörper abnehmen, wieder montieren, neue Konsolen und Thermostate | | | | |
| | • Herstellen (Kosten: 98,3%) | | 115.803 | | |
| | Regenspeicher, Entwässerungsrohre, Fallrohre, Kalt- und Warmwasserleitungen ergänzen, Zähler pro Wohneinheit einbauen, Sanitärobjekte; Solar-Gas-Brennwertkessel, Kollektoren, Holzkesselladeset, Heizungsrohre, Heizkörper, Fußbodenheizung, Schornstein; Zähler, Unterverteiler, Elektroinstallation erweitern, Leuchten, Blitzschutzanlage; Fernmeldeleitungen, Türsprechanlage, Antennenkabel, Netzwerkanschluss | | | | |
| 500 | **Außenanlagen** | – AUF | 4.371 | – | 0,8 |
| | • Abbrechen (Kosten: 64,5%) | | 2.817 | | |
| | Abbruch von Betonpflastersteinen, Asphaltbelägen, Randsteinen, Unterbeton; Entsorgung, Deponiegebühren | | | | |
| | • Herstellen (Kosten: 35,5%) | | 1.554 | | |
| | Öffentlicher Gehweg, Schottertragschicht, Asphaltbeton, Randsteine versetzen; Fundament für Verkehrsschild | | | | |

## Kostenkennwerte für die Kostengruppen 300 und 400 der 2.Ebene DIN 276

| KG | Kostengruppe | Menge Einheit | Kosten € | €/Einheit | % |
|---|---|---|---|---|---|
| **300** | **Bauwerk - Baukonstruktionen** | | | | **100,0** |
| 310 | **Baugrube** | 87,38 m³ | 4.433 | **50,74** | 1,0 |
| | • Herstellen (Kosten: 100,0%) | | 4.433 | | |
| | Baugrubenaushub BK 2-5, Abfuhr, Deponiegebühren (87m³), Hinterfüllung mit Schottermaterial, Körnung 16/32mm (46m³) | | | | |
| 320 | **Gründung** | 109,93 m² | 24.424 | **222,18** | 5,6 |
| | • Abbrechen (Kosten: 16,4%) | | 4.001 | | |
| | Abbruch von Stb-Fundamenten, b=50cm (4m³) * Stb-Bodenplatte, d=20cm (101m²) | | | | |
| | • Herstellen (Kosten: 83,6%) | | 20.422 | | |
| | Füllbeton unbewehrt, C16/20, Auffüllungen im Gründungsbereich (22m³) * Fundamentaushub (16m³), Stb-Fundamente C20/25 (9m³) * Stb-Bodenplatten C20/25, d=12-15cm (91m²), Stb-Bodenplatten C20/25, d=20cm (19m²), Stb-Technikkanal C20/25, Wände d=20cm (13m²) * Estrich auf Trennlage (40m²), Granit-Bodenplatten (10m²), Fußbodenbeschichtung (36m²) * Kiesfilterschicht, d=15cm, PE-Folie (66m²) | | | | |
| 330 | **Außenwände** | 617,90 m² | 155.191 | **251,16** | 35,6 |
| | • Abbrechen (Kosten: 4,1%) | | 6.347 | | |
| | Abbruch von Ziegelmauerwerk für Öffnungen, d=17,5cm (86m²) * Garagentor (20m²), Tür (2m²) * Außenputz, d=25mm (20m²); Entsorgung, Deponiegebühren | | | | |
| | • Wiederherstellen (Kosten: 0,7%) | | 1.102 | | |
| | Putzflächen prüfen, Hohlstellen entfernen (15m²), Untergrundtoleranzen und Fehlstellen (20m²), mit Kalkzementmörtel ausgleichen * Holzklappläden, anschleifen, Schadstellen nachspachteln, Anstrich (17m²) | | | | |
| | • Herstellen (Kosten: 95,2%) | | 147.742 | | |
| | HLz-Mauerwerk, d=17,5cm (100m²), Stb-Außenwände, d=17,5cm (34m²), KS-Mauerwerk, d=17,5cm (13m²) * Stahlstützen (9St) * Kunststofffenster- und türen, Isolierverglasung, Vorbaurolladen (66m²), Sektionaltore (13m²) * Wärmedämmverbundsystem, Schalldämmplatte, d=120-160mm, Oberputz, Anstrich (487m²) * Putz (214m²), Tapete (180m²), Reibeputz (30m²), Anstrich (250m²), Fliesen (4m²), Innendämmung (20m²) * Rollladenantriebe (11St), Holzklappläden (8m²) * Geländer, Eingangspodest, Briefkasten | | | | |
| 340 | **Innenwände** | 455,51 m² | 72.648 | **159,49** | 16,7 |
| | • Wiederherstellen (Kosten: 0,8%) | | 566 | | |
| | Holztüren ausbauen, lagern, Anstrich, einbauen (10m²) | | | | |
| | • Herstellen (Kosten: 99,2%) | | 72.081 | | |
| | HLz-Mauerwerk, d=17,5cm (102m²), KS-Mauerwerk, d=17,5-20cm (147m²), Holzständerwände (90m²) * Metallständerwände, d=10cm (70m²), HLz-Mauerwerk, d=11,5cm (20m²), Vormauerungen (22m²) * Stb-Stützen (1m³), Stahlstützen (3St) * Holzinnentüren (38m²), Wohnungseingangstüren (10m²), T30 Stahltüren (7m²) * GK-Wandverkleidungen (90m²), Fliesen (95m²), Putz (226m²), Tapete (270m²), Reibeputz (386m²), Anstrich (572m²) * Duschabtrennung (1St) | | | | |

| KG | Kostengruppe | Menge Einheit | Kosten € | €/Einheit | % |
|---|---|---|---|---|---|
| 350 | **Decken** | 329,32 $m^2$ | 83.737 | **254,27** | 19,2 |
| | • Abbrechen (Kosten: 1,1%) | | 883 | | |
| | Abbruch von einer Holzbalkenlage, Lagerhölzer 12/12-20/20cm (61 $m^2$) | | | | |
| | • Herstellen (Kosten: 98,9%) | | 82.854 | | |
| | Stb-Decken C20/25, d=18-20cm (244 $m^2$), Stb-Fertigteil-Treppenanlage (1St), Holzbalkendecke, Verlegeplatten (58 $m^2$), Holz-Einschubtreppe (1St) * Dämmung, Estrich (285 $m^2$), Balkone, Estrich, bauseitige Abdichtung (49 $m^2$), Bodenfliesen (143 $m^2$), Tritt- und Stellplatten Granit (53St), Granit-Bodenplatten (28 $m^2$), Teppichboden (160 $m^2$) * Gipsputz (200 $m^2$), Tektalanplatten (44 $m^2$), Tapeten (225 $m^2$), Anstrich (364 $m^2$) * Geländer, Anstrich (19m) | | | | |
| 360 | **Dächer** | 431,00 $m^2$ | 81.408 | **188,88** | 18,7 |
| | • Abbrechen (Kosten: 4,6%) | | 3.733 | | |
| | Abbruch von Holzdachkonstruktion (12 $m^3$) * Dachziegel, Dachlattung (189 $m^2$) | | | | |
| | • Wiederherstellen (Kosten: 4,3%) | | 3.472 | | |
| | Dachziegel abnehmen lagern (340 $m^2$), reinigen wieder verlegen (93 $m^2$) | | | | |
| | • Herstellen (Kosten: 91,1%) | | 74.202 | | |
| | Holzdachstuhl, Bauholz, Satteldach mit Gauben (17 $m^3$), Brettschichtholz (1 $m^3$), Abbund (930m), Stb-Decke C20/25, d=18cm (3 $m^2$) * Dachflächenfenster (1St) * Zwischensparrendämmung, d=120-200mm (189 $m^2$), Dachlattung (306 $m^2$), Tonziegel (211 $m^2$), Dachschalung (55 $m^2$), Gauben, OSB-Schalung (103 $m^2$), Doppelstehfalzdeckung (32 $m^2$), Wärmedämmung, Flachdachabdichtung (2 $m^2$), Dachrinnen (24m) * GK-Verkleidung, Tapete, Anstrich (217 $m^2$), Anstrich, außen (52 $m^2$) * Dachhaken (37St) | | | | |
| 390 | **Sonstige Baukonstruktionen** | 834,03 $m^2$ BGF | 13.876 | **16,64** | 3,2 |
| | • Herstellen (Kosten: 100,0%) | | 13.876 | | |
| | Baustelleneinrichtung * Fassadengerüste (516 $m^2$), Dachdeckerschutzgerüst (25m), Gerüstnetze (79 $m^2$) * Schutzmaßnahmen zur Absicherung der alten Wände und des Holzgebälkes * Staubwand, Fliesen Treppenhaus abdecken | | | | |
| **400** | **Bauwerk - Technische Anlagen** | | | | **100,0** |
| 410 | **Abwasser-, Wasser-, Gasanlagen** | 834,03 $m^2$ BGF | 49.450 | **59,29** | 42,0 |
| | • Herstellen (Kosten: 100,0%) | | 49.450 | | |
| | Regenspeicher, Pumpe, Anschlüsse (1St), Rohrgrabenaushub (8 $m^3$), PVC-Leitungen DN100-125 (88m), Abflussrohre, DN56-90 (60m), HT-Rohre, DN40-70 (43m), Rohrdämmungen (90m), Regenfallrohre DN100 (18m) * Mepla Verbundrohr, DN16-40, Rohrdämmung (470m), Warmwasserbereiter, bauseitig (1St), Pumpe (1St), Ventile (21St), Wasserzähler (8St), Badewannen (3St), WC-Becken (4St), Duschwannen (3St), Waschtische (4St), Bidet (1St), Ausgussbecken (1St) | | | | |

| KG | Kostengruppe | Menge Einheit | Kosten € | €/Einheit | % |
|---|---|---|---|---|---|
| 420 | **Wärmeversorgungsanlagen** | 834,03 m² BGF | 48.135 | **57,71** | 40,9 |
| | • Abbrechen (Kosten: 0,4%) | | 174 | | |
| | Abbruch von einem gemauerten Backsteinkaminen 50x50cm, h=10m (0,7m³) | | | | |
| | • Wiederherstellen (Kosten: 3,8%) | | 1.846 | | |
| | Heizkörper abnehmen, wieder montieren, neue Konsolen und Thermostate (11St) | | | | |
| | • Herstellen (Kosten: 95,8%) | | 46.115 | | |
| | Solaranlage, Solar-Brennwertkessel, Gas 30kW (1St), Großflächen-Flachkollektor (14m²), Frischwasserstation (1St), Holzkesselladeset (1St), Umwälzpumpen (2St), Wohnungswärmestationen (4St) * Kupfer-Heizungsrohre (335m) * Heizkörper (10St), Konvektoren (3St), Fußbodenheizung (11m²) * Schornstein (9m), Kunststoff-Abgassystem (1St), Titanzink-Kaminverwahrung | | | | |
| 440 | **Starkstromanlagen** | 834,03 m² BGF | 18.302 | **21,94** | 15,5 |
| | • Herstellen (Kosten: 100,0%) | | 18.302 | | |
| | Zählerverteilung, Sicherungen, Unterverteilungen (5St), FI-Schutzschalter (7St), Sicherungen (47St), Überspannungsschutz (1St), Mantelleitungen (913m), Kabelkanäle (411m), Schalter (65St), Steckdosen (114St) * Wannenleuchten (4St) * Fundamenterder (40m), Potenzialschiene (1St), Mantelleitungen (19m), Erdungsschellen (8St) | | | | |
| 450 | **Fernmelde-, informationstechn. Anlagen** | 834,03 m² BGF | 1.935 | **2,32** | 1,6 |
| | • Herstellen (Kosten: 100,0%) | | 1.935 | | |
| | Fernmeldeleitungen 4x2x0,6mm (135m) * Klingel- und Türsprechanlage (1St), Systemtelefonen (4St) * Antennensteckdosen (6St), Koaxialkabel (170m), Verstärker (1St) * Netzwerkdose (1St), Leitungen | | | | |
| **500** | **Außenanlagen** | | | | **100,0** |
| 520 | **Befestigte Flächen** | 12,22 m² | 3.404 | **278,49** | 77,9 |
| | • Abbrechen (Kosten: 61,8%) | | 2.104 | | |
| | Abbruch von Betonpflastersteinen (20m²), Asphaltbelägen (19m²), Randsteinen, Unterbeton (16m); Entsorgung, Deponiegebühren | | | | |
| | • Herstellen (Kosten: 38,2%) | | 1.300 | | |
| | Öffentlicher Gehweg, Schottertragschicht, Bitukies, d=8cm, Asphaltbeton, d=3cm (12m²), Randsteine versetzen (8m) | | | | |
| 550 | **Einbauten in Außenanlagen** | – AUF | 755 | – | 17,3 |
| | • Abbrechen (Kosten: 66,4%) | | 501 | | |
| | Abbruch von Schildern, Stb-Fundamente (3St) | | | | |
| | • Herstellen (Kosten: 33,6%) | | 254 | | |
| | Fundament, Verkehrsschild (1St) | | | | |
| 570 | **Pflanz- und Saatflächen** | – | 212 | – | 4,9 |
| | • Abbrechen (Kosten: 100,0%) | | 212 | | |
| | Grünbeet ausheben, d=40cm (10m²) | | | | |

## Kostenkennwerte für die Kostengruppe 300 der 3.Ebene DIN 276 (Übersicht)

| KG | Kostengruppe | Menge Einh. | | €/Einheit | Kosten € | % 300+400 |
|---|---|---|---|---|---|---|
| 311 | Baugrubenherstellung | 87,000 m³ | | 50,74 | 4.433,44 | 0,8 |
| 312 | Baugrubenumschließung | – | | – | – | – |
| 313 | Wasserhaltung | – | | – | – | – |
| 319 | Baugrube, sonstiges | – | | – | – | – |
| **310** | **Baugrube** | **87,000 m³** | | **50,74** | **4.433,44** | **0,8** |
| 321 | Baugrundverbesserung | 110,000 m² | GRF | 2,65 | 290,90 | 0,1 |
| 322 | Flachgründungen | 110,000 m² | | 37,69 | 4.143,35 | 0,7 |
| 323 | Tiefgründungen | – | | – | – | – |
| 324 | Unterböden und Bodenplatten | 110,000 m² | | 145,20 | 15.961,29 | 2,9 |
| 325 | Beläge auf Boden- und Fundamentplatten | 86,000 m² | | 36,11 | 3.104,74 | 0,6 |
| 326 | Bauwerksabdichtungen | 110,000 m² | GRF | 8,40 | 923,22 | 0,2 |
| 327 | Dränagen | – | | – | – | – |
| 329 | Gründung, sonstiges | – | | – | – | – |
| **320** | **Gründung** | **110,000 m²** | | **222,18** | **24.423,51** | **4,4** |
| 331 | Tragende Außenwände | 154,000 m² | | 128,71 | 19.834,52 | 3,6 |
| 332 | Nichttragende Außenwände | – | | – | – | – |
| 333 | Tragende Außenstützen | 29,000 m | | 67,89 | 1.983,77 | 0,4 |
| 334 | Außentüren, -fenster | 78,000 m² | | 455,16 | 35.434,38 | 6,4 |
| 335 | Außenwandbekleidungen außen | 540,000 m² | | 133,50 | 72.095,93 | 13,0 |
| 336 | Außenwandbekleidungen innen | 255,000 m² | | 47,75 | 12.155,74 | 2,2 |
| 337 | Elementierte Außenwände | – | | – | – | – |
| 338 | Sonnenschutz | 30,000 m² | | 68,88 | 2.035,29 | 0,4 |
| 339 | Außenwände, sonstiges | 618,000 m² | AWF | 18,86 | 11.651,38 | 2,1 |
| **330** | **Außenwände** | **618,000 m²** | | **251,16** | **155.191,02** | **28,0** |
| 341 | Tragende Innenwände | 339,000 m² | | 65,23 | 22.120,52 | 4,0 |
| 342 | Nichttragende Innenwände | 113,000 m² | | 72,62 | 8.212,23 | 1,5 |
| 343 | Tragende Innenstützen | 10,000 m | | 134,29 | 1.275,78 | 0,2 |
| 344 | Innentüren, -fenster | 65,000 m² | | 244,91 | 15.977,76 | 2,9 |
| 345 | Innenwandbekleidungen | 1.008,000 m² | | 23,88 | 24.074,81 | 4,3 |
| 346 | Elementierte Innenwände | 3,000 m² | | 296,22 | 986,40 | 0,2 |
| 349 | Innenwände, sonstiges | – | | – | – | – |
| **340** | **Innenwände** | **456,000 m²** | | **159,49** | **72.647,52** | **13,1** |
| 351 | Deckenkonstruktionen | 329,000 m² | | 112,27 | 36.972,52 | 6,7 |
| 352 | Deckenbeläge | 361,000 m² | | 94,31 | 34.002,04 | 6,1 |
| 353 | Deckenbekleidungen | 364,000 m² | | 22,02 | 8.023,27 | 1,4 |
| 359 | Decken, sonstiges | 329,000 m² | DEF | 14,39 | 4.739,57 | 0,9 |
| **350** | **Decken** | **329,000 m²** | | **254,27** | **83.737,40** | **15,1** |
| 361 | Dachkonstruktionen | 337,000 m² | | 81,63 | 27.540,25 | 5,0 |
| 362 | Dachfenster, Dachöffnungen | 1,000 m² | | 849,59 | 943,04 | 0,2 |
| 363 | Dachbeläge | 339,000 m² | | 106,46 | 36.037,33 | 6,5 |
| 364 | Dachbekleidungen | 297,000 m² | | 53,21 | 15.819,31 | 2,9 |
| 369 | Dächer, sonstiges | 431,000 m² | DAF | 2,48 | 1.067,70 | 0,2 |
| **360** | **Dächer** | **431,000 m²** | | **188,88** | **81.407,64** | **14,7** |
| **370** | **Baukonstruktive Einbauten** | **–** | | **–** | **–** | **–** |
| **390** | **Sonst. Maßnahmen für Baukonstruktionen** | **834,000 m²** | **BGF** | **16,64** | **13.876,14** | **2,5** |
| **300** | **Bauwerk - Baukonstruktionen** | **834,000 m²** | **BGF** | **522,42** | **435.716,66** | **78,7** |

## Kostenkennwerte für die Kostengruppe 400 der 3.Ebene DIN 276 (Übersicht)

| KG | Kostengruppe | Menge Einh. | €/Einheit | Kosten € | % 300+400 |
|---|---|---|---|---|---|
| 411 | Abwasseranlagen | 834,000 m² BGF | 19,81 | 16.523,84 | 3,0 |
| 412 | Wasseranlagen | 834,000 m² BGF | 39,48 | 32.926,43 | 5,9 |
| 413 | Gasanlagen (wenn zu Kochzwecken) | – | – | – | – |
| 414 | Feuerlöschanlagen | – | – | – | – |
| 419 | Abwasser-, Wasser- und Gasanlagen, sonstiges | – | – | – | – |
| **410** | **Abwasser-, Wasser-, Gasanlagen** | **834,000 m² BGF** | **59,29** | **49.450,27** | **8,9** |
| 421 | Wärmeerzeugungsanlagen | 834,000 m² BGF | 29,41 | 24.527,44 | 4,4 |
| 422 | Wärmeverteilnetze | 834,000 m² BGF | 10,53 | 8.784,19 | 1,6 |
| 423 | Raumheizflächen | 834,000 m² BGF | 10,91 | 9.099,31 | 1,6 |
| 429 | Wärmeversorgungsanlagen, sonstiges | 834,000 m² BGF | 6,86 | 5.724,50 | 1,0 |
| **420** | **Wärmeversorgungsanlagen** | **834,000 m² BGF** | **57,71** | **48.135,43** | **8,7** |
| 431 | Lüftungsanlagen (LA) | – | – | – | – |
| 432 | Teilklimaanlagen (TKA) | – | – | – | – |
| 433 | Klimaanlagen (KLA) | – | – | – | – |
| 434 | Prozeßlufttechnische Anlagen (PLA) | – | – | – | – |
| 435 | Kälteanlagen (KA) | – | – | – | – |
| 439 | Lufttechnische Anlagen, sonstiges | – | – | – | – |
| **430** | **Lufttechnische Anlagen** | **–** | **–** | **–** | **–** |
| 441 | Hoch- und Mittelspannungsanlagen | – | – | – | – |
| 442 | Eigenstromversorgungsanlagen | – | – | – | – |
| 443 | Niederspannungsschaltanlagen | – | – | – | – |
| 444 | Niederspannungsinstallationsanlagen | 834,000 m² BGF | 21,39 | 17.843,04 | 3,2 |
| 445 | Beleuchtungsanlagen | 834,000 m² BGF | 0,17 | 144,12 | < 0,1 |
| 446 | Blitzschutz- und Erdungsanlagen | 834,000 m² BGF | 0,38 | 314,87 | 0,1 |
| 449 | Starkstromanlagen, sonstiges | – | – | – | – |
| **440** | **Starkstromanlagen** | **834,000 m² BGF** | **21,94** | **18.302,03** | **3,3** |
| 451 | Telekommunikationsanlagen | 834,000 m² BGF | 0,18 | 146,70 | < 0,1 |
| 452 | Such- und Signalanlagen | 834,000 m² BGF | 1,10 | 919,56 | 0,2 |
| 453 | Zeitdienstanlagen | – | – | – | – |
| 454 | Elektroakustische Anlagen | – | – | – | – |
| 455 | Fernseh- und Antennenanlagen | 834,000 m² BGF | 0,75 | 623,38 | 0,1 |
| 456 | Gefahrenmelde- und Alarmanlagen | – | – | – | – |
| 457 | Übertragungsnetze | 834,000 m² BGF | 0,29 | 245,64 | < 0,1 |
| 459 | Fernmelde- und informationstechn. Anlagen, sonstiges | – | – | – | – |
| **450** | **Fernmelde- und informationstechn. Anlagen** | **834,000 m² BGF** | **2,32** | **1.935,26** | **0,3** |
| 461 | Aufzugsanlagen | – | – | – | – |
| 462 | Fahrtreppen, Fahrsteige | – | – | – | – |
| 463 | Befahranlagen | – | – | – | – |
| 464 | Transportanlagen | – | – | – | – |
| 465 | Krananlagen | – | – | – | – |
| 469 | Förderanlagen, sonstiges | – | – | – | – |
| **460** | **Förderanlagen** | **–** | **–** | **–** | **–** |
| **470** | **Nutzungsspezifische Anlagen** | **–** | **–** | **–** | **–** |
| **480** | **Gebäudeautomation** | **–** | **–** | **–** | **–** |
| **490** | **Sonst. Maßnahmen für technische Anlagen** | **–** | **–** | **–** | **–** |
| **400** | **Bauwerk - Technische Anlagen** | **834,000 m² BGF** | **141,27** | **117.822,99** | **21,3** |

## Kostenkennwerte für Leistungsbereiche nach StLB (Kosten des Bauwerks nach DIN 276)

| LB | Leistungsbereiche | Kosten € | €/m² BGF | €/m³ BRI | % 300+400 |
|---|---|---|---|---|---|
| 000 | Sicherheits-, Baustelleneinrichtungen inkl. 001 | 8.936 | 10,70 | 3,70 | 1,6 |
| | Herstellen | 8.936 | 10,70 | 3,70 | 1,6 |
| 002 | Erdarbeiten | 7.412 | 8,90 | 3,10 | 1,3 |
| | Herstellen | 7.412 | 8,90 | 3,10 | 1,3 |
| 006 | Spezialtiefbauarbeiten inkl. 005 | – | – | – | – |
| 009 | Abwasserkanalarbeiten inkl. 011 | 1.857 | 2,20 | 0,77 | 0,3 |
| | Herstellen | 1.857 | 2,20 | 0,77 | 0,3 |
| 010 | Dränarbeiten | 1.122 | 1,30 | 0,46 | 0,2 |
| | Herstellen | 1.122 | 1,30 | 0,46 | 0,2 |
| 012 | Mauerarbeiten | 27.966 | 33,50 | 11,60 | 5,1 |
| | Herstellen | 27.966 | 33,50 | 11,60 | 5,1 |
| 013 | Betonarbeiten | 60.557 | 72,60 | 25,10 | 10,9 |
| | Herstellen | 60.557 | 72,60 | 25,10 | 10,9 |
| 014 | Natursteinarbeiten, Betonwerksteinarbeiten | 20.523 | 24,60 | 8,50 | 3,7 |
| | Herstellen | 20.523 | 24,60 | 8,50 | 3,7 |
| 016 | Zimmer- und Holzbauarbeiten | 47.301 | 56,70 | 19,60 | 8,5 |
| | Herstellen | 47.301 | 56,70 | 19,60 | 8,5 |
| 017 | Stahlbauarbeiten | 2.418 | 2,90 | 1,00 | 0,4 |
| | Herstellen | 2.418 | 2,90 | 1,00 | 0,4 |
| 018 | Abdichtungsarbeiten gegen Wasser | 562 | 0,67 | 0,23 | 0,1 |
| | Herstellen | 562 | 0,67 | 0,23 | 0,1 |
| 020 | Dachdeckungsarbeiten | 19.197 | 23,00 | 7,90 | 3,5 |
| | Wiederherstellen | 3.472 | 4,20 | 1,40 | 0,6 |
| | Herstellen | 15.725 | 18,90 | 6,50 | 2,8 |
| 021 | Dachabdichtungsarbeiten | 532 | 0,64 | 0,22 | 0,1 |
| | Herstellen | 532 | 0,64 | 0,22 | 0,1 |
| 022 | Klempnerarbeiten | 12.408 | 14,90 | 5,10 | 2,2 |
| | Herstellen | 12.408 | 14,90 | 5,10 | 2,2 |
| | **Rohbau** | **210.793** | **252,70** | **87,20** | **38,1** |
| | Wiederherstellen | 3.472 | 4,20 | 1,40 | 0,6 |
| | Herstellen | 207.321 | 248,60 | 85,80 | 37,5 |
| 023 | Putz- und Stuckarbeiten, Wärmedämmsysteme | 90.148 | 108,10 | 37,30 | 16,3 |
| | Wiederherstellen | 1.060 | 1,30 | 0,44 | 0,2 |
| | Herstellen | 89.088 | 106,80 | 36,90 | 16,1 |
| 024 | Fliesen- und Plattenarbeiten | 14.487 | 17,40 | 6,00 | 2,6 |
| | Herstellen | 14.487 | 17,40 | 6,00 | 2,6 |
| 025 | Estricharbeiten | 10.138 | 12,20 | 4,20 | 1,8 |
| | Herstellen | 10.138 | 12,20 | 4,20 | 1,8 |
| 026 | Fenster, Außentüren inkl. 029, 032 | 24.887 | 29,80 | 10,30 | 4,5 |
| | Herstellen | 24.887 | 29,80 | 10,30 | 4,5 |
| 027 | Tischlerarbeiten | 14.303 | 17,10 | 5,90 | 2,6 |
| | Wiederherstellen | 566 | 0,68 | 0,23 | 0,1 |
| | Herstellen | 13.737 | 16,50 | 5,70 | 2,5 |
| 028 | Parkettarbeiten, Holzpflasterarbeiten | – | – | – | – |
| 030 | Rollladenarbeiten | 2.035 | 2,40 | 0,84 | 0,4 |
| | Wiederherstellen | 43 | < 0,1 | < 0,1 | – |
| | Herstellen | 1.993 | 2,40 | 0,82 | 0,4 |
| 031 | Metallbauarbeiten inkl. 035 | 17.627 | 21,10 | 7,30 | 3,2 |
| | Herstellen | 17.627 | 21,10 | 7,30 | 3,2 |

| LB | Leistungsbereiche | Kosten € | €/m² BGF | €/m³ BRI | % 300+400 |
|---|---|---|---|---|---|
| 034 | Maler- und Lackiererarbeiten inkl. 037 | 17.389 | 20,80 | 7,20 | 3,1 |
| | Herstellen | 17.389 | 20,80 | 7,20 | 3,1 |
| 036 | Bodenbelagsarbeiten | 3.807 | 4,60 | 1,60 | 0,7 |
| | Herstellen | 3.807 | 4,60 | 1,60 | 0,7 |
| 038 | Vorgehängte hinterlüftete Fassaden | – | – | – | – |
| 039 | Trockenbauarbeiten | 19.614 | 23,50 | 8,10 | 3,5 |
| | Herstellen | 19.614 | 23,50 | 8,10 | 3,5 |
| | **Ausbau** | **214.436** | **257,10** | **88,70** | **38,7** |
| | Wiederherstellen | 1.668 | 2,00 | 0,69 | 0,3 |
| | Herstellen | 212.767 | 255,10 | 88,00 | 38,4 |
| 040 | Wärmeerzeuger, zentr. Einrichtungen inkl. 041 | 41.746 | 50,10 | 17,30 | 7,5 |
| | Wiederherstellen | 1.846 | 2,20 | 0,76 | 0,3 |
| | Herstellen | 39.900 | 47,80 | 16,50 | 7,2 |
| 042 | Gas- und Wasserinstallationsarbeiten inkl. 043 | 17.360 | 20,80 | 7,20 | 3,1 |
| | Herstellen | 17.360 | 20,80 | 7,20 | 3,1 |
| 044 | Abwasserinstallationsarbeiten - Leitungen | 14.092 | 16,90 | 5,80 | 2,5 |
| | Herstellen | 14.092 | 16,90 | 5,80 | 2,5 |
| 045 | Gas-, Wasser-Einrichtungsgegenstände inkl. 046 | 13.410 | 16,10 | 5,50 | 2,4 |
| | Herstellen | 13.410 | 16,10 | 5,50 | 2,4 |
| 047 | Dämmarbeiten an betriebstechnischen Anlagen | 4.923 | 5,90 | 2,00 | 0,9 |
| | Herstellen | 4.923 | 5,90 | 2,00 | 0,9 |
| 049 | Feuerlöschanlagen, Feuerlöschgeräte | – | – | – | – |
| 050 | Blitzschutz- und Erdungsanlagen | 348 | 0,42 | 0,14 | 0,1 |
| | Herstellen | 348 | 0,42 | 0,14 | 0,1 |
| 052 | Mittelspannungsanlagen | – | – | – | – |
| 053 | Niederspannungsanlagen inkl. 054 | 18.853 | 22,60 | 7,80 | 3,4 |
| | Herstellen | 18.852 | 22,60 | 7,80 | 3,4 |
| 055 | Ersatzstromversorgungsanlagen | – | – | – | – |
| 057 | Gebäudesystemtechnik | – | – | – | – |
| 058 | Leuchten und Lampen, inkl. 059 | 144 | 0,17 | < 0,1 | – |
| | Herstellen | 144 | 0,17 | < 0,1 | – |
| 060 | Elektroakustische Anlagen | – | – | – | – |
| 061 | Kommunikationsnetze | 2.295 | 2,80 | 0,95 | 0,4 |
| | Herstellen | 2.295 | 2,80 | 0,95 | 0,4 |
| 063 | Gefahrenmeldeanlagen | – | – | – | – |
| 069 | Aufzüge | – | – | – | – |
| 070 | Gebäudeautomation | – | – | – | – |
| 075 | Raumlufttechnische Anlagen | – | – | – | – |
| | **Gebäudetechnik** | **113.172** | **135,70** | **46,80** | **20,4** |
| | Wiederherstellen | 1.846 | 2,20 | 0,76 | 0,3 |
| | Herstellen | 111.326 | 133,50 | 46,10 | 20,1 |
| 084 | Abbrucharbeiten | 15.138 | 18,20 | 6,30 | 2,7 |
| | Abbrechen | 15.138 | 18,20 | 6,30 | 2,7 |
| | Sonstige Leistungsbereiche inkl. 008, 033, 051 | – | – | – | – |

6100-725
Mehrfamilienhaus
(12WE)

## Objektübersicht

Modernisierung

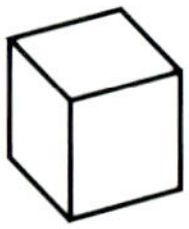
**20 €/m³ BRI**

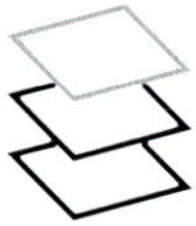
**53 €/m² BGF**

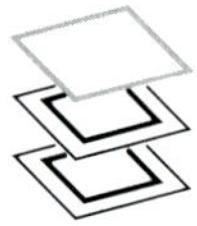
**74 €/m² NF**

| | |
|---|---|
| Kennwerte | bis 3.Ebene DIN 276 |
| Bauzeit | 8 Wochen |
| Bauende | 2008 |
| Standard | über Durchschnitt |
| Land | Berlin |
| Kreis | Berlin |
| m³ BRI | 5.108 |
| m² BGF | 1.906 |
| m² NF | 1.353 |

**Architekt:**
TSSB
architekten.ingenieure . Berlin
Oranienburger Str. 37
10117 Berlin

**Bauherr:**
Hauverwaltung - Immobilien
Klaus Piechowski GmbH
Rinkartstr. 3
12437 Berlin

vorher

Bauzeit

Fertigstellung

# Objektbeschreibung

## Nutzung

**1 Untergeschoss**
Mieterkeller

**1 Erdgeschoss**
Wohnungen

**1 Obergeschoss**
Wohnungen

**1 Dachgeschoss**
Wohnungen

## Nutzeinheiten

Wohneinheiten: 12

## Grundstück

Bauraum: Freier Bauraum
Neigung: Ebenes Gelände

## Markt

Hauptvergabezeit: 3.Quartal 2008
Baubeginn: 3.Quartal 2008
Bauende: 4.Quartal 2008
Konjunkturelle Gesamtlage: Durchschnitt
Regionaler Baumarkt: über Durchschnitt

## Baubestand

Bauzustand: mittel
Aufwand: niedrig
Grundrissänderungen: wenige
Tragwerkseingriffe: wenige
Nutzungsänderung: nein
Nutzung während der Bauzeit: ja

## Baukonstruktion

**Abbrechen:** Abbruch von Asbestzementplatten, Unterspannbahnen, Dachschalung, säubern der Dachlatten, Dachschalung, Bitumenbahnen, Traufschalung, Entsorgung, Deponiegebühren
**Wiederherstellen:** Raufasertapete entfernen, Risse spachteln, neue Raufasertapete, Anstrich; Überlattungen an der allten Pfette für neue Pfettenköpfe anbringen mit Verziehrungen, Sparrenköpfe reinigen, Anstrich, Dachfenster ausbauen, lagern wieder einbauen * Dachrinne reinigen, Schutzanstrich, neue Endböden, Rinneneinhangstutzen
**Herstellen:** Fensterlaibungen, verlängert, Raufasertapete, Anstrich; Aufdopplung der Sparren, Lattung, Dämmung, Betondachsteindeckung, Holzschalung, Bitumenbahnen Dachrinne, Holzverkleidungen, Anstrich, GK-Verkleidungen, an Dachflächenfenster, Dampfsperre, GK-Verkleidungen, Anstrich; Sicherheitshaken, Schneefanggitter

## Technische Anlagen

**Abbrechen:** Abbruch von Schornsteinköpfe bis in das Sparrenfeld, Entsorgung, Deponiegebühren
**Herstellen:** Regenfallrohre; die freigelegten Schornsteinköpfe mit einer Ortbetonplatte schließen, mit einem Lüftungsrohr entlüften (5St)

## Planungskennwerte für Flächen und Rauminhalte nach DIN 277

| Flächen des Grundstücks | | Menge, Einheit | % an FBG |
|---|---|---|---|
| BF | Bebaute Fläche | – m² | – |
| UBF | Unbebaute Fläche | – m² | – |
| FBG | Fläche des Baugrundstücks | – m² | – |

| Grundflächen des Bauwerks | | Menge, Einheit | % an NF | % an BGF |
|---|---|---|---|---|
| NF | Nutzfläche | 1.352,84 m² | 100,0 | 71,0 |
| TF | Technische Funktionsfläche | 11,52 m² | 0,9 | 0,6 |
| VF | Verkehrsfläche | 298,40 m² | 22,1 | 15,7 |
| NGF | Netto-Grundfläche | 1.662,76 m² | 122,9 | 87,2 |
| KGF | Konstruktions-Grundfläche | 243,27 m² | 18,0 | 12,8 |
| BGF | Brutto-Grundfläche | 1.906,03 m² | 140,9 | 100,0 |

| Brutto-Rauminhalt des Bauwerks | | Menge, Einheit | BRI/NF (m) | BRI/BGF (m) |
|---|---|---|---|---|
| BRI | Brutto-Rauminhalt | 5.108,16 m³ | 3,78 | 2,68 |

| Lufttechnisch behandelte Flächen | Menge, Einheit | % an NF | % an BGF |
|---|---|---|---|
| Entlüftete Fläche | – m² | – | – |
| Be- und entlüftete Fläche | – m² | – | – |
| Teilklimatisierte Fläche | – m² | – | – |
| Klimatisierte Fläche | – m² | – | – |

| KG | Kostengruppen (2.Ebene) | Menge, Einheit | Menge/NF | Menge/BGF |
|---|---|---|---|---|
| 310 | Baugrube | – m³ BGI | – | – |
| 320 | Gründung | – m² GRF | – | – |
| 330 | Außenwände | 121,29 m² AWF | < 0,1 | < 0,1 |
| 340 | Innenwände | – m² IWF | – | – |
| 350 | Decken | 21,85 m² DEF | < 0,1 | < 0,1 |
| 360 | Dächer | 383,00 m² DAF | 0,28 | 0,20 |

## Kostenkennwerte für die Kostengruppen der 1.Ebene DIN 276

| KG | Kostengruppen (1.Ebene) | Einheit | Kosten € | €/Einheit | €/m² BGF | €/m³ BRI | % 300+400 |
|---|---|---|---|---|---|---|---|
| 100 | Grundstück | m² FBG | – | – | – | – | – |
| 200 | Herrichten und Erschließen | m² FBG | – | – | – | – | – |
| 300 | Bauwerk - Baukonstruktionen | m² BGF | 95.725 | 50,22 | 50,22 | 18,74 | 95,6 |
| 400 | Bauwerk - Technische Anlagen | m² BGF | 4.424 | 2,32 | 2,32 | 0,87 | 4,4 |
| | **Bauwerk 300+400** | **m² BGF** | **100.148** | **52,54** | **52,54** | **19,61** | **100,0** |
| 500 | Außenanlagen | m² AUF | – | – | – | – | – |
| 600 | Ausstattung und Kunstwerke | m² BGF | – | – | – | – | – |
| 700 | Baunebenkosten | m² BGF | – | – | – | – | – |

Modernisierung

## Kostenkennwerte für die Kostengruppen der 1.Ebene DIN 276

| KG | Kostengruppe | Menge Einheit | Kosten € | €/Einheit | % |
|---|---|---|---|---|---|
| **3+4** | **Bauwerk** | | | | **100,0** |
| 300 | **Bauwerk - Baukonstruktionen** | 1.906,03 m² BGF | 95.725 | **50,22** | 95,6 |
| | • Abbrechen (Kosten: 15,1%) | | 14.439 | | |
| | Abbruch von Asbestzementplatten, Unterspannbahnen, Dachschalung, säubern der Dachlatten, Dachschalung, Bitumenbahnen, Traufschalung, Entsorgung, Deponiegebühren | | | | |
| | • Wiederherstellen (Kosten: 10,4%) | | 9.973 | | |
| | Raufasertapete entfernen, Risse spachteln, neue Raufasertapete, Anstrich; Überlattungen an der allten Pfette für neue Pfettenköpfe anbringen mit Verziehrungen, Sparrenköpfe reinigen, Anstrich, Dachfenster ausbauen, lagern wieder einbauen * Dachrinne reinigen, Schutzanstrich, neue Endböden, Rinneneinhangstutzen | | | | |
| | • Herstellen (Kosten: 74,5%) | | 71.312 | | |
| | Fensterlaibungen, verlängert, Raufasertapete, Anstrich; Aufdopplung der Sparren, Lattung, Dämmung, Betondachsteindeckung, Holzschalung, Bitumenbahnen Dachrinne, Holzverkleidungen, Anstrich, GK-Verkleidungen, an Dachflächenfenster, Dampfsperre, GK-Verkleidungen, Anstrich; Sicherheitshaken, Schneefanggitter | | | | |
| 400 | **Bauwerk - Technische Anlagen** | 1.906,03 m² BGF | 4.424 | **2,32** | 4,4 |
| | • Abbrechen (Kosten: 27,7%) | | 1.223 | | |
| | Abbruch von Schornsteinköpfe bis in das Sparrenfeld, Entsorgung, Deponiegebühren | | | | |
| | • Herstellen (Kosten: 72,3%) | | 3.200 | | |
| | Regenfallrohre; die freigelegten Schornsteinköpfe mit einer Ortbetonplatte schließen, mit einem Lüftungsrohr entlüften (5St) | | | | |

## Kostenkennwerte für die Kostengruppen 300 und 400 der 2.Ebene DIN 276

| KG | Kostengruppe | Menge Einheit | Kosten € | €/Einheit | % |
|---|---|---|---|---|---|
| **300** | **Bauwerk - Baukonstruktionen** | | | | **100,0** |
| 330 | **Außenwände** | 121,29 m2 | 4.204 | **34,66** | 4,4 |
| | • Wiederherstellen (Kosten: 15,3%) | | 641 | | |
| | Raufasertapete entfernen, Risse spachteln, neue Raufasertapete, Anstrich (63m2) | | | | |
| | • Herstellen (Kosten: 84,7%) | | 3.562 | | |
| | Teilstücke verputzen, Anstrich (11m2) * Fensterlaibungen um 10cm verlängert, spachteln, Raufasertapete, Anstrich (47m2) | | | | |
| 350 | **Decken** | 21,85 m2 | 688 | **31,48** | 0,7 |
| | • Herstellen (Kosten: 100,0%) | | 688 | | |
| | Treppenhausdeckenfläche verputzen (22m2) | | | | |
| 360 | **Dächer** | 383,00 m2 | 81.201 | **212,01** | 84,8 |
| | • Abbrechen (Kosten: 17,8%) | | 14.439 | | |
| | Abbruch von Sparren (24m) * Asbestzementplatten, Unterspannbahnen, Dachschalung, säubern der Dachlatten (341m2), Dachschalung, Bitumenbahnen (42m), Traufschalung, h=80cm (48m); Entsorgung, Deponiegebühren | | | | |
| | • Wiederherstellen (Kosten: 11,5%) | | 9.332 | | |
| | Überlattungen an der allten Pfette für neue Pfettenköpfe anbringen mit Verziehrungen 0,12x0,16x0,40m (6St), Sparrenköpfe reinigen, Anstrich (79St) * Dachfenster ausbauen, lagern, wieder einbauen (21m2) * Dachrinne von Schmutz und Staub reinigen, Schutzanstrich, neue Endböden, Rinneneinhangstutzen (56m) | | | | |
| | • Herstellen (Kosten: 70,7%) | | 57.429 | | |
| | Aufdopplung der Sparren (24m), Traufbohlen (44m) * Lattung, Zwischensparrendämmung, d=160mm, Dämmung, d=300mm über Dachsparren, Betondachsteindeckung (341m2), Holzschalung, Bitumenbahnen (42m2), Einlaufbleche, Titanzink, Dachrinne (56m) * Holzverkleidungen, Anstrich (90m), GK-Verkleidungen, Anstrich (58m2), Unterkonstruktion für Dachflächenfenster, Dampfsperre, GK-Verkleidungen, Anstrich (5St) * Sicherheitshaken (50St), Laufrostgitter (10m), Schneefanggitter (44m) | | | | |
| 390 | **Sonstige Baukonstruktionen** | 1.906,03 m2 BGF | 9.633 | **5,05** | 10,1 |
| | • Herstellen (Kosten: 100,0%) | | 9.633 | | |
| | Baustelleneinrichtung, Schrägaufzug, Bauschuttcontainer (10m3) * Fassadengerüste (700m2) | | | | |
| **400** | **Bauwerk - Technische Anlagen** | | | | **100,0** |
| 410 | **Abwasser-, Wasser-, Gasanlagen** | 1.906,03 m2 BGF | 1.908 | **1,00** | 43,1 |
| | • Herstellen (Kosten: 100,0%) | | 1.908 | | |
| | Regenfallrohre DN100, Titanzink (36m) | | | | |

| KG | Kostengruppe | Menge Einheit | Kosten € | €/Einheit | % |
|---|---|---|---|---|---|
| 420 | **Wärmeversorgungsanlagen** | 1.906,03 m² BGF | 2.515 | **1,32** | 56,9 |
| | • Abbrechen (Kosten: 48,6%)<br>Abbruch von Schornsteinköpfe bis in das Sparrenfeld, Entsorgung, Deponiegebühren (3m³) | | 1.223 | | |
| | • Herstellen (Kosten: 51,4%)<br>Die freigelegten Schornsteinköpfe mit einer Ortbetonplatte schließen, mit einem Lüftungsrohr entlüften (5St) | | 1.292 | | |

## Kostenkennwerte für die Kostengruppe 300 der 3.Ebene DIN 276 (Übersicht)

| KG | Kostengruppe | Menge Einh. | €/Einheit | Kosten € | % 300+400 |
|---|---|---|---|---|---|
| 311 | Baugrubenherstellung | – | – | – | – |
| 312 | Baugrubenumschließung | – | – | – | – |
| 313 | Wasserhaltung | – | – | – | – |
| 319 | Baugrube, sonstiges | – | – | – | – |
| **310** | **Baugrube** | **–** | **–** | **–** | **–** |
| 321 | Baugrundverbesserung | – | – | – | – |
| 322 | Flachgründungen | – | – | – | – |
| 323 | Tiefgründungen | – | – | – | – |
| 324 | Unterböden und Bodenplatten | – | – | – | – |
| 325 | Beläge auf Boden- und Fundamentplatten | – | – | – | – |
| 326 | Bauwerksabdichtungen | – | – | – | – |
| 327 | Dränagen | – | – | – | – |
| 329 | Gründung, sonstiges | – | – | – | – |
| **320** | **Gründung** | **–** | **–** | **–** | **–** |
| 331 | Tragende Außenwände | – | – | – | – |
| 332 | Nichttragende Außenwände | – | – | – | – |
| 333 | Tragende Außenstützen | – | – | – | – |
| 334 | Außentüren, -fenster | – | – | – | – |
| 335 | Außenwandbekleidungen außen | 11,000 m² | 21,48 | 230,10 | 0,2 |
| 336 | Außenwandbekleidungen innen | 121,000 m² | 32,76 | 3.973,50 | 4,0 |
| 337 | Elementierte Außenwände | – | – | – | – |
| 338 | Sonnenschutz | – | – | – | – |
| 339 | Außenwände, sonstiges | – | – | – | – |
| **330** | **Außenwände** | **121,000 m²** | **34,66** | **4.203,60** | **4,2** |
| 341 | Tragende Innenwände | – | – | – | – |
| 342 | Nichttragende Innenwände | – | – | – | – |
| 343 | Tragende Innenstützen | – | – | – | – |
| 344 | Innentüren, -fenster | – | – | – | – |
| 345 | Innenwandbekleidungen | – | – | – | – |
| 346 | Elementierte Innenwände | – | – | – | – |
| 349 | Innenwände, sonstiges | – | – | – | – |
| **340** | **Innenwände** | **–** | **–** | **–** | **–** |
| 351 | Deckenkonstruktionen | – | – | – | – |
| 352 | Deckenbeläge | – | – | – | – |
| 353 | Deckenbekleidungen | 22,000 m² | 31,48 | 687,77 | 0,7 |
| 359 | Decken, sonstiges | – | – | – | – |
| **350** | **Decken** | **22,000 m²** | **31,48** | **687,77** | **0,7** |
| 361 | Dachkonstruktionen | 341,000 m² | 16,63 | 5.672,53 | 5,7 |
| 362 | Dachfenster, Dachöffnungen | 21,000 m² | 216,39 | 4.620,01 | 4,6 |
| 363 | Dachbeläge | 383,000 m² | 163,36 | 62.568,08 | 62,5 |
| 364 | Dachbekleidungen | 93,000 m² | 63,28 | 5.914,45 | 5,9 |
| 369 | Dächer, sonstiges | 383,000 m² DAF | 6,33 | 2.425,76 | 2,4 |
| **360** | **Dächer** | **383,000 m²** | **212,01** | **81.200,83** | **81,1** |
| **370** | **Baukonstruktive Einbauten** | **–** | **–** | **–** | **–** |
| **390** | **Sonst. Maßnahmen für Baukonstruktionen** | **1.906,000 m² BGF** | **5,05** | **9.632,66** | **9,6** |
| **300** | **Bauwerk - Baukonstruktionen** | **1.906,000 m² BGF** | **50,22** | **95.724,85** | **95,6** |

## Kostenkennwerte für die Kostengruppe 400 der 3.Ebene DIN 276 (Übersicht)

| KG | Kostengruppe | Menge Einh. | €/Einheit | Kosten € | % 300+400 |
|---|---|---|---|---|---|
| 411 | Abwasseranlagen | 1.906,000 m² BGF | 1,00 | 1.908,41 | 1,9 |
| 412 | Wasseranlagen | – | – | – | – |
| 413 | Gasanlagen (wenn zu Kochzwecken) | – | – | – | – |
| 414 | Feuerlöschanlagen | – | – | – | – |
| 419 | Abwasser-, Wasser- und Gasanlagen, sonstiges | – | – | – | – |
| **410** | **Abwasser-, Wasser-, Gasanlagen** | **1.906,000 m² BGF** | **1,00** | **1.908,41** | **1,9** |
| 421 | Wärmeerzeugungsanlagen | – | – | – | – |
| 422 | Wärmeverteilnetze | – | – | – | – |
| 423 | Raumheizflächen | – | – | – | – |
| 429 | Wärmeversorgungsanlagen, sonstiges | 1.906,000 m² BGF | 1,32 | 2.515,20 | 2,5 |
| **420** | **Wärmeversorgungsanlagen** | **1.906,000 m² BGF** | **1,32** | **2.515,20** | **2,5** |
| 431 | Lüftungsanlagen (LA) | – | – | – | – |
| 432 | Teilklimaanlagen (TKA) | – | – | – | – |
| 433 | Klimaanlagen (KLA) | – | – | – | – |
| 434 | Prozeßlufttechnische Anlagen (PLA) | – | – | – | – |
| 435 | Kälteanlagen (KA) | – | – | – | – |
| 439 | Lufttechnische Anlagen, sonstiges | – | – | – | – |
| **430** | **Lufttechnische Anlagen** | **–** | **–** | **–** | **–** |
| 441 | Hoch- und Mittelspannungsanlagen | – | – | – | – |
| 442 | Eigenstromversorgungsanlagen | – | – | – | – |
| 443 | Niederspannungsschaltanlagen | – | – | – | – |
| 444 | Niederspannungsinstallationsanlagen | – | – | – | – |
| 445 | Beleuchtungsanlagen | – | – | – | – |
| 446 | Blitzschutz- und Erdungsanlagen | – | – | – | – |
| 449 | Starkstromanlagen, sonstiges | – | – | – | – |
| **440** | **Starkstromanlagen** | **–** | **–** | **–** | **–** |
| 451 | Telekommunikationsanlagen | – | – | – | – |
| 452 | Such- und Signalanlagen | – | – | – | – |
| 453 | Zeitdienstanlagen | – | – | – | – |
| 454 | Elektroakustische Anlagen | – | – | – | – |
| 455 | Fernseh- und Antennenanlagen | – | – | – | – |
| 456 | Gefahrenmelde- und Alarmanlagen | – | – | – | – |
| 457 | Übertragungsnetze | – | – | – | – |
| 459 | Fernmelde- und informationstechn. Anlagen, sonstiges | – | – | – | – |
| **450** | **Fernmelde- und informationstechn. Anlagen** | **–** | **–** | **–** | **–** |
| 461 | Aufzugsanlagen | – | – | – | – |
| 462 | Fahrtreppen, Fahrsteige | – | – | – | – |
| 463 | Befahranlagen | – | – | – | – |
| 464 | Transportanlagen | – | – | – | – |
| 465 | Krananlagen | – | – | – | – |
| 469 | Förderanlagen, sonstiges | – | – | – | – |
| **460** | **Förderanlagen** | **–** | **–** | **–** | **–** |
| **470** | **Nutzungsspezifische Anlagen** | **–** | **–** | **–** | **–** |
| **480** | **Gebäudeautomation** | **–** | **–** | **–** | **–** |
| **490** | **Sonst. Maßnahmen für technische Anlagen** | **–** | **–** | **–** | **–** |
| **400** | **Bauwerk - Technische Anlagen** | **1.906,000 m² BGF** | **2,32** | **4.423,60** | **4,4** |

## Kostenkennwerte für Leistungsbereiche nach StLB (Kosten des Bauwerks nach DIN 276)

| LB | Leistungsbereiche | Kosten € | €/m² BGF | €/m³ BRI | % 300+400 |
|---|---|---|---|---|---|
| 000 | Sicherheits-, Baustelleneinrichtungen inkl. 001 | 9.633 | 5,10 | 1,90 | 9,6 |
| | Herstellen | 9.633 | 5,10 | 1,90 | 9,6 |
| 002 | Erdarbeiten | – | – | – | – |
| 006 | Spezialtiefbauarbeiten inkl. 005 | – | – | – | – |
| 009 | Abwasserkanalarbeiten inkl. 011 | – | – | – | – |
| 010 | Dränarbeiten | – | – | – | – |
| 012 | Mauerarbeiten | 1.292 | 0,68 | 0,25 | 1,3 |
| | Herstellen | 1.292 | 0,68 | 0,25 | 1,3 |
| 013 | Betonarbeiten | – | – | – | – |
| 014 | Natursteinarbeiten, Betonwerksteinarbeiten | – | – | – | – |
| 016 | Zimmer- und Holzbauarbeiten | 7.570 | 4,00 | 1,50 | 7,6 |
| | Wiederherstellen | 1.130 | 0,59 | 0,22 | 1,1 |
| | Herstellen | 6.440 | 3,40 | 1,30 | 6,4 |
| 017 | Stahlbauarbeiten | – | – | – | – |
| 018 | Abdichtungsarbeiten gegen Wasser | – | – | – | – |
| 020 | Dachdeckungsarbeiten | 40.900 | 21,50 | 8,00 | 40,8 |
| | Wiederherstellen | 4.620 | 2,40 | 0,90 | 4,6 |
| | Herstellen | 36.280 | 19,00 | 7,10 | 36,2 |
| 021 | Dachabdichtungsarbeiten | 2.006 | 1,10 | 0,39 | 2,0 |
| | Herstellen | 2.006 | 1,10 | 0,39 | 2,0 |
| 022 | Klempnerarbeiten | 9.426 | 4,90 | 1,80 | 9,4 |
| | Wiederherstellen | 729 | 0,38 | 0,14 | 0,7 |
| | Herstellen | 8.697 | 4,60 | 1,70 | 8,7 |
| | **Rohbau** | **70.827** | **37,20** | **13,90** | **70,7** |
| | Wiederherstellen | 6.479 | 3,40 | 1,30 | 6,5 |
| | Herstellen | 64.348 | 33,80 | 12,60 | 64,3 |
| 023 | Putz- und Stuckarbeiten, Wärmedämmsysteme | 918 | 0,48 | 0,18 | 0,9 |
| | Herstellen | 918 | 0,48 | 0,18 | 0,9 |
| 024 | Fliesen- und Plattenarbeiten | – | – | – | – |
| 025 | Estricharbeiten | – | – | – | – |
| 026 | Fenster, Außentüren inkl. 029, 032 | – | – | – | – |
| 027 | Tischlerarbeiten | – | – | – | – |
| 028 | Parkettarbeiten, Holzpflasterarbeiten | – | – | – | – |
| 030 | Rollladenarbeiten | – | – | – | – |
| 031 | Metallbauarbeiten inkl. 035 | – | – | – | – |
| 034 | Maler- und Lackiererarbeiten inkl. 037 | 7.921 | 4,20 | 1,60 | 7,9 |
| | Wiederherstellen | 3.495 | 1,80 | 0,68 | 3,5 |
| | Herstellen | 4.426 | 2,30 | 0,87 | 4,4 |
| 036 | Bodenbelagsarbeiten | – | – | – | – |
| 038 | Vorgehängte hinterlüftete Fassaden | – | – | – | – |
| 039 | Trockenbauarbeiten | 4.820 | 2,50 | 0,94 | 4,8 |
| | Herstellen | 4.820 | 2,50 | 0,94 | 4,8 |
| | **Ausbau** | **13.659** | **7,20** | **2,70** | **13,6** |
| | Wiederherstellen | 3.495 | 1,80 | 0,68 | 3,5 |
| | Herstellen | 10.165 | 5,30 | 2,00 | 10,1 |
| 040 | Wärmeerzeuger, zentr. Einrichtungen inkl. 041 | – | – | – | – |
| 042 | Gas- und Wasserinstallationsarbeiten inkl. 043 | – | – | – | – |
| 044 | Abwasserinstallationsarbeiten - Leitungen | – | – | – | – |

| LB | Leistungsbereiche | Kosten € | €/m² BGF | €/m³ BRI | % 300+400 |
|---|---|---|---|---|---|
| 045 | Gas-, Wasser-Einrichtungsgegenstände inkl. 046 | – | – | – | – |
| 047 | Dämmarbeiten an betriebstechnischen Anlagen | – | – | – | – |
| 049 | Feuerlöschanlagen, Feuerlöschgeräte | – | – | – | – |
| 050 | Blitzschutz- und Erdungsanlagen | – | – | – | – |
| 052 | Mittelspannungsanlagen | – | – | – | – |
| 053 | Niederspannungsanlagen inkl. 054 | – | – | – | – |
| 055 | Ersatzstromversorgungsanlagen | – | – | – | – |
| 057 | Gebäudesystemtechnik | – | – | – | – |
| 058 | Leuchten und Lampen, inkl. 059 | – | – | – | – |
| 060 | Elektroakustische Anlagen | – | – | – | – |
| 061 | Kommunikationsnetze | – | – | – | – |
| 063 | Gefahrenmeldeanlagen | – | – | – | – |
| 069 | Aufzüge | – | – | – | – |
| 070 | Gebäudeautomation | – | – | – | – |
| 075 | Raumlufttechnische Anlagen | – | – | – | – |
| | **Gebäudetechnik** | **–** | **–** | **–** | **–** |
| 084 | Abbrucharbeiten | 15.663 | 8,20 | 3,10 | 15,6 |
| | Abbrechen | 15.663 | 8,20 | 3,10 | 15,6 |
| | Sonstige Leistungsbereiche inkl. 008, 033, 051 | – | – | – | – |

6100-726
Mehrfamilienhaus
(3WE)

Umbau

**213 €/m² WFL**

**Architekt:**
Architekturbüro Geiger
Sallgaster Str. 18
13439 Berlin

**Bauherr:**
Christiana Geiger
Sallgaster Str. 18
13439 Berlin

## Objektübersicht

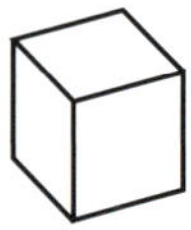

**30 €/m³ BRI**

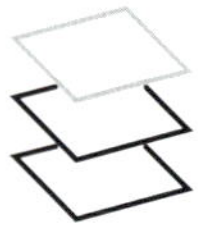

**72 €/m² BGF**

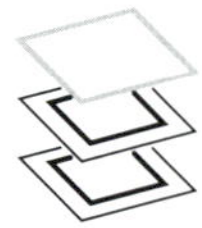

**118 €/m² NF**

| | |
|---|---|
| Kennwerte | bis 3.Ebene DIN 276 |
| Bauzeit | 74 Wochen |
| Bauende | 2007 |
| Standard | Durchschnitt |
| Land | Berlin |
| Kreis | Berlin |
| m³ BRI | 1.029 |
| m² BGF | 435 |
| m² NF | 264 |

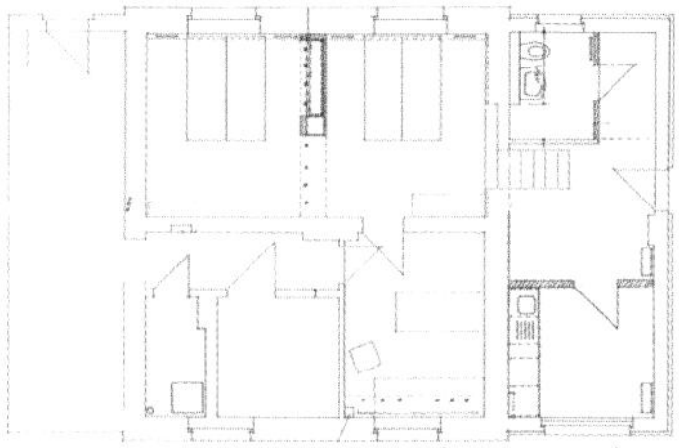

Bestand Untergeschoss

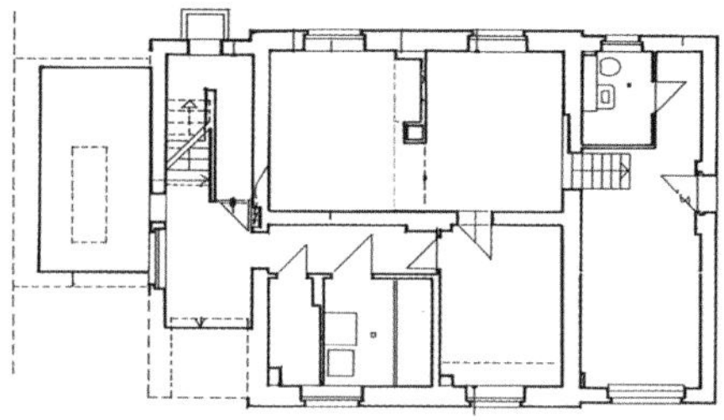

Planung Untergeschoss

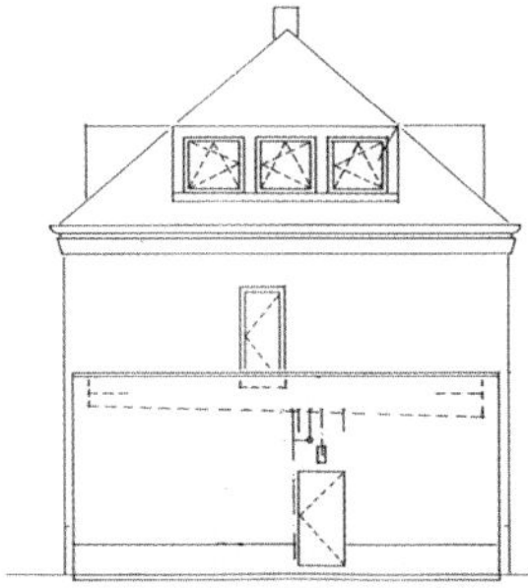

Bestand Ansicht West

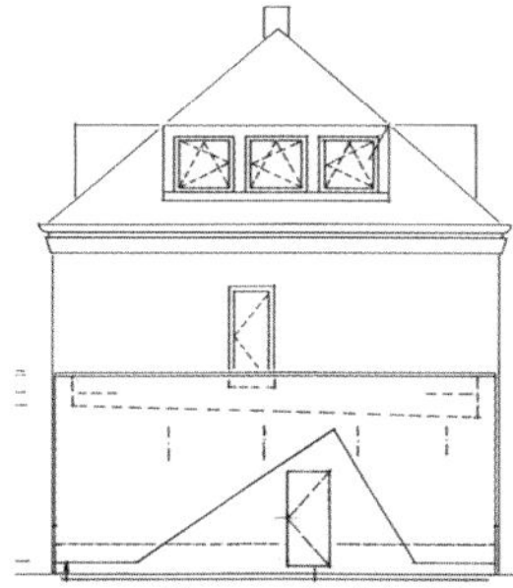

Planung Ansicht West

Bestand Ansicht Nord

Planung Ansicht Nord

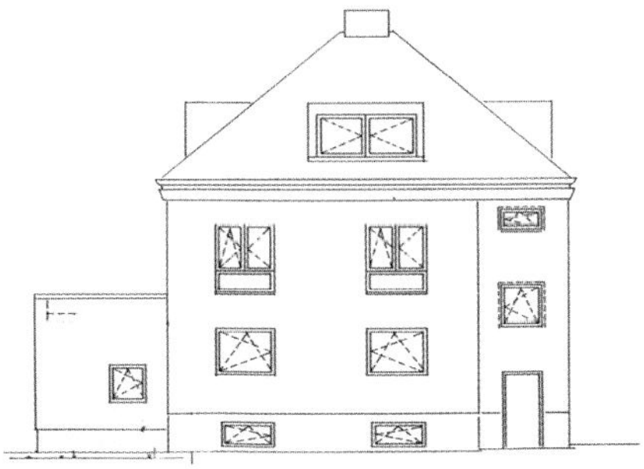

Bestand Ansicht Süd

Planung Ansicht Süd

## Objektbeschreibung

### Nutzung

**1 Untergeschoss**
Büroräume

**1 Erdgeschoss**
Wohnen

**1 Obergeschoss**
Wohnen

**1 Dachgeschoss**
Wohnen

### Nutzeinheiten

Arbeitsplätze: 4
Wohneinheiten: 3
Wohnfläche: 146m$^2$

### Grundstück

Bauraum: Freier Bauraum
Neigung: Ebenes Gelände
Bodenklasse: BK 1 bis BK 4

### Markt

Hauptvergabezeit: 2.Quartal 2006
Baubeginn: 2.Quartal 2006
Bauende: 4.Quartal 2007
Konjunkturelle Gesamtlage: Durchschnitt
Regionaler Baumarkt: über Durchschnitt

### Baubestand

Baujahr: 1955
Bauzustand: mittel
Aufwand: mittel
Grundrissänderungen: wenige
Tragwerkseingriffe: wenige
Nutzungsänderung: nein
Nutzung während der Bauzeit: ja

### Baukonstruktion

**Abbrechen:** Abbruch von Außenwand, d=11,5cm, Kleinflächen, Holzfenster, Rollladenschienen, Innenfensterbank, Stahleckzarge, Zinkblechabdeckungen, Rollladenkasten mit Gestänge, Aufhängungen, seitlichen Putz abschlagen
**Wiederherstellen:** Holzfenster ausbauen, lagern, wieder einbauen, Abdichtung, Dämmung, neue Fensterbänke, Naturstein, neue Beschläge, Innentür kürzen
**Herstellen:** Abdichtung, Natursteinmosaik; Öffnung herstellen, Stürze einbauen, Holzfenster, Perimeterdämmung, Putz, Anstrich, zusätzliche Dämmung auf WDVS, Horizontalsperre, Bitumenanstrich; Anstrich, Mosaikfliesen, Deckenanstrich; Fassadengerüst

### Technische Anlagen

**Wiederherstellen:** Vorhandenes Regenfallrohr abbauen, lagern, wieder anbauen; Waschtische, WC-Becken, abbauen, lagern, wieder montieren; Klingelleitung schützen, neu verlegen, Schalterdose setzen
**Herstellen:** Mantelleitungen, Steckdose, Lampenauslass

## Planungskennwerte für Flächen und Rauminhalte nach DIN 277

| Flächen des Grundstücks | | Menge, Einheit | % an FBG |
|---|---|---|---|
| BF | Bebaute Fläche | 124,69 m² | 20,9 |
| UBF | Unbebaute Fläche | 473,31 m² | 79,2 |
| FBG | Fläche des Baugrundstücks | 598,00 m² | 100,0 |

| Grundflächen des Bauwerks | | Menge, Einheit | % an NF | % an BGF |
|---|---|---|---|---|
| NF | Nutzfläche | 264,46 m² | 100,0 | 60,9 |
| TF | Technische Funktionsfläche | 12,12 m² | 4,6 | 2,8 |
| VF | Verkehrsfläche | 43,44 m² | 16,4 | 10,0 |
| NGF | Netto-Grundfläche | 320,02 m² | 121,0 | 73,6 |
| KGF | Konstruktions-Grundfläche | 114,53 m² | 43,3 | 26,4 |
| BGF | Brutto-Grundfläche | 434,55 m² | 164,3 | 100,0 |

| Brutto-Rauminhalt des Bauwerks | | Menge, Einheit | BRI/NF (m) | BRI/BGF (m) |
|---|---|---|---|---|
| BRI | Brutto-Rauminhalt | 1.028,53 m³ | 3,89 | 2,37 |

| Lufttechnisch behandelte Flächen | Menge, Einheit | % an NF | % an BGF |
|---|---|---|---|
| Entlüftete Fläche | – m² | – | – |
| Be- und entlüftete Fläche | – m² | – | – |
| Teilklimatisierte Fläche | – m² | – | – |
| Klimatisierte Fläche | – m² | – | – |

| KG | Kostengruppen (2.Ebene) | Menge, Einheit | Menge/NF | Menge/BGF |
|---|---|---|---|---|
| 310 | Baugrube | – m³ BGI | – | – |
| 320 | Gründung | 3,52 m² GRF | < 0,1 | < 0,1 |
| 330 | Außenwände | 134,47 m² AWF | 0,51 | 0,31 |
| 340 | Innenwände | 14,88 m² IWF | < 0,1 | < 0,1 |
| 350 | Decken | 3,95 m² DEF | < 0,1 | < 0,1 |
| 360 | Dächer | – m² DAF | – | – |

## Kostenkennwerte für die Kostengruppen der 1.Ebene DIN 276

| KG | Kostengruppen (1.Ebene) | Einheit | Kosten € | €/Einheit | €/m² BGF | €/m³ BRI | % 300+400 |
|---|---|---|---|---|---|---|---|
| 100 | Grundstück | m² FBG | – | – | – | – | – |
| 200 | Herrichten und Erschließen | m² FBG | – | – | – | – | – |
| 300 | Bauwerk - Baukonstruktionen | m² BGF | 30.600 | 70,42 | 70,42 | 29,75 | 98,1 |
| 400 | Bauwerk - Technische Anlagen | m² BGF | 604 | 1,39 | 1,39 | 0,59 | 1,9 |
| | **Bauwerk 300+400** | **m² BGF** | **31.205** | **71,81** | **71,81** | **30,34** | **100,0** |
| 500 | Außenanlagen | m² AUF | – | – | – | – | – |
| 600 | Ausstattung und Kunstwerke | m² BGF | – | – | – | – | – |
| 700 | Baunebenkosten | m² BGF | – | – | – | – | – |

## Kostenkennwerte für die Kostengruppen der 1.Ebene DIN 276

| KG | Kostengruppe | Menge Einheit | Kosten € | €/Einheit | % |
|---|---|---|---|---|---|
| **3+4** | **Bauwerk** | | | | **100,0** |
| 300 | **Bauwerk - Baukonstruktionen** | 434,55 m² BGF | 30.600 | **70,42** | 98,1 |
| | • Abbrechen (Kosten: 2,0%) | | 625 | | |
| | Abbruch von Außenwand, d=11,5cm, Kleinflächen, Holzfenster, Rollladenschienen, Innenfensterbank, Stahleckzarge, Zinkblechabdeckungen, Rollladenkasten mit Gestänge, Aufhängungen, seitlichen Putz abschlagen | | | | |
| | • Wiederherstellen (Kosten: 3,5%) | | 1.062 | | |
| | Holzfenster ausbauen, lagern, wieder einbauen, Abdichtung, Dämmung, neue Fensterbänke, Naturstein, neue Beschläge, Innentür kürzen | | | | |
| | • Herstellen (Kosten: 94,5%) | | 28.913 | | |
| | Abdichtung, Natursteinmosaik; Öffnung herstellen, Stürze einbauen, Holzfenster, Perimeterdämmung, Putz, Anstrich, zusätzliche Dämmung auf WDVS, Horizontalsperre, Bitumenanstrich; Anstrich, Mosaikfliesen, Deckenanstrich; Fassadengerüst | | | | |
| 400 | **Bauwerk - Technische Anlagen** | 434,55 m² BGF | 604 | **1,39** | 1,9 |
| | • Wiederherstellen (Kosten: 76,8%) | | 464 | | |
| | Vorhandenes Regenfallrohr abbauen, lagern, wieder anbauen; Waschtische, WC-Becken, abbauen, lagern, wieder montieren; Klingelleitung schützen, neu verlegen, Schalterdose setzen | | | | |
| | • Herstellen (Kosten: 23,2%) | | 140 | | |
| | Mantelleitungen, Steckdose, Lampenauslass | | | | |

## Kostenkennwerte für die Kostengruppen 300 und 400 der 2.Ebene DIN 276

| KG | Kostengruppe | Menge Einheit | Kosten € | €/Einheit | % |
|---|---|---|---|---|---|
| **300** | **Bauwerk - Baukonstruktionen** | | | | **100,0** |
| 320 | **Gründung** | 3,52 m² | 728 | **206,96** | 2,4 |
| | • Herstellen (Kosten: 100,0%) | | 728 | | |
| | Aufspachteln einer Abdichtung, Natursteinmosaik, Schiefer (4m²), Dichtungsband (4m), Dichtungsmanschette einkleben (1St) | | | | |
| 330 | **Außenwände** | 134,47 m² | 27.204 | **202,31** | 88,9 |
| | • Abbrechen (Kosten: 2,3%) | | 625 | | |
| | Abbruch von Außenwand, d=11,5cm, Kleinflächen (2m²) * Holzfenster, Rollladenschienen, Innenfensterbank (3m²), Stahleckzarge, Putz, Schwelle (2m²) * Zinkblechabdeckungen (1m²) * Rollladenkasten mit Gestänge, Aufhängungen, seitlichen Putz abschlagen (1m²) | | | | |
| | • Wiederherstellen (Kosten: 3,7%) | | 1.020 | | |
| | Holzfenster ausbauen, lagern, wieder einbauen, Abdichtung, Dämmung, neue Fensterbänke, Naturstein, neue Beschläge (3m²) | | | | |
| | • Herstellen (Kosten: 94,0%) | | 25.559 | | |
| | Öffnung herstellen (1m²), Auflagertaschen herstellen, Ziegelflachstürze einbauen (7m) * Öffnung verkleinern (3m²) * Holzfenster, Fensterbänke (3m²) * Perimeterdämmung, d=100mm, WLG 040 (16m²), Putz, Silikonharzanstrich (89m²), zusätzliche Dämmung auf WDVS, d=40mm (53m²), d=80mm (9m²), Fassadenplatte (5m²), chemische Horizontalsperre, Bitumenanstrich, Noppenbahnen (11m²), Zinkblechabdeckungen an Brüstungen (7m²) | | | | |
| 340 | **Innenwände** | 14,88 m² | 1.457 | **97,94** | 4,8 |
| | • Wiederherstellen (Kosten: 2,9%) | | 43 | | |
| | Vorhandene Tür, Echtholzfurnier, kürzen (2m²) | | | | |
| | • Herstellen (Kosten: 97,1%) | | 1.415 | | |
| | Anstrich (3m²), Mosaikfliesen (10m²) | | | | |
| 350 | **Decken** | 3,95 m² | 121 | **30,53** | 0,4 |
| | • Herstellen (Kosten: 100,0%) | | 121 | | |
| | GK-Decke spachteln, Anstrich (4m²) | | | | |
| 390 | **Sonstige Baukonstruktionen** | 434,55 m² BGF | 1.090 | **2,51** | 3,6 |
| | • Herstellen (Kosten: 100,0%) | | 1.090 | | |
| | Fassadengerüst * Türen und Fenster abkleben | | | | |
| **400** | **Bauwerk - Technische Anlagen** | | | | **100,0** |
| 410 | **Abwasser-, Wasser-, Gasanlagen** | 434,55 m² BGF | 378 | **0,87** | 62,6 |
| | • Wiederherstellen (Kosten: 100,0%) | | 378 | | |
| | Vorhandenes Regenfallrohr abbauen, lagern, wieder anbauen * Waschtische (1St), WC-Becken (1St), abbauen, lagern, wieder montieren | | | | |
| 440 | **Starkstromanlagen** | 434,55 m² BGF | 140 | **0,32** | 23,2 |
| | • Herstellen (Kosten: 100,0%) | | 140 | | |
| | Mantelleitungen, Steckdose (1St), Lampenauslass (1St) | | | | |

| KG | Kostengruppe | Menge Einheit | Kosten € | €/Einheit | % |
|---|---|---|---|---|---|
| 450 | **Fernmelde-, informationstechn. Anlagen** | 434,55 m² BGF | 85 | **0,20** | 14,1 |
| | • Wiederherstellen (Kosten: 100,0%)<br>Klingelleitung schützen, neu verlegen, Schalterdose setzen | | 85 | | |

## Kostenkennwerte für die Kostengruppe 300 der 3.Ebene DIN 276 (Übersicht)

| KG | Kostengruppe | Menge Einh. | | €/Einheit | Kosten € | % 300+400 |
|---|---|---|---|---|---|---|
| 311 | Baugrubenherstellung | – | | – | – | – |
| 312 | Baugrubenumschließung | – | | – | – | – |
| 313 | Wasserhaltung | – | | – | – | – |
| 319 | Baugrube, sonstiges | – | | – | – | – |
| **310** | **Baugrube** | **–** | | **–** | **–** | **–** |
| 321 | Baugrundverbesserung | – | | – | – | – |
| 322 | Flachgründungen | – | | – | – | – |
| 323 | Tiefgründungen | – | | – | – | – |
| 324 | Unterböden und Bodenplatten | – | | – | – | – |
| 325 | Beläge auf Boden- und Fundamentplatten | 4,000 m² | | 206,96 | 728,49 | 2,3 |
| 326 | Bauwerksabdichtungen | – | | – | – | – |
| 327 | Dränagen | – | | – | – | – |
| 329 | Gründung, sonstiges | – | | – | – | – |
| **320** | **Gründung** | **4,000 m²** | | **206,96** | **728,49** | **2,3** |
| 331 | Tragende Außenwände | 3,000 m² | | 355,71 | 988,87 | 3,2 |
| 332 | Nichttragende Außenwände | 3,000 m² | | 151,73 | 471,87 | 1,5 |
| 333 | Tragende Außenstützen | – | | – | – | – |
| 334 | Außentüren, -fenster | 6,000 m² | | 734,33 | 4.450,03 | 14,3 |
| 335 | Außenwandbekleidungen außen | 126,000 m² | | 165,54 | 20.797,36 | 66,6 |
| 336 | Außenwandbekleidungen innen | – | | – | – | – |
| 337 | Elementierte Außenwände | – | | – | – | – |
| 338 | Sonnenschutz | – m² | | – | 182,74 | 0,6 |
| 339 | Außenwände, sonstiges | 134,000 m² | AWF | 2,33 | 313,35 | 1,0 |
| **330** | **Außenwände** | **134,000 m²** | | **202,31** | **27.204,23** | **87,2** |
| 341 | Tragende Innenwände | – | | – | – | – |
| 342 | Nichttragende Innenwände | – | | – | – | – |
| 343 | Tragende Innenstützen | – | | – | – | – |
| 344 | Innentüren, -fenster | 2,000 m² | | 21,58 | 42,72 | 0,1 |
| 345 | Innenwandbekleidungen | 13,000 m² | | 109,66 | 1.414,67 | 4,5 |
| 346 | Elementierte Innenwände | – | | – | – | – |
| 349 | Innenwände, sonstiges | – | | – | – | – |
| **340** | **Innenwände** | **15,000 m²** | | **97,94** | **1.457,39** | **4,7** |
| 351 | Deckenkonstruktionen | – | | – | – | – |
| 352 | Deckenbeläge | – | | – | – | – |
| 353 | Deckenbekleidungen | 4,000 m² | | 30,53 | 120,58 | 0,4 |
| 359 | Decken, sonstiges | – | | – | – | – |
| **350** | **Decken** | **4,000 m²** | | **30,53** | **120,58** | **0,4** |
| 361 | Dachkonstruktionen | – | | – | – | – |
| 362 | Dachfenster, Dachöffnungen | – | | – | – | – |
| 363 | Dachbeläge | – | | – | – | – |
| 364 | Dachbekleidungen | – | | – | – | – |
| 369 | Dächer, sonstiges | – | | – | – | – |
| **360** | **Dächer** | **–** | | **–** | **–** | **–** |
| **370** | **Baukonstruktive Einbauten** | **–** | | **–** | **–** | **–** |
| **390** | **Sonst. Maßnahmen für Baukonstruktionen** | **435,000 m²** | **BGF** | **2,51** | **1.089,61** | **3,5** |
| **300** | **Bauwerk - Baukonstruktionen** | **435,000 m²** | **BGF** | **70,42** | **30.600,31** | **98,1** |

## Kostenkennwerte für die Kostengruppe 400 der 3.Ebene DIN 276 (Übersicht)

| KG | Kostengruppe | Menge Einh. | €/Einheit | Kosten € | % 300+400 |
|---|---|---|---|---|---|
| 411 | Abwasseranlagen | 435,000 m² BGF | 0,29 | 128,18 | 0,4 |
| 412 | Wasseranlagen | 435,000 m² BGF | 0,58 | 250,19 | 0,8 |
| 413 | Gasanlagen (wenn zu Kochzwecken) | – | – | – | – |
| 414 | Feuerlöschanlagen | – | – | – | – |
| 419 | Abwasser-, Wasser- und Gasanlagen, sonstiges | – | – | – | – |
| **410** | **Abwasser-, Wasser-, Gasanlagen** | **435,000 m² BGF** | **0,87** | **378,37** | **1,2** |
| 421 | Wärmeerzeugungsanlagen | – | – | – | – |
| 422 | Wärmeverteilnetze | – | – | – | – |
| 423 | Raumheizflächen | – | – | – | – |
| 429 | Wärmeversorgungsanlagen, sonstiges | – | – | – | – |
| **420** | **Wärmeversorgungsanlagen** | **–** | **–** | **–** | **–** |
| 431 | Lüftungsanlagen (LA) | – | – | – | – |
| 432 | Teilklimaanlagen (TKA) | – | – | – | – |
| 433 | Klimaanlagen (KLA) | – | – | – | – |
| 434 | Prozeßlufttechnische Anlagen (PLA) | – | – | – | – |
| 435 | Kälteanlagen (KA) | – | – | – | – |
| 439 | Lufttechnische Anlagen, sonstiges | – | – | – | – |
| **430** | **Lufttechnische Anlagen** | **–** | **–** | **–** | **–** |
| 441 | Hoch- und Mittelspannungsanlagen | – | – | – | – |
| 442 | Eigenstromversorgungsanlagen | – | – | – | – |
| 443 | Niederspannungsschaltanlagen | – | – | – | – |
| 444 | Niederspannungsinstallationsanlagen | 435,000 m² BGF | 0,32 | 140,44 | 0,5 |
| 445 | Beleuchtungsanlagen | – | – | – | – |
| 446 | Blitzschutz- und Erdungsanlagen | – | – | – | – |
| 449 | Starkstromanlagen, sonstiges | – | – | – | – |
| **440** | **Starkstromanlagen** | **435,000 m² BGF** | **0,32** | **140,44** | **0,5** |
| 451 | Telekommunikationsanlagen | – | – | – | – |
| 452 | Such- und Signalanlagen | 435,000 m² BGF | 0,20 | 85,47 | 0,3 |
| 453 | Zeitdienstanlagen | – | – | – | – |
| 454 | Elektroakustische Anlagen | – | – | – | – |
| 455 | Fernseh- und Antennenanlagen | – | – | – | – |
| 456 | Gefahrenmelde- und Alarmanlagen | – | – | – | – |
| 457 | Übertragungsnetze | – | – | – | – |
| 459 | Fernmelde- und informationstechn. Anlagen, sonstiges | – | – | – | – |
| **450** | **Fernmelde- und informationstechn. Anlagen** | **435,000 m² BGF** | **0,20** | **85,47** | **0,3** |
| 461 | Aufzugsanlagen | – | – | – | – |
| 462 | Fahrtreppen, Fahrsteige | – | – | – | – |
| 463 | Befahranlagen | – | – | – | – |
| 464 | Transportanlagen | – | – | – | – |
| 465 | Krananlagen | – | – | – | – |
| 469 | Förderanlagen, sonstiges | – | – | – | – |
| **460** | **Förderanlagen** | **–** | **–** | **–** | **–** |
| **470** | **Nutzungsspezifische Anlagen** | **–** | **–** | **–** | **–** |
| **480** | **Gebäudeautomation** | **–** | **–** | **–** | **–** |
| **490** | **Sonst. Maßnahmen für technische Anlagen** | **–** | **–** | **–** | **–** |
| **400** | **Bauwerk - Technische Anlagen** | **435,000 m² BGF** | **1,39** | **604,29** | **1,9** |

## Kostenkennwerte für Leistungsbereiche nach StLB (Kosten des Bauwerks nach DIN 276)

| LB | Leistungsbereiche | Kosten € | €/m² BGF | €/m³ BRI | % 300+400 |
|---|---|---|---|---|---|
| 000 | Sicherheits-, Baustelleneinrichtungen inkl. 001 | 1.090 | 2,50 | 1,10 | 3,5 |
| | Herstellen | 1.090 | 2,50 | 1,10 | 3,5 |
| 002 | Erdarbeiten | – | – | – | – |
| 006 | Spezialtiefbauarbeiten inkl. 005 | – | – | – | – |
| 009 | Abwasserkanalarbeiten inkl. 011 | – | – | – | – |
| 010 | Dränarbeiten | – | – | – | – |
| 012 | Mauerarbeiten | 1.362 | 3,10 | 1,30 | 4,4 |
| | Herstellen | 1.362 | 3,10 | 1,30 | 4,4 |
| 013 | Betonarbeiten | – | – | – | – |
| 014 | Natursteinarbeiten, Betonwerksteinarbeiten | 1.707 | 3,90 | 1,70 | 5,5 |
| | Wiederherstellen | 78 | 0,18 | < 0,1 | 0,3 |
| | Herstellen | 1.629 | 3,70 | 1,60 | 5,2 |
| 016 | Zimmer- und Holzbauarbeiten | – | – | – | – |
| 017 | Stahlbauarbeiten | – | – | – | – |
| 018 | Abdichtungsarbeiten gegen Wasser | 3.200 | 7,40 | 3,10 | 10,3 |
| | Herstellen | 3.200 | 7,40 | 3,10 | 10,3 |
| 020 | Dachdeckungsarbeiten | – | – | – | – |
| 021 | Dachabdichtungsarbeiten | – | – | – | – |
| 022 | Klempnerarbeiten | 3.043 | 7,00 | 3,00 | 9,8 |
| | Wiederherstellen | 128 | 0,29 | 0,12 | 0,4 |
| | Herstellen | 2.915 | 6,70 | 2,80 | 9,3 |
| | **Rohbau** | **10.402** | **23,90** | **10,10** | **33,3** |
| | Wiederherstellen | 207 | 0,48 | 0,20 | 0,7 |
| | Herstellen | 10.195 | 23,50 | 9,90 | 32,7 |
| 023 | Putz- und Stuckarbeiten, Wärmedämmsysteme | 15.348 | 35,30 | 14,90 | 49,2 |
| | Herstellen | 15.348 | 35,30 | 14,90 | 49,2 |
| 024 | Fliesen- und Plattenarbeiten | 762 | 1,80 | 0,74 | 2,4 |
| | Herstellen | 762 | 1,80 | 0,74 | 2,4 |
| 025 | Estricharbeiten | – | – | – | – |
| 026 | Fenster, Außentüren inkl. 029, 032 | 3.315 | 7,60 | 3,20 | 10,6 |
| | Wiederherstellen | 941 | 2,20 | 0,92 | 3,0 |
| | Herstellen | 2.373 | 5,50 | 2,30 | 7,6 |
| 027 | Tischlerarbeiten | 43 | 0,10 | < 0,1 | 0,1 |
| | Wiederherstellen | 43 | 0,10 | < 0,1 | 0,1 |
| 028 | Parkettarbeiten, Holzpflasterarbeiten | – | – | – | – |
| 030 | Rollladenarbeiten | – | – | – | – |
| 031 | Metallbauarbeiten inkl. 035 | – | – | – | – |
| 034 | Maler- und Lackiererarbeiten inkl. 037 | 234 | 0,54 | 0,23 | 0,7 |
| | Herstellen | 234 | 0,54 | 0,23 | 0,7 |
| 036 | Bodenbelagsarbeiten | – | – | – | – |
| 038 | Vorgehängte hinterlüftete Fassaden | – | – | – | – |
| 039 | Trockenbauarbeiten | – | – | – | – |
| | **Ausbau** | **19.701** | **45,30** | **19,20** | **63,1** |
| | Wiederherstellen | 984 | 2,30 | 0,96 | 3,2 |
| | Herstellen | 18.717 | 43,10 | 18,20 | 60,0 |
| 040 | Wärmeerzeuger, zentr. Einrichtungen inkl. 041 | – | – | – | – |
| 042 | Gas- und Wasserinstallationsarbeiten inkl. 043 | – | – | – | – |
| 044 | Abwasserinstallationsarbeiten - Leitungen | – | – | – | – |

| LB | Leistungsbereiche | Kosten € | €/m² BGF | €/m³ BRI | % 300+400 |
|---|---|---|---|---|---|
| 045 | Gas-, Wasser-Einrichtungsgegenstände inkl. 046 | 250 | 0,58 | 0,24 | 0,8 |
| | Wiederherstellen | 250 | 0,58 | 0,24 | 0,8 |
| 047 | Dämmarbeiten an betriebstechnischen Anlagen | – | – | – | – |
| 049 | Feuerlöschanlagen, Feuerlöschgeräte | – | – | – | – |
| 050 | Blitzschutz- und Erdungsanlagen | – | – | – | – |
| 052 | Mittelspannungsanlagen | – | – | – | – |
| 053 | Niederspannungsanlagen inkl. 054 | 140 | 0,32 | 0,14 | 0,5 |
| | Herstellen | 140 | 0,32 | 0,14 | 0,5 |
| 055 | Ersatzstromversorgungsanlagen | – | – | – | – |
| 057 | Gebäudesystemtechnik | – | – | – | – |
| 058 | Leuchten und Lampen, inkl. 059 | – | – | – | – |
| 060 | Elektroakustische Anlagen | 85 | 0,20 | < 0,1 | 0,3 |
| | Wiederherstellen | 85 | 0,20 | < 0,1 | 0,3 |
| 061 | Kommunikationsnetze | – | – | – | – |
| 063 | Gefahrenmeldeanlagen | – | – | – | – |
| 069 | Aufzüge | – | – | – | – |
| 070 | Gebäudeautomation | – | – | – | – |
| 075 | Raumlufttechnische Anlagen | – | – | – | – |
| | **Gebäudetechnik** | **476** | **1,10** | **0,46** | **1,5** |
| | Wiederherstellen | 336 | 0,77 | 0,33 | 1,1 |
| | Herstellen | 140 | 0,32 | 0,14 | 0,5 |
| 084 | Abbrucharbeiten | 625 | 1,40 | 0,61 | 2,0 |
| | Abbrechen | 625 | 1,40 | 0,61 | 2,0 |
| | Sonstige Leistungsbereiche inkl. 008, 033, 051 | – | – | – | – |

6100-729
Mehrfamilienhaus
(3WE)

Modernisierung

## Objektübersicht

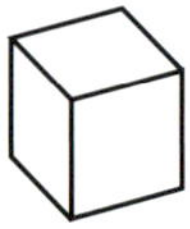

**53 €/m³ BRI**

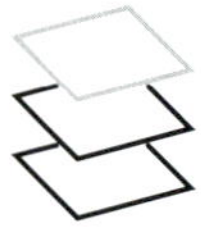

**147 €/m² BGF**

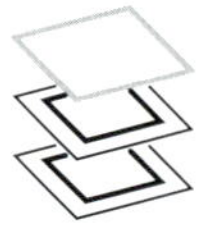

**209 €/m² NF**

| | |
|---|---|
| Kennwerte | bis 3.Ebene DIN 276 |
| Bauzeit | 8 Wochen |
| Bauende | 2007 |
| Standard | über Durchschnitt |
| Land | Baden-Württemberg |
| Kreis | Esslingen a.N. |
| m³ BRI | 1.726 |
| m² BGF | 620 |
| m² NF | 435 |

**Architekt:**
Architekturbüro
Mesch-Fehrle
Rosenstr. 16
72631 Aichtal-Grötzingen

vorher

nachher

Modernisierung

1.Dachgeschoss

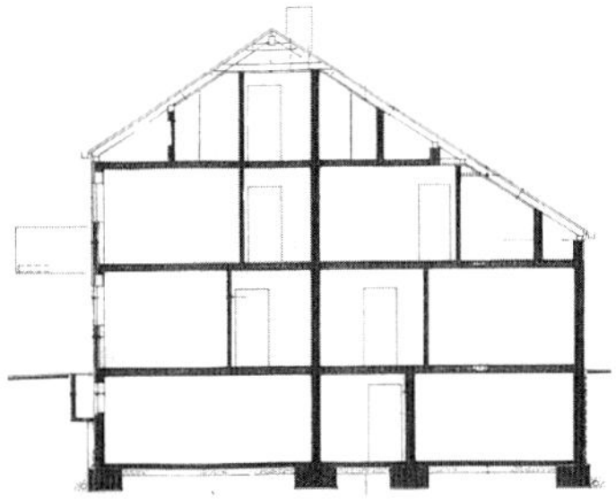

Schnitt

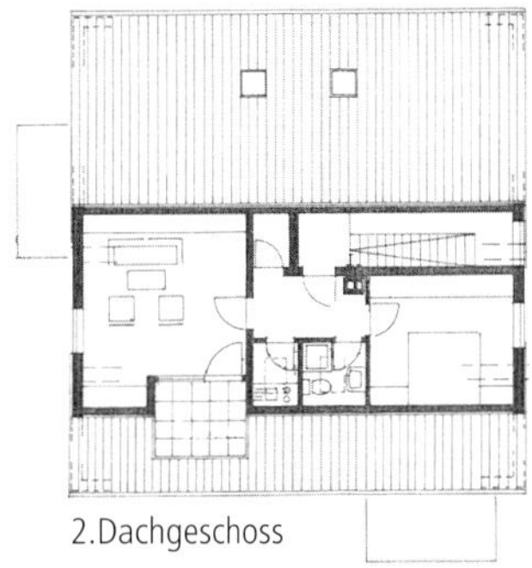

2.Dachgeschoss

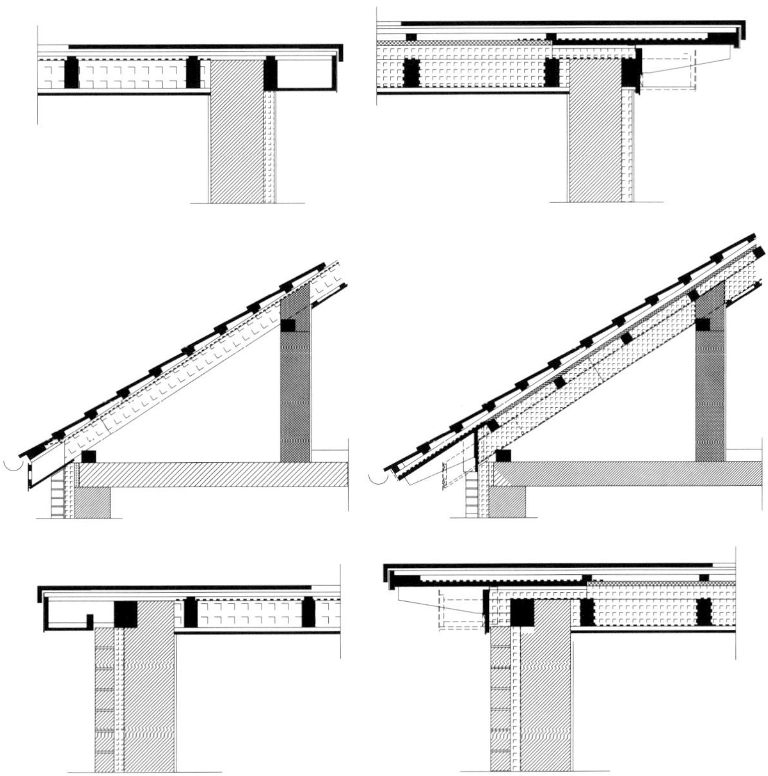

Details vorher nachher

## Objektbeschreibung

### Nutzung

**1 Untergeschoss**
Kellerräume, Abstellräume, Waschkeller, Sauna, Heizungsraum

**1 Erdgeschoss**
Wohnung

**Obergeschoss**
Wohnung

**1 Dachgeschoss**
Wohnung

### Nutzeinheiten

Wohneinheiten: 3

### Grundstück

Bauraum: Freier Bauraum
Neigung: Ebenes Gelände

### Markt

Hauptvergabezeit: 2.Quartal 2007
Baubeginn: 2.Quartal 2007
Bauende: 3.Quartal 2007
Konjunkturelle Gesamtlage: über Durchschnitt
Regionaler Baumarkt: Durchschnitt

### Baubestand

Baujahr: 1975
Bauzustand: mittel
Aufwand: mittel
Grundrissänderungen: wenige
Tragwerkseingriffe: keine
Nutzungsänderung: nein
Nutzung während der Bauzeit: ja

### Baukonstruktion

**Abbrechen:** Abbruch von Eternitplatten; Schwellen und Pfetten, Sparren kürzen, Dachflächenfenster, Innenfutter, Verwahrungen, Betondachsteinen, Lattung, Zwischensparrendämmung, Dachrinnen, Ortgang, Blecheinfassungen, Schneefanggitter, Dachhaken; Entsorgung, Deponiegebühren
**Wiederherstellen:** Dachflächenfenster ausbauen, lagern, wieder einbauen
**Herstellen:** Fassadenanstrich, Klinker-Fassadenimprägnierung, Schichtstoffplatten-Verkleidung, Abdeckbretter, Abdecksimse; Kniestock; Sparrenpfetten, Sparren- und Sparrenpfettenköpfe, Dachflächenfenster, Mineralfaserdämmung, Dachschalung, Dachlattung, Tonziegel, Hängedachrinnen, Verwahrungen

### Technische Anlagen

**Abbrechen:** Abbruch von Regenrohren; Schornsteinverkleidung; Entsorgung, Deponiegebühren
**Herstellen:** Fallrohre, Titanzink; Gas-Brennwertherme, Solaranlage, Schornsteinverkleidung, Edelstahl-Kaminabdeckung

## Planungskennwerte für Flächen und Rauminhalte nach DIN 277

| Flächen des Grundstücks | | Menge, Einheit | % an FBG |
|---|---|---|---|
| BF | Bebaute Fläche | – m² | – |
| UBF | Unbebaute Fläche | – m² | – |
| FBG | Fläche des Baugrundstücks | – m² | – |

| Grundflächen des Bauwerks | | Menge, Einheit | % an NF | % an BGF |
|---|---|---|---|---|
| NF | Nutzfläche | 435,10 m² | 100,0 | 70,1 |
| TF | Technische Funktionsfläche | 5,96 m² | 1,4 | 1,0 |
| VF | Verkehrsfläche | 75,80 m² | 17,4 | 12,2 |
| NGF | Netto-Grundfläche | 516,86 m² | 118,8 | 83,3 |
| KGF | Konstruktions-Grundfläche | 103,49 m² | 23,8 | 16,7 |
| BGF | Brutto-Grundfläche | 620,35 m² | 142,6 | 100,0 |

| Brutto-Rauminhalt des Bauwerks | | Menge, Einheit | BRI/NF (m) | BRI/BGF (m) |
|---|---|---|---|---|
| BRI | Brutto-Rauminhalt | 1.725,58 m³ | 3,97 | 2,78 |

| Lufttechnisch behandelte Flächen | Menge, Einheit | % an NF | % an BGF |
|---|---|---|---|
| Entlüftete Fläche | – m² | – | – |
| Be- und entlüftete Fläche | – m² | – | – |
| Teilklimatisierte Fläche | – m² | – | – |
| Klimatisierte Fläche | – m² | – | – |

| KG | Kostengruppen (2.Ebene) | Menge, Einheit | Menge/NF | Menge/BGF |
|---|---|---|---|---|
| 310 | Baugrube | – m³ BGI | – | – |
| 320 | Gründung | – m² GRF | – | – |
| 330 | Außenwände | 295,85 m² AWF | 0,68 | 0,48 |
| 340 | Innenwände | 7,42 m² IWF | < 0,1 | < 0,1 |
| 350 | Decken | – m² DEF | – | – |
| 360 | Dächer | 228,06 m² DAF | 0,52 | 0,37 |

## Kostenkennwerte für die Kostengruppen der 1.Ebene DIN 276

| KG | Kostengruppen (1.Ebene) | Einheit | Kosten € | €/Einheit | €/m² BGF | €/m³ BRI | % 300+400 |
|---|---|---|---|---|---|---|---|
| 100 | Grundstück | m² FBG | – | – | – | – | – |
| 200 | Herrichten und Erschließen | m² FBG | – | – | – | – | – |
| 300 | Bauwerk - Baukonstruktionen | m² BGF | 58.352 | 94,06 | 94,06 | 33,82 | 64,1 |
| 400 | Bauwerk - Technische Anlagen | m² BGF | 32.750 | 52,79 | 52,79 | 18,98 | 35,9 |
| | **Bauwerk 300+400** | **m² BGF** | **91.102** | **146,86** | **146,86** | **52,79** | **100,0** |
| 500 | Außenanlagen | m² AUF | – | – | – | – | – |
| 600 | Ausstattung und Kunstwerke | m² BGF | – | – | – | – | – |
| 700 | Baunebenkosten | m² BGF | | | | | |

Modernisierung

## Kostenkennwerte für die Kostengruppen der 1.Ebene DIN 276

| KG | Kostengruppe | Menge Einheit | Kosten € | €/Einheit | % |
|---|---|---|---|---|---|
| **3+4** | **Bauwerk** | | | | **100,0** |
| 300 | **Bauwerk - Baukonstruktionen** | 620,35 m² BGF | 58.352 | **94,06** | 64,1 |
| | • Abbrechen (Kosten: 10,4%) | | 6.087 | | |
| | Abbruch von Eternitplatten; Schwellen und Pfetten, Sparren kürzen, Dachflächenfenster, Innenfutter, Verwahrungen, Betondachsteinen, Lattung, Zwischensparrendämmung, Dachrinnen, Ortgang, Blecheinfassungen, Schneefanggitter, Dachhaken; Entsorgung, Deponiegebühren | | | | |
| | • Wiederherstellen (Kosten: 0,8%) | | 471 | | |
| | Dachflächenfenster ausbauen, lagern, wieder einbauen | | | | |
| | • Herstellen (Kosten: 88,8%) | | 51.794 | | |
| | Fassadenanstrich, Klinker-Fassadenimprägnierung, Schichtstoffplatten-Verkleidung, Abdeckbretter, Abdecksimse; Kniestock; Sparrenpfetten, Sparren- und Sparrenpfettenköpfe, Dachflächenfenster, Mineralfaserdämmung, Dachschalung, Dachlattung, Tonziegel, Hängedachrinnen, Verwahrungen | | | | |
| 400 | **Bauwerk - Technische Anlagen** | 620,35 m² BGF | 32.750 | **52,79** | 35,9 |
| | • Abbrechen (Kosten: 0,4%) | | 147 | | |
| | Abbruch von Regenrohren; Schornsteinverkleidung; Entsorgung, Deponiegebühren | | | | |
| | • Herstellen (Kosten: 99,6%) | | 32.604 | | |
| | Fallrohre, Titanzink; Gas-Brennwertherme, Solaranlage, Schornsteinverkleidung, Edelstahl-Kaminabdeckung | | | | |

## Kostenkennwerte für die Kostengruppen 300 und 400 der 2.Ebene DIN 276

| KG | Kostengruppe | Menge Einheit | Kosten € | €/Einheit | % |
|---|---|---|---|---|---|
| **300** | **Bauwerk - Baukonstruktionen** | | | | **100,0** |
| 330 | **Außenwände** | 295,85 m² | 9.700 | **32,79** | 16,6 |
| | • Abbrechen (Kosten: 4,5%) | | 434 | | |
| | Abbruch von Eternitplatten, Entsorgung, Deponiegebühren (21m²) | | | | |
| | • Herstellen (Kosten: 95,5%) | | 9.266 | | |
| | Putzfassade, abdampfen, Anstrich mit Lotus-Effekt (177m²), Klinkerfassade, abdampfen, abwaschen, imprägnieren (92m²), Hochdruck-Schichtstoff-Pressplatten, d=6mm, auf Holzunterkonstruktion (10m²), Abdeckbrett für Sparrenköpfe, d=20mm, h=12-14cm (23m), Abdecksims, Titanzink (13m), Stellbretter, d=30-34mm, imprägniert, Dämmung (32m) | | | | |
| 340 | **Innenwände** | 7,42 m² | 112 | **15,11** | 0,2 |
| | • Herstellen (Kosten: 100,0%) | | 112 | | |
| | Kniestock, Hartfaserplatten (7m²) | | | | |
| 360 | **Dächer** | 228,06 m² | 44.852 | **196,67** | 76,9 |
| | • Abbrechen (Kosten: 12,6%) | | 5.652 | | |
| | Abbruch von Schwellen und Pfetten (4St), Sparren kürzen (22St) * Dachflächenfenster, Innenfutter, Verwahrungen (2m²) * Betondachsteinen, Lattung (211m²), Zwischensparrendämmung, d=140mm (184m²), Dachrinnen (27m), Ortgang (33m), Blecheinfassungen (11m); Entsorgung, Deponiegebühren * Schneefanggitter (30m), Dachhaken (32St); Entsorgung, Deponiegebühren | | | | |
| | • Wiederherstellen (Kosten: 1,0%) | | 471 | | |
| | Dachflächenfenster ausbauen, lagern, wieder einbauen (2m²) | | | | |
| | • Herstellen (Kosten: 86,3%) | | 38.728 | | |
| | Sparrenpfetten, d=8/8cm (265m), Sparrenpfettenköpfe (48St), Sparrenköpfe (22St), Auswechslungen (5St) * Kunststoff-Wohndachfenster (3St) * Dampfbremse, Mineralfaserdämmung, zwischen Sparren, d=160mm, zwischen Sparrenpfetten, d=70mm (193m²), Unterdach, Holzfaserplatten (159m²), Trauf- und Ortgangschalung (69m²), Unterspannbahn, Lattung, Konterlattung, Tonziegel (228m²), Hängedachrinnen, Titanzink (30m), Verwahrungen | | | | |
| 390 | **Sonstige Baukonstruktionen** | 620,35 m² BGF | 3.688 | **5,94** | 6,3 |
| | • Herstellen (Kosten: 100,0%) | | 3.688 | | |
| | Baustellen-WC (1St) * Fassadengerüst, Gruppe 3 (312m²), Dachfanggerüst (28m) * Schutzmaßnahmen für Vordach, Balkongeländer und Balkonenbeläge aus stoßfestem Material | | | | |
| **400** | **Bauwerk - Technische Anlagen** | | | | **100,0** |
| 410 | **Abwasser-, Wasser-, Gasanlagen** | 620,35 m² BGF | 590 | **0,95** | 1,8 |
| | • Abbrechen (Kosten: 16,3%) | | 96 | | |
| | Abbruch von Regenrohren, Entsorgung, Deponiegebühren (10m) | | | | |
| | • Herstellen (Kosten: 83,7%) | | 494 | | |
| | Fallrohre, DN100, Titanzink (10m) | | | | |

| KG | Kostengruppe | Menge Einheit | Kosten € | €/Einheit | % |
|---|---|---|---|---|---|
| 420 | **Wärmeversorgungsanlagen** | 620,35 m² BGF | 32.160 | **51,84** | 98,2 |
| | • Abbrechen (Kosten: 0,2%)<br>Abbruch von Schornsteinverkleidung, Entsorgung, Deponiegebühren | | 50 | | |
| | • Herstellen (Kosten: 99,8%)<br>Gas-Brennwerttherme, Solaranlage, Solarkollektoren * Schornsteinverkleidung, Dämmung, d=20mm, Titanzink-Stehfalzverkleidung (3m²), Edelstahl-Kaminabdeckung (1St), Edelstahl-Kaminhut (1St) | | 32.110 | | |

# Kostenkennwerte für die Kostengruppe 300 der 3.Ebene DIN 276 (Übersicht)

| KG | Kostengruppe | Menge Einh. | €/Einheit | Kosten € | % 300+400 |
|---|---|---|---|---|---|
| 311 | Baugrubenherstellung | – | – | – | – |
| 312 | Baugrubenumschließung | – | – | – | – |
| 313 | Wasserhaltung | – | – | – | – |
| 319 | Baugrube, sonstiges | – | – | – | – |
| **310** | **Baugrube** | **–** | **–** | **–** | **–** |
| 321 | Baugrundverbesserung | – | – | – | – |
| 322 | Flachgründungen | – | – | – | – |
| 323 | Tiefgründungen | – | – | – | – |
| 324 | Unterböden und Bodenplatten | – | – | – | – |
| 325 | Beläge auf Boden- und Fundamentplatten | – | – | – | – |
| 326 | Bauwerksabdichtungen | – | – | – | – |
| 327 | Dränagen | – | – | – | – |
| 329 | Gründung, sonstiges | – | – | – | – |
| **320** | **Gründung** | **–** | **–** | **–** | **–** |
| 331 | Tragende Außenwände | – | – | – | – |
| 332 | Nichttragende Außenwände | – | – | – | – |
| 333 | Tragende Außenstützen | – | – | – | – |
| 334 | Außentüren, -fenster | – | – | – | – |
| 335 | Außenwandbekleidungen außen | 296,000 $m^2$ | 32,79 | 9.700,13 | 10,6 |
| 336 | Außenwandbekleidungen innen | – | – | – | – |
| 337 | Elementierte Außenwände | – | – | – | – |
| 338 | Sonnenschutz | – | – | – | – |
| 339 | Außenwände, sonstiges | – | – | – | – |
| **330** | **Außenwände** | **296,000 $m^2$** | **32,79** | **9.700,13** | **10,6** |
| 341 | Tragende Innenwände | – | – | – | – |
| 342 | Nichttragende Innenwände | 7,000 $m^2$ | 15,11 | 112,10 | 0,1 |
| 343 | Tragende Innenstützen | – | – | – | – |
| 344 | Innentüren, -fenster | – | – | – | – |
| 345 | Innenwandbekleidungen | – | – | – | – |
| 346 | Elementierte Innenwände | – | – | – | – |
| 349 | Innenwände, sonstiges | – | – | – | – |
| **340** | **Innenwände** | **7,000 $m^2$** | **15,11** | **112,10** | **0,1** |
| 351 | Deckenkonstruktionen | – | – | – | – |
| 352 | Deckenbeläge | – | – | – | – |
| 353 | Deckenbekleidungen | – | – | – | – |
| 359 | Decken, sonstiges | – | – | – | – |
| **350** | **Decken** | **–** | **–** | **–** | **–** |
| 361 | Dachkonstruktionen | 225,000 $m^2$ | 19,88 | 4.482,06 | 4,9 |
| 362 | Dachfenster, Dachöffnungen | 4,000 $m^2$ | 710,61 | 3.034,29 | 3,3 |
| 363 | Dachbeläge | 228,000 $m^2$ | 144,55 | 32.966,10 | 36,2 |
| 364 | Dachbekleidungen | 62,000 $m^2$ | 42,82 | 2.641,45 | 2,9 |
| 369 | Dächer, sonstiges | 228,000 $m^2$ DAF | 7,58 | 1.727,80 | 1,9 |
| **360** | **Dächer** | **228,000 $m^2$** | **196,67** | **44.851,70** | **49,2** |
| **370** | **Baukonstruktive Einbauten** | **–** | **–** | **–** | **–** |
| **390** | **Sonst. Maßnahmen für Baukonstruktionen** | **620,000 $m^2$ BGF** | **5,94** | **3.687,66** | **4,0** |
| **300** | **Bauwerk - Baukonstruktionen** | **620,000 $m^2$ BGF** | **94,06** | **58.351,60** | **64,1** |

## Kostenkennwerte für die Kostengruppe 400 der 3.Ebene DIN 276 (Übersicht)

| KG | Kostengruppe | Menge Einh. | €/Einheit | Kosten € | % 300+400 |
|---|---|---|---|---|---|
| 411 | Abwasseranlagen | 620,000 m² BGF | 0,95 | 590,05 | 0,6 |
| 412 | Wasseranlagen | – | – | – | – |
| 413 | Gasanlagen (wenn zu Kochzwecken) | – | – | – | – |
| 414 | Feuerlöschanlagen | – | – | – | – |
| 419 | Abwasser-, Wasser- und Gasanlagen, sonstiges | – | – | – | – |
| **410** | **Abwasser-, Wasser-, Gasanlagen** | **620,000 m² BGF** | **0,95** | **590,05** | **0,6** |
| 421 | Wärmeerzeugungsanlagen | 620,000 m² BGF | 50,58 | 31.378,09 | 34,4 |
| 422 | Wärmeverteilnetze | – | – | – | – |
| 423 | Raumheizflächen | – | – | – | – |
| 429 | Wärmeversorgungsanlagen, sonstiges | 620,000 m² BGF | 1,26 | 782,00 | 0,9 |
| **420** | **Wärmeversorgungsanlagen** | **620,000 m² BGF** | **51,84** | **32.160,08** | **35,3** |
| 431 | Lüftungsanlagen (LA) | – | – | – | – |
| 432 | Teilklimaanlagen (TKA) | – | – | – | – |
| 433 | Klimaanlagen (KLA) | – | – | – | – |
| 434 | Prozeßlufttechnische Anlagen (PLA) | – | – | – | – |
| 435 | Kälteanlagen (KA) | – | – | – | – |
| 439 | Lufttechnische Anlagen, sonstiges | – | – | – | – |
| **430** | **Lufttechnische Anlagen** | **–** | **–** | **–** | **–** |
| 441 | Hoch- und Mittelspannungsanlagen | – | – | – | – |
| 442 | Eigenstromversorgungsanlagen | – | – | – | – |
| 443 | Niederspannungsschaltanlagen | – | – | – | – |
| 444 | Niederspannungsinstallationsanlagen | – | – | – | – |
| 445 | Beleuchtungsanlagen | – | – | – | – |
| 446 | Blitzschutz- und Erdungsanlagen | – | – | – | – |
| 449 | Starkstromanlagen, sonstiges | – | – | – | – |
| **440** | **Starkstromanlagen** | **–** | **–** | **–** | **–** |
| 451 | Telekommunikationsanlagen | – | – | – | – |
| 452 | Such- und Signalanlagen | – | – | – | – |
| 453 | Zeitdienstanlagen | – | – | – | – |
| 454 | Elektroakustische Anlagen | – | – | – | – |
| 455 | Fernseh- und Antennenanlagen | – | – | – | – |
| 456 | Gefahrenmelde- und Alarmanlagen | – | – | – | – |
| 457 | Übertragungsnetze | – | – | – | – |
| 459 | Fernmelde- und informationstechn. Anlagen, sonstiges | – | – | – | – |
| **450** | **Fernmelde- und informationstechn. Anlagen** | **–** | **–** | **–** | **–** |
| 461 | Aufzugsanlagen | – | – | – | – |
| 462 | Fahrtreppen, Fahrsteige | – | – | – | – |
| 463 | Befahranlagen | – | – | – | – |
| 464 | Transportanlagen | – | – | – | – |
| 465 | Krananlagen | – | – | – | – |
| 469 | Förderanlagen, sonstiges | – | – | – | – |
| **460** | **Förderanlagen** | **–** | **–** | **–** | **–** |
| **470** | **Nutzungsspezifische Anlagen** | **–** | **–** | **–** | **–** |
| **480** | **Gebäudeautomation** | **–** | **–** | **–** | **–** |
| **490** | **Sonst. Maßnahmen für technische Anlagen** | **–** | **–** | **–** | **–** |
| **400** | **Bauwerk - Technische Anlagen** | **620,000 m² BGF** | **52,79** | **32.750,13** | **35,9** |

## Kostenkennwerte für Leistungsbereiche nach StLB (Kosten des Bauwerks nach DIN 276)

| LB | Leistungsbereiche | Kosten € | €/m² BGF | €/m³ BRI | % 300+400 |
|---|---|---|---|---|---|
| 000 | Sicherheits-, Baustelleneinrichtungen inkl. 001 | 3.381 | 5,50 | 2,00 | 3,7 |
| | Herstellen | 3.381 | 5,50 | 2,00 | 3,7 |
| 002 | Erdarbeiten | – | – | – | – |
| 006 | Spezialtiefbauarbeiten inkl. 005 | – | – | – | – |
| 009 | Abwasserkanalarbeiten inkl. 011 | – | – | – | – |
| 010 | Dränarbeiten | – | – | – | – |
| 012 | Mauerarbeiten | – | – | – | – |
| 013 | Betonarbeiten | – | – | – | – |
| 014 | Natursteinarbeiten, Betonwerksteinarbeiten | – | – | – | – |
| 016 | Zimmer- und Holzbauarbeiten | 23.165 | 37,30 | 13,40 | 25,4 |
| | Wiederherstellen | 471 | 0,76 | 0,27 | 0,5 |
| | Herstellen | 22.694 | 36,60 | 13,20 | 24,9 |
| 017 | Stahlbauarbeiten | – | – | – | – |
| 018 | Abdichtungsarbeiten gegen Wasser | – | – | – | – |
| 020 | Dachdeckungsarbeiten | 13.286 | 21,40 | 7,70 | 14,6 |
| | Herstellen | 13.286 | 21,40 | 7,70 | 14,6 |
| 021 | Dachabdichtungsarbeiten | – | – | – | – |
| 022 | Klempnerarbeiten | 5.042 | 8,10 | 2,90 | 5,5 |
| | Herstellen | 5.042 | 8,10 | 2,90 | 5,5 |
| | **Rohbau** | **44.875** | **72,30** | **26,00** | **49,3** |
| | Wiederherstellen | 471 | 0,76 | 0,27 | 0,5 |
| | Herstellen | 44.404 | 71,60 | 25,70 | 48,7 |
| 023 | Putz- und Stuckarbeiten, Wärmedämmsysteme | 766 | 1,20 | 0,44 | 0,8 |
| | Herstellen | 766 | 1,20 | 0,44 | 0,8 |
| 024 | Fliesen- und Plattenarbeiten | – | – | – | – |
| 025 | Estricharbeiten | – | – | – | – |
| 026 | Fenster, Außentüren inkl. 029, 032 | – | – | – | – |
| 027 | Tischlerarbeiten | – | – | – | – |
| 028 | Parkettarbeiten, Holzpflasterarbeiten | – | – | – | – |
| 030 | Rollladenarbeiten | – | – | – | – |
| 031 | Metallbauarbeiten inkl. 035 | – | – | – | – |
| 034 | Maler- und Lackiererarbeiten inkl. 037 | 6.092 | 9,80 | 3,50 | 6,7 |
| | Herstellen | 6.092 | 9,80 | 3,50 | 6,7 |
| 036 | Bodenbelagsarbeiten | – | – | – | – |
| 038 | Vorgehängte hinterlüftete Fassaden | 1.758 | 2,80 | 1,00 | 1,9 |
| | Herstellen | 1.758 | 2,80 | 1,00 | 1,9 |
| 039 | Trockenbauarbeiten | – | – | – | – |
| | **Ausbau** | **8.615** | **13,90** | **5,00** | **9,5** |
| | Herstellen | 8.615 | 13,90 | 5,00 | 9,5 |
| 040 | Wärmeerzeuger, zentr. Einrichtungen inkl. 041 | 31.378 | 50,60 | 18,20 | 34,4 |
| | Herstellen | 31.378 | 50,60 | 18,20 | 34,4 |
| 042 | Gas- und Wasserinstallationsarbeiten inkl. 043 | – | – | – | – |
| 044 | Abwasserinstallationsarbeiten - Leitungen | – | – | – | – |
| 045 | Gas-, Wasser-Einrichtungsgegenstände inkl. 046 | – | – | – | – |
| 047 | Dämmarbeiten an betriebstechnischen Anlagen | – | – | – | – |
| 049 | Feuerlöschanlagen, Feuerlöschgeräte | – | – | – | – |
| 050 | Blitzschutz- und Erdungsanlagen | – | – | – | – |
| 052 | Mittelspannungsanlagen | – | – | – | – |

| LB | Leistungsbereiche | Kosten € | €/m² BGF | €/m³ BRI | % 300+400 |
|---|---|---|---|---|---|
| 053 | Niederspannungsanlagen inkl. 054 | – | – | – | – |
| 055 | Ersatzstromversorgungsanlagen | – | – | – | – |
| 057 | Gebäudesystemtechnik | – | – | – | – |
| 058 | Leuchten und Lampen, inkl. 059 | – | – | – | – |
| 060 | Elektroakustische Anlagen | – | – | – | – |
| 061 | Kommunikationsnetze | – | – | – | – |
| 063 | Gefahrenmeldeanlagen | – | – | – | – |
| 069 | Aufzüge | – | – | – | – |
| 070 | Gebäudeautomation | – | – | – | – |
| 075 | Raumlufttechnische Anlagen | – | – | – | – |
| | **Gebäudetechnik** | **31.378** | **50,60** | **18,20** | **34,4** |
| | Herstellen | 31.378 | 50,60 | 18,20 | 34,4 |
| 084 | Abbrucharbeiten | 6.233 | 10,00 | 3,60 | 6,8 |
| | Abbrechen | 6.233 | 10,00 | 3,60 | 6,8 |
| | Sonstige Leistungsbereiche inkl. 008, 033, 051 | **–** | **–** | **–** | **–** |

6100-731
Einfamilienhaus

## Objektübersicht

Erweiterung

**1.285 €/m² WFL**

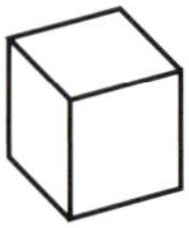

**284 €/m³ BRI**

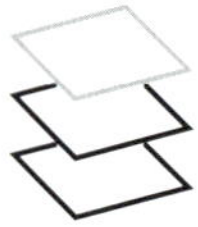

**757 €/m² BGF**

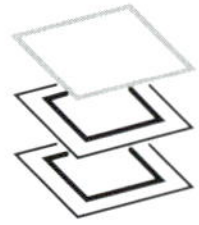

**1.124 €/m² NF**

| | |
|---|---|
| Kennwerte | bis 3.Ebene DIN 276 |
| Bauzeit | 21 Wochen |
| Bauende | 2008 |
| Standard | über Durchschnitt |
| Land | Baden-Württemberg |
| Kreis | Esslingen a.N. |
| m³ BRI | 662 |
| m² BGF | 248 |
| m² NF | 167 |

**Architekt:**
Architekturbüro
Mesch-Fehrle
Rosenstr. 16
72631 Aichtal-Grötzingen

Kostenstand: 3.Quartal 2010, inkl. MwSt., Bundesdurchschnitt

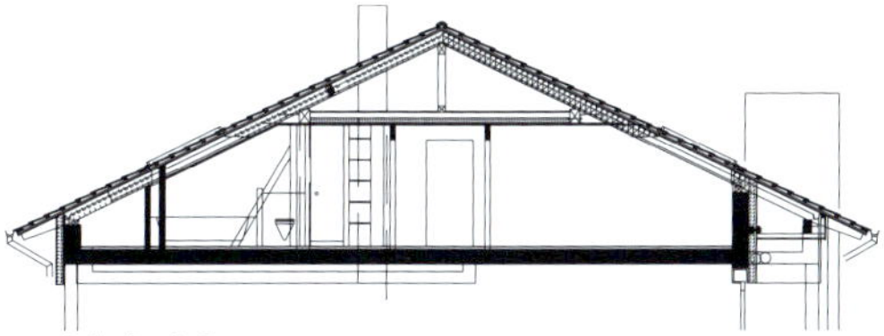

Schnitt B-B

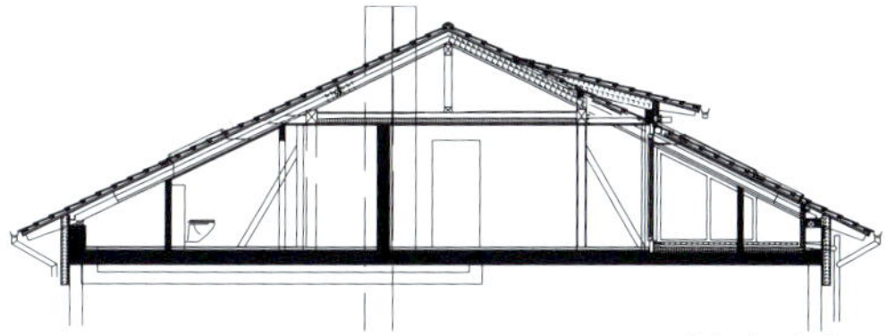

Schnitt A-A

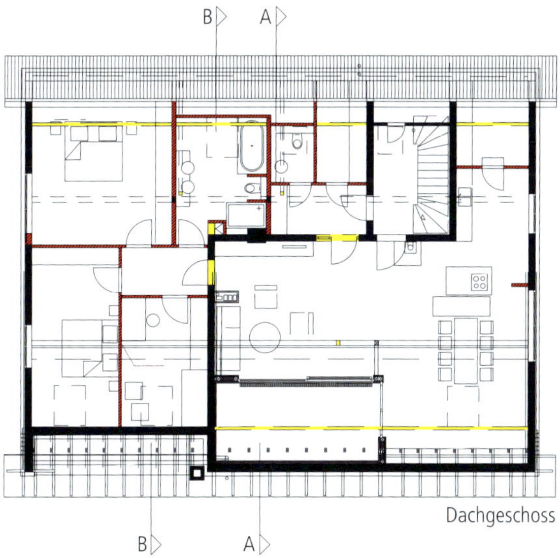


Dachgeschoss

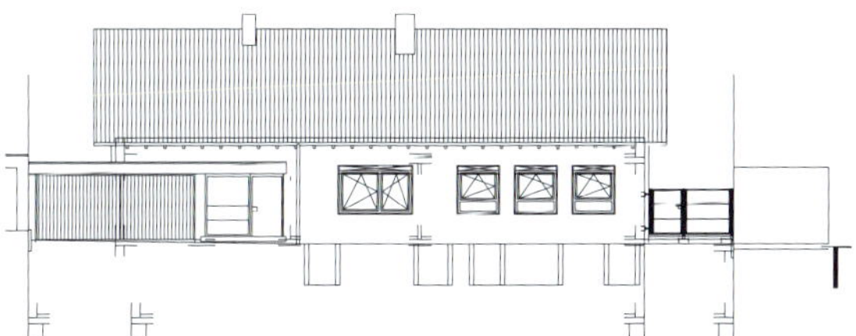

Ansicht Nord

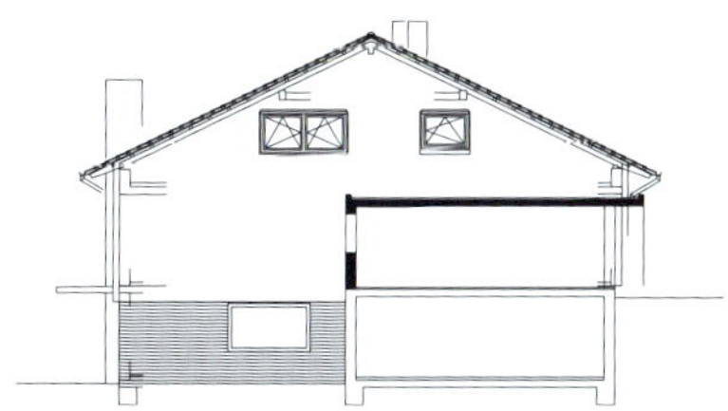

Ansicht Ost

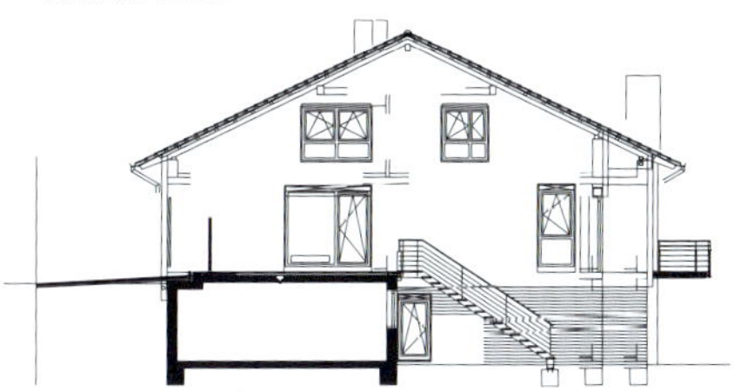

Ansicht West

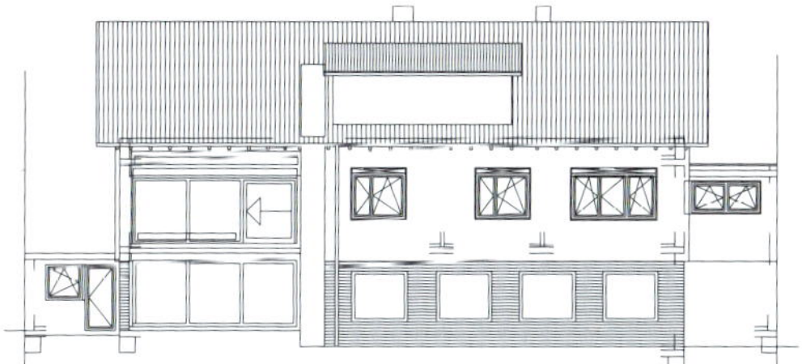

Ansicht Süd

## Objektbeschreibung

### Nutzung

**1 Untergeschoss**
Kellerräume, Haustechnik

**1 Erdgeschoss**
Wohnen

**1 Dachgeschoss**
Wohnen

### Nutzeinheiten

Wohneinheiten: 2
Wohnfläche: 146m²

### Grundstück

Bauraum: Freier Bauraum
Neigung: Hanglage

### Markt

Hauptvergabezeit: 2.Quartal 2008
Baubeginn: 3.Quartal 2008
Bauende: 4.Quartal 2008
Konjunkturelle Gesamtlage: über Durchschnitt
Regionaler Baumarkt: Durchschnitt

### Baubestand

Baujahr: 1973
Bauzustand: mittel
Aufwand: hoch
Grundrissänderungen: wenige
Tragwerkseingriffe: wenige
Nutzungsänderung: ja
Nutzung während der Bauzeit: ja

### Baukonstruktion

**Abbrechen:** Abbruch von Holzfenstern, Fensterbänke, Eternitplatten, Unterkonstruktion, Rollladenkästenblenden; Dachziegel, Lattung, Dachrinnen; Entsorgung, Deponiegebühren
**Wiederherstellen:** Brandschutztür T30 ausbauen, lagern, wieder einbauen; Balkonkante sanieren
**Herstellen:** Fensteröffnungen herstellen, Kunststoff-Fenster und Hebe-Schiebetüren, Fassadenreinigung, Wärmedämmverbundsystem, Ausgleichsputz, Fassadenanstrich, Rolläden; Balkone, Plattenbelag, Geländer; Holzdachkonstruktion, Loggia, Dachflächenfenster, Dämmung, Schalung, Betondachsteine, Flachdachabdichtung, Dachrinnen, Titanzinkverkleidungen, Dampfbremse, Holz-Verschalung

### Technische Anlagen

**Abbrechen:** Abbruch von Heizungskessel, Regelung, Zubehör, Fundament, Dämmungen; Kaminmantel, Verwahrung, Dämmungen; Entsorgung, Deponiegebühren
**Wiederherstellen:** Sichtmauerwerk am Kamin abbrechen und wieder neu aufmauern
**Herstellen:** Regenfallrohre, Zirkulationsleitung; Heizungskessel, Wärmespeicher, Solaranlage, Schornsteinverkleidung Titanzink, Abgasrohr; Elektroinstallation ergänzen, Beleuchtung ergänzen, Erdung; UKW-Antenne

## Planungskennwerte für Flächen und Rauminhalte nach DIN 277

| Flächen des Grundstücks | | Menge, Einheit | % an FBG |
|---|---|---|---|
| BF | Bebaute Fläche | 294,17 m² | 41,8 |
| UBF | Unbebaute Fläche | 409,13 m² | 58,2 |
| FBG | Fläche des Baugrundstücks | 703,00 m² | 100,0 |

| Grundflächen des Bauwerks | | Menge, Einheit | % an NF | % an BGF |
|---|---|---|---|---|
| NF | Nutzfläche | 167,09 m² | 100,0 | 67,4 |
| TF | Technische Funktionsfläche | 11,00 m² | 6,6 | 4,4 |
| VF | Verkehrsfläche | 29,40 m² | 17,6 | 11,9 |
| NGF | Netto-Grundfläche | 207,49 m² | 124,2 | 83,6 |
| KGF | Konstruktions-Grundfläche | 40,59 m² | 24,3 | 16,4 |
| BGF | Brutto-Grundfläche | 248,08 m² | 148,5 | 100,0 |

| Brutto-Rauminhalt des Bauwerks | | Menge, Einheit | BRI/NF (m) | BRI/BGF (m) |
|---|---|---|---|---|
| BRI | Brutto-Rauminhalt | 661,59 m³ | 3,96 | 2,67 |

| Lufttechnisch behandelte Flächen | Menge, Einheit | % an NF | % an BGF |
|---|---|---|---|
| Entlüftete Fläche | – m² | – | – |
| Be- und entlüftete Fläche | – m² | – | – |
| Teilklimatisierte Fläche | – m² | – | – |
| Klimatisierte Fläche | – m² | – | – |

| KG | Kostengruppen (2.Ebene) | Menge, Einheit | Menge/NF | Menge/BGF |
|---|---|---|---|---|
| 310 | Baugrube | – m³ BGI | – | – |
| 320 | Gründung | – m² GRF | – | – |
| 330 | Außenwände | 440,98 m² AWF | 2,64 | 1,78 |
| 340 | Innenwände | 1,78 m² IWF | < 0,1 | < 0,1 |
| 350 | Decken | 17,05 m² DEF | 0,10 | < 0,1 |
| 360 | Dächer | 344,10 m² DAF | 2,06 | 1,39 |

## Kostenkennwerte für die Kostengruppen der 1.Ebene DIN 276

| KG | Kostengruppen (1.Ebene) | Einheit | Kosten € | €/Einheit | €/m² BGF | €/m³ BRI | % 300+400 |
|---|---|---|---|---|---|---|---|
| 100 | Grundstück | m² FBG | – | – | – | – | – |
| 200 | Herrichten und Erschließen | m² FBG | – | – | – | – | – |
| 300 | Bauwerk - Baukonstruktionen | m² BGF | 153.278 | 617,86 | 617,86 | 231,68 | 81,6 |
| 400 | Bauwerk - Technische Anlagen | m² BGF | 34.571 | 139,35 | 139,35 | 52,25 | 18,4 |
| | **Bauwerk 300+400** | **m² BGF** | **187.849** | **757,21** | **757,21** | **283,94** | **100,0** |
| 500 | Außenanlagen | m² AUF | 5.755 | 14,07 | 23,20 | 8,70 | 3,1 |
| 600 | Ausstattung und Kunstwerke | m² BGF | – | – | – | – | – |
| 700 | Baunebenkosten | m² BGF | – | – | – | – | – |

Erweiterung

## Kostenkennwerte für die Kostengruppen der 1.Ebene DIN 276

| KG | Kostengruppe | Menge Einheit | Kosten € | €/Einheit | % |
|---|---|---|---|---|---|
| **3+4** | **Bauwerk** | | | | **100,0** |
| 300 | **Bauwerk - Baukonstruktionen** | 248,08 m² BGF | 153.278 | **617,86** | 81,6 |
| | • Abbrechen (Kosten: 7,8%) | | 11.916 | | |
| | Abbruch von Holzfenstern, Fensterbänke, Eternitplatten, Unterkonstruktion, Rollladenkastenblenden; Dachziegel, Lattung, Dachrinnen; Entsorgung, Deponiegebühren | | | | |
| | • Wiederherstellen (Kosten: 1,4%) | | 2.122 | | |
| | Brandschutztür T30 ausbauen, lagern, wieder einbauen; Balkonkante sanieren | | | | |
| | • Herstellen (Kosten: 90,8%) | | 139.240 | | |
| | Fensteröffnungen herstellen, Kunststoff-Fenster und Hebe-Schiebetüren, Fassadenreinigung, Wärmedämmverbundsystem, Ausgleichsputz, Fassadenanstrich, Rollläden; Balkone, Plattenbelag, Geländer; Holzdachkonstruktion, Loggia, Dachflächenfenster, Dämmung, Schalung, Betondachsteine, Flachdachabdichtung, Dachrinnen, Titanzinkverkleidungen, Dampfbremse, Holz-Verschalung | | | | |
| 400 | **Bauwerk - Technische Anlagen** | 248,08 m² BGF | 34.571 | **139,35** | 18,4 |
| | • Abbrechen (Kosten: 5,3%) | | 1.842 | | |
| | Abbruch von Heizungskessel, Regelung, Zubehör, Fundament, Dämmungen; Kaminmantel, Verwahrung, Dämmungen; Entsorgung, Deponiegebühren | | | | |
| | • Wiederherstellen (Kosten: 2,0%) | | 677 | | |
| | Sichtmauerwerk am Kamin abbrechen und wieder neu aufmauern | | | | |
| | • Herstellen (Kosten: 92,7%) | | 32.052 | | |
| | Regenfallrohre, Zirkulationsleitung; Heizungskessel, Wärmespeicher, Solaranlage, Schornsteinverkleidung Titanzink, Abgasrohr; Elektroinstallation ergänzen, Beleuchtung ergänzen, Erdung; UKW-Antenne | | | | |
| 500 | **Außenanlagen** | 409,13 m² AUF | 5.755 | **14,07** | 3,1 |
| | • Abbrechen (Kosten: 12,5%) | | 720 | | |
| | Abbruch von Waschbetonplatten, Splittbett, Entsorgung, Deponiegebühren | | | | |
| | • Wiederherstellen (Kosten: 7,1%) | | 410 | | |
| | Treppengeländer abbauen, kürzen, neue Kopfplatten, befestigen und mit dem Brüstungsgeländern verschweissen | | | | |
| | • Herstellen (Kosten: 80,4%) | | 4.625 | | |
| | Sichtschutz mit Türe, Stahlwangentreppe | | | | |

| KG | Kostengruppe | Menge Einheit | Kosten € | €/Einheit | % |
|---|---|---|---|---|---|
| **300** | **Bauwerk - Baukonstruktionen** | | | | **100,0** |
| 330 | **Außenwände** | 440,98 m² | 75.715 | **171,70** | 49,4 |
| | • Abbrechen (Kosten: 10,4%) | | 7.861 | | |
| | Abbruch von Fensterbrüstungen (1m²), Fensterlaibungen, Hohlblock-Mauerwerk (16m), Betonsockel * Brüstungskante (2m²) * Holzfenstern, Fensterbänke, außen Alu, innen Naturstein (60m²) * Eternitplatten, Unterkonstruktion (124m²) * Rollladenkästenblenden (22m), Rollladen, Wellen Lager, Gurte (10St); Entsorgung, Deponiegebühren | | | | |
| | • Herstellen (Kosten: 89,6%) | | 67.853 | | |
| | Fensteröffnungen herstellen (3St), Auflager ausmauern (16St) * Heizkörpernischen ausmauern (3m²) * Kunststoff-Fenster (36m²), Kunststoff-Hebe-Schiebetüren (30m²), Kunststoff-Festverglasung (3m²), Alu-Außenfensterbänke (35m) * Fassade, Reinigung, Grundierung, Wärmedämmverbundsystem (291m²), Sockeldämmung (21m²), Ausgleichsputz (77m²), Armierungs, Silikatputz (372m²), Anstrich (440m²) * Innendämmung (6m²) * Rollläden (55m²) | | | | |
| 340 | **Innenwände** | 1,78 m² | 246 | **138,34** | 0,2 |
| | • Wiederherstellen (Kosten: 100,0%) | | 246 | | |
| | Brandschutztür T30 ausbauen, lagern, wieder einbauen (2m²) | | | | |
| 350 | **Decken** | 17,05 m² | 9.339 | **547,74** | 6,1 |
| | • Wiederherstellen (Kosten: 20,1%) | | 1.876 | | |
| | Balkonkante sanieren | | | | |
| | • Herstellen (Kosten: 79,9%) | | 7.463 | | |
| | Balkone, Haftbrücke, Dränageestrich, Abdichtung, Spaltklinkerplatten (17m²) * Stahl-Balkongeländer, feuerverzinkt (1St) | | | | |
| 360 | **Dächer** | 344,10 m² | 61.887 | **179,85** | 40,4 |
| | • Abbrechen (Kosten: 6,6%) | | 4.055 | | |
| | Abbruch von Sparren in Teillängen (37m), Strebeböcke unter der Mittelpfette (3St) * Dachflächenfenster, Verwahrung, Innenfutter (1m²) * Dachziegel, Lattung (273m²), Zwischensparrendämmung, d=140mm (15m²), Dachrinnen, Einlaufbleche (35m); Entsorgung, Deponiegebühren | | | | |
| | • Herstellen (Kosten: 93,4%) | | 57.832 | | |
| | Satteldach, Holzdielen beigenagelt (305m), Holzkonstruktion Loggia, Sparren (49m), Koppelpfettenköpfe (56St), Sparrenköpfe (58St), Stahl U-Profil (17m), Pfette (6m), Holzdiele (5m), Holzpfosten (7m) * Dachflächenfenster (9m²) * Wärmedämmung, d=220mm (242m²), Dachschalung, Unterspannbahn, Dachlattung, Betondachsteine (335m²), Dampfsperre, Flachdachabdichtung (45m²), Dachrinnen (46m), Dachgully (1St), Notüberlauf * Dampfbremse, Holz-Platten (221m²), Verschalung (7m²) | | | | |
| 390 | **Sonstige Baukonstruktionen** | 248,08 m² BGF | 6.092 | **24,56** | 4,0 |
| | • Herstellen (Kosten: 100,0%) | | 6.092 | | |
| | Baustellen-WC * Fassadengerüst, Gruppe 3 (385m²), Dachfanggerüst (40m), Gerüstträger (28m), Gerüstverbreiterung (40m) * Bauschutt * Loggia-Öffnungen schließen, Holzwerkstoffplatten, Folien * Provisorische Treppe mit Geländer | | | | |

| KG | Kostengruppe | Menge Einheit | Kosten € | €/Einheit | % |
|---|---|---|---|---|---|
| **400** | **Bauwerk - Technische Anlagen** | | | | **100,0** |
| 410 | **Abwasser-, Wasser-, Gasanlagen** | 248,08 m² BGF | 2.465 | **9,94** | 7,1 |
| | • Herstellen (Kosten: 100,0%) | | 2.465 | | |
| | Neue Regenrohranschlüsse, KG-Rohre DN100 (2St), Regenfallrohre, DN100 (10m), PE-Standrohre (2St), Wasserklappe (1St) * Zirkulationsleitung ändern, Metallverbundrohre DN20-32 (15m), Zirkulationspumpe (1St) | | | | |
| 420 | **Wärmeversorgungsanlagen** | 248,08 m² BGF | 28.255 | **113,89** | 81,7 |
| | • Abbrechen (Kosten: 6,5%) | | 1.831 | | |
| | Abbruch von Heizungskessel, Regelung, Zubehör, Fundament, Dämmungen * Kaminmantel, Verwahrung, Dämmungen; Entsorgung, Deponiegebühren | | | | |
| | • Wiederherstellen (Kosten: 2,4%) | | 677 | | |
| | Sichtmauerwerk am Kamin abbrechen und wieder neu aufmauern | | | | |
| | • Herstellen (Kosten: 91,1%) | | 25.747 | | |
| | Heizungskessel (1St), Wärmespeicher, 1.000l (1St), Pumpen (2St), Stellmotor (1St), Solaranlage, Aufdachkollektoren (6St), Solarstation, Solarregler, Solarflüssigkeit, Edelstahlrohre (25m), Kupferrohre (17m) * Schornstein Luft-Abgasführung, Abgasrohr (5m), Schornsteinkopfverkleidung (1St), Wärmedämmung 20mm, Titanzink-Stehfalzverkleidung (3m²), Kaminabdeckung, Kaminhut, Edelstahl (1St), Schornsteinverwahrung | | | | |
| 440 | **Starkstromanlagen** | 248,08 m² BGF | 3.629 | **14,63** | 10,5 |
| | • Herstellen (Kosten: 100,0%) | | 3.629 | | |
| | Mantelleitungen (207m), BUS-Leitungen (73m), Installationsrohre (18m), Steckdosen (7St) * Einbauleuchten (4St), Transformator (1St) * Mantelleitung (13m), Erdungsschelle (1St) | | | | |
| 450 | **Fernmelde-, informationstechn. Anlagen** | 248,08 m² BGF | 222 | **0,89** | 0,6 |
| | • Abbrechen (Kosten: 5,3%) | | 12 | | |
| | Abbruch einer UKW-Antenne, Entsorgung, Deponiegebühren | | | | |
| | • Herstellen (Kosten: 94,7%) | | 210 | | |
| | UKW-Antenne | | | | |
| **500** | **Außenanlagen** | | | | **100,0** |
| 520 | **Befestigte Flächen** | 10,94 m² | 192 | **17,56** | 3,3 |
| | • Abbrechen (Kosten: 100,0%) | | 192 | | |
| | Abbruch von Waschbetonplatten, Splittbett, Entsorgung, Deponiegebühren (11m²) | | | | |
| 530 | **Baukonstruktionen in Außenanlagen** | 409,13 m² AUF | 5.563 | **13,60** | 96,7 |
| | • Abbrechen (Kosten: 9,5%) | | 528 | | |
| | Abbruch einer Außentreppe, Trittstufen aus Waschbeton, Stb-Fundamente, Geländer, Entsorgung, Deponiegebühren (8m²) | | | | |
| | • Wiederherstellen (Kosten: 7,4%) | | 410 | | |
| | Treppengeländer abbauen, kürzen, neue Kopfplatten, befestigen und mit dem Brüstungsgeländern verschweissen | | | | |
| | • Herstellen (Kosten: 83,1%) | | 4.625 | | |
| | Sichtschutz mit Tür, Stahlrohrrahmen, Hochdruck-Schichtstoffplatten, d=8mm, als Füllung (4m²) * Außentreppe, Stahlwangentreppe, feuerverzinkt, 16 Stufen, 17,1/26cm, Austrittspodest, b=1m (1St) | | | | |

## Kostenkennwerte für die Kostengruppe 300 der 3.Ebene DIN 276 (Übersicht)

| KG | Kostengruppe | Menge Einh. | €/Einheit | Kosten € | % 300+400 |
|---|---|---|---|---|---|
| 311 | Baugrubenherstellung | – | – | – | – |
| 312 | Baugrubenumschließung | – | – | – | – |
| 313 | Wasserhaltung | – | – | – | – |
| 319 | Baugrube, sonstiges | – | – | – | – |
| **310** | **Baugrube** | **–** | **–** | **–** | **–** |
| 321 | Baugrundverbesserung | – | – | – | – |
| 322 | Flachgründungen | – | – | – | – |
| 323 | Tiefgründungen | – | – | – | – |
| 324 | Unterböden und Bodenplatten | – | – | – | – |
| 325 | Beläge auf Boden- und Fundamentplatten | – | – | – | – |
| 326 | Bauwerksabdichtungen | – | – | – | – |
| 327 | Dränagen | – | – | – | – |
| 329 | Gründung, sonstiges | – | – | – | – |
| **320** | **Gründung** | **–** | **–** | **–** | **–** |
| 331 | Tragende Außenwände | 9,000 m² | 197,84 | 1.780,58 | 0,9 |
| 332 | Nichttragende Außenwände | 3,000 m² | 123,46 | 375,81 | 0,2 |
| 333 | Tragende Außenstützen | – | – | – | – |
| 334 | Außentüren, -fenster | 69,000 m² | 359,98 | 24.899,80 | 13,3 |
| 335 | Außenwandbekleidungen außen | 441,000 m² | 86,14 | 37.983,99 | 20,2 |
| 336 | Außenwandbekleidungen innen | 6,000 m² | 26,97 | 171,53 | 0,1 |
| 337 | Elementierte Außenwände | – | – | – | – |
| 338 | Sonnenschutz | 55,000 m² | 191,07 | 10.502,96 | 5,6 |
| 339 | Außenwände, sonstiges | – | – | – | – |
| **330** | **Außenwände** | **441,000 m²** | **171,70** | **75.714,67** | **40,3** |
| 341 | Tragende Innenwände | – | – | – | – |
| 342 | Nichttragende Innenwände | – | – | – | – |
| 343 | Tragende Innenstützen | – | – | – | – |
| 344 | Innentüren, -fenster | 2,000 m² | 138,34 | 246,25 | 0,1 |
| 345 | Innenwandbekleidungen | – | – | – | – |
| 346 | Elementierte Innenwände | – | – | – | – |
| 349 | Innenwände, sonstiges | – | – | – | – |
| **340** | **Innenwände** | **2,000 m²** | **138,34** | **246,25** | **0,1** |
| 351 | Deckenkonstruktionen | 17,000 m² | 110,04 | 1.876,18 | 1,0 |
| 352 | Deckenbeläge | 17,000 m² | 241,70 | 4.120,91 | 2,2 |
| 353 | Deckenbekleidungen | – | – | – | – |
| 359 | Decken, sonstiges | 17,000 m² DEF | 196,01 | 3.341,96 | 1,8 |
| **350** | **Decken** | **17,000 m²** | **547,74** | **9.339,04** | **5,0** |
| 361 | Dachkonstruktionen | 335,000 m² | 46,96 | 15.716,66 | 8,4 |
| 362 | Dachfenster, Dachöffnungen | 9,000 m² | 559,58 | 5.254,49 | 2,8 |
| 363 | Dachbeläge | 381,000 m² | 99,39 | 37.870,58 | 20,2 |
| 364 | Dachbekleidungen | 229,000 m² | 13,20 | 3.019,34 | 1,6 |
| 369 | Dächer, sonstiges | 344,000 m² DAF | < 0,1 | 25,69 | < 0,1 |
| **360** | **Dächer** | **344,000 m²** | **179,85** | **61.886,75** | **32,9** |
| **370** | **Baukonstruktive Einbauten** | **–** | **–** | **–** | **–** |
| **390** | **Sonst. Maßnahmen für Baukonstruktionen** | **248,000 m² BGF** | **24,56** | **6.091,73** | **3,2** |
| **300** | **Bauwerk - Baukonstruktionen** | **248,000 m² BGF** | **617,86** | **153.278,44** | **81,6** |

## Kostenkennwerte für die Kostengruppe 400 der 3.Ebene DIN 276 (Übersicht)

| KG | Kostengruppe | Menge Einh. | €/Einheit | Kosten € | % 300+400 |
|---|---|---|---|---|---|
| 411 | Abwasseranlagen | 248,000 m² BGF | 3,27 | 810,07 | 0,4 |
| 412 | Wasseranlagen | 248,000 m² BGF | 6,67 | 1.655,15 | 0,9 |
| 413 | Gasanlagen (wenn zu Kochzwecken) | – | – | – | – |
| 414 | Feuerlöschanlagen | – | – | – | – |
| 419 | Abwasser-, Wasser- und Gasanlagen, sonstiges | – | – | – | – |
| **410** | **Abwasser-, Wasser-, Gasanlagen** | **248,000 m² BGF** | **9,94** | **2.465,22** | **1,3** |
| 421 | Wärmeerzeugungsanlagen | 248,000 m² BGF | 98,74 | 24.495,05 | 13,0 |
| 422 | Wärmeverteilnetze | – | – | – | – |
| 423 | Raumheizflächen | – | – | – | – |
| 429 | Wärmeversorgungsanlagen, sonstiges | 248,000 m² BGF | 15,16 | 3.759,93 | 2,0 |
| **420** | **Wärmeversorgungsanlagen** | **248,000 m² BGF** | **113,89** | **28.254,97** | **15,0** |
| 431 | Lüftungsanlagen (LA) | – | – | – | – |
| 432 | Teilklimaanlagen (TKA) | – | – | – | – |
| 433 | Klimaanlagen (KLA) | – | – | – | – |
| 434 | Prozeßlufttechnische Anlagen (PLA) | – | – | – | – |
| 435 | Kälteanlagen (KA) | – | – | – | – |
| 439 | Lufttechnische Anlagen, sonstiges | – | – | – | – |
| **430** | **Lufttechnische Anlagen** | **–** | **–** | **–** | **–** |
| 441 | Hoch- und Mittelspannungsanlagen | – | – | – | – |
| 442 | Eigenstromversorgungsanlagen | – | – | – | – |
| 443 | Niederspannungsschaltanlagen | – | – | – | – |
| 444 | Niederspannungsinstallationsanlagen | 248,000 m² BGF | 13,96 | 3.462,36 | 1,8 |
| 445 | Beleuchtungsanlagen | 248,000 m² BGF | 0,56 | 138,24 | 0,1 |
| 446 | Blitzschutz- und Erdungsanlagen | 248,000 m² BGF | 0,11 | 28,05 | < 0,1 |
| 449 | Starkstromanlagen, sonstiges | – | – | – | – |
| **440** | **Starkstromanlagen** | **248,000 m² BGF** | **14,63** | **3.628,66** | **1,9** |
| 451 | Telekommunikationsanlagen | – | – | – | – |
| 452 | Such- und Signalanlagen | – | – | – | – |
| 453 | Zeitdienstanlagen | – | – | – | – |
| 454 | Elektroakustische Anlagen | – | – | – | – |
| 455 | Fernseh- und Antennenanlagen | 248,000 m² BGF | 0,89 | 221,86 | 0,1 |
| 456 | Gefahrenmelde- und Alarmanlagen | – | – | – | – |
| 457 | Übertragungsnetze | – | – | – | – |
| 459 | Fernmelde- und informationstechn. Anlagen, sonstiges | – | – | – | – |
| **450** | **Fernmelde- und informationstechn. Anlagen** | **248,000 m² BGF** | **0,89** | **221,86** | **0,1** |
| 461 | Aufzugsanlagen | – | – | – | – |
| 462 | Fahrtreppen, Fahrsteige | – | – | – | – |
| 463 | Befahranlagen | – | – | – | – |
| 464 | Transportanlagen | – | – | – | – |
| 465 | Krananlagen | – | – | – | – |
| 469 | Förderanlagen, sonstiges | – | – | – | – |
| **460** | **Förderanlagen** | **–** | **–** | **–** | **–** |
| **470** | **Nutzungsspezifische Anlagen** | **–** | **–** | **–** | **–** |
| **480** | **Gebäudeautomation** | **–** | **–** | **–** | **–** |
| **490** | **Sonst. Maßnahmen für technische Anlagen** | **–** | **–** | **–** | **–** |
| **400** | **Bauwerk - Technische Anlagen** | **248,000 m² BGF** | **139,35** | **34.570,71** | **18,4** |

## Kostenkennwerte für Leistungsbereiche nach StLB (Kosten des Bauwerks nach DIN 276)

| LB | Leistungsbereiche | Kosten € | €/m² BGF | €/m³ BRI | % 300+400 |
|---|---|---|---|---|---|
| 000 | Sicherheits-, Baustelleneinrichtungen inkl. 001 | 5.793 | 23,40 | 8,80 | 3,1 |
| | Herstellen | 5.793 | 23,40 | 8,80 | 3,1 |
| 002 | Erdarbeiten | 61 | 0,25 | < 0,1 | – |
| | Herstellen | 61 | 0,25 | < 0,1 | – |
| 006 | Spezialtiefbauarbeiten inkl. 005 | – | – | – | – |
| 009 | Abwasserkanalarbeiten inkl. 011 | 40 | 0,16 | < 0,1 | – |
| | Herstellen | 40 | 0,16 | < 0,1 | – |
| 010 | Dränarbeiten | – | – | – | – |
| 012 | Mauerarbeiten | 1.937 | 7,80 | 2,90 | 1,0 |
| | Wiederherstellen | 677 | 2,70 | 1,00 | 0,4 |
| | Herstellen | 1.260 | 5,10 | 1,90 | 0,7 |
| 013 | Betonarbeiten | 3.432 | 13,80 | 5,20 | 1,8 |
| | Wiederherstellen | 1.876 | 7,60 | 2,80 | 1,0 |
| | Herstellen | 1.556 | 6,30 | 2,40 | 0,8 |
| 014 | Natursteinarbeiten, Betonwerksteinarbeiten | – | – | – | – |
| 016 | Zimmer- und Holzbauarbeiten | 30.179 | 121,70 | 45,60 | 16,1 |
| | Herstellen | 30.180 | 121,70 | 45,60 | 16,1 |
| 017 | Stahlbauarbeiten | 3.342 | 13,50 | 5,10 | 1,8 |
| | Herstellen | 3.342 | 13,50 | 5,10 | 1,8 |
| 018 | Abdichtungsarbeiten gegen Wasser | – | – | – | – |
| 020 | Dachdeckungsarbeiten | 16.906 | 68,10 | 25,60 | 9,0 |
| | Herstellen | 16.906 | 68,10 | 25,60 | 9,0 |
| 021 | Dachabdichtungsarbeiten | 4.898 | 19,70 | 7,40 | 2,6 |
| | Herstellen | 4.898 | 19,70 | 7,40 | 2,6 |
| 022 | Klempnerarbeiten | 5.718 | 23,00 | 8,60 | 3,0 |
| | Herstellen | 5.718 | 23,00 | 8,60 | 3,0 |
| | **Rohbau** | **72.305** | **291,50** | **109,30** | **38,5** |
| | Wiederherstellen | 2.553 | 10,30 | 3,90 | 1,4 |
| | Herstellen | 69.753 | 281,20 | 105,40 | 37,1 |
| 023 | Putz- und Stuckarbeiten, Wärmedämmsysteme | 34.835 | 140,40 | 52,70 | 18,5 |
| | Herstellen | 34.835 | 140,40 | 52,70 | 18,5 |
| 024 | Fliesen- und Plattenarbeiten | 2.511 | 10,10 | 3,80 | 1,3 |
| | Herstellen | 2.511 | 10,10 | 3,80 | 1,3 |
| 025 | Estricharbeiten | 1.609 | 6,50 | 2,40 | 0,9 |
| | Herstellen | 1.609 | 6,50 | 2,40 | 0,9 |
| 026 | Fenster, Außentüren inkl. 029, 032 | 21.925 | 88,40 | 33,10 | 11,7 |
| | Herstellen | 21.925 | 88,40 | 33,10 | 11,7 |
| 027 | Tischlerarbeiten | – | – | – | – |
| 028 | Parkettarbeiten, Holzpflasterarbeiten | – | – | – | – |
| 030 | Rollladenarbeiten | 9.423 | 38,00 | 14,20 | 5,0 |
| | Herstellen | 9.423 | 38,00 | 14,20 | 5,0 |
| 031 | Metallbauarbeiten inkl. 035 | 358 | 1,40 | 0,54 | 0,2 |
| | Wiederherstellen | 246 | 0,99 | 0,37 | 0,1 |
| | Herstellen | 111 | 0,45 | 0,17 | 0,1 |
| 034 | Maler- und Lackiererarbeiten inkl. 037 | 208 | 0,84 | 0,31 | 0,1 |
| | Herstellen | 208 | 0,84 | 0,31 | 0,1 |
| 036 | Bodenbelagsarbeiten | – | – | – | – |
| 038 | Vorgehängte hinterlüftete Fassaden | 257 | 1,00 | 0,39 | 0,1 |
| | Herstellen | 257 | 1,00 | 0,39 | 0,1 |

| LB | Leistungsbereiche | Kosten € | €/m² BGF | €/m³ BRI | % 300+400 |
|---|---|---|---|---|---|
| 039 | Trockenbauarbeiten | – | – | – | – |
| | **Ausbau** | **71.127** | **286,70** | **107,50** | **37,9** |
| | Wiederherstellen | 246 | 0,99 | 0,37 | 0,1 |
| | Herstellen | 70.881 | 285,70 | 107,10 | 37,7 |
| 040 | Wärmeerzeuger, zentr. Einrichtungen inkl. 041 | 23.306 | 93,90 | 35,20 | 12,4 |
| | Herstellen | 23.306 | 93,90 | 35,20 | 12,4 |
| 042 | Gas- und Wasserinstallationsarbeiten inkl. 043 | 1.653 | 6,70 | 2,50 | 0,9 |
| | Herstellen | 1.653 | 6,70 | 2,50 | 0,9 |
| 044 | Abwasserinstallationsarbeiten - Leitungen | 709 | 2,90 | 1,10 | 0,4 |
| | Herstellen | 709 | 2,90 | 1,10 | 0,4 |
| 045 | Gas-, Wasser-Einrichtungsgegenstände inkl. 046 | – | – | – | – |
| 047 | Dämmarbeiten an betriebstechnischen Anlagen | 1.152 | 4,60 | 1,70 | 0,6 |
| | Herstellen | 1.152 | 4,60 | 1,70 | 0,6 |
| 049 | Feuerlöschanlagen, Feuerlöschgeräte | – | – | – | – |
| 050 | Blitzschutz- und Erdungsanlagen | 28 | 0,11 | < 0,1 | – |
| | Herstellen | 28 | 0,11 | < 0,1 | – |
| 052 | Mittelspannungsanlagen | – | – | – | – |
| 053 | Niederspannungsanlagen inkl. 054 | 3.462 | 14,00 | 5,20 | 1,8 |
| | Herstellen | 3.462 | 14,00 | 5,20 | 1,8 |
| 055 | Ersatzstromversorgungsanlagen | – | – | – | – |
| 057 | Gebäudesystemtechnik | – | – | – | – |
| 058 | Leuchten und Lampen, inkl. 059 | 138 | 0,56 | 0,21 | 0,1 |
| | Herstellen | 138 | 0,56 | 0,21 | 0,1 |
| 060 | Elektroakustische Anlagen | – | – | – | – |
| 061 | Kommunikationsnetze | 210 | 0,85 | 0,32 | 0,1 |
| | Herstellen | 210 | 0,85 | 0,32 | 0,1 |
| 063 | Gefahrenmeldeanlagen | – | – | – | – |
| 069 | Aufzüge | – | – | – | – |
| 070 | Gebäudeautomation | – | – | – | – |
| 075 | Raumlufttechnische Anlagen | – | – | – | – |
| | **Gebäudetechnik** | **30.658** | **123,60** | **46,30** | **16,3** |
| | Herstellen | 30.658 | 123,60 | 46,30 | 16,3 |
| 084 | Abbrucharbeiten | 13.759 | 55,50 | 20,80 | 7,3 |
| | Abbrechen | 13.759 | 55,50 | 20,80 | 7,3 |
| | Sonstige Leistungsbereiche inkl. 008, 033, 051 | – | – | – | – |

6100-740
Einfamilienhaus

## Objektübersicht

Modernisierung

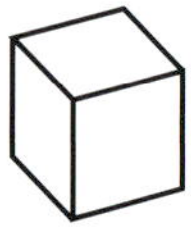

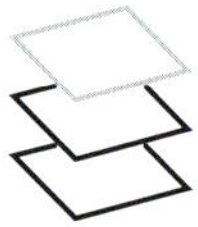

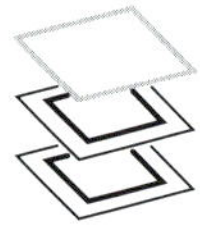

**4.659 €/m² WFL** | **880 €/m³ BRI** | **2.458 €/m² BGF** | **3.841 €/m² NF**

| | |
|---|---|
| Kennwerte | bis 3.Ebene DIN 276 |
| Bauzeit | 26 Wochen |
| Bauende | 2008 |
| Standard | über Durchschnitt |
| Land | Hamburg |
| Kreis | Hansestadt Hamburg |
| m³ BRI | 777 |
| m² BGF | 278 |
| m² NF | 178 |

**Architekt:**
Jan Cousin Dipl.-Ing.
Ökotektur + Baubiologie
Richard-Dehmel-Str. 19
22587 Hamburg

vorher

Detail

nachher

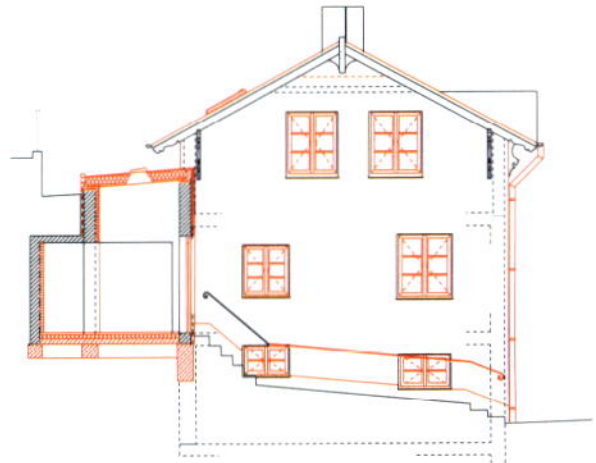

Ansicht Nord

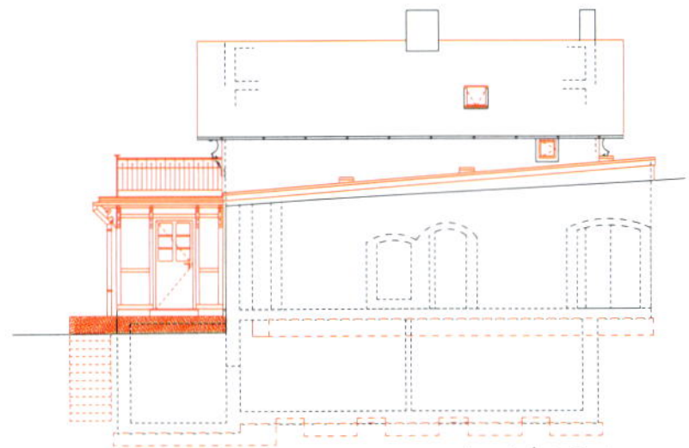

Ansicht Ost

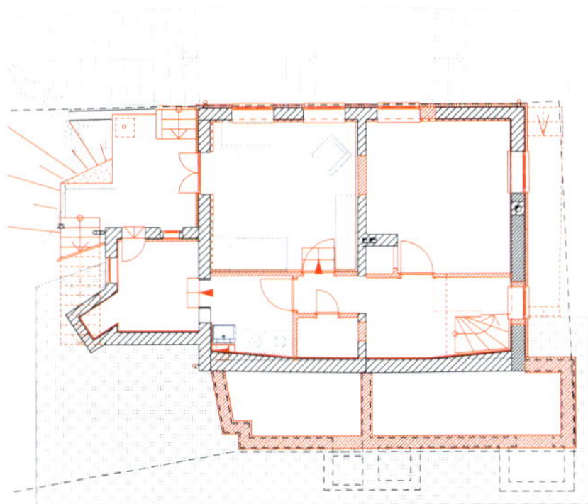

Untergeschoss

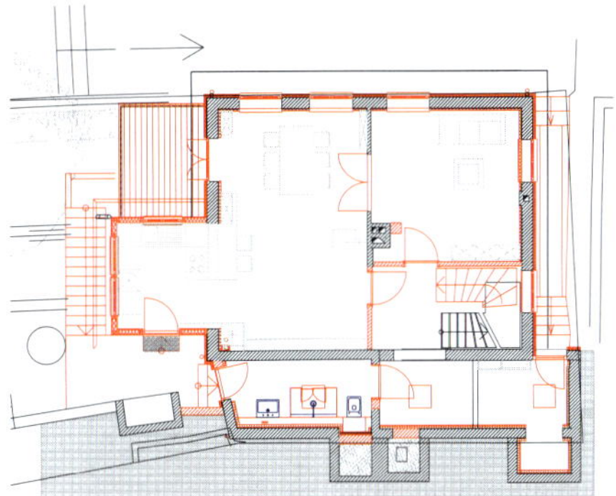

Erdgeschoss

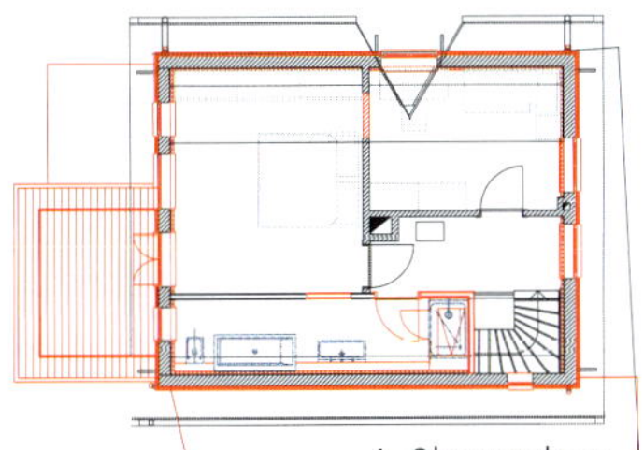

1. Obergeschoss

Ansicht Süd

Ansicht West

# Objektbeschreibung

## Nutzung

**1 Untergeschoss**
Kellerräume, Vorratraum, Hauswirtsschaftraum, Technikraum, Gästezimmer

**1 Erdgeschoss**
Wohnbereich mit Esszimmer, Küche, Badezimmer

**Obergeschoss**
Schlafzimmer, Kinderzimmer mit Bad

## Nutzeinheiten

Wohnfläche: 147m$^2$

## Grundstück

Bauraum: Baulücke
Neigung: Hanglage

## Markt

Hauptvergabezeit: 2.Quartal 2008
Baubeginn: 2.Quartal 2008
Bauende: 4.Quartal 2008
Konjunkturelle Gesamtlage: Durchschnitt
Regionaler Baumarkt: über Durchschnitt

## Baubestand

Baujahr: 1919
Bauzustand: schlecht
Aufwand: hoch
Grundrissänderungen: umfangreiche
Tragwerkseingriffe: umfangreiche
Nutzungsänderung: nein
Nutzung während der Bauzeit: nein

## Baukonstruktion

**Abbrechen:** Abbruch von Stb-Bodenplatte, Holzdielen; Mauerwerk, Fensterbrüstungen, Holzfenster, Holztüren, Putz; Ziegelwänden, Wandfliesen, Tapeten; Strohdecken, Sparschalung, Deckenbalken; Balkenköpfen, Sparren, Dachschalung, Kupferrinnen, Schieferdeckung; Entsorgung, Deponiegebühren
**Wiederherstellen:** Ziegelsteine ausstemmen, durch neue ersetzen, Mauerfugen auskratzen, neu verfugen, Schmuckreiter überarbeiten; Holztüren ausbauen, lagern, wieder einbauen, zum Teil lackieren, Putzflächen prüfen, Putzschäden abschlagen, neuen Rotkalk-Putz aufbringen; Red-Pine-Dielen ausbauen, lagern, geschmiedete Nägel entfernen, wieder verlegen, Parkettfußboden, abschleifen, Fugen säubern, auskitten, versiegeln; Balkenkopfsanierung, Dachüberstand streichen, Stahl-Vordach, lackieren
**Herstellen:** Stb-Einzelfundamente, Stb-Bodenplatte, Estrich, Bodenfliesen; Holzrahmenwand, Holzfenster mit Sprossen; WDVS; Ziegelwände, Metallständerwände; Holztüren, Putz, Anstrich, Wandfliesen; Einbau von Stahl-Unterzügen, Holztreppe; Ölandplatten, Kieferndielen, Landhausdielen, Parkett, Deckenanstrich; Dachflächenfenster, Naturschieferdeckung, GK-Beplankungen, Balkonkonstruktion; Küche, Einbauschränke; Unterfangungen

## Technische Anlagen

**Herstellen:** Abwasserleitungen, Kalt- und Warmwasserleitungen, Waschbecken, Duschen, Badewanne, WC-Becken, Duschtrennwände; Öl-Brennwertkessel, Heizungsrohre, Heizkörper, Edelstahlschornstein; Elektroinstallation, Beleuchtungskörper; Telefonsteckdosen, Sprechanlage, Lautsprechersteckdosen, Sat-Antennenanlage, Brandmelder, Rauchmelder, EDV-Verkabelung

## Planungskennwerte für Flächen und Rauminhalte nach DIN 277

| Flächen des Grundstücks | | Menge, Einheit | % an FBG |
|---|---|---|---|
| BF | Bebaute Fläche | 92,70 m² | 30,2 |
| UBF | Unbebaute Fläche | 214,62 m² | 69,8 |
| FBG | Fläche des Baugrundstücks | 307,32 m² | 100,0 |

| Grundflächen des Bauwerks | | Menge, Einheit | % an NF | % an BGF |
|---|---|---|---|---|
| NF | Nutzfläche | 177,98 m² | 100,0 | 64,0 |
| TF | Technische Funktionsfläche | 19,02 m² | 10,7 | 6,8 |
| VF | Verkehrsfläche | 27,26 m² | 15,3 | 9,8 |
| NGF | Netto-Grundfläche | 224,26 m² | 126,0 | 80,6 |
| KGF | Konstruktions-Grundfläche | 53,84 m² | 30,3 | 19,4 |
| BGF | Brutto-Grundfläche | 278,10 m² | 156,3 | 100,0 |

| Brutto-Rauminhalt des Bauwerks | | Menge, Einheit | BRI/NF (m) | BRI/BGF (m) |
|---|---|---|---|---|
| BRI | Brutto-Rauminhalt | 777,22 m³ | 4,37 | 2,79 |

| Lufttechnisch behandelte Flächen | Menge, Einheit | % an NF | % an BGF |
|---|---|---|---|
| Entlüftete Fläche | – m² | – | – |
| Be- und entlüftete Fläche | – m² | – | – |
| Teilklimatisierte Fläche | – m² | – | – |
| Klimatisierte Fläche | – m² | – | – |

| KG | Kostengruppen (2.Ebene) | Menge, Einheit | Menge/NF | Menge/BGF |
|---|---|---|---|---|
| 310 | Baugrube | 28,33 m³ BGI | 0,16 | 0,10 |
| 320 | Gründung | 73,60 m² GRF | 0,41 | 0,26 |
| 330 | Außenwände | 416,11 m² AWF | 2,34 | 1,50 |
| 340 | Innenwände | 460,59 m² IWF | 2,59 | 1,66 |
| 350 | Decken | 234,57 m² DEF | 1,32 | 0,84 |
| 360 | Dächer | 190,30 m² DAF | 1,07 | 0,68 |

## Kostenkennwerte für die Kostengruppen der 1.Ebene DIN 276

| KG | Kostengruppen (1.Ebene) | Einheit | Kosten € | €/Einheit | €/m² BGF | €/m³ BRI | % 300+400 |
|---|---|---|---|---|---|---|---|
| 100 | Grundstück | m² FBG | – | – | – | – | – |
| 200 | Herrichten und Erschließen | m² FBG | – | – | – | – | – |
| 300 | Bauwerk - Baukonstruktionen | m² BGF | 605.933 | 2.178,83 | 2.178,83 | 779,62 | 88,6 |
| 400 | Bauwerk - Technische Anlagen | m² BGF | 77.660 | 279,25 | 279,25 | 99,92 | 11,4 |
| | **Bauwerk 300+400** | **m² BGF** | **683.593** | **2.458,08** | **2.458,08** | **879,54** | **100,0** |
| 500 | Außenanlagen | m² AUF | 22.550 | 105,07 | 81,08 | 29,01 | 3,3 |
| 600 | Ausstattung und Kunstwerke | m² BGF | – | – | – | – | – |
| 700 | Baunebenkosten | m² BGF | 112.286 | 403,76 | 403,76 | 144,47 | 16,4 |

Modernisierung

## Kostenkennwerte für die Kostengruppen der 1.Ebene DIN 276

| KG | Kostengruppe | Menge Einheit | Kosten € | €/Einheit | % |
|---|---|---|---|---|---|
| 3+4 | **Bauwerk** | | | | **100,0** |
| 300 | **Bauwerk - Baukonstruktionen** | 278,10 m² BGF | 605.933 | **2.178,83** | 88,6 |
| | • Abbrechen (Kosten: 7,9%) | | 48.030 | | |
| | Abbruch von Stb-Bodenplatte, Holzdielen; Mauerwerk, Fensterbrüstungen, Holzfenster, Holztüren, Putz; Ziegelwänden, Wandfliesen, Tapeten; Strohdecken, Sparschalung, Deckenbalken; Balkenköpfen, Sparren, Dachschalung, Kupferrinnen, Schieferdeckung; Entsorgung, Deponiegebühren | | | | |
| | • Wiederherstellen (Kosten: 4,5%) | | 27.173 | | |
| | Ziegelsteine ausstemmen, durch neue ersetzen, Mauerfugen auskratzen, neu verfugen, Schmuckreiter überarbeiten; Holztüren ausbauen, lagern, wieder einbauen, zum Teil lackieren, Putzflächen prüfen, Putzschäden abschlagen, neuen Rotkalk-Putz aufbringen; Red-Pine-Dielen ausbauen, lagern, geschmiedete Nägel entfernen, wieder verlegen, Parkettfußboden, abschleifen, Fugen säubern, auskitten, versiegeln; Balkenkopfsanierung, Dachüberstand streichen, Stahl-Vordach, lackieren | | | | |
| | • Herstellen (Kosten: 87,6%) | | 530.730 | | |
| | Stb-Einzelfundamente, Stb-Bodenplatte, Estrich, Bodenfliesen; Holzrahmenwand, Holzfenster mit Sprossen; WDVS; Ziegelwände, Metallständerwände; Holztüren, Putz, Anstrich, Wandfliesen; Einbau von Stahl-Unterzügen, Holztreppe; Ölandplatten, Kieferndielen, Landhausdielen, Parkett, Deckenanstrich; Dachflächenfenster, Naturschiefer-deckung, GK-Beplankungen, Balkonkonstruktion; Küche, Einbauschränke; Unterfangungen | | | | |
| 400 | **Bauwerk - Technische Anlagen** | 278,10 m² BGF | 77.660 | **279,25** | 11,4 |
| | • Herstellen (Kosten: 100,0%) | | 77.660 | | |
| | Abwasserleitungen, Kalt- und Warmwasserleitungen, Waschbecken, Duschen, Badewanne, WC-Becken, Duschtrennwände; Öl-Brennwertkessel, Heizungsrohre, Heizkörper, Edelstahlschornstein; Elektroinstallation, Beleuchtungskörper; Telefonsteckdosen, Sprechanlage, Lautsprechersteckdosen, Sat-Antennenanlage, Brandmelder, Rauchmelder, EDV-Verkabelung | | | | |
| 500 | **Außenanlagen** | 214,62 m² AUF | 22.550 | **105,07** | 3,3 |
| | • Abbrechen (Kosten: 16,3%) | | 3.684 | | |
| | Abbruch von einer Naturstein-Stützmauer, Natursteinwand in Teilbereichen; Betonblockstufen; Entsorgung, Deponiegebühren | | | | |
| | • Wiederherstellen (Kosten: 5,3%) | | 1.196 | | |
| | Betonplatten ausbauen, lagern, im Sandbett wiederverlegen; Betonblockstufen ausbauen, lagern, wiederverlegen | | | | |
| | • Herstellen (Kosten: 78,4%) | | 17.670 | | |
| | Erdaushub, Handschachtung, Abtransport; Granitpflastersteine, Rundlingspflaster, Randeinfassungen; Betonschalstein-Stützwand, Abdichtung, Verblendung mit Natur-Findlingen, Granitstufen, Blockstufen | | | | |
| 700 | **Baunebenkosten** | 278,10 m² BGF | 112.286 | **403,76** | 16,4 |
| | • Herstellen (Kosten: 100,0%) | | 112.286 | | |
| | Architektenhonorar, Bestandsaufnahme; Tragwerkplanung; Gutachten, Beratung, Beweissicherung, Vermessung, Höhenplan; Abnahmegebühr | | | | |

## Kostenkennwerte für die Kostengruppen 300 und 400 der 2.Ebene DIN 276

| KG | Kostengruppe | Menge Einheit | Kosten € | €/Einheit | % |
|---|---|---|---|---|---|
| **300** | **Bauwerk - Baukonstruktionen** | | | | **100,0** |
| 310 | **Baugrube** | 28,33 m³ | 5.360 | **189,18** | 0,9 |
| | • Herstellen (Kosten: 100,0%) | | 5.360 | | |
| | Handschachtung zur Bodenplattenansenkung, waagerecht abgraben (7m³), Bodenaushub für Außenwandabdichtung, Handschachtung (15m³) | | | | |
| 320 | **Gründung** | 73,60 m² | 35.059 | **476,34** | 5,8 |
| | • Abbrechen (Kosten: 24,7%) | | 8.672 | | |
| | Abbruch von Stb-Bodenplatte, d=20cm, Estrich, Beläge (73m²) * Holzdielen (61m²); Entsorgung, Deponiegebühren | | | | |
| | • Herstellen (Kosten: 75,3%) | | 26.387 | | |
| | Fundamentaushub, Stb-Einzelfundamente C20/25 * Stb-Bodenplatte C20/25, d=12cm, Randschalung, Bewehrung (74m²) * mineralische Dickbeschichtung, Bitumenbahnen, Gussasphaltestrich, d=25mm, Bodenfliesen (35m²), Ausgleichs-Spachtelung, Landhausdielen (16m²) * Feinplanum (75m²) | | | | |
| 330 | **Außenwände** | 416,11 m² | 187.067 | **449,56** | 30,9 |
| | • Abbrechen (Kosten: 5,4%) | | 10.069 | | |
| | Abbruch von Mauerwerk, d=31cm, temporäre Abfangungen (8m²) * Fensterbrüstungen (3m²) * Holzfenster (29m²), Holztüren (10m²) * Putz (132m²); Entsorgung, Deponiegebühren | | | | |
| | • Wiederherstellen (Kosten: 3,9%) | | 7.279 | | |
| | Ziegelsteine ausstemmen, durch neue ersetzen, in Kleinflächen (11m²), Mauerfugen auskratzen, neu verfugen (23m²), Mauertaschen beimauern (26m) * Stahl-Stütze, lackieren (3m) * Ausbau von Sparren, Stützen zwischen lagern, wieder montieren mit Dämmung, d=60mm (21St), Risse verpressen (10m), Schmuckreiter 36x68cm, reinigen, Löcher spachteln, anschleifen, Anstrich (18St) | | | | |
| | • Herstellen (Kosten: 90,7%) | | 169.719 | | |
| | Mauertaschen für neue Holzbalken (67St), Einbau von Fensterstürzen HEA 100, l=1,36m (6St) * Holzrahmenwand, Beplankungen, Einblasdämmung, d=120mm (23m²) * Holzeingangstür (2m²), Nebeneingangstüren (5m²), Sicherheitsbeschläge, Holzfenster mit Sprossen (32m²) * Ziegelfassade, Reinigung, Anstrich (174m²), Wärmeverbundsystem, Dämmplatten, d=60mm, WLG 022, Putz, Anstrich (183m²), Fachwerk-Applikationen, Edelholzleisten (63m) * Abdichtungen, Schimmelbeseitigung, Lehmputz, d=20mm Holzfaserdämmplatten, d=40mm (115m²), Rotkalkputz, Anstrich (132m²), Wandfliesen (7m²) | | | | |

| KG | Kostengruppe | Menge Einheit | Kosten € | €/Einheit | % |
|---|---|---|---|---|---|
| 340 | **Innenwände** | 460,59 m2 | 92.487 | **200,80** | 15,3 |
| | • Abbrechen (Kosten: 11,8%) | | 10.904 | | |
| | Abbruch von Mauerwerk, d=22,5cm, in Teilflächen (6m2) * Ziegelwänden, d=12cm (62m2) * Holztüren (18m2) * Wandfliesen (45m2), Entfernen von Tapeten (528m2); Entsorgung, Deponiegebühren | | | | |
| | • Wiederherstellen (Kosten: 9,6%) | | 8.858 | | |
| | Holztüren ausbauen, lagern, wieder einbauen (18m2), Türen, ausbauen, abschleifen, lackieren, neue Beschläge, wieder einbauen (15m2) * Putzflächen prüfen, Putzschäden abschlagen, neuen Rotkalk-Putz aufbringen (277m2) | | | | |
| | • Herstellen (Kosten: 78,6%) | | 72.725 | | |
| | Einbau von Türstürzen 2 IPE 120 (8St), Ziegelwände, d=19cm (7m2) * Ziegelwände, d=9cm (53m2), Metallständerwände, GK-Beplankung (38m2), Durchbrüche schließen (20St), Installationswand (19m2) * Mauerpfeiler (5m) * Holz-Kassettentüren, Massivholzrahmen, Lackierung (13m2), Massivholz-Schiebetür (2m2) * Kalkputz (150m2), Rotkalkputz (79m2), Wandfliesen (18m2), Glattspachtelung, Anstrich (498m2), Holz-Fußleisten lackieren (69m) | | | | |
| 350 | **Decken** | 234,57 m2 | 110.738 | **472,09** | 18,3 |
| | • Abbrechen (Kosten: 11,7%) | | 13.007 | | |
| | Abbruch von Strohdecken, Sparschalung, Deckenbalken (149m2) * Holzdielen (188m2); Entsorgung, Deponiegebühren | | | | |
| | • Wiederherstellen (Kosten: 6,7%) | | 7.471 | | |
| | Red-Pine-Dielen ausbauen, lagern, geschmiedete Nägel entfernen, wieder verlegen (61m2), Parkettfußboden, abschleifen, Fugen säubern, auskitten, versiegeln (148m2) * Stahl-Balkon-Unterkonstruktion, Handläufe, lackieren | | | | |
| | • Herstellen (Kosten: 81,5%) | | 90.260 | | |
| | Einbau von Stahl-Unterzügen HEB 160 (4St), Bauholz KVH, Abbund (175m), Ausgleichen und Verstärken der Deckenbalken (51m), Massivholztreppe * Gussasphaltestrich, d=25mm (109m2), Ölandplatten (15m2), Bodenfliesen (7m2), Dämmplatten, Kieferndielen (56m2), Pitch-Pine-Landhausdielen (49m2), Parkett (32m2) * Holzwerkstoffplatten, d=12mm (95m2), Spachtelung GK-Decken, Anstrich (145m2) * Stahl-Balkongeländer (14m), Bodenluke (1St) | | | | |
| 360 | **Dächer** | 190,30 m2 | 88.487 | **464,99** | 14,6 |
| | • Abbrechen (Kosten: 4,2%) | | 3.718 | | |
| | Abbruch von Balkenköpfen (8St), Sparren, Dachschalung, Bitumeneindeckung, Kupferrinnen (34m2) * Dachausstiegluke * Schieferdeckung, Bitumenvordeckbahnen (97m2), Schornsteineinfassung (5m2); Entsorgung, Deponiegebühren | | | | |
| | • Wiederherstellen (Kosten: 4,0%) | | 3.565 | | |
| | Ausbau von profilierten Sparren-Stützen, lagern, an anderer Stelle wieder einbauen (15St), Balkenkopfsanierung, marodes Holz, abschneiden (10St) * Ausbesserung der Dachschalung, alte Schalung entfernen, neue einbauen (4m2) * Dachüberstand, reinigen, anschleifen, Löcher verspachteln, Anstrich (21m2) * Stahl-Vordach, reinigen, grundieren, lackieren | | | | |
| | • Herstellen (Kosten: 91,8%) | | 81.204 | | |
| | Einbau eines Stahlrahmens, Sturzträger, Stahlstützen HEA 200, l=2,45m (2St), Zugband, l=3,19m * Lichtkuppeln, Elektroantrieb (3St), feststehend (1St), Dachflächenfenster (2St) * Naturschieferdeckung (97m2), Bitumenbahnen (35m2), Holzbeläge (7m2), Kupferabdeckungen (27m2), Kupferdachrinnen (21m) * GK-Beplankungen * Balkonkonstruktion, Geländer (13m), Kupferdachhaken (10St) | | | | |

| KG | Kostengruppe | Menge Einheit | Kosten € | €/Einheit | % |
|---|---|---|---|---|---|
| 370 | **Baukonstruktive Einbauten** | 278,10 m² BGF | 28.134 | **101,17** | 4,6 |
| | • Herstellen (Kosten: 100,0%) | | 28.134 | | |
| | Garderobenschrank, Küche mit Elektrogeräten, Einbaumöbel | | | | |
| 390 | **Sonstige Baukonstruktionen** | 278,10 m² BGF | 58.601 | **210,72** | 9,7 |
| | • Abbrechen (Kosten: 2,8%) | | 1.659 | | |
| | Abbruch einer Holz-Veranda, Außenwände, d=12cm, Holzbalken-Boden, Dachdichtung, 2,50x3,15x2,90m; Entsorgung, Deponiegebühren | | | | |
| | • Herstellen (Kosten: 97,2%) | | 56.942 | | |
| | Baustelleneinrichtung, Baustromanschluss, Bauzaun, WC-Container * Fassadengerüst, Gruppe 4 (190m²), Schutzplane (76m²), Fußgängertunnel (12m), Treppenturm mit Brücke fürMaterialtransporte, Treppe, Höhenunterschied 4m * abschnittweise Unterfangung des Außenmauerwerks, Erdaushub, Stampfbeton B10, b=40cm, h=30cm (58m) | | | | |
| **400** | **Bauwerk - Technische Anlagen** | | | | **100,0** |
| 410 | **Abwasser-, Wasser-, Gasanlagen** | 278,10 m² BGF | 26.944 | **96,89** | 34,7 |
| | • Herstellen (Kosten: 100,0%) | | 26.944 | | |
| | Abwasserleitungen, Fallrohre * Kalt- und Warmwasserleitungen, Rohrdämmung, Waschbecken, Duschen, Badewanne, WC-Becken, Duschtrennwände | | | | |
| 420 | **Wärmeversorgungsanlagen** | 278,10 m² BGF | 27.073 | **97,35** | 34,9 |
| | • Herstellen (Kosten: 100,0%) | | 27.073 | | |
| | Öl-Brennwertkessel * Heizungsrohre * Heizkörper * Edelstahlschornstein | | | | |
| 440 | **Starkstromanlagen** | 278,10 m² BGF | 17.530 | **63,04** | 22,6 |
| | • Herstellen (Kosten: 100,0%) | | 17.530 | | |
| | Zählerschrank, Unterverteilung, Sicherungen (12St), FI-Schutzschalter (1St), Schalter (52St), Steckdosen (118St), Mantelleitungen * Beleuchtungskörper | | | | |
| 450 | **Fernmelde-, informationstechn. Anlagen** | 278,10 m² BGF | 6.112 | **21,98** | 7,9 |
| | • Herstellen (Kosten: 100,0%) | | 6.112 | | |
| | Leerrohre, Telefonleitungen, Steckdosen (10St) * Leitungen, Sprechanlage, Netzgerät * Lautsprecherleitungen (120m), Lautsprechersteckdosen (8St) * Sat-Antennenanlage, Verstärker, Antennenleitungen (310m), Antennensteckdosen (7St) * Leitungen, Brandmelder (10St), Rauchmelder (10St) * EDV-Verkabelung Cat 7 (350m), Patchboxen (2St) | | | | |
| **500** | **Außenanlagen** | | | | **100,0** |
| 510 | **Geländeflächen** | 32,40 m² | 1.921 | **59,30** | 8,5 |
| | • Herstellen (Kosten: 100,0%) | | 1.921 | | |
| | Erdaushub, Handschachtung, Abtransport (12m³) | | | | |
| 520 | **Befestigte Flächen** | 48,00 m² | 6.482 | **135,04** | 28,7 |
| | • Wiederherstellen (Kosten: 11,1%) | | 722 | | |
| | Betonplatten ausbauen, lagern, im Sandbett wiederverlegen (15m²) | | | | |
| | • Herstellen (Kosten: 88,9%) | | 5.759 | | |
| | Granitpflastersteine (32m²), Rundlingspflaster (12m²), Randeinfassungen (6m), Randeinfassung aus Granitkanten (4m²) | | | | |

| KG | Kostengruppe | Menge Einheit | Kosten € | €/Einheit | % |
|---|---|---|---|---|---|
| 530 | **Baukonstruktionen in Außenanlagen** | 214,62 m² AUF | 14.146 | **65,91** | 62,7 |
| | • Abbrechen (Kosten: 26,0%) | | 3.684 | | |
| | Abbruch von einer Naturstein-Stützmauer, d=25cm (4m²), Natursteinwand in Teilbereichen (5m²) * Betonblockstufen (26St); Entsorgung, Deponiegebühren | | | | |
| | • Wiederherstellen (Kosten: 3,4%) | | 474 | | |
| | Betonblockstufen ausbauen, lagern, wiederverlegen (7St) | | | | |
| | • Herstellen (Kosten: 70,6%) | | 9.989 | | |
| | Erdaushub, Stb-Streifenfundamente B25 zur Hangsicherung 40x60cm, Bewehrung, Schalstein, Betonfüllung (4m²) * Betonschalstein-Stützwand mit Nische, Abdichtung, Verblendung mit vorhandenen Natur-Findlingen (4m²) * Granitstufen, Betonbett (12St), Blockstufen (4St) | | | | |
| **700** | **Baunebenkosten** | | | | **100,0** |
| 730 | **Architekten- und Ingenieurleistungen** | 278,10 m² BGF | 105.219 | **378,35** | 93,7 |
| | • Herstellen (Kosten: 100,0%) | | 105.219 | | |
| | Architektenhonorar, Bestandsaufnahme * Tragwerkplanung | | | | |
| 740 | **Gutachten und Beratung** | 278,10 m² BGF | 7.033 | **25,29** | 6,3 |
| | • Herstellen (Kosten: 100,0%) | | 7.033 | | |
| | Gutachten, Beratung, Beweissicherung, Vermessung, Höhenplan | | | | |
| 770 | **Allgemeine Baunebenkosten** | 278,10 m² BGF | 34 | **0,12** | < 0,1 |
| | • Herstellen (Kosten: 100,0%) | | 34 | | |
| | Abnahmegebühr | | | | |

## Kostenkennwerte für die Kostengruppe 300 der 3.Ebene DIN 276 (Übersicht)

| KG | Kostengruppe | Menge Einh. | | €/Einheit | Kosten € | % 300+400 |
|---|---|---|---|---|---|---|
| 311 | Baugrubenherstellung | 28,000 m³ | | 189,18 | 5.359,53 | 0,8 |
| 312 | Baugrubenumschließung | – | | – | – | – |
| 313 | Wasserhaltung | – | | – | – | – |
| 319 | Baugrube, sonstiges | – | | – | – | – |
| **310** | **Baugrube** | **28,000 m³** | | **189,18** | **5.359,53** | **0,8** |
| 321 | Baugrundverbesserung | – | | – | – | – |
| 322 | Flachgründungen | 74,000 m² | | 11,51 | 847,20 | 0,1 |
| 323 | Tiefgründungen | – | | – | – | – |
| 324 | Unterböden und Bodenplatten | 74,000 m² | | 251,91 | 18.540,82 | 2,7 |
| 325 | Beläge auf Boden- und Fundamentplatten | 51,000 m² | | 300,77 | 15.339,07 | 2,2 |
| 326 | Bauwerksabdichtungen | 74,000 m² | GRF | 4,51 | 331,81 | < 0,1 |
| 327 | Dränagen | – | | – | – | – |
| 329 | Gründung, sonstiges | – | | – | – | – |
| **320** | **Gründung** | **74,000 m²** | | **476,34** | **35.058,88** | **5,1** |
| 331 | Tragende Außenwände | – m² | | – | 12.732,32 | 1,9 |
| 332 | Nichttragende Außenwände | 23,000 m² | | 134,84 | 3.114,80 | 0,5 |
| 333 | Tragende Außenstützen | 3,000 m | | 8,29 | 20,74 | < 0,1 |
| 334 | Außentüren, -fenster | 39,000 m² | | 1.622,37 | 63.937,71 | 9,4 |
| 335 | Außenwandbekleidungen außen | 364,000 m² | | 101,16 | 36.772,20 | 5,4 |
| 336 | Außenwandbekleidungen innen | 254,000 m² | | 277,74 | 70.489,63 | 10,3 |
| 337 | Elementierte Außenwände | – | | – | – | – |
| 338 | Sonnenschutz | – | | – | – | – |
| 339 | Außenwände, sonstiges | – | | – | – | – |
| **330** | **Außenwände** | **416,000 m²** | | **449,56** | **187.067,39** | **27,4** |
| 341 | Tragende Innenwände | 289,000 m² | | 23,52 | 6.798,60 | 1,0 |
| 342 | Nichttragende Innenwände | 113,000 m² | | 169,34 | 19.063,77 | 2,8 |
| 343 | Tragende Innenstützen | 5,000 m | | 77,42 | 379,36 | 0,1 |
| 344 | Innentüren, -fenster | 52,000 m² | | 466,66 | 24.308,53 | 3,6 |
| 345 | Innenwandbekleidungen | 784,000 m² | | 53,48 | 41.936,32 | 6,1 |
| 346 | Elementierte Innenwände | – | | – | – | – |
| 349 | Innenwände, sonstiges | – | | – | – | – |
| **340** | **Innenwände** | **461,000 m²** | | **200,80** | **92.486,59** | **13,5** |
| 351 | Deckenkonstruktionen | 154,000 m² | | 199,02 | 30.735,90 | 4,5 |
| 352 | Deckenbeläge | 235,000 m² | | 298,41 | 69.998,77 | 10,2 |
| 353 | Deckenbekleidungen | 240,000 m² | | 31,95 | 7.668,26 | 1,1 |
| 359 | Decken, sonstiges | 235,000 m² | DEF | 9,96 | 2.335,44 | 0,3 |
| **350** | **Decken** | **235,000 m²** | | **472,09** | **110.738,37** | **16,2** |
| 361 | Dachkonstruktionen | 132,000 m² | | 196,13 | 25.856,00 | 3,8 |
| 362 | Dachfenster, Dachöffnungen | 3,000 m² | | 2.721,06 | 9.360,44 | 1,4 |
| 363 | Dachbeläge | 132,000 m² | | 226,63 | 29.876,64 | 4,4 |
| 364 | Dachbekleidungen | 190,000 m² | | 59,03 | 11.233,95 | 1,6 |
| 369 | Dächer, sonstiges | 190,000 m² | DAF | 63,90 | 12.160,21 | 1,8 |
| **360** | **Dächer** | **190,000 m²** | | **464,99** | **88.487,23** | **12,9** |
| **370** | **Baukonstruktive Einbauten** | **278,000 m²** | **BGF** | **101,17** | **28.134,39** | **4,1** |
| **390** | **Sonst. Maßnahmen für Baukonstruktionen** | **278,000 m²** | **BGF** | **210,72** | **58.600,91** | **8,6** |
| **300** | **Bauwerk - Baukonstruktionen** | **278,000 m²** | **BGF** | **2.178,83** | **605.933,28** | **88,6** |





Kostenstand: 3.Quartal 2010, inkl. MwSt., Bundesdurchschnitt

## Kostenkennwerte für die Kostengruppe 400 der 3.Ebene DIN 276 (Übersicht)

| KG | Kostengruppe | Menge Einh. | €/Einheit | Kosten € | % 300+400 |
|---|---|---|---|---|---|
| 411 | Abwasseranlagen | 278,000 m² BGF | 23,05 | 6.410,95 | 0,9 |
| 412 | Wasseranlagen | 278,000 m² BGF | 70,43 | 19.586,44 | 2,9 |
| 413 | Gasanlagen (wenn zu Kochzwecken) | – | – | – | – |
| 414 | Feuerlöschanlagen | – | – | – | – |
| 419 | Abwasser-, Wasser- und Gasanlagen, sonstiges | 278,000 m² BGF | 3,40 | 946,57 | 0,1 |
| **410** | **Abwasser-, Wasser-, Gasanlagen** | **278,000 m² BGF** | **96,89** | **26.943,97** | **3,9** |
| 421 | Wärmeerzeugungsanlagen | 278,000 m² BGF | 20,71 | 5.758,40 | 0,8 |
| 422 | Wärmeverteilnetze | 278,000 m² BGF | 35,24 | 9.800,53 | 1,4 |
| 423 | Raumheizflächen | 278,000 m² BGF | 27,95 | 7.773,98 | 1,1 |
| 429 | Wärmeversorgungsanlagen, sonstiges | 278,000 m² BGF | 13,45 | 3.740,44 | 0,5 |
| **420** | **Wärmeversorgungsanlagen** | **278,000 m² BGF** | **97,35** | **27.073,37** | **4,0** |
| 431 | Lüftungsanlagen (LA) | – | – | – | – |
| 432 | Teilklimaanlagen (TKA) | – | – | – | – |
| 433 | Klimaanlagen (KLA) | – | – | – | – |
| 434 | Prozeßlufttechnische Anlagen (PLA) | – | – | – | – |
| 435 | Kälteanlagen (KA) | – | – | – | – |
| 439 | Lufttechnische Anlagen, sonstiges | – | – | – | – |
| **430** | **Lufttechnische Anlagen** | **–** | **–** | **–** | **–** |
| 441 | Hoch- und Mittelspannungsanlagen | – | – | – | – |
| 442 | Eigenstromversorgungsanlagen | – | – | – | – |
| 443 | Niederspannungsschaltanlagen | – | – | – | – |
| 444 | Niederspannungsinstallationsanlagen | 278,000 m² BGF | 41,66 | 11.585,30 | 1,7 |
| 445 | Beleuchtungsanlagen | 278,000 m² BGF | 21,38 | 5.945,05 | 0,9 |
| 446 | Blitzschutz- und Erdungsanlagen | – | – | – | – |
| 449 | Starkstromanlagen, sonstiges | – | – | – | – |
| **440** | **Starkstromanlagen** | **278,000 m² BGF** | **63,04** | **17.530,34** | **2,6** |
| 451 | Telekommunikationsanlagen | 278,000 m² BGF | 0,78 | 217,99 | < 0,1 |
| 452 | Such- und Signalanlagen | 278,000 m² BGF | 2,62 | 727,35 | 0,1 |
| 453 | Zeitdienstanlagen | – | – | – | – |
| 454 | Elektroakustische Anlagen | 278,000 m² BGF | 1,51 | 420,02 | 0,1 |
| 455 | Fernseh- und Antennenanlagen | 278,000 m² BGF | 6,15 | 1.711,14 | 0,3 |
| 456 | Gefahrenmelde- und Alarmanlagen | 278,000 m² BGF | 6,60 | 1.834,22 | 0,3 |
| 457 | Übertragungsnetze | 278,000 m² BGF | 4,32 | 1.201,72 | 0,2 |
| 459 | Fernmelde- und informationstechn. Anlagen, sonstiges | – | – | – | – |
| **450** | **Fernmelde- und informationstechn. Anlagen** | **278,000 m² BGF** | **21,98** | **6.112,43** | **0,9** |
| 461 | Aufzugsanlagen | – | – | – | – |
| 462 | Fahrtreppen, Fahrsteige | – | – | – | – |
| 463 | Befahranlagen | – | – | – | – |
| 464 | Transportanlagen | – | – | – | – |
| 465 | Krananlagen | – | – | – | – |
| 469 | Förderanlagen, sonstiges | – | – | – | – |
| **460** | **Förderanlagen** | **–** | **–** | **–** | **–** |
| **470** | **Nutzungsspezifische Anlagen** | **–** | **–** | **–** | **–** |
| **480** | **Gebäudeautomation** | **–** | **–** | **–** | **–** |
| **490** | **Sonst. Maßnahmen für technische Anlagen** | **–** | **–** | **–** | **–** |
| **400** | **Bauwerk - Technische Anlagen** | **278,000 m² BGF** | **279,25** | **77.660,11** | **11,4** |

## Kostenkennwerte für Leistungsbereiche nach StLB (Kosten des Bauwerks nach DIN 276)

| LB | Leistungsbereiche | Kosten € | €/m² BGF | €/m³ BRI | % 300+400 |
|---|---|---|---|---|---|
| 000 | Sicherheits-, Baustelleneinrichtungen inkl. 001 | 43.247 | 155,50 | 55,60 | 6,3 |
| | Herstellen | 43.247 | 155,50 | 55,60 | 6,3 |
| 002 | Erdarbeiten | 6.214 | 22,30 | 8,00 | 0,9 |
| | Herstellen | 6.214 | 22,30 | 8,00 | 0,9 |
| 006 | Spezialtiefbauarbeiten inkl. 005 | – | – | – | – |
| 009 | Abwasserkanalarbeiten inkl. 011 | – | – | – | – |
| 010 | Dränarbeiten | – | – | – | – |
| 012 | Mauerarbeiten | 48.728 | 175,20 | 62,70 | 7,1 |
| | Wiederherstellen | 6.240 | 22,40 | 8,00 | 0,9 |
| | Herstellen | 42.488 | 152,80 | 54,70 | 6,2 |
| 013 | Betonarbeiten | 24.293 | 87,40 | 31,30 | 3,6 |
| | Herstellen | 24.293 | 87,40 | 31,30 | 3,6 |
| 014 | Natursteinarbeiten, Betonwerksteinarbeiten | – | – | – | – |
| 016 | Zimmer- und Holzbauarbeiten | 33.576 | 120,70 | 43,20 | 4,9 |
| | Wiederherstellen | 2.401 | 8,60 | 3,10 | 0,4 |
| | Herstellen | 31.175 | 112,10 | 40,10 | 4,6 |
| 017 | Stahlbauarbeiten | 11.971 | 43,00 | 15,40 | 1,8 |
| | Herstellen | 11.971 | 43,00 | 15,40 | 1,8 |
| 018 | Abdichtungsarbeiten gegen Wasser | 53.132 | 191,10 | 68,40 | 7,8 |
| | Herstellen | 53.132 | 191,10 | 68,40 | 7,8 |
| 020 | Dachdeckungsarbeiten | 15.759 | 56,70 | 20,30 | 2,3 |
| | Wiederherstellen | 234 | 0,84 | 0,30 | – |
| | Herstellen | 15.524 | 55,80 | 20,00 | 2,3 |
| 021 | Dachabdichtungsarbeiten | 11.564 | 41,60 | 14,90 | 1,7 |
| | Herstellen | 11.564 | 41,60 | 14,90 | 1,7 |
| 022 | Klempnerarbeiten | 10.827 | 38,90 | 13,90 | 1,6 |
| | Herstellen | 10.827 | 38,90 | 13,90 | 1,6 |
| | **Rohbau** | **259.310** | **932,40** | **333,60** | **37,9** |
| | Wiederherstellen | 8.876 | 31,90 | 11,40 | 1,3 |
| | Herstellen | 250.435 | 900,50 | 322,20 | 36,6 |
| 023 | Putz- und Stuckarbeiten, Wärmedämmsysteme | 65.575 | 235,80 | 84,40 | 9,6 |
| | Wiederherstellen | 3.676 | 13,20 | 4,70 | 0,5 |
| | Herstellen | 61.898 | 222,60 | 79,60 | 9,1 |
| 024 | Fliesen- und Plattenarbeiten | 16.563 | 59,60 | 21,30 | 2,4 |
| | Herstellen | 16.563 | 59,60 | 21,30 | 2,4 |
| 025 | Estricharbeiten | 5.956 | 21,40 | 7,70 | 0,9 |
| | Herstellen | 5.956 | 21,40 | 7,70 | 0,9 |
| 026 | Fenster, Außentüren inkl. 029, 032 | 56.447 | 203,00 | 72,60 | 8,3 |
| | Herstellen | 56.447 | 203,00 | 72,60 | 8,3 |
| 027 | Tischlerarbeiten | 55.945 | 201,20 | 72,00 | 8,2 |
| | Wiederherstellen | 4.059 | 14,60 | 5,20 | 0,6 |
| | Herstellen | 51.886 | 186,60 | 66,80 | 7,6 |
| 028 | Parkettarbeiten, Holzpflasterarbeiten | 54.691 | 196,70 | 70,40 | 8,0 |
| | Wiederherstellen | 6.968 | 25,10 | 9,00 | 1,0 |
| | Herstellen | 47.722 | 171,60 | 61,40 | 7,0 |
| 030 | Rollladenarbeiten | – | – | – | – |
| 031 | Metallbauarbeiten inkl. 035 | – | – | – | – |

| LB | Leistungsbereiche | Kosten € | €/m² BGF | €/m³ BRI | % 300+400 |
|---|---|---|---|---|---|
| 034 | Maler- und Lackiererarbeiten inkl. 037 | 31.430 | 113,00 | 40,40 | 4,6 |
| | Wiederherstellen | 3.594 | 12,90 | 4,60 | 0,5 |
| | Herstellen | 27.836 | 100,10 | 35,80 | 4,1 |
| 036 | Bodenbelagsarbeiten | – | – | – | – |
| 038 | Vorgehängte hinterlüftete Fassaden | – | – | – | – |
| 039 | Trockenbauarbeiten | 13.020 | 46,80 | 16,80 | 1,9 |
| | Herstellen | 13.020 | 46,80 | 16,80 | 1,9 |
| | **Ausbau** | **299.627** | **1.077,40** | **385,50** | **43,8** |
| | Wiederherstellen | 18.297 | 65,80 | 23,50 | 2,7 |
| | Herstellen | 281.329 | 1.011,60 | 362,00 | 41,2 |
| 040 | Wärmeerzeuger, zentr. Einrichtungen inkl. 041 | 26.907 | 96,80 | 34,60 | 3,9 |
| | Herstellen | 26.907 | 96,80 | 34,60 | 3,9 |
| 042 | Gas- und Wasserinstallationsarbeiten inkl. 043 | 16.707 | 60,10 | 21,50 | 2,4 |
| | Herstellen | 16.707 | 60,10 | 21,50 | 2,4 |
| 044 | Abwasserinstallationsarbeiten - Leitungen | 5.624 | 20,20 | 7,20 | 0,8 |
| | Herstellen | 5.624 | 20,20 | 7,20 | 0,8 |
| 045 | Gas-, Wasser-Einrichtungsgegenstände inkl. 046 | 3.758 | 13,50 | 4,80 | 0,5 |
| | Herstellen | 3.758 | 13,50 | 4,80 | 0,5 |
| 047 | Dämmarbeiten an betriebstechnischen Anlagen | – | – | – | – |
| 049 | Feuerlöschanlagen, Feuerlöschgeräte | – | – | – | – |
| 050 | Blitzschutz- und Erdungsanlagen | – | – | – | – |
| 052 | Mittelspannungsanlagen | – | – | – | – |
| 053 | Niederspannungsanlagen inkl. 054 | 11.585 | 41,70 | 14,90 | 1,7 |
| | Herstellen | 11.585 | 41,70 | 14,90 | 1,7 |
| 055 | Ersatzstromversorgungsanlagen | – | – | – | – |
| 057 | Gebäudesystemtechnik | – | – | – | – |
| 058 | Leuchten und Lampen, inkl. 059 | 5.467 | 19,70 | 7,00 | 0,8 |
| | Herstellen | 5.467 | 19,70 | 7,00 | 0,8 |
| 060 | Elektroakustische Anlagen | 1.147 | 4,10 | 1,50 | 0,2 |
| | Herstellen | 1.147 | 4,10 | 1,50 | 0,2 |
| 061 | Kommunikationsnetze | 2.913 | 10,50 | 3,70 | 0,4 |
| | Herstellen | 2.913 | 10,50 | 3,70 | 0,4 |
| 063 | Gefahrenmeldeanlagen | 1.834 | 6,60 | 2,40 | 0,3 |
| | Herstellen | 1.834 | 6,60 | 2,40 | 0,3 |
| 069 | Aufzüge | – | – | – | – |
| 070 | Gebäudeautomation | – | – | – | – |
| 075 | Raumlufttechnische Anlagen | – | – | – | – |
| | **Gebäudetechnik** | **75.944** | **273,10** | **97,70** | **11,1** |
| | Herstellen | 75.944 | 273,10 | 97,70 | 11,1 |
| 084 | Abbrucharbeiten | 48.030 | 172,70 | 61,80 | 7,0 |
| | Abbrechen | 48.030 | 172,70 | 61,80 | 7,0 |
| | Sonstige Leistungsbereiche inkl. 008, 033, 051 | **683** | **2,50** | **0,88** | **0,1** |
| | Herstellen | 683 | 2,50 | 0,88 | 0,1 |

6100-752
Mehrfamilienhaus
(19WE)

Modernisierung

**372 €/m² WFL**

**Architekt:**
Dipl.-Ing.
Jürgen Metelmann
Blumenstr. 11
72568 Bempflingen

**Bauherr:**
Baugenossenschaft Münster
a.N. eG
Freibergerstr. 62
70376 Stuttgart

## Objektübersicht

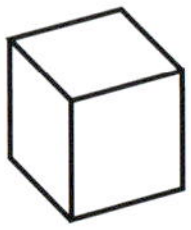

**76 €/m³ BRI**

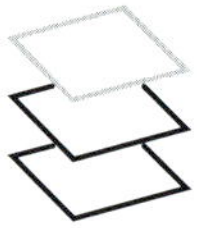

**202 €/m² BGF**

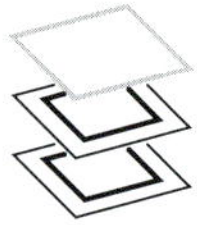

**287 €/m² NF**

| | |
|---|---|
| Kennwerte | bis 3.Ebene DIN 276 |
| Bauzeit | 8 Wochen |
| Bauende | 2003 |
| Standard | unter Durchschnitt |
| Land | Baden-Württemberg |
| Kreis | Stuttgart |
| m³ BRI | 6.780 |
| m² BGF | 2.549 |
| m² NF | 1.794 |

Modernisierung

Ansicht Ost

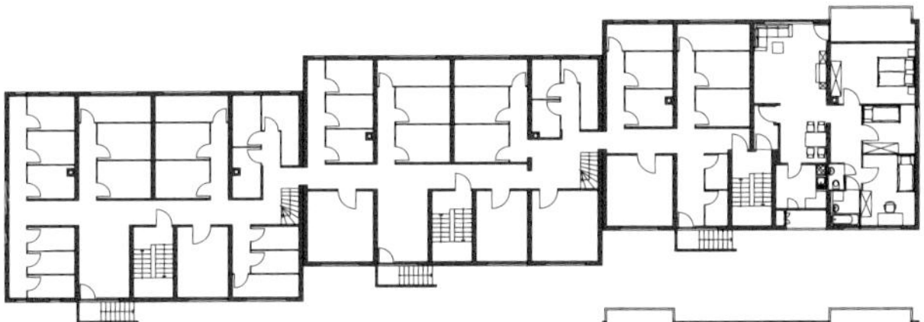
Untergeschoss

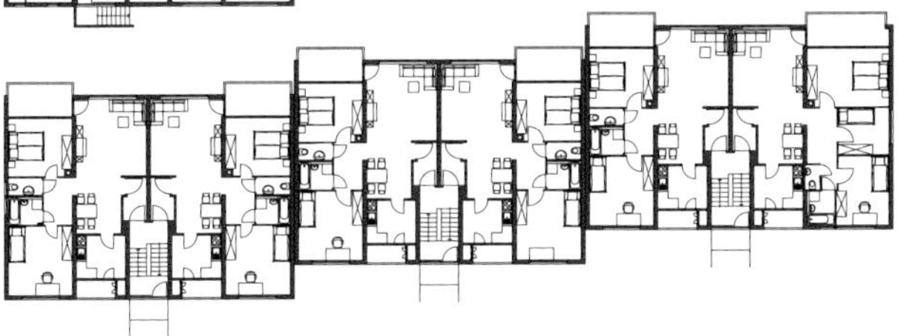
Erdgeschoss

1. Obergeschoss

2. Obergeschoss

Ansicht West

# Objektbeschreibung

## Nutzung

**1 Untergeschoss**
Kellerräume, Trockenraum, Wohnung

**1 Erdgeschoss**
Wohnungen

**2 Obergeschosse**
Wohnungen

## Nutzeinheiten

Wohneinheiten: 19
Wohnfläche: 1385m²

## Grundstück

Bauraum: Beengter Bauraum
Neigung: Geneigtes Gelände

## Markt

Hauptvergabezeit: 1.Quartal 2003
Baubeginn: 1.Quartal 2003
Bauende: 2.Quartal 2003
Konjunkturelle Gesamtlage: Durchschnitt
Regionaler Baumarkt: Durchschnitt

## Baubestand

Bauzustand: mittel
Aufwand: mittel
Grundrissänderungen: keine
Tragwerkseingriffe: keine
Nutzungsänderung: nein
Nutzung während der Bauzeit: ja

## Baukonstruktion

**Abbrechen:** Abschlagen von Außenputzflächen in Teilbereichen, Abbruch von Holzfüllungen; Dachrandblende; Entsorgung, Deponiegebühren
**Wiederherstellen:** An Balkonbrüstungen, Bewehrung freilegen, entrosten, mit Korrosionsschutz verfüllen, Anstrich Holztüren, Kellerfenster lackieren, Kalkzementputz als Ausgleichsputz, Schimmelbeseitigung, Tapeten entfernen, Spachtelung, fungizides Mittel aufbringen, Raufasertapete, Dispersionsanstrich, Fenstergitter, Metallgitter, schleifen, reinigen, Anstrich; einzelne Wandfliesen abbrechen, neue einsetzen; Einbauschränke auf den Balkonen streichen
**Herstellen:** Kunststofffenster- und Fenstertüren, Nebeneingangstüren, Wärmedämmverbundsystem, Sockelanstrich, GK-Verkleidung, Tapete, Anstrich, Rolläden, Geländerfüllungen; Putz, Wandfliesen; Bodenfliesen, Rohrverkleidungen, Kellerdeckendämmung; Flachdach, Dämmung, Abdichtung, Kies, Dachrandblech, Dachentwässerung

## Technische Anlagen

**Abbrechen:** Abbruch von Rohrisolierungen, Heizungsrohre; Heizkörpern; Entsorgung, Deponiegebühren
**Herstellen:** Fernwärmeübergabestation, Wasserspeicher, Heizungsrohre, Heizkörper; Elektroinstallation, Steckdosen Balkone, Außenwandleuchten; Schalterdosen für Antennensteckdosen neu gesetzt, Antennenrohre

## Planungskennwerte für Flächen und Rauminhalte nach DIN 277

| Flächen des Grundstücks | | Menge, Einheit | % an FBG |
|---|---|---|---|
| BF | Bebaute Fläche | – m² | – |
| UBF | Unbebaute Fläche | – m² | – |
| FBG | Fläche des Baugrundstücks | – m² | – |

| Grundflächen des Bauwerks | | Menge, Einheit | % an NF | % an BGF |
|---|---|---|---|---|
| NF | Nutzfläche | 1.793,76 m² | 100,0 | 70,4 |
| TF | Technische Funktionsfläche | 25,10 m² | 1,4 | 1,0 |
| VF | Verkehrsfläche | 308,28 m² | 17,2 | 12,1 |
| NGF | Netto-Grundfläche | 2.127,14 m² | 118,6 | 83,5 |
| KGF | Konstruktions-Grundfläche | 421,87 m² | 23,5 | 16,6 |
| BGF | Brutto-Grundfläche | 2.549,01 m² | 142,1 | 100,0 |

| Brutto-Rauminhalt des Bauwerks | | Menge, Einheit | BRI/NF (m) | BRI/BGF (m) |
|---|---|---|---|---|
| BRI | Brutto-Rauminhalt | 6.780,37 m³ | 3,78 | 2,66 |

| Lufttechnisch behandelte Flächen | Menge, Einheit | % an NF | % an BGF |
|---|---|---|---|
| Entlüftete Fläche | – m² | – | – |
| Be- und entlüftete Fläche | – m² | – | – |
| Teilklimatisierte Fläche | – m² | – | – |
| Klimatisierte Fläche | – m² | – | – |

| KG | Kostengruppen (2.Ebene) | Menge, Einheit | Menge/NF | Menge/BGF |
|---|---|---|---|---|
| 310 | Baugrube | – m³ BGI | – | – |
| 320 | Gründung | – m² GRF | – | – |
| 330 | Außenwände | 1.928,64 m² AWF | 1,08 | 0,76 |
| 340 | Innenwände | 6,87 m² IWF | – | – |
| 350 | Decken | 549,41 m² DEF | 0,31 | 0,22 |
| 360 | Dächer | 712,26 m² DAF | 0,40 | 0,28 |

## Kostenkennwerte für die Kostengruppen der 1.Ebene DIN 276

| KG | Kostengruppen (1.Ebene) | Einheit | Kosten € | €/Einheit | €/m² BGF | €/m³ BRI | % 300+400 |
|---|---|---|---|---|---|---|---|
| 100 | Grundstück | m² FBG | – | – | – | – | – |
| 200 | Herrichten und Erschließen | m² FBG | – | – | – | – | – |
| 300 | Bauwerk - Baukonstruktionen | m² BGF | 403.616 | 158,34 | 158,34 | 59,53 | 78,3 |
| 400 | Bauwerk - Technische Anlagen | m² BGF | 111.891 | 43,90 | 43,90 | 16,50 | 21,7 |
| | **Bauwerk 300+400** | **m² BGF** | **515.507** | **202,24** | **202,24** | **76,03** | **100,0** |
| 500 | Außenanlagen | m² AUF | – | – | – | – | |
| 600 | Ausstattung und Kunstwerke | m² BGF | – | – | – | – | |
| 700 | Baunebenkosten | m² BGF | – | – | – | – | – |

## Kostenkennwerte für die Kostengruppen der 1.Ebene DIN 276

| KG | Kostengruppe | Menge Einheit | Kosten € | €/Einheit | % |
|---|---|---|---|---|---|
| **3+4** | **Bauwerk** | | | | **100,0** |
| 300 | **Bauwerk - Baukonstruktionen** | 2.549,01 m² BGF | 403.616 | **158,34** | 78,3 |
| | • Abbrechen (Kosten: 1,2%) | | 4.953 | | |
| | Abschlagen von Außenputzflächen in Teilbereichen, Abbruch von Holzfüllungen; Dachrandblende; Entsorgung, Deponiegebühren | | | | |
| | • Wiederherstellen (Kosten: 6,6%) | | 26.600 | | |
| | An Balkonbrüstungen, Bewehrung freilegen, entrosten, mit Korrosionsschutz verfüllen, Anstrich Holztüren, Kellerfenster lackieren, Kalkzementputz als Ausgleichsputz, Schimmelbeseitigung, Tapeten entfernen, Spachtelung, fungizides Mittel aufbringen, Raufasertapete, Dispersionsanstrich, Fenstergitter, Metallgitter, schleifen, reinigen, Anstrich; einzelne Wandfliesen abbrechen, neue einsetzen; Einbauschränke auf den Balkonen streichen | | | | |
| | • Herstellen (Kosten: 92,2%) | | 372.064 | | |
| | Kunststofffenster- und Fenstertüren, Nebeneingangstüren, Wärmedämmverbundsystem, Sockelanstrich, GK-Verkleidung, Tapete, Anstrich, Rollläden, Geländerfüllungen; Putz, Wandfliesen; Bodenfliesen, Rohrverkleidungen, Kellerdeckendämmung; Flachdach, Dämmung, Abdichtung, Kies, Dachrandblech, Dachentwässerung | | | | |
| 400 | **Bauwerk - Technische Anlagen** | 2.549,01 m² BGF | 111.891 | **43,90** | 21,7 |
| | • Abbrechen (Kosten: 11,5%) | | 12.855 | | |
| | Abbruch von Rohrisolierungen, Heizungsrohre; Heizkörpern; Entsorgung, Deponiegebühren | | | | |
| | • Herstellen (Kosten: 88,5%) | | 99.036 | | |
| | Fernwärmeübergabestation, Wasserspeicher, Heizungsrohre, Heizkörper; Elektroinstallation, Steckdosen Balkone, Außenwandleuchten; Schalterdosen für Antennensteckdosen neu gesetzt, Antennenrohre | | | | |

| KG | Kostengruppe | Menge Einheit | Kosten € | €/Einheit | % |
|---|---|---|---|---|---|
| **300** | **Bauwerk - Baukonstruktionen** | | | | **100,0** |
| 330 | **Außenwände** | 1.928,64 m² | 299.108 | **155,09** | 74,1 |
| | • Abbrechen (Kosten: 1,1%) | | 3.238 | | |
| | Außenputzflächen nach Hohlstellen abklopfen, schadhaften, Kalk-Zementputz, d=20-30mm, abschlagen, Flächen reinigen, Entsorgung, Deponiegebühren (275m²) * Abbruch von Holzfüllungen; Entsorgung, Deponiegebühren | | | | |
| | • Wiederherstellen (Kosten: 6,3%) | | 18.731 | | |
| | An Balkonbrüstungen, Bewehrung freilegen, entrosten, mit Korrosionsschutz verfüllen (27m²) * Anstrich Holztüren (14m²), Kellerfenster lackieren (28m²) * Kalkzementputz als Ausgleichsputz, d=15-25mm (275m²), Rissverfüllung (97m²), Putz mit Hochdruckreiniger behandeln, fungiziden Wirkstofflösung behandeln (77m²) * Schimmelbeseitigung, Tapeten entfernen, Spachtelung, fungizides Mittel aufbringen, Raufasertapete, Dispersionsanstrich (232m²), Fensterlaibungen ausfugen (100m) * Fenstergitter (42m), Metallgitter (187m), schleifen, reinigen, Dickschichtlackanstrich, Metallgitter abbauen, Transport in die Werkstatt, ändern, wieder anbringen | | | | |
| | • Herstellen (Kosten: 92,7%) | | 277.139 | | |
| | Kunststofffenster- und Fenstertüren, u-Wert=1,1W/m2K (221m²), Nebeneingangstüre (9m²), Fensterbänke, Granit (218m), Demontage * PS-Wärmedämmverbundsystem, WLG 035, d=120mm, gedübelt, Mineralputz, Anstrich (1.621m²), Sockelbereich, EPS, d=120mm (43m²), Anstrich (77m²) * GK-Verkleidungen, Tapete, Anstrich (17m) * Aufsatz- und Vorbaurolladen (79St), Alu-Blechdächer für Markisen (4St) * Füllungen Geländer (19St), Geländer kürzen (19St) | | | | |
| 340 | **Innenwände** | 6,87 m² | 5.364 | **780,78** | 1,3 |
| | • Wiederherstellen (Kosten: 74,2%) | | 3.981 | | |
| | Schimmelbeseitigung, Tapeten entfernen, schließen von Öffnungen, Acrylfugen, Spachtelung, fungizides Mittel aufbringen, Raufasertapete, Dispersionsanstrich (37m²); einzelne Wandfliesen abbrechen, neue einsetzen (18m²) | | | | |
| | • Herstellen (Kosten: 25,8%) | | 1.383 | | |
| | Wandvorbereitung, Putz, Wandfliesen (7m²) | | | | |
| 350 | **Decken** | 549,41 m² | 16.864 | **30,70** | 4,2 |
| | • Wiederherstellen (Kosten: 10,4%) | | 1.757 | | |
| | Schimmelbeseitigung, Tapeten entfernen, fungizides Mittel aufbringen, Raufasertapete, Dispersionsanstrich (51m²), Tapete entfernen, Decke abfegen, Raufasertapete, Anstrich (60m²) | | | | |
| | • Herstellen (Kosten: 89,6%) | | 15.107 | | |
| | Grundierung Epoxidharz, Bodenfliesen (2m²), Silikonfugen (15m), Balkon, kleine Rohrverkleidungen, verfliest, verfugt (31h) * Kellerdeckendämmung, PS-Hartschaumplatten, d=60mm (547m²) | | | | |

| KG | Kostengruppe | Menge Einheit | Kosten € | €/Einheit | % |
|---|---|---|---|---|---|
| 360 | **Dächer** | 712,26 m² | 56.258 | **78,99** | 13,9 |
| | • Abbrechen (Kosten: 3,0%) | | 1.715 | | |
| | Abbruch von einer Dachrandblende, Entsorgung, Deponiegebühren | | | | |
| | • Wiederherstellen (Kosten: 0,4%) | | 232 | | |
| | Dachdurchdringungen reinigen (19m²) | | | | |
| | • Herstellen (Kosten: 96,5%) | | 54.311 | | |
| | Vorhandene Kiesschüttung abschnittsweise umschichten, Flachdachfläche reinigen, Dämmung PUR kaschiert, d=60mm, EPDM Abdichtungsbahn (712m²), Kiesschüttung als zusätzliche Auflast (624m²), Verwahrung Titanzink, Lüfterkonstruktion (6St), Holzbohle, Alu-Dachrandblech (176m), Sanierungsgullys (6St) * Sekuranten (9St) | | | | |
| 370 | **Baukonstruktive Einbauten** | 2.549,01 m² BGF | 1.898 | **0,74** | 0,5 |
| | • Wiederherstellen (Kosten: 100,0%) | | 1.898 | | |
| | Einbauschränke auf den Balkonen, Altbeschichtungen entfernen, Grund,- Zwischen- und Schlussanstrich (19St) | | | | |
| 390 | **Sonstige Baukonstruktionen** | 2.549,01 m² BGF | 24.123 | **9,46** | 6,0 |
| | • Herstellen (Kosten: 100,0%) | | 24.123 | | |
| | Baustelleneinrichtung, Aufzug, WC, Baustromverteiler angeschlossen, Baustromverteiler versetzt, Schuttentsorgung * Fassadengerüst (1.680m²), Schutznetz (196m²), Schutzdächer 6m² (3St), Dachfanggerüst * Schuttentsorgung, Container, 7.5m³ (2St) * Fenster, Türen und Holzbauteile mit PE-Folie abdecken (775m²) | | | | |
| **400** | **Bauwerk - Technische Anlagen** | | | | **100,0** |
| 420 | **Wärmeversorgungsanlagen** | 2.549,01 m² BGF | 108.124 | **42,42** | 96,6 |
| | • Abbrechen (Kosten: 11,9%) | | 12.855 | | |
| | Abbruch von Rohrisolierungen (160m), Heizungsrohre (580m) * Heizkörpern; Entsorgung, Deponiegebühren (99St) | | | | |
| | • Herstellen (Kosten: 88,1%) | | 95.269 | | |
| | Fernwärmeübergabestation, Leistung 100 kW Heizung, 48 kW Warmwasser (1St), Warmwasserspeicher, 500l (1St), Anschluss an die bestehenden Leitungen * Kupfer-Heizungsrohre DN10-54, Formteile, Rohrdämmungen (1.100m), Umwälzpumpe (1St), Ventile (57St), Wanddurchbrüche (238St), Kernbohrungen (54St) * Niedertemperatur-Plattenheizkörper, Thermostatventile (99St) | | | | |
| 440 | **Starkstromanlagen** | 2.549,01 m² BGF | 2.962 | **1,16** | 2,6 |
| | • Herstellen (Kosten: 100,0%) | | 2.962 | | |
| | Balkone, Schukosteckdosen (19St), Dämmerungsschalter (1St), Leitungen für Außenfühler (14m) * Außen-Wandleuchten (3St) | | | | |
| 450 | **Fernmelde-, informationstechn. Anlagen** | 2.549,01 m² BGF | 805 | **0,32** | 0,7 |
| | • Herstellen (Kosten: 100,0%) | | 805 | | |
| | Schalterdosen für Antennenanschluss neu gesetzt (18St), Antennenrohre verlegt (111m) | | | | |

## Kostenkennwerte für die Kostengruppe 300 der 3.Ebene DIN 276 (Übersicht)

| KG | Kostengruppe | Menge Einh. | €/Einheit | Kosten € | % 300+400 |
|---|---|---|---|---|---|
| 311 | Baugrubenherstellung | – | – | – | – |
| 312 | Baugrubenumschließung | – | – | – | – |
| 313 | Wasserhaltung | – | – | – | – |
| 319 | Baugrube, sonstiges | – | – | – | – |
| **310** | **Baugrube** | **–** | **–** | **–** | **–** |
| 321 | Baugrundverbesserung | – | – | – | – |
| 322 | Flachgründungen | – | – | – | – |
| 323 | Tiefgründungen | – | – | – | – |
| 324 | Unterböden und Bodenplatten | – | – | – | – |
| 325 | Beläge auf Boden- und Fundamentplatten | – | – | – | – |
| 326 | Bauwerksabdichtungen | – | – | – | – |
| 327 | Dränagen | – | – | – | – |
| 329 | Gründung, sonstiges | – | – | – | – |
| **320** | **Gründung** | **–** | **–** | **–** | **–** |
| 331 | Tragende Außenwände | – | – | – | – |
| 332 | Nichttragende Außenwände | 27,000 m² | 69,57 | 1.878,40 | 0,4 |
| 333 | Tragende Außenstützen | – | – | – | – |
| 334 | Außentüren, -fenster | 274,000 m² | 254,10 | 69.498,50 | 13,5 |
| 335 | Außenwandbekleidungen außen | 2.070,000 m² | 76,89 | 159.130,33 | 30,9 |
| 336 | Außenwandbekleidungen innen | 240,000 m² | 47,13 | 11.321,99 | 2,2 |
| 337 | Elementierte Außenwände | – | – | – | – |
| 338 | Sonnenschutz | 211,000 m² | 142,12 | 29.927,99 | 5,8 |
| 339 | Außenwände, sonstiges | 1.929,000 m² AWF | 14,18 | 27.351,20 | 5,3 |
| **330** | **Außenwände** | **1.929,000 m²** | **155,09** | **299.108,40** | **58,0** |
| 341 | Tragende Innenwände | – | – | – | – |
| 342 | Nichttragende Innenwände | – | – | – | – |
| 343 | Tragende Innenstützen | – | – | – | – |
| 344 | Innentüren, -fenster | – | – | – | – |
| 345 | Innenwandbekleidungen | 62,000 m² | 87,02 | 5.363,97 | 1,0 |
| 346 | Elementierte Innenwände | – | – | – | – |
| 349 | Innenwände, sonstiges | – | – | – | – |
| **340** | **Innenwände** | **7,000 m²** | **780,78** | **5.363,97** | **1,0** |
| 351 | Deckenkonstruktionen | – | – | – | – |
| 352 | Deckenbeläge | – m² | – | 2.072,70 | 0,4 |
| 353 | Deckenbekleidungen | 658,000 m² | 22,47 | 14.791,80 | 2,9 |
| 359 | Decken, sonstiges | – | – | – | – |
| **350** | **Decken** | **549,000 m²** | **30,70** | **16.864,48** | **3,3** |
| 361 | Dachkonstruktionen | – | – | – | – |
| 362 | Dachfenster, Dachöffnungen | – | – | – | – |
| 363 | Dachbeläge | 712,000 m² | 75,98 | 54.117,55 | 10,5 |
| 364 | Dachbekleidungen | – | – | – | – |
| 369 | Dächer, sonstiges | 712,000 m² DAF | 3,01 | 2.140,65 | 0,4 |
| **360** | **Dächer** | **712,000 m²** | **78,99** | **56.258,20** | **10,9** |
| **370** | **Baukonstruktive Einbauten** | **2.549,000 m² BGF** | **0,74** | **1.898,04** | **0,4** |
| **390** | **Sonst. Maßnahmen für Baukonstruktionen** | **2.549,000 m² BGF** | **9,46** | **24.123,16** | **4,7** |
| **300** | **Bauwerk - Baukonstruktionen** | **2.549,000 m² BGF** | **158,34** | **403.616,25** | **78,3** |

## Kostenkennwerte für die Kostengruppe 400 der 3.Ebene DIN 276 (Übersicht)

| KG | Kostengruppe | Menge Einh. | €/Einheit | Kosten € | % 300+400 |
|---|---|---|---|---|---|
| 411 | Abwasseranlagen | – | – | – | – |
| 412 | Wasseranlagen | – | – | – | – |
| 413 | Gasanlagen (wenn zu Kochzwecken) | – | – | – | – |
| 414 | Feuerlöschanlagen | – | – | – | – |
| 419 | Abwasser-, Wasser- und Gasanlagen, sonstiges | – | – | – | – |
| **410** | **Abwasser-, Wasser-, Gasanlagen** | **–** | **–** | **–** | **–** |
| 421 | Wärmeerzeugungsanlagen | 2.549,000 m² BGF | 4,05 | 10.329,04 | 2,0 |
| 422 | Wärmeverteilnetze | 2.549,000 m² BGF | 23,20 | 59.138,48 | 11,5 |
| 423 | Raumheizflächen | 2.549,000 m² BGF | 15,17 | 38.656,15 | 7,5 |
| 429 | Wärmeversorgungsanlagen, sonstiges | – | – | – | – |
| **420** | **Wärmeversorgungsanlagen** | **2.549,000 m² BGF** | **42,42** | **108.123,67** | **21,0** |
| 431 | Lüftungsanlagen (LA) | – | – | – | – |
| 432 | Teilklimaanlagen (TKA) | – | – | – | – |
| 433 | Klimaanlagen (KLA) | – | – | – | – |
| 434 | Prozeßlufttechnische Anlagen (PLA) | – | – | – | – |
| 435 | Kälteanlagen (KA) | – | – | – | – |
| 439 | Lufttechnische Anlagen, sonstiges | – | – | – | – |
| **430** | **Lufttechnische Anlagen** | **–** | **–** | **–** | **–** |
| 441 | Hoch- und Mittelspannungsanlagen | – | – | – | – |
| 442 | Eigenstromversorgungsanlagen | – | – | – | – |
| 443 | Niederspannungsschaltanlagen | – | – | – | – |
| 444 | Niederspannungsinstallationsanlagen | 2.549,000 m² BGF | 0,96 | 2.445,69 | 0,5 |
| 445 | Beleuchtungsanlagen | 2.549,000 m² BGF | 0,20 | 516,33 | 0,1 |
| 446 | Blitzschutz- und Erdungsanlagen | – | – | – | – |
| 449 | Starkstromanlagen, sonstiges | – | – | – | – |
| **440** | **Starkstromanlagen** | **2.549,000 m² BGF** | **1,16** | **2.962,03** | **0,6** |
| 451 | Telekommunikationsanlagen | – | – | – | – |
| 452 | Such- und Signalanlagen | – | – | – | – |
| 453 | Zeitdienstanlagen | – | – | – | – |
| 454 | Elektroakustische Anlagen | – | – | – | – |
| 455 | Fernseh- und Antennenanlagen | 2.549,000 m² BGF | 0,32 | 804,89 | 0,2 |
| 456 | Gefahrenmelde- und Alarmanlagen | – | – | – | – |
| 457 | Übertragungsnetze | – | – | – | – |
| 459 | Fernmelde- und informationstechn. Anlagen, sonstiges | – | – | – | – |
| **450** | **Fernmelde- und informationstechn. Anlagen** | **2.549,000 m² BGF** | **0,32** | **804,89** | **0,2** |
| 461 | Aufzugsanlagen | – | – | – | – |
| 462 | Fahrtreppen, Fahrsteige | – | – | – | – |
| 463 | Befahranlagen | – | – | – | – |
| 464 | Transportanlagen | – | – | – | – |
| 465 | Krananlagen | – | – | – | – |
| 469 | Förderanlagen, sonstiges | – | – | – | – |
| **460** | **Förderanlagen** | **–** | **–** | **–** | **–** |
| **470** | **Nutzungsspezifische Anlagen** | **–** | **–** | **–** | **–** |
| **480** | **Gebäudeautomation** | **–** | **–** | **–** | **–** |
| **490** | **Sonst. Maßnahmen für technische Anlagen** | **–** | **–** | **–** | **–** |
| **400** | **Bauwerk - Technische Anlagen** | **2.549,000 m² BGF** | **43,90** | **111.890,59** | **21,7** |

## Kostenkennwerte für Leistungsbereiche nach StLB (Kosten des Bauwerks nach DIN 276)

| LB | Leistungsbereiche | Kosten € | €/m² BGF | €/m³ BRI | % 300+400 |
|---|---|---|---|---|---|
| 000 | Sicherheits-, Baustelleneinrichtungen inkl. 001 | 22.494 | 8,80 | 3,30 | 4,4 |
| | Herstellen | 22.494 | 8,80 | 3,30 | 4,4 |
| 002 | Erdarbeiten | – | – | – | – |
| 006 | Spezialtiefbauarbeiten inkl. 005 | – | – | – | – |
| 009 | Abwasserkanalarbeiten inkl. 011 | – | – | – | – |
| 010 | Dränarbeiten | – | – | – | – |
| 012 | Mauerarbeiten | 1.887 | 0,74 | 0,28 | 0,4 |
| | Herstellen | 1.887 | 0,74 | 0,28 | 0,4 |
| 013 | Betonarbeiten | 5.558 | 2,20 | 0,82 | 1,1 |
| | Herstellen | 5.558 | 2,20 | 0,82 | 1,1 |
| 014 | Natursteinarbeiten, Betonwerksteinarbeiten | – | – | – | – |
| 016 | Zimmer- und Holzbauarbeiten | – | – | – | – |
| 017 | Stahlbauarbeiten | – | – | – | – |
| 018 | Abdichtungsarbeiten gegen Wasser | – | – | – | – |
| 020 | Dachdeckungsarbeiten | – | – | – | – |
| 021 | Dachabdichtungsarbeiten | 43.956 | 17,20 | 6,50 | 8,5 |
| | Wiederherstellen | 232 | < 0,1 | < 0,1 | – |
| | Herstellen | 43.725 | 17,20 | 6,40 | 8,5 |
| 022 | Klempnerarbeiten | 10.586 | 4,20 | 1,60 | 2,1 |
| | Herstellen | 10.586 | 4,20 | 1,60 | 2,1 |
| | **Rohbau** | **84.482** | **33,10** | **12,50** | **16,4** |
| | Wiederherstellen | 232 | < 0,1 | < 0,1 | – |
| | Herstellen | 84.250 | 33,10 | 12,40 | 16,3 |
| 023 | Putz- und Stuckarbeiten, Wärmedämmsysteme | 172.511 | 67,70 | 25,40 | 33,5 |
| | Abbrechen | 310 | 0,12 | < 0,1 | 0,1 |
| | Wiederherstellen | 3.949 | 1,50 | 0,58 | 0,8 |
| | Herstellen | 168.252 | 66,00 | 24,80 | 32,6 |
| 024 | Fliesen- und Plattenarbeiten | 4.885 | 1,90 | 0,72 | 0,9 |
| | Wiederherstellen | 1.429 | 0,56 | 0,21 | 0,3 |
| | Herstellen | 3.456 | 1,40 | 0,51 | 0,7 |
| 025 | Estricharbeiten | – | – | – | – |
| 026 | Fenster, Außentüren inkl. 029, 032 | 66.971 | 26,30 | 9,90 | 13,0 |
| | Herstellen | 66.971 | 26,30 | 9,90 | 13,0 |
| 027 | Tischlerarbeiten | – | – | – | – |
| 028 | Parkettarbeiten, Holzpflasterarbeiten | – | – | – | – |
| 030 | Rollladenarbeiten | 23.553 | 9,20 | 3,50 | 4,6 |
| | Wiederherstellen | 78 | < 0,1 | < 0,1 | – |
| | Herstellen | 23.475 | 9,20 | 3,50 | 4,6 |
| 031 | Metallbauarbeiten inkl. 035 | 29.396 | 11,50 | 4,30 | 5,7 |
| | Wiederherstellen | 746 | 0,29 | 0,11 | 0,1 |
| | Herstellen | 28.650 | 11,20 | 4,20 | 5,6 |
| 034 | Maler- und Lackiererarbeiten inkl. 037 | 24.694 | 9,70 | 3,60 | 4,8 |
| | Wiederherstellen | 20.165 | 7,90 | 3,00 | 3,9 |
| | Herstellen | 4.529 | 1,80 | 0,67 | 0,9 |
| 036 | Bodenbelagsarbeiten | | | | |
| 038 | Vorgehängte hinterlüftete Fassaden | – | – | – | – |
| 039 | Trockenbauarbeiten | – | – | – | – |

| LB | Leistungsbereiche | Kosten € | €/m² BGF | €/m³ BRI | % 300+400 |
|---|---|---|---|---|---|
| | **Ausbau** | **322.010** | **126,30** | **47,50** | **62,5** |
| | Abbrechen | 310 | 0,12 | < 0,1 | 0,1 |
| | Wiederherstellen | 26.368 | 10,30 | 3,90 | 5,1 |
| | Herstellen | 295.332 | 115,90 | 43,60 | 57,3 |
| 040 | Wärmeerzeuger, zentr. Einrichtungen inkl. 041 | 67.902 | 26,60 | 10,00 | 13,2 |
| | Herstellen | 67.902 | 26,60 | 10,00 | 13,2 |
| 042 | Gas- und Wasserinstallationsarbeiten inkl. 043 | – | – | – | – |
| 044 | Abwasserinstallationsarbeiten - Leitungen | – | – | – | – |
| 045 | Gas-, Wasser-Einrichtungsgegenstände inkl. 046 | – | – | – | – |
| 047 | Dämmarbeiten an betriebstechnischen Anlagen | 19.825 | 7,80 | 2,90 | 3,8 |
| | Herstellen | 19.825 | 7,80 | 2,90 | 3,8 |
| 049 | Feuerlöschanlagen, Feuerlöschgeräte | – | – | – | – |
| 050 | Blitzschutz- und Erdungsanlagen | – | – | – | – |
| 052 | Mittelspannungsanlagen | – | – | – | – |
| 053 | Niederspannungsanlagen inkl. 054 | 2.469 | 0,97 | 0,36 | 0,5 |
| | Herstellen | 2.469 | 0,97 | 0,36 | 0,5 |
| 055 | Ersatzstromversorgungsanlagen | – | – | – | – |
| 057 | Gebäudesystemtechnik | – | – | – | – |
| 058 | Leuchten und Lampen, inkl. 059 | 516 | 0,20 | < 0,1 | 0,1 |
| | Herstellen | 516 | 0,20 | < 0,1 | 0,1 |
| 060 | Elektroakustische Anlagen | – | – | – | – |
| 061 | Kommunikationsnetze | 805 | 0,32 | 0,12 | 0,2 |
| | Herstellen | 805 | 0,32 | 0,12 | 0,2 |
| 063 | Gefahrenmeldeanlagen | – | – | – | – |
| 069 | Aufzüge | – | – | – | – |
| 070 | Gebäudeautomation | – | – | – | – |
| 075 | Raumlufttechnische Anlagen | – | – | – | – |
| | **Gebäudetechnik** | **91.517** | **35,90** | **13,50** | **17,8** |
| | Herstellen | 91.517 | 35,90 | 13,50 | 17,8 |
| 084 | Abbrucharbeiten | 17.498 | 6,90 | 2,60 | 3,4 |
| | Abbrechen | 17.498 | 6,90 | 2,60 | 3,4 |
| | Sonstige Leistungsbereiche inkl. 008, 033, 051 | – | – | – | – |

# 6100-753 Mehrfamilienhaus (19WE)

## Objektübersicht

Modernisierung

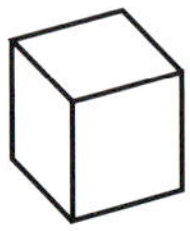
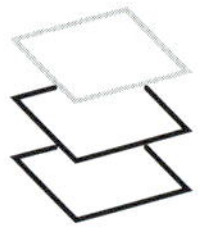
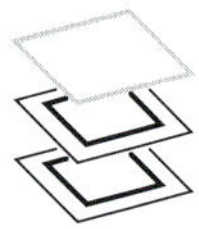

| | |
|---|---|
| Kennwerte | bis 3.Ebene DIN 276 |
| Bauzeit | 13 Wochen |
| Bauende | 2004 |
| Standard | unter Durchschnitt |
| Land | Baden-Württemberg |
| Kreis | Stuttgart |
| $m^3$ BRI | 6.780 |
| $m^2$ BGF | 2.549 |
| $m^2$ NF | 1.794 |

**366 €/$m^2$ WFL** | **75 €/$m^3$ BRI** | **199 €/$m^2$ BGF** | **282 €/$m^2$ NF**

**Architekt:**
Dipl.-Ing.
Jürgen Metelmann
Blumenstr. 11
72568 Bempflingen

**Bauherr:**
Baugenossenschaft Münster a.N. eG
Freibergerstr. 62
70376 Stuttgart

Ansicht Ost

Untergeschoss

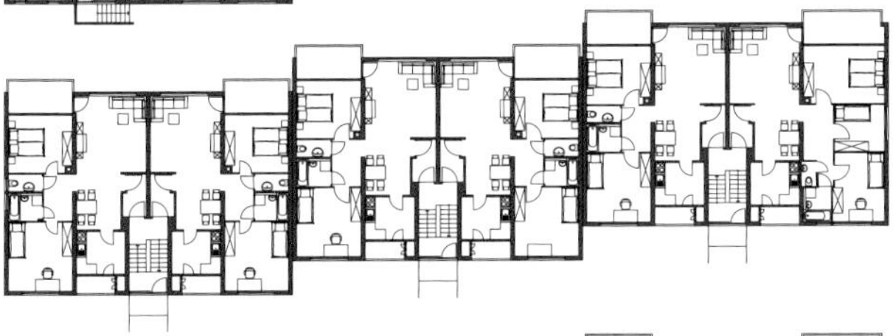

Erdgeschoss

1. Obergeschoss

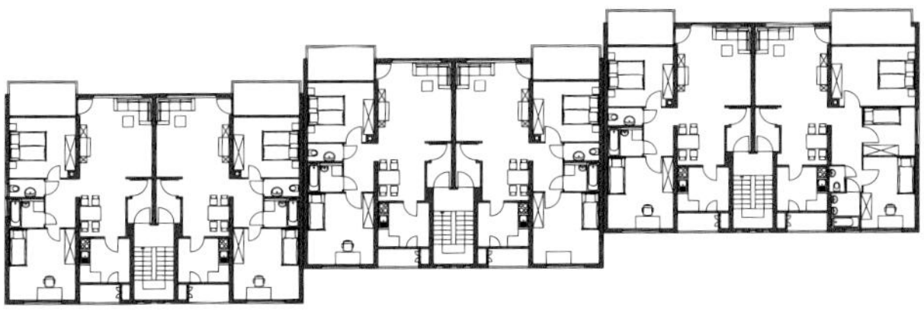

2. Obergeschoss

Ansicht West

## Objektbeschreibung

### Nutzung

**1 Untergeschoss**
Kellerräume, Trockenraum, Wohnung

**1 Erdgeschoss**
Wohnungen

**2 Obergeschosse**
Wohnungen

### Nutzeinheiten

Wohneinheiten: 19
Wohnfläche: 1385m²

### Grundstück

Bauraum: Beengter Bauraum
Neigung: Geneigtes Gelände

### Markt

Hauptvergabezeit: 1.Quartal 2004
Baubeginn: 1.Quartal 2004
Bauende: 2.Quartal 2004
Konjunkturelle Gesamtlage: Durchschnitt
Regionaler Baumarkt: Durchschnitt

### Baubestand

Bauzustand: mittel
Aufwand: mittel
Grundrissänderungen: keine
Tragwerkseingriffe: keine
Nutzungsänderung: ja
Nutzung während der Bauzeit: ja

### Baukonstruktion

**Abbrechen:** Abschlagen von Außenputzflächen in Teilbereichen; Abbruch von Wandfliesen, Wandputz; PVC-Belägen, Styroporreste, Farbanstriche; Dachrandblende; Entsorgung, Deponiegebühren
**Wiederherstellen:** An Balkonbrüstungen, Bewehrung freilegen, entrosten, mit Korrosionsschutz verfüllen, Anstrich Holztüren, Kellerfenster lackieren, Kalkzementputz als Ausgleichsputz, Rissverfüllung, Schimmelbeseitigung, Tapeten entfernen, fungizides Mittel aufbringen, Raufasertapete, Anstrich, Fenstergitter, Metallgitter, schleifen, reinigen, Anstrich, Vordächer abbauen, anpassen, wieder montieren; Bodenfliesen, lösen, neu verlegen; Einbauschränke auf den Balkonen streichen
**Herstellen:** Kunststofffenster- und Fenstertüren, Nebeneingangstüren, Wärmedämmverbundsystem, Sockelanstrich, Rolläden, Geländerfüllungen, Lochbleche; Putz, Wandfliesen, Rohrverkleidungen; Bodenbeschichtung, Bodenfliesen, Kellerdeckendämmung; Flachdach, Dämmung, Abdichtung, Kies, Dachrandblech, Dachentwässerung

### Technische Anlagen

**Abbrechen:** Abbruch von Rohrisolierungen, Heizungsrohre; Heizkörpern; Entsorgung, Deponiegebühren
**Wiederherstellen:** Treppenhauslicht-Steuerung überprüft, neuer Zeitschalter, Schalter ausgetauscht, Außenleuchten wieder montiert, neue Dämmerungsschalter, Gläser bei Nurglasleuchten ersetzt, Glühlampen getauscht; Telefonleitung verlötet, Sprechanlage überprüft, Kontakte nachgezogen, abgebrochene Drähte neu angeschlossen
**Herstellen:** Fernwärmeübergabestation, Wasserspeicher, Heizungsrohre, Heizkörper; Elektroinstallation, Steckdosen Balkone, Außenwandleuchten; Schalterdosen für Antennensteckdosen neu gesetzt, Antennenrohre

## Planungskennwerte für Flächen und Rauminhalte nach DIN 277

| Flächen des Grundstücks | | Menge, Einheit | % an FBG |
|---|---|---|---|
| BF | Bebaute Fläche | – m² | – |
| UBF | Unbebaute Fläche | – m² | – |
| FBG | Fläche des Baugrundstücks | – m² | – |

| Grundflächen des Bauwerks | | Menge, Einheit | % an NF | % an BGF |
|---|---|---|---|---|
| NF | Nutzfläche | 1.793,76 m² | 100,0 | 70,4 |
| TF | Technische Funktionsfläche | 25,10 m² | 1,4 | 1,0 |
| VF | Verkehrsfläche | 308,28 m² | 17,2 | 12,1 |
| NGF | Netto-Grundfläche | 2.127,14 m² | 118,6 | 83,5 |
| KGF | Konstruktions-Grundfläche | 421,87 m² | 23,5 | 16,6 |
| BGF | Brutto-Grundfläche | 2.549,01 m² | 142,1 | 100,0 |

| Brutto-Rauminhalt des Bauwerks | | Menge, Einheit | BRI/NF (m) | BRI/BGF (m) |
|---|---|---|---|---|
| BRI | Brutto-Rauminhalt | 6.780,37 m³ | 3,78 | 2,66 |

| Lufttechnisch behandelte Flächen | Menge, Einheit | % an NF | % an BGF |
|---|---|---|---|
| Entlüftete Fläche | – m² | – | – |
| Be- und entlüftete Fläche | – m² | – | – |
| Teilklimatisierte Fläche | – m² | – | – |
| Klimatisierte Fläche | – m² | – | – |

| KG | Kostengruppen (2.Ebene) | Menge, Einheit | Menge/NF | Menge/BGF |
|---|---|---|---|---|
| 310 | Baugrube | – m³ BGI | – | – |
| 320 | Gründung | – m² GRF | – | – |
| 330 | Außenwände | 2.355,31 m² AWF | 1,31 | 0,92 |
| 340 | Innenwände | 233,02 m² IWF | 0,13 | < 0,1 |
| 350 | Decken | 552,60 m² DEF | 0,31 | 0,22 |
| 360 | Dächer | 712,26 m² DAF | 0,40 | 0,28 |

## Kostenkennwerte für die Kostengruppen der 1.Ebene DIN 276

| KG | Kostengruppen (1.Ebene) | Einheit | Kosten € | €/Einheit | €/m² BGF | €/m³ BRI | % 300+400 |
|---|---|---|---|---|---|---|---|
| 100 | Grundstück | m² FBG | – | – | – | – | – |
| 200 | Herrichten und Erschließen | m² FBG | – | – | – | – | – |
| 300 | Bauwerk - Baukonstruktionen | m² BGF | 400.400 | 157,08 | 157,08 | 59,05 | 79,0 |
| 400 | Bauwerk - Technische Anlagen | m² BGF | 106.179 | 41,66 | 41,66 | 15,66 | 21,0 |
| | **Bauwerk 300+400** | **m² BGF** | **506.580** | **198,74** | **198,74** | **74,71** | **100,0** |
| 500 | Außenanlagen | m² AUF | – | – | – | – | – |
| 600 | Ausstattung und Kunstwerke | m² BGF | – | – | – | – | – |
| 700 | Baunebenkosten | m² BGF | – | – | – | – | – |

## Kostenkennwerte für die Kostengruppen der 1.Ebene DIN 276

| KG | Kostengruppe | Menge Einheit | Kosten € | €/Einheit | % |
|---|---|---|---|---|---|
| **3+4** | **Bauwerk** | | | | **100,0** |
| 300 | **Bauwerk - Baukonstruktionen** | 2.549,01 m² BGF | 400.400 | **157,08** | 79,0 |
| | • Abbrechen (Kosten: 2,0%) | | 8.089 | | |
| | Abschlagen von Außenputzflächen in Teilbereichen; Abbruch von Wandfliesen, Wandputz; PVC-Belägen, Styroporreste, Farbanstriche; Dachrandblende; Entsorgung, Deponiegebühren | | | | |
| | • Wiederherstellen (Kosten: 8,7%) | | 34.737 | | |
| | An Balkonbrüstungen, Bewehrung freilegen, entrosten, mit Korrosionsschutz verfüllen, Anstrich Holztüren, Kellerfenster lackieren, Kalkzementputz als Ausgleichsputz, Rissverfüllung, Schimmelbeseitigung, Tapeten entfernen, fungizides Mittel aufbringen, Raufasertapete, Anstrich, Fenstergitter, Metallgitter, schleifen, reinigen, Anstrich, Vordächer abbauen, anpassen, wieder montieren; Bodenfliesen, lösen, neu verlegen; Einbauschränke auf den Balkonen streichen | | | | |
| | • Herstellen (Kosten: 89,3%) | | 357.574 | | |
| | Kunststofffenster- und Fenstertüren, Nebeneingangstüren, Wärmedämmverbundsystem, Sockelanstrich, Rollläden, Geländerfüllungen, Lochbleche; Putz, Wandfliesen, Rohrverkleidungen; Bodenbeschichtung, Bodenfliesen, Kellerdeckendämmung; Flachdach, Dämmung, Abdichtung, Kies, Dachrandblech, Dachentwässerung | | | | |
| 400 | **Bauwerk - Technische Anlagen** | 2.549,01 m² BGF | 106.179 | **41,66** | 21,0 |
| | • Abbrechen (Kosten: 15,0%) | | 15.918 | | |
| | Abbruch von Rohrisolierungen, Heizungsrohre; Heizkörpern; Entsorgung, Deponiegebühren | | | | |
| | • Wiederherstellen (Kosten: 1,1%) | | 1.193 | | |
| | Treppenhauslicht-Steuerung überprüft, neuer Zeitschalter, Schalter ausgetauscht, Außenleuchten wieder montiert, neue Dämmerungsschalter, Gläser bei Nurglasleuchten ersetzt, Glühlampen getauscht; Telefonleitung verlötet, Sprechanlage überprüft, Kontakte nachgezogen, abgebrochene Drähte neu angeschlossen | | | | |
| | • Herstellen (Kosten: 83,9%) | | 89.068 | | |
| | Fernwärmeübergabestation, Wasserspeicher, Heizungsrohre, Heizkörper; Elektroinstallation, Steckdosen Balkone, Außenwandleuchten; Schalterdosen für Antennensteckdosen neu gesetzt, Antennenrohre | | | | |

## Kostenkennwerte für die Kostengruppen 300 und 400 der 2.Ebene DIN 276

| KG | Kostengruppe | Menge Einheit | Kosten € | €/Einheit | % |
|---|---|---|---|---|---|
| **300** | **Bauwerk - Baukonstruktionen** | | | | **100,0** |
| 330 | **Außenwände** | 2.355,31 m² | 282.439 | **119,92** | 70,5 |
| | • Abbrechen (Kosten: 1,0%) | | 2.943 | | |
| | Außenputzflächen nach Hohlstellen abklopfen, schadhaften, Kalk-Zementputz, d=20-30mm, abschlagen, Flächen reinigen (198m²) * Abbruch von Holzfüllungen; Entsorgung, Deponiegebühren | | | | |
| | • Wiederherstellen (Kosten: 8,8%) | | 24.899 | | |
| | An Balkonbrüstungen, Bewehrung freilegen, entrosten, mit Korrosionsschutz verfüllen, Stundenlohnarbeit (49m²) * Holztüren abschleifen, Anstrich (6m²), Kellerfenster lackieren (34m²) * Kalkzementputz als Ausgleichsputz, d=15-25mm (197m²), Rissverfüllung (97m²), Putz mit Hochdruckreiniger, fungiziden Wirkstofflösung behandeln (77m²) * Schimmelbeseitigung, Tapeten entfernen, schließen von Öffnungen, Spachtelung, fungizides Mittel aufbringen, Raufasertapete, Dispersionsanstrich (118m²), Fensterlaibungen ausfugen (100m) * Fenstergitter (42m), Metallgitter (187m), schleifen, reinigen, Dickschichtlackanstrich, Metallgitter abbauen, Transport in die Werkstatt, ändern, wieder anbringen, Vordächer abbauen, anpassen, wieder montieren, Verwahrungen reinigen (3St) | | | | |
| | • Herstellen (Kosten: 90,1%) | | 254.597 | | |
| | Kunststofffenster- und Fenstertüren, u-Wert=1,1W/m2K (188m²), Nebeneingangstüre (9m²), Fensterbänke, Granit (218m), Demontage * PS-Wärmedämmverbundsystem, WLG 035, d=120mm, gedübelt, Mineralputz, Anstrich (1.621m²), Sockelbereich, EPS, d=120mm (43m²), Anstrich (77m²) * Aufsatz- und Vorbaurolladen (68St), Alu-Blechdächer für Markisen (4St) * Füllungen Geländer (19St), Geländer kürzen (19St), Lochbleche (18St), Anschlussbleche (38St) | | | | |
| 340 | **Innenwände** | 233,02 m² | 13.901 | **59,66** | 3,5 |
| | • Abbrechen (Kosten: 8,0%) | | 1.118 | | |
| | Abbruch von Wandfliesen (23m²), Wandputz (56m²); Entsorgung, Deponiegebühren | | | | |
| | • Wiederherstellen (Kosten: 32,7%) | | 4.541 | | |
| | Holztüren abschleifen, Fehlstellen spachteln, Grund-, Zwischen- und Schlussanstrich, neue Beschläge (5m²) * Schließen von Schlitzen (48m²), Acrylfugen (100m), Holzbekleidungen, abschleifen, lackieren (144m²); einzelne Wandfliesen abbrechen, neue einsetzen (6m²) | | | | |
| | • Herstellen (Kosten: 59,3%) | | 8.242 | | |
| | Wandvorbereitung, Putz, Wandfliesen (21m²), Rohrverkleidungen, MDF-Platten, d=19mm, 12x8x250cm, lackiert (19St), Acrylfugen | | | | |
| 350 | **Decken** | 552,60 m² | 19.955 | **36,11** | 5,0 |
| | • Abbrechen (Kosten: 11,5%) | | 2.304 | | |
| | Abbruch von PVC-Belägen (50m²) * Styroporreste, Farbanstriche abkratzen (548m²); Entsorgung, Deponiegebühren | | | | |
| | • Wiederherstellen (Kosten: 5,1%) | | 1.021 | | |
| | Balkonfliesen, lösen, neu verlegen, verfugen (8m²), Bodenfliesen ausstemmen, Untergrund ausgleichen, neue verlegen (3m²) * Deckenanstrich mit Isolierfarbe (5m²) | | | | |
| | • Herstellen (Kosten: 83,3%) | | 16.630 | | |
| | Epoxid-Bodenbeschichtung (131m²), Grundierung Epoxidharz, Bodenfliesen (9m²), Silikonfugen (74m) * Kellerdeckendämmung, PS-Hartschaumplatten, d=60mm (547m²) | | | | |

| KG | Kostengruppe | Menge Einheit | Kosten € | €/Einheit | % |
|---|---|---|---|---|---|
| 360 | **Dächer** | 712,26 m² | 56.550 | **79,39** | 14,1 |
| | • Abbrechen (Kosten: 3,0%) | | 1.724 | | |
| | Abbruch von einer Dachrandblende, Entsorgung, Deponiegebühren | | | | |
| | • Herstellen (Kosten: 97,0%) | | 54.825 | | |
| | Vorhandene Kiesschüttung abschnittsweise umschichten, Flachdachfläche reinigen, Dämmung PUR kaschiert, d=60mm, EPDM Abdichtungsbahnen (712m²), Kiesschüttung als zusätzliche Auflast (624m²), Verwahrung Titanzink, Lüfterkonstruktion (6St), Holzbohle, Alu-Dachrandblech (176m), Sanierungsgullys (6St) * Sekuranten (9St) | | | | |
| 370 | **Baukonstruktive Einbauten** | 2.549,01 m² BGF | 4.276 | **1,68** | 1,1 |
| | • Wiederherstellen (Kosten: 100,0%) | | 4.276 | | |
| | Einbauschränke auf den Balkonen, Altbeschichtungen entfernen, Grund,- Zwischen- und Schlussanstrich (19St) | | | | |
| 390 | **Sonstige Baukonstruktionen** | 2.549,01 m² BGF | 23.279 | **9,13** | 5,8 |
| | • Herstellen (Kosten: 100,0%) | | 23.279 | | |
| | Baustelleneinrichtung, Aufzug, WC, Baustromverteiler angeschlossen, Baustromverteiler versetzt * Fassadengerüst (1.680m²), Schutznetz (196m²), Schutzdach 6m² (3St), Dachfanggerüst (130m²) * Schuttentsorgung, Container, 7,5m³ (2St) | | | | |
| **400** | **Bauwerk - Technische Anlagen** | | | | **100,0** |
| 420 | **Wärmeversorgungsanlagen** | 2.549,01 m² BGF | 98.128 | **38,50** | 92,4 |
| | • Abbrechen (Kosten: 16,2%) | | 15.918 | | |
| | Abbruch von Rohrisolierungen (160m), Heizungsrohre (580m) * Heizkörpern, Entsorgung, Deponiegebühren (99St); Entsorgung, Deponiegebühren | | | | |
| | • Herstellen (Kosten: 83,8%) | | 82.210 | | |
| | Fernwärmeübergabestation, Leistung 100kW Heizung, 48kW Warmwasser, Warmwasserspeicher, 500l, mit Ladesystem (1St), Anschluss an die bestehenden Leitungen * Kupfer-Heizungsrohre DN10-54, Formteile, Rohrdämmungen (1.1500m), Umwälzpumpe (1St), Ventile (50St), Wanddurchbrüche (238St), Kernbohrungen (30St) * Plattenheizkörper, Thermostatventile (108St) | | | | |
| 440 | **Starkstromanlagen** | 2.549,01 m² BGF | 4.941 | **1,94** | 4,7 |
| | • Wiederherstellen (Kosten: 19,1%) | | 943 | | |
| | Treppenhauslicht-Steuerung überprüft, neuer Zeitschalter, Schalter ausgetauscht * Außenleuchten wieder montiert, neue Dämmerungsschalter, Gläser bei Nurglasleuchten ersetzt (2St), Glühlampen getauscht (6St) | | | | |
| | • Herstellen (Kosten: 80,9%) | | 3.998 | | |
| | Balkone, Schukosteckdosen (20St), Leitungen für Dämmerungsschalter (35m), Mantelleitungen (11m) * Leuchten (4St) | | | | |
| 450 | **Fernmelde-, informationstechn. Anlagen** | 2.549,01 m² BGF | 3.111 | **1,22** | 2,9 |
| | • Wiederherstellen (Kosten: 8,1%) | | 250 | | |
| | Telefonleitung verlötet, Schrumpfschlauchisolierung * Sprechanlage überprüft, Kontakte nachgezogen, abgebrochene Drähte neu angeschlossen | | | | |
| | • Herstellen (Kosten: 91,9%) | | 2.860 | | |
| | Schalterdosen für Antennenanschluss ausgefräst, neu gesetzt (19St), Antennenrohre verlegt, Zugdraht (150m) | | | | |

## Kostenkennwerte für die Kostengruppe 300 der 3.Ebene DIN 276 (Übersicht)

| KG | Kostengruppe | Menge Einh. | €/Einheit | Kosten € | % 300+400 |
|---|---|---|---|---|---|
| 311 | Baugrubenherstellung | – | – | – | – |
| 312 | Baugrubenumschließung | – | – | – | – |
| 313 | Wasserhaltung | – | – | – | – |
| 319 | Baugrube, sonstiges | – | – | – | – |
| **310** | **Baugrube** | **–** | **–** | **–** | **–** |
| 321 | Baugrundverbesserung | – | – | – | – |
| 322 | Flachgründungen | – | – | – | – |
| 323 | Tiefgründungen | – | – | – | – |
| 324 | Unterböden und Bodenplatten | – | – | – | – |
| 325 | Beläge auf Boden- und Fundamentplatten | – | – | – | – |
| 326 | Bauwerksabdichtungen | – | – | – | – |
| 327 | Dränagen | – | – | – | – |
| 329 | Gründung, sonstiges | – | – | – | – |
| **320** | **Gründung** | **–** | **–** | **–** | **–** |
| 331 | Tragende Außenwände | – | – | – | – |
| 332 | Nichttragende Außenwände | 49,000 m² | 69,72 | 3.399,41 | 0,7 |
| 333 | Tragende Außenstützen | – | – | – | – |
| 334 | Außentüren, -fenster | 237,000 m² | 268,76 | 63.713,98 | 12,6 |
| 335 | Außenwandbekleidungen außen | 2.070,000 m² | 73,16 | 151.411,14 | 29,9 |
| 336 | Außenwandbekleidungen innen | 118,000 m² | 34,34 | 4.061,22 | 0,8 |
| 337 | Elementierte Außenwände | – | – | – | – |
| 338 | Sonnenschutz | 168,000 m² | 156,57 | 26.326,82 | 5,2 |
| 339 | Außenwände, sonstiges | 2.355,000 m² AWF | 14,23 | 33.526,58 | 6,6 |
| **330** | **Außenwände** | **2.355,000 m²** | **119,92** | **282.439,16** | **55,8** |
| 341 | Tragende Innenwände | – | – | – | – |
| 342 | Nichttragende Innenwände | – | – | – | – |
| 343 | Tragende Innenstützen | – | – | – | – |
| 344 | Innentüren, -fenster | 5,000 m² | 72,89 | 398,71 | 0,1 |
| 345 | Innenwandbekleidungen | 228,000 m² | 59,34 | 13.502,58 | 2,7 |
| 346 | Elementierte Innenwände | – | – | – | – |
| 349 | Innenwände, sonstiges | – | – | – | – |
| **340** | **Innenwände** | **233,000 m²** | **59,66** | **13.901,29** | **2,7** |
| 351 | Deckenkonstruktionen | – | – | – | – |
| 352 | Deckenbeläge | 151,000 m² | 38,84 | 5.867,11 | 1,2 |
| 353 | Deckenbekleidungen | 553,000 m² | 25,49 | 14.087,99 | 2,8 |
| 359 | Decken, sonstiges | – | – | – | – |
| **350** | **Decken** | **553,000 m²** | **36,11** | **19.955,10** | **3,9** |
| 361 | Dachkonstruktionen | – | – | – | – |
| 362 | Dachfenster, Dachöffnungen | – | – | – | – |
| 363 | Dachbeläge | 712,000 m² | 76,37 | 54.397,81 | 10,7 |
| 364 | Dachbekleidungen | – | – | – | – |
| 369 | Dächer, sonstiges | 712,000 m² DAF | 3,02 | 2.151,73 | 0,4 |
| **360** | **Dächer** | **712,000 m²** | **79,39** | **56.549,54** | **11,2** |
| **370** | **Baukonstruktive Einbauten** | **2.549,000 m² BGF** | **1,68** | **4.275,99** | **0,8** |
| **390** | **Sonst. Maßnahmen für Baukonstruktionen** | **2.549,000 m² BGF** | **9,13** | **23.279,30** | **4,6** |
| **300** | **Bauwerk - Baukonstruktionen** | **2.549,000 m² BGF** | **157,08** | **400.400,37** | **79,0** |

## Kostenkennwerte für die Kostengruppe 400 der 3.Ebene DIN 276 (Übersicht)

| KG | Kostengruppe | Menge Einh. | €/Einheit | Kosten € | % 300+400 |
|---|---|---|---|---|---|
| 411 | Abwasseranlagen | – | – | – | – |
| 412 | Wasseranlagen | – | – | – | – |
| 413 | Gasanlagen (wenn zu Kochzwecken) | – | – | – | – |
| 414 | Feuerlöschanlagen | – | – | – | – |
| 419 | Abwasser-, Wasser- und Gasanlagen, sonstiges | – | – | – | – |
| **410** | **Abwasser-, Wasser-, Gasanlagen** | **–** | **–** | **–** | **–** |
| 421 | Wärmeerzeugungsanlagen | 2.549,000 m² BGF | 4,74 | 12.093,42 | 2,4 |
| 422 | Wärmeverteilnetze | 2.549,000 m² BGF | 18,42 | 46.951,76 | 9,3 |
| 423 | Raumheizflächen | 2.549,000 m² BGF | 15,33 | 39.082,70 | 7,7 |
| 429 | Wärmeversorgungsanlagen, sonstiges | – | – | – | – |
| **420** | **Wärmeversorgungsanlagen** | **2.549,000 m² BGF** | **38,50** | **98.127,88** | **19,4** |
| 431 | Lüftungsanlagen (LA) | – | – | – | – |
| 432 | Teilklimaanlagen (TKA) | – | – | – | – |
| 433 | Klimaanlagen (KLA) | – | – | – | – |
| 434 | Prozeßlufttechnische Anlagen (PLA) | – | – | – | – |
| 435 | Kälteanlagen (KA) | – | – | – | – |
| 439 | Lufttechnische Anlagen, sonstiges | – | – | – | – |
| **430** | **Lufttechnische Anlagen** | **–** | **–** | **–** | **–** |
| 441 | Hoch- und Mittelspannungsanlagen | – | – | – | – |
| 442 | Eigenstromversorgungsanlagen | – | – | – | – |
| 443 | Niederspannungsschaltanlagen | – | – | – | – |
| 444 | Niederspannungsinstallationsanlagen | 2.549,000 m² BGF | 1,44 | 3.673,31 | 0,7 |
| 445 | Beleuchtungsanlagen | 2.549,000 m² BGF | 0,50 | 1.267,60 | 0,3 |
| 446 | Blitzschutz- und Erdungsanlagen | – | – | – | – |
| 449 | Starkstromanlagen, sonstiges | – | – | – | – |
| **440** | **Starkstromanlagen** | **2.549,000 m² BGF** | **1,94** | **4.940,91** | **1,0** |
| 451 | Telekommunikationsanlagen | 2.549,000 m² BGF | < 0,1 | 71,65 | < 0,1 |
| 452 | Such- und Signalanlagen | 2.549,000 m² BGF | < 0,1 | 178,78 | < 0,1 |
| 453 | Zeitdienstanlagen | – | – | – | – |
| 454 | Elektroakustische Anlagen | – | – | – | – |
| 455 | Fernseh- und Antennenanlagen | 2.549,000 m² BGF | 1,12 | 2.860,09 | 0,6 |
| 456 | Gefahrenmelde- und Alarmanlagen | – | – | – | – |
| 457 | Übertragungsnetze | – | – | – | – |
| 459 | Fernmelde- und informationstechn. Anlagen, sonstiges | – | – | – | – |
| **450** | **Fernmelde- und informationstechn. Anlagen** | **2.549,000 m² BGF** | **1,22** | **3.110,52** | **0,6** |
| 461 | Aufzugsanlagen | – | – | – | – |
| 462 | Fahrtreppen, Fahrsteige | – | – | – | – |
| 463 | Befahranlagen | – | – | – | – |
| 464 | Transportanlagen | – | – | – | – |
| 465 | Krananlagen | – | – | – | – |
| 469 | Förderanlagen, sonstiges | – | – | – | – |
| **460** | **Förderanlagen** | **–** | **–** | **–** | **–** |
| **470** | **Nutzungsspezifische Anlagen** | **–** | **–** | **–** | **–** |
| **480** | **Gebäudeautomation** | **–** | **–** | **–** | **–** |
| **490** | **Sonst. Maßnahmen für technische Anlagen** | **–** | **–** | **–** | **–** |
| **400** | **Bauwerk - Technische Anlagen** | **2.549,000 m² BGF** | **41,66** | **106.179,32** | **21,0** |

## Kostenkennwerte für Leistungsbereiche nach StLB (Kosten des Bauwerks nach DIN 276)

| LB | Leistungsbereiche | Kosten € | €/m² BGF | €/m³ BRI | % 300+400 |
|---|---|---|---|---|---|
| 000 | Sicherheits-, Baustelleneinrichtungen inkl. 001 | 22.951 | 9,00 | 3,40 | 4,5 |
| | Herstellen | 22.951 | 9,00 | 3,40 | 4,5 |
| 002 | Erdarbeiten | – | – | – | – |
| 006 | Spezialtiefbauarbeiten inkl. 005 | – | – | – | – |
| 009 | Abwasserkanalarbeiten inkl. 011 | – | – | – | – |
| 010 | Dränarbeiten | – | – | – | – |
| 012 | Mauerarbeiten | 2.047 | 0,80 | 0,30 | 0,4 |
| | Herstellen | 2.047 | 0,80 | 0,30 | 0,4 |
| 013 | Betonarbeiten | 3.120 | 1,20 | 0,46 | 0,6 |
| | Herstellen | 3.120 | 1,20 | 0,46 | 0,6 |
| 014 | Natursteinarbeiten, Betonwerksteinarbeiten | 13.375 | 5,20 | 2,00 | 2,6 |
| | Herstellen | 13.375 | 5,20 | 2,00 | 2,6 |
| 016 | Zimmer- und Holzbauarbeiten | – | – | – | – |
| 017 | Stahlbauarbeiten | – | – | – | – |
| 018 | Abdichtungsarbeiten gegen Wasser | – | – | – | – |
| 020 | Dachdeckungsarbeiten | – | – | – | – |
| 021 | Dachabdichtungsarbeiten | 44.184 | 17,30 | 6,50 | 8,7 |
| | Herstellen | 44.184 | 17,30 | 6,50 | 8,7 |
| 022 | Klempnerarbeiten | 10.641 | 4,20 | 1,60 | 2,1 |
| | Herstellen | 10.641 | 4,20 | 1,60 | 2,1 |
| | **Rohbau** | **96.318** | **37,80** | **14,20** | **19,0** |
| | Herstellen | 96.318 | 37,80 | 14,20 | 19,0 |
| 023 | Putz- und Stuckarbeiten, Wärmedämmsysteme | 168.782 | 66,20 | 24,90 | 33,3 |
| | Wiederherstellen | 9.420 | 3,70 | 1,40 | 1,9 |
| | Herstellen | 159.362 | 62,50 | 23,50 | 31,5 |
| 024 | Fliesen- und Plattenarbeiten | 7.387 | 2,90 | 1,10 | 1,5 |
| | Wiederherstellen | 4.291 | 1,70 | 0,63 | 0,8 |
| | Herstellen | 3.096 | 1,20 | 0,46 | 0,6 |
| 025 | Estricharbeiten | – | – | – | – |
| 026 | Fenster, Außentüren inkl. 029, 032 | 47.263 | 18,50 | 7,00 | 9,3 |
| | Wiederherstellen | 153 | < 0,1 | < 0,1 | – |
| | Herstellen | 47.110 | 18,50 | 6,90 | 9,3 |
| 027 | Tischlerarbeiten | 5.621 | 2,20 | 0,83 | 1,1 |
| | Wiederherstellen | 2.456 | 0,96 | 0,36 | 0,5 |
| | Herstellen | 3.165 | 1,20 | 0,47 | 0,6 |
| 028 | Parkettarbeiten, Holzpflasterarbeiten | – | – | – | – |
| 030 | Rollladenarbeiten | 17.995 | 7,10 | 2,70 | 3,6 |
| | Wiederherstellen | 389 | 0,15 | < 0,1 | 0,1 |
| | Herstellen | 17.606 | 6,90 | 2,60 | 3,5 |
| 031 | Metallbauarbeiten inkl. 035 | 35.298 | 13,80 | 5,20 | 7,0 |
| | Wiederherstellen | 6.447 | 2,50 | 0,95 | 1,3 |
| | Herstellen | 28.852 | 11,30 | 4,30 | 5,7 |
| 034 | Maler- und Lackiererarbeiten inkl. 037 | 18.334 | 7,20 | 2,70 | 3,6 |
| | Wiederherstellen | 11.581 | 4,50 | 1,70 | 2,3 |
| | Herstellen | 6.753 | 2,60 | 1,00 | 1,3 |
| 036 | Bodenbelagsarbeiten | – | – | – | – |
| 038 | Vorgehängte hinterlüftete Fassaden | – | – | – | – |
| 039 | Trockenbauarbeiten | – | – | – | – |

| LB | Leistungsbereiche | Kosten € | €/m² BGF | €/m³ BRI | % 300+400 |
|---|---|---|---|---|---|
| | **Ausbau** | **300.681** | **118,00** | **44,30** | **59,4** |
| | Wiederherstellen | 34.737 | 13,60 | 5,10 | 6,9 |
| | Herstellen | 265.944 | 104,30 | 39,20 | 52,5 |
| 040 | Wärmeerzeuger, zentr. Einrichtungen inkl. 041 | 68.733 | 27,00 | 10,10 | 13,6 |
| | Herstellen | 68.733 | 27,00 | 10,10 | 13,6 |
| 042 | Gas- und Wasserinstallationsarbeiten inkl. 043 | – | – | – | – |
| 044 | Abwasserinstallationsarbeiten - Leitungen | – | – | – | – |
| 045 | Gas-, Wasser-Einrichtungsgegenstände inkl. 046 | – | – | – | – |
| 047 | Dämmarbeiten an betriebstechnischen Anlagen | 8.107 | 3,20 | 1,20 | 1,6 |
| | Herstellen | 8.107 | 3,20 | 1,20 | 1,6 |
| 049 | Feuerlöschanlagen, Feuerlöschgeräte | – | – | – | – |
| 050 | Blitzschutz- und Erdungsanlagen | – | – | – | – |
| 052 | Mittelspannungsanlagen | – | – | – | – |
| 053 | Niederspannungsanlagen inkl. 054 | 4.439 | 1,70 | 0,65 | 0,9 |
| | Wiederherstellen | 320 | 0,13 | < 0,1 | 0,1 |
| | Herstellen | 4.119 | 1,60 | 0,61 | 0,8 |
| 055 | Ersatzstromversorgungsanlagen | – | – | – | – |
| 057 | Gebäudesystemtechnik | – | – | – | – |
| 058 | Leuchten und Lampen, inkl. 059 | 1.268 | 0,50 | 0,19 | 0,3 |
| | Wiederherstellen | 623 | 0,24 | < 0,1 | 0,1 |
| | Herstellen | 644 | 0,25 | 0,10 | 0,1 |
| 060 | Elektroakustische Anlagen | – | – | – | – |
| 061 | Kommunikationsnetze | 3.027 | 1,20 | 0,45 | 0,6 |
| | Wiederherstellen | 250 | 0,10 | < 0,1 | – |
| | Herstellen | 2.777 | 1,10 | 0,41 | 0,5 |
| 063 | Gefahrenmeldeanlagen | – | – | – | – |
| 069 | Aufzüge | – | – | – | – |
| 070 | Gebäudeautomation | – | – | – | – |
| 075 | Raumlufttechnische Anlagen | – | – | – | – |
| | **Gebäudetechnik** | **85.574** | **33,60** | **12,60** | **16,9** |
| | Wiederherstellen | 1.193 | 0,47 | 0,18 | 0,2 |
| | Herstellen | 84.380 | 33,10 | 12,40 | 16,7 |
| 084 | Abbrucharbeiten | 24.007 | 9,40 | 3,50 | 4,7 |
| | Abbrechen | 24.007 | 9,40 | 3,50 | 4,7 |
| | Sonstige Leistungsbereiche inkl. 008, 033, 051 | – | – | – | – |

6100-770
Einfamilienhaus

## Objektübersicht

Modernisierung

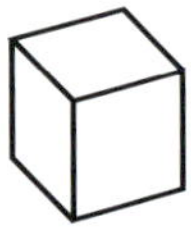

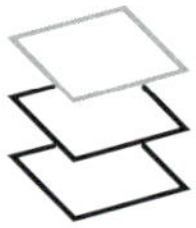

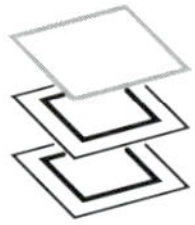

| | |
|---|---|
| Kennwerte | bis 3.Ebene DIN 276 |
| Bauzeit | 108 Wochen |
| Bauende | 2009 |
| Standard | Durchschnitt |
| Land | Baden-Württemberg |
| Kreis | Biberach/Riß |
| $m^3$ BRI | 678 |
| $m^2$ BGF | 240 |
| $m^2$ NF | 146 |

**1.181 €/$m^2$ WFL** **298 €/$m^3$ BRI** **841 €/$m^2$ BGF** **1.384 €/$m^2$ NF**

**Architekt:**
Bruno Maurer
Wiesenweg 17
88524 Uttenweiler

Modernisierung

Erdgeschoss

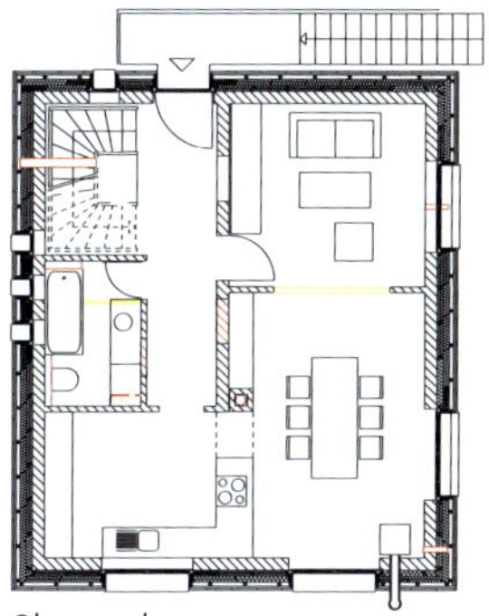

Obergeschoss

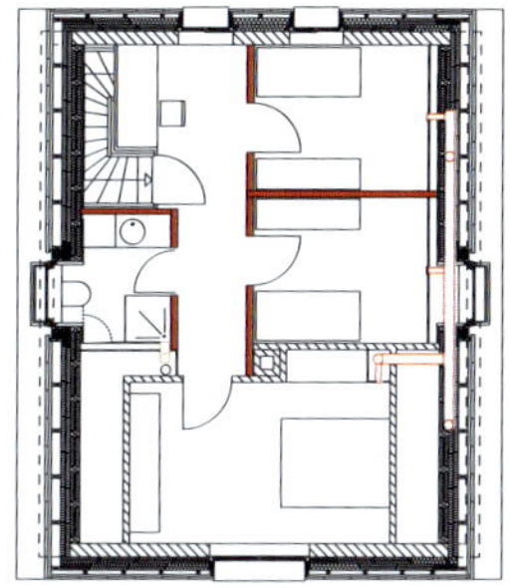

Dachgeschoss

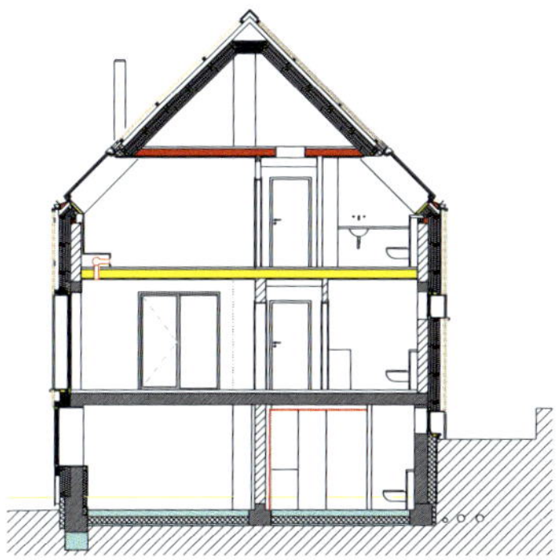

Schnitt

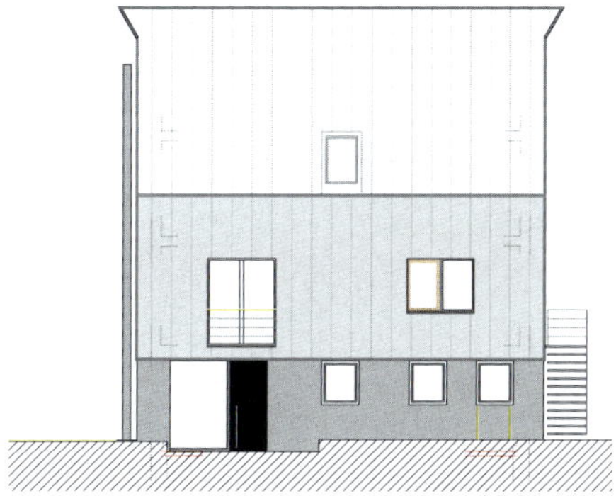

Ansicht Süd

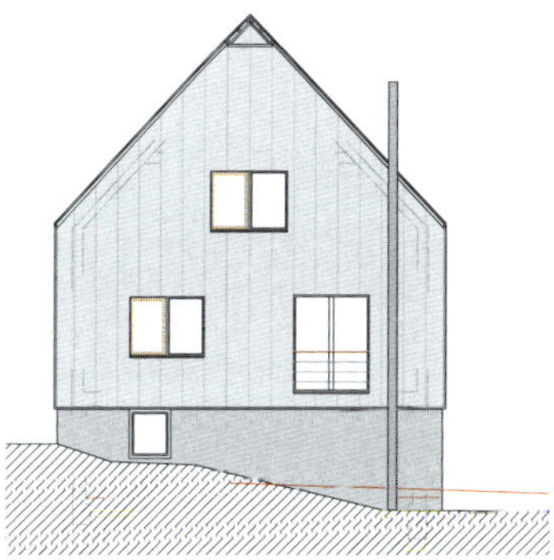

Ansicht West

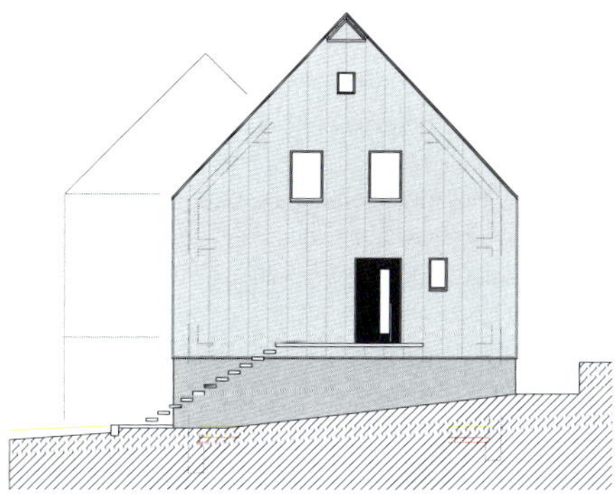

Ansicht Ost

# Objektbeschreibung

## Nutzung

**Besonderer Kosteneinfluss Nutzung:**
Aufbringung einer Außendämmung als vorgehängte hinterlüftete Fassade die über transparente Hülle Strahlungswärme gewinnt.

## Nutzeinheiten

Wohneinheiten: 2
Wohnfläche: 171m²

## Grundstück

Bauraum: Freier Bauraum
Neigung: Geneigtes Gelände
Bodenklasse: BK 3

## Markt

Hauptvergabezeit: 2.Quartal 2007
Baubeginn: 2.Quartal 2007
Bauende: 2.Quartal 2009
Konjunkturelle Gesamtlage: unter Durchschnitt
Regionaler Baumarkt: unter Durchschnitt

## Baubestand

Baujahr: 1959
Bauzustand: mittel
Aufwand: mittel
Grundrissänderungen: wenige
Tragwerkseingriffe: keine
Nutzungsänderung: nein
Nutzung während der Bauzeit: ja

## Allgemeine Objektinformation

Nicht nur architektonisch überzeugt die energetische Sanierung, bei der ein einfaches Wohnhaus von 1959 gänzlich mit einem Luftkollektor wie mit einem Gewächshaus umhüllt wurde. Die anthrazitfarbene Fassade, die mit leicht spiegelndem Polycarbonat überzogen ist, modernisiert die Ästhetik des Gebäudes grundlegend und erntet solare Wärme. Durch die Kombination mit einem wasserführenden Ofen für Festbrennstoffe werden eine vierköpfige Familie und ein Architekturbüro nun gänzlich mit regenerativer Energie versorgt.

## Baukonstruktion

Der Massivbau ist durch seine große Speichermasse für diese Art der Sonnenutzung prädestiniert. Der größte Eingriff im Innern war die Absenkung des Bodens des ehemaligen Kartoffelkellers um 35 cm. Die neue Bodenplatte, 10 cm Beton mit eingegossenen Heizschlaufen, dämmt nun 2x 12 cm PS-Dämmung. Den Sockel isolieren 24 cm, die restliche Fassade 26 cm der WLG 40 Dämmung. Für eine bessere Belichtung wurden zwei Fenster vergrößert. An Stelle des ehemaligen Garagentors befindet sich jetzt ein zweiter Eingang in das Architekturbüro.

## Technische Anlagen

Die energetische Sanierung wurde mit einfachen, erprobten Komponenten realisiert, die innovativ kombiniert wurden. Sie kommen mit wenig Mess- und Regeltechnik aus und sind robust. Ein Erdkollektor, in der Baugrube um das Haus verlegt, wärmt die Luft vor. Im Luftkollektor, zwischen dunkel gestrichenen DWD-Platten und den transparenten Polykarbonatplatten, wird sie bis auf maximal 110°C im Sommer erhitzt. Im Firstbereich wird sie von einem Ventilator ins Haus und durch einen Wärmetauscher gesaugt. Dort gibt sie den Großteil ihrer Energie an Wasser ab, das in einen 800 l fassenden Brauchwasser- und Heizungsspeicher gepumpt wird. Abluftklappen an den Giebelseiten schützen den Luftkollektor vor Überhitzung und öffnen sich bei ca. 80°C automatisch. Die nach dem Wärmetauscher noch in der Luft enthaltene Energie wird über den alten Kamin in das ehemalige Kellergeschoss geblasen. Dort befindet sich heute das Büro des Architekten. Zusammen mit der sehr trägen Bodenheizung wärmt die Luft diese Etage sowie den Boden der Etage darüber. Zudem sind in den beiden Obergeschossen in jedem Raum selektiv Wandheizflächen angebracht. Auch an sonnigen Dezember- und Januartagen deckt die Anlage den Wärmebedarf des Hauses. Bei längerem trübem Wetter unterstützt sie der Ofen.

## Sonstiges

Pro Jahr benötigt der Ofen im Geschoss weniger als zwei Raummeter Brennholz. Zusätzlich verbrauchen Ventilatoren und Umwälzpumpen Strom. Zusammen ergibt dies einen Energieverbrauch von nur 19,1kWh/m² und Jahr.

## Planungskennwerte für Flächen und Rauminhalte nach DIN 277

| Flächen des Grundstücks | | Menge, Einheit | % an FBG |
|---|---|---|---|
| BF | Bebaute Fläche | 262,10 m² | 20,6 |
| UBF | Unbebaute Fläche | 1.009,90 m² | 79,4 |
| FBG | Fläche des Baugrundstücks | 1.272,00 m² | 100,0 |

| Grundflächen des Bauwerks | | Menge, Einheit | % an NF | % an BGF |
|---|---|---|---|---|
| NF | Nutzfläche | 145,92 m² | 100,0 | 60,8 |
| TF | Technische Funktionsfläche | 30,00 m² | 20,6 | 12,5 |
| VF | Verkehrsfläche | 24,38 m² | 16,7 | 10,2 |
| NGF | Netto-Grundfläche | 200,30 m² | 137,3 | 83,4 |
| KGF | Konstruktions-Grundfläche | 39,81 m² | 27,3 | 16,6 |
| BGF | Brutto-Grundfläche | 240,11 m² | 164,6 | 100,0 |

| Brutto-Rauminhalt des Bauwerks | | Menge, Einheit | BRI/NF (m) | BRI/BGF (m) |
|---|---|---|---|---|
| BRI | Brutto-Rauminhalt | 678,34 m³ | 4,65 | 2,83 |

| Lufttechnisch behandelte Flächen | Menge, Einheit | % an NF | % an BGF |
|---|---|---|---|
| Entlüftete Fläche | – m² | – | – |
| Be- und entlüftete Fläche | – m² | – | – |
| Teilklimatisierte Fläche | – m² | – | – |
| Klimatisierte Fläche | – m² | – | – |

| KG | Kostengruppen (2.Ebene) | Menge, Einheit | Menge/NF | Menge/BGF |
|---|---|---|---|---|
| 310 | Baugrube | 76,00 m³ BGI | 0,52 | 0,32 |
| 320 | Gründung | 76,00 m² GRF | 0,52 | 0,32 |
| 330 | Außenwände | 348,00 m² AWF | 2,38 | 1,45 |
| 340 | Innenwände | 128,72 m² IWF | 0,88 | 0,54 |
| 350 | Decken | 103,00 m² DEF | 0,71 | 0,43 |
| 360 | Dächer | 137,92 m² DAF | 0,95 | 0,57 |

## Kostenkennwerte für die Kostengruppen der 1.Ebene DIN 276

| KG | Kostengruppen (1.Ebene) | Einheit | Kosten € | €/Einheit | €/m² BGF | €/m³ BRI | % 300+400 |
|---|---|---|---|---|---|---|---|
| 100 | Grundstück | m² FBG | – | – | – | – | – |
| 200 | Herrichten und Erschließen | m² FBG | – | – | – | – | – |
| 300 | Bauwerk - Baukonstruktionen | m² BGF | 155.138 | 646,11 | 646,11 | 228,70 | 76,8 |
| 400 | Bauwerk - Technische Anlagen | m² BGF | 46.837 | 195,07 | 195,07 | 69,05 | 23,2 |
| | **Bauwerk 300+400** | **m² BGF** | **201.975** | **841,18** | **841,18** | **297,75** | **100,0** |
| 500 | Außenanlagen | m² AUF | 418 | 0,41 | 1,74 | 0,62 | 0,2 |
| 600 | Ausstattung und Kunstwerke | m² BGF | – | | – | – | – |
| 700 | Baunebenkosten | m² BGF | – | – | – | – | – |

Modernisierung

## Kostenkennwerte für die Kostengruppen der 1.Ebene DIN 276

| KG | Kostengruppe | Menge Einheit | Kosten € | €/Einheit | % |
|---|---|---|---|---|---|
| **3+4** | **Bauwerk** | | | | **100,0** |
| 300 | **Bauwerk - Baukonstruktionen** | 240,11 m² BGF | 155.138 | **646,11** | 76,8 |
| | • Abbrechen (Kosten: 5,1%) | | 7.852 | | |
| | Abbruch von Stb-Bodenplatte mit Belägen, Fenster, Außentreppe; Mauerwerkswänden; Treppe, Linoleumbodenbelägen; Dachziegel; Entsorgung, Deponiegebühren | | | | |
| | • Wiederherstellen (Kosten: 1,9%) | | 2.950 | | |
| | Fundamentausbesserungen Beton und Zementmörtel; Innentüren schleifen, streichen; Holzfußböden schleifen, ölen | | | | |
| | • Herstellen (Kosten: 93,0%) | | 144.336 | | |
| | Stb-Bodenplatte mit Heizschlangen, Fliesen; Mauerwerk, Kunststofffenster, Unterkonstruktionen, Dämmung, DWD-Platten, Luftkollektor aus Polycarbonat-Stegplatten, Abdichtung, Dämmung, Putz, Faserzementplatten, Putz, Anstrich; GK-Wände, Putz, Anstrich, PU-Wandbeschichtung, Spachteln, Anstrich; Stahl-Außentreppe, PU-Bodenbeschichtung, Heizestrich, Putz; Dachflächenfenster, Dämmung, Unterkonstruktion, DWD-Platten, Luftschicht als Kollektor, Polycarbonat-Stegplatten, GK-Decke, Anstrich; Eigenleistung (1.227h) | | | | |
| 400 | **Bauwerk - Technische Anlagen** | 240,11 m² BGF | 46.837 | **195,07** | 23,2 |
| | • Herstellen (Kosten: 100,0%) | | 46.837 | | |
| | Abwasserleitungen, Kalt- und Warmwasserleitungen, Speicher, Sanitärobjekte; Wandheizflächen, Scheitholzofen zur Brauchwasser- und Heizungswassererwärmung, Edelstahl-Schornstein; Lüftungsanlage mit Wärmerückgewinnung, Luftkollektor, Luft-Wasser-Wärmetauscher, Erdwärmetauscher; Elektroinstallation; Datenverteiler; Eigenleistung (110h) | | | | |
| 500 | **Außenanlagen** | 1.009,90 m² AUF | 418 | **0,41** | 0,2 |
| | • Herstellen (Kosten: 100,0%) | | 418 | | |
| | Moränekiesschüttung | | | | |

## Kostenkennwerte für die Kostengruppen 300 und 400 der 2.Ebene DIN 276

| KG | Kostengruppe | Menge Einheit | Kosten € | €/Einheit | % |
|---|---|---|---|---|---|
| **300** | **Bauwerk - Baukonstruktionen** | | | | **100,0** |
| 310 | **Baugrube** | 76,00 $m^3$ | 2.603 | **34,25** | 1,7 |
| | • Herstellen (Kosten: 100,0%) | | 2.603 | | |
| | Gebäudesohle freilegen und wieder verfüllen (76$m^3$), Sickerkies (19t) | | | | |
| 320 | **Gründung** | 76,00 $m^2$ | 13.464 | **177,15** | 8,7 |
| | • Abbrechen (Kosten: 26,6%) | | 3.583 | | |
| | Abbruch der Stb-Bodenplatte mit Belägen, Minibaggerarbeiten, Entsorgung, Deponiegebühren (66$m^2$) | | | | |
| | • Wiederherstellen (Kosten: 15,1%) | | 2.029 | | |
| | Fundamentausbesserungen Beton und Zementmörtel (6$m^3$) | | | | |
| | • Herstellen (Kosten: 58,3%) | | 7.851 | | |
| | Stb-Bodenplatte mit Heizschlangen, d=15cm, geglättet, Bewehrung (61$m^2$) * Bodenfliesen (65$m^2$) * Sicker/Kiesschicht, Alu-Bahn, Wärmedämmung, d=150mm, PE-Folie (61$m^2$) * Dränageleitungen | | | | |
| 330 | **Außenwände** | 348,00 $m^2$ | 80.898 | **232,47** | 52,1 |
| | • Abbrechen (Kosten: 0,3%) | | 250 | | |
| | Abbruch von Fenster (4$m^2$), Außentreppe; Entsorgung, Deponiegebühren | | | | |
| | • Herstellen (Kosten: 99,7%) | | 80.649 | | |
| | Ziegelmauerwerk (10$m^2$) * Kunststofffenster (23$m^2$), Kunststofffenstertüren (7$m^2$), Alu-Fensterbänke * Holzunterkonstruktionen, Dämmung, d=120+140mm, DWD-Platten (220$m^2$), Luftkollektor, d=80mm, Polycarbonat-Stegplatten (180$m^2$), Dampfbremse (100$m^2$), Putz, Bitumenbahn, Perimeterdämmung (98$m^2$), Putz (44$m^2$), DWD-Platten, Faserzementplatten (54$m^2$), Fensterbänke * Putz, Anstrich (90$m^2$), Glattputz (80$m^2$), Vorsatzschalen (9$m^2$) * Senkrechtmarkisen (9$m^2$) * Stahl-Außentreppe (4$m^2$), Treppenpodest (4$m^2$) | | | | |
| 340 | **Innenwände** | 128,72 $m^2$ | 17.759 | **137,96** | 11,4 |
| | • Abbrechen (Kosten: 8,7%) | | 1.548 | | |
| | Abbruch von Mauerwerkswänden, d=11-17,5cm, Entsorgung, Deponiegebühren (42$m^2$) | | | | |
| | • Wiederherstellen (Kosten: 2,4%) | | 418 | | |
| | Innentüren schleifen, streichen (20$m^2$) | | | | |
| | • Herstellen (Kosten: 88,9%) | | 15.792 | | |
| | Ziegelmauerwerk, d=24cm (12$m^2$) * GK-Trockenbauwände, d=10cm (113$m^2$) * Innentüren (2St) * Putz, geglättet, Silikatanstrich (57$m^2$), Wand spachteln, schleifen (21$m^2$), Duschwände, PU-Wandbeschichtung (25$m^2$), Spachteln, Anstrich (200$m^2$) | | | | |
| 350 | **Decken** | 103,00 $m^2$ | 5.518 | **53,57** | 3,6 |
| | • Abbrechen (Kosten: 30,9%) | | 1.707 | | |
| | Abbruch einer Treppe, Podeste (15$m^2$) * Linoleumbodenbelägen, Boden schleifen, Vorbereitungen für Beschichtung (45$m^2$) | | | | |
| | • Wiederherstellen (Kosten: 9,1%) | | 502 | | |
| | Holzfußböden schleifen, ölen (42$m^2$) | | | | |
| | • Herstellen (Kosten: 60,0%) | | 3.309 | | |
| | PU-Bodenbeschichtung (45$m^2$), Heizestrich, PU-Bodenbeschichtung (9$m^2$) * Glattputz in Betonoptik (61$m^2$) | | | | |

| KG | Kostengruppe | Menge Einheit | Kosten € | €/Einheit | % |
|---|---|---|---|---|---|
| 360 | **Dächer** | 137,92 m² | 31.276 | **226,77** | 20,2 |
| | • Abbrechen (Kosten: 2,4%) | | 764 | | |
| | Abbruch von Dachziegel, Entsorgung, Deponiegebühren (136m²) | | | | |
| | • Herstellen (Kosten: 97,6%) | | 30.513 | | |
| | Dachflächenfenster, Dreifachverglasung (2m²) * Dampfsperre, Zwischensparrendämmung, WLG 035, d=120mm, Holzunterkonstruktion, Mineralfaserdämmung, WLG 035, d=140mm, DWD-Platten, d=18mm, Holzunterkonstruktion Luftschicht als Kollektor, d=120+60mm, Polycarbonat-Stegplatten, d=40mm (136m²), Ausbildung von Traufe und First (20m) * GK-Decke, 2x12,5mm, Anstrich (66m²) * Schneefanggitter (20m) | | | | |
| 390 | **Sonstige Baukonstruktionen** | 240,11 m² BGF | 3.620 | **15,08** | 2,3 |
| | • Herstellen (Kosten: 100,0%) | | 3.620 | | |
| | Bauschutt entsorgen * Gerüste in Eigenleistung (209m²) * Betonunterfangungen für Fundamente, Frosttiefe (5m) | | | | |
| | Betonunterfangungen für Zwischenwände (2m³), Stahlprofile zur Abfangung bei Abbruchwänden | | | | |
| **400** | **Bauwerk - Technische Anlagen** | | | | **100,0** |
| 410 | **Abwasser-, Wasser-, Gasanlagen** | 240,11 m² BGF | 12.196 | **50,79** | 26,0 |
| | • Herstellen (Kosten: 100,0%) | | 12.196 | | |
| | Abwasserleitungen, Einläufe * Kalt- und Warmwasserleitungen, Speicher, WC-Becken (3St), Dusche mit Glaskabine (1St), Waschbecken (1St), Einbauwaschbecken (3St), Badewanne (1St) | | | | |
| 420 | **Wärmeversorgungsanlagen** | 240,11 m² BGF | 13.385 | **55,75** | 28,6 |
| | • Herstellen (Kosten: 100,0%) | | 13.385 | | |
| | Scheitholzofen mit Wassertasche, zur Brauchwasser- und Heizungswassererwärmung * Wandheizflächen mit Regler und Verteiler * Edelstahl-Schornstein, Außenmontage (10m) | | | | |
| 430 | **Lufttechnische Anlagen** | 240,11 m² BGF | 15.208 | **63,34** | 32,5 |
| | • Herstellen (Kosten: 100,0%) | | 15.208 | | |
| | Lüftungsanlage mit Wärmerückgewinnung, Luftkanäle, Dämmungen, Steuerung (1St), Luftkollektor, Luft-Wasser-Wärmetauscher, Kanäle, Dämmungen, Stellklappen, Außenkamin für Erdwärmetauscher | | | | |
| 440 | **Starkstromanlagen** | 240,11 m² BGF | 5.711 | **23,78** | 12,2 |
| | • Herstellen (Kosten: 100,0%) | | 5.711 | | |
| | Unterverteiler, Sicherungen, Mantelleitungen, Schalter, Steckdosen * Fundamenterder (38m) | | | | |
| 450 | **Fernmelde-, informationstechn. Anlagen** | 240,11 m² BGF | 336 | **1,40** | 0,7 |
| | • Herstellen (Kosten: 100,0%) | | 336 | | |
| | Datenverteiler | | | | |
| **500** | **Außenanlagen** | | | | **100,0** |
| 570 | **Pflanz- und Saatflächen** | 1.009,90 m² | 418 | **0,41** | 100,0 |
| | • Herstellen (Kosten: 100,0%) | | 418 | | |
| | Moränekiesschüttung (30m²) | | | | |

## Kostenkennwerte für die Kostengruppe 300 der 3.Ebene DIN 276 (Übersicht)

| KG | Kostengruppe | Menge Einh. | €/Einheit | Kosten € | % 300+400 |
|---|---|---|---|---|---|
| 311 | Baugrubenherstellung | 76,000 m³ | 34,25 | 2.603,13 | 1,3 |
| 312 | Baugrubenumschließung | – | – | – | – |
| 313 | Wasserhaltung | – | – | – | – |
| 319 | Baugrube, sonstiges | – | – | – | – |
| **310** | **Baugrube** | **76,000 m³** | **34,25** | **2.603,13** | **1,3** |
| 321 | Baugrundverbesserung | – | – | – | – |
| 322 | Flachgründungen | 61,000 m² | 33,54 | 2.028,95 | 1,0 |
| 323 | Tiefgründungen | – | – | – | – |
| 324 | Unterböden und Bodenplatten | 61,000 m² | 84,29 | 5.099,47 | 2,5 |
| 325 | Beläge auf Boden- und Fundamentplatten | 65,000 m² | 44,64 | 2.901,36 | 1,4 |
| 326 | Bauwerksabdichtungen | 76,000 m² GRF | 42,98 | 3.266,51 | 1,6 |
| 327 | Dränagen | 76,000 m² GRF | 2,20 | 167,40 | 0,1 |
| 329 | Gründung, sonstiges | – | – | – | – |
| **320** | **Gründung** | **76,000 m²** | **177,15** | **13.463,69** | **6,7** |
| 331 | Tragende Außenwände | 10,000 m² | 22,49 | 224,94 | 0,1 |
| 332 | Nichttragende Außenwände | – | – | – | – |
| 333 | Tragende Außenstützen | – | – | – | – |
| 334 | Außentüren, -fenster | 30,000 m² | 585,72 | 17.571,65 | 8,7 |
| 335 | Außenwandbekleidungen außen | 318,000 m² | 149,20 | 47.446,15 | 23,5 |
| 336 | Außenwandbekleidungen innen | 178,000 m² | 32,53 | 5.789,45 | 2,9 |
| 337 | Elementierte Außenwände | – | – | – | – |
| 338 | Sonnenschutz | 9,000 m² | 281,80 | 2.637,61 | 1,3 |
| 339 | Außenwände, sonstiges | 348,000 m² AWF | 20,77 | 7.228,34 | 3,6 |
| **330** | **Außenwände** | **348,000 m²** | **232,47** | **80.898,15** | **40,1** |
| 341 | Tragende Innenwände | 12,000 m² | 39,23 | 470,81 | 0,2 |
| 342 | Nichttragende Innenwände | 113,000 m² | 90,20 | 10.192,98 | 5,0 |
| 343 | Tragende Innenstützen | – | – | – | – |
| 344 | Innentüren, -fenster | 24,000 m² | 55,84 | 1.312,19 | 0,6 |
| 345 | Innenwandbekleidungen | 246,000 m² | 23,51 | 5.782,74 | 2,9 |
| 346 | Elementierte Innenwände | – | – | – | – |
| 349 | Innenwände, sonstiges | – | – | – | – |
| **340** | **Innenwände** | **129,000 m²** | **137,96** | **17.758,73** | **8,8** |
| 351 | Deckenkonstruktionen | 15,000 m² | 79,38 | 1.246,30 | 0,6 |
| 352 | Deckenbeläge | 94,000 m² | 37,40 | 3.517,99 | 1,7 |
| 353 | Deckenbekleidungen | 61,000 m² | 12,35 | 753,30 | 0,4 |
| 359 | Decken, sonstiges | – | – | – | – |
| **350** | **Decken** | **103,000 m²** | **53,57** | **5.517,60** | **2,7** |
| 361 | Dachkonstruktionen | – | – | – | – |
| 362 | Dachfenster, Dachöffnungen | 2,000 m² | 1.131,81 | 2.173,08 | 1,1 |
| 363 | Dachbeläge | 136,000 m² | 193,35 | 26.295,97 | 13,0 |
| 364 | Dachbekleidungen | 66,000 m² | 30,22 | 1.994,35 | 1,0 |
| 369 | Dächer, sonstiges | 138,000 m² DAF | 5,90 | 813,05 | 0,4 |
| **360** | **Dächer** | **138,000 m²** | **226,77** | **31.276,46** | **15,5** |
| **370** | **Baukonstruktive Einbauten** | – | – | – | – |
| **390** | **Sonst. Maßnahmen für Baukonstruktionen** | **240,000 m² BGF** | **15,08** | **3.620,07** | **1,8** |
| **300** | **Bauwerk - Baukonstruktionen** | **240,000 m² BGF** | **646,11** | **155.137,83** | **76,8** |

## Kostenkennwerte für die Kostengruppe 400 der 3.Ebene DIN 276 (Übersicht)

| KG | Kostengruppe | Menge Einh. | €/Einheit | Kosten € | % 300+400 |
|---|---|---|---|---|---|
| 411 | Abwasseranlagen | 240,000 m² BGF | 27,69 | 6.648,51 | 3,3 |
| 412 | Wasseranlagen | 240,000 m² BGF | 23,10 | 5.547,66 | 2,7 |
| 413 | Gasanlagen (wenn zu Kochzwecken) | – | – | – | – |
| 414 | Feuerlöschanlagen | – | – | – | – |
| 419 | Abwasser-, Wasser- und Gasanlagen, sonstiges | – | – | – | – |
| **410** | **Abwasser-, Wasser-, Gasanlagen** | **240,000 m² BGF** | **50,79** | **12.196,16** | **6,0** |
| 421 | Wärmeerzeugungsanlagen | 240,000 m² BGF | 24,71 | 5.933,26 | 2,9 |
| 422 | Wärmeverteilnetze | – | – | – | – |
| 423 | Raumheizflächen | 240,000 m² BGF | 20,88 | 5.012,43 | 2,5 |
| 429 | Wärmeversorgungsanlagen, sonstiges | 240,000 m² BGF | 10,16 | 2.439,44 | 1,2 |
| **420** | **Wärmeversorgungsanlagen** | **240,000 m² BGF** | **55,75** | **13.385,13** | **6,6** |
| 431 | Lüftungsanlagen (LA) | 240,000 m² BGF | 63,34 | 15.208,43 | 7,5 |
| 432 | Teilklimaanlagen (TKA) | – | – | – | – |
| 433 | Klimaanlagen (KLA) | – | – | – | – |
| 434 | Prozeßlufttechnische Anlagen (PLA) | – | – | – | – |
| 435 | Kälteanlagen (KA) | – | – | – | – |
| 439 | Lufttechnische Anlagen, sonstiges | – | – | – | – |
| **430** | **Lufttechnische Anlagen** | **240,000 m² BGF** | **63,34** | **15.208,43** | **7,5** |
| 441 | Hoch- und Mittelspannungsanlagen | – | – | – | – |
| 442 | Eigenstromversorgungsanlagen | – | – | – | – |
| 443 | Niederspannungsschaltanlagen | – | – | – | – |
| 444 | Niederspannungsinstallationsanlagen | 240,000 m² BGF | 23,36 | 5.608,48 | 2,8 |
| 445 | Beleuchtungsanlagen | – | – | – | – |
| 446 | Blitzschutz- und Erdungsanlagen | 240,000 m² BGF | 0,43 | 102,53 | 0,1 |
| 449 | Starkstromanlagen, sonstiges | – | – | – | – |
| **440** | **Starkstromanlagen** | **240,000 m² BGF** | **23,78** | **5.711,01** | **2,8** |
| 451 | Telekommunikationsanlagen | – | – | – | – |
| 452 | Such- und Signalanlagen | – | – | – | – |
| 453 | Zeitdienstanlagen | – | – | – | – |
| 454 | Elektroakustische Anlagen | – | – | – | – |
| 455 | Fernseh- und Antennenanlagen | – | – | – | – |
| 456 | Gefahrenmelde- und Alarmanlagen | – | – | – | – |
| 457 | Übertragungsnetze | 240,000 m² BGF | 1,40 | 336,45 | 0,2 |
| 459 | Fernmelde- und informationstechn. Anlagen, sonstiges | – | – | – | – |
| **450** | **Fernmelde- und informationstechn. Anlagen** | **240,000 m² BGF** | **1,40** | **336,45** | **0,2** |
| 461 | Aufzugsanlagen | – | – | – | – |
| 462 | Fahrtreppen, Fahrsteige | – | – | – | – |
| 463 | Befahranlagen | – | – | – | – |
| 464 | Transportanlagen | – | – | – | – |
| 465 | Krananlagen | – | – | – | – |
| 469 | Förderanlagen, sonstiges | – | – | – | – |
| **460** | **Förderanlagen** | **–** | **–** | **–** | **–** |
| **470** | **Nutzungsspezifische Anlagen** | **–** | **–** | **–** | **–** |
| **480** | **Gebäudeautomation** | **–** | **–** | **–** | **–** |
| **490** | **Sonst. Maßnahmen für technische Anlagen** | **–** | **–** | **–** | **–** |
| **400** | **Bauwerk - Technische Anlagen** | **240,000 m² BGF** | **195,07** | **46.837,20** | **23,2** |

## Kostenkennwerte für Leistungsbereiche nach StLB (Kosten des Bauwerks nach DIN 276)

| LB | Leistungsbereiche | Kosten € | €/m² BGF | €/m³ BRI | % 300+400 |
|---|---|---|---|---|---|
| 000 | Sicherheits-, Baustelleneinrichtungen inkl. 001 | 2.048 | 8,50 | 3,00 | 1,0 |
| | Herstellen | 2.048 | 8,50 | 3,00 | 1,0 |
| 002 | Erdarbeiten | 3.304 | 13,80 | 4,90 | 1,6 |
| | Herstellen | 3.304 | 13,80 | 4,90 | 1,6 |
| 006 | Spezialtiefbauarbeiten inkl. 005 | – | – | – | – |
| 009 | Abwasserkanalarbeiten inkl. 011 | – | – | – | – |
| 010 | Dränarbeiten | 167 | 0,70 | 0,25 | 0,1 |
| | Herstellen | 167 | 0,70 | 0,25 | 0,1 |
| 012 | Mauerarbeiten | 1.257 | 5,20 | 1,90 | 0,6 |
| | Herstellen | 1.257 | 5,20 | 1,90 | 0,6 |
| 013 | Betonarbeiten | 7.168 | 29,90 | 10,60 | 3,5 |
| | Wiederherstellen | 2.029 | 8,50 | 3,00 | 1,0 |
| | Herstellen | 5.139 | 21,40 | 7,60 | 2,5 |
| 014 | Natursteinarbeiten, Betonwerksteinarbeiten | – | – | – | – |
| 016 | Zimmer- und Holzbauarbeiten | – | – | – | – |
| 017 | Stahlbauarbeiten | – | – | – | – |
| 018 | Abdichtungsarbeiten gegen Wasser | 233 | 0,97 | 0,34 | 0,1 |
| | Herstellen | 233 | 0,97 | 0,34 | 0,1 |
| 020 | Dachdeckungsarbeiten | 20.477 | 85,30 | 30,20 | 10,1 |
| | Herstellen | 20.477 | 85,30 | 30,20 | 10,1 |
| 021 | Dachabdichtungsarbeiten | – | – | – | – |
| 022 | Klempnerarbeiten | 8.041 | 33,50 | 11,90 | 4,0 |
| | Herstellen | 8.041 | 33,50 | 11,90 | 4,0 |
| | **Rohbau** | **42.697** | **177,80** | **62,90** | **21,1** |
| | Wiederherstellen | 2.029 | 8,50 | 3,00 | 1,0 |
| | Herstellen | 40.668 | 169,40 | 60,00 | 20,1 |
| 023 | Putz- und Stuckarbeiten, Wärmedämmsysteme | 15.954 | 66,40 | 23,50 | 7,9 |
| | Herstellen | 15.954 | 66,40 | 23,50 | 7,9 |
| 024 | Fliesen- und Plattenarbeiten | 3.188 | 13,30 | 4,70 | 1,6 |
| | Herstellen | 3.188 | 13,30 | 4,70 | 1,6 |
| 025 | Estricharbeiten | 201 | 0,84 | 0,30 | 0,1 |
| | Herstellen | 201 | 0,84 | 0,30 | 0,1 |
| 026 | Fenster, Außentüren inkl. 029, 032 | 17.489 | 72,80 | 25,80 | 8,7 |
| | Herstellen | 17.489 | 72,80 | 25,80 | 8,7 |
| 027 | Tischlerarbeiten | 894 | 3,70 | 1,30 | 0,4 |
| | Herstellen | 894 | 3,70 | 1,30 | 0,4 |
| 028 | Parkettarbeiten, Holzpflasterarbeiten | 502 | 2,10 | 0,74 | 0,2 |
| | Wiederherstellen | 502 | 2,10 | 0,74 | 0,2 |
| 030 | Rollladenarbeiten | 2.638 | 11,00 | 3,90 | 1,3 |
| | Herstellen | 2.638 | 11,00 | 3,90 | 1,3 |
| 031 | Metallbauarbeiten inkl. 035 | 7.061 | 29,40 | 10,40 | 3,5 |
| | Herstellen | 7.061 | 29,40 | 10,40 | 3,5 |
| 034 | Maler- und Lackiererarbeiten inkl. 037 | 6.276 | 26,10 | 9,30 | 3,1 |
| | Wiederherstellen | 418 | 1,70 | 0,62 | 0,2 |
| | Herstellen | 5.857 | 24,40 | 8,60 | 2,9 |
| 036 | Bodenbelagsarbeiten | – | – | – | – |
| 038 | Vorgehängte hinterlüftete Fassaden | 38.996 | 162,40 | 57,50 | 19,3 |
| | Herstellen | 38.996 | 162,40 | 57,50 | 19,3 |

| LB | Leistungsbereiche | Kosten € | €/m² BGF | €/m³ BRI | % 300+400 |
|---|---|---|---|---|---|
| 039 | Trockenbauarbeiten | 11.390 | 47,40 | 16,80 | 5,6 |
| | Herstellen | 11.390 | 47,40 | 16,80 | 5,6 |
| | **Ausbau** | **104.589** | **435,60** | **154,20** | **51,8** |
| | Wiederherstellen | 921 | 3,80 | 1,40 | 0,5 |
| | Herstellen | 103.669 | 431,80 | 152,80 | 51,3 |
| 040 | Wärmeerzeuger, zentr. Einrichtungen inkl. 041 | 13.385 | 55,70 | 19,70 | 6,6 |
| | Herstellen | 13.385 | 55,70 | 19,70 | 6,6 |
| 042 | Gas- und Wasserinstallationsarbeiten inkl. 043 | 3.385 | 14,10 | 5,00 | 1,7 |
| | Herstellen | 3.385 | 14,10 | 5,00 | 1,7 |
| 044 | Abwasserinstallationsarbeiten - Leitungen | 6.649 | 27,70 | 9,80 | 3,3 |
| | Herstellen | 6.649 | 27,70 | 9,80 | 3,3 |
| 045 | Gas-, Wasser-Einrichtungsgegenstände inkl. 046 | 2.162 | 9,00 | 3,20 | 1,1 |
| | Herstellen | 2.162 | 9,00 | 3,20 | 1,1 |
| 047 | Dämmarbeiten an betriebstechnischen Anlagen | – | – | – | – |
| 049 | Feuerlöschanlagen, Feuerlöschgeräte | – | – | – | – |
| 050 | Blitzschutz- und Erdungsanlagen | 103 | 0,43 | 0,15 | 0,1 |
| | Herstellen | 103 | 0,43 | 0,15 | 0,1 |
| 052 | Mittelspannungsanlagen | – | – | – | – |
| 053 | Niederspannungsanlagen inkl. 054 | 5.608 | 23,40 | 8,30 | 2,8 |
| | Herstellen | 5.608 | 23,40 | 8,30 | 2,8 |
| 055 | Ersatzstromversorgungsanlagen | – | – | – | – |
| 057 | Gebäudesystemtechnik | – | – | – | – |
| 058 | Leuchten und Lampen, inkl. 059 | – | – | – | – |
| 060 | Elektroakustische Anlagen | – | – | – | – |
| 061 | Kommunikationsnetze | 336 | 1,40 | 0,50 | 0,2 |
| | Herstellen | 336 | 1,40 | 0,50 | 0,2 |
| 063 | Gefahrenmeldeanlagen | – | – | – | – |
| 069 | Aufzüge | – | – | – | – |
| 070 | Gebäudeautomation | – | – | – | – |
| 075 | Raumlufttechnische Anlagen | 15.208 | 63,30 | 22,40 | 7,5 |
| | Herstellen | 15.208 | 63,30 | 22,40 | 7,5 |
| | **Gebäudetechnik** | **46.837** | **195,10** | **69,00** | **23,2** |
| | Herstellen | 46.837 | 195,10 | 69,00 | 23,2 |
| 084 | Abbrucharbeiten | 7.852 | 32,70 | 11,60 | 3,9 |
| | Abbrechen | 7.852 | 32,70 | 11,60 | 3,9 |
| | Sonstige Leistungsbereiche inkl. 008, 033, 051 | – | – | – | – |

6100-780
Einfamilienhaus
Büro

Modernisierung

**929 €/m² WFL**

**Architekt:**
Architekturbüro,
Freier Architekt BDA
Wolfgang Helmle
Schloßvorstadt 7
73479 Ellwangen

**Bauherr:**
Christine Ostermayer und
Wolfgang Helmle
Schloßvorstadt 7
73479 Ellwangen

## Objektübersicht

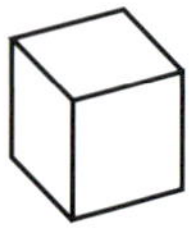

**95 €/m³ BRI**

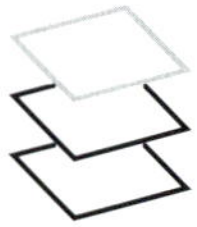

**301 €/m² BGF**

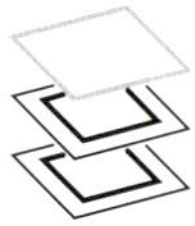

**458 €/m² NF**

| | |
|---|---|
| Kennwerte | bis 3.Ebene DIN 276 |
| Bauzeit | 152 Wochen |
| Bauende | 2010 |
| Standard | Durchschnitt |
| Land | Baden-Württemberg |
| Kreis | Ostalbkreis (Aalen) |
| m³ BRI | 2.623 |
| m² BGF | 826 |
| m² NF | 543 |

Kostenstand: 3.Quartal 2010, inkl. MwSt., Bundesdurchschnitt

Modernisierung

Ansicht Straße

Ansicht Garten

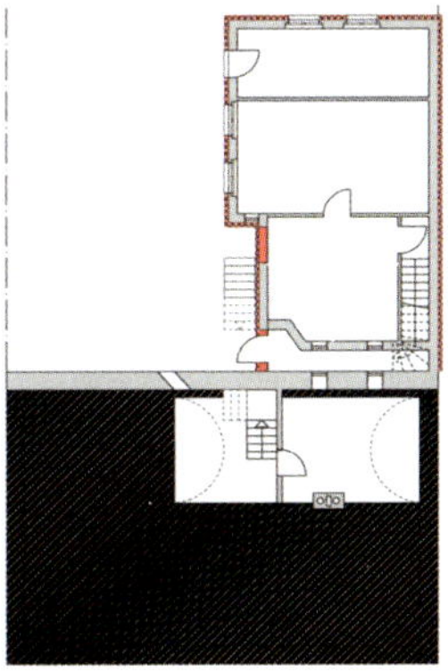

Untergeschoss

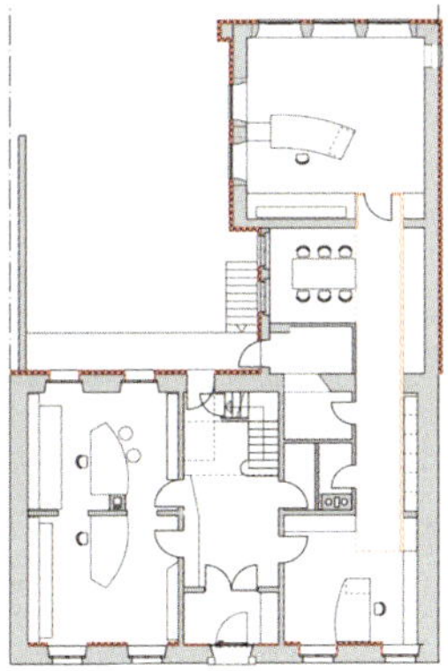

Erdgeschoss

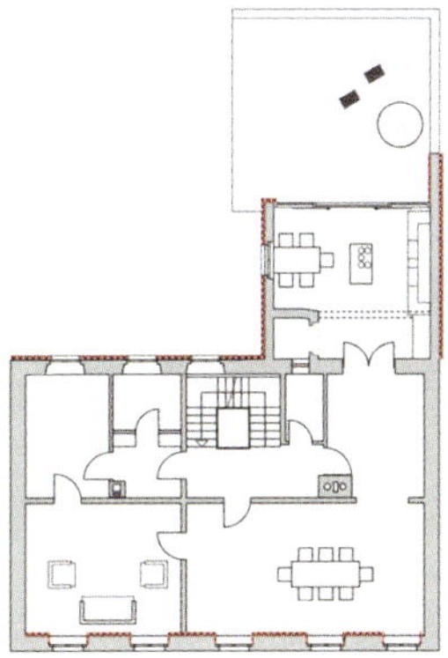

1. Obergeschoss

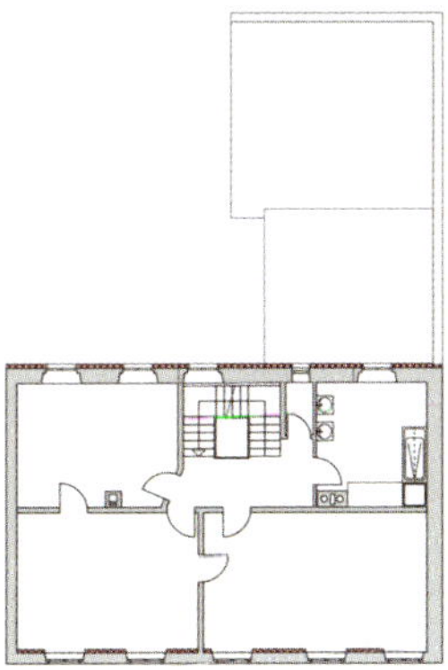

2. Obergeschoss

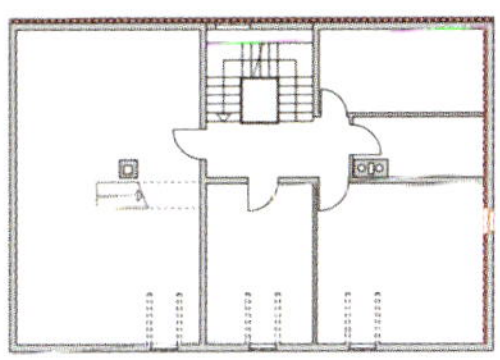

Dachgeschoss

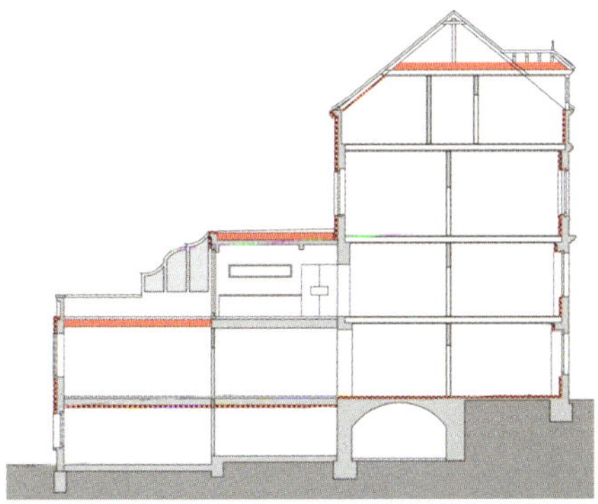

Schnitt

# Objektbeschreibung

## Nutzung

**1 Untergeschoss**
Kellerräume

**1 Erdgeschoss**
Architekturbüro

**2 Obergeschosse**
Wohnen

**1 Dachgeschoss**
Wohnen

**Besonderer Kosteneinfluss Nutzung:**
Die Maßnahme wurde in drei Bauabschnitten realisiert, die Bauzeit betrug 13 Wochen.

## Nutzeinheiten

Beschäftigte: 4
Wohneinheiten: 1
Wohnfläche: 268m²

## Grundstück

Bauraum: Freier Bauraum
Neigung: Ebenes Gelände

## Markt

Hauptvergabezeit: 1.Quartal 2007
Baubeginn: 2.Quartal 2007
Bauende: 1.Quartal 2010
Konjunkturelle Gesamtlage: Durchschnitt
Regionaler Baumarkt: Durchschnitt

## Baubestand

Baujahr: 1753
Bauzustand: gut
Aufwand: mittel
Grundrissänderungen: wenige
Tragwerkseingriffe: keine
Nutzungsänderung: nein
Nutzung während der Bauzeit: ja

## Baukonstruktion

**Abbrechen:** Abbruch von Ziegelmauerwerk, Fensterbrüstungen, Holzfenster, Außenputz, vorbereiten * Innenputz, Holzbretterschalung; HLz-Mauerwerk; Holzdielen, Wärmedämmung, abgehängte GK-Decken; Bitumenabdichtungen, Holzschalungen, Schieferschindel
**Wiederherstellen:** Holzfenster reinigen, spachteln, grundieren, Schlussanstrich, abschlagen von Sockelputz, neuer Zementputz, Außenputz prüfen, schadhaften Putz abschlagen, neu verputzen; Anstrich auf Tapeten, bestehende Farbe überstreichen; Parkettboden schleifen, reinigen, mit Fugenkittlösung kitten, wachsen
**Herstellen:** Holzfenster, Hebe-Schiebetüre, WDVS, Fassadenanstrich, Innendämmung; Metallständerwände, Fenstertür, Putz, Anstrich, Holz-Akustikplatten-Wandverkleidung; Holzbalkendecke, Stahltreppe, Dämmung Kehlbalkendecke, WDWS innen, GK-Decken, Anstrich; Dachflächenfenster, Flachdachdämmung, Schalungen, Flachdachabdichtung, Titanzinkeindeckung, Holzdachterrasse, Attikaabdeckung, Dachrinnen, Dämmplatten, OSB-Platten

## Technische Anlagen

**Wiederherstellen:** Heizungsrohre und Heizkörper umbauen
**Herstellen:** Abwasserinstallationen; Gas-Brennwertgerät, Kombi-Solarspeicher, Solaranlage, Vollflächenabsorber, Wärmeverteilnetze, Raumheizflächen, Wandheizung; Kontrollierte Be- und Entlüftung mit Wärmerückgewinnung; Elektroinstallationen

## Planungskennwerte für Flächen und Rauminhalte nach DIN 277

| Flächen des Grundstücks | | Menge, Einheit | % an FBG |
|---|---|---|---|
| BF | Bebaute Fläche | 217,20 m² | 33,9 |
| UBF | Unbebaute Fläche | 217,20 m² | 33,9 |
| FBG | Fläche des Baugrundstücks | 641,30 m² | 100,0 |

| Grundflächen des Bauwerks | | Menge, Einheit | % an NF | % an BGF |
|---|---|---|---|---|
| NF | Nutzfläche | 542,78 m² | 100,0 | 65,7 |
| TF | Technische Funktionsfläche | 6,97 m² | 1,3 | 0,8 |
| VF | Verkehrsfläche | 72,98 m² | 13,5 | 8,8 |
| NGF | Netto-Grundfläche | 622,73 m² | 114,7 | 75,4 |
| KGF | Konstruktions-Grundfläche | 202,98 m² | 37,4 | 24,6 |
| BGF | Brutto-Grundfläche | 825,71 m² | 152,1 | 100,0 |

| Brutto-Rauminhalt des Bauwerks | | Menge, Einheit | BRI/NF (m) | BRI/BGF (m) |
|---|---|---|---|---|
| BRI | Brutto-Rauminhalt | 2.622,89 m³ | 4,83 | 3,18 |

| Lufttechnisch behandelte Flächen | Menge, Einheit | % an NF | % an BGF |
|---|---|---|---|
| Entlüftete Fläche | – m² | – | – |
| Be- und entlüftete Fläche | 383,21 m² | 70,6 | 46,4 |
| Teilklimatisierte Fläche | – m² | – | – |
| Klimatisierte Fläche | – m² | – | – |

| KG | Kostengruppen (2.Ebene) | Menge, Einheit | Menge/NF | Menge/BGF |
|---|---|---|---|---|
| 310 | Baugrube | – m³ BGI | – | – |
| 320 | Gründung | – m² GRF | – | – |
| 330 | Außenwände | 680,87 m² AWF | 1,25 | 0,82 |
| 340 | Innenwände | 301,25 m² IWF | 0,56 | 0,36 |
| 350 | Decken | 323,27 m² DEF | 0,60 | 0,39 |
| 360 | Dächer | 187,03 m² DAF | 0,34 | 0,23 |

## Kostenkennwerte für die Kostengruppen der 1.Ebene DIN 276

| KG | Kostengruppen (1.Ebene) | Einheit | Kosten € | €/Einheit | €/m² BGF | €/m³ BRI | % 300+400 |
|---|---|---|---|---|---|---|---|
| 100 | Grundstück | m² FBG | – | – | – | – | – |
| 200 | Herrichten und Erschließen | m² FBG | – | – | – | – | – |
| 300 | Bauwerk - Baukonstruktionen | m² BGF | 187.924 | 227,59 | 227,59 | 71,65 | 75,6 |
| 400 | Bauwerk - Technische Anlagen | m² BGF | 60.703 | 73,52 | 73,52 | 23,14 | 24,4 |
| | **Bauwerk 300+400** | **m² BGF** | **248.627** | **301,11** | **301,11** | **94,79** | **100,0** |
| 500 | Außenanlagen | m² AUF | 3.183 | 14,65 | 3,85 | 1,21 | 1,3 |
| 600 | Ausstattung und Kunstwerke | m² BGF | – | – | – | – | – |
| 700 | Baunebenkosten | m² BGF | – | – | – | – | – |

## Kostenkennwerte für die Kostengruppen der 1.Ebene DIN 276

| KG | Kostengruppe | Menge Einheit | Kosten € | €/Einheit | % |
|---|---|---|---|---|---|
| **3+4** | **Bauwerk** | | | | **100,0** |
| 300 | **Bauwerk - Baukonstruktionen** | 825,71 m² BGF | 187.924 | **227,59** | 75,6 |
| | • Abbrechen (Kosten: 11,2%) | | 20.978 | | |
| | Abbruch von Ziegelmauerwerk, Fensterbrüstungen, Holzfenster, Außenputz, vorbereiten * Innenputz, Holzbretterschalung; HLz-Mauerwerk; Holzdielen, Wärmedämmung, abgehängte GK-Decken; Bitumenabdichtungen, Holzschalungen, Schieferschindel | | | | |
| | • Wiederherstellen (Kosten: 9,4%) | | 17.750 | | |
| | Holzfenster reinigen, spachteln, grundieren, Schlussanstrich, abschlagen von Sockelputz, neuer Zementputz, Außenputz prüfen, schadhaften Putz abschlagen, neu verputzen; Anstrich auf Tapeten, bestehende Farbe überstreichen; Parkettboden schleifen, reinigen, mit Fugenkittlösung kitten, wachsen | | | | |
| | • Herstellen (Kosten: 79,4%) | | 149.196 | | |
| | Holzfenster, Hebe-Schiebetüre, WDVS, Fassadenanstrich, Innendämmung; Metallständerwände, Fenstertür, Putz, Anstrich, Holz-Akustikplatten-Wandverkleidung; Holzbalkendecke, Stahltreppe, Dämmung Kehlbalkendecke, WDWS innen, GK-Decken, Anstrich; Dachflächenfenster, Flachdachdämmung, Schalungen, Flachdachabdichtung, Titanzinkeindeckung, Holzdachterrasse, Attikaabdeckung, Dachrinnen, Dämmplatten, OSB-Platten | | | | |
| 400 | **Bauwerk - Technische Anlagen** | 825,71 m² BGF | 60.703 | **73,52** | 24,4 |
| | • Wiederherstellen (Kosten: 15,3%) | | 9.262 | | |
| | Heizungsrohre und Heizkörper umbauen | | | | |
| | • Herstellen (Kosten: 84,7%) | | 51.441 | | |
| | Abwasserinstallationen; Gas-Brennwertgerät, Kombi-Solarspeicher, Solaranlage, Vollflächenabsorber, Wärmeverteilnetze, Raumheizflächen, Wandheizung; Kontrollierte Be- und Entlüftung mit Wärmerückgewinnung; Elektroinstallationen | | | | |
| 500 | **Außenanlagen** | 217,20 m² AUF | 3.183 | **14,65** | 1,3 |
| | • Abbrechen (Kosten: 88,8%) | | 2.826 | | |
| | Abbruch einer Außentreppe, Umfassungswände, Bodenplatte, Fundamente, Brunnentrog; Entsorgung, Deponiegebühren | | | | |
| | • Wiederherstellen (Kosten: 11,2%) | | 357 | | |
| | Beton-Gehwegsteine, ausbauen, lagern, wieder verlegen | | | | |

## Kostenkennwerte für die Kostengruppen 300 und 400 der 2.Ebene DIN 276

| KG | Kostengruppe | Menge Einheit | Kosten € | €/Einheit | % |
|---|---|---|---|---|---|
| **300** | **Bauwerk - Baukonstruktionen** | | | | **100,0** |
| 330 | **Außenwände** | 680,87 m² | 97.854 | **143,72** | 52,1 |
| | • Abbrechen (Kosten: 7,6%) | | 7.455 | | |
| | Abbruch von Ziegelmauerwerk, d=36,5cm (9m²), d=24cm (19m²), Bruchstein-Fensterbrüstungen (3m²) * Holzfenster, Doppelverglasung (3m²) * Außenputz, Putzuntergrund für neuen Putz vorbereiten (56m²) * Innenputz, Holzbretterschalung, Lattungen (59m²); Entsorgung, Deponiegebühren | | | | |
| | • Wiederherstellen (Kosten: 11,8%) | | 11.534 | | |
| | Scheibenaustausch an Außenfenster (14m²), Außentür ausbauen, lagern, wieder einbauen (2m²), Holzfenster reinigen, spachteln, grundieren, Schlussanstrich (89m²) * Abschlagen von Sockelputz, neuer Zementputz (28m²), Außenputz prüfen, schadhaften Putz abschlagen, neu verputzen (130m²) * Natursteinwände freilegen, säubern, ausbessern, neu verfugen, grundieren, fixieren (45m²) | | | | |
| | • Herstellen (Kosten: 80,6%) | | 78.865 | | |
| | Wandöffnungen schließen (5m²) * Holzfenster, dreifach Verglasung (32m²), Hebe-Schiebetür (18m²), Hauseingangstüre (4m²) * WDVS, EPS-Hartschaumplatten, d=200mm (277m²), Anstrich (173m²), Sanierputz (28m²) * Installationsebene, Rahmenschenkel, Zellulosedämmung, OSB-Platten (98m²), Gipsfaserplatten (60m²), GK-Platten (14m²), Innendämmplatten (1St), Gipsputz, Anstrich * Holzrahmenwände (11m²) * Außengeländer | | | | |
| 340 | **Innenwände** | 301,25 m² | 22.061 | **73,23** | 11,7 |
| | • Abbrechen (Kosten: 2,2%) | | 487 | | |
| | Abbruch von HLz-Mauerwerk, d=11,5cm, Entsorgung, Deponiegebühren (9m²) | | | | |
| | • Wiederherstellen (Kosten: 6,1%) | | 1.356 | | |
| | Innentür ausbauen, lagern, wieder einbauen (2m²) * Anstrich auf Tapeten, bestehende Farbe überstreichen (473m²) | | | | |
| | • Herstellen (Kosten: 91,6%) | | 20.217 | | |
| | Türstürze, Stahlträger (2St), Durchbrüche herstellen (12St) * Metallständerwände, d=10cm, zweilagig beplankt, 2x12,5mm (12m²), HLz-Mauerwerk, d=11,5cm (5m²) * Fenstertür (1St) * Gipsputz, Anstrich (30m²), Einputzen Türrahmen (5St) * Wandverkleidung, Holz-Akustikplatten mit Unterkonstruktion und Schiebeelementen (27m²) | | | | |
| 350 | **Decken** | 323,27 m² | 23.385 | **72,34** | 12,4 |
| | • Abbrechen (Kosten: 4,6%) | | 1.087 | | |
| | Abbruch von Holzdielen, Wärmedämmung (9m²) * abgehängte GK-Decken (22m²); Entsorgung, Deponiegebühren | | | | |
| | • Wiederherstellen (Kosten: 19,7%) | | 4.614 | | |
| | Parkettboden schleifen, reinigen, mit Fugenkittlösung kitten, wachsen (190m²) * Anstrich auf Tapeten, bestehende Farbe überstreichen (202m²) | | | | |
| | • Herstellen (Kosten: 75,6%) | | 17.685 | | |
| | Holzbalkendecke, OSB-Belag (3m²), Stahltreppe (2m²), Stahlsteg mit Gitterrosten (6m²) * Kehlbalkendecke, Zellulose-Dämmstoff, d=300mm, Dampfbremse (70m²), Eichenstufe (1St), Reinstreifbelag (2m²) * Kellerdecke, Wärmedämmverbundsystem, d=120mm (59m²), GK-Decken (66m²), Gipsfaserplatten (3m²), Anstrich (70m²), Zellulose-Dämmstoff, OSB-Platten (4m²), Stuckfries (27m) | | | | |

| KG | Kostengruppe | Menge Einheit | Kosten € | €/Einheit | % |
|---|---|---|---|---|---|
| 360 | **Dächer** | 187,03 m² | 41.999 | **224,56** | 22,3 |
| | • Abbrechen (Kosten: 28,4%) | | 11.948 | | |
| | Abbruch von Dachflächenfenster (3m²) * Bitumenabdichtungen, Holzschalungen (71m²), Schieferschindel, Gerüste (116m²); Entsorgung, Deponiegebühren | | | | |
| | • Herstellen (Kosten: 71,6%) | | 30.050 | | |
| | Dachflächenfenster (2St) * Zellulosedämmung, Bretterschalung, Konterlattung, OSB-Verlegeplatten, Dachabdichtung, Dacheindeckung, Titanzink (30m²), Zellulosedämmung, OSB-Platten, Flachdachabdichtung, Bohlen auf Lagerhölzern (38m²), Attikaabdeckung, Titanzink, Dachrinnen * OSB-Platten (38m²), Dampfsperre, Holzfaserdämmplatten (72m²) * Umwehrungen (14m) | | | | |
| 370 | **Baukonstruktive Einbauten** | 825,71 m² BGF | 246 | **0,30** | 0,1 |
| | • Wiederherstellen (Kosten: 100,0%) | | 246 | | |
| | Einbaumöbel umbauen | | | | |
| 390 | **Sonstige Baukonstruktionen** | 825,71 m² BGF | 2.379 | **2,88** | 1,3 |
| | • Herstellen (Kosten: 100,0%) | | 2.379 | | |
| | Fassadengerüst, Gruppe 3 (474m²) | | | | |
| **400** | **Bauwerk - Technische Anlagen** | | | | **100,0** |
| 410 | **Abwasser-, Wasser-, Gasanlagen** | 825,71 m² BGF | 912 | **1,11** | 1,5 |
| | • Herstellen (Kosten: 100,0%) | | 912 | | |
| | Abwasserinstallationen | | | | |
| 420 | **Wärmeversorgungsanlagen** | 825,71 m² BGF | 37.721 | **45,68** | 62,1 |
| | • Wiederherstellen (Kosten: 24,6%) | | 9.262 | | |
| | Heizungsrohre umbauen * Heizkörper umbauen | | | | |
| | • Herstellen (Kosten: 75,4%) | | 28.459 | | |
| | Gas-Brennwertgerät (1St), Kombi-Solarspeicher (1St), Solaranlage, Vollflächenabsorber als Indachmontage (14m²) * Wärmeverteilnetze * Raumheizflächen, Wandheizung | | | | |
| 430 | **Lufttechnische Anlagen** | 825,71 m² BGF | 7.318 | **8,86** | 12,1 |
| | • Herstellen (Kosten: 100,0%) | | 7.318 | | |
| | Kontrollierte Be- und Entlüftung mit Wärmerückgewinnung | | | | |
| 440 | **Starkstromanlagen** | 825,71 m² BGF | 14.752 | **17,87** | 24,3 |
| | • Herstellen (Kosten: 100,0%) | | 14.752 | | |
| | Unterverteilungen, Sicherungen, FI-Schutzschalter, Mantelleitungen, Schalter, Steckdosen | | | | |
| **500** | **Außenanlagen** | | | | **100,0** |
| 520 | **Befestigte Flächen** | – | 357 | **–** | 11,2 |
| | • Wiederherstellen (Kosten: 100,0%) | | 357 | | |
| | Beton-Gehwegsteine, ausbauen, lagern, wieder verlegen (3m²) | | | | |
| 530 | **Baukonstruktionen in Außenanlagen** | 217,20 m² AUF | 2.826 | **13,01** | 88,8 |
| | • Abbrechen (Kosten: 100,0%) | | 2.826 | | |
| | Abbruch einer Außentreppe, Umfassungswände, Bodenplatte, Fundamente, Brunnentrog; Entsorgung, Deponiegebühren | | | | |

## Kostenkennwerte für die Kostengruppe 300 der 3.Ebene DIN 276 (Übersicht)

| KG | Kostengruppe | Menge Einh. | | €/Einheit | Kosten € | % 300+400 |
|---|---|---|---|---|---|---|
| 311 | Baugrubenherstellung | – | | – | – | – |
| 312 | Baugrubenumschließung | – | | – | – | – |
| 313 | Wasserhaltung | – | | – | – | – |
| 319 | Baugrube, sonstiges | – | | – | – | – |
| **310** | **Baugrube** | **–** | | **–** | **–** | **–** |
| 321 | Baugrundverbesserung | – | | – | – | – |
| 322 | Flachgründungen | – | | – | – | – |
| 323 | Tiefgründungen | – | | – | – | – |
| 324 | Unterböden und Bodenplatten | – | | – | – | – |
| 325 | Beläge auf Boden- und Fundamentplatten | – | | – | – | – |
| 326 | Bauwerksabdichtungen | – | | – | – | – |
| 327 | Dränagen | – | | – | – | – |
| 329 | Gründung, sonstiges | – | | – | – | – |
| **320** | **Gründung** | **–** | | **–** | **–** | **–** |
| 331 | Tragende Außenwände | 5,000 m² | | 815,72 | 4.078,58 | 1,6 |
| 332 | Nichttragende Außenwände | – | | – | – | – |
| 333 | Tragende Außenstützen | – | | – | – | – |
| 334 | Außentüren, -fenster | 158,000 m² | | 237,98 | 37.642,93 | 15,1 |
| 335 | Außenwandbekleidungen außen | 591,000 m² | | 58,10 | 34.317,65 | 13,8 |
| 336 | Außenwandbekleidungen innen | 158,000 m² | | 117,98 | 18.682,94 | 7,5 |
| 337 | Elementierte Außenwände | 11,000 m² | | 125,61 | 1.438,56 | 0,6 |
| 338 | Sonnenschutz | – | | – | – | – |
| 339 | Außenwände, sonstiges | 681,000 m² | AWF | 2,49 | 1.693,76 | 0,7 |
| **330** | **Außenwände** | **681,000 m²** | | **143,72** | **97.854,41** | **39,4** |
| 341 | Tragende Innenwände | – m² | | – | 1.962,39 | 0,8 |
| 342 | Nichttragende Innenwände | 17,000 m² | | 194,15 | 3.252,83 | 1,3 |
| 343 | Tragende Innenstützen | – | | – | – | – |
| 344 | Innentüren, -fenster | 2,000 m² | | 966,21 | 1.823,24 | 0,7 |
| 345 | Innenwandbekleidungen | 35,000 m² | | 53,76 | 1.881,67 | 0,8 |
| 346 | Elementierte Innenwände | 27,000 m² | | 486,70 | 13.140,86 | 5,3 |
| 349 | Innenwände, sonstiges | – | | – | – | – |
| **340** | **Innenwände** | **301,000 m²** | | **73,23** | **22.061,00** | **8,9** |
| 351 | Deckenkonstruktionen | 12,000 m² | | 381,23 | 4.458,10 | 1,8 |
| 352 | Deckenbeläge | 72,000 m² | | 113,74 | 8.137,02 | 3,3 |
| 353 | Deckenbekleidungen | 133,000 m² | | 81,16 | 10.789,90 | 4,3 |
| 359 | Decken, sonstiges | – | | – | – | – |
| **350** | **Decken** | **323,000 m²** | | **72,34** | **23.385,02** | **9,4** |
| 361 | Dachkonstruktionen | – | | – | – | – |
| 362 | Dachfenster, Dachöffnungen | 1,000 m² | | 2.218,71 | 2.662,45 | 1,1 |
| 363 | Dachbeläge | 77,000 m² | | 436,50 | 33.815,64 | 13,6 |
| 364 | Dachbekleidungen | 110,000 m² | | 38,06 | 4.169,75 | 1,7 |
| 369 | Dächer, sonstiges | 187,000 m² | DAF | 7,22 | 1.350,71 | 0,5 |
| **360** | **Dächer** | **187,000 m²** | | **224,56** | **41.998,56** | **16,9** |
| **370** | **Baukonstruktive Einbauten** | **826,000 m²** | **BGF** | **0,30** | **245,65** | **0,1** |
| **390** | **Sonst. Maßnahmen für Baukonstruktionen** | **826,000 m²** | **BGF** | **2,88** | **2.379,16** | **1,0** |
| **300** | **Bauwerk - Baukonstruktionen** | **826,000 m²** | **BGF** | **227,59** | **187.923,80** | **75,6** |





Kostenstand: 3.Quartal 2010, inkl. MwSt., Bundesdurchschnitt

# Kostenkennwerte für die Kostengruppe 400 der 3.Ebene DIN 276 (Übersicht)

| KG | Kostengruppe | Menge Einh. | €/Einheit | Kosten € | % 300+400 |
|---|---|---|---|---|---|
| 411 | Abwasseranlagen | 826,000 m² BGF | 1,11 | 912,44 | 0,4 |
| 412 | Wasseranlagen | – | – | – | – |
| 413 | Gasanlagen (wenn zu Kochzwecken) | – | – | – | – |
| 414 | Feuerlöschanlagen | – | – | – | – |
| 419 | Abwasser-, Wasser- und Gasanlagen, sonstiges | – | – | – | – |
| **410** | **Abwasser-, Wasser-, Gasanlagen** | **826,000 m² BGF** | **1,11** | **912,44** | **0,4** |
| 421 | Wärmeerzeugungsanlagen | 826,000 m² BGF | 24,95 | 20.602,23 | 8,3 |
| 422 | Wärmeverteilnetze | 826,000 m² BGF | 11,27 | 9.307,84 | 3,7 |
| 423 | Raumheizflächen | 826,000 m² BGF | 9,46 | 7.810,72 | 3,1 |
| 429 | Wärmeversorgungsanlagen, sonstiges | – | – | – | – |
| **420** | **Wärmeversorgungsanlagen** | **826,000 m² BGF** | **45,68** | **37.720,78** | **15,2** |
| 431 | Lüftungsanlagen (LA) | 826,000 m² BGF | 8,86 | 7.317,62 | 2,9 |
| 432 | Teilklimaanlagen (TKA) | – | – | – | – |
| 433 | Klimaanlagen (KLA) | – | – | – | – |
| 434 | Prozeßlufttechnische Anlagen (PLA) | – | – | – | – |
| 435 | Kälteanlagen (KA) | – | – | – | – |
| 439 | Lufttechnische Anlagen, sonstiges | – | – | – | – |
| **430** | **Lufttechnische Anlagen** | **826,000 m² BGF** | **8,86** | **7.317,62** | **2,9** |
| 441 | Hoch- und Mittelspannungsanlagen | – | – | – | – |
| 442 | Eigenstromversorgungsanlagen | – | – | – | – |
| 443 | Niederspannungsschaltanlagen | – | – | – | – |
| 444 | Niederspannungsinstallationsanlagen | 826,000 m² BGF | 17,87 | 14.752,03 | 5,9 |
| 445 | Beleuchtungsanlagen | – | – | – | – |
| 446 | Blitzschutz- und Erdungsanlagen | – | – | – | – |
| 449 | Starkstromanlagen, sonstiges | – | – | – | – |
| **440** | **Starkstromanlagen** | **826,000 m² BGF** | **17,87** | **14.752,03** | **5,9** |
| 451 | Telekommunikationsanlagen | – | – | – | – |
| 452 | Such- und Signalanlagen | – | – | – | – |
| 453 | Zeitdienstanlagen | – | – | – | – |
| 454 | Elektroakustische Anlagen | – | – | – | – |
| 455 | Fernseh- und Antennenanlagen | – | – | – | – |
| 456 | Gefahrenmelde- und Alarmanlagen | – | – | – | – |
| 457 | Übertragungsnetze | – | – | – | – |
| 459 | Fernmelde- und informationstechn. Anlagen, sonstiges | – | – | – | – |
| **450** | **Fernmelde- und informationstechn. Anlagen** | **–** | **–** | **–** | **–** |
| 461 | Aufzugsanlagen | – | – | – | – |
| 462 | Fahrtreppen, Fahrsteige | – | – | – | – |
| 463 | Befahranlagen | – | – | – | – |
| 464 | Transportanlagen | – | – | – | – |
| 465 | Krananlagen | – | – | – | – |
| 469 | Förderanlagen, sonstiges | – | – | – | – |
| **460** | **Förderanlagen** | **–** | **–** | **–** | **–** |
| **470** | **Nutzungsspezifische Anlagen** | **–** | **–** | **–** | **–** |
| **480** | **Gebäudeautomation** | **–** | **–** | **–** | **–** |
| **490** | **Sonst. Maßnahmen für technische Anlagen** | **–** | **–** | **–** | **–** |
| **400** | **Bauwerk - Technische Anlagen** | **826,000 m² BGF** | **73,52** | **60.702,87** | **24,4** |

## Kostenkennwerte für Leistungsbereiche nach StLB (Kosten des Bauwerks nach DIN 276)

| LB | Leistungsbereiche | Kosten € | €/m² BGF | €/m³ BRI | % 300+400 |
|---|---|---|---|---|---|
| 000 | Sicherheits-, Baustelleneinrichtungen inkl. 001 | 2.379 | 2,90 | 0,91 | 1,0 |
| | Herstellen | 2.379 | 2,90 | 0,91 | 1,0 |
| 002 | Erdarbeiten | – | – | – | – |
| 006 | Spezialtiefbauarbeiten inkl. 005 | – | – | – | – |
| 009 | Abwasserkanalarbeiten inkl. 011 | – | – | – | – |
| 010 | Dränarbeiten | – | – | – | – |
| 012 | Mauerarbeiten | 6.732 | 8,20 | 2,60 | 2,7 |
| | Wiederherstellen | 2.139 | 2,60 | 0,82 | 0,9 |
| | Herstellen | 4.593 | 5,60 | 1,80 | 1,8 |
| 013 | Betonarbeiten | – | – | – | – |
| 014 | Natursteinarbeiten, Betonwerksteinarbeiten | – | – | – | – |
| 016 | Zimmer- und Holzbauarbeiten | 22.212 | 26,90 | 8,50 | 8,9 |
| | Herstellen | 22.212 | 26,90 | 8,50 | 8,9 |
| 017 | Stahlbauarbeiten | – | – | – | – |
| 018 | Abdichtungsarbeiten gegen Wasser | – | – | – | – |
| 020 | Dachdeckungsarbeiten | 2.201 | 2,70 | 0,84 | 0,9 |
| | Herstellen | 2.201 | 2,70 | 0,84 | 0,9 |
| 021 | Dachabdichtungsarbeiten | 8.755 | 10,60 | 3,30 | 3,5 |
| | Herstellen | 8.755 | 10,60 | 3,30 | 3,5 |
| 022 | Klempnerarbeiten | 10.739 | 13,00 | 4,10 | 4,3 |
| | Herstellen | 10.739 | 13,00 | 4,10 | 4,3 |
| | **Rohbau** | **53.018** | **64,20** | **20,20** | **21,3** |
| | Wiederherstellen | 2.139 | 2,60 | 0,82 | 0,9 |
| | Herstellen | 50.880 | 61,60 | 19,40 | 20,5 |
| 023 | Putz- und Stuckarbeiten, Wärmedämmsysteme | 39.990 | 48,40 | 15,20 | 16,1 |
| | Wiederherstellen | 1.798 | 2,20 | 0,69 | 0,7 |
| | Herstellen | 38.192 | 46,30 | 14,60 | 15,4 |
| 024 | Fliesen- und Plattenarbeiten | – | – | – | – |
| 025 | Estricharbeiten | – | – | – | – |
| 026 | Fenster, Außentüren inkl. 029, 032 | 33.564 | 40,60 | 12,80 | 13,5 |
| | Wiederherstellen | 7.597 | 9,20 | 2,90 | 3,1 |
| | Herstellen | 25.966 | 31,40 | 9,90 | 10,4 |
| 027 | Tischlerarbeiten | 16.418 | 19,90 | 6,30 | 6,6 |
| | Wiederherstellen | 653 | 0,79 | 0,25 | 0,3 |
| | Herstellen | 15.765 | 19,10 | 6,00 | 6,3 |
| 028 | Parkettarbeiten, Holzpflasterarbeiten | 4.163 | 5,00 | 1,60 | 1,7 |
| | Wiederherstellen | 4.163 | 5,00 | 1,60 | 1,7 |
| 030 | Rollladenarbeiten | – | – | – | – |
| 031 | Metallbauarbeiten inkl. 035 | 7.158 | 8,70 | 2,70 | 2,9 |
| | Herstellen | 7.158 | 8,70 | 2,70 | 2,9 |
| 034 | Maler- und Lackiererarbeiten inkl. 037 | 7.652 | 9,30 | 2,90 | 3,1 |
| | Wiederherstellen | 1.400 | 1,70 | 0,53 | 0,6 |
| | Herstellen | 6.251 | 7,60 | 2,40 | 2,5 |
| 036 | Bodenbelagsarbeiten | 519 | 0,63 | 0,20 | 0,2 |
| | Herstellen | 519 | 0,63 | 0,20 | 0,2 |
| 038 | Vorgehängte hinterlüftete Fassaden | – | – | – | – |
| 039 | Trockenbauarbeiten | 4.122 | 5,00 | 1,60 | 1,7 |
| | Herstellen | 4.122 | 5,00 | 1,60 | 1,7 |

| LB | Leistungsbereiche | Kosten € | €/m² BGF | €/m³ BRI | % 300+400 |
|---|---|---|---|---|---|
| | **Ausbau** | **113.585** | **137,60** | **43,30** | **45,7** |
| | Wiederherstellen | 15.611 | 18,90 | 6,00 | 6,3 |
| | Herstellen | 97.974 | 118,70 | 37,40 | 39,4 |
| 040 | Wärmeerzeuger, zentr. Einrichtungen inkl. 041 | 37.721 | 45,70 | 14,40 | 15,2 |
| | Wiederherstellen | 9.262 | 11,20 | 3,50 | 3,7 |
| | Herstellen | 28.459 | 34,50 | 10,90 | 11,4 |
| 042 | Gas- und Wasserinstallationsarbeiten inkl. 043 | – | – | – | – |
| 044 | Abwasserinstallationsarbeiten - Leitungen | 647 | 0,78 | 0,25 | 0,3 |
| | Herstellen | 647 | 0,78 | 0,25 | 0,3 |
| 045 | Gas-, Wasser-Einrichtungsgegenstände inkl. 046 | – | – | – | – |
| 047 | Dämmarbeiten an betriebstechnischen Anlagen | – | – | – | – |
| 049 | Feuerlöschanlagen, Feuerlöschgeräte | – | – | – | – |
| 050 | Blitzschutz- und Erdungsanlagen | – | – | – | – |
| 052 | Mittelspannungsanlagen | – | – | – | – |
| 053 | Niederspannungsanlagen inkl. 054 | 14.752 | 17,90 | 5,60 | 5,9 |
| | Herstellen | 14.752 | 17,90 | 5,60 | 5,9 |
| 055 | Ersatzstromversorgungsanlagen | – | – | – | – |
| 057 | Gebäudesystemtechnik | – | – | – | – |
| 058 | Leuchten und Lampen, inkl. 059 | – | – | – | – |
| 060 | Elektroakustische Anlagen | – | – | – | – |
| 061 | Kommunikationsnetze | – | – | – | – |
| 063 | Gefahrenmeldeanlagen | – | – | – | – |
| 069 | Aufzüge | – | – | – | – |
| 070 | Gebäudeautomation | – | – | – | – |
| 075 | Raumlufttechnische Anlagen | 7.318 | 8,90 | 2,80 | 2,9 |
| | Herstellen | 7.318 | 8,90 | 2,80 | 2,9 |
| | **Gebäudetechnik** | **60.437** | **73,20** | **23,00** | **24,3** |
| | Wiederherstellen | 9.262 | 11,20 | 3,50 | 3,7 |
| | Herstellen | 51.176 | 62,00 | 19,50 | 20,6 |
| 084 | Abbrucharbeiten | 20.978 | 25,40 | 8,00 | 8,4 |
| | Abbrechen | 20.978 | 25,40 | 8,00 | 8,4 |
| | Sonstige Leistungsbereiche inkl. 008, 033, 051 | – | – | – | – |

6100-785
Zweifamilienhaus

## Objektübersicht

Erweiterung

**417 €/m² WFL**

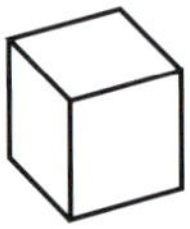

**404 €/m³ BRI**

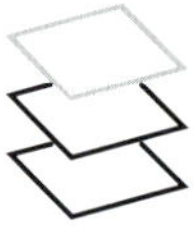

**975 €/m² BGF**

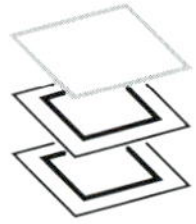

**1.268 €/m² NF**

| | |
|---|---|
| Kennwerte | bis 3.Ebene DIN 276 |
| Bauzeit | 34 Wochen |
| Bauende | 2007 |
| Standard | Durchschnitt |
| Land | Bayern |
| Kreis | München |
| m³ BRI | 251 |
| m² BGF | 104 |
| m² NF | 80 |

**Architekt:**
Dipl.-Ing.(FH)
Hanns Peter Benl
edp ingenieure
Herzog-Georg-Platz 5
84524 Neuötting

vorher

nachher

Fotograf: G. Nixdorf, Burghausen

Fotograf: G. Nixdorf, Burghausen

Fotograf: G. Nixdorf, Burghausen

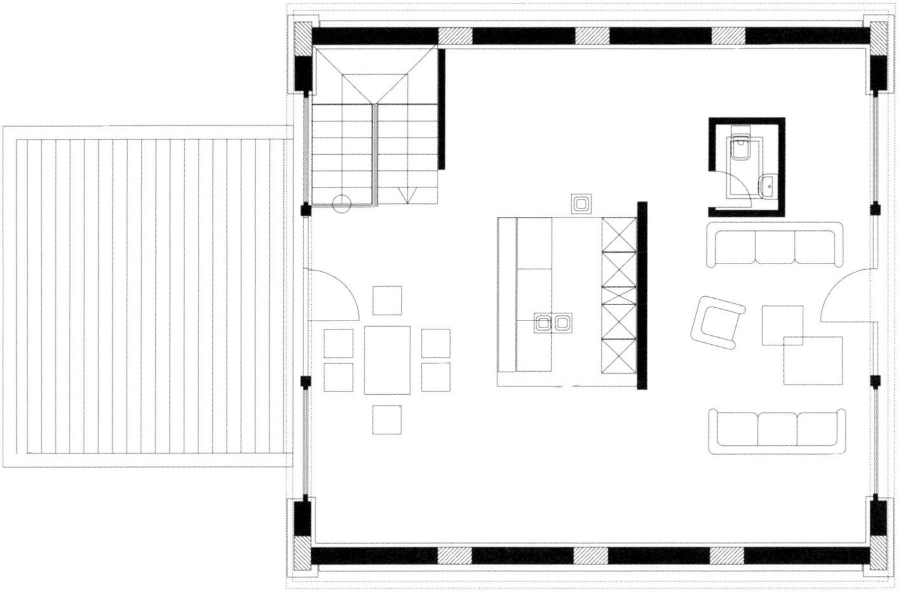

Dachgeschoss

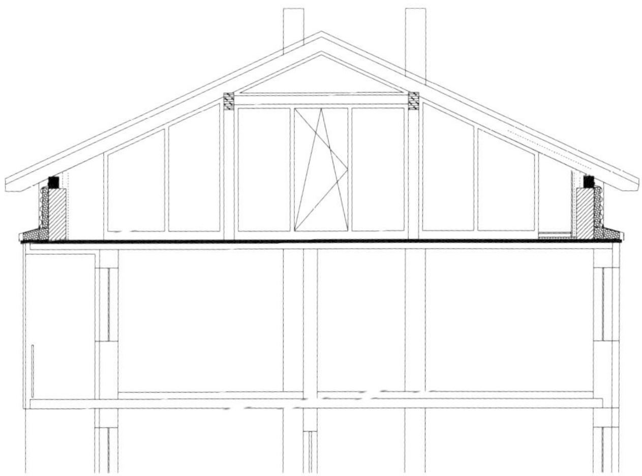

Ansicht

# Objektbeschreibung

## Nutzung

**1 Untergeschoss**
Abstellräume, nicht Bestandteil der Erweiterung

**1 Erdgeschoss**
Wohnung 1, nicht Bestandteil der Erweiterung

**1 Obergeschoss**
Wohnung 2

**1 Dachgeschoss**
Wohnung 2

## Nutzeinheiten

Wohneinheiten: 2
Wohnfläche: 243m²

## Grundstück

Bauraum: Beengter Bauraum
Neigung: Ebenes Gelände

## Markt

Hauptvergabezeit: 1.Quartal 2007
Baubeginn: 2.Quartal 2007
Bauende: 4.Quartal 2007
Konjunkturelle Gesamtlage: unter Durchschnitt
Regionaler Baumarkt: über Durchschnitt

## Baubestand

Bauzustand: mittel
Aufwand: hoch
Grundrissänderungen: wenige
Tragwerkseingriffe: einige
Nutzungsänderung: nein
Nutzung während der Bauzeit: ja

## Baukonstruktion

**Abbrechen:** Abbruch von Mauerwerk, Holzfenster; Betondecke für die Treppe, Kanten schneiden; Entsorgung, Deponiegebühren
**Herstellen:** HLz-Mauerwerk, Stb-Sockel; Holz-Aluminium Fenster, Sonnenschutzglas; Stb-Wandscheibe, Wandfliesen, Anstrich; Stb-Treppe, Trockenestrich, Parkett, Bodenfliesen; Holzdachkonstruktion, Dachflächenfenster, Tondachziegel, Dachrinne, Dämmung, GK-Bekleidungen, Anstrich

## Technische Anlagen

**Abbrechen:** Abbruch vom Kamin, Isolierungen, Entsorgung, Deponiegebühren
**Herstellen:** Regenfallrohre, Abwasserleitungen, Warm- und Kaltwasserleitungen, Sanitärgegenstände; Kupferrohre, Heizkörper; Einzelraumlüfter; Elektroinstallation

## Planungskennwerte für Flächen und Rauminhalte nach DIN 277

| Flächen des Grundstücks | | Menge, Einheit | % an FBG |
|---|---|---|---|
| BF | Bebaute Fläche | – m² | – |
| UBF | Unbebaute Fläche | – m² | – |
| FBG | Fläche des Baugrundstücks | – m² | – |

| Grundflächen des Bauwerks | | Menge, Einheit | % an NF | % an BGF |
|---|---|---|---|---|
| NF | Nutzfläche | 80,00 m² | 100,0 | 76,9 |
| TF | Technische Funktionsfläche | – m² | – | – |
| VF | Verkehrsfläche | 8,65 m² | 10,8 | 8,3 |
| NGF | Netto-Grundfläche | 88,65 m² | 110,8 | 85,2 |
| KGF | Konstruktions-Grundfläche | 15,35 m² | 19,2 | 14,8 |
| BGF | Brutto-Grundfläche | 104,00 m² | 130,0 | 100,0 |

| Brutto-Rauminhalt des Bauwerks | | Menge, Einheit | BRI/NF (m) | BRI/BGF (m) |
|---|---|---|---|---|
| BRI | Brutto-Rauminhalt | 251,00 m³ | 3,14 | 2,41 |

| Lufttechnisch behandelte Flächen | Menge, Einheit | % an NF | % an BGF |
|---|---|---|---|
| Entlüftete Fläche | – m² | – | – |
| Be- und entlüftete Fläche | – m² | – | – |
| Teilklimatisierte Fläche | – m² | – | – |
| Klimatisierte Fläche | – m² | – | – |

| KG | Kostengruppen (2.Ebene) | Menge, Einheit | Menge/NF | Menge/BGF |
|---|---|---|---|---|
| 310 | Baugrube | – m³ BGI | – | – |
| 320 | Gründung | – m² GRF | – | – |
| 330 | Außenwände | 60,68 m² AWF | 0,76 | 0,58 |
| 340 | Innenwände | 21,95 m² IWF | 0,27 | 0,21 |
| 350 | Decken | 89,30 m² DEF | 1,12 | 0,86 |
| 360 | Dächer | 140,50 m² DAF | 1,76 | 1,35 |

## Kostenkennwerte für die Kostengruppen der 1.Ebene DIN 276

| KG | Kostengruppen (1.Ebene) | Einheit | Kosten € | €/Einheit | €/m² BGF | €/m³ BRI | % 300+400 |
|---|---|---|---|---|---|---|---|
| 100 | Grundstück | m² FBG | – | – | – | – | – |
| 200 | Herrichten und Erschließen | m² FBG | – | – | – | – | – |
| 300 | Bauwerk - Baukonstruktionen | m² BGF | 81.141 | 780,20 | 780,20 | 323,27 | 80,0 |
| 400 | Bauwerk - Technische Anlagen | m² BGF | 20.301 | 195,20 | 195,20 | 80,88 | 20,0 |
| | **Bauwerk 300+400** | **m² BGF** | **101.441** | **975,40** | **975,40** | **404,15** | **100,0** |
| 500 | Außenanlagen | m² AUF | – | – | – | – | – |
| 600 | Ausstattung und Kunstwerke | m² BGF | – | – | – | – | – |
| 700 | Baunebenkosten | m² BGF | – | – | – | – | – |

Erweiterung

## Kostenkennwerte für die Kostengruppen der 1.Ebene DIN 276

| KG | Kostengruppe | Menge Einheit | Kosten € | €/Einheit | % |
|---|---|---|---|---|---|
| **3+4** | **Bauwerk** | | | | **100,0** |
| 300 | **Bauwerk - Baukonstruktionen** | 104,00 m² BGF | 81.141 | **780,20** | 80,0 |
| | • Abbrechen (Kosten: 6,4%) | | 5.164 | | |
| | Abbruch von Mauerwerk, Holzfenster; Betondecke für die Treppe, Kanten schneiden; Entsorgung, Deponiegebühren | | | | |
| | • Herstellen (Kosten: 93,6%) | | 75.976 | | |
| | HLz-Mauerwerk, Stb-Sockel; Holz-Aluminium Fenster, Sonnenschutzglas; Stb-Wandscheibe, Wandfliesen, Anstrich; Stb-Treppe, Trockenestrich, Parkett, Bodenfliesen; Holzdachkonstruktion, Dachflächenfenster, Tondachziegel, Dachrinne, Dämmung, GK-Bekleidungen, Anstrich | | | | |
| 400 | **Bauwerk - Technische Anlagen** | 104,00 m² BGF | 20.301 | **195,20** | 20,0 |
| | • Abbrechen (Kosten: 12,4%) | | 2.468 | | |
| | Abbruch vom Kamin, Isolierungen, Entsorgung, Deponiegebühren | | | | |
| | • Herstellen (Kosten: 87,6%) | | 17.833 | | |
| | Regenfallrohre, Abwasserleitungen, Warm- und Kaltwasserleitungen, Sanitärgegenstände; Kupferrohre, Heizkörper; Einzelraumlüfter; Elektroinstallation | | | | |

## Kostenkennwerte für die Kostengruppen 300 und 400 der 2.Ebene DIN 276

| KG | Kostengruppe | Menge Einheit | Kosten € | €/Einheit | % |
|---|---|---|---|---|---|
| **300** | **Bauwerk - Baukonstruktionen** | | | | **100,0** |
| 330 | **Außenwände** | 60,68 m² | 24.619 | **405,74** | 30,3 |
| | • Abbrechen (Kosten: 13,5%) | | 3.313 | | |
| | Abbruch von Mauerwerk, d=30cm (33m²) * Holzfenster (38m²); Entsorgung, Deponiegebühren | | | | |
| | • Herstellen (Kosten: 86,5%) | | 21.306 | | |
| | HLz-Mauerwerk, d=30cm (21m²), Stb-Sockel C20/25, d=30cm Schalung, Bewehrung (7m²) * Holz-Aluminium Fenster, u-Wert=1,1W/(m²K), Fensterbänke, Sonnenschutzglas (33m²) * Absturzgeländer, Einfachverglasung, 2xESG 8mm (2St) | | | | |
| 340 | **Innenwände** | 21,95 m² | 2.804 | **127,72** | 3,5 |
| | • Herstellen (Kosten: 100,0%) | | 2.804 | | |
| | Stb-Wandscheibe, d=17,5cm, Schalung, Bewehrung (5m²) * Mosaik-Wandfliesen (11m²), Anstrich (10m²) | | | | |
| 350 | **Decken** | 89,30 m² | 14.032 | **157,14** | 17,3 |
| | • Abbrechen (Kosten: 13,2%) | | 1.851 | | |
| | Abbruch einer Betondecke für die Treppe, Kanten schneiden, Entsorgung, Deponiegebühren (15m²) | | | | |
| | • Herstellen (Kosten: 86,8%) | | 12.182 | | |
| | Stb-Treppe C20/25, Schalung, Bewehrung, Treppenauflager (9m²) * Trockenestrich, Trittschalldämmung, Fertigparkett, Schiffsboden, Eiche (69m²), Holzsockelleisten (65m), Bodenfliesen (11m²) * Treppenunterseite verputzen (9m²) * Balkongeländer anschleifen, reinigen, Rostschutzgrund, Seidenglanzlack (6m) | | | | |
| 360 | **Dächer** | 140,50 m² | 32.659 | **232,45** | 40,2 |
| | • Herstellen (Kosten: 100,0%) | | 32.659 | | |
| | Holzdachkonstruktion, BSH Holz, Schalung, d=24mm (141m²) * Dachflächenfenster, Alu-Eindeckrahmen (2m²) * Lattung, Tondachziegel (141m²), Edelstahldachrinne (23m) * Mineralwolledämmung, d=200mm, WLG 035, GK-Bekleidungen (102m²), Anstrich | | | | |
| 390 | **Sonstige Baukonstruktionen** | 104,00 m² BGF | 7.026 | **67,56** | 8,7 |
| | • Herstellen (Kosten: 100,0%) | | 7.026 | | |
| | Baustelleneinrichtung, Baukran * Fassadengerüste * Notabdichtungen am Dach, Schweißbahnen mit Gewebeeinlagen (108m²), Schutzfolien | | | | |
| **400** | **Bauwerk - Technische Anlagen** | | | | **100,0** |
| 410 | **Abwasser-, Wasser-, Gasanlagen** | 104,00 m² BGF | 2.948 | **28,35** | 14,5 |
| | • Herstellen (Kosten: 100,0%) | | 2.948 | | |
| | Regenfallrohre, Edelstahl (12m), HT-Abwasserleitungen (12m) * Mehrschichtverbundrohre, 16x2mm, Formstücke, Dämmung (25m), Sanitärgegenstände | | | | |

| KG | Kostengruppe | Menge Einheit | Kosten € | €/Einheit | % |
|---|---|---|---|---|---|
| 420 | **Wärmeversorgungsanlagen** | 104,00 m² BGF | 10.578 | **101,71** | 52,1 |
| | • Abbrechen (Kosten: 23,3%) | | 2.468 | | |
| | Abbruch vom Kamin, Isolierungen, Entsorgung, Deponiegebühren | | | | |
| | • Herstellen (Kosten: 76,7%) | | 8.110 | | |
| | Erweiterung der Heizungsanlage * Kupferrohre, 13x22mm, Rohrdämmung (77m) * Heizkörper (6St), Röhrenradiator als Raumteiler (1St) | | | | |
| 430 | **Lufttechnische Anlagen** | 104,00 m² BGF | 582 | **5,60** | 2,9 |
| | • Herstellen (Kosten: 100,0%) | | 582 | | |
| | Einzelraumlüfter (2St), Abluftleitungen | | | | |
| 440 | **Starkstromanlagen** | 104,00 m² BGF | 5.827 | **56,03** | 28,7 |
| | • Herstellen (Kosten: 100,0%) | | 5.827 | | |
| | Elektroinstallation, Sicherungen, Mantelleitungen, Schalter, Steckdosen | | | | |
| 450 | **Fernmelde-, informationstechn. Anlagen** | 104,00 m² BGF | 366 | **3,52** | 1,8 |
| | • Herstellen (Kosten: 100,0%) | | 366 | | |
| | Erweiterung der Türsprechanlage um eine Sprechstelle | | | | |

## Kostenkennwerte für die Kostengruppe 300 der 3.Ebene DIN 276 (Übersicht)

| KG | Kostengruppe | Menge Einh. | €/Einheit | Kosten € | % 300+400 |
|---|---|---|---|---|---|
| 311 | Baugrubenherstellung | – | – | – | – |
| 312 | Baugrubenumschließung | – | – | – | – |
| 313 | Wasserhaltung | – | – | – | – |
| 319 | Baugrube, sonstiges | – | – | – | – |
| **310** | **Baugrube** | **–** | **–** | **–** | **–** |
| 321 | Baugrundverbesserung | – | – | – | – |
| 322 | Flachgründungen | – | – | – | – |
| 323 | Tiefgründungen | – | – | – | – |
| 324 | Unterböden und Bodenplatten | – | – | – | – |
| 325 | Beläge auf Boden- und Fundamentplatten | – | – | – | – |
| 326 | Bauwerksabdichtungen | – | – | – | – |
| 327 | Dränagen | – | – | – | – |
| 329 | Gründung, sonstiges | – | – | – | – |
| **320** | **Gründung** | **–** | **–** | **–** | **–** |
| 331 | Tragende Außenwände | 28,000 m² | 168,10 | 4.639,51 | 4,6 |
| 332 | Nichttragende Außenwände | – | – | – | – |
| 333 | Tragende Außenstützen | – | – | – | – |
| 334 | Außentüren, -fenster | 33,000 m² | 570,13 | 18.858,08 | 18,6 |
| 335 | Außenwandbekleidungen außen | – | – | – | – |
| 336 | Außenwandbekleidungen innen | – | – | – | – |
| 337 | Elementierte Außenwände | – | – | – | – |
| 338 | Sonnenschutz | – | – | – | – |
| 339 | Außenwände, sonstiges | 61,000 m² AWF | 18,49 | 1.121,69 | 1,1 |
| **330** | **Außenwände** | **61,000 m²** | **405,74** | **24.619,29** | **24,3** |
| 341 | Tragende Innenwände | 5,000 m² | 390,17 | 1.974,26 | 1,9 |
| 342 | Nichttragende Innenwände | – | – | – | – |
| 343 | Tragende Innenstützen | – | – | – | – |
| 344 | Innentüren, -fenster | – | – | – | – |
| 345 | Innenwandbekleidungen | 21,000 m² | 39,58 | 829,30 | 0,8 |
| 346 | Elementierte Innenwände | – | – | – | – |
| 349 | Innenwände, sonstiges | – | – | – | – |
| **340** | **Innenwände** | **22,000 m²** | **127,72** | **2.803,55** | **2,8** |
| 351 | Deckenkonstruktionen | 9,000 m² | 451,19 | 3.902,83 | 3,8 |
| 352 | Deckenbeläge | 80,000 m² | 121,12 | 9.689,79 | 9,6 |
| 353 | Deckenbekleidungen | 9,000 m² | 47,25 | 439,86 | 0,4 |
| 359 | Decken, sonstiges | – | – | – | – |
| **350** | **Decken** | **89,000 m²** | **157,14** | **14.032,47** | **13,8** |
| 361 | Dachkonstruktionen | 141,000 m² | 67,27 | 9.451,73 | 9,3 |
| 362 | Dachfenster, Dachöffnungen | 2,000 m² | 1.122,13 | 2.625,78 | 2,6 |
| 363 | Dachbeläge | 141,000 m² | 102,64 | 14.421,22 | 14,2 |
| 364 | Dachbekleidungen | 120,000 m² | 51,33 | 6.160,11 | 6,1 |
| 369 | Dächer, sonstiges | – | – | – | – |
| **360** | **Dächer** | **141,000 m²** | **232,45** | **32.658,84** | **32,2** |
| **370** | **Baukonstruktive Einbauten** | **–** | **–** | **–** | **–** |
| **390** | **Sonst. Maßnahmen für Baukonstruktionen** | **104,000 m² BGF** | **67,56** | **7.026,39** | **6,9** |
| **300** | **Bauwerk - Baukonstruktionen** | **104,000 m² BGF** | **780,20** | **81.140,54** | **80,0** |

## Kostenkennwerte für die Kostengruppe 400 der 3.Ebene DIN 276 (Übersicht)

| KG | Kostengruppe | Menge Einh. | €/Einheit | Kosten € | % 300+400 |
|---|---|---|---|---|---|
| 411 | Abwasseranlagen | 104,000 m² BGF | 7,26 | 754,75 | 0,7 |
| 412 | Wasseranlagen | 104,000 m² BGF | 21,09 | 2.193,57 | 2,2 |
| 413 | Gasanlagen (wenn zu Kochzwecken) | – | – | – | – |
| 414 | Feuerlöschanlagen | – | – | – | – |
| 419 | Abwasser-, Wasser- und Gasanlagen, sonstiges | – | – | – | – |
| **410** | **Abwasser-, Wasser-, Gasanlagen** | **104,000 m² BGF** | **28,35** | **2.948,32** | **2,9** |
| 421 | Wärmeerzeugungsanlagen | – | – | – | – |
| 422 | Wärmeverteilnetze | 104,000 m² BGF | 44,73 | 4.652,20 | 4,6 |
| 423 | Raumheizflächen | 104,000 m² BGF | 33,25 | 3.457,96 | 3,4 |
| 429 | Wärmeversorgungsanlagen, sonstiges | 104,000 m² BGF | 23,73 | 2.467,83 | 2,4 |
| **420** | **Wärmeversorgungsanlagen** | **104,000 m² BGF** | **101,71** | **10.577,99** | **10,4** |
| 431 | Lüftungsanlagen (LA) | 104,000 m² BGF | 5,60 | 582,12 | 0,6 |
| 432 | Teilklimaanlagen (TKA) | – | – | – | – |
| 433 | Klimaanlagen (KLA) | – | – | – | – |
| 434 | Prozeßlufttechnische Anlagen (PLA) | – | – | – | – |
| 435 | Kälteanlagen (KA) | – | – | – | – |
| 439 | Lufttechnische Anlagen, sonstiges | – | – | – | – |
| **430** | **Lufttechnische Anlagen** | **104,000 m² BGF** | **5,60** | **582,12** | **0,6** |
| 441 | Hoch- und Mittelspannungsanlagen | – | – | – | – |
| 442 | Eigenstromversorgungsanlagen | – | – | – | – |
| 443 | Niederspannungsschaltanlagen | – | – | – | – |
| 444 | Niederspannungsinstallationsanlagen | 104,000 m² BGF | 56,03 | 5.826,82 | 5,7 |
| 445 | Beleuchtungsanlagen | – | – | – | – |
| 446 | Blitzschutz- und Erdungsanlagen | – | – | – | – |
| 449 | Starkstromanlagen, sonstiges | – | – | – | – |
| **440** | **Starkstromanlagen** | **104,000 m² BGF** | **56,03** | **5.826,82** | **5,7** |
| 451 | Telekommunikationsanlagen | – | – | – | – |
| 452 | Such- und Signalanlagen | 104,000 m² BGF | 3,52 | 365,61 | 0,4 |
| 453 | Zeitdienstanlagen | – | – | – | – |
| 454 | Elektroakustische Anlagen | – | – | – | – |
| 455 | Fernseh- und Antennenanlagen | – | – | – | – |
| 456 | Gefahrenmelde- und Alarmanlagen | – | – | – | – |
| 457 | Übertragungsnetze | – | – | – | – |
| 459 | Fernmelde- und informationstechn. Anlagen, sonstiges | – | – | – | – |
| **450** | **Fernmelde- und informationstechn. Anlagen** | **104,000 m² BGF** | **3,52** | **365,61** | **0,4** |
| 461 | Aufzugsanlagen | – | – | – | – |
| 462 | Fahrtreppen, Fahrsteige | – | – | – | – |
| 463 | Befahranlagen | – | – | – | – |
| 464 | Transportanlagen | – | – | – | – |
| 465 | Krananlagen | – | – | – | – |
| 469 | Förderanlagen, sonstiges | – | – | – | – |
| **460** | **Förderanlagen** | **–** | **–** | **–** | **–** |
| **470** | **Nutzungsspezifische Anlagen** | **–** | **–** | **–** | **–** |
| **480** | **Gebäudeautomation** | **–** | **–** | **–** | **–** |
| **490** | **Sonst. Maßnahmen für technische Anlagen** | **–** | **–** | **–** | **–** |
| **400** | **Bauwerk - Technische Anlagen** | **104,000 m² BGF** | **195,20** | **20.300,85** | **20,0** |

## Kostenkennwerte für Leistungsbereiche nach StLB (Kosten des Bauwerks nach DIN 276)

| LB | Leistungsbereiche | Kosten € | €/m² BGF | €/m³ BRI | % 300+400 |
|---|---|---|---|---|---|
| 000 | Sicherheits-, Baustelleneinrichtungen inkl. 001 | 5.035 | 48,40 | 20,10 | 5,0 |
| | Herstellen | 5.035 | 48,40 | 20,10 | 5,0 |
| 002 | Erdarbeiten | – | – | – | – |
| 006 | Spezialtiefbauarbeiten inkl. 005 | – | – | – | – |
| 009 | Abwasserkanalarbeiten inkl. 011 | – | – | – | – |
| 010 | Dränarbeiten | – | – | – | – |
| 012 | Mauerarbeiten | 1.555 | 14,90 | 6,20 | 1,5 |
| | Herstellen | 1.555 | 14,90 | 6,20 | 1,5 |
| 013 | Betonarbeiten | 5.013 | 48,20 | 20,00 | 4,9 |
| | Herstellen | 5.013 | 48,20 | 20,00 | 4,9 |
| 014 | Natursteinarbeiten, Betonwerksteinarbeiten | – | – | – | – |
| 016 | Zimmer- und Holzbauarbeiten | 11.443 | 110,00 | 45,60 | 11,3 |
| | Herstellen | 11.443 | 110,00 | 45,60 | 11,3 |
| 017 | Stahlbauarbeiten | – | – | – | – |
| 018 | Abdichtungsarbeiten gegen Wasser | – | – | – | – |
| 020 | Dachdeckungsarbeiten | 10.519 | 101,10 | 41,90 | 10,4 |
| | Herstellen | 10.519 | 101,10 | 41,90 | 10,4 |
| 021 | Dachabdichtungsarbeiten | – | – | – | – |
| 022 | Klempnerarbeiten | 6.974 | 67,10 | 27,80 | 6,9 |
| | Herstellen | 6.974 | 67,10 | 27,80 | 6,9 |
| | **Rohbau** | **40.539** | **389,80** | **161,50** | **40,0** |
| | Herstellen | 40.539 | 389,80 | 161,50 | 40,0 |
| 023 | Putz- und Stuckarbeiten, Wärmedämmsysteme | 440 | 4,20 | 1,80 | 0,4 |
| | Herstellen | 440 | 4,20 | 1,80 | 0,4 |
| 024 | Fliesen- und Plattenarbeiten | 1.454 | 14,00 | 5,80 | 1,4 |
| | Herstellen | 1.454 | 14,00 | 5,80 | 1,4 |
| 025 | Estricharbeiten | – | – | – | – |
| 026 | Fenster, Außentüren inkl. 029, 032 | 18.764 | 180,40 | 74,80 | 18,5 |
| | Herstellen | 18.764 | 180,40 | 74,80 | 18,5 |
| 027 | Tischlerarbeiten | – | – | – | – |
| 028 | Parkettarbeiten, Holzpflasterarbeiten | 4.893 | 47,00 | 19,50 | 4,8 |
| | Herstellen | 4.893 | 47,00 | 19,50 | 4,8 |
| 030 | Rollladenarbeiten | – | – | – | – |
| 031 | Metallbauarbeiten inkl. 035 | – | – | – | – |
| 034 | Maler- und Lackiererarbeiten inkl. 037 | 531 | 5,10 | 2,10 | 0,5 |
| | Herstellen | 531 | 5,10 | 2,10 | 0,5 |
| 036 | Bodenbelagsarbeiten | – | – | – | – |
| 038 | Vorgehängte hinterlüftete Fassaden | – | – | – | – |
| 039 | Trockenbauarbeiten | 9.802 | 94,20 | 39,10 | 9,7 |
| | Herstellen | 9.802 | 94,20 | 39,10 | 9,7 |
| | **Ausbau** | **35.883** | **345,00** | **143,00** | **35,4** |
| | Herstellen | 35.883 | 345,00 | 143,00 | 35,4 |
| 040 | Wärmeerzeuger, zentr. Einrichtungen inkl. 041 | 8.110 | 78,00 | 32,30 | 8,0 |
| | Herstellen | 8.110 | 78,00 | 32,30 | 8,0 |
| 042 | Gas- und Wasserinstallationsarbeiten inkl. 043 | 2.194 | 21,10 | 8,70 | 2,2 |
| | Herstellen | 2.194 | 21,10 | 8,70 | 2,2 |
| 044 | Abwasserinstallationsarbeiten - Leitungen | 308 | 3,00 | 1,20 | 0,3 |
| | Herstellen | 308 | 3,00 | 1,20 | 0,3 |

| LB | Leistungsbereiche | Kosten € | €/m² BGF | €/m³ BRI | % 300+400 |
|---|---|---|---|---|---|
| 045 | Gas-, Wasser-Einrichtungsgegenstände inkl. 046 | – | – | – | – |
| 047 | Dämmarbeiten an betriebstechnischen Anlagen | – | – | – | – |
| 049 | Feuerlöschanlagen, Feuerlöschgeräte | – | – | – | – |
| 050 | Blitzschutz- und Erdungsanlagen | – | – | – | – |
| 052 | Mittelspannungsanlagen | – | – | – | – |
| 053 | Niederspannungsanlagen inkl. 054 | 5.827 | 56,00 | 23,20 | 5,7 |
| | Herstellen | 5.827 | 56,00 | 23,20 | 5,7 |
| 055 | Ersatzstromversorgungsanlagen | – | – | – | – |
| 057 | Gebäudesystemtechnik | – | – | – | – |
| 058 | Leuchten und Lampen, inkl. 059 | – | – | – | – |
| 060 | Elektroakustische Anlagen | 366 | 3,50 | 1,50 | 0,4 |
| | Herstellen | 366 | 3,50 | 1,50 | 0,4 |
| 061 | Kommunikationsnetze | – | – | – | – |
| 063 | Gefahrenmeldeanlagen | – | – | – | – |
| 069 | Aufzüge | – | – | – | – |
| 070 | Gebäudeautomation | – | – | – | – |
| 075 | Raumlufttechnische Anlagen | 582 | 5,60 | 2,30 | 0,6 |
| | Herstellen | 582 | 5,60 | 2,30 | 0,6 |
| | **Gebäudetechnik** | **17.387** | **167,20** | **69,30** | **17,1** |
| | Herstellen | 17.387 | 167,20 | 69,30 | 17,1 |
| 084 | Abbrucharbeiten | 7.632 | 73,40 | 30,40 | 7,5 |
| | Abbrechen | 7.632 | 73,40 | 30,40 | 7,5 |
| | Sonstige Leistungsbereiche inkl. 008, 033, 051 | **–** | **–** | **–** | **–** |

6100-790
Einfamilienhaus

## Objektübersicht

Modernisierung

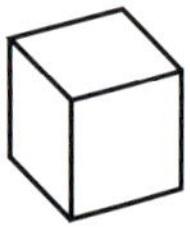
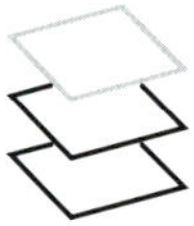
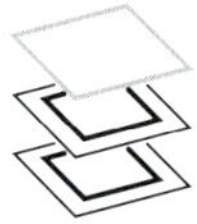

| | |
|---|---|
| Kennwerte | bis 3.Ebene DIN 276 |
| Bauzeit | 4 Wochen |
| Bauende | 2010 |
| Standard | Durchschnitt |
| Land | Rheinland-Pfalz |
| Kreis | Mainz, Mainz-Bingen |
| $m^3$ BRI | 743 |
| $m^2$ BGF | 261 |
| $m^2$ NF | 187 |

**351 €/$m^2$ WFL** | **73 €/$m^3$ BRI** | **207 €/$m^2$ BGF** | **289 €/$m^2$ NF**

**Architekt:**
Architektin
Dipl.-Ing. Renate E. Lendner
Dietrich-Bonhoeffer-Str. 6
55268 Nieder-Olm

Modernisierung



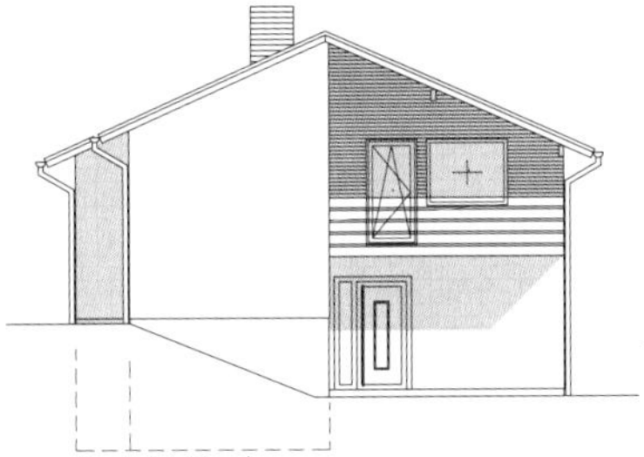

Ansicht Nord

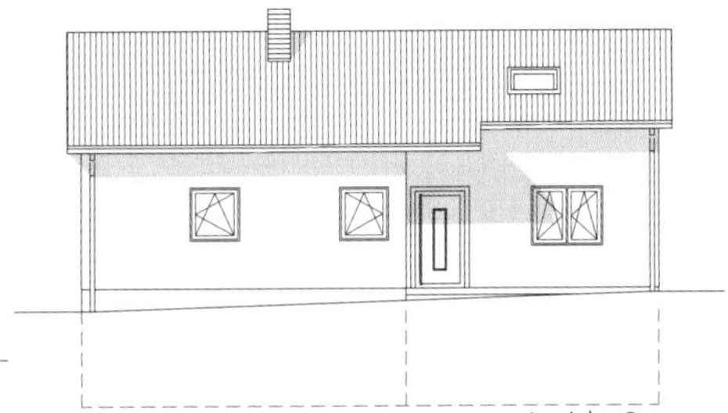

Ansicht Ost

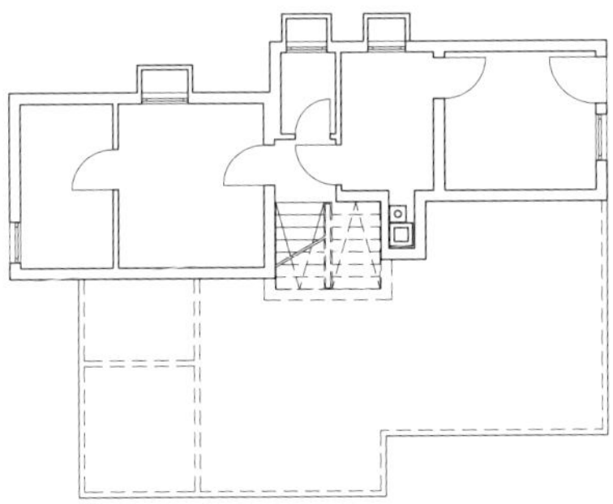

Untergeschoss

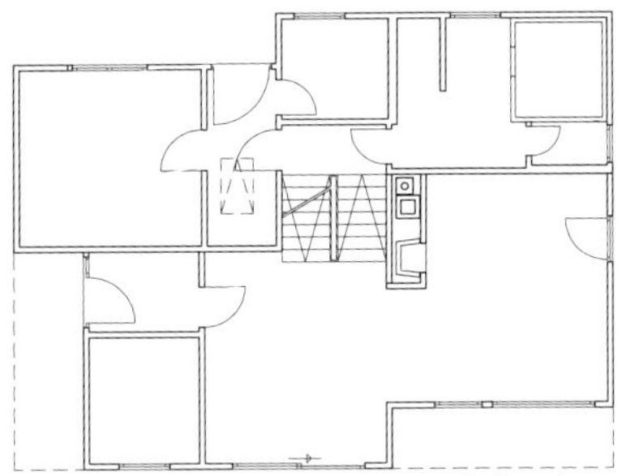

Erdgeschoss

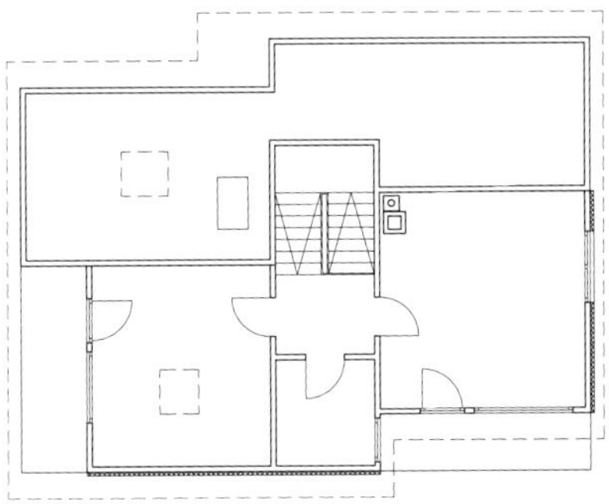

Dachgeschoss

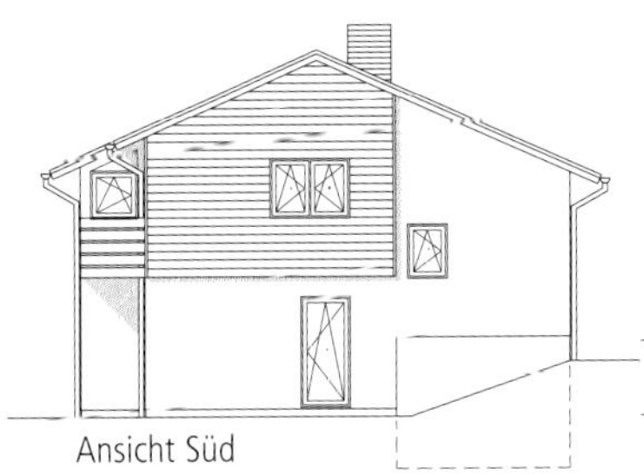

Ansicht Süd

Ansicht West

# Objektbeschreibung

## Nutzung

**1 Untergeschoss**
Kellerräume, Hauswirtschaftsraum, Heizungskeller

**1 Erdgeschoss**
Wohn-, Esszimmer, Küche, Bad, Sauna, Schlafzimmer

**1 Dachgeschoss**
Kinderzimmer, Bühne, Arbeitszimmer, Balkon

**Besonderer Kosteneinfluss Nutzung:**
Ein Fertighaus Baujahr 1981 wurde energetisch modernisiert.

## Nutzeinheiten

Wohneinheiten: 1
Wohnfläche: 154m²

## Grundstück

Bauraum: Freier Bauraum
Neigung: Hanglage

## Markt

Hauptvergabezeit: 4.Quartal 2009
Baubeginn: 4.Quartal 2009
Bauende: 1.Quartal 2010
Konjunkturelle Gesamtlage: Durchschnitt
Regionaler Baumarkt: Durchschnitt

## Baubestand

Baujahr: 1981
Bauzustand: mittel
Aufwand: mittel
Grundrissänderungen: keine
Tragwerkseingriffe: keine
Nutzungsänderung: nein

## Baukonstruktion

**Abbrechen:** Abbruch von Fenster, Rollläden, Rollladenkästen, Holzverschalungen, Unterkonstruktion; Dachsteinen, Lattung; Entsorgung, Deponiegebühren
**Wiederherstellen:** Dachfenster ausbauen, lagern, wieder einbauen
**Herstellen:** Kunststofffenster mit Rollladenkästen, Fassadendämmplatten, Fassadenpaneele, Vorbau-Rollläden, Elektroantrieb; Aufdoppelung der Sparren, Konterlattung, Flachdachziegel, Dachrinnen, OSB-Platten, Zellulosedämmung, Multiplex-Platten; Fassadengerüst

## Technische Anlagen

**Herstellen:** Mantelleitungen NYM, Steckdosen, FR

## Energetische Kennwerte

A/Ve-Verhältnis (Kompaktheit): 0,87

## Planungskennwerte für Flächen und Rauminhalte nach DIN 277

| Flächen des Grundstücks | | Menge, Einheit | % an FBG |
|---|---|---|---|
| BF | Bebaute Fläche | 109,39 m² | 17,9 |
| UBF | Unbebaute Fläche | 502,61 m² | 82,1 |
| FBG | Fläche des Baugrundstücks | 612,00 m² | 100,0 |

| Grundflächen des Bauwerks | | Menge, Einheit | % an NF | % an BGF |
|---|---|---|---|---|
| NF | Nutzfläche | 187,07 m² | 100,0 | 71,6 |
| TF | Technische Funktionsfläche | 6,07 m² | 3,2 | 2,3 |
| VF | Verkehrsfläche | 17,41 m² | 9,3 | 6,7 |
| NGF | Netto-Grundfläche | 210,55 m² | 112,6 | 80,6 |
| KGF | Konstruktions-Grundfläche | 50,63 m² | 27,1 | 19,4 |
| BGF | Brutto-Grundfläche | 261,18 m² | 139,6 | 100,0 |

| Brutto-Rauminhalt des Bauwerks | | Menge, Einheit | BRI/NF (m) | BRI/BGF (m) |
|---|---|---|---|---|
| BRI | Brutto-Rauminhalt | 743,09 m³ | 3,97 | 2,85 |

| Lufttechnisch behandelte Flächen | Menge, Einheit | % an NF | % an BGF |
|---|---|---|---|
| Entlüftete Fläche | – m² | – | – |
| Be- und entlüftete Fläche | – m² | – | – |
| Teilklimatisierte Fläche | – m² | – | – |
| Klimatisierte Fläche | – m² | – | – |

| KG | Kostengruppen (2.Ebene) | Menge, Einheit | Menge/NF | Menge/BGF |
|---|---|---|---|---|
| 310 | Baugrube | – m³ BGI | – | – |
| 320 | Gründung | – m² GRF | – | – |
| 330 | Außenwände | 64,00 m² AWF | 0,34 | 0,25 |
| 340 | Innenwände | – m² IWF | – | – |
| 350 | Decken | – m² DEF | – | – |
| 360 | Dächer | 163,05 m² DAF | 0,87 | 0,62 |

## Kostenkennwerte für die Kostengruppen der 1.Ebene DIN 276

| KG | Kostengruppen (1.Ebene) | Einheit | Kosten € | €/Einheit | €/m² BGF | €/m³ BRI | % 300+400 |
|---|---|---|---|---|---|---|---|
| 100 | Grundstück | m² FBG | – | – | – | – | – |
| 200 | Herrichten und Erschließen | m² FBG | – | – | – | – | – |
| 300 | Bauwerk - Baukonstruktionen | m² BGF | 53.225 | 203,79 | 203,79 | 71,63 | 98,3 |
| 400 | Bauwerk - Technische Anlagen | m² BGF | 895 | 3,43 | 3,43 | 1,20 | 1,7 |
| | **Bauwerk 300+400** | **m² BGF** | **54.119** | **207,21** | **207,21** | **72,83** | **100,0** |
| 500 | Außenanlagen | m² AUF | – | – | – | – | – |
| 600 | Ausstattung und Kunstwerke | m² BGF | – | – | – | – | – |
| 700 | Baunebenkosten | m² BGF | 4.628 | 17,72 | 17,72 | 6,23 | 8,6 |

Modernisierung

## Kostenkennwerte für die Kostengruppen der 1.Ebene DIN 276

| KG | Kostengruppe | Menge Einheit | Kosten € | €/Einheit | % |
|---|---|---|---|---|---|
| 3+4 | **Bauwerk** | | | | **100,0** |
| 300 | **Bauwerk - Baukonstruktionen** | 261,18 m² BGF | 53.225 | **203,79** | 98,3 |
| | • Abbrechen (Kosten: 6,6%) | | 3.506 | | |
| | Abbruch von Fenster, Rollläden, Rollladenkästen, Holzverschalungen, Unterkonstruktion; Dachsteinen, Lattung; Entsorgung, Deponiegebühren | | | | |
| | • Wiederherstellen (Kosten: 0,9%) | | 501 | | |
| | Dachfenster ausbauen, lagern, wieder einbauen | | | | |
| | • Herstellen (Kosten: 92,5%) | | 49.218 | | |
| | Kunststofffenster mit Rollladenkästen, Fassadendämmplatten, Fassadenpaneele, Vorbau-Rollläden, Elektroantrieb; Aufdoppelung der Sparren, Konterlattung, Flachdachziegel, Dachrinnen, OSB-Platten, Zellulosedämmung, Multiplex-Platten; Fassadengerüst | | | | |
| 400 | **Bauwerk - Technische Anlagen** | 261,18 m² BGF | 895 | **3,43** | 1,7 |
| | • Herstellen (Kosten: 100,0%) | | 895 | | |
| | Mantelleitungen NYM, Steckdosen, FR | | | | |
| 700 | **Baunebenkosten** | 261,18 m² BGF | 4.628 | **17,72** | 8,6 |
| | • Herstellen (Kosten: 100,0%) | | 4.628 | | |
| | Architektenhonorar * thermische Bauphysik, Beratung und Gutachten | | | | |

## Kostenkennwerte für die Kostengruppen 300 und 400 der 2.Ebene DIN 276

| KG | Kostengruppe | Menge Einheit | Kosten € | €/Einheit | % |
|---|---|---|---|---|---|
| **300** | **Bauwerk - Baukonstruktionen** | | | | **100,0** |
| 330 | **Außenwände** | 64,00 $m^2$ | 26.160 | **408,75** | 49,1 |
| | • Abbrechen (Kosten: 5,8%) | | 1.529 | | |
| | Abbruch von Fenster, Rollläden, Rollladenkästen (34$m^2$) * Holzverschalungen, Unterkonstruktion (30$m^2$); Entsorgung, Deponiegebühren | | | | |
| | • Herstellen (Kosten: 94,2%) | | 24.631 | | |
| | Kunststofffenster, zweifach verglast, Ug=1,1W/m2K, mit Rollladenkästen (34$m^2$) * Traglattung, Steinwolle-Fassadendämmplatten, d=80mm, WLG 35, Fassadenpaneele, d=10mm, Alu-Abschlüsse (30$m^2$) * Vorbau-Rollläden, Elektroantrieb, Einzel- und Gruppensteuerung (4$m^2$) | | | | |
| 360 | **Dächer** | 163,05 $m^2$ | 25.545 | **156,67** | 48,0 |
| | • Abbrechen (Kosten: 7,7%) | | 1.977 | | |
| | Abbruch von Dachsteinen, Lattung, Entsorgung, Deponiegebühren (163$m^2$) | | | | |
| | • Wiederherstellen (Kosten: 2,0%) | | 501 | | |
| | Dachfenster ausbauen, lagern, wieder einbauen (2$m^2$) | | | | |
| | • Herstellen (Kosten: 90,3%) | | 23.067 | | |
| | Aufdoppelung der Sparren, Konterlattung, Flachdachziegel (163$m^2$), Dachrinnen * OSB-Platten, Zelluloseeinblasdämmung, d=160-200mm, Multiplex-Platten, d=21mm (163$m^2$) * Sicherheitsroste, Alu (8St), Sicherheitsstufen (8St) | | | | |
| 390 | **Sonstige Baukonstruktionen** | 261,18 $m^2$ BGF | 1.520 | **5,82** | 2,9 |
| | • Herstellen (Kosten: 100,0%) | | 1.520 | | |
| | Fassadengerüst, Gruppe 2 (268$m^2$) | | | | |
| **400** | **Bauwerk - Technische Anlagen** | | | | **100,0** |
| 440 | **Starkstromanlagen** | 261,18 $m^2$ BGF | 895 | **3,43** | 100,0 |
| | • Herstellen (Kosten: 100,0%) | | 895 | | |
| | Mantelleitungen NYM (35m), Steckdosen, FR (6St) | | | | |
| **700** | **Baunebenkosten** | | | | **100,0** |
| 730 | **Architekten- und Ingenieurleistungen** | 261,18 $m^2$ BGF | 3.831 | **14,67** | 82,8 |
| | • Herstellen (Kosten: 100,0%) | | 3.831 | | |
| | Architektenhonorar | | | | |
| 740 | **Gutachten und Beratung** | 261,18 $m^2$ BGF | 797 | **3,05** | 17,2 |
| | • Herstellen (Kosten: 100,0%) | | 797 | | |
| | Thermische Bauphysik, Beratung und Gutachten | | | | |

Modernisierung

## Kostenkennwerte für die Kostengruppe 300 der 3.Ebene DIN 276 (Übersicht)

| KG | Kostengruppe | Menge Einh. | €/Einheit | Kosten € | % 300+400 |
|---|---|---|---|---|---|
| 311 | Baugrubenherstellung | – | – | – | – |
| 312 | Baugrubenumschließung | – | – | – | – |
| 313 | Wasserhaltung | – | – | – | – |
| 319 | Baugrube, sonstiges | – | – | – | – |
| **310** | **Baugrube** | **–** | **–** | **–** | **–** |
| 321 | Baugrundverbesserung | – | – | – | – |
| 322 | Flachgründungen | – | – | – | – |
| 323 | Tiefgründungen | – | – | – | – |
| 324 | Unterböden und Bodenplatten | – | – | – | – |
| 325 | Beläge auf Boden- und Fundamentplatten | – | – | – | – |
| 326 | Bauwerksabdichtungen | – | – | – | – |
| 327 | Dränagen | – | – | – | – |
| 329 | Gründung, sonstiges | – | – | – | – |
| **320** | **Gründung** | **–** | **–** | **–** | **–** |
| 331 | Tragende Außenwände | – | – | – | – |
| 332 | Nichttragende Außenwände | – | – | – | – |
| 333 | Tragende Außenstützen | – | – | – | – |
| 334 | Außentüren, -fenster | 34,000 m² | 603,87 | 20.712,58 | 38,3 |
| 335 | Außenwandbekleidungen außen | 30,000 m² | 106,22 | 3.154,74 | 5,8 |
| 336 | Außenwandbekleidungen innen | – | – | – | – |
| 337 | Elementierte Außenwände | – | – | – | – |
| 338 | Sonnenschutz | 4,000 m² | 524,62 | 2.292,58 | 4,2 |
| 339 | Außenwände, sonstiges | – | – | – | – |
| **330** | **Außenwände** | **64,000 m²** | **408,75** | **26.159,90** | **48,3** |
| 341 | Tragende Innenwände | – | – | – | – |
| 342 | Nichttragende Innenwände | – | – | – | – |
| 343 | Tragende Innenstützen | – | – | – | – |
| 344 | Innentüren, -fenster | – | – | – | – |
| 345 | Innenwandbekleidungen | – | – | – | – |
| 346 | Elementierte Innenwände | – | – | – | – |
| 349 | Innenwände, sonstiges | – | – | – | – |
| **340** | **Innenwände** | **–** | **–** | **–** | **–** |
| 351 | Deckenkonstruktionen | – | – | – | – |
| 352 | Deckenbeläge | – | – | – | – |
| 353 | Deckenbekleidungen | – | – | – | – |
| 359 | Decken, sonstiges | – | – | – | – |
| **350** | **Decken** | **–** | **–** | **–** | **–** |
| 361 | Dachkonstruktionen | – | – | – | – |
| 362 | Dachfenster, Dachöffnungen | – m² | – | 500,99 | 0,9 |
| 363 | Dachbeläge | 163,000 m² | 96,95 | 15.807,89 | 29,2 |
| 364 | Dachbekleidungen | 163,000 m² | 53,35 | 8.698,90 | 16,1 |
| 369 | Dächer, sonstiges | 163,000 m² DAF | 3,30 | 537,43 | 1,0 |
| **360** | **Dächer** | **163,000 m²** | **156,67** | **25.545,21** | **47,2** |
| **370** | **Baukonstruktive Einbauten** | **–** | **–** | **–** | **–** |
| **390** | **Sonst. Maßnahmen für Baukonstruktionen** | **261,000 m² BGF** | **5,82** | **1.519,58** | **2,8** |
| **300** | **Bauwerk - Baukonstruktionen** | **261,000 m² BGF** | **203,79** | **53.224,70** | **98,3** |

## Kostenkennwerte für die Kostengruppe 400 der 3.Ebene DIN 276 (Übersicht)

| KG | Kostengruppe | Menge Einh. | €/Einheit | Kosten € | % 300+400 |
|---|---|---|---|---|---|
| 411 | Abwasseranlagen | – | – | – | – |
| 412 | Wasseranlagen | – | – | – | – |
| 413 | Gasanlagen (wenn zu Kochzwecken) | – | – | – | – |
| 414 | Feuerlöschanlagen | – | – | – | – |
| 419 | Abwasser-, Wasser- und Gasanlagen, sonstiges | – | – | – | – |
| **410** | **Abwasser-, Wasser-, Gasanlagen** | **–** | **–** | **–** | **–** |
| 421 | Wärmeerzeugungsanlagen | – | – | – | – |
| 422 | Wärmeverteilnetze | – | – | – | – |
| 423 | Raumheizflächen | – | – | – | – |
| 429 | Wärmeversorgungsanlagen, sonstiges | – | – | – | – |
| **420** | **Wärmeversorgungsanlagen** | **–** | **–** | **–** | **–** |
| 431 | Lüftungsanlagen (LA) | – | – | – | – |
| 432 | Teilklimaanlagen (TKA) | – | – | – | – |
| 433 | Klimaanlagen (KLA) | – | – | – | – |
| 434 | Prozeßlufttechnische Anlagen (PLA) | – | – | – | – |
| 435 | Kälteanlagen (KA) | – | – | – | – |
| 439 | Lufttechnische Anlagen, sonstiges | – | – | – | – |
| **430** | **Lufttechnische Anlagen** | **–** | **–** | **–** | **–** |
| 441 | Hoch- und Mittelspannungsanlagen | – | – | – | – |
| 442 | Eigenstromversorgungsanlagen | – | – | – | – |
| 443 | Niederspannungsschaltanlagen | – | – | – | – |
| 444 | Niederspannungsinstallationsanlagen | 261,000 m² BGF | 3,43 | 894,61 | 1,7 |
| 445 | Beleuchtungsanlagen | – | – | – | – |
| 446 | Blitzschutz- und Erdungsanlagen | – | – | – | – |
| 449 | Starkstromanlagen, sonstiges | – | – | – | – |
| **440** | **Starkstromanlagen** | **261,000 m² BGF** | **3,43** | **894,61** | **1,7** |
| 451 | Telekommunikationsanlagen | – | – | – | – |
| 452 | Such- und Signalanlagen | – | – | – | – |
| 453 | Zeitdienstanlagen | – | – | – | – |
| 454 | Elektroakustische Anlagen | – | – | – | – |
| 455 | Fernseh- und Antennenanlagen | – | – | – | – |
| 456 | Gefahrenmelde- und Alarmanlagen | – | – | – | – |
| 457 | Übertragungsnetze | – | – | – | – |
| 459 | Fernmelde- und informationstechn. Anlagen, sonstiges | – | – | – | – |
| **450** | **Fernmelde- und informationstechn. Anlagen** | **–** | **–** | **–** | **–** |
| 461 | Aufzugsanlagen | – | – | – | – |
| 462 | Fahrtreppen, Fahrsteige | – | – | – | – |
| 463 | Befahranlagen | – | – | – | – |
| 464 | Transportanlagen | – | – | – | – |
| 465 | Krananlagen | – | – | – | – |
| 469 | Förderanlagen, sonstiges | – | – | – | – |
| **460** | **Förderanlagen** | **–** | **–** | **–** | **–** |
| **470** | **Nutzungsspezifische Anlagen** | **–** | **–** | **–** | **–** |
| **480** | **Gebäudeautomation** | **–** | **–** | **–** | **–** |
| **490** | **Sonst. Maßnahmen für technische Anlagen** | **–** | **–** | **–** | **–** |
| **400** | **Bauwerk - Technische Anlagen** | **261,000 m² BGF** | **3,43** | **894,61** | **1,7** |

## Kostenkennwerte für Leistungsbereiche nach StLB (Kosten des Bauwerks nach DIN 276)

| LB | Leistungsbereiche | Kosten € | €/m² BGF | €/m³ BRI | % 300+400 |
|---|---|---|---|---|---|
| 000 | Sicherheits-, Baustelleneinrichtungen inkl. 001 | 1.520 | 5,80 | 2,00 | 2,8 |
| | Herstellen | 1.520 | 5,80 | 2,00 | 2,8 |
| 002 | Erdarbeiten | – | – | – | – |
| 006 | Spezialtiefbauarbeiten inkl. 005 | – | – | – | – |
| 009 | Abwasserkanalarbeiten inkl. 011 | – | – | – | – |
| 010 | Dränarbeiten | – | – | – | – |
| 012 | Mauerarbeiten | – | – | – | – |
| 013 | Betonarbeiten | – | – | – | – |
| 014 | Natursteinarbeiten, Betonwerksteinarbeiten | – | – | – | – |
| 016 | Zimmer- und Holzbauarbeiten | 2.715 | 10,40 | 3,70 | 5,0 |
| | Herstellen | 2.715 | 10,40 | 3,70 | 5,0 |
| 017 | Stahlbauarbeiten | – | – | – | – |
| 018 | Abdichtungsarbeiten gegen Wasser | – | – | – | – |
| 020 | Dachdeckungsarbeiten | 12.354 | 47,30 | 16,60 | 22,8 |
| | Wiederherstellen | 501 | 1,90 | 0,67 | 0,9 |
| | Herstellen | 11.853 | 45,40 | 16,00 | 21,9 |
| 021 | Dachabdichtungsarbeiten | – | – | – | – |
| 022 | Klempnerarbeiten | 2.515 | 9,60 | 3,40 | 4,6 |
| | Herstellen | 2.515 | 9,60 | 3,40 | 4,6 |
| | **Rohbau** | **19.104** | **73,10** | **25,70** | **35,3** |
| | Wiederherstellen | 501 | 1,90 | 0,67 | 0,9 |
| | Herstellen | 18.603 | 71,20 | 25,00 | 34,4 |
| 023 | Putz- und Stuckarbeiten, Wärmedämmsysteme | – | – | – | – |
| 024 | Fliesen- und Plattenarbeiten | – | – | – | – |
| 025 | Estricharbeiten | – | – | – | – |
| 026 | Fenster, Außentüren inkl. 029, 032 | 19.624 | 75,10 | 26,40 | 36,3 |
| | Herstellen | 19.623 | 75,10 | 26,40 | 36,3 |
| 027 | Tischlerarbeiten | – | – | – | – |
| 028 | Parkettarbeiten, Holzpflasterarbeiten | – | – | – | – |
| 030 | Rollladenarbeiten | 1.414 | 5,40 | 1,90 | 2,6 |
| | Herstellen | 1.414 | 5,40 | 1,90 | 2,6 |
| 031 | Metallbauarbeiten inkl. 035 | – | – | – | – |
| 034 | Maler- und Lackiererarbeiten inkl. 037 | – | – | – | – |
| 036 | Bodenbelagsarbeiten | – | – | – | – |
| 038 | Vorgehängte hinterlüftete Fassaden | – | – | – | – |
| 039 | Trockenbauarbeiten | 8.699 | 33,30 | 11,70 | 16,1 |
| | Herstellen | 8.699 | 33,30 | 11,70 | 16,1 |
| | **Ausbau** | **29.737** | **113,90** | **40,00** | **54,9** |
| | Herstellen | 29.737 | 113,90 | 40,00 | 54,9 |
| 040 | Wärmeerzeuger, zentr. Einrichtungen inkl. 041 | – | – | – | – |
| 042 | Gas- und Wasserinstallationsarbeiten inkl. 043 | – | – | – | – |
| 044 | Abwasserinstallationsarbeiten - Leitungen | – | – | – | – |
| 045 | Gas-, Wasser-Einrichtungsgegenstände inkl. 046 | – | – | – | – |
| 047 | Dämmarbeiten an betriebstechnischen Anlagen | – | – | – | – |
| 049 | Feuerlöschanlagen, Feuerlöschgeräte | – | – | – | – |
| 050 | Blitzschutz- und Erdungsanlagen | – | – | – | – |
| 052 | Mittelspannungsanlagen | – | – | – | – |
| 053 | Niederspannungsanlagen inkl. 054 | 1.773 | 6,80 | 2,40 | 3,3 |
| | Herstellen | 1.773 | 6,80 | 2,40 | 3,3 |

| LB | Leistungsbereiche | Kosten € | €/m² BGF | €/m³ BRI | % 300+400 |
|---|---|---|---|---|---|
| 055 | Ersatzstromversorgungsanlagen | – | – | – | – |
| 057 | Gebäudesystemtechnik | – | – | – | – |
| 058 | Leuchten und Lampen, inkl. 059 | – | – | – | – |
| 060 | Elektroakustische Anlagen | – | – | – | – |
| 061 | Kommunikationsnetze | – | – | – | – |
| 063 | Gefahrenmeldeanlagen | – | – | – | – |
| 069 | Aufzüge | – | – | – | – |
| 070 | Gebäudeautomation | – | – | – | – |
| 075 | Raumlufttechnische Anlagen | – | – | – | – |
| | **Gebäudetechnik** | **1.773** | **6,80** | **2,40** | **3,3** |
| | Herstellen | 1.773 | 6,80 | 2,40 | 3,3 |
| 084 | Abbrucharbeiten | 3.506 | 13,40 | 4,70 | 6,5 |
| | Abbrechen | 3.506 | 13,40 | 4,70 | 6,5 |
| | Sonstige Leistungsbereiche inkl. 008, 033, 051 | – | – | – | – |

## Objektübersicht

Modernisierung

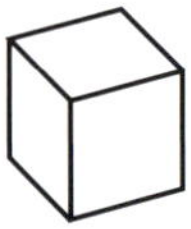

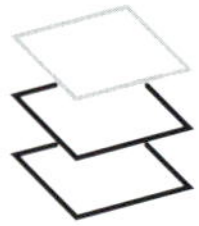

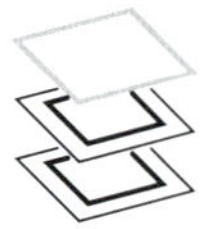

**993 €/m² WFL**

**191 €/m³ BRI**

**460 €/m² BGF**

**778 €/m² NF**

| | |
|---|---|
| Kennwerte | bis 3.Ebene DIN 276 |
| Bauzeit | 13 Wochen |
| Bauende | 2005 |
| Standard | über Durchschnitt |
| Land | Nordrhein-Westfalen |
| Kreis | Rhein-Sieg |
| $m^3$ BRI | 897 |
| $m^2$ BGF | 372 |
| $m^2$ NF | 220 |

**Architekt:**
Architekturbüro
Gudrun Langmack
Tannenweg 20
50374 Erftstadt

Kostenstand: 3.Quartal 2010, inkl. MwSt., Bundesdurchschnitt

## Objektübersicht

Modernisierung

Ansicht Süd- West

Ansicht Nord- Ost

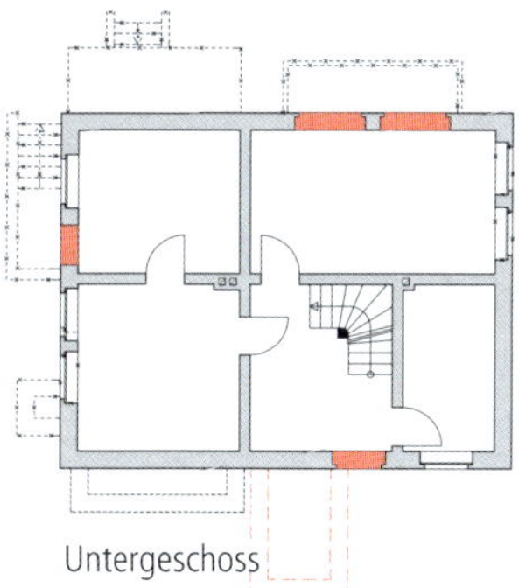

Untergeschoss

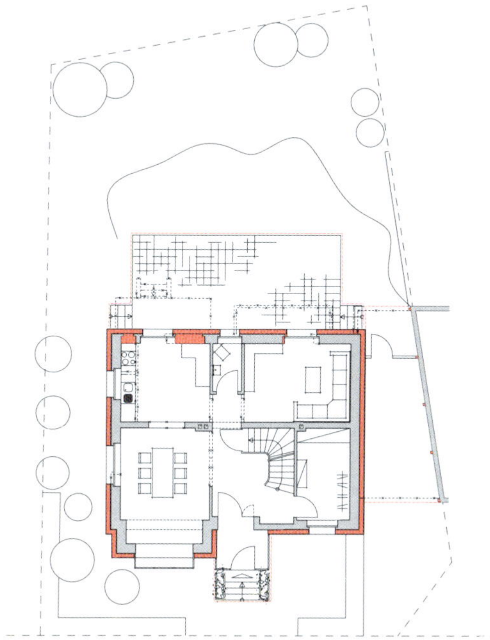

Erdgeschoss

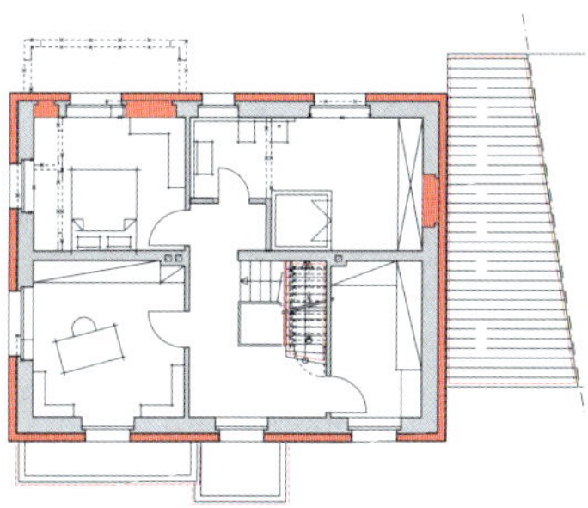

1. Obergeschoss

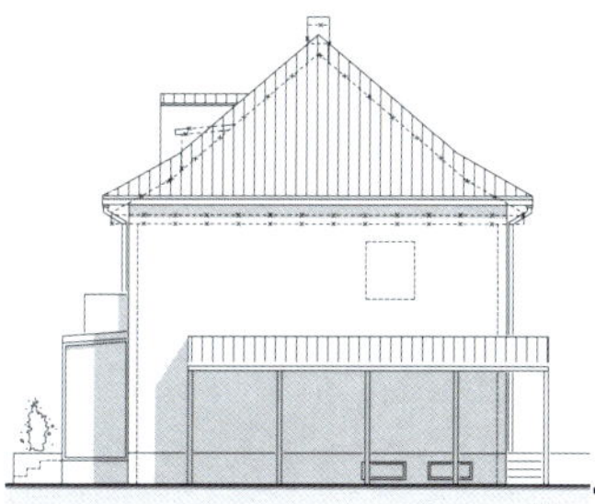

Ansicht Nord- West

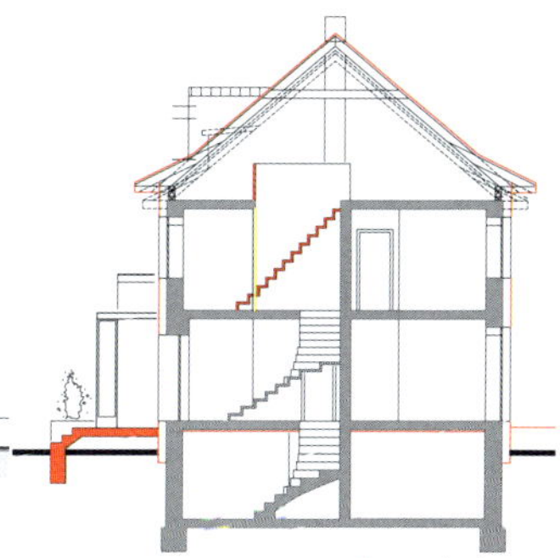

Querschnitt

Ansicht Süd- Ost

## Objektbeschreibung

### Nutzung

**1 Untergeschoss**
Hausanschlussraum, Waschkeller, Hobbyraum, Kellerraum

**1 Erdgeschoss**
Esszimmer, Küche, Lesezimmer, Garderobe

**1 Obergeschoss**
Schlafzimmer, Büro, Bad

**1 Dachgeschoss**
Mehrzweckraum, WC, Abstellraum

### Nutzeinheiten

Wohnfläche: 172m²

### Grundstück

Bauraum: Beengter Bauraum
Neigung: Ebenes Gelände

### Markt

Hauptvergabezeit: 2.Quartal 2005
Baubeginn: 2.Quartal 2005
Bauende: 3.Quartal 2005
Konjunkturelle Gesamtlage: über Durchschnitt
Regionaler Baumarkt: unter Durchschnitt

### Baubestand

Baujahr: 1958
Bauzustand: schlecht
Aufwand: mittel
Grundrissänderungen: einige
Tragwerkseingriffe: einige
Nutzungsänderung: nein
Nutzung während der Bauzeit: nein

### Baukonstruktion

**Abbrechen:** Abbruch von Holzfenster, Haustür; Holzdachkonstruktion, Tondachziegel, Dachrinnen; Entsorgung, Deponiegebühren
**Herstellen:** Holzfenster, 3-fach Verglasung, Holzhaustür, Wärmedämmplatten, auf bestehenden Putz, Oberputz, Anstrich; Holz-Klappläden; Wand und Bodenfliesen; Holzdachkonstruktion, Dachflächenfenster, Lattung, Sparrendämmung, Flachdachziegel, Dachentwässerung

### Technische Anlagen

**Abbrechen:** Abbruch von Schornsteinmauerwerk, Entsorgung, Deponiegebühren
**Herstellen:** Regenfallrohre, Sanitärinstallation, Leitungen, Sanitärobjekte; Pelletsheizung, Pelletslager, Förderschnecke, Solaranlage, Schichtenspeicher; Abluftanlage; Elektroinstallation

### Energetische Kennwerte

Heizwärmebedarf: 34,50kWh/(m² a)
A/Ve-Verhältnis (Kompaktheit): 0,63

## Planungskennwerte für Flächen und Rauminhalte nach DIN 277

| Flächen des Grundstücks | | Menge, Einheit | % an FBG |
|---|---|---|---|
| BF | Bebaute Fläche | 122,40 m² | 31,0 |
| UBF | Unbebaute Fläche | – m² | – |
| FBG | Fläche des Baugrundstücks | 395,00 m² | 100,0 |

| Grundflächen des Bauwerks | | Menge, Einheit | % an NF | % an BGF |
|---|---|---|---|---|
| NF | Nutzfläche | 219,74 m² | 100,0 | 59,1 |
| TF | Technische Funktionsfläche | 12,31 m² | 5,6 | 3,3 |
| VF | Verkehrsfläche | 46,52 m² | 21,2 | 12,5 |
| NGF | Netto-Grundfläche | 278,57 m² | 126,8 | 75,0 |
| KGF | Konstruktions-Grundfläche | 93,05 m² | 42,4 | 25,0 |
| BGF | Brutto-Grundfläche | 371,62 m² | 169,1 | 100,0 |

| Brutto-Rauminhalt des Bauwerks | | Menge, Einheit | BRI/NF (m) | BRI/BGF (m) |
|---|---|---|---|---|
| BRI | Brutto-Rauminhalt | 897,00 m³ | 4,08 | 2,41 |

| Lufttechnisch behandelte Flächen | Menge, Einheit | % an NF | % an BGF |
|---|---|---|---|
| Entlüftete Fläche | – m² | – | – |
| Be- und entlüftete Fläche | – m² | – | – |
| Teilklimatisierte Fläche | – m² | – | – |
| Klimatisierte Fläche | – m² | – | – |

| KG | Kostengruppen (2.Ebene) | Menge, Einheit | Menge/NF | Menge/BGF |
|---|---|---|---|---|
| 310 | Baugrube | – m³ BGI | – | – |
| 320 | Gründung | – m² GRF | – | – |
| 330 | Außenwände | 295,46 m² AWF | 1,34 | 0,80 |
| 340 | Innenwände | 21,00 m² IWF | 0,10 | < 0,1 |
| 350 | Decken | 35,20 m² DEF | 0,16 | < 0,1 |
| 360 | Dächer | 176,00 m² DAF | 0,80 | 0,47 |

## Kostenkennwerte für die Kostengruppen der 1.Ebene DIN 276

| KG | Kostengruppen (1.Ebene) | Einheit | Kosten € | €/Einheit | €/m² BGF | €/m³ BRI | % 300+400 |
|---|---|---|---|---|---|---|---|
| 100 | Grundstück | m² FBG | – | – | – | – | – |
| 200 | Herrichten und Erschließen | m² FBG | – | – | – | – | – |
| 300 | Bauwerk - Baukonstruktionen | m² BGF | 121.739 | 327,59 | 327,59 | 135,72 | 71,2 |
| 400 | Bauwerk - Technische Anlagen | m² BGF | 49.240 | 132,50 | 132,50 | 54,89 | 28,8 |
| | **Bauwerk 300+400** | **m² BGF** | **170.979** | **460,09** | **460,09** | **190,61** | **100,0** |
| 500 | Außenanlagen | m² AUF | – | – | – | – | – |
| 600 | Ausstattung und Kunstwerke | m² BGF | – | – | – | – | – |
| 700 | Baunebenkosten | m² BGF | – | – | – | – | – |

Modernisierung

## Kostenkennwerte für die Kostengruppen der 1.Ebene DIN 276

| KG | Kostengruppe | Menge Einheit | Kosten € | €/Einheit | % |
|---|---|---|---|---|---|
| **3+4** | **Bauwerk** | | | | **100,0** |
| 300 | **Bauwerk - Baukonstruktionen** | 371,62 m² BGF | 121.739 | **327,59** | 71,2 |
| | • Abbrechen (Kosten: 4,5%) | | 5.484 | | |
| | Abbruch von Holzfenster, Haustür; Holzdachkonstruktion, Tondachziegel, Dachrinnen; Entsorgung, Deponiegebühren | | | | |
| | • Herstellen (Kosten: 95,5%) | | 116.255 | | |
| | Holzfenster, 3-fach Verglasung, Holzhaustür, Wärmedämmplatten, auf bestehenden Putz, Oberputz, Anstrich; Holz-Klappläden; Wand und Bodenfliesen; Holzdachkonstruktion, Dachflächenfenster, Lattung, Sparrendämmung, Flachdachziegel, Dachentwässerung | | | | |
| 400 | **Bauwerk - Technische Anlagen** | 371,62 m² BGF | 49.240 | **132,50** | 28,8 |
| | • Abbrechen (Kosten: 1,2%) | | 588 | | |
| | Abbruch von Schornsteinmauerwerk, Entsorgung, Deponiegebühren | | | | |
| | • Herstellen (Kosten: 98,8%) | | 48.652 | | |
| | Regenfallrohre, Sanitärinstallation, Leitungen, Sanitärobjekte; Pelletsheizung, Pelletslager, Förderschnecke, Solaranlage, Schichtenspeicher; Abluftanlage; Elektroinstallation | | | | |

| KG | Kostengruppe | Menge Einheit | Kosten € | €/Einheit | % |
|---|---|---|---|---|---|
| **300** | **Bauwerk - Baukonstruktionen** | | | | **100,0** |
| 330 | **Außenwände** | 295,46 m² | 85.989 | **291,04** | 70,6 |
| | • Abbrechen (Kosten: 1,7%) | | 1.461 | | |
| | Abbruch von Holzfenster, Haustür, Entsorgung, Deponiegebühren (52m²) | | | | |
| | • Herstellen (Kosten: 98,3%) | | 84.528 | | |
| | Holzfenster, Kreuzsprossen, Dreh-Kipp-Flügel, 3-fach Verglasung, Außenfensterbänke (42m), Fenstertüren (9m²), Holzhaustür, Seitenteile (3m²), Kunststofffenster (2m²), Windfangelement (4m²) * Wärmedämmplatten, Polystyrol-Hartschaum, d=180mm auf bestehenden Putz, Verdübelung, Armierungsputz, Oberputz, d=3mm, Silikatfarbanstrich (235m²) * Wandfliesen (25m²) * Holz-Klappläden (65m²) | | | | |
| 340 | **Innenwände** | 21,00 m² | 1.381 | **65,75** | 1,1 |
| | • Herstellen (Kosten: 100,0%) | | 1.381 | | |
| | Wandfliesen (21m²) | | | | |
| 350 | **Decken** | 35,20 m² | 2.312 | **65,69** | 1,9 |
| | • Herstellen (Kosten: 100,0%) | | 2.312 | | |
| | Bodenfliesen (35m²) | | | | |
| 360 | **Dächer** | 176,00 m² | 27.063 | **153,77** | 22,2 |
| | • Abbrechen (Kosten: 14,9%) | | 4.023 | | |
| | Abbruch von Holzdachkonstruktion (165m²) * Tondachziegel (165m²), Dachrinnen (34m); Entsorgung, Deponiegebühren | | | | |
| | • Herstellen (Kosten: 85,1%) | | 23.041 | | |
| | Holzdachkonstruktion, Walmdach (176m²) * Dachflächenfenster, Klapp-Schwingflügel, Eindeckrahmen, 3-fach-Verglasung, Kryptongasfüllung (4m²) * Konter- und Dachlattung, Unterspannbahn, Sparrendämmung, Flachdachziegel (152m²), Zink-Verblechungen (12m²), Zinkdeckung (24m²), Dachrinnen, Titanzink (52m) | | | | |
| 390 | **Sonstige Baukonstruktionen** | 371,62 m² BGF | 4.994 | **13,44** | 4,1 |
| | • Herstellen (Kosten: 100,0%) | | 4.994 | | |
| | Baukran * Fassadengerüst, Gruppe 3 (300m²) | | | | |
| **400** | **Bauwerk - Technische Anlagen** | | | | **100,0** |
| 410 | **Abwasser-, Wasser-, Gasanlagen** | 371,62 m² BGF | 7.571 | **20,37** | 15,4 |
| | • Herstellen (Kosten: 100,0%) | | 7.571 | | |
| | Regenfallrohre DN100, Titanzink (16m), Standrohre (3m) * Sanitärinstallation, Leitungen, Sanitärobjekte | | | | |
| 420 | **Wärmeversorgungsanlagen** | 371,62 m² BGF | 33.983 | **91,45** | 69,0 |
| | • Abbrechen (Kosten: 1,7%) | | 588 | | |
| | Abbruch von Schornsteinmauerwerk, h=4m, Entsorgung, Deponiegebühren | | | | |
| | • Herstellen (Kosten: 98,3%) | | 33.395 | | |
| | Pelletsheizung 2,4-8kW, Pelletslager, Förderschnecke; Solaranlage 10m² zur Heizungsunterstützung und Warmwasserbereitung, Vakuumröhrenkollektoren, Schichtenspeicher 800l | | | | |

| KG | Kostengruppe | Menge Einheit | Kosten € | €/Einheit | % |
|---|---|---|---|---|---|
| 430 | **Lufttechnische Anlagen** | 371,62 m² BGF | 5.079 | **13,67** | 10,3 |
| | • Herstellen (Kosten: 100,0%) | | 5.079 | | |
| | Abluftanlage mit feuchtegesteuerten Nachstromöffnung | | | | |
| 440 | **Starkstromanlagen** | 371,62 m² BGF | 2.606 | **7,01** | 5,3 |
| | • Herstellen (Kosten: 100,0%) | | 2.606 | | |
| | Elektroinstallation, Mantelleitungen, Schalter, Steckdosen | | | | |

## Kostenkennwerte für die Kostengruppe 300 der 3.Ebene DIN 276 (Übersicht)

| KG | Kostengruppe | Menge Einh. | €/Einheit | Kosten € | % 300+400 |
|---|---|---|---|---|---|
| 311 | Baugrubenherstellung | – | – | – | – |
| 312 | Baugrubenumschließung | – | – | – | – |
| 313 | Wasserhaltung | – | – | – | – |
| 319 | Baugrube, sonstiges | – | – | – | – |
| **310** | **Baugrube** | **–** | **–** | **–** | **–** |
| 321 | Baugrundverbesserung | – | – | – | – |
| 322 | Flachgründungen | – | – | – | – |
| 323 | Tiefgründungen | – | – | – | – |
| 324 | Unterböden und Bodenplatten | – | – | – | – |
| 325 | Beläge auf Boden- und Fundamentplatten | – | – | – | – |
| 326 | Bauwerksabdichtungen | – | – | – | – |
| 327 | Dränagen | – | – | – | – |
| 329 | Gründung, sonstiges | – | – | – | – |
| **320** | **Gründung** | **–** | **–** | **–** | **–** |
| 331 | Tragende Außenwände | – | – | – | – |
| 332 | Nichttragende Außenwände | – | – | – | – |
| 333 | Tragende Außenstützen | – | – | – | – |
| 334 | Außentüren, -fenster | 60,000 m² | 803,99 | 48.609,40 | 28,4 |
| 335 | Außenwandbekleidungen außen | 235,000 m² | 107,93 | 25.364,66 | 14,8 |
| 336 | Außenwandbekleidungen innen | 25,000 m² | 65,75 | 1.670,03 | 1,0 |
| 337 | Elementierte Außenwände | – | – | – | – |
| 338 | Sonnenschutz | 65,000 m² | 160,32 | 10.345,33 | 6,1 |
| 339 | Außenwände, sonstiges | – | – | – | – |
| **330** | **Außenwände** | **295,000 m²** | **291,04** | **85.989,44** | **50,3** |
| 341 | Tragende Innenwände | – | – | – | – |
| 342 | Nichttragende Innenwände | – | – | – | – |
| 343 | Tragende Innenstützen | – | – | – | – |
| 344 | Innentüren, -fenster | – | – | – | – |
| 345 | Innenwandbekleidungen | 21,000 m² | 65,75 | 1.380,74 | 0,8 |
| 346 | Elementierte Innenwände | – | – | – | – |
| 349 | Innenwände, sonstiges | – | – | – | – |
| **340** | **Innenwände** | **21,000 m²** | **65,75** | **1.380,74** | **0,8** |
| 351 | Deckenkonstruktionen | – | – | – | – |
| 352 | Deckenbeläge | 35,000 m² | 65,69 | 2.312,21 | 1,4 |
| 353 | Deckenbekleidungen | – | – | – | – |
| 359 | Decken, sonstiges | – | – | – | – |
| **350** | **Decken** | **35,000 m²** | **65,69** | **2.312,21** | **1,4** |
| 361 | Dachkonstruktionen | 176,000 m² | 15,40 | 2.710,24 | 1,6 |
| 362 | Dachfenster, Dachöffnungen | 4,000 m² | 931,72 | 3.829,37 | 2,2 |
| 363 | Dachbeläge | 176,000 m² | 111,87 | 19.689,82 | 11,5 |
| 364 | Dachbekleidungen | – | – | – | – |
| 369 | Dächer, sonstiges | 176,000 m² DAF | 4,74 | 834,04 | 0,5 |
| **360** | **Dächer** | **176,000 m²** | **153,77** | **27.063,47** | **15,8** |
| **370** | **Baukonstruktive Einbauten** | **–** | **–** | **–** | **–** |
| **390** | **Sonst. Maßnahmen für Baukonstruktionen** | **372,000 m² BGF** | **13,44** | **4.993,56** | **2,9** |
| **300** | **Bauwerk - Baukonstruktionen** | **372,000 m² BGF** | **327,59** | **121.739,41** | **71,2** |





Kostenstand: 3.Quartal 2010, inkl. MwSt., Bundesdurchschnitt

## Kostenkennwerte für die Kostengruppe 400 der 3.Ebene DIN 276 (Übersicht)

| KG | Kostengruppe | Menge Einh. | €/Einheit | Kosten € | % 300+400 |
|---|---|---|---|---|---|
| 411 | Abwasseranlagen | 372,000 m² BGF | 1,67 | 620,85 | 0,4 |
| 412 | Wasseranlagen | 372,000 m² BGF | 18,70 | 6.950,38 | 4,1 |
| 413 | Gasanlagen (wenn zu Kochzwecken) | – | – | – | – |
| 414 | Feuerlöschanlagen | – | – | – | – |
| 419 | Abwasser-, Wasser- und Gasanlagen, sonstiges | – | – | – | – |
| **410** | **Abwasser-, Wasser-, Gasanlagen** | **372,000 m² BGF** | **20,37** | **7.571,23** | **4,4** |
| 421 | Wärmeerzeugungsanlagen | 372,000 m² BGF | 89,86 | 33.394,95 | 19,5 |
| 422 | Wärmeverteilnetze | – | – | – | – |
| 423 | Raumheizflächen | – | – | – | – |
| 429 | Wärmeversorgungsanlagen, sonstiges | 372,000 m² BGF | 1,58 | 588,11 | 0,3 |
| **420** | **Wärmeversorgungsanlagen** | **372,000 m² BGF** | **91,45** | **33.983,06** | **19,9** |
| 431 | Lüftungsanlagen (LA) | – | – | – | – |
| 432 | Teilklimaanlagen (TKA) | – | – | – | – |
| 433 | Klimaanlagen (KLA) | – | – | – | – |
| 434 | Prozeßlufttechnische Anlagen (PLA) | – | – | – | – |
| 435 | Kälteanlagen (KA) | – | – | – | – |
| 439 | Lufttechnische Anlagen, sonstiges | – | – | – | – |
| **430** | **Lufttechnische Anlagen** | **372,000 m² BGF** | **13,67** | **5.079,10** | **3,0** |
| 441 | Hoch- und Mittelspannungsanlagen | – | – | – | – |
| 442 | Eigenstromversorgungsanlagen | – | – | – | – |
| 443 | Niederspannungsschaltanlagen | – | – | – | – |
| 444 | Niederspannungsinstallationsanlagen | – | – | – | – |
| 445 | Beleuchtungsanlagen | – | – | – | – |
| 446 | Blitzschutz- und Erdungsanlagen | – | – | – | – |
| 449 | Starkstromanlagen, sonstiges | – | – | – | – |
| **440** | **Starkstromanlagen** | **372,000 m² BGF** | **7,01** | **2.606,38** | **1,5** |
| 451 | Telekommunikationsanlagen | – | – | – | – |
| 452 | Such- und Signalanlagen | – | – | – | – |
| 453 | Zeitdienstanlagen | – | – | – | – |
| 454 | Elektroakustische Anlagen | – | – | – | – |
| 455 | Fernseh- und Antennenanlagen | – | – | – | – |
| 456 | Gefahrenmelde- und Alarmanlagen | – | – | – | – |
| 457 | Übertragungsnetze | – | – | – | – |
| 459 | Fernmelde- und informationstechn. Anlagen, sonstiges | – | – | – | – |
| **450** | **Fernmelde- und informationstechn. Anlagen** | **–** | **–** | **–** | **–** |
| 461 | Aufzugsanlagen | – | – | – | – |
| 462 | Fahrtreppen, Fahrsteige | – | – | – | – |
| 463 | Befahranlagen | – | – | – | – |
| 464 | Transportanlagen | – | – | – | – |
| 465 | Krananlagen | – | – | – | – |
| 469 | Förderanlagen, sonstiges | – | – | – | – |
| **460** | **Förderanlagen** | **–** | **–** | **–** | **–** |
| **470** | **Nutzungsspezifische Anlagen** | **–** | **–** | **–** | **–** |
| **480** | **Gebäudeautomation** | **–** | **–** | **–** | **–** |
| **490** | **Sonst. Maßnahmen für technische Anlagen** | **–** | **–** | **–** | **–** |
| **400** | **Bauwerk - Technische Anlagen** | **372,000 m² BGF** | **132,50** | **49.239,77** | **28,8** |

## Kostenkennwerte für Leistungsbereiche nach StLB (Kosten des Bauwerks nach DIN 276)

| LB | Leistungsbereiche | Kosten € | €/m² BGF | €/m³ BRI | % 300+400 |
|---|---|---|---|---|---|
| 000 | Sicherheits-, Baustelleneinrichtungen inkl. 001 | 4.994 | 13,40 | 5,60 | 2,9 |
| | Herstellen | 4.994 | 13,40 | 5,60 | 2,9 |
| 002 | Erdarbeiten | – | – | – | – |
| 006 | Spezialtiefbauarbeiten inkl. 005 | – | – | – | – |
| 009 | Abwasserkanalarbeiten inkl. 011 | – | – | – | – |
| 010 | Dränarbeiten | – | – | – | – |
| 012 | Mauerarbeiten | – | – | – | – |
| 013 | Betonarbeiten | – | – | – | – |
| 014 | Natursteinarbeiten, Betonwerksteinarbeiten | – | – | – | – |
| 016 | Zimmer- und Holzbauarbeiten | 1.906 | 5,10 | 2,10 | 1,1 |
| | Herstellen | 1.906 | 5,10 | 2,10 | 1,1 |
| 017 | Stahlbauarbeiten | – | – | – | – |
| 018 | Abdichtungsarbeiten gegen Wasser | – | – | – | – |
| 020 | Dachdeckungsarbeiten | 14.953 | 40,20 | 16,70 | 8,7 |
| | Herstellen | 14.953 | 40,20 | 16,70 | 8,7 |
| 021 | Dachabdichtungsarbeiten | – | – | – | – |
| 022 | Klempnerarbeiten | 7.829 | 21,10 | 8,70 | 4,6 |
| | Herstellen | 7.829 | 21,10 | 8,70 | 4,6 |
| | **Rohbau** | **29.681** | **79,90** | **33,10** | **17,4** |
| | Herstellen | 29.681 | 79,90 | 33,10 | 17,4 |
| 023 | Putz- und Stuckarbeiten, Wärmedämmsysteme | 24.338 | 65,50 | 27,10 | 14,2 |
| | Herstellen | 24.338 | 65,50 | 27,10 | 14,2 |
| 024 | Fliesen- und Plattenarbeiten | 5.363 | 14,40 | 6,00 | 3,1 |
| | Herstellen | 5.363 | 14,40 | 6,00 | 3,1 |
| 025 | Estricharbeiten | – | – | – | – |
| 026 | Fenster, Außentüren inkl. 029, 032 | 47.843 | 128,70 | 53,30 | 28,0 |
| | Herstellen | 47.843 | 128,70 | 53,30 | 28,0 |
| 027 | Tischlerarbeiten | – | – | – | – |
| 028 | Parkettarbeiten, Holzpflasterarbeiten | – | – | – | – |
| 030 | Rollladenarbeiten | 9.650 | 26,00 | 10,80 | 5,6 |
| | Herstellen | 9.650 | 26,00 | 10,80 | 5,6 |
| 031 | Metallbauarbeiten inkl. 035 | – | – | – | – |
| 034 | Maler- und Lackiererarbeiten inkl. 037 | – | – | – | – |
| 036 | Bodenbelagsarbeiten | – | – | – | – |
| 038 | Vorgehängte hinterlüftete Fassaden | – | – | – | – |
| 039 | Trockenbauarbeiten | – | – | – | – |
| | **Ausbau** | **87.195** | **234,60** | **97,20** | **51,0** |
| | Herstellen | 87.195 | 234,60 | 97,20 | 51,0 |
| 040 | Wärmeerzeuger, zentr. Einrichtungen inkl. 041 | 33.395 | 89,90 | 37,20 | 19,5 |
| | Herstellen | 33.395 | 89,90 | 37,20 | 19,5 |
| 042 | Gas- und Wasserinstallationsarbeiten inkl. 043 | 6.950 | 18,70 | 7,70 | 4,1 |
| | Herstellen | 6.950 | 18,70 | 7,70 | 4,1 |
| 044 | Abwasserinstallationsarbeiten - Leitungen | – | – | – | – |
| 045 | Gas-, Wasser-Einrichtungsgegenstände inkl. 046 | – | – | – | – |
| 047 | Dämmarbeiten an betriebstechnischen Anlagen | – | – | – | – |
| 049 | Feuerlöschanlagen, Feuerlöschgeräte | – | – | – | – |
| 050 | Blitzschutz- und Erdungsanlagen | – | – | – | – |
| 052 | Mittelspannungsanlagen | – | – | – | – |

| LB | Leistungsbereiche | Kosten € | €/m² BGF | €/m³ BRI | % 300+400 |
|---|---|---|---|---|---|
| 053 | Niederspannungsanlagen inkl. 054 | – | – | – | – |
| 055 | Ersatzstromversorgungsanlagen | – | – | – | – |
| 057 | Gebäudesystemtechnik | – | – | – | – |
| 058 | Leuchten und Lampen, inkl. 059 | – | – | – | – |
| 060 | Elektroakustische Anlagen | – | – | – | – |
| 061 | Kommunikationsnetze | – | – | – | – |
| 063 | Gefahrenmeldeanlagen | – | – | – | – |
| 069 | Aufzüge | – | – | – | – |
| 070 | Gebäudeautomation | – | – | – | – |
| 075 | Raumlufttechnische Anlagen | 7.685 | 20,70 | 8,60 | 4,5 |
| | Herstellen | 7.686 | 20,70 | 8,60 | 4,5 |
| | **Gebäudetechnik** | **48.031** | **129,20** | **53,50** | **28,1** |
| | Herstellen | 48.031 | 129,20 | 53,50 | 28,1 |
| 084 | Abbrucharbeiten | 6.072 | 16,30 | 6,80 | 3,6 |
| | Abbrechen | 6.072 | 16,30 | 6,80 | 3,6 |
| | Sonstige Leistungsbereiche inkl. 008, 033, 051 | – | – | – | – |

# Gebäude für Gewerbe, Handel, Lager und Garagen

# 7

- 7100 Industrielle Produktionsstätten und Labors
- • 7200 Geschäftshäuser, Läden
- • 7300 Betriebs- und Werkstätten
- 7400 Landwirtschaftliche Betriebsgebäude
- 7500 Bank- und Postfilialen, gewerbliche Rechenzentren
- 7600 Gebäude öffentlicher Bereitschaftsdienste
- 7700 Lager- und Versandgebäude
- 7800 Hoch- und Tiefgaragen, gewerbl. Fahrzeughallen

7200-072
Geschäftshaus
(3 Läden),
Wohnen (13WE)

Modernisierung

**Architekt:**
Büder + Menzel
Architekten BDA
Rösratherstr. 636
51107 Köln

## Objektübersicht

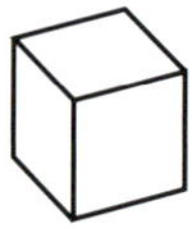

**119 €/m³ BRI**

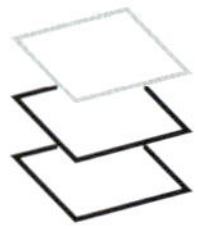

**349 €/m² BGF**

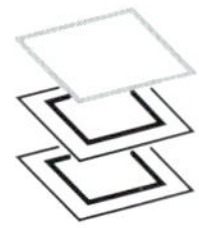

**499 €/m² NF**

| | |
|---|---|
| Kennwerte | bis 3.Ebene DIN 276 |
| Bauzeit | 17 Wochen |
| Bauende | 2009 |
| Standard | über Durchschnitt |
| Land | Nordrhein-Westfalen |
| Kreis | Köln |
| m³ BRI | 6.217 |
| m² BGF | 2.122 |
| m² NF | 1.485 |

vorher

vorher

nachher

nachher

©Fotografin: Anja Schlamann

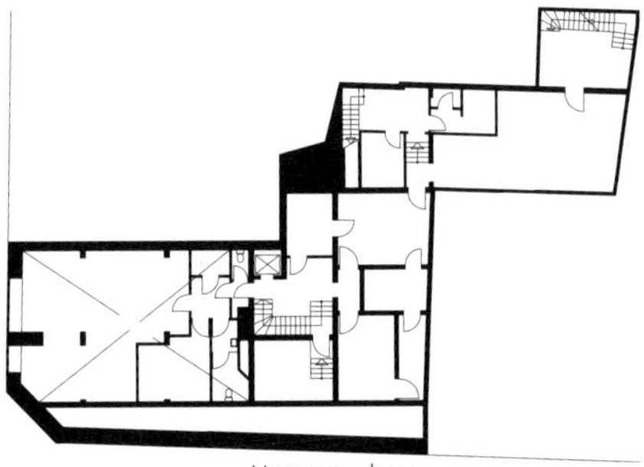
Untergeschoss

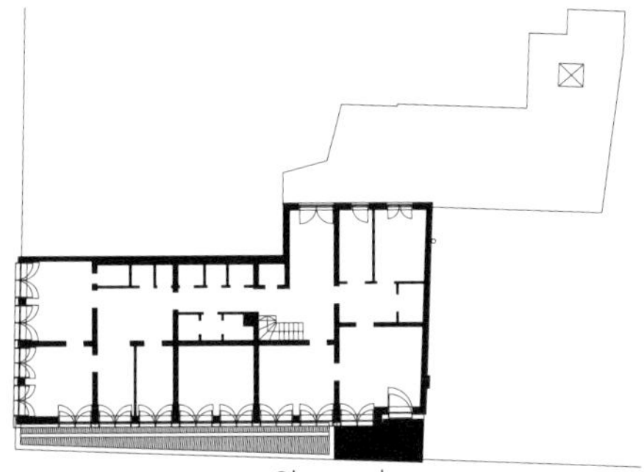
Obergeschoss

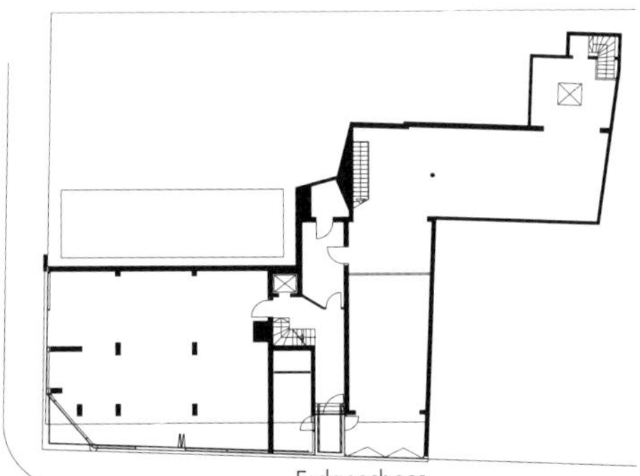
Erdgeschoss

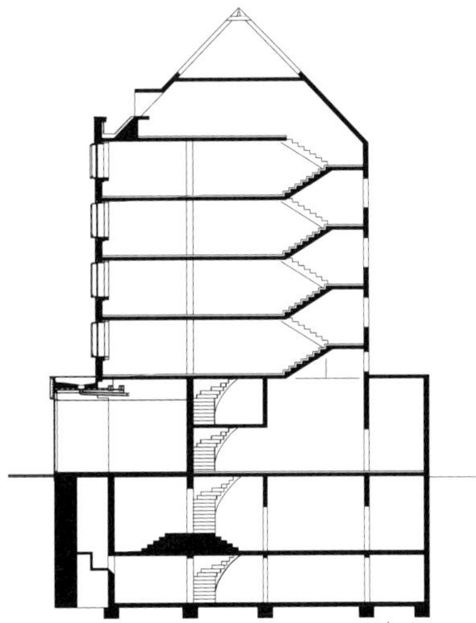
Schnitt

Ansicht Ehrenstraße

Ansicht Apostelnstraße

# Objektbeschreibung

## Nutzung

**1 Untergeschoss**
Sozialraum, Lager, WC, Mülltonnen, Technikräume

**1 Erdgeschoss**
Drei Geschäfte, Lager, Treppenhaus

**4 Obergeschosse**
Wohnungen

**1 Dachgeschoss**
Wohnungen

## Nutzeinheiten

Wohneinheiten: 13

## Grundstück

Bauraum: Baulücke
Neigung: Ebenes Gelände

## Markt

Hauptvergabezeit: 4.Quartal 2008
Baubeginn: 1.Quartal 2009
Bauende: 2.Quartal 2009
Konjunkturelle Gesamtlage: Durchschnitt
Regionaler Baumarkt: über Durchschnitt

## Baubestand

Bauzustand: mittel
Aufwand: hoch
Grundrissänderungen: einige
Tragwerkseingriffe: einige
Nutzungsänderung: nein
Nutzung während der Bauzeit: ja

## Baukonstruktion

**Abbrechen:** Abbruch von Granitböden, Estrich, Bodenfliesen, PVC-Beläge; Kunststofffenstern, Außen- und Innenfensterbänke, Fassadenbekleidungen, Werbungen, Dämmungen, Unterkonstruktionen, auskragenden Vorbauten; Innenmauerwerk; Deckenbekleidung; Dachkonstruktion zwischen Fassade und Hauptgebäude, Bitumenabdichtungen, Wärmedämmung, Attikaabdeckungen, Dachrinnen; Asbestkanälen; Entsorgung, Deponiegebühren
**Wiederherstellen:** Granitplatten ausbauen, neue einsetzen; losen Beton abschlagen, Bewehrung entrosten, Korrosionsschutz aufbringen, mit Reparaturbeton schließen, Rasterdecken, reparieren, ergänzen; Dachpfannen ausbauen, lagern, wieder verlegen
**Herstellen:** Estrich, Bodenfliesen, Natursteinbeläge; Alu-Fenster, Wärmedämmverbundsystem, vorgehängte Kaltfassade, Drehfenster, VSG-Verglasung, Faltschiebetür; Brandschutztüren, GK-Bekleidungen F90, Innenwandputz; Öffnungen schließen, Einbau von Stahlträgern, Brandschutzplatten, GK-Verkofferung, GK-Decken, Deckenanstrich; Trapezblechdeckung, Bitumenabdichtung, Dämmung, Abdeckungen, Einfassungen, Dachrinnen, Vordach

## Technische Anlagen

**Abbrechen:** Abbruch von Regenfallrohren, Halterungen, Entsorgung, Deponiegebühren
**Herstellen:** Regenfallrohre, Abwasserleitungen; Erweiterung der vorhandenen Fernwärme-Übergabestadion, Regelung, Heizungsrohre; Klimaanlagen; Elektroinstallation, Beleuchtungskörper

## Planungskennwerte für Flächen und Rauminhalte nach DIN 277

| Flächen des Grundstücks | | Menge, Einheit | % an FBG |
|---|---|---|---|
| BF | Bebaute Fläche | – m² | – |
| UBF | Unbebaute Fläche | – m² | – |
| FBG | Fläche des Baugrundstücks | – m² | – |

| Grundflächen des Bauwerks | | Menge, Einheit | % an NF | % an BGF |
|---|---|---|---|---|
| NF | Nutzfläche | 1.484,99 m² | 100,0 | 70,0 |
| TF | Technische Funktionsfläche | 27,95 m² | 1,9 | 1,3 |
| VF | Verkehrsfläche | 311,35 m² | 21,0 | 14,7 |
| NGF | Netto-Grundfläche | 1.824,29 m² | 122,9 | 86,0 |
| KGF | Konstruktions-Grundfläche | 297,55 m² | 20,0 | 14,0 |
| BGF | Brutto-Grundfläche | 2.121,84 m² | 142,9 | 100,0 |

| Brutto-Rauminhalt des Bauwerks | | Menge, Einheit | BRI/NF (m) | BRI/BGF (m) |
|---|---|---|---|---|
| BRI | Brutto-Rauminhalt | 6.216,87 m³ | 4,19 | 2,93 |

| Lufttechnisch behandelte Flächen | Menge, Einheit | % an NF | % an BGF |
|---|---|---|---|
| Entlüftete Fläche | – m² | – | – |
| Be- und entlüftete Fläche | – m² | – | – |
| Teilklimatisierte Fläche | – m² | – | – |
| Klimatisierte Fläche | – m² | – | – |

| KG | Kostengruppen (2.Ebene) | Menge, Einheit | Menge/NF | Menge/BGF |
|---|---|---|---|---|
| 310 | Baugrube | – m³ BGI | – | – |
| 320 | Gründung | 139,17 m² GRF | < 0,1 | < 0,1 |
| 330 | Außenwände | 892,87 m² AWF | 0,60 | 0,42 |
| 340 | Innenwände | 97,78 m² IWF | < 0,1 | < 0,1 |
| 350 | Decken | 141,11 m² DEF | 0,10 | < 0,1 |
| 360 | Dächer | 219,27 m² DAF | 0,15 | 0,10 |

## Kostenkennwerte für die Kostengruppen der 1.Ebene DIN 276

| KG | Kostengruppen (1.Ebene) | Einheit | Kosten € | €/Einheit | €/m² BGF | €/m³ BRI | % 300+400 |
|---|---|---|---|---|---|---|---|
| 100 | Grundstück | m² FBG | – | – | – | – | – |
| 200 | Herrichten und Erschließen | m² FBG | – | – | – | – | – |
| 300 | Bauwerk - Baukonstruktionen | m² BGF | 686.040 | 323,32 | 323,32 | 110,35 | 92,6 |
| 400 | Bauwerk - Technische Anlagen | m² BGF | 55.173 | 26,00 | 26,00 | 8,87 | 7,4 |
| | **Bauwerk 300+400** | **m² BGF** | **741.213** | **349,33** | **349,33** | **119,23** | **100,0** |
| 500 | Außenanlagen | m² AUF | 2.868 | – | 1,35 | 0,46 | 0,4 |
| 600 | Ausstattung und Kunstwerke | m² BGF | – | – | – | – | - |
| 700 | Baunebenkosten | m² BGF | – | – | – | – | – |

## Kostenkennwerte für die Kostengruppen der 1.Ebene DIN 276

| KG | Kostengruppe | Menge Einheit | Kosten € | €/Einheit | % |
|---|---|---|---|---|---|
| 3+4 | **Bauwerk** | | | | **100,0** |
| 300 | **Bauwerk - Baukonstruktionen** | 2.121,84 m² BGF | 686.040 | **323,32** | 92,6 |
| | • Abbrechen (Kosten: 5,3%) | | 36.556 | | |
| | Abbruch von Granitböden, Estrich, Bodenfliesen, PVC-Beläge; Kunststofffenster, Außen- und Innenfensterbänke, Fassadenbekleidungen, Werbungen, Dämmungen, Unterkonstruktionen, auskragenden Vorbauten; Innenmauerwerk; Deckenbekleidung; Dachkonstruktion zwischen Fassade und Hauptgebäude, Bitumenabdichtungen, Wärmedämmung, Attikaabdeckungen, Dachrinnen; Asbestkanälen; Entsorgung, Deponiegebühren | | | | |
| | • Wiederherstellen (Kosten: 0,3%) | | 2.236 | | |
| | Granitplatten ausbauen, neue einsetzen; losen Beton abschlagen, Bewehrung entrosten, Korrosionsschutz aufbringen, mit Reparaturbeton schließen, Rasterdecken, reparieren, ergänzen; Dachpfannen ausbauen, lagern, wieder verlegen | | | | |
| | • Herstellen (Kosten: 94,3%) | | 647.248 | | |
| | Estrich, Bodenfliesen, Natursteinbeläge; Alu-Fenster, Wärmedämmverbundsystem, vorgehängte Kaltfassade, Drehfenster, VSG-Verglasung, Faltschiebetür; Brandschutztüren, GK-Bekleidungen F90, Innenwandputz; Öffnungen schließen, Einbau von Stahlträgern, Brandschutzplatten, GK-Verkofferung, GK-Decken, Deckenanstrich; Trapezblechdeckung, Bitumenabdichtung, Dämmung, Abdeckungen, Einfassungen, Dachrinnen, Vordach | | | | |
| 400 | **Bauwerk - Technische Anlagen** | 2.121,84 m² BGF | 55.173 | **26,00** | 7,4 |
| | • Abbrechen (Kosten: 0,1%) | | 57 | | |
| | Abbruch von Regenfallrohren, Halterungen, Entsorgung, Deponiegebühren | | | | |
| | • Herstellen (Kosten: 99,9%) | | 55.116 | | |
| | Regenfallrohre, Abwasserleitungen; Erweiterung der vorhandenen Fernwärme-Übergabestadion, Regelung, Heizungsrohre; Klimaanlagen; Elektroinstallation, Beleuchtungskörper | | | | |
| 500 | **Außenanlagen** | – AUF | 2.868 | – | 0,4 |
| | • Herstellen (Kosten: 100,0%) | | 2.868 | | |
| | Gehwegplatten im Mörtelbett verlegen, Pflastersteine ab den Rändern, Magerbeton abstemmen | | | | |

## Kostenkennwerte für die Kostengruppen 300 und 400 der 2.Ebene DIN 276

| KG | Kostengruppe | Menge Einheit | Kosten € | €/Einheit | % |
|---|---|---|---|---|---|
| **300** | **Bauwerk - Baukonstruktionen** | | | | **100,0** |
| 320 | **Gründung** | 139,17 m² | 17.730 | **127,40** | 2,6 |
| | • Abbrechen (Kosten: 28,3%) | | 5.018 | | |
| | Abbruch von Granitböden (13m²), Estrich, Bodenfliesen, d=15cm (81m²), PVC-Beläge (76m²), Entsorgung, Deponiegebühren | | | | |
| | • Wiederherstellen (Kosten: 2,8%) | | 489 | | |
| | Granitplatten ausbauen, neue einsetzen, Sockelplatten, versiegeln (1m²) | | | | |
| | • Herstellen (Kosten: 68,9%) | | 12.223 | | |
| | Perlitschüttung bis 10mm, Trennlage, Dämmplatten, d=20mm, Gussasphaltestrich, d=30mm, Bitumenschweißbahnen (138m²), Bodenfliesen (31m²), Natursteinbeläge (40m²) | | | | |
| 330 | **Außenwände** | 892,87 m² | 543.014 | **608,17** | 79,2 |
| | • Abbrechen (Kosten: 2,1%) | | 11.632 | | |
| | Abbruch von Kunststofffenstern, Außen- und Innenfensterbänke (205m²) * Fassadenbekleidungen, Werbungen, Halterungen, Dämmungen, Unterkonstruktionen, auskragenden Vorbauten, Gerüststellung, Verglasungen (140m²); Entsorgung, Deponiegebühren | | | | |
| | • Herstellen (Kosten: 97,9%) | | 531.382 | | |
| | Alu-Fenster, Drehkippfenster (200m²) * Wärmedämmverbundsystem, Dämmung, d=100mm, Putz, Kratzputzstruktur, Silikonharz- Anstrich (526m²); vorgehängte Kaltfassade, doppelflüglige Drehfenster, VSG-Verglasung, Faltschiebetür (367m²) | | | | |
| 340 | **Innenwände** | 97,78 m² | 17.185 | **175,76** | 2,5 |
| | • Abbrechen (Kosten: 26,6%) | | 4.574 | | |
| | Abbruch von Mauerwerk, d=10-40cm (106m²) * Holztüren, Mauerwerk abstemmen (4m²); Entsorgung, Deponiegebühren | | | | |
| | • Herstellen (Kosten: 73,4%) | | 12.611 | | |
| | Wanddurchbrüche schließen (5m²) * Brandschutztüren T30 (5m²) * GK-Bekleidungen F90 von Stützen, d=20mm (40m²); Putzhaftbrücke, Innenwandputz (196m²), Anstrich (41m²) | | | | |
| 350 | **Decken** | 141,11 m² | 20.906 | **148,16** | 3,0 |
| | • Abbrechen (Kosten: 19,6%) | | 4.096 | | |
| | Abbruch von GK-Deckenbekleidung, Alu-Decken, Entsorgung, Deponiegebühren (305m²) | | | | |
| | • Wiederherstellen (Kosten: 6,4%) | | 1.347 | | |
| | Losen Beton abschlagen, Bewehrung entrosten, Korrosionsschutz aufbringen, mit Reparaturbeton schließen (3m²) * Rasterdecken, reparieren, ergänzen (28m²) | | | | |
| | • Herstellen (Kosten: 74,0%) | | 15.464 | | |
| | Öffnungen in Stb-Decken, schließen (6m²), Einbau von Stahlträgern (41m²), Kernbohrungen (9St), Deckendurchbruch zumauert, Zementfaserplatten (1m²) * mineralische Brandschutzplatten F90, 1x10mm, 1x20mm (41m²), GK-Verkofferung F90 an Rohren, d=2x20mm (50m²), GK-Decken (12m²), Deckenanstrich (10m²) | | | | |

| KG | Kostengruppe | Menge Einheit | Kosten € | €/Einheit | % |
|---|---|---|---|---|---|
| 360 | **Dächer** | 219,27 m² | 48.708 | **222,14** | 7,1 |
| | • Abbrechen (Kosten: 13,8%) | | 6.729 | | |
| | Abbruch der Dachkonstruktion zwischen Fassade und Hauptgebäude (49m²) * Bitumenabdichtungen, Wärmedämmung, Dämmkeile (24m²), Attikaabdeckungen (21m²), Dachrinnen, Einlaufbleche, Traufbrett (11m), Dachpfannen (6m²); Entsorgung, Deponiegebühren | | | | |
| | • Wiederherstellen (Kosten: 0,8%) | | 400 | | |
| | Dachpfannen ausbauen, lagern, wieder verlegen (39m²) | | | | |
| | • Herstellen (Kosten: 85,4%) | | 41.579 | | |
| | Trapezblechdeckung (56m²), Bitumenanstrich, Bitumenabdichtung, Dämmung, d=30-150mm (106m²), Abdeckungen, Einfassungen (51m²), Dachrinnen, Einlaufbleche (39m) * Vordach, Stahlkonstruktion (18m²) | | | | |
| 390 | **Sonstige Baukonstruktionen** | 2.121,84 m² BGF | 38.495 | **18,14** | 5,6 |
| | • Abbrechen (Kosten: 11,7%) | | 4.506 | | |
| | Abbruch von Asbestkanälen, außerhalb des Gebäudes demontieren (25m), Mischabfälle aus EG (5m³); Entsorgung, Deponiegebühren | | | | |
| | • Herstellen (Kosten: 88,3%) | | 33.989 | | |
| | Baustelleneinrichtung, mobiler Bauzaun, h=2m (22m), WC-Container, Bauschuttabfuhr, Baustromverteiler * Fassadengerüst (2.100m²), Staubschutznetze (422m²), Fußgängertunnel (13m) * Abbrucharbeiten, Stundenlohnarbeiten (178h), Asbestkanäle (59m), Entsorgung, Deponiegebühren | | | | |
| **400** | **Bauwerk - Technische Anlagen** | | | | **100,0** |
| 410 | **Abwasser-, Wasser-, Gasanlagen** | 2.121,84 m² BGF | 1.385 | **0,65** | 2,5 |
| | • Abbrechen (Kosten: 4,1%) | | 57 | | |
| | Abbruch von Regenfallrohren, Halterungen, Entsorgung, Deponiegebühren (30m) | | | | |
| | • Herstellen (Kosten: 95,9%) | | 1.327 | | |
| | Regenfallrohre DN100 (30m); HT-Abwasserleitungen, Formstücke (14m), SML-Rohre (6m) | | | | |
| 420 | **Wärmeversorgungsanlagen** | 2.121,84 m² BGF | 26.432 | **12,46** | 47,9 |
| | • Herstellen (Kosten: 100,0%) | | 26.432 | | |
| | Erweiterung der vorhandenen Fernwärme-Übergabestadion von 160kW auf 240kW, Mirkoprozessor-Regelung, Elektroinstallation * Doppelnippel, Flanschdichtungen, Dreiwegemischer, Schmutzfänger, Kupferrohre, Formstücke, Rohrdämmung (161m) | | | | |
| 430 | **Lufttechnische Anlagen** | 2.121,84 m² BGF | 10.348 | **4,88** | 18,8 |
| | • Herstellen (Kosten: 100,0%) | | 10.348 | | |
| | Splitklimaanlagen, Kälteleistung: 5,1kW, Heizleistung: 5,6kW (2St), Leitungen, Isolierung; Einzelraumlüfter, Wickelfalzrohre | | | | |
| 440 | **Starkstromanlagen** | 2.121,84 m² BGF | 17.009 | **8,02** | 30,8 |
| | • Herstellen (Kosten: 100,0%) | | 17.009 | | |
| | Zählerschrank, Unterverteilungen, Sicherungen (21St), FI-Schutzschalter (3St), Mantelleitungen NYM (321m), Schalter, Steckdosen (20St) * Halogeneinbaulauchten, Trafos (34St), Deckeneinbauleuchten (17St), Fassadenbeleuchtung mit Leuchtstofflampen (35m) | | | | |

| KG | Kostengruppe | Menge Einheit | Kosten € | €/Einheit | % |
|---|---|---|---|---|---|
| **500** | **Außenanlagen** | | | | **100,0** |
| 520 | **Befestigte Flächen** | 49,35 m² | 2.868 | **58,12** | 100,0 |
| | • Herstellen (Kosten: 100,0%)<br>Gehwegplatten im Mörtelbett verlegen, Pflastersteine ab den Rändern (49m²), Magerbeton abstemmen (30m) | | 2.868 | | |

## Kostenkennwerte für die Kostengruppe 300 der 3.Ebene DIN 276 (Übersicht)

| KG | Kostengruppe | Menge Einh. | €/Einheit | Kosten € | % 300+400 |
|---|---|---|---|---|---|
| 311 | Baugrubenherstellung | – | – | – | – |
| 312 | Baugrubenumschließung | – | – | – | – |
| 313 | Wasserhaltung | – | – | – | – |
| 319 | Baugrube, sonstiges | – | – | – | – |
| **310** | **Baugrube** | **–** | **–** | **–** | **–** |
| 321 | Baugrundverbesserung | – | – | – | – |
| 322 | Flachgründungen | – | – | – | – |
| 323 | Tiefgründungen | – | – | – | – |
| 324 | Unterböden und Bodenplatten | – | – | – | – |
| 325 | Beläge auf Boden- und Fundamentplatten | 139,000 m² | 127,71 | 17.729,87 | 2,4 |
| 326 | Bauwerksabdichtungen | – | – | – | – |
| 327 | Dränagen | – | – | – | – |
| 329 | Gründung, sonstiges | – | – | – | – |
| **320** | **Gründung** | **139,000 m²** | **127,40** | **17.729,87** | **2,4** |
| 331 | Tragende Außenwände | – | – | – | – |
| 332 | Nichttragende Außenwände | – | – | – | – |
| 333 | Tragende Außenstützen | – | – | – | – |
| 334 | Außentüren, -fenster | 200,000 m² | 571,65 | 114.163,73 | 15,4 |
| 335 | Außenwandbekleidungen außen | 893,000 m² | 480,31 | 428.850,58 | 57,9 |
| 336 | Außenwandbekleidungen innen | – | – | – | – |
| 337 | Elementierte Außenwände | – | – | – | – |
| 338 | Sonnenschutz | – | – | – | – |
| 339 | Außenwände, sonstiges | – | – | – | – |
| **330** | **Außenwände** | **893,000 m²** | **608,17** | **543.014,31** | **73,3** |
| 341 | Tragende Innenwände | 106,000 m² | 41,21 | 4.368,71 | 0,6 |
| 342 | Nichttragende Innenwände | 5,000 m² | 63,79 | 343,19 | < 0,1 |
| 343 | Tragende Innenstützen | – | – | – | – |
| 344 | Innentüren, -fenster | 5,000 m² | 635,98 | 3.192,63 | 0,4 |
| 345 | Innenwandbekleidungen | 196,000 m² | 47,47 | 9.280,86 | 1,3 |
| 346 | Elementierte Innenwände | – | – | – | – |
| 349 | Innenwände, sonstiges | – | – | – | – |
| **340** | **Innenwände** | **98,000 m²** | **175,76** | **17.185,39** | **2,3** |
| 351 | Deckenkonstruktionen | 51,000 m² | 134,67 | 6.882,81 | 0,9 |
| 352 | Deckenbeläge | – | – | – | – |
| 353 | Deckenbekleidungen | 141,000 m² | 99,38 | 14.023,48 | 1,9 |
| 359 | Decken, sonstiges | – | – | – | – |
| **350** | **Decken** | **141,000 m²** | **148,16** | **20.906,30** | **2,8** |
| 361 | Dachkonstruktionen | – m² | – | 4.910,47 | 0,7 |
| 362 | Dachfenster, Dachöffnungen | – | – | – | – |
| 363 | Dachbeläge | 201,000 m² | 163,85 | 32.990,64 | 4,5 |
| 364 | Dachbekleidungen | – | – | – | – |
| 369 | Dächer, sonstiges | 219,000 m² DAF | 49,29 | 10.807,14 | 1,5 |
| **360** | **Dächer** | **219,000 m²** | **222,14** | **48.708,24** | **6,6** |
| **370** | **Baukonstruktive Einbauten** | **–** | **–** | **–** | **–** |
| **390** | **Sonst. Maßnahmen für Baukonstruktionen** | **2.122,000 m² BGF** | **18,14** | **38.495,41** | **5,2** |
| **300** | **Bauwerk - Baukonstruktionen** | **2.122,000 m² BGF** | **323,32** | **686.039,51** | **92,6** |

## Kostenkennwerte für die Kostengruppe 400 der 3.Ebene DIN 276 (Übersicht)

| KG | Kostengruppe | Menge Einh. | €/Einheit | Kosten € | % 300+400 |
|---|---|---|---|---|---|
| 411 | Abwasseranlagen | 2.122,000 m² BGF | 0,65 | 1.384,53 | 0,2 |
| 412 | Wasseranlagen | – | – | – | – |
| 413 | Gasanlagen (wenn zu Kochzwecken) | – | – | – | – |
| 414 | Feuerlöschanlagen | – | – | – | – |
| 419 | Abwasser-, Wasser- und Gasanlagen, sonstiges | – | – | – | – |
| **410** | **Abwasser-, Wasser-, Gasanlagen** | **2.122,000 m² BGF** | **0,65** | **1.384,53** | **0,2** |
| 421 | Wärmeerzeugungsanlagen | 2.122,000 m² BGF | 2,56 | 5.433,55 | 0,7 |
| 422 | Wärmeverteilnetze | 2.122,000 m² BGF | 9,90 | 20.998,29 | 2,8 |
| 423 | Raumheizflächen | – | – | – | – |
| 429 | Wärmeversorgungsanlagen, sonstiges | – | – | – | – |
| **420** | **Wärmeversorgungsanlagen** | **2.122,000 m² BGF** | **12,46** | **26.431,85** | **3,6** |
| 431 | Lüftungsanlagen (LA) | 2.122,000 m² BGF | 4,88 | 10.347,59 | 1,4 |
| 432 | Teilklimaanlagen (TKA) | – | – | – | – |
| 433 | Klimaanlagen (KLA) | – | – | – | – |
| 434 | Prozeßlufttechnische Anlagen (PLA) | – | – | – | – |
| 435 | Kälteanlagen (KA) | – | – | – | – |
| 439 | Lufttechnische Anlagen, sonstiges | – | – | – | – |
| **430** | **Lufttechnische Anlagen** | **2.122,000 m² BGF** | **4,88** | **10.347,59** | **1,4** |
| 441 | Hoch- und Mittelspannungsanlagen | – | – | – | – |
| 442 | Eigenstromversorgungsanlagen | – | – | – | – |
| 443 | Niederspannungsschaltanlagen | – | – | – | – |
| 444 | Niederspannungsinstallationsanlagen | 2.122,000 m² BGF | 3,95 | 8.380,59 | 1,1 |
| 445 | Beleuchtungsanlagen | 2.122,000 m² BGF | 4,07 | 8.628,70 | 1,2 |
| 446 | Blitzschutz- und Erdungsanlagen | – | – | – | – |
| 449 | Starkstromanlagen, sonstiges | – | – | – | – |
| **440** | **Starkstromanlagen** | **2.122,000 m² BGF** | **8,02** | **17.009,28** | **2,3** |
| 451 | Telekommunikationsanlagen | – | – | – | – |
| 452 | Such- und Signalanlagen | – | – | – | – |
| 453 | Zeitdienstanlagen | – | – | – | – |
| 454 | Elektroakustische Anlagen | – | – | – | – |
| 455 | Fernseh- und Antennenanlagen | – | – | – | – |
| 456 | Gefahrenmelde- und Alarmanlagen | – | – | – | – |
| 457 | Übertragungsnetze | – | – | – | – |
| 459 | Fernmelde- und informationstechn. Anlagen, sonstiges | – | – | – | – |
| **450** | **Fernmelde- und informationstechn. Anlagen** | **–** | **–** | **–** | **–** |
| 461 | Aufzugsanlagen | – | – | – | – |
| 462 | Fahrtreppen, Fahrsteige | – | – | – | – |
| 463 | Befahranlagen | – | – | – | – |
| 464 | Transportanlagen | – | – | – | – |
| 465 | Krananlagen | – | – | – | – |
| 469 | Förderanlagen, sonstiges | – | – | – | – |
| **460** | **Förderanlagen** | **–** | **–** | **–** | **–** |
| **470** | **Nutzungsspezifische Anlagen** | **–** | **–** | **–** | **–** |
| **480** | **Gebäudeautomation** | **–** | **–** | **–** | **–** |
| **490** | **Sonst. Maßnahmen für technische Anlagen** | **–** | **–** | **–** | **–** |
| **400** | **Bauwerk - Technische Anlagen** | **2.122,000 m² BGF** | **26,00** | **55.173,24** | **7,4** |

## Kostenkennwerte für Leistungsbereiche nach StLB (Kosten des Bauwerks nach DIN 276)

| LB | Leistungsbereiche | Kosten € | €/m² BGF | €/m³ BRI | % 300+400 |
|---|---|---|---|---|---|
| 000 | Sicherheits-, Baustelleneinrichtungen inkl. 001 | 33.989 | 16,00 | 5,50 | 4,6 |
| | Herstellen | 33.989 | 16,00 | 5,50 | 4,6 |
| 002 | Erdarbeiten | – | – | – | – |
| 006 | Spezialtiefbauarbeiten inkl. 005 | – | – | – | – |
| 009 | Abwasserkanalarbeiten inkl. 011 | – | – | – | – |
| 010 | Dränarbeiten | – | – | – | – |
| 012 | Mauerarbeiten | 944 | 0,44 | 0,15 | 0,1 |
| | Herstellen | 944 | 0,44 | 0,15 | 0,1 |
| 013 | Betonarbeiten | 4.657 | 2,20 | 0,75 | 0,6 |
| | Wiederherstellen | 252 | 0,12 | < 0,1 | – |
| | Herstellen | 4.405 | 2,10 | 0,71 | 0,6 |
| 014 | Natursteinarbeiten, Betonwerksteinarbeiten | 3.556 | 1,70 | 0,57 | 0,5 |
| | Wiederherstellen | 489 | 0,23 | < 0,1 | 0,1 |
| | Herstellen | 3.067 | 1,40 | 0,49 | 0,4 |
| 016 | Zimmer- und Holzbauarbeiten | – | – | – | – |
| 017 | Stahlbauarbeiten | 12.495 | 5,90 | 2,00 | 1,7 |
| | Herstellen | 12.495 | 5,90 | 2,00 | 1,7 |
| 018 | Abdichtungsarbeiten gegen Wasser | 984 | 0,46 | 0,16 | 0,1 |
| | Herstellen | 984 | 0,46 | 0,16 | 0,1 |
| 020 | Dachdeckungsarbeiten | 2.179 | 1,00 | 0,35 | 0,3 |
| | Wiederherstellen | 400 | 0,19 | < 0,1 | 0,1 |
| | Herstellen | 1.779 | 0,84 | 0,29 | 0,2 |
| 021 | Dachabdichtungsarbeiten | 2.880 | 1,40 | 0,46 | 0,4 |
| | Herstellen | 2.880 | 1,40 | 0,46 | 0,4 |
| 022 | Klempnerarbeiten | 26.881 | 12,70 | 4,30 | 3,6 |
| | Herstellen | 26.881 | 12,70 | 4,30 | 3,6 |
| | **Rohbau** | **88.565** | **41,70** | **14,20** | **11,9** |
| | Wiederherstellen | 1.141 | 0,54 | 0,18 | 0,2 |
| | Herstellen | 87.424 | 41,20 | 14,10 | 11,8 |
| 023 | Putz- und Stuckarbeiten, Wärmedämmsysteme | 61.389 | 28,90 | 9,90 | 8,3 |
| | Herstellen | 61.389 | 28,90 | 9,90 | 8,3 |
| 024 | Fliesen- und Plattenarbeiten | 1.343 | 0,63 | 0,22 | 0,2 |
| | Herstellen | 1.343 | 0,63 | 0,22 | 0,2 |
| 025 | Estricharbeiten | 6.828 | 3,20 | 1,10 | 0,9 |
| | Herstellen | 6.828 | 3,20 | 1,10 | 0,9 |
| 026 | Fenster, Außentüren inkl. 029, 032 | 109.147 | 51,40 | 17,60 | 14,7 |
| | Herstellen | 109.147 | 51,40 | 17,60 | 14,7 |
| 027 | Tischlerarbeiten | 2.687 | 1,30 | 0,43 | 0,4 |
| | Herstellen | 2.687 | 1,30 | 0,43 | 0,4 |
| 028 | Parkettarbeiten, Holzpflasterarbeiten | – | – | – | – |
| 030 | Rollladenarbeiten | – | – | – | – |
| 031 | Metallbauarbeiten inkl. 035 | 2.987 | 1,40 | 0,48 | 0,4 |
| | Herstellen | 2.987 | 1,40 | 0,48 | 0,4 |
| 034 | Maler- und Lackiererarbeiten inkl. 037 | 211 | 0,10 | < 0,1 | – |
| | Herstellen | 211 | 0,10 | < 0,1 | – |
| 036 | Bodenbelagsarbeiten | – | – | – | – |
| 038 | Vorgehängte hinterlüftete Fassaden | 363.066 | 171,10 | 58,40 | 49,0 |
| | Herstellen | 363.066 | 171,10 | 58,40 | 49,0 |

| LB | Leistungsbereiche | Kosten € | €/m² BGF | €/m³ BRI | % 300+400 |
|---|---|---|---|---|---|
| 039 | Trockenbauarbeiten | 13.930 | 6,60 | 2,20 | 1,9 |
| | Wiederherstellen | 1.095 | 0,52 | 0,18 | 0,1 |
| | Herstellen | 12.836 | 6,00 | 2,10 | 1,7 |
| | **Ausbau** | **561.590** | **264,70** | **90,30** | **75,8** |
| | Wiederherstellen | 1.095 | 0,52 | 0,18 | 0,1 |
| | Herstellen | 560.495 | 264,20 | 90,20 | 75,6 |
| 040 | Wärmeerzeuger, zentr. Einrichtungen inkl. 041 | 22.934 | 10,80 | 3,70 | 3,1 |
| | Herstellen | 22.934 | 10,80 | 3,70 | 3,1 |
| 042 | Gas- und Wasserinstallationsarbeiten inkl. 043 | – | – | – | – |
| 044 | Abwasserinstallationsarbeiten - Leitungen | 559 | 0,26 | < 0,1 | 0,1 |
| | Herstellen | 559 | 0,26 | < 0,1 | 0,1 |
| 045 | Gas-, Wasser-Einrichtungsgegenstände inkl. 046 | – | – | – | – |
| 047 | Dämmarbeiten an betriebstechnischen Anlagen | 3.264 | 1,50 | 0,52 | 0,4 |
| | Herstellen | 3.264 | 1,50 | 0,52 | 0,4 |
| 049 | Feuerlöschanlagen, Feuerlöschgeräte | – | – | – | – |
| 050 | Blitzschutz- und Erdungsanlagen | – | – | – | – |
| 052 | Mittelspannungsanlagen | – | – | – | – |
| 053 | Niederspannungsanlagen inkl. 054 | 8.885 | 4,20 | 1,40 | 1,2 |
| | Herstellen | 8.885 | 4,20 | 1,40 | 1,2 |
| 055 | Ersatzstromversorgungsanlagen | – | – | – | – |
| 057 | Gebäudesystemtechnik | – | – | – | – |
| 058 | Leuchten und Lampen, inkl. 059 | 8.629 | 4,10 | 1,40 | 1,2 |
| | Herstellen | 8.629 | 4,10 | 1,40 | 1,2 |
| 060 | Elektroakustische Anlagen | – | – | – | – |
| 061 | Kommunikationsnetze | – | – | – | – |
| 063 | Gefahrenmeldeanlagen | – | – | – | – |
| 069 | Aufzüge | – | – | – | – |
| 070 | Gebäudeautomation | – | – | – | – |
| 075 | Raumlufttechnische Anlagen | 10.078 | 4,70 | 1,60 | 1,4 |
| | Herstellen | 10.078 | 4,70 | 1,60 | 1,4 |
| | **Gebäudetechnik** | **54.348** | **25,60** | **8,70** | **7,3** |
| | Herstellen | 54.348 | 25,60 | 8,70 | 7,3 |
| 084 | Abbrucharbeiten | 36.613 | 17,30 | 5,90 | 4,9 |
| | Abbrechen | 36.613 | 17,30 | 5,90 | 4,9 |
| | Sonstige Leistungsbereiche inkl. 008, 033, 051 | – | – | – | – |

7300-063
# Betriebs- und Werkstattgebäude

Umbau

## Objektübersicht

| 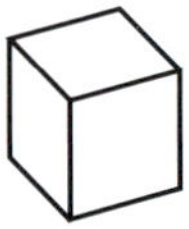 | 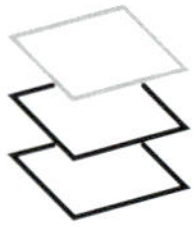 |  |
|---|---|---|
| **116 €/m³ BRI** | **397 €/m² BGF** | **475 €/m² NF** |

| | |
|---|---|
| Kennwerte | bis 1.Ebene DIN 276 |
| Bauzeit | 21 Wochen |
| Bauende | 2009 |
| Standard | Durchschnitt |
| Land | Hamburg |
| Kreis | Hansestadt Hamburg |
| m³ BRI | 6.697 |
| m² BGF | 1.952 |
| m² NF | 1.632 |

**Architekt:**
güldenzopf rohrberg
architektur & design
Neuer Wall 10
20354 Hamburg

**Bauherr:**
Elbe Werkstätten GmbH
Nymphenweg 22
21077 Hamburg

Erdgeschoss

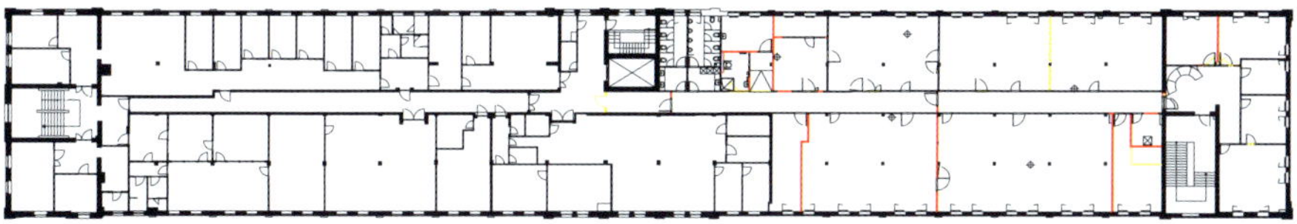

Obergeschoss

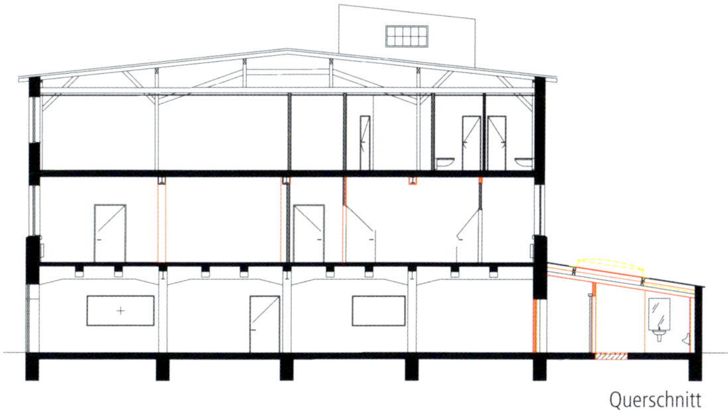

Querschnitt

# Objektbeschreibung

## Nutzung

**1 Erdgeschoss**
Auftragseingang, Waren Ein-/ Ausgang, Kantine, Hauswirtschaftsraum, Behinderten WC, Lager

**1 Obergeschoss**
Werkstätten, Umkleiden, Sanitärbereiche, Büro's, Flur, Mehrzweckraum,

## Nutzeinheiten

Arbeitsplätze: 92
Beschäftigte: 92

## Grundstück

Neigung: Ebenes Gelände
Bodenklasse: BK 1

## Markt

Hauptvergabezeit: 2.Quartal 2009
Baubeginn: 3.Quartal 2009
Bauende: 4.Quartal 2009
Konjunkturelle Gesamtlage: Durchschnitt
Regionaler Baumarkt: über Durchschnitt

## Baubestand

Bauzustand: mittel
Aufwand: mittel
Grundrissänderungen: einige
Tragwerkseingriffe: wenige
Nutzungsänderung: ja
Nutzung während der Bauzeit: nein

## Baukonstruktion

Abbruch von alten Bodenbelägen und nichttragenden Innenwänden. Brandschutztechnische Ertüchtigung sämtlicher tragender Wand- und Deckenkonstruktionen mit entsprechenden GK-Bekleidungen. Neuer Bodenaufbau mit PU-Beschichtung, GK-Ständerwände, Vollspantürblätter mit HPL-Oberfläche, Stahlumfassungszargen, automatische Türantriebe, Anstrich Wände, Fliesenbeläge

## Technische Anlagen

Sanitärinstallation für neue Sanitärräume, Sanitärobjekte; Demontage Heizleitungen, neue Heizleitungen, Heizkörper; 2 Lüftungsanlagen (Kantine im EG und Produktionsbereich im OG); Elektroinstallation, Beleuchtung (1000lx an Arbeitsplätzen), Brandmeldeanlage, EDV-Technik; Kompressoranlage für Druckluft

## Planungskennwerte für Flächen und Rauminhalte nach DIN 277

| Flächen des Grundstücks | | Menge, Einheit | % an FBG |
|---|---|---|---|
| BF | Bebaute Fläche | – m² | – |
| UBF | Unbebaute Fläche | – m² | – |
| FBG | Fläche des Baugrundstücks | – m² | – |

| Grundflächen des Bauwerks | | Menge, Einheit | % an NF | % an BGF |
|---|---|---|---|---|
| NF | Nutzfläche | 1.632,06 m² | 100,0 | 83,6 |
| TF | Technische Funktionsfläche | 11,09 m² | 0,7 | 0,6 |
| VF | Verkehrsfläche | 133,98 m² | 8,2 | 6,9 |
| NGF | Netto-Grundfläche | 1.777,13 m² | 108,9 | 91,1 |
| KGF | Konstruktions-Grundfläche | 174,79 m² | 10,7 | 9,0 |
| BGF | Brutto-Grundfläche | 1.951,92 m² | 119,6 | 100,0 |

| Brutto-Rauminhalt des Bauwerks | | Menge, Einheit | BRI/NF (m) | BRI/BGF (m) |
|---|---|---|---|---|
| BRI | Brutto-Rauminhalt | 6.697,01 m³ | 4,10 | 3,43 |

| Lufttechnisch behandelte Flächen | Menge, Einheit | % an NF | % an BGF |
|---|---|---|---|
| Entlüftete Fläche | – m² | – | – |
| Be- und entlüftete Fläche | 198,63 m² | 12,2 | 10,2 |
| Teilklimatisierte Fläche | – m² | – | – |
| Klimatisierte Fläche | – m² | – | – |

| KG | Kostengruppen (2.Ebene) | Menge, Einheit | Menge/NF | Menge/BGF |
|---|---|---|---|---|
| 310 | Baugrube | – m³ BGI | – | – |
| 320 | Gründung | – m² GRF | – | – |
| 330 | Außenwände | – m² AWF | – | – |
| 340 | Innenwände | – m² IWF | – | – |
| 350 | Decken | – m² DEF | – | – |
| 360 | Dächer | – m² DAF | – | – |

## Kostenkennwerte für die Kostengruppen der 1.Ebene DIN 276

| KG | Kostengruppen (1.Ebene) | Einheit | Kosten € | €/Einheit | €/m² BGF | €/m³ BRI | % 300+400 |
|---|---|---|---|---|---|---|---|
| 100 | Grundstück | m² FBG | – | – | – | – | – |
| 200 | Herrichten und Erschließen | m² FBG | – | – | – | – | – |
| 300 | Bauwerk - Baukonstruktionen | m² BGF | 376.572 | 192,92 | 192,92 | 56,23 | 48,6 |
| 400 | Bauwerk - Technische Anlagen | m² BGF | 398.080 | 203,94 | 203,94 | 59,44 | 51,4 |
| | **Bauwerk 300+400** | **m² BGF** | **774.652** | **396,87** | **396,87** | **115,67** | **100,0** |
| 500 | Außenanlagen | m² AUF | 2.277 | – | 1,17 | 0,34 | 0,3 |
| 600 | Ausstattung und Kunstwerke | m² BGF | – | – | – | – | – |
| 700 | Baunebenkosten | m² BGF | 183.494 | 94,01 | 94,01 | 27,40 | 23,7 |

Umbau

## Kostenkennwerte für die Kostengruppen der 1.Ebene DIN 276

| KG | Kostengruppe | Menge Einheit | Kosten € | €/Einheit | % |
|---|---|---|---|---|---|
| 3+4 | **Bauwerk** | | | | **100,0** |
| 300 | **Bauwerk - Baukonstruktionen**<br>Abbruch von alten Bodenbelägen und nichttragenden Innenwänden.<br>Brandschutztechnische Ertüchtigung sämtlicher tragender Wand- und Deckenkonstruktionen mit entsprechenden GK-Bekleidungen.<br>Neuer Bodenaufbau mit PU-Beschichtung, GK-Ständerwände, Vollspantürblätter mit HPL-Oberfläche, Stahlumfassungszargen, automatische Türantriebe, Anstrich Wände, Fliesenbeläge | 1.951,92 m² BGF | 376.572 | **192,92** | 48,6 |
| 400 | **Bauwerk - Technische Anlagen**<br>Sanitärinstallation für neue Sanitärräume, Sanitärobjekte; Demontage Heizleitungen, neue Heizleitungen, Heizkörper; 2 Lüftungsanlagen (Kantine im EG und Produktionsbereich im OG); Elektroinstallation, Beleuchtung (1000lx an Arbeitsplätzen), Brandmeldeanlage, EDV-Technik; Kompressoranlage für Druckluft | 1.951,92 m² BGF | 398.080 | **203,94** | 51,4 |
| 500 | **Außenanlagen**<br>zusätzliche Entwässerungsrinnen an Eingangsbereichen | – AUF | 2.277 | – | 0,3 |
| 700 | **Baunebenkosten**<br>Honorare Architekt, Fachplaner TGA, Brandschutzgutachten, Beratung Statik, Gebühren | 1.951,92 m² BGF | 183.494 | **94,01** | 23,7 |

# Gebäude anderer Art

9

9100-060
Stadtbibliothek

## Objektübersicht

Modernisierung

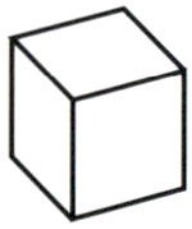

**382 €/m³ BRI**

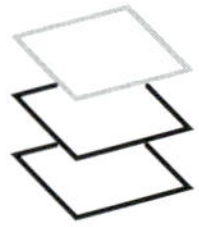

**1.230 €/m² BGF**

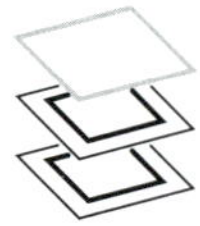

**1.719 €/m² NF**

| | |
|---|---|
| Kennwerte | bis 3.Ebene DIN 276 |
| Bauzeit | 52 Wochen |
| Bauende | 2008 |
| Standard | Durchschnitt |
| Land | Rheinland-Pfalz |
| Kreis | Rhein-Lahn, Bad Ems |
| m³ BRI | 1.853 |
| m² BGF | 576 |
| m² NF | 412 |

**Architekt:**
Architekturbüro
LIEBER ÖKOLOGISCH
Wilhelm-von-
Nassau-Park 11
65582 Diez

**Bauherr:**
Stadt Diez
Wilhelmstr. 64
65582 Diez

vorher

nachher

Kostenstand: 3.Quartal 2010, inkl. MwSt., Bundesdurchschnitt

Straßenansicht

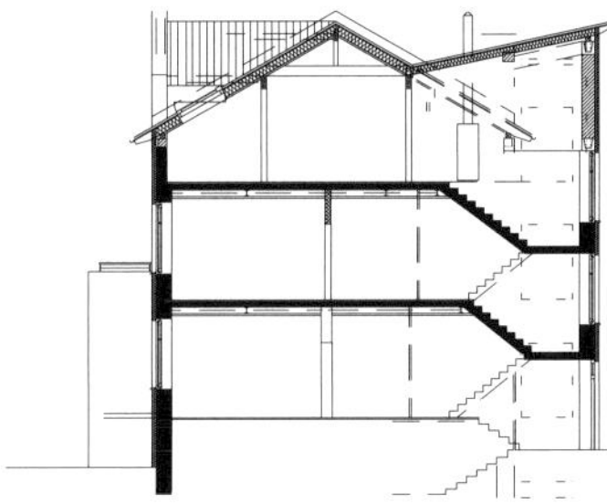
Schnitt

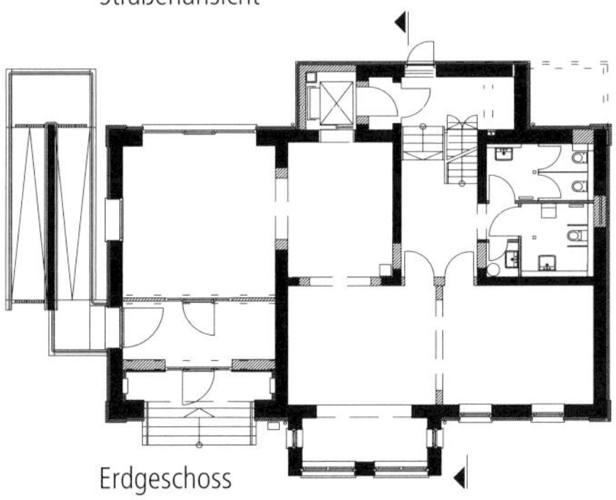
Erdgeschoss

Seitenansicht

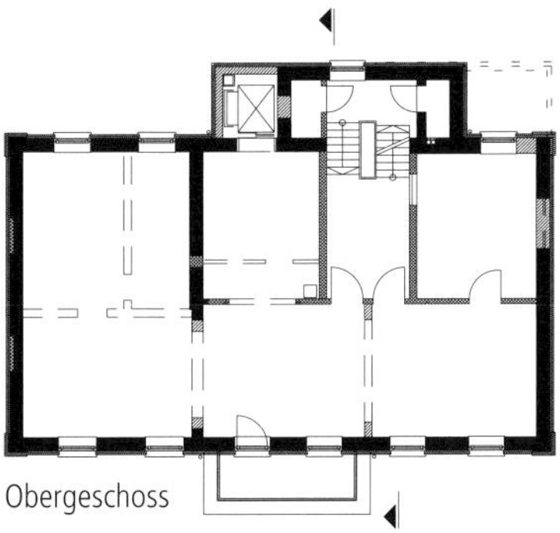
Obergeschoss

Seitenansicht

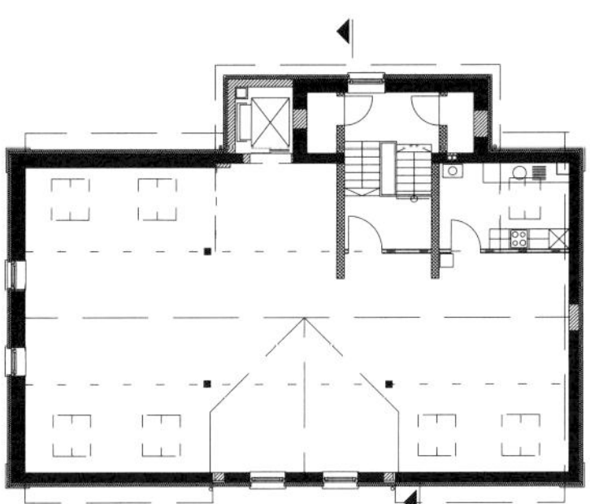
Dachgeschoss

Rückansicht

# Objektbeschreibung

## Nutzung

**1 Untergeschoss**
Kellerräume

**1 Erdgeschoss**
Eingang, Leih- und Rückgabetheke, KInder- und Jugendbibliothek, WC

**1 Obergeschoss**
Sachliteratur, Büro

**1 Dachgeschoss**
Romane, Lesecafe, Teeküche

## Nutzeinheiten

Beschäftigte: 2

## Grundstück

Bauraum: Beengter Bauraum
Neigung: Ebenes Gelände

## Markt

Hauptvergabezeit: 2.Quartal 2007
Baubeginn: 2.Quartal 2007
Bauende: 2.Quartal 2008
Konjunkturelle Gesamtlage: Durchschnitt
Regionaler Baumarkt: Durchschnitt

## Baubestand

Baujahr: 1862
Bauzustand: mittel
Aufwand: mittel
Grundrissänderungen: einige
Tragwerkseingriffe: einige
Nutzungsänderung: ja
Nutzung während der Bauzeit: nein

## Baukonstruktion

**Abbrechen:** Abbruch von Mauerwerkswänden, Fensterbrüstungen, Außenputz; Fachwerkständerwände; Dachkonstruktion; Entsorgung, Deponiegebühren
**Wiederherstellen:** Türen kürzen, Einbau von Glasscheiben; Treppenrenovierung, neu auspannen, ausrichten, neu Befestigungen, Dielenboden festgeschraubt, abgeschliffen, Dielen ergänzt
**Herstellen:** Stb-Bodenplatte, Estrich, Bodenfliesen; Mauerwerksaußenwände, Stb-Wände, Holz-Alu-Fenster, Eingangstür, Windfang, Dämmung, Außenputz, Anstrich; Mauerwerksinnenwände, Metallständerwände, Brandschutztüren; Stahlträger einbauen zur Verstärkung der vorhandenen Dekken, abgehängte GK-Decken; Holzdachkonstruktion, Dachflächenfenster, Ziegeldeckung, Dachentwässerung

## Technische Anlagen

**Abbrechen:** Abbruch von gemauerten Kamin, Entsorgung, Deponiegebühren
**Herstellen:** Abwasserleitungen, Kalt- und Warmwasserleitungen, Sanitärobjekte; Gasbrennwertttherme, Heizungsrohre, Heizkörper; Einzelraumlüfter; Elektroinstallation, Beleuchtskörper, Blitzschutzanlage; Türsprechanlage, Rauchmelder, Kamera-Überwachungssystem; EDV-Verkabelung; Personenaufzug; zentrale Staubsaugeranlage

## Planungskennwerte für Flächen und Rauminhalte nach DIN 277

| Flächen des Grundstücks | Menge, Einheit | % an FBG |
|---|---|---|
| BF Bebaute Fläche | – m² | – |
| UBF Unbebaute Fläche | – m² | – |
| FBG Fläche des Baugrundstücks | – m² | – |

| Grundflächen des Bauwerks | Menge, Einheit | % an NF | % an BGF |
|---|---|---|---|
| NF Nutzfläche | 412,00 m² | 100,0 | 71,6 |
| TF Technische Funktionsfläche | 15,90 m² | 3,9 | 2,8 |
| VF Verkehrsfläche | 58,20 m² | 14,1 | 10,1 |
| NGF Netto-Grundfläche | 486,10 m² | 118,0 | 84,4 |
| KGF Konstruktions-Grundfläche | 89,74 m² | 21,8 | 15,6 |
| BGF Brutto-Grundfläche | 575,84 m² | 139,8 | 100,0 |

| Brutto-Rauminhalt des Bauwerks | Menge, Einheit | BRI/NF (m) | BRI/BGF (m) |
|---|---|---|---|
| BRI Brutto-Rauminhalt | 1.853,00 m³ | 4,50 | 3,22 |

| Lufttechnisch behandelte Flächen | Menge, Einheit | % an NF | % an BGF |
|---|---|---|---|
| Entlüftete Fläche | – m² | – | – |
| Be- und entlüftete Fläche | – m² | – | – |
| Teilklimatisierte Fläche | – m² | – | – |
| Klimatisierte Fläche | – m² | – | – |

| KG | Kostengruppen (2.Ebene) | Menge, Einheit | Menge/NF | Menge/BGF |
|---|---|---|---|---|
| 310 | Baugrube | 20,92 m³ BGI | < 0,1 | < 0,1 |
| 320 | Gründung | 42,73 m² GRF | 0,10 | < 0,1 |
| 330 | Außenwände | 689,13 m² AWF | 1,67 | 1,20 |
| 340 | Innenwände | 591,27 m² IWF | 1,44 | 1,03 |
| 350 | Decken | 365,84 m² DEF | 0,89 | 0,64 |
| 360 | Dächer | 233,10 m² DAF | 0,57 | 0,40 |

## Kostenkennwerte für die Kostengruppen der 1.Ebene DIN 276

| KG | Kostengruppen (1.Ebene) | Einheit | Kosten € | €/Einheit | €/m² BGF | €/m³ BRI | % 300+400 |
|---|---|---|---|---|---|---|---|
| 100 | Grundstück | m² FBG | – | – | – | – | – |
| 200 | Herrichten und Erschließen | m² FBG | 3.700 | – | 6,43 | 2,00 | 0,5 |
| 300 | Bauwerk - Baukonstruktionen | m² BGF | 552.240 | 959,02 | 959,02 | 298,02 | 78,0 |
| 400 | Bauwerk - Technische Anlagen | m² BGF | 156.114 | 271,11 | 271,11 | 84,25 | 22,0 |
| | **Bauwerk 300+400** | **m² BGF** | **708.354** | **1.230,12** | **1.230,12** | **382,27** | **100,0** |
| 500 | Außenanlagen | m² AUF | – | – | – | – | – |
| 600 | Ausstattung und Kunstwerke | m² BGF | – | – | – | – | – |
| 700 | Baunebenkosten | m² BGF | – | – | – | – | – |

Modernisierung

## Kostenkennwerte für die Kostengruppen der 1.Ebene DIN 276

| KG | Kostengruppe | Menge Einheit | Kosten € | €/Einheit | % |
|---|---|---|---|---|---|
| 200 | **Herrichten und Erschließen** | – FBG | 3.700 | – | 0,5 |
| | • Abbrechen (Kosten: 100,0%) | | 3.700 | | |
| | Abbruch von einem gemauerten Anbau, Entsorgung, Deponiegebühren | | | | |
| **3+4** | **Bauwerk** | | | | **100,0** |
| 300 | **Bauwerk - Baukonstruktionen** | 575,84 m² BGF | 552.240 | **959,02** | 78,0 |
| | • Abbrechen (Kosten: 5,3%) | | 29.539 | | |
| | Abbruch von Mauerwerkswänden, Fensterbrüstungen, Außenputz; Fachwerkständerwände; Dachkonstruktion; Entsorgung, Deponiegebühren | | | | |
| | • Wiederherstellen (Kosten: 0,3%) | | 1.894 | | |
| | Türen kürzen, Einbau von Glasscheiben; Treppenrenovierung, neu auspannen, ausrichten, neu Befestigungen, Dielenboden festgeschraubt, abgeschliffen, Dielen ergänzt | | | | |
| | • Herstellen (Kosten: 94,3%) | | 520.807 | | |
| | Stb-Bodenplatte, Estrich, Bodenfliesen; Mauerwerksaußenwände, Stb-Wände, Holz-Alu-Fenster, Eingangstür, Windfang, Dämmung, Außenputz, Anstrich; Mauerwerksinnenwände, Metallständerwände, Brandschutztüren; Stahlträger einbauen zur Verstärkung der vorhandenen Decken, abgehängte GK-Decken; Holzdachkonstruktion, Dachflächenfenster, Ziegeldeckung, Dachentwässerung | | | | |
| 400 | **Bauwerk - Technische Anlagen** | 575,84 m² BGF | 156.114 | **271,11** | 22,0 |
| | • Abbrechen (Kosten: 0,7%) | | 1.160 | | |
| | Abbruch von gemauerten Kamin, Entsorgung, Deponiegebühren | | | | |
| | • Herstellen (Kosten: 99,3%) | | 154.954 | | |
| | Abwasserleitungen, Kalt- und Warmwasserleitungen, Sanitärobjekte; Gasbrennwerttherme, Heizungsrohre, Heizkörper; Einzelraumlüfter; Elektroinstallation, Beleuchtskörper, Blitzschutzanlage; Türsprechanlage, Rauchmelder, Kamera-Überwachungssystem; EDV-Verkabelung; Personenaufzug; zentrale Staubsaugeranlage | | | | |

## Kostenkennwerte für die Kostengruppen 300 und 400 der 2.Ebene DIN 276

| KG | Kostengruppe | Menge Einheit | Kosten € | €/Einheit | % |
|---|---|---|---|---|---|
| **200** | **Herrichten und Erschließen** | | | | **100,0** |
| 210 | **Herrichten** | – FBG | 3.700 | – | 100,0 |
| | • Abbrechen (Kosten: 100,0%) | | 3.700 | | |
| | Abbruch von einem gemauerten Anbau, Entsorgung, Deponiegebühren (128m³) | | | | |
| **300** | **Bauwerk - Baukonstruktionen** | | | | **100,0** |
| 310 | **Baugrube** | 20,92 m³ | 1.108 | **52,98** | 0,2 |
| | • Herstellen (Kosten: 100,0%) | | 1.108 | | |
| | Bodenaushub, lagern, zum Teil Handschachtung (21m³) | | | | |
| 320 | **Gründung** | 42,73 m² | 15.042 | **352,03** | 2,7 |
| | • Herstellen (Kosten: 100,0%) | | 15.042 | | |
| | Stb-Fundamente, Bewehrung (2m³) * Stb-Bodenplatte C20/25, d=18cm, Randschalung, Bewehrung (43m²) * Abdichtung, Dämmung, Zementestrich, Bodenfliesen, Sockelfliesen (65m²), Untergrundvorbereitung, Linoleum (10m²), Spanplatten, Parkett (4m²), Eingangsmatte (8m²) * Basaltschotter als Sauberkeitsschicht, d=20cm, verdichten (45m²) | | | | |
| 330 | **Außenwände** | 689,13 m² | 206.514 | **299,67** | 37,4 |
| | • Abbrechen (Kosten: 7,1%) | | 14.632 | | |
| | Abbruch von Mauerwerkswänden, d=24-36,5cm (86m²) * Fensterbrüstungen (15m²), Mauerwerk, d=17,5cm (7m²) * Glasbausteinfenster (4m²) * Außenputz, (325m²) * Außentreppe; Entsorgung, Deponiegebühren | | | | |
| | • Herstellen (Kosten: 92,9%) | | 191.882 | | |
| | Mauerwerkswände, d=17,5-36cm (98m²), Stb-Wände C20/25, d=24cm für Aufzugschacht (50m²), Fenster- und Türöffnungen schließen (53m²) * Fensterbrüstungen ausmauern (14m²) * Holz-Alu-Fenster (60m²), Eingangstür, Windfang (8m²), Nebeneingangstüren (6m²) * Mineralwolldämmplatten, d=120mm, Putz, Anstrich (662m²) * Kalkputz, Anstrich (355m²), Wandfliesen (8m²), Kalkfeinputz auf Kalkunterputz (327m²), OSB-Platten, d=22mm, Naturschieferverkleidung (16m²) * Eingangstreppe, Absturzsicherungen (4St) | | | | |
| 340 | **Innenwände** | 591,27 m² | 78.619 | **132,97** | 14,2 |
| | • Abbrechen (Kosten: 12,4%) | | 9.727 | | |
| | Abbruch von Mauerwerkswänden, d=17,5-43cm (66m²) * Mauerwerkswänden, d=11,5, GK-Bekleidungen (13m²), Fachwerkständerwände (83m²); Entsorgung, Deponiegebühren | | | | |
| | • Wiederherstellen (Kosten: 0,5%) | | 401 | | |
| | Türen kürzen, Einbau von Glasscheiben (4m²) | | | | |
| | • Herstellen (Kosten: 87,1%) | | 68.491 | | |
| | Mauerwerkswände, d=17,5cm (69m²), Türöffnungen schließen (6m²), Stb-Wände C20/25, d=24cm (33m²) * Metallständerwände, GK-Beplankungen (42m²), Installationsvorwände (12m²) * Brandschutztüren T30, Glasausschnitte (18m²), Holztüren (8m²), Schließanlage * Kalkputz, Anstrich (627m²), Wandfliesen (13m²), Kalkfeinputz auf Kalkunterputz (542m²) | | | | |

| KG | Kostengruppe | Menge Einheit | Kosten € | €/Einheit | % |
|---|---|---|---|---|---|
| 350 | **Decken** | 365,84 m² | 102.845 | **281,12** | 18,6 |
| | • Abbrechen (Kosten: 0,2%) | | 246 | | |
| | Abbruch von Holzdielen, Entsorgung, Deponiegebühren (6m²) | | | | |
| | • Wiederherstellen (Kosten: 1,5%) | | 1.493 | | |
| | Treppenrenovierung, neu auspannen, ausrichten, neu Befestigungen (7m²) * Dielenboden festgeschraubt (109m²), abgeschliffen (143m²), Dielen ergänzt (10m²) | | | | |
| | • Herstellen (Kosten: 98,3%) | | 101.107 | | |
| | Stahlträger einbauen zur Verstärkung der vorhandenen Decken, IPE 140 (71m), HE-A 160-200 (80m), Auflagertaschen (19St) * Schüttung, d=4cm, Holzfaser-Trittplatten, Spanplatten, d=25mm, Hochkantlamellenparkett, d=10mm, Sockelleisten (290m²), Linoleum (11m²), Treppenstufen (17St) * abgehängte GK-Decken, Deckenhohlräume mit Dämmstoff füllen, Anstrich (301m²), Kalkputz, Anstrich (64m²) * Wandhandlauf, Treppengeländer | | | | |
| 360 | **Dächer** | 233,10 m² | 103.980 | **446,07** | 18,8 |
| | • Abbrechen (Kosten: 3,8%) | | 3.977 | | |
| | Abbruch der Dachkonstruktion, Sparren, Pfetten (233m²) * Zinkabdeckungen, Abdichtungen, Entsorgung, Deponiegebühren (9m²) | | | | |
| | • Herstellen (Kosten: 96,2%) | | 100.003 | | |
| | Holzdachkonstruktion (228m²), Stb-Flachdach C20/25, d=18cm (5m²) * Dachflächenfenster, Außenrollläden, Elektromotoren (10m²) * Lattung, Mineralwolldämmung d=220mm, Bautenschutzmatte, d=8mm, Flachdachziegel (188m²), Schalung, Doppelstehfalzdeckung (50m²), Dachabdichtung, Kiesschüttung, Plattenbelag (9m²) Titanzinkabdeckungen, Dachrinnen (24m) * Schneefanggitter (20m) | | | | |
| 370 | **Baukonstruktive Einbauten** | 575,84 m² BGF | 416 | **0,72** | 0,1 |
| | • Herstellen (Kosten: 100,0%) | | 416 | | |
| | Schaukasten | | | | |
| 390 | **Sonstige Baukonstruktionen** | 575,84 m² BGF | 43.715 | **75,92** | 7,9 |
| | • Abbrechen (Kosten: 2,2%) | | 958 | | |
| | Schutt aus dem Keller, Entsorgung, Deponiegebühren (12m³) | | | | |
| | • Herstellen (Kosten: 97,8%) | | 42.757 | | |
| | Baustelleneinrichtung * Fassadengerüste (708m²), Gerüstplanen (296m²), Überbrückung bis 7,5m (29m) * Dachnotabdichtung mit Schweißbahnen (181m²) | | | | |
| **400** | **Bauwerk - Technische Anlagen** | | | | **100,0** |
| 410 | **Abwasser-, Wasser-, Gasanlagen** | 575,84 m² BGF | 16.728 | **29,05** | 10,7 |
| | • Herstellen (Kosten: 100,0%) | | 16.728 | | |
| | Gussabflussrohre DN100 (11m), HT-Abwasserleitungen DN50-100 (40m), Regenfallrohre DN100 (78m) * Kalt- und Warmwasserleitungen (86m), Waschbecken, Einhebelmischer (3St), WC-Becken (3St), Seifenspender (2St), Papierhandtuchspender (2St), Abfallkörbe (2St), Behinderten-WC, Ausgussbecken (1St), Durchlauferhitzer, Hauswasserstation mit Druckminderer * Montageelemente (5St) | | | | |

| KG | Kostengruppe | Menge Einheit | Kosten € | €/Einheit | % |
|---|---|---|---|---|---|
| 420 | **Wärmeversorgungsanlagen** | 575,84 m² BGF | 35.163 | **61,06** | 22,5 |
| | • Abbrechen (Kosten: 3,3%) | | 1.160 | | |
| | Abbruch von gemauerten Kamin, 045x045cm, h=8m, Entsorgung, Deponiegebühren | | | | |
| | • Herstellen (Kosten: 96,7%) | | 34.003 | | |
| | Gasbrennwerttherme 5,4-30kW, Kombigerät, Regelung, Raumcontroller, Zubehör * Kupferrohre DN12-32, Formstücke, Dämmung (407m) * Heizkörper (31St) | | | | |
| 430 | **Lufttechnische Anlagen** | 575,84 m² BGF | 1.537 | **2,67** | 1,0 |
| | • Herstellen (Kosten: 100,0%) | | 1.537 | | |
| | Einzelraumlüfter in den WCs (2St), Wickelfalzrohre (6m) | | | | |
| 440 | **Starkstromanlagen** | 575,84 m² BGF | 49.525 | **86,00** | 31,7 |
| | • Herstellen (Kosten: 100,0%) | | 49.525 | | |
| | Zählerschrank, Unterverteilungen, Sicherungen (58St), FI-Schutzschalter (4St), Mantelleitungen NYM (3.408m), Schalter (33St), Steckdosen (226St) * Einbauleuchten (94St), Einzelleuchten (11St), Notleuchten (16St), Pendelleuchten (3St), Anbauleuchten (16St), Downlights 12V/35W (13St), Leuchtstofflampe (1St) * Blitzschutzanlage, Dach- und Ableitungen (125m), Aufangspitzen (5St), Dachleitungshalter (87St), Erdeinführungsstangen (5St) | | | | |
| 450 | **Fernmelde-, informationstechn. Anlagen** | 575,84 m² BGF | 16.552 | **28,74** | 10,6 |
| | • Herstellen (Kosten: 100,0%) | | 16.552 | | |
| | Telefonleitungen, Steckdosen (9St), Funksender an Telefonanlage anschließen (4St) * Klingelleitungen (83m), Briefkasten mit Sprechanlage, Türlautsprecher, Ruftaste * Lautsprecherkabel (16m), Lautsprecherdosen (3St) * Brandmeldekabel (445m), Rauchmelder (23St), Kamera-Überwachungssystem * EDV-Verkabelung (2.825m), Steckdosen RJ45 (45St) | | | | |
| 460 | **Förderanlagen** | 575,84 m² BGF | 34.044 | **59,12** | 21,8 |
| | • Herstellen (Kosten: 100,0%) | | 34.044 | | |
| | Personenaufzug, Tragkraft 700kg, 3 Haltestellen | | | | |
| 470 | **Nutzungsspezifische Anlagen** | 575,84 m² BGF | 2.564 | **4,45** | 1,6 |
| | • Herstellen (Kosten: 100,0%) | | 2.564 | | |
| | Zentrale Staubsaugeranlage, Bodensteckdosen, Wand-Saugdosen (4St), Saugdosenadapter (6St), Abluftrohre DN50-100, Formstücke (37m) * Beameranschlusskabel, Kabelkanal (20m) | | | | |

Modernisierung

## Kostenkennwerte für die Kostengruppe 300 der 3.Ebene DIN 276 (Übersicht)

| KG | Kostengruppe | Menge Einh. | | €/Einheit | Kosten € | % 300+400 |
|---|---|---|---|---|---|---|
| 311 | Baugrubenherstellung | 21,000 m³ | | 52,98 | 1.108,33 | 0,2 |
| 312 | Baugrubenumschließung | – | | – | – | – |
| 313 | Wasserhaltung | – | | – | – | – |
| 319 | Baugrube, sonstiges | – | | – | – | – |
| **310** | **Baugrube** | **21,000 m³** | | **52,98** | **1.108,33** | **0,2** |
| 321 | Baugrundverbesserung | – | | – | – | – |
| 322 | Flachgründungen | 7,000 m² | | 77,26 | 564,02 | 0,1 |
| 323 | Tiefgründungen | – | | – | – | – |
| 324 | Unterböden und Bodenplatten | 43,000 m² | | 83,93 | 3.586,39 | 0,5 |
| 325 | Beläge auf Boden- und Fundamentplatten | 21,000 m² | | 490,96 | 10.364,17 | 1,5 |
| 326 | Bauwerksabdichtungen | 43,000 m² | GRF | 12,35 | 527,65 | 0,1 |
| 327 | Dränagen | – | | – | – | – |
| 329 | Gründung, sonstiges | – | | – | – | – |
| **320** | **Gründung** | **43,000 m²** | | **352,03** | **15.042,22** | **2,1** |
| 331 | Tragende Außenwände | 202,000 m² | | 201,57 | 40.673,87 | 5,7 |
| 332 | Nichttragende Außenwände | 14,000 m² | | 130,95 | 1.773,06 | 0,3 |
| 333 | Tragende Außenstützen | – | | – | – | – |
| 334 | Außentüren, -fenster | 75,000 m² | | 463,44 | 34.984,90 | 4,9 |
| 335 | Außenwandbekleidungen außen | 662,000 m² | | 159,73 | 105.685,60 | 14,9 |
| 336 | Außenwandbekleidungen innen | 689,000 m² | | 30,51 | 21.027,73 | 3,0 |
| 337 | Elementierte Außenwände | – | | – | – | – |
| 338 | Sonnenschutz | – | | – | – | – |
| 339 | Außenwände, sonstiges | 689,000 m² | AWF | 3,44 | 2.368,38 | 0,3 |
| **330** | **Außenwände** | **689,000 m²** | | **299,67** | **206.513,56** | **29,2** |
| 341 | Tragende Innenwände | 108,000 m² | | 187,43 | 20.333,74 | 2,9 |
| 342 | Nichttragende Innenwände | 54,000 m² | | 137,31 | 7.408,08 | 1,0 |
| 343 | Tragende Innenstützen | – | | – | – | – |
| 344 | Innentüren, -fenster | 26,000 m² | | 852,71 | 22.068,06 | 3,1 |
| 345 | Innenwandbekleidungen | 1.183,000 m² | | 24,36 | 28.809,53 | 4,1 |
| 346 | Elementierte Innenwände | – | | – | – | – |
| 349 | Innenwände, sonstiges | – | | – | – | – |
| **340** | **Innenwände** | **591,000 m²** | | **132,97** | **78.619,41** | **11,1** |
| 351 | Deckenkonstruktionen | 366,000 m² | | 44,67 | 16.343,08 | 2,3 |
| 352 | Deckenbeläge | – m² | | – | 46.441,81 | 6,6 |
| 353 | Deckenbekleidungen | 366,000 m² | | 86,68 | 31.712,46 | 4,5 |
| 359 | Decken, sonstiges | 366,000 m² | DEF | 22,82 | 8.348,00 | 1,2 |
| **350** | **Decken** | **366,000 m²** | | **281,12** | **102.845,34** | **14,5** |
| 361 | Dachkonstruktionen | 233,000 m² | | 102,96 | 24.000,03 | 3,4 |
| 362 | Dachfenster, Dachöffnungen | 10,000 m² | | 1.164,94 | 11.416,44 | 1,6 |
| 363 | Dachbeläge | 246,000 m² | | 202,32 | 49.750,91 | 7,0 |
| 364 | Dachbekleidungen | 180,000 m² | | 101,93 | 18.340,23 | 2,6 |
| 369 | Dächer, sonstiges | 233,000 m² | DAF | 2,03 | 472,19 | 0,1 |
| **360** | **Dächer** | **233,000 m²** | | **446,07** | **103.979,81** | **14,7** |
| **370** | **Baukonstruktive Einbauten** | **576,000 m²** | **BGF** | **0,72** | **416,01** | **0,1** |
| **390** | **Sonst. Maßnahmen für Baukonstruktionen** | **576,000 m²** | **BGF** | **75,92** | **43.715,10** | **6,2** |
| **300** | **Bauwerk - Baukonstruktionen** | **576,000 m²** | **BGF** | **959,02** | **552.239,78** | **78,0** |

## Kostenkennwerte für die Kostengruppe 400 der 3.Ebene DIN 276 (Übersicht)

| KG | Kostengruppe | Menge Einh. | €/Einheit | Kosten € | % 300+400 |
|---|---|---|---|---|---|
| 411 | Abwasseranlagen | 576,000 m² BGF | 8,05 | 4.632,67 | 0,7 |
| 412 | Wasseranlagen | 576,000 m² BGF | 18,19 | 10.472,17 | 1,5 |
| 413 | Gasanlagen (wenn zu Kochzwecken) | – | – | – | – |
| 414 | Feuerlöschanlagen | – | – | – | – |
| 419 | Abwasser-, Wasser- und Gasanlagen, sonstiges | 576,000 m² BGF | 2,82 | 1.623,45 | 0,2 |
| **410** | **Abwasser-, Wasser-, Gasanlagen** | **576,000 m² BGF** | **29,05** | **16.728,28** | **2,4** |
| 421 | Wärmeerzeugungsanlagen | 576,000 m² BGF | 12,87 | 7.411,34 | 1,0 |
| 422 | Wärmeverteilnetze | 576,000 m² BGF | 21,26 | 12.239,84 | 1,7 |
| 423 | Raumheizflächen | 576,000 m² BGF | 24,92 | 14.351,83 | 2,0 |
| 429 | Wärmeversorgungsanlagen, sonstiges | 576,000 m² BGF | 2,02 | 1.160,40 | 0,2 |
| **420** | **Wärmeversorgungsanlagen** | **576,000 m² BGF** | **61,06** | **35.163,40** | **5,0** |
| 431 | Lüftungsanlagen (LA) | 576,000 m² BGF | 2,67 | 1.537,19 | 0,2 |
| 432 | Teilklimaanlagen (TKA) | – | – | – | – |
| 433 | Klimaanlagen (KLA) | – | – | – | – |
| 434 | Prozeßlufttechnische Anlagen (PLA) | – | – | – | – |
| 435 | Kälteanlagen (KA) | – | – | – | – |
| 439 | Lufttechnische Anlagen, sonstiges | – | – | – | – |
| **430** | **Lufttechnische Anlagen** | **576,000 m² BGF** | **2,67** | **1.537,19** | **0,2** |
| 441 | Hoch- und Mittelspannungsanlagen | – | – | – | – |
| 442 | Eigenstromversorgungsanlagen | – | – | – | – |
| 443 | Niederspannungsschaltanlagen | – | – | – | – |
| 444 | Niederspannungsinstallationsanlagen | 576,000 m² BGF | 37,28 | 21.465,43 | 3,0 |
| 445 | Beleuchtungsanlagen | 576,000 m² BGF | 42,69 | 24.582,16 | 3,5 |
| 446 | Blitzschutz- und Erdungsanlagen | 576,000 m² BGF | 6,04 | 3.477,03 | 0,5 |
| 449 | Starkstromanlagen, sonstiges | – | – | – | – |
| **440** | **Starkstromanlagen** | **576,000 m² BGF** | **86,00** | **49.524,62** | **7,0** |
| 451 | Telekommunikationsanlagen | 576,000 m² BGF | 1,00 | 576,83 | 0,1 |
| 452 | Such- und Signalanlagen | 576,000 m² BGF | 4,35 | 2.506,64 | 0,4 |
| 453 | Zeitdienstanlagen | – | – | – | – |
| 454 | Elektroakustische Anlagen | 576,000 m² BGF | 0,19 | 109,28 | < 0,1 |
| 455 | Fernseh- und Antennenanlagen | – | – | – | – |
| 456 | Gefahrenmelde- und Alarmanlagen | 576,000 m² BGF | 10,11 | 5.821,72 | 0,8 |
| 457 | Übertragungsnetze | 576,000 m² BGF | 13,09 | 7.537,95 | 1,1 |
| 459 | Fernmelde- und informationstechn. Anlagen, sonstiges | – | – | – | – |
| **450** | **Fernmelde- und informationstechn. Anlagen** | **576,000 m² BGF** | **28,74** | **16.552,43** | **2,3** |
| 461 | Aufzugsanlagen | 576,000 m² BGF | 59,12 | 34.044,16 | 4,8 |
| 462 | Fahrtreppen, Fahrsteige | – | – | – | – |
| 463 | Befahranlagen | – | – | – | – |
| 464 | Transportanlagen | – | – | – | – |
| 465 | Krananlagen | – | – | – | – |
| 469 | Förderanlagen, sonstiges | – | – | – | – |
| **460** | **Förderanlagen** | **576,000 m² BGF** | **59,12** | **34.044,16** | **4,8** |
| **470** | **Nutzungsspezifische Anlagen** | **576,000 m² BGF** | **4,45** | **2.564,01** | **0,4** |
| **480** | **Gebäudeautomation** | **–** | **–** | **–** | **–** |
| **490** | **Sonst. Maßnahmen für technische Anlagen** | **–** | **–** | **–** | **–** |
| **400** | **Bauwerk - Technische Anlagen** | **576,000 m² BGF** | **271,11** | **156.114,09** | **22,0** |

## Kostenkennwerte für Leistungsbereiche nach StLB (Kosten des Bauwerks nach DIN 276)

| LB | Leistungsbereiche | Kosten € | €/m² BGF | €/m³ BRI | % 300+400 |
|---|---|---|---|---|---|
| 000 | Sicherheits-, Baustelleneinrichtungen inkl. 001 | 40.233 | 69,90 | 21,70 | 5,7 |
| | Herstellen | 40.233 | 69,90 | 21,70 | 5,7 |
| 002 | Erdarbeiten | 1.108 | 1,90 | 0,60 | 0,2 |
| | Herstellen | 1.108 | 1,90 | 0,60 | 0,2 |
| 006 | Spezialtiefbauarbeiten inkl. 005 | – | – | – | – |
| 009 | Abwasserkanalarbeiten inkl. 011 | – | – | – | – |
| 010 | Dränarbeiten | – | – | – | – |
| 012 | Mauerarbeiten | 21.159 | 36,70 | 11,40 | 3,0 |
| | Herstellen | 21.159 | 36,70 | 11,40 | 3,0 |
| 013 | Betonarbeiten | 31.383 | 54,50 | 16,90 | 4,4 |
| | Herstellen | 31.383 | 54,50 | 16,90 | 4,4 |
| 014 | Natursteinarbeiten, Betonwerksteinarbeiten | 8.857 | 15,40 | 4,80 | 1,3 |
| | Herstellen | 8.857 | 15,40 | 4,80 | 1,3 |
| 016 | Zimmer- und Holzbauarbeiten | 20.843 | 36,20 | 11,20 | 2,9 |
| | Herstellen | 20.843 | 36,20 | 11,20 | 2,9 |
| 017 | Stahlbauarbeiten | – | – | – | – |
| 018 | Abdichtungsarbeiten gegen Wasser | 3.165 | 5,50 | 1,70 | 0,4 |
| | Herstellen | 3.165 | 5,50 | 1,70 | 0,4 |
| 020 | Dachdeckungsarbeiten | 35.313 | 61,30 | 19,10 | 5,0 |
| | Herstellen | 35.313 | 61,30 | 19,10 | 5,0 |
| 021 | Dachabdichtungsarbeiten | 6.673 | 11,60 | 3,60 | 0,9 |
| | Herstellen | 6.673 | 11,60 | 3,60 | 0,9 |
| 022 | Klempnerarbeiten | 23.156 | 40,20 | 12,50 | 3,3 |
| | Herstellen | 23.156 | 40,20 | 12,50 | 3,3 |
| | **Rohbau** | **191.890** | **333,20** | **103,60** | **27,1** |
| | Herstellen | 191.890 | 333,20 | 103,60 | 27,1 |
| 023 | Putz- und Stuckarbeiten, Wärmedämmsysteme | 123.236 | 214,00 | 66,50 | 17,4 |
| | Herstellen | 123.236 | 214,00 | 66,50 | 17,4 |
| 024 | Fliesen- und Plattenarbeiten | 3.523 | 6,10 | 1,90 | 0,5 |
| | Herstellen | 3.523 | 6,10 | 1,90 | 0,5 |
| 025 | Estricharbeiten | 572 | 0,99 | 0,31 | 0,1 |
| | Herstellen | 572 | 0,99 | 0,31 | 0,1 |
| 026 | Fenster, Außentüren inkl. 029, 032 | 32.716 | 56,80 | 17,70 | 4,6 |
| | Herstellen | 32.716 | 56,80 | 17,70 | 4,6 |
| 027 | Tischlerarbeiten | 24.443 | 42,40 | 13,20 | 3,5 |
| | Wiederherstellen | 813 | 1,40 | 0,44 | 0,1 |
| | Herstellen | 23.630 | 41,00 | 12,80 | 3,3 |
| 028 | Parkettarbeiten, Holzpflasterarbeiten | 33.773 | 58,70 | 18,20 | 4,8 |
| | Wiederherstellen | 1.081 | 1,90 | 0,58 | 0,2 |
| | Herstellen | 32.692 | 56,80 | 17,60 | 4,6 |
| 030 | Rollladenarbeiten | – | – | – | – |
| 031 | Metallbauarbeiten inkl. 035 | 34.998 | 60,80 | 18,90 | 4,9 |
| | Herstellen | 34.998 | 60,80 | 18,90 | 4,9 |
| 034 | Maler- und Lackiererarbeiten inkl. 037 | 25.506 | 44,30 | 13,80 | 3,6 |
| | Herstellen | 25.506 | 44,30 | 13,80 | 3,6 |
| 036 | Bodenbelagsarbeiten | 5.325 | 9,20 | 2,90 | 0,8 |
| | Herstellen | 5.325 | 9,20 | 2,90 | 0,8 |
| 038 | Vorgehängte hinterlüftete Fassaden | – | – | – | – |

| LB | Leistungsbereiche | Kosten € | €/m² BGF | €/m³ BRI | % 300+400 |
|---|---|---|---|---|---|
| 039 | Trockenbauarbeiten | 48.802 | 84,70 | 26,30 | 6,9 |
| | Herstellen | 48.802 | 84,70 | 26,30 | 6,9 |
| | **Ausbau** | **332.895** | **578,10** | **179,70** | **47,0** |
| | Wiederherstellen | 1.894 | 3,30 | 1,00 | 0,3 |
| | Herstellen | 331.001 | 574,80 | 178,60 | 46,7 |
| 040 | Wärmeerzeuger, zentr. Einrichtungen inkl. 041 | 31.721 | 55,10 | 17,10 | 4,5 |
| | Herstellen | 31.721 | 55,10 | 17,10 | 4,5 |
| 042 | Gas- und Wasserinstallationsarbeiten inkl. 043 | 3.350 | 5,80 | 1,80 | 0,5 |
| | Herstellen | 3.350 | 5,80 | 1,80 | 0,5 |
| 044 | Abwasserinstallationsarbeiten - Leitungen | 1.920 | 3,30 | 1,00 | 0,3 |
| | Herstellen | 1.920 | 3,30 | 1,00 | 0,3 |
| 045 | Gas-, Wasser-Einrichtungsgegenstände inkl. 046 | 8.531 | 14,80 | 4,60 | 1,2 |
| | Herstellen | 8.532 | 14,80 | 4,60 | 1,2 |
| 047 | Dämmarbeiten an betriebstechnischen Anlagen | 2.553 | 4,40 | 1,40 | 0,4 |
| | Herstellen | 2.553 | 4,40 | 1,40 | 0,4 |
| 049 | Feuerlöschanlagen, Feuerlöschgeräte | – | – | – | – |
| 050 | Blitzschutz- und Erdungsanlagen | 3.477 | 6,00 | 1,90 | 0,5 |
| | Herstellen | 3.477 | 6,00 | 1,90 | 0,5 |
| 052 | Mittelspannungsanlagen | – | – | – | – |
| 053 | Niederspannungsanlagen inkl. 054 | 22.730 | 39,50 | 12,30 | 3,2 |
| | Herstellen | 22.730 | 39,50 | 12,30 | 3,2 |
| 055 | Ersatzstromversorgungsanlagen | – | – | – | – |
| 057 | Gebäudesystemtechnik | – | – | – | – |
| 058 | Leuchten und Lampen, inkl. 059 | 24.582 | 42,70 | 13,30 | 3,5 |
| | Herstellen | 24.582 | 42,70 | 13,30 | 3,5 |
| 060 | Elektroakustische Anlagen | 2.616 | 4,50 | 1,40 | 0,4 |
| | Herstellen | 2.616 | 4,50 | 1,40 | 0,4 |
| 061 | Kommunikationsnetze | 8.115 | 14,10 | 4,40 | 1,1 |
| | Herstellen | 8.115 | 14,10 | 4,40 | 1,1 |
| 063 | Gefahrenmeldeanlagen | 5.822 | 10,10 | 3,10 | 0,8 |
| | Herstellen | 5.822 | 10,10 | 3,10 | 0,8 |
| 069 | Aufzüge | 34.044 | 59,10 | 18,40 | 4,8 |
| | Herstellen | 34.044 | 59,10 | 18,40 | 4,8 |
| 070 | Gebäudeautomation | – | – | – | – |
| 075 | Raumlufttechnische Anlagen | 1.475 | 2,60 | 0,80 | 0,2 |
| | Herstellen | 1.475 | 2,60 | 0,80 | 0,2 |
| | **Gebäudetechnik** | **150.936** | **262,10** | **81,50** | **21,3** |
| | Herstellen | 150.936 | 262,10 | 81,50 | 21,3 |
| 084 | Abbrucharbeiten | 30.699 | 53,30 | 16,60 | 4,3 |
| | Abbrechen | 30.699 | 53,30 | 16,60 | 4,3 |
| | Sonstige Leistungsbereiche inkl. 008, 033, 051 | **1.933** | **3,40** | **1,00** | **0,3** |
| | Herstellen | 1.933 | 3,40 | 1,00 | 0,3 |

# Kosten abgerechneter Bauelemente

# Benutzerhinweise zum Teil „Kosten abgerechneter Bauelemente“

Die folgenden Teile dieses Buches enthalten die Kosten abgerechneter Bauelemente und die dazugehörigen Kostenkennwerte.

Im Teil A sind Kostenkennwerte für Bauelemente entsprechend den Kostengruppen der 3. Ebene DIN 276 dokumentiert, z.B. 361 Dachkonstruktionen oder z.B. 352 Deckenbeläge. Kostenkennwerte für bestimmte Ausführungen zu den Bauelementen, z.B. die Ausführung 352.21 Estrich zum Bauelement 352 Deckenbeläge sind bei den Objekten mit 4.Ebene dargestellt.

Je nach Planungsstand und gewünschter Kostensicherheit macht es Sinn, die Kosten über relativ grobe Kostenkennwerte z.B. für Innenwandbekleidung insgesamt oder differenzierter über Kostenkennwerte aller geplanten Ausführungen der Innenwandbekleidungen zu ermitteln.

Auf den folgenden Seiten sind, jeweils durch Leerzeilen getrennt, zu einem Bauelement bzw. zu einer bestimmten Ausführung unterschiedliche Kostenbeispiele aus verschiedenen Objekten dokumentiert. Bei welchem Objekt das jeweilige Beispiel ausgeführt wurde, wird in der ersten Zeile genannt.

Über diesen Querverweis auf die Objektnummer im Teil „Kosten abgerechneter Objekte“ kann der Kostenkennwerte eines Bauelementes nochmals in einem größeren Kontext beurteilt werden und bezogen auf die eigene Planungsmaßnahme korrigiert oder verworfen werden. Eine weitere Hilfe zur Einschätzung der Kostenkennwerte bietet die Unterscheidung der bauelementbezogenen Maßnahmen nach
• Abbrechen
• Wiederherstellen
• Herstellen.

Die Bedeutung dieser unterschiedlichen Maßnahmen an einem Bauelement verdeutlicht der in Klammern stehende prozentuale Kostenanteil.

Bei den Mengen, die zur Kostenkennwertbildung herangezogen wurden, handelt es sich um ausgeführte Mengen. Sofern die ausgeführten Mengen bei der Datenerhebung nicht vorlagen oder ermittelt werden konnten, sind die angefallenen Kosten auf die Fläche in $m^2$ BGF bezogen worden. Dieser Wert, der zwangsläufig „sehr unscharf“ ist, wird nachrichtlich in der letzten Spalte angegeben.

Für den Fall, dass eine Unterscheidung nach Abbrechen, Wiederherstellen und Herstellen nicht möglich war, wurden alle angefallenen Kosten unter der einen gemeinsamen Überschrift „Abbrechen, Wiederherstellen, Herstellen“ aufsummiert.

# Kostenkennwerte 3.Ebene DIN 276

# A

## Kostenkennwerte für die Kostengruppen 300 und 400 der 3.Ebene DIN 276 (Übersicht)

| KG | Kostengruppe | Menge Einheit | Kosten € | €/Einheit | €/m² BGF |
|---|---|---|---|---|---|
| 210 | **Herrichten** | | | | |
| 211 | **Sicherungsmaßnahmen** | | | | |
| | • 6100-496 Mehrfamilienhaus (31WE)<br>Bäume schützen, Sicherungsmaßnahmen für Baustellenzufahrt | 5.718,00 m² FBG | 6.407 | **1,12** | 1,86 |
| 212 | **Abbruchmaßnahmen** | | | | |
| | • 4100-108 Grundschule<br>Abbruch von Rasenkantensteine, Entsorgung (9m) | 9.843,00 m² FBG | 66 | **< 0,1** | 0,14 |
| | • 6100-496 Mehrfamilienhaus (31WE)<br>Abbrucharbeiten, geordneter Rückbau der Platten, Fenster, Bekleidungen, Entsorgung, Deponiegebühren | 5.718,00 m² FBG | 593.164 | **103,74** | 172,18 |
| | 6100-681 Mehrfamilienhaus (6WE)<br>• Abbrechen (Kosten: 100,0%)<br>Abbruch einer Betonstützmauer, Entsorgung (4m³) | 1.247,50 m² FBG | 290 | **0,23** | 0,40 |
| | 9100-060 Stadtbibliothek<br>• Abbrechen (Kosten: 100,0%)<br>Abbruch von einem gemauerten Anbau, Entsorgung, Deponiegebühren (128m³) | – FBG | 3.700 | **–** | 6,43 |
| 214 | **Herrichten der Geländeoberfläche** | | | | |
| | • 4100-108 Grundschule<br>Roden von Sträucher (465m²), Baumwurzeln (2St) | 9.843,00 m² FBG | 497 | **< 0,1** | 1,06 |
| | 5100-044 Sporthalle<br>• Herstellen (Kosten: 100,0%)<br>Baugelände abräumen (393m²) | 2.318,93 m² FBG | 788 | **0,34** | 0,60 |
| | 5100-048 Gymnastikraum Grundschule<br>• Herstellen (Kosten: 100,0%)<br>Oberboden abtragen, entsorgen (18m³) | 3.921,00 m² FBG | 1.388 | **0,35** | 2,21 |
| | • 6100-496 Mehrfamilienhaus (31WE)<br>Baumfällungen, Schutträumung auf dem Baugelände | 5.718,00 m² FBG | 10.124 | **1,77** | 2,94 |

## Kostenkennwerte für die Kostengruppen 300 und 400 der 3.Ebene DIN 276 (Übersicht)

| KG | Kostengruppe | Menge Einheit | Kosten € | €/Einheit | €/m² BGF |
|---|---|---|---|---|---|
| 220 | **Öffentliche Erschließung** | | | | |
| 221 | **Abwasserentsorgung** | | | | |
| | 4100-075 Schulzentrum | | | | |
| | • Herstellen (Kosten: 100,0%) | 1.486,73 m² FBG | 8.937 | **6,01** | 10,45 |
| | Stundenlohnarbeiten am Straßenkanal | | | | |

## Kostenkennwerte für die Kostengruppen 300 und 400 der 3.Ebene DIN 276 (Übersicht)

| KG | Kostengruppe | Menge Einheit | Kosten € | €/Einheit | €/m² BGF |
|---|---|---|---|---|---|
| 230 | **Nichtöffentliche Erschließung** | | | | |
| 231 | **Abwasserentsorgung** | | | | |
| | 5100-046 Sporthalle | | | | |
| | • Abbrechen (Kosten: 1,0%) | – FBG | 83 | – | 0,14 |
| | Abbruch von einem Entwässerungskanal, Entsorgung, Deponiegebühren | | | | |
| | • Herstellen (Kosten: 99,0%) | – FBG | 8.360 | – | 14,05 |
| | Rohrgrabenaushub (26m³), KG-Leitungen (33m), Formstücke (97St), Anschlüsse (6St) | | | | |
| | 6100-681 Mehrfamilienhaus (6WE) | | | | |
| | • Herstellen (Kosten: 100,0%) | 1.247,50 m² FBG | 6.071 | **4,87** | 8,36 |
| | Rohrgrabenaushub (90m³), KG-Rohre DN125 (78m), Formstücke (48St), Asphaltdecke, aufnehmen, abfahren (5m²) | | | | |

| KG | Kostengruppe | Menge Einheit | Kosten € | €/Einheit | €/m² BGF |
|---|---|---|---|---|---|
| 310 | **Baugrube** | | | | |
| 311 | **Baugrubenherstellung** | | | | |
| | 1300-148 Bürogebäude | | | | |
| | • Herstellen (Kosten: 100,0%) | 234,83 m³ | 9.871 | **42,03** | 64,26 |
| | Baugrubenaushub, Abfuhr (235m³), Arbeitsräume mit Frostschutzkies auffüllen (251m³) | | | | |
| | 1300-150 Verwaltungsgebäude, Kellertrocknung | | | | |
| | • Herstellen (Kosten: 100,0%) | 207,00 m³ | 9.500 | **45,89** | 26,39 |
| | Außenmauerwerk, freilegen, mit Verbau und Gewindespreizen, hinterfüllen (189m³), Baugrubenaushub, BK 3-5 (18m³) | | | | |
| | 1300-151 Rathaus | | | | |
| | • Herstellen (Kosten: 100,0%) | 43,50 m³ | 3.888 | **89,37** | 2,06 |
| | Baugrubenaushub BK 3-5 (38m³), Aushub im Gebäude, BK 6 (5m³), Abtransport (44m³), Baugrubenverfüllung (17m³) | | | | |
| | 4100-075 Schulzentrum | | | | |
| | • Herstellen (Kosten: 100,0%) | 662,91 m³ | 19.428 | **29,31** | 22,72 |
| | Baugrubenaushub, BK 3-5 (663m³), Baugrubenaushub, Abfuhr (90m³), Aushub wiedereinfüllen (60m³), Hinterfüllungen (206t) | | | | |
| | • 4100-108 Grundschule | 462,35 m³ | 15.352 | **33,21** | 32,63 |
| | Baugrubenaushub BK 3-5, lösen, laden, Abtransport (399m³), lagern, später, Arbeitsräume, verfüllen (63m³), Füllmaterial liefern (84m³) | | | | |
| | 5100-044 Sporthalle | | | | |
| | • Herstellen (Kosten: 100,0%) | 641,30 m³ | 53.137 | **82,86** | 40,41 |
| | Baugrubenaushub BK 3-5, Abfuhr (642m³), Hinterfüllungen Fundamente, Mineralgemisch, Liefermaterial (534m³) | | | | |
| | • 6100-496 Mehrfamilienhaus (31WE) | 600,00 m³ | 39.045 | **65,07** | 11,33 |
| | Baugrubenaushub BK 2-4 für Abdichtungsarbeiten und Dränage (600m³) | | | | |
| | 6100-681 Mehrfamilienhaus (6WE) | | | | |
| | • Herstellen (Kosten: 100,0%) | 32,51 m³ | 1.370 | **42,13** | 1,89 |
| | Bodenaushub, Abtransport (29m³), lagern (4m³), Hinterfüllung, Schotter, 0,5-32mm (16m³) | | | | |
| | 6100-686 Mehrfamilienhaus, Kellertrocknung | | | | |
| | • Herstellen (Kosten: 100,0%) | 52,15 m³ | 4.436 | **85,07** | 3,80 |
| | Außenmauerwerk freilegen, lagern, wieder hinterfüllen, Verbau mit Bohlen und Spindelspreizen (52m³) | | | | |

| KG | Kostengruppe | Menge Einheit | Kosten € | €/Einheit | €/m² BGF |
|---|---|---|---|---|---|
| | 6100-695 Mehrfamilienhaus, Kellertrocknung | | | | |
| | • Herstellen (Kosten: 100,0%) | 161,00 m³ | 12.254 | **76,11** | 11,67 |
| | Außenmauerwerk freilegen BK 3-5, lagern später wieder hinterfüllen (161m³), es war kein Verbau erforderlich | | | | |
| | 6100-708 Einfamilienhaus | | | | |
| | • Herstellen (Kosten: 100,0%) | 12,00 m³ | 346 | **28,86** | 0,96 |
| | Erdaushub im Sockelbereich, für Wärmedämmung (23m) | | | | |
| | 6100-717 Mehrfamilienhaus (4WE) | | | | |
| | • Herstellen (Kosten: 100,0%) | 87,38 m³ | 4.433 | **50,74** | 5,32 |
| | Baugrubenaushub BK 2-5, Abfuhr, Deponiegebühren (87m³), Hinterfüllung mit Schottermaterial, Körnung 16/32mm (46m³) | | | | |
| | 6100-740 Einfamilienhaus | | | | |
| | • Herstellen (Kosten: 100,0%) | 28,33 m³ | 5.360 | **189,18** | 19,27 |
| | Handschachtung zur Bodenplattenansenkung, waagerecht abgraben (7m³), Bodenaushub für Außenabdichtung, Handschachtung (22m³) | | | | |
| | 6100-770 Einfamilienhaus | | | | |
| | • Herstellen (Kosten: 100,0%) | 76,00 m³ | 2.603 | **34,25** | 10,84 |
| | Gebäudesohle freilegen und wieder verfüllen (76m³), Sickerkies (19t) | | | | |
| | 9100-060 Stadtbibliothek | | | | |
| | • Herstellen (Kosten: 100,0%) | 20,92 m³ | 1.108 | **52,98** | 1,92 |
| | Bodenaushub, lagern, zum Teil Handschachtung (21m³) | | | | |
| 313 | **Wasserhaltung** | | | | |
| | 1300-151 Rathaus | | | | |
| | • Herstellen (Kosten: 100,0%) | 608,97 m² GRF | 2.328 | **3,82** | 1,24 |
| | Tauchpumpe mit Abwasserschlauch (80h) | | | | |
| | • 4100-107 Grundschule | 293,00 m² GRF | 5.182 | **17,69** | 9,61 |
| | Wasserhaltung, Pumpanlage (1St), betreiben, vorhalten (12Wo) | | | | |
| | 5100-044 Sporthalle | | | | |
| | • Herstellen (Kosten: 100,0%) | 955,93 m² GRF | 497 | **0,52** | 0,38 |
| | Zwei Tauchpumpen, Förderleistung bis 20Liter/Sekunde (96h) | | | | |

## Kostenkennwerte für die Kostengruppen 300 und 400 der 3.Ebene DIN 276 (Übersicht)

| KG | Kostengruppe | Menge Einheit | Kosten € | €/Einheit | €/m² BGF |
|---|---|---|---|---|---|
| 320 | **Gründung** | | | | |
| 321 | **Baugrundverbesserung** | | | | |
| | 4100-075 Schulzentrum | | | | |
| | • Herstellen (Kosten: 100,0%) | 428,39 m² GRF | 7.842 | **18,30** | 9,17 |
| | Ausgleichsbeton C8/10, als Füllbeton unter den Fundamenten (102m³) | | | | |
| | • 4100-107 Grundschule | 293,00 m² GRF | 10.754 | **36,70** | 19,94 |
| | Beton-Auffüllungen C12/15 unter Fundamenten (95m³) | | | | |
| | • 4100-108 Grundschule | 296,54 m² GRF | 6.138 | **20,70** | 13,04 |
| | Baugrundverbesserung, Geotextil, Hartsteinschotter, 0/45mm, d=30-40cm (341m²) | | | | |
| | 5100-044 Sporthalle | | | | |
| | • Herstellen (Kosten: 100,0%) | 955,93 m² GRF | 1.324 | **1,39** | 1,01 |
| | Austausch nicht tragfähigen Bodens mit Mineralgemisch 0/56mm (41m³) | | | | |
| | • 6100-496 Mehrfamilienhaus (31WE) | 689,00 m² GRF | 311 | **0,45** | < 0,1 |
| | Schicht aus gebrochenem Material Betonrecycling 0/45 (20m²) | | | | |
| | 6100-717 Mehrfamilienhaus (4WE) | | | | |
| | • Herstellen (Kosten: 100,0%) | 109,93 m² GRF | 291 | **2,65** | 0,35 |
| | Füllbeton unbewehrt, C16/20, Auffüllungen im Gründungsbereich (22m³) | | | | |
| 322 | **Flachgründungen** | | | | |
| | 1300-148 Bürogebäude | | | | |
| | • Abbrechen (Kosten: 17,5%) | 18,51 m² | 2.907 | **157,04** | 18,93 |
| | Abbruch von Stb-Fundamenten, b=30cm, Entsorgung, Deponiegebühren (8m³) | | | | |
| | • Herstellen (Kosten: 82,5%) | 154,44 m² | 13.692 | **88,65** | 89,14 |
| | Fundamentaushub, Stb-Streifenfundament C25/30, zweiseitig geschalt, h=1,74-1,82cm (20m³) | | | | |
| | 1300-150 Verwaltungsgebäude, Kellertrocknung | | | | |
| | • Herstellen (Kosten: 100,0%) | 1,60 m² | 119 | **74,63** | 0,33 |
| | Streifenfundament C12/15, unbewehrt (1m³) | | | | |
| | 1300-151 Rathaus | | | | |
| | • Herstellen (Kosten: 100,0%) | 1,36 m² | 204 | **150,02** | 0,11 |
| | Stb-Einzelfundament C20/25, Schalung, Bewehrung (1m³) | | | | |
| | 4100-075 Schulzentrum | | | | |
| | • Herstellen (Kosten: 100,0%) | 428,39 m² | 43.437 | **101,40** | 50,80 |
| | Fundamentaushub, BK 3-5 (324m³), Stb-Fundamente C30/37, Bewehrung (82m³), Fundamentschalung (242m²), Sauberkeitsschicht unter den Fundamenten, d=5cm (125m²) | | | | |

| KG | Kostengruppe | Menge Einheit | Kosten € | €/Einheit | €/m² BGF |
|---|---|---|---|---|---|
| | • 4100-107 Grundschule | 293,00 m² | 34.459 | **117,61** | 63,91 |
| | Stb-Streifenfundamente C25/30 (85m³), Schalung (390m²), Bewehrung (9t) | | | | |
| | • 4100-108 Grundschule | 296,54 m² | 37.047 | **124,93** | 78,73 |
| | Fundamentaushub (64m³), Stb-Streifenfundamente C25/30 (94m³), Schalung (283m²), Bewehrung (3t), Bitumenvoranstrich auf Fundamente | | | | |
| | 5100-044 Sporthalle | | | | |
| | • Abbrechen (Kosten: 3,2%) | 19,41 m² | 1.749 | **90,11** | 1,33 |
| | Teilabbruch von Stb-Fundamenten, h=2-8cm, b=40cm (54m), Abbruch von Stb-Fundamente (13m³); Entsorgung, Deponiegebühren | | | | |
| | • Herstellen (Kosten: 96,8%) | 404,17 m² | 52.683 | **130,35** | 40,06 |
| | Fundamentaushub, BK 3-4 (168m³), Köcherfundamente, Stb-Fertigteile 2x2x1,9m (8St), 1,3x1,2x1,1,1m-5x1,5x1,1m (9St), Blockfundament (1St), Fundamentbalken (2St), Füllbeton für Fundamente C8/10, h=115cm (118m³), h=35cm (6m³), Stb-Stützwinkelfundamente, d=12cm, h=105cm, Sichtbeton (36St), Fundamentbetonplatte C12/15, d=20cm (28m²) | | | | |
| | 5100-048 Gymnastikraum Grundschule | | | | |
| | • Herstellen (Kosten: 100,0%) | 171,05 m² | 13.818 | **80,78** | 22,03 |
| | Fundamentaushub, lösen, lagern (75m³), Stb-Streifenfundamente C25/30 (10m³), Stb-Einzelfundament C25/30 (5m³), Schalung, Bewehrung | | | | |
| | • 6100-482 Mehrfamilienhaus (3WE) | 5,40 m² | 1.386 | **256,71** | 6,95 |
| | Stb-Fundamentverbreiterung, Bewehrung, Schalung (5m²) | | | | |
| | • 6100-496 Mehrfamilienhaus (31WE) | 689,00 m² | 7.632 | **11,08** | 2,22 |
| | Stb-Einzel- und Streifenfundamente aus WU-Beton B25 (69m²) | | | | |
| | 6100-681 Mehrfamilienhaus (6WE) | | | | |
| | • Herstellen (Kosten: 100,0%) | 9,71 m² | 3.275 | **337,38** | 4,51 |
| | Fundamentaushub, Abtransport (25m²), Magerbeton C 8/10 (2m³), Fundamentbeton C20/25 (10m³) | | | | |
| | 6100-708 Einfamilienhaus | | | | |
| | • Herstellen (Kosten: 100,0%) | 4,20 m² | 789 | **187,82** | 2,18 |
| | Stb-Streifenfundament (3m³) | | | | |
| | 6100-717 Mehrfamilienhaus (4WE) | | | | |
| | • Abbrechen (Kosten: 13,8%) | 109,93 m² | 573 | **5,21** | 0,69 |
| | Abbruch von Stb-Fundamenten, b=50cm (4m³) | | | | |
| | • Herstellen (Kosten: 86,2%) | 109,93 m² | 3.570 | **32,48** | 4,28 |
| | Fundamentaushub (16m³), Stb-Fundamente C20/25 (9m³), Fundamentschalung (23m²) | | | | |
| | 6100-740 Einfamilienhaus | | | | |
| | • Herstellen (Kosten: 100,0%) | 73,60 m² | 847 | **11,51** | 3,05 |
| | Fundamentaushub, Stb-Einzelfundamente C20/25, 0,50x0,50x0,90m | | | | |

| KG | Kostengruppe | Menge Einheit | Kosten € | €/Einheit | €/m² BGF |
|---|---|---|---|---|---|
| | 6100-770 Einfamilienhaus | | | | |
| | • Wiederherstellen (Kosten: 100,0%) | 60,50 m² | 2.029 | **33,54** | 8,45 |
| | Fundamentausbesserungen Beton und Zementmörtel (6m³) | | | | |
| | 9100-060 Stadtbibliothek | | | | |
| | • Herstellen (Kosten: 100,0%) | 7,30 m² | 564 | **77,26** | 0,98 |
| | Stb-Fundamente, Bewehrung (2m³) | | | | |
| 324 | **Unterböden und Bodenplatten** | | | | |
| | 1300-148 Bürogebäude | | | | |
| | • Abbrechen (Kosten: 5,2%) | 6,31 m² | 677 | **107,36** | 4,41 |
| | Abbruch von Stb-Bodenplatte, d=18cm mit Aufbau, d=13cm, Entsorgung, Deponiegebühren (6m²) | | | | |
| | • Herstellen (Kosten: 94,8%) | 154,44 m² | 12.390 | **80,22** | 80,66 |
| | Stb-Bodenplatte C20/25, d=25cm (154m²) | | | | |
| | 1300-150 Verwaltungsgebäude, Kellertrocknung | | | | |
| | • Abbrechen (Kosten: 76,2%) | 3,20 m² | 214 | **66,83** | 0,59 |
| | Abbruch von Bodenplatte, d=15cm, unbewehrt, Entsorgung, Deponiegebühren (3m²) | | | | |
| | • Herstellen (Kosten: 23,8%) | 2,00 m² | 67 | **33,38** | 0,19 |
| | Bodenplatte C8/10, d=15cm, Gefällebeton (2m²) | | | | |
| | 1300-151 Rathaus | | | | |
| | • Abbrechen (Kosten: 20,4%) | 152,11 m² | 4.234 | **27,83** | 2,25 |
| | Abbruch von Stb-Bodenplatte, d=15-18cm, bewehrt (131m²), Sandsteinbodenplatten (21m²); Entsorgung, Deponiegebühren | | | | |
| | • Herstellen (Kosten: 79,6%) | 238,51 m² | 16.512 | **69,23** | 8,77 |
| | Stb-Bodenplatte C20/25, WU-Beton, d=16cm (177m²), d=20cm (56m²), C25/30, d=30cm (6m²), Randschalung, Bewehrung | | | | |
| | 4100-075 Schulzentrum | | | | |
| | • Herstellen (Kosten: 100,0%) | 428,39 m² | 29.027 | **67,76** | 33,95 |
| | Stb-Bodenplatte C30/37, d=25cm, Bewehrung (428m²) | | | | |
| | • 4100-107 Grundschule | 293,00 m² | 31.175 | **106,40** | 57,82 |
| | Stb-Bodenplatte C25/30, d=30cm (293m²), Randschalung (38m²), Bewehrung (8t) | | | | |
| | • 4100-108 Grundschule | 296,54 m² | 13.697 | **46,19** | 29,11 |
| | Stb-Bodenplatte C25/30, d=20cm (297m²), Randschalung (22m²), Bewehrung (3t) | | | | |
| | 5100-044 Sporthalle | | | | |
| | • Abbrechen (Kosten: 8,6%) | 9,49 m² | 2.046 | **215,63** | 1,56 |
| | Abbruch von Stb-Bodenplatte, d=25cm (9m²), Schnitte im Diamantschneideverfahren (15m), Entsorgung, Deponiegebühren | | | | |
| | • Herstellen (Kosten: 91,4%) | 380,92 m² | 21.685 | **56,93** | 16,49 |
| | Stb-Bodenplatte C25/30, d=20cm, Bewehrung, Randschalung (376m²), Sichtbetonblockstufen 15/33cm (14m), Treppenwangen, Mauerwerk, d=12cm (5m²) | | | | |

| KG | Kostengruppe | Menge Einheit | Kosten € | €/Einheit | €/m² BGF |
|---|---|---|---|---|---|
| | 5100-048 Gymnastikraum Grundschule | | | | |
| | • Herstellen (Kosten: 100,0%) | 171,05 m² | 24.044 | **140,57** | 38,33 |
| | Stb-Bodenplatte C25/30, d=15cm, auf vorhandenem Untergrund, Bewehrung (104m²), Stb-Bodenplatte C25/30, d=15cm, Bewehrung (68m²) | | | | |
| | 6100-681 Mehrfamilienhaus (6WE) | | | | |
| | • Abbrechen (Kosten: 65,2%) | 3,23 m² | 358 | **111,05** | 0,49 |
| | Abbruch einer Stb-Bodenplatte (3m²), Sägeschnitte (14m), Entsorgung, Deponiegebühren | | | | |
| | • Herstellen (Kosten: 34,9%) | 4,29 m² | 192 | **44,62** | 0,26 |
| | Bodenflächen, ausbetonieren (4m²) | | | | |
| | 6100-708 Einfamilienhaus | | | | |
| | • Herstellen (Kosten: 100,0%) | 4,20 m² | 1.895 | **451,25** | 5,24 |
| | Terrassenbodenplatte ergänzen, Stb-Bodenplatte, d=20cm (4m²) | | | | |
| | 6100-717 Mehrfamilienhaus (4WE) | | | | |
| | • Abbrechen (Kosten: 21,5%) | 101,00 m² | 3.428 | **33,95** | 4,11 |
| | Abbruch von Stb-Bodenplatte, d=20cm (101m²) | | | | |
| | • Herstellen (Kosten: 78,5%) | 109,93 m² | 12.533 | **114,01** | 15,03 |
| | Stb-Bodenplatten C20/25, d=12cm (63m²), Stb-Bodenplatten C20/25, d=15cm (16m²), Stb-Bodenplatten C20/25, d=15cm, Sperrbeton (12m²), Stb-Bodenplatten C20/25, d=20cm (19m²), Stb-Technikkanal C20/25, Wände, d=20cm (13m²) | | | | |
| | 6100-740 Einfamilienhaus | | | | |
| | • Abbrechen (Kosten: 43,5%) | 73,00 m² | 8.074 | **110,60** | 29,03 |
| | Abbruch von Stb-Bodenplatte, d=20cm, Estrich, Beläge, Entsorgung, Deponiegebühren (73m²) | | | | |
| | • Herstellen (Kosten: 56,5%) | 73,60 m² | 10.467 | **142,21** | 37,64 |
| | Stb-Bodenplatte C20/25, d=12cm, Randschalung, Bewehrung (74m²) | | | | |
| | 6100-770 Einfamilienhaus | | | | |
| | • Abbrechen (Kosten: 70,3%) | 65,50 m² | 3.583 | **54,71** | 14,92 |
| | Abbruch der Stb-Bodenplatte mit Belägen, Minibaggerarbeiten, Entsorgung, Deponiegebühren (66m²) | | | | |
| | • Herstellen (Kosten: 29,7%) | 60,50 m² | 1.516 | **25,06** | 6,31 |
| | Stb-Bodenplatte mit Heizschlangen, d=15cm, geglättet, Bewehrung (61m²) | | | | |
| | 9100-060 Stadtbibliothek | | | | |
| | • Herstellen (Kosten: 100,0%) | 42,73 m² | 3.586 | **83,93** | 6,23 |
| | Stb-Bodenplatte C20/25, d=18cm, Randschalung, Bewehrung (43m²) | | | | |
| 325 | **Bodenbeläge** | | | | |
| | 1300-138 Bürogebäude | | | | |
| | • Abbrechen (Kosten: 1,9%) | 13,68 m² | 243 | **17,76** | 0,11 |
| | Abbruch von Teppichböden, Linoleum mit Unterbau aus Spanplatten, Entsorgung, Deponiegebühren (14m²) | | | | |
| | • Herstellen (Kosten: 98,1%) | 153,14 m² | 12.789 | **83,51** | 5,64 |
| | Estrich, grundieren, spachteln, Teppichboden (111m²), Linoleum (33m²), Sockelleisten (75m), Sauberlaufbelag (3m²), Bodenfliesen, 10/10cm, R 10, Abdichtung (7m²) | | | | |

| KG | Kostengruppe | Menge Einheit | Kosten € | €/Einheit | €/m² BGF |
|---|---|---|---|---|---|
| | 1300-148 Bürogebäude | | | | |
| | • Abbrechen (Kosten: 0,9%) | 20,71 m² | 158 | **7,65** | 1,03 |
| | Abbruch von Teppichböden, Kleberrückstände auf darunterliegenden Parkett entfernen (20m²), Sockelleisten (15m); Entsorgung, Deponiegebühren | | | | |
| | • Herstellen (Kosten: 99,1%) | 157,30 m² | 18.287 | **116,25** | 119,05 |
| | Schweißbahn, V60S4, EPS-Wärmedämmung, d=3x50mm, WLG 040, Trockenschüttung, Steinwolle-Trittschalldämmung d=12/10, Trockenestrich, Gipsfaserplatten, d=23mm (136m²), Voranstrich, Teppichboden Kugelgarn (150m²), PVC-Bodenbelag (5m²), Sauberlaufmatte in Edelstahlrahmen (3m²), vorhandenes Parkett aufspachteln (16m²) | | | | |
| | 1300-151 Rathaus | | | | |
| | • Abbrechen (Kosten: 12,5%) | 380,11 m² | 8.296 | **21,83** | 4,41 |
| | Abbruch von Fußbodenschalung, d=25-30mm, Rahmenkonstruktion, Mineralwolldämmung, PVC-Beläge (98m²), Eicheparkettboden (228m²), Holzbretterboden, Massivbretter, d=30mm, genagelt.(130m²), Balkenfelder in Fußboden ausleeren, d=15cm, Gips, Steinreste, Strohmatten (26m³), Teppichboden (54m²); Entsorgung, Deponiegebühren | | | | |
| | • Wiederherstellen (Kosten: 7,5%) | 262,57 m² | 4.997 | **19,03** | 2,65 |
| | Kopfsteinpflasterbeläge, Sandsteinplatten, Betonverbundpflastersteine im Gebäude, ausbauen, lagern (220m²), Parkett schleifen, Löcher ausgleichen, versiegeln (17m²), Holzabdeckungen abschleifen, Fehlstellen spachteln, lackieren (26m²), Unterböden aus Einzelriemenbrettern, d=20-24mm, verschrauben (86m²) | | | | |
| | • Herstellen (Kosten: 80,0%) | 397,73 m² | 53.040 | **133,36** | 28,17 |
| | Bitumenbahn (230m²), Zementheizestrich ZE 30, d=87mm, Klinkerbodenfliesen 30x30cm (182m²), Dämmung, Zementestrich ZE 30, d=65-70mm, Fliesen (40m²), Blindschalung, d=14mm, Unterspannbahn, Wärmedämmung, d=120mm, Unterboden, d=25mm, Stabparkett, Eiche, d=22mm (55m²), Fliesen auf vorhandenen Fliesen verlegt (15m²), PE-Folie, Wärmedämmung, Trockenestrich, Fliesen (6m²), Unterspannbahn, Ausgleichsschüttung, Wärmedämmung, Holzspanplatten, d=22mm, Kautschukbodenbeläge (91m²), Fliesen (20m²) | | | | |
| | 4100-075 Schulzentrum | | | | |
| | • Herstellen (Kosten: 100,0%) | 333,44 m² | 53.213 | **159,59** | 62,23 |
| | Bitumen-Schweißbahnen, EPS-Wärmedämmung, d=100mm, WLG 040, Trittschalldämmung (288m²), Schaumglas, d=110mm, WLG040, Zementestrich, d=65mm (42m²), Epoxidharzabdichtung, Bodenfliesen (119m²), Spachtelung, Linoleum, d=2,5mm (211m²), Sauberlaufmatte (3m²) | | | | |
| | • 4100-107 Grundschule | 202,15 m² | 35.285 | **174,55** | 65,44 |
| | Zementestrich, d=70mm, Dämmung, d=60mm (151m²), Trennlage (280m²), Abdichtung (270m²), PVC-Bodenbeläge (128m²), Betonwerkstein, Dämmung, d=40mm (63m²), Sauberlaufbeläge (11m²), Bodenfliesen (23m²) | | | | |
| | • 4100-108 Grundschule | 257,49 m² | 37.318 | **144,93** | 79,31 |
| | Voranstrich, Bitumenschweißbahnen, 2-lagig, Trittschall- und Wärmedämmung, d=40mm, Zementestrich, d=75mm (191m²), Betonwerkstein (63m²), Sockelplatten (33m), Sauberlaufbelag, Rahmen (4m²), Bodenfliesen (60m²), Kehlsockel (60m), PVC-Bodenbeläge (206m²), Sockelleisten (80m) | | | | |

| KG | Kostengruppe | Menge Einheit | Kosten € | €/Einheit | €/m² BGF |
|---|---|---|---|---|---|
| | 5100-044 Sporthalle | | | | |
| | • Abbrechen (Kosten: 13,9%) | 936,67 m² | 22.128 | **23,62** | 16,83 |
| | Abbruch von Massivfußboden belegt mit Zementestrich, Fliesen, Betonwerksteinplatten, d bis 15cm (147m²), Bitumenbahnen (90m²), Sportboden (465m²), hohlliegende Betonfußböden (235m²), Estrich (464m²); Entsorgung, Deponiegebühren | | | | |
| | • Wiederherstellen (Kosten: 5,6%) | 252,45 m² | 8.918 | **35,32** | 6,78 |
| | Betonaufbrüche mit C16/20 schließen, glatt abziehen (235m²), Pflasterbeläge, ausbauen, lagern, reinigen, einbauen (17m²) | | | | |
| | • Herstellen (Kosten: 80,5%) | 955,93 m² | 128.491 | **134,41** | 97,71 |
| | Ausgleichsestrich Altbau Sportfeld d=40-90mm (465m²), Bitumenanstrich, Bitumen-Schweißbahn V60S4 (967m²), Trockenschüttung, PUR-Hartschaumplatten, d=130mm, PE-Folie, Hartfaserplatten (816m²), Sportboden, elastisch, d=33mm (701m²), Sportboden, starr (115m²), Linoleum, d=4mm (779m²), Dämmung, d=40mm, Zementestrich, d=40-55mm (121m²), Heizestrich (7m²), Bodenfliesen (76m²), Linoleum, d=2,5mm (49m²), Granitpflaster (27m²), Betonpflaster (17m²), Eingangsmatten (3m²) | | | | |
| | 5100-046 Sporthalle | | | | |
| | • Herstellen (Kosten: 100,0%) | 530,00 m² | 4.262 | **8,04** | 7,16 |
| | Sockelleisten, Massivholz 80x15mm, geschraubt (200m) | | | | |
| | 5100-048 Gymnastikraum Grundschule | | | | |
| | • Abbrechen (Kosten: 6,1%) | 128,00 m² | 3.823 | **29,86** | 6,09 |
| | Abbruch von Holzparkett, geklebt, Übergangsschienen (100m²), Bodenfliesen (28m²); Entsorgung, Deponiegebühren | | | | |
| | • Wiederherstellen (Kosten: 26,0%) | 269,91 m² | 16.372 | **60,66** | 26,10 |
| | Estrich prüfen, Fehlstellen ausgleichen (100m²), Schüttung (100m²), Grundanstrich, Bodenbeschichtung (70m²) | | | | |
| | • Herstellen (Kosten: 67,9%) | 180,46 m² | 42.681 | **236,51** | 68,04 |
| | Bitumenschweißbahn mit Aluminiumeinlage, zweilagig (171m²), Hallensportboden, Voranstrich, Ausgleichsmasse, Schalldämmung, Mineralfaserplatten, d=30mm, Schwingbügel, Schwinglage Massivholz, d=19,5mm, Mehrschicht-Schiffsbodendielen Eiche, d=17mm, Spielfeldmarkierungen (155m²), Dämmung, d=20mm, Trennschicht, Mörtelbett, Bodenfliesen (25m²) | | | | |
| | 6100-681 Mehrfamilienhaus (6WE) | | | | |
| | • Herstellen (Kosten: 100,0%) | 14,70 m² | 905 | **61,60** | 1,25 |
| | Bodenfliesen, 33x33cm (15m²), Sockelfliesen (22m) | | | | |
| | 6100-708 Einfamilienhaus | | | | |
| | • Abbrechen (Kosten: 100,0%) | 5,37 m² | 184 | **34,34** | 0,51 |
| | Abbruch von Terrassenbelägen, Entsorgung, Deponiegebühren (5m²) | | | | |
| | 6100-717 Mehrfamilienhaus (4WE) | | | | |
| | • Herstellen (Kosten: 100,0%) | 85,97 m² | 3.105 | **36,11** | 3,72 |
| | Anhydritestrich auf Trennlage, d=50mm (40m²), Granit-Bodenplatten im Mörtelbett, auf Entkopplungsplatte (10m²), Sockelplatten (13m), Fußbodenbeschichtung (36m²), Schachtabdeckungen Heizraum (2St) | | | | |

| KG | Kostengruppe | Menge Einheit | Kosten € | €/Einheit | €/m² BGF |
|---|---|---|---|---|---|
| | 6100-726 Mehrfamilienhaus (3WE) | | | | |
| | • Herstellen (Kosten: 100,0%) | 3,52 m² | 728 | **206,96** | 1,68 |
| | Aufspachteln einer Abdichtung, Natursteinmosaik, Schiefer (4m²), Dichtungsband (4m), Dichtungsmanschette einkleben (1St) | | | | |
| | 6100-740 Einfamilienhaus | | | | |
| | • Abbrechen (Kosten: 3,9%) | 61,00 m² | 598 | **9,81** | 2,15 |
| | Ausbau von Holzdielen, Entsorgung, Deponiegebühren (61m²) | | | | |
| | • Herstellen (Kosten: 96,1%) | 51,00 m² | 14.741 | **289,04** | 53,01 |
| | Mineralische Dickbeschichtung, Bitumenbahnen, Gussasphaltestrich, d=25mm, Bodenfliesen (35m²), Ausgleichs-Spachtelung, Landhausdielen (16m²) | | | | |
| | 6100-770 Einfamilienhaus | | | | |
| | • Herstellen (Kosten: 100,0%) | 65,00 m² | 2.901 | **44,64** | 12,08 |
| | Bodenfliesen (65m²) | | | | |
| | 7200-072 Geschäftshaus, Wohnen (13WE) | | | | |
| | • Abbrechen (Kosten: 28,3%) | 170,57 m² | 5.018 | **29,42** | 2,36 |
| | Abbruch von Granitböden (13m²), Estrich, Bodenfliesen, d=15cm (81m²), PVC-Beläge (76m²); Entsorgung, Deponiegebühren | | | | |
| | • Wiederherstellen (Kosten: 2,8%) | 1,43 m² | 489 | **342,05** | 0,23 |
| | Granitplatten ausbauen, neue einsetzen, Sockelplatten, versiegeln (1m²) | | | | |
| | • Herstellen (Kosten: 68,9%) | 137,74 m² | 12.223 | **88,74** | 5,76 |
| | Perlitschüttung bis 10mm, Trennlage, Dämmplatten, d=20mm, Gussasphaltestrich, d=30mm, Bitumenschweißbahnen (138m²), Bodenfliesen (31m²), Natursteinbeläge (40m²) | | | | |
| | 9100-060 Stadtbibliothek | | | | |
| | • Herstellen (Kosten: 100,0%) | 86,72 m² | 10.364 | **119,51** | 18,00 |
| | Abdichtung, Dämmung, Zementestrich, Bodenfliesen, Sockelfliesen (65m²), Untergrund-vorbereitung, Linoleum (10m²), Spanplatten, Parkett (4m²), Eingangsmatte (8m²) | | | | |
| 326 | **Bauwerksabdichtungen** | | | | |
| | 1300-148 Bürogebäude | | | | |
| | • Herstellen (Kosten: 100,0%) | 154,44 m² GRF | 1.242 | **8,04** | 8,09 |
| | Sauberkeitsschicht, d=5cm (154m²) | | | | |
| | 1300-150 Verwaltungsgebäude, Kellertrocknung | | | | |
| | • Herstellen (Kosten: 100,0%) | 360,00 m² GRF | 69 | **0,19** | 0,19 |
| | Kiesfilterschicht, d=5cm, 16/32, PE-Folie (4m²) | | | | |
| | 1300-151 Rathaus | | | | |
| | • Herstellen (Kosten: 100,0%) | 608,97 m² GRF | 6.775 | **11,13** | 3,60 |
| | Kiesfilter, Körnung 16/32mm (39m³), Trennlage, Kunststofffolie, d=0,5mm (223m²), Perimeterdämmung, d=80mm, WLG 035 (18m²), d=80mm, WLG 040 (6m²) | | | | |
| | 4100-075 Schulzentrum | | | | |
| | • Herstellen (Kosten: 100,0%) | 428,39 m² GRF | 3.636 | **8,49** | 4,25 |
| | Planum (428m²), Kiesfilterschicht, d=20cm (303m²) | | | | |

| KG | Kostengruppe | Menge Einheit | Kosten € | €/Einheit | €/m² BGF |
|---|---|---|---|---|---|
| | • 4100-107 Grundschule | 293,00 m² GRF | 2.526 | **8,62** | 4,69 |
| | Sauberkeitsschicht C12/15, d=7cm, Kunststofffolie (270m²) | | | | |
| | • 4100-108 Grundschule | 296,54 m² GRF | 7.441 | **25,09** | 15,81 |
| | Planum, PE-Folie, Sauberkeitsschicht C 12/15, d=5cm (205m²), Perimeterdämmung, d=80mm, WLG 040 (282m²) | | | | |
| | 5100-044 Sporthalle | | | | |
| | • Herstellen (Kosten: 100,0%) | 955,93 m² GRF | 18.106 | **18,94** | 13,77 |
| | Auffüllungen, Mineralgemisch, d=35cm, Planum, Kiesfilterschicht, d=20cm, Sauberkeitsschicht C8/10, d=5cm (363m²), Rampe, Frostschutz, d=25cm, Frostschutzschicht, Verbindungsgang (31m²) | | | | |
| | 5100-048 Gymnastikraum Grundschule | | | | |
| | • Herstellen (Kosten: 100,0%) | 171,05 m² | 13.999 | **81,84** | 22,32 |
| | Sauberkeitsschicht, Beton B15, d=5-10cm, EPS-Hartschaumplatten, d=120mm, Trennlage Kunststofffolie, d=0,3mm (171m²), Füllkies zu alter Bodenplatte, d=20cm (38m³) | | | | |
| | • 6100-496 Mehrfamilienhaus (31WE) | 689,00 m² GRF | 22.645 | **32,87** | 6,57 |
| | Abdichtungen am Gebäude im Bereich der Dränage | | | | |
| | 6100-717 Mehrfamilienhaus (4WE) | | | | |
| | • Herstellen (Kosten: 100,0%) | 109,93 m² GRF | 923 | **8,40** | 1,11 |
| | Kiesfilterschicht, d=15cm, Körnung 16/32mm, PE-Folie, d=0,2mm (66m²) | | | | |
| | 6100-740 Einfamilienhaus | | | | |
| | • Herstellen (Kosten: 100,0%) | 73,60 m² GRF | 332 | **4,51** | 1,19 |
| | Feinplanum (75m²) | | | | |
| | 6100-770 Einfamilienhaus | | | | |
| | • Herstellen (Kosten: 100,0%) | 76,00 m² GRF | 3.267 | **42,98** | 13,60 |
| | Sicker/Kiesschicht, Alu-Bahn, Wärmedämmung, d=150mm, PE-Folie (61m²) | | | | |
| | 9100-060 Stadtbibliothek | | | | |
| | • Herstellen (Kosten: 100,0%) | 86,72 m² GRF | 528 | **6,08** | 0,92 |
| | Basaltschotter als Sauberkeitsschicht, d=20cm, verdichten (45m²) | | | | |
| 327 | **Dränagen** | | | | |
| | 1300-150 Verwaltungsgebäude, Kellertrocknung | | | | |
| | • Herstellen (Kosten: 100,0%) | 360,00 m² GRF | 3.941 | **10,95** | 10,95 |
| | Dränageleitungen (87m), Kiesumhüllung 0-32 (18m³), Kontrollschächte (7St) | | | | |
| | 4100-075 Schulzentrum | | | | |
| | • Herstellen (Kosten: 100,0%) | 428,39 m² GRF | 3.113 | **7,27** | 3,64 |
| | Dränageleitungen DN100, Filterpackung, Geotextil (66m), Spülrohre (24m) | | | | |
| | • 4100-107 Grundschule | 293,00 m² GRF | 5.076 | **17,32** | 9,41 |
| | Dränageleitungen, DN50-150 (160m), Formstücke (66St), Steinzeugrohre (10m), Sandfang (1St) | | | | |

| KG | Kostengruppe | Menge Einheit | Kosten € | €/Einheit | €/m² BGF |
|---|---|---|---|---|---|
| | • 4100-108 Grundschule | 296,54 m² GRF | 3.898 | **13,14** | 8,28 |
| | Dränageleitungen DN100 (127m), Formstücke (53St), Spülrohre (7St) | | | | |
| | 5100-044 Sporthalle | | | | |
| | • Herstellen (Kosten: 100,0%) | 955,93 m² GRF | 2.357 | **2,47** | 1,79 |
| | PVC-Dränleitungen DN100, Kiespackung, Filtervlies (49m), Dränkontrollschacht DN315 (1St) | | | | |
| | • 6100-496 Mehrfamilienhaus (31WE) | 689,00 m² GRF | 6.718 | **9,75** | 1,95 |
| | Herstellen einer 3-seitigen Dränage, mit Kontroll- und Revisionsschächten | | | | |
| | 6100-695 Mehrfamilienhaus, Kellertrocknung | | | | |
| | • Wiederherstellen (Kosten: 100,0%) | 186,00 m² GRF | 6.665 | **35,84** | 6,35 |
| | Instandsetzung von Pumpensumpfen, Entfernen aller Verunreinigungen pflanzlicher und mineralischer Art, Abdeckgitter abnehmen und erneuern, Pumpen ausbauen, Ausbesserung der Betonwandungen, neue Tauchpumpen (6St) | | | | |
| | 6100-770 Einfamilienhaus | | | | |
| | • Herstellen (Kosten: 100,0%) | 76,00 m² GRF | 167 | **2,20** | 0,70 |
| | Dränageleitungen | | | | |

## Kostenkennwerte für die Kostengruppen 300 und 400 der 3.Ebene DIN 276 (Übersicht)

| KG | Kostengruppe | Menge Einheit | Kosten € | €/Einheit | €/$m^2$ BGF |
|---|---|---|---|---|---|
| 330 | **Außenwände** | | | | |
| 331 | **Tragende Außenwände** | | | | |
| | 1300-148 Bürogebäude | | | | |
| | • Abbrechen (Kosten: 13,6%) | 23,03 $m^2$ | 2.486 | **107,94** | 16,18 |
| | Abbruch von Vollziegelmauerwerk, d=35-60cm, Fensterbrüstungen, Entsorgung, Deponiegebühren (23$m^2$) | | | | |
| | • Herstellen (Kosten: 86,4%) | 140,24 $m^2$ | 15.818 | **112,80** | 102,98 |
| | Porenbeton-Mauerwerk, d=30cm (124$m^2$), d=36,5cm (5$m^2$), Ringanker, Porenbetonstein ausbetoniert, 25/30cm (45m), Mörtelausgleichsschicht (10$m^2$) | | | | |
| | 1300-150 Verwaltungsgebäude, Kellertrocknung | | | | |
| | • Abbrechen (Kosten: 100,0%) | 3,44 $m^2$ | 342 | **99,51** | 0,95 |
| | Abbruch von Ziegelmauerwerk, d=25cm, in Kleinflächen (3$m^2$) | | | | |
| | 1300-151 Rathaus | | | | |
| | • Abbrechen (Kosten: 31,7%) | 205,43 $m^2$ | 9.674 | **47,09** | 5,14 |
| | Abbruch von einem Sandsteinsockel, d=25-40cm (31$m^2$), Holzfachwerkwand ausleeren, Putz (175$m^2$); Entsorgung, Deponiegebühren | | | | |
| | • Wiederherstellen (Kosten: 45,0%) | 113,91 $m^2$ | 13.731 | **120,54** | 7,29 |
| | Fachwerkkonstruktion freilegen, Fehlstellen ausgleichen, Holz teilweise erneuern, Stundenlohnarbeit (54$m^2$), Sandsteinsockel reinigen, teilweise wieder aufmauern (60$m^2$) | | | | |
| | • Herstellen (Kosten: 23,2%) | 19,55 $m^2$ | 7.080 | **362,13** | 3,76 |
| | Stb-Wände, WU-Beton C25/30, d=20-30cm, Schalung, Bewehrung (9$m^2$), Sandsteinsockelwand, Türöffnung herstellen (12m), Holzfachwerkwand (8$m^2$) | | | | |
| | 1300-152 Wohn- und Geschäftshaus | | | | |
| | • Herstellen (Kosten: 100,0%) | 9,34 $m^2$ | 2.201 | **235,66** | 5,64 |
| | Deckenumlaufziegel (7$m^2$), Giebel aufmauern, Bereich Aufdachisolierung, HLz-Mauerwerk, d=11,5-17,5cm (6$m^2$) | | | | |
| | 4100-075 Schulzentrum | | | | |
| | • Herstellen (Kosten: 100,0%) | 252,00 $m^2$ | 46.195 | **183,31** | 54,03 |
| | Stb-Wände C20/25, d=25cm, Schalung, Bewehrung (252$m^2$), Sichtbetonschalung (64$m^2$) | | | | |
| | • 4100-107 Grundschule | 420,00 $m^2$ | 32.942 | **78,43** | 61,10 |
| | Kalksandsteinmauerwerk, KS 20/2,0/IIa, d=20cm (420$m^2$), Maueranschlussanker (300St), Ankerschienen (28m), Trennfugenplatten, Mineralwolle (330$m^2$) | | | | |
| | • 4100-108 Grundschule | 438,90 $m^2$ | 41.653 | **94,90** | 88,52 |
| | Kalksandsteinmauerwerk, d=17,5cm, KS 12/1,8/IIa (439$m^2$), Trennfugendämmplatten 2x30mm (227$m^2$), Stb-Unter- und Überzüge | | | | |
| | 5100-044 Sporthalle | | | | |
| | • Abbrechen (Kosten: 21,0%) | 149,42 $m^2$ | 4.868 | **32,58** | 3,70 |
| | Abbruch von Porenbetonmauerwerk, d=19-22cm (143$m^2$), Gasbetonmauerwerk, d=20cm (6$m^2$); Entsorgung, Deponiegebühren | | | | |

| KG | Kostengruppe | Menge Einheit | Kosten € | €/Einheit | €/m² BGF |
|---|---|---|---|---|---|
| | • Wiederherstellen (Kosten: 17,0%) | – | 3.950 | – | 3,00 |
| | Freilegen der korrodierten Bewehrung, Strahlen, Untergrundvorbereitung, Ausbildung einer verlorenen Schalung, Spritzbeton im Trockenspritzverfahren (22m) | | | | |
| | • Herstellen (Kosten: 62,0%) | 49,84 m² | 14.419 | **289,28** | 10,96 |
| | Fensteröffnungen verkleinern, KS-Mauerwerk, d=26cm (39m²), KS-Mauerwerk, d=19cm (2m²), Stb-Tragbalken, 20/40cm, auf Fundamente montiert (22m) | | | | |
| | 5100-048 Gymnastikraum Grundschule | | | | |
| | • Abbrechen (Kosten: 32,9%) | 69,80 m² | 5.314 | **76,14** | 8,47 |
| | Abbruch von Mauerwerkswänden, d=20-40cm (68m²), Mauerwerkspfeiler 0,60x0,50cm (7m); Entsorgung, Deponiegebühren | | | | |
| | • Herstellen (Kosten: 67,1%) | 77,82 m² | 10.842 | **139,33** | 17,29 |
| | KS-Mauerwerk, d=24cm (76m²), Stahlträger, HEB 100, l=15m (1St) | | | | |
| | 5300-009 Strandbad, Restaurant | | | | |
| | • Herstellen (Kosten: 100,0%) | 90,35 m² | 7.202 | **79,72** | 27,46 |
| | Tragwandkonstruktion KVH-Rahmen, Mineralfaserdämmung, d=200mm, Befestigung an BSH-Stützen (90m²), OSB-Beplankung, innen (74m²) | | | | |
| | • 6100-482 Mehrfamilienhaus (3WE) | 153,00 m² | 22.090 | **144,38** | 110,71 |
| | Poroton-Mauerwerkswände, d=17,5-52cm; Auflager für Decke (58m), Stb-Ringbalken B25 (l=73m), Aussteifungsbänder aus Stahl | | | | |
| | • 6100-496 Mehrfamilienhaus (31WE) | 200,00 m² | 122.955 | **614,78** | 35,69 |
| | Außenwände teilweise neu, Kalksandstein d=24cm und Poroton-Mauerwerk d=30/36,5cm (200m²) | | | | |
| | 6100-652 Mehrfamilienhaus (9WE) | | | | |
| | • Herstellen (Kosten: 100,0%) | 52,50 m² | 5.161 | **98,30** | 17,38 |
| | HLz-Mauerwerk, d=24cm (53m²) | | | | |
| | 6100-681 Mehrfamilienhaus (6WE) | | | | |
| | • Abbrechen (Kosten: 23,8%) | 37,23 m² | 2.134 | **57,32** | 2,94 |
| | Abbruch von Bimssteinmauerwerk, d=24cm (21m²), Fenster-Brüstungen (16m²); Entsorgung, Deponiegebühren | | | | |
| | • Herstellen (Kosten: 76,2%) | 77,83 m² | 6.851 | **88,03** | 9,44 |
| | Bims-Mauerwerk, d=24cm (59m²), Ringanker (52m) | | | | |
| | 6100-694 Zweifamilienhaus | | | | |
| | • Abbrechen (Kosten: 45,2%) | 47,49 m² | 2.098 | **44,17** | 5,02 |
| | Abbruch von Mauerwerk, d=30cm (47m²), Entsorgung, Deponiegebühren | | | | |
| | • Herstellen (Kosten: 54,8%) | 27,60 m² | 2.542 | **92,10** | 6,08 |
| | HLz-Mauerwerk, d=30cm (21m²), Stb-Sockel C20/25, d=30cm Schalung, Bewehrung (7m²) | | | | |
| | 6100-708 Einfamilienhaus | | | | |
| | • Abbrechen (Kosten: 5,1%) | 2,58 m² | 132 | **51,02** | 0,36 |
| | Abbruch von Ziegelmauerstein, Entsorgung, Deponiegebühren (3m²) | | | | |

| KG | Kostengruppe | Menge Einheit | Kosten € | €/Einheit | €/m² BGF |
|---|---|---|---|---|---|
| | • Herstellen (Kosten: 94,9%)<br>Stahlträger HEB 220 auf Stahlstützen HEB 120, Maueröffnungen schließen, Gurtwickelkästen einbauen | 2,58 m² | 2.450 | **949,62** | 6,77 |
| | 6100-713 Doppelhaushälfte | | | | |
| | • Abbrechen (Kosten: 100,0%)<br>Abbruch von Mauerwerk, d=24cm, Entsorgung, Deponiegebühren (13m²) | 13,35 m² | 616 | **46,18** | 2,19 |
| | 6100-717 Mehrfamilienhaus (4WE) | | | | |
| | • Abbrechen (Kosten: 17,5%)<br>Abbruch von Ziegelmauerwerk für Öffnungen, d=17,5cm (86m²) | 85,91 m² | 3.475 | **40,45** | 4,17 |
| | • Herstellen (Kosten: 82,5%)<br>HLz-Mauerwerk, d= 17,5cm (100m²), Stb-Außenwände C20/25, d=17,5cm, Schalung, Bewehrung (34m²), KS-Mauerwerk, d=17,5cm (13m²), Stb-Ringanker C20/25 (36m) | 154,10 m² | 16.359 | **106,16** | 19,61 |
| | 6100-726 Mehrfamilienhaus (3WE) | | | | |
| | • Herstellen (Kosten: 100,0%)<br>Öffnung herstellen im Mauerwerk, d=30cm (1m²), Auflagertaschen herstellen, Ziegelflachstürze einbauen (7m) | 2,78 m² | 989 | **355,71** | 2,28 |
| | 6100-731 Einfamilienhaus | | | | |
| | • Abbrechen (Kosten: 42,8%)<br>Abbruch von Fensterbrüstungen (1m²), Fensterlaibungen, Hohlblock-Mauerwerk (16m), Betonsockel; Entsorgung, Deponiegebühren | 10,27 m² | 762 | **74,23** | 3,07 |
| | • Herstellen (Kosten: 57,2%)<br>Fensteröffnungen herstellen (3St), Brüstungen aufmauern (1m), Auflager Rollladenkasten ausmauern (16St), Kernbohrung, d=100mm (1St), Schlitze zumauern (6h) | 9,00 m² | 1.018 | **113,13** | 4,10 |
| | 6100-740 Einfamilienhaus | | | | |
| | • Abbrechen (Kosten: 11,5%)<br>Abbruch von Mauerwerk, d=31cm, temporäre Abfangungen, Entsorgung, Deponiegebühren (8m²) | 7,50 m² | 1.465 | **195,39** | 5,27 |
| | • Wiederherstellen (Kosten: 46,1%)<br>Ziegelsteine ausstemmen, durch neue ersetzen, in Kleinflächen (11m²), Mauerfugen auskratzen, neu verfugen (23m²), Mauertaschen beimauern (26m) | 39,35 m² | 5.875 | **149,30** | 21,13 |
| | • Herstellen (Kosten: 42,3%)<br>Mauertaschen für neue Holzbalken, 0,16x0,24x0,22m (67St), Einbau von Fensterstürzen HEA 100, l=1,36m, Beiputzarbeiten (6St) | – | 5.392 | – | 19,39 |
| | 6100-770 Einfamilienhaus | | | | |
| | • Herstellen (Kosten: 100,0%)<br>Ziegelmauerwerk, d=24-30cm, Öffnungen schließen (10m²) | 10,00 m² | 225 | **22,49** | 0,94 |
| | 6100-780 Einfamilienhaus, Büro | | | | |
| | • Abbrechen (Kosten: 74,3%)<br>Abbruch von Ziegelmauerwerk, d=36,5cm (9m²), d=24cm (19m²), Bruchstein-Fensterbrüstungen (3m²), Entsorgung, Deponiegebühren | 30,49 m² | 3.032 | **99,43** | 3,67 |

| KG | Kostengruppe | Menge Einheit | Kosten € | €/Einheit | €/m² BGF |
|---|---|---|---|---|---|
| | • Herstellen (Kosten: 25,7%) | 5,00 m² | 1.047 | **209,37** | 1,27 |
| | Wandöffnungen schließen, HLz-Mauerwerk (5m²), runde Öffnung herstellen, d=70cm (1St) | | | | |
| | 6100-785 Zweifamilienhaus | | | | |
| | • Abbrechen (Kosten: 45,2%) | 23,66 m² | 2.098 | **88,66** | 20,17 |
| | Abbruch von Mauerwerk, d=30cm (33m²), Entsorgung, Deponiegebühren | | | | |
| | • Herstellen (Kosten: 54,8%) | 27,60 m² | 2.542 | **92,10** | 24,44 |
| | HLz-Mauerwerk, d=30cm (21m²), Stb-Sockel C20/25, d=30cm Schalung, Bewehrung (7m²) | | | | |
| | 9100-060 Stadtbibliothek | | | | |
| | • Abbrechen (Kosten: 20,9%) | 85,92 m² | 8.518 | **99,14** | 14,79 |
| | Abbruch von Mauerwerkswänden, d=24-36,5cm, Entsorgung, Deponiegebühren (86m²) | | | | |
| | • Herstellen (Kosten: 79,1%) | 201,79 m² | 32.156 | **159,35** | 55,84 |
| | Mauerwerkswände, d=17,5cm (26m²), d=24cm (15m²), d=30cm (21m²), d=36cm (36m²), Stb-Ringanker (80m), Stb-Wände C20/25, d=24cm für Aufzugschacht, Schalung, Bewehrung, (50m²), Fenster- und Türöffnungen schließen (53m²) | | | | |
| 332 | **Nichttragende Außenwände** | | | | |
| | 1300-150 Verwaltungsgebäude, Kellertrocknung | | | | |
| | • Herstellen (Kosten: 100,0%) | 3,60 m² | 183 | **50,88** | 0,51 |
| | Betonwand C12/15, unbewehrt, d=25cm, Lichtschacht als Notausstieg (4m²) | | | | |
| | 4100-075 Schulzentrum | | | | |
| | • Herstellen (Kosten: 100,0%) | 36,00 m² | 3.594 | **99,84** | 4,20 |
| | Stb-Attika, 25/30cm (120m), Kernbohrungen für Dachentwässerung DN150 (9St) | | | | |
| | • 4100-107 Grundschule | 91,67 m² | 6.537 | **71,31** | 12,12 |
| | Ausmauern Bestandsfenster, Porenbeton, d=24cm (92m²) | | | | |
| | 5100-044 Sporthalle | | | | |
| | • Herstellen (Kosten: 100,0%) | 29,77 m² | 5.391 | **181,08** | 4,10 |
| | Holzrahmenkonstruktion, d=10cm, beidseitig Faserzementtafeln, d=8mm, beschichtet (21m²), KS-Mauerwerk, d=12cm (9m²) | | | | |
| | 5100-046 Sporthalle | | | | |
| | • Abbrechen (Kosten: 4,6%) | 20,62 m² | 262 | **12,70** | 0,44 |
| | Abbruch von Gasbetonmauerwerk (16m²), Lüftungsgitter, Abdeckungen, Stahlbleche, Befestigungen (5m²); Entsorgung, Deponiegebühren | | | | |
| | • Herstellen (Kosten: 95,4%) | 22,88 m² | 5.394 | **235,77** | 9,07 |
| | Gasbeton, Dachrand aufmauern, d=10cm, h=18cm (30m), d=20cm, h=44cm (25m), Sparrenfelder ausmauern, d=10cm, h=18cm (36m), Gewindestäbe (55St), Wandöffnung, rund, schließen (1St) | | | | |
| | 6100-695 Mehrfamilienhaus, Kellertrocknung | | | | |
| | • Herstellen (Kosten: 100,0%) | 25,80 m² | 3.989 | **154,59** | 3,80 |
| | Kellerfensterlaibungen ausmauern, Stürze (12St), Öffnungen schließen (2St) | | | | |

| KG | Kostengruppe | Menge Einheit | Kosten € | €/Einheit | €/m² BGF |
|---|---|---|---|---|---|
| | 6100-726 Mehrfamilienhaus (3WE) | | | | |
| | • Abbrechen (Kosten: 20,9%) | 1,90 m² | 99 | **51,95** | 0,23 |
| | Abbruch von Außenwand, d=11,5cm, Kleinflächen (2m²) | | | | |
| | • Herstellen (Kosten: 79,1%) | 3,11 m² | 373 | **119,99** | 0,86 |
| | Vorhandene Öffnung verkleinern (3m²), Vormauerungen, d=8cm (0,4m²) | | | | |
| | 6100-731 Einfamilienhaus | | | | |
| | • Abbrechen (Kosten: 35,4%) | 2,40 m² | 133 | **55,45** | 0,54 |
| | Abbruch von einer Brüstungskante, Entsorgung, Deponiegebühren (2m²) | | | | |
| | • Herstellen (Kosten: 64,6%) | 3,04 m² | 243 | **79,74** | 0,98 |
| | Heizkörpernischen ausmauern (3m²) | | | | |
| | 6100-740 Einfamilienhaus | | | | |
| | • Abbrechen (Kosten: 16,5%) | 3,00 m² | 514 | **171,43** | 1,85 |
| | Abbruch von Fensterbrüstungen, Entsorgung, Deponiegebühren (3m²) | | | | |
| | • Herstellen (Kosten: 83,5%) | 23,10 m² | 2.601 | **112,58** | 9,35 |
| | Holzrahmenwand, Einblasdämmung, d=120mm, Beplankungen, außenseitig mit Putzträgerplatte, innenseitiger mit Holzwerkstoffplatte, d=1,2cm, Gipsfaserplatte, d=1,5cm (23m²) | | | | |
| | 6100-752 Mehrfamilienhaus (19WE) | | | | |
| | • Wiederherstellen (Kosten: 100,0%) | 27,00 m² | 1.878 | **69,57** | 0,74 |
| | An Balkonbrüstungen, Bewehrung freilegen, entrosten, mit Korrosionsschutz verfüllen, Stundenlohnarbeit (27m²) | | | | |
| | 6100-753 Mehrfamilienhaus (19WE) | | | | |
| | • Wiederherstellen (Kosten: 100,0%) | 48,76 m² | 3.399 | **69,72** | 1,33 |
| | An Balkonbrüstungen, Bewehrung freilegen, entrosten, mit Korrosionsschutz verfüllen, Stundenlohnarbeit (49m²) | | | | |
| | 9100-060 Stadtbibliothek | | | | |
| | • Abbrechen (Kosten: 32,6%) | 21,86 m² | 577 | **26,41** | 1,00 |
| | Abbruch von Fensterbrüstungen (15m²), Mauerwerk, d=17,5cm (7m²); Entsorgung, Deponiegebühren | | | | |
| | • Herstellen (Kosten: 67,4%) | 13,54 m² | 1.196 | **88,31** | 2,08 |
| | Fensterbrüstungen ausmauern (14m²) | | | | |
| 333 | **Außenstützen** | | | | |
| | 4100-075 Schulzentrum | | | | |
| | • Herstellen (Kosten: 100,0%) | 3,40 m | 425 | **124,92** | 0,50 |
| | Stb-Stützen, Schalung, Bewehrung (3m) | | | | |
| | • 4100-107 Grundschule | 242,86 m | 19.029 | **78,35** | 35,29 |
| | Stb-Stützen C25/30, 20/35cm (243m), Schalung (250m²), Bewehrung (5t) | | | | |
| | • 4100-108 Grundschule | 80,85 m | 8.708 | **107,70** | 18,51 |
| | Stb-Stützen C25/30-XC1 (81m), Schalung (63m²), Bewehrung (2t) | | | | |

| KG | Kostengruppe | Menge Einheit | Kosten € | €/Einheit | €/m² BGF |
|---|---|---|---|---|---|
| | 5100-044 Sporthalle | | | | |
| | • Abbrechen (Kosten: 6,0%) | 26,78 m | 1.194 | **44,58** | 0,91 |
| | Abbruch von Stb-Stützen, 40x50cm (18m), Stahlstützen, Kastenprofil 100 (9m); Entsorgung, Deponiegebühren | | | | |
| | • Herstellen (Kosten: 94,0%) | 89,18 m | 18.793 | **210,72** | 14,29 |
| | Eingespannte Stb-Fertigteilstützen C20/25, Sichtbeton, 40/44-54cm, l=7,65m, Elastomerlager (8St), Stb-Fertigteilkonsolen (2St), Stahlkonstruktion Verbindungsgang, Stahlrahmen 8xHEA120 Stützen, Dachträger 8xHE120A, Aussteifungen (28m) | | | | |
| | 5100-048 Gymnastikraum Grundschule | | | | |
| | • Herstellen (Kosten: 100,0%) | 23,10 m | 5.166 | **223,62** | 8,24 |
| | Stb-Stützen C25/30, 24x24x330cm (2St), Stb-Stützen C25/30, 50x24x330cm (2St), Stahlstützen, 88,9x6,3mmx3,30cm (3St) | | | | |
| | 5300-009 Strandbad, Restaurant | | | | |
| | • Herstellen (Kosten: 100,0%) | 44,70 m | 2.173 | **48,61** | 8,28 |
| | BSH-Stützen, 10/20cm (42m), 10/12cm (3m), Balkenschuhe (74St) | | | | |
| | • 6100-482 Mehrfamilienhaus (3WE) | 16,50 m | 1.533 | **92,93** | 7,68 |
| | Stb-Stützen B25 24/24cm, Schalung, Bewehrung (17m) | | | | |
| | 6100-681 Mehrfamilienhaus (6WE) | | | | |
| | • Herstellen (Kosten: 100,0%) | 43,80 m | 3.081 | **70,34** | 4,24 |
| | Quadratrohrstützen, feuerverzinkt, 100x5,6mm (21m), 60x4,5mm (18m), 60,3x3mm (5m) | | | | |
| | 6100-717 Mehrfamilienhaus (4WE) | | | | |
| | • Herstellen (Kosten: 100,0%) | 29,22 m | 1.984 | **67,89** | 2,38 |
| | Stahlstützen, Rundstützen, d=88,8-101,6mm, Längen 2,00-4,86m (9St) | | | | |
| | 6100-740 Einfamilienhaus | | | | |
| | • Wiederherstellen (Kosten: 100,0%) | 2,50 m | 21 | **8,29** | < 0,1 |
| | Stahl-Stütze, lackieren (3m) | | | | |
| 334 | **Außentüren und -fenster** | | | | |
| | 1300-138 Bürogebäude | | | | |
| | • Wiederherstellen (Kosten: 25,6%) | 36,05 m² | 1.345 | **37,30** | 0,59 |
| | Fensterbänke (14m²), Eingangstüren, profiliert (22m²), reinigen, Anstriche entfernen, Schad- und Ausbruchstellen spachteln, mit Holzschutzgrund grundieren, Zwischen- und Schlussbeschichtung | | | | |
| | • Herstellen (Kosten: 74,4%) | 99,96 m² | 3.903 | **39,04** | 1,72 |
| | RWA-Anlage für Fassadenfenster, Zentrale, Fensterantrieb, Rauchmelder (100m²), Schließanlage | | | | |
| | 1300-148 Bürogebäude | | | | |
| | • Abbrechen (Kosten: 1,9%) | 5,00 m² | 299 | **59,90** | 1,95 |
| | Abbruch von Holzfenster, Fensterbänke, Entsorgung, Deponiegebühren (5m²) | | | | |

| KG | Kostengruppe | Menge Einheit | Kosten € | €/Einheit | €/m² BGF |
|---|---|---|---|---|---|
| | • Herstellen (Kosten: 98,1%) | 19,94 m² | 15.254 | **765,00** | 99,31 |
| | Holzfenster, Wärmeschutzglas, ug=1,0W/m²K, manueller Sonnenschutz im Scheibenzwischenraum, Alu-Lamellen (20m²), Innenfensterbänke, Fichte (13m), Alu-Fensterbank (1m) | | | | |
| | 1300-151 Rathaus | | | | |
| | • Abbrechen (Kosten: 3,5%) | 73,36 m² | 4.749 | **64,73** | 2,52 |
| | Abbruch von Holztoren (36m²), Holzfenster, Fensterbänke, Verblechungen (38m²); Entsorgung, Deponiegebühren | | | | |
| | • Wiederherstellen (Kosten: 23,0%) | 163,06 m² | 31.241 | **191,59** | 16,59 |
| | Historische Eichenholzfenster reinigen, spachteln, Deckleisten ausbessern, dauerelastische Verfugung, Anstrich, neue Holzvorfenster an der Rauminnenseite (89m²), historisches Holztor, abschleifen, Risse, Löcher und Fugen verspachteln, Grund,- Zwischen-, Schlussanstrich (31m²), Holzbekleidungen von Türen, abschleifen, Anstrich (40m²), Fensterbalkone, alte Hölzer austauschen, Anstrich (3m²) | | | | |
| | • Herstellen (Kosten: 73,5%) | 116,35 m² | 99.823 | **857,99** | 53,02 |
| | Vorfensterelemente, Holzfenster, Isolierverglasung (68m²), Holzfenster, Isolierverglasung, Sprossen (28m²), Fenstertüren, Festverglasungen (12m²), Holz/Glas Türen (9m²), Innenfensterbänke, Granit (6m²), Holz (4St), Außenfensterbänke, Titanzink (29m) | | | | |
| | 1300-152 Wohn- und Geschäftshaus | | | | |
| | • Wiederherstellen (Kosten: 11,8%) | 43,61 m² | 2.191 | **50,24** | 5,61 |
| | Holzfenster reinigen, lose Farbschichten entfernen, Fehlstellen spachteln, Grund-, Zwischen-, Schlussanstrich (44m²) | | | | |
| | • Herstellen (Kosten: 88,2%) | 29,65 m² | 16.363 | **551,88** | 41,90 |
| | Holzfenster, Isolierverglasung, Fenstersims (30m²) | | | | |
| | 4100-075 Schulzentrum | | | | |
| | • Abbrechen (Kosten: 2,2%) | 20,13 m² | 631 | **31,33** | 0,74 |
| | Abbruch von einem Fenster, Entsorgung, Deponiegebühren (20m²) | | | | |
| | • Herstellen (Kosten: 97,8%) | 29,55 m² | 28.500 | **964,47** | 33,33 |
| | Alu-Fenster, pulverbeschichtet, Wärmeschutz-Isolierverglasung, u-Wert=1,1W/m2K (21m²), Alu-Glas-Türelemente (9m²), Alu-Fensterbänke, pulverbeschichtet (11m), Fensterbänke, Mehrschichtplatten Buche, d=25mm (42m) | | | | |
| | • 4100-107 Grundschule | 222,12 m² | 169.512 | **763,15** | 314,39 |
| | Alu-Fenster (179m²), Alu-Türen (43m²), Fensterbänke, Betonwerkstein (6St) | | | | |
| | • 4100-108 Grundschule | 37,02 m² | 28.936 | **781,58** | 61,49 |
| | Alu-Türen (19m²), Stahltüren (12m²), Alu-Fenster (6m²) | | | | |
| | 4300-010 Förderschule, Vereinsräume | | | | |
| | • Abbrechen (Kosten: 6,6%) | 152,77 m² | 5.479 | **35,86** | 6,76 |
| | Abbruch von Fenstern, Fensteraußenbänken (153m²); Entsorgung, Deponiegebühren | | | | |
| | • Herstellen (Kosten: 93,4%) | 152,80 m² | 77.105 | **504,61** | 95,19 |
| | Alu-Fensterelemente, Wärmeschutzglas, U-Wert=1,1W/m2K, Profile nach DIN 4108 in Rahmenmaterialgruppe 1, Dreh-/Drehkippflügel, Alu-Außensimse (153m²), Stützverkleidungen, 2mm LM-Blech mit hinterlegter Isolierung (6m²), verleimte Multiplex-Innenfensterbänke, wasserfest | | | | |

| KG | Kostengruppe | Menge Einheit | Kosten € | €/Einheit | €/m² BGF |
|---|---|---|---|---|---|
| | 5100-044 Sporthalle | | | | |
| | • Abbrechen (Kosten: 2,9%) | 42,04 m² | 2.701 | **64,26** | 2,05 |
| | Abbruch von Holz-Eingangstür (4m²), Stahlfensterrahmen (99m); Entsorgung, Deponiegebühren | | | | |
| | • Wiederherstellen (Kosten: 1,2%) | 22,28 m² | 1.161 | **52,11** | 0,88 |
| | Ausbauen der Alueingangstüren, lagern, wieder einbauen (22m²) | | | | |
| | • Herstellen (Kosten: 95,8%) | 122,28 m² | 89.106 | **728,70** | 67,76 |
| | Stb-Fenstereinrahmungen als Kragelemente C30/37, d=16cm (75m), Stahlrahmen zum Einbau Kunststofffenster, lackiert (250kg), Kunststofffenster, Wärmeschutzverglasung, innen VSG (121m²), Elektro-Fensteröffner (18St), Holzeingangstüre (2m²), Fensterbänke, Multiplex-Sperrholz (67m), Alu-Fensterbänke, außen (60m) | | | | |
| | 5100-046 Sporthalle | | | | |
| | • Abbrechen (Kosten: 7,5%) | 128,17 m² | 4.450 | **34,72** | 7,48 |
| | Abbruch von Fenstern, Aluminiumrahmen, Einfachverglasung, Fensterbänke (112m²), Alu-Fensterbänke (27m), Holztüren, Seitenteile (16m²); Entsorgung, Deponiegebühren | | | | |
| | • Wiederherstellen (Kosten: 0,1%) | 4,60 m² | 82 | **17,92** | 0,14 |
| | Stahl-Außentüren, Beschichtung aufrauen, blätternde Teile entfernen, entsorgen, Roststellen abschleifen, Rostschutzanstrich, Fehlstellen spachteln, Zwischen -und Schlussbeschichtung (5m²) | | | | |
| | • Herstellen (Kosten: 92,4%) | 128,22 m² | 55.113 | **429,82** | 92,63 |
| | Kunststofffenster (112m²), Fensterbänke, Alu (36St), Rohrrahmentüren, Alu (17m²) | | | | |
| | 5100-048 Gymnastikraum Grundschule | | | | |
| | • Herstellen (Kosten: 100,0%) | 2,15 m² | 2.869 | **1.334,36** | 4,57 |
| | Türanlage aus Aluminium-Profilen, Glastüre, ESG, d=10mm (2m²) | | | | |
| | 5300-009 Strandbad, Restaurant | | | | |
| | • Herstellen (Kosten: 100,0%) | 42,60 m² | 41.808 | **981,41** | 159,39 |
| | Einganstüre, Holz-Glas, Obentürschließer, Griffstange (3m²), Holzfenster als Vertikalschiebefenster, Alu-Fensterbänke (40m²) | | | | |
| | • 6100-482 Mehrfamilienhaus (3WE) | 46,00 m² | 20.013 | **435,07** | 100,30 |
| | Kiefer-Holzfenster, Isolierverglasung (u-Wert=1,1 W/m2K), deckend lackiert, teilweise zweifarbig, Oberlichtöffner mit Elektroantrieb | | | | |
| | • 6100-496 Mehrfamilienhaus (31WE) | 1.200,00 m² | 187.165 | **155,97** | 54,33 |
| | Kunststofffenster und Fenstertüren (1.200m²) | | | | |
| | 6100-652 Mehrfamilienhaus (9WE) | | | | |
| | • Herstellen (Kosten: 100,0%) | 41,56 m² | 9.100 | **218,95** | 30,64 |
| | Kunststofffenster, zweifach Isolierverglasung, u-Wert=1,1W(m2K) (42m²) | | | | |
| | 6100-658 Mehrfamilienhaus (60WE) | | | | |
| | • Abbrechen (Kosten: 12,6%) | 60,90 m² | 1.241 | **20,37** | 0,59 |
| | Abbruch von Fensterbänken, Entsorgung, Deponiegebühren (174m) | | | | |
| | • Herstellen (Kosten: 87,4%) | 80,51 m² | 8.613 | **106,98** | 4,11 |
| | Neue Fensterbänke einbauen (174m) | | | | |

| KG | Kostengruppe | Menge Einheit | Kosten € | €/Einheit | €/m² BGF |
|---|---|---|---|---|---|
| | 6100-681 Mehrfamilienhaus (6WE) | | | | |
| | • Abbrechen (Kosten: 5,4%) | 85,62 m² | 1.892 | **22,10** | 2,61 |
| | Abbruch von Holzfenster, Fensterbänke (75m²), Holzeingangstür (3m²), Kellertür (2m²), Garagentor (6m²); Entsorgung, Deponiegebühren | | | | |
| | • Herstellen (Kosten: 94,6%) | 81,77 m² | 32.992 | **403,48** | 45,45 |
| | Kunststofffenster (73m²), Lüftungseinrichtungen (30St), Fensterbänke, innen Granit (39m), außen Alu (45m), Kellerfenster (5m²), Haustürelement, Kunststoff (3m²) | | | | |
| | 6100-694 Zweifamilienhaus | | | | |
| | • Abbrechen (Kosten: 6,4%) | 45,22 m² | 1.387 | **30,67** | 3,32 |
| | Abbruch von Holzfenster (45m²), Fensterbänke (23m), Entsorgung, Deponiegebühren | | | | |
| | • Herstellen (Kosten: 93,6%) | 37,59 m² | 20.364 | **541,75** | 48,74 |
| | Holz-Aluminium Fenster, u-Wert=1,1W/(m2K), Fensterbänke (38m²), Sonnenschutzglas (30m²) | | | | |
| | 6100-695 Mehrfamilienhaus, Kellertrocknung | | | | |
| | • Herstellen (Kosten: 100,0%) | 1,60 m² | 460 | **287,63** | 0,44 |
| | Stahl-Kellerfenster (2St) | | | | |
| | 6100-708 Einfamilienhaus | | | | |
| | • Abbrechen (Kosten: 7,5%) | 26,25 m² | 781 | **29,75** | 2,16 |
| | Abbruch von Fenster, Fensterbänke, Holzhaustür, Entsorgung, Deponiegebühren (26m²) | | | | |
| | • Herstellen (Kosten: 92,5%) | 26,25 m² | 9.691 | **369,18** | 26,79 |
| | Kunststofffenster, Wärmeschutzglas Ug=1,1W/m2K (26m²), Haustüre, Kunststoff, mit Glasausschnitt (1St), Alu-Fensterbänke (17m), Innenfensterbänke (17m) | | | | |
| | 6100-713 Doppelhaushälfte | | | | |
| | • Wiederherstellen (Kosten: 1,1%) | 2,61 m² | 175 | **67,10** | 0,62 |
| | Holzeingangstür, anschleifen, Anstrich mit Holzschutzlasur, KS-Siegellack (3m²) | | | | |
| | • Herstellen (Kosten: 98,9%) | 37,00 m² | 16.109 | **435,37** | 57,12 |
| | Kunststofffenster, Ug-Wert=1,1K/m2k (20m²), Kunststofffenster, Anschluss an äußerer Alu-Schale (14m²), Alu-Fensterbänke, b=15cm (12m), einschließlich verputzen der beschädigten Laibungen | | | | |
| | 6100-717 Mehrfamilienhaus (4WE) | | | | |
| | • Abbrechen (Kosten: 6,6%) | 21,62 m² | 2.328 | **107,70** | 2,79 |
| | Abbruch von einem Garagentor (20m²), einer Tür (2m²); Entsorgung, Deponiegebühren | | | | |
| | • Herstellen (Kosten: 93,4%) | 77,85 m² | 33.106 | **425,25** | 39,69 |
| | Kunststofffenster- und türen, Isolierverglasung, u-Wert=1,1W/m2K, Alu-Sprossen zwischen den Scheiben, Vorbaurolladen (44m²), Kunststofffenster, Isolierverglasung, u-Wert=1,1W/m²K (20m²), Sektionaltore, Motor (13m²), Türelement (2m²), Außenfensterbänke, Granit (13m²), Innenfensterbänke (4m²) | | | | |
| | 6100-726 Mehrfamilienhaus (3WE) | | | | |
| | • Abbrechen (Kosten: 5,6%) | 4,61 m² | 249 | **54,07** | 0,57 |
| | Abbruch von Holzfenster, Rollladenschienen, Innenfensterbank (3m²), Stahleckzarge, Putz, Schwelle (2m²) | | | | |

| KG | Kostengruppe | Menge Einheit | Kosten € | €/Einheit | €/m² BGF |
|---|---|---|---|---|---|
| | • Wiederherstellen (Kosten: 22,9%) | 3,15 m² | 1.020 | **323,69** | 2,35 |
| | Holzfenster ausbauen, lagern, wieder einbauen, Abdichtung, Dämmung, neue Fensterbänke, Naturstein, neue Beschläge (3m²) | | | | |
| | • Herstellen (Kosten: 71,5%) | 2,91 m² | 3.181 | **1.093,18** | 7,32 |
| | Holzfenster, Fensterbänke, Naturstein innen, Titanzinkblech außen, Dämmung, luftdichter Anschluss (3m²) | | | | |
| | 6100-731 Einfamilienhaus | | | | |
| | • Abbrechen (Kosten: 11,9%) | 60,46 m² | 2.975 | **49,21** | 11,99 |
| | Abbruch von Holzfenstern, Fensterbänke, außen Alu, innen Naturstein, Entsorgung, Deponiegebühren (60m²) | | | | |
| | • Herstellen (Kosten: 88,1%) | 69,17 m² | 21.925 | **316,97** | 88,38 |
| | Kunststoff-Fenster, Isolierverglasung, Dreh-Kipp-Beschläge, Festverglasungen (36m²), Kunststoff-Hebe-Schiebetüren, Isolierverglasung, Festverglasungen (30m²), Kunststoff-Festverglasung, trapezförmig (3m²), Alu-Außenfensterbänke (35m) | | | | |
| | 6100-740 Einfamilienhaus | | | | |
| | • Abbrechen (Kosten: 7,7%) | 38,54 m² | 4.951 | **128,46** | 17,80 |
| | Abbruch von Holzfenster (29m²), Holztüren (10m²); Entsorgung, Deponiegebühren | | | | |
| | • Herstellen (Kosten: 92,3%) | 39,41 m² | 58.987 | **1.496,75** | 212,11 |
| | Holzeingangstür, Glasausschnitt (2m²), Nebeneingangstüren, Glasausschnitte (5m²), Sicherheitsbeschläge, Holzfenster mit Sprossen (25m²), Fenstertüren (7m²) | | | | |
| | 6100-752 Mehrfamilienhaus (19WE) | | | | |
| | • Wiederherstellen (Kosten: 3,6%) | 43,07 m² | 2.528 | **58,69** | 0,99 |
| | Holztüren abschleifen, Fehlstellen spachteln, Grund-, Zwischen- und Schlussanstrich (9m²), Anstrich Holztüren (6m²), Kellerfenster lackieren (28m²) | | | | |
| | • Herstellen (Kosten: 96,4%) | 230,44 m² | 66.971 | **290,62** | 26,27 |
| | Kunststofffenster mit Aufsatzrolladenpanzer, u-Wert=1,1W/m2K (143m²), Kunststofffenstertüren mit Aufsatzrolladenpanzer, u-Wert=1,1W/m²K (67m²), Nebeneingangstüre mit Fenster (9m²), Kunststofffenster (11m²), Fensterbänke Granit d=3cm (218m), einschließlich Demontage und Entsorgung der alten Fenster, Türen und Fensterbänken | | | | |
| | 6100-753 Mehrfamilienhaus (19WE) | | | | |
| | • Wiederherstellen (Kosten: 4,0%) | 40,04 m² | 2.539 | **63,42** | 1,00 |
| | Holztüren abschleifen, Fehlstellen spachteln, Grund-, Zwischen- und Schlussanstrich (6m²), Kellerfenster lackieren (34m²) | | | | |
| | • Herstellen (Kosten: 96,0%) | 197,03 m² | 61.175 | **310,48** | 24,00 |
| | Kunststofffenster mit Aufsatzrolladenpanzer, u-Wert=1,1W/m²K (75m²), Kunststofffenstertüren mit Aufsatzrolladenpanzer, u-Wert=1,1W/m²K (59m²), Nebeneingangstüre mit Fenster (9m²), Kunststofffenster (54m²), Fensterbänke Granit d=3cm (218m), einschließlich Demontage und Entsorgung der alten Fenster, Türen und Fensterbänken | | | | |
| | 6100-770 Einfamilienhaus | | | | |
| | • Abbrechen (Kosten: 0,5%) | 3,81 m² | 82 | **21,57** | 0,34 |
| | Abbruch von Fenster, Entsorgung, Deponiegebühren (4m²) | | | | |

| KG | Kostengruppe | Menge Einheit | Kosten € | €/Einheit | €/m² BGF |
|---|---|---|---|---|---|
| | • Herstellen (Kosten: 99,5%) | 30,00 m² | 17.489 | **582,98** | 72,84 |
| | Kunststofffenster, Dreifachverglasung, u-Wert 0,7W/m2K (23m²), Kunststofffenstertüren (7m²), Alu-Fensterbänke | | | | |
| | 6100-780 Einfamilienhaus, Büro | | | | |
| | • Abbrechen (Kosten: 0,8%) | 3,03 m² | 303 | **99,87** | 0,37 |
| | Abbruch von Holzfenster, Doppelverglasung, Entsorgung, Deponiegebühren (3m²) | | | | |
| | • Wiederherstellen (Kosten: 20,2%) | 104,61 m² | 7.597 | **72,63** | 9,20 |
| | Scheibenaustausch an Außenfenster (14m²), Außentür ausbauen, lagern, wieder einbauen (2m²), Holzfenster reinigen, spachteln, grundieren, Schlussanstrich (89m²) | | | | |
| | • Herstellen (Kosten: 79,0%) | 53,57 m² | 29.743 | **555,27** | 36,02 |
| | Holzfenster, Wärmefunktionsglas, dreifach Isolierverglasung (32m²), Hebe-Schiebetür, seitliche Festverglasungen (18m²), Hauseingangstüre (4m²) | | | | |
| | 6100-785 Zweifamilienhaus | | | | |
| | • Abbrechen (Kosten: 6,4%) | 37,59 m² | 1.216 | **32,34** | 11,69 |
| | Abbruch von Holzfenster, Entsorgung, Deponiegebühren (38m²) | | | | |
| | • Herstellen (Kosten: 93,6%) | 33,08 m² | 17.642 | **533,37** | 169,64 |
| | Holz-Aluminium Fenster, u-Wert=1,1W/(m2K), Fensterbänke, Sonnenschutzglas (33m²) | | | | |
| | 6100-790 Einfamilienhaus | | | | |
| | • Abbrechen (Kosten: 5,3%) | 34,30 m² | 1.089 | **31,75** | 4,17 |
| | Abbruch von Fenster, Rollläden, Rollladenkästen, Entsorgung, Deponiegebühren (34m²) | | | | |
| | • Herstellen (Kosten: 94,7%) | 34,30 m² | 19.623 | **572,11** | 75,13 |
| | Kunststofffenster, zweifach verglast, Ug=1,1W/m2K, mit Rollladenkästen (34m²) | | | | |
| | 6100-793 Einfamilienhaus | | | | |
| | • Abbrechen (Kosten: 3,0%) | 51,98 m² | 1.461 | **28,11** | 3,93 |
| | Abbruch von Holzfenster, Haustür, Entsorgung, Deponiegebühren (52m²) | | | | |
| | • Herstellen (Kosten: 97,0%) | 60,46 m² | 47.148 | **779,83** | 126,87 |
| | Holzfenster, Kreuzsprossen, Dreh-Kipp-Flügel, 3-fach Verglasung, Außenfensterbänke (42m²), Fenstertüren (9m²), Holzhaustür, Seitenteile (3m²), Kunststofffenster (2m²), Windfangelement (4m²) | | | | |
| | 7200-072 Geschäftshaus, Wohnen (13WE) | | | | |
| | • Abbrechen (Kosten: 4,3%) | 204,66 m² | 4.857 | **23,73** | 2,29 |
| | Abbruch von Kunststofffenstern, Außen- und Innenfensterbänke, Entsorgung, Deponiegebühren (205m²) | | | | |
| | • Herstellen (Kosten: 95,7%) | 199,71 m² | 109.307 | **547,33** | 51,52 |
| | Alu-Fenster, Drehkippfenster (200m²) | | | | |
| | 9100-060 Stadtbibliothek | | | | |
| | • Abbrechen (Kosten: 0,2%) | 3,70 m² | 70 | **19,00** | 0,12 |
| | Abbruch von Glasbausteinfenster, Entsorgung, Deponiegebühren (4m²) | | | | |
| | • Herstellen (Kosten: 99,8%) | 75,49 m² | 34.915 | **462,51** | 60,63 |
| | Holz-Alu-Fenster, Sprossen als Horizontalteilung, Fensterbänke (57m²), Fenstertüren (3m²), Eingangstür, Obentürschließer, Windfang (8m²), Nebeneingangstüren (6m²), Kellerfenster (1m²) | | | | |

| KG | Kostengruppe | Menge Einheit | Kosten € | €/Einheit | €/m² BGF |
|---|---|---|---|---|---|
| 335 | **Außenwandbekleidungen außen** | | | | |
| | 1300-148 Bürogebäude | | | | |
| | • Abbrechen (Kosten: 2,7%) | 13,66 m² | 351 | **25,68** | 2,28 |
| | Abschlagen Putz, d=2,5-3,5cm, Entsorgung, Deponiegebühren (14m²) | | | | |
| | • Herstellen (Kosten: 97,3%) | 170,66 m² | 12.462 | **73,02** | 81,13 |
| | Mineralischer Silikonharzreibeputz, zweilagig, d=20mm (138m²), Zement-Sockelputz, d=20mm (32m²), Spachtel-Gewebe-Beschichtung, Silikonharz-Fassadenfarbe (170m²) | | | | |
| | 1300-150 Verwaltungsgebäude, Kellertrocknung | | | | |
| | • Wiederherstellen (Kosten: 100,0%) | 301,00 m² | 36.552 | **121,44** | 101,53 |
| | Wände reinigen, lose Teile abbrechen, Schadstellen ausbessern, Ausgleichsputz, d=15mm, Bitumendickbeschichtung, Polystyrol-Dränplatten, d=50mm (166m²), Horizontalsperre in Wänden gegen kapillar aufsteigende Feuchtigkeit im Paraffininjektionsverfahren, Bohrlöcher, d=25mm, Heizstäbe setzen (77m), Wände reinigen mit Schmidt-Niederdruck-Strahltechnik, Entsorgung, Deponiegebühren (135m²) | | | | |
| | 1300-151 Rathaus | | | | |
| | • Abbrechen (Kosten: 15,0%) | 303,96 m² | 6.190 | **20,37** | 3,29 |
| | Abbruch von Holzsockelverkleidungen (54m), Außenputz, d=25-40mm, 3-4 Lagen (218m²), Brettschalung, Unterkonstruktion (75m²); Entsorgung, Deponiegebühren | | | | |
| | • Wiederherstellen (Kosten: 8,1%) | 399,32 m² | 3.351 | **8,39** | 1,78 |
| | Untergrund mit Hochdruckreiniger reinigen, lose Putzteile der Fachwerkfelder entfernen, neu verputzen, d=10-15mm (228m²), Putzflächen reinigen, Neuanstrich (132m²), Natursteinsockel entfernen von Verschmutzungen und Vermosungen, Imprägnierung (39m²) | | | | |
| | • Herstellen (Kosten: 76,8%) | 586,80 m² | 31.666 | **53,96** | 16,82 |
| | Kalkputz, d=15mm, Armierung, Kalkfassadenputz, d=15mm (296m²), Abdichtung (14m²), Anstrich aufgereinigte Putzflächen (243m²), Sandwichplatte, Leichtmörtel (9m²), Zink-Stehfalzverkleidung auf Holzschalung (3m²), Perimeterdämmung (20m²), WDVS-Sockel, Perimeterdämmung, d=80mm, WLG 035 (3m²) | | | | |
| | 1300-152 Wohn- und Geschäftshaus | | | | |
| | • Herstellen (Kosten: 100,0%) | 516,88 m² | 15.405 | **29,80** | 39,45 |
| | Hochdruckreinigung der Außenwände, Streichfüller (517m²), mineralischer Außenputz, zweilagig, Anstrich (78m²), Fassadenanstrich (405m²) | | | | |
| | 4100-075 Schulzentrum | | | | |
| | • Herstellen (Kosten: 100,0%) | 522,94 m² | 58.012 | **110,94** | 67,85 |
| | Abdichtung, Perimeterdämmung, d=120mm (131m²), Wärmedämmverbundsystem, EPS-Dämmplatten, d=140-220mm, WLG 035, Armierungsschicht, Kratzputz,d=3mm, Silikonharzanstrich (309m²), PS-Sockeldämmung, d=140mm (17m²), Fertigteil-Fassadenplatten, Sichtbeton, d=7cm, Edelstahlbewehrung, PS-Hartschaumplatten, d=120mm (54m²), Anstrich, Beton (30m²), Putzträgerplatte, d=8mm, Stoßbereich (29m²) | | | | |
| | • 4100-107 Grundschule | 465,26 m² | 105.004 | **225,69** | 194,75 |
| | Verblendmauerwerk, KMz, Anker, Kerndämmung, WLG 035, d=120mm, ausfugen (270m²), Bitumenvoranstrich, Abdichtung (177m²), Grundierung, WDVS, WLG 040, Putz, Anstrich (195m²), Laibungen (364m), Sockel (23m²), Perimeterdämmung, d=100mm, WLG 035 (296m²) | | | | |

| KG | Kostengruppe | Menge Einheit | Kosten € | €/Einheit | €/m² BGF |
|---|---|---|---|---|---|
| | • 4100-108 Grundschule | 452,90 m² | 76.739 | **169,44** | 163,09 |
| | Verblendmauerwerk, KHLZ 28-1,8, Anker (453m²), Kerndämmung, Mineralwolldämmung, d=120mm, WLG 035, (203m²), Abdichtung, Perimeterdämmung, d=80mm (115m²) | | | | |
| | 5100-044 Sporthalle | | | | |
| | • Abbrechen (Kosten: 0,9%) | 149,00 m² | 1.385 | **9,30** | 1,05 |
| | Abbruch von Kunstschiefer, Unterkonstruktion (92m²), Holzverschalung, Unterkonstruktion (53m²), Giebelwinkel als Faserzement-Formteile (4m²); Entsorgung, Deponiegebühren | | | | |
| | • Herstellen (Kosten: 99,1%) | 706,03 m² | 149.694 | **212,02** | 113,84 |
| | Aluminium Unterkonstruktion (612m²), Mineralwolldämmung, kaschiert, d=100mm (516m²), Faserzement-Fassadentafeln, d=8mm, beschichtet (526m²), gelocht (83m²), WDVS-Sockel, d=80mm (29m²), Blendenverkleidung (29m²), Holzschalung, Faserzement-platten, d=4mm (38m²) | | | | |
| | 5100-046 Sporthalle | | | | |
| | • Herstellen (Kosten: 100,0%) | 580,46 m² | 47.142 | **81,22** | 79,23 |
| | Betonflächen, abklopfen, prüfen (553m²), Sockel, reinigen, abdichten (31m²), Wärmedämmverbundsystem, Dämmplatten, EPS d=100mm, WLG 035 (581m²), Laibungen, d=100mm (173m), Stützen (106m), Armierungsschicht (214m²), Schlussbeschichtung, farbig (344m²) | | | | |
| | 5100-048 Gymnastikraum Grundschule | | | | |
| | • Herstellen (Kosten: 100,0%) | 126,99 m² | 22.401 | **176,40** | 35,71 |
| | Aluminium-Unterkonstruktion für hinterlüftete Fassadenverkleidung, Mineralfaserdämmung, einseitig vlieskaschiert, WLG 035, d=120mm, Faserzement-Fassadentafeln, d=8mm (83m²), Bitumenabdichtung (20m²), Perimeterdämmung auf Streifenfundament, WLG 040, d=100mm, (44m²) | | | | |
| | 5300-009 Strandbad, Restaurant | | | | |
| | • Herstellen (Kosten: 100,0%) | 190,19 m² | 23.411 | **123,09** | 89,25 |
| | Fassadenbahnen (150m²), Stülpschalung, horizontal, Douglasie (86m²), Zementfaserplatten (62m²), Lüftungsprofile (175m), Sturzverkleidungen (33m), Stützenverkleidungen (17St) | | | | |
| | • 6100-482 Mehrfamilienhaus (3WE) | 247,00 m² | 3.531 | **14,30** | 17,70 |
| | Wärmedämmaußenputz, Anstrich (99m²); Dichtungsanstrich, Schweißbahn (120m²), Holzverkleidung Lärche, Dampfsperre, Unterkonstruktion | | | | |
| | • 6100-496 Mehrfamilienhaus (31WE) | 1.848,00 m² | 228.281 | **123,53** | 66,26 |
| | Wärmedämmverbundsystem vom Kellergeschoss bis 2. OG und Eternitbekleidung im Dachgeschoss (1.848m²) | | | | |
| | 6100-658 Mehrfamilienhaus (60WE) | | | | |
| | • Herstellen (Kosten: 100,0%) | 2.800,66 m² | 231.606 | **82,70** | 110,51 |
| | Wärmedämmverbundsystem, Polystyrol-Hartschaumplatten, d=140mm, WLG 035, gedübelt, mineralische Armierschicht, Glasfasergewebe, Kratzputz, Körnung 2mm, Anstrich (2.690m²), Polystyrol-Hartschaumplatten, d=100mm, WLG 035, mineralische Armierschicht, Glasfasergewebe, Sockelzementputz, Anstrich (111m²) | | | | |

| KG | Kostengruppe | Menge Einheit | Kosten € | €/Einheit | €/m² BGF |
|---|---|---|---|---|---|
| | 6100-681 Mehrfamilienhaus (6WE) | | | | |
| | • Herstellen (Kosten: 100,0%) | 514,61 m² | 53.081 | **103,15** | 73,13 |
| | Reinigen, Grundieren, Dämmplatten, d=180mm, WLG 032, Gewebearmierung, Silikonharzputz, Fassadenanstrich (487m²), Laibungen (253m), Anputzleisten (229m), Dichtungsschlämme, Perimeterdämmung, d=180mm, Sockelputz, Anstrich (28m²) | | | | |
| | 6100-686 Mehrfamilienhaus, Kellertrocknung | | | | |
| | • Abbrechen (Kosten: 5,1%) | 85,30 m² | 1.985 | **23,27** | 1,70 |
| | Abbruch von Sockelputz, d=30mm, Trennschnitte an angrenzende Putzflächen (48m²), Entfernen von Altabdichtungen (39m²); Entsorgung, Deponiegebühren | | | | |
| | • Wiederherstellen (Kosten: 89,0%) | 96,60 m² | 34.354 | **355,63** | 29,45 |
| | Einbringen einer horizontale Abdichtung, Bohrlöcher, thermisch-konvektive Trocknung des Mauerwerks durch Heizpacker, thermisch aktiviertes Paraffin injizieren, Löcher mit Mörtel schließen, Wandstärke bis 77cm, Mauerwerk reinigen, Grundputz, Bitumenbeschichtung, Schutzschicht (97m²), zweischaliges Mauerwerk mit Zementmörtel verpressen (23m) | | | | |
| | • Herstellen (Kosten: 5,9%) | 70,00 m² | 2.271 | **32,44** | 1,95 |
| | Sockelputz für Mauerwerk mit hoher Salzbelastung (48m²), Fassadenanstrich (70m²) | | | | |
| | 6100-694 Zweifamilienhaus | | | | |
| | • Herstellen (Kosten: 100,0%) | 291,35 m² | 27.895 | **95,74** | 66,76 |
| | Wärmedämmplatten, Polystyrol-Hartschaum, PS 15 SE, d=120mm, WLG 035, geklebt, zusätzliche verdübelt, Armierungsschicht, Oberputz, Kratzstruktur, Silikonharzanstrich (246m²), Eckschutzwinkel (116m), Garagenflächen streichen (45m²) | | | | |
| | 6100-695 Mehrfamilienhaus, Kellertrocknung | | | | |
| | • Abbrechen (Kosten: 0,8%) | 18,00 m² | 326 | **18,11** | 0,31 |
| | Abschlagen von Außenputz, d=25mm; Entsorgung (18m²) | | | | |
| | • Wiederherstellen (Kosten: 76,3%) | 103,00 m² | 31.009 | **301,06** | 29,53 |
| | Einbringen einer Horizontalsperre im Chrom-Stahlblechverfahren, d=1,5mm, Mauerdicke bis 67 cm (27m²), Abdichtungen mit Schleierinjektion, Bohrlöcher, Druckinjektion mit Acrylatgel, Löcher schließen (58m²), Sanierputz (18m²) | | | | |
| | • Herstellen (Kosten: 22,9%) | 81,00 m² | 9.286 | **114,64** | 8,84 |
| | Untergrund reinigen, Ausgleichsputz (Schlemmputz) Abdichtung durch kunststoffmodifizierte Bitumenbeschichtung, KBM (81m²), Kunststoff-Noppenbahn, Perimeterdämmung, Sickerplatten (66m²) | | | | |
| | 6100-708 Einfamilienhaus | | | | |
| | • Herstellen (Kosten: 100,0%) | 239,31 m² | 27.337 | **114,23** | 75,56 |
| | Wärmedämmverbundsystem, Grundierung, Polystyrol-Hartschaumplatten, d=140mm, verdübelt, WLG 035, Armierung, Kratzputz, Körnung 2mm (219m²), Sockelzementputz (20m²), Silikonharz-Fassadenfarbe (239m²) | | | | |
| | 6100-713 Doppelhaushälfte | | | | |
| | • Wiederherstellen (Kosten: 100,0%) | 69,17 m² | 1.293 | **18,69** | 4,58 |
| | Putzflächen reinigen, kleinere Putzschäden ausgleichen, Silikatanstrich (68m²) | | | | |
| | 6100-717 Mehrfamilienhaus (4WE) | | | | |
| | • Abbrechen (Kosten: 0,8%) | 20,00 m² | 543 | **27,17** | 0,65 |
| | Abbruch von Außenputz, d=25mm, Entsorgung, Deponiegebühren (20m²) | | | | |

| KG | Kostengruppe | Menge Einheit | Kosten € | €/Einheit | €/m² BGF |
|---|---|---|---|---|---|
| | • Wiederherstellen (Kosten: 1,5%) | 35,00 m² | 1.060 | **30,27** | 1,27 |
| | Putzflächen prüfen, Hohlstellen entfernen (15m²), Untergrundtoleranzen und Fehlstellen (20m²), mit Kalkzementmörtel ausgleichen | | | | |
| | • Herstellen (Kosten: 97,8%) | 540,05 m² | 70.493 | **130,53** | 84,52 |
| | Abdichtung, Perimeterdämmung, d=80mm (30m²), Untergrund reinigen, Wärmedämmverbundsystem, WLG 040, EPS-Schalldämmplatte, d=120-160mm, mineralischer Oberputz, Silikonharz-Farbanstrich (487m²), Laibungen (240m), Sockelperimeterdämmung (23m²) | | | | |
| | 6100-725 Mehrfamilienhaus (12WE) | | | | |
| | • Herstellen (Kosten: 100,0%) | 10,71 m² | 230 | **21,48** | 0,12 |
| | Teilstücke verputzen, Anstrich (11m²) | | | | |
| | 6100-726 Mehrfamilienhaus (3WE) | | | | |
| | • Abbrechen (Kosten: 0,5%) | 1,20 m² | 95 | **78,93** | 0,22 |
| | Abbruch von Zinkblechabdeckungen (1m²) | | | | |
| | • Herstellen (Kosten: 99,5%) | 125,63 m² | 20.703 | **164,79** | 47,64 |
| | Perimeterdämmung, d=100mm, WLG 040 (16m²), Grundputz, Oberputz, Silikonharzanstrich (89m²), zusätzliche Dämmung auf WDVS, d=40mm (53m²), d=80mm (9m²), Fassadenplatte (5m²), chemische Horizontalsperre, Nass-in-Nass-Verfahren, Bitumendickbeschichtung, Noppenbahnen (11m²), Zinkblechabdeckungen an Brüstungen (7m²) | | | | |
| | 6100-729 Mehrfamilienhaus (3WE) | | | | |
| | • Abbrechen (Kosten: 4,5%) | 20,95 m² | 434 | **20,74** | 0,70 |
| | Abbruch von Eternitplatten, Entsorgung, Deponiegebühren (21m²) | | | | |
| | • Herstellen (Kosten: 95,5%) | 295,85 m² | 9.266 | **31,32** | 14,94 |
| | Putzfassade, abdampfen, Anstrich mit Schutzwirkung Lotus-Effekt (177m²), Klinkerfassade, abdampfen, abwaschen, imprägnieren (92m²), Hochdruck-Schichtstoff-Pressplatten, d=6mm, Holzunterkonstruktion (14m²), Abdeckbrett für Sparrenköpfe, d=20mm, h=12-14cm (23m), Abdecksims, Titanzink (13m), Stellbretter, d=30-34mm, imprägniert, Dämmung (32m) | | | | |
| | 6100-731 Einfamilienhaus | | | | |
| | • Abbrechen (Kosten: 7,7%) | 123,50 m² | 2.911 | **23,57** | 11,74 |
| | Abbruch von Eternitplatten, Unterkonstruktion, Entsorgung, Deponiegebühren (124m²) | | | | |
| | • Herstellen (Kosten: 92,3%) | 440,98 m² | 35.073 | **79,53** | 141,38 |
| | Fassade, Reinigung, Grundierung, Wärmedämmverbundsystem, PS-Hartschaumplatten, d=160-180mm (252m²), d=80-200mm (39m²), Sockeldämmung, d=160mm (21m²), Ausgleichsputz, d=22mm (77m²), Armierungsputz, Silikatputz (372m²), Egalisationsanstrich (440m²) | | | | |
| | 6100-740 Einfamilienhaus | | | | |
| | • Wiederherstellen (Kosten: 3,8%) | – | 1.384 | **–** | 4,98 |
| | Ausbau von Sparren, Stützen, lagern, wieder montieren mit Dämmung, d=60mm (21St), Risse verpressen (10m), Schmuckreiter 36x68cm, reinigen, Löcher spachteln, anschleifen, Anstrich (18St) | | | | |

| KG | Kostengruppe | Menge Einheit | Kosten € | €/Einheit | €/m² BGF |
|---|---|---|---|---|---|
| | • Herstellen (Kosten: 96,2%) | 363,50 m² | 35.389 | **97,36** | 127,25 |
| | Ziegelfassade, Reinigung, Anstrich (174m²), Wärmeverbundsystem, Dämmplatten, d=60mm, WLG 022, verdübeln, Armierungsputz, Oberputz, Anstrich (165m²), Perimeterdämmung, d=50mm, Putz, Anstrich (18m²), Fachwerk-Applikationen, Edelholzleisten (63m), Abdichtungen (7m²) | | | | |
| | 6100-752 Mehrfamilienhaus (19WE) | | | | |
| | • Abbrechen (Kosten: 0,7%) | 274,65 m² | 1.105 | **4,03** | 0,43 |
| | Außenputzflächen nach Hohlstellen abklopfen, schadhaften, Kalk-Zementputz, d=20-30mm, abschlagen, Flächen reinigen, Entsorgung, Deponiegebühren (275m²) | | | | |
| | • Wiederherstellen (Kosten: 2,1%) | 371,50 m² | 3.363 | **9,05** | 1,32 |
| | Kalkzementputz als Ausgleichsputz, d=15-25mm (275m²), Risse aufweiten, lose Putzteile entfernen, Rissverfüllung (97m²), Putz mit Hochdruckreiniger, fungiziden Wirkstofflösung behandeln (77m²) | | | | |
| | • Herstellen (Kosten: 97,2%) | 1.698,20 m² | 154.662 | **91,07** | 60,68 |
| | Nassreinigung, Tiefengrund, Dämmung Poystyrol-Hartschaumplatten, WLD 035, d=120mm, gedübelt, Mineralputz, Egalisationsanstrich (1.621m²), Sockelbereich, EPS- Hartschaumplatten, d=120mm (43m²), Kantenschutzwinkel (1.148m), Tiefgrund, Dispersions-Silikatanstrich (77m²), Brandüberwurf (253m) | | | | |
| | 6100-753 Mehrfamilienhaus (19WE) | | | | |
| | • Abbrechen (Kosten: 0,5%) | 197,61 m² | 800 | **4,05** | 0,31 |
| | Außenputzflächen nach Hohlstellen abklopfen, schadhaften, Kalk-Zementputz, d=20-30mm, abschlagen, Flächen reinigen, Entsorgung, Deponiegebühren (198m²) | | | | |
| | • Wiederherstellen (Kosten: 2,4%) | 371,50 m² | 3.692 | **9,94** | 1,45 |
| | Kalkzementputz als Ausgleichsputz, d=15-25mm (197m²), Risse aufweiten, lose Putzteile entfernen, Rissverfüllung (97m²), Putz mit Hochdruckreiniger, fungiziden Wirkstofflösung behandeln (77m²) | | | | |
| | • Herstellen (Kosten: 97,0%) | 1.698,20 m² | 146.919 | **86,51** | 57,64 |
| | Nassreinigung, Tiefengrund, Dämmung Poystyrol-Hartschaumplatten, WLG 035, d=120mm, gedübelt, Mineralputz, Egalisationsanstrich, Silikonharz (1.621m²), Sockelbereich, EPS- Hartschaumplatten, d=120mm (43m²), Kantenschutzwinkel (1.148m), Tiefgrund, Dispersions-Silikatanstrich (77m²), Brandüberwurf (253m), Druckunterlage Kleiderhaken (19St) | | | | |
| | 6100-770 Einfamilienhaus | | | | |
| | • Herstellen (Kosten: 100,0%) | 318,00 m² | 47.446 | **149,20** | 197,60 |
| | Holzunterkonstruktionen auf Außenwände, Dämmung WLG 035, d=120+140mm, DWD-Platten, d=16mm (220m²), Holzunterkonstuktion als Luftkollektor, d=80mm, Polycarbonat-Stegplatten, d=40mm, u-Wert 1,65W/m²K (180m²), Dampfbremse (100m²), Ausgleichsputz, Bitumenbahn, Perimeterdämmung, WLG 035, d=120+120mm (98m²), Putz (44m²), Sockelverkleidung, DWD-Platten, d=16mm, Faserzementplatten (54m²), Alu-Fensterbänke, Fensterlaibungen aus Faserzementplatten | | | | |
| | 6100-780 Einfamilienhaus, Büro | | | | |
| | • Abbrechen (Kosten: 4,0%) | 56,06 m² | 1.389 | **24,78** | 1,68 |
| | Abschlagen von Putz, Putzuntergrund für neuen Putz vorbereiten, Entsorgung, Deponiegebühren (56m²) | | | | |

| KG | Kostengruppe | Menge Einheit | Kosten € | €/Einheit | €/m² BGF |
|---|---|---|---|---|---|
| | • Wiederherstellen (Kosten: 5,2%) | 157,32 m² | 1.798 | **11,43** | 2,18 |
| | Abschlagen von Sockelputz, neuer Zementputz (28m²), Außenputz prüfen, schadhaften Putz abschlagen, neu verputzen (130m²) | | | | |
| | • Herstellen (Kosten: 90,7%) | 477,35 m² | 31.130 | **65,21** | 37,70 |
| | Außenputz, Nassreinigung (468m²), Wärmedämmverbundsystem, EPS-Hartschaumplatten, WLG 035, d=200mm, Glasfasergewebe, gedübelt, Silikatputz, eingefärbt (277m²), Fassadenanstrich (173m²), Sockel, Sanierputz (28m²) | | | | |
| | 6100-790 Einfamilienhaus | | | | |
| | • Abbrechen (Kosten: 13,9%) | 29,70 m² | 440 | **14,80** | 1,68 |
| | Abbruch von Holzverschalungen, Unterkonstruktion, Entsorgung, Deponiegebühren (30m²) | | | | |
| | • Herstellen (Kosten: 86,1%) | 29,70 m² | 2.715 | **91,42** | 10,40 |
| | Traglattung, Steinwolle-Fassadendämmplatten, d=80mm, WLG 35, Fassadenpaneele, d=10mm, Alu-Abschlüsse (30m²) | | | | |
| | 6100-793 Einfamilienhaus | | | | |
| | • Herstellen (Kosten: 100,0%) | 235,00 m² | 25.365 | **107,93** | 68,25 |
| | Wärmedämmplatten, Polystyrol-Hartschaum, d=180mm auf bestehenden Putz, Verdübelung, Armierungsputz, Eckschutzschienen, mineralischer Oberputz, d=3mm, Silikatfarbanstrich (235m²) | | | | |
| | 7200-072 Geschäftshaus, Wohnen (13WE) | | | | |
| | • Abbrechen (Kosten: 1,6%) | 140,00 m² | 6.775 | **48,40** | 3,19 |
| | Abbruch von Fassadenbekleidungen, Werbungen, Halterungen, Dämmungen, Unterkonstruktionen, auskragenden Vorbauten, Gerüststellung, Verglasungen, Entsorgung, Deponiegebühren (140m²) | | | | |
| | • Herstellen (Kosten: 98,4%) | 892,87 m² | 422.075 | **472,72** | 198,92 |
| | Untergrund reinigen, Haftbrücke, Wärmedämmverbundsystem, Dämmung, d=100mm, Putz, Kratzputzstruktur, Silikonharz- Anstrich (526m²); vorgehängte Kaltfassade, doppelflüglige Drehfenster, VSG-Verglasung, Faltschiebetür (367m²) | | | | |
| | 9100-060 Stadtbibliothek | | | | |
| | • Abbrechen (Kosten: 5,0%) | 325,13 m² | 5.249 | **16,14** | 9,12 |
| | Abschlagen von Außenputz, Entsorgung, Deponiegebühren (325m²) | | | | |
| | • Herstellen (Kosten: 95,0%) | 661,67 m² | 100.437 | **151,79** | 174,42 |
| | Mineralwolldämmplatten WLG 035, d=120mm, Verdübelung, Vorspritzmörtel, Oberputz, Eckschutzschienen, Anstrich (662m²) | | | | |
| 336 | **Außenwandbekleidungen innen** | | | | |
| | 1300-138 Bürogebäude | | | | |
| | • Abbrechen (Kosten: 9,7%) | 190,96 m² | 794 | **4,16** | 0,35 |
| | Abschlagen von Putz (5m²), Entfernen von Tapeten (186m²); Entsorgung, Deponiegebühren | | | | |
| | • Herstellen (Kosten: 90,3%) | 370,98 m² | 7.428 | **20,02** | 3,28 |
| | Innenputz (13m²), Schlitze schließen, beiputzen (24m²), Handspachtel (57m²), Fliesen, 10/10cm (20m²), Raufasertapete (184m²), Anstrich (371m²) | | | | |

| KG | Kostengruppe | Menge Einheit | Kosten € | €/Einheit | €/m² BGF |
|---|---|---|---|---|---|
| | 1300-148 Bürogebäude | | | | |
| | • Herstellen (Kosten: 100,0%) | 87,56 m² | 2.637 | **30,12** | 17,17 |
| | Innenwandputz, zweilagig, d=12-15mm, Anstrich (88m²) | | | | |
| | 1300-150 Verwaltungsgebäude, Kellertrocknung | | | | |
| | • Abbrechen (Kosten: 5,1%) | 341,85 m² | 2.794 | **8,17** | 7,76 |
| | Abschlagen von durchfeuchteten Innenputz, d=30mm, Entsorgung, Deponiegebühren (342m²) | | | | |
| | • Wiederherstellen (Kosten: 92,4%) | 342,85 m² | 50.180 | **146,36** | 139,39 |
| | Ziegelmauerwerk reinigen, Fugen auskratzen, Sanierputz für Mauerwerk mit hoher Salzbelastung, d=20-30cm, Kantenprofile (342m²) | | | | |
| | • Herstellen (Kosten: 2,5%) | 341,85 m² | 1.350 | **3,95** | 3,75 |
| | Grundierung, Silikatanstrich (342m²) | | | | |
| | 1300-151 Rathaus | | | | |
| | • Abbrechen (Kosten: 3,3%) | 134,13 m² | 1.878 | **14,00** | 1,00 |
| | Abschlagen von Holzsockelverkleidungen (54m), Putz, d=25-40mm, (218m²), Brettschalung, Unterkonstruktion (75m²; Entsorgung, Deponiegebühren | | | | |
| | • Wiederherstellen (Kosten: 8,8%) | 325,67 m² | 5.090 | **15,63** | 2,70 |
| | Putz reinigen, Anstrich (160m²), Buntsandsteinmauerwerk reinigen, lose Teile entfernen (44m²), Holzbekleidungen abschleifen, lackieren (116m²), Naturstein reinigen (49m²) | | | | |
| | • Herstellen (Kosten: 87,9%) | 467,99 m² | 50.809 | **108,57** | 26,99 |
| | Lehmunterputz, Innenwanddämmung d=80mm, Lehmputz, eingefärbt (146m²), Innenwanddämmung, d=50mm (35m²), Wandfliesen 20x20cm (53m²), öldichte Beschichtung (8m²), Glasfasertapete, Latexanstrich (104m²), Raufasertapete, Anstrich (130m²), Trockenputz (34m²), F 90 Verkleidung (23m²), Heizkörpernischen aufdoppeln (psch) | | | | |
| | 1300-152 Wohn- und Geschäftshaus | | | | |
| | • Herstellen (Kosten: 100,0%) | 277,63 m² | 6.103 | **21,98** | 15,63 |
| | Raufasertapete, Anstrich (130m²), Giebelwände abgleichen, verputzen (48m²), Untergrundvorbereitung, Latexanstrich Treppenhaus Bestand (100m²) | | | | |
| | 4100-075 Schulzentrum | | | | |
| | • Herstellen (Kosten: 100,0%) | 489,24 m² | 18.437 | **37,68** | 21,56 |
| | Innendämmung, Wärmedämmverbundsystem, d=80-120mm, Armierungsputz, Filzputz d=1,5mm, Anstrich (104m²), Hydrophobierender Schutzanstrich, Sichtbeton (125m²), Kalk-Gipsputz, d=10mm, Anstrich (165m²), Kalk-Zementputz, Wandfliesen (48m²), Mineralfaserplatten, d=50mm (46m²) | | | | |
| | • 4100-107 Grundschule | 265,00 m² | 11.407 | **43,04** | 21,16 |
| | Innenputz (265m²), Wandfliesen (18m²), Anstrich (285m²) | | | | |
| | • 4100-108 Grundschule | 423,03 m² | 12.106 | **28,62** | 25,73 |
| | Innenputz, Wandfliesen (83m²), Anstrich (340m²) | | | | |
| | 4300-010 Förderschule, Vereinsräume | | | | |
| | • Abbrechen (Kosten: 5,4%) | 35,65 m² | 261 | **7,31** | 0,32 |
| | Abbruch von Holzbekleidungen der Fensterbrüstung (36m²); Entsorgung, Deponiegebühren | | | | |

| KG | Kostengruppe | Menge Einheit | Kosten € | €/Einheit | €/m² BGF |
|---|---|---|---|---|---|
| | • Herstellen (Kosten: 94,6%) | 35,65 m² | 4.592 | **128,82** | 5,67 |
| | Brüstungsbekleidung als Trockenputz (19m²), als Faserzementplatten (9m²), Kantenschutz aus Alueckwinkel (14m), Sturz- und Brüstungsbekleidung aus Holz mit Unterkonstruktion (7m²) | | | | |
| | 5100-044 Sporthalle | | | | |
| | • Wiederherstellen (Kosten: 0,2%) | 51,80 m² | 133 | **2,57** | 0,10 |
| | Schimmel-, Moos- und Algenbelag entfernen, reinigen, mit wässriger Mikrobiozid-Lösung durchwaschen (52m²) | | | | |
| | • Herstellen (Kosten: 99,8%) | 545,21 m² | 63.155 | **115,84** | 48,03 |
| | Holzprallwand, Glaswolldämmplatten, Rieselschutz (230m²), Spachtelung, Isolierfarbe (194m²) Dispersionsanstrich (103m²), Kalkzementputz, Wandfliesen (19m²) | | | | |
| | 5100-046 Sporthalle | | | | |
| | • Herstellen (Kosten: 100,0%) | 284,47 m² | 15.723 | **55,27** | 26,42 |
| | Akustik-Wandbekleidungen (135m²), textiler Prallschutz, Nadelvlies (60m²), Latex-Beschichtung (73m²), Fliesen (17m²) | | | | |
| | 5100-048 Gymnastikraum Grundschule | | | | |
| | • Herstellen (Kosten: 100,0%) | 87,40 m² | 9.515 | **108,87** | 15,17 |
| | Innenwandputz, zweilagig, Holzwandpaneele, Sperrholzplatten, d=20mm, weiß beschichtet, auf Unterkonstruktion (21m²), Innenwandputz, zweilagig, Anstrich (66m²) | | | | |
| | 5300-009 Strandbad, Restaurant | | | | |
| | • Herstellen (Kosten: 100,0%) | 97,62 m² | 5.913 | **60,57** | 22,54 |
| | GK-Verkleidungen, Unterkonstruktion, Mineralfaserdämmung, d=25mm (98m²), Grundierung, Abdichtung (22m²), Wandfliesen (15m²), Anstrich (7m²) | | | | |
| | • 6100-482 Mehrfamilienhaus (3WE) | 83,70 m² | 462 | **5,52** | 2,32 |
| | GK-Verkleidungen innen als Eigenleistung der Eigentümer, gespachtelt, gestrichen | | | | |
| | • 6100-496 Mehrfamilienhaus (31WE) | 1.570,80 m² | 69.594 | **44,30** | 20,20 |
| | Anstrich Nebenräume im KG; Wohnräume im KG und EG bis DG Innenputz, Raufasertapete, Anstrich; Bäder Wandfliesen (1.571m²) | | | | |
| | 6100-652 Mehrfamilienhaus (9WE) | | | | |
| | • Herstellen (Kosten: 100,0%) | 46,80 m² | 1.315 | **28,10** | 4,43 |
| | Putz, zweilagig, Anstrich (47m²) | | | | |
| | 6100-681 Mehrfamilienhaus (6WE) | | | | |
| | • Wiederherstellen (Kosten: 37,2%) | 403,58 m² | 5.879 | **14,57** | 8,10 |
| | Altputz prüfen, Haftsperrgrund, Kunstharzputz (25m²), Schlitze schließen (124m), Sockelleisten anputzen (97m), Gips-Kalkputz an Laibungen (199m), Altputzflächen spachteln (225m²), Renovierungsanstriche (96m²) | | | | |
| | • Herstellen (Kosten: 62,8%) | 354,57 m² | 9.931 | **28,01** | 13,68 |
| | Kalkzementputz (18m²), GK-Fensterlaibungen (181m), Grundierung, Wandfliesen, 25x33cm (19m²), Raufasertapete, Dispersionsanstrich (335m²) | | | | |

| KG | Kostengruppe | Menge Einheit | Kosten € | €/Einheit | €/m² BGF |
|---|---|---|---|---|---|
| | 6100-686 Mehrfamilienhaus, Kellertrocknung | | | | |
| | • Abbrechen (Kosten: 18,5%) | 25,00 m² | 330 | **13,20** | 0,28 |
| | Abbruch von GK-Bekleidungen, 2x15,5mm, Metall-Unterkonstruktion, d=10-20cm (15m²), Wandfliesen (10m²); Entsorgung, Deponiegebühren | | | | |
| | • Wiederherstellen (Kosten: 81,5%) | 75,00 m² | 1.459 | **19,45** | 1,25 |
| | Mauerfugen prüfen, schadhafte Stellen auskratzen, reinigen, neu verfugen mit sulfatbeständigen Fugensanierungsmörtel (75m²) | | | | |
| | 6100-708 Einfamilienhaus | | | | |
| | • Abbrechen (Kosten: 13,2%) | 140,65 m² | 620 | **4,41** | 1,71 |
| | Abbruch von Wandfliesen, Mörtelbett (6m²), Entfernen von Tapeten, Styroporplatten unter den Tapeten (135m²); Entsorgung, Deponiegebühren | | | | |
| | • Herstellen (Kosten: 86,8%) | 148,85 m² | 4.087 | **27,46** | 11,30 |
| | Wände spachteln, schleifen, Anstrich (135m²), Wandfliesen (11m²), Fliesen-Bordüren (2m), WC-Wände, Fensterlaibungen verputzen | | | | |
| | 6100-713 Doppelhaushälfte | | | | |
| | • Wiederherstellen (Kosten: 21,2%) | 14,60 m² | 262 | **17,96** | 0,93 |
| | Heizkörpernischen verputzen (15m²) | | | | |
| | • Herstellen (Kosten: 78,8%) | 123,74 m² | 975 | **7,88** | 3,46 |
| | Dispersionsanstrich (119m²), Heizkörperrückwand, Dämmung, alukaschierte Isolierplatten, d=5mm (6m²), Wände verputzen, spachteln, schleifen, Dispersionsanstrich (5m²) | | | | |
| | 6100-717 Mehrfamilienhaus (4WE) | | | | |
| | • Herstellen (Kosten: 100,0%) | 254,55 m² | 12.156 | **47,75** | 14,57 |
| | Gipsputz, Raufasertapete, Dispersionsanstrich (180m²) Gipsputz, Reibeputz, Anstrich (30m²), Zementputz, Wandfliesen (4m²), PS-Innendämmung, d=60mm (20m²), Anstrich (40m²) | | | | |
| | 6100-725 Mehrfamilienhaus (12WE) | | | | |
| | • Wiederherstellen (Kosten: 16,1%) | 62,87 m² | 641 | **10,20** | 0,34 |
| | Raufasertapete entfernen, Risse spachteln, neue Raufasertapete, Anstrich (63m²) | | | | |
| | • Herstellen (Kosten: 83,9%) | 47,14 m² | 3.332 | **70,69** | 1,75 |
| | Fensterlaibungen um 10cm verlängert, spachteln, Raufasertapete, Anstrich (47m²) | | | | |
| | 6100-731 Einfamilienhaus | | | | |
| | • Herstellen (Kosten: 100,0%) | 6,36 m² | 172 | **26,97** | 0,69 |
| | Innendämmung Garage, PS-Hartschaumplatten, d=100mm (6m²) | | | | |
| | 6100-740 Einfamilienhaus | | | | |
| | • Abbrechen (Kosten: 4,5%) | 132,00 m² | 3.139 | **23,78** | 11,29 |
| | Abschlagen von Putz, Entsorgung, Deponiegebühren (132m²) | | | | |
| | • Herstellen (Kosten: 95,5%) | 253,80 m² | 67.351 | **265,37** | 242,18 |
| | Abdichtungen, Schimmelbeseitigung, Lehmputz, d=20mm Holzfaserdämmplatten, d=40mm (115m²), Rotkalkputz, Anstrich (132m²), Wandfliesen (7m²), Holz-Fußleisten lackieren (38m) | | | | |

| KG | Kostengruppe | Menge Einheit | Kosten € | €/Einheit | €/m² BGF |
|---|---|---|---|---|---|
| | 6100-752 Mehrfamilienhaus (19WE) | | | | |
| | • Wiederherstellen (Kosten: 70,1%) | 231,67 m² | 7.940 | **34,27** | 3,11 |
| | Schimmelbeseitigung, Tapeten entfernen, schließen von Öffnungen, Spachtelung, fungizides Mittel aufbringen, Raufasertapete, Dispersionsanstrich (232m²), Fensterlaibungen ausfugen (100m) | | | | |
| | • Herstellen (Kosten: 29,9%) | 8,57 m² | 3.382 | **394,68** | 1,33 |
| | Rohrverkleidungen aus GK-Platten, Tapete, Dispersionsanstrich, Stundenlohnarbeiten (17m), Acrylfugen (425m) | | | | |
| | 6100-753 Mehrfamilienhaus (19WE) | | | | |
| | • Wiederherstellen (Kosten: 100,0%) | 118,28 m² | 4.061 | **34,34** | 1,59 |
| | Schimmelbeseitigung, Tapeten entfernen, schließen von Öffnungen, Spachtelung, fungizides Mittel aufbringen, Raufasertapete, Dispersionsanstrich (118m²), Fensterlaibungen ausfugen (100m) | | | | |
| | 6100-770 Einfamilienhaus | | | | |
| | • Herstellen (Kosten: 100,0%) | 178,00 m² | 5.789 | **32,53** | 24,11 |
| | Putz geglättet, Anstrich (90m²), Glattputz in Betonoptik (80m²), MDF-Vorsatzschale, Anstrich (9m²) | | | | |
| | 6100-780 Einfamilienhaus, Büro | | | | |
| | • Abbrechen (Kosten: 14,6%) | 58,90 m² | 2.732 | **46,38** | 3,31 |
| | Abbruch von Putz, Holzbretterschalung, Lattungen, Entsorgung, Deponiegebühren (59m²) | | | | |
| | • Wiederherstellen (Kosten: 11,4%) | 45,34 m² | 2.139 | **47,17** | 2,59 |
| | Natursteinwände freilegen, säubern, ausbessern, neu verfugen, grundieren, fixieren (45m²) | | | | |
| | • Herstellen (Kosten: 73,9%) | 113,01 m² | 13.813 | **122,22** | 16,73 |
| | Installationsebene, Rahmenschenkel 6/6cm, Wandabstand 4cm, Zellulosedämmung, WLG 040, d=100mm, OSB-Platten, d=15mm (98m²), Dampfbremse (88m²), Gipsfaserplatten, d=12,5mm, Wandheizung (60m²), GK-Platten, d=12,5mm (14m²), Innendämmplatten für Laibungen (1St), Gipsputz für Laibungen, Anstrich | | | | |
| | 6100-793 Einfamilienhaus | | | | |
| | • Herstellen (Kosten: 100,0%) | 25,40 m² | 1.670 | **65,75** | 4,49 |
| | Wandfliesen (25m²) | | | | |
| | 9100-060 Stadtbibliothek | | | | |
| | • Herstellen (Kosten: 100,0%) | 705,58 m² | 21.028 | **29,80** | 36,52 |
| | Kalkputz, Anstrich (355m²), Wandfliesen (8m²), Kalkfeinputz auf Kalkunterputz (327m²), OSB-Platten, d=22mm, Naturschieferverkleidung (16m²) | | | | |
| 337 | **Elementierte Außenwände** | | | | |
| | 1300-148 Bürogebäude | | | | |
| | • Herstellen (Kosten: 100,0%) | 17,16 m² | 14.804 | **862,69** | 96,38 |
| | Aluminium-Glas-Fassaden mit Fensterelementen, Türelement, Paneelen, ug=1,0W/m²K, Sonnenschutzverglasung (17m²), elektrischer Türöffner (1St) | | | | |

| KG | Kostengruppe | Menge Einheit | Kosten € | €/Einheit | €/m² BGF |
|---|---|---|---|---|---|
| | 1300-151 Rathaus | | | | |
| | • Herstellen (Kosten: 100,0%) | 76,51 m² | 45.474 | **594,35** | 24,15 |
| | Stahl/Glaselemente, Festverglasungen, zweiflüglige Drehtüre (11m²), Stahl/Glaselemente, Fenstertüren (11m²), Pfosten-Riegel-Fassade, Stahl/Glas, Festverglasungen (22m²), RWA-Lüfterflügel 1,05x70cm, Antrieb, Steuerung (2St), Holz/Glaselemente, festverglast (13m²) | | | | |
| | 4100-075 Schulzentrum | | | | |
| | • Herstellen (Kosten: 100,0%) | 152,70 m² | 87.825 | **575,15** | 102,71 |
| | Alu-Pfosten-Riegel-Fassadenelemente, mit Dreh-Kippflügeln, Gehflügeln, Festverglasungen, Paneelen, Wärmeschutz-Isolierverglasung, u-Wert=1,1W/m2K (145m²), Pfosten-Riegel-Alu-Türelement, Festverglasungen, zweiflüglige Türe (8m²) | | | | |
| | • 4100-108 Grundschule | 182,96 m² | 101.620 | **555,42** | 215,97 |
| | Alu, Pfosten-Riegel-Konstruktion (140m²), Blechverkleidung (43m²) | | | | |
| | 5100-044 Sporthalle | | | | |
| | • Herstellen (Kosten: 100,0%) | 447,90 m² | 99.223 | **221,53** | 75,45 |
| | Sandwich-Fassadenplatten, dreischichtig, als Stahlbeton-Fertigteile C30/37, Sichtbetonplatte, d=8cm, Polystyrol-Kerndämmplatten, d=2x4cm, Sichtbeton-Tragschicht, d=16cm, Befestigungen V2A (389m²), Anstrich (134m²), Rahmenlose VSG-Ganzglaselemente, d=2x10mm ESG (59m²), Glashalteprofile (1t) | | | | |
| | 5100-048 Gymnastikraum Grundschule | | | | |
| | • Herstellen (Kosten: 100,0%) | 19,97 m² | 19.727 | **987,91** | 31,45 |
| | Hochwärmegedämmtes Fensterfassadensystem, Alu-Pfosten-Riegel-Konstruktion, vier einteilige Alu-Fenster, Dreh-Kippflügeln (20m²), RWA Anlage, Oberlichtbeschläge, motorbetrieben (4St), Alu-Fensterbänke (14m) | | | | |
| | 5300-009 Strandbad, Restaurant | | | | |
| | • Herstellen (Kosten: 100,0%) | 51,33 m² | 9.221 | **179,64** | 35,15 |
| | Außenwandkonstruktion, KVH-Holz 6-8/20, DWD-Patten, d=16mm, Mineralfaserdämmung, d=200mm, vorelementiert (12St), OSB-Beplankung, innen (51m²) | | | | |
| | 6100-708 Einfamilienhaus | | | | |
| | • Herstellen (Kosten: 100,0%) | 39,15 m² | 16.442 | **419,98** | 45,45 |
| | Wintergarten, Kunststoffelemente weiß, Seitenteil mit Hebe-Schiebe-Fenstertüre, Seitenteil mit Dreh-Kipp-Fenster, alle anderen Elemente festverglast, Wärmeschutzglas Ug=1,1W/m2K (1St) | | | | |
| | 6100-780 Einfamilienhaus, Büro | | | | |
| | • Herstellen (Kosten: 100,0%) | 11,45 m² | 1.439 | **125,61** | 1,74 |
| | Holzrahmenwände, d=14cm, OSB-Platten, d=15mm, Dampfbremse, Zellulosedämmung, d=140mm, Gipsfaserplatten (11m²) | | | | |

| KG | Kostengruppe | Menge Einheit | Kosten € | €/Einheit | €/m² BGF |
|---|---|---|---|---|---|
| 338 | **Sonnenschutz** | | | | |
| | 1300-138 Bürogebäude | | | | |
| | • Abbrechen (Kosten: 1,9%) | 140,78 m² | 194 | **1,38** | < 0,1 |
| | Abbruch einer Sonnenschutzanlage, Vertikallamellen, Führungsschienen, Vorhänge, Unterkonstruktion in abgehängter Decke, Entsorgung, Deponiegebühren (141m²) | | | | |
| | • Herstellen (Kosten: 98,1%) | 78,40 m² | 9.838 | **125,49** | 4,34 |
| | Vertikaljalousien (78m²) | | | | |
| | 1300-151 Rathaus | | | | |
| | • Abbrechen (Kosten: 1,2%) | 22,44 m² | 147 | **6,55** | < 0,1 |
| | Abbruch von Fensterläden, Befestigungen, Entsorgung, Deponiegebühren (22m²) | | | | |
| | • Wiederherstellen (Kosten: 27,2%) | 20,18 m² | 3.461 | **171,51** | 1,84 |
| | Holzfensterläden, reinigen, zum Teil neue Füllstäbe, lackieren (20m²) | | | | |
| | • Herstellen (Kosten: 71,6%) | 80,88 m² | 9.111 | **112,65** | 4,84 |
| | Verdunklungsrollos, Elektroantrieb (23m²), Plisseeanlagen in Kastenfenstern (50m²), Verdunklung und Blendschutz (5m²), Pliseeanlagen (3m²) | | | | |
| | 4100-075 Schulzentrum | | | | |
| | • Herstellen (Kosten: 100,0%) | 143,57 m² | 29.751 | **207,22** | 34,79 |
| | Außenliegende Alu-Raffstore, motorbetrieben (102m²), Schiebeladenelemente, 2,70x1,28m, verzinkter Stahlrahmen, Lamellen Aluminium Flachstahl 40x10mm, Achsabstand, feststehend (12St), Laufschienen (16m), Sonnenschutzzentrale (1St) | | | | |
| | • 4100-107 Grundschule | 81,87 m² | 19.620 | **239,65** | 36,39 |
| | Aufsatzrollladen (82m²), Motorantriebe (30St) | | | | |
| | • 4100-108 Grundschule | 78,99 m² | 9.525 | **120,57** | 20,24 |
| | Alu-Rollladenanlagen (4St) | | | | |
| | 4300-010 Förderschule, Vereinsräume | | | | |
| | • Herstellen (Kosten: 100,0%) | 32,92 m² | 8.319 | **252,72** | 10,27 |
| | Alu-Lamellenraffstore mit Führungsschienen, Mittelmotor (33m²) | | | | |
| | 5100-044 Sporthalle | | | | |
| | • Herstellen (Kosten: 100,0%) | 39,53 m² | 13.121 | **331,92** | 9,98 |
| | Vorsatzrollladen, Alu-Hohlkammerprofile (14St), Rollladen- Motoren (7St) | | | | |
| | 5100-048 Gymnastikraum Grundschule | | | | |
| | • Herstellen (Kosten: 100,0%) | 19,97 m² | 3.522 | **176,41** | 5,62 |
| | Raffstore-Sonnenschutz, außenliegend mit Seilführung, Motorantrieb (20m²) | | | | |
| | • 6100-496 Mehrfamilienhaus (31WE) | 48,00 m² | 5.315 | **110,74** | 1,54 |
| | Sonnenschutz an Wohnraumerweiterungen (48m²) | | | | |
| | 6100-652 Mehrfamilienhaus (9WE) | | | | |
| | • Herstellen (Kosten: 100,0%) | 28,14 m² | 4.694 | **166,79** | 15,80 |
| | Minirollläden, Vorbauelemente, Alu-Führungsschienen (28m²) | | | | |

| KG | Kostengruppe | Menge Einheit | Kosten € | €/Einheit | €/m² BGF |
|---|---|---|---|---|---|
| | 6100-681 Mehrfamilienhaus (6WE) | | | | |
| | • Abbrechen (Kosten: 4,5%) | 54,55 m² | 791 | **14,51** | 1,09 |
| | Abbruch von Holzfensterläden (53m²), Horizontallamellenstore (1m²); Entsorgung, Deponiegebühren | | | | |
| | • Herstellen (Kosten: 95,5%) | 27,26 m² | 16.744 | **614,27** | 23,07 |
| | Schiebeladen, Alu, Lochung, pulverbeschichtet (27m²) | | | | |
| | 6100-708 Einfamilienhaus | | | | |
| | • Abbrechen (Kosten: 11,2%) | 9,10 m² | 799 | **87,81** | 2,21 |
| | Rollladenkästen aufschneiden, Panzer ausbauen, Stundenlohnarbeit, Entsorgung, Deponiegebühren (9m²) | | | | |
| | • Herstellen (Kosten: 88,8%) | 25,89 m² | 6.356 | **245,49** | 17,57 |
| | Rollläden als Aufsatzrollos (16St), Revisionsdeckel mit Isolierung (22m²) | | | | |
| | 6100-713 Doppelhaushälfte | | | | |
| | • Wiederherstellen (Kosten: 43,7%) | 23,66 m² | 1.013 | **42,84** | 3,59 |
| | Vorhandene Rollladenkästen dämmen, vorhandene Stahlwelle austauschen, Vorbaurollläden ausbauen, lagern mit neuen Fenster wieder einbauen (4St) | | | | |
| | • Herstellen (Kosten: 56,3%) | 13,34 m² | 1.308 | **98,05** | 4,64 |
| | Rollläden, PVC-Lamellen (8m²), Alu-Lamellen (6m²), Sanierung-Gurtführungen (4St) | | | | |
| | 6100-717 Mehrfamilienhaus (4WE) | | | | |
| | • Wiederherstellen (Kosten: 2,1%) | 16,90 m² | 43 | **2,52** | < 0,1 |
| | Holzklappläden, anschleifen, Schadstellen nachspachteln, Anstrich (17m²) | | | | |
| | • Herstellen (Kosten: 97,9%) | 37,11 m² | 1.993 | **53,70** | 2,39 |
| | Elektroantriebe für Vorbaurolladen (11St), Holzklappläden (8m²) | | | | |
| | 6100-726 Mehrfamilienhaus (3WE) | | | | |
| | • Abbrechen (Kosten: 100,0%) | 1,44 m² | 183 | **126,90** | 0,42 |
| | Abbruch von Rollladenkasten mit Gestänge, Aufhängungen, seitlichen Putz abschlagen (1m²) | | | | |
| | 6100-731 Einfamilienhaus | | | | |
| | • Abbrechen (Kosten: 10,3%) | – | 1.080 | **–** | 4,35 |
| | Abbruch von Rollladenkästenblenden (22m), Rollladen, Wellen Lager, Gurte (10St); Entsorgung, Deponiegebühren | | | | |
| | • Herstellen (Kosten: 89,7%) | 54,97 m² | 9.423 | **171,43** | 37,99 |
| | Rollläden, Außenwickler, Alupanzer, Elektromotor mit Steuerung (55m²) | | | | |
| | 6100-752 Mehrfamilienhaus (19WE) | | | | |
| | • Wiederherstellen (Kosten: 0,3%) | – | 78 | **–** | < 0,1 |
| | Austausch beschädigter Rollladengurte | | | | |
| | • Herstellen (Kosten: 99,7%) | 210,58 m² | 29.849 | **141,75** | 11,71 |
| | Aufsatzrolladen mit Kurbelantreib, Kunststoff (59St), Vorbaurolladen, Kunststoff (20St), Alu-Blechdächer als Abdeckung von Markisen (4St), Konsolen für Markisen | | | | |
| | 6100-753 Mehrfamilienhaus (19WE) | | | | |
| | • Wiederherstellen (Kosten: 8,1%) | – | 2.130 | **–** | 0,84 |
| | Austausch beschädigter Rollladengurte | | | | |

| KG | Kostengruppe | Menge Einheit | Kosten € | €/Einheit | €/m² BGF |
|---|---|---|---|---|---|
| | • Herstellen (Kosten: 91,9%) | 168,15 m² | 24.197 | **143,90** | 9,49 |
| | Aufsatzrolladen mit Kurbelantreib, Kunststoff (44St), Vorbaurolladen, Kunststoff (24St), Alu-Blechdächer als Abdeckung von Markisen (4St), Konsolen für vorhandene Markisen (12St) | | | | |
| | 6100-770 Einfamilienhaus | | | | |
| | • Herstellen (Kosten: 100,0%) | 9,36 m² | 2.638 | **281,80** | 10,99 |
| | Senkrechtmarkisen (9m²) | | | | |
| | 6100-790 Einfamilienhaus | | | | |
| | • Herstellen (Kosten: 100,0%) | 4,37 m² | 2.293 | **524,62** | 8,78 |
| | Vorbau-Rollläden, Elektroantrieb, Einzel- und Gruppensteuerung (4m²) | | | | |
| | 6100-793 Einfamilienhaus | | | | |
| | • Herstellen (Kosten: 100,0%) | 64,53 m² | 10.345 | **160,32** | 27,84 |
| | Holz-Klappläden (65m²) | | | | |
| 339 | **Außenwände, sonstiges** | | | | |
| | 1300-148 Bürogebäude | | | | |
| | • Abbrechen (Kosten: 1,9%) | 28,03 m² AWF | 128 | **4,55** | 0,83 |
| | Abbruch einer Stb-Außentreppe, 4 Steigungen, b=1m, Entsorgung, Deponiegebühren | | | | |
| | • Herstellen (Kosten: 98,1%) | 177,34 m² AWF | 6.749 | **38,06** | 43,94 |
| | Stb-Eingangstreppe C20/25, 5 Stg mit Podest, d=15cm, Granitsteinbelag (6m²), Stahltreppe mit Geländer, Podest und Stufen aus Gitterrost, 5Stg, feuerverzinkt, b=1m (1m²) | | | | |
| | 1300-150 Verwaltungsgebäude, Kellertrocknung | | | | |
| | • Wiederherstellen (Kosten: 100,0%) | 342,85 m² AWF | 818 | **2,39** | 2,27 |
| | Pflanzenschutzgitter, h=1,25m, abschrauben, lagern, wieder montieren (18St) | | | | |
| | 1300-151 Rathaus | | | | |
| | • Wiederherstellen (Kosten: 43,6%) | 648,24 m² AWF | 427 | **0,66** | 0,23 |
| | Metallbalkongeländer, Altanstriche und Rost entfernen, abschleifen, reinigen, Anstrich mit Eisenglimmerfarbe (14m²) | | | | |
| | • Herstellen (Kosten: 56,4%) | 212,41 m² AWF | 551 | **2,59** | 0,29 |
| | Handläufe, Flachstahl geschmiedet | | | | |
| | 1300-152 Wohn- und Geschäftshaus | | | | |
| | • Abbrechen (Kosten: 22,2%) | 22,19 m² AWF | 1.851 | **83,42** | 4,74 |
| | Abbruch von Stahlbalkongeländerelementen (13m²), Holzsichtschutzwänden (9m²), Entsorgung, Deponiegebühren | | | | |
| | • Herstellen (Kosten: 77,8%) | 516,88 m² AWF | 6.492 | **12,56** | 16,62 |
| | Stahlbalkongeländer, Flachstahlrahmen, vertikale Füllstäbe, Stahlrohrhandlauf (8St), Außentreppe, gerade, Stahlwangentreppe verzinkt, beidseitige Geländer (1St) | | | | |
| | • 4100-107 Grundschule | 664,12 m² AWF | 2.383 | **3,59** | 4,42 |
| | Vordach, Stb-Fertigteil (2m²), Isokorb (3m) | | | | |

| KG | Kostengruppe | Menge Einheit | Kosten € | €/Einheit | €/m² BGF |
|---|---|---|---|---|---|
| | 5100-044 Sporthalle | | | | |
| | • Abbrechen (Kosten: 16,7%) | 191,46 m² AWF | 1.340 | **7,00** | 1,02 |
| | Abbruch von Stahlrohrgeländer, Handlauf (18m²), Stb-Eingangspodest, abgestuft (13m³); Entsorgung, Deponiegebühren | | | | |
| | • Herstellen (Kosten: 83,3%) | 649,80 m² AWF | 6.680 | **10,28** | 5,08 |
| | Einläufige gerade Stahltreppe, Pressroststufen 19x18,5/26cm, b=1,25m, Stahlgeländer, Füllung, Edelstahlseile (1St), Edelstahlhandlauf (9m), Edelstahlrohrgeländer (12m) | | | | |
| | 5100-046 Sporthalle | | | | |
| | • Herstellen (Kosten: 100,0%) | 708,78 m² AWF | 397 | **0,56** | 0,67 |
| | Gitterroste, 1,60/0,60cm (2St) | | | | |
| | 5100-048 Gymnastikraum Grundschule | | | | |
| | • Herstellen (Kosten: 100,0%) | 99,84 m² AWF | 632 | **6,33** | 1,01 |
| | Stahlbeton-Fertigteiltreppe, zwei Steigungen (1St) | | | | |
| | 6100-652 Mehrfamilienhaus (9WE) | | | | |
| | • Herstellen (Kosten: 100,0%) | 94,06 m² AWF | 29.348 | **312,01** | 98,82 |
| | Stb-Punktfundamente, Stahlkonstruktion für Balkonanlage, Rahmenkonstruktion 3.260mmx 1.700mm, 3-stockig, Auflageblech, Alu-Riffelblech, d=6mm, Geländer- und Handläufe (58m²) | | | | |
| | 6100-658 Mehrfamilienhaus (60WE) | | | | |
| | • Wiederherstellen (Kosten: 88,9%) | 18,00 m² AWF | 9.500 | **527,79** | 4,53 |
| | Eingangsüberdachungen abbauen, lagern, wieder montieren (4St) | | | | |
| | • Herstellen (Kosten: 11,1%) | 2.800,66 m² AWF | 1.185 | **0,42** | 0,57 |
| | Lichtschachtabdeckungen erneuern (14St) | | | | |
| | 6100-681 Mehrfamilienhaus (6WE) | | | | |
| | • Abbrechen (Kosten: 1,7%) | – AWF | 161 | **–** | 0,22 |
| | Abbruch von Stb-Vordach, d=20cm, Blechverwahrung (2m²), Briefkastenanlage, Stahl-Geländer (3m²); Entsorgung, Deponiegebühren | | | | |
| | • Herstellen (Kosten: 98,3%) | 596,38 m² AWF | 9.267 | **15,54** | 12,77 |
| | Balkongeländer (43m²), Betonlichtschächte aufbetonieren (2St), Gitterroste (2St) | | | | |
| | 6100-686 Mehrfamilienhaus, Kellertrocknung | | | | |
| | • Abbrechen (Kosten: 39,7%) | 83,30 m² AWF | 1.271 | **15,26** | 1,09 |
| | Abbruch von Lichtschächte aus Mauerwerk (8St) | | | | |
| | • Herstellen (Kosten: 60,3%) | 70,00 m² AWF | 1.927 | **27,53** | 1,65 |
| | Lichtschächte, Anpassungen an Fensteröffnungen, Gitterroste (8St) | | | | |
| | 6100-694 Zweifamilienhaus | | | | |
| | • Herstellen (Kosten: 100,0%) | 291,35 m² AWF | 1.122 | **3,85** | 2,68 |
| | Absturzgeländer, Einfachverglasung, 2xESG 8mm (2St) | | | | |
| | 6100-695 Mehrfamilienhaus, Kellertrocknung | | | | |
| | • Abbrechen (Kosten: 57,8%) | 56,25 m² AWF | 2.784 | **49,50** | 2,65 |
| | Abruch von Kellerlichtschächten (10St), Betonschalen im Innensockelbereich (35m), Entsorgung, Deponiegebühren | | | | |

| KG | Kostengruppe | Menge Einheit | Kosten € | €/Einheit | €/m² BGF |
|---|---|---|---|---|---|
| | • Herstellen (Kosten: 42,2%) | 81,00 m² AWF | 2.031 | **25,08** | 1,93 |
| | Kellerlichtschächte, Kunststoff (10St) | | | | |
| | 6100-713 Doppelhaushälfte | | | | |
| | • Wiederherstellen (Kosten: 100,0%) | 71,78 m² AWF | 961 | **13,38** | 3,41 |
| | Eingangspodest befestigen, Teile erneuern, Garageneinfahrtsschwelle abbrechen, neu aufbauen, Balkongeländer aus Faserzementplatten, reinigen, Fungizidvoranstrich, grundieren, Acrylfarbenanstrich, Balkongeländer Eisenkonstruktion, anschleifen, Grundierung, Acrylfarbenanstrich | | | | |
| | 6100-717 Mehrfamilienhaus (4WE) | | | | |
| | • Herstellen (Kosten: 100,0%) | 617,90 m² AWF | 11.651 | **18,86** | 13,97 |
| | Balkon-Brüstungsgeländer mit Lochblech (22m), Eingangspodest, Granitbelag auf Abdichtung (3m²), Briefkasten (1St), Edelstahl-Fenstergitter (2m²), Edelstahl-Brüstungsstange (2m) | | | | |
| | 6100-726 Mehrfamilienhaus (3WE) | | | | |
| | • Herstellen (Kosten: 100,0%) | 131,32 m² AWF | 313 | **2,39** | 0,72 |
| | Granit-Trittstufe, Vakuumdämmung, Mörtelbett (0,6m²) | | | | |
| | 6100-752 Mehrfamilienhaus (19WE) | | | | |
| | • Abbrechen (Kosten: 7,8%) | 274,65 m² AWF | 2.132 | **7,76** | 0,84 |
| | Abbruch von Holzfüllungen, Entsorgung, Deponiegebühren | | | | |
| | • Wiederherstellen (Kosten: 10,8%) | 414,57 m² AWF | 2.944 | **7,10** | 1,15 |
| | Fenstergitter (42m), Metallgitter (187m), schleifen, reinigen, Dickschichtlackanstrich, Metallgitter abbauen, Transport in die Werkstatt, ändern, wieder anbringen | | | | |
| | • Herstellen (Kosten: 81,4%) | 1.928,64 m² AWF | 22.275 | **11,55** | 8,74 |
| | Neue Füllungen für vorhandene Balkon-Edelstahlgeländer, Trespa-Vollkern, d=6mm, 3700x700mm (19St), Balkongeländer kürzen (19St) | | | | |
| | 6100-753 Mehrfamilienhaus (19WE) | | | | |
| | • Abbrechen (Kosten: 6,4%) | 197,61 m² AWF | 2.143 | **10,85** | 0,84 |
| | Abbruch von Holzfüllungen, Entsorgung, Deponiegebühren | | | | |
| | • Wiederherstellen (Kosten: 27,1%) | 460,08 m² AWF | 9.077 | **19,73** | 3,56 |
| | Fenstergitter (42m), Metallgitter (187m), schleifen, reinigen, Dickschichtlackanstrich, Metallgitter abbauen, Transport in die Werkstatt, ändern, wieder anbringen, Vordächer abbauen, anpassen, wieder montieren, Verwahrungen reinigen (3St) | | | | |
| | • Herstellen (Kosten: 66,5%) | 1.895,23 m² AWF | 22.307 | **11,77** | 8,75 |
| | Neue Füllungen für vorhandene Balkon-Edelstahlgeländer, Trespa-Vollkern, d=6mm, 3700x700mm (19St), Balkongeländer kürzen (19St), Vergitterung Kellerfenster, Alu-Lochblech, d=2mm (18St), Balkone, Edelstahl-Anschlussbleche (38St) | | | | |
| | 6100-770 Einfamilienhaus | | | | |
| | • Abbrechen (Kosten: 2,3%) | 10,61 m² AWF | 167 | **15,78** | 0,70 |
| | Abbruch einer Außentreppe, Entsorgung, Deponiegebühren | | | | |
| | • Herstellen (Kosten: 97,7%) | 348,00 m² AWF | 7.061 | **20,29** | 29,41 |
| | Stahl-Außentreppe, verzinkt, b=1,0m, 13 Stg (4m²), Treppenpodest (4m²) | | | | |

| KG | Kostengruppe | Menge Einheit | Kosten € | €/Einheit | €/m2 BGF |
|---|---|---|---|---|---|
| | 6100-780 Einfamilienhaus, Büro | | | | |
| | • Herstellen (Kosten: 100,0%) | 530,92 m2 AWF | 1.694 | **3,19** | 2,05 |
| | Stahl-Außengeländer, Flachstahl, feuerverzinkt, h=90cm (6m), Stahlrohrhandlauf, feuerverzinkt (11m) | | | | |
| | 6100-785 Zweifamilienhaus | | | | |
| | • Herstellen (Kosten: 100,0%) | 60,68 m2 AWF | 1.122 | **18,49** | 10,79 |
| | Absturzgeländer, Einfachverglasung, 2xESG 8mm (2St) | | | | |
| | 9100-060 Stadtbibliothek | | | | |
| | • Abbrechen (Kosten: 9,2%) | 436,97 m2 AWF | 217 | **0,50** | 0,38 |
| | Abbruch einer Außentreppe, Entsorgung, Deponiegebühren | | | | |
| | • Herstellen (Kosten: 90,8%) | 689,13 m2 AWF | 2.151 | **3,12** | 3,74 |
| | Eingangstreppe, Stb-Fundamente, Absturzsicherungen, Rohre, d=18mm, Montageplatten an Fenster (4St) | | | | |

## Kostenkennwerte für die Kostengruppen 300 und 400 der 3.Ebene DIN 276 (Übersicht)

| KG | Kostengruppe | Menge Einheit | Kosten € | €/Einheit | €/m² BGF |
|---|---|---|---|---|---|
| 340 | **Innenwände** | | | | |
| 341 | **Tragende Innenwände** | | | | |
| | 1300-138 Bürogebäude | | | | |
| | • Abbrechen (Kosten: 2,2%) | 6,74 m² | 227 | **33,72** | 0,10 |
| | Abbruch von Mauerwerkswänden, d=20-30cm, Lehmfüllungen, Entsorgung, Deponiegebühren (7m²) | | | | |
| | • Wiederherstellen (Kosten: 58,1%) | 35,53 m² | 6.061 | **170,58** | 2,67 |
| | Fachwerkkonstruktion, umgebaut, Teile abgebrochen und mit neuen Teilen ergänzt (35m²) | | | | |
| | • Herstellen (Kosten: 39,7%) | 19,35 m² | 4.139 | **213,92** | 1,83 |
| | Wandöffnungen schließen (19m²) | | | | |
| | 1300-148 Bürogebäude | | | | |
| | • Herstellen (Kosten: 100,0%) | 62,51 m² | 8.378 | **134,01** | 54,54 |
| | Porenbeton-Mauerwerk, d=24cm (60m²), Ringanker, Porenbetonstein ausbetoniert, 25/24cm (11m) Mörtelausgleichsschicht (5m²), Stahlträger HEB 100, l=2,00m (3St) | | | | |
| | 1300-151 Rathaus | | | | |
| | • Abbrechen (Kosten: 13,6%) | 77,41 m² | 4.484 | **57,93** | 2,38 |
| | Abbruch von Holzfachwerkwänden, d=14-18cm, ausgemauert (77m²), Steinsockel, d=30-40cm (1m²); Entsorgung, Deponiegebühren | | | | |
| | • Herstellen (Kosten: 86,4%) | 69,36 m² | 28.563 | **411,81** | 15,17 |
| | Aufzugsschachtgerüst, Stahlkonstruktion verglast (68m²) KS-Mauerwerk, d=24cm (1m²) | | | | |
| | 1300-152 Wohn- und Geschäftshaus | | | | |
| | • Abbrechen (Kosten: 100,0%) | 20,55 m² | 740 | **35,99** | 1,89 |
| | Abbruch von Mauerwerk, d=24cm, Entsorgung, Deponiegebühren (21m²) | | | | |
| | 4100-075 Schulzentrum | | | | |
| | • Herstellen (Kosten: 100,0%) | 520,45 m² | 66.056 | **126,92** | 77,25 |
| | Stb-Innenwände C20/25, d=25cm, Schalung, Bewehrung (342m²), Stb-Innenwände C30/37, d=30cm, Schalung, Bewehrung (55m²), KS-Mauerwerk, d=24cm (110m²), KS-Mauerwerk, d=17,5cm (13m²), Sichtbetonschalung (56m²) | | | | |
| | • 4100-107 Grundschule | 190,00 m² | 33.483 | **176,23** | 62,10 |
| | Kalksandsteinmauerwerk, KS 20/2,0/IIa, d=20cm (110m²), Stb-Wände C25/30, d=15cm (80m²), Stb-Unterzüge, Stb-Überzüge, Schalung (281m²), Bewehrung (6t) | | | | |
| | 5100-044 Sporthalle | | | | |
| | • Abbrechen (Kosten: 74,9%) | 45,33 m² | 9.187 | **202,68** | 6,99 |
| | Abbruch von Stb-Wänden, d=19cm für Tür-und Sturzöffnungen (27m²), Stb-Wand, d=19cm (18m²); Entsorgung, Deponiegebühren | | | | |
| | • Herstellen (Kosten: 25,1%) | 29,92 m² | 3.075 | **102,77** | 2,34 |
| | Türöffnungen anpassen, KS-Mauerwerk, d=19cm (20m²), d=17,5cm (10m²) | | | | |

| KG | Kostengruppe | Menge Einheit | Kosten € | €/Einheit | €/m² BGF |
|---|---|---|---|---|---|
| | 5100-048 Gymnastikraum Grundschule | | | | |
| | • Abbrechen (Kosten: 14,7%) | 27,76 m² | 1.455 | **52,42** | 2,32 |
| | Abbruch von Mauerwerkswänden, d=24cm, Vorbereitungen für Türeneinbau, Entsorgung, Deponiegebühren (28m²) | | | | |
| | • Herstellen (Kosten: 85,3%) | 15,12 m² | 8.457 | **559,34** | 13,48 |
| | Bauseits eingebaute Stahlträger mit Unterstopfmörtel kraftschlüssig verschließen, Höhe bis 25mm (51m), KS-Mauerwerk, d=24cm (11m²), Ausmauern Türöffnung, beiputzen (3m²), Auflagertaschen im Bestand herausstemmmen (4St), Herstellen von Öffnungen im Bestand, Wandstärke bis 37cm, beiputzen (5m²) | | | | |
| | 5300-009 Strandbad, Restaurant | | | | |
| | • Herstellen (Kosten: 100,0%) | 68,64 m² | 4.624 | **67,37** | 17,63 |
| | Innenwände, d=15cm, Mineralwolldämmung, d=100mm, Ständer, KVH 8/12, Beplankung, OSB-Platten, d=15mm (69m²) | | | | |
| | • 6100-496 Mehrfamilienhaus (31WE) | 305,00 m² | 48.381 | **158,63** | 14,04 |
| | Wohnungstrennwände, d=24cm KS-R 12/20, Innenwand d=17,5cm KLS 12-1.4 (305m²) | | | | |
| | 6100-652 Mehrfamilienhaus (9WE) | | | | |
| | • Herstellen (Kosten: 100,0%) | 95,42 m² | 9.651 | **101,14** | 32,49 |
| | HLz-Mauerwerk, d=24cm (95m²) | | | | |
| | 6100-681 Mehrfamilienhaus (6WE) | | | | |
| | • Abbrechen (Kosten: 13,2%) | 19,49 m² | 812 | **41,65** | 1,12 |
| | Abbruch von Ziegelmauerwerk, d=17,5cm, Entsorgung, Deponiegebühren (19m²) | | | | |
| | • Herstellen (Kosten: 86,8%) | 43,18 m² | 5.327 | **123,38** | 7,34 |
| | Bimsmauerwerk, d=17,5cm (41m²), Türöffnungen, schließen (2m²), verschieben (4St), Ringanker (40m) | | | | |
| | 6100-694 Zweifamilienhaus | | | | |
| | • Herstellen (Kosten: 100,0%) | 5,06 m² | 1.974 | **390,17** | 4,72 |
| | Stb-Wandscheibe, d=17,5cm, Schalung, Bewehrung (5m²) | | | | |
| | 6100-708 Einfamilienhaus | | | | |
| | • Abbrechen (Kosten: 62,4%) | 28,77 m² | 3.555 | **123,56** | 9,83 |
| | Abbruch von Mauerwerk, d=24cm, zum Teil Kleinflächen, Entsorgung, Deponiegebühren (29m²) | | | | |
| | • Herstellen (Kosten: 37,6%) | 5,28 m² | 2.141 | **405,50** | 5,92 |
| | Stahlträgersturz einbauen, Laibungen verputzen (1St), Sturzeinbau, Laibungen verputzen (1St) | | | | |
| | 6100-717 Mehrfamilienhaus (4WE) | | | | |
| | • Herstellen (Kosten: 100,0%) | 339,10 m² | 22.121 | **65,23** | 26,52 |
| | HLz-Mauerwerk, d=17,5cm (102m²), KS-Mauerwerk, d=17,5-20cm (147m²), Holzständerwände (90m²), Edelstahl-Dübelanker (250St) | | | | |
| | 6100-740 Einfamilienhaus | | | | |
| | • Abbrechen (Kosten: 14,6%) | 5,70 m² | 993 | **174,24** | 3,57 |
| | Abbruch von Mauerwerk, d=22,5cm, in Teilflächen, Entsorgung, Deponiegebühren (6m²) | | | | |

| KG | Kostengruppe | Menge Einheit | Kosten € | €/Einheit | €/m² BGF |
|---|---|---|---|---|---|
| | • Herstellen (Kosten: 85,4%) | 289,10 m² | 5.805 | **20,08** | 20,88 |
| | Einbau von Türstürzen 2 IPE 120, l=1,24m, Beiputzarbeiten (8St), Ziegelwände, d=19cm (7m²) | | | | |
| | 6100-770 Einfamilienhaus | | | | |
| | • Herstellen (Kosten: 100,0%) | 12,00 m² | 471 | **39,23** | 1,96 |
| | Ziegelmauerwerk, d=24cm (12m²) | | | | |
| | 6100-780 Einfamilienhaus, Büro | | | | |
| | • Herstellen (Kosten: 100,0%) | – | 1.962 | **–** | 2,38 |
| | Türstürze, Stahlträger (2St), Durchbrüche herstellen (12St) | | | | |
| | 6100-785 Zweifamilienhaus | | | | |
| | • Herstellen (Kosten: 100,0%) | 5,06 m² | 1.974 | **390,17** | 18,98 |
| | Stb-Wandscheibe, d=17,5cm, Schalung, Bewehrung (5m²) | | | | |
| | 7200-072 Geschäftshaus, Wohnen (13WE) | | | | |
| | • Abbrechen (Kosten: 100,0%) | 106,00 m² | 4.369 | **41,21** | 2,06 |
| | Abbruch von Mauerwerk, d=10-40cm, Entsorgung, Deponiegebühren (106m²) | | | | |
| | 9100-060 Stadtbibliothek | | | | |
| | • Abbrechen (Kosten: 39,6%) | 65,92 m² | 8.054 | **122,18** | 13,99 |
| | Abbruch von Mauerwerkswänden, d=17,5-43cm, Entsorgung, Deponiegebühren (66m²) | | | | |
| | • Herstellen (Kosten: 60,4%) | 108,49 m² | 12.279 | **113,19** | 21,32 |
| | Mauerwerkswände, d=17,5cm (69m²), Stb-Ringanker (10m), Türöffnungen schließen (6m²), Stb-Wände C20/25, d=24cm, Schalung, Bewehrung (33m²) | | | | |
| 342 | **Nichttragende Innenwände** | | | | |
| | 1300-138 Bürogebäude | | | | |
| | • Abbrechen (Kosten: 26,7%) | 334,80 m² | 10.502 | **31,37** | 4,63 |
| | Abbruch von Mauerwerkswänden, d=10-20cm, Lehmfüllungen (121m²), in Teilflächen bis 2m² (83m²), Trennwände, Alu-Rahmen, Holz- und Glasfüllungen (131m²); Entsorgung, Deponiegebühren | | | | |
| | • Herstellen (Kosten: 73,3%) | 288,21 m² | 28.836 | **100,05** | 12,72 |
| | GK-Montagewände, d=10cm (238m²), Schachtwände (20m²), Gasbetonmauerwerk, d=10cm (10m²), Wandöffnungen schließen (20m²) | | | | |
| | 1300-148 Bürogebäude | | | | |
| | • Herstellen (Kosten: 100,0%) | 89,07 m² | 6.025 | **67,65** | 39,23 |
| | GK-Metallständerwände, d=12,5cm, beidseitig 2x12,5mm, Mineralwolledämmung, d=60mm (89m²), Acrylfugen (138m) | | | | |
| | 1300-151 Rathaus | | | | |
| | • Abbrechen (Kosten: 24,3%) | 393,00 m² | 11.308 | **28,77** | 6,01 |
| | Abbruch von Holzfachwerkwänden, d=12cm, Holzbekleidungen (338m²), Abmauerungen, d=11,5cm (55m²); Entsorgung, Deponiegebühren | | | | |
| | • Herstellen (Kosten: 75,7%) | 271,85 m² | 35.255 | **129,69** | 18,73 |
| | GK-Ständerwände, doppelt beplankt (171m²), GK-Vorsatzschalen (33m²), Profilständerwand F90 (17m²), Vormauerungen (49m²), KS-Platten, d=11,5cm (3m²) | | | | |

| KG | Kostengruppe | Menge Einheit | Kosten € | €/Einheit | €/m² BGF |
|---|---|---|---|---|---|
| | 1300-152 Wohn- und Geschäftshaus | | | | |
| | • Abbrechen (Kosten: 3,6%) | 71,98 m² | 1.052 | **14,62** | 2,69 |
| | Abbruch von Holzwänden mit Nut- und Federverkleidung, Dämmung, Entsorgung, Deponiegebühren (72m²) | | | | |
| | • Herstellen (Kosten: 96,4%) | 255,76 m² | 28.489 | **111,39** | 72,95 |
| | Metallständerwände, d=10-20,5cm, Dämmung, Mineralfilzplatten, GK-Bekleidungen 2x12,5mm (145m²), F 90 GK-Montagewand, d=20cm, Dämmung, Mineralwolle, Gipsbauplatten, schallgedämmt (40m²), GK-Installationswand, d=22cm (6m²), GK-Trempelwand, d=10cm (30m²), GK-Vorsatzschalen (15m²), GK-Installationsschacht (5m²), GK-Installationsstütze (2m²) | | | | |
| | 4100-075 Schulzentrum | | | | |
| | • Herstellen (Kosten: 100,0%) | 57,92 m² | 5.947 | **102,68** | 6,96 |
| | Metallständerwände, zweiseitig doppelt beplankt, imprägniert, d=12,5cm (53m²), F90-Verkleidung, Metallständerwand, Mineralwolledämmung, Fermacellplatte (4m²), Duschwannen einmauern (2St) | | | | |
| | • 4100-107 Grundschule | 121,44 m² | 9.645 | **79,42** | 17,89 |
| | Metallständerwände, d=15,5cm (14m²), F90 (23m²), Vorsatzschalen (56m²), KS-Mauerwerk, d=11,5cm (28m²) | | | | |
| | • 4100-108 Grundschule | 142,12 m² | 7.335 | **51,62** | 15,59 |
| | KS-Mauerwerk, d=11,5cm, KS 12/1,8/IIa (20m²), Vorsatzschalen, einseitig, doppelt beplankt (122m²) | | | | |
| | 4300-010 Förderschule, Vereinsräume | | | | |
| | • Herstellen (Kosten: 100,0%) | 37,68 m² | 2.184 | **57,95** | 2,70 |
| | Metallständerwände mit Wandanschlüssen, d=12,5cm (38m²) | | | | |
| | 5100-044 Sporthalle | | | | |
| | • Abbrechen (Kosten: 21,6%) | 128,77 m² | 2.880 | **22,37** | 2,19 |
| | Abbruch von Mauerwerk, d=11,5cm, Entsorgung, Deponiegebühren (129m²) | | | | |
| | • Herstellen (Kosten: 78,4%) | 116,33 m² | 10.442 | **89,76** | 7,94 |
| | Metallständerwände, d=10-22cm, Mineralwolldämmung, d=40-80mm, GK-Beplankung 2x12,5mm (97m²), KS-Mauerwerk, d=11,5cm (19m²) | | | | |
| | 5100-046 Sporthalle | | | | |
| | • Herstellen (Kosten: 100,0%) | 22,03 m² | 2.090 | **94,90** | 3,51 |
| | Wandöffnungen schließen (7m²), GK-Vorsatzschalen (15m²) | | | | |
| | 5300-009 Strandbad, Restaurant | | | | |
| | • Herstellen (Kosten: 100,0%) | 18,53 m² | 1.517 | **81,85** | 5,78 |
| | Metallständerwände, d=100-125mm, GK-Beplankungen 2x12,5mm (19m²) | | | | |
| | • 6100-482 Mehrfamilienhaus (3WE) | 45,30 m² | 972 | **21,46** | 4,87 |
| | Fachwerkwände herstellen im 3.OG; GK-Wände innen als Eigenleistung der Eigentümer im DG und 3.OG | | | | |

| KG | Kostengruppe | Menge Einheit | Kosten € | €/Einheit | €/m² BGF |
|---|---|---|---|---|---|
| | 6100-652 Mehrfamilienhaus (9WE) | | | | |
| | • Herstellen (Kosten: 100,0%) | 278,05 m² | 15.309 | **55,06** | 51,55 |
| | Metallständerwände, GK-Beplankung, 2x12,5mm, Dämmung, d=40mm (246m²), Vorsatzschalen für Installationen (32m²) | | | | |
| | 6100-681 Mehrfamilienhaus (6WE) | | | | |
| | • Abbrechen (Kosten: 41,0%) | 282,73 m² | 4.841 | **17,12** | 6,67 |
| | Abbruch von Holzlattenverschlägen, Türen (52m²), Holzständerwände mit Bimsstein-ausmauerungen, d=12cm (108m²), Lehmwickeleinlagen (123m²); Entsorgung, Deponiegebühren | | | | |
| | • Herstellen (Kosten: 59,0%) | 72,36 m² | 6.966 | **96,26** | 9,60 |
| | Bimsmauerwerk, d=11,5cm (4m²), Türöffnungen, schließen (2m²), GK-Montagewände, F30, einfach beplankt, d=125mm (41m²), d=100mm (27m²) | | | | |
| | 6100-708 Einfamilienhaus | | | | |
| | • Abbrechen (Kosten: 26,0%) | 55,21 m² | 4.651 | **84,24** | 12,86 |
| | Abbruch von Mauerwerk, d=11,5cm, Entsorgung, Deponiegebühren (55m²) | | | | |
| | • Herstellen (Kosten: 74,0%) | 115,22 m² | 13.241 | **114,92** | 36,60 |
| | Metallständerwände, d=12,5cm, GK-Bekleidungen, 2x12,5mm (61m²), Vorsatzschalen, Abseitenwände, GK-Verkleidungen 2x12,5mm (40m²), Türdurchbrüche herstellen, Ziegelstürze einbauen (8m²), Abmauerungen (2m²) | | | | |
| | 6100-717 Mehrfamilienhaus (4WE) | | | | |
| | • Herstellen (Kosten: 100,0%) | 113,09 m² | 8.212 | **72,62** | 9,85 |
| | Metallständerwände, d=10cm (70m²), HLz-Mauerwerk, d=11,5cm (20m²), Vormauerungen, KS-Mauerwerk, d=11,5cm (16m²), HLz-Mauerwerk, d=17,5cm (6m²), Wannen einmauern (4m) | | | | |
| | 6100-729 Mehrfamilienhaus (3WE) | | | | |
| | • Herstellen (Kosten: 100,0%) | 7,42 m² | 112 | **15,11** | 0,18 |
| | Kniestock, Hartfaserplatten, d=20mm (7m²) | | | | |
| | 6100-740 Einfamilienhaus | | | | |
| | • Abbrechen (Kosten: 28,8%) | 62,00 m² | 5.486 | **88,48** | 19,73 |
| | Abbruch von Ziegelwänden, d=12cm, Entsorgung, Deponiegebühren (62m²) | | | | |
| | • Herstellen (Kosten: 71,2%) | 112,58 m² | 13.578 | **120,61** | 48,82 |
| | Ziegelwände, d=9cm (53m²), Metallständerwände, GK-Beplankung, 2x12,5mm (25m²), Unterkonstruktion, GK-Verkleidungen (13m²), Durchbrüche schließen (20St), Installati-onswand, GK-Beplankung 1x12,5mm (19m²) | | | | |
| | 6100-770 Einfamilienhaus | | | | |
| | • Abbrechen (Kosten: 15,2%) | 42,41 m² | 1.548 | **36,51** | 6,45 |
| | Abbruch von Mauerwerkswänden, d=11-17,5cm, Entsorgung, Deponiegebühren (42m²) | | | | |
| | • Herstellen (Kosten: 84,8%) | 113,00 m² | 8.645 | **76,50** | 36,00 |
| | GK-Trockenbauwände, d=10cm, GK-Beplankung, d=12,5mm (113m²) | | | | |
| | 6100-780 Einfamilienhaus, Büro | | | | |
| | • Abbrechen (Kosten: 15,0%) | 8,65 m² | 487 | **56,34** | 0,59 |
| | Abbruch von HLz-Mauerwerk, d=11,5cm, Entsorgung, Deponiegebühren (9m²) | | | | |

| KG | Kostengruppe | Menge Einheit | Kosten € | €/Einheit | €/m² BGF |
|---|---|---|---|---|---|
| | • Herstellen (Kosten: 85,0%) | 16,75 m² | 2.765 | **165,06** | 3,35 |
| | Metallständerwände, d=10cm, zweilagig beplankt, 2x12,5mm (12m²), HLz-Mauerwerk, d=11,5cm (5m²) | | | | |
| | 7200-072 Geschäftshaus, Wohnen (13WE) | | | | |
| | • Herstellen (Kosten: 100,0%) | 5,38 m² | 343 | **63,79** | 0,16 |
| | Wanddurchbrüche schließen (5m²) | | | | |
| | 9100-060 Stadtbibliothek | | | | |
| | • Abbrechen (Kosten: 22,6%) | 95,00 m² | 1.672 | **17,60** | 2,90 |
| | Abbruch von Mauerwerkswänden, d=11,5, GK-Bekleidungen (13m²), Fachwerkständerwände (83m²); Entsorgung, Deponiegebühren | | | | |
| | • Herstellen (Kosten: 77,4%) | 53,95 m² | 5.736 | **106,31** | 9,96 |
| | Metallständerwände, GK-Beplankungen (42m²), Installationsvorwände, raumhoch (12m²) | | | | |
| 343 | **Innenstützen** | | | | |
| | 1300-138 Bürogebäude | | | | |
| | • Herstellen (Kosten: 100,0%) | 2,50 m | 824 | **329,78** | 0,36 |
| | Stahlstütze (1St) | | | | |
| | 1300-151 Rathaus | | | | |
| | • Herstellen (Kosten: 100,0%) | 50,80 m | 8.915 | **175,50** | 4,74 |
| | Stahl-Rundstützen, d=101,6x5,6mm, gestrichen (18m), Stahlstützen, d=100x100x4,5mm, in Wänden, gestrichen (33m), GK-Verkleidungen, d=12,5mm, F30 (23m²) | | | | |
| | 5100-044 Sporthalle | | | | |
| | • Herstellen (Kosten: 100,0%) | 5,41 m | 1.949 | **360,04** | 1,48 |
| | Stahlstützen, HEB 240, l=2,7m (2St) | | | | |
| | 6100-717 Mehrfamilienhaus (4WE) | | | | |
| | • Herstellen (Kosten: 100,0%) | 9,50 m | 1.276 | **134,29** | 1,53 |
| | Stb-Stützen C20/25, 24/24-17,5/75cm, Schalung, Bewehrung (1m³), Stahlstützen, Rundstützen, d=70mm, Länge 1,75m (3St) | | | | |
| | 6100-740 Einfamilienhaus | | | | |
| | • Herstellen (Kosten: 100,0%) | 4,90 m | 379 | **77,42** | 1,36 |
| | Mauerpfeiler an bestehendem Mauerwerk, Tonvollziegel, 19x29cm (5m) | | | | |
| 344 | **Innentüren und -fenster** | | | | |
| | 1300-138 Bürogebäude | | | | |
| | • Abbrechen (Kosten: 1,2%) | 79,15 m² | 1.404 | **17,74** | 0,62 |
| | Abbruch von Holztüren, Umfassungszargen, Entsorgung, Deponiegebühren (79m²) | | | | |
| | • Herstellen (Kosten: 98,8%) | 134,55 m² | 118.943 | **884,03** | 52,45 |
| | Holz-Innentüren (110m²), Feuerschutztüren T30, RS (4m²), Rohrrahmentüren (18m²), Stahlschiebetor T90 (3m²), elektrische Drehtürantriebe (4St), Sensorleisten (2St), Türstopper (51St) | | | | |

| KG | Kostengruppe | Menge Einheit | Kosten € | €/Einheit | €/m² BGF |
|---|---|---|---|---|---|
| | 1300-148 Bürogebäude | | | | |
| | • Herstellen (Kosten: 100,0%) | 13,76 m² | 8.152 | **592,47** | 53,08 |
| | Ganzglastürblatt, ESG d=10mm, Master Carree, Stahlzargen lackiert (11m²), Ganzglas-Schiebetür, ESG d=10mm, Edelstahlgriffstange (2m²) | | | | |
| | 1300-151 Rathaus | | | | |
| | • Abbrechen (Kosten: 4,3%) | 105,98 m² | 2.895 | **27,31** | 1,54 |
| | Abbruch von Holztüren, Entsorgung, Deponiegebühren (106m²) | | | | |
| | • Wiederherstellen (Kosten: 12,8%) | 157,92 m² | 8.632 | **54,66** | 4,58 |
| | Holztüren ausbauen, kürzen, wiedereinbauen (36m²), Holztüren, Beschläge überprüfen, Bänder nachstellen, nachjustieren, Schließfunktion überprüfen, Fehlerstellen ausbessern, verkitten, Anstrich (46m²), Holztüren streichen (76m²) | | | | |
| | • Herstellen (Kosten: 82,9%) | 86,13 m² | 55.861 | **648,56** | 29,67 |
| | Holztüren, Schallschutztüren, Holzzargen, Anstrich (17m²), Holztüren, Vollspan, Holzzargen, Anstrich (26m²), Brandschutztüren T30 (11m²), Stahltüren (6m²), Windfangelement, Stahl/Glas (14m²), Brandschutztüren, Stahl/Glas (4m²), Brandschutzverglasungen (5m²) | | | | |
| | 1300-152 Wohn- und Geschäftshaus | | | | |
| | • Abbrechen (Kosten: 7,9%) | 9,97 m² | 302 | **30,30** | 0,77 |
| | Abbruch von Holztüren (6m²), Stahltüren (4m²); Entsorgung, Deponiegebühren | | | | |
| | • Herstellen (Kosten: 92,1%) | 15,82 m² | 3.526 | **222,89** | 9,03 |
| | Holzinnentüren, Röhrenspan, beschichtet (12m²), Wohnungseingangstüre, Vollspan, beschichtet (2m²), Tür T30 (2m²) | | | | |
| | 4100-075 Schulzentrum | | | | |
| | • Herstellen (Kosten: 100,0%) | 60,10 m² | 47.143 | **784,48** | 55,14 |
| | Alu/Glas-Türelemente T30, zweiflüglig (9m²), Schallschutztüren (21m²), Vollspantüren (11m²), Brandschutztüren T30 (6m²), Nassraumtüren (6m²), Festverglasungen (4m²), Müllraumtüre (1St), Stahlzargen, gestrichen (19St) | | | | |
| | • 4100-107 Grundschule | 32,08 m² | 18.498 | **576,65** | 34,31 |
| | Kunststoff-Innentüren, Stahlzargen, Glasausschnitte (23m²), Brandschutztüren T30 (9m²), Türstopper (12St) | | | | |
| | • 4100-108 Grundschule | 14,18 m² | 7.255 | **511,52** | 15,42 |
| | Innentüren, Kunststoff, Stahlzarge (12m²), Brandschutztür T30-RS (2m²) | | | | |
| | 4300-010 Förderschule, Vereinsräume | | | | |
| | • Herstellen (Kosten: 100,0%) | 4,30 m² | 2.585 | **600,79** | 3,19 |
| | Türöffnungen herstellen (2St), Schallschutztüren mit unverdeckter Massivholzkante, 2-seitig, Eiche, Stahlzargen (4m²) | | | | |
| | 5100-044 Sporthalle | | | | |
| | • Herstellen (Kosten: 100,0%) | 34,15 m² | 15.022 | **439,89** | 11,42 |
| | Holzinnentüren, Röhrenspanplatte, d=40-43mm, Oberfläche Schichtstoffplatten, Stahlzargen, lackiert, (32m²), V4A-Kantenschutzprofile (61m), Edelstahl-Bodentürpuffer (13St), Oberlichter, Aluzarge, Verglasung, beidseitig ESG, d=6mm (2m²) | | | | |

| KG | Kostengruppe | Menge Einheit | Kosten € | €/Einheit | €/m² BGF |
|---|---|---|---|---|---|
| | 5100-046 Sporthalle | | | | |
| | • Wiederherstellen (Kosten: 100,0%) | 105,58 m² | 4.290 | **40,63** | 7,21 |
| | Türbeschläge abbauen, reinigen, nach den Malerarbeiten wieder montieren (14St), Stahl-Umfassungszargen, reinigen, Kunstharz-Beschichtung (21St), Holzinnentüren, neu streichen (18St), Abdeckungen der Gegengewichtskästen an Sporthallentore erneuern, alte Spanplatten entfernen, neue Buche-Multiplex-Platten, d=19mm (50m²) | | | | |
| | 5100-048 Gymnastikraum Grundschule | | | | |
| | • Abbrechen (Kosten: 1,3%) | 5,25 m² | 141 | **26,80** | 0,22 |
| | Abbruch von Stahltüren, Entsorgung, Deponiegebühren (5m²) | | | | |
| | • Herstellen (Kosten: 98,7%) | 12,90 m² | 10.555 | **818,21** | 16,83 |
| | Holzinnentüren, Blockzargen, Vollspan, Kunststoffbeschichtet (11m²), RS-Holzinnentüre T30, Blockzargen, Vollspan, Kunststoffbeschichtet (2m²), dichtschließende Bodendichtungen, Edelstahl-Drücker | | | | |
| | 5300-009 Strandbad, Restaurant | | | | |
| | • Herstellen (Kosten: 100,0%) | 19,46 m² | 9.010 | **462,91** | 34,35 |
| | Holztüren, Stahlumfassungszargen (7m²), Schiebetüren (9m²), Brandschutztür T30 (2m²), Feuerschutzklappe T30 (1m²), Durchreiche mit Hebescheibe (1m²), Türen lackieren (19m²) | | | | |
| | • 6100-482 Mehrfamilienhaus (3WE) | 7,70 m² | 451 | **58,55** | 2,26 |
| | Röhrenspantüren, holzfurnierte, weiß endlackiert, Beschläge Messing im DG und 3.OG (8m²) | | | | |
| | • 6100-496 Mehrfamilienhaus (31WE) | 634,00 m² | 83.315 | **131,41** | 24,18 |
| | Innentüren 760/885x2010 mit Holzfutter (634m²) | | | | |
| | 6100-652 Mehrfamilienhaus (9WE) | | | | |
| | • Herstellen (Kosten: 100,0%) | 28,06 m² | 7.707 | **274,71** | 25,95 |
| | Holztüren, Röhrenspaneinlage (22m²), Brandschutztüren, rauchdicht, Obentürschließer, Holzzargen (6m²) | | | | |
| | 6100-681 Mehrfamilienhaus (6WE) | | | | |
| | • Abbrechen (Kosten: 6,8%) | 74,17 m² | 1.319 | **17,79** | 1,82 |
| | Abbruch von Holztürrahmen (4St), Holztüren, Zargen (66m²), Lattentüren (8m²); Entsorgung, Deponiegebühren | | | | |
| | • Herstellen (Kosten: 93,2%) | 65,17 m² | 18.160 | **278,65** | 25,02 |
| | Wohnungseingangstüren (14m²), Schließanlage, Röhrenspantüren (43m²), Zargen (25St), Schiebetüren (8m²), Stahltüren (4m²), Kellerabteiltüren (9m²) | | | | |
| | 6100-708 Einfamilienhaus | | | | |
| | • Abbrechen (Kosten: 15,2%) | 58,82 m² | 1.014 | **17,24** | 2,80 |
| | Abbruch von Holztüren, Entsorgung, Deponiegebühren (59m²) | | | | |
| | • Herstellen (Kosten: 84,8%) | 29,12 m² | 5.657 | **194,27** | 15,64 |
| | Zimmertüren (14St), zweiflügelige Zimmertüre mit Glasausschnitt (1St), Schiebetüre, vor der Wand (1St) | | | | |
| | 6100-713 Doppelhaushälfte | | | | |
| | • Wiederherstellen (Kosten: 10,2%) | 4,00 m² | 190 | **47,54** | 0,67 |
| | Metalltürzargen, anschleifen, lackieren (4m²) | | | | |

| KG | Kostengruppe | Menge Einheit | Kosten € | €/Einheit | €/m² BGF |
|---|---|---|---|---|---|
| | • Herstellen (Kosten: 89,8%) | 4,50 m² | 1.674 | **372,31** | 5,93 |
| | Ganzglastüren ESG, d=8mm, einseitig satiniert (2St), Speichertüre dämmen, Polystyrol-Platten, d=30mm (1St) | | | | |
| | 6100-717 Mehrfamilienhaus (4WE) | | | | |
| | • Wiederherstellen (Kosten: 3,5%) | 10,00 m² | 566 | **56,63** | 0,68 |
| | Holztüren ausbauen, lagern, Anstrich, einbauen (10m²) | | | | |
| | • Herstellen (Kosten: 96,5%) | 55,24 m² | 15.411 | **278,99** | 18,48 |
| | Holzinnentüren, Zargen, Buchefurnier (38m²), Wohnungseingangstüren, Schallschutz (10m²), T30 Stahltüren (7m²) | | | | |
| | 6100-726 Mehrfamilienhaus (3WE) | | | | |
| | • Wiederherstellen (Kosten: 100,0%) | 1,98 m² | 43 | **21,58** | 0,10 |
| | Vorhandene Tür, Echtholzfurnier, kürzen (2m²) | | | | |
| | 6100-731 Einfamilienhaus | | | | |
| | • Wiederherstellen (Kosten: 100,0%) | 1,78 m² | 246 | **138,34** | 0,99 |
| | Brandschutztür T30 ausbauen, lagern, wieder einbauen (2m²) | | | | |
| | 6100-740 Einfamilienhaus | | | | |
| | • Abbrechen (Kosten: 3,0%) | 17,79 m² | 719 | **40,44** | 2,59 |
| | Abbruch von Holztüren, Entsorgung, Deponiegebühren (18m²) | | | | |
| | • Wiederherstellen (Kosten: 21,3%) | 32,99 m² | 5.181 | **157,05** | 18,63 |
| | Holztüren ausbauen, lagern, wieder einbauen (18m²), Türen, ausbauen, abschleifen, lackieren, neue Beschläge, wieder einbauen (15m²) | | | | |
| | • Herstellen (Kosten: 75,7%) | 14,91 m² | 18.408 | **1.234,61** | 66,19 |
| | Holz-Kassettentüren, Massivholzrahmen, Lackierung (13m²), Massivholz-Schiebetür (2m²) | | | | |
| | 6100-753 Mehrfamilienhaus (19WE) | | | | |
| | • Wiederherstellen (Kosten: 100,0%) | 5,47 m² | 399 | **72,89** | 0,16 |
| | Holztüren abschleifen, Fehlstellen spachteln, Grund-, Zwischen- und Schlussanstrich, neue Beschläge (5m²) | | | | |
| | 6100-770 Einfamilienhaus | | | | |
| | • Wiederherstellen (Kosten: 31,9%) | 19,80 m² | 418 | **21,14** | 1,74 |
| | Innentüren schleifen, streichen (20m²) | | | | |
| | • Herstellen (Kosten: 68,1%) | 3,72 m² | 894 | **240,24** | 3,72 |
| | Innentüren (2St) | | | | |
| | 6100-780 Einfamilienhaus, Büro | | | | |
| | • Wiederherstellen (Kosten: 22,3%) | 1,66 m² | 407 | **245,21** | 0,49 |
| | Innentür ausbauen, lagern, wieder einbauen (2m²) | | | | |
| | • Herstellen (Kosten: 77,7%) | 1,89 m² | 1.416 | **750,50** | 1,72 |
| | Fenstertür (1St) | | | | |
| | 7200-072 Geschäftshaus, Wohnen (13WE) | | | | |
| | • Abbrechen (Kosten: 6,4%) | 4,00 m² | 205 | **51,31** | 0,10 |
| | Abbruch von Holztüren, Mauerwerk abstemmen, Entsorgung, Deponiegebühren (4m²) | | | | |

| KG | Kostengruppe | Menge Einheit | Kosten € | €/Einheit | €/$m^2$ BGF |
|---|---|---|---|---|---|
| | • Herstellen (Kosten: 93,6%) | 5,02 $m^2$ | 2.987 | **595,10** | 1,41 |
| | Brandschutztüren T30 (5$m^2$) | | | | |
| | 9100-060 Stadtbibliothek | | | | |
| | • Wiederherstellen (Kosten: 1,8%) | 3,89 $m^2$ | 401 | **103,18** | 0,70 |
| | Türen kürzen, Einbau von Glasscheiben (4$m^2$) | | | | |
| | • Herstellen (Kosten: 98,2%) | 25,88 $m^2$ | 21.667 | **837,20** | 37,63 |
| | Brandschutztüren T30, rauchdicht, Bodendichtungen, Glasausschnitte, Obentürschließer (18$m^2$), Brandschutzfenster (1$m^2$), Holztüren, Holzumfassungszargen (8$m^2$), Schließanlage | | | | |
| 345 | **Innenwandbekleidungen** | | | | |
| | 1300-138 Bürogebäude | | | | |
| | • Abbrechen (Kosten: 9,3%) | 1.902,26 $m^2$ | 10.091 | **5,30** | 4,45 |
| | Abschlagen von Putz (20$m^2$), Entfernen von Tapeten (1.677$m^2$), Abbruch von Wandfliesen (145$m^2$, Holz-Schrammborde (70$m^2$); Entsorgung, Deponiegebühren | | | | |
| | • Wiederherstellen (Kosten: 15,8%) | 371,42 $m^2$ | 17.112 | **46,07** | 7,55 |
| | Beiputzarbeiten Wandflächen, Stundenlohnarbeiten (129h) | | | | |
| | • Herstellen (Kosten: 74,9%) | 3.356,91 $m^2$ | 81.132 | **24,17** | 35,78 |
| | Innenwandputz (133$m^2$), beiputzen (221$m^2$), GK-Verkleidung (415$m^2$), Sonderspachtelung (510$m^2$), Wandfliesen, 10/10cm (99$m^2$), Raufasertapete, Anstrich (1.660$m^2$), Anstrich (1.389$m^2$) | | | | |
| | 1300-148 Bürogebäude | | | | |
| | • Herstellen (Kosten: 100,0%) | 334,46 $m^2$ | 5.680 | **16,98** | 36,98 |
| | Innenwandputz, zweilagig, d=12-15mm, Anstrich (143$m^2$), Anstrich (167$m^2$), Latexanstrich (24$m^2$) | | | | |
| | 1300-150 Verwaltungsgebäude, Kellertrocknung | | | | |
| | • Abbrechen (Kosten: 4,1%) | 290,53 $m^2$ | 2.375 | **8,17** | 6,60 |
| | Abschlagen von durchfeuchteten Innenputz, Entsorgung, Deponiegebühren (291$m^2$) | | | | |
| | • Wiederherstellen (Kosten: 75,0%) | 290,53 $m^2$ | 43.519 | **149,79** | 120,89 |
| | Ziegelmauerwerk reinigen, Fugen auskratzen, Sanierputz für Mauerwerk mit hoher Salzbelastung, d=20-30cm, Kantenprofile (291$m^2$) | | | | |
| | • Herstellen (Kosten: 20,9%) | 290,53 $m^2$ | 12.117 | **41,71** | 33,66 |
| | Kalkputz, d=30mm, Grundierung, Silikatanstrich (291$m^2$) | | | | |
| | 1300-151 Rathaus | | | | |
| | • Abbrechen (Kosten: 15,2%) | 1.351,07 $m^2$ | 12.174 | **9,01** | 6,47 |
| | Abbruch von Holzbekleidungen, Unterkonstruktion (82$m^2$), Entfernen von Tapeten (977$m^2$), Leimfarbe abwaschen (20$m^2$), Abschlagen von Putz (215$m^2$), Wandfliesen (9$m^2$); Entsorgung, Deponiegebühren | | | | |
| | • Wiederherstellen (Kosten: 3,2%) | 857,76 $m^2$ | 2.524 | **2,94** | 1,34 |
| | Putz reinigen (849$m^2$), Holzfachwerk, abschleifen, lackieren (8$m^2$) | | | | |
| | • Herstellen (Kosten: 81,6%) | 1.899,22 $m^2$ | 65.332 | **34,40** | 34,70 |
| | Kalkputz, Anstrich (238$m^2$), Wandfliesen (112$m^2$), Anstrich (469$m^2$), Glasfasertapeten, Anstrich (778$m^2$), Raufaser, Anstrich (423$m^2$), Trockenputz (209$m^2$), Dämmschicht d=160mm, GK-Bekleidung (40$m^2$), F30 Bekleidung (22$m^2$), F90 Bekleidung, Anstrich (36$m^2$), Lackierung Holzverkleidungen (17$m^2$), Bearbeitung Pelletraum | | | | |

| KG | Kostengruppe | Menge Einheit | Kosten € | €/Einheit | €/m² BGF |
|---|---|---|---|---|---|
| | 1300-152 Wohn- und Geschäftshaus | | | | |
| | • Abbrechen (Kosten: 5,1%) | 76,42 m² | 1.183 | **15,48** | 3,03 |
| | Abbruch von Holzverkleidungen (52m²), Heraklithplatten (25m²); Entsorgung, Deponiegebühren | | | | |
| | • Herstellen (Kosten: 94,9%) | 1.038,27 m² | 22.134 | **21,32** | 56,68 |
| | Raufasertapete, Anstrich (175m²), Abdichtung, Wandfliesen (33m²), Innenputz ergänzen (48m²), Anstrich (495m²), Latexanstrich, Treppenhaus Bestand (310m²) | | | | |
| | 4100-075 Schulzentrum | | | | |
| | • Herstellen (Kosten: 100,0%) | 1.039,90 m² | 38.919 | **37,43** | 45,52 |
| | Kalkgipsputz, d=10mm, Anstrich (464m²), Kalk-Zementputz, Wandfliesen (161m²), Anstrich (66m²), Hydrophobierender Schutzanstrich, Sichtbeton (56m²), Anstrich (293m²) | | | | |
| | • 4100-107 Grundschule | 610,00 m² | 21.969 | **36,02** | 40,75 |
| | Innenputz (610m²), Wandfliesen (59m²), Anstrich (680m²) | | | | |
| | • 4100-108 Grundschule | 164,75 m² | 7.044 | **42,76** | 14,97 |
| | Innenputz (62m²), Wandfliesen (103m²), Anstrich (62m²) | | | | |
| | 4300-010 Förderschule, Vereinsräume | | | | |
| | • Herstellen (Kosten: 100,0%) | 47,14 m² | 844 | **17,90** | 1,04 |
| | Bekleidung der Metallständerwände mit Faserzementplatten (47m²) | | | | |
| | 5100-044 Sporthalle | | | | |
| | • Abbrechen (Kosten: 2,5%) | 348,37 m² | 2.168 | **6,22** | 1,65 |
| | Abbruch von Wandfliesen (13m²), Abschlagen von Wandputz (335m²); Entsorgung, Deponiegebühren | | | | |
| | • Herstellen (Kosten: 97,5%) | 1.284,15 m² | 84.693 | **65,95** | 64,41 |
| | Holzprallwand, Geräteraumtore, Sporthallentüren, Regiefenster (150m²), Kalkzementputz, d=15mm (474m²), Epoxidharz-Abdichtung, Wandfliesen (162m²), Spachtelung, Isolierfarbe, Dispersionsanstrich, Sichtbeton (503m²), Dispersionsanstrich (464m²) | | | | |
| | 5100-046 Sporthalle | | | | |
| | • Herstellen (Kosten: 100,0%) | 103,72 m² | 2.530 | **24,40** | 4,25 |
| | Innenputz, Kleinflächen (6m²), Latex-Beschichtung (73m²), Fliesen (25m²) | | | | |
| | 5100-048 Gymnastikraum Grundschule | | | | |
| | • Abbrechen (Kosten: 6,1%) | 26,90 m² | 634 | **23,58** | 1,01 |
| | Abschlagen von Wandputz, Entsorgung, Deponiegebühren (27m²) | | | | |
| | • Wiederherstellen (Kosten: 52,2%) | 352,92 m² | 5.407 | **15,32** | 8,62 |
| | Spritzbewurf, Ausgleichsputz, Innenwandputz, zweilagig (59m²), Untergrundvorbehandlung, Eignung, Trag- sowie Haftfähigkeit prüfen, Zwischenanstrich, Schlussanstrich (353m²) | | | | |
| | • Herstellen (Kosten: 41,7%) | 25,00 m² | 4.325 | **172,99** | 6,89 |
| | Spritzbewurf, Ausgleichsputz, Innenwandputz, zweilagig, Anstrich (25m²) | | | | |

| KG | Kostengruppe | Menge Einheit | Kosten € | €/Einheit | €/m² BGF |
|---|---|---|---|---|---|
| | 5300-009 Strandbad, Restaurant | | | | |
| | • Herstellen (Kosten: 100,0%) | 166,14 m² | 9.252 | **55,69** | 35,27 |
| | GK-Verkleidungen (125m²), Unterkonstruktion (12m²), Grundierung, Abdichtung (62m²), Wandfliesen (69m²), Rollputz (97m²), Anstrich (69m²) | | | | |
| | • 6100-482 Mehrfamilienhaus (3WE) | 37,50 m² | 383 | **10,22** | 1,92 |
| | GK-Verkleidung als Eigenleistung Eigentümer, gespachtelt, gestrichen | | | | |
| | • 6100-496 Mehrfamilienhaus (31WE) | 2.198,20 m² | 97.391 | **44,30** | 28,27 |
| | Anstrich im KG, Gipskarton gespachtelt, Raufasertapete, Anstrich, Innenputz, Raufasertapete, Anstrich; Wandfliesen in Bädern und Küchen (2.198m²) | | | | |
| | 6100-652 Mehrfamilienhaus (9WE) | | | | |
| | • Herstellen (Kosten: 100,0%) | 363,87 m² | 15.433 | **42,41** | 51,96 |
| | Abdichtungen, Wandfliesen (115m²), Putz, zweilagig, Anstrich (228m²), Anstrich auf GK-Flächen (296m²) | | | | |
| | 6100-681 Mehrfamilienhaus (6WE) | | | | |
| | • Abbrechen (Kosten: 3,2%) | 83,83 m² | 997 | **11,90** | 1,37 |
| | Abbruch von Wandfliesen, Speisunterbau, Entsorgung, Deponiegebühren (84m²) | | | | |
| | • Wiederherstellen (Kosten: 28,5%) | 838,76 m² | 8.757 | **10,44** | 12,06 |
| | Altputz prüfen, Haftsperrgrund, Kunstharzputz (101m²), Schlitze schließen (249m), Sockelleisten anputzen (195m), Gips-Kalkputz an Laibungen (199m), Altputzflächen spachteln (451m²), Renovierungsanstriche (239m²) | | | | |
| | • Herstellen (Kosten: 68,3%) | 760,25 m² | 21.006 | **27,63** | 28,94 |
| | Gips-Kalkputz (316m²), Kalkzementputz (72m²), Grundierung (89m²), Abdichtung (20m²), Wandfliesen, 25x33mm (77m²), Fliesenspiegel (12m²), Sockel (44m), Raufasertapete, Dispersionsanstrich (671m²) | | | | |
| | 6100-694 Zweifamilienhaus | | | | |
| | • Herstellen (Kosten: 100,0%) | 20,95 m² | 829 | **39,58** | 1,98 |
| | Mosaik-Wandfliesen (11m²), Anstrich (10m²) | | | | |
| | 6100-708 Einfamilienhaus | | | | |
| | • Abbrechen (Kosten: 9,7%) | 1.243,52 m² | 1.895 | **1,52** | 5,24 |
| | Abbruch von Wandfliesen, Mörtelbett (62m²), Entfernen von Tapeten (1.182m²); Entsorgung, Deponiegebühren | | | | |
| | • Herstellen (Kosten: 90,3%) | 415,02 m² | 17.680 | **42,60** | 48,87 |
| | Wandfliesen (93m²), Fliesen-Bordüren (73m), Wände spachteln, schleifen, Anstrich (310m²), WC-Wände verputzen | | | | |
| | 6100-713 Doppelhaushälfte | | | | |
| | • Abbrechen (Kosten: 2,5%) | 6,45 m² | 92 | **14,26** | 0,33 |
| | Abschlagen von Wandfliesen, Putz, Entsorgung, Deponiegebühren (6m²) | | | | |
| | • Herstellen (Kosten: 97,5%) | 434,77 m² | 3.572 | **8,22** | 12,67 |
| | Dispersionsanstrich (386m²), Kellerwanddämmung Polystyrol-Hartschaum-Sichtplatten, d=60mm, WLG 035, Dispersionsanstrich (20m²), Dämmung Abseitenwand Polystyrol d=60 mm, WLG 035 (9m²), Wände verputzen, spachteln, schleifen, Dispersionsanstrich (15m²), Wandfliesen (5m²) | | | | |

| KG | Kostengruppe | Menge Einheit | Kosten € | €/Einheit | €/m² BGF |
|---|---|---|---|---|---|
| | 6100-717 Mehrfamilienhaus (4WE) | | | | |
| | • Herstellen (Kosten: 100,0%) | 1.008,14 m² | 24.075 | **23,88** | 28,87 |
| | GK-Wandverkleidungen, d=12,5mm (90m²), Wandfliesen (95m²), Gipsputz (190m²), Kalkzementputz (36m²), Raufasertapete, Dispersionsanstrich (270m²), Dispersionsanstrich (257m²), Reibeputz (386m²) | | | | |
| | 6100-726 Mehrfamilienhaus (3WE) | | | | |
| | • Herstellen (Kosten: 100,0%) | 12,90 m² | 1.415 | **109,66** | 3,26 |
| | Anstrich (3m²), Mosaikfliesen (10m²) | | | | |
| | 6100-740 Einfamilienhaus | | | | |
| | • Abbrechen (Kosten: 8,8%) | 572,87 m² | 3.706 | **6,47** | 13,32 |
| | Abbruch von Wandfliesen (45m²), Entfernen von Tapeten (528m²); Entsorgung, Deponiegebühren | | | | |
| | • Wiederherstellen (Kosten: 8,8%) | 277,00 m² | 3.676 | **13,27** | 13,22 |
| | Putzflächen prüfen, Putzschäden abschlagen, neuen Rotkalk-Putz aufbringen (277m²) | | | | |
| | • Herstellen (Kosten: 82,4%) | 507,20 m² | 34.554 | **68,13** | 124,25 |
| | Kalkputz (150m²), Rotkalkputz (79m²), Wandfliesen (18m²), Glattspachtelung, Anstrich (498m²), Holz-Fußleisten, lackieren (69m) | | | | |
| | 6100-752 Mehrfamilienhaus (19WE) | | | | |
| | • Wiederherstellen (Kosten: 74,2%) | 54,77 m² | 3.981 | **72,69** | 1,56 |
| | Schimmelbeseitigung, Tapeten entfernen, schließen von Öffnungen, Acrylfugen, Spachtelung, fungizides Mittel aufbringen, Raufasertapete, Dispersionsanstrich (37m²); einzelne Wandfliesen abbrechen, neue einsetzen (18m²) | | | | |
| | • Herstellen (Kosten: 25,8%) | 6,87 m² | 1.383 | **201,28** | 0,54 |
| | Wandvorbereitung, Putz, Wandfliesen (7m²) | | | | |
| | 6100-753 Mehrfamilienhaus (19WE) | | | | |
| | • Abbrechen (Kosten: 8,3%) | 79,08 m² | 1.118 | **14,14** | 0,44 |
| | Abbruch von Wandfliesen (23m²), Wandputz (56m²); Entsorgung, Deponiegebühren | | | | |
| | • Wiederherstellen (Kosten: 30,7%) | 197,44 m² | 4.143 | **20,98** | 1,63 |
| | Schließen von Schlitzen (48m²), Acrylfugen (100m), Holzbekleidungen, abschleifen, lackieren (144m²); einzelne Wandfliesen abbrechen, neue einsetzen (6m²) | | | | |
| | • Herstellen (Kosten: 61,0%) | 30,11 m² | 8.242 | **273,72** | 3,23 |
| | Wandvorbereitung, Putz, Wandfliesen (21m²), Rohrverkleidungen, MDF-Platten, d=19mm, 12x8x250cm, lackiert (19St), Acrylfugen | | | | |
| | 6100-770 Einfamilienhaus | | | | |
| | • Herstellen (Kosten: 100,0%) | 246,00 m² | 5.783 | **23,51** | 24,08 |
| | Putz, geglättet, Silikatanstrich (57m²), Wand spachteln, schleifen (21m²), Duschwände, PU-Wandbeschichtung (25m²), Spachteln, Anstrich (200m²) | | | | |
| | 6100-780 Einfamilienhaus, Büro | | | | |
| | • Wiederherstellen (Kosten: 50,5%) | 473,18 m² | 949 | **2,01** | 1,15 |
| | Anstrich auf Tapeten, bestehende Farbe überstreichen (473m²) | | | | |
| | • Herstellen (Kosten: 49,5%) | 35,00 m² | 932 | **26,64** | 1,13 |
| | Gipsputz, Anstrich (30m²), Einputzen Türrahmen (5St) | | | | |

| KG | Kostengruppe | Menge Einheit | Kosten € | €/Einheit | €/m² BGF |
|---|---|---|---|---|---|
| | 6100-785 Zweifamilienhaus | | | | |
| | • Herstellen (Kosten: 100,0%) | 20,95 m² | 829 | **39,58** | 7,97 |
| | Mosaik-Wandfliesen (11m²), Anstrich (10m²) | | | | |
| | 6100-793 Einfamilienhaus | | | | |
| | • Herstellen (Kosten: 100,0%) | 21,00 m² | 1.381 | **65,75** | 3,72 |
| | Wandfliesen (21m²) | | | | |
| | 7200-072 Geschäftshaus, Wohnen (13WE) | | | | |
| | • Herstellen (Kosten: 100,0%) | 195,51 m² | 9.281 | **47,47** | 4,37 |
| | GK-Bekleidungen F90 von Stützen, d=20mm (40m²); Putzhaftbrücke, Innenwandputz (196m²), Anstrich (41m²) | | | | |
| | 9100-060 Stadtbibliothek | | | | |
| | • Herstellen (Kosten: 100,0%) | 1.182,54 m² | 28.810 | **24,36** | 50,03 |
| | Kalkputz, Anstrich (627m²), Wandfliesen (13m²), Kalkfeinputz auf Kalkunterputz (542m²) | | | | |
| 346 | **Elementierte Innenwände** | | | | |
| | 1300-138 Bürogebäude | | | | |
| | • Herstellen (Kosten: 100,0%) | 12,00 m² | 3.986 | **332,17** | 1,76 |
| | WC-Trennwände (12m²) | | | | |
| | 1300-148 Bürogebäude | | | | |
| | • Herstellen (Kosten: 100,0%) | 8,82 m² | 3.139 | **355,80** | 20,44 |
| | Glastrennwand mit Drehtüre, ESG, d=10mm, Montage-Bodenschiene (9m²) | | | | |
| | 1300-151 Rathaus | | | | |
| | • Herstellen (Kosten: 100,0%) | 23,62 m² | 3.803 | **161,03** | 2,02 |
| | WC-Trennwände mit Türen, Spanplatten beschichtet (23m²), Schamwand (1St), Unterkonstruktion Tragschiene für später einzubauende mobile Trennwand (8m) | | | | |
| | 1300-152 Wohn- und Geschäftshaus | | | | |
| | • Herstellen (Kosten: 100,0%) | 41,40 m² | 2.072 | **50,05** | 5,31 |
| | Systemkellerwände, Stützen und Querprofile aus C-Profilen, senkrechte Lamellen, h=1,80m, mit 5 Türen (23m) | | | | |
| | 4100-075 Schulzentrum | | | | |
| | • Herstellen (Kosten: 100,0%) | 23,09 m² | 20.731 | **897,85** | 24,25 |
| | Alu/Glas Flurtrennwandelement mit einflügliger T30 Türe, rauchdicht (23m²) | | | | |
| | 5100-044 Sporthalle | | | | |
| | • Herstellen (Kosten: 100,0%) | 271,02 m² | 78.582 | **289,95** | 59,76 |
| | Stb-Fertigteil-Innenwandelemente, Sichtbeton, Aussparungen, Leerdosen (109m²), Schienengeführte, verfahrbare, schalldämmende Trennwand, d=100mm, 47dB, elektronisch gesteuert (26m²), Trennvorhang Halle, Aufzugsmechanik, Antriebsmotor (90m²), Sanitärtrennwände (44m²), Trennwand-Pendeltüren, Kunststoffglas (2m²) | | | | |

| KG | Kostengruppe | Menge Einheit | Kosten € | €/Einheit | €/m² BGF |
|---|---|---|---|---|---|
| | 5300-009 Strandbad, Restaurant | | | | |
| | • Herstellen (Kosten: 100,0%) | 10,92 m² | 3.267 | **299,23** | 12,46 |
| | WC-Trennwände (11m²) | | | | |
| | • 6100-496 Mehrfamilienhaus (31WE) | 150,00 m² | 10.518 | **70,12** | 3,05 |
| | Holzlattentrennwände zwischen den Mieterboxen im Keller, Holzlattentüren (150m²) | | | | |
| | 6100-681 Mehrfamilienhaus (6WE) | | | | |
| | • Herstellen (Kosten: 100,0%) | 13,11 m² | 688 | **52,48** | 0,95 |
| | Metalltrennwand, Gittertür (13m²) | | | | |
| | 6100-708 Einfamilienhaus | | | | |
| | • Herstellen (Kosten: 100,0%) | 1,68 m² | 573 | **340,89** | 1,58 |
| | Duschtüre, Pendeltüre, zwei ESG-Schwenktüre, b=860mm, h=1850mm (1St) | | | | |
| | 6100-717 Mehrfamilienhaus (4WE) | | | | |
| | • Herstellen (Kosten: 100,0%) | 3,33 m² | 986 | **296,22** | 1,18 |
| | Duschabtrennung, Trennwand mit Flügeltüre, Sicherheitsglas (1St) | | | | |
| | 6100-780 Einfamilienhaus, Büro | | | | |
| | • Herstellen (Kosten: 100,0%) | 27,00 m² | 13.141 | **486,70** | 15,91 |
| | Wandverkleidung, Holz-Akustikplatten mit Unterkonstruktion und Schiebeelementen (27m²) | | | | |
| 349 | **Innenwände, sonstiges** | | | | |
| | 1300-151 Rathaus | | | | |
| | • Wiederherstellen (Kosten: 100,0%) | 428,88 m² IWF | 173 | **0,40** | < 0,1 |
| | Holzhandläufe abschleifen, 3x lasieren (9m) | | | | |
| | 1300-152 Wohn- und Geschäftshaus | | | | |
| | • Herstellen (Kosten: 100,0%) | 312,98 m² IWF | 614 | **1,96** | 1,57 |
| | Holzhandlauf, Eiche, d=40mm (2m) | | | | |
| | 4100-075 Schulzentrum | | | | |
| | • Herstellen (Kosten: 100,0%) | 661,56 m² IWF | 2.366 | **3,58** | 2,77 |
| | Edelstahl-Handlauf, Rundstahl, d=42 mm (7m) | | | | |
| | 5100-044 Sporthalle | | | | |
| | • Wiederherstellen (Kosten: 30,4%) | 1.284,15 m² IWF | 747 | **0,58** | 0,57 |
| | PVC-Handlaufprofil anpassen, b=4cm, ausbauen, erneuern (22m) | | | | |
| | • Herstellen (Kosten: 69,6%) | 1.284,15 m² IWF | 1.712 | **1,33** | 1,30 |
| | PVC-Handlauf (12m), Edelstahlhandlauf (6m) | | | | |
| | • 6100-482 Mehrfamilienhaus (3WE) | 53,00 m² IWF | 183 | **3,46** | 0,92 |
| | Holzhandläufe | | | | |

| KG | Kostengruppe | Menge Einheit | Kosten € | €/Einheit | €/m² BGF |
|---|---|---|---|---|---|
| 350 | **Decken** | | | | |
| 351 | **Deckenkonstruktionen** | | | | |
| | 1300-138 Bürogebäude | | | | |
| | • Herstellen (Kosten: 100,0%) | 4,00 m² | 361 | **90,29** | 0,16 |
| | Schließen, Deckendurchbrüche (16St) | | | | |
| | 1300-151 Rathaus | | | | |
| | • Abbrechen (Kosten: 16,0%) | 146,12 m² | 5.902 | **40,39** | 3,13 |
| | Abbruch von Deckengebälk, Oberlage aus Bretterschalung, d=20-25mm, Lehm- und Spreufüllungen (114m²), Holztreppen, Stufen, Geländer, Podeste (5St); Entsorgung, Deponiegebühren | | | | |
| | • Wiederherstellen (Kosten: 11,7%) | 33,84 m² | 4.333 | **128,05** | 2,30 |
| | Holz-Trittstufen und Setzstufen, Podeste, schleifen, neu versiegeln (18m²), Treppenwangen reinigen, Risse verspachteln, Lasuranstrich (5m²), Eichentreppe abstrahlen (11m²) | | | | |
| | • Herstellen (Kosten: 72,3%) | 39,66 m² | 26.755 | **674,62** | 14,21 |
| | Holzbalkendecke, d=24cm (29m²), Stahlwangentreppen aus Flachstahl, einläufig, gerade mit Podesten, Laufbreite 1,25m, Holz-Fertigstufen (11m²) | | | | |
| | 1300-152 Wohn- und Geschäftshaus | | | | |
| | • Abbrechen (Kosten: 2,9%) | 14,64 m² | 746 | **50,94** | 1,91 |
| | Abbruch von Stb-Decke (10m²), Holztreppe; Entsorgung, Deponiegebühren | | | | |
| | • Herstellen (Kosten: 97,1%) | 20,46 m² | 24.648 | **1.204,69** | 63,12 |
| | Stahl-Zweiholmtreppe mit Holzstufen, 17 Stufen (1St), Einviertel-Podest-Holztreppe, Zweiholmtreppe, aufgesattelte Stufen, 17+4 Stufen, Eiche endlackiert (1St), Unterzug, 20/24cm (12m), Holzbalkendecke, Bretter (12m²) | | | | |
| | 4100-075 Schulzentrum | | | | |
| | • Abbrechen (Kosten: 4,0%) | 16,14 m² | 2.425 | **150,23** | 2,84 |
| | Abbruch von einer Stb-Treppe, Podest, Treppengeländer, Entsorgung, Deponiegebühren (16m²) | | | | |
| | • Herstellen (Kosten: 96,0%) | 450,16 m² | 58.427 | **129,79** | 68,33 |
| | Stb-Decken C30/37, d=25cm, Schalung, Bewehrung (427m²), Stb-Decken C20/25, d=22cm (15m²), Stb-Fertigteiltreppe Stufenoberkante Sichtbeton, zwei gerade Treppenläufe mit Zwischenpodest, 2x10Stg (9m²) | | | | |
| | • 4100-107 Grundschule | 246,18 m² | 30.419 | **123,56** | 56,42 |
| | Stb-Decken C25/30, d=27cm, Schalung, Bewehrung (6t) (235m²), Fertigteiltreppen, 18 Steigungen 16/29cm, 4 Steigungen 16,5/29cm | | | | |

| KG | Kostengruppe | Menge Einheit | Kosten € | €/Einheit | €/m² BGF |
|---|---|---|---|---|---|
| | 5100-044 Sporthalle | | | | |
| | • Herstellen (Kosten: 100,0%) | 123,11 m² | 48.435 | **393,44** | 36,83 |
| | Stb-Fertigteil-Tragbalken C35/45, d=32/56cm (53m), Stb-Fertigteil-Riegel, d=54/60cm (31m), Stb-Fertigteil-Deckenträger 40/60cm (11m), Stb-Filigrandecken, d=4+16cm, Bewehrung (94m²), Räumlicher Gitterträger für Trennvorhang, l=21m, h=60cm, b=1m (1t), Stb-Fertigteil-Balkonplatten C35/45, d=22-24cm (4m²), Stb-Fertigteilpodest, d=16cm (2m²), Treppenpodest (3m²), Trägerpaar HEA 140, Deckenauflager (5m) | | | | |
| | 5100-048 Gymnastikraum Grundschule | | | | |
| | • Abbrechen (Kosten: 6,8%) | 9,81 m² | 2.027 | **206,58** | 3,23 |
| | Abstemmen von Betonbalken 30/30cm, Entsorgung, Deponiegebühren (16m) | | | | |
| | • Herstellen (Kosten: 93,2%) | 74,00 m² | 27.897 | **376,99** | 44,47 |
| | Stahlträger zur Abfangung Außenwand unter der bestehenden Decke einbauen, Auflager ausstemmen, Druckpolster herstellen, 2xHEM 180, verbolzt, l=4700mm (3St), 2xHEM 220, verbolzt (2St) | | | | |
| | 5300-009 Strandbad, Restaurant | | | | |
| | • Herstellen (Kosten: 100,0%) | 171,02 m² | 5.544 | **32,42** | 21,14 |
| | Zwischendecke, OSB 25mm, Balkenlage, KVH 6/16cm, Mineralwolldämmung, d=100mm, WLG 040, OSB-Patten, d=12mm (60m²), KVH, 8/18cm (102m) | | | | |
| | • 6100-482 Mehrfamilienhaus (3WE) | 148,00 m² | 24.981 | **168,79** | 125,20 |
| | Vollmontagedecke, d=20cm, Bewehrung, Ringanker, Autokranmontage; Stahlträger IPB (l=12,5m), Rostschutz grundiert; Treppenpodest (4m²) und 10 Treppenstufen aus Ortbeton; interne Holztreppe vom 3.OG ins DG | | | | |
| | • 6100-496 Mehrfamilienhaus (31WE) | 154,00 m² | 139.858 | **908,17** | 40,60 |
| | Unterzüge auf Betondecken; vorgestellte Balkone (154m²) | | | | |
| | 6100-652 Mehrfamilienhaus (9WE) | | | | |
| | • Abbrechen (Kosten: 29,8%) | 6,66 m² | 1.824 | **273,85** | 6,14 |
| | Abbruch einer Stb-Decke fürs Treppenloch, Entsorgung, Deponiegebühren (7m²) | | | | |
| | • Herstellen (Kosten: 70,2%) | 11,50 m² | 4.298 | **373,73** | 14,47 |
| | Stb-Treppe, gerade, 16 Steigungen, Treppenlochabfangung, Stb-Überzüge (12m²) | | | | |
| | 6100-681 Mehrfamilienhaus (6WE) | | | | |
| | • Abbrechen (Kosten: 8,4%) | 76,56 m² | 1.640 | **21,42** | 2,26 |
| | Abbruch von Schlacke in der Deckenkonstruktion, Entsorgung, Deponiegebühren (6m³) | | | | |
| | • Herstellen (Kosten: 91,6%) | 46,46 m² | 17.979 | **386,98** | 24,77 |
| | Balkonplatten, Stb-Fertigteile C 35/45, d=20cm (46m²), Aufkantung, sandstrahlen (4St), Bewehrung (1.127kg) | | | | |
| | 6100-694 Zweifamilienhaus | | | | |
| | • Abbrechen (Kosten: 47,4%) | 14,83 m² | 1.851 | **124,81** | 4,43 |
| | Abbruch einer Betondecke für die Treppe, Kanten schneiden, Entsorgung, Deponiegebühren (15m²) | | | | |
| | • Herstellen (Kosten: 52,6%) | 8,65 m² | 2.052 | **237,22** | 4,91 |
| | Stb-Treppe C20/25, Schalung, Bewehrung, Treppenauflager (9m²) | | | | |

| KG | Kostengruppe | Menge Einheit | Kosten € | €/Einheit | €/m² BGF |
|---|---|---|---|---|---|
| | 6100-708 Einfamilienhaus | | | | |
| | • Abbrechen (Kosten: 45,1%) | 9,67 m² | 3.278 | **339,01** | 9,06 |
| | Abbruch einer Balkonplatte, zwei Ziegelpfeiler, Entsorgung, Deponiegebühren (10m²) | | | | |
| | • Herstellen (Kosten: 54,9%) | 37,30 m² | 3.995 | **107,11** | 11,04 |
| | Stahl-Träger IPE 330 auf zwei Stützen HEB 120 (5m) | | | | |
| | 6100-717 Mehrfamilienhaus (4WE) | | | | |
| | • Abbrechen (Kosten: 2,4%) | 61,94 m² | 883 | **14,26** | 1,06 |
| | Abbruch von einer Holzbalkenlage, Lagerhölzer 12/12-20/20cm (61m²) | | | | |
| | • Herstellen (Kosten: 97,6%) | 329,32 m² | 36.090 | **109,59** | 43,27 |
| | Stb-Decken C20/25, d=20cm, Schalung, Bewehrung (227m²), d=18cm (17m²), Stb-Fertigteil-Treppenanlage, Sichtbeton, vierläufige, gerade, Podestreppen, 3 Geschosse (1St), Holzbalkendecke, Holzspan-Fußbodenverlegeplatten, d=24mm (58m²), Holz-Einschubtreppe (1St) | | | | |
| | 6100-731 Einfamilienhaus | | | | |
| | • Wiederherstellen (Kosten: 100,0%) | – | 1.876 | – | 7,56 |
| | Balkonkante sanieren | | | | |
| | 6100-740 Einfamilienhaus | | | | |
| | • Abbrechen (Kosten: 20,7%) | 142,00 m² | 6.366 | **44,83** | 22,89 |
| | Abbruch von Strohdecken, Sparschalung, Deckenbalken, Entsorgung, Deponiegebühren (149m²) | | | | |
| | • Herstellen (Kosten: 79,3%) | 154,44 m² | 24.370 | **157,79** | 87,63 |
| | Einbau von Stahl-Unterzügen HEB 160, l=3,52-4,14m (4St), Bauholz KVH, Abbund (175m), Ausgleichen und Verstärken der Deckenbalken (51m), Massivholztreppe, Lackierung | | | | |
| | 6100-770 Einfamilienhaus | | | | |
| | • Abbrechen (Kosten: 100,0%) | 14,70 m² | 1.246 | **84,78** | 5,19 |
| | Abbruch einer Treppe, Podeste, Entsorgung, Deponiegebühren (15m²) | | | | |
| | 6100-780 Einfamilienhaus, Büro | | | | |
| | • Herstellen (Kosten: 100,0%) | 11,69 m² | 4.458 | **381,23** | 5,40 |
| | Holzbalkendecke, OSB-Belag, d=22mm (3m²), Stahlwangentreppe, feuerverzinkt, Gitterroststufen, 9x26x90cm, Stahlrohrgeländer (2m²), Stahlsteg mit Gitterrosten, feuerverzinkt, b=90cm (6m²) | | | | |
| | 6100-785 Zweifamilienhaus | | | | |
| | • Abbrechen (Kosten: 47,4%) | 14,83 m² | 1.851 | **124,81** | 17,80 |
| | Abbruch einer Betondecke für die Treppe, Kanten schneiden, Entsorgung, Deponiegebühren (15m²) | | | | |
| | • Herstellen (Kosten: 52,6%) | 8,65 m² | 2.052 | **237,22** | 19,73 |
| | Stb-Treppe C20/25, Schalung, Bewehrung, Treppenauflager (9m²) | | | | |
| | 7200-072 Geschäftshaus, Wohnen (13WE) | | | | |
| | • Wiederherstellen (Kosten: 3,7%) | 2,91 m² | 252 | **86,58** | 0,12 |
| | Losen Beton abschlagen, Bewehrung entrosten, Korrosionsschutz aufbringen, mit Reparaturbeton schließen (3m²) | | | | |

| KG | Kostengruppe | Menge Einheit | Kosten € | €/Einheit | €/$m^2$ BGF |
|---|---|---|---|---|---|
| | • Herstellen (Kosten: 96,3%) | 48,42 $m^2$ | 6.631 | **136,94** | 3,13 |
| | Öffnungen in Stb-Decken, schließen (6$m^2$), Einbauen von Stahlträgern (41$m^2$), Kernbohrungen (9St), Deckendurchbruch zumauert, Zementfaserplatten (1$m^2$) | | | | |
| | 9100-060 Stadtbibliothek | | | | |
| | • Wiederherstellen (Kosten: 2,5%) | 6,80 $m^2$ | 412 | **60,54** | 0,71 |
| | Treppenrenovierung, neu auspannen, ausrichten, neu Befestigungen (7$m^2$) | | | | |
| | • Herstellen (Kosten: 97,5%) | 365,84 $m^2$ | 15.931 | **43,55** | 27,67 |
| | Stahlträger einbauen zur Verstärkung der vorhandenen Holzbalkendecken, IPE 140 (71m), HE-A 160-200 (80m), Auflagertaschen (19St) | | | | |
| 352 | **Deckenbeläge** | | | | |
| | 1300-138 Bürogebäude | | | | |
| | • Abbrechen (Kosten: 7,4%) | 460,84 $m^2$ | 3.326 | **7,22** | 1,47 |
| | Abbruch von Teppichböden, Linoleum, Treppenfliesen (461$m^2$), Holzsockelleisten (407m); Entsorgung, Deponiegebühren | | | | |
| | • Wiederherstellen (Kosten: 2,4%) | 139,76 $m^2$ | 1.075 | **7,69** | 0,47 |
| | Setzstufen reinigen, Anstriche entfernen, Schad- und Ausbruchstellen spachteln, mit Holzschutzgrund grundieren, Zwischen- und Schlussbeschichtung (93m), Spanplatten, Rückstände mit Schleifmaschine entfernen (119$m^2$), Spanplatten entfernen durch neue ersetzen (6$m^2$) | | | | |
| | • Herstellen (Kosten: 90,2%) | 563,85 $m^2$ | 40.579 | **71,97** | 17,89 |
| | Estrich, grundieren, spachteln, Teppichboden (370$m^2$), Linoleumbelag (118$m^2$), Stufen (40$m^2$), Stufenkanten, Edelstahl (107m), Sockelleisten (226m), Anstrich (75m), Basaltlava Platten, 30/30/2cm (15$m^2$), Bodenfliesen R 10, Abdichtung (20$m^2$) | | | | |
| | 1300-151 Rathaus | | | | |
| | • Abbrechen (Kosten: 9,1%) | 482,94 $m^2$ | 8.019 | **16,60** | 4,26 |
| | Abbruch von Estrich, Fliesen (52$m^2$), PVC-Beläge (129$m^2$), Holzbretterboden (302$m^2$); Entsorgung, Deponiegebühren | | | | |
| | • Herstellen (Kosten: 90,9%) | 674,25 $m^2$ | 80.151 | **118,87** | 42,57 |
| | Zwischen Deckenbalken, Dämmung, d=100-160mm, Unterboden (101$m^2$), OSB-Schalung, Dämmung, Unterboden, Trittschalldämmung (35$m^2$), Ausgleichsschüttung, Holzspanverlegeplatten, Parkett (255$m^2$), Sockelleisten (281m), Trockenestrich, Fliesen (6$m^2$), Dachboden, OSB-Schalung, Dämmung, d=120mm (59$m^2$), Dämmung, d=140-200mm, in Holzbalkendecke, Unterdeckbahn, Spanplatten (162$m^2$), Dämmung, d=120mm (126$m^2$), Steg, Holzspanplatten (25$m^2$), Titanzink-Verblendung Balkon (4$m^2$), Bodenbeläge (38$m^2$) | | | | |
| | 1300-152 Wohn- und Geschäftshaus | | | | |
| | • Abbrechen (Kosten: 11,3%) | 427,00 $m^2$ | 5.871 | **13,75** | 15,03 |
| | Abbruch von Bodenbelägen (263$m^2$), Holzdielenboden (164$m^2$), Sockelleisten (37m), Perlitschüttungen (22$m^2$); Entsorgung, Deponiegebühren | | | | |
| | • Herstellen (Kosten: 88,7%) | 328,52 $m^2$ | 46.134 | **140,43** | 118,13 |
| | Unterkonstruktion Boden, BSH-Binder 14/20cm (118m), Kanthölzer 10/14cm (60m), OSB-Platten, d=22mm als Dielung (249$m^2$), Fertigparkett schwimmend, Trittschalldämmung, d=20mm (190$m^2$), Holz-Sockelleisten (138m), Bodenfliesen (21$m^2$), Nadelvlies (22$m^2$), Holz-Sockelleisten (25m), Laminat, 2.+3. OG (72$m^2$) | | | | |

| KG | Kostengruppe | Menge Einheit | Kosten € | €/Einheit | €/m² BGF |
|---|---|---|---|---|---|
| | 4100-075 Schulzentrum | | | | |
| | • Herstellen (Kosten: 100,0%) | 350,68 m² | 36.198 | **103,22** | 42,33 |
| | PS-Dämmung, d=50mm, WLG 040, Trittschalldämmung, d=20mm, Zementestrich, d=65mm (346m²), Voranstrich, Spachtelung, Linoleum, d=2,5mm (270m²), Epoxidharz-abdichtung, Bodenfliesen (28m²), Nivellierschüttung, d=15mm, PS-Wärmedämmung, d=120mm, flächenelastischer Sportboden, d=27mm, Linoleum, d=3,2mm (54m²) | | | | |
| | • 4100-107 Grundschule | 218,75 m² | 21.312 | **97,43** | 39,53 |
| | Zementestrich, d=70mm, Trittschalldämmung, d=40mm, Trennlage, PVC-Bodenbeläge (151m²), Betonwerkstein (56m²), Treppenbelag, Tritt- und Setzstufen, 22 Steigungen, 16,5/29 (32m), Bodenfliesen (2m²) | | | | |
| | 5100-044 Sporthalle | | | | |
| | • Abbrechen (Kosten: 18,4%) | 293,47 m² | 5.109 | **17,41** | 3,89 |
| | Abbruch von Bodenfliesen mit Mörtelbett (57m²), Massivfußboden belegt mit Zement-estrich, Fliesen, Betonwerksteinplatten, d bis 15cm (147m²), Bitumenbahnen (90m²); Entsorgung, Deponiegebühren | | | | |
| | • Herstellen (Kosten: 81,6%) | 231,96 m² | 22.711 | **97,91** | 17,27 |
| | Ausgleichsestrich, bis d=65mm, Dampfbremsfolie (141m²), Zementestrich auf Trennlage, d=55mm, bewehrt, maschinell geglättet (179m²), Linoleum, d=2,5mm (112m²), Zement-estrich auf Trennlage, d=40mm, Epoxidharz, Bodenfliesen (49m²), Verbundzementestrich, d=55mm, Linoleum, d=2,5mm (15m²) | | | | |
| | 5300-009 Strandbad, Restaurant | | | | |
| | • Herstellen (Kosten: 100,0%) | 160,44 m² | 9.387 | **58,51** | 35,79 |
| | Trockenschüttung, Wärmedämmung, d=50mm, WLG 035 (160m²), Calciumsulfat-Flies-estrich (117m²), Zementestrich (44m²), Haftgrundierung, Abdichtung, Bodenfliesen (44m²) | | | | |
| | • 6100-482 Mehrfamilienhaus (3WE) | 84,70 m² | 5.389 | **63,62** | 27,01 |
| | Estrich, Dämmung, Trennlage; Parkett (85m²) als Eigenleitung der Eigentümer | | | | |
| | • 6100-496 Mehrfamilienhaus (31WE) | 2.300,00 m² | 220.922 | **96,05** | 64,13 |
| | Gussasphalt-, Zementestrich als Heizestrich, Bodenbeläge (2.146m²): Teppich, Laminat, Bodenfliesen in Bädern und Küchen; Terrassen: Abdichtung, Wärmedämmung d=80mm, Belag aus Holzrosten (154m²) | | | | |
| | 6100-652 Mehrfamilienhaus (9WE) | | | | |
| | • Abbrechen (Kosten: 13,1%) | 240,20 m² | 4.667 | **19,43** | 15,71 |
| | Abbruch von Estrich, Dämmung, Trennlage, Entsorgung, Deponiegebühren (240m²) | | | | |
| | • Herstellen (Kosten: 86,9%) | 213,50 m² | 30.928 | **144,86** | 104,13 |
| | Bitumenanstrich, Schweißbahn V60 S4, Trittschalldämmung 33/30, Trockenestrich, d=23mm, Holzfaserplatte, d=10mm, Mosaikparkett, Eiche (175m²), Bodenfliesen (27m²), Tritt- und Setzstufen (12m²) | | | | |
| | 6100-658 Mehrfamilienhaus (60WE) | | | | |
| | • Herstellen (Kosten: 100,0%) | 717,00 m² | 9.572 | **13,35** | 4,57 |
| | Dachbodendeckendämmung (717m²) | | | | |

| KG | Kostengruppe | Menge Einheit | Kosten € | €/Einheit | €/m² BGF |
|---|---|---|---|---|---|
| | 6100-681 Mehrfamilienhaus (6WE) | | | | |
| | • Abbrechen (Kosten: 3,9%) | 177,57 m² | 1.202 | **6,77** | 1,66 |
| | Abbruch von Riehmenholzbelägen (153m²), Bodenfliesen (24m²); Entsorgung, Deponiegebühren | | | | |
| | • Herstellen (Kosten: 96,1%) | 368,36 m² | 29.372 | **79,74** | 40,46 |
| | Dielenböden, Bestand, vorbereiten (365m²), ergänzen (21m²), Dampfbremse (127m²), Randstreifen (439m), Trockenestrich (368m²), Haftgrund, spachteln, schleifen, Linoleumbeläge (345m²), Sockelleisten (416m), Ausgleichsestrich, Grundierung, Abdichtung, Bodenfliesen (18m²) | | | | |
| | 6100-694 Zweifamilienhaus | | | | |
| | • Herstellen (Kosten: 100,0%) | 80,00 m² | 9.690 | **121,12** | 23,19 |
| | Trockenestrich, Trittschalldämmung, Fertigparkett, Schiffsboden, Eiche (69m²), Holzsockelleisten (65m), Bodenfliesen (11m²) | | | | |
| | 6100-708 Einfamilienhaus | | | | |
| | • Abbrechen (Kosten: 14,3%) | 263,27 m² | 4.610 | **17,51** | 12,74 |
| | Abbruch von Fliesen, Holzdielen, Entsorgung, Deponiegebühren (263m²) | | | | |
| | • Wiederherstellen (Kosten: 5,6%) | 19,13 m² | 1.793 | **93,72** | 4,96 |
| | Treppenstufen und Podeste Handlauf, Geländer, schleifen, Lasuranstrich, Seidenglanzlack (19m²) | | | | |
| | • Herstellen (Kosten: 80,1%) | 206,27 m² | 25.812 | **125,14** | 71,34 |
| | Ausgleichen der Decken, Trockenschüttung, d= bis 30mm, Abdeckplatte, d=8mm, Trennlage (199m²), EG Wärmedämmung, d=30mm, WLG 025 (74m²), Heizestrich, d=55-60mm (199m²), Bodenfliesen (102m²), Teppichboden (13m²), Unterboden spachteln, Korkparkett, d=4mm, ölen (84m²), Podeste Fliesen (7m²) | | | | |
| | 6100-713 Doppelhaushälfte | | | | |
| | • Abbrechen (Kosten: 6,9%) | 86,00 m² | 747 | **8,68** | 2,65 |
| | Abbruch von Teppichböden, Entsorgung, Deponiegebühren (86m²) | | | | |
| | • Wiederherstellen (Kosten: 33,3%) | 16,46 m² | 3.599 | **218,64** | 12,76 |
| | Untergrundarbeiten, Eiche-Parkett ergänzen (3m²), Holzstufen mehrfach abschleifen, versiegeln (44St) | | | | |
| | • Herstellen (Kosten: 59,8%) | 101,00 m² | 6.473 | **64,08** | 22,95 |
| | Unterboden schleifen, spachteln, Laminatboden (86m²), Sockelleisten (80m), Speicherboden, Dämmplatten Polystyrol, d=2x60mm, WLG 035, Verlege-Spanplatte, d=19mm (15m²) | | | | |
| | 6100-717 Mehrfamilienhaus (4WE) | | | | |
| | • Herstellen (Kosten: 100,0%) | 360,52 m² | 34.002 | **94,31** | 40,77 |
| | Ausgleichsdämmung d= 55-60mm, Trittschalldämmung 22/20, Anhydritestrich, d=50mm (125m²), Wärmedämmung, d=40mm, Trittschalldämmung 22/20, Anhydritestrich, d=50mm (146m²), Wärmedämmung, d=30mm, Trittschalldämmung 22/20, Heizestrich, d=60mm (14m²), Balkone, Zementestrich, bewehrt, auf bauseitiger Abdichtung, d=60-77,5mm (49m²), Bodenfliesen (143m²), Tritt- und Stellplatten Granit d=2-3cm (53St), Granit-Bodenplatten im Mörtelbett (28m²), Sockelplatten (34m), Teppichboden (160m²) | | | | |

| KG | Kostengruppe | Menge Einheit | Kosten € | €/Einheit | €/m² BGF |
|---|---|---|---|---|---|
| | 6100-731 Einfamilienhaus | | | | |
| | • Herstellen (Kosten: 100,0%) | 17,05 m² | 4.121 | **241,70** | 16,61 |
| | Balkone, Haftbrücke, Dränageestrich, Abdichtung, Spaltklinkerplatten (17m²) | | | | |
| | 6100-740 Einfamilienhaus | | | | |
| | • Abbrechen (Kosten: 9,5%) | 188,38 m² | 6.641 | **35,25** | 23,88 |
| | Abbruch von Holzdielen, Entsorgung, Deponiegebühren (188m²) | | | | |
| | • Wiederherstellen (Kosten: 10,0%) | 102,00 m² | 6.968 | **68,32** | 25,06 |
| | Red-Pine-Dielen ausbauen, lagern, geschmiedete Nägel entfernen, wieder verlegen (102m²) | | | | |
| | • Herstellen (Kosten: 80,6%) | 234,57 m² | 56.389 | **240,39** | 202,77 |
| | Gussasphaltestrich, d=25mm (109m²), Ölandplatten, Sockelstreifen (15m²), Bodenfliesen (7m²), Dämmplatten, d=20mm, Kieferndielen (53m²), Pitch-Pine-Landhausdielen (128m²), Holzfußleisten (177m), Parkett (32m²) | | | | |
| | 6100-752 Mehrfamilienhaus (19WE) | | | | |
| | • Herstellen (Kosten: 100,0%) | 35,11 m² | 2.073 | **59,03** | 0,81 |
| | Grundierung Epoxidharz, Bodenfliesen (2m²), Silikonfugen (15m), Balkon, kleine Rohrverkleidungen, verfliest, verfugt, Stundenlohnarbeit (31h) | | | | |
| | 6100-753 Mehrfamilienhaus (19WE) | | | | |
| | • Abbrechen (Kosten: 9,0%) | 49,66 m² | 529 | **10,65** | 0,21 |
| | Abbruch von PVC-Belägen, Entsorgung, Deponiegebühren (50m²) | | | | |
| | • Wiederherstellen (Kosten: 14,0%) | 10,68 m² | 823 | **77,03** | 0,32 |
| | Balkonfliesen, lösen, neu verlegen, verfugen (8m²), Bodenfliesen ausstemmen, Untergrund ausgleichen, neue verlegen (3m²) | | | | |
| | • Herstellen (Kosten: 77,0%) | 140,38 m² | 4.515 | **32,17** | 1,77 |
| | Epoxid-Bodenbeschichtung (131m²), Grundierung Epoxidharz, Bodenfliesen (9m²), Silikonfugen (74m) | | | | |
| | 6100-770 Einfamilienhaus | | | | |
| | • Abbrechen (Kosten: 13,1%) | 45,00 m² | 460 | **10,23** | 1,92 |
| | Abbruch von Linoleumbodenbelägen, Boden schleifen, Vorbereitungen für Beschichtung (45m²) | | | | |
| | • Wiederherstellen (Kosten: 14,3%) | 41,66 m² | 502 | **12,05** | 2,09 |
| | Holzfußböden schleifen, ölen (42m²) | | | | |
| | • Herstellen (Kosten: 72,6%) | 54,20 m² | 2.555 | **47,15** | 10,64 |
| | PU-Bodenbeschichtung (45m²), Heizestrich, PU-Bodenbeschichtung (9m²) | | | | |
| | 6100-780 Einfamilienhaus, Büro | | | | |
| | • Abbrechen (Kosten: 2,3%) | 8,71 m² | 187 | **21,47** | 0,23 |
| | Abbruch von Holzdielen, Wärmedämmung, Entsorgung, Deponiegebühren (9m²) | | | | |
| | • Wiederherstellen (Kosten: 51,2%) | 190,33 m² | 4.163 | **21,87** | 5,04 |
| | Parkettboden schleifen, reinigen, mit Fugenkittlösung kitten, wachsen (190m²) | | | | |
| | • Herstellen (Kosten: 46,5%) | 71,54 m² | 3.787 | **52,94** | 4,59 |
| | Kehlbalkendecke, Zellulose-Dämmstoff, WLG 040, d=300mm, Dampfbremse (70m²), Eichenstufe an Hebeschiebetüre (1St), Reinstreifbelag, h=27mm (2m²) | | | | |

| KG | Kostengruppe | Menge Einheit | Kosten € | €/Einheit | €/m² BGF |
|---|---|---|---|---|---|
| | 6100-785 Zweifamilienhaus | | | | |
| | • Herstellen (Kosten: 100,0%) | 80,00 m² | 9.690 | **121,12** | 93,17 |
| | Trockenestrich, Trittschalldämmung, Fertigparkett, Schiffsboden, Eiche (69m²), Holzsockelleisten (65m), Bodenfliesen (11m²) | | | | |
| | 6100-793 Einfamilienhaus | | | | |
| | • Herstellen (Kosten: 100,0%) | 35,20 m² | 2.312 | **65,69** | 6,22 |
| | Bodenfliesen (35m²) | | | | |
| | 9100-060 Stadtbibliothek | | | | |
| | • Abbrechen (Kosten: 0,5%) | 6,48 m² | 246 | **37,95** | 0,43 |
| | Abbruch von Holzdielen, Entsorgung, Deponiegebühren (6m²) | | | | |
| | • Wiederherstellen (Kosten: 2,3%) | 262,50 m² | 1.081 | **4,12** | 1,88 |
| | Dielenboden festgeschraubt (109m²), abgeschliffen (143m²), Dielen ergänzt (10m²) | | | | |
| | • Herstellen (Kosten: 97,1%) | 308,63 m² | 45.115 | **146,18** | 78,35 |
| | Rieselschutzpapier, Schüttung, d=4cm, Holzfaser-Trittplatten, Spanplatten, d=25mm, Hochkantlamellenparkett, d=10mm, Sockelleisten (290m²), Linoleum (11m²), Treppenstufen (17St) | | | | |
| 353 | **Deckenbekleidungen** | | | | |
| | 1300-138 Bürogebäude | | | | |
| | • Abbrechen (Kosten: 13,1%) | 223,15 m² | 4.393 | **19,68** | 1,94 |
| | Abbruch von abgehängten GK-Decken ohne Unterkonstruktion, Entsorgung, Deponiegebühren (223m²) | | | | |
| | • Wiederherstellen (Kosten: 3,2%) | 55,59 m² | 1.070 | **19,25** | 0,47 |
| | Treppenwangen (70m), Treppenuntersichten (34m²) reinigen, Anstriche entfernen, Schad- und Ausbruchstellen spachteln, mit Holzschutzgrund grundieren, Zwischen- und Schlussbeschichtung | | | | |
| | • Herstellen (Kosten: 83,7%) | 427,83 m² | 28.069 | **65,61** | 12,38 |
| | Abgehängte GK-Decken (299m²), GK-Verkleidung (8m²), Grundierung, Spachtelung, Anstrich (428m²) | | | | |
| | 1300-150 Verwaltungsgebäude, Kellertrocknung | | | | |
| | • Herstellen (Kosten: 100,0%) | 232,00 m² | 1.236 | **5,33** | 3,43 |
| | Untergrund reinigen, Grundierung, Silikatanstrich (232m²) | | | | |
| | 1300-151 Rathaus | | | | |
| | • Abbrechen (Kosten: 0,7%) | 143,95 m² | 532 | **3,70** | 0,28 |
| | Entfernen von Tapeten (102m²), Altanstriche (42m²); Entsorgung, Deponiegebühren | | | | |
| | • Wiederherstellen (Kosten: 2,4%) | 206,47 m² | 1.788 | **8,66** | 0,95 |
| | Deckenputz, trocken, reinigen (149m²), Stuckränder, beschädigte Stellen, teilweise abbrechen und neu modellieren (132m), Deckenputz mit Dampfstrahlgerät reinigen (45m²) | | | | |
| | • Herstellen (Kosten: 96,8%) | 570,74 m² | 70.937 | **124,29** | 37,68 |
| | Abgehängte GK-Decken (319m²), Dämmauflage, d=80mm (90m²) F90 Verkleidungen (44m²), F30 Verkleidungen (105m²), Akustikdecke mit Dämmauflage, d=80mm (58m²), GK-Deckensegel (8St), Wärmedämmung, d=200mm, zwischen Deckenbalken, Dampfsperre (177m²), Dispersions-Anstrich (488m²), Anstrich (39m²), Zieranstriche im Ratssaal (151h), Kalkputz (18m²), Spachtelung, Anstrich Decke außen (45m²) | | | | |

| KG | Kostengruppe | Menge Einheit | Kosten € | €/Einheit | €/m² BGF |
|---|---|---|---|---|---|
| | 1300-152 Wohn- und Geschäftshaus | | | | |
| | • Abbrechen (Kosten: 18,5%) | 44,39 m² | 725 | **16,33** | 1,86 |
| | Abbruch von Holzverkleidungen, Dämmmaterial (36m²), Heraklithplatten (8m²); Entsorgung, Deponiegebühren | | | | |
| | • Herstellen (Kosten: 81,5%) | 194,50 m² | 3.182 | **16,36** | 8,15 |
| | GK-Platten auf Unterkonstruktion, 1x12,5mm, Anstrich (15m²), Anstrich 2.+3.OG (46m²), Anstrich, Treppenhaus Bestand (84m²), Anstrich (50m²) | | | | |
| | 4100-075 Schulzentrum | | | | |
| | • Abbrechen (Kosten: 2,2%) | 14,00 m² | 532 | **38,02** | 0,62 |
| | Abbruch von Deckenbekleidungen, Entsorgung, Deponiegebühren (14m²) | | | | |
| | • Herstellen (Kosten: 97,8%) | 346,97 m² | 23.175 | **66,79** | 27,10 |
| | Abgehängte Akustikdecke, d=25mm, 120x62,5cm (69m²), d=15mm, 120x62,5cm (125m²), Akustikdämmung außen, Holzwolle-Mehrschichtplatte, d=100mm, eingefärbt (55m²), F 90 Decken (43m²), GK-Decken, imprägniert (42m²), GK-Schallschutzdecke, gelocht, d=12,5mm, Vliesauflage (12m²) | | | | |
| | • 4100-107 Grundschule | 196,71 m² | 16.148 | **82,09** | 29,95 |
| | Akustikdecken, gelocht, Anstrich (197m²) | | | | |
| | 5100-044 Sporthalle | | | | |
| | • Herstellen (Kosten: 100,0%) | 257,74 m² | 6.563 | **25,46** | 4,99 |
| | Spachtelung, Isolierfarbe, Dispersionsanstrich (103m²), Dispersionsanstrich, Betondecke (83m²), abgehängte GK-Decken, 1x15mm, Anstrich (72m²) | | | | |
| | 5100-048 Gymnastikraum Grundschule | | | | |
| | • Abbrechen (Kosten: 17,5%) | 170,34 m² | 2.629 | **15,43** | 4,19 |
| | Abbruch von abgehängter Metallpaneeldecke, Unterkonstruktion (100m²), Anstriche durch Abbürsten entfernen (70m²); Entsorgung, Deponiegebühren | | | | |
| | • Wiederherstellen (Kosten: 4,7%) | 112,31 m² | 698 | **6,21** | 1,11 |
| | Isolieranstrich bei durchschlagenden Stoffen, z. B. Nikotin-, Ruß- oder Wasserflecken, Grundierung, Zwischen- und Schlussanstrich (112m²) | | | | |
| | • Herstellen (Kosten: 77,8%) | 98,29 m² | 11.673 | **118,76** | 18,61 |
| | Ballwurfsichere, abgehängte Paneeldecke, Paneele, verzinktes Stahlblech pulverbeschichtet, Schallabsorptionsvlies (74m²), Aussparungen Paneeldecke für ballwurfsichere Leuchten (12St), Dreiseitige F90-Verkofferung, Anstrich (19m²), GK-Verkleidung (6m²) Dispersionsanstrich (131m²) | | | | |
| | 5300-009 Strandbad, Restaurant | | | | |
| | • Herstellen (Kosten: 100,0%) | 165,30 m² | 10.397 | **62,90** | 39,64 |
| | Dampfsperre, GK-Deckenbekleidungen (165m²), Rollputz (116m²), Latex-Anstrich (22m²) | | | | |
| | • 6100-496 Mehrfamilienhaus (31WE) | 1.950,00 m² | 35.867 | **18,39** | 10,41 |
| | Kellerdeckendämmung als Spritzdämmung d=50mm (800m²), Geschossdecken gespachtelt und tapeziert (1.150m²) | | | | |
| | 6100-652 Mehrfamilienhaus (9WE) | | | | |
| | • Herstellen (Kosten: 100,0%) | 254,05 m² | 2.027 | **7,98** | 6,82 |
| | Untergrund ausbessern, Anstrich (254m²) | | | | |

| KG | Kostengruppe | Menge Einheit | Kosten € | €/Einheit | €/m² BGF |
|---|---|---|---|---|---|
| | 6100-658 Mehrfamilienhaus (60WE) | | | | |
| | • Wiederherstellen (Kosten: 9,1%) | 221,92 m² | 2.625 | **11,83** | 1,25 |
| | Balkondecken reinigen, streichen (221m²) | | | | |
| | • Herstellen (Kosten: 90,9%) | 452,00 m² | 26.265 | **58,11** | 12,53 |
| | Kellerdeckendämmung, Hartschaumdämmung, beidseitig alukaschiert (452m²) | | | | |
| | 6100-681 Mehrfamilienhaus (6WE) | | | | |
| | • Abbrechen (Kosten: 28,9%) | 347,81 m² | 5.173 | **14,87** | 7,13 |
| | Abbruch von Deckenputz, Schilfrohr, Lattung, Entsorgung, Deponiegebühren (348m²) | | | | |
| | • Wiederherstellen (Kosten: 37,2%) | 178,01 m² | 6.659 | **37,41** | 9,17 |
| | Abwaschen der Leimfarbe, EPS-Dämmplatten, d=60mm, WLG 035 (131m²), Renovierungsanstrich (9m²), Schlitze schließen (187m) | | | | |
| | • Herstellen (Kosten: 33,9%) | 211,16 m² | 6.080 | **28,79** | 8,38 |
| | Abgehängte GK-Decke, Mineralwolldämmung, d=20mm (84m²), Raufasertapete, Dispersionsanstrich (211m²) | | | | |
| | 6100-694 Zweifamilienhaus | | | | |
| | • Herstellen (Kosten: 100,0%) | 80,85 m² | 3.775 | **46,69** | 9,03 |
| | Kellerdecke dämmen, Polystyrol-Hartschaum, d=100mm, geklebt (72m²), Treppenunterseite verputzen (9m²) | | | | |
| | 6100-708 Einfamilienhaus | | | | |
| | • Abbrechen (Kosten: 11,1%) | 146,30 m² | 1.383 | **9,45** | 3,82 |
| | Abbruch von Holzdecken, Nut- und Federbretter, Entsorgung, Deponiegebühren (146m²) | | | | |
| | • Herstellen (Kosten: 88,9%) | 226,23 m² | 11.085 | **49,00** | 30,64 |
| | Kellerdecken-Dämmplatte, d=110mm, WLG 035 (80m²), GK-Decke auf Holzunterkonstruktion, d=1x12,5mm, spachteln und schleifen, Anstrich (146m²) | | | | |
| | 6100-713 Doppelhaushälfte | | | | |
| | • Herstellen (Kosten: 100,0%) | 217,64 m² | 2.781 | **12,78** | 9,86 |
| | Kellerdeckendämmung PUR/PIR-Hartschaum, d=80mm, WLG 024, U-Wert 0,29K/m2k, beidseitig mit Alufolie beschichtet (50m²), Anstrich, Dispersionsfarbe (168m²) | | | | |
| | 6100-717 Mehrfamilienhaus (4WE) | | | | |
| | • Herstellen (Kosten: 100,0%) | 364,34 m² | 8.023 | **22,02** | 9,62 |
| | Gipsputz, d=10-15mm (200m²), Tektalanplatten, d=60mm (44m²), Dispersionsanstrich (139m²), Raufasertapeten, Dispersionsanstrich (225m²), Treppenwangen abspachteln (30m) | | | | |
| | 6100-725 Mehrfamilienhaus (12WE) | | | | |
| | • Herstellen (Kosten: 100,0%) | 21,85 m² | 688 | **31,48** | 0,36 |
| | Treppenhausdeckenfläche verputzen (22m²) | | | | |
| | 6100-726 Mehrfamilienhaus (3WE) | | | | |
| | • Herstellen (Kosten: 100,0%) | 3,95 m² | 121 | **30,53** | 0,28 |
| | GK-Decke spachteln, Anstrich (4m²) | | | | |

| KG | Kostengruppe | Menge Einheit | Kosten € | €/Einheit | €/$m^2$ BGF |
|---|---|---|---|---|---|
| | 6100-740 Einfamilienhaus | | | | |
| | • Herstellen (Kosten: 100,0%) | 240,00 $m^2$ | 7.668 | **31,95** | 27,57 |
| | Holzwerkstoffplatten, d=12mm (95$m^2$), Spachtelung GK-Decken, Anstrich (145$m^2$) | | | | |
| | 6100-752 Mehrfamilienhaus (19WE) | | | | |
| | • Wiederherstellen (Kosten: 11,9%) | 110,68 $m^2$ | 1.757 | **15,88** | 0,69 |
| | Schimmelbeseitigung, Tapeten entfernen, fungizides Mittel aufbringen, Raufasertapete, Dispersionsanstrich (51$m^2$), Tapete entfernen, Decke abfegen, Raufasertapete, Anstrich (60$m^2$) | | | | |
| | • Herstellen (Kosten: 88,1%) | 547,49 $m^2$ | 13.034 | **23,81** | 5,11 |
| | Kellerdeckendämmung, PS-Hartschaumplatten, d=60mm (547$m^2$) | | | | |
| | 6100-753 Mehrfamilienhaus (19WE) | | | | |
| | • Abbrechen (Kosten: 12,6%) | 547,49 $m^2$ | 1.775 | **3,24** | 0,70 |
| | Abbruch von Styroporreste, Farbanstriche abkratzen, Entsorgung, Deponiegebühren (548$m^2$) | | | | |
| | • Wiederherstellen (Kosten: 1,4%) | 5,11 $m^2$ | 198 | **38,80** | < 0,1 |
| | Deckenanstrich mit Isolierfarbe (5$m^2$) | | | | |
| | • Herstellen (Kosten: 86,0%) | 547,49 $m^2$ | 12.115 | **22,13** | 4,75 |
| | Kellerdeckendämmung, PS-Hartschaumplatten, d=60mm (547$m^2$) | | | | |
| | 6100-770 Einfamilienhaus | | | | |
| | • Herstellen (Kosten: 100,0%) | 61,00 $m^2$ | 753 | **12,35** | 3,14 |
| | Glattputz in Betonoptik (61$m^2$) | | | | |
| | 6100-780 Einfamilienhaus, Büro | | | | |
| | • Abbrechen (Kosten: 8,3%) | 21,17 $m^2$ | 900 | **42,49** | 1,09 |
| | Abbruch von abgehängte GK-Decken, Entsorgung, Deponiegebühren (22$m^2$) | | | | |
| | • Wiederherstellen (Kosten: 4,2%) | 201,90 $m^2$ | 451 | **2,23** | 0,55 |
| | Anstrich auf Tapeten, bestehende Farbe überstreichen (202$m^2$) | | | | |
| | • Herstellen (Kosten: 87,5%) | 132,94 $m^2$ | 9.439 | **71,01** | 11,43 |
| | Kellerdecke, Wärmedämmverbundsystem, WLG 040, EPS, d=120mm, Silikatputz (59$m^2$), abgehängte GK-Decke, 1x12,5mm (44$m^2$), GK-Decke, 1x12,5mm (22$m^2$), Gipsfaser-platten (3$m^2$), Naturharz-Dispersionsfarbe (70$m^2$), Zellulose-Dämmstoff, WLG 040, d=220mm, Dampfbremse, OSB-Platten, d=22mm (4$m^2$), Stuckfries nachbilden (27m) | | | | |
| | 6100-785 Zweifamilienhaus | | | | |
| | • Herstellen (Kosten: 100,0%) | 9,31 $m^2$ | 440 | **47,25** | 4,23 |
| | Treppenunterseite verputzen (9$m^2$) | | | | |
| | 7200-072 Geschäftshaus, Wohnen (13WE) | | | | |
| | • Abbrechen (Kosten: 29,2%) | 304,74 $m^2$ | 4.096 | **13,44** | 1,93 |
| | Abbruch von GK-Deckenbekleidung, Alu-Decken, Entsorgung, Deponiegebühren (305$m^2$) | | | | |
| | • Wiederherstellen (Kosten: 7,8%) | 27,69 $m^2$ | 1.095 | **39,53** | 0,52 |
| | Rasterdecken, reparieren, ergänzen (28$m^2$) | | | | |
| | • Herstellen (Kosten: 63,0%) | 113,42 $m^2$ | 8.833 | **77,88** | 4,16 |
| | Mineraliche Brandschutzplatten F90, 1x10mm, 1x20mm (41$m^2$), GK-Verkofferung F90 an Rohren, d=2x20mm (50$m^2$), GK-Decken (12$m^2$), Deckenanstrich (10$m^2$) | | | | |

| KG | Kostengruppe | Menge Einheit | Kosten € | €/Einheit | €/m² BGF |
|---|---|---|---|---|---|
| | 9100-060 Stadtbibliothek | | | | |
| | • Herstellen (Kosten: 100,0%) | 365,84 m² | 31.712 | **86,68** | 55,07 |
| | Abgehängte GK-Decken, Deckenhohlräume mit Dämmstoff füllen, Anstrich (301m²), Kalkputz, Anstrich (64m²) | | | | |
| 359 | **Decken, sonstiges** | | | | |
| | 1300-138 Bürogebäude | | | | |
| | • Abbrechen (Kosten: 2,2%) | 46,84 m² DEF | 22 | **0,46** | < 0,1 |
| | Abbruch von einem Handlauf (2m) | | | | |
| | • Wiederherstellen (Kosten: 97,8%) | 195,35 m² DEF | 940 | **4,81** | 0,41 |
| | Holzgeländer, reinigen, Anstriche entfernen, Schad- und Ausbruchstellen spachteln, mit Holzschutzgrund grundieren, Zwischen- und Schlussbeschichtung (23m) | | | | |
| | 1300-151 Rathaus | | | | |
| | • Wiederherstellen (Kosten: 0,6%) | 206,47 m² DEF | 79 | **0,38** | < 0,1 |
| | Holz-Treppengeländer, alte Anstriche entfernen, Neuanstrich (9m) | | | | |
| | • Herstellen (Kosten: 99,4%) | 39,66 m² DEF | 12.793 | **322,58** | 6,79 |
| | Scherentreppe (1St), Treppengeländer, Flachstahl, senkrechte Füllstäbe, Handlauf Holz, Anstrich (25m) | | | | |
| | 1300-152 Wohn- und Geschäftshaus | | | | |
| | • Abbrechen (Kosten: 0,4%) | 427,00 m² DEF | 17 | **< 0,1** | < 0,1 |
| | Abbruch von Treppengeländer | | | | |
| | • Wiederherstellen (Kosten: 3,3%) | 2,49 m² DEF | 144 | **57,85** | 0,37 |
| | Holztreppengeländer, reinigen, Untergrundschäden, ausbessern, lackieren (2m²) | | | | |
| | • Herstellen (Kosten: 96,3%) | 328,52 m² DEF | 4.181 | **12,73** | 10,71 |
| | Galeriegeländer, Stahlgeländer mit Holzhandlauf (9m), Stahlsäule 25x25cm, h=1m, für Geländer (1St) | | | | |
| | 4100-075 Schulzentrum | | | | |
| | • Herstellen (Kosten: 100,0%) | 450,16 m² DEF | 12.397 | **27,54** | 14,50 |
| | Stahltreppengeländer mit Edelstahlstützen-, und Handlauf, h=1m (7m), Geländerfüllung, Melaminplatten, 2x19mm verleimt | | | | |
| | • 4100-107 Grundschule | 246,18 m² DEF | 8.316 | **33,78** | 15,42 |
| | Anstrich, Treppengeländer (7m), Handlauf (11m) | | | | |
| | 5100-044 Sporthalle | | | | |
| | • Wiederherstellen (Kosten: 3,6%) | 231,96 m² DEF | 498 | **2,14** | 0,38 |
| | Treppengeländer umbauen, Geländerrahmen ausbauen, kürzen, wieder einbauen (3m²), Treppengeländer reinigen, Lackfarbenanstrich (21m) | | | | |
| | • Herstellen (Kosten: 96,4%) | 231,96 m² DEF | 13.144 | **56,67** | 10,00 |
| | Stahlgeländer, Flachstahlrahmen mit Flachstahlfüllung, h=91cm, pulverbeschichtet (40m²), Holz-Geländerhandlauf (46m) | | | | |
| | 5300-009 Strandbad, Restaurant | | | | |
| | • Herstellen (Kosten: 100,0%) | 171,02 m² DEF | 1.261 | **7,37** | 4,81 |
| | Einschubtreppen (2St) | | | | |

| KG | Kostengruppe | Menge Einheit | Kosten € | €/Einheit | €/m² BGF |
|---|---|---|---|---|---|
| | • 6100-496 Mehrfamilienhaus (31WE) | 2.300,00 m² DEF | 2.477 | **1,08** | 0,72 |
| | Anstrich Geländer und Handläufe | | | | |
| | 6100-681 Mehrfamilienhaus (6WE) | | | | |
| | • Abbrechen (Kosten: 3,7%) | 347,81 m² DEF | 30 | **< 0,1** | < 0,1 |
| | Ausbau einer Dachbodentreppe, Klappbeschläge, Futterhölzer, Entsorgung, Deponiegebühren | | | | |
| | • Herstellen (Kosten: 96,3%) | 370,76 m² DEF | 781 | **2,11** | 1,08 |
| | Anstrich, Treppengeländer (26m) | | | | |
| | 6100-694 Zweifamilienhaus | | | | |
| | • Herstellen (Kosten: 100,0%) | 80,85 m² DEF | 230 | **2,85** | 0,55 |
| | Balkongeländer anschleifen, reinigen, Rostschutzgrund, Seidenglanzlack (6m) | | | | |
| | 6100-713 Doppelhaushälfte | | | | |
| | • Wiederherstellen (Kosten: 100,0%) | 16,46 m² DEF | 202 | **12,25** | 0,72 |
| | Metall-Treppengeländer anschleifen, lackieren | | | | |
| | 6100-717 Mehrfamilienhaus (4WE) | | | | |
| | • Herstellen (Kosten: 100,0%) | 329,32 m² DEF | 4.740 | **14,39** | 5,68 |
| | Treppenhausgeländer, Anstrich (19m) | | | | |
| | 6100-731 Einfamilienhaus | | | | |
| | • Herstellen (Kosten: 100,0%) | 17,05 m² DEF | 3.342 | **196,01** | 13,47 |
| | Stahl-Balkongeländer, feuerverzinkt (1St) | | | | |
| | 6100-740 Einfamilienhaus | | | | |
| | • Wiederherstellen (Kosten: 21,5%) | 209,00 m² DEF | 503 | **2,41** | 1,81 |
| | Stahl-Balkon-Unterkonstruktion, Handläufe, lackieren | | | | |
| | • Herstellen (Kosten: 78,5%) | 234,57 m² DEF | 1.832 | **7,81** | 6,59 |
| | Stahl-Balkongeländer, lackiert (14m), Bodenluke (1St) | | | | |
| | 9100-060 Stadtbibliothek | | | | |
| | • Herstellen (Kosten: 100,0%) | 365,84 m² DEF | 8.348 | **22,82** | 14,50 |
| | Wandhandlauf, Treppengeländer | | | | |

## Kostenkennwerte für die Kostengruppen 300 und 400 der 3.Ebene DIN 276 (Übersicht)

| KG | Kostengruppe | Menge Einheit | Kosten € | €/Einheit | €/m² BGF |
|---|---|---|---|---|---|
| 360 | **Dächer** | | | | |
| 361 | **Dachkonstruktionen** | | | | |
| | 1300-148 Bürogebäude | | | | |
| | • Abbrechen (Kosten: 5,4%) | 20,00 m² | 675 | **33,77** | 4,40 |
| | Abbruch von Sparren, Dachschalung, Zwischensparrendämmung, d=120mm, Dachrinne, Schneefang; Entsorgung, Deponiegebühren (20m²) | | | | |
| | • Herstellen (Kosten: 94,6%) | 151,63 m² | 11.906 | **78,52** | 77,52 |
| | Leicht geneigtes Flachdach, Holzbalkenlage, Dachschalung aus Grobspanplatten, d=30mm (144m²), Glasdach, VSG, d=2x8mm, Stahlunterkonstruktion IPE 100, Stahl-Rundstütze, feuerverzinkt (8m²) | | | | |
| | 1300-151 Rathaus | | | | |
| | • Abbrechen (Kosten: 0,3%) | 8,40 m² | 282 | **33,53** | 0,15 |
| | Abbruch von Schleppgauben, Holzkonstruktion, Entsorgung, Deponiegebühren (8m²) | | | | |
| | • Wiederherstellen (Kosten: 70,3%) | 369,99 m² | 61.163 | **165,31** | 32,49 |
| | Einbau von Balken- und Pfettenverstärkungen, Verbindungen aus Holz und Stahl, Bohren von Löchern in Stahlstützen (40St), Schrauben (2.274St), Schwerlastdübel (64St), Stundenlohnarbeit (962h) | | | | |
| | • Herstellen (Kosten: 29,3%) | 364,88 m² | 25.501 | **69,89** | 13,54 |
| | Pultdach, Holzpfetten und Träger, Dachschalung, 3-Schicht-Holzbauplatten, d=28mm (40m²), Walmdach, Dachschalung, DWD-Platte, d=16mm, auf vorhandene Sparren (255m²), Trauf- und Ortgangschalung, Nut- und Federbretter, d=16mm (70m²) | | | | |
| | 1300-152 Wohn- und Geschäftshaus | | | | |
| | • Wiederherstellen (Kosten: 17,1%) | 377,80 m² | 3.009 | **7,97** | 7,71 |
| | Sparren ausbessern, freigelegtes altes Holzwerk, abwaschen, Nägel entfernen, Mörtel- und Putzreste, abbürsten, Stahlverbindungsteile abwaschen, Anstrich (338m²) | | | | |
| | • Herstellen (Kosten: 82,9%) | 384,30 m² | 14.580 | **37,94** | 37,34 |
| | Bauholz für neue Gauben (224m), vorhandene Sparren auffüttern (286m), Treppenloch zubetonieren (2m²), bestehende Gaube verbreitern | | | | |
| | 4100-075 Schulzentrum | | | | |
| | • Herstellen (Kosten: 100,0%) | 449,28 m² | 46.792 | **104,15** | 54,72 |
| | Stb-Flachdach C30/37, d=25cm, Schalung, Bewehrung (449m²) | | | | |
| | • 4100-107 Grundschule | 254,00 m² | 25.272 | **99,50** | 46,87 |
| | Stb-Flachdach C25/30, d=25cm, Schalung, Bewehrung (6t) (254m²) | | | | |
| | • 4100-108 Grundschule | 276,22 m² | 40.391 | **146,23** | 85,84 |
| | Stb-Flachdach C25/30 XC2, d=20cm, Schalung, Bewehrung (276m²), Stb-Unterzüge | | | | |
| | 5100-044 Sporthalle | | | | |
| | • Abbrechen (Kosten: 2,6%) | 50,40 m² | 606 | **12,02** | 0,46 |
| | Abbruch von Holzpfetten, Entsorgung, Deponiegebühren (50m²) | | | | |

| KG | Kostengruppe | Menge Einheit | Kosten € | €/Einheit | €/m² BGF |
|---|---|---|---|---|---|
| | • Herstellen (Kosten: 97,4%) | 432,12 m² | 22.503 | **52,08** | 17,11 |
| | Satteldach, Nagelplattenbinder, zweifach, Spannweite 21m, Höhe 3m (6St), Pfetten 60/140 (370m), Windrispenband (229m), Verbindungsbau, Stahl-Dachträger 4xHEA100, l=2,89-4,49m (44m) | | | | |
| | 5100-048 Gymnastikraum Grundschule | | | | |
| | • Herstellen (Kosten: 100,0%) | 92,40 m² | 8.940 | **96,76** | 14,25 |
| | Flachgeneigtes Pultdach, KVH-Durchlaufsparren, 10/20cm (182m), Stb-Überzug, C25/30, 0,50mx0,24m (15m), Fußschwelle (15m) | | | | |
| | 5300-009 Strandbad, Restaurant | | | | |
| | • Herstellen (Kosten: 100,0%) | 234,54 m² | 23.019 | **98,15** | 87,76 |
| | Holzdachkonstruktion, 3-Schichtplatte, d=19mm, Zwischensparrendämmung, Mineralfaser, d=240mm, WLG 035, Hartfaserplatte, d=8mm, Dachsparren KVH 6/24, Dachbinder BSH 10/24 (187m²), Vordachsparren, KVH 6/12cm (327m) | | | | |
| | • 6100-482 Mehrfamilienhaus (3WE) | 115,00 m² | 22.467 | **195,37** | 112,60 |
| | Bauholz liefern, Dachverband richten, Rauspundschalung, Hobeldielen Kiefer, Leimholzbinder, Fusspfetten, Befestigungsmittel (115m²) | | | | |
| | • 6100-496 Mehrfamilienhaus (31WE) | 686,00 m² | 50.536 | **73,67** | 14,67 |
| | Sparrendach mit BSH-Pfetten, Dachschalung teils sichtbar aus BFU d=24mm | | | | |
| | 6100-652 Mehrfamilienhaus (9WE) | | | | |
| | • Abbrechen (Kosten: 19,9%) | 386,00 m² | 10.808 | **28,00** | 36,39 |
| | Abbruch von Holzdachkonstruktion, Dachziegel, Lattung, Dachpappe, Entsorgung, Deponiegebühren (386m²) | | | | |
| | • Herstellen (Kosten: 80,1%) | 488,00 m² | 43.433 | **89,00** | 146,24 |
| | Holzdachkonstruktion, Brettschichtholz, Dachschalung, d=28mm (488m²) | | | | |
| | 6100-681 Mehrfamilienhaus (6WE) | | | | |
| | • Abbrechen (Kosten: 9,8%) | 186,37 m² | 2.678 | **14,37** | 3,69 |
| | Abbruch der Holzdachkonstruktion, Schalung, Entsorgung, Deponiegebühren (180m²) | | | | |
| | • Herstellen (Kosten: 90,2%) | 186,79 m² | 24.515 | **131,24** | 33,77 |
| | Stb-Fertigteilflachdach mit Aufbeton C20/25, h=15cm (158m²), Bewehrung (3.824kg), Attika (56m), Balkonüberdachung, Randträger, IPE 180, Sparren, 1/2 IPE 160 (29m²) | | | | |
| | 6100-694 Zweifamilienhaus | | | | |
| | • Herstellen (Kosten: 100,0%) | 140,50 m² | 9.452 | **67,27** | 22,62 |
| | Holzdachkonstruktion, BSH Holz, Schalung, d=24mm (141m²) | | | | |
| | 6100-708 Einfamilienhaus | | | | |
| | • Herstellen (Kosten: 100,0%) | 150,30 m² | 6.134 | **40,81** | 16,95 |
| | Dachflächen verschalen, Dachschalung, d=24mm (150m²), Dachgauben erstellen (2St), Gradsparren verstärken mit BSH (2St), Gaubenseitenwand, Konstruktionsvollholz, außen Putzträgerplatten, innen OSB-Platten, Hohlraumdämmung, d=160mm, Steinwolle, WLG 035 | | | | |

| KG | Kostengruppe | Menge Einheit | Kosten € | €/Einheit | €/m² BGF |
|---|---|---|---|---|---|
| | 6100-717 Mehrfamilienhaus (4WE) | | | | |
| | • Abbrechen (Kosten: 7,3%) | 189,13 m² | 2.002 | **10,59** | 2,40 |
| | Abbruch von Holzdachkonstruktion (12m³) | | | | |
| | • Herstellen (Kosten: 92,7%) | 337,39 m² | 25.538 | **75,69** | 30,62 |
| | Holzdachstuhl, Bauholz, Satteldach mit Gauben (17m³), Brettschichtholz (1m³), Abbund (930m), Stb-Decke C20/25, d=18cm, Schalung, Bewehrung (3m²) | | | | |
| | 6100-725 Mehrfamilienhaus (12WE) | | | | |
| | • Abbrechen (Kosten: 4,1%) | – | 233 | **–** | 0,12 |
| | Abbruch von Sparren (24m) | | | | |
| | • Wiederherstellen (Kosten: 70,2%) | – | 3.983 | **–** | 2,09 |
| | Überlattungen an der allten Pfette für neue Pfettenköpfe anbringen mit Verziehrungen 0,12x0,16x0,40m (6St), Sparrenköpfe reinigen, Anstrich (79St) | | | | |
| | • Herstellen (Kosten: 25,7%) | 341,00 m² | 1.456 | **4,27** | 0,76 |
| | Aufdopplung der Sparren (24m), Traufbohlen (44m) | | | | |
| | 6100-729 Mehrfamilienhaus (3WE) | | | | |
| | • Abbrechen (Kosten: 5,6%) | – | 251 | **–** | 0,40 |
| | Abbruch von Schwellen und Pfetten (4St), Sparren kürzen (22St); Entsorgung, Deponiegebühren | | | | |
| | • Herstellen (Kosten: 94,4%) | 225,44 m² | 4.231 | **18,77** | 6,82 |
| | Sparrenpfetten, d=8/8cm (265m), Sparrenpfettenköpfe 8/16cm, verjüngt auf 8/8cm, l=1,75m (48St), Sparrenköpfe, d=8/24cm, verjüngt auf 8/8cm, l=1,8m (22St), Auswechslungen (5St) | | | | |
| | 6100-731 Einfamilienhaus | | | | |
| | • Abbrechen (Kosten: 4,3%) | 56,16 m² | 672 | **11,97** | 2,71 |
| | Abbruch von Sparren in Teillängen (37m), Strebeböcke unter der Mittelpfette (3St); Entsorgung, Deponiegebühren | | | | |
| | • Herstellen (Kosten: 95,7%) | 334,71 m² | 15.045 | **44,95** | 60,64 |
| | Satteldach, Holzdielen 4/18cm an Sparren beigenagelt (305m), Holzkonstruktion Loggia, Sparren, l=8,80m (2St), Giebelsparren 4/30cm (31m), Koppelpfettenköpfe (56St), Sparrenköpfe (58St), Stahl U-Profil, 160mm, an Mittelpfette (17m), Pfette, 16/28cm (6m), Holzdiele 6/20cm (5m), Holzpfosten (7m), Kernbohrungen (3St) | | | | |
| | 6100-740 Einfamilienhaus | | | | |
| | • Abbrechen (Kosten: 8,7%) | 34,28 m² | 2.247 | **65,56** | 8,08 |
| | Abbruch von Balkenköpfen (8St), Sparren, Dachschalung, Bitumeneindeckung, Kupferrinnen (34m²); Entsorgung, Deponiegebühren | | | | |
| | • Wiederherstellen (Kosten: 6,5%) | 34,50 m² | 1.681 | **48,73** | 6,05 |
| | Ausbau von profilierten Sparren-Stützen, lagern, an anderer Stelle wieder einbauen (15St), Balkenkopfsanierung, marodes Holz, abschneiden (10St) | | | | |
| | • Herstellen (Kosten: 84,8%) | 131,83 m² | 21.927 | **166,33** | 78,85 |
| | Einbau eines Stahlrahmens, Sturzträger als Unterstützung des Giebels, Stahlstützen HEA 200, l=2,45m (2St), Zugband, l=3,19m Stegblechverstärkungen, temporäre Abfangung unter der Deckenbalkenlage | | | | |

| KG | Kostengruppe | Menge Einheit | Kosten € | €/Einheit | €/m² BGF |
|---|---|---|---|---|---|
| | 6100-785 Zweifamilienhaus | | | | |
| | • Herstellen (Kosten: 100,0%) | 140,50 m² | 9.452 | **67,27** | 90,88 |
| | Holzdachkonstruktion, BSH Holz, Schalung, d=24mm (141m²) | | | | |
| | 6100-793 Einfamilienhaus | | | | |
| | • Abbrechen (Kosten: 48,3%) | 165,00 m² | 1.310 | **7,94** | 3,52 |
| | Abbruch von Holzdachkonstruktion, Entsorgung, Deponiegebühren (165m²) | | | | |
| | • Herstellen (Kosten: 51,7%) | 176,00 m² | 1.400 | **7,96** | 3,77 |
| | Holzdachkonstruktion, Walmdach (176m²) | | | | |
| | 7200-072 Geschäftshaus, Wohnen (13WE) | | | | |
| | • Abbrechen (Kosten: 100,0%) | 48,75 m² | 4.910 | **100,73** | 2,31 |
| | Abbruch der Dachkonstruktion zwischen Fassade und Hauptgebäude, Entsorgung, Deponiegebühren (49m²) | | | | |
| | 9100-060 Stadtbibliothek | | | | |
| | • Abbrechen (Kosten: 15,8%) | 233,10 m² | 3.800 | **16,30** | 6,60 |
| | Abbruch der Dachkonstruktion, Sparren, Pfetten, Entsorgung, Deponiegebühren (233m²) | | | | |
| | • Herstellen (Kosten: 84,2%) | 233,10 m² | 20.200 | **86,66** | 35,08 |
| | Holzdachkonstruktion (228m²), Stb-Flachdach C20/25, d=18cm, auf Aufzugschacht, Schalung, Bewehrung (5m²) | | | | |
| 362 | **Dachfenster, Dachöffnungen** | | | | |
| | 1300-138 Bürogebäude | | | | |
| | • Herstellen (Kosten: 100,0%) | 3,19 m² | 5.683 | **1.780,27** | 2,51 |
| | Dachflächenfenster, 1,14/1,40m (2St), RWA-Anlagen, Zentrale, Fensterantriebe, Rauchmelder (2St) | | | | |
| | 1300-148 Bürogebäude | | | | |
| | • Herstellen (Kosten: 100,0%) | 0,64 m² | 1.158 | **1.809,97** | 7,54 |
| | Lichtkuppel, doppelschaliges Acrylglas, nicht öffenbar, 80x80cm, Lichtkuppeleinfassung (1St) | | | | |
| | 1300-151 Rathaus | | | | |
| | • Abbrechen (Kosten: 100,0%) | 3,24 m² | 213 | **65,76** | 0,11 |
| | Abbruch von Metalldachfenstern (2m²), Holzdachfenstern (1m²); Entsorgung, Deponiegebühren | | | | |
| | 1300-152 Wohn- und Geschäftshaus | | | | |
| | • Herstellen (Kosten: 100,0%) | 10,66 m² | 21.937 | **2.057,86** | 56,17 |
| | Rundbogen-Holzfenster, Isolierverglasung, mit aufgeklebten Sprossen (4m²), Holz-Fenstertüre (1m²), Holz-Dachflächenfenster, Isolierverglasung, Rollladen motorbetrieben, Kupferabdeckung (2m²), Holz-Dachflächenfenster mit RWA-Anlage, motorbetrieben (1m²), Absturzsicherung, Gaubenfenster, Stahlrundstab, d=42mm (1m) | | | | |
| | 4100-075 Schulzentrum | | | | |
| | • Herstellen (Kosten: 100,0%) | 1,97 m² | 3.973 | **2.012,89** | 4,65 |
| | Doppelschalige Acrylglaskuppeln, 70/141cm mit RWA-Anlage (2St) | | | | |

| KG | Kostengruppe | Menge Einheit | Kosten € | €/Einheit | €/m² BGF |
|---|---|---|---|---|---|
| | 5100-044 Sporthalle | | | | |
| | • Herstellen (Kosten: 100,0%) | 0,33 m² | 441 | **1.356,43** | 0,34 |
| | Eternit Fensteröffnung, 500x650mm (1St) | | | | |
| | 5100-046 Sporthalle | | | | |
| | • Abbrechen (Kosten: 10,2%) | 4,00 m² | 409 | **102,13** | 0,69 |
| | Abbruch von Lichtkuppeln, Aufsatzkranz, Entsorgung, Deponiegebühren (4m²) | | | | |
| | • Herstellen (Kosten: 89,8%) | 5,76 m² | 3.605 | **625,80** | 6,06 |
| | Lichtkuppeln, 120/120cm (4St) | | | | |
| | • 6100-482 Mehrfamilienhaus (3WE) | 0,64 m² | 490 | **766,01** | 2,46 |
| | Wechsel herstellen, Lichtkuppel (1St) einbauen | | | | |
| | • 6100-496 Mehrfamilienhaus (31WE) | 5,97 m² | 4.267 | **714,81** | 1,24 |
| | Oberlichtkuppel mit Flachdachausstiegsleiter mit Zinkblechverwahrung (6St) | | | | |
| | 6100-652 Mehrfamilienhaus (9WE) | | | | |
| | • Herstellen (Kosten: 100,0%) | 7,01 m² | 4.665 | **665,44** | 15,71 |
| | Dachflächenfenster, mit Elektroantrieb (2St), ohne Elektroanrieb (3St) | | | | |
| | 6100-694 Zweifamilienhaus | | | | |
| | • Herstellen (Kosten: 100,0%) | 2,34 m² | 2.626 | **1.122,13** | 6,28 |
| | Dachflächenfenster, Alu-Eindeckrahmen (2m²) | | | | |
| | 6100-708 Einfamilienhaus | | | | |
| | • Herstellen (Kosten: 100,0%) | 12,71 m² | 4.369 | **343,75** | 12,08 |
| | Kunststofffenster, Wärmeschutzglas Ug=1,1W/qmK, Gaubenfenster (6St), Dachausstiegsfenster (1St), Fenstertüren, festverglaste Seitenteile (6m²), Fenster-Brüstungsgitter (1St) | | | | |
| | 6100-713 Doppelhaushälfte | | | | |
| | • Herstellen (Kosten: 100,0%) | 1,08 m² | 2.171 | **2.010,24** | 7,70 |
| | Kunststoff-Dachflächenfenster, Wärmeschutzverglasung, 55x98cm, mit Außeneindeckarbeiten, Verdunklungsrollos (2St) | | | | |
| | 6100-717 Mehrfamilienhaus (4WE) | | | | |
| | • Herstellen (Kosten: 100,0%) | 1,11 m² | 943 | **849,59** | 1,13 |
| | Kunststoff-Dachflächenfenster, 94/118cm (1St) | | | | |
| | 6100-725 Mehrfamilienhaus (12WE) | | | | |
| | • Wiederherstellen (Kosten: 100,0%) | 21,35 m² | 4.620 | **216,39** | 2,42 |
| | Dachfenster ausbauen, lagern, wieder einbauen (21m²) | | | | |
| | 6100-729 Mehrfamilienhaus (3WE) | | | | |
| | • Abbrechen (Kosten: 6,2%) | 1,65 m² | 187 | **113,57** | 0,30 |
| | Abbruch von Dachflächenfenster, Innenfutter, Verwahrungen, Entsorgung, Deponiegebühren (2m²) | | | | |
| | • Wiederherstellen (Kosten: 15,5%) | 1,65 m² | 471 | **285,38** | 0,76 |
| | Dachflächenfenster ausbauen, lagern, wieder einbauen (2m²) | | | | |

| KG | Kostengruppe | Menge Einheit | Kosten € | €/Einheit | €/m² BGF |
|---|---|---|---|---|---|
| | • Herstellen (Kosten: 78,3%) | 2,62 m² | 2.376 | **906,88** | 3,83 |
| | Kunststoff-Wohndachfenster, Isolierverglasung (3St) | | | | |
| | 6100-731 Einfamilienhaus | | | | |
| | • Abbrechen (Kosten: 0,7%) | 0,78 m² | 35 | **45,39** | 0,14 |
| | Abbruch von Dachflächenfenster, Verwahrung, Innenfutter; Entsorgung, Deponiegebühren (1m²) | | | | |
| | • Herstellen (Kosten: 99,3%) | 9,39 m² | 5.219 | **555,84** | 21,04 |
| | Dachflächenfenster, Kunststoff, außen Aluminium, Wärmeschutzverglasung (9m²) | | | | |
| | 6100-740 Einfamilienhaus | | | | |
| | • Abbrechen (Kosten: 0,2%) | 0,24 m² | 15 | **64,50** | < 0,1 |
| | Ausbau einer Dachausstiegluke, Entsorgung, Deponiegebühren (0,2m²) | | | | |
| | • Herstellen (Kosten: 99,8%) | 3,44 m² | 9.345 | **2.716,56** | 33,60 |
| | Doppelschalige Lichtkuppeln, Acrylglas, Elektroantrieb, Einbruch- und Durchsturzsicherungen (3St), feststehend (1St), Dachflächenfenster, Schwingfenster, Elektroantrieb (2St) | | | | |
| | 6100-770 Einfamilienhaus | | | | |
| | • Herstellen (Kosten: 100,0%) | 1,92 m² | 2.173 | **1.131,81** | 9,05 |
| | Dachflächenfenster, Dreifachverglasung (2m²) | | | | |
| | 6100-780 Einfamilienhaus, Büro | | | | |
| | • Abbrechen (Kosten: 17,3%) | 3,08 m² | 461 | **149,73** | 0,56 |
| | Abbruch von Dachflächenfenster, Entsorgung, Deponiegebühren (3m²) | | | | |
| | • Herstellen (Kosten: 82,7%) | 1,20 m² | 2.201 | **1.834,39** | 2,67 |
| | Dachflächenfenster, Wärmeschutzverglasung (2St), Hitzeschutzmarkise (1St) | | | | |
| | 6100-785 Zweifamilienhaus | | | | |
| | • Herstellen (Kosten: 100,0%) | 2,34 m² | 2.626 | **1.122,13** | 25,25 |
| | Dachflächenfenster, Alu-Eindeckrahmen (2m²) | | | | |
| | 6100-790 Einfamilienhaus | | | | |
| | • Wiederherstellen (Kosten: 100,0%) | 2,11 m² | 501 | **237,44** | 1,92 |
| | Dachfenster ausbauen, lagern, wieder einbauen (2m²) | | | | |
| | 6100-793 Einfamilienhaus | | | | |
| | • Herstellen (Kosten: 100,0%) | 4,11 m² | 3.829 | **931,72** | 10,30 |
| | Dachflächenfenster, Klapp-Schwingflügel, Eindeckrahmen, 3-fach-Verglasung, Kryptongasfüllung (4m²) | | | | |
| | 9100-060 Stadtbibliothek | | | | |
| | • Herstellen (Kosten: 100,0%) | 9,80 m² | 11.416 | **1.164,94** | 19,83 |
| | Dachflächenfenster, Eindeckrahmen, Außenrollläden, Elektromotoren, Fernbedienung (10m²) | | | | |
| 363 | **Dachbeläge** | | | | |
| | 1300-148 Bürogebäude | | | | |
| | • Abbrechen (Kosten: 0,1%) | 1,06 m² | 21 | **19,62** | 0,14 |
| | Abbruch von Titanzinkabdeckung (1m²) | | | | |

| KG | Kostengruppe | Menge Einheit | Kosten € | €/Einheit | €/m² BGF |
|---|---|---|---|---|---|
| | • Herstellen (Kosten: 99,9%) | 157,93 m² | 15.050 | **95,30** | 97,98 |
| | Flachdachabdichtung Trennlage, Gefälledämmung, d=0-70mm, Foliendach, mechanisch befestigt (144m²), Wandanschluss (60m), Edelstahl-Attikaabdeckung (46m), Wasserspeier (2St), Edelstahl-Rinneneinlaufkessel (2St), Titanzink-Hängedachrinne (17m), Gaubenbrustblech (3m) | | | | |
| | 1300-151 Rathaus | | | | |
| | • Abbrechen (Kosten: 13,1%) | 419,03 m² | 7.201 | **17,18** | 3,82 |
| | Abbruch von Biberschwanzdoppeldeckung, Dachlattung (360m²), Trauf- und Ortgangschalungen (70m²), Holzschindeln (60m²), Dachrinnen, Einlaufbleche (57m); Entsorgung, Deponiegebühren | | | | |
| | • Herstellen (Kosten: 86,9%) | 369,99 m² | 47.874 | **129,39** | 25,43 |
| | Unterdach, Lattung, Biberschwanzdoppeldeckung (325m²), OSB-Platten, d=25mm, Unterdach, Trennlage, Zink-Doppelstehfalzdeckung (45m²), Rheinzink-Dachrinnen, halbrund (6m), Titan-Zink-Dachrinnen (52m), Kastenrinne (1m) | | | | |
| | 1300-152 Wohn- und Geschäftshaus | | | | |
| | • Abbrechen (Kosten: 9,4%) | 352,40 m² | 10.655 | **30,23** | 27,28 |
| | Abbruch von Dachziegel, Lattungen, Blechverwahrungen, Dachrinnen, Entsorgung, Deponiegebühren (352m²) | | | | |
| | • Herstellen (Kosten: 90,6%) | 429,18 m² | 102.334 | **238,44** | 262,05 |
| | OSB-Dachschalung, d=22mm, geschliffen innen sichtbar, Dampfbremse, Aufsparrendämmung, WLG 035, d=140mm, Lattung, Biberschwanzdoppeldeckung (363m²), Gaubenwände, Stehfalzverkleidung, Kupferblech, d=0,7mm (78m²), Dachterrasse, Dämmung, d=120mm, Bitumendichtungsbahn, Platten in Riesel verlegt, Dachrinne (60m²), Kupfer-Regenrinnen (28m), Abdeckblech Arkadenwand (18m) | | | | |
| | 4100-075 Schulzentrum | | | | |
| | • Herstellen (Kosten: 100,0%) | 463,39 m² | 59.370 | **128,12** | 69,43 |
| | Voranstrich, Dampfsperre, PU-Hartschaumdämmplatten, d=150-320mm, WLG 030, z weilagige Flachdachabdichtung, Dränschicht, Filtervlies, Vegetationstragschicht, Sedumsprossen, Kiesrandstreifen (384m²), Dachgullys (11St), Attikaabdeckung, Titanzink (102m), Perimeterdämmung, Mineraltragschicht, d=20cm, Betonplattenbelag in Splitt (15m²) | | | | |
| | • 4100-107 Grundschule | 207,90 m² | 48.192 | **231,80** | 89,38 |
| | Bitumenvoranstrich, Dampfsperrbahn, Gefälledämmplatten, d=200mm, Dachabdichtung, 2-lagig (208m²), Attikaabdeckungen (104m) | | | | |
| | • 4100-108 Grundschule | 277,50 m² | 76.037 | **274,01** | 161,60 |
| | Bitumenschweißbahn, 2-lagig, Gefälledämmung, Dampfsperre, Bitumenvoranstrich (278m²), Kiesschicht, d=5cm (147m²) Attikaabdeckung, Aluminium (289m), Dacheinläufe (10St) | | | | |
| | 5100-044 Sporthalle | | | | |
| | • Abbrechen (Kosten: 5,2%) | 242,88 m² | 3.943 | **16,23** | 3,00 |
| | Abbruch von Bitumenbahnen (22m²), Dachrandeinfassungen (28m), Welleternit-Platten (19m²), Dachrinnen (62m), Anschlussbleche (89m), Faserzementplatten (188m²), Titanzinkabdeckungen (22m), Schiefereindeckungen (33m²); Entsorgung, Deponiegebühren | | | | |

| KG | Kostengruppe | Menge Einheit | Kosten € | €/Einheit | €/m² BGF |
|---|---|---|---|---|---|
| | • Herstellen (Kosten: 94,8%) | 533,23 m² | 71.420 | **133,94** | 54,31 |
| | Unterspannbahn, Dachdeckung, Faserzement-Wellplatten (511m²), Attikabrett, OSB, d=25mm, Titanzinkabdeckung (92m), Ortgangverblechung (67m), Hängerinnen (63m), Rinnenkastenschalung (115m²), Kastenrinnen, Sicherheitsrinnen vlieskaschiert (93m), Dachrinnenheizband (272m), Schnellabläufe (8St) | | | | |
| | 5100-046 Sporthalle | | | | |
| | • Abbrechen (Kosten: 16,1%) | 620,00 m² | 8.229 | **13,27** | 13,83 |
| | Abbruch von Attikaabdeckungen (24m²), Rollkiesschüttung, d=5cm (620m²), Wärmedämmung, Hartschaumplatten, d=70mm (250m²), Dachrandprofile, Holzunterkonstruktion (54m), mehrlagige Dachabdichtung (30m), Entsorgung, Deponiegebühren | | | | |
| | • Herstellen (Kosten: 83,9%) | 645,00 m² | 42.883 | **66,49** | 72,07 |
| | Dachfläche reinigen, Voranstrich, Dampfsperre, Gefälledämmung EPS, d=20-270mm, WLG 040, Dachabdichtung (645m²), Bitumenbahnen (370m²), Traufbleche (85m), Attikaabdeckung (38m), Dachrinnen, Laubschutz, Titanzink (85m) | | | | |
| | 5100-048 Gymnastikraum Grundschule | | | | |
| | • Herstellen (Kosten: 100,0%) | 92,40 m² | 17.512 | **189,52** | 27,92 |
| | Flachgeneigtes Pultdach, Dachschalung, OSB-Platten, d=22mm, Bitumenabdichtungsbahn, strukturierte Trennlage, Zink-Doppelstehfalzdeckung (92m²), Dachrinne, Titanzink (15m), Pultdach-Lüfterfirst, Titanzink (15m) | | | | |
| | 5300-009 Strandbad, Restaurant | | | | |
| | • Herstellen (Kosten: 100,0%) | 234,54 m² | 22.529 | **96,06** | 85,89 |
| | Unterspannbahn, Rauspundschalung (196m²), Dreischichtplatte (42m²), Trennlage (244m²), Dachabdichtung, 2-lagig (235m²), Hängedachrinne, halbrund (56m), Firstentlüftung (20m), Lüftungsgitter (53m) | | | | |
| | • 6100-482 Mehrfamilienhaus (3WE) | 115,00 m² | 20.271 | **176,27** | 101,59 |
| | Flachdach 5° (29m²) mit Polymer-Kunststoffbahnen, Dämmung als Eigenleistung der Eigentümer; Flachdach 20° (58m²) mit Polymer-Kunststoffbahnen auf Hartschaumdämmplatten; Steildach 38° (28m²) mit Betondachsteinen, Dämmung als Eigenleistung der Eigentümer | | | | |
| | • 6100-496 Mehrfamilienhaus (31WE) | 680,00 m² | 64.806 | **95,30** | 18,81 |
| | Kunststoffdachbeläge mit Vlies, stranggepresster Aluminium-Dachrandabschluss; mineralische Wärmedämmung, d=180mm zwischen den Sparren (680m²) | | | | |
| | 6100-652 Mehrfamilienhaus (9WE) | | | | |
| | • Abbrechen (Kosten: 0,5%) | 386,00 m² | 344 | **0,89** | 1,16 |
| | Abbruch von Dachrinnen, Entsorgung, Deponiegebühren (54m) | | | | |
| | • Herstellen (Kosten: 99,5%) | 488,00 m² | 72.766 | **149,11** | 245,00 |
| | Zwischensparrendämmung, d=200mm, WLG 035, Dampfbremsfolie, Trennlage, Alu-Metalldeckung, kupferfarbig, d=0,7mm (488m²), Dachrinne, Titanzink (91m) | | | | |
| | 6100-658 Mehrfamilienhaus (60WE) | | | | |
| | • Herstellen (Kosten: 100,0%) | 18,00 m² | 2.418 | **134,34** | 1,15 |
| | Flachdachabdichtung, Reinigung Dachfläche, Bitumenvoranstrich, Kunststoffdachbahn, lose verlegt (18m²), Wandanschluss (26m) | | | | |

| KG | Kostengruppe | Menge Einheit | Kosten € | €/Einheit | €/m² BGF |
|---|---|---|---|---|---|
| | 6100-681 Mehrfamilienhaus (6WE) | | | | |
| | • Abbrechen (Kosten: 7,9%) | 273,83 m² | 2.041 | **7,45** | 2,81 |
| | Abbruch von Dachziegel, Dachlattung (274m²), Hängedachrinnen (56m), Blechverwahrungen (22m²); Entsorgung, Deponiegebühren | | | | |
| | • Herstellen (Kosten: 92,1%) | 180,37 m² | 23.781 | **131,84** | 32,76 |
| | Bitumen-Schweißbahnen (157m²), Wärmedämmung, d=200mm, Gefälledämmung, Dachabdichtung, Gummigranulatmatte (151m²), Attikaabdichtung, Attikaabdeckung, Attikablech, Titanzink (57m), Wasserspeier (4St) | | | | |
| | 6100-694 Zweifamilienhaus | | | | |
| | • Herstellen (Kosten: 100,0%) | 140,50 m² | 14.421 | **102,64** | 34,51 |
| | Unterspannbahn, Lattung, Tondachziegel (141m²), Edelstahldachrinne (23m) | | | | |
| | 6100-708 Einfamilienhaus | | | | |
| | • Abbrechen (Kosten: 10,8%) | 181,80 m² | 4.155 | **22,85** | 11,48 |
| | Abbruch von Ziegeldeckung, Dachlattung (172m²), Verblechung der Dachgauben (7St), Dachrinnen (43m); Entsorgung, Deponiegebühren | | | | |
| | • Herstellen (Kosten: 89,2%) | 188,80 m² | 34.351 | **181,94** | 94,94 |
| | Aufdachdämmung, d=120mm, WLZ 028, Konterlattung, Dachlattung, Dachziegel (158m²), Aufdachdämmung, d=120mm, WLZ 028, OSB Platte, d=25mm (31m²), Titanzink-Stehfalzverkleidung der Dachgauben (6St), Titanzink-Regenrinnen DN100 (43m) | | | | |
| | 6100-717 Mehrfamilienhaus (4WE) | | | | |
| | • Abbrechen (Kosten: 4,8%) | 189,13 m² | 1.731 | **9,15** | 2,08 |
| | Abbruch von Dachziegel, Dachlattung (189m²) | | | | |
| | • Wiederherstellen (Kosten: 9,6%) | 92,50 m² | 3.472 | **37,54** | 4,16 |
| | Dachziegel abnehmen lagern (340m²), reinigen wieder verlegen (93m²) | | | | |
| | • Herstellen (Kosten: 85,6%) | 338,50 m² | 30.834 | **91,09** | 36,97 |
| | Zwischensparrendämmung WLG 035, d=120-200mm (189m²), Unterspannbahn, Lattung, Konterlattung (306m²), Tonziegel (211m²), Nut- und Federschalung, d=19mm (39m²), Traufschalung, d=19mm (16m²), Gauben, OSB-Schalung, d=22-25mm (103m²), Doppelstehfalzdeckung, Titanzink (32m²) | | | | |
| | Erker, Voranstrich, Dampfsperre, Wärmedämmung, Flachdachabdichtung (2m²), Dachrinnen, Titanzink (24m) | | | | |
| | 6100-725 Mehrfamilienhaus (12WE) | | | | |
| | • Abbrechen (Kosten: 22,7%) | 383,00 m² | 14.206 | **37,09** | 7,45 |
| | Abbruch von Asbestzementplatten, Unterspannbahnen, Dachschalung, säubern der Dachlatten (341m²), Dachschalung, Bitumenbahnen (42m), Traufschalung, h=80cm (48m); Entsorgung, Deponiegebühren | | | | |
| | • Wiederherstellen (Kosten: 1,2%) | – | 729 | **–** | 0,38 |
| | Dachrinne von Schmutz und Staub reinigen, Schutzanstrich, neue Endböden, Rinneneinhangstutzen (56m) | | | | |
| | • Herstellen (Kosten: 76,1%) | 383,00 m² | 47.633 | **124,37** | 24,99 |
| | Unterspannbahn, Konter- und Dachlattung, Zwischensparrendämmung, d=160mm, Dämmung, d=300mm über Dachsparren, Betondachsteindeckung (341m²), Holzschalung, Bitumenbahnen (42m²), Einlaufbleche, Titanzink, Dachrinne (56m) | | | | |

| KG | Kostengruppe | Menge Einheit | Kosten € | €/Einheit | €/m² BGF |
|---|---|---|---|---|---|
| | 6100-729 Mehrfamilienhaus (3WE) | | | | |
| | • Abbrechen (Kosten: 15,3%) | 210,53 m² | 5.047 | **23,97** | 8,14 |
| | Abbruch von Betondachsteinen, Lattung (211m²), Zwischensparrendämmung, d=140mm (184m²), Dachrinnen (27m), Ortgang (33m), Blecheinfassungen (11m); Entsorgung, Deponiegebühren | | | | |
| | • Herstellen (Kosten: 84,7%) | 228,06 m² | 27.919 | **122,42** | 45,01 |
| | Dampfbremse, Mineralfaserdämmung, zwischen Sparren, d=160mm, zwischen Sparrenpfetten, d=70mm (193m²), Unterdach, Holzfaserplatten, d=28mm (159m²), Trauf- und Ortgangschalung, d=28mm (69m²), Unterspannbahn, Lattung, Konterlattung, Tonziegel (228m²), Hängedachrinnen, Titanzink (30m), Titanzink, Verwahrungen | | | | |
| | 6100-731 Einfamilienhaus | | | | |
| | • Abbrechen (Kosten: 8,8%) | 273,35 m² | 3.348 | **12,25** | 13,50 |
| | Abbruch von Dachziegel, Lattung (273m²), Zwischensparrendämmung, d=140mm (15m²), Dachrinnen, Einlaufbleche (35m); Entsorgung, Deponiegebühren | | | | |
| | • Herstellen (Kosten: 91,2%) | 381,01 m² | 34.523 | **90,61** | 139,16 |
| | Sparrendämmung, Mineralwolle, d=220mm (242m²), Holzfaserplatten (272m²), Trauf-Ortgangschalung (56m²), Unterspannbahn, Dachlattung, Betondachsteine (335m²), Dampfsperre, PUR-Dämmung, d=100mm, Flachdachabdichtung, zweilagig (15m²), Dampfsperre, Flachdachabdichtung, zweilagig (30m²), Hängedachrinnen (46m), Dachgully (1St), Notüberlauf (1St), Verwahrungen, Verkleidungen, Titanzink | | | | |
| | 6100-740 Einfamilienhaus | | | | |
| | • Abbrechen (Kosten: 4,9%) | 102,00 m² | 1.456 | **14,27** | 5,23 |
| | Abbruch von Schieferdeckung, Bitumenvordeckbahnen (97m²), Schornsteineinfassung (5m²); Entsorgung, Deponiegebühren | | | | |
| | • Wiederherstellen (Kosten: 0,8%) | 4,00 m² | 234 | **58,62** | 0,84 |
| | Ausbesserung der Dachschalung, alte Schalung entfernen, neue einbauen (4m²) | | | | |
| | • Herstellen (Kosten: 94,3%) | 131,83 m² | 28.187 | **213,81** | 101,35 |
| | Schalung, Naturschieferdeckung (97m²), Holzwerkstoffplatte, d=25mm, Bitumenbahnen (35m²), Holzbeläge (7m²), Kupferabdeckungen (27m²), Kupferdachrinnen (21m) | | | | |
| | 6100-752 Mehrfamilienhaus (19WE) | | | | |
| | • Abbrechen (Kosten: 3,2%) | 712,26 m² | 1.715 | **2,41** | 0,67 |
| | Abbruch von einer Dachrandblende, Entsorgung, Deponiegebühren | | | | |
| | • Wiederherstellen (Kosten: 0,4%) | 19,00 m² | 232 | **12,20** | < 0,1 |
| | Dachdurchdringungen reinigen (19m²) | | | | |
| | • Herstellen (Kosten: 96,4%) | 712,26 m² | 52.170 | **73,25** | 20,47 |
| | Vorhandene Kiesschüttung abschnittsweise umschichten, Flachdachfläche reinigen, Dämmung PUR kaschiert, d=60mm, EPDM Abdichtungsbahn (712m²), Kiesschüttung als zusätzliche Auflast (624m²), Verwahrung Titanzink, Lüfterkonstruktion (6St), Zwischendämmung, Holzbohle, Alu-Dachrandblech (176m), Sanierungsgullys (6St) | | | | |
| | 6100-753 Mehrfamilienhaus (19WE) | | | | |
| | • Abbrechen (Kosten: 3,2%) | 712,26 m² | 1.724 | **2,42** | 0,68 |
| | Abbruch von einer Dachrandblende, Entsorgung, Deponiegebühren | | | | |

| KG | Kostengruppe | Menge Einheit | Kosten € | €/Einheit | €/m² BGF |
|---|---|---|---|---|---|
| | • Herstellen (Kosten: 96,8%) | 712,26 m² | 52.673 | **73,95** | 20,66 |
| | Vorhandene Kiesschüttung abschnittsweise umschichten, Flachdachfläche reinigen, Dämmung PUR kaschiert, d=60mm, EPDM Abdichtungsbahnen (712m²), Kiesschüttung als zusätzliche Auflast (624m²), Verwahrung Titanzink, Lüfterkonstruktion (6St), Zwischendämmung, Holzbohle, Alu-Dachrandblech (176m), Sanierungsgullys (6St) | | | | |
| | 6100-770 Einfamilienhaus | | | | |
| | • Abbrechen (Kosten: 2,9%) | 136,00 m² | 764 | **5,62** | 3,18 |
| | Abbruch von Dachziegel, Entsorgung, Deponiegebühren (136m²) | | | | |
| | • Herstellen (Kosten: 97,1%) | 136,00 m² | 25.532 | **187,74** | 106,34 |
| | Dampfsperre, Zwischensparrendämmung, WLG 035, d=120mm, Holzunterkonstruktion, Mineralfaserdämmung, WLG 035, d=140mm, DWD-Platten, d=18mm, Holzunterkonstruktion Luftschicht als Kollektor, d=120+60mm, Polycarbonat-Stegplatten, d=40mm (136m²), Ausbildung von Traufe und First (20m) | | | | |
| | 6100-780 Einfamilienhaus, Büro | | | | |
| | • Abbrechen (Kosten: 34,0%) | 186,10 m² | 11.487 | **61,73** | 13,91 |
| | Abbruch von Bitumenabdichtungen, Holzschalungen (71m²), Schieferschindel, Gerüste (116m²); Entsorgung, Deponiegebühren | | | | |
| | • Herstellen (Kosten: 66,0%) | 77,47 m² | 22.328 | **288,22** | 27,04 |
| | Dampfbremse, Zellulosedämmung, d=300mm, Bretterschalung, d=24mm, Unterspannbahn, Konterlattung, OSB-Verlegeplatten, d=22mm, Dachabdichtung, Dacheindeckung, Titanzink (30m²), Zellulosedämmung, d=300-420mm, OSB-Platten, d=15mm, Flachdachabdichtung, Douglasie-Bohlen, d=3cm, Oberseite geriffelt, auf Lagerhölzern 30/80mm (38m²), Attikaabdeckung, Titanzink, Dachrinnen | | | | |
| | 6100-785 Zweifamilienhaus | | | | |
| | • Herstellen (Kosten: 100,0%) | 140,50 m² | 14.421 | **102,64** | 138,67 |
| | Unterspannbahn, Lattung, Tondachziegel (141m²), Edelstahldachrinne (23m) | | | | |
| | 6100-790 Einfamilienhaus | | | | |
| | • Abbrechen (Kosten: 12,5%) | 163,05 m² | 1.977 | **12,13** | 7,57 |
| | Abbruch von Dachsteinen, Lattung, Entsorgung, Deponiegebühren (163m²) | | | | |
| | • Herstellen (Kosten: 87,5%) | 163,05 m² | 13.831 | **84,82** | 52,95 |
| | Aufdoppelung der Sparren, Konterlattung, Flachdachziegel (163m²), Dachrinnen | | | | |
| | 6100-793 Einfamilienhaus | | | | |
| | • Abbrechen (Kosten: 13,8%) | 165,00 m² | 2.713 | **16,44** | 7,30 |
| | Abbruch von Tondachziegel (165m²), Dachrinnen (34m); Entsorgung, Deponiegebühren | | | | |
| | • Herstellen (Kosten: 86,2%) | 176,00 m² | 16.977 | **96,46** | 45,68 |
| | Konter- und Dachlattung, Unterspannbahn, Sparrendämmung, Flachdachziegel (152m²), Zink-Verblechungen (12m²), Zinkdeckung (24m²), Dachrinnen, Titanzink (52m) | | | | |
| | 7200-072 Geschäftshaus, Wohnen (13WE) | | | | |
| | • Abbrechen (Kosten: 5,5%) | 50,85 m² | 1.819 | **35,77** | 0,86 |
| | Abbruch von Bitumenabdichtungen, Wärmedämmung, Dämmkeile (24m²), Attikaabdeckungen (21m²), Dachrinnen, Einlaufbleche, Traufbrett (11m), Dachpfannen (6m²); Entsorgung, Deponiegebühren | | | | |
| | • Wiederherstellen (Kosten: 1,2%) | 39,48 m² | 400 | **10,14** | 0,19 |
| | Dachpfannen ausbauen, lagern, wieder verlegen (39m²) | | | | |

| KG | Kostengruppe | Menge Einheit | Kosten € | €/Einheit | €/m² BGF |
|---|---|---|---|---|---|
| | • Herstellen (Kosten: 93,3%) | 161,87 m² | 30.772 | **190,10** | 14,50 |
| | Trapezblechdeckung (56m²), Bitumenanstrich, Bitumenabdichtung, Dämmung, d=30-150mm (106m²), Abdeckungen, Einfassungen (51m²), Dachrinnen, Einlaufbleche (39m) | | | | |
| | 9100-060 Stadtbibliothek | | | | |
| | • Abbrechen (Kosten: 0,4%) | 8,80 m² | 177 | **20,10** | 0,31 |
| | Abbruch von Zinkabdeckungen, Abdichtungen, Entsorgung, Deponiegebühren (9m²) | | | | |
| | • Herstellen (Kosten: 99,6%) | 258,30 m² | 49.574 | **191,92** | 86,09 |
| | Konter- und Dachlattung, Mineralwolldämmung d=220mm, Unterdeckbahn, Bautenschutzmatte, d=8mm, Flachdachziegel (188m²), Schalung, Doppelstehfalzdeckung (62m²), Dachabdichtung, Kiesschüttung, Plattenbelag (9m²) Titanzinkabdeckungen, Dachrinnen, Rinnenheizung (24m) | | | | |
| 364 | **Dachbekleidungen** | | | | |
| | 1300-148 Bürogebäude | | | | |
| | • Herstellen (Kosten: 100,0%) | 134,87 m² | 10.291 | **76,30** | 67,00 |
| | Zwischensparrendämmung, d=240mm, Dampfsperre (140m²), abgehängte GKF-Decken, Dämmauflage, d=40mm, Feuerschutzplatten F 30, d=18mm, Anstrich (135m²) | | | | |
| | 1300-151 Rathaus | | | | |
| | • Abbrechen (Kosten: 5,4%) | 18,97 m² | 331 | **17,43** | 0,18 |
| | Abbruch von GK-Decken, Rohrmatten, Latten (16m²), Ausriegelungen, Putz, d=12-14cm (3m²); Entsorgung, Deponiegebühren | | | | |
| | • Wiederherstellen (Kosten: 3,0%) | 20,00 m² | 180 | **9,00** | 0,10 |
| | Dachschalung, Gebälk abschleifen, lose Anstrichteile entfernen, Neuanstrich (20m²) | | | | |
| | • Herstellen (Kosten: 91,6%) | 167,12 m² | 5.563 | **33,29** | 2,95 |
| | Pultdach, Vollsparrendämmung, d=200mm, Dampfsperre, GK-Decke, Anstrich (35m²), Anstrich, Dachgesims (112m²) | | | | |
| | 1300-152 Wohn- und Geschäftshaus | | | | |
| | • Abbrechen (Kosten: 6,9%) | 32,45 m² | 509 | **15,68** | 1,30 |
| | Abbruch von Holzverkleidungen, Dämmmaterial, Entsorgung, Deponiegebühren (32m²) | | | | |
| | • Herstellen (Kosten: 93,1%) | 363,20 m² | 6.879 | **18,94** | 17,61 |
| | Anstrich Isolierfarbe auf OSB-Schalung (274m²), abgehängte GK-Decke, 2x12,5mm, Anstrich (20m²), Anstrich 2.+3. OG (53m²), Anstrich, Treppenhaus Bestand (16m²) | | | | |
| | 4100-075 Schulzentrum | | | | |
| | • Herstellen (Kosten: 100,0%) | 347,01 m² | 8.617 | **24,83** | 10,08 |
| | Abgehängte Akustikdecke, d=15mm (275m²), abgehängte GK-Decke, imprägniert (28m²), Mineralfaserplatten, d=50mm (32m²), GK-Lochplattendecke, d=12,5mm, mit Vliesauflage (12m²) | | | | |
| | • 4100-107 Grundschule | 208,55 m² | 16.736 | **80,25** | 31,04 |
| | Akustikdecke, gelocht, Anstrich (209m²) | | | | |
| | • 4100-108 Grundschule | 360,87 m² | 31.299 | **86,73** | 66,52 |
| | GK-Decke, gelocht (293m²), glatt (71m²), Fries (177m), Akustikdecke (26m²), GK-Verkleidungen (29m²), Revisionsöffnungen (17St), Anstrich (227m²) | | | | |

| KG | Kostengruppe | Menge Einheit | Kosten € | €/Einheit | €/m² BGF |
|---|---|---|---|---|---|
| | 4300-010 Förderschule, Vereinsräume | | | | |
| | • Abbrechen (Kosten: 13,4%) | 68,57 m² | 2.199 | **32,07** | 2,71 |
| | Abbruch Holzunterkonstruktion und Dämmschicht der Bestandsdeckenpaneele (69m²); Entsorgung, Deponiegebühren | | | | |
| | • Wiederherstellen (Kosten: 5,6%) | 68,57 m² | 910 | **13,28** | 1,12 |
| | Ausbau, Reinigung und Zwischenlagern der Holzdeckenpaneele (69m²) | | | | |
| | • Herstellen (Kosten: 81,0%) | 101,51 m² | 13.293 | **130,96** | 16,41 |
| | Abgehängte GK-Decke, d=12,5mm (67m²), Randspachtelungen der Lochplatten (57m), Austausch Holzdecke, Unterkonstruktion (34m²) | | | | |
| | 5100-044 Sporthalle | | | | |
| | • Herstellen (Kosten: 100,0%) | 1.008,34 m² | 85.842 | **85,13** | 65,28 |
| | Ballwurfsichere Akustikdecke, Platten d=35mm, eingefärbt auf Holzunterkonstruktion (860m²), abgehängte GK-Decken, 2x12,5mm, Anstrich (90m²), GK-Verkofferung, 1x15mm, Anstrich (46m²), Mineralfasermatten als Wärmedämmung, d=140mm, PE-Folie als Dampfbremse (1.034m²), Holz-Laufgänge, b=50cm, im Dachraum mit Handlaufgeländer, Pfostenbelag, d=4cm, Holzunterkonstruktion, d=8/14cm (31m²), F90-Stahlträgerbekleidung (13m²) | | | | |
| | 5100-046 Sporthalle | | | | |
| | • Herstellen (Kosten: 100,0%) | 595,00 m² | 56.673 | **95,25** | 95,25 |
| | Abgehängte Decken, Unterkonstruktion, Weitspannträger Zwischensparren-Dämmung, d=160mm, Dampfbremse (235m²), GK-Bekleidungen (255m²), Akustik-Decken (340m²), Dispersionsanstrich (485m²) | | | | |
| | 5100-048 Gymnastikraum Grundschule | | | | |
| | • Herstellen (Kosten: 100,0%) | 83,08 m² | 10.338 | **124,44** | 16,48 |
| | Zwischensparrendämmung, d=160mm, WLG 035, Dampfbremse (76m²), ballwurfsichere, abgehängte Paneeldecke, Paneele, verzinktes Stahlblech pulverbeschichtet, Schallabsorptionsvlies (83m²), Aussparungen Paneeldecke für ballwurfsichere Leuchten (12St) | | | | |
| | 5300-009 Strandbad, Restaurant | | | | |
| | • Herstellen (Kosten: 100,0%) | 42,30 m² | 1.083 | **25,60** | 4,13 |
| | Gipsfaserplatten (42m²) | | | | |
| | • 6100-496 Mehrfamilienhaus (31WE) | 640,00 m² | 73.929 | **115,51** | 21,46 |
| | Bekleidung der Dachkonstruktion mit Dampfsperre, Konterlattung und GK-Bekleidungen, gestrichen (640m²) | | | | |
| | 6100-652 Mehrfamilienhaus (9WE) | | | | |
| | • Herstellen (Kosten: 100,0%) | 341,80 m² | 19.469 | **56,96** | 65,55 |
| | GK-Dachschrägenbekleidung, F30 B, Anstrich (342m²) | | | | |
| | 6100-658 Mehrfamilienhaus (60WE) | | | | |
| | • Wiederherstellen (Kosten: 100,0%) | 45,60 m² | 2.840 | **62,28** | 1,36 |
| | Dachuntersicht reinigen, mit Holzschutzlasur streichen (152m) | | | | |

| KG | Kostengruppe | Menge Einheit | Kosten € | €/Einheit | €/m² BGF |
|---|---|---|---|---|---|
| | 6100-681 Mehrfamilienhaus (6WE) | | | | |
| | • Abbrechen (Kosten: 5,3%) | 126,19 m² | 533 | **4,22** | 0,73 |
| | Abbruch von Bitumenbahnen (59m²), Holzwolleplatten (1m²), Holzschalungen (66m²); Entsorgung, Deponiegebühren | | | | |
| | • Herstellen (Kosten: 94,7%) | 159,60 m² | 9.497 | **59,51** | 13,08 |
| | Abgehängte GK-Decke, Mineralwolldämmung, d=20mm, Raufasertapete, Dispersionsanstrich (160m²) | | | | |
| | 6100-694 Zweifamilienhaus | | | | |
| | • Herstellen (Kosten: 100,0%) | 120,00 m² | 6.160 | **51,33** | 14,74 |
| | Dampfbremse, Mineralwolledämmung, d=200mm, WLG 035, GK-Bekleidungen, Anstrich (102m²) | | | | |
| | 6100-708 Einfamilienhaus | | | | |
| | • Abbrechen (Kosten: 9,0%) | 120,00 m² | 710 | **5,92** | 1,96 |
| | Entfernen von Tapeten, Styroporplatten unter den Tapeten, Entsorgung, Deponiegebühren (120m²) | | | | |
| | • Herstellen (Kosten: 91,0%) | 141,50 m² | 7.173 | **50,69** | 19,82 |
| | F30 GK-Dachbekleidungen, Holz-Unterkonstruktion, 2x12,5mm GK-Beplankungen, gespachtelt, Anstrich (120m²), Trauferweiterung Drei-Schichtplatten, d=25mm, b=50cm, Anstrich (43m) | | | | |
| | 6100-713 Doppelhaushälfte | | | | |
| | • Abbrechen (Kosten: 38,2%) | 80,90 m² | 3.128 | **38,66** | 11,09 |
| | Abbruch von einer Holzdecke, Wärmedämmung, Entsorgung, Deponiegebühren (81m²) | | | | |
| | • Herstellen (Kosten: 61,8%) | 80,90 m² | 5.069 | **62,65** | 17,97 |
| | Wärmedämmung Mineralwolle, d=140mm, WLG 035, PE-Folie d=0,2mm, Lattung 3/5cm, Wärmedämmung zwischen Lattung, d=35mm, WLG 040, GK-Platten, d=12,5mm, Dispersionsanstrich (60m²), Mittelpfette, GK-Verkleidung (1St) | | | | |
| | 6100-717 Mehrfamilienhaus (4WE) | | | | |
| | • Herstellen (Kosten: 100,0%) | 297,32 m² | 15.819 | **53,21** | 18,97 |
| | Dampfbremse, GK-Verkleidungen, d=12,5mm, Raufasertapete, Anstrich (217m²), Anstrich, außen (52m²), Ortgangverblendung (48m) | | | | |
| | 6100-725 Mehrfamilienhaus (12WE) | | | | |
| | • Herstellen (Kosten: 100,0%) | 93,46 m² | 5.914 | **63,28** | 3,10 |
| | Holzverkleidungen, Anstrich (90m), GK-Verkleidungen, Anstrich (58m²), Unterkonstruktion für Dachflächenfenster, Dampfsperre, GK-Verkleidungen, Dispersionsanstrich (5St) | | | | |
| | 6100-729 Mehrfamilienhaus (3WE) | | | | |
| | • Herstellen (Kosten: 100,0%) | 61,69 m² | 2.641 | **42,82** | 4,26 |
| | Anstrich Dachgesims (65m), Dachfensterfutter, 3-Schichtplatte, d=22mm (5St) | | | | |
| | 6100-731 Einfamilienhaus | | | | |
| | • Herstellen (Kosten: 100,0%) | 228,71 m² | 3.019 | **13,20** | 12,17 |
| | Dampfbremse, Holzwerkstoff-Platten, d=13mm im Dachspitz als Schutz (221m²), Verschalung, 3-Schichtplatte, d=18mm (7m²) | | | | |

| KG | Kostengruppe | Menge Einheit | Kosten € | €/Einheit | €/m² BGF |
|---|---|---|---|---|---|
| | 6100-740 Einfamilienhaus | | | | |
| | • Wiederherstellen (Kosten: 13,8%) | 20,72 m² | 1.555 | **75,05** | 5,59 |
| | Dachüberstand, reinigen, anschleifen, Löcher verspachteln, Anstrich (21m²) | | | | |
| | • Herstellen (Kosten: 86,2%) | 190,30 m² | 9.679 | **50,86** | 34,80 |
| | Holzfaserplatte, d=20mm (64m²) GK-Beplankung an Dachschrägen (186m²), Holzanstrich (4m²) | | | | |
| | 6100-770 Einfamilienhaus | | | | |
| | • Herstellen (Kosten: 100,0%) | 66,00 m² | 1.994 | **30,22** | 8,31 |
| | GK-Decke, 2x12,5mm, Anstrich (66m²) | | | | |
| | 6100-780 Einfamilienhaus, Büro | | | | |
| | • Herstellen (Kosten: 100,0%) | 109,56 m² | 4.170 | **38,06** | 5,05 |
| | OSB-Platten, d=18mm (38m²), Dampfsperre, Holzfaserdämmplatten (72m²) | | | | |
| | 6100-785 Zweifamilienhaus | | | | |
| | • Herstellen (Kosten: 100,0%) | 120,00 m² | 6.160 | **51,33** | 59,23 |
| | Dampfbremse, Mineralwolledämmung, d=200mm, WLG 035, GK-Bekleidungen, Anstrich (102m²) | | | | |
| | 6100-790 Einfamilienhaus | | | | |
| | • Herstellen (Kosten: 100,0%) | 163,05 m² | 8.699 | **53,35** | 33,31 |
| | OSB-Platten Anschlüsse luftdicht verschließen, Zelluloseeinblasdämmung, d=160-200mm, WLG 040, Multiplex-Platten, d=21mm (163m²) | | | | |
| | 9100-060 Stadtbibliothek | | | | |
| | • Herstellen (Kosten: 100,0%) | 179,93 m² | 18.340 | **101,93** | 31,85 |
| | GK-Verkleidungen an Dachschrägen, Dämmlage als Rieselschutz, Anstrich (178m²), Holzbalken ölen (78m), Balkenverkleidungen (4St) | | | | |
| 369 | **Dächer, sonstiges** | | | | |
| | 1300-148 Bürogebäude | | | | |
| | • Herstellen (Kosten: 100,0%) | 153,60 m² DAF | 404 | **2,63** | 2,63 |
| | Schneefang mit Schneestoppern (70St), Schneefanggitter (6m) | | | | |
| | 1300-151 Rathaus | | | | |
| | • Herstellen (Kosten: 100,0%) | 364,88 m² DAF | 4.754 | **13,03** | 2,52 |
| | Schneefanggitter (50m), Stand,- Trittroste (4St), Schneefangvorrichtung, Einfachrohrsystem (6m) | | | | |
| | 1300-152 Wohn- und Geschäftshaus | | | | |
| | • Herstellen (Kosten: 100,0%) | 394,96 m² DAF | 5.418 | **13,72** | 13,87 |
| | Stahlgeländer als Absturzsicherung (10m), Schneefanggitter (24m), Taubenabweiser (21m) | | | | |
| | 4100-075 Schulzentrum | | | | |
| | • Herstellen (Kosten: 100,0%) | 451,25 m² DAF | 2.324 | **5,15** | 2,72 |
| | Flachdach-Absturzsicherungen, Stahlrohr mit V4A Öse (14St) | | | | |

| KG | Kostengruppe | Menge Einheit | Kosten € | €/Einheit | €/m² BGF |
|---|---|---|---|---|---|
| | • 4100-107 Grundschule<br>Flachdach-Absturzsicherungen (8St) | 254,00 m² DAF | 1.227 | **4,83** | 2,28 |
| | • 4100-108 Grundschule<br>Absturzsicherungen (8St) | 276,22 m² DAF | 1.680 | **6,08** | 3,57 |
| | 5100-044 Sporthalle | | | | |
| | • Abbrechen (Kosten: 3,4%)<br>Abbruch von Stb-Vordächer, d=18cm (22m²), d=20cm (16m²); Entsorgung, Deponiegebühren | 293,28 m² DAF | 1.145 | **3,90** | 0,87 |
| | • Herstellen (Kosten: 96,6%)<br>Vordach, Stahlrahmen, Stützen, Kragträger, Pfetten HEA 120, Längsträger, Faserzement-Wellplatten (61m²), F 30 Holzeinschubtreppen (2St), Schneefang (93m) | 432,45 m² DAF | 32.396 | **74,91** | 24,64 |
| | 5100-046 Sporthalle | | | | |
| | • Herstellen (Kosten: 100,0%)<br>Absturzsicherungen, Anschlagpunkte (11St) | 650,76 m² DAF | 1.400 | **2,15** | 2,35 |
| | • 6100-496 Mehrfamilienhaus (31WE)<br>Geländer an Dachterrassen (21m), Treppengeländer (54m), Dachausstiegleiter, l=3,5m (2St), Schneefanggitter | 686,00 m² DAF | 44.548 | **64,94** | 12,93 |
| | 6100-652 Mehrfamilienhaus (9WE) | | | | |
| | • Herstellen (Kosten: 100,0%)<br>Schneefang, Aluminiumrohr, d=33mm (10m), Laufroste (24m), Dachleiter, l=3m | 488,00 m² DAF | 1.592 | **3,26** | 5,36 |
| | 6100-681 Mehrfamilienhaus (6WE) | | | | |
| | • Abbrechen (Kosten: 1,5%)<br>Abbruch von Schneefanggitter, Entsorgung, Deponiegebühren (3m) | 273,83 m² DAF | 18 | **< 0,1** | < 0,1 |
| | • Herstellen (Kosten: 98,5%)<br>Vordach, Pfette, IPE 120, Sparren 1/2 IPE 120, VSG-Verglasung (30m²) | 186,79 m² DAF | 1.176 | **6,29** | 1,62 |
| | 6100-708 Einfamilienhaus | | | | |
| | • Abbrechen (Kosten: 18,4%)<br>Abbruch von einem Vordach, Entsorgung, Deponiegebühren | 181,80 m² DAF | 461 | **2,54** | 1,27 |
| | • Herstellen (Kosten: 81,6%)<br>Schneefanggitter | 163,01 m² DAF | 2.046 | **12,55** | 5,66 |
| | 6100-717 Mehrfamilienhaus (4WE) | | | | |
| | • Herstellen (Kosten: 100,0%)<br>Dachhaken (37St), Schneefanggitter (9m) | 338,50 m² DAF | 1.068 | **3,15** | 1,28 |
| | 6100-725 Mehrfamilienhaus (12WE) | | | | |
| | • Herstellen (Kosten: 100,0%)<br>Sicherheitshaken (50St), Laufroststützen, Laufrostgitter (10m), Schneefanggitter (44m) | 383,00 m² DAF | 2.426 | **6,33** | 1,27 |
| | 6100-729 Mehrfamilienhaus (3WE) | | | | |
| | • Abbrechen (Kosten: 9,7%)<br>Abbruch von Schneefanggitter (30m), Dachhaken (32St); Entsorgung, Deponiegebühren | 210,53 m² DAF | 167 | **0,80** | 0,27 |

| KG | Kostengruppe | Menge Einheit | Kosten € | €/Einheit | €/m² BGF |
|---|---|---|---|---|---|
| | • Herstellen (Kosten: 90,3%) | 228,06 m² DAF | 1.560 | **6,84** | 2,52 |
| | Schneefanggitter, Oberfläche verkupfert (30m), Sicherheitsdachhaken (16St) | | | | |
| | 6100-731 Einfamilienhaus | | | | |
| | • Herstellen (Kosten: 100,0%) | 344,10 m² DAF | 26 | **< 0,1** | 0,10 |
| | Sicherheitsdachhaken (2St) | | | | |
| | 6100-740 Einfamilienhaus | | | | |
| | • Wiederherstellen (Kosten: 0,8%) | 59,22 m² DAF | 94 | **1,59** | 0,34 |
| | Stahl-Vordach, reinigen, grundieren, lackieren | | | | |
| | • Herstellen (Kosten: 99,2%) | 190,30 m² DAF | 12.066 | **63,41** | 43,39 |
| | Balkonkonstruktion, feuerverzinkt, Geländer (13m), Kupferdachhaken (10St) | | | | |
| | 6100-752 Mehrfamilienhaus (19WE) | | | | |
| | • Herstellen (Kosten: 100,0%) | 712,26 m² DAF | 2.141 | **3,01** | 0,84 |
| | Sekuranten (9St) | | | | |
| | 6100-753 Mehrfamilienhaus (19WE) | | | | |
| | • Herstellen (Kosten: 100,0%) | 712,26 m² DAF | 2.152 | **3,02** | 0,84 |
| | Sekuranten (9St) | | | | |
| | 6100-770 Einfamilienhaus | | | | |
| | • Herstellen (Kosten: 100,0%) | 137,92 m² DAF | 813 | **5,90** | 3,39 |
| | Schneefanggitter (20m) | | | | |
| | 6100-780 Einfamilienhaus, Büro | | | | |
| | • Herstellen (Kosten: 100,0%) | 187,03 m² DAF | 1.351 | **7,22** | 1,64 |
| | Umwehrung auf Mauerbrüstung, Flachrohrprofil, feuerverzinkt (7m), Umwehrung (7m) | | | | |
| | 6100-790 Einfamilienhaus | | | | |
| | • Herstellen (Kosten: 100,0%) | 163,05 m² DAF | 537 | **3,30** | 2,06 |
| | Sicherheitsroste, Alu (8St), Sicherheitsstufen (8St) | | | | |
| | 6100-793 Einfamilienhaus | | | | |
| | • Herstellen (Kosten: 100,0%) | 176,00 m² DAF | 834 | **4,74** | 2,24 |
| | Sicherheitstritte (4St), Sicherheitsroste, l=88cm (2St) | | | | |
| | 7200-072 Geschäftshaus, Wohnen (13WE) | | | | |
| | • Herstellen (Kosten: 100,0%) | 179,87 m² DAF | 10.807 | **60,08** | 5,09 |
| | Vordach, Stahlkonstruktion (18m²) | | | | |
| | 9100-060 Stadtbibliothek | | | | |
| | • Herstellen (Kosten: 100,0%) | 233,10 m² DAF | 472 | **2,03** | 0,82 |
| | Schneefanggitter (20m) | | | | |

## Kostenkennwerte für die Kostengruppen 300 und 400 der 3.Ebene DIN 276 (Übersicht)

| KG | Kostengruppe | Menge Einheit | Kosten € | €/Einheit | €/m² BGF |
|---|---|---|---|---|---|
| 370 | **Baukonstruktive Einbauten** | | | | |
| 371 | **Allgemeine Einbauten** | | | | |
| | 1300-138 Bürogebäude | | | | |
| | • Abbrechen (Kosten: 100,0%) | 2.267,67 m² BGF | 265 | **0,12** | 0,12 |
| | Abbruch von Einbauschränken, Treppen, Podeste, Tische, Beschilderung, Spiegel, Entsorgung, Deponiegebühren (14m³) | | | | |
| | 1300-151 Rathaus | | | | |
| | • Herstellen (Kosten: 100,0%) | 1.882,79 m² BGF | 5.345 | **2,84** | 2,84 |
| | Einbauschrank Ratssaal, 255x250x74cm (1St), Wickeltisch (1St), Wandgarderoben (4St), Wandschirmbehälter (6St) | | | | |
| | 5300-009 Strandbad, Restaurant | | | | |
| | • Herstellen (Kosten: 100,0%) | 262,30 m² BGF | 2.102 | **8,01** | 8,01 |
| | Schrankfronten, raumhoch (3St), Holzwerkstoffplatte, wasserfest (1St) | | | | |
| | • 6100-482 Mehrfamilienhaus (3WE) | 199,53 m² BGF | 761 | **3,81** | 3,81 |
| | Einbauküche in Multiplex- und Tischlerplatte, gebeizt und endlackiert komplett | | | | |
| | 6100-740 Einfamilienhaus | | | | |
| | • Herstellen (Kosten: 100,0%) | 278,10 m² BGF | 28.134 | **101,17** | 101,17 |
| | Garderobenschrank, Küche mit Elektrogeräten, Einbaumöbel | | | | |
| | 6100-752 Mehrfamilienhaus (19WE) | | | | |
| | • Wiederherstellen (Kosten: 100,0%) | 2.549,01 m² BGF | 1.898 | **0,74** | 0,74 |
| | Einbauschränke auf den Balkonen, Altbeschichtungen entfernen, Grund,- Zwischen- und Schlussanstrich (19St) | | | | |
| | 6100-753 Mehrfamilienhaus (19WE) | | | | |
| | • Wiederherstellen (Kosten: 100,0%) | 2.549,01 m² BGF | 4.276 | **1,68** | 1,68 |
| | Einbauschränke auf den Balkonen, Altbeschichtungen entfernen, Grund,- Zwischen- und Schlussanstrich (19St) | | | | |
| | 6100-780 Einfamilienhaus, Büro | | | | |
| | • Wiederherstellen (Kosten: 100,0%) | 825,71 m² BGF | 246 | **0,30** | 0,30 |
| | Einbaumöbel umbauen | | | | |
| | 9100-060 Stadtbibliothek | | | | |
| | • Herstellen (Kosten: 100,0%) | 575,84 m² BGF | 416 | **0,72** | 0,72 |
| | Schaukasten | | | | |
| 372 | **Besondere Einbauten** | | | | |
| | 1300-138 Bürogebäude | | | | |
| | • Herstellen (Kosten: 100,0%) | 2.267,67 m² BGF | 3.001 | **1,32** | 1,32 |
| | Tresor, mit glattem Türblatt verkleidet | | | | |

| KG | Kostengruppe | Menge Einheit | Kosten € | €/Einheit | €/m² BGF |
|---|---|---|---|---|---|
| | 5100-044 Sporthalle | | | | |
| | • Herstellen (Kosten: 100,0%) | 1.315,00 m² BGF | 50.355 | **38,29** | 38,29 |
| | Sportanzeigesystem, DECT Funkübertragungsstrecke (1St), Doppelfeld-Sprossenwand (4St), Kletterstangenanlage (2St), Rollleitern (2St), Basketballanlagen (4St), Reckstangen (2St), Ballfangnetz/Anprallschutznetze (103m²), Sportspiegel (5m²), Spielfeldmarkierungen (1.409m), Gerätehülsen (52St), Wandtafel, magnetisch (1St) | | | | |
| | 5100-046 Sporthalle | | | | |
| | • Herstellen (Kosten: 100,0%) | 595,00 m² BGF | 1.425 | **2,39** | 2,39 |
| | Montage, vorhandene Schaukelringanlage (1St), vorhandene Klettertauanlage (1St) | | | | |

## Kostenkennwerte für die Kostengruppen 300 und 400 der 3.Ebene DIN 276 (Übersicht)

| KG | Kostengruppe | Menge Einheit | Kosten € | €/Einheit | €/m² BGF |
|---|---|---|---|---|---|
| 390 | **Sonstige Baukonstruktionen** | | | | |
| 391 | **Baustelleneinrichtung** | | | | |
| | 1300-138 Bürogebäude | | | | |
| | • Herstellen (Kosten: 100,0%) | 2.267,67 m² BGF | 7.586 | **3,35** | 3,35 |
| | Baustelleneinrichtungen, vorhalten räumen (12St), Autokran (4St), Bauzaun, Draht (46m), Spanplatten (20m), Baustellen-WC (1St), Bauschuttentsorgung (8m³) | | | | |
| | 1300-148 Bürogebäude | | | | |
| | • Herstellen (Kosten: 100,0%) | 153,60 m² BGF | 4.545 | **29,59** | 29,59 |
| | Baustelleneinrichtung, Baustrom, Bauzaun (67m), WC-Container, Schnurgerüst | | | | |
| | 1300-150 Verwaltungsgebäude, Kellertrocknung | | | | |
| | • Herstellen (Kosten: 100,0%) | 360,00 m² BGF | 2.415 | **6,71** | 6,71 |
| | Baustelleneinrichtungen (2St) | | | | |
| | 1300-151 Rathaus | | | | |
| | • Herstellen (Kosten: 100,0%) | 1.882,79 m² BGF | 45.160 | **23,99** | 23,99 |
| | Baustellenzufahrt, Aushub, Planum, Mineraltragschicht d=20cm (279m²), Baustelleneinrichtung, Bauzaun (105m), Baustellen-WC, Baustrom | | | | |
| | 1300-152 Wohn- und Geschäftshaus | | | | |
| | • Herstellen (Kosten: 100,0%) | 390,52 m² BGF | 7.644 | **19,57** | 19,57 |
| | Baugüteraufzug (1St), Baustelleneinrichtung, Chemie-Toilette, Bauzaun, Beleuchtung, Straßenbeschilderung, Baustromzählerkasten (1St), Bauschuttabfuhr | | | | |
| | 4100-075 Schulzentrum | | | | |
| | • Herstellen (Kosten: 100,0%) | 855,05 m² BGF | 17.386 | **20,33** | 20,33 |
| | Baustelleneinrichtung, Schnurgerüst, Bauwasser- und stromanschluss, Baustellen-WC, Bauschild, Bauzaun, h=2m (213m²) | | | | |
| | • 4100-107 Grundschule | 539,18 m² BGF | 42.438 | **78,71** | 78,71 |
| | Baustelleneinrichtung, Baustrom- und Wasseranschluss, Baustromverteiler (2St), Baustellenbeleuchtung, Sanitärcontainer (1St), Bürocontainer (1St), Baustraße (100m²), Bauzaun (60m), vorhalten (28Wo), Bautüre (1St), Absturzsicherung Treppe (46m), Bauschild (1St), Firmenschilder (6St), Bauschuttcontainer (6St) | | | | |
| | • 4100-108 Grundschule | 470,54 m² BGF | 38.009 | **80,78** | 80,78 |
| | Baustelleneinrichtung, Baustrom, Baustromverteiler, vorhalten (48Wo), Bauwasseranschluss, Sanitärcontainer, Baustrasse (333m²), Bauzaun (308m²), vorhalten (50Wo), Bauschild (1St), Firmenschilder (6St), Bauschuttentsorgung (14m³) | | | | |
| | 4300-010 Förderschule, Vereinsräume | | | | |
| | • Herstellen (Kosten: 100,0%) | 810,00 m² BGF | 1.219 | **1,51** | 1,51 |
| | Baustelleneinrichtung, Beleuchtung | | | | |

| KG | Kostengruppe | Menge Einheit | Kosten € | €/Einheit | €/m² BGF |
|---|---|---|---|---|---|
| | 5100-044 Sporthalle | | | | |
| • | Herstellen (Kosten: 100,0%) | 1.315,00 m² BGF | 28.851 | **21,94** | 21,94 |
| | Baustelleneinrichtung, Baustraße, Stahlbleche (362m²), Bauzaun (161m), Bautafel, Schnurgerüst | | | | |
| | 5100-048 Gymnastikraum Grundschule | | | | |
| • | Herstellen (Kosten: 100,0%) | 627,27 m² BGF | 1.860 | **2,97** | 2,97 |
| | Baustelleneinrichtung, Bautüren (2St), Bauschuttcontainer | | | | |
| | 5300-009 Strandbad, Restaurant | | | | |
| • | Herstellen (Kosten: 100,0%) | 262,30 m² BGF | 460 | **1,75** | 1,75 |
| | Baustelleneinrichtung | | | | |
| • | 6100-482 Mehrfamilienhaus (3WE) | 199,53 m² BGF | 2.710 | **13,58** | 13,58 |
| | Baustelleneinrichtung, Miettoilette, Kran bereitstellen | | | | |
| • | 6100-496 Mehrfamilienhaus (31WE) | 3.445,12 m² BGF | 26.095 | **7,57** | 7,57 |
| | Bauwasseranschluss, Baustrom, WC, Bauzaun (600m), Bauschild, Beleuchtung; Vorhaltezeit 38 Wochen; Bauzeittüren und provisorischer Verschluss der Baustelle | | | | |
| | 6100-652 Mehrfamilienhaus (9WE) | | | | |
| • | Herstellen (Kosten: 100,0%) | 297,00 m² BGF | 9.757 | **32,85** | 32,85 |
| | Baustelleneinrichtung, Baukran, Baustellentoilette | | | | |
| | 6100-658 Mehrfamilienhaus (60WE) | | | | |
| • | Herstellen (Kosten: 100,0%) | 2.095,70 m² BGF | 9.134 | **4,36** | 4,36 |
| | Baukran, Baustromverteiler, Baustellen-WC | | | | |
| | 6100-681 Mehrfamilienhaus (6WE) | | | | |
| • | Herstellen (Kosten: 100,0%) | 725,89 m² BGF | 6.022 | **8,30** | 8,30 |
| | Baustelleneinrichtung, Bauzaun (100m), vorhalten (22Wo), Baukran, Bautoilette, vorhalten (50Wo), Bauschild, Bautür, Schuttabwurfschacht | | | | |
| | 6100-686 Mehrfamilienhaus, Kellertrocknung | | | | |
| • | Herstellen (Kosten: 100,0%) | 1.166,44 m² BGF | 2.269 | **1,94** | 1,94 |
| | Baustelleneinrichtung, Bauschuttcontainer, Kippgebühren (3St), mobiler Bauzaun (100m²), Fußgängerbrücken (4St) | | | | |
| | 6100-694 Zweifamilienhaus | | | | |
| • | Herstellen (Kosten: 100,0%) | 417,86 m² BGF | 4.018 | **9,62** | 9,62 |
| | Baustelleneinrichtung, Baukran | | | | |
| | 6100-695 Mehrfamilienhaus, Kellertrocknung | | | | |
| • | Herstellen (Kosten: 100,0%) | 1.050,00 m² BGF | 639 | **0,61** | 0,61 |
| | Baustelleneinrichtung | | | | |
| | 6100-708 Einfamilienhaus | | | | |
| • | Herstellen (Kosten: 100,0%) | 361,80 m² BGF | 6.476 | **17,90** | 17,90 |
| | Baustelleneinrichtung, Baukran, WC-Container | | | | |

| KG | Kostengruppe | Menge Einheit | Kosten € | €/Einheit | €/m² BGF |
|---|---|---|---|---|---|
| | 6100-717 Mehrfamilienhaus (4WE) | | | | |
| • | Herstellen (Kosten: 100,0%) | 834,03 m² BGF | 2.415 | **2,90** | 2,90 |
| | Baustelleneinrichtung | | | | |
| | 6100-725 Mehrfamilienhaus (12WE) | | | | |
| • | Herstellen (Kosten: 100,0%) | 1.906,03 m² BGF | 1.889 | **0,99** | 0,99 |
| | Baustelleneinrichtung, Schrägaufzug, Bauschuttcontainer (10m³) | | | | |
| | 6100-729 Mehrfamilienhaus (3WE) | | | | |
| • | Herstellen (Kosten: 100,0%) | 620,35 m² BGF | 155 | **0,25** | 0,25 |
| | Baustellen-WC, Vorhaltedauer 6 Wochen (1St) | | | | |
| | 6100-731 Einfamilienhaus | | | | |
| • | Herstellen (Kosten: 100,0%) | 248,08 m² BGF | 440 | **1,77** | 1,77 |
| | Baustellen-WC | | | | |
| | 6100-740 Einfamilienhaus | | | | |
| • | Herstellen (Kosten: 100,0%) | 278,10 m² BGF | 13.966 | **50,22** | 50,22 |
| | Baustelleneinrichtung, Baustromanschluss, Bauzaun, WC-Container | | | | |
| | 6100-752 Mehrfamilienhaus (19WE) | | | | |
| • | Herstellen (Kosten: 100,0%) | 2.549,01 m² BGF | 4.227 | **1,66** | 1,66 |
| | Baustelleneinrichtung, Aufzug, WC, Baustromverteiler angeschlossen, Baustromverteiler versetzt; Schuttentsorgung, Container 7,5m³ (2St) | | | | |
| | 6100-753 Mehrfamilienhaus (19WE) | | | | |
| • | Herstellen (Kosten: 100,0%) | 2.549,01 m² BGF | 2.620 | **1,03** | 1,03 |
| | Baustelleneinrichtung, Aufzug, WC, Baustromverteiler angeschlossen, Baustromverteiler versetzt | | | | |
| | 6100-770 Einfamilienhaus | | | | |
| • | Herstellen (Kosten: 100,0%) | 240,11 m² BGF | 804 | **3,35** | 3,35 |
| | Bauschutt entsorgen | | | | |
| | 6100-785 Zweifamilienhaus | | | | |
| • | Herstellen (Kosten: 100,0%) | 104,00 m² BGF | 3.578 | **34,41** | 34,41 |
| | Baustelleneinrichtung, Baukran | | | | |
| | 6100-790 Einfamilienhaus | | | | |
| • | Herstellen (Kosten: 100,0%) | 261,18 m² BGF | 1.520 | **5,82** | 5,82 |
| | Fassadengerüst, Gruppe 2 (268m²) | | | | |
| | 6100-793 Einfamilienhaus | | | | |
| • | Herstellen (Kosten: 100,0%) | 371,62 m² BGF | 45 | **0,12** | 0,12 |
| | Baukran | | | | |

| KG | Kostengruppe | Menge Einheit | Kosten € | €/Einheit | €/m² BGF |
|---|---|---|---|---|---|
| | 7200-072 Geschäftshaus, Wohnen (13WE) | | | | |
| | • Herstellen (Kosten: 100,0%) | 2.121,84 m² BGF | 2.423 | **1,14** | 1,14 |
| | Baustelleneinrichtung, mobiler Bauzaun, h=2m (22m), WC-Container, Bauschuttabfuhr, Baustromverteiler | | | | |
| | 9100-060 Stadtbibliothek | | | | |
| | • Herstellen (Kosten: 100,0%) | 575,84 m² BGF | 7.115 | **12,36** | 12,36 |
| | Baustelleneinrichtung | | | | |
| 392 | **Gerüste** | | | | |
| | 1300-138 Bürogebäude | | | | |
| | • Herstellen (Kosten: 100,0%) | 2.267,67 m² BGF | 2.051 | **0,90** | 0,90 |
| | Arbeits- und Schutzgerüste | | | | |
| | 1300-148 Bürogebäude | | | | |
| | • Herstellen (Kosten: 100,0%) | 153,60 m² BGF | 1.738 | **11,31** | 11,31 |
| | Fassadengerüst (186m²) | | | | |
| | 1300-151 Rathaus | | | | |
| | • Herstellen (Kosten: 100,0%) | 1.882,79 m² BGF | 11.734 | **6,23** | 6,23 |
| | Fassadengerüst (1.038m²), Dachdeckerschutzwand (75m), Freistehendes Gerüst am Balkon (39m²), Innengerüst (39m²), Montagegerüste | | | | |
| | 1300-152 Wohn- und Geschäftshaus | | | | |
| | • Herstellen (Kosten: 100,0%) | 390,52 m² BGF | 19.307 | **49,44** | 49,44 |
| | Fassadengerüst (410m²), Gerüstbekleidung (310m²), Dachfanggerüst (23m), Arbeits-, und Schutzgerüst, Innenhof | | | | |
| | 4100-075 Schulzentrum | | | | |
| | • Herstellen (Kosten: 100,0%) | 855,05 m² BGF | 6.626 | **7,75** | 7,75 |
| | Stahlrohr-Fassadengerüst, 12 Wo (615m²) | | | | |
| | • 4100-107 Grundschule | 539,18 m² BGF | 14.476 | **26,85** | 26,85 |
| | Fassadengerüst, Gerüstverkleidung (560m²), Gebrauchsüberlassung (20Wo), Dachdeckerfanggerüst (90m), vorhalten (6Wo), Innengerüst (1St), vorhalten (16Wo), Innengerüst (18m²) | | | | |
| | • 4100-108 Grundschule | 470,54 m² BGF | 10.888 | **23,14** | 23,14 |
| | Fassadengerüst (840m²), Auslegerkonsolen (335m), Dachdeckerfanggerüst (114m), Vorhaltung, Gerüste (7Wo) | | | | |
| | 4300-010 Förderschule, Vereinsräume | | | | |
| | • Herstellen (Kosten: 100,0%) | 810,00 m² BGF | 2.166 | **2,67** | 2,67 |
| | Standgerüst als Fassadengerüst (344m²) | | | | |
| | 5100-044 Sporthalle | | | | |
| | • Herstellen (Kosten: 100,0%) | 1.315,00 m² BGF | 16.826 | **12,80** | 12,80 |
| | Fassadengerüst, Gruppe 3 (753m²), Montagegerüst, Gruppe 4 (475m²), Dachdeckerfangnetz, zwischen Dachbindern (810m²), Dachfanggerüst, Arbeitsgerüst fahrbar | | | | |

| KG | Kostengruppe | Menge Einheit | Kosten € | €/Einheit | €/m² BGF |
|---|---|---|---|---|---|
| | 5100-046 Sporthalle | | | | |
| | • Herstellen (Kosten: 100,0%) | 595,00 m² BGF | 9.815 | **16,50** | 16,50 |
| | Fassadengerüste (998m²), Gebrauchsüberlassung (9Wo), Dachfanggerüst (147m), (13Wo), Standgerüst, fahrbar (3St), (44Wo) | | | | |
| | 5100-048 Gymnastikraum Grundschule | | | | |
| | • Herstellen (Kosten: 100,0%) | 627,27 m² BGF | 1.925 | **3,07** | 3,07 |
| | Stahlrahmengerüst (137m²), Arbeitsgerüste | | | | |
| | 5300-009 Strandbad, Restaurant | | | | |
| | • Herstellen (Kosten: 100,0%) | 262,30 m² BGF | 1.851 | **7,06** | 7,06 |
| | Fassadengerüst (195m²), Vorhaltung (4Wo) | | | | |
| | • 6100-482 Mehrfamilienhaus (3WE) | 199,53 m² BGF | 3.426 | **17,17** | 17,17 |
| | Rollgerüst, Fassadengerüst mit Bauaufzug, Dachfanggerüst | | | | |
| | • 6100-496 Mehrfamilienhaus (31WE) | 3.445,12 m² BGF | 39.176 | **11,37** | 11,37 |
| | Fassadengerüst komplett mit Plane, Grundstandzeit 24 Wochen | | | | |
| | 6100-652 Mehrfamilienhaus (9WE) | | | | |
| | • Herstellen (Kosten: 100,0%) | 297,00 m² BGF | 5.294 | **17,82** | 17,82 |
| | Fassdengerüst (681m²), Dachdeckerschutzgerüst (76m) | | | | |
| | 6100-658 Mehrfamilienhaus (60WE) | | | | |
| | • Herstellen (Kosten: 100,0%) | 2.095,70 m² BGF | 15.960 | **7,62** | 7,62 |
| | Fassadengerüst (2.043m²), Treppenturm (1St), Dachdeckerschutzgerüst (150m) | | | | |
| | 6100-681 Mehrfamilienhaus (6WE) | | | | |
| | • Herstellen (Kosten: 100,0%) | 725,89 m² BGF | 16.923 | **23,31** | 23,31 |
| | Fassadengerüst (668m²), vorhalten (43Wo), Ausleger (217m), vorhalten (35Wo), Dachfanggerüst (62m), vorhalten (30Wo), Schutznetz (372m²), vorhalten (22Wo) | | | | |
| | 6100-694 Zweifamilienhaus | | | | |
| | • Herstellen (Kosten: 100,0%) | 417,86 m² BGF | 4.965 | **11,88** | 11,88 |
| | Fassadengerüste | | | | |
| | 6100-708 Einfamilienhaus | | | | |
| | • Herstellen (Kosten: 100,0%) | 361,80 m² BGF | 2.999 | **8,29** | 8,29 |
| | Fassadengerüst (250m²), Dachdeckerschutzgerüst (40m) | | | | |
| | 6100-713 Doppelhaushälfte | | | | |
| | • Herstellen (Kosten: 100,0%) | 282,00 m² BGF | 1.034 | **3,67** | 3,67 |
| | Arbeits- und Schutzgerüste, Innengerüst (1St) | | | | |
| | 6100-717 Mehrfamilienhaus (4WE) | | | | |
| | • Herstellen (Kosten: 100,0%) | 834,03 m² BGF | 7.705 | **9,24** | 9,24 |
| | Fassadengerüste (516m²), Dachdeckerschutzgerüst (25m), Gerüstnetze (79m²) | | | | |

| KG | Kostengruppe | Menge Einheit | Kosten € | €/Einheit | €/m² BGF |
|---|---|---|---|---|---|
| | 6100-725 Mehrfamilienhaus (12WE) | | | | |
| | • Herstellen (Kosten: 100,0%) | 1.906,03 m² BGF | 7.744 | **4,06** | 4,06 |
| | Fassadengerüste (700m²) | | | | |
| | 6100-726 Mehrfamilienhaus (3WE) | | | | |
| | • Herstellen (Kosten: 100,0%) | 434,55 m² BGF | 691 | **1,59** | 1,59 |
| | Fassadengerüst | | | | |
| | 6100-729 Mehrfamilienhaus (3WE) | | | | |
| | • Herstellen (Kosten: 100,0%) | 620,35 m² BGF | 3.226 | **5,20** | 5,20 |
| | Fassadengerüst, Gruppe 3 (312m²), Dachfanggerüst (28m) | | | | |
| | 6100-731 Einfamilienhaus | | | | |
| | • Herstellen (Kosten: 100,0%) | 248,08 m² BGF | 5.353 | **21,58** | 21,58 |
| | Fassadengerüst, Gruppe 3 (385m²), Dachfanggerüst (40m), Gerüstträger (28m), Gerüstverbreiterung (40m) | | | | |
| | 6100-740 Einfamilienhaus | | | | |
| | • Herstellen (Kosten: 100,0%) | 278,10 m² BGF | 24.860 | **89,39** | 89,39 |
| | Fassadengerüst, Gruppe 4 (190m²), Schutzplane (76m²), Fußgängertunnel (12m), Treppenturm mit Brücke fürMaterialtransporte, Treppe, Höhenunterschied 4m | | | | |
| | 6100-752 Mehrfamilienhaus (19WE) | | | | |
| | • Herstellen (Kosten: 100,0%) | 2.549,01 m² BGF | 18.194 | **7,14** | 7,14 |
| | Fassadengerüst (1.680m²), Schutznetz (196m²), Schutzdächer 6m² (3St), Dachfanggerüst | | | | |
| | 6100-753 Mehrfamilienhaus (19WE) | | | | |
| | • Herstellen (Kosten: 100,0%) | 2.549,01 m² BGF | 19.654 | **7,71** | 7,71 |
| | Fassadengerüst (1.680m²), Schutznetz über Eingängen (196m²), Schutzdach 6m², über Eingängen (3St), Dachfanggerüst (130m²) | | | | |
| | 6100-770 Einfamilienhaus | | | | |
| | • Herstellen (Kosten: 100,0%) | 240,11 m² BGF | 1.245 | **5,18** | 5,18 |
| | Gerüste in Eigenleistung (209m²) | | | | |
| | 6100-780 Einfamilienhaus, Büro | | | | |
| | • Herstellen (Kosten: 100,0%) | 825,71 m² BGF | 2.379 | **2,88** | 2,88 |
| | Fassadengerüst, Gruppe 3 (474m²) | | | | |
| | 6100-785 Zweifamilienhaus | | | | |
| | • Herstellen (Kosten: 100,0%) | 104,00 m² BGF | 1.457 | **14,01** | 14,01 |
| | Fassadengerüste | | | | |
| | 6100-793 Einfamilienhaus | | | | |
| | • Herstellen (Kosten: 100,0%) | 371,62 m² BGF | 4.948 | **13,31** | 13,31 |
| | Fassadengerüst, Gruppe 3 (300m²) | | | | |

| KG | Kostengruppe | Menge Einheit | Kosten € | €/Einheit | €/m² BGF |
|---|---|---|---|---|---|
| | 7200-072 Geschäftshaus, Wohnen (13WE) | | | | |
| | • Herstellen (Kosten: 100,0%) | 2.121,84 m² BGF | 31.566 | **14,88** | 14,88 |
| | Fassadengerüst (2.100m²), Staubschutznetze (422m²), Fußgängertunnel (13m) | | | | |
| | 9100-060 Stadtbibliothek | | | | |
| | • Herstellen (Kosten: 100,0%) | 575,84 m² BGF | 24.557 | **42,65** | 42,65 |
| | Fassadengerüste (708m²), Gerüstplanen (296m²), Überbrückung bis 7,5m (29m) | | | | |
| 393 | **Sicherungsmaßnahmen** | | | | |
| | 1300-138 Bürogebäude | | | | |
| | • Herstellen (Kosten: 100,0%) | 2.267,67 m² BGF | 4.216 | **1,86** | 1,86 |
| | Abfangungen von Holzbalken, untereinander mit Gewindestangen M12 verschraubt | | | | |
| | 1300-151 Rathaus | | | | |
| | • Herstellen (Kosten: 100,0%) | 1.882,79 m² BGF | 10.045 | **5,34** | 5,34 |
| | Unterfangungen für Fundamente, Beton C20/25 (7m³), Kanthölzer (368m) und Stahlstützen (25St) für Abstützungs- und Aussteifungsarbeiten | | | | |
| | • 4100-107 Grundschule | 539,18 m² BGF | 6.353 | **11,78** | 11,78 |
| | Füllbeton, Abfangung, C12/15 (29m³), Schalung (100m²) | | | | |
| | • 4100-108 Grundschule | 470,54 m² BGF | 10.265 | **21,81** | 21,81 |
| | Beton-Auffüllung C12/15 unter Fundamenten (85m²) | | | | |
| | 5100-048 Gymnastikraum Grundschule | | | | |
| | • Herstellen (Kosten: 100,0%) | 627,27 m² BGF | 559 | **0,89** | 0,89 |
| | Abstützen der vorhandenen Deckenplatte im Wandbereich (15m) | | | | |
| | • 6100-496 Mehrfamilienhaus (31WE) | 3.445,12 m² BGF | 14.348 | **4,16** | 4,16 |
| | Unterfangungen und begleitende Maßnahmen | | | | |
| | 6100-652 Mehrfamilienhaus (9WE) | | | | |
| | • Herstellen (Kosten: 100,0%) | 297,00 m² BGF | 933 | **3,14** | 3,14 |
| | Sicherung des Kamins gegen Umfallen während der Bauphase | | | | |
| | 6100-708 Einfamilienhaus | | | | |
| | • Herstellen (Kosten: 100,0%) | 361,80 m² BGF | 902 | **2,49** | 2,49 |
| | Tragwand absichern | | | | |
| | 6100-717 Mehrfamilienhaus (4WE) | | | | |
| | • Herstellen (Kosten: 100,0%) | 834,03 m² BGF | 2.282 | **2,74** | 2,74 |
| | Schutzmaßnahmen zur Absicherung der alten Wände und des Holzgebälkes, Schrauben, Winkelverbinder | | | | |
| | 6100-740 Einfamilienhaus | | | | |
| | • Herstellen (Kosten: 100,0%) | 278,10 m² BGF | 13.231 | **47,57** | 47,57 |
| | Abschnittweise Unterfangung des Außenmauerwerks, Erdaushub, Stampfbeton B10, b=40cm, h=30cm (58m) | | | | |

| KG | Kostengruppe | Menge Einheit | Kosten € | €/Einheit | €/m² BGF |
|---|---|---|---|---|---|
| | 6100-770 Einfamilienhaus | | | | |
| | • Herstellen (Kosten: 100,0%) | 240,11 m² BGF | 1.572 | **6,55** | 6,55 |
| | Betonunterfangungen für Fundamente, Frosttiefe (5m) Betonunterfangungen für Zwischenwände (2m³), Stahlprofile zur Abfangung bei Abbruchwänden | | | | |
| 394 | **Abbruchmaßnahmen** | | | | |
| | 1300-151 Rathaus | | | | |
| | • Abbrechen (Kosten: 100,0%) | 1.882,79 m² BGF | 11.606 | **6,16** | 6,16 |
| | Abbruch von Gebäudeteilen, Überdachung, Holzgebälk, Sparrenlage, Schalung, Bitumendeckung, Holzpfosten; Abbrucharbeiten mit Kompressor (101h), Entsorgung, Deponiegebühren | | | | |
| | 1300-152 Wohn- und Geschäftshaus | | | | |
| | • Abbrechen (Kosten: 100,0%) | 390,52 m² BGF | 1.672 | **4,28** | 4,28 |
| | Abbruch von Holzschränken, Entrümpeln von Holzschränke, Asbestplatten (3St), Asbestblumenkästen (3St), Holzkisten, Wandschrank mit Schreibtisch; Entsorgung, Deponiegebühren | | | | |
| | • 4100-107 Grundschule | 539,18 m² BGF | 1.528 | **2,83** | 2,83 |
| | Abbruch von Stb-Überzüge (2m³) | | | | |
| | 5100-044 Sporthalle | | | | |
| | • Abbrechen (Kosten: 100,0%) | 1.315,00 m² BGF | 785 | **0,60** | 0,60 |
| | Abfangkonstruktion, Deckensicherung während Abbrucharbeiten Zwischenwand, mit Jochen und Gitterträgern (2St) | | | | |
| | • 6100-482 Mehrfamilienhaus (3WE) | 199,53 m² BGF | 11.434 | **57,30** | 57,30 |
| | Abriss und Entsorgung Dachziegel, alter Dachstuhl (160m²), Holzbalkendecke (107m²), Mauerwerk | | | | |
| | 6100-713 Doppelhaushälfte | | | | |
| | • Abbrechen (Kosten: 100,0%) | 282,00 m² BGF | 3.580 | **12,69** | 12,69 |
| | Abbruch von Trennwänden, Erstellen von Staubwänden, Fußboden schützen, Entsorgung, Deponiegebühren | | | | |
| | 6100-740 Einfamilienhaus | | | | |
| | • Abbrechen (Kosten: 100,0%) | 278,10 m² BGF | 1.659 | **5,97** | 5,97 |
| | Abbruch einer Holz-Veranda, Außenwände, d=12cm, Holzbalken-Boden, Dachdichtung, 2,50x3,15x2,90m; Entsorgung, Deponiegebühren | | | | |
| | 7200-072 Geschäftshaus, Wohnen (13WE) | | | | |
| | • Abbrechen (Kosten: 100,0%) | 2.121,84 m² BGF | 4.506 | **2,12** | 2,12 |
| | Abbruch von Asbestkanälen, außerhalb des Gebäudes demontieren (25m), Mischabfälle aus EG (5m³); Entsorgung, Deponiegebühren | | | | |
| | 9100-060 Stadtbibliothek | | | | |
| | • Abbrechen (Kosten: 100,0%) | 575,84 m² BGF | 958 | **1,66** | 1,66 |
| | Schutt aus dem Keller, Entsorgung, Deponiegebühren (12m³) | | | | |

| KG | Kostengruppe | Menge Einheit | Kosten € | €/Einheit | €/m² BGF |
|---|---|---|---|---|---|
| 396 | **Materialentsorgung** | | | | |
| | 1300-151 Rathaus | | | | |
| | • Herstellen (Kosten: 100,0%) | 1.882,79 m² BGF | 2.755 | **1,46** | 1,46 |
| | Belasteten Betonunterbau entsorgen (36m²), Schuttentsorgung, Container 10m³ (7St) | | | | |
| | • 6100-496 Mehrfamilienhaus (31WE) | 3.445,12 m² BGF | 2.440 | **0,71** | 0,71 |
| | Entsorgung von Recyclingmaterial | | | | |
| | 6100-753 Mehrfamilienhaus (19WE) | | | | |
| | • Herstellen (Kosten: 100,0%) | 2.549,01 m² BGF | 1.005 | **0,39** | 0,39 |
| | Schuttentsorgung, Container, 7,5m³ (2St) | | | | |
| 397 | **Zusätzliche Maßnahmen** | | | | |
| | 1300-138 Bürogebäude | | | | |
| | • Herstellen (Kosten: 100,0%) | 2.267,67 m² BGF | 1.416 | **0,62** | 0,62 |
| | Schutzabdeckungen (627m²), Baureinigung (194m²), Fensterreinigung (33m²) | | | | |
| | 1300-148 Bürogebäude | | | | |
| | • Herstellen (Kosten: 100,0%) | 153,60 m² BGF | 939 | **6,12** | 6,12 |
| | Staubschutzwand, OSB-Platten (10m²), Fassadenöffnung mit Folie schließen (20m²), Folienabdeckung von Fenster, Fassaden (psch), Bodenbelägen (160m²) | | | | |
| | 1300-151 Rathaus | | | | |
| | • Herstellen (Kosten: 100,0%) | 1.882,79 m² BGF | 14.218 | **7,55** | 7,55 |
| | Wetterschutz der Dachflächen mit Bauplanen (373m²), Baureinigung, Dach- und Geländeflächen gegen Verschmutzung sichern (486m²), Zulagen zu Fassadengerüst für das Schützen der Dachfläche (2.104m²) | | | | |
| | 1300-152 Wohn- und Geschäftshaus | | | | |
| | • Herstellen (Kosten: 100,0%) | 390,52 m² BGF | 4.338 | **11,11** | 11,11 |
| | Witterungsschutz Dach, Plane (318m²), Reinigen Wohneinheit DG, Baustufen, Schutzverpackung Treppe | | | | |
| | 4100-075 Schulzentrum | | | | |
| | • Herstellen (Kosten: 98,4%) | 855,05 m² BGF | 9.220 | **10,78** | 10,78 |
| | Raum-Kondenstrockner (228Tage), Ventilatoren zur Luftumwälzung (72Tage), Reinigen von Fliesen (183m²), Linoleum (420m²), Geländer (9m²), Sichtbetontreppe (1St), Wandfliesen (146m²), Glasflächen (226m²), Boden mit Folie abdecken (78m²) | | | | |
| | • 4100-108 Grundschule | 470,54 m² BGF | 631 | **1,34** | 1,34 |
| | Schutzabdeckungen, Fenster (524m²), Bodenbeläge (429m²) | | | | |
| | 5100-044 Sporthalle | | | | |
| | • Herstellen (Kosten: 100,0%) | 1.315,00 m² BGF | 7.426 | **5,65** | 5,65 |
| | Vollflächiges Abdecken des Sportbodens, PE-Folie, Hartfaserplatten, d=2x3,2mm, verlegen, wiederaufnehmen, entsorgen (816m²), Wasserdichtes Abkleben von Fußbodenflächen (776m²), Wandflächen abkleben (170m²), Schutzabdeckung Geländer (91m), Bauteile mit Folie schützen (307m²) | | | | |

| KG | Kostengruppe | Menge Einheit | Kosten € | €/Einheit | €/m$^2$ BGF |
|---|---|---|---|---|---|
| | 5100-046 Sporthalle | | | | |
| | • Herstellen (Kosten: 100,0%) | 595,00 m$^2$ BGF | 4.263 | **7,16** | 7,16 |
| | Baureinigung, Fenster (34St), Türen (19St), Tore (4St), Prallwände (32m$^2$), Fliesen (65m$^2$), Sanitärtrennwände (7m$^2$), Böden (555m$^2$), Sanitärgegenstände (18St), Umkleiden (15m), Schutzabdeckungen (278m$^2$), provisorische Abdeckungen (60m) | | | | |
| | 5100-048 Gymnastikraum Grundschule | | | | |
| | • Herstellen (Kosten: 100,0%) | 627,27 m$^2$ BGF | 720 | **1,15** | 1,15 |
| | Bodenabdeckung aus Hartfaserplatten (153m) | | | | |
| | • 6100-482 Mehrfamilienhaus (3WE) | 199,53 m$^2$ BGF | 1.275 | **6,39** | 6,39 |
| | Folien, Planenschutz um die Baustelle zu schützen | | | | |
| | • 6100-496 Mehrfamilienhaus (31WE) | 3.445,12 m$^2$ BGF | 2.209 | **0,64** | 0,64 |
| | Baufeinreinigung | | | | |
| | 6100-681 Mehrfamilienhaus (6WE) | | | | |
| | • Herstellen (Kosten: 100,0%) | 725,89 m$^2$ BGF | 5.966 | **8,22** | 8,22 |
| | Abdecken, Dachfläche (276m$^2$), Treppen (1St), Folienfenster (98m$^2$), Baureinigung, Linoleum (345m$^2$), Bodenfliesen ((34m$^2$), Treppen (3St), Kellerboden (111m$^2$), Balkonplatten (4St), Wandfliesen (108m$^2$), Fenster (73m$^2$), Fensterbänke (98m), Innentüren (37St), Sanitärobjekte (18St), Heizkörper (30St) | | | | |
| | 6100-686 Mehrfamilienhaus, Kellertrocknung | | | | |
| | • Herstellen (Kosten: 100,0%) | 1.166,44 m$^2$ BGF | 222 | **0,19** | 0,19 |
| | Folieabdeckungen für Türen (12m$^2$), Kellerfenster (8St) | | | | |
| | 6100-694 Zweifamilienhaus | | | | |
| | • Herstellen (Kosten: 100,0%) | 417,86 m$^2$ BGF | 2.328 | **5,57** | 5,57 |
| | Notabdichtungen am Dach, Schweißbahnen mit Gewebeeinlagen (108m$^2$), Schutzfolien | | | | |
| | 6100-708 Einfamilienhaus | | | | |
| | • Herstellen (Kosten: 100,0%) | 361,80 m$^2$ BGF | 878 | **2,43** | 2,43 |
| | Nicht zu bearbeitende Flächen mit Abdeckfolien abdecken, Bauendreinigung | | | | |
| | 6100-713 Doppelhaushälfte | | | | |
| | • Herstellen (Kosten: 100,0%) | 282,00 m$^2$ BGF | 339 | **1,20** | 1,20 |
| | Endreinigung | | | | |
| | 6100-717 Mehrfamilienhaus (4WE) | | | | |
| | • Herstellen (Kosten: 100,0%) | 834,03 m$^2$ BGF | 1.475 | **1,77** | 1,77 |
| | Staubwand (30m$^2$), Fliesen Treppenhaus abdecken | | | | |
| | 6100-726 Mehrfamilienhaus (3WE) | | | | |
| | • Herstellen (Kosten: 100,0%) | 434,55 m$^2$ BGF | 399 | **0,92** | 0,92 |
| | Türen und Fenster abkleben | | | | |

| KG | Kostengruppe | Menge Einheit | Kosten € | €/Einheit | €/m² BGF |
|---|---|---|---|---|---|
| | 6100-729 Mehrfamilienhaus (3WE) | | | | |
| | • Herstellen (Kosten: 100,0%) | 620,35 m² BGF | 306 | **0,49** | 0,49 |
| | Schutzmaßnahmen für Balkongeländer, Balkonenbeläge und Vordach aus stoßfestem Material | | | | |
| | 6100-731 Einfamilienhaus | | | | |
| | • Herstellen (Kosten: 100,0%) | 248,08 m² BGF | 188 | **0,76** | 0,76 |
| | Loggia-Öffnungen schließen, Holzwerkstoffplatten, Folien | | | | |
| | 6100-740 Einfamilienhaus | | | | |
| | • Herstellen (Kosten: 100,0%) | 278,10 m² BGF | 4.885 | **17,57** | 17,57 |
| | Schutz von Holzfußböden (312m²), Holztreppe (1St), Flachdach (30m²), Fenster (33m²), Deckenbalken (47m²); Endreinigung | | | | |
| | 6100-752 Mehrfamilienhaus (19WE) | | | | |
| | • Herstellen (Kosten: 100,0%) | 2.549,01 m² BGF | 1.702 | **0,67** | 0,67 |
| | Fenster, Türen und Holzbauteile mit PE-Folie abdecken (775m²) | | | | |
| | 6100-785 Zweifamilienhaus | | | | |
| | • Herstellen (Kosten: 100,0%) | 104,00 m² BGF | 1.991 | **19,15** | 19,15 |
| | Notabdichtungen am Dach, Schweißbahnen mit Gewebeeinlagen (108m²), Schutzfolien | | | | |
| | 9100-060 Stadtbibliothek | | | | |
| | • Herstellen (Kosten: 100,0%) | 575,84 m² BGF | 11.085 | **19,25** | 19,25 |
| | Dachnotabdichtung mit Schweißbahnen (181m²) | | | | |
| 398 | **Provisorische Baukonstruktionen** | | | | |
| | 1300-138 Bürogebäude | | | | |
| | • Herstellen (Kosten: 100,0%) | 2.267,67 m² BGF | 1.240 | **0,55** | 0,55 |
| | Bereichsabschottungen, Seekieferplatten (76m²), vorhalten (10Wo), Rückbau (76m²) | | | | |
| | 1300-151 Rathaus | | | | |
| | • Herstellen (Kosten: 100,0%) | 1.882,79 m² BGF | 472 | **0,25** | 0,25 |
| | Bautreppenbeläge, Dielenhölzer (24St), Baubeläge für Podeste (1m²) | | | | |
| | 6100-681 Mehrfamilienhaus (6WE) | | | | |
| | • Herstellen (Kosten: 100,0%) | 725,89 m² BGF | 4.294 | **5,92** | 5,92 |
| | Notdach (1St), Sparren ergänzen (33m), Schutzüberdachung, Eingang (1St), vorhalten (34Wo) | | | | |
| | 6100-731 Einfamilienhaus | | | | |
| | • Herstellen (Kosten: 100,0%) | 248,08 m² BGF | 111 | **0,45** | 0,45 |
| | Provisorische Treppe mit Geländer | | | | |

## Kostenkennwerte für die Kostengruppen 300 und 400 der 3.Ebene DIN 276 (Übersicht)

| KG | Kostengruppe | Menge Einheit | Kosten € | €/Einheit | €/m² BGF |
|---|---|---|---|---|---|
| 410 | **Abwasser-, Wasser-, Gasanlagen** | | | | |
| 411 | **Abwasseranlagen** | | | | |
| | 1300-138 Bürogebäude | | | | |
| | • Abbrechen (Kosten: 9,4%) | 2.267,67 m² BGF | 250 | **0,11** | 0,11 |
| | Abbruch von Schmutzwasserleitung DN50-100, Entsorgung, Deponiegebühren (27m) | | | | |
| | • Herstellen (Kosten: 90,6%) | 2.267,67 m² BGF | 2.403 | **1,06** | 1,06 |
| | SML-Rohre (21m), Formteile (24St), HT-Rohre (18m), Formteile (71St), Anschlüsse (8St) | | | | |
| | 1300-148 Bürogebäude | | | | |
| | • Herstellen (Kosten: 100,0%) | 153,60 m² BGF | 5.841 | **38,03** | 38,03 |
| | Rohrgrabenaushub (17m³), KG-Grundleitungen, DN100, Formstücke (134m), Sickerschacht, DN1.500 (1St), Gussstandrohre (4St), Fallrohre DN100 (12m), HT-Leitungen DN50, Dämmung (12m) | | | | |
| | 1300-150 Verwaltungsgebäude, Kellertrocknung | | | | |
| | • Herstellen (Kosten: 100,0%) | 360,00 m² BGF | 330 | **0,92** | 0,92 |
| | Bodenablauf (1St) | | | | |
| | 1300-151 Rathaus | | | | |
| | • Abbrechen (Kosten: 0,1%) | 1.882,79 m² BGF | 28 | **< 0,1** | < 0,1 |
| | Abbruch von Regenfallrohren, Befestigungen, Entsorgung, Deponiegebühren (10m) | | | | |
| | • Wiederherstellen (Kosten: 0,2%) | 1.882,79 m² BGF | 48 | **< 0,1** | < 0,1 |
| | Anstrich von Regenfallrohren, verzinktes Blech (3m) | | | | |
| | • Herstellen (Kosten: 99,7%) | 1.882,79 m² BGF | 23.364 | **12,41** | 12,41 |
| | Rohrgrabenaushub im Gebäude (8m³), Schachtaushub im Gebäude (5m³), PVC-Grundleitungen DN100-125, Formteile, im Gebäude (100m), Regenfallrohre DN80-100, Anstrich (34m), PE-Standrohre (14St), HT-Abwasserleitungen | | | | |
| | 1300-152 Wohn- und Geschäftshaus | | | | |
| | • Herstellen (Kosten: 100,0%) | 390,52 m² BGF | 2.828 | **7,24** | 7,24 |
| | Abwasserleitungen | | | | |
| | 4100-075 Schulzentrum | | | | |
| | • Herstellen (Kosten: 100,0%) | 855,05 m² BGF | 83.390 | **97,53** | 97,53 |
| | Rohrgrabenaushub (104m³), KG-Leitungen DN100-150, Formstücke (164m), Grundleitungen Steinzeug DN100-200, Formstücke (164m), Fettabscheider (1St), Stärkeabscheider (1St), Hebeanlage (1St), MLK-Rohre DN100-150, Formstücke (34m), Bodenabläufe (8St), Verbundrohre DN70, Formstücke (15m), Notüberläufe (11St) | | | | |
| | • 4100-107 Grundschule | 539,18 m² BGF | 22.093 | **40,98** | 40,98 |
| | Grundleitungen, Steinzeug DN100-150, Sandbett (157m), Formstücke (33St), Kontrollschächte DN1.000 (6St) Abwasserleitungen, Regenfallrohre, Titanzink (39m) Standrohre (4St) | | | | |

| KG | Kostengruppe | Menge Einheit | Kosten € | €/Einheit | €/m² BGF |
|---|---|---|---|---|---|
| | • 4100-108 Grundschule | 470,54 m² BGF | 21.408 | **45,50** | 45,50 |
| | Rohrgrabenaushub (29m³), Steinzeugrohre DN100 (44m), PVC-Rohre DN100 (84m), DN125 (55m), Formstücke (74St), Kontrollschächte DN1.000 (4St), Abwasserleitungen, Regenfallrohre (42m) | | | | |
| | 5100-044 Sporthalle | | | | |
| | • Abbrechen (Kosten: 2,4%) | 1.315,00 m² BGF | 419 | **0,32** | 0,32 |
| | Abbruch von Bodeneinläufen (12St), Fallrohre (28m), Standrohre (4St); Entsorgung, Deponiegebühren | | | | |
| | • Herstellen (Kosten: 97,6%) | 1.315,00 m² BGF | 17.274 | **13,14** | 13,14 |
| | HT-Rohre DN50-100, Formstücke, Dämmung (54m), SML-Rohre (89m), Stahlrohre, Formstücke, Dämmung (72m), Deckenabläufe (5St), Schlitzrinnen, l=2,15m (4St), Bodeneinläufe (4St), Zink-Ablaufrohr DN80 (7m), Standrohre (5St) | | | | |
| | 5100-046 Sporthalle | | | | |
| | • Herstellen (Kosten: 100,0%) | 595,00 m² BGF | 1.104 | **1,86** | 1,86 |
| | Fallrohre, Titanzink (28m), Standrohre (6St) | | | | |
| | 5100-048 Gymnastikraum Grundschule | | | | |
| | • Herstellen (Kosten: 100,0%) | 627,27 m² BGF | 149 | **0,24** | 0,24 |
| | Regenfallrohre, Titanzink (6m) | | | | |
| | • 6100-482 Mehrfamilienhaus (3WE) | 199,53 m² BGF | 840 | **4,21** | 4,21 |
| | Entwässerungsleitungen; Regenfallrohre | | | | |
| | 6100-652 Mehrfamilienhaus (9WE) | | | | |
| | • Herstellen (Kosten: 100,0%) | 297,00 m² BGF | 3.129 | **10,53** | 10,53 |
| | Regenfallrohre DN100, Alu (54m), HT-Abwasserleitungen, Formstücke (82m) | | | | |
| | 6100-658 Mehrfamilienhaus (60WE) | | | | |
| | • Wiederherstellen (Kosten: 67,3%) | 2.095,70 m² BGF | 1.426 | **0,68** | 0,68 |
| | Regenfallrohre demontieren, lagern, Folienregenrohre montieren, später demontieren und Regenfallrohre montieren (120m) | | | | |
| | • Herstellen (Kosten: 32,7%) | 2.095,70 m² BGF | 693 | **0,33** | 0,33 |
| | Rohrlaubfänger in Fallrohre einbauen (5St) | | | | |
| | 6100-681 Mehrfamilienhaus (6WE) | | | | |
| | • Abbrechen (Kosten: 1,1%) | 725,89 m² BGF | 56 | **< 0,1** | < 0,1 |
| | Abbruch von Regenfallrohre, Titanzink, Befestigungen, Entsorgung, Deponiegebühren (31m) | | | | |
| | • Herstellen (Kosten: 98,9%) | 725,89 m² BGF | 5.111 | **7,04** | 7,04 |
| | KG-Grundleitungen, Formstücke, Sandbettung (7m), Bodeneinläufe (4St), Regenfallrohre, Titanzink (16m), Abflussrohre, Formstücke (62m), Brandschutzschotte (6St) | | | | |
| | 6100-686 Mehrfamilienhaus, Kellertrocknung | | | | |
| | • Wiederherstellen (Kosten: 100,0%) | 1.166,44 m² BGF | 102 | **< 0,1** | < 0,1 |
| | Fallrohre, Standrohre abnehmen, lagern, wieder montieren (4m) | | | | |

| KG | Kostengruppe | Menge Einheit | Kosten € | €/Einheit | €/m² BGF |
|---|---|---|---|---|---|
| | 6100-694 Zweifamilienhaus | | | | |
| | • Herstellen (Kosten: 100,0%) | 417,86 m² BGF | 755 | **1,81** | 1,81 |
| | Regenfallrohre, Edelstahl (12m), HT-Abwasserleitungen (12m) | | | | |
| | 6100-708 Einfamilienhaus | | | | |
| | • Abbrechen (Kosten: 6,2%) | 361,80 m² BGF | 72 | **0,20** | 0,20 |
| | Abbruch von Fallrohren, Befestigungen, Entsorgung, Deponiegebühren (13m) | | | | |
| | • Herstellen (Kosten: 93,8%) | 361,80 m² BGF | 1.094 | **3,02** | 3,02 |
| | Regenfallrohre DN100 (21m), Guss-Standrohre DN100 (2St) | | | | |
| | 6100-717 Mehrfamilienhaus (4WE) | | | | |
| | • Herstellen (Kosten: 100,0%) | 834,03 m² BGF | 16.524 | **19,81** | 19,81 |
| | Regenspeicher, Pumpe, Anschlüsse (1St), Rohrgrabenaushub (8m³), PVC-Leitungen DN100-125 (88m), Abflussrohre, DN56-90 (60m), HT-Rohre, DN40-70 (43m), Rohrdämmungen (90m), Regenfallrohre DN100 (18m, Formteile (275St) | | | | |
| | 6100-725 Mehrfamilienhaus (12WE) | | | | |
| | • Herstellen (Kosten: 100,0%) | 1.906,03 m² BGF | 1.908 | **1,00** | 1,00 |
| | Regenfallrohre DN100, Titanzink (36m) | | | | |
| | 6100-726 Mehrfamilienhaus (3WE) | | | | |
| | • Wiederherstellen (Kosten: 100,0%) | 434,55 m² BGF | 128 | **0,29** | 0,29 |
| | Vorhandenes Regenfallrohr anbauen, lagern, wieder anbauen | | | | |
| | 6100-729 Mehrfamilienhaus (3WE) | | | | |
| | • Abbrechen (Kosten: 16,3%) | 620,35 m² BGF | 96 | **0,15** | 0,15 |
| | Abbruch von Regenrohren, Entsorgung, Deponiegebühren (10m) | | | | |
| | • Herstellen (Kosten: 83,7%) | 620,35 m² BGF | 494 | **0,80** | 0,80 |
| | Fallrohre, DN100, Titanzink (10m) | | | | |
| | 6100-731 Einfamilienhaus | | | | |
| | • Herstellen (Kosten: 100,0%) | 248,08 m² BGF | 810 | **3,27** | 3,27 |
| | Neue Regenrohranschlüsse, KG-Rohre DN100 (2St), Regenfallrohre, DN100 (10m), PE-Standrohre (2St), Wasserklappe (1St) | | | | |
| | 6100-740 Einfamilienhaus | | | | |
| | • Herstellen (Kosten: 100,0%) | 278,10 m² BGF | 6.411 | **23,05** | 23,05 |
| | Abwasserleitungen, Fallrohre | | | | |
| | 6100-770 Einfamilienhaus | | | | |
| | • Herstellen (Kosten: 100,0%) | 240,11 m² BGF | 6.649 | **27,69** | 27,69 |
| | Abwasserleitungen, Einläufe | | | | |
| | 6100-780 Einfamilienhaus, Büro | | | | |
| | • Herstellen (Kosten: 100,0%) | 825,71 m² BGF | 912 | **1,11** | 1,11 |
| | Fallrohre, Abwasserinstallationen | | | | |

  

| KG | Kostengruppe | Menge Einheit | Kosten € | €/Einheit | €/m² BGF |
|---|---|---|---|---|---|
| | 6100-785 Zweifamilienhaus | | | | |
| | • Herstellen (Kosten: 100,0%) | 104,00 m² BGF | 755 | **7,26** | 7,26 |
| | Regenfallrohre, Edelstahl (12m), HT-Abwasserleitungen (12m) | | | | |
| | 6100-793 Einfamilienhaus | | | | |
| | • Herstellen (Kosten: 100,0%) | 371,62 m² BGF | 621 | **1,67** | 1,67 |
| | Regenfallrohre DN100, Titanzink (16m), Standrohre (3m) | | | | |
| | 7200-072 Geschäftshaus, Wohnen (13WE) | | | | |
| | • Abbrechen (Kosten: 4,1%) | 2.121,84 m² BGF | 57 | **< 0,1** | < 0,1 |
| | Abbruch von Regenfallrohren, Halterungen, Entsorgung, Deponiegebühren (30m) | | | | |
| | • Herstellen (Kosten: 95,9%) | 2.121,84 m² BGF | 1.327 | **0,63** | 0,63 |
| | Regenfallrohre DN100 (30m); HT-Abwasserleitungen, Formstücke (14m), SML-Rohre (6m) | | | | |
| | 9100-060 Stadtbibliothek | | | | |
| | • Herstellen (Kosten: 100,0%) | 575,84 m² BGF | 4.633 | **8,05** | 8,05 |
| | Gussabflussrohre DN100 (11m), HT-Abwasserleitungen DN50-100, Formstücke, Dämmung (40m), Regenfallrohre DN100 (78m), Standrohre, Standrohrklappen (4St) | | | | |
| 412 | **Wasseranlagen** | | | | |
| | 1300-138 Bürogebäude | | | | |
| | • Abbrechen (Kosten: 5,6%) | 2.267,67 m² BGF | 650 | **0,29** | 0,29 |
| | Abbruch von Kalt - und Warmwasserleitungen DN12 bis 40 (45m), Hauswasserstation (1St), Waschbecken, WC-Becken, Tragständer (41St); Entsorgung, Deponiegebühren | | | | |
| | • Herstellen (Kosten: 94,4%) | 2.267,67 m² BGF | 11.001 | **4,85** | 4,85 |
| | Kalt- und Warmasserleitungen, Rohrdämmung (181m), Ventile (12St), WC-Becken (6St), Waschtische (7St), Warmwasserbereiter (2St) | | | | |
| | 1300-148 Bürogebäude | | | | |
| | • Herstellen (Kosten: 100,0%) | 153,60 m² BGF | 491 | **3,20** | 3,20 |
| | Kaltwasserleitungen mit Dämmung | | | | |
| | 1300-151 Rathaus | | | | |
| | • Herstellen (Kosten: 100,0%) | 1.882,79 m² BGF | 23.171 | **12,31** | 12,31 |
| | Kalt- und Warmwasserleitungen, Sanitärobjekte | | | | |
| | 1300-152 Wohn- und Geschäftshaus | | | | |
| | • Abbrechen (Kosten: 0,7%) | 390,52 m² BGF | 174 | **0,44** | 0,44 |
| | Ausbauen einer Duschzelle, Entsorgung, Deponiegebühren | | | | |
| | • Herstellen (Kosten: 99,3%) | 390,52 m² BGF | 25.705 | **65,82** | 65,82 |
| | Druckerhöhungsanlage, Kalt- und Warmwasserleitungen, Durchlauferhitzer (1St), Wasserzähler (1St), Waschbecken (4St), Badewanne (1St), Duschwanne, Stahl (1St), Duschwanne, Acryl (1St), Bidet (1St), WC, wandhängend (3St), Spiegel (3St), Papierhalter (3St), Seifenhalter (4St), Handtuchhalter (2St) | | | | |

| KG | Kostengruppe | Menge Einheit | Kosten € | €/Einheit | €/m² BGF |
|---|---|---|---|---|---|
| | 4100-075 Schulzentrum | | | | |
| | • Herstellen (Kosten: 100,0%) | 855,05 m² BGF | 41.273 | **48,27** | 48,27 |
| | Verbundrohre, Rohrdämmung (357m), Speicher-Wassererwärmer (1St), Tiefspül-WC (8St), Urinale (3St), Waschtische (6St), Duschen, Brausegarnitur, Wandstange (4St), Ausgussbecken (1St), Seifenspender (6St), Papierkörbe, Papier-Handtuchspender (6St), Kristallspiegel (5St), Kippspiegel (1St), Stützklappgriff (1St), WC-Papierhalter (6St), WC-Bürstengarnitur (6St) | | | | |
| | • 4100-107 Grundschule | 539,18 m² BGF | 10.050 | **18,64** | 18,64 |
| | Kalt- und Warmwasserleitungen, Rohrdämmung, WC-Becken (2St), Waschbecken (6St) | | | | |
| | • 4100-108 Grundschule | 470,54 m² BGF | 27.257 | **57,93** | 57,93 |
| | Kalt- und Warmwasserleitungen, Rohrdämmung, WC-Becken (10St), Waschbecken (6St) | | | | |
| | 5100-044 Sporthalle | | | | |
| | • Abbrechen (Kosten: 0,2%) | 1.315,00 m² BGF | 142 | **0,11** | 0,11 |
| | Abbruch von Kaltwasserleitungen, Absperrarmaturen, Entsorgung, Deponiegebühren (50m) | | | | |
| | • Herstellen (Kosten: 99,8%) | 1.315,00 m² BGF | 76.331 | **58,05** | 58,05 |
| | Kalt- und Warmwasserleitungen, Edelstahl, DN15-42mm, Dämmung (417m), PE-X-Rohre in Schutz- und Isolierrohr (112m), Elektronische Thermostatbatterien, Duschen (14St), Waschtische (8St), WC (11St), Urinale, Spülautomatik (6St), Waschrinnen (4St), Ausgussbecken (1St), Bürstengarnitur, Papierhalter (11St), Spiegel (17St), Abfallbehälter (22St), Haartrockner (4St), Händetrockner (3St), Handtuchspender (4St), Seifenspender (9St) | | | | |
| | 5100-046 Sporthalle | | | | |
| | • Herstellen (Kosten: 100,0%) | 595,00 m² BGF | 6.683 | **11,23** | 11,23 |
| | Kalt- und Warmwasserleitungen, Kupferrohre (81m), Brauchwasserpumpen (2St), Warmwasserspeicher (1St) | | | | |
| | • 6100-482 Mehrfamilienhaus (3WE) | 199,53 m² BGF | 2.809 | **14,08** | 14,08 |
| | Sanitärobjekte mit Installation | | | | |
| | 6100-652 Mehrfamilienhaus (9WE) | | | | |
| | • Herstellen (Kosten: 100,0%) | 297,00 m² BGF | 20.433 | **68,80** | 68,80 |
| | Kalt- und Warmwasserleitungen, Kupferrohre, Formstücke, Rohrdämmung (135m), Wasserzähler (3St), Waschbecken (3St), WC-Becken (3St), Badewannen (3St), Duschwannen (2St) | | | | |
| | 6100-658 Mehrfamilienhaus (60WE) | | | | |
| | • Wiederherstellen (Kosten: 100,0%) | 2.095,70 m² BGF | 178 | **< 0,1** | < 0,1 |
| | Außenwasserhähne demontieren, lagern, Leitungen verlängern, später wieder montieren (6St) | | | | |

| KG | Kostengruppe | Menge Einheit | Kosten € | €/Einheit | €/m² BGF |
|---|---|---|---|---|---|
| | 6100-681 Mehrfamilienhaus (6WE) | | | | |
| | • Herstellen (Kosten: 100,0%) | 725,89 m² BGF | 19.376 | **26,69** | 26,69 |
| | Kalt- und Warmwasserleitungen, Formstücke, Rohrdämmung (282m), Waschtische (6St), Tiefspül-WC (6St), Einbauwannen, Brausearmaturen (6St), Vorwandinstallationssysteme (6St), Wasserzähler (12St), Hauswasserstation (1St), Zirkulationspumpe (1St), Druckausdehnungsgefäß (1St) | | | | |
| | 6100-694 Zweifamilienhaus | | | | |
| | • Herstellen (Kosten: 100,0%) | 417,86 m² BGF | 2.194 | **5,25** | 5,25 |
| | Mehrschichtverbundrohre, 16x2mm, Formstücke, Dämmung (25m), Sanitärgegenstände | | | | |
| | 6100-708 Einfamilienhaus | | | | |
| | • Abbrechen (Kosten: 11,6%) | 361,80 m² BGF | 1.351 | **3,73** | 3,73 |
| | Abbruch von WC-Becken, Waschbecken, Badewanne, Wasserleitungen, Entsorgung, Deponiegebühren | | | | |
| | • Herstellen (Kosten: 88,4%) | 361,80 m² BGF | 10.299 | **28,47** | 28,47 |
| | Edelstahlrohre (22m), Mehrschichtverbundrohre (65m), Dusche bodeneben (1St), Badewanne, 1700x750mm (1St), Badewanne, Sonderform (1St), WC-Becken, WC-Sitze (2St), Waschbecken (2St), Gartenwasseranschlüsse (2St) | | | | |
| | 6100-713 Doppelhaushälfte | | | | |
| | • Herstellen (Kosten: 100,0%) | 282,00 m² BGF | 212 | **0,75** | 0,75 |
| | WC-Sitz (1St), Einhand-Waschtischbatterie (1St) | | | | |
| | 6100-717 Mehrfamilienhaus (4WE) | | | | |
| | • Herstellen (Kosten: 100,0%) | 834,03 m² BGF | 32.926 | **39,48** | 39,48 |
| | Mepla Verbundrohr, DN16-40, Formteile, Rohrdämmung (470m), Warmwasserbereiter, bauseitig (1St), Pumpe (1St), Ventile (21St), Wasserzähler (8St), Badewannen (3St), WC-Becken (4St), Duschwannen (3St), Waschtische (4St), Bidet (1St), Ausgussbecken (1St) | | | | |
| | 6100-726 Mehrfamilienhaus (3WE) | | | | |
| | • Wiederherstellen (Kosten: 100,0%) | 434,55 m² BGF | 250 | **0,58** | 0,58 |
| | Waschtische (1St), WC-Becken (1St), abbauen, lagern, wieder montieren | | | | |
| | 6100-731 Einfamilienhaus | | | | |
| | • Herstellen (Kosten: 100,0%) | 248,08 m² BGF | 1.655 | **6,67** | 6,67 |
| | Zirkulationsleitung ändern, Metallverbundrohre DN20-32, Formstücke (15m), Zirkulationspumpe (1St) | | | | |
| | 6100-740 Einfamilienhaus | | | | |
| | • Herstellen (Kosten: 100,0%) | 278,10 m² BGF | 19.586 | **70,43** | 70,43 |
| | Kalt- und Warmwasserleitungen, Rohrdämmung, Waschbecken, Duschen, Badewanne, WC-Becken, Duschtrennwände | | | | |
| | 6100-770 Einfamilienhaus | | | | |
| | • Herstellen (Kosten: 100,0%) | 240,11 m² BGF | 5.548 | **23,10** | 23,10 |
| | Kalt- und Warmwasserleitungen, Speicher, WC-Becken (3St), Dusche mit Glaskabine (1St), Waschbecken (1St), Einbauwaschbecken (3St), Badewanne (1St) | | | | |

| KG | Kostengruppe | Menge Einheit | Kosten € | €/Einheit | €/m² BGF |
|---|---|---|---|---|---|
| | 6100-785 Zweifamilienhaus | | | | |
| | • Herstellen (Kosten: 100,0%) | 104,00 m² BGF | 2.194 | **21,09** | 21,09 |
| | Mehrschichtverbundrohre, 16x2mm, Formstücke, Dämmung (25m), Sanitärgegenstände | | | | |
| | 6100-793 Einfamilienhaus | | | | |
| | • Herstellen (Kosten: 100,0%) | 371,62 m² BGF | 6.950 | **18,70** | 18,70 |
| | Sanitärinstallation, Leitungen, Sanitärobjekte | | | | |
| | 9100-060 Stadtbibliothek | | | | |
| | • Herstellen (Kosten: 100,0%) | 575,84 m² BGF | 10.472 | **18,19** | 18,19 |
| | Kalt- und Warmwasserleitungen, Formstücke, Dämmung (86m), Waschbecken, Einhebelmischer (3St), WC-Becken (3St), Seifenspender (2St), Papierhandtuchspender (2St), Abfallkörbe (2St), Behinderten-WC, Ausgussbecken (1St), Durchlauferhitzer, Hauswasserstation mit Druckminderer | | | | |
| 419 | **Abwasser-, Wasser-, Gasanlagen, sonstiges** | | | | |
| | 1300-138 Bürogebäude | | | | |
| | • Herstellen (Kosten: 100,0%) | 2.267,67 m² BGF | 2.581 | **1,14** | 1,14 |
| | Montageelemente (14St) | | | | |
| | 4100-075 Schulzentrum | | | | |
| | • Herstellen (Kosten: 100,0%) | 855,05 m² BGF | 12.006 | **14,04** | 14,04 |
| | Vorwandinstallationsblöcke (88m²) | | | | |
| | 5100-044 Sporthalle | | | | |
| | • Herstellen (Kosten: 100,0%) | 1.315,00 m² BGF | 5.932 | **4,51** | 4,51 |
| | Vorwandinstallationsblöcke für WC, Urinale, Waschtische (24St), Beplankung der Vorwandelemente 2x12,5mm (22m²) | | | | |
| | 6100-681 Mehrfamilienhaus (6WE) | | | | |
| | • Herstellen (Kosten: 100,0%) | 725,89 m² BGF | 4.336 | **5,97** | 5,97 |
| | Installationswände (12St), Einbausets (24St) | | | | |
| | 6100-740 Einfamilienhaus | | | | |
| | • Herstellen (Kosten: 100,0%) | 278,10 m² BGF | 947 | **3,40** | 3,40 |
| | Installationsblöcke | | | | |
| | 9100-060 Stadtbibliothek | | | | |
| | • Herstellen (Kosten: 100,0%) | 575,84 m² BGF | 1.623 | **2,82** | 2,82 |
| | Montageelemente (5St) | | | | |

## Kostenkennwerte für die Kostengruppen 300 und 400 der 3.Ebene DIN 276 (Übersicht)

| KG | Kostengruppe | Menge Einheit | Kosten € | €/Einheit | €/m² BGF |
|---|---|---|---|---|---|
| 420 | **Wärmeversorgungsanlagen** | | | | |
| 421 | **Wärmeerzeugungsanlagen** | | | | |
| | 1300-138 Bürogebäude | | | | |
| | • Herstellen (Kosten: 100,0%) | 2.267,67 m² BGF | 273 | **0,12** | 0,12 |
| | Heizungsanlage, Außerbetriebnahme, Entleerung, Inbetriebnahme, Befüllung, Einregulierung | | | | |
| | 1300-148 Bürogebäude | | | | |
| | • Herstellen (Kosten: 100,0%) | 153,60 m² BGF | 3.286 | **21,39** | 21,39 |
| | Anschluss an vorhandenen Kessel, Pumpenaufbau, Vertiefung der Bodenplatte | | | | |
| | 1300-151 Rathaus | | | | |
| | • Herstellen (Kosten: 100,0%) | 1.882,79 m² BGF | 29.454 | **15,64** | 15,64 |
| | Pelletkessel 140kW, Pufferspeicher, Fernwärmeleitungen (150m), Fernwärme-übergabestation | | | | |
| | 4100-075 Schulzentrum | | | | |
| | • Herstellen (Kosten: 100,0%) | 855,05 m² BGF | 12.026 | **14,07** | 14,07 |
| | Erweiterung der bestehenden Heizungsanlage, Umwälzpumpen (7St), Ausdehnungsgefäß (1St), Absperrklappen (26St), Ventile (9St), Verteiler (1St), | | | | |
| | 5100-044 Sporthalle | | | | |
| | • Herstellen (Kosten: 100,0%) | 1.315,00 m² BGF | 8.851 | **6,73** | 6,73 |
| | Anbindung an Fernwärmeanlage der Schule, Mikroprozessor-Regelsystem mit Kommunikationsmöglichkeit (1St), Bediengerät (1St), Kessel-Anbindesysteme (3St), Umwälzpumpen (5St), Ausdehnungsgefäß (1St), Ventile | | | | |
| | 5100-046 Sporthalle | | | | |
| | • Abbrechen (Kosten: 1,0%) | 595,00 m² BGF | 216 | **0,36** | 0,36 |
| | Abbruch von Gasleitungen, Schaltschränke, Entsorgung, Deponiegebühren | | | | |
| | • Herstellen (Kosten: 99,0%) | 595,00 m² BGF | 22.050 | **37,06** | 37,06 |
| | Gas-Brennwertkessel, Druckausdehnungsgefäße (2St), Regelung, Elektroarbeiten | | | | |
| | 6100-681 Mehrfamilienhaus (6WE) | | | | |
| | • Herstellen (Kosten: 100,0%) | 725,89 m² BGF | 41.125 | **56,65** | 56,65 |
| | Heiz-Kraft-Anlage mit wassergekühltem Verbrennunsmotor, Regelung, Modem zur Bedienung und Fernsteuerung, Heizleistung 12,5kW, Wärmespeicher 750l, Brennwert-wärmetauscher (1St), Zusatzheizung 20kW (1St), Warmwasserspeicher (1St) | | | | |
| | 6100-694 Zweifamilienhaus | | | | |
| | • Abbrechen (Kosten: 7,4%) | 417,86 m² BGF | 1.890 | **4,52** | 4,52 |
| | Abbruch der Heizungsanlage und Öltank, Entsorgung, Deponiegebühren | | | | |
| | • Herstellen (Kosten: 92,6%) | 417,86 m² BGF | 23.710 | **56,74** | 56,74 |
| | Wärmepumpe, Wasser/Wasser, Zubehör, Pufferspeicher für Warmwasserbereitung, Erdaushub, Schluckbrunnen, Brunnenpumpe, Nennleistung 0,37kW, geologisches Gutachten | | | | |

| KG | Kostengruppe | Menge Einheit | Kosten € | €/Einheit | €/m² BGF |
|---|---|---|---|---|---|
| | 6100-708 Einfamilienhaus | | | | |
| | • Abbrechen (Kosten: 1,0%) | 361,80 m² BGF | 74 | **0,20** | 0,20 |
| | Abbruch von einem Warmwasserboiler 300l, Entsorgung, Deponiegebühren | | | | |
| | • Herstellen (Kosten: 99,0%) | 361,80 m² BGF | 7.092 | **19,60** | 19,60 |
| | Gas-Brennwertkessel, Warmwasserspeicher 300l, mit Folienmantel (1St), Wärmetauscher (1St), Pumpen (2St), Erweiterung Mischerbaugruppe (1St) | | | | |
| | 6100-717 Mehrfamilienhaus (4WE) | | | | |
| | • Herstellen (Kosten: 100,0%) | 834,03 m² BGF | 24.527 | **29,41** | 29,41 |
| | Solaranlage, Heizungsunterstützung, Trinkwassererwärmung, Solar-Brennwertkessel, Gas 30kW (1St), Großflächen-Flachkollektor, Aufdachmontage (14m²), Frischwasserstation, 36l/min (1St), Holzkesselladeset, DN25 (1St), Umwälzpumpen (2St), Wohnungswärmestationen (4St) | | | | |
| | 6100-729 Mehrfamilienhaus (3WE) | | | | |
| | • Herstellen (Kosten: 100,0%) | 620,35 m² BGF | 31.378 | **50,58** | 50,58 |
| | Gas-Brennwerttherme, Solaranlage, Solarkollektoren | | | | |
| | 6100-731 Einfamilienhaus | | | | |
| | • Abbrechen (Kosten: 7,0%) | 248,08 m² BGF | 1.709 | **6,89** | 6,89 |
| | Abbruch von Heizungskessel, Regelung, Zubehör, Fundament, Dämmungen, Entsorgung, Deponiegebühren | | | | |
| | • Herstellen (Kosten: 93,0%) | 248,08 m² BGF | 22.787 | **91,85** | 91,85 |
| | Heizungskessel (1St), Wärmespeicher, 1.000l (1St), Pumpen (2St), Stellmotor (1St), Solaranlage, Aufdachkollektoren (6St), Solarstation, Solarregler, Solarflüssigkeit, Edelstahlrohre (25m), Kupferrohre (17m), Rohrisolierung (71m) | | | | |
| | 6100-740 Einfamilienhaus | | | | |
| | • Herstellen (Kosten: 100,0%) | 278,10 m² BGF | 5.758 | **20,71** | 20,71 |
| | Öl-Brennwertkessel | | | | |
| | 6100-752 Mehrfamilienhaus (19WE) | | | | |
| | • Herstellen (Kosten: 100,0%) | 2.549,01 m² BGF | 10.329 | **4,05** | 4,05 |
| | Fernwärmeübergabestation, Leistung 100 kW Heizung, 48 kW Warmwasser, Warmwasserspeicher 500l (1St), Anschluss an die bestehenden Leitungen | | | | |
| | 6100-753 Mehrfamilienhaus (19WE) | | | | |
| | • Herstellen (Kosten: 100,0%) | 2.549,01 m² BGF | 12.093 | **4,74** | 4,74 |
| | Fernwärmeübergabestation, Leistung 100kW Heizung, 48kW Warmwasser, Warmwasserspeicher, 500l, mit Ladesystem (1St), Anschluss an die bestehenden Leitungen | | | | |
| | 6100-770 Einfamilienhaus | | | | |
| | • Herstellen (Kosten: 100,0%) | 240,11 m² BGF | 5.933 | **24,71** | 24,71 |
| | Scheitholzofen mit Wassertasche, zur Brauchwasser- und Heizungswassererwärmung | | | | |

| KG | Kostengruppe | Menge Einheit | Kosten € | €/Einheit | €/m² BGF |
|---|---|---|---|---|---|
| | 6100-780 Einfamilienhaus, Büro | | | | |
| | • Herstellen (Kosten: 100,0%) | 825,71 m² BGF | 20.602 | **24,95** | 24,95 |
| | Gas-Brennwertgerät (1St), Kombi-Solarspeicher (1St), Solaranlage, Vollflächenabsorber als Indachmontage (14m²) | | | | |
| | 6100-793 Einfamilienhaus | | | | |
| | • Herstellen (Kosten: 100,0%) | 371,62 m² BGF | 33.395 | **89,86** | 89,86 |
| | Pelletsheizung 2,4-8kW, Pelletslager, Förderschnecke; Solaranlage 10m² zur Heizungsunterstützung und Warmwasserbereitung, Vakuumröhrenkollektoren, Schichtenspeicher 800l | | | | |
| | 7200-072 Geschäftshaus, Wohnen (13WE) | | | | |
| | • Herstellen (Kosten: 100,0%) | 2.121,84 m² BGF | 5.434 | **2,56** | 2,56 |
| | Erweiterung der vorhandenen Fernwärme- Übergabestadion von 160kW auf 240kW, Mirkoprozessor-Regelung, Elektroinstallation | | | | |
| | 9100-060 Stadtbibliothek | | | | |
| | • Herstellen (Kosten: 100,0%) | 575,84 m² BGF | 7.411 | **12,87** | 12,87 |
| | Gasbrennwerttherme 5,4-30kW, Kombigerät, Regelung, Raumcontroller, Zubehör | | | | |
| 422 | **Wärmeverteilnetze** | | | | |
| | 1300-138 Bürogebäude | | | | |
| | • Abbrechen (Kosten: 3,9%) | 2.267,67 m² BGF | 758 | **0,33** | 0,33 |
| | Abbruch von Heizungsrohren DN12-40, Entsorgung, Deponiegebühren (101m) | | | | |
| | • Herstellen (Kosten: 96,1%) | 2.267,67 m² BGF | 18.788 | **8,28** | 8,28 |
| | Heizungsleitungen, Formteile, Dämmung (291m), Ventile (21St), Anstrich, Heizungsrohre (57m) | | | | |
| | 1300-148 Bürogebäude | | | | |
| | • Herstellen (Kosten: 100,0%) | 153,60 m² BGF | 4.348 | **28,31** | 28,31 |
| | Kupfer-Heizungsrohre, Formstücke, Dämmung (110m), Stahlrohre DN22 (24m) | | | | |
| | 1300-151 Rathaus | | | | |
| | • Herstellen (Kosten: 100,0%) | 1.882,79 m² BGF | 35.335 | **18,77** | 18,77 |
| | Heizungsrohre, Rohrdämmungen, Umwälzpumpen, Heizkreisverteiler | | | | |
| | 1300-152 Wohn- und Geschäftshaus | | | | |
| | • Abbrechen (Kosten: 5,0%) | 390,52 m² BGF | 231 | **0,59** | 0,59 |
| | Abbruch von Heizungsrohren, Entsorgung, Deponiegebühren (18m) | | | | |
| | • Herstellen (Kosten: 95,0%) | 390,52 m² BGF | 4.384 | **11,22** | 11,22 |
| | Heizungsrohre, Wärmemengenzähler | | | | |
| | 4100-075 Schulzentrum | | | | |
| | • Herstellen (Kosten: 100,0%) | 855,05 m² BGF | 38.021 | **44,47** | 44,47 |
| | Verteiler (1St), Kupferheizungsrohre (663m), Stahl-Rohrleitungen (235), Formstücke, Rohrdämmungen | | | | |

| KG | Kostengruppe | Menge Einheit | Kosten € | €/Einheit | €/m² BGF |
|---|---|---|---|---|---|
| | • 4100-107 Grundschule | 539,18 m² BGF | 16.567 | **30,73** | 30,73 |
| | Rohrleitungen, Rohrdämmung (384m), Formstücke (244St), Ventile (19St), Umwälzpumpe (1St), Ausdehnungsgefäß (1St), Brandabschottung (30m) | | | | |
| | • 4100-108 Grundschule | 470,54 m² BGF | 14.584 | **30,99** | 30,99 |
| | Gewinderohre, Rohrdämmung (299m), Formstücke (90St), Kupferrohre, Rohrdämmung (66m), Formstücke (44St), Umwälzpumpe (1St), Ausdehnungsgefäß (1St), Ventile (12St), Brandschutzschotte (20St) | | | | |
| | 5100-044 Sporthalle | | | | |
| | • Herstellen (Kosten: 100,0%) | 1.315,00 m² BGF | 25.678 | **19,53** | 19,53 |
| | Kupfer-Heizungsrohre, Dämmung (640m), PE-X-Rohre, Erdverlegung (28m) | | | | |
| | 5100-046 Sporthalle | | | | |
| | • Herstellen (Kosten: 100,0%) | 595,00 m² BGF | 23.785 | **39,97** | 39,97 |
| | Heizungsverteiler, Umwälzpumpen (2St), Heizungsrohre, Formteile (559m) | | | | |
| | 5100-048 Gymnastikraum Grundschule | | | | |
| | • Abbrechen (Kosten: 1,2%) | 627,27 m² BGF | 73 | **0,12** | 0,12 |
| | Abbruch von Heizungsrohren, Rohrschellen, Entsorgung, Deponiegebühren (6m) | | | | |
| | • Herstellen (Kosten: 98,8%) | 627,27 m² BGF | 6.192 | **9,87** | 9,87 |
| | Kupfer-Heizungsleitungen, Rohrdämmung (61m), Brandschutz, Dämmmanschetten (4St), Anstrich, Stahl-Heizungsleitungen (8m) | | | | |
| | 6100-652 Mehrfamilienhaus (9WE) | | | | |
| | • Herstellen (Kosten: 100,0%) | 297,00 m² BGF | 11.819 | **39,79** | 39,79 |
| | Kupferrohre, Formstücke, Rohrdämmung (142m) | | | | |
| | 6100-681 Mehrfamilienhaus (6WE) | | | | |
| | • Herstellen (Kosten: 100,0%) | 725,89 m² BGF | 8.159 | **11,24** | 11,24 |
| | Metallverbundrohre, Formstücke, vorgedämmt (410m), Rohrdämmung (135m) | | | | |
| | 6100-694 Zweifamilienhaus | | | | |
| | • Herstellen (Kosten: 100,0%) | 417,86 m² BGF | 4.652 | **11,13** | 11,13 |
| | Kupferrohre, 13x22mm, Rohrdämmung (77m) | | | | |
| | 6100-708 Einfamilienhaus | | | | |
| | • Herstellen (Kosten: 100,0%) | 361,80 m² BGF | 7.826 | **21,63** | 21,63 |
| | Kupferrohre, Formstücke, Rohrdämmung (89m), Heizkreisverteiler (3St), Verteilerschrank (2St), Stellantriebe (18St) | | | | |
| | 6100-713 Doppelhaushälfte | | | | |
| | • Herstellen (Kosten: 100,0%) | 282,00 m² BGF | 319 | **1,13** | 1,13 |
| | Heizungsrohre, Formstücke | | | | |
| | 6100-717 Mehrfamilienhaus (4WE) | | | | |
| | • Herstellen (Kosten: 100,0%) | 834,03 m² BGF | 8.784 | **10,53** | 10,53 |
| | Kupfer-Heizungsrohre, Rohrdämmung (335m) | | | | |

| KG | Kostengruppe | Menge Einheit | Kosten € | €/Einheit | €/m2 BGF |
|---|---|---|---|---|---|
| | 6100-740 Einfamilienhaus | | | | |
| | • Herstellen (Kosten: 100,0%) | 278,10 m2 BGF | 9.801 | **35,24** | 35,24 |
| | Heizungsrohre | | | | |
| | 6100-752 Mehrfamilienhaus (19WE) | | | | |
| | • Abbrechen (Kosten: 5,8%) | 2.549,01 m2 BGF | 3.436 | **1,35** | 1,35 |
| | Abbruch von Rohrisolierungen (160m), Heizungsrohre (580m); Entsorgung, Deponiegebühren | | | | |
| | • Herstellen (Kosten: 94,2%) | 2.549,01 m2 BGF | 55.702 | **21,85** | 21,85 |
| | Kupfer-Heizungsrohre DN10-54, Formteile, Rohrdämmungen (1.100m), Umwälzpumpe (1St), Ventile (57St), Wanddurchbrüche (238St), Kernbohrungen (54St) | | | | |
| | 6100-753 Mehrfamilienhaus (19WE) | | | | |
| | • Abbrechen (Kosten: 13,7%) | 2.549,01 m2 BGF | 6.450 | **2,53** | 2,53 |
| | Abbruch von Rohrisolierungen (160m), Heizungsrohre (580m); Entsorgung, Deponiegebühren | | | | |
| | • Herstellen (Kosten: 86,3%) | 2.549,01 m2 BGF | 40.502 | **15,89** | 15,89 |
| | Kupfer-Heizungsrohre DN10-54, Formteile, Rohrdämmungen (1.1500m), Umwälzpumpe (1St), Ventile (50St), Wanddurchbrüche (238St), Kernbohrungen (30St) | | | | |
| | 6100-780 Einfamilienhaus, Büro | | | | |
| | • Wiederherstellen (Kosten: 69,7%) | 825,71 m2 BGF | 6.483 | **7,85** | 7,85 |
| | Heizungsrohre umbauen | | | | |
| | • Herstellen (Kosten: 30,3%) | 825,71 m2 BGF | 2.825 | **3,42** | 3,42 |
| | Wärmeverteilnetze | | | | |
| | 6100-785 Zweifamilienhaus | | | | |
| | • Herstellen (Kosten: 100,0%) | 104,00 m2 BGF | 4.652 | **44,73** | 44,73 |
| | Kupferrohre, 13x22mm, Rohrdämmung (77m) | | | | |
| | 7200-072 Geschäftshaus, Wohnen (13WE) | | | | |
| | • Herstellen (Kosten: 100,0%) | 2.121,84 m2 BGF | 20.998 | **9,90** | 9,90 |
| | Doppelnippel, Flanschdichtungen, Dreiwegemischer, Schmutzfänger, Kupferrohre, Formstücke, Rohrdämmung (161m) | | | | |
| | 9100-060 Stadtbibliothek | | | | |
| | • Herstellen (Kosten: 100,0%) | 575,84 m2 BGF | 12.240 | **21,26** | 21,26 |
| | Kupferrohre DN12-32, Formstücke, Dämmung (407m) | | | | |
| 423 | **Raumheizflächen** | | | | |
| | 1300-138 Bürogebäude | | | | |
| | • Abbrechen (Kosten: 8,7%) | 2.267,67 m2 BGF | 1.369 | **0,60** | 0,60 |
| | Abbruch von Konvektoren (19St), Stahlradiatoren (12St), Gussradiatoren (7St); Entsorgung, Deponiegebühren | | | | |
| | • Wiederherstellen (Kosten: 14,0%) | 2.267,67 m2 BGF | 2.202 | **0,97** | 0,97 |
| | Spülen der einzelnen Bestandsheizkörper (11St), Demontage und Wiedermontage der Heizkörper (21St) | | | | |
| | • Herstellen (Kosten: 77,3%) | 2.267,67 m2 BGF | 12.137 | **5,35** | 5,35 |
| | Flachheizkörper (36St), Thermostate (48St) | | | | |

| KG | Kostengruppe | Menge Einheit | Kosten € | €/Einheit | €/m² BGF |
|---|---|---|---|---|---|
| | 1300-148 Bürogebäude | | | | |
| | • Herstellen (Kosten: 100,0%) | 153,60 m² BGF | 4.250 | **27,67** | 27,67 |
| | Flachheizkörper, Fühlerelemente (12St), Kunststoffrosetten (24St) | | | | |
| | 1300-151 Rathaus | | | | |
| | • Wiederherstellen (Kosten: 0,4%) | 1.882,79 m² BGF | 297 | **0,16** | 0,16 |
| | Anstrich von Röhrenheizkörper, Anbindeleitungen (13m²) | | | | |
| | • Herstellen (Kosten: 99,6%) | 1.882,79 m² BGF | 82.434 | **43,78** | 43,78 |
| | Heizkörper, Fußbodenheizung | | | | |
| | 1300-152 Wohn- und Geschäftshaus | | | | |
| | • Abbrechen (Kosten: 11,2%) | 390,52 m² BGF | 751 | **1,92** | 1,92 |
| | Abbruch von Heizkörper, Entsorgung, Deponiegebühren | | | | |
| | • Herstellen (Kosten: 88,8%) | 390,52 m² BGF | 5.953 | **15,24** | 15,24 |
| | Heizkörper (14St), Handtuchtrockner mit Elektropatrone (1St) | | | | |
| | 4100-075 Schulzentrum | | | | |
| | • Herstellen (Kosten: 100,0%) | 855,05 m² BGF | 19.932 | **23,31** | 23,31 |
| | Heizkörper, Mehrsäuler (35St), Strahlungsschirme (23m), Thermostate (35St), Standkonsolen (46St) | | | | |
| | • 4100-107 Grundschule | 539,18 m² BGF | 12.560 | **23,29** | 23,29 |
| | Radiatoren, Thermostatköpfe, Rücklaufverschraubungen (20St) | | | | |
| | • 4100-108 Grundschule | 470,54 m² BGF | 10.052 | **21,36** | 21,36 |
| | Radiatoren, Thermostate, Rücklaufverschraubungen (14St) | | | | |
| | 5100-044 Sporthalle | | | | |
| | • Herstellen (Kosten: 100,0%) | 1.315,00 m² BGF | 42.821 | **32,56** | 32,56 |
| | Fußbodenheizung, Verlegeplatte, Wärmeleitlamellen, PE-Folie (725m²), PEX-Rohre (4.812m), Gliederheizkörper (21St), Flachheizkörper (7St), Thermostate (28St), Kompaktverteiler 10HK (2St), Kompaktverteiler 5HK (2St), Verteilerschränke (4St) | | | | |
| | 5100-046 Sporthalle | | | | |
| | • Herstellen (Kosten: 100,0%) | 595,00 m² BGF | 28.133 | **47,28** | 47,28 |
| | Heizkörper (13St), Deckenstrahlplatten (12St), Ballabweishauben (144m) | | | | |
| | 5100-048 Gymnastikraum Grundschule | | | | |
| | • Abbrechen (Kosten: 4,6%) | 627,27 m² BGF | 166 | **0,26** | 0,26 |
| | Abbruch von Heizkörpern, Entsorgung, Deponiegebühren (4St) | | | | |
| | • Herstellen (Kosten: 95,4%) | 627,27 m² BGF | 3.435 | **5,48** | 5,48 |
| | Heizwände (4St), Lackierung Heizwände (13m²), Thermostate mit Fernfühler (4St), Thermostate (4St) | | | | |
| | • 6100-482 Mehrfamilienhaus (3WE) | 199,53 m² BGF | 8.709 | **43,65** | 43,65 |
| | Wand - und Deckenheizung als Strahlungsheizung unter GK-Verkleidung | | | | |

| KG | Kostengruppe | Menge Einheit | Kosten € | €/Einheit | €/m² BGF |
|---|---|---|---|---|---|
| | 6100-652 Mehrfamilienhaus (9WE) | | | | |
| | • Herstellen (Kosten: 100,0%) | 297,00 m² BGF | 13.538 | **45,58** | 45,58 |
| | Heizkörper (4St), Handtuchheizkörper (3St), Fußbodenheizung | | | | |
| | 6100-681 Mehrfamilienhaus (6WE) | | | | |
| | • Herstellen (Kosten: 100,0%) | 725,89 m² BGF | 4.493 | **6,19** | 6,19 |
| | Flachheizkörper, Thermostatventile (30St) | | | | |
| | 6100-694 Zweifamilienhaus | | | | |
| | • Herstellen (Kosten: 100,0%) | 417,86 m² BGF | 3.458 | **8,28** | 8,28 |
| | Heizkörper (6St), Röhrenradiator als Raumteiler (1St) | | | | |
| | 6100-708 Einfamilienhaus | | | | |
| | • Abbrechen (Kosten: 2,7%) | 361,80 m² BGF | 299 | **0,83** | 0,83 |
| | Abbruch von Elektro-Boiler, Gaseinzelöfen, Entsorgung, Deponiegebühren | | | | |
| | • Herstellen (Kosten: 97,3%) | 361,80 m² BGF | 10.679 | **29,52** | 29,52 |
| | Fussbodenheizung, Dämmrolle, PE-Xa-Rohre 17x2mm (202m²), Raumtemperatur-Regler (16St), Badheizkörper (2St), Heizkörper (1St) | | | | |
| | 6100-713 Doppelhaushälfte | | | | |
| | • Abbrechen (Kosten: 3,5%) | 282,00 m² BGF | 159 | **0,56** | 0,56 |
| | Abbruch von Heizkörpern, Entsorgung, Deponiegebühren | | | | |
| | • Wiederherstellen (Kosten: 18,0%) | 282,00 m² BGF | 830 | **2,94** | 2,94 |
| | Heizkörper anschleifen, im Niederdruckverfahren lackieren (32m²) | | | | |
| | • Herstellen (Kosten: 78,5%) | 282,00 m² BGF | 3.611 | **12,80** | 12,80 |
| | Flachheizkörper (3St), Ventilheizkörper (1St) | | | | |
| | 6100-717 Mehrfamilienhaus (4WE) | | | | |
| | • Wiederherstellen (Kosten: 20,3%) | 834,03 m² BGF | 1.846 | **2,21** | 2,21 |
| | Heizkörper abnehmen, wieder montieren, neue Konsolen und Thermostate (11St) | | | | |
| | • Herstellen (Kosten: 79,7%) | 834,03 m² BGF | 7.253 | **8,70** | 8,70 |
| | Flachheizkörper (5St), Konvektoren (3St), Handtuchheizkörper (5St), Fußbodenheizung (11m²) | | | | |
| | 6100-740 Einfamilienhaus | | | | |
| | • Herstellen (Kosten: 100,0%) | 278,10 m² BGF | 7.774 | **27,95** | 27,95 |
| | Heizkörper | | | | |
| | 6100-752 Mehrfamilienhaus (19WE) | | | | |
| | • Abbrechen (Kosten: 24,4%) | 2.549,01 m² BGF | 9.419 | **3,70** | 3,70 |
| | Abbruch von Heizkörpern, Entsorgung, Deponiegebühren (99St) | | | | |
| | • Herstellen (Kosten: 75,6%) | 2.549,01 m² BGF | 29.237 | **11,47** | 11,47 |
| | Plattenheizkörper, Thermostatventile (99St) | | | | |
| | 6100-753 Mehrfamilienhaus (19WE) | | | | |
| | • Abbrechen (Kosten: 24,2%) | 2.549,01 m² BGF | 9.468 | **3,71** | 3,71 |
| | Abbruch von Heizkörpern, Entsorgung, Deponiegebühren (99St) | | | | |
| | • Herstellen (Kosten: 75,8%) | 2.549,01 m² BGF | 29.615 | **11,62** | 11,62 |
| | Niedertemperatur-Plattenheizkörper, Thermostatventile (108St) | | | | |

| KG | Kostengruppe | Menge Einheit | Kosten € | €/Einheit | €/m² BGF |
|---|---|---|---|---|---|
| | 6100-770 Einfamilienhaus | | | | |
| | • Herstellen (Kosten: 100,0%) | 240,11 m² BGF | 5.012 | **20,88** | 20,88 |
| | Wandheizflächen mit Regler und Verteiler | | | | |
| | 6100-780 Einfamilienhaus, Büro | | | | |
| | • Wiederherstellen (Kosten: 35,6%) | 825,71 m² BGF | 2.779 | **3,36** | 3,36 |
| | Heizkörper umbauen | | | | |
| | • Herstellen (Kosten: 64,4%) | 825,71 m² BGF | 5.032 | **6,09** | 6,09 |
| | Raumheizflächen, Wandheizung | | | | |
| | 6100-785 Zweifamilienhaus | | | | |
| | • Herstellen (Kosten: 100,0%) | 104,00 m² BGF | 3.458 | **33,25** | 33,25 |
| | Heizkörper (6St), Röhrenradiator als Raumteiler (1St) | | | | |
| | 9100-060 Stadtbibliothek | | | | |
| | • Herstellen (Kosten: 100,0%) | 575,84 m² BGF | 14.352 | **24,92** | 24,92 |
| | Heizkörper (31St) | | | | |
| 429 | **Wärmeversorgungsanlagen, sonstiges** | | | | |
| | 1300-151 Rathaus | | | | |
| | • Abbrechen (Kosten: 100,0%) | 1.882,79 m² BGF | 3.634 | **1,93** | 1,93 |
| | Abbruch von einem gemauerten Schornstein, 50x50cm, Entsorgung, Deponiegebühren (13m³) | | | | |
| | 1300-152 Wohn- und Geschäftshaus | | | | |
| | • Abbrechen (Kosten: 89,4%) | 390,52 m² BGF | 772 | **1,98** | 1,98 |
| | Abbruch von einem gemauerten Kamin, Entsorgung, Deponiegebühren (4m³) | | | | |
| | • Herstellen (Kosten: 10,6%) | 390,52 m² BGF | 92 | **0,24** | 0,24 |
| | Bestehender Kamin, Anstrich (10m²) | | | | |
| | 4100-075 Schulzentrum | | | | |
| | • Herstellen (Kosten: 100,0%) | 855,05 m² BGF | 3.626 | **4,24** | 4,24 |
| | Steinzeug-Vortriebrohre, Verbindung Bestand zu neuer Technikzentrale, Startgrube, Unterquerung mit Durchschlaggerät, DN100 (28m), Hausanschluss | | | | |
| | 5100-046 Sporthalle | | | | |
| | • Herstellen (Kosten: 100,0%) | 595,00 m² BGF | 951 | **1,60** | 1,60 |
| | Edelstahl-Abgassystem | | | | |
| | 6100-652 Mehrfamilienhaus (9WE) | | | | |
| | • Herstellen (Kosten: 100,0%) | 297,00 m² BGF | 860 | **2,89** | 2,89 |
| | Kaminerhöhung um 0,4m mit Formsteinen, Befestigungen | | | | |
| | 6100-681 Mehrfamilienhaus (6WE) | | | | |
| | • Abbrechen (Kosten: 100,0%) | 725,89 m² BGF | 1.058 | **1,46** | 1,46 |
| | Abbruch von einem Mauerwerkschornstein, verputz, asbesthaltige Kaminkopfbekleidung, Gerüst, Entsorgung, Deponiegebühren | | | | |

| KG | Kostengruppe | Menge Einheit | Kosten € | €/Einheit | €/m² BGF |
|---|---|---|---|---|---|
| | 6100-694 Zweifamilienhaus | | | | |
| | • Abbrechen (Kosten: 100,0%) | 417,86 m² BGF | 2.468 | **5,91** | 5,91 |
| | Abbruch vom Kamin, Isolierungen, Entsorgung, Deponiegebühren | | | | |
| | 6100-695 Mehrfamilienhaus, Kellertrocknung | | | | |
| | • Herstellen (Kosten: 100,0%) | 1.050,00 m² BGF | 5.342 | **5,09** | 5,09 |
| | Lüftungsöffnungen im Sockelbereich der Schornsteine (34St), Abdeckung der stillgelegten Schornsteine mit Lüftungssteinen (34St) | | | | |
| | 6100-708 Einfamilienhaus | | | | |
| | • Abbrechen (Kosten: 4,6%) | 361,80 m² BGF | 94 | **0,26** | 0,26 |
| | Abbruch von Kamineinfassungen | | | | |
| | • Herstellen (Kosten: 95,4%) | 361,80 m² BGF | 1.937 | **5,35** | 5,35 |
| | Kamineinfassungen, Kaminkopfverblechung und oberes Abdeckblech in Edelstahl (2St) | | | | |
| | 6100-717 Mehrfamilienhaus (4WE) | | | | |
| | • Abbrechen (Kosten: 3,0%) | 834,03 m² BGF | 174 | **0,21** | 0,21 |
| | Abbruch von einem gemauerten Backsteinkaminen 50x50cm, h=10m (0,7m³) | | | | |
| | • Herstellen (Kosten: 97,0%) | 834,03 m² BGF | 5.550 | **6,65** | 6,65 |
| | Schornstein, zweizügig für Brennwert-Gasheizung und feste Brennstoffe (9m), Kunststoff-Abgassystem Brennwertgeräte, d=80mm (1St), Titanzink-Kaminverwahrung (1St), Kaminkopfverkleidungen (2St) | | | | |
| | 6100-725 Mehrfamilienhaus (12WE) | | | | |
| | • Abbrechen (Kosten: 48,6%) | 1.906,03 m² BGF | 1.223 | **0,64** | 0,64 |
| | Abbruch von Schornsteinköpfe bis in das Sparrenfeld, Entsorgung, Deponiegebühren (3m³) | | | | |
| | • Herstellen (Kosten: 51,4%) | 1.906,03 m² BGF | 1.292 | **0,68** | 0,68 |
| | Die freigelegten Schornsteinköpfe mit einer Ortbetonplatte schließen, mit einem Lüftungsrohr entlüften (5St) | | | | |
| | 6100-729 Mehrfamilienhaus (3WE) | | | | |
| | • Abbrechen (Kosten: 6,5%) | 620,35 m² BGF | 50 | **< 0,1** | < 0,1 |
| | Abbruch von Schornsteinverkleidung, Entsorgung, Deponiegebühren | | | | |
| | • Herstellen (Kosten: 93,5%) | 620,35 m² BGF | 732 | **1,18** | 1,18 |
| | Schornsteinverkleidung, Dämmung, d=20mm, Titanzink-Stehfalzverkleidung (3m²), Edelstahl-Kaminabdeckung (1St), Edelstahl-Kaminhut (1St) | | | | |
| | 6100-731 Einfamilienhaus | | | | |
| | • Abbrechen (Kosten: 3,3%) | 248,08 m² BGF | 122 | **0,49** | 0,49 |
| | Abbruch von Kaminmantel, Verwahrung, Dämmungen, Entsorgung, Deponiegebühren | | | | |
| | • Wiederherstellen (Kosten: 18,0%) | 248,08 m² BGF | 677 | **2,73** | 2,73 |
| | Sichtmauerwerk am Kamin abbrechen und wieder neu aufmauern | | | | |
| | • Herstellen (Kosten: 78,8%) | 248,08 m² BGF | 2.961 | **11,94** | 11,94 |
| | Schornstein Luft-Abgasführung, Abgasrohr (5m) Schornsteinkopfverkleidung (1St), Wärmedämmung 20mm, Titanzink-Stehfalzverkleidung (3m²), Kaminabdeckung, Kaminhut, Edelstahl (1St), Revisionsrohre (2St), Schornsteinverwahrung | | | | |

| KG | Kostengruppe | Menge Einheit | Kosten € | €/Einheit | €/m² BGF |
|---|---|---|---|---|---|
| | 6100-740 Einfamilienhaus | | | | |
| | • Herstellen (Kosten: 100,0%) | 278,10 m² BGF | 3.740 | **13,45** | 13,45 |
| | Edelstahlschornstein | | | | |
| | 6100-770 Einfamilienhaus | | | | |
| | • Herstellen (Kosten: 100,0%) | 240,11 m² BGF | 2.439 | **10,16** | 10,16 |
| | Edelstahl-Schornstein, Außenmontage (10m) | | | | |
| | 6100-785 Zweifamilienhaus | | | | |
| | • Abbrechen (Kosten: 100,0%) | 104,00 m² BGF | 2.468 | **23,73** | 23,73 |
| | Abbruch vom Kamin, Isolierungen, Entsorgung, Deponiegebühren | | | | |
| | 6100-793 Einfamilienhaus | | | | |
| | • Abbrechen (Kosten: 100,0%) | 371,62 m² BGF | 588 | **1,58** | 1,58 |
| | Abbruch von Schornsteinmauerwerk, h=4m, Entsorgung, Deponiegebühren | | | | |
| | 9100-060 Stadtbibliothek | | | | |
| | • Abbrechen (Kosten: 100,0%) | 575,84 m² BGF | 1.160 | **2,02** | 2,02 |
| | Abbruch von gemauerten Kamin, 045x045cm, h=8m, Entsorgung, Deponiegebühren | | | | |

## Kostenkennwerte für die Kostengruppen 300 und 400 der 3.Ebene DIN 276 (Übersicht)

| KG | Kostengruppe | Menge Einheit | Kosten € | €/Einheit | €/m² BGF |
|---|---|---|---|---|---|
| 430 | **Lufttechnische Anlagen** | | | | |
| 431 | **Lüftungsanlagen** | | | | |
| | 1300-138 Bürogebäude | | | | |
| | • Herstellen (Kosten: 100,0%) | 2.267,67 m² BGF | 1.447 | **0,64** | 0,64 |
| | Einzelraumlüfter (4St), Wickelfalzrohre (3m), Formteile (8St), Aluflex Rohr (5m) | | | | |
| | 1300-148 Bürogebäude | | | | |
| | • Herstellen (Kosten: 100,0%) | 153,60 m² BGF | 14.204 | **92,47** | 92,47 |
| | Multisplit-Klimageräte, Kompressor, Außengeräte (2St), Raumklimageräte innen (6St), Splitleitungen (180m), Kondensatleitungen (18m), Kälte-Verdampfungsleitungen (160m), Minilüfter (2St) | | | | |
| | 1300-152 Wohn- und Geschäftshaus | | | | |
| | • Herstellen (Kosten: 100,0%) | 390,52 m² BGF | 1.929 | **4,94** | 4,94 |
| | Entlüfter (3St), Lüftungsrohre 80-100mm (30m), Brandschutzdeckenschotts (2St) | | | | |
| | 4100-075 Schulzentrum | | | | |
| | • Herstellen (Kosten: 100,0%) | 855,05 m² BGF | 29.978 | **35,06** | 35,06 |
| | Dachkompaktgerät, Zuluft/Abluft (1St), Radial-Dachventilator (1St), Kanalventilator (1St), Wasser-Lufterhitzer (1St), Luftfilter (1St), Kleinraumventilatoren (7St), Rechteckkanal (93m²), Rundrohre DN160-315, Formteile (30m), flexibles Rundrohr DN100-200 (31m), Rohrschalldämpfer (13St), Kanalschalldämpfer (5St), Brandschutzbekleidung (13m²), Kompaktgitter (12St) | | | | |
| | 5100-044 Sporthalle | | | | |
| | • Herstellen (Kosten: 100,0%) | 1.315,00 m² BGF | 57.548 | **43,76** | 43,76 |
| | Zu-Abluftgerät, Rotationswärmetauscher, Automatik, 1.200-3.700 m³/h (1St), Kanal-Heizregister für Pumpenwarmwasser 17kW (1St), Motorklappen (2St), Luftfilter (3St), Rohrventilatoren (3St), Warmwasser-Heizregister (3St), Luftleitungen Rundrohr, DN100-500, Formstücke, Dämmung (264m), Luftleitungen Rechteckkanal (15m²), Rohrschalldämpfer (9St), Volumenstromregelklappen (16St), Brandthermostat (1St), Steuerung | | | | |
| | 5100-046 Sporthalle | | | | |
| | • Herstellen (Kosten: 100,0%) | 595,00 m² BGF | 4.834 | **8,12** | 8,12 |
| | Radial-Laufrad, Flachdachsockel, Kulissenschalldämpfer, Lüftungsleitungen (39m), Formstücke (51St) | | | | |
| | 6100-681 Mehrfamilienhaus (6WE) | | | | |
| | • Herstellen (Kosten: 100,0%) | 725,89 m² BGF | 6.885 | **9,49** | 9,49 |
| | Aufputzventilatoren, variabler Volumenstrom von 30-90m³/h (14St), Wickelfalzrohre DN125, Formstücke, Rohrdämmung (20m), Brandschutzschotte (6St) | | | | |
| | 6100-694 Zweifamilienhaus | | | | |
| | • Herstellen (Kosten: 100,0%) | 417,86 m² BGF | 582 | **1,39** | 1,39 |
| | Einzelraumlüfter (2St), Abluftleitungen | | | | |

| KG | Kostengruppe | Menge Einheit | Kosten € | €/Einheit | €/m² BGF |
|---|---|---|---|---|---|
| | 6100-770 Einfamilienhaus | | | | |
| | • Herstellen (Kosten: 100,0%) | 240,11 m² BGF | 15.208 | **63,34** | 63,34 |
| | Lüftungsanlage mit Wärmerückgewinnung, Luftkanäle, Dämmungen, Steuerung (1St), Luftkollektor, Luft-Wasser-Wärmetauscher, Kanäle, Dämmungen, Stellklappen, Außenkamin für Erdwärmetauscher | | | | |
| | 6100-780 Einfamilienhaus, Büro | | | | |
| | • Herstellen (Kosten: 100,0%) | 825,71 m² BGF | 7.318 | **8,86** | 8,86 |
| | Kontrollierte Be- und Entlüftung mit Wärmerückgewinnung | | | | |
| | 6100-785 Zweifamilienhaus | | | | |
| | • Herstellen (Kosten: 100,0%) | 104,00 m² BGF | 582 | **5,60** | 5,60 |
| | Einzelraumlüfter (2St), Abluftleitungen | | | | |
| | 7200-072 Geschäftshaus, Wohnen (13WE) | | | | |
| | • Herstellen (Kosten: 100,0%) | 2.121,84 m² BGF | 10.348 | **4,88** | 4,88 |
| | Splitklimaanlagen, Kälteleistung: 5,1kW, Heizleistung: 5,6kW (2St), Leitungen, Isolierung; Einzelraumlüfter, Wickelfalzrohre | | | | |
| | 9100-060 Stadtbibliothek | | | | |
| | • Herstellen (Kosten: 100,0%) | 575,84 m² BGF | 1.537 | **2,67** | 2,67 |
| | Einzelraumlüfter in den WCs (2St), Wickelfalzrohre (6m) | | | | |

| KG | Kostengruppe | Menge Einheit | Kosten € | €/Einheit | €/m² BGF |
|---|---|---|---|---|---|
| 440 | **Starkstromanlagen** | | | | |
| 444 | **Niederspannungsinstallationsanlagen** | | | | |
| | 1300-138 Bürogebäude | | | | |
| | • Abbrechen (Kosten: 5,4%) | 2.267,67 m² BGF | 4.370 | **1,93** | 1,93 |
| | Abbruch von Schalter, Steckdosen (105St), Mantelleitungen (558m), Zählerhauptverteilung (1St), Kunststoffkanäle (407m); Entsorgung, Deponiegebühren | | | | |
| | • Herstellen (Kosten: 94,6%) | 2.267,67 m² BGF | 77.265 | **34,07** | 34,07 |
| | Zählerschränke (2St), Unterverteilungen (2St), Sicherungen, FI-Schutzschalter, Kabelkanäle (534m), Kabelabschottungen (29St), Mantelleitungen, (5.217m), Schalter (42St), Steckdosen (341St), Geräteanschlussdosen (11St), Bewegungsmelder (19St) | | | | |
| | 1300-148 Bürogebäude | | | | |
| | • Herstellen (Kosten: 100,0%) | 153,60 m² BGF | 13.084 | **85,18** | 85,18 |
| | Unterverteilungen (2St), Sicherungen (31St), FI-Schalter (1St), Mantelleitungen (563m), Steckdosen (92St), Schalter (23St), Leerrohre (376m), Unterflurkanäle (40m) | | | | |
| | 1300-151 Rathaus | | | | |
| | • Abbrechen (Kosten: 0,1%) | 1.882,79 m² BGF | 130 | **< 0,1** | < 0,1 |
| | Abbruch von Elektroleitungen | | | | |
| | • Herstellen (Kosten: 99,9%) | 1.882,79 m² BGF | 118.059 | **62,70** | 62,70 |
| | Zählerschrank, Unterverteilungen, Sicherungen, FI-Schutzschalter, Mantelleitungen NYM, Schalter, Taster, Steckdosen | | | | |
| | 1300-152 Wohn- und Geschäftshaus | | | | |
| | • Abbrechen (Kosten: 2,1%) | 390,52 m² BGF | 481 | **1,23** | 1,23 |
| | Abbruch von Mantelleitungen, Schalter, Steckdosen, Zählerkasten, Entsorgung, Deponiegebühren | | | | |
| | • Herstellen (Kosten: 97,9%) | 390,52 m² BGF | 22.951 | **58,77** | 58,77 |
| | Zählerschrank, Unterverteilung, Sicherungen (2St), FI-Schutzschalter (4St), Mantelleitungen (536m), Panzerrohre (140m), Alu-Steckrohre NW 20 (55m), Steckdosen (76St), Schalter (31St), Bewegungsmelder (1St), Treppenlichtzeitschalter (1St), Elektroinstallation in Kellerräumen (psch) | | | | |
| | 4100-075 Schulzentrum | | | | |
| | • Abbrechen (Kosten: 2,7%) | 855,05 m² BGF | 1.774 | **2,07** | 2,07 |
| | Abbruch von Zählerschränken Mantelleitungen, Unterverteilung, Entsorgung, Deponiegebühren | | | | |
| | • Herstellen (Kosten: 97,3%) | 855,05 m² BGF | 63.444 | **74,20** | 74,20 |
| | Zählerschrank (1St), Unterverteiler (2St), Sicherungen (124St), FI-Schutzschalter (2St), Lasttrennschalter (14St), Lastschalter (12St), Mantelleitungen (4.609m), Kabelrinnen (187m), Kunststoffkanäle (42m), Leerrohre (228m), Brüstungskanäle (32m), Schalter, Taster (76St), Steckdosen (135St), Drehstromzähler (1St), Überspannungsschutz (3St) | | | | |
| | • 4100-107 Grundschule | 539,18 m² BGF | 38.558 | **71,51** | 71,51 |
| | Unterverteilungen, Sicherungen, Mantelleitungen, Kabelabschottungen, Schalter, Steckdosen | | | | |

| KG | Kostengruppe | Menge Einheit | Kosten € | €/Einheit | €/m² BGF |
|---|---|---|---|---|---|
| | • 4100-108 Grundschule<br>Unterverteilungen, Sicherungen, Mantelleitungen, Schalter, Steckdosen | 470,54 m² BGF | 34.109 | **72,49** | 72,49 |
| | 4300-010 Förderschule, Vereinsräume | | | | |
| | • Abbrechen (Kosten: 1,3%)<br>Abbruch des Kunststoff-Brüstungskanals, Entsorgung, Deponiegebühren (6m) | 810,00 m² BGF | 230 | **0,28** | 0,28 |
| | • Herstellen (Kosten: 98,7%)<br>Zählerschrank, Sicherungen (64St), FI-Schutzschalter (3St), Hauptschalter (1St), Schalter (26St) Steckdosen (54St), Brüstungskanal (81m), Kernbohrung, Brandabschottungen (16St), PVC-Kanal (3m), Steuerleitungen (51m), Mantelleitungen (2.319m) | 810,00 m² BGF | 17.624 | **21,76** | 21,76 |
| | 5100-044 Sporthalle | | | | |
| | • Herstellen (Kosten: 100,0%)<br>Hauptverteilung (1St), Unterverteiler (2St), Energiesäule (1St), Mantelleitungen (3.480m), Sicherheitskabel E30 (80m), PVC-Kanäle (80m), Kabeleinführungssysteme (2St), Kabelkanal mit Auslegern (76m), Flexkabel (65m), Präsenzmelder (15St), Bewegungsmelder (9St), Sicherungen (106St), FI-Schutzschalter (6St), Lastschalter (5St), Schütz (12St), Steckdosen (54St), CEE-Steckdosen (10St), Schalter (11St) | 1.315,00 m² BGF | 28.440 | **21,63** | 21,63 |
| | 5100-046 Sporthalle | | | | |
| | • Abbrechen (Kosten: 4,8%)<br>Abbruch von Leitungen, Schalter, Steckdosen, Unterverteilung, Entsorgung, Deponiegebühren | 595,00 m² BGF | 927 | **1,56** | 1,56 |
| | • Herstellen (Kosten: 95,2%)<br>Unterverteilung, Sicherungen, FI-Schutzschalter, Mantelleitungen NYM, Verlegesysteme, Schalter, Steckdosen | 595,00 m² BGF | 18.319 | **30,79** | 30,79 |
| | 5100-048 Gymnastikraum Grundschule | | | | |
| | • Herstellen (Kosten: 100,0%)<br>Unterverteilung (1St), FI-Schalter (1St), Sicherungen (17St), Wechselstromschütz (1St), Digital-Zeitschaltuhr (1St), Mantelleitungen (716m), Leitungskanäle (29m), Steckdosen (13St), Sicherheitstransformator 24V (2St) | 627,27 m² BGF | 6.275 | **10,00** | 10,00 |
| | • 6100-482 Mehrfamilienhaus (3WE)<br>Erweiterung der Elektroinstallation | 199,53 m² BGF | 3.570 | **17,89** | 17,89 |
| | 6100-652 Mehrfamilienhaus (9WE) | | | | |
| | • Abbrechen (Kosten: 1,6%)<br>Abbruch der Elektroinstallation | 297,00 m² BGF | 404 | **1,36** | 1,36 |
| | • Herstellen (Kosten: 98,4%)<br>Zählerschrank, Unterverteilungen, Sicherungen, FI-Schutzschalter, Mantelleitungen (785m), Schalter, Taster (56St), Steckdosen (137St) | 297,00 m² BGF | 25.555 | **86,04** | 86,04 |
| | 6100-681 Mehrfamilienhaus (6WE) | | | | |
| | • Abbrechen (Kosten: 0,7%)<br>Abbruch von Unterverteilungen, Hauptleitungen, Entsorgung, Deponiegebühren (6St) | 725,89 m² BGF | 107 | **0,15** | 0,15 |

| KG | Kostengruppe | Menge Einheit | Kosten € | €/Einheit | €/m² BGF |
|---|---|---|---|---|---|
| | • Herstellen (Kosten: 99,3%) | 725,89 m² BGF | 15.756 | **21,71** | 21,71 |
| | Zählerschrank, Unterverteilungen (6St), Sicherungen (75St), FI-Schutzschalter (6St), Mantelleitungen NYM (489m), Kabelkanäle (42m), Leerrohre (108m), Schalter (50St), Taster (4St), Steckdosen (152St) | | | | |
| | 6100-694 Zweifamilienhaus | | | | |
| | • Herstellen (Kosten: 100,0%) | 417,86 m² BGF | 5.827 | **13,94** | 13,94 |
| | Elektroinstallation, Sicherungen, Mantelleitungen, Schalter, Steckdosen | | | | |
| | 6100-708 Einfamilienhaus | | | | |
| | • Abbrechen (Kosten: 5,9%) | 361,80 m² BGF | 853 | **2,36** | 2,36 |
| | Abbruch von Mantelleitungen, Stegleitungen, Schalter, Steckdosen, Entsorgung, Deponiegebühren | | | | |
| | • Herstellen (Kosten: 94,1%) | 361,80 m² BGF | 13.559 | **37,48** | 37,48 |
| | Zählerschrank, Unterverteilung, Sicherungen, Steckdosen (78St), Schalter (31St), PVC-Aderleitungen (820m), EIB-Busleitungen (360m), Mantelleitungen (62m), Installationsrohre (845m), Kabelkanäle (18m) | | | | |
| | 6100-713 Doppelhaushälfte | | | | |
| | • Herstellen (Kosten: 100,0%) | 282,00 m² BGF | 166 | **0,59** | 0,59 |
| | Steckdosen (1St), Steckdose, ausgebaut, neu gesetzt (1St), Schalter ausgetauscht (1St) | | | | |
| | 6100-717 Mehrfamilienhaus (4WE) | | | | |
| | • Herstellen (Kosten: 100,0%) | 834,03 m² BGF | 17.843 | **21,39** | 21,39 |
| | Zählerverteilung, Sicherungen, Unterverteilungen (5St), FI-Schutzschalter (7St), Sicherungen (47St), Überspannungsschutz (1St), Mantelleitungen (913m), Kabelkanäle (411m), Schalter (65St), Steckdosen (114St) | | | | |
| | 6100-726 Mehrfamilienhaus (3WE) | | | | |
| | • Herstellen (Kosten: 100,0%) | 434,55 m² BGF | 140 | **0,32** | 0,32 |
| | Mantelleitungen, Steckdose (1St), Lampenauslass (1St) | | | | |
| | 6100-731 Einfamilienhaus | | | | |
| | • Herstellen (Kosten: 100,0%) | 248,08 m² BGF | 3.462 | **13,96** | 13,96 |
| | Mantelleitungen (207m), BUS-Leitungen (73m), Installationsrohre (18m), Steckdosen (7St) | | | | |
| | 6100-740 Einfamilienhaus | | | | |
| | • Herstellen (Kosten: 100,0%) | 278,10 m² BGF | 11.585 | **41,66** | 41,66 |
| | Zählerschrank, Unterverteilung, Sicherungen (12St), FI-Schutzschalter (1St), Schalter (52St), Steckdosen (118St), Mantelleitungen | | | | |
| | 6100-752 Mehrfamilienhaus (19WE) | | | | |
| | • Herstellen (Kosten: 100,0%) | 2.549,01 m² BGF | 2.446 | **0,96** | 0,96 |
| | Balkone, Schukosteckdosen (19St), Dämmerungsschalter (1St), Leitungen für Außenfühler (14m) | | | | |
| | 6100-753 Mehrfamilienhaus (19WE) | | | | |
| | • Wiederherstellen (Kosten: 8,7%) | 2.549,01 m² BGF | 320 | **0,13** | 0,13 |
| | Treppenhauslicht-Steuerung überprüft, neuer Zeitschalter, Schalter ausgetauscht | | | | |

| KG | Kostengruppe | Menge Einheit | Kosten € | €/Einheit | €/m² BGF |
|---|---|---|---|---|---|
| | • Herstellen (Kosten: 91,3%) | 2.549,01 m² BGF | 3.354 | **1,32** | 1,32 |
| | Balkone, Schukosteckdosen (20St), Leitungen für Dämmerungsschalter (35m), Mantelleitungen (11m) | | | | |
| | 6100-770 Einfamilienhaus | | | | |
| | • Herstellen (Kosten: 100,0%) | 240,11 m² BGF | 5.608 | **23,36** | 23,36 |
| | Unterverteiler, Sicherungen, Mantelleitungen, Schalter, Steckdosen | | | | |
| | 6100-780 Einfamilienhaus, Büro | | | | |
| | • Herstellen (Kosten: 100,0%) | 825,71 m² BGF | 14.752 | **17,87** | 17,87 |
| | Unterverteilungen, Sicherungen, FI-Schutzschalter, Mantelleitungen, Schalter, Steckdosen | | | | |
| | 6100-785 Zweifamilienhaus | | | | |
| | • Herstellen (Kosten: 100,0%) | 104,00 m² BGF | 5.827 | **56,03** | 56,03 |
| | Elektroinstallation, Sicherungen, Mantelleitungen, Schalter, Steckdosen | | | | |
| | 6100-790 Einfamilienhaus | | | | |
| | • Herstellen (Kosten: 100,0%) | 261,18 m² BGF | 895 | **3,43** | 3,43 |
| | Mantelleitungen NYM (35m), Steckdosen, FR (6St) | | | | |
| | 7200-072 Geschäftshaus, Wohnen (13WE) | | | | |
| | • Herstellen (Kosten: 100,0%) | 2.121,84 m² BGF | 8.381 | **3,95** | 3,95 |
| | Zählerschrank, Unterverteilungen, Sicherungen (21St), FI-Schutzschalter (3St), Mantelleitungen NYM (321m), Schalter, Steckdosen (20St) | | | | |
| | 9100-060 Stadtbibliothek | | | | |
| | • Herstellen (Kosten: 100,0%) | 575,84 m² BGF | 21.465 | **37,28** | 37,28 |
| | Zählerschrank, Unterverteilungen, Sicherungen (58St), FI-Schutzschalter (4St), Mantelleitungen NYM (3.408m), Schalter (33St), Steckdosen (226St) | | | | |
| 445 | **Beleuchtungsanlagen** | | | | |
| | 1300-138 Bürogebäude | | | | |
| | • Abbrechen (Kosten: 2,8%) | 2.267,67 m² BGF | 604 | **0,27** | 0,27 |
| | Abbruch von Langfeldleuchten 1x58W (2St), Rasterleuchten (12St), Opalgasleuchten 100W (18St), Pendelleuchten (74St); Entsorgung, Deponiegebühren | | | | |
| | • Herstellen (Kosten: 97,2%) | 2.267,67 m² BGF | 21.349 | **9,41** | 9,41 |
| | Deckenleuchten (51St), Downlights (25St), Lichtbandhängeleuchten (42St), Schiffsarmaturen (6St), Sicherheitsbeleuchtung (1St), Einzelbatterieleuchten (14St) | | | | |
| | 1300-148 Bürogebäude | | | | |
| | • Herstellen (Kosten: 100,0%) | 153,60 m² BGF | 8.833 | **57,51** | 57,51 |
| | Raster-Hängeleuchten (11St), Wandleuchten (7St), Beleuchtungsschiene, 4 Strahler (1St), Aufbauleuchten (3St), Feuchtraumwannenleuchte (1St), Wand-Außenleuchte (1St), Bodenstrahler (1St) | | | | |
| | 1300-151 Rathaus | | | | |
| | • Wiederherstellen (Kosten: 100,0%) | 1.882,79 m² BGF | 70 | **< 0,1** | < 0,1 |
| | Außenlampen, reinigen, vorlackieren, Anstrich mit Eisenglimmerfarbe (2St) | | | | |

| KG | Kostengruppe | Menge Einheit | Kosten € | €/Einheit | €/m2 BGF |
|---|---|---|---|---|---|
| | 1300-152 Wohn- und Geschäftshaus | | | | |
| | • Herstellen (Kosten: 100,0%) | 390,52 m2 BGF | 1.936 | **4,96** | 4,96 |
| | Bodeneinbaustrahler (1St), Aufbau-Downlight (10St), Deckenleuchten (7St), Wandleuchten (4St), Sensorleuchten (3St), Ovalleuchten (3St), Nurglasleuchte (1St) | | | | |
| | 4100-075 Schulzentrum | | | | |
| | • Herstellen (Kosten: 100,0%) | 855,05 m2 BGF | 34.083 | **39,86** | 39,86 |
| | BUS-Überwachungszentrale (1St), Einzelbatterieleuchten, Sicherheitsbeleuchtung (8St), Einbau-Downlights (85St), Anbauleuchten (22St), Pendelleuchten (12St), Wand- und Deckenleuchten (12St), Leuchten (24St) | | | | |
| | 4300-010 Förderschule, Vereinsräume | | | | |
| | • Herstellen (Kosten: 100,0%) | 810,00 m2 BGF | 18.652 | **23,03** | 23,03 |
| | Anbauleuchten dimmbar (69St), Einbaudownlights (2St), Mini-Konstanter mit Federmechanismus (18St), Tafel Strahler (8St), Leuchtmittel für Piktogramme (4St), Präsenzmelder, Tageslichtsteuerung | | | | |
| | 5100-044 Sporthalle | | | | |
| | • Herstellen (Kosten: 100,0%) | 1.315,00 m2 BGF | 33.118 | **25,18** | 25,18 |
| | Langfeldleuchten, teilweise dimmbar (46St), Anbauprismen (34St), Eingangsbeleuchtung (13St), Einbauleuchten (4St), Spiegelwandleuchten (6St), Pendelleuchten (6St), Zentralbatterieleuchten (14St), Bodenstrahler (4St), Ovalleuchte (10St) | | | | |
| | 5100-046 Sporthalle | | | | |
| | • Herstellen (Kosten: 100,0%) | 595,00 m2 BGF | 8.995 | **15,12** | 15,12 |
| | Beleuchtungskörper | | | | |
| | 5100-048 Gymnastikraum Grundschule | | | | |
| | • Herstellen (Kosten: 100,0%) | 627,27 m2 BGF | 14.513 | **23,14** | 23,14 |
| | Einbauleuchten (24St), Langfeldleuchten 1x58W (10St), Langfeldleuchten 1x36W (6St), Nurglasleuchten (2St), Fluchtwegkennzeichenleuchten (2St), Notlicht (6St) | | | | |
| | 6100-658 Mehrfamilienhaus (60WE) | | | | |
| | • Wiederherstellen (Kosten: 100,0%) | 2.095,70 m2 BGF | 244 | **0,12** | 0,12 |
| | Außenlampen demontieren, lagern, Elektroleitungen verlängern, später wieder montieren (3St) | | | | |
| | 6100-681 Mehrfamilienhaus (6WE) | | | | |
| | • Herstellen (Kosten: 100,0%) | 725,89 m2 BGF | 569 | **0,78** | 0,78 |
| | Ovalleuchten (11St), Anbauleuchten (4St), Deckenleuchten (3St) | | | | |
| | 6100-708 Einfamilienhaus | | | | |
| | • Herstellen (Kosten: 100,0%) | 361,80 m2 BGF | 4.959 | **13,71** | 13,71 |
| | Mobile Einbaustrahler (32St), LED-Treppenbeleuchtung, Stufen (12St) | | | | |
| | 6100-717 Mehrfamilienhaus (4WE) | | | | |
| | • Herstellen (Kosten: 100,0%) | 834,03 m2 BGF | 144 | **0,17** | 0,17 |
| | Wannenleuchten (4St) | | | | |

| KG | Kostengruppe | Menge Einheit | Kosten € | €/Einheit | €/m² BGF |
|---|---|---|---|---|---|
| | 6100-731 Einfamilienhaus | | | | |
| | • Herstellen (Kosten: 100,0%) | 248,08 m² BGF | 138 | **0,56** | 0,56 |
| | Einbauleuchten (4St), Transformator (1St) | | | | |
| | 6100-740 Einfamilienhaus | | | | |
| | • Herstellen (Kosten: 100,0%) | 278,10 m² BGF | 5.945 | **21,38** | 21,38 |
| | Beleuchtungskörper | | | | |
| | 6100-752 Mehrfamilienhaus (19WE) | | | | |
| | • Herstellen (Kosten: 100,0%) | 2.549,01 m² BGF | 516 | **0,20** | 0,20 |
| | Außen-Wandleuchten (3St) | | | | |
| | 6100-753 Mehrfamilienhaus (19WE) | | | | |
| | • Wiederherstellen (Kosten: 49,2%) | 2.549,01 m² BGF | 623 | **0,24** | 0,24 |
| | Außenleuchten wieder montiert, neue Dämmerungsschalter, Gläser bei Nurglasleuchten ersetzt (2St), Glühlampen getauscht (6St) | | | | |
| | • Herstellen (Kosten: 50,8%) | 2.549,01 m² BGF | 644 | **0,25** | 0,25 |
| | Polyesterleuchte (1St), Leuchten (3St) | | | | |
| | 7200-072 Geschäftshaus, Wohnen (13WE) | | | | |
| | • Herstellen (Kosten: 100,0%) | 2.121,84 m² BGF | 8.629 | **4,07** | 4,07 |
| | Halogeneinbaulauchten, Trafos (34St), Deckeneinbauleuchten (17St), Fassadenbeleuchtung mit Leuchtstofflampen (35m) | | | | |
| | 9100-060 Stadtbibliothek | | | | |
| | • Herstellen (Kosten: 100,0%) | 575,84 m² BGF | 24.582 | **42,69** | 42,69 |
| | Einbauleuchten (94St), Einzelleuchten (11St), Notleuchten (16St), Pendelleuchten (3St), Anbauleuchten (16St), Downlights 12V/35W (13St), Leuchtstofflampe (1St) | | | | |
| 446 | **Blitzschutz- und Erdungsanlagen** | | | | |
| | 1300-138 Bürogebäude | | | | |
| | • Herstellen (Kosten: 100,0%) | 2.267,67 m² BGF | 455 | **0,20** | 0,20 |
| | Potenzialausgleichschienen (2St), Mantelleitungen (148m) | | | | |
| | 1300-148 Bürogebäude | | | | |
| | • Herstellen (Kosten: 100,0%) | 153,60 m² BGF | 525 | **3,42** | 3,42 |
| | Fundamenterder (52m), Mantelleitungen (60m), Potenzialausgleichschiene (1St), Erdungsbandschellen (3St), Erdungsschiene (5m) | | | | |
| | 1300-151 Rathaus | | | | |
| | • Herstellen (Kosten: 100,0%) | 1.882,79 m² BGF | 4.912 | **2,61** | 2,61 |
| | Blitzschutzanlage, Fundamenterder (105m), Anschlussfahnen (4St) | | | | |
| | 1300-152 Wohn- und Geschäftshaus | | | | |
| | • Herstellen (Kosten: 100,0%) | 390,52 m² BGF | 89 | **0,23** | 0,23 |
| | Erdung Wasserhahn | | | | |

| KG | Kostengruppe | Menge Einheit | Kosten € | €/Einheit | €/m² BGF |
|---|---|---|---|---|---|
| | 4100-075 Schulzentrum | | | | |
| | • Herstellen (Kosten: 100,0%) | 855,05 m² BGF | 4.441 | **5,19** | 5,19 |
| | Fundamenterder (158m), Potenzialausgleich (2St), Mantelleitungen (274m), Rundstahl 10mm (188m), Fangstangen (9St), Anschlussklemmen (83St) | | | | |
| | • 4100-107 Grundschule | 539,18 m² BGF | 8.075 | **14,98** | 14,98 |
| | Fundamenterder (120m), Anschlussfahnen (10St), Erdbandschellen, Mantelleitung; Blitzschutzanlage | | | | |
| | • 4100-108 Grundschule | 470,54 m² BGF | 8.575 | **18,22** | 18,22 |
| | Fundamenterder (200m), Anschlussfahnen (8St), Erdbandschellen, Mantelleitungen; Blitzschutzanlage | | | | |
| | 5100-044 Sporthalle | | | | |
| | • Abbrechen (Kosten: 1,6%) | 1.315,00 m² BGF | 96 | **< 0,1** | < 0,1 |
| | Abbruch von Blitzableiter, Entsorgung, Deponiegebühren (129m) | | | | |
| | • Herstellen (Kosten: 98,4%) | 1.315,00 m² BGF | 5.733 | **4,36** | 4,36 |
| | Anbindung an Schule, Verbindungsleitung der Potenzialausgleichschienen 1x25mm (48m), Potenzialausgleichsschiene (1St), Edelstahldraht, d=10mm (159m), Anschlussfahnen (12St), Ableitungen, d=8mm (303m), Erdeinführungsstange (3St), Banderdungsschellen (13St) | | | | |
| | 5100-046 Sporthalle | | | | |
| | • Herstellen (Kosten: 100,0%) | 595,00 m² BGF | 9.381 | **15,77** | 15,77 |
| | Blitzschutzanlage, Erdungen | | | | |
| | 6100-652 Mehrfamilienhaus (9WE) | | | | |
| | • Herstellen (Kosten: 100,0%) | 297,00 m² BGF | 822 | **2,77** | 2,77 |
| | Erdbandschellen, Mantelleitungen NYM 1x16mm² (124m) | | | | |
| | 6100-681 Mehrfamilienhaus (6WE) | | | | |
| | • Herstellen (Kosten: 100,0%) | 725,89 m² BGF | 213 | **0,29** | 0,29 |
| | Potenzialausgleichschiene (1St), Erdungen in Bädern, Mantelleitungen NYM 1x6mm² (56m) | | | | |
| | 6100-708 Einfamilienhaus | | | | |
| | • Herstellen (Kosten: 100,0%) | 361,80 m² BGF | 152 | **0,42** | 0,42 |
| | Mantelleitungen NYM 1x16mm² (22m), Potenzialausgleich | | | | |
| | 6100-717 Mehrfamilienhaus (4WE) | | | | |
| | • Herstellen (Kosten: 100,0%) | 834,03 m² BGF | 315 | **0,38** | 0,38 |
| | Fundamenterder (40m), Potenzialschiene (1St), Mantelleitungen (19m), Erdungsschellen (8St) | | | | |
| | 6100-731 Einfamilienhaus | | | | |
| | • Herstellen (Kosten: 100,0%) | 248,08 m² BGF | 28 | **0,11** | 0,11 |
| | Mantelleitung (13m), Erdungsschelle (1St) | | | | |

| KG | Kostengruppe | Menge Einheit | Kosten € | €/Einheit | €/m² BGF |
|---|---|---|---|---|---|
| | 6100-770 Einfamilienhaus | | | | |
| | • Herstellen (Kosten: 100,0%) | 240,11 m² BGF | 103 | **0,43** | 0,43 |
| | Fundamenterder (38m) | | | | |
| | 9100-060 Stadtbibliothek | | | | |
| | • Herstellen (Kosten: 100,0%) | 575,84 m² BGF | 3.477 | **6,04** | 6,04 |
| | Blitzschutzanlage, Dach- und Ableitungen (125m), Aufangspitzen (5St), Dachleitungshalter (87St), Erdeinführungsstangen (6St), Erdleitungsverbinder (11St) | | | | |

## Kostenkennwerte für die Kostengruppen 300 und 400 der 3.Ebene DIN 276 (Übersicht)

| KG | Kostengruppe | Menge Einheit | Kosten € | €/Einheit | €/m² BGF |
|---|---|---|---|---|---|
| 450 | **Fernmelde-, informationstechnische Anlagen** | | | | |
| 451 | **Telekommunikationsanlagen** | | | | |
| | 1300-138 Bürogebäude | | | | |
| | • Herstellen (Kosten: 100,0%) | 2.267,67 m² BGF | 5.457 | **2,41** | 2,41 |
| | Telefonkabel (3.244m) | | | | |
| | 1300-148 Bürogebäude | | | | |
| | • Herstellen (Kosten: 100,0%) | 153,60 m² BGF | 703 | **4,57** | 4,57 |
| | Telefonsteckdosen (10St), Fernmeldeleitungen (568m) | | | | |
| | 1300-152 Wohn- und Geschäftshaus | | | | |
| | • Herstellen (Kosten: 100,0%) | 390,52 m² BGF | 437 | **1,12** | 1,12 |
| | Fernmeldeleitungen I-Y(St)Y4x2x0,6 (103m), TAE-Steckdosen (4St) | | | | |
| | 4300-010 Förderschule, Vereinsräume | | | | |
| | • Herstellen (Kosten: 100,0%) | 810,00 m² BGF | 1.512 | **1,87** | 1,87 |
| | Fernmeldeleitungen (975m) | | | | |
| | 5100-044 Sporthalle | | | | |
| | • Herstellen (Kosten: 100,0%) | 1.315,00 m² BGF | 187 | **0,14** | 0,14 |
| | Telefonleitungen, Erweiterung bestehender Anlage (148m) | | | | |
| | 6100-652 Mehrfamilienhaus (9WE) | | | | |
| | • Herstellen (Kosten: 100,0%) | 297,00 m² BGF | 619 | **2,08** | 2,08 |
| | Fernmeldeleitungen (223m), TAE-Steckdosen (3St) | | | | |
| | 6100-681 Mehrfamilienhaus (6WE) | | | | |
| | • Herstellen (Kosten: 100,0%) | 725,89 m² BGF | 353 | **0,49** | 0,49 |
| | Telefonleitungen, TAE-Steckdosen (6St) | | | | |
| | 6100-708 Einfamilienhaus | | | | |
| | • Herstellen (Kosten: 100,0%) | 361,80 m² BGF | 606 | **1,67** | 1,67 |
| | Fernmeldeleitungen (195m), TAE-Steckdosen (8St) | | | | |
| | 6100-717 Mehrfamilienhaus (4WE) | | | | |
| | • Herstellen (Kosten: 100,0%) | 834,03 m² BGF | 147 | **0,18** | 0,18 |
| | Fernmeldeleitungen 4x2x0,6mm (135m) | | | | |
| | 6100-740 Einfamilienhaus | | | | |
| | • Herstellen (Kosten: 100,0%) | 278,10 m² BGF | 218 | **0,78** | 0,78 |
| | Leerrohre, Telefonleitungen, Steckdosen (10St) | | | | |
| | 6100-753 Mehrfamilienhaus (19WE) | | | | |
| | • Wiederherstellen (Kosten: 100,0%) | 2.549,01 m² BGF | 72 | **< 0,1** | < 0,1 |
| | Telefonleitung verlötet, Schrumpfschlauchisolierung | | | | |

| KG | Kostengruppe | Menge Einheit | Kosten € | €/Einheit | €/m² BGF |
|---|---|---|---|---|---|
| | 9100-060 Stadtbibliothek | | | | |
| | • Herstellen (Kosten: 100,0%) | 575,84 m² BGF | 577 | **1,00** | 1,00 |
| | Telefonleitungen, Steckdosen (9St), Funksender an Telefonanlage anschließen (4St) | | | | |
| 452 | **Such- und Signalanlagen** | | | | |
| | 1300-138 Bürogebäude | | | | |
| | • Herstellen (Kosten: 100,0%) | 2.267,67 m² BGF | 5.079 | **2,24** | 2,24 |
| | Mantelleitungen, J-H(ST)H (1.220m), Gegensprechanlage (1St), Sprechstellen (5St), Rufanlage, Behinderten WC (1St) | | | | |
| | 1300-148 Bürogebäude | | | | |
| | • Herstellen (Kosten: 100,0%) | 153,60 m² BGF | 607 | **3,95** | 3,95 |
| | Gong (1St), Klingelleitungen (4m) | | | | |
| | 1300-152 Wohn- und Geschäftshaus | | | | |
| | • Herstellen (Kosten: 100,0%) | 390,52 m² BGF | 1.824 | **4,67** | 4,67 |
| | Erweiterung bestehende Haussprechanlage um eine Klingel- und Türsprechanlage (1St) | | | | |
| | 6100-652 Mehrfamilienhaus (9WE) | | | | |
| | • Herstellen (Kosten: 100,0%) | 297,00 m² BGF | 1.674 | **5,64** | 5,64 |
| | Klingelleitungen, Sprech- Türöffneranlage | | | | |
| | 6100-681 Mehrfamilienhaus (6WE) | | | | |
| | • Herstellen (Kosten: 100,0%) | 725,89 m² BGF | 1.215 | **1,67** | 1,67 |
| | Gegensprechanlage, Klingeltaster, Haustelefone (6St), Leitungen, 4x2x0,6 (222m) | | | | |
| | 6100-694 Zweifamilienhaus | | | | |
| | • Herstellen (Kosten: 100,0%) | 417,86 m² BGF | 366 | **0,87** | 0,87 |
| | Erweiterung der Türsprechanlage um eine Sprechstelle | | | | |
| | 6100-708 Einfamilienhaus | | | | |
| | • Herstellen (Kosten: 100,0%) | 361,80 m² BGF | 1.025 | **2,83** | 2,83 |
| | Türöffner- und Sprechanlage (1St), Klingelleitungen 4x2x0,8mm (38m) | | | | |
| | 6100-717 Mehrfamilienhaus (4WE) | | | | |
| | • Herstellen (Kosten: 100,0%) | 834,03 m² BGF | 920 | **1,10** | 1,10 |
| | Klingel- und Türsprechanlage (1St), Systemtelefonen (4St) | | | | |
| | 6100-726 Mehrfamilienhaus (3WE) | | | | |
| | • Wiederherstellen (Kosten: 100,0%) | 434,55 m² BGF | 85 | **0,20** | 0,20 |
| | Klingelleitung schützen, neu verlegen, Schalterdose setzen | | | | |
| | 6100-740 Einfamilienhaus | | | | |
| | • Herstellen (Kosten: 100,0%) | 278,10 m² BGF | 727 | **2,62** | 2,62 |
| | Leitungen, Sprechanlage, Netzgerät | | | | |

| KG | Kostengruppe | Menge Einheit | Kosten € | €/Einheit | €/m² BGF |
|---|---|---|---|---|---|
| | 6100-753 Mehrfamilienhaus (19WE) | | | | |
| | • Wiederherstellen (Kosten: 100,0%) | 2.549,01 m² BGF | 179 | **< 0,1** | < 0,1 |
| | Sprechanlage überprüft, Kontakte nachgezogen, abgebrochene Drähte neu angeschlossen | | | | |
| | • 6100-785 Zweifamilienhaus | 104,00 m² BGF | 366 | **3,52** | 3,52 |
| | Erweiterung der Türsprechanlage um eine Sprechstelle | | | | |
| | 9100-060 Stadtbibliothek | | | | |
| | • Herstellen (Kosten: 100,0%) | 575,84 m² BGF | 2.507 | **4,35** | 4,35 |
| | Klingelleitungen (83m), Briefkasten mit Sprechanlage, Türlautsprecher, Ruftaste | | | | |
| 453 | **Zeitdienstanlagen** | | | | |
| | 5100-044 Sporthalle | | | | |
| | • Herstellen (Kosten: 100,0%) | 1.315,00 m² BGF | 984 | **0,75** | 0,75 |
| | Innenraum-Wanduhren, ballwurfsicher (2St), Elektroleitungen (138m) | | | | |
| 454 | **Elektroakustische Anlagen** | | | | |
| | 4100-075 Schulzentrum | | | | |
| | • Herstellen (Kosten: 100,0%) | 855,05 m² BGF | 3.517 | **4,11** | 4,11 |
| | Deckenlautsprecher (22St), Rufananlage Behinderten-WC (1St), Leitungen J-Y(St)4-20x2x0,8 (960m) | | | | |
| | 4300-010 Förderschule, Vereinsräume | | | | |
| | • Herstellen (Kosten: 100,0%) | 810,00 m² BGF | 249 | **0,31** | 0,31 |
| | Deckenlautsprecher (7St) | | | | |
| | 5100-044 Sporthalle | | | | |
| | • Herstellen (Kosten: 100,0%) | 1.315,00 m² BGF | 8.114 | **6,17** | 6,17 |
| | Deckenlautsprecher (15St), Anbaulautsprecher (6St), Universalrack (1St), Audio/Signal/Verteilersystem (1St), Leistungsendstufe (1St), Gongmodul (1St), Tischsprechstelle (1St), Schnurloskopfmikrophon (1St), Schnurloshandmikrophon (1St), Taschensender, Empfänger, Lautsprecherkabel (155m), Hupe, Pausenklingel | | | | |
| | 5100-046 Sporthalle | | | | |
| | • Herstellen (Kosten: 100,0%) | 595,00 m² BGF | 3.777 | **6,35** | 6,35 |
| | Hausalarmanlage | | | | |
| | 5100-048 Gymnastikraum Grundschule | | | | |
| | • Herstellen (Kosten: 100,0%) | 627,27 m² BGF | 312 | **0,50** | 0,50 |
| | Wandlautsprecher, Erweiterung bestehende ELA-Anlage (3St), Lautsprecher-Schutzkorb (2St) | | | | |
| | 6100-740 Einfamilienhaus | | | | |
| | • Herstellen (Kosten: 100,0%) | 278,10 m² BGF | 420 | **1,51** | 1,51 |
| | Lautsprecherleitungen (120m), Lautsprechersteckdosen (8St) | | | | |

| KG | Kostengruppe | Menge Einheit | Kosten € | €/Einheit | €/m² BGF |
|---|---|---|---|---|---|
| | 9100-060 Stadtbibliothek | | | | |
| | • Herstellen (Kosten: 100,0%) | 575,84 m² BGF | 109 | **0,19** | 0,19 |
| | Lautsprecherkabel (16m), Lautsprecherdosen (3St) | | | | |
| 455 | **Fernseh- und Antennenanlagen** | | | | |
| | 1300-151 Rathaus | | | | |
| | • Herstellen (Kosten: 100,0%) | 1.882,79 m² BGF | 2.615 | **1,39** | 1,39 |
| | Antennenleitungen, Antennensteckdosen | | | | |
| | 1300-152 Wohn- und Geschäftshaus | | | | |
| | • Herstellen (Kosten: 100,0%) | 390,52 m² BGF | 1.078 | **2,76** | 2,76 |
| | Koaxialkabel (124m), Antennensteckdosen (5St), Antennenkabel Dachterrasse | | | | |
| | 4100-075 Schulzentrum | | | | |
| | • Herstellen (Kosten: 100,0%) | 855,05 m² BGF | 1.015 | **1,19** | 1,19 |
| | Antennensteckdosen (8St), Koaxialkabel (480m) | | | | |
| | • 6100-482 Mehrfamilienhaus (3WE) | 199,53 m² BGF | 225 | **1,13** | 1,13 |
| | Kabelanschluss | | | | |
| | 6100-652 Mehrfamilienhaus (9WE) | | | | |
| | • Herstellen (Kosten: 100,0%) | 297,00 m² BGF | 875 | **2,95** | 2,95 |
| | Antennenleitungen (290m), Antennensteckdosen (8St) | | | | |
| | 6100-658 Mehrfamilienhaus (60WE) | | | | |
| | • Wiederherstellen (Kosten: 100,0%) | 2.095,70 m² BGF | 452 | **0,22** | 0,22 |
| | Sat-Schüsseln demontieren, lagern, später wieder montieren (4St) | | | | |
| | 6100-681 Mehrfamilienhaus (6WE) | | | | |
| | • Herstellen (Kosten: 100,0%) | 725,89 m² BGF | 1.945 | **2,68** | 2,68 |
| | Antennenleitungen, Antennensteckdosen (18St) | | | | |
| | 6100-708 Einfamilienhaus | | | | |
| | • Herstellen (Kosten: 100,0%) | 361,80 m² BGF | 686 | **1,90** | 1,90 |
| | Koaxialkabel (203m), Antennensteckdosen (8St) | | | | |
| | 6100-717 Mehrfamilienhaus (4WE) | | | | |
| | • Herstellen (Kosten: 100,0%) | 834,03 m² BGF | 623 | **0,75** | 0,75 |
| | Antennensteckdosen (6St), Koaxialkabel (170m), Verstärker (1St) | | | | |
| | 6100-731 Einfamilienhaus | | | | |
| | • Abbrechen (Kosten: 5,3%) | 248,08 m² BGF | 12 | **< 0,1** | < 0,1 |
| | Abbruch einer UKW-Antenne, Entsorgung, Deponiegebühren | | | | |
| | • Herstellen (Kosten: 94,7%) | 248,08 m² BGF | 210 | **0,85** | 0,85 |
| | Mastset, Dachsparrenhalter, UKW-Antenne | | | | |
| | 6100-740 Einfamilienhaus | | | | |
| | • Herstellen (Kosten: 100,0%) | 278,10 m² BGF | 1.711 | **6,15** | 6,15 |
| | Sat-Antennenanlage, Verstärker, Antennenleitungen (310m), Antennensteckdosen (7St) | | | | |

| KG | Kostengruppe | Menge Einheit | Kosten € | €/Einheit | €/m² BGF |
|---|---|---|---|---|---|
| | 6100-752 Mehrfamilienhaus (19WE) | | | | |
| | • Herstellen (Kosten: 100,0%) | 2.549,01 m² BGF | 805 | **0,32** | 0,32 |
| | Schalterdosen für Antennenanschluss neu gesetzt (18St), Antennenrohre verlegt (111m) | | | | |
| | 6100-753 Mehrfamilienhaus (19WE) | | | | |
| | • Herstellen (Kosten: 100,0%) | 2.549,01 m² BGF | 2.860 | **1,12** | 1,12 |
| | Schalterdosen für Antennenanschluss ausgefräst, neu gesetzt (19St), Antennenrohre verlegt, Zugdraht (150m) | | | | |
| 456 | **Gefahrenmelde- und Alarmanlagen** | | | | |
| | 1300-138 Bürogebäude | | | | |
| | • Herstellen (Kosten: 100,0%) | 2.267,67 m² BGF | 27.661 | **12,20** | 12,20 |
| | Brandmeldezentrale, Feuerwehr-Informations-und Bediensystem, Schlüsseldepot, Telefon (1St), Feuerwehrlaufkarten (18St), Mehrsensormelder (48St), Blitzleuchten (18St), Freischaltelement (1St), Handfeuermelder (1St), Brandmeldekabel (680m) | | | | |
| | 1300-152 Wohn- und Geschäftshaus | | | | |
| | • Herstellen (Kosten: 100,0%) | 390,52 m² BGF | 3.105 | **7,95** | 7,95 |
| | RWA-Anlage für Dachfenster anschließen (1St), Leitungen (93m) | | | | |
| | 4100-075 Schulzentrum | | | | |
| | • Herstellen (Kosten: 100,0%) | 855,05 m² BGF | 11.568 | **13,53** | 13,53 |
| | Brandmeldezentrale (1St), Akku 12V (2St), Sensormelder (27St), Handmelder (2St), Brandmeldeleitungen (500m), Einsatzdateikarten (10St) | | | | |
| | 4300-010 Förderschule, Vereinsräume | | | | |
| | • Herstellen (Kosten: 100,0%) | 810,00 m² BGF | 718 | **0,89** | 0,89 |
| | Brandmeldekabel (190m) | | | | |
| | 5100-044 Sporthalle | | | | |
| | • Herstellen (Kosten: 100,0%) | 1.315,00 m² BGF | 15.582 | **11,85** | 11,85 |
| | Anbindung an BMZ Schule, externes Netzteil (1St), Rauchmelder (30St), Feuermelder (5St), Lüftungskanalmelder (1St), Einsatzdateikarten (19St), Brandmeldekabel (931m), RS-BUS-Melderfassung (32St), Steuermodule, Alarmhorn, Behinderten WC Rufset, Netzteil, Blitzleuchte (1St) | | | | |
| | 5100-046 Sporthalle | | | | |
| | • Herstellen (Kosten: 100,0%) | 595,00 m² BGF | 1.462 | **2,46** | 2,46 |
| | Störmeldeanlage | | | | |
| | 5100-048 Gymnastikraum Grundschule | | | | |
| | • Herstellen (Kosten: 100,0%) | 627,27 m² BGF | 1.945 | **3,10** | 3,10 |
| | Präsenzmelder mit Schutzkorb (6St), Bedientaster Hausarlarm (2St), Leitungen | | | | |
| | 6100-740 Einfamilienhaus | | | | |
| | • Herstellen (Kosten: 100,0%) | 278,10 m² BGF | 1.834 | **6,60** | 6,60 |
| | Leitungen, Brandmelder (10St), Rauchmelder (10St) | | | | |

| KG | Kostengruppe | Menge Einheit | Kosten € | €/Einheit | €/m² BGF |
|---|---|---|---|---|---|
| | 9100-060 Stadtbibliothek | | | | |
| | • Herstellen (Kosten: 100,0%) | 575,84 m² BGF | 5.822 | **10,11** | 10,11 |
| | Brandmeldekabel (445m), Rauchmelder (23St), Kamera-Überwachungssystem | | | | |
| 457 | **Übertragungsnetze** | | | | |
| | 1300-148 Bürogebäude | | | | |
| | • Herstellen (Kosten: 100,0%) | 153,60 m² BGF | 4.419 | **28,77** | 28,77 |
| | Serverschrank (1St), Datensteckdosen (46St), Datenkabel Cat7 (900m), Patchpanels (6St) | | | | |
| | 4100-075 Schulzentrum | | | | |
| | • Herstellen (Kosten: 100,0%) | 855,05 m² BGF | 12.036 | **14,08** | 14,08 |
| | LAN-Schrank (1St), LWL-Verteilfeld (6St), EDV-Leitungen (1.091m), Glasfaserkabel (364m), Patchpanel (6St) | | | | |
| | 4300-010 Förderschule, Vereinsräume | | | | |
| | • Herstellen (Kosten: 100,0%) | 810,00 m² BGF | 2.732 | **3,37** | 3,37 |
| | Wandverteiler, Datenkabel (950m), Steckdosen RJ45 (15St), CU-Verbindungsstrecken (30St) | | | | |
| | 5100-044 Sporthalle | | | | |
| | • Herstellen (Kosten: 100,0%) | 1.315,00 m² BGF | 1.941 | **1,48** | 1,48 |
| | Verteilerkasten (1St), Patchpanel (2St), LWL-Installationsswitch (1St), LWL-Micro-Spleißbox (2St), LWL-Außenkabel (170m), Datenkabel (35m) | | | | |
| | 6100-708 Einfamilienhaus | | | | |
| | • Herstellen (Kosten: 100,0%) | 361,80 m² BGF | 1.153 | **3,19** | 3,19 |
| | Datendosen RJ 45 (5St), Datenleitungen Cat 6 (112m), Kleinverteiler (1St) | | | | |
| | 6100-717 Mehrfamilienhaus (4WE) | | | | |
| | • Herstellen (Kosten: 100,0%) | 834,03 m² BGF | 246 | **0,29** | 0,29 |
| | Netzwerkdose (1St), Leitungen | | | | |
| | 6100-740 Einfamilienhaus | | | | |
| | • Herstellen (Kosten: 100,0%) | 278,10 m² BGF | 1.202 | **4,32** | 4,32 |
| | EDV-Verkabelung Cat 7 (350m), Patchboxen (2St) | | | | |
| | 6100-770 Einfamilienhaus | | | | |
| | • Herstellen (Kosten: 100,0%) | 240,11 m² BGF | 336 | **1,40** | 1,40 |
| | Datenverteiler | | | | |
| | 9100-060 Stadtbibliothek | | | | |
| | • Herstellen (Kosten: 100,0%) | 575,84 m² BGF | 7.538 | **13,09** | 13,09 |
| | EDV-Verkabelung (2.825m), Steckdosen RJ45 (45St) | | | | |

| KG | Kostengruppe | Menge Einheit | Kosten € | €/Einheit | €/m² BGF |
|---|---|---|---|---|---|
| 460 | **Förderanlagen** | | | | |
| 461 | **Aufzugsanlagen** | | | | |
| | 1300-138 Bürogebäude | | | | |
| | • Herstellen (Kosten: 100,0%) | 2.267,67 m² BGF | 84.412 | **37,22** | 37,22 |
| | Personen-Glasaufzug (1St), Kontakt-Überwachung, Fenster (1St) | | | | |
| | 1300-151 Rathaus | | | | |
| | • Herstellen (Kosten: 100,0%) | 1.882,79 m² BGF | 36.491 | **19,38** | 19,38 |
| | Personenaufzug, 630kg, h=4,5m, Seilaufzug ohne Maschinenraum, 4 Haltestellen, 4 Zugänge, zweiseitiger Durchlader, behindertengerechter Ausführung | | | | |
| | 1300-152 Wohn- und Geschäftshaus | | | | |
| | • Herstellen (Kosten: 100,0%) | 390,52 m² BGF | 48.241 | **123,53** | 123,53 |
| | Maschinenraumloser Personenaufzug, h=16m, 4 Haltestellen (1St) | | | | |
| | 9100-060 Stadtbibliothek | | | | |
| | • Herstellen (Kosten: 100,0%) | 575,84 m² BGF | 34.044 | **59,12** | 59,12 |
| | Personenaufzug, Tragkraft 700kg, 3 Haltestellen | | | | |

## Kostenkennwerte für die Kostengruppen 300 und 400 der 3.Ebene DIN 276 (Übersicht)

| KG | Kostengruppe | Menge Einheit | Kosten € | €/Einheit | €/m² BGF |
|---|---|---|---|---|---|
| 470 | **Nutzungsspezifische Anlagen** | | | | |
| 471 | **Küchentechnische Anlagen** | | | | |
| | 1300-151 Rathaus | | | | |
| | • Herstellen (Kosten: 100,0%) | 1.882,79 m² BGF | 27.574 | **14,65** | 14,65 |
| | Küche Kursaal, Profispülmaschine, Spülmaschine, Herd mit Backofen, Mikrowelle, Friteuse, Bräter, Kühlschrank, Spüle, Gefrierschrank, Ober- und Unterschränke, Küche Personal, Spülmaschine, Herd mit Backofen, Mikrowelle, Kühlschrank, Spüle, Ober- und Unterschränke | | | | |
| | 4100-075 Schulzentrum | | | | |
| | • Herstellen (Kosten: 100,0%) | 855,05 m² BGF | 1.949 | **2,28** | 2,28 |
| | Gerätesockel für Küchengeräte aus KS-Steinen (1m³) | | | | |
| 478 | **Entsorgungsanlagen** | | | | |
| | 9100-060 Stadtbibliothek | | | | |
| | • Herstellen (Kosten: 100,0%) | 575,84 m² BGF | 1.933 | **3,36** | 3,36 |
| | Zentrale Staubsaugeranlage, Bodensteckdosen, Wand-Saugdosen (4St), Saugdosenadapter (6St), Abluftrohre DN50-100, Formstücke (37m) | | | | |
| 479 | **Nutzungsspezifische Anlagen, sonstiges** | | | | |
| | 9100-060 Stadtbibliothek | | | | |
| | • Herstellen (Kosten: 100,0%) | 575,84 m² BGF | 631 | **1,10** | 1,10 |
| | Beameranschlusskabel, Kabelkanal (20m) | | | | |

| KG | Kostengruppe | Menge Einheit | Kosten € | €/Einheit | €/m² BGF |
|---|---|---|---|---|---|
| 480 | **Gebäudeautomation** | | | | |
| 481 | **Automationssysteme** | | | | |
| | 4100-075 Schulzentrum | | | | |
| | • Herstellen (Kosten: 100,0%) | 855,05 m² BGF | 30.883 | **36,12** | 36,12 |
| | DDC-Automationsstation (1St), Leitungen (2.170m), Regelventile (5St), Messwertgeber (20St), elektrischer Klappenstellantrieb (2St), Projektbearbeitung, Inbetriebnahme | | | | |
| | • 4100-108 Grundschule | 470,54 m² BGF | 6.663 | **14,16** | 14,16 |
| | DDC-Module (2St), Motorventil (1St), Temperaturfühler (3St), Mantelleitungen (140m), Leitungen 2x2x0,8 (190m), Kunststoffrohre (138m) | | | | |
| | 5100-044 Sporthalle | | | | |
| | • Herstellen (Kosten: 100,0%) | 1.315,00 m² BGF | 16.481 | **12,53** | 12,53 |
| | Spannungsversorgung EIB (2St), Logikbausteine (6St), Universalbaustein (1St), Schaltaktore (16St), Jalousieaktor (18St), Baustein Lichtsteuerung (1St), Präsenzmelder EIB (20St), Trennrelais (30St), Bus-Ankoppler (6St), PC-Schnittstelle (1St), EIB-Busleitungen (488m) | | | | |
| | 5100-046 Sporthalle | | | | |
| | • Herstellen (Kosten: 100,0%) | 595,00 m² BGF | 16.358 | **27,49** | 27,49 |
| | MSR-Automationsstadion, Bedienmodul (1St), GLT-Leitzentrale (1St), Steuerungen (7St), Überwachungsgeräte (9St) | | | | |
| 482 | **Schaltschränke** | | | | |
| | 4100-075 Schulzentrum | | | | |
| | • Herstellen (Kosten: 100,0%) | 855,05 m² BGF | 14.210 | **16,62** | 16,62 |
| | Schaltschrank (2St), Netzgeräte, Bus-Anschluss, Sicherungen, Schaltgeräte, Regelgeräte, Relais, Überspannungsschutz, Motorsteuerung, Transformator | | | | |
| | 5100-046 Sporthalle | | | | |
| | • Herstellen (Kosten: 100,0%) | 595,00 m² BGF | 5.736 | **9,64** | 9,64 |
| | Schaltschränke (3St), Kabel NYM-J (120m), Kabel JY (271m) | | | | |

## Kostenkennwerte für die Kostengruppen 300 und 400 der 3.Ebene DIN 276 (Übersicht)

| KG | Kostengruppe | Menge Einheit | Kosten € | €/Einheit | €/m² BGF |
|---|---|---|---|---|---|
| 490 | **Sonstige Technische Anlagen (TA)** | | | | |
| 491 | **Baustelleneinrichtung** | | | | |
| | 1300-138 Bürogebäude | | | | |
| | • Herstellen (Kosten: 100,0%) | 2.267,67 m² BGF | 234 | **0,10** | 0,10 |
| | Baustelleneinrichtung | | | | |
| 492 | **Gerüste** | | | | |
| | 1300-138 Bürogebäude | | | | |
| | • Herstellen (Kosten: 100,0%) | 2.267,67 m² BGF | 32.168 | **14,19** | 14,19 |
| | Arbeits- und Schutzgerüste für Fahrstuhleinbau | | | | |
| | 5100-046 Sporthalle | | | | |
| | • Herstellen (Kosten: 100,0%) | 595,00 m² BGF | 1.655 | **2,78** | 2,78 |
| | Arbeitsgerüst, fahrbar (1St) | | | | |
| 494 | **Abbruchmaßnahmen** | | | | |
| | 6100-681 Mehrfamilienhaus (6WE) | | | | |
| | • Abbrechen (Kosten: 100,0%) | 725,89 m² BGF | 1.785 | **2,46** | 2,46 |
| | Abbruch von Einzelheizöfen, Durchlauferhitzer, Kaltwasserleitungen, Abflussleitungen, Rohrdämmungen, Gasleitungen, Gaszähler, Zählerschränke, Entsorgung, Deponiegebühren | | | | |

**Kostenkennwerte für die Kostengruppen 300 und 400 der 3.Ebene DIN 276 (Übersicht)**

| KG | Kostengruppe | Menge Einheit | Kosten € | €/Einheit | €/m² BGF |
|---|---|---|---|---|---|
| 510 | **Geländeflächen** | | | | |
| 511 | **Oberbodenarbeiten** | | | | |
| | 1300-148 Bürogebäude | | | | |
| | • Herstellen (Kosten: 100,0%) | 358,07 $m^2$ | 587 | **1,64** | 3,82 |
| | Oberboden abschieben, d=10cm, Abfuhr (256$m^3$) | | | | |
| | 4100-075 Schulzentrum | | | | |
| | • Herstellen (Kosten: 100,0%) | 631,95 $m^2$ | 9.386 | **14,85** | 10,98 |
| | Oberboden abtragen, Abfuhr (104$m^3$), Oberboden abtragen, lagern, wieder einbauen (62$m^2$), Oberboden liefern, einbauen, d=20-30cm (519$m^2$), Erdbewegungen (53$m^3$) | | | | |
| | 5100-044 Sporthalle | | | | |
| | • Herstellen (Kosten: 100,0%) | 1.027,66 $m^2$ | 3.111 | **3,03** | 2,37 |
| | Oberboden abtragen, d=30cm, zwischenlagern (158$m^2$), Oberboden auftragen, d=15cm (1.028$m^2$) | | | | |
| 512 | **Bodenarbeiten** | | | | |
| | 5100-044 Sporthalle | | | | |
| | • Herstellen (Kosten: 100,0%) | – | 3.980 | **–** | 3,03 |
| | Boden lösen, d=50cm, fördern, wiedereinbauen (261$m^3$) | | | | |
| | 6100-740 Einfamilienhaus | | | | |
| | • Herstellen (Kosten: 100,0%) | 32,40 $m^2$ | 1.921 | **59,30** | 6,91 |
| | Erdaushub, Handschachtung, Abtransport (12$m^3$) | | | | |

## Kostenkennwerte für die Kostengruppen 300 und 400 der 3.Ebene DIN 276 (Übersicht)

| KG | Kostengruppe | Menge Einheit | Kosten € | €/Einheit | €/m² BGF |
|---|---|---|---|---|---|
| 520 | **Befestigte Flächen** | | | | |
| 521 | **Wege** | | | | |
| | 1300-148 Bürogebäude | | | | |
| | • Herstellen (Kosten: 100,0%) | 12,00 m² | 2.068 | **172,34** | 13,46 |
| | Granitbelag Zugangsweg im Mörtelbett verlegt (12m²) | | | | |
| | 1300-150 Verwaltungsgebäude, Kellertrocknung | | | | |
| | • Wiederherstellen (Kosten: 100,0%) | 97,00 m² | 3.254 | **33,55** | 9,04 |
| | Granit- Mosaikpflastersteine, aufnehmen, lagern, wieder im Sandbett verlegen (97m²), Betoneinfasssteine (90m) | | | | |
| | 1300-151 Rathaus | | | | |
| | • Abbrechen (Kosten: 70,1%) | 70,48 m² | 2.423 | **34,37** | 1,29 |
| | Abbruch von bituminöse Befestigungen (70m²), bituminöse Befestigung schneiden, Tiefe 15-20cm (101m); Entsorgung, Deponiegebühren | | | | |
| | • Wiederherstellen (Kosten: 29,9%) | 91,30 m² | 1.031 | **11,30** | 0,55 |
| | Gehwegplatten ausbauen, lagern, säubern, wieder verlegen (91m²) | | | | |
| | 4100-075 Schulzentrum | | | | |
| | • Abbrechen (Kosten: 25,3%) | 43,25 m² | 502 | **11,60** | 0,59 |
| | Abbruch von Betonpflastersteinen (17m²), Randsteinen, Pflastersteine, Naturstein (73m), Betonplatten (12m²); Entsorgung, Deponiegebühren | | | | |
| | • Herstellen (Kosten: 74,7%) | 24,80 m² | 1.480 | **59,66** | 1,73 |
| | Kiesfilter, Mineraltragschicht, d=20cm, Splittbett, Betonpflaster, 20/20/8cm (25m²), Betonrabattensteine (4m) | | | | |
| | 5100-048 Gymnastikraum Grundschule | | | | |
| | • Herstellen (Kosten: 100,0%) | 60,90 m² | 2.999 | **49,24** | 4,78 |
| | Erdaushub, d=10cm, Magerbetonschicht, d=8cm, geglättet (61m²) | | | | |
| | 6100-681 Mehrfamilienhaus (6WE) | | | | |
| | • Herstellen (Kosten: 100,0%) | 29,44 m² | 1.125 | **38,20** | 1,55 |
| | Planum (27m²), Betonplatten, 40/40/4cm (29m²) | | | | |
| | 6100-717 Mehrfamilienhaus (4WE) | | | | |
| | • Abbrechen (Kosten: 61,8%) | 38,40 m² | 2.104 | **54,79** | 2,52 |
| | Abbruch von Betonpflastersteinen (20m²), Asphaltbelägen (19m²), Randsteinen, Unterbeton (16m); Entsorgung, Deponiegebühren | | | | |
| | • Herstellen (Kosten: 38,2%) | 12,22 m² | 1.300 | **106,37** | 1,56 |
| | Öffentlicher Gehweg, Schottertragschicht, Bitukies, d=8cm, Asphaltbeton, d=3cm (12m²), Randsteine versetzen (8m) | | | | |
| | 6100-731 Einfamilienhaus | | | | |
| | • Abbrechen (Kosten: 100,0%) | 10,92 m² | 192 | **17,59** | 0,77 |
| | Abbruch von Waschbetonplatten, Splittbett, Entsorgung, Deponiegebühren (11m²) | | | | |

| KG | Kostengruppe | Menge Einheit | Kosten € | €/Einheit | €/m² BGF |
|---|---|---|---|---|---|
| | 6100-740 Einfamilienhaus | | | | |
| | • Wiederherstellen (Kosten: 11,1%) | 15,00 m² | 722 | **48,16** | 2,60 |
| | Betonplatten ausbauen, lagern, im Sandbett wiederverlegen (15m²) | | | | |
| | • Herstellen (Kosten: 88,9%) | 48,00 m² | 5.759 | **119,99** | 20,71 |
| | Granitpflastersteine (32m²), Rundlingspflaster (12m²), Randeinfassungen (6m), Randeinfassung aus Granitkanten (4m²) | | | | |
| | 6100-780 Einfamilienhaus, Büro | | | | |
| | • Wiederherstellen (Kosten: 100,0%) | 3,45 m² | 357 | **103,54** | 0,43 |
| | Beton-Gehwegsteine, ausbauen, lagern, wieder verlegen (3m²) | | | | |
| | 7200-072 Geschäftshaus, Wohnen (13WE) | | | | |
| | • Herstellen (Kosten: 100,0%) | 49,35 m² | 2.868 | **58,12** | 1,35 |
| | Gehwegplatten im Mörtelbett verlegen, Pflastersteine ab den Rändern (49m²), Magerbeton abstemmen (30m) | | | | |
| 522 | **Straßen** | | | | |
| | 1300-151 Rathaus | | | | |
| | • Abbrechen (Kosten: 100,0%) | 215,90 m² | 1.769 | **8,19** | 0,94 |
| | Abbruch von einem teerhaltigem Straßenbelag, Entsorgung, Deponiegebühren (16t) | | | | |
| | 4100-075 Schulzentrum | | | | |
| | • Herstellen (Kosten: 100,0%) | 57,95 m² | 4.872 | **84,08** | 5,70 |
| | Kiesfilter, Schotterschicht bis 70cm, Mineraltragschicht, d=20cm, Betonpflaster in Splittbett (58m²) | | | | |
| 523 | **Plätze, Höfe** | | | | |
| | 1300-151 Rathaus | | | | |
| | • Abbrechen (Kosten: 1,2%) | 6,00 m² | 380 | **63,26** | 0,20 |
| | Abbruch von Betonpflasterbelägen (2m²), Beton- und Rasenkantensteinen (30m); Entsorgung, Deponiegebühren | | | | |
| | • Wiederherstellen (Kosten: 10,2%) | 278,56 m² | 3.111 | **11,17** | 1,65 |
| | Kopfsteinpflaster (260m²), Sandsteinplatten (19m²), ausbauen, zur Wiederverwendung auf dem Gemeindebauhof lagern, Entfernung 500m | | | | |
| | • Herstellen (Kosten: 88,5%) | 359,38 m² | 26.974 | **75,06** | 14,33 |
| | Innenhof, Aushub, Entsorgung (36m³), Planum, Schottertragschicht (359m²), Antik-Pflaster (163m²), Kopfsteinpflaster, bauseits (122m²), Splittauflage (32m²), Sandsteinplatten, bauseits (40m²), Betonwerksteinplatten (6m²) | | | | |
| | 4100-075 Schulzentrum | | | | |
| | • Abbrechen (Kosten: 14,1%) | 292,79 m² | 4.172 | **14,25** | 4,88 |
| | Abbruch von Asphaltbelägen, Unterbau (289m²), Einfassungen, Naturstein (17m), Schnittkanten an der Asphaltdecke (44m); Entsorgung, Deponiegebühren | | | | |
| | • Herstellen (Kosten: 85,9%) | 325,92 m² | 25.383 | **77,88** | 29,69 |
| | Kiesfilter, Mineraltragschicht, d=20cm, Splittbett (260m²), Betonpflaster, 20/20/8cm (120m²), Betonplattenbelag 50/50/5cm (140m²), Bitumentragschicht, d=8cm, Asphaltbetondecke, d=2cm (67m²) | | | | |

| KG | Kostengruppe | Menge Einheit | Kosten € | €/Einheit | €/m² BGF |
|---|---|---|---|---|---|
| | 5100-044 Sporthalle | | | | |
| | • Abbrechen (Kosten: 12,2%) | 141,34 m² | 2.425 | **17,16** | 1,84 |
| | Abbruch von Betonwerksteinplattenbelägen (66m²), Betonsteinpflaster, Unterbau (72m) Beton-Einfassstein, Betonbettung (121m), Randeinfassung der Baumscheiben (30m); Entsorgung, Deponiegebühren | | | | |
| | • Wiederherstellen (Kosten: 59,3%) | 1.228,57 m² | 11.789 | **9,60** | 8,97 |
| | Betonsteinpflaster, ausbauen, lagern, unbrauchbares Material entsorgen (655m²), wieder einbauen (196m²), Unterbau, d=30cm lösen, laden, lagern (574m²), wieder einbauen (236m²) | | | | |
| | • Herstellen (Kosten: 28,5%) | 299,99 m² | 5.671 | **18,90** | 4,31 |
| | Untergrund verdichten, Frostschutzschicht (300m²), Betonbordsteine (30m) | | | | |
| | 5100-046 Sporthalle | | | | |
| | • Herstellen (Kosten: 100,0%) | 153,16 m² | 11.517 | **75,20** | 19,36 |
| | Frostschutzschicht, Pflasterarbeiten, Randsteine (153m²) | | | | |
| | 6100-652 Mehrfamilienhaus (9WE) | | | | |
| | • Herstellen (Kosten: 100,0%) | 405,00 m² | 18.150 | **44,81** | 61,11 |
| | Pflastersteine im Splittbett, Kiesunterbau vorhanden (405m²) | | | | |
| | 6100-681 Mehrfamilienhaus (6WE) | | | | |
| | • Abbrechen (Kosten: 8,6%) | 20,13 m² | 602 | **29,88** | 0,83 |
| | Abbruch von Asphaltdecke, bituminöser Unterbau (20m²) Betonkantensteine (31m); Entsorgung, Deponiegebühren | | | | |
| | • Herstellen (Kosten: 91,4%) | 95,28 m² | 6.366 | **66,81** | 8,77 |
| | Planum (92m²), Tragschicht, d=35cm (28m³), Betonpflaster, 20/20/8cm (95m²), Betonkantensteine (38m) | | | | |
| | 6100-686 Mehrfamilienhaus, Kellertrocknung | | | | |
| | • Wiederherstellen (Kosten: 100,0%) | 36,00 m² | 2.187 | **60,76** | 1,88 |
| | Rechteckbetonpflastersteine aufnehmen, lagern, wieder verlegen, Sandbettung (21m²), Beeteinfassungen abrechen, entsorgen, neue Einfassungen (3m), Gussasphalt, Unterbau (15m²) | | | | |
| 524 | **Stellplätze** | | | | |
| | 1300-148 Bürogebäude | | | | |
| | • Abbrechen (Kosten: 100,0%) | 77,09 m² | 1.073 | **13,92** | 6,98 |
| | Abbruch von Beton-Verbundpflastersteinen (75m²), Beton-Einfasssteine (21m) | | | | |
| 529 | **Befestigte Flächen, sonstiges** | | | | |
| | 1300-151 Rathaus | | | | |
| | • Herstellen (Kosten: 100,0%) | 366,55 m² | 359 | **0,98** | 0,19 |
| | Grundmauerschutz, Noppenbahn, Kies-Traufstreifen (7m²) | | | | |
| | 4100-075 Schulzentrum | | | | |
| | • Herstellen (Kosten: 100,0%) | 426,39 m² | 134 | **0,31** | 0,16 |
| | Traufstreifen, b=40cm (18m²) | | | | |

| KG | Kostengruppe | Menge Einheit | Kosten € | €/Einheit | €/m² BGF |
|---|---|---|---|---|---|
| | 5100-044 Sporthalle | | | | |
| | • Herstellen (Kosten: 100,0%) | 299,99 m² | 2.911 | **9,70** | 2,21 |
| | Rollkiesstreifen, b=35cm, Rasenkantenstein (101m) | | | | |
| | 5100-048 Gymnastikraum Grundschule | | | | |
| | • Herstellen (Kosten: 100,0%) | 60,90 m² | 1.858 | **30,51** | 2,96 |
| | Rasenkantensteine mit Betonschulter, Kiesstreifen mit Rollkies, Spritzwasserschutz (28m) | | | | |
| | 6100-681 Mehrfamilienhaus (6WE) | | | | |
| | • Herstellen (Kosten: 100,0%) | 124,68 m² | 233 | **1,87** | 0,32 |
| | Spritzschutzstreifen, Kies 0/56, d=20cm (7m²) | | | | |
| | 6100-686 Mehrfamilienhaus, Kellertrocknung | | | | |
| | • Wiederherstellen (Kosten: 100,0%) | 36,00 m² | 1.483 | **41,20** | 1,27 |
| | Kiesstreifen, Betonrandsteine im Betonbett (13m²) | | | | |
| | 6100-695 Mehrfamilienhaus, Kellertrocknung | | | | |
| | • Herstellen (Kosten: 100,0%) | 17,50 m² | 1.010 | **57,73** | 0,96 |
| | Betonrandstein, Kiesstreifen (35m) | | | | |

## Kostenkennwerte für die Kostengruppen 300 und 400 der 3.Ebene DIN 276 (Übersicht)

| KG | Kostengruppe | Menge Einheit | Kosten € | €/Einheit | €/m² BGF |
|---|---|---|---|---|---|
| 530 | **Baukonstruktionen in Außenanlagen** | | | | |
| 531 | **Einfriedungen** | | | | |
| | 1300-151 Rathaus | | | | |
| | • Wiederherstellen (Kosten: 84,0%) | 26,84 m² | 10.560 | **393,46** | 5,61 |
| | Holzlattenzaun, Pfosten, Tor, abbauen, lagern, wieder aufbauen (18m²), Sandsteinmauer, d=25cm, abrechen in Handarbeit, lagern, kennzeichnen, wieder aufbauen (9m²) | | | | |
| | • Herstellen (Kosten: 16,0%) | 9.996,03 m² | 2.008 | **0,20** | 1,07 |
| | Holz-Lattenzaun, h=1m, mit Stahlpfosten (20m), Zweiflügeliges Tor, b=3m, h=1m, Stahlrahmen mit senkrechten Latten (1St) | | | | |
| | 6100-686 Mehrfamilienhaus, Kellertrocknung | | | | |
| | • Wiederherstellen (Kosten: 100,0%) | 1,80 m² | 32 | **17,77** | < 0,1 |
| | Zaunfeld und Pfosten ausbauen, lagern, wieder einbauen, Betonfundamente, Anstrich (2m²) | | | | |
| | 6100-731 Einfamilienhaus | | | | |
| | • Herstellen (Kosten: 100,0%) | 409,13 m² | 1.902 | **4,65** | 7,67 |
| | Sichtschutz mit Tür, Stahlrohrrahmen, Hochdruck-Schichtstoffplatten, d=8mm, als Füllung (4m²) | | | | |
| | 6100-740 Einfamilienhaus | | | | |
| | • Herstellen (Kosten: 100,0%) | 4,23 m² | 1.246 | **294,67** | 4,48 |
| | Erdaushub, Stb-Streifenfundamente B 25 zur Hangsicherung 40x60cm, Bewehrung, Schalstein, Betonfüllung (4m²) | | | | |
| 532 | **Schutzkonstruktionen** | | | | |
| | 4100-075 Schulzentrum | | | | |
| | • Herstellen (Kosten: 100,0%) | 27,80 m² | 8.329 | **299,60** | 9,74 |
| | L-Steine, h=55-155cm (28m²), Grundmauerschutz Sauberkeitsschicht (31m²) | | | | |
| 533 | **Mauern, Wände** | | | | |
| | 6100-681 Mehrfamilienhaus (6WE) | | | | |
| | • Herstellen (Kosten: 100,0%) | 25,22 m² | 5.893 | **233,61** | 8,12 |
| | Stb-Mauerscheibe (25m²) | | | | |
| | 6100-708 Einfamilienhaus | | | | |
| | • Herstellen (Kosten: 100,0%) | 21,62 m² | 918 | **42,45** | 2,54 |
| | Eingangsmauer, Armierungsgewebe, Putz, Kratzputz 2mm, Silikonharz-Fassadenfarbe (22m²) | | | | |
| | 6100-740 Einfamilienhaus | | | | |
| | • Abbrechen (Kosten: 19,2%) | 8,50 m² | 1.250 | **147,03** | 4,49 |
| | Abbruch von einer Naturstein-Stützmauer, d=25cm (4m²), Natursteinwand in Teilbereichen (5m²); Entsorgung, Deponiegebühren | | | | |

| KG | Kostengruppe | Menge Einheit | Kosten € | €/Einheit | €/m² BGF |
|---|---|---|---|---|---|
| | • Herstellen (Kosten: 80,8%) | 4,50 m² | 5.262 | **1.169,42** | 18,92 |
| | Betonschalstein-Stützwand mit Nische, Abdichtung, Verblendung mit vorhandenen Natur-Findlingen (4m²) | | | | |
| 534 | **Rampen, Treppen, Tribünen** | | | | |
| | 1300-151 Rathaus | | | | |
| | • Wiederherstellen (Kosten: 100,0%) | 10,31 m² | 8.655 | **839,49** | 4,60 |
| | Sandsteintreppen, d=3cm, sanieren, Stufen (19St), ausbauen, reinigen, neu verlegen (10m²), Treppenprofile unterseitig anbringen, dauerelastische Verfugung, Sandstein-imprägnierung | | | | |
| | 4100-075 Schulzentrum | | | | |
| | • Abbrechen (Kosten: 2,2%) | 41,14 m² | 696 | **16,93** | 0,81 |
| | Abbruch von Natursteinblockstufen, Geländer, Unterbau, Entsorgung, Deponiegebühren (41m²) | | | | |
| | • Herstellen (Kosten: 97,8%) | 31,50 m² | 30.640 | **972,70** | 35,83 |
| | Beton-Blockstufen, 100/36/16cm, in Mineralbeton versetzt (126St), Beton-Treppen-wangen (2St), Absturzgeländer, Handlauf, d=42mm (16m), Stahl-Außengeländer (7m), Stahlhandlauf, Rundrohr, feuerverzinkt (4St) | | | | |
| | • 4100-107 Grundschule | – | 18.768 | **–** | 34,81 |
| | Stb-Fertigteil, Außentreppe, Rampe (1St), Geländer (16m) | | | | |
| | 6100-681 Mehrfamilienhaus (6WE) | | | | |
| | • Abbrechen (Kosten: 23,0%) | 6,30 m² | 368 | **58,44** | 0,51 |
| | Abbruch von Betonfertigteilstufen in Magerbeton, Entsorgung, Deponiegebühren (6m²) | | | | |
| | • Herstellen (Kosten: 77,0%) | 2,40 m² | 1.235 | **514,54** | 1,70 |
| | Treppenfertigteil (1St), Betonblockstufen (4St) | | | | |
| | 6100-731 Einfamilienhaus | | | | |
| | • Abbrechen (Kosten: 14,4%) | 8,08 m² | 528 | **65,31** | 2,13 |
| | Abbruch einer Außentreppe, Trittstufen aus Waschbeton, Stb-Fundamente, Geländer, Entsorgung, Deponiegebühren (8m²) | | | | |
| | • Wiederherstellen (Kosten: 11,2%) | – | 410 | **–** | 1,65 |
| | Treppengeländer abbauen, kürzen, neue Kopfplatten, befestigen und mit dem Brüstung-geländern verschweissen | | | | |
| | • Herstellen (Kosten: 74,4%) | 409,13 m² | 2.723 | **6,66** | 10,98 |
| | Außentreppe, Stahlwangentreppe, feuerverzinkt, 16 Stufen, 17,1/26cm, Austrittspodest, b=1m (1St) | | | | |
| | 6100-740 Einfamilienhaus | | | | |
| | • Abbrechen (Kosten: 38,1%) | 12,20 m² | 2.434 | **199,49** | 8,75 |
| | Abbruch von Betonblockstufen, Entsorgung, Deponiegebühren (26St) | | | | |
| | • Wiederherstellen (Kosten: 7,4%) | 3,98 m² | 474 | **119,11** | 1,70 |
| | Betonblockstufen ausbauen, lagern, wiederverlegen (7St) | | | | |
| | • Herstellen (Kosten: 54,5%) | 8,64 m² | 3.480 | **402,78** | 12,51 |
| | Granitstufen, Betonbett (12St), Blockstufen (4St) | | | | |

## Kostenkennwerte für die Kostengruppen 300 und 400 der 3.Ebene DIN 276 (Übersicht)

| KG | Kostengruppe | Menge Einheit | Kosten € | €/Einheit | €/m² BGF |
|---|---|---|---|---|---|
| 540 | **Technische Anlagen in Außenanlagen** | | | | |
| 541 | **Abwasseranlagen** | | | | |
| | 1300-150 Verwaltungsgebäude, Kellertrocknung | | | | |
| | • Herstellen (Kosten: 100,0%)<br>Sickerschächte (2St) | 97,00 m² AUF | 3.105 | **32,01** | 8,62 |
| | 1300-151 Rathaus | | | | |
| | • Abbrechen (Kosten: 0,4%)<br>Ausbau von Beton-Schachtabdeckungen mit Umrandungen, Entsorgung, Deponiegebühren (3St) | 2.717,00 m² AUF | 118 | **< 0,1** | < 0,1 |
| | • Wiederherstellen (Kosten: 0,6%)<br>Entwässerungsrinne ausbauen, zur Wiederverwendung auf dem Gemeindebauhof lagern, Entfernung 500m (12m) | 2.717,00 m² AUF | 187 | **< 0,1** | 0,10 |
| | • Herstellen (Kosten: 99,0%)<br>Grabenaushub, Abfuhr (157m³), Verfüllungen, gelagertes Material (71m³), PVC-Grundleitungen DN100-150, Formteile (237m), Fertigschacht mit Rückstauverschluss, Fäkalien-Rückstaupumpanlage (1St), Kontrollschacht LW 1000, h=1m (1St), Strasseneinläufe (4St), Rinnen (13m), Abwasserkanalanschlüsse (4St) | 2.717,00 m² AUF | 31.231 | **11,49** | 16,59 |
| | 4100-075 Schulzentrum | | | | |
| | • Herstellen (Kosten: 100,0%)<br>Rohrgrabenaushub (38m³), Rohrgrabenverfüllung (33m³), KG-Leitungen DN100, Formteile (52m), Rigolenversickerung, Speichervolumen (22m³), Entspannungsrinnen (33m), Entwässerungsrinnen (15m), Bodenabläufe (3St) | 1.058,33 m² AUF | 22.282 | **21,05** | 26,06 |
| | 5100-044 Sporthalle | | | | |
| | • Abbrechen (Kosten: 0,3%)<br>Abbruch von Straßen- und Hofabläufe, Schlammeimer, Rost, Entsorgung, Deponiegebühren (2St) | 1.363,00 m² AUF | 42 | **< 0,1** | < 0,1 |
| | • Wiederherstellen (Kosten: 10,3%)<br>Schächte sanieren, vorhandene Schachtsohle aus Estrich abbrechen, Zementestrich ZE 20, neue Gerinne, neue Anbindungen, ungenutzte Schachteinläufe ausbauen, verschließen (3St) | 1.363,00 m² AUF | 1.424 | **1,04** | 1,08 |
| | • Herstellen (Kosten: 89,4%)<br>Rohrgrabenaushub, Verfüllung (63m³), Steinzeugrohre DN100-150, Formstücke, Rohrbettung (108m), Schachtanbindungen an bestehende Schächte herstellen (9St), TV-Untersuchung (105m) | 1.363,00 m² AUF | 12.311 | **9,03** | 9,36 |
| | 6100-681 Mehrfamilienhaus (6WE) | | | | |
| | • Herstellen (Kosten: 100,0%)<br>Rohrgraben (4m), PVC-Rohr (4m), Formstücke (4St), Hofablauf (1St) | 1.079,94 m² AUF | 1.003 | **0,93** | 1,38 |
| 542 | **Wasseranlagen** | | | | |
| | 1300-151 Rathaus | | | | |
| | • Herstellen (Kosten: 100,0%)<br>PE-Leitung für neuen Wasseranschluss (106m) | 2.717,00 m² AUF | 2.131 | **0,78** | 1,13 |

| KG | Kostengruppe | Menge Einheit | Kosten € | €/Einheit | €/m² BGF |
|---|---|---|---|---|---|
| 544 | **Wärmeversorgungsanlagen** | | | | |
| | 5100-044 Sporthalle | | | | |
| | • Abbrechen (Kosten: 63,1%) | 1.363,00 m² AUF | 690 | **0,51** | 0,53 |
| | Abbruch von Heizleitung, Stb-Heizkanal; Entsorgung, Deponiegebühren (3m) | | | | |
| | • Herstellen (Kosten: 36,9%) | 1.363,00 m² AUF | 404 | **0,30** | 0,31 |
| | Bestehender Heizkanal, Öffnung mit Betonsteinen schließen, Bitumenabdichtung, Dämmplatten, Verfüllung (3m²) | | | | |
| 546 | **Starkstromanlagen** | | | | |
| | 1300-151 Rathaus | | | | |
| | • Herstellen (Kosten: 100,0%) | 2.717,00 m² AUF | 250 | **< 0,1** | 0,13 |
| | Kabelgraben Aushub (5m³), Sandbett (1m³), Kabel bis d=35mm auslegen (24m) | | | | |
| | 4100-075 Schulzentrum | | | | |
| | • Herstellen (Kosten: 100,0%) | 1.058,33 m² AUF | 5.457 | **5,16** | 6,38 |
| | Pollerleuchten (5St), Mantelleitungen (261m), Kabeltrasse, Stundenlohnarbeiten | | | | |
| 549 | **Technische Anlagen in Außenanlagen, sonstiges** | | | | |
| | 1300-151 Rathaus | | | | |
| | • Herstellen (Kosten: 100,0%) | 2.717,00 m² AUF | 21.616 | **7,96** | 11,48 |
| | Leitungsgraben, Aushub, Abfuhr (75m³), Stufengraben, Versorgungsleitungen, Aushub (72m³), Suchschlitze 2,0x1,50x2,0m (9St), Füllmaterial, Sand (136m³), Grabenverfüllung, Mineralbeton (94m³), Kabelwarnband (213m), PVC- Schutzrohr (12m) | | | | |

## Kostenkennwerte für die Kostengruppen 300 und 400 der 3.Ebene DIN 276 (Übersicht)

| KG | Kostengruppe | Menge Einheit | Kosten € | €/Einheit | €/m² BGF |
|---|---|---|---|---|---|
| 550 | **Einbauten in Außenanlagen** | | | | |
| 551 | **Allgemeine Einbauten** | | | | |
| | 1300-151 Rathaus | | | | |
| | • Abbrechen (Kosten: 16,4%) | 2.717,00 m² AUF | 750 | **0,28** | 0,40 |
| | Abbruch von Betonfundamenten von Spielgeräten (2m³), Brunnentrog aus Sandstein, 2,30x0,90x0,60m (1St); Entsorgung, Deponiegebühren | | | | |
| | • Herstellen (Kosten: 83,6%) | 2.717,00 m² AUF | 3.827 | **1,41** | 2,03 |
| | Fahnenmasten, h=7m (4St), Sitzbänke (2St), Fahrradständer, 4 Stellplätze (1St) | | | | |
| | 6100-681 Mehrfamilienhaus (6WE) | | | | |
| | • Herstellen (Kosten: 100,0%) | 1.079,94 m² AUF | 1.598 | **1,48** | 2,20 |
| | Briefkastenanlage (1St), Granitquader (14St) | | | | |
| | 6100-717 Mehrfamilienhaus (4WE) | | | | |
| | • Abbrechen (Kosten: 66,4%) | – AUF | 501 | – | 0,60 |
| | Abbruch von Schildern, Stb-Fundamente (3St) | | | | |
| | • Herstellen (Kosten: 33,6%) | – AUF | 254 | – | 0,30 |
| | Fundament, Verkehrsschild (1St) | | | | |

## Kostenkennwerte für die Kostengruppen 300 und 400 der 3.Ebene DIN 276 (Übersicht)

| KG | Kostengruppe | Menge Einheit | Kosten € | €/Einheit | €/m² BGF |
|---|---|---|---|---|---|
| 570 | **Pflanz- und Saatflächen** | | | | |
| 571 | **Oberbodenarbeiten** | | | | |
| | 1300-151 Rathaus | | | | |
| | • Herstellen (Kosten: 100,0%) | 44,00 m² | 456 | **10,37** | 0,24 |
| | Oberboden aufnehmen, fördern, einbauen, fräsen (44m²), Oberboden liefern (13m³) | | | | |
| | 4100-075 Schulzentrum | | | | |
| | • Herstellen (Kosten: 100,0%) | 631,95 m² | 5.246 | **8,30** | 6,13 |
| | Rohplanie, Vegetationsschicht, d=20cm, lockern und fräsen (632m²) | | | | |
| | 6100-681 Mehrfamilienhaus (6WE) | | | | |
| | • Herstellen (Kosten: 100,0%) | 641,76 m² | 1.429 | **2,23** | 1,97 |
| | Bodenaushub, BK 3-5, Abfuhr (23m³), Oberboden liefern (21m³), einbauen (41m³) | | | | |
| | 6100-717 Mehrfamilienhaus (4WE) | | | | |
| | • Abbrechen (Kosten: 100,0%) | – | 212 | **–** | 0,25 |
| | Grünbeet ausheben, d=40cm (10m²) | | | | |
| 572 | **Vegetationstechnische Bodenbearbeitung** | | | | |
| | 4100-075 Schulzentrum | | | | |
| | • Herstellen (Kosten: 100,0%) | 631,95 m² | 153 | **0,24** | 0,18 |
| | Bodenverbesserung, Waldhumus, d=2-3cm (632m²) | | | | |
| | 6100-681 Mehrfamilienhaus (6WE) | | | | |
| | • Herstellen (Kosten: 100,0%) | 641,76 m² | 1.347 | **2,10** | 1,86 |
| | Feinplanum (642m²) | | | | |
| 574 | **Pflanzen** | | | | |
| | 4100-075 Schulzentrum | | | | |
| | • Herstellen (Kosten: 100,0%) | 165,45 m² | 5.010 | **30,28** | 5,86 |
| | Efeu (400St), Liguster (100St), Böschungsmyrte (50St), Lorbeerkirsche (15St), Brautspiere (40St), Bodendecker (50St), Eibe (1St), Buchshecke (5m) | | | | |
| | 5100-044 Sporthalle | | | | |
| | • Abbrechen (Kosten: 18,1%) | 27,80 m² | 97 | **3,48** | < 0,1 |
| | Roden von Strauchgehölze, h bis 1,50m mit Wurzelstock (13St), Entsorgung | | | | |
| | • Wiederherstellen (Kosten: 81,9%) | – | 439 | **–** | 0,33 |
| | Bäume h bis 4,50m und Strauchgehölze, h=1,5m (7St), herausnehmen, einschlagen, Wiedereinpflanzung, h bis 4,50m (4St) | | | | |
| | 6100-681 Mehrfamilienhaus (6WE) | | | | |
| | • Herstellen (Kosten: 100,0%) | 71,53 m² | 2.400 | **33,55** | 3,31 |
| | Hainbuchen (87St), Flieder (10St), Böschungsmyrthe (177St), Lampenputzergras (10St), hacken (72m²) | | | | |

| KG | Kostengruppe | Menge Einheit | Kosten € | €/Einheit | €/m² BGF |
|---|---|---|---|---|---|
| | 6100-686 Mehrfamilienhaus, Kellertrocknung | | | | |
| | • Wiederherstellen (Kosten: 100,0%) | 77,00 m² | 1.990 | **25,84** | 1,71 |
| | Pflanzen roden, einschlagen, wieder einpflanzen (57m²), abgestorbene Planzen entsorgen durch neue ersetzen (20m²) | | | | |
| 575 | **Rasen und Ansaaten** | | | | |
| | 1300-151 Rathaus | | | | |
| | • Herstellen (Kosten: 100,0%) | 44,00 m² | 102 | **2,33** | < 0,1 |
| | Feinplanum, Rasen ansäen (44m²) | | | | |
| | 4100-075 Schulzentrum | | | | |
| | • Herstellen (Kosten: 100,0%) | 466,50 m² | 2.376 | **5,09** | 2,78 |
| | Feinplanie, Raseneinsaat (467m²), Mähkante, Betonpflastersteine (55m) | | | | |
| | 6100-681 Mehrfamilienhaus (6WE) | | | | |
| | • Herstellen (Kosten: 100,0%) | 570,23 m² | 1.252 | **2,20** | 1,73 |
| | Rasensaat, zweimal mähen (570m²), Mähkante, Betonkantensteine (28m) | | | | |
| 579 | **Pflanz- und Saatflächen, sonstiges** | | | | |
| | 6100-770 Einfamilienhaus | | | | |
| | • Herstellen (Kosten: 100,0%) | 30,00 m² | 418 | **13,93** | 1,74 |
| | Moränekiesschüttung (30m²) | | | | |

## Kostenkennwerte für die Kostengruppen 300 und 400 der 3.Ebene DIN 276 (Übersicht)

| KG | Kostengruppe | Menge Einheit | Kosten € | €/Einheit | €/m² BGF |
|---|---|---|---|---|---|
| 590 | **Sonstige Außenanlagen** | | | | |
| 591 | **Baustelleneinrichtung** | | | | |
| | 4100-075 Schulzentrum | | | | |
| | • Herstellen (Kosten: 100,0%) | 1.058,33 m² AUF | 416 | **0,39** | 0,49 |
| | Baustelleneinrichtung, Grünschnitt entsorgen (1t) | | | | |
| | 5100-046 Sporthalle | | | | |
| | • Herstellen (Kosten: 100,0%) | – AUF | 162 | – | 0,27 |
| | Baustelleneinrichtung | | | | |
| | 6100-652 Mehrfamilienhaus (9WE) | | | | |
| | • Herstellen (Kosten: 100,0%) | 1.193,00 m² AUF | 224 | **0,19** | 0,75 |
| | Baustelleneinrichtung | | | | |
| 594 | **Abbruchmaßnahmen** | | | | |
| | 6100-652 Mehrfamilienhaus (9WE) | | | | |
| | • Herstellen (Kosten: 100,0%) | 1.193,00 m² AUF | 616 | **0,52** | 2,08 |
| | Abbruch einer Asphaltdecke, Entsorgung (29m²) | | | | |

## Kostenkennwerte für die Kostengruppen 300 und 400 der 3.Ebene DIN 276 (Übersicht)

| KG | Kostengruppe | Menge Einheit | Kosten € | €/Einheit | €/m² BGF |
|---|---|---|---|---|---|
| 610 | **Ausstattung** | | | | |
| 611 | **Allgemeine Ausstattung** | | | | |
| | 1300-138 Bürogebäude | | | | |
| | • Herstellen (Kosten: 100,0%) | 2.267,67 m² BGF | 4.044 | **1,78** | 1,78 |
| | Papierrollenhalter (6St), Toilettenbürstengarnituren (7St), Kristallspiegel (6St), Kippspiegel (1St), Stützgriffe (4St), Baby-Wickel-Stadion (1St), Sandstrahlfolien (14St) | | | | |
| | 4100-075 Schulzentrum | | | | |
| | • Herstellen (Kosten: 100,0%) | 855,05 m² BGF | 5.579 | **6,52** | 6,52 |
| | Schrank unter der Treppe, Melamin-Schichtstoffplatten, drei Türen (1St), Melamin-Schichtstoffplatte unter der Treppe (1St), Edelstahlhaken (4St) | | | | |
| | 5100-044 Sporthalle | | | | |
| | • Herstellen (Kosten: 100,0%) | 1.315,00 m² BGF | 12.450 | **9,47** | 9,47 |
| | Stahl-Garderobenschränke, h=1,80m (7St), Umkleidebänke mit Lehne (25m), Umkleidebänke ohne Lehne (5m), Geräteschränke (5St), Ballschränke (2St), Sportgeräteschrank (1St), Zweiertische mit Ablage (3St), Stapelstühle (8St), Ständertafel, fahrbar, magnetisch (2St) | | | | |
| 612 | **Besondere Ausstattung** | | | | |
| | 5100-044 Sporthalle | | | | |
| | • Herstellen (Kosten: 100,0%) | 1.315,00 m² BGF | 13.950 | **10,61** | 10,61 |
| | Wettkampf-Schwebebalken, Transportroller (1St), Schutzmatte Sprossenwand, 2x2m (4St), Niedersprungmatten, 300x200x8cm (2St), Netzbügel (7St), Verbandschrank (2St), Mini-Basketballanlage (1St), Handballtore (4St), Badmintonanlage (2St), Volleyballanlage (2St), Tennis-Netz (1St), Transport-, Aufbewahrungswagen (2St) | | | | |
| 619 | **Ausstattung, sonstiges** | | | | |
| | 4100-075 Schulzentrum | | | | |
| | • Herstellen (Kosten: 100,0%) | 855,05 m² BGF | 425 | **0,50** | 0,50 |
| | Plexiglastafeln für Fluchtwege (2St) | | | | |
| | 5100-044 Sporthalle | | | | |
| | • Herstellen (Kosten: 100,0%) | 1.315,00 m² BGF | 383 | **0,29** | 0,29 |
| | Leitsystem, Grundplatte Edelstahl, Abdeckung Acrylglasplatte (17St) | | | | |

## Kostenkennwerte für die Kostengruppen 300 und 400 der 3.Ebene DIN 276 (Übersicht)

| KG | Kostengruppe | Menge Einheit | Kosten € | €/Einheit | €/m² BGF |
|---|---|---|---|---|---|
| 730 | **Architekten- und Ingenieurleistungen** | | | | |
| 731 | **Gebäudeplanung** | | | | |
| | • 6100-482 Mehrfamilienhaus (3WE)<br>Honorar Gebäudeplanung Leistungsphasen 1-8 | 199,53 m² BGF | 27.922 | **139,94** | 139,94 |
| | 6100-708 Einfamilienhaus<br>• Herstellen (Kosten: 100,0%)<br>Bestands-, Entwurfs- und Genehmigungsplanung | 361,80 m² BGF | 4.272 | **11,81** | 11,81 |
| | 6100-740 Einfamilienhaus<br>• Herstellen (Kosten: 100,0%)<br>Architektenhonorar, Bestandsaufnahme | 278,10 m² BGF | 98.030 | **352,50** | 352,50 |
| | 6100-790 Einfamilienhaus<br>• Herstellen (Kosten: 100,0%)<br>Architektenhonorar | 261,18 m² BGF | 3.831 | **14,67** | 14,67 |
| 735 | **Tragwerksplanung** | | | | |
| | • 6100-482 Mehrfamilienhaus (3WE)<br>Honorar Tragwerksplanung in Leistungsphase 4 | 199,53 m² BGF | 2.158 | **10,82** | 10,82 |
| | 6100-708 Einfamilienhaus<br>• Herstellen (Kosten: 100,0%)<br>Tragwerksplanung | 361,80 m² BGF | 2.971 | **8,21** | 8,21 |
| | 6100-740 Einfamilienhaus<br>• Herstellen (Kosten: 100,0%)<br>Tragwerkplanung | 278,10 m² BGF | 7.189 | **25,85** | 25,85 |

## Kostenkennwerte für die Kostengruppen 300 und 400 der 3.Ebene DIN 276 (Übersicht)

| KG | Kostengruppe | Menge Einheit | Kosten € | €/Einheit | €/m² BGF |
|---|---|---|---|---|---|
| 740 | **Gutachten und Beratung** | | | | |
| 741 | **Thermische Bauphysik** | | | | |
| | 6100-652 Mehrfamilienhaus (9WE) | | | | |
| | • Herstellen (Kosten: 100,0%) | 297,00 m² BGF | 1.977 | **6,66** | 6,66 |
| | Blower Door Messungen, Leckagesuche | | | | |
| | 6100-708 Einfamilienhaus | | | | |
| | • Herstellen (Kosten: 100,0%) | 361,80 m² BGF | 766 | **2,12** | 2,12 |
| | Energieberatung, Energieausweis | | | | |
| | 6100-790 Einfamilienhaus | | | | |
| | • Herstellen (Kosten: 100,0%) | 261,18 m² BGF | 797 | **3,05** | 3,05 |
| | Thermische Bauphysik, Beratung und Gutachten | | | | |

## Kostenkennwerte für die Kostengruppen 300 und 400 der 3.Ebene DIN 276 (Übersicht)

| KG | Kostengruppe | Menge Einheit | Kosten € | €/Einheit | €/m² BGF |
|---|---|---|---|---|---|
| 760 | **Finanzierungskosten** | | | | |
| 762 | **Fremdkapitalzinsen** | | | | |
| | • 6100-482 Mehrfamilienhaus (3WE)<br>Zinsen vor Nutzungsbeginn | 199,53 m² BGF | 4.255 | **21,32** | 21,32 |

## Kostenkennwerte für die Kostengruppen 300 und 400 der 3.Ebene DIN 276 (Übersicht)

| KG | Kostengruppe | Menge Einheit | Kosten € | €/Einheit | €/m² BGF |
|---|---|---|---|---|---|
| 770 | **Allgemeine Baunebenkosten** | | | | |
| 771 | **Prüfungen, Genehmigungen, Abnahmen** | | | | |
| | • 6100-482 Mehrfamilienhaus (3WE) | 199,53 m² BGF | 7.055 | **35,36** | 35,36 |
| | Genehmigungen, Prüfstatik, sonstige Baunebenkosten | | | | |
| 779 | **Allgemeine Baunebenkosten, sonstiges** | | | | |
| | • 6100-482 Mehrfamilienhaus (3WE) | 199,53 m² BGF | 1.972 | **9,88** | 9,88 |
| | Kosten für Vervielfältigungen, Porto, Fernsprechgebühren | | | | |
| | 6100-708 Einfamilienhaus | | | | |
| | • Herstellen (Kosten: 100,0%) | 361,80 m² BGF | 61 | **0,17** | 0,17 |
| | Büromaterial und Kopien | | | | |

# ANHANG

## Verzeichnis der Architektur- und Planungsbüros
## Übersicht veröffentlichter BKI Objektdaten A1-A7, E2

| | |
|---|---|
| Cousin, Jan; Ökotektur + Baubiologie; Hamburg | 6100-685, -740 |
| Barth, Udo; Bauplanungsbüro; Flöha | 5100-044 |
| Benl, Hans-Peter; Planungsbüro; Neuötting | 6100-652, -658, -694, -708, -713, -785 |
| Büder + Menzel; Architekten BDA; Köln | 7200-072 |
| Erfurt & Partner GmbH; Architekten- und Ingenieurgruppe; Erfurt | 6100-496 |
| Geiger Architekturbüro; Berlin | 6100-726 |
| gold diplomingenieure architekten; Hochheim | 5100-046 |
| güldenzopf rohrberg architektur & desing; Hamburg | 7300-063 |
| Heintel, Fritz, Freier Architekt; Höfen an der Enz | 1300-151 |
| Helmle, Wolfgang Architekturbüro; Ellwangen | 6100-780 |
| Hempel:Architekten; Wismar | 1300-161 |
| KLE-Architekten; Kirchheim u. Teck | 4100-075 |
| Langmack, Gudrun; Architekturbüro; Erftstadt | 6100-793 |
| Lendner, Renate E., Architektin; Nieder-Olm | 6100-790 |
| LIEBER ÖKOLOGISCH Architekturbüro; Diez | 9100-060 |
| Maurer, Bruno; Uttenweiler | 6100-770 |
| Mesch-Fehrle Architekturbüro; Aichtal-Grötzingen | 6100-729, -731 |
| Metelmann, Jürgen; Bempflingen | 6100-752, -753 |
| modus.architekten; Holger Kalla; Potsdam | 1300-138, 5100-048 |
| Patrias, Markus, Architekten BDA; Dortmund | 4100-107, 4100-108 |
| Peterbus Architekturbüro; Langenhagen | 4400-122 |
| Richter, Udo; Dipl.-Ing. Freier Architekt; Heilbronn | 1300-152 |
| Schuster, Peter, Architekt; Ludwigsburg | 6100-717 |
| Seidel Architektur; Mühldorf/Inn | 1300-148 |
| springerchrobok; architekten; Berlin | 6100-482 |
| Sutter, Gaby; Architekturbüro; Freiburg | 6100-668 |
| TTSB; architekten.ingenieure.Berlin; Berlin | 1300-150, 6100-686, -695, -725 |
| Werkgruppe Freiburg, Architekten; Freiburg | 5300-009, 6100-681 |

Der Herausgeber dankt den genannten Büros für die zur Verfügung gestellten Objektdaten.

An der Pflege dieser Datenbank, die als eine berufsständische **Gemeinschaftsaufgabe** zu verstehen ist, sollten sich möglichst viele Planungsbüros beteiligen, indem sie Unterlagen für Datenerhebungen zur Verfügung stellen.

| Objekt-Nr. | Objekt-Bezeichnung | DIN 276 | Land | BKI-Buch | Seite |
|---|---|---|---|---|---|
| **Erweiterungen** | | | | | |
| **1**300-071 | Bürogebäude | 1.Ebene | NW | A1 | 30 |
| 1300-072 | Rathaus | 1.Ebene | BW | A1 | 36 |
| 1300-081 | Rathaus | 1.Ebene | BY | A1 | 42 |
| 1300-083 | Büros, Wohnen (4 WE) | 4.Ebene | SN | A1 | 48 |
| 1300-085 | Bürogebäude | 1.Ebene | NI | A2 | 28 |
| 1300-100 | Rathaus, Erweiterung | 3.Ebene | HE | A4 | 30 |
| 1300-109 | Verwaltungsgebäude | 2.Ebene | BW | A4 | 46 |
| 1300-114 | Büroerweiterung | 3.Ebene | BY | A5 | 30 |
| 1300-118 | Rathaus | 3.Ebene | HE | A4 | 56 |
| 1300-134 | Büroerweiterung, Dachausbau | 3.Ebene | BY | A6 | 26 |
| 1300-148 | Bürogebäude | 3.Ebene | BY | A7 | 48 |
| 1300-152 | Wohn- und Geschäftshaus | 3.Ebene | BY | A7 | 88 |
| 1300-161 | Bürogebäude | 1.Ebene | MV | A7 | 100 |
| **3**200-016 | Geriatrisches Fachkrankenhaus | 3.Ebene | TH | A5 | 112 |
| **4**100-030 | Grund- und Hauptschule (3 Klassen) | 1.Ebene | BW | A1 | 94 |
| 4100-041 | Grund- und Hauptschule | 1.Ebene | BW | A1 | 100 |
| 4100-042 | Grund- und Hauptschule (25 Klassen) | 1.Ebene | BY | A1 | 106 |
| 4100-043 | Gymnasium (13 Klassen) | 1.Ebene | BY | A1 | 112 |
| 4100-044 | Erweiterung Realschule | 3.Ebene | BY | A3 | 60 |
| 4100-047 | Grundschule, Erweiterung | 4.Ebene | RP | A3 | 72 |
| 4100-055 | Schule (7 Klassen); Erweiterung | 1.Ebene | SH | A3 | 84 |
| 4100-075 | Schulzentrum | 3.Ebene | BW | A7 | 106 |
| 4100-107 | Grundschule | 3.Ebene | NW | A7 | 120 |
| 4100-108 | Grundschule | 3.Ebene | NW | A7 | 130 |
| 4200-009 | Jugendbildungsstätte, Anbau | 3.Ebene | NI | A5 | 150 |
| 4400-082 | Kindergarten (2 Gruppen); Aufstockung | 1.Ebene | NI | A1 | 118 |
| 4400-122 | Kindergarten (1 Gruppe) | 1.Ebene | NI | A7 | 150 |
| **5**100-048 | Gymnastikraum Grundschule | 3.Ebene | NW | A7 | 186 |
| 5200-007 | Tribünenanbau, Sprunghalle | 3.Ebene | SN | A4 | 110 |
| 5300-004 | Spielhalle, Abstellraum | 2.Ebene | BY | A3 | 106 |
| 5300-008 | Bootshaus | 1.Ebene | NI | A6 | 154 |
| **6**100-232 | Zweifamilienhaus | 1.Ebene | BW | A1 | 188 |
| 6100-238 | Wohnungserweiterung (1WE) | 1.Ebene | NW | A1 | 194 |
| 6100-258 | Einfamilienhaus | 3.Ebene | RP | A1 | 200 |
| 6100-261 | Dachgeschossausbau | 1.Ebene | RP | A1 | 208 |
| 6100-262 | Zweifamilienhaus; Villenumbau | 1.Ebene | HH | A1 | 214 |
| 6100-270 | Wohn-, Geschäftshaus; Aufstockung | 1.Ebene | NW | A1 | 220 |
| 6100-280 | Mehrfamilienhaus (4WE);Laden; Büro | 1.Ebene | NW | A2 | 138 |
| 6100-290 | Zweifamilienhaus; Aufstockung | 1.Ebene | BY | A1 | 226 |
| 6100-295 | Dachgeschossausbau | 1.Ebene | SN | A1 | 232 |
| 6100-300 | Mehrfamilienhaus (9WE);barrierefrei | 1.Ebene | BW | A2 | 144 |
| 6100-307 | Aufstockung Wohnhaus (5WE) | 3.Ebene | BY | A2 | 150 |
| 6100-316 | Bungalow (1WE); Aufstockung | 1.Ebene | NI | A1 | 238 |
| 6100-320 | Wohnhaus (4WE); Laden | 1.Ebene | BY | A1 | 244 |
| 6100-324 | Einfamilienhaus; Holzrahmenbau, Anbau | 1.Ebene | BY | A3 | 114 |
| 6100-354 | Büro- und Wohnhaus (2WE) | 3.Ebene | BW | A2 | 160 |
| 6100-370 | Aufstockung, Dachausbau (1WE) | 1.Ebene | BE | A2 | 168 |

| Objekt-Nr. | Objekt-Bezeichnung | DIN 276 | Land | BKI-Buch | Seite |
|---|---|---|---|---|---|
| 6100-390 | Einfamilienhaus | 4.Ebene | NW | A3 | 120 |
| 6100-455 | Reiheneckhaus (1WE) | 3.Ebene | RP | E2 | 74 |
| 6100-459 | Einfamilienhaus | 4.Ebene | RP | E2 | 114 |
| 6100-474 | Wohnhausaufstockung | 2.Ebene | NI | A3 | 134 |
| 6100-475 | Einfamilienhaus, barrierefrei | 4.Ebene | BW | E2 | 142 |
| 6100-477 | Wohnhausumbau | 4.Ebene | BY | E2 | 158 |
| 6100-482 | Mehrfamilienhaus (3WE) | 3.Ebene | BE | A7 | 210 |
| 6100-500 | Einfamilienhaus, Anbau | 3.Ebene | BY | A3 | 142 |
| 6100-518 | Dachgeschossaufstockung | 3.Ebene | BE | A4 | 124 |
| 6100-520 | Wohnhausanbau (1WE) | 2.Ebene | BW | A4 | 136 |
| 6100-524 | Einfamilienhaus, Aufstockung | 3.Ebene | BB | A4 | 144 |
| 6100-546 | Dachausbau | 3.Ebene | BW | A5 | 214 |
| 6100-551 | Einfamilienhaus mit ELW, Dachausbau | 3.Ebene | BW | A5 | 226 |
| 6100-555 | Mehrfamilienhaus, Aufstockung | 4.Ebene | BW | A5 | 238 |
| 6100-577 | Einfamilienhaus | 4.Ebene | RP | A4 | 154 |
| 6100-580 | Wohnhaus, Anbau | 3.Ebene | SH | A4 | 166 |
| 6100-602 | Wohnraumerweiterung, Reihenhaus | 3.Ebene | NI | A5 | 252 |
| 6100-612 | Einfamilienhaus, Ausbau DG | 3.Ebene | NW | A5 | 264 |
| 6100-624 | Mehrfamilienhaus (3WE), Dachausbau | 3.Ebene | NW | A6 | 174 |
| 6100-645 | Dachgeschossausbau | 3.Ebene | BY | A6 | 186 |
| 6100-652 | Mehrfamilienhaus (9WE) | 3.Ebene | BY | A7 | 230 |
| 6100-673 | Wohnhauserweiterung | 3.Ebene | BE | A6 | 198 |
| 6100-685 | Einfamilienhaus | 1.Ebene | HH | A7 | 274 |
| 6100-694 | Zweifamilienhaus | 3.Ebene | BY | A7 | 292 |
| 6100-708 | Einfamilienhaus | 3.Ebene | BY | A7 | 314 |
| 6100-731 | Einfamilienhaus | 3.Ebene | BW | A7 | 386 |
| 6100-785 | Zweifamilienhaus | 3.Ebene | BY | A7 | 460 |
| 6400-041 | Dorfgemeinschaftshaus | 1.Ebene | ST | A1 | 250 |
| 6500-013 | Universitätsmensa | 1.Ebene | NI | A1 | 256 |
| **7**100-016 | Laborgebäude | 1.Ebene | BE | A2 | 292 |
| 7200-066 | Autohaus | 3.Ebene | HE | A4 | 334 |
| 7200-068 | Autohaus | 3.Ebene | BY | A6 | 344 |
| 7200-069 | Geschäftshaus mit Werkstatt | 3.Ebene | BW | A6 | 356 |
| 7300-032 | Werkhalle | 1.Ebene | NW | A2 | 298 |
| 7300-039 | Zeitungsdruckerei | 1.Ebene | BY | A2 | 304 |
| 7300-045 | Presse Vertriebszentrum | 2.Ebene | RP | A3 | 246 |
| 7300-058 | Anbau Verwaltung und Versand | 3.Ebene | BY | A6 | 368 |
| 7600-032 | Verkehrsleitstelle | 1.Ebene | NI | A2 | 310 |
| 7600-037 | Feuerwache-Fahrzeughalle; 4 KFZ | 3.Ebene | ST | A3 | 258 |
| 7700-035 | Aufzug Lagergebäude | 1.Ebene | BY | A2 | 316 |
| 7700-038 | Überdachung Logistikfläche | 2.Ebene | SN | A3 | 270 |
| **9**100-017 | Bücherei; Museum; Bürgersaal | 3.Ebene | BW | A1 | 488 |
| 9100-019 | Stadthalle | 1.Ebene | HB | A1 | 496 |
| 9100-021 | Übergangsbau; Pausenhalle | 4.Ebene | ST | A1 | 502 |
| 9100-022 | Bibliothek; Verbindungshalle | 1.Ebene | BW | A2 | 350 |
| 9700-010 | Aussegnungshalle | 3.Ebene | BW | A6 | 394 |

| Objekt-Nr. | Objekt-Bezeichnung | DIN 276 | Land | BKI-Buch | Seite |
|---|---|---|---|---|---|
| **Umbauten** | | | | | |
| **1**300-063 | Finanzamt; Umbau Fabrikgebäude | 2.Ebene | BW | A1 | 58 |
| 1300-086 | Verwaltungsgebäude | 1.Ebene | TH | A1 | 66 |
| 1300-105 | Verwaltungsgebäude | 3.Ebene | NI | A5 | 40 |
| 1300-107 | Büroeingangszone u. Besprechung | 3.Ebene | BY | A4 | 72 |
| 1300-117 | Verwaltungsgebäude, Villenumbau | 3.Ebene | TH | A6 | 38 |
| 1300-121 | Bürogebäude, Sozialstation | 3.Ebene | NW | A4 | 80 |
| 1300-123 | Rathaus, Anbau und Modernisierung | 3.Ebene | BW | A5 | 56 |
| 1300-124 | Bürogebäude | 3.Ebene | HH | A6 | 48 |
| 1300-142 | Scheunenumbau, Büroflächen | 3.Ebene | NW | A6 | 62 |
| **3**100-006 | Therapiestützpunkt | 3.Ebene | BW | A3 | 48 |
| **4**100-046 | Grundschule | 4.Ebene | RP | A3 | 90 |
| 4100-058 | Regelschule | 4.Ebene | TH | A6 | 98 |
| 4100-062 | Realschule (13 Klassen) | 2.Ebene | BY | A6 | 130 |
| 4200-005 | Fachoberschule (5 Klassen) | 1.Ebene | BY | A1 | 224 |
| **6**100-227 | Dachgeschossausbau (3WE) | 1.Ebene | TH | A1 | 262 |
| 6100-228 | Wohnungsumbau 3.OG (1WE) | 1.Ebene | BE | A1 | 268 |
| 6100-279 | Einfamilienhaus; Umnutzung Scheune | 1.Ebene | RP | A1 | 274 |
| 6100-317 | Einfamilienhaus; Fachwerk | 1.Ebene | ST | A1 | 280 |
| 6100-345 | Dachgeschossausbau (6WE) | 1.Ebene | BE | A2 | 174 |
| 6100-373 | Dachgeschossausbau | 3.Ebene | NW | A2 | 180 |
| 6100-395 | Wohn- und Geschäftshaus (6WE) | 1.Ebene | TH | A2 | 190 |
| 6100-397 | Einfamilienhaus | 1.Ebene | TH | A2 | 198 |
| 6100-457 | Einfamilienhaus | 3.Ebene | TH | E2 | 102 |
| 6100-461 | Wohnhaus, Etagenumbau (1WE) | 3.Ebene | BY | A3 | 154 |
| 6100-472 | Einfamilienhaus, Scheunenumbau | 3.Ebene | NI | A3 | 164 |
| 6100-480 | Mehrfamilienhaus (5WE) | 4.Ebene | HE | E2 | 174 |
| 6100-508 | Mehrfamilienhaus (5WE), 2 Läden | 2.Ebene | BW | A4 | 180 |
| 6100-510 | Wohnhausumbau (5WE) | 2.Ebene | BW | A4 | 188 |
| 6100-525 | Scheunenumbau zu Wohnung | 3.Ebene | BW | A6 | 210 |
| 6100-527 | Mehrfamilienhaus, Sanierung | 4.Ebene | BB | A4 | 198 |
| 6100-558 | Einfamilienhaus | 4.Ebene | HE | A4 | 212 |
| 6100-568 | Maisonette-Wohnung | 3.Ebene | SN | A5 | 276 |
| 6100-586 | Mehrfamilienhaus | 3.Ebene | BY | A5 | 288 |
| 6100-598 | Umbau EFH zu Mehrfamilienhaus (6WE) | 3.Ebene | BW | A5 | 304 |
| 6100-621 | Scheunenumbau Wohnung mit Werkstatt | 3.Ebene | BB | A6 | 222 |
| 6100-637 | Doppelhaushälfte | 3.Ebene | BY | A6 | 234 |
| 6100-641 | EFH zu Mehrfamilienhaus (3WE) | 3.Ebene | BW | A6 | 246 |
| 6100-668 | Einfamilienhaus mit Einliegerwohnung | 1.Ebene | BW | A7 | 254 |
| 6100-674 | Mehrfamilienhaus | 3.Ebene | BW | A6 | 260 |
| 6100-717 | Mehrfamilienhaus (4WE) | 3.Ebene | BW | A7 | 338 |
| 6100-726 | Mehrfamilienhaus (3WE) | 3.Ebene | BE | A7 | 362 |
| 6400-034 | Uni Begegnungszentrum | 3.Ebene | BW | A1 | 286 |
| 6400-051 | Jugendräume, Dachgeschossumbau | 3.Ebene | BY | A3 | 176 |
| 6400-052 | Katholisches Pfarramt | 4.Ebene | BY | A4 | 226 |
| 6500-014 | Restaurant | 1.Ebene | BY | A1 | 294 |
| 6500-017 | Gaststätte; Hotel; Büros | 1.Ebene | TH | A2 | 206 |
| 6600-007 | Hotel (66Zi, 23App, 94BE); TG | 1.Ebene | NW | A2 | 212 |
| 6600-008 | Hotel Garni (29App, 50BE) | 1.Ebene | TH | A1 | 300 |
| 6600-011 | Hotel (100 Betten) | 1.Ebene | ST | A2 | 218 |

| Objekt-Nr. | Objekt-Bezeichnung | DIN 276 | Land | BKI-Buch | Seite |
|---|---|---|---|---|---|
| 6600-012 | Kloster, Gästeflügel | 1.Ebene | BY | A2 | 224 |
| **7**200-032 | Apotheke, Wohnen (2WE) | 1.Ebene | SN | A1 | 430 |
| 7200-033 | Wohn-, Geschäftshaus (22WE) | 1.Ebene | BE | A1 | 436 |
| 7200-036 | Ladenumbau | 3.Ebene | BY | A2 | 322 |
| 7200-052 | Kunstgewerbezentrum | 1.Ebene | SN | A2 | 332 |
| 7200-061 | Geschäftshaus, Cafe, Büros | 3.Ebene | BW | A6 | 380 |
| 7300-033 | Bäckerei; Wohnen (4WE) | 1.Ebene | SN | A1 | 442 |
| 7300-063 | Betriebs- und Werkstattgebäude | 1.Ebene | HH | A7 | 506 |
| 7500-013 | Kreissparkasse | 1.Ebene | BW | A1 | 448 |
| 7500-017 | Ausbau Bankfiliale | 1.Ebene | TH | A2 | 338 |
| 7700-037 | Lagerräume; Trafostation; WCs | 1.Ebene | TH | A2 | 344 |
| **9**100-025 | Ausstellungsgebäude | 3.Ebene | HE | A2 | 356 |
| 9100-027 | Gemeindezentrum; Saal | 1.Ebene | TH | A2 | 364 |
| 9100-031 | Stadthalle | 1.Ebene | TH | A2 | 370 |
| 9100-034 | Ausstellung, Archiv, Wohnen (1WE) | 3.Ebene | NW | A3 | 342 |
| 9100-037 | Kulturhaus | 3.Ebene | BW | A3 | 354 |
| 9100-046 | Tanzschule, Umbau und Erweiterung | 3.Ebene | BY | A5 | 464 |
| 9100-047 | Stadtmuseum | 3.Ebene | ST | A6 | 406 |

| **Modernisierungen** | | | | | |
|---|---|---|---|---|---|
| **1**300-065 | Verwaltungsgebäude | 1.Ebene | TH | A1 | 72 |
| 1300-074 | Bürogebäude | 1.Ebene | NW | A1 | 78 |
| 1300-078 | Verwaltungsgebäude | 1.Ebene | SN | A1 | 84 |
| 1300-092 | Verwaltungsgebäude | 4.Ebene | BY | A3 | 30 |
| 1300-093 | Büro- und Laborgbäude | 3.Ebene | TH | A5 | 74 |
| 1300-096 | Bürogebäude | 1.Ebene | SH | A2 | 34 |
| 1300-103 | Büro- und Veranstaltungsgebäude | 4.Ebene | BW | E2 | 26 |
| 1300-104 | Bürogebäude (1WE), Fassadensanierung | 4.Ebene | HH | E2 | 42 |
| 1300-110 | Bürogebäude | 4.Ebene | TH | A4 | 92 |
| 1300-111 | Bürogebäude | 3.Ebene | HE | A5 | 86 |
| 1300-132 | Bürogebäude, Passivhaus | 3.Ebene | BW | A6 | 74 |
| 1300-138 | Bürogebäude | 3.Ebene | NW | A7 | 34 |
| 1300-141 | Haus der Architekten, Bürogebäude | 1.Ebene | HE | A6 | 88 |
| 1300-151 | Rathaus | 3.Ebene | BW | A7 | 72 |
| **3**400-013 | Pflegeheim (132 Betten) | 4.Ebene | TH | A5 | 130 |
| **4**100-027 | Schulzentrum (10 Klassen) | 1.Ebene | NI | A1 | 130 |
| 4100-031 | Gymnasium; 4-zügig (900 Schüler) | 4.Ebene | TH | A2 | 40 |
| 4100-032 | Mittelschule; 3-zügig (430 Schüler) | 4.Ebene | SN | A2 | 56 |
| 4100-033 | Gymnasium; 4-zügig; Fachräume | 4.Ebene | ST | A1 | 136 |
| 4100-034 | Gymnasium; 3-zügig (345 Schüler) | 4.Ebene | MV | A2 | 72 |
| 4100-035 | Gymnasium; 4-zügig (334 Schüler) | 4.Ebene | BB | A2 | 88 |
| 4100-036 | Gymnasium; 4-zügig | 4.Ebene | ST | A1 | 150 |
| 4100-037 | Gymnasium; 3-zügig (850 Schüler) | 4.Ebene | SN | A2 | 104 |
| 4100-038 | Gymnasium; 4-zügig (325 Schüler) | 4.Ebene | BB | A2 | 120 |
| 4100-056 | Schule, PCB-Sanierung | 3.Ebene | NW | A5 | 160 |
| 4100-066 | Grundschule | 3.Ebene | HE | A5 | 176 |
| 4300-010 | Förderschule, Vereinsheim | 3.Ebene | BW | A7 | 140 |
| 4400-083 | Kindergarten (2 Gruppen) | 1.Ebene | NI | A1 | 164 |
| 4400-092 | Kindergarten, Plattenbau | 3.Ebene | SN | A1 | 170 |

| Objekt-Nr. | Objekt-Bezeichnung | DIN 276 | Land | BKI-Buch | Seite |
|---|---|---|---|---|---|
| 4500-007 | Sport- und Bildungsstätte | 3.Ebene | TH | A6 | 138 |
| 4500-006 | Volkshochschule | 1.Ebene | NI | A1 | 182 |
| **5**100-039 | Schulsporthalle | 3.Ebene | HE | A5 | 198 |
| 5100-041 | Sporthalle | 3.Ebene | HE | A6 | 160 |
| 5100-044 | Sporthalle | 3.Ebene | SN | A7 | 158 |
| 5100-046 | Sporthalle | 3.Ebene | HE | A7 | 174 |
| 5300-005 | Bootshaus | 4.Ebene | HH | E2 | 56 |
| 5300-009 | Strandbad, Restaurant | 3.Ebene | BW | A7 | 198 |
| **6**100-165 | Stadthaus (1 WE); Fachwerk | 1.Ebene | ST | A1 | 306 |
| 6100-220 | Mehrfamilienhaus (3WE) | 3.Ebene | BW | A1 | 312 |
| 6100-233 | Mehrfamilienhaus (12WE) | 1.Ebene | BW | A1 | 324 |
| 6100-235 | Mehrfamilienhaus (7WE) | 1.Ebene | BW | A1 | 330 |
| 6100-250 | Wohn-, Geschäftshaus (5WE) | 1.Ebene | SN | A1 | 336 |
| 6100-256 | Mehrfamilienhaus (36WE) | 1.Ebene | TH | A1 | 342 |
| 6100-264 | Mehrfamilienhaus (16WE); Laden | 1.Ebene | BE | A2 | 230 |
| 6100-275 | Stadthaus (6WE); Büro | 2.Ebene | SN | A1 | 346 |
| 6100-276 | Stadthaus (7WE); Büro | 2.Ebene | SN | A1 | 354 |
| 6100-278 | Mehrfamilienhaus (36WE) | 1.Ebene | SN | A1 | 362 |
| 6100-287 | Mehrfamilienhaus (40WE) | 1.Ebene | BE | A1 | 368 |
| 6100-288 | Zweifamilienhaus | 1.Ebene | NI | A1 | 374 |
| 6100-314 | Hausmeistergebäude | 4.Ebene | ST | A1 | 380 |
| 6100-325 | Doppelhaushälfte | 1.Ebene | BY | A1 | 390 |
| 6100-339 | Mehrfamilienhaus (10WE) | 2.Ebene | SN | A2 | 236 |
| 6100-377 | Mehrfamilienhaus (3WE) | 1.Ebene | HB | A2 | 244 |
| 6100-380 | Einfamilienhaus; Schwimmbad | 3.Ebene | BW | A2 | 250 |
| 6100-384 | Mehrfamilienhaus (30WE) | 4.Ebene | SN | A3 | 186 |
| 6100-399 | Mehrfamilienhaus (5WE) | 1.Ebene | BY | A2 | 262 |
| 6100-415 | Mehrfamilienhaus | 3.Ebene | TH | A3 | 200 |
| 6100-444 | EFH, Umbau und Sanierung | 3.Ebene | BY | A3 | 214 |
| 6100-460 | Mehrfamilienhaus (12WE) | 4.Ebene | NI | A4 | 242 |
| 6100-462 | Mehrfamilienhaus (9WE) | 4.Ebene | NI | A4 | 252 |
| 6100-465 | Mehrfamilienhaus (8WE) | 4.Ebene | NI | A4 | 262 |
| 6100-469 | Einfamilienhaus | 3.Ebene | BY | A5 | 320 |
| 6100-471 | Einfamilienhaus | 4.Ebene | NW | E2 | 128 |
| 6100-489 | Betreute Wohnanlage (24WE) | 1.Ebene | BY | A3 | 226 |
| 6100-493 | Einfamilienhaus | 3.Ebene | k.A. | A5 | 334 |
| 6100-496 | Mehrfamilienhaus (31WE) | 3.Ebene | TH | A7 | 220 |
| 6100-498 | Einfamilienhaus | 4.Ebene | BW | A4 | 274 |
| 6100-537 | Wohnhochhaus | 3.Ebene | HE | A4 | 290 |
| 6100-544 | Einfamilienhaus | 3.Ebene | HE | A5 | 348 |
| 6100-548 | Mehrfamilienhaus | 3.Ebene | BW | A5 | 360 |
| 6100-560 | Mehrfamilienhaus (4WE) | 3.Ebene | TH | A5 | 372 |
| 6100-583 | Wohn- und Geschäftshaus | 3.Ebene | NI | A5 | 386 |
| 6100-585 | Einfamilienhaus mit ELW | 3.Ebene | ST | A5 | 398 |
| 6100-596 | Einfamilienhaus | 3.Ebene | BW | A5 | 412 |
| 6100-597 | Balkonanlage, Mehrfamilienhaus | 3.Ebene | BW | A5 | 426 |
| 6100-609 | Einfamilienhaus, Niedrigenergie | 4.Ebene | HE | A5 | 438 |
| 6100-611 | Einfamilienhaus, Niedrigenergie | 3.Ebene | HE | A5 | 452 |
| 6100-620 | Mehrfamilienhaus, Fassadensanierung | 3.Ebene | RP | A6 | 272 |
| 6100-631 | Mehrfamilienhaus | 3.Ebene | BW | A6 | 284 |

| Objekt-Nr. | Objekt-Bezeichnung | DIN 276 | Land | BKI-Buch | Seite |
|---|---|---|---|---|---|
| 6100-648 | Zweifamilienhaus | 3.Ebene | BY | A6 | 296 |
| 6100-658 | Mehrfamilienhaus (60WE) | 3.Ebene | BY | A7 | 242 |
| 6100-681 | Mehrfamilienhaus (6WE) | 3.Ebene | BW | A7 | 260 |
| 6100-713 | Doppelhaushälfte | 3.Ebene | BY | A7 | 326 |
| 6100-725 | Mehrfamilienhaus (12WE) | 3.Ebene | BE | A7 | 350 |
| 6100-729 | Mehrfamilienhaus (3WE) | 3.Ebene | BW | A7 | 374 |
| 6100-740 | Einfamilienhaus | 3.Ebene | HH | A7 | 398 |
| 6100-752 | Mehrfamilienhaus (19WE) | 3.Ebene | BW | A7 | 412 |
| 6100-753 | Mehrfamilienhaus (19WE) | 3.Ebene | BW | A7 | 424 |
| 6100-770 | Einfamilienhaus | 3.Ebene | BW | A7 | 436 |
| 6100-780 | Einfamilienhaus, Büro | 3.Ebene | BW | A7 | 448 |
| 6100-790 | Einfamilienhaus | 3.Ebene | RP | A7 | 472 |
| 6100-793 | Einfamilienhaus | 3.Ebene | NW | A7 | 482 |
| 6200-018 | Internat für Sehbehinderte | 3.Ebene | SN | A1 | 396 |
| 6200-032 | Seniorenpflegeheim | 4.Ebene | NW | A4 | 302 |
| 6200-034 | Soziotherapeutisches Zentrum | 3.Ebene | HE | A6 | 310 |
| 6200-035 | Studentenwohnheim | 1.Ebene | BW | A6 | 322 |
| 6400-035 | Ev. Jugendhaus | 3.Ebene | BW | A1 | 408 |
| 6500-012 | Gaststätte; Wohnen (6WE) | 1.Ebene | NW | A1 | 418 |
| 6600-009 | Schlosshotel | 1.Ebene | BY | A1 | 424 |
| **7**100-014 | Produktionsgebäude | 1.Ebene | ST | A1 | 454 |
| 7200-023 | Apotheke | 3.Ebene | NW | A1 | 460 |
| 7200-028 | Autohaus; Nutzfahrzeugbetrieb | 1.Ebene | BW | A1 | 470 |
| 7200-046 | Apotheke, Sanierung | 3.Ebene | NI | A3 | 278 |
| 7200-053 | Wohn- und Geschäftshaus | 4.Ebene | SN | A3 | 292 |
| 7200-072 | Geschäftshaus, Wohnen (13WE) | 3.Ebene | NW | A7 | 494 |
| 7500-014 | Bankgebäude; Wohnen (1WE) | 1.Ebene | TH | A1 | 476 |
| 7600-028 | Feuerwehrgerätehaus | 1.Ebene | SN | A1 | 482 |
| 7700-036 | Laborgebäude | 4.Ebene | BY | A3 | 324 |
| **9**100-023 | Stadtbibliothek; Museum | 1.Ebene | BY | A1 | 510 |
| 9100-026 | Musikpavillon | 3.Ebene | ST | A2 | 376 |
| 9100-036 | Informationszentrum Fremdenverkehr | 2.Ebene | BW | A4 | 348 |
| 9100-041 | Veranstaltungsgebäude, Büros | 3.Ebene | HE | A6 | 420 |
| 9100-044 | Katholische Kirche | 3.Ebene | NI | A5 | 476 |
| 9100-060 | Stadtbibliothek | 3.Ebene | RP | A7 | 512 |

**Instandsetzungen**

| | | | | | |
|---|---|---|---|---|---|
| **1**300-079 | Verwaltungsgebäude; Dachsanierung | 1.Ebene | BY | A1 | 88 |
| 1300-150 | Verwaltungsgebäude, Kellertrocknung | 3.Ebene | BE | A7 | 60 |
| **2**200-008 | Dachsanierung Institutsgebäude | 4.Ebene | BY | A5 | 100 |
| **6**100-358 | Stadthaus (3WE) | 1.Ebene | ST | A2 | 268 |
| 6100-359 | Mehrfamilienhaus (66WE) | 3.Ebene | BW | A2 | 274 |
| 6100-400 | Mehrfamilienhaus (48WE), 3 Läden | 3.Ebene | HH | A2 | 282 |
| 6100-456 | Mehrfamilienhaus (3WE) | 4.Ebene | RP | E2 | 88 |
| 6100-467 | Mehrfamilienhaus (48WE),Fassad.San | 3.Ebene | HH | A3 | 232 |
| 6100-574 | Einfamilienhaus, Brandsanierung | 3.Ebene | NW | A4 | 320 |
| 6100-686 | Mehrfamilienhaus, Kellertrocknung | 3.Ebene | BE | A7 | 280 |
| 6100-695 | Mehrfamilienhaus, Kellertrocknung | 3.Ebene | BE | A7 | 304 |
| 6400-057 | Jugendzentrum | 3.Ebene | ST | A6 | 328 |
| **7**200-062 | Büro, Ausstellung, Wohnen (1WE) | 4.Ebene | BW | A3 | 310 |

| Objekt-Nr. | Objekt-Bezeichnung | DIN 276 | Land | BKI-Buch | Seite |
|---|---|---|---|---|---|
| 7300-044 | Schreinerei, Wohnung | 4.Ebene | RP | E2 | 188 |
| **9**100-033 | Ev. Kirche, Innensanierung, Brand | 3.Ebene | BW | A3 | 372 |
| 9100-035 | Ev. Kirche, Innensanierung | 3.Ebene | BW | A3 | 390 |
| 9100-039 | Kirche, Fassadensanierung | 3.Ebene | BW | A6 | 430 |
| 9100-051 | Evangelische Kirche | 3.Ebene | BW | A6 | 442 |

# ANHANG

## Regionalfaktoren

# Regionale Einflussfaktoren

Diese Faktoren geben Aufschluss darüber, inwieweit die Baukosten in einer bestimmten Region Deutschlands teurer oder günstiger liegen als im Bundesdurchschnitt. Sie können dazu verwendet werden, die BKI Baukosten an das besondere Baupreisniveau einer Region anzupassen.
Hinweis: Der Land-/Stadtkreis und das Bundesland ist für jedes Objekte in der Objektübersicht in der Zeile „Ort:" angegeben. Die Angaben wurden durch Untersuchungen des BKI weitgehend verifiziert. Dennoch können Abweichungen zu den angegebenen Werten entstehen. In Grenznähe zu einem Land- Stadtkreis mit anderen Baupreisfaktoren sollte dessen Baupreisniveau mit berücksichtigt werden, da die Übergänge zwischen den Land- Stadtkreisen fließend sind. Die Besonderheiten des Einzelfalls können ebenfalls zu Abweichungen führen.

| **Landkreis / Stadtkreis** | **Bundeskorrekturfaktor** |
|---|---|
| **A**achen | 0,981 |
| Aachen, Stadt | 1,035 |
| Ahrweiler | 1,048 |
| Aichach-Friedberg | 1,100 |
| Alb-Donau-Kreis | 1,035 |
| Altenburger Land | 0,911 |
| Altenkirchen | 0,986 |
| Altmarkkreis Salzwedel | 0,844 |
| Altötting | 0,970 |
| Alzey-Worms | 1,023 |
| Amberg, Stadt | 0,958 |
| Amberg-Sulzbach | 0,948 |
| Ammerland | 0,865 |
| Anhalt-Bitterfeld | 0,826 |
| Ansbach | 1,047 |
| Ansbach, Stadt | 1,122 |
| Aschaffenburg | 1,068 |
| Aschaffenburg, Stadt | 1,084 |
| Augsburg | 1,105 |
| Augsburg, Stadt | 1,029 |
| Aurich | 0,860 |
| **B**ad Doberan | 0,930 |
| Bad Dürkheim | 0,985 |
| Bad Kissingen | 1,050 |
| Bad Kreuznach | 1,074 |
| Bad Tölz-Wolfratshausen | 1,210 |
| Baden-Baden, Stadt | 1,158 |
| Bamberg | 1,027 |
| Bamberg, Stadt | 1,034 |
| Barnim | 0,873 |
| Bautzen | 0,888 |
| Bayreuth | 1,030 |
| Bayreuth, Stadt | 0,999 |
| Berchtesgadener Land | 1,092 |
| Bergstraße | 1,032 |
| Berlin, Stadt | 0,939 |
| Bernkastel-Wittlich | 1,013 |
| Biberach | 1,011 |
| Bielefeld, Stadt | 0,953 |
| Birkenfeld | 1,060 |
| Bochum, Stadt | 0,855 |
| Bodenseekreis | 1,034 |
| Bonn, Stadt | 1,034 |
| Borken | 0,977 |
| Bottrop, Stadt | 0,926 |
| Brandenburg an der Havel, Stadt | 0,881 |
| Braunschweig, Stadt | 0,883 |
| Breisgau-Hochschwarzwald | 1,082 |
| Bremen, Stadt | 0,996 |
| Bremerhaven, Stadt | 0,998 |
| Burgenlandkreis | 0,877 |
| Böblingen | 1,075 |
| Börde | 0,838 |
| **C**alw | 1,063 |
| Celle | 0,812 |
| Cham | 0,927 |
| Chemnitz, Stadt | 0,890 |
| Cloppenburg | 0,839 |
| Coburg | 0,996 |
| Coburg, Stadt | 1,080 |
| Cochem-Zell | 1,046 |
| Coesfeld | 0,997 |
| Cottbus, Stadt | 0,804 |
| Cuxhaven | 0,853 |
| **D**achau | 1,067 |
| Dahme-Spreewald | 0,825 |
| Darmstadt, Stadt | 1,090 |
| Darmstadt-Dieburg | 0,947 |
| Deggendorf | 0,977 |
| Delmenhorst, Stadt | 0,891 |
| Demmin | 0,885 |
| Dessau-Roßlau, Stadt | 0,910 |
| Diepholz | 0,836 |
| Dillingen a.d.Donau | 1,088 |
| Dingolfing-Landau | 0,965 |
| Dithmarschen | 0,911 |

Donau-Ries ........ 1,097
Donnersbergkreis ........ 1,008
Dortmund, Stadt ........ 0,842
Dresden, Stadt ........ 0,905
Duisburg, Stadt ........ 1,091
Düren ........ 0,979
Düsseldorf, Stadt ........ 0,942

**E**bersberg ........ 1,035
Eichsfeld ........ 0,874
Eichstätt ........ 1,024
Eifelkreis Bitburg-Prüm ........ 1,048
Eisenach, Stadt ........ 0,898
Elbe-Elster ........ 0,880
Emden, Stadt ........ 0,760
Emmendingen ........ 1,006
Emsland ........ 0,835
Ennepe-Ruhr-Kreis ........ 0,971
Enzkreis ........ 1,053
Erding ........ 1,011
Erfurt, Stadt ........ 0,925
Erlangen, Stadt ........ 1,071
Erlangen-Höchstadt ........ 1,004
Erzgebirgskreis ........ 0,913
Essen, Stadt ........ 0,979
Esslingen ........ 1,031
Euskirchen ........ 0,999

**F**lensburg, Stadt ........ 0,926
Forchheim ........ 1,032
Frankenthal (Pfalz), Stadt ........ 0,984
Frankfurt (Oder), Stadt ........ 0,833
Frankfurt am Main, Stadt ........ 1,047
Freiburg im Breisgau, Stadt ........ 1,073
Freising ........ 1,065
Freudenstadt ........ 1,078
Freyung-Grafenau ........ 0,906
Friesland ........ 0,950
Fulda ........ 0,947
Fürstenfeldbruck ........ 1,055
Fürth ........ 1,036
Fürth, Stadt ........ 0,947

**G**armisch-Partenkirchen ........ 1,173
Gelsenkirchen, Stadt ........ 0,933
Gera, Stadt ........ 0,860
Germersheim ........ 1,056
Gießen ........ 0,971
Gifhorn ........ 0,908
Goslar ........ 0,895
Gotha ........ 0,924
Grafschaft Bentheim ........ 0,879
Greifswald, Stadt ........ 0,899
Greiz ........ 0,886
Groß-Gerau ........ 1,061
Göppingen ........ 1,059
Görlitz ........ 0,841
Göttingen ........ 0,940
Günzburg ........ 1,025
Güstrow ........ 0,896
Gütersloh ........ 0,964

**H**agen, Stadt ........ 0,917
Halle (Saale), Stadt ........ 0,872
Hamburg, Stadt ........ 1,117
Hameln-Pyrmont ........ 0,936
Hamm, Stadt ........ 0,981
Hannover, Region ........ 0,867
Harburg ........ 0,954
Harz ........ 0,857
Havelland ........ 0,910
Haßberge ........ 1,153
Heidelberg, Stadt ........ 1,093
Heidenheim ........ 1,001
Heilbronn ........ 1,068
Heilbronn, Stadt ........ 1,031
Heinsberg ........ 0,985
Helmstedt ........ 0,953
Herford ........ 0,972
Herne, Stadt ........ 0,892
Hersfeld-Rotenburg ........ 0,966
Herzogtum Lauenburg ........ 0,968
Hildburghausen ........ 0,960
Hildesheim ........ 0,878
Hochsauerlandkreis ........ 0,978
Hochtaunuskreis ........ 1,047
Hof ........ 1,077
Hof, Stadt ........ 1,039
Hohenlohekreis ........ 1,015
Holzminden ........ 0,937
Höxter ........ 0,984

**I**lm-Kreis ........ 0,936
Ingolstadt, Stadt ........ 1,007

**J**ena, Stadt ........ 0,923
Jerichower Land ........ 0,846

**K**aiserslautern ........ 1,019
Kaiserslautern, Stadt ........ 0,936
Karlsruhe ........ 1,062
Karlsruhe, Stadt ........ 1,065
Kassel ........ 0,977
Kassel, Stadt ........ 1,036
Kaufbeuren, Stadt ........ 1,052
Kelheim ........ 0,981

Kempten (Allgäu), Stadt ........ 1,014
Kiel, Stadt ........ 0,954
Kitzingen ........ 1,123
Kleve ........ 0,994
Koblenz, Stadt ........ 0,989
Konstanz ........ 1,065
Krefeld, Stadt ........ 0,994
Kronach ........ 1,021
Kulmbach ........ 1,020
Kusel ........ 1,032
Kyffhäuserkreis ........ 0,954
Köln, Stadt ........ 1,056

**L**ahn-Dill-Kreis ........ 1,018
Landau in der Pfalz, Stadt ........ 1,044
Landsberg am Lech ........ 1,057
Landshut ........ 0,963
Landshut, Stadt ........ 1,079
Leer ........ 0,846
Leipzig ........ 0,921
Leipzig, Stadt ........ 0,889
Leverkusen, Stadt ........ 1,093
Lichtenfels ........ 1,026
Limburg-Weilburg ........ 0,955
Lindau (Bodensee) ........ 1,084
Lippe ........ 1,032
Ludwigsburg ........ 1,046
Ludwigshafen am Rhein, Stadt ........ 0,976
Ludwigslust ........ 0,981
Lörrach ........ 1,052
Lübeck, Stadt ........ 1,030
Lüchow-Dannenberg ........ 0,953
Lüneburg ........ 0,877

**M**agdeburg, Stadt ........ 0,887
Main-Kinzig-Kreis ........ 1,007
Main-Spessart ........ 1,108
Main-Tauber-Kreis ........ 1,050
Main-Taunus-Kreis ........ 1,046
Mainz, Stadt ........ 1,027
Mainz-Bingen ........ 1,055
Mannheim, Stadt ........ 1,002
Mansfeld-Südharz ........ 0,836
Marburg-Biedenkopf ........ 0,975
Mayen-Koblenz ........ 1,011
Mecklenburg-Strelitz ........ 0,878
Meißen ........ 0,896
Memmingen, Stadt ........ 0,997
Merzig-Wadern ........ 1,084
Mettmann ........ 0,971
Miesbach ........ 1,150
Miltenberg ........ 1,179
Minden-Lübbecke ........ 0,952
Mittelsachsen ........ 0,851
Märkisch-Oderland ........ 0,896
Märkischer Kreis ........ 1,027
Mönchengladbach, Stadt ........ 0,972
Mühldorf a.Inn ........ 0,971
Mülheim an der Ruhr, Stadt ........ 0,853
München ........ 1,080
München, Stadt ........ 1,187
Münster, Stadt ........ 1,041
Müritz ........ 0,876

**N**eckar-Odenwald-Kreis ........ 1,093
Neu-Ulm ........ 1,152
Neubrandenburg, Stadt ........ 0,924
Neuburg-Schrobenhausen ........ 0,995
Neumarkt i.d.OPf. ........ 1,012
Neumünster, Stadt ........ 1,048
Neunkirchen ........ 1,038
Neustadt a.d.Waldnaab ........ 0,950
Neustadt an der Weinstraße, Stadt ........ 1,137
Neustadt/Aisch-B.Windsh. ........ 1,072
Neuwied ........ 1,016
Nienburg (Weser) ........ 0,832
Nordfriesland ........ 1,179
Nordhausen ........ 0,930
Nordsachsen ........ 0,851
Nordvorpommern ........ 0,968
Nordwestmecklenburg ........ 0,963
Northeim ........ 0,892
Nürnberg, Stadt ........ 0,917
Nürnberger Land ........ 1,021

**O**berallgäu ........ 1,105
Oberbergischer Kreis ........ 0,983
Oberhausen, Stadt ........ 1,018
Oberhavel ........ 0,908
Oberspreewald-Lausitz ........ 0,857
Odenwaldkreis ........ 1,031
Oder-Spree ........ 0,879
Offenbach ........ 1,015
Offenbach am Main, Stadt ........ 1,016
Oldenburg ........ 0,889
Oldenburg, Stadt ........ 1,049
Olpe ........ 1,065
Ortenaukreis ........ 1,022
Osnabrück ........ 0,848
Osnabrück, Stadt ........ 0,873
Ostalbkreis ........ 1,071
Ostallgäu ........ 1,180
Osterholz ........ 0,956
Osterode am Harz ........ 0,905
Ostholstein ........ 0,923
Ostprignitz-Ruppin ........ 0,855

Ostvorpommern ........ 0,968

**P**aderborn ........ 0,978
Parchim ........ 0,908
Passau ........ 0,935
Passau, Stadt ........ 0,954
Peine ........ 0,910
Pfaffenhofen a.d.Ilm ........ 0,970
Pforzheim, Stadt ........ 1,082
Pinneberg ........ 0,981
Pirmasens, Stadt ........ 1,056
Plön ........ 0,993
Potsdam, Stadt ........ 0,886
Potsdam-Mittelmark ........ 0,896
Prignitz ........ 0,810

**R**astatt ........ 1,039
Ravensburg ........ 1,046
Recklinghausen ........ 0,938
Regen ........ 0,948
Regensburg ........ 0,987
Regensburg, Stadt ........ 0,953
Rems-Murr-Kreis ........ 1,008
Remscheid, Stadt ........ 0,957
Rendsburg-Eckernförde ........ 0,952
Reutlingen ........ 1,077
Rhein-Erft-Kreis ........ 0,985
Rhein-Hunsrück-Kreis ........ 1,049
Rhein-Kreis Neuss ........ 0,996
Rhein-Lahn-Kreis ........ 0,977
Rhein-Neckar-Kreis ........ 1,038
Rhein-Pfalz-Kreis ........ 1,010
Rhein-Sieg-Kreis ........ 0,993
Rheingau-Taunus-Kreis ........ 1,083
Rheinisch-Bergischer Kreis ........ 0,997
Rhön-Grabfeld ........ 1,103
Rosenheim ........ 1,066
Rosenheim, Stadt ........ 1,036
Rostock, Stadt ........ 0,938
Rotenburg (Wümme) ........ 0,829
Roth ........ 1,104
Rottal-Inn ........ 0,912
Rottweil ........ 1,034
Rügen ........ 1,058

**S**aale-Holzland-Kreis ........ 0,903
Saale-Orla-Kreis ........ 0,961
Saalekreis ........ 0,887
Saalfeld-Rudolstadt ........ 0,929
Saarlouis ........ 1,017
Saarpfalz-Kreis ........ 1,124
Saarbrücken, Regionalverband ........ 1,017
Salzgitter, Stadt ........ 0,840
Salzlandkreis ........ 0,866
Schaumburg ........ 0,921
Schleswig-Flensburg ........ 0,841
Schmalkalden-Meiningen ........ 0,936
Schwabach, Stadt ........ 1,197
Schwalm-Eder-Kreis ........ 0,919
Schwandorf ........ 0,978
Schwarzwald-Baar-Kreis ........ 1,046
Schweinfurt ........ 1,145
Schweinfurt, Stadt ........ 1,009
Schwerin, Stadt ........ 0,920
Schwäbisch Hall ........ 0,953
Segeberg ........ 0,963
Siegen-Wittgenstein ........ 1,024
Sigmaringen ........ 1,037
Soest ........ 0,937
Solingen, Stadt ........ 1,034
Soltau-Fallingbostel ........ 0,846
Sonneberg ........ 0,972
Speyer, Stadt ........ 0,983
Spree-Neiße ........ 0,810
St. Wendel ........ 1,067
Stade ........ 0,922
Starnberg ........ 1,139
Steinburg ........ 0,917
Steinfurt ........ 0,945
Stendal ........ 0,782
Stormarn ........ 0,945
Stralsund, Stadt ........ 0,972
Straubing, Stadt ........ 1,104
Straubing-Bogen ........ 0,933
Stuttgart, Stadt ........ 1,108
Suhl, Stadt ........ 0,958
Sächsische Schweiz-Osterzgebirge ........ 0,923
Sömmerda ........ 0,910
Südliche Weinstraße ........ 1,086
Südwestpfalz ........ 1,009

**T**eltow-Fläming ........ 0,898
Tirschenreuth ........ 0,968
Traunstein ........ 1,066
Trier, Stadt ........ 1,136
Trier-Saarburg ........ 1,110
Tuttlingen ........ 1,042
Tübingen ........ 1,063

**U**ckermark ........ 0,848
Uecker-Randow ........ 0,918
Uelzen ........ 0,879
Ulm, Stadt ........ 1,110
Unna ........ 0,976
Unstrut-Hainich-Kreis ........ 0,913
Unterallgäu ........ 1,043

**V**echta ..... 0,917
Verden ..... 0,931
Viersen ..... 1,001
Vogelsbergkreis ..... 1,015
Vogtlandkreis ..... 0,911
Vulkaneifel ..... 1,012

**W**aldeck-Frankenberg ..... 0,904
Waldshut ..... 1,064
Warendorf ..... 0,935
Wartburgkreis ..... 0,925
Weiden i.d.OPf., Stadt ..... 0,963
Weilheim-Schongau ..... 1,036
Weimar, Stadt ..... 0,921
Weimarer Land ..... 0,924
Weißenburg-Gunzenhausen ..... 1,019
Werra-Meißner-Kreis ..... 0,965
Wesel ..... 0,978
Wesermarsch ..... 0,877
Westerwaldkreis ..... 1,023
Wetteraukreis ..... 1,057
Wiesbaden, Stadt ..... 1,079
Wilhelmshaven, Stadt ..... 0,983
Wismar, Stadt ..... 0,912
Wittenberg ..... 0,781
Wittmund ..... 0,865
Wolfenbüttel ..... 0,922
Wolfsburg, Stadt ..... 0,911
Worms, Stadt ..... 1,012
Wunsiedel i.Fichtelgebirge ..... 1,108
Wuppertal, Stadt ..... 0,967
Würzburg ..... 1,091
Würzburg, Stadt ..... 1,250

**Z**ollernalbkreis ..... 1,068
Zweibrücken, Stadt ..... 1,049
Zwickau ..... 0,901